K. M. S. HUMAK

STATISTISCHE METHODEN DER MODELLBILDUNG

BAND I

MATHEMATISCHE LEHRBÜCHER UND MONOGRAPHIEN

HERAUSGEGEBEN VON DER
AKADEMIE DER WISSENSCHAFTEN DER DDR
ZENTRALINSTITUT FÜR MATHEMATIK UND MECHANIK

II. ABTEILUNG

MATHEMATISCHE MONOGRAPHIEN

BAND 43

STATISTISCHE METHODEN DER MODELLBILDUNG

BAND I

STATISTISCHE INFERENZ FÜR LINEARE PARAMETER

VON

K. M. S. HUMAK

AKADEMIE-VERLAG · BERLIN

1977

K. M. S. HUMAK

STATISTISCHE METHODEN DER MODELLBILDUNG

BAND I

STATISTISCHE INFERENZ FÜR LINEARE PARAMETER

AKADEMIE-VERLAG · BERLIN
1977

Verlagslektor: Dr. Reinhard Höppner
Erschienen im Akademie-Verlag, 108 Berlin, Leipziger Straße 3—4

Lizenznummer: 202 · 100/569/77
Gesamtherstellung: VEB Druckerei „Thomas Müntzer", 582 Bad Langensalza
Bestellnummer: 761 871 3 (6130/1) · LSV 1075
Printed in GDR
DDR 68,— M

Der Autorenname ist ein Pseudonym für

KOLLEKTIV MATHEMATISCHE STATISTIK:

HUMBOLDT UNIVERSITÄT ZU BERLIN

und

AKADEMIE DER WISSENSCHAFTEN DER DDR

Das Kollektiv stand unter der Leitung von HELGA und OLAF BUNKE, die auch für die Herausgabe verantwortlich zeichnen.

Autoren:

Kap. 1		H. BUNKE, O. BUNKE
Kap. 2	2.1–2.3	O. BUNKE
	2.4	W. H. SCHMIDT
	2.5	J. BELLACH, W. H. SCHMIDT
	2.6	O. BUNKE
	2.7	H. BUNKE
Kap. 3		H. LÄUTER
Kap. 4		O. BUNKE
Kap. 5	5.1	R. PINCUS
	5.2	U. SCHULZE
	5.3	R. PINCUS
	5.4	J. KLEFFE, R. PINCUS
Kap. 6		K. HENSCHKE
Kap. 7	7.1–7.4	P. RUDOLPH
	7.5	H. BUNKE, M. NUSSBAUM
Kap. 8		E. LÄUTER, H. LÄUTER
A 1		H. LÄUTER
A 2		P. RUDOLPH
A 3		H. BUNKE, O. BUNKE
A 4		W. H. SCHMIDT

Außer den Autoren wirkten an der redaktionellen Bearbeitung mit: A. GERLACH, J. GLADITZ, U. HAVERLAND, C. HENNIG, K. HOFFMANN, R. STRÜBY.

Koordinierung und wesentliche Teile der Korrekturarbeiten wurden von M. KLEY durchgeführt.

Die Leitung der redaktionellen Bearbeitung lag in den Händen von J. GLADITZ und M. NUSSBAUM.

Große Teile des Manuskripts wurden von R. TEUFEL angefertigt.

Besonderer Dank gebührt R. HÖPPNER vom Akademie-Verlag für seinen Anteil an der redaktionellen Arbeit.

VORWORT

Die Mathematische Statistik stellt Methoden zur mathematischen Modellierung von Gesetzmäßigkeiten der realen Umwelt bereit, die es gestatten, theoretisches Wissen und empirische Kenntnis aus Daten, Beobachtungen oder Experimenten zu kombinieren. Außermathematische Anforderungen haben die Fragestellung der statistischen Modellierung von Ursache-Wirkungs-Beziehungen frühzeitig in den Brennpunkt gerückt. Dabei hat die Theorie linearer Modelle wegen ihrer mathematischen Einfachheit und Eleganz und wegen der oft ausreichenden Approximation immer eine vorrangige Rolle gespielt. Alle Kapitel des vorliegenden Buches betreffen demnach auch klassische Problemstellungen der Mathematischen Statistik. Kennzeichnend für diese Gebiete ist aber auch, daß sie gerade in den letzten Jahren eine entscheidende Entwicklung erfahren haben, so daß man durchaus von traditionellen Problemen mit moderner Theorie sprechen kann. Diesen modernen Stand umfassend und einheitlich darzustellen, war das Ziel des Autorenkollektivs. Während es zu Einzelthemen eine Reihe von Monographien gibt, ist uns keine derart umfassende Darstellung der Theorie des linearen Modells bekannt. Diese Theorie war in den letzten Jahren ein Forschungsschwerpunkt des Kollektivs, und die Resultate sind in die Darstellung eingeflossen.

Das Buch wendet sich an den Statistiker in Forschung, Lehre und Praxis und an den Mathematiker, der sich über die statistische Theorie des linearen Modells orientieren will. Wegen der Vielzahl der behandelten Methoden und Resultate kann es als Nachschlagewerk nützlich sein. Es werden dabei solide Kenntnisse der Wahrscheinlichkeitstheorie und Mathematischen Statistik vorausgesetzt. Die Zielstellung, die Theorie des linearen Modells und die dazugehörige Technik streng mathematisch darzustellen, bestimmt den Stil des Buches. Selbstverständlich wird man diese Methoden in Anwendungen nur verbunden mit einer guten Heuristik, unter Berücksichtigung des Fachwissens und mit „statistischen Fingerspitzengefühl" einsetzen können.

Das Buch ist derart aufgebaut, daß die verschiedenen Inferenzprobleme für lineare Parameter in linearen Modellen in einer systematischen und möglichst einheitlichen Form dargestellt werden. Dabei sind die Kapitel und Abschnitte aufeinander aufgebaut, und es sind vorwiegend die für lineare Modelle spezifischen Überlegungen und Beweisschritte vorgeführt, während bei Hilfsmitteln und Ergebnissen aus der linearen Algebra, Analysis, Wahrscheinlichkeitstheorie und Statistischen Entscheidungstheorie auf den Anhang verwiesen wird. Hier sind in gedrängter und geschlossener Darstellung die im Buch verwendeten Ergebnisse zu finden. In der folgenden Beschreibung des Inhaltes wird angesichts des Buchumfanges keineswegs ein Überblick angestrebt. Es soll auf die wesentliche Ausrichtung der Kapitel, auf neue Resultate und auf aktuelle Resultate aus der Spezialliteratur, die erstmalig in eine geschlossene Darstellung aufgenommen wurden, hingewiesen werden.

Im einleitenden Kapitel 1 wird ausgehend von typischen praktischen Beispielen der Prozeß der mathematischen Formalisierung bei der Modellbildung für Ursache-Wirkungs-Beziehungen bis zur Formulierung der statistischen Problematik beschrieben. Durch einen mit gezielten Erläuterungen versehenen Überblick über die später verwendeten Grundbegriffe der statistischen Inferenz und Entscheidungstheorie wird das Buch auch für den Mathematiker, der mit den statistischen Grundlagen nicht voll vertraut ist, in sich abgeschlossen lesbar. Die Theorie linearer Modelle wird ab Kapitel 2 dargestellt, und ein Studium des Buches kann mit Kapitel 2 begonnen werden, falls Grundkenntnisse der Mathematischen Statistik vorhanden sind.

Hauptgegenstand des Kapitels 2 ist die Ableitung von optimalen erwartungstreuen Schätzungen für lineare Parameter in verschiedenartigen Modellen und die Untersuchung ihrer Eigenschaften. Zu den betrachteten Modellen gehören auch multivariate Modelle mit Parameterrestriktionen und Modelle mit speziellen Annahmen über die Verteilung, wie z. B. Nichtexistenz der Momente zweiter Ordnung. Der Zusammenhang zwischen bester äquivarianter Schätzung und zugrunde gelegter Verteilung wird dargestellt.

Bei der Behandlung singulärer Modelle werden die Äquivalenz zwischen Identifizierbarkeit, Schätzbarkeit und linearer Schätzbarkeit bewiesen und beste bedingt bzw. $\mathcal{O}$-erwartungstreue lineare Schätzungen für nichtschätzbare Parameter konstruiert. Die Äquivalenz zwischen den Methoden der Reparametrisierung und der zusätzlichen linearen Restriktionen wird nachgewiesen und die besonders von C. R. Rao untersuchte Rolle verschiedener Typen verallgemeinerter Inversen dargestellt. Ausgehend von Ergebnissen von H. Väliaho, J. Bellach, H. Drygas u. a. werden Möglichkeiten für die rekursive Berechnung verschiedener Schätzungen aufgezeigt und ein Gütevergleich der schrittweisen Regression mit der verallgemeinerten Kleinsten-Quadrat-Schätzung (GLSE) angestellt. In den aufgestellten allgemeinen Sätzen von W. H. Schmidt über die Konsistenz, asymptotische Normalität und asymptotische Optimalität der GLSE, der gewöhnlichen Kleinsten-Quadrat-Schätzung (OLSE) und von zweistufigen Schätzungen (GLSE mit geschätzter Kovarianzmatrix) in multivariaten, möglicherweise singulären Modellen sind die in der Literatur bekannten Ergebnisse, wie z. B. die von F. Eicker, P. Huber, E. Malinvaud sowie M. L. Puri und P. K. Sen, als Spezialfälle enthalten.

Erstmalig in einem Buch wird das Problem der optimalen Approximation von Regressionsfunktionen durch Funktionen aus einem linearen Funktionenraum (Approgression) behandelt und die von H. Bunke entwickelte Theorie unter

Einschluß der Ergebnisse von G. E. P. Box und N. R. Draper, M. J. Karson, A. R. Manson und R. S. Hader vorgestellt. Insbesondere wird eine beste verallgemeinert erwartungstreue Approximation abgeleitet und mit der durch die GLSE im adäquaten bzw. im approximativen Modell gegebene Approximation verglichen. Außerdem wird die von H. Läuter gefundene Charakterisierung der linearen Minimaxapproximation von I. Petersen gegeben.

Kapitel 3 behandelt das Problem einer Verbesserung der GLSE in einem linearen Modell mit Parameterrestriktionen in Form von Gleichungen bzw. eines Ellipsoids, eines Zylinders oder eines Konus für den Erwartungswert der univariaten oder multivariaten Beobachtungen. Die vorgeführte allgemeine Behandlung ermöglicht eine exakte Einordnung der bekannten Ridge-Schätzungen von A. E. Hoerl und R. W. Kennard sowie der von D. W. Marquardt, H. Toutenburg, H. Läuter und O. Bunke vorgeschlagenen Verbesserungen der GLSE und führt zu einer optimalen Verbesserung im Sinne eines Minimax-Prinzips in der Klasse der linearen Schätzungen. Für ein quadratisches Risiko wird die von H. Läuter stammende Charakterisierung solcher Minimax-Schätzungen hergeleitet, die das ursprüngliche Ergebnis von J. Kuks und V. Olman für eindimensionale Parameter überdeckt. Es wird nach O. Bunke gezeigt, daß die Kuks-Olman-Schätzung, die in Spezialfällen gerade eine Ridge-Schätzung bzw. eine gestauchte GLSE ist, bezüglich des Matrixrisikos (Momentenmatrix um den Parameter) lineare Minimax-Schätzung ist. Während bei obigen Ergebnissen Ellispoide für den normierten Erwartungswert vorgegeben sind, muß ohne Normierung eine von der Beobachtung unabhängigen Schätzung der Kovarianzmatrix vorhanden sein. Durch Einsetzen dieser Schätzung in die Kuks-Olman-Schätzung ergibt sich dann eine von H. Läuter vorgeschlagene Verbesserung der GLSE. Die Risikoeigenschaften von Vortest-Schätzungen werden untersucht und eine Minimax-Strategie zur Wahl des Signifikanzniveaus beim Vortest vorgeschlagen.

Kapitel 4 widmet sich dem Nachweis der Zulässigkeit der GLSE in speziellen Modellen bzw. ihrer Verbesserung durch nichtlineare Schätzungen vom Steinschen Typ. Es wird für multivariate Modelle bewiesen, daß die Zulässigkeit für das Matrixrisiko immer gilt. In Verallgemeinerung der Sätze von W. James und C. Stein wird nach O. Bunke und B. Bednarek-Kozek für eine $(p \times p)$- bzw. $(l \times l)$-Matrix quadratischer Risiken für einen $(l \times p)$-dimensionalen Parameter mit $l = 1$ oder 2 bzw. $p = 1$ oder 2 ebenfalls die Zulässigkeit gezeigt. Weiterhin wird nachgewiesen, daß die quadratischen Risiken der GLSE aller eindimensionalen Parameter oder aller Komponenten eines Parameters nicht gleichzeitig verbessert werden können. Erstmalig in einem Buch ist eine detaillierte Darstellung der Theorie Steinscher Schätzungen enthalten, wobei auch multivariate Modelle, unbekannte Kovarianzen und allgemeine quadratische Risikofunktionen betrachtet werden. Sie umfaßt Resultate von C. Stein, W. James, A. J. Barranchik, B. Efron, C. Morris, W. E. Strawderman, K. Alam, P. K. Bhattacharya, S. Sclove, J. O. Berger und M. E. Bock. Es werden zulässige Minimax-Schätzungen angegeben, Vergleiche zwischen verschiedenen James-Stein-Schätzungen durchgeführt und der Zusammenhang zu empirisch Bayesschen Schätzungen beschrieben.

Die Testtheorie für lineare Hypothesen wird im Kapitel 5 für uni- und multivariate normale lineare Modelle, für eine Reihe von Spezialfällen und für Modelle mit Restriktionen in Form von linearen Ungleichungen aufgebaut. Neben exakten und approximativen Verteilungen für multivariate Teststatistiken (u. a. von H. Hotelling, S. S. Wilks, S. N. Roy und K. C. S. Pillai) werden mehrere Eigenschaften der Tests, die teilweise bisher nur in Spezialarbeiten zu finden waren, untersucht. Hierzu gehören der wesentlich auf ein Ergebnis von C. Stein zurückgehende Nachweis, daß der T^2-Test ein zulässiger Test ist, und Zulässigkeit, Unverfälschtheit, Konsistenz und Monotonieeigenschaften von multivariaten Tests. Zu erwähnen ist der Beweis von U. Schulze zur Konsistenz von Tests, die ohne Voraussetzung der Normalität auf Grundlage der asymptotischen Verteilung der üblichen multivariaten Teststatistiken aufgebaut sind, wodurch die speziellen Ergebnisse von S. S. Wilks erweitert werden. Zur Prüfung linearer Hypothesen in univariaten normalen Modellen mit Ungleichungen als Restriktionen, etwa Ordnungsbeziehungen zwischen den Erwartungswerten im einfachen Klassifikationsmodell, wird von R. Pincus durch Invarianzbetrachtungen eine geeignete Klasse von Tests charakterisiert. Zu ihnen gehören der lineare Minimaxtest von J. W. Tukey und R. P. Abelson, der strengste irgendwo beste Test von W. Schaafsma und der Likelihood-Quotienten-Test. Für dieses Testproblem sowie für das eng damit verbundene Testproblem mit einem Kreiskegel als Parameterbereich werden die Verteilung unter der Nullhypothese und Eigenschaften wie Unverfälschtheit, Monotonie der Gütefunktion, Zulässigkeit und Konsistenz sowie die Nichtzulässigkeit des F-Tests ausführlich behandelt. Dabei werden die Ergebnisse von R. E. Barlow, D. J. Bartholomew, H. D. Brunk, J. M. Bremmer, R. Pincus und anderen eingeordnet. In einem Abschnitt werden Vortestverfahren, die das sogenannte „Pooling"-Verfahren in der Varianzanalyse umfassen, untersucht und die Verfälschtheit sowie die von A. Cohen hergeleiteten Bedingungen für die Zulässigkeit der Verfahren herausgearbeitet.

Kapitel 6 führt eine allgemeine Theorie der Konfidenzschätzungen von K. Henschke vor, die eine einheitliche Ableitung verschiedener in der Literatur behandelter und neuer Konfidenzbereiche für lineare Parameter und für Regressionsfunktionen ermöglicht. Es wird erstmalig in Buchform eine geschlossene Darstellung von Aussagen über Optimalität und Zulässigkeit von Konfidenzbereichen für lineare Parameter, die auf J. W. Pratt, V. M. Joshi und A. Cohen zurückgehen, gegeben. Eine Systematisierung der bisher für verschiedene Spezialfälle (verschiedenartige Konfidenzbänder für Regressionsfunktionen, simultane Konfidenzintervalle bzw. „multiple Vergleiche") unabhängig voneinander aufgebauten Schlüsse wird durchgeführt. Sie erlaubt eine Einordnung der Ergebnisse von E. Spjøtvoll, R. G. Miller, D. R. Jensen, H. Scheffé, J. W. Tukey, C. G. Khatri, S. W. Roy, D. C. Bowden, R. Bohrer u. a. Unter den Ergebnissen von K. Henschke können Konfidenzbänder für multivariate Regressionsfunktionen, exakte univariate Konfidenzbänder, eine Verallgemeinerung der Konfidenzbereiche von F. S. ACTON für lineare Parameter auf beliebige Dimensionen erwähnt werden. Hierzu gehören auch asymptotische Konfidenzbereiche für multivariate Modelle ohne Annahme der Normalverteilung sowie verschiedenartige Verbesserungen der üblichen Konfidenzbereiche bei Modellen mit Parameterrestriktionen.

Im Kapitel 7 werden BAYESsche Schätzungen, HPD-Schätzbereiche und BAYESsche Tests für die Parameter uni- und multivariater Modelle mit und ohne Parameterrestriktionen konstruiert, Minimax-Eigenschaften der GLSE untersucht und strukturelle Verteilungen berechnet. Dabei werden geeignete konjugierte und auch „nichtinformative" a priori-Verteilungen verwendet. Die von P. RUDOLPH behandelten Modelle gehen wesentlich über die bisher in der bereits umfangreichen Literatur (z. B. von D. V. LINDLEY, A. F. M. SMITH, G. E. P. BOX, G. C. TIAO, A. ZELLNER, J. ANDEL) betrachteten hinaus. Modelle mit linearen Gleichungen oder Ungleichungen als Restriktionen, das multivariate ZELLNER-Modell, multivariate autokorrelierte Fehler, das äquikorrelierte Modell mit gleichen oder ungleichen Varianzen seien genannt. Hinzu kommen gemischte Modelle, die heteroskedastische Varianzen und zufällige Effekte mit berücksichtigen können und die als Spezialfälle die von S. PORTNOY und H. SAHAI untersuchten Modelle enthalten. Der dargestellte Minimax-BAYESsche Test von O. BUNKE und J. GRIMM für eine Umgebung der linearen Hypothese mit vorgegebener a priori-Wahrscheinlichkeit erlaubt eine gewisse Objektivierung der sonst willkürlichen Wahl eines Signifikanzniveaus beim F-Test durch Verwendung einer Bewichtung der Hypothesen. Unter den bewiesenen Minimaxeigenschaften der GLSE dürfte besonders die von O. BUNKE, R. RADNER, W. NÄTHER und P. RUDOLPH gefundene Minimaxoptimalität bezüglich eines normierten quadratischen Risikos im multivariaten linearen Modell ohne Normalverteilung sowie bezüglich einer allgemeinen Risikofunktion bei Voraussetzung einer Verteilungsklasse, bei der die Normalverteilung im Sinne einer gewissen Ordnungsrelation Maximalelement ist, interessieren. Bei der Berechnung von strukturellen Verteilungen werden im multivariaten Fall nicht nur die spezielle von D. A. S. FRASER und M. S. HAQ verwendete Parametrisierung, sondern mehrere andere von M. NUSSBAUM betrachtete nützlichere Parametrisierungen zugrunde gelegt. Die gewählte Darstellungsweise nach H. und O. BUNKE ermöglicht einen Verzicht auf die Benutzung der Transformationsgruppen und HAARschen Maße aus der FRASERschen Theorie.

Kapitel 8 bringt eine allgemeine Theorie optimaler Versuchspläne für Regressionsprobleme von E. LÄUTER, durch die eine Abrundung der üblichen Theorie, z. B. durch Zulassung von Versuchsplänen mit singulärer Informationsmatrix erreicht wird. Das zugrunde gelegte S-Optimalitätsprinzip erlaubt es, mehrere Alternativmodelle sowie gleichzeitige Parameterschätzung, Modellprüfung oder Modelldiskrimination zu berücksichtigen. Es wird in Verallgemeinerung der Sätze von J. KIEFER und J. WOLFOWITZ, C. L. ATWOOD, S. KARLIN und W. J. STUDDEN sowie der Resultate von V. V. FEDOROV für lineare Optimalitätskriterien auf ein einheitliches Äquivalenztheorem über den Zusammenhang zwischen S-optimalen und Minimax-Versuchsplänen verwiesen. Es werden Aussagen über den Zusammenhang zwischen S-suboptimalen und S-optimalen Versuchsplänen, über die Eindeutigkeit der Informationsmatrix bei S-optimalen Versuchsplänen und über iterative Berechnungsverfahren gemacht. Analoge Ergebnisse werden in Anlehnung an P. WHITTLE für ein anderes konkaves Optimalitätskriterium erhalten. Die allgemeinen Ergebnisse werden auf verschiedenartige spezielle Modelle angewendet, z. B. bei Polynomialregressionen über einen Quader oder ein Simplex sowie bei trigonometrischer Regression, und es sind von I. S. DUBOWA, T. V. PZIKALADZE und V. V. FEDOROV berechnete Tabellen optimaler Versuchspläne aufgenommen. Die Behandlung der optimalen Versuchspläne zur gleichzeitigen Modellwahl und Parameterschätzung umschließt auch Ergebnisse von S. M. STIGLER, A. C. ATKINSON und D. R. COX.

INHALTSVERZEICHNIS

KAPITEL 1

STATISTISCHE PROBLEME BEI DER BILDUNG VON MODELLEN FÜR URSACHE-WIRKUNGS-BEZIEHUNGEN

1.1. Einleitung

Die experimentelle und theoretische Analyse von Ursache-Wirkungs-Beziehungen und Abhängigkeitsverhältnissen sowie deren Beschreibung ist eine zentrale Problematik in den Naturwissenschaften, in der Technik, in der Ökonomie, in der Medizin, in den Agrarwissenschaften und in vielen anderen Bereichen. Die Mathematische Statistik liefert wesentliche Hilfsmittel zur Planung und Auswertung der entsprechenden Experimente oder Datenerhebungen.

Insbesondere die Methoden der Regressionsanalyse und mit ihr verwandter Gebiete, wie Varianzanalyse, Korrelationsanalyse, Faktorenanalyse, Diskriminanzanalyse, Theorie der Simultangleichungen usw. sind auf Grund derartiger Problemstellungen entwickelt worden. Hier werden Methoden für die Bildung, Auswahl oder Prüfung mathematischer Modelle für die untersuchten Zusammenhänge, für die Identifizierung der Parameter, Kennziffern oder Zustände und für die Planung von Versuchen bereitgestellt.

Es gibt eine außerordentliche Vielfalt möglicher Arten von Abhängigkeitsverhältnissen mit Wechselwirkungen, Rückkopplungen, hierarchischen Beziehungen, zeitlichen und dynamischen Effekten, z. B. in Problemen der Regelung und Steuerung, wo die Bildung von Modellen für Ursache-Wirkungs-Beziehungen zwischen Eingangsgrößen, Zuständen und Ausgangsgrößen von Systemen sowie die Identifizierung der zugehörigen Modellparameter auf Grund laufend verwerteter empirischer Daten, die Grundlage vieler Verfahren bildet, vgl. z. B. [1], [2], [5].

Wir betrachten in diesem Band einfache statische Ursache-Wirkungs-Beziehungen und werden einen wesentlichen Teil der verschiedenartigen und teilweise theoretisch anspruchsvollen statistischen Methodologie zur Behandlung solcher Beziehungen darstellen und begründen.

Der Anwender aller in diesem Buch dargestellten Methoden sollte sorgfältig beachten, daß diese Verfahren immer nur unter einschränkenden mathematischen Voraussetzungen gerechtfertigt werden.

Diese Voraussetzungen sind in vielen Fällen der Praxis nicht exakt zu gewährleisten oder oft auch nicht nachprüfbar. Deshalb sollte eine Modellbildung für Ursache-Wirkungs-Beziehungen in den verschiedenen Wissenschaftsdisziplinen oder in der Technik in enger Zusammenarbeit mit dem Fachwissenschaftler erfolgen. Die mit Hilfe des mathematischen Apparates in praktischen Situationen gewonnenen Resultate sind kritisch zu überprüfen und fast immer nur als eine von mehreren geeigneten Aussage- bzw. Entscheidungsvarianten zu werten.

1.2. Heuristische Einführung und Beispiele für Probleme der Modellbildung

Wir beschreiben nun einige Beispiele für Probleme der Modellbildung.

Beispiel 1.2.1. Produktionsprozeß in der Chemie

Wir betrachten eine chemische Anlage oder einen Betrieb, in dem verschiedene Produkte hergestellt werden. Es sei bekannt, daß gewisse quantitative und qualitative Kennziffern $y^{(j)}$ $(j = 1, \dots, m)$ für diese Produkte, z. B. Qualitätskennziffern oder Mengen der erzeugten Produkte, von gewissen anderen technologischen oder physikalisch-chemischen Kennziffern $x^{(1)}, \dots, x^{(k)}$, wie z. B. Konzentrationen, Druck, Temperaturen, Durchflußgeschwindigkeiten, in einer evtl. sehr komplizierten und zunächst unübersehbaren Weise abhängen.

Der Produktionsprozeß, innerhalb eines gewissen Zeitabschnittes betrachtet, kann schematisch als System mit einer Eingangsgröße $\boldsymbol{x} = (\boldsymbol{x}^{(1)}, \dots, \boldsymbol{x}^{(k)})$ und einer Ausgangsgröße $\boldsymbol{y} = (\boldsymbol{y}^{(1)}, \dots, \boldsymbol{y}^{(m)})$ dargestellt werden (vgl. Abb. 1.2.1)

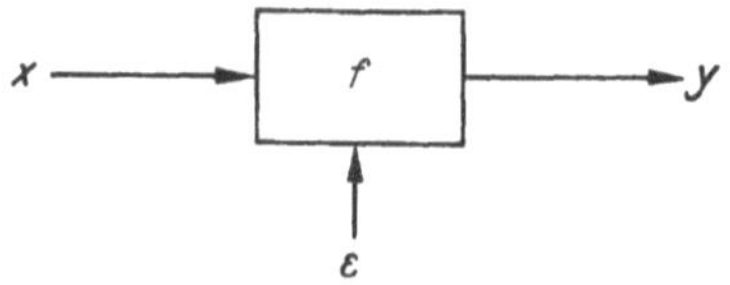

Abb. 1.2.1

Hierbei kann $\boldsymbol{y} = f(\boldsymbol{x})$ deterministisch durch eine Funktion f gegeben sein, die die Arbeitsweise des Systems, oder anders ausgedrückt, die Ursache-Wirkungs-Beziehung (UWB) zwischen $\boldsymbol{x}$ und $\boldsymbol{y}$ vollständig beschreibt. Im allgemeinen wirken aber auf $\boldsymbol{y}$ außerdem andere nicht bekannte oder unkontrollierbare Größen sowie Größen, die man als zufällig ansieht (Außentemperaturen, Meßgeräteungenauigkeiten, Luftfeuchtigkeit, Verunreinigungen, Einflüsse durch Abnutzung und Wartung). Beschreibt man die Gesamtheit dieser Größen durch $\boldsymbol{\varepsilon}$ (Fehlergröße), dann wäre die Beziehung zwischen $\boldsymbol{x}$ und $\boldsymbol{y}$ durch eine Funktion $\boldsymbol{y} = f(\boldsymbol{x}, \boldsymbol{\varepsilon})$ beschrieben. Zu einem Wert $x \in \mathcal{X}$ der Eingansgröße $\boldsymbol{x}$ gehört dann im allgemeinen kein eindeutig bestimmter Wert $y = f(x)$ der Ausgangsgröße sondern mehrere mögliche Werte $y_x = f(x, \varepsilon)$, die von den möglichen Werten $\varepsilon \in \mathcal{E}$ der Größe $\boldsymbol{\varepsilon}$ abhängen. Diese Funktion f, nach der der reale Prozeß abläuft, die also eine objektive Bedeutung als Naturgesetz oder technische Gesetzmäßigkeit hat, ist meist unbekannt. Man versucht, sie auf Grund theoretischer, physikalisch-chemischer und technischer Theorien oder Überlegungen und der Analyse von empirischen Daten oder Ergebnissen geeigneter Versuche zu bestimmen oder (falls dies nicht möglich ist) eine Funktion f^* zu konstruieren, die eine

Approximation bzw. Näherung oder ein geeignetes Bild der durch f gegebenen realen Ursache-Wirkungs-Beziehung darstellt.

Die zugehörige Gleichung $\boldsymbol{y} = f^*(\boldsymbol{x}, \boldsymbol{\varepsilon})$ oder auch die Funktion f^* wird oft ein mathematisches Modell (genauer eine funktionelle Struktur, vgl. 1.3) für die Ursache-Wirkungs-Beziehung genannt. Meist gehören zum Modell auch die Wertebereiche $\mathcal{X}$ und $\mathcal{Y}$ von $\boldsymbol{x}$ und $\boldsymbol{y}$ sowie die mathematische Beschreibung der Größe $\boldsymbol{\varepsilon}$.

Eine Möglichkeit zur mathematischen Beschreibung unkontrollierter oder unbekannter Größen ist ihre Darstellung als Zufallsgrößen. Man beschreibt dann die Fehlergröße $\boldsymbol{\varepsilon}$ durch eine Wahrscheinlichkeitsverteilung P über ihrem Wertebereich $\mathcal{E}$. Ergibt sich aus den theoretischen Überlegungen oder aus vorliegenden Erfahrungen, daß f eine bekannte Funktion $f_{\beta_0}(x, \varepsilon)$ ist, die von einem unbekannten Parameter β_0 abhängt, so wird man auf Grund der Daten oder Versuchsergebnisse den Wert von β_0 im Raum $\mathcal{B}$ der möglichen Werte des Parameters oder (falls dies nicht möglich ist) einen Schätzwert $\hat{\beta}$ für β_0 bestimmen. Man spricht von der Identifizierung des Modellparameters. $\hat{f} = f_{\hat{\beta}}$ ist dann eine Schätzung für f_{β_0}. Analog kann auch die Verteilung $P_{\varkappa_0}$ von $\boldsymbol{\varepsilon}$ bis auf einen Parameter $\varkappa_0$, der in einem Raum $\mathcal{K}$ liegt, bekannt sein.

Hier sieht man die Notwendigkeit einer Präzisierung des Modellbegriffes, da man beispielsweise zwischen der auf $\mathcal{B} \times \mathcal{X} \times \mathcal{E}$ definierten Funktion $f_\beta(\boldsymbol{x}, \boldsymbol{\varepsilon})$ und der für festen Parameterwert $\beta \in \mathcal{B}$ auf $\mathcal{X} \times \mathcal{E}$ definierten Funktion unterscheiden müßte. Die erste oder die dazu äquivalente Menge der Funktionen $\{f_\beta \mid \beta \in \mathcal{B}\}$ nennen wir ein funktionelles Modell und die zweite eine funktionelle Struktur. Wird für ein $\beta_0 \in \mathcal{B}$ die Ursache-Wirkungs-Beziehung durch f_{β_0} beschrieben, dann nennen wir β_0 „wahren Parameterwert" und f_{β_0} „wahre funktionelle Struktur". Analog nennen wir die auf $\mathcal{K}$ definierte Funktion $P_\varkappa$, deren Werte Verteilungen über $\mathcal{E}$ sind, bzw. die Menge der Verteilungen $\{P_\varkappa \mid \varkappa \in \mathcal{K}\}$ (Verteilungs-)„Modell" für die Größe $\boldsymbol{\varepsilon}$. Für festes $\varkappa \in \mathcal{K}$ ist $P_\varkappa$ eine (Verteilungs-) „Struktur" für $\boldsymbol{\varepsilon}$ und $P_{\varkappa_0}$ „wahre (Verteilungs-)Struktur" für $\boldsymbol{\varepsilon}$, falls $\boldsymbol{\varepsilon}$ als Zufallsgröße die Verteilung $P_{\varkappa_0}$ hat.

Häufig hat man f_β in der Form $f_\beta(x, \varepsilon) = \sum_{i=1}^{k} \beta_i g_i(x) + \varepsilon$ mit gewissen vorgegebenen Funktionen g_i und $\beta = (\beta_1, \dots, \beta_k)$. Setzt man wie üblich voraus, daß $\boldsymbol{\varepsilon}$ den Erwartungswert Null hat, dann stellt $\sum_{i=1}^{k} \beta_{i0} g_i(x)$ den Erwartungswert der zufälligen Ausgangsgröße $\boldsymbol{y}$ beim betrachteten chemischen Prozeß dar, falls x der Wert der Eingangsgröße $\boldsymbol{x}$ ist. Wenn die Funktionen f_β, $\beta \in \mathcal{B}$, zu kompliziert sind oder z. B. zu wenig Daten zur Identifizierung von β_0 vorhanden sind, oder wenn man keine parametrische Form für die wahre Struktur f_0 hat, dann ist es üblich, die Struktur f_0 durch eine Struktur f^* einfacher Form zu approximieren, wobei bewußt eine eventuelle Abweichung zwischen f_0 und f^* in Kauf genommen wird.

Gibt es ein $\beta_0 \in \mathcal{B}$, so daß die zugehörige Struktur f_{β_0} mit der wahren Struktur f_0 übereinstimmt, dann nennen wir $\{f_\beta \mid \beta \in \mathcal{B}\}$ ein adäquates Modell für die UWB. Gibt es solch ein $\beta_0 \in \mathcal{B}$ nicht, dann nennen wir das Modell inadäquat.

Die obige Darstellung zeigt bereits wichtige Probleme, die bei der statistischen Modellbildung auftreten:

1. Die Wahl eines geeigneten (adäquaten oder auch nichtadäquaten) funktionellen Modells für die UWB zwischen Ein- und Ausgangsgröße.
2. Die Wahl (Schätzung oder Identifizierung) einer geeigneten Struktur f (bzw. Wahl des zugehörigen Parameters $\hat{\beta}$), die den Produktionsprozeß mathematisch beschreibt.

Bei beiden Entscheidungen, besonders aber bei 1., wird man die vorhandenen empirischen Erfahrungen und auch subjektiven Vorstellungen der Fachleute sowie die vorhandenen Ergebnisse der Naturwissenschaften und der Technik verwenden, aber gleichzeitig die beobachteten Werte x_t, y_t, $t = 1, \ldots, n$, der Ein- und Ausgangsgröße auswerten. Solche Werte können auch bei gezielten Versuchen oder Beobachtungen der laufenden Produktionsprozesse beim chemischen Produktionsprozeß gewonnen werden. Über die Natur der Eingangsgröße wurde bisher nichts gesagt. Bei der laufenden Produktion sind viele der Kennziffern $x^{(i)}$ kontrollierbar und in einer bestimmten Weise festgelegt, wobei aber zu manchen Zeitpunkten einige der Kennziffern (z. B. Konzentrationen, Druck, Rührgeschwindigkeit, Katalysatorart) evtl. verändert werden.

Andere der Kennziffern $x^{(i)}$ aus x sind aber unkontrollierbar oder können als zufällig angesehen werden (z. B. Qualität von Rohstoffen).

Bei gezielten Versuchen wird die Eingangsgröße x_t zu den verschiedenen Zeitpunkten (oder Zeitintervallen i_t), $t = 1, \ldots, n$, in geeigneter Weise derart festgelegt, daß eine möglichst gute Modell- bzw. Strukturwahl auf der Grundlage der Beobachtung der Ausgangsgröße y_t erfolgen kann. Falls einige der Kennziffern $x_t^{(i)}$ nicht kontrollierbar sind und als zufällig angesehen werden können, wird man diese lediglich beobachten oder zumindest die Verteilung festlegen, nach der diese Kennziffern realisiert werden, falls dies möglich ist. Beispielsweise könnte der Erwartungswert $m_t^{(i)}$ von $x_t^{(i)}$ kontrollierbar sein und festgelegt werden.

Liegt eine deterministische UWB $\boldsymbol{y} = f(\boldsymbol{x})$ vor, dann kann man f häufig aus genügend vielen Beobachtungen x_t, y_t sehr genau bestimmen, z. B. wenn x eine reelle Größe und f ein Polynom k-ten Grades in x ist, dann ist f exakt bestimmbar, wenn mindestens $k + 1$ der Werte x_t voneinander verschieden sind.

Im Zusammenhang mit der Wahl des funktionellen Modells bzw. der Struktur ist auch die Wahl eines Modells bzw. einer Struktur für die Fehlergröße ε notwendig, denn die statistischen Eigenschaften des gewählten funktionellen Modells bzw. der Struktur für die UWB hängen von der Verteilung der Fehlergröße ε ab, insbesondere hängen die Werte y_t der Ausgangsgröße und damit die mit ihrer Hilfe gebildete funktionelle Struktur $\hat{f}$ von den Werten von ε zu den Zeitpunkten t ab. Die Bestimmung oder die Schätzung der Zuverlässigkeit der Approximation $\hat{f}$ für die wahre Struktur und die Prüfung von statistischen Modellhypothesen, beispielsweise die Prüfung der Hypothese der Adäquatheit eines funktionellen Modells, setzen im allgemeinen Kenntnisse über die Verteilung von $\boldsymbol{\varepsilon}$, also ein Modell $\{P_\varkappa \mid \varkappa \in \mathcal{K}\}$, d. h. Kenntnisse über die Verteilungsstruktur $P_\varkappa$ von $\boldsymbol{\varepsilon}$ voraus.

Ein besonderes Problem, das als Spezialfall der formulierten Problematik aufgefaßt werden kann, ist die Suche nach einem Teilvektor $\boldsymbol{x}^{[1]}$ der Eingangsgröße $\boldsymbol{x} = (\boldsymbol{x}^{[1]}, \boldsymbol{x}^{[2]})$, der möglichst wenig Komponenten enthalten soll, aber trotzdem eine hinreichend gute Beschreibung des Produktionsprozesses mit eingeschränkter Eingangsgröße $\boldsymbol{x}^{[1]}$ und mit evtl. erweiterter Fehlergröße $\boldsymbol{\varepsilon}^* = (\boldsymbol{\varepsilon}, \boldsymbol{x}^{[2]})$ ermöglicht (siehe Abb. 1.2.2).

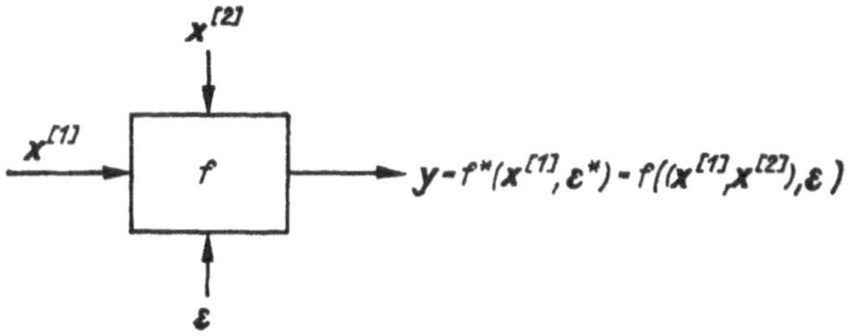

Abb. 1.2.2

Hier werden die Werte von $\boldsymbol{x}^{[2]}$ als Teil der Fehlergröße aufgefaßt. Dies ist das Problem der Wahl „wesentlicher Eingangsgrößen oder Einflußfaktoren".

Ein weiterer Spezialfall ist das Vorhersageproblem.

3. Für einen festen Wert x_* der Eingangsgröße $\boldsymbol{x}$ (oder für mehrere feste $x_*^{[j]}$) ist der entsprechende Wert y_* der Ausgangsgröße zu bestimmen (vgl. z. B. [2]).

Im Fall einer deterministischen UWB $y = f(x)$ ist $y_* = f(x_*)$ meist aus genügend vielen Beobachtungen exakt oder ausreichend genau bestimmbar. Im Fall einer nichtdeterministischen UWB muß sogar bei bekanntem f eine Abweichung zwischen Vorhersagewert $\hat{y}_*$ und betrachtetem (unbekannten) Wert $\boldsymbol{y}_* = f(x_*, \varepsilon_*)$ von $\boldsymbol{y}_* = f(x_*, \boldsymbol{\varepsilon})$ berücksichtigt werden, die vom Wert ε_* der Fehlergröße $\boldsymbol{\varepsilon}$ abhängt, und es wirkt sich auch die Zufälligkeit der Daten x_t, y_t aus, mit deren Hilfe der Vorhersagewert $\hat{y}_*$ bestimmt wird.

Die Berücksichtigung der Produktionsziele beim betrachteten chemischen Produktionsprozeß führt zu weiteren wichtigen Problemen:

4. Einhaltung bestimmter quantitativer und qualitativer Toleranzen: $\mathcal{X}$ sei eine Teilmenge von $\mathcal{Y}$, z. B.
$$\mathcal{X} = \{y \in \mathcal{Y} \mid a^{(j)} \leqq y^{(j)} \leqq b^{(j)},\ j = 1, \dots, m\}\ .$$
Es wird ein Wert x der Eingangsgröße $\boldsymbol{x}$ gesucht, für den die Ausgangsgröße mit möglichst großer Wahrscheinlichkeit in $\mathcal{X}$ liegt.

5. Maximierung bestimmter Ausgangsgrößen bzw. einer reellen Funktion von y oder des Mittelwertes dieser Funktion: $\varphi\colon \mathcal{Y} \to R^1$ sei eine auf $\mathcal{Y}$ definierte Funktion mit reellen Werten. Es ist ein Wert x der Eingangsgröße $\boldsymbol{x}$ gesucht, für den $\varphi(\boldsymbol{y})$ oder auch $E\varphi(\boldsymbol{y})$ maximal wird.

Ist f bekannt, dann führen 4. und 5. zu rein analytischen bzw. numerischen Problemen, die aber kompliziert sein können. Bei 5. muß unter Umständen der mathematische Apparat der Optimierungstheorie eingesetzt werden.

Bei unbekanntem f entsteht ein statistisches Problem. Das übliche zweistufige Vorgehen, erst eine geeignete Schätzung $\hat{f}$ der wahren Struktur zu suchen und dann ein geeignetes $x \in \mathcal{X}$ entsprechend der Zielstellung 4. und 5. zu suchen, ist im allgemeinen nicht das beste. Andererseits ist die direkte Bestimmung solch eines geeigneten x ohne den Umweg über ein Modell bzw. eine Struktur mit großen Schwierigkeiten verbunden.

Beispiel 1.2.2. Landwirtschaftliche Produktion

Bei Produktionsprozessen in der Landwirtschaft (z. B. Getreide- oder Futterproduktion) treten im Prinzip auch die am Beispiel 1.2.1 beschriebenen Probleme auf. Die Eingangsgrößen sind z. B. Saatmenge, Saattechnologie, Sorte, Bodenbeschaffenheit, Düngemittelsorte und -menge, Bearbeitungstechnologie, die Ausgangsgrößen z. B. Ertrag, Qualitätskennziffern und die Fehlergrößen: klimatische Bedingungen, Arbeitsausfall, Reparaturzeiten, unkontrollierbare Verzögerungen des Arbeitsablaufes, Schädlingsbefall usw.

Beispiel 1.2.3. Informationsübertragung und Signalerkennung

$\boldsymbol{x}(t)$ sei ein zeitabhängiges gesendetes Signal. Bei der Übertragung und beim Empfang des Signals tritt ein „Rauschen" $\boldsymbol{\varepsilon}(t)$ auf, so daß ein von der Störung $\boldsymbol{\varepsilon}(t)$ überlagertes Signal $\boldsymbol{y}(t)$ am Ausgang des Empfängers beobachtet wird. Es gilt also $\boldsymbol{y}(t) = h[\boldsymbol{x}(t), \boldsymbol{\varepsilon}(t)]$, wenn man Zeitverzögerungen vernachlässigt.

Ein Hauptproblem besteht hier in der Bestimmung des Signals $\boldsymbol{x}$ aus $\boldsymbol{y}$ oder allgemeiner in der Angabe eines $\hat{\boldsymbol{x}}$, das sich „möglichst wenig von $\boldsymbol{x}$ unterscheidet" (vgl. z. B. [2], [3]). Wir wollen hier annehmen, daß die Größe $\boldsymbol{x}$ das gesendete Signal und $\boldsymbol{y}$ das empfangene Signal darstellen, d. h., die Werte von $\boldsymbol{x}$ bzw. $\boldsymbol{y}$ sind Funktionen $x \in \mathcal{X}$ bzw. $y \in \mathcal{Y}$ mit Werten $x(t)$ bzw. $y(t) \in R^1 (t \in T)$. Weiterhin sei $\boldsymbol{\varepsilon}$ eine Zufallsgröße, deren Werte Funktionen sind. Die Werte dieser Funktionen sind $\varepsilon(t) \in R^1 (t \in T)$. Durch h ist eine funktionelle Struktur $\boldsymbol{y} = h(\boldsymbol{x}, \boldsymbol{\varepsilon})$ gegeben. Meist nimmt man an, daß $\boldsymbol{y}(t) = \boldsymbol{x}(t) + \boldsymbol{\varepsilon}(t)$ (also $\boldsymbol{y} = \boldsymbol{x} + \boldsymbol{\varepsilon}$) ist. In diesem Fall ist die funktionelle Struktur bekannt. Falls die Verteilungsstruktur von $\boldsymbol{\varepsilon}$ ebenfalls bekannt ist, kann man mit den Methoden der Signaltheorie geeignete „Filter" $\Phi: \mathcal{Y} \to \mathcal{X}$ finden, bei denen die Werte von $\hat{\boldsymbol{x}} = \Phi(\boldsymbol{y})$ in der Nähe von x liegen. Man sucht beispielsweise unter den durch $\hat{x}_c(t) = \int_{t-\Delta}^{t} c(t, \tau)\, y(\tau)\, d\tau$ gegebenen linearen Filtern mit endlichem Gedächtnis Δ ein Φ_0, das die mittlere quadratische Abweichung $E[\boldsymbol{x}(t) - \hat{\boldsymbol{x}}_c(t)]^2$ minimiert.

Meist ist aber die Verteilungsstruktur von $\boldsymbol{\varepsilon}$ unbekannt, und es wird ein Modell $\{P_\varkappa \mid \varkappa \in \mathcal{K}\}$ für $\boldsymbol{\varepsilon}$ angesetzt. Beispielsweise wird $P_\varkappa$ als Verteilung eines stationären Gaussschen Prozesses auf R^1 mit Erwartungswert Null und Korrelationsfunktion $\varkappa(t)$ angesetzt. $\mathcal{K}$ ist dabei die Menge der zugelassenen Korrelationsfunktionen. Ein üblicher Weg zur Schätzung des unbekannten Signals wäre dann die Schätzung $\hat{\varkappa}$ der wahren Korrelationsfunktion $\varkappa_0$, wodurch eine Schätzung $P_{\hat{\varkappa}}$ der wahren Verteilungsstruktur von $\boldsymbol{\varepsilon}$ gegeben ist, und die Bestimmung eines geeigneten Filters auf Grundlage der Verteilung $P_{\hat{\varkappa}}$ könnte sich anschließen.

Beispiel 1.2.4. Produktionsfunktionen

Der Ansatz von Produktionsfunktionen in der Ökonomie entspricht der Wahl eines Modells für UWB (vgl. z. B. [4]). Wir veranschaulichen dies am einfachsten Fall einer Produktionsperiode (Jahr) t der gesamten Volkswirtschaft. $\boldsymbol{x}_t$ sei der Vektor, der aus den Kennziffern

$\boldsymbol{x}_t^{(1)}$ Grundfonds

und

$\boldsymbol{x}_t^{(2)}$ Arbeitskräftezahl

besteht. y_t sei das Nationaleinkommen im Jahr t. Als funktionelles Modell für die UWB zwischen x_t und y_t wird oft eine sogenannte COBB-DOUGLAS-Produktionsfunktion

$$y_t = [x_t^{(1)}]^\alpha\,[x_t^{(2)}]^\beta\,\varepsilon_t$$

angesetzt, die wegen ihrer Einfachheit sicherlich als inadäquat angesehen werden muß. Wichtigste Probleme sind die geeignete Wahl der Parameter α und β, die Vorhersage des Nationaleinkommens y_t zu einem zukünftigen Zeitpunkt t für verschiedene Werte von x_t unter Verwendung bereits registrierter Werte vergangener Jahre $t = t_1, \dots, t_n$.

Beispiel 1.2.5. Regelungsprobleme in der Technik oder in der Ökonomie

Wir betrachten das in Abb. 1.2.3 dargestellte dynamische System (vgl. z. B. [5] oder [6]).

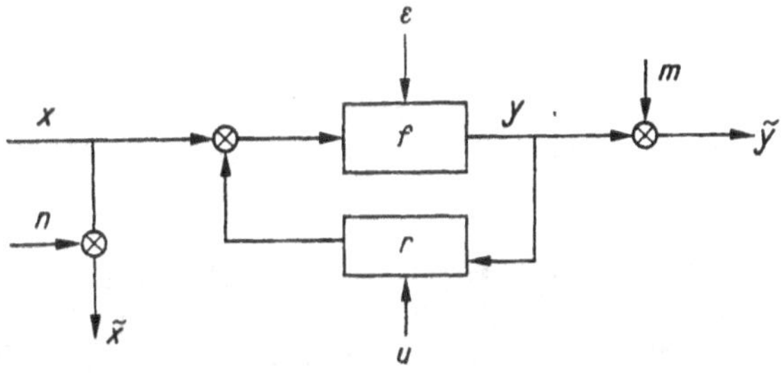

Abb. 1.2.3

Die eingezeichneten Größen haben dabei folgende Bedeutung:

x und y – unbeobachtbare Eingangs- bzw. Ausgangssignale,
$\tilde{x}$ und $\tilde{y}$ – von Fehlergrößen n, m (z. B. durch Meßgeräteungenauigkeit) überlagerte beobachtbare Signale,
u – Steuersignal,
ε – Fehlergröße (z. B. Einfluß einer zufälligen Umgebung),
f, r – Übertragungselemente.

Bezeichnen wir mit y_t den Wert von y im Zeitpunkt t (y_0 – Zustand des Systems zum Zeitpunkt $t = 0$) und mit $x^t = \{x_s \mid 0 < s < t\}$, u^t und ε^t die Realisierungen von x, u, ε im Zeitintervall $(0, t)$, dann erhalten wir y_t durch

$$y_t = \Phi(y_0, t, x^t, \varepsilon^t, u^t)\,.$$

Dabei sind y_t und x_t selbst nicht beobachtbar, sondern die durch Störungen überlagerten Größen $\tilde{y}_t$ und $\tilde{x}_t$:

$$\tilde{x}_t = x_t + n_t\,,$$
$$\tilde{y}_t = y_t + m_t\,.$$

Sind die Übertragungsfunktionen f und r unbekannt, so entsteht das Problem, auf Grund der Beobachtungen von $\tilde{y}$ und $\tilde{x}$ in einem gewissen Zeitintervall ein geeignetes Modell für sie anzusetzen und die Parameter zu identifizieren. So kann man beispielsweise eine Differentialgleichung mit unbekannten Parametern ansetzen und die unbekannten Parameter schätzen. Die Lösung dieser Aufgabe ist evtl. Voraussetzung für die nachfolgende optimale Steuerung (Wahl von u). Dieses Problem bietet bei geringen Zusatzinformationen über das System (Annahmen über f und r) große mathematische Schwierigkeiten. Schon im einfachen statischen Fall

$$y_t = \Phi_0(x_t, \varepsilon_t, u_t)\,,$$

in dem wir sog. funktionelle oder strukturelle Beziehungen erhalten, entstehen auf Grund der fehlerhaften Beobachtungen von Eingangs- und Ausgangsgrößen Identifizierbarkeitsprobleme (vgl. z. B. [7]).

1.3. Statistische Grundbegriffe

1.3.1. Struktur und Modell

Gemeinsame Aspekte der in 1.2 betrachteten Beispiele, wie auch vieler ähnlicher Probleme der Praxis, führen uns zur mathematischen Formulierung einiger Begriffe und Probleme. Es seien $(\mathcal{Y}, \mathfrak{A}_{\mathcal{Y}})$ und $(\mathcal{X}, \mathfrak{A}_{\mathcal{X}})$ zwei im weiteren fest vorgegebene meßbare Räume. Mit $\mathfrak{A}_{\mathcal{X}}$ werden wir immer eine σ-Algebra über der Menge $\mathcal{X}$ bezeichnen und für Borel-Mengen $\mathcal{X} \in \mathfrak{B}^n$ als $\mathfrak{A}_{\mathcal{X}}$ die σ-Algebra $\mathfrak{B}_{\mathcal{X}} := \{B \in \mathfrak{B}^n \mid B \subset \mathcal{X}\}$ ansetzen. In den Beispielen können $\mathcal{Y}$ als Wertebereich der abhängigen Variablen oder Ausgangsgröße $\boldsymbol{y}$ und $\mathcal{X}$ als Wertebereich der unabhängigen Variablen oder Eingangsgröße $\boldsymbol{x}$ gedeutet werden. Mit $\{(\mathcal{X}, \mathfrak{A}_{\mathcal{X}}) \to (\mathcal{Y}, \mathfrak{A}_{\mathcal{Y}})\}$ bezeichnen wir die Menge aller $\mathfrak{A}_{\mathcal{X}}$-$\mathfrak{A}_{\mathcal{Y}}$-meßbaren Funktionen $f\colon (\mathcal{X}, \mathfrak{A}_{\mathcal{X}}) \to (\mathcal{Y}, \mathfrak{A}_{\mathcal{Y}})$ mit dem Definitionsbereich $\mathcal{X}$ und Werten in $\mathcal{Y}$ (entsprechend bezeichnen wir Abbildungen zwischen anderen meßbaren Räumen).

Definition 1.3.1. *Eine Funktion $f \in \{(\mathcal{X}, \mathfrak{A}_{\mathcal{X}}) \to (\mathcal{Y}, \mathfrak{A}_{\mathcal{Y}})\}$ nennen wir eine deterministische funktionelle Struktur (für die* UWB *zwischen $\boldsymbol{x}$ und $\boldsymbol{y}$). Jede auf $\mathcal{X} \times \mathfrak{A}_{\mathcal{Y}}$ definierte Funktion S, die für festes $x \in \mathcal{X}$ ein Wahrscheinlichkeitsmaß auf $\mathfrak{A}_{\mathcal{Y}}$ und für festes $A \in \mathfrak{A}_{\mathcal{Y}}$ eine $\mathfrak{A}_{\mathcal{X}}$-meßbare Funktion ist, nennen wir eine Verteilungsstruktur oder v-Struktur (für die* UWB *zwischen $\boldsymbol{x}$ und $\boldsymbol{y}$).*

Definition 1.3.2. *Es sei $\mathfrak{M} = \{(\mathcal{E}, \mathfrak{A}_{\mathcal{E}}, P^{\varepsilon|x}) \mid x \in \mathcal{X}\}$ eine Familie von Wahrscheinlichkeitsräumen, wobei $\mathcal{E}$ als Wertebereich der Fehlervariablen oder Störgröße $\boldsymbol{\varepsilon}$ gedeutet werden kann und $P^{\varepsilon|x}$ eine v-Struktur für die Abhängigkeit der Zufallsgröße $\boldsymbol{\varepsilon}$ von $\boldsymbol{x}$ darstellt, d. h. $P^{\varepsilon|x}$ kann als Verteilung von $\boldsymbol{\varepsilon}$ gedeutet werden, unter der Bedingung, daß $\boldsymbol{x}$ den Wert x annimmt. Gilt $f \in \{(\mathcal{X} \times \mathcal{E}, \mathfrak{A}_{\mathcal{X}} \times \mathfrak{A}_{\mathcal{E}}) \to \to (\mathcal{Y}, \mathfrak{A}_{\mathcal{Y}})\}$, dann nennen wir das Paar $[f, \mathfrak{M}]$ eine funktionelle Struktur oder f-Struktur (für die* UWB *zwischen $\boldsymbol{x}$ und $\boldsymbol{y}$).*

Für jedes feste $x \in \mathcal{X}$ erzeugt eine f-Struktur eine Wahrscheinlichkeitsverteilung über $(\mathcal{Y}, \mathfrak{A}_{\mathcal{Y}})$ gemäß

$$P^{y|x}\{A\} = P^{\varepsilon|x}\{\varepsilon \in \mathcal{E} \mid f(x, \varepsilon) \in A\}\,, \qquad A \in \mathfrak{A}_{\mathcal{Y}}\,. \tag{1}$$

Also entspricht jeder f-Struktur eine v-Struktur. Andererseits gibt es unter gewissen Annahmen zu jeder v-Struktur $S = S(.\,,.)$ mindestens eine f-Struktur mit (1).

Man kann sie in vielen Fällen beispielsweise folgendermaßen konstruieren: Wir wählen $\mathcal{E} = \{(\mathcal{X}, \mathfrak{A}_{\mathcal{X}}) \to (\mathcal{Y}, \mathfrak{A}_{\mathcal{Y}})\}$, $\mathfrak{A}_{\mathcal{E}}$ als die von den „Zylindermengen"

$$A = \{g \in \mathcal{E} \mid g(x_i) \in B_i,\ i = 1, \dots, n\},\ (n = 1, 2, \dots;\ B_i \in \mathfrak{A}_{\mathcal{Y}})$$

erzeugte σ-Algebra und $P^{\varepsilon|x} = P^{\varepsilon}$ als das Wahrscheinlichkeitsmaß, das den Zylindermengen A den Wert

$$P^{\varepsilon}(A) = \prod_{i=1}^{n} S(x_i, B_i)$$

zuordnet. f kann dann durch

$$f(x, \varepsilon) = g(x) \qquad (x \in \mathcal{X}, \varepsilon = g \in \mathcal{E})$$

festgelegt werden.

Die Zuordnung von f-Strukturen zu gegebenen v-Strukturen ist nicht eindeutig. Erfüllt beispielsweise zu gegebener v-Struktur $[f, \mathfrak{M}]$ die Beziehung (1), so gilt dies auch für $[f^*, \mathfrak{M}^*]$ mit

$$\mathfrak{M}^* = \{(\mathcal{E} \times \Omega, \mathfrak{A}_{\mathcal{E}} \times \mathfrak{A}_{\Omega}, P^{\varepsilon|x} \times \nu) \mid x \in \mathcal{X}\}$$

mit beliebigem Wahrscheinlichkeitsraum $(\Omega, \mathfrak{A}_{\Omega}, \nu)$ und $f^*(\varepsilon^*) = f(\varepsilon)$ für $\varepsilon^* = (\varepsilon, \omega) \in \mathcal{E} \times \Omega$.

Wir geben noch ein einfaches Beispiel für diese Mehrdeutigkeit an. Es habe $\boldsymbol{y}$ als Verteilungsstruktur eine Normalverteilung: $\boldsymbol{y} \sim N(\mu, \sigma^2)$. Diese v-Struktur wird auch z. B. durch folgende f-Strukturen erzeugt:

$$\boldsymbol{y} = \mu + \sigma\boldsymbol{\varepsilon}, \qquad \boldsymbol{\varepsilon} \sim N(0, 1)$$

oder

$$\boldsymbol{y} = \mu + \sigma\Phi^{-1}(\boldsymbol{\eta}), \qquad \boldsymbol{\eta} \sim R(0, 1),$$

wobei Φ^{-1} die Umkehrfunktion zur Verteilungsfunktion der Standard-Normalverteilung und $R(0, 1)$ die Gleichverteilung über $(0, 1)$ bezeichnen.

Wir sehen also, daß eine f-Struktur eine UWB detaillierter beschreibt als eine v-Struktur. Durch eine f-Struktur wird explizit ausgedrückt, wie ein Zufallsmechanismus vermittels einer Fehlervariablen $\boldsymbol{\varepsilon}$ mit bekanntem Wertebereich $\mathcal{E}$ und gegebener Verteilung $p^{\varepsilon|x}$ gleichzeitig mit dem Wert von $\boldsymbol{x}$ auf $\boldsymbol{y}$ wirkt. Untersuchungen über eine gewisse Eindeutigkeit von linearen f-Strukturen bei gegebener v-Struktur bei von x unabhängigen Strukturen findet man in A. M. Kagan, J. V. Linnik und C. R. Rao [8]. Es ist in Anwendungen der Statistik, z. B. in der Regressionsanalyse oder der Theorie der linearen Modelle, üblich, in der Schreibweise nicht zwischen funktionellen Modellen und Verteilungsmodellen zu unterscheiden. Fast immer werden aber nur die Verteilungseigenschaften für die Analyse genutzt. Dies ist in dem Sinn günstig, daß die erhaltenen Verfahren robust gegenüber Abweichungen in der funktionellen Struktur (bei gleichbleibender Verteilungsstruktur) sind. In den nachfolgenden Kapiteln wird die funktionelle Struktur nur bei der Anwendung des Prinzips der „strukturellen Inferenz" ausgenutzt.

Wir kommen nun zur Definition eines Modells für eine UWB der beschriebenen Art, wobei selbstverständlich keine allgemeine Definition eines mathematischen Modells angestrebt wird, aber andererseits die in der Statistik, Systemtheorie und Ökonometrie üblichen Definitionen berücksichtigt werden sollen.

Definition 1.3.3. *Jede Menge Γ von Strukturen γ einer bestimmten Art (deterministische funktionelle Strukturen, f-Strukturen oder v-Strukturen) nennt man ein Modell. Entsprechend der Art der Elemente sprechen wir z. B. von einem deterministischen funktionellen Modell, einem f-Modell oder einem v-Modell. Es sei γ_0 eine feste Struktur, die wir wahre Struktur (der* UWB *zwischen $\boldsymbol{x}$ und $\boldsymbol{y}$) nennen. Dann heißt ein Modell Γ adäquat, falls $\gamma_0 \in \Gamma$ gilt.*

1.3.2. Beobachtungsmodelle und Versuchspläne

Es ist nur selten möglich, die Größen, zwischen denen eine UWB untersucht werden soll, direkt zu beobachten. Wie wir in den Beispielen gesehen haben, beobachtet man häufig Funktionsverläufe nur an diskreten Stellen oder die Beobachtungen sind von Fehlern überlagert. Das hat zur Folge, daß man die Begriffe Struktur und Modell für die interessierende UWB aber auch für den Zusammenhang zwischen den Beobachtungen benötigt.

Wir nehmen also an, die wahre Struktur γ_0 einer UWB soll in einem gegebenen Modell Γ auf Grund von Beobachtungen $(\boldsymbol{x}_t, \boldsymbol{y}_t)$, $t = 1, \dots, n$ identifiziert werden. Dazu müssen wir den Zusammenhang zwischen den Beobachtungen und der wahren Struktur definieren.

Wir setzen für die Beziehung zwischen $\boldsymbol{\xi} = (\boldsymbol{x}_1, \dots, \boldsymbol{x}_n)$ und $\boldsymbol{\eta} = (\boldsymbol{y}_1, \dots, \boldsymbol{y}_n)$ ein Modell $\mathfrak{W}$ an, dessen Elemente w Strukturen darstellen (in dem im Abschnitt 1.3.1 definierten Sinn einer UWB zwischen $\boldsymbol{\eta}$ und $\boldsymbol{\xi}$). Die „wahre" Struktur in $\mathfrak{W}$ bezeichnen wir mit w_0. Wie schon anfangs diskutiert, brauchen im allgemeinen die Modelle oder Strukturen für die Beobachtungen nicht mit den Modellen oder Strukturen für die UWB übereinzustimmen. So interessieren wir uns im Beispiel 1.2.5 für eine Struktur für die UWB zwischen $\boldsymbol{x}$ und $\boldsymbol{y}$, haben aber als Beobachtungen gewisse Werte der Größen $\tilde{\boldsymbol{x}}$ und $\tilde{\boldsymbol{y}}$ und zwischen diesen Werten sicherlich eine andere Struktur. Beide Strukturen müssen in einem geeigneten Zusammenhang stehen.

Der Zusammenhang zwischen γ_0 und w_0 sei folgendermaßen beschrieben: Es ist eine Menge $\mathfrak{Z} \subset \Gamma \times W$ gegeben, in der das Paar (γ_0, w_0) liegt. Eine solche Menge kann parametrisch durch eine Menge Θ und eine Funktion $\varphi: \Theta \to [\Gamma \times W]$ beschrieben werden mit $\mathfrak{Z} = \varphi(\Theta) := \{\varphi(\vartheta) \mid \vartheta \in \Theta\}$. Das Paar (Θ, φ) heißt Parametrisierung des Zusammenhangs zwischen Beobachtungsmodell und UWB-Modell. Ein Wert ξ der Größe $\boldsymbol{\xi}$ heißt Versuchsplan. Den Mechanismus, nach dem ξ erzeugt wird, nennen wir Versuchsplanung.

Wir unterscheiden drei Arten der Versuchsplanung:

a) Aktive direkte Versuchsplanung: Dabei wird ξ aus der vorgegebenen Menge Ξ von Versuchsplänen gewählt und festgelegt.
b) Aktive indirekte Versuchsplanung: Dabei wird ein Mechanismus gewählt, durch den ξ in zufälliger Weise innerhalb Ξ realisiert wird (randomisierter Versuchsplan), d. h., eine Verteilung v über Ξ wird ganz oder teilweise festgelegt.
c) Passive Versuchsplanung: Die Realisierung von ξ ist nicht beeinflußbar, ξ wird beobachtet.

Jedem festen Versuchsplan ξ entspricht eine Einschränkung des Beobachtungsmodells: War nämlich im ursprünglichen Beobachtungsmodell der Wertebereich für ξ die Menge Ξ, so haben wir nach Festlegung eines Versuchsplanes ξ die Strukturen nur noch auf der einelementigen Menge $\{\xi\}$ zu betrachten. Hatten wir eine Beobachtungsstruktur $w = [f_w, \mathfrak{M}_w]$ vorgegeben, so betrachten wir nun die Einschränkung dieser Struktur: $w_\xi = [f_w^\xi, \mathfrak{M}_w^\xi]$, die aus w durch Ersetzung von Ξ durch $\{\xi\}$ entsteht. $\mathfrak{W}_\xi = \{w_\xi \mid w \in \mathfrak{W}\}$ *heißt auf den Versuchsplan* ξ *eingeschränktes Beobachtungsmodell.* Im Fall der aktiven direkten Versuchsplanung kann man anstreben, ξ so zu wählen, daß die Entscheidungs- oder

Inferenzverfahren bei vorliegendem Beobachtungsmodell $\mathfrak{W}_\xi$ besonders günstige Eigenschaften haben (vgl. Kapitel 8). Im Fall der aktiven indirekten Versuchsplanung kann man z. B. die Verteilung über Ξ so wählen, daß im Mittel günstige Eigenschaften vorliegen.

1.3.3. Beispiele

Beispiel 1.3.1. Wir betrachten eine deterministische UWB zwischen Größen $\boldsymbol{x}$ und $\boldsymbol{y}$ mit reellen Werten ($\mathcal{X} = \mathcal{Y} = R^1$, $x \in \mathcal{X}$), bei der für $\boldsymbol{x} = x$ der Wert $y = \beta_1^0 + \beta_2^0 x$ von $\boldsymbol{y}$ durch eine lineare Funktion festgelegt ist. Hierfür könnte man kurz γ_0: $\boldsymbol{y} = \beta_1^0 + \beta_2^0\boldsymbol{x}$ schreiben. Die Funktion $f_0(x) = \beta_1^0 + \beta_2^0 x$ nennen wir wie oben „wahre" deterministische funktionelle Struktur. Jede andere reelle Funktion f wäre eine deterministische funktionelle Struktur und jede Menge Γ solcher Funktionen ein deterministisches f-Modell für die betrachtete UWB, z. B. die Menge

$$\Gamma_0 = \{f_\beta \mid f_\beta(x) = \beta_1 + \beta_2 x,\ \beta = (\beta_1, \beta_2) \in R^2\} \tag{2}$$

der linearen Funktionen. Da die wahre Struktur in Γ_0 enthalten ist, stellt (2) ein adäquates Modell dar, das wir kurz auch

$$\boldsymbol{y} = f_\beta(\boldsymbol{x}) \qquad (\beta \in R^2)$$

schreiben können. Wäre die UWB durch eine nichtlineare Funktion gegeben (z. B. $\boldsymbol{y} = \boldsymbol{x}^2$), dann wäre (2) nicht adäquat.

Ist die wahre Struktur f_{β_0} unbekannt und Γ_0 ein adäquates Modell, dann könnte man f_{β_0} exakt bestimmen, falls Beobachtungen y_1, y_2 der Werte von $\boldsymbol{y}$ bei verschiedenen Werten x_1 und x_2 von $\boldsymbol{x}$ vorhanden wären:

$$\beta_1^0 = (x_2 - x_1)^{-1}\,(x_1 y_1 + x_2 y_2)\,, \qquad \beta_2^0 = (x_2 - x_1)^{-1}\,(y_2 - y_1)\,.$$

Dies ist im allgemeinen nicht mehr möglich, wenn die Werte $f_{\beta_0}(x_t)$ der Größe $\boldsymbol{y}$ bei $\boldsymbol{x} = x_t$ $(t = 1, \dots, n_\xi)$ nur mit einem zufälligen Fehler $\boldsymbol{\varepsilon}_t$ überlagert beobachtet werden können, wenn also die Beobachtungen von der Form $y_t = f_{\beta_0}(x_t) + \varepsilon_t$ sind.

Während im ersten Fall ein Beobachtungsmodell

$$\eta = \begin{pmatrix} \boldsymbol{y}_1 \\ \vdots \\ \boldsymbol{y}_{n_\xi} \end{pmatrix} = \begin{pmatrix} 1 & \boldsymbol{x}_1 \\ \vdots & \vdots \\ 1 & \boldsymbol{x}_{n_\xi} \end{pmatrix} \begin{pmatrix} \beta_1 \\ \beta_2 \end{pmatrix} = G^\xi \beta \qquad (\beta \in R^2) \tag{3}$$

(f-Modell für die UWB zwischen Versuchsplan ξ und Beobachtungsvektor η) adäquat wäre, müßten im zweiten Fall Annahmen über den Beobachtungsfehler gemacht werden, z. B. könnte vorausgesetzt werden, daß die Zufallsgrößen $\boldsymbol{\varepsilon}_t$ unabhängig sind und die gleiche feste Verteilung Q_0 mit Erwartungswert Null besitzen. Dann kann man die durch

$$w_0 = w_{\beta_0, Q_0}: \begin{cases} \eta = G^\xi \beta_0 + \boldsymbol{\varepsilon}^\xi \\ \boldsymbol{\varepsilon}^\xi = (\boldsymbol{\varepsilon}_1, \dots, \boldsymbol{\varepsilon}_{n_\xi})' \sim Q_0^{n_\xi} = Q_0 \times \cdots \times Q_0 \end{cases} \tag{4}$$

definierte f-Struktur als wahre Beobachtungsstruktur ansehen. Ein adäquates f-Beobachtungsmodell wäre durch

$$\mathfrak{W} = \{w_{\beta,Q} \mid \eta = G^\xi \beta + \boldsymbol{\varepsilon}^\xi,\ \boldsymbol{\varepsilon}^\xi \sim Q^{n_\xi},\ (\beta, Q) \in R^2 \times \mathcal{Q}\} \tag{5}$$

definierbar, falls $Q_0 \in \mathcal{Q}$ gilt.

Der Zusammenhang zwischen der wahren Struktur γ_0 und der wahren Beobachtungsstruktur w_0 ist oben (und wird analog bei den nachfolgenden Beispielen) in einer parametrisierten Form beschrieben:

$$(\gamma_0, w_0) \in \mathfrak{Z} = \{(f_\beta, w_{\beta,Q}) \mid (\beta, Q) \in R^2 \times \mathcal{Q}\}\,,$$

falls das adäquate Modell Γ_0 für die UWB zwischen $\boldsymbol{x}$ und $\boldsymbol{y}$ verwendet wird.

$\mathcal{Q}$ könnte z. B. als Menge aller Normalverteilungen $N(0, \sigma^2)$ $(\sigma^2 > 0)$ angesetzt werden. Beim Beobachtungsmodell kann man auch einen Zusammenhang zwischen β und Q vermittels einer Teilmenge T von $R^2 \times \mathcal{Q}$ einführen:

$$\mathfrak{W} = \{w_{\beta,Q} \mid (\beta, Q) \in T\} .$$

Bei $(\beta_0, Q_0) \in T$ ist auch dieses Modell adäquat. Es könnte z. B. $T = \{(\beta, Q^\beta) \mid \beta \in R^2\}$ mit $Q^\beta \in \mathcal{Q}$ $(\beta \in R^2)$ sein, d. h. die zugelassenen Verteilungen Q^β der Fehler ε_t hängen von β ab.

Es ist jedoch bei den meisten Anwendungen üblich, ein Modell ohne Abhängigkeit zwischen β und Fehlerverteilung anzusetzen.

Die zur f-Struktur $w_{\beta,Q}$ gehörige v-Struktur ist

$$S_{\beta,Q}(\xi, A) = Q^{n_\xi}\{A - G^\xi\beta\} \quad (\xi \in \Xi, A \in \mathfrak{B}^{n_\xi}) , \tag{6}$$

wobei $A - G^\xi\beta$ die Translation der Menge A in $\{x = z - G^\xi\beta \mid z \in A\}$ bezeichnet. Das zu (5) gehörige v-Modell ist durch $\{S_{\beta,Q} \mid (\beta, Q) \in R^2 \times \mathcal{Q}\}$ gegeben.

Beispiel 1.3.2 (Normales lineares Modell). Wir betrachten eine nichtdeterministische UWB zwischen einer Größe $\boldsymbol{x}$ mit Werten in $\mathcal{X} \subseteq R^k$ und einer reellen Größe $\boldsymbol{y}$, bei der sich aus $\boldsymbol{x} = x$ eine Normalverteilung $N(x'\beta_0, \tau_0^2)$ für die Werte von $\boldsymbol{y}$ ergibt. Die wahre v-Struktur für die UWB ist also S_0, wobei $S_0(x, \cdot)$ für $x \in R^k$ die Verteilung $N(x'\beta_0, \tau_0^2)$ darstellt. Nehmen wir an, daß bei vorgegebenem Versuchsplan $\xi = (x_1, \dots, x_{n_\xi})$ die Beobachtungen $\boldsymbol{y}_t$ bei der obigen UWB noch einen überlagerten normalverteilten Beobachtungsfehler enthalten, also z. B. $\boldsymbol{y}_t = \boldsymbol{u}_t + \boldsymbol{v}_t$ mit $\boldsymbol{u}_t \sim N(x_t'\beta_0, \tau_0)$ und $\boldsymbol{v}_t \sim N(0, \omega_0)$ gilt, dann könnte die wahre v-Beobachtungsstruktur W_{β_0, Λ_0} sein, wobei Λ_0 eine auf der Menge Ξ aller Versuchspläne $\xi = (x_1, \dots, x_{n_\xi})$ definierte Funktion mit Werten $\Lambda^\xi \in \mathfrak{M}_{n_\xi}^{>}$ $(\xi \in \Xi)$ ist und $W_{\beta_0, \Lambda_0}(\xi, \cdot)$ für festes $\xi \in \Xi$ eine n_ξ-dimensionale Normalverteilung $N_{n_\xi}(G^\xi\beta_0, \Lambda^\xi)$ mit

$$G^\xi = \big((x_{ti})\big)_{i=1,\dots,k}^{t=1,\dots,n_\xi} \tag{7}$$

sind. Bezeichnet $\mathcal{O}$ eine Menge von auf Ξ definierten Funktionen Λ mit Werten $\Lambda^\xi \in \mathfrak{M}_{n_\xi}^{\geq}$, dann ist $\mathfrak{B} = \{W_{\beta,\Lambda} \mid \beta \in R^k, \Lambda \in \mathcal{O}\}$ ein v-Beobachtungsmodell für die UWB zwischen ξ und $\boldsymbol{\eta}$, wobei die v-Strukturen $W_{\beta,\Lambda}$ analog wie W_{β_0,Λ_0} definiert sind. $\mathcal{O}$ könnte beispielsweise die Menge aller Funktionen $\sigma^2\Lambda\big(\sigma^2 \in R^> = (0, \infty)\big)$ mit einer festen Funktion Λ sein. Die Einschränkung $\mathfrak{B}_\xi$ bei einem festen Versuchsplan ξ führt zum (eingeschränkten) v-Modell

$$\mathfrak{B}_\xi = \{W_{\beta,\sigma^2\Lambda^\xi} \mid (\beta, \sigma) \in R^k \times R^>\} ,$$

das man kurz

$$N[\mathcal{R}(G^\xi) \times V_{\Lambda^\xi}] = \{N_{n_\xi}(G^\xi\beta, \sigma^2\Lambda^\xi) \mid (\beta, \sigma) \in R^k \times R^>\} \tag{8}$$

mit

$$\mathcal{R}(G) = \{G\beta \mid \beta \in R^k\} , \qquad V_{\Lambda^\xi} = \{\sigma^2\Lambda^\xi \mid \sigma \in R^>\}$$

schreiben könnte. Ein zugehöriges eingeschränktes f-Beobachtungsmodell wäre

$$\boldsymbol{\eta} = G^\xi\beta + \boldsymbol{\varepsilon} , \qquad \boldsymbol{\varepsilon} \sim N_{n_\xi}(0, \sigma^2\Lambda^\xi) \quad (\beta \in R^k, \sigma \in R^>) . \tag{9}$$

(8) bzw. (9) nennt man normales lineares Modell.

Beispiel 1.3.3 (Lineares Modell). Wir betrachten eine UWB zwischen einer Größe $\boldsymbol{x}$ (auch Regressor genannt) mit Werten in $\mathcal{X}$ und einer Größe $\boldsymbol{y}$ (auch Regressand genannt) mit Werten in $\mathcal{Y}_x = R^1$ $(x \in \mathcal{X})$, bei der sich aus $\boldsymbol{x} = x$ eine Verteilung $S_0(x, \cdot)$ auf $\mathfrak{B}^1$ mit Erwartungswert

$$\varphi(x) = \beta_0'g(x) = \sum_{j=1}^{k} \beta_{0j}g_j(x)$$

(φ wird auch quasilineare Regressionsfunktion genannt) ergibt, wobei $\beta_0 \in R^k$ und g: $\mathcal{X} \to R^k$ ist. S_0 ist die wahre v-Struktur. Als durch den Versuchsplan $\xi = (x_1, \dots, x_{n_\xi})$ eingeschränktes v-Beobachtungsmodell wäre ein Modell

$$\mathfrak{W}_\xi = \{Q_{\beta, \Omega, \varkappa} \mid (\beta, \Omega, \varkappa) \in R^k \times \mathcal{V}^\xi \times \mathcal{K}^\xi\} \tag{10}$$

denkbar, bei dem $Q_{\beta, \Omega, \varkappa}$ eine Verteilung auf $\mathfrak{B}^n$ mit Erwartungsvektor $G^\xi \beta$,

$$G^\xi = \left((g_j(x_t))\right)_{j=1,\dots,k}^{t=1,\dots,n_\xi},$$

und Kovarianzmatrix Ω ist. Ergibt $\{Q_{\beta, \Omega, \varkappa} \mid \varkappa \in \mathcal{K}^\xi\}$ die Menge aller derartigen Verteilungen, dann verwenden wir die Bezeichnung

$$[\mathcal{R}(G^\xi) \times \mathcal{V}^\xi]. \tag{11}$$

Besteht $\mathfrak{W}_\xi$ aus allen Normalverteilungen in (11), so verwenden wir die Bezeichnung

$$N[\mathcal{R}(G^\xi) \times \mathcal{V}^\xi].$$

Das spezielle Modell $[\mathcal{R}(G^\xi) \times \mathcal{V}_{\Lambda^\xi}]$ mit

$$\mathcal{V}_{\Lambda^\xi} = \{\sigma^2 \Lambda^\xi \mid \sigma \in R^>\}$$

bei einem festen $\Lambda^\xi \in \mathfrak{M}_{n_\xi}^{\geq}$ nennen wir univariates lineares Modell. In der Literatur verwendet man diese Bezeichnung auch (oder auch lineares Regressionsmodell) für das eingeschränkte f-Modell

$$\eta = G^\xi \beta + \varepsilon, \quad E\varepsilon = 0, \quad D\varepsilon = \sigma^2 \Lambda^\xi, \quad (\beta \in R^k, \sigma^2 > 0), \tag{12}$$

das zum v-Modell $[\mathcal{R}(G^\xi) \times \mathcal{V}_{\Lambda^\xi}]$ führt, wobei aber bei der Schätz- und Testtheorie linearer Modelle tatsächlich nur die Eigenschaften des v-Modells verwendet werden.

Beispiel 1.3.4 (Lineares Modell mit stochastischen Regressoren). Ist der Versuchsplan ξ als Realisierung einer Zufallsgröße $\boldsymbol{\xi}$ mit Werten in der Menge Ξ_n aller Versuchspläne

$$\xi = (x_1, \dots, x_n) \quad (x_i \in \mathcal{X} \subset R^m, i = 1, \dots, n) \tag{13}$$

aufzufassen, die einen Erwartungswert $\xi_0 \in \Xi$ hat, und interessiert (wie z. B. bei aktiver randomisierter Versuchsplanung) die UWB zwischen $\boldsymbol{\xi}_0$ und η, dann ist ein auf $\{\xi_0\}$ eingeschränktes f-Beobachtungsmodell der Form

$$\begin{gathered}\eta = G^{\xi_0 + \varepsilon^*} \beta + \varepsilon, \qquad \varepsilon^* = (\varepsilon_1^*, \dots, \varepsilon_n^*) = \left((\varepsilon_{jt}^*)\right)_{t=1,\dots,n}^{j=1,\dots,k}, \\ E\varepsilon^* = 0, \quad E\varepsilon = 0, \quad E\varepsilon^* \varepsilon' = 0, \quad D\varepsilon^* = \Omega, \quad (\beta \in R^k, D\varepsilon \in \mathcal{V})\end{gathered} \tag{14}$$

an Stelle von (12) oder das entsprechende v-Modell an Stelle von (10) anzusetzen.

Beispiel 1.3.5 (Gemischte lineare Modelle). Wird bei der im Beispiel 1.3.3 betrachteten UWB mit quasilinearer Regressionsfunktion angenommen, daß sich bei der Beobachtung von $\boldsymbol{y}$ bei Werten x_t von $\boldsymbol{x}$ dem Koeffizientenvektor β_0 ein zufälliger Fehler ε^* überlagert, dann wäre z. B. als auf $\{\xi\}$ eingeschränktes f-Beobachtungsmodell

$$\begin{gathered}\eta = G^\xi(\beta + \varepsilon^*) + \varepsilon \\ E\varepsilon^* = 0, \quad E\varepsilon = 0, \quad E\varepsilon^* \varepsilon' = 0, \quad i = 1, \dots, k, \quad j = 1, \dots, n, \\ (\beta \in R^k, D\varepsilon^* \in \mathcal{U}, \quad D\varepsilon \in \mathcal{V})\end{gathered} \tag{15}$$

bei Annahme unkorrelierter zufälliger Fehler ε, ε^* anzusetzen. Bei Beschreibung durch das entsprechende v-Modell würde man

$$[\mathcal{R}(G^\xi) \times \widetilde{\mathcal{V}}]$$

mit

$$\widetilde{\mathcal{V}} = \{G^\xi \Omega G^{\xi\prime} + \Lambda \mid \Omega \in \mathcal{U}, \Lambda \in \mathcal{V}\}$$

ansetzen. (15) bzw. das obige v-Modell nennen wir gemischtes lineares Modell.

Beispiel 1.3.6 (Funktionalbeziehungen bzw. lineares Modell mit Fehlern in den Regressoren). Bei manchen praktischen Problemstellungen wird eine quasilineare deterministische UWB zwischen einer Größe $\boldsymbol{z}$ mit Werten in $\mathfrak{Z} \subset R^m$ und einer Größe $\boldsymbol{y}$ mit Werten in $\mathcal{Y}_z = R^1$ $(z \in \mathfrak{Z})$ von der Form

$$\boldsymbol{y} = \beta_0' g(z) \qquad (\beta_0 \in R^k,\ g\colon \mathfrak{Z} \to R^k)$$

betrachtet, bei der sowohl $\boldsymbol{y}$ als auch $\boldsymbol{z}$ nur mit überlagertem zufälligem Fehler beobachtet werden können, d. h., man beobachtet Werte

$$x_t = z_t + \varepsilon_t^*, \qquad \eta_t = y_t + \varepsilon_t = \beta_0' g(z_t) + \varepsilon_t .$$

In diesem Fall wäre unter der Annahme, daß die Zufallsgrößen $\boldsymbol{\varepsilon}_t^*$, $\boldsymbol{\varepsilon}_t$ den Erwartungswert Null haben, die wahre f-Struktur für die UWB zwischen dem beobachtbaren „Versuchsplan" $\xi = (\boldsymbol{x}_1, \dots, \boldsymbol{x}_n)$ mit $\boldsymbol{x}_t = z_t + \boldsymbol{\varepsilon}_t^*$ und dem Beobachtungsvektor $\boldsymbol{\eta} = (\boldsymbol{\eta}_1, \dots, \boldsymbol{\eta}_n)'$ durch

$$\boldsymbol{\eta} = G^{\xi - \boldsymbol{\varepsilon}^*} \beta_0 + \boldsymbol{\varepsilon} \tag{16}$$

gegeben, wobei $\boldsymbol{\varepsilon}^* = (\boldsymbol{\varepsilon}_1^*, \dots, \boldsymbol{\varepsilon}_n^*)$ eine zufällige $(m \times n)$-Matrix mit Erwartungswert Null und $\boldsymbol{\varepsilon}$ ein n-dimensionaler Zufallsvektor mit Erwartungsswert Null sind.

Beispiel 1.3.7. Wir betrachten eine UWB relativ allgemeiner Art, die die vorangegangenen Beispiele als Spezialfälle, aber auch andere Fälle (z. B. nichtlineare Regressionsmodelle) umfaßt. Für festen Wert $x \in \mathcal{X}$ von $\boldsymbol{x}$ sei die Verteilung der Werte $y \in \mathcal{Y} = R^p$ von $\boldsymbol{y}$ durch

$$S_{f_0, P_0}(x, A) = P_0\big(A - f_0(x)\big) \qquad (A \in \mathfrak{B}^p)$$

gegeben, wobei $f_0\colon \mathcal{X} \to R^p$ und P_0 eine Verteilung auf $\mathfrak{B}^p$ ist. Ist $\mathcal{F}$ eine Menge von Funktionen $f\colon \mathcal{X} \to \mathcal{Y}$ und $\mathcal{P}$ eine Menge von Verteilungen auf $\mathfrak{B}^p$, dann ist

$$\Gamma = \{S_{f,P} \mid f \in \mathcal{F},\ P \in \mathcal{P}\} \tag{17}$$

ein v-Modell für die UWB, das bei $f_0 \in \mathcal{F}$, $P_0 \in \mathcal{P}$ adäquat ist. Die Funktionen f nennt man Regressionsfunktionen, wobei für festes $x \in \mathcal{X}$ der Wert $f(x)$ einen sogenannten Lokationsparameter der Verteilung $S_{f,P}(x, \cdot)$ darstellt. Haben die Verteilungen $P \in \mathcal{P}$ den Erwartungswert Null, dann ist $f(x)$ der Erwartungswert von $\boldsymbol{y}$, und haben sie den Median 0, dann ist $f(x)$ der Median von $\boldsymbol{y}$. Nehmen wir an, daß bei den Beobachtungen η_t bei $\boldsymbol{x} = x_t$ $(t = 1, \dots, n)$ jeweils unabhängig derselbe Zufallsmechanismus wirkt wie bei der UWB zwischen $\boldsymbol{x}$ und $\boldsymbol{y}$, dann wäre ein auf $\{\xi = (x_1, \dots, x_n)\}$ eingeschränktes v-Beobachtungsmodell $\mathfrak{W} = \{w_{f,P} \mid f \in \mathcal{F},\ P \in \mathcal{P}\}$ vernünftig, bei dem

$$w_{f,P}(\xi, A) = Q^{\xi}_{f,P}(A) \qquad (A \in \mathfrak{B}_{\mathfrak{M}_{n\times p}})$$

$$\left[Q^{\xi}_{f,P}(\cdot) = \mathop{\times}_{t=1}^{n} S_{f,P}(x_t, \cdot)\right]$$

ist. Hierbei sind für festen Versuchsplan ξ die Werte von $\boldsymbol{\eta} = (\eta_1, \dots, \eta_n)'$ $(n \times p)$-Matrizen. Ein spezielles v-Modell dieser Art erhält man ausgehend vom f-Beobachtungsmodell

$$\boldsymbol{\eta} = G^{\xi} B + \boldsymbol{\varepsilon}, \quad B \in \mathfrak{M}_{k\times p}, \quad E\boldsymbol{\varepsilon} = 0_{n\times p}, \quad D\boldsymbol{\varepsilon} \in \mathcal{V}^p_{I_n} = \{\Sigma \otimes I_n \mid \Sigma \in \mathfrak{M}_q^{\geq}\} . \tag{18}$$

Man nennt dieses Modell ein multivariates lineares Modell, und wir schreiben hierfür auch

$$[\mathfrak{M}^p(G^{\xi}) \times \mathcal{V}^p_{I_n}]$$

mit

$$\mathfrak{M}^p(G^{\xi}) = \{G^{\xi} B \mid B \in \mathfrak{M}_{k\times p}\} .$$

1.4. Statistische Inferenz- und Entscheidungsprobleme bei der Modellbildung

1.4.1. Schätzprobleme

Wir werden zunächst ein statistisches Entscheidungsproblem (vgl. [16], [17], [18]) definieren.

Es sei D eine Menge, die wir Entscheidungsraum nennen und deren Elemente d wir als Entscheidungen interpretieren wollen.

Definition 1.4.1. *Ein Tripel $[\mathcal{P}, D, V]$, bei dem $\mathcal{P} = \{P_\vartheta \mid \vartheta \in \Theta\}$ ein Verteilungsmodell für eine Zufallsgröße $\boldsymbol{y}$ mit Werten in $\mathcal{Y}$, D eine Menge und V eine Abbildung $V: \Theta \times D \to \mathfrak{M}_r^{\geqq}$ ist, nennen wir ein statistisches Entscheidungsproblem. Jede Funktion $\delta: \mathcal{Y} \to D$ heißt statistische Entscheidungsfunktion.*

Die Werte $V(\vartheta_0, d)$ interpretieren wir als „Verlust", der bei der Entscheidung d eintritt, falls der wahre Parameterwert ϑ_0 ist.

In diesem Abschnitt werden wir das Problem der Parameterschätzung als Entscheidungsproblem formulieren und Kriterien zur Charakterisierung der Güte entsprechender Schätzfunktionen diskutieren. Damit erhalten wir einen Ausgangspunkt zur Konstruktion und Untersuchung der verschiedenen Schätzverfahren.

Definition 1.4.2.

1. *Eine Abbildung $\gamma: \Theta \to \Gamma$ heißt Parameterfunktion. Ihre Werte $\gamma(\vartheta)$ heißen Parameter.*
2. *Eine meßbare Funktion $t: (Y, \mathfrak{A}_Y) \to (\mathcal{E}, \mathfrak{A}_{\mathcal{E}})$ heißt Statistik. Für $\mathcal{E} = \Gamma$ wird eine Statistik t auch Schätzfunktion (kurz: SF) oder Schätzung für γ genannt. Hier verwendet man γ als Bezeichnung für den wahren Parameter $\gamma(\vartheta_0)$, falls keine Verwechslung mit der Parameterfunktion γ möglich ist.*

Ein Problem der Parameterschätzung ist ein statistisches Entscheidungsproblem mit Γ als Entscheidungsraum. Schätzfunktionen sind Entscheidungsfunktionen in einem derartigen statistischen Entscheidungsproblem. Zur Auswahl einer geeigneten Entscheidungsfunktion sind wie bei jedem statistischen Entscheidungsproblem verschiedene mehr oder weniger heuristisch begründete und evtl. durch gewisse mathematische Axiomensysteme ableitbare Kriterien anzuwenden, wobei bei festgelegten Kriterien jeweils eine eindeutig bestimmte Entscheidungsfunktion oder auch eine Klasse von Entscheidungsfunktionen, die dem Kriterium genügen, festgelegt ist. Für eine Diskussion der verschiedenen Kriterien und Hinweise zur Festlegung eines bestimmten Kriteriums bei verschiedenen praktischen Situationen verweisen wir auf [10], [16].

Im Rahmen der Mathematischen Statistik werden Methoden zur Konstruktion solcher Entscheidungsfunktionen für verschiedene Kriterien bereitgestellt und deren Eigenschaften untersucht.

Im folgenden formulieren wir mehrere Kriterien (insbesondere auch mit reellwertigen oder matrizenwertigen Risikofunktionen) für die Auswahl von SF, wobei wir uns zunächst zur Vereinfachung auf vektorielle Parameter ($\Gamma \subset R^l$) beschränken. $\mathfrak{D}$ bezeichne eine gegebene Klasse von SF.

Definition 1.4.3.

1. *Eine SF δ heißt erwartungstreu für γ, falls*

$$E_\vartheta \delta = \gamma(\vartheta) \qquad (\vartheta \in \Theta) \tag{1}$$

gilt. Hierbei benutzen wir die Bezeichnung

$$E_\vartheta \boldsymbol{\delta} = E_\vartheta \boldsymbol{\delta}(\boldsymbol{Y}) = \int_{\mathcal{Y}} \boldsymbol{\delta}(y)\, P_\vartheta(\mathrm{d}y)\,.$$

(Bei einer Schreibweise der Form (1) *wird gleichzeitig ausgedrückt, daß der Erwartungswert* $E_\vartheta \boldsymbol{\delta}$ *existiert.) Entsprechend verwenden wir auch*

$$D_\vartheta \boldsymbol{\delta} = E_\vartheta(\boldsymbol{\delta} - E_\vartheta \boldsymbol{\delta})\,(\boldsymbol{\delta} - E_\vartheta \boldsymbol{\delta})'\,.$$

2. *Eine* SF $\delta^* \in \mathcal{D}$ *heißt (gleichmäßig) beste* SF *in* $\mathcal{D}$ *bezüglich der Risikofunktion* $R: \Theta \times \mathcal{D} \to \mathfrak{M}_r^{\geqq}$, *falls* $\delta^* \leqq \delta$ *für alle* $\delta \in \mathcal{D}$ *gilt. Hierbei bedeutet* $\delta_1 \leqq \delta_2$ *(*δ_1 *ist nicht schlechter als* δ_2*), daß die Differenz der Risiken* $R(\vartheta, \delta_2) - R(\vartheta, \delta_1)$ *positiv semidefinit ist:* $R(\vartheta, \delta_1) \leqq R(\vartheta, \delta_2)$ $(\vartheta \in \Theta)$.
   a) *Ist speziell*
   $$R(\vartheta, \delta) = E_\vartheta(\boldsymbol{\delta} - \gamma(\vartheta))\,(\boldsymbol{\delta} - \gamma(\vartheta))' =: M_\vartheta \boldsymbol{\delta}, \tag{2}$$
   dann nennen wir kurz δ^* *eine beste* SF *in* $\mathcal{D}$.
   b) *Ist* $\mathcal{D}_e$ *die Klasse der erwartungstreuen* SF, *dann heißt eine beste* SF *in* $\mathcal{D}_e$ *auch beste erwartungstreue* SF *(Abkürzung:* BUE).
   c) *Ist* $\mathcal{Y} = R^n$ *und* $\mathcal{D}_e^L$ *die Klasse der* SF δ *der Form* $\delta(y) = Ay$ $(y \in R^n)$ *bzw.* $Ay + a$ *mit* $A \in \mathfrak{M}_{l \times n}$ *bzw.* $a \in R^l$, *so heißt eine beste* SF *in* $\mathcal{D}_e^l$ *auch beste lineare bzw. inhomogene lineare erwartungstreue* SF (BLUE *bzw.* BILUE).

Übliche Risikofunktionen sind u. a. $R(\vartheta, \delta) = |M_\vartheta \boldsymbol{\delta}|$ oder

$$\operatorname{sp}\,[M_\vartheta \boldsymbol{\delta}] = \sum_{i=1}^{k} E_\vartheta(\boldsymbol{\delta}_i - \gamma_i(\vartheta))^2\,.$$

Man beachte, daß für erwartungstreue SF δ immer $M_\vartheta \boldsymbol{\delta} = D_\vartheta \boldsymbol{\delta}$ gilt.

Definition 1.4.4.

1. *Eine* SF $\delta^* \in \mathcal{D}$ *heißt zulässig in* $\mathcal{D}$ *bezüglich der Risikofunktion* R, *falls kein* $\delta \in \mathcal{D}$ *mit*
   $$R(\vartheta, \delta) \leqq R(\vartheta, \delta^*) \qquad (\vartheta \in \Theta) \tag{3}$$
   und $R(\vartheta_*, \delta) - R(\vartheta_*, \delta_*) > 0$ *für mindestens ein* $\vartheta_* \in \Theta$ *existiert.*
2. *Eine* SF δ_* *heißt Minimax-*SF *in* $\mathcal{D}$, *falls gilt*
   $$\sup_{\vartheta \in \Theta} R(\vartheta, \delta_*) \leqq \sup_{\vartheta \in \Theta} R(\vartheta, \delta) \qquad \text{für alle } \delta \in \mathcal{D} \tag{4}$$
   (zur Definition von sup *vgl.* [A 3.41]).
3. *Ist* π *eine Verteilung über* Θ *(a priori Verteilung) und ist für jedes* $\delta \in \mathcal{D}$ *das sog. gemischte Risiko*
   $$R[\pi, \delta] = \int_{\Theta} R(\vartheta, \delta)\, \pi(\mathrm{d}\vartheta)$$
   definiert, dann heißt ein $\delta_\pi \in \mathcal{D}$ *mit*
   $$R[\pi, \delta_\pi] \leqq R[\pi, \delta]\,, \qquad \delta \in \mathcal{D} \tag{5}$$
   eine BAYES*sche* SF *in* $\mathcal{D}$ *bezüglich* π. δ_π *heißt* ε*-*BAYES*sch für ein* $\varepsilon > 0$, *falls gilt*
   $$R[\pi, \delta_\pi] \leqq R[\pi, \delta] + \varepsilon\,, \qquad \delta \in \mathcal{D}\,.$$

4. *Ist $\mathcal{P}$ durch ein σ-endliches Maß μ dominiert: $\mathcal{P} \ll \mu$ und bezeichnet $p_\vartheta(y)$ die Dichte von P_ϑ bezüglich μ, dann heißt eine* SF δ *mit*

$$p_{\delta(y)}(y) = \max_{\vartheta \in \Theta} p_\vartheta(y) \qquad (y \in \mathcal{Y})$$

*eine Maximum-Likelihood-Schätzfunktion. Für einen Parameter $\gamma(\vartheta)$ definieren wir dann durch $\gamma(\delta)$ eine Maximum-Likelihood-*SF.

Bei den obigen Optimalitätsbegriffen werden wir den Zusatz „in $\mathcal{D}$" weglassen, wenn wir die Klasse $\mathcal{D}$ aller SF δ betrachten, für die das Risiko $R(\vartheta, \delta)$ $(\vartheta \in \Theta)$ definiert ist.

Im Kapitel 2 werden wir BILUE und BUE für lineare Parameter bei linearen Modellen und im Kapitel 7 Bayessche und Minimax-SF für „normale" lineare Modelle ableiten und ihre Eigenschaften untersuchen. Weiterhin werden wir in den Kapiteln 3 und 4 bei vorgegebenen speziellen Risikofunktionen R und speziellen Annahmen über den Parameterraum Θ in einem gewissen Sinne verbesserte nichterwartungstreue SF konstruieren.

Soll anstelle eines Wertes $\gamma \in \Gamma$ die Entscheidung eine Teilmenge $B \subset \Gamma$ sein, die den Parameter γ in gewissem Sinn mit möglichst großer Wahrscheinlichkeit enthält, ist das Entscheidungsproblem als Problem der Bereichsschätzung zu formulieren:

Definition 1.4.5. *Ist D eine Klasse von Teilmengen von Γ und $\delta: \mathcal{Y} \to D$ eine Entscheidungsfunktion mit*

$$A_\vartheta = \{y \in \mathcal{Y} \mid \gamma(\vartheta) \in \delta(y)\} \in \mathfrak{A}_y \qquad (\vartheta \in \Theta)\,,$$

dann heißt δ eine Bereichsschätzfunktion für γ (kurz: BSF). *Eine* BSF δ *mit*

$$P_\vartheta(\gamma(\vartheta) \in \delta(y)) = P_\vartheta(A_\vartheta) \geqq \alpha \qquad (\vartheta \in \Theta) \tag{6}$$

heißt α-Bereichsschätzfunktion (α-BSF) *oder Konfidenzbereich zum Konfidenzkoeffizienten α. Gilt in* (6) *das Gleichheitszeichen für alle $\vartheta \in \Theta$, dann heißt δ exakt. Für festes $y \in \mathcal{Y}$ heißt $\delta(y)$ Schätzbereich* (SB).

Die Güte von BSF kann man durch ihre Größe charakterisieren. Hierzu verwendet man eine Funktion $\varrho: D \to R^{\geqq}$ mit

$$\varrho[A] \leqq \varrho[B] \qquad \text{für} \qquad A \subseteq B;\, A, B \in D\,,$$

die Größenfunktion genannt wird. Bei $D \subseteq \mathfrak{B}^l$ kann ϱ z. B. das Lebesguesche Maß auf $\mathfrak{B}^l$ oder auch die „Breite"

$$\varrho[A] = \sup\,\{||a - a'|| \mid a, a' \in A\}$$

sein.

Im folgenden wird vorausgesetzt, daß die Funktionen $\varrho[\delta(y)] = r(y)$ $\mathfrak{A}_{\mathcal{Y}}$-meßbar sind.

Definition 1.4.6.

1. *Eine* BSF δ *heißt ϱ-besser als δ', wenn*

$$P_\vartheta(\gamma(\vartheta) \in \delta(y)) \geqq P_\vartheta(\gamma(\vartheta) \in \delta'(y)) \qquad (\vartheta \in \Theta)\,, \tag{7}$$

$$P_\vartheta(\varrho[\delta(y)] \leqq \varrho[\delta'(y)]) = 1 \qquad (\vartheta \in \Theta) \tag{8}$$

gilt und wenn für ein $\vartheta \in \Theta$ *in* (7) *das Gleichheitszeichen oder aber*

$$P_\vartheta(\varrho[\delta(y)] < \varrho[\delta'(y)]) > 0 \qquad (\vartheta \in \Theta)$$

gilt. Steht in (7) *und* (8) *das Gleichheitszeichen, dann heißt* δ ϱ*-äquivalent zu* δ'.

2. δ *heißt im Mittel* ϱ*-besser als* δ', *wenn* (7) *und*

$$E_\vartheta \varrho[\delta(y)] \leqq E_\vartheta \varrho[\delta'(y)] \qquad (\vartheta \in \Theta) \tag{9}$$

gilt und wenn in (7) *oder* (9) *für ein* $\vartheta \in \Theta$ *die Ungleichheit gilt. Steht in* (7) *und* (9) *das Gleichheitszeichen, dann heißt* δ *im Mittel* ϱ*-äquivalent zu* δ'.

3. *Ist* $\mathfrak{D}$ *eine Klasse von* BSF *für* γ, *dann heißt* $\delta \in \mathfrak{D}$ ϱ*-zulässig bzw. im Mittel* ϱ*-zulässig in* $\mathfrak{D}$, *falls es keine* ϱ*-bessere bzw. im Mittel* ϱ*-bessere* BSF *in* $\mathfrak{D}$ *gibt.* δ *heißt* ϱ*-optimal bzw.* ϱ*-optimal im Mittel in* $\mathfrak{D}$, *falls* (7), (8) *bzw.* (7), (9) *für jedes* $\delta' \in \mathfrak{D}$ *gilt.*

In der statistischen Theorie wird sehr häufig eine andere Art des Vergleiches von BSF verwendet, die den Optimalitätsbegriffen der Testtheorie (vgl. Definition 1.4.6) entspricht, aber heuristisch weniger interessant scheint.

Neben der Wahrscheinlichkeit $P_\vartheta(\gamma(\vartheta) \in \delta(y))$ für eine Überdeckung des „wahren" Parameters $\gamma(\vartheta)$ spielt die Wahrscheinlichkeit $f_\delta(\vartheta, \tilde{\vartheta}) = P_\vartheta(\gamma(\tilde{\vartheta}) \in \delta(y))$ für die Überdeckung eines („nicht wahren") Parameters $\gamma(\tilde{\vartheta})$ eine Rolle.

Definition 1.4.7. *Eine* BSF δ *heißt* $\mathcal{P}$*-besser als die* BSF δ', *falls* (7) *und*

$$f_\delta(\vartheta, \tilde{\vartheta}) \leqq f_{\delta'}(\vartheta, \tilde{\vartheta}) \qquad (\vartheta, \tilde{\vartheta} \in \Theta,\ \vartheta \neq \tilde{\vartheta}) \tag{10}$$

gelten und wenn in (7) *für ein* $\vartheta \in \Theta$ *oder in* (10) *für ein Paar* $\vartheta, \tilde{\vartheta} \in \Theta$ *die Ungleichheit gilt. Steht in* (7) *und* (10) *das Gleichheitszeichen, dann heißt* δ $\mathcal{P}$*-äquivalent zu* δ'. $\mathcal{P}$*-Zulässigkeit und* $\mathcal{P}$*-Optimalität sind dann analog wie* ϱ*-Zulässigkeit bzw.* ϱ*-Optimalität definiert.*

1.4.2. Hypothesenprüfung

Das Problem der Modellprüfung ist ein spezielles Problem der Hypothesenprüfung. Die entsprechenden Grundbegriffe sind in der folgenden Definition erfaßt (vgl. [19], [20]):

Definition 1.4.8.

1. *Es sei* $\Theta_H \subset \Theta$, $\alpha \in [0, 1]$ *und* $\mathfrak{B}_{[0,1]}$ *die Klasse der* Borel*-Mengen in* [0, 1]. *Eine Statistik* $\varphi\colon (\mathcal{Y}, \mathfrak{A}_y) \to ([0, 1], \mathfrak{B}_{[0,1]})$ *heißt Testfunktion zur Prüfung der Hypothese* H: „$\vartheta_0 \in \Theta_H$" *zum Signifikanzniveau* α (*kurz*: α*-Test*), *falls für die sogenannte Gütefunktion* $\beta_\varphi(\vartheta) = E_\vartheta \varphi$ *gilt*

$$\beta_\varphi(\vartheta) \leqq \alpha\,, \qquad \vartheta \in \Theta_H\,. \tag{11}$$

Die Menge aller dieser α*-Tests sei* $\mathfrak{D}_\alpha$. *Ein Test der Form* $\varphi(y) = I_{A_y}(y)$ *heißt nichtrandomisierter Test, wobei* A_y *kritischer Bereich genannt wird.* $\mathcal{Y} \setminus A_y$ *wird Annahmebereich genannt.*

2. *Es sei $\Theta_K \subseteq \Theta \setminus \Theta_H$ und $\mathcal{D}^* \subseteq \mathcal{D}_\alpha$. Ein α-Test $\varphi_* \in \mathcal{D}^*$ zur Prüfung der Hypothese H heißt gleichmäßig bester α-Test in $\mathcal{D}_*$ bezüglich der alternativen Hypothese K: „$\vartheta_0 \in \Theta_K$“, falls*
$$\beta_{\varphi_*}(\vartheta) \geqq \beta_\varphi(\vartheta) \qquad (\vartheta \in \Theta_K, \varphi \in \mathcal{D}^*) \tag{12}$$
gilt.
3. *Ein α-Test φ heißt unverfälscht, falls*
$$\beta_\varphi(\vartheta) \geqq \alpha \qquad (\vartheta \in \Theta_K)$$
gilt.
4. *Gilt $\mathcal{P} \ll \mu$ und bezeichnet p_ϑ eine μ-Dichte von P_ϑ, dann heißt ein Test, bei dem $\varphi(y) = 1$ ist, falls mit*
$$\varrho_y(\vartheta) = p_\vartheta(y) \,/\, \max_{\vartheta \in \Theta} p_\vartheta(y)$$
die „Bewertung“ $\varrho_y(H) := \max_{\vartheta \in \Theta_H} \varrho_y(\vartheta)$ (vgl. 1.4.3) der Hypothese H hinreichend klein ist und sonst $\varphi(y) = 0$ gesetzt wird, Likelihood-Quotienten-Test für die Hypothese H: „$\vartheta_0 \in \Theta_H$“ gegen die Alternative K: „$\vartheta_0 \in \Theta_K = \Theta \setminus \Theta_H$“.
5. *Ein α-Test $\varphi_* \in \mathcal{D}^*$ heißt Maximin-α-Test in $\mathcal{D}^*$, falls*
$$\inf_{\vartheta \in \Theta_K} \beta_{\varphi_*}(\vartheta) \geq \inf_{\vartheta \in \Theta_K} \beta_\varphi(\vartheta) \qquad (\varphi \in \mathcal{D}^*)$$
gilt.
6. *Ein α-Test $\varphi_* \in \mathcal{D}^*$ heißt strengster α-Test in $\mathcal{D}^*$, falls für die maximale Güte $\beta(\vartheta) = \max_{\varphi \in \mathcal{D}^*} \beta_\varphi(\vartheta)$ gilt*
$$\sup_{\vartheta \in \Theta_K} \left(\beta(\vartheta) - \beta_{\varphi_*}(\vartheta)\right) = \min_{\varphi \in \mathcal{D}^*} \left(\sup_{\vartheta \in \Theta_K} \beta(\vartheta) - \beta_\varphi(\vartheta)\right).$$
7. *Ein α-Test $\varphi_* \in \mathcal{D}^*$ heißt zulässig in $\mathcal{D}^*$, falls es kein $\varphi \in \mathcal{D}^*$ mit $\beta_\varphi(\vartheta) \leqq \beta_{\varphi_*}(\vartheta)$ $(\vartheta \in \Theta_H)$ und $\beta_\varphi(\vartheta) \geqq \beta_{\varphi_*}(\vartheta)$ $(\vartheta \in \Theta_K)$ gibt, wobei bei mindestens einer der Ungleichungen für mindestens ein ϑ echte Ungleichheit gilt.*

Wir haben ein Entscheidungsproblem mit zwei Entscheidungen d_0 und d_1. Der Wert $\varphi(y)$ einer Testfunktion für festes $y \in \mathcal{Y}$ wird als die bedingte Wahrscheinlichkeit für die Wahl der Entscheidung d_1 := „Ablehnung der Hypothese H“ und folglich $1 - \varphi(y)$ als Wahrscheinlichkeit für die Wahl von d_0 := „Annahme von H“ gedeutet. Die Gütefunktion gibt dann die unbedingte Wahrscheinlichkeit für die Wahl der Entscheidung d_1 unter der Voraussetzung einer Verteilung P_ϑ für $\boldsymbol{y}$ an. Mit Ausnahme besonders einfacher Probleme, z. B. bei einelementigen Mengen Θ_H und Θ_K, man spricht dann von einfachen Hypothesen H bzw. K, oder bei sogenannten monotonen Testproblemen (vgl. [19]) gibt es meistens keinen gleichmäßig besten α-Test in $\mathcal{D}_\alpha$. Ähnlich wie bei der Suche nach besten SF sucht man in solchen Fällen einen gleichmäßig besten α-Test in einer eingeschränkten Klasse $\mathcal{D}^* \subset \mathcal{D}_\alpha$, z. B. in der Klasse der unverfälschten α-Tests. Zeigt das Testproblem gewisse Symmetrien, so daß es gegenüber einer bestimmten Gruppe von Transformationen von $\mathcal{Y}$ invariant bleibt, so gibt es heuristische Gründe, sich auf die Menge $\mathcal{D}_\alpha^i$ der invarianten α-Tests zu beschränken.

Zur Einführung der entsprechenden Begriffe gehen wir von einem Modell

$$\mathcal{P} = \{P_\vartheta \mid \vartheta \in \Theta\}$$

aus.

G sei eine Gruppe von eineindeutigen Transformationen $g\colon (\mathcal{Y}, \mathfrak{A}_y) \to (\mathcal{Y}, \mathfrak{A}_y)$ von $\mathcal{Y}$ auf sich. Für jede Teilmenge $\mathfrak{P} \subset \mathcal{P}$ sei

$$\mathfrak{P}^g = \{P^g \mid P \in \mathfrak{P}\}$$

die Menge von Verteilungen

$$P^g(A) = P(g^{-1}A) \qquad (A \in \mathfrak{A}_y)\,. \tag{13}$$

Definition 1.4.9.

1. *Ein Testproblem der oben beschriebenen Art heißt invariant gegenüber G, falls für jedes $g \in G$*

$$\mathfrak{P}_H^g = \mathfrak{P}_H\,, \qquad \mathfrak{P}_K^g = \mathfrak{P}_K \tag{14}$$

gilt, wobei

$$\mathfrak{P}_H := \{P_\vartheta \mid \vartheta \in \Theta_H\}\,, \qquad \mathfrak{P}_K := \{P_\vartheta \mid \vartheta \in \Theta_K\}$$

gesetzt ist.

2. *Eine Abbildung $T\colon \mathcal{Y} \to \mathcal{Y}$ heißt invariant gegenüber G, falls*

$$T(gy) = T(y) \qquad (g \in G,\, y \in \mathcal{Y}) \tag{15}$$

gilt. T heißt maximal-invariant, falls aus $T(y) = T(y')$ für $y, y' \in \mathcal{Y}$ die Existenz eines $g \in G$ mit $y = gy'$ folgt.

3. *$\mathcal{D}_\alpha^i$ bezeichne die Menge der invarianten α-Tests. Ein $\varphi_* \in \mathcal{D}_\alpha^i$ heißt gleichmäßig bester invarianter α-Test, falls es ein gleichmäßig bester α-Test in $\mathcal{D}_\alpha^i$ ist.*

Invariante α-Tests für „lineare" Hypothesen

$$H\colon „G^\xi B \in \mathcal{L}"$$

($\mathcal{L}$ linearer Unterraum von $\mathfrak{M}^p(G^\xi)$) in normalen linearen Modellen $N[\mathfrak{M}^p(G^\xi) \times V_\Lambda^p] = \{P_\vartheta \mid \vartheta = (B, \Sigma, \varkappa) \in \Theta\}$ bei verschiedenartigen Alternativen K werden im Kapitel 5 untersucht.

1.4.3. Likelihood-Prinzip, Bayessche Auffassung und das Prinzip der strukturellen Inferenz

1. Es sei $\boldsymbol{y}$ eine Zufallsgröße und $\mathcal{P} = \{P_\vartheta \mid \vartheta \in \Theta\}$ ein adäquates parametrisiertes Verteilungsmodell für $\boldsymbol{y}$, d. h., für ein $\vartheta_0 \in \Theta$ ist P_{ϑ_0} die Verteilung von $\boldsymbol{y}$. In den späteren Kapiteln verzichten wir im Anschluß an die übliche Schreibweise auf die Unterscheidung zwischen ϑ und ϑ_0, sofern keine Mißverständnisse entstehen können. Es besteht die Aufgabe, auf Grund der Kenntnis von $\mathcal{P}$ und einer Beobachtung „$\boldsymbol{y} = y$" Aussagen über den Wert ϑ_0 zu treffen. Dies kann beispielsweise durch Angabe einer gewissen Bewichtung für die möglichen Parameterwerte geschehen, die nach verschiedenen Prinzipien festgelegt werden

kann. Ein derartiges, zunächst nur intuitiv begründetes Prinzip ist das Likelihood-Prinzip (vgl. z. B. [9] und [10]).

Ist $\mathcal{P}$ durch ein σ-endliches Maß μ dominiert: $\mathcal{P} \ll \mu$ und bezeichnet $p_\vartheta(y)$ eine feste Dichte von P_ϑ bezüglich μ, dann wird nach der Beobachtung „$\boldsymbol{y} = y$" für ϑ eine Bewichtung

$$\varrho_y(\vartheta) = l_y(\vartheta) \,/\, \max_{\vartheta \in \Theta} l_y(\vartheta) \tag{16}$$

angesetzt (die Existenz des Maximums vorausgesetzt), wobei $l(\vartheta)$, die sogenannte „*Likelihood-Funktion*", durch

$$l_y(\vartheta) = p_\vartheta(y)$$

definiert ist.

2. Bei der BAYESschen Auffassung (vgl. z. B. [11] und [12]) geht man von der Kenntnis oder Vorgabe einer *a priori Verteilung* Π auf $\mathfrak{A}_\Theta$ aus und postuliert, daß bei Vorliegen einer Beobachtung „$\boldsymbol{y} = y$" die neue Bewertung für ϑ durch die *a posteriori Verteilung* $P^{\boldsymbol{\vartheta}|y}$ gegeben sein soll. $P^{\boldsymbol{\vartheta}|y}$ ist als bedingte Verteilung von $\boldsymbol{\vartheta}$ unter der Bedingung „$\boldsymbol{y} = y$" gegeben, wobei $(\boldsymbol{y}, \boldsymbol{\vartheta})$ als Zufallsgröße aufgefaßt wird, bei der $\boldsymbol{\vartheta}$ die Randverteilung Π hat und die bedingte Verteilung von $\boldsymbol{y}$ unter der Bedingung „$\boldsymbol{\vartheta} = \vartheta$" durch P_ϑ gegeben sein soll. Bei $\Theta \subset R^n$, $\mathfrak{A}_\Theta = \mathfrak{B}_\Theta$ sind die Verteilungen $P^{\boldsymbol{\vartheta}|y}$ bekanntlich $[\mathfrak{A}_Y, \mathcal{P}^{\boldsymbol{y}}]$-eindeutig (d. h. höchstens mit Ausnahme von Werten y in einer $\mathcal{P}^{\boldsymbol{y}}$-Nullmenge aus $\mathfrak{A}_Y$) bestimmt. Ist Π durch ein σ-endliches Maß ν auf $\mathfrak{A}_\Theta$ dominiert und bezeichnet p_ϑ wie oben eine μ-Dichte von P_ϑ und bezeichnet π die ν-Dichte von Π, so hat $P^{\boldsymbol{\vartheta}|y}$ die ν-Dichte

$$p(\vartheta \mid y) = l_y(\vartheta)\, \pi(\vartheta)\, [\textstyle\int \pi(\vartheta)\, l_y(\vartheta)\, \nu(\mathrm{d}\vartheta)]^{-1}\,,$$

die von der Likelihood-Funktion $l_y(\vartheta)$ abhängt.

Bei vielen Problemen liegt in der Wahl der a priori Verteilung eine gewisse Willkür. Es hat für die spätere mathematische Behandlung von Entscheidungsproblemen Vorteile, a priori Verteilungen aus sogenannten konjugierten Familien zu wählen. Bei der Definition solcher Familien nimmt man an, daß $(\boldsymbol{\vartheta}, \boldsymbol{y}) = \xi_\Pi$ eine Zufallsgröße ist, bei der P_ϑ die bedingte Verteilung von $\boldsymbol{y}$ unter der Bedingung „$\boldsymbol{\vartheta} = \vartheta$" ist und die Randverteilung von $\boldsymbol{\vartheta}$ durch Π gegeben ist. Dann heißt eine Familie Π von Verteilungen über $(\Theta, \mathfrak{A}_\Theta)$ konjugiert, falls zu jedem $\Pi \in \Pi$ und für jedes $y \in \mathcal{Y}$ bei ξ_Π die bedingte Verteilung von $\boldsymbol{\vartheta}$ unter der Bedingung „$\boldsymbol{y} = y$" durch ein $\Pi_y \in \Pi$ (a posteriori Verteilung) gegeben ist (zur Konstruktion konjugierter Familien vgl. [A 3.39]). Da bei Kenntnis der a posteriori Verteilung BAYESsche Schätzfunktionen oft leicht bestimmt werden können (vgl. [A 3.36] und [A 3.28]–[A 3.31]), werden wir uns im Abschnitt 7.2, der sich der Ableitung BAYESscher Schätzungen für lineare Parameter widmet, wesentlich mit der Konstruktion konjugierter Familien bei linearen Modellen befassen.

Bei der Analyse von UWB und speziell bei Problemen der Versuchsplanung muß man die Definition einer konjugierten Familie allgemeiner fassen:

Wird eine Menge Ξ von Versuchsplänen vorgegeben und ein entsprechendes $\boldsymbol{\nu}$-Beobachtungsmodell

$$\mathcal{P} = \{w_\vartheta \mid \vartheta \in \Theta\}$$

($w_\vartheta(\xi, \cdot)$ ist dabei für jedes $\xi \in \Xi$ eine Verteilung über $(\mathcal{Y}, \mathfrak{A}_\mathcal{Y})$, vgl. 1.3) vorausgesetzt, dann wird angenommen, daß $\xi_\Pi^\xi = (\boldsymbol{\vartheta}, \boldsymbol{y})$ eine Zufallsgröße ist, bei der $w_\vartheta(\xi, \cdot)$ die bedingte Verteilung von $\boldsymbol{y}$ unter der Bedingung „$\boldsymbol{\vartheta} = \vartheta$" ist und die Randverteilung von $\boldsymbol{\vartheta}$ durch Π gegeben ist. Π ist dann eine (bezüglich $\mathcal{P}$) *konjugierte Familie* von a priori Verteilungen, falls für beliebige $\Pi \in \Pi$, $\xi \in \Xi$, $y \in \mathcal{Y}$ bei ξ_Π^ξ die bedingte Verteilung von $\boldsymbol{\vartheta}$ unter „$\boldsymbol{y} = y$" durch ein $\Pi_y^\xi \in \Pi$ gegeben ist. Gibt es in Π eine Ordnungsrelation $\prec$, bei der

$$\Pi_y^\xi \prec \Pi \quad (\Pi \in \Pi, \ y \in \mathcal{Y}, \xi \in \Xi)$$

gilt, dann kann man $\Pi \prec \Pi'$ derart deuten, daß Π „weniger Unbestimmtheit" bzw. „mehr Information" über den unbekannten wahren Parameter ϑ_0 ausdrückt als Π'. Hiermit kann man in natürlicher Weise eine in Π am wenigsten informative oder „*nichtinformative a priori Verteilung*" definieren als ein $\Pi_0 \in \Pi$ mit $\Pi \prec \Pi_0$ $(\Pi \in \Pi)$.

3. Das Prinzip der strukturellen Verteilung [13] kann verwendet werden, wenn ein funktionelles Modell für die Beobachtungen vorliegt, wobei keine a priori Verteilung vorgegeben zu sein braucht.

Zur Beschreibung dieses Prinzips gehen wir von einem auf einen festen Versuchsplan eingeschränkten f-Modell $\{[f_\vartheta, \mathfrak{B}] \mid \vartheta \in \Theta\}$ der Form

$$\boldsymbol{y} = f(\vartheta, \boldsymbol{\varepsilon}) \qquad (\vartheta \in \Theta) \tag{17}$$

aus, wobei der Zufallsgröße $\boldsymbol{\varepsilon}$ der Wahrscheinlichkeitsraum

$$\mathfrak{B} = [\mathcal{E}, \mathfrak{A}_\mathcal{E}, P^\varepsilon]$$

entspricht.

Es sei $\gamma\colon (\Theta, \mathfrak{A}_\Theta) \to (\Gamma, \mathfrak{A}_\Gamma)$ eine Parameterfunktion, wobei $\Gamma \in \mathfrak{B}^l$. Wir nennen γ „*strukturell identifizierbar*", wenn eine Funktion $g\colon (\mathcal{Y} \times \mathcal{E}, \mathfrak{A}_\mathcal{Y} \times \mathfrak{A}_\mathcal{E}) \to (\Gamma, \mathfrak{A}_\Gamma)$ existiert, so daß

$$\gamma(\vartheta) = g[f(\vartheta, \varepsilon), \varepsilon]\,, \qquad \vartheta \in \Theta[\mathfrak{A}_\mathcal{E}, P^\varepsilon]\,, \tag{18}$$

gilt. Dabei bedeutet das Symbol $[\mathfrak{A}_\mathcal{E}, P^\varepsilon]$, daß eine Menge $A_1 \in \mathfrak{A}_\mathcal{E}$ mit $P^\varepsilon(A_1) = 1$ existiert, so daß die Beziehung links von diesem Symbol mindestens für alle $\varepsilon \in A_1$ gilt. Diese Forderung hat im wesentlichen zum Inhalt, daß die Werte y und ε von $\boldsymbol{y}$ und $\boldsymbol{\varepsilon}$ für die evtl. verschiedenen Parameter ϑ mit $y = f(\vartheta, \varepsilon)$ den zugehörigen Wert $\gamma(\vartheta)$ der parametrischen Funktion eindeutig bestimmen. Die Beobachtung „$\boldsymbol{y} = y$" enthält nun Information über den Wert ε von $\boldsymbol{\varepsilon}$, und deshalb müßte nach dieser Beobachtung die Verteilung von $\boldsymbol{\varepsilon}$ modifiziert werden. Wir nehmen an, daß das Modell (17) *zerlegbar* ist, das bedeutet: Es gibt eine Menge $\mathcal{E}_1 \in \mathfrak{A}_\mathcal{E}$ mit $P^\varepsilon(\mathcal{E}_1) = 1$, so daß für verschiedene $y \in \mathcal{Y}_1 = f(\Theta, \mathcal{E}_1)$ die *Bahnen* $A_y = \{\varepsilon \in \mathcal{E}_1 \mid \exists \vartheta \in \Theta\colon y = f(\vartheta, \varepsilon)\}$ entweder disjunkt oder identisch sind.

Es sei $\mathcal{Y}_* \subset \mathcal{Y}_1$ eine Menge, deren Elemente die verschiedenen Bahnen indiziert $\left(\mathcal{E}_1 = \sum_{y \in \mathcal{Y}_*} A_y\right)$ und $t\colon \mathcal{Y} \to \mathcal{Y}_*$ eine Funktion, die jedem y den zugehörigen Bahnindex zuordnet $(A_y = A_{t(y)})$. $h\colon (\mathcal{E}_1, \mathfrak{A}_{\mathcal{E}_1}) \to (\mathcal{Y}_*, \mathfrak{A}_{\mathcal{Y}_*})$ sei eine Funktion, die jedem ε den zugehörigen Bahnindex zuordnet $(\varepsilon \in A_{h(\varepsilon)})$. Dann heißt die bedingte Verteilung $P_y^\varepsilon = P^{\varepsilon|h(\varepsilon)=t(y)}$ *strukturelle Fehlerverteilung*. Die *strukturelle Verteilung* P_y^γ von γ ist dann durch

$$P_y^\gamma(C) = P_y^\varepsilon(g_y^{-1}C)\,, \qquad C \in \mathfrak{A}_\Gamma\,, \tag{19}$$

mit $g_y(\varepsilon) = g(y, \varepsilon)$ definiert und ist die durch die Funktion g_y und P_y^ε auf $\mathfrak{A}_\Gamma$ induzierte Verteilung.

Das bedeutet also, daß man im Modell (17) nach der Beobachtung „$\boldsymbol{y} = y$" den Wert y als fixiert annimmt und die Verteilung von $\boldsymbol{\varepsilon}$ auf Grund eines gewissen „nichtinformativen" Prinzips geeignet modifiziert (nur die im Modell (17) und in der Beobachtung y enthaltene Information wird verwendet, wonach ε in der Bahn A_y liegen muß — dies wird durch $h(\varepsilon) = t(y)$ ausgedrückt —). Dann wird die Information, welche im Modell und in der Beobachtung y über γ enthalten ist, durch eine Verteilung P_y^γ ausgedrückt. Das eingeführte Prinzip der strukturellen Inferenz stellt eine Weiterentwicklung des Fiduzialprinzips dar [14] und stimmt mit der FRASERschen strukturellen Inferenz [15] überein, falls dem Modell eine geeignete Gruppenstruktur zugeordnet werden kann. Da bei der Anwendung der strukturellen Inferenz das funktionelle Modell wesentlich ausgenutzt wird, ist es nicht für die Behandlung von Verteilungsmodellen geeignet.

4. Die verschiedenen Bewichtungen für ϑ, die mit Hilfe des Likelihood-Prinzips als a posteriori Verteilung in der BAYESschen Auffassung oder als strukturelle Verteilung erhalten wurden, können zur Inferenz und zur Wahl von Entscheidungen verwendet werden.

Wir betrachten zunächst eine Bewichtung, die durch ein Maß Π auf $\mathfrak{A}_\Theta$ gegeben ist.

Definition 1.4.10. *Das Tripel $[\Pi, D, V]$ nennen wir Entscheidungsproblem. $d_* \in D$ heißt optimal, falls*

$$V_\pi(d_*) = \min_{d \in D} V_\pi(d)\,, \qquad V_\pi(d) = \int V(\vartheta, d)\, \Pi(\mathrm{d}\vartheta)$$

gilt. Hierbei wird für alle $d \in D$ die Existenz des Integrals $V_\pi(d)$ vorausgesetzt.

Ist z. B. Π eine bei der BAYESschen Auffassung mit der a priori Verteilung Π_0 konstruierte a posteriori Verteilung $P^{\theta|y}$, wird ein Schätzproblem für eine Parameterfunktion $\gamma\colon (\Theta, \mathfrak{A}_\Theta) \to (\Gamma, \mathfrak{B}_\Gamma)$ mit $\Gamma \in \mathfrak{B}^l$ betrachtet und eine quadratische Verlustfunktion

$$V(\vartheta, d) = \|\gamma(\vartheta) - d\|_H^2 \qquad (\vartheta \in \Theta,\, d \in D = \Gamma)$$

verwendet, dann ist nach obiger Definition die Entscheidung (Schätzwert) $d_y \in D$ mit

$$\int \|\gamma(\vartheta) - d_y\|_H^2\, P^{\theta|y}(\mathrm{d}\vartheta) = \min_{d \in D} \int \|\gamma(\vartheta) - d\|_H^2\, P^{\theta|y}(\mathrm{d}\vartheta)$$

optimal. Nach [A 3.29] ist d_y bei $\Gamma = R^l$ durch

$$d_y = E(\gamma(\vartheta) \mid y) = \int \gamma(\vartheta)\, P^{\theta|y}(\mathrm{d}\vartheta)$$

gegeben. Ist d_y als Funktion von y meßbar

$$d_\cdot : (\mathcal{Y}, \mathfrak{A}_{\mathcal{Y}}) \to (\Gamma, \mathfrak{B}_\Gamma)\,,$$

also eine SF für γ, dann ist diese SF nach [A 3.36] und Definition 1.4.4.3. eine BAYESsche SF bezüglich π_0.

Es sei $[\Pi, D, V]$ ein Schätzproblem, für jedes $\vartheta \in \Theta$ sei p_ϑ eine Dichte von P_ϑ bezüglich des Maßes μ auf $\mathfrak{A}_{\mathcal{Y}}$, und es gelte für ein $B \in \mathfrak{A}_{\mathcal{Y}}$ und $\mu(\mathcal{Y} - B) = 0$

$$0 < c_y = \int p_\vartheta(y)\, \Pi(\mathrm{d}\vartheta) < \infty \qquad (\vartheta \in \Theta,\ y \in B)\,.$$

Dann kann

$$P^{\theta|y} := c_y^{-1} p_\vartheta(y)\, \Pi$$

als formale a posteriori Verteilung angesehen werden, und man nennt eine SF δ mit

$$\int V(\vartheta, \delta(y))\, P^{\theta|y}(\mathrm{d}\vartheta) = \min_{d \in D} \int V(\vartheta, d)\, P^{\theta|y}(\mathrm{d}\vartheta) \qquad (y \in B)$$

eine verallgemeinerte BAYESsche SF bezüglich Π.

Bei einem durch die Verteilung Π eingeschränkten Schätzproblem kann auch ein Analogon zu α-Konfidenzbereichen definiert werden:

Definition 1.4.11.

1. *Eine* BOREL-*Menge* $B \in \mathfrak{B}^l$ *heißt* α*-Schätzbereich* (α-SB) *für* γ *(bezüglich* Π*), falls*

$$\Pi(\gamma^{-1}B) = \Pi(\{\vartheta \in \Theta \mid \gamma(\vartheta) \in B\}) \geqq \alpha\,.$$

B heißt exakter α-SB, *falls* $\Pi(\gamma^{-1}B) = \alpha$.

2. *Ist* $\varrho : \mathfrak{B}^l \to R^{\geqq}$ *eine Größenfunktion, dann heißt* B_ϱ *ein* ϱ*-optimaler* α-SB, *falls für alle* α-SB B

$$\varrho[B_\varrho] \leqq \varrho[B]$$

gilt.

3. *Ist* $\Gamma \in \mathfrak{B}^q$ *und hat* Π *eine Dichte* π *bezüglich des* LEBESGUE*schen Maßes* μ_q*, dann heißt ein exakter* α-SB *der Form*

$$B_c = \{\gamma \in \Gamma \mid \pi(\gamma) \geqq c\}$$

ein α-HPD-SB.

Bei einem α-HPD-SB werden also die Punkte aus Γ zusammengefaßt, die den größeren Dichtewerten von π entsprechen. Als Größenfunktion ϱ könnte z. B. das LEBESGUEsche Maß μ_l oder der maximale Durchmesser von B verwendet werden. Besteht Γ aus Funktionen $\psi\colon C \to R^l$ mit Werten ψ_c ($c \in C$), bezeichnet man für jedes $\vartheta \in \Theta$ den Parameterwert $\gamma(\vartheta) \in \Gamma$ mit $\psi(\vartheta)$, sind also gleichzeitig alle Parameter $\psi_c(\vartheta)$ durch SB $B(c)$ $(c \in C)$ zu schätzen, dann nennt man einen α-SB der Form $B\colon C \to \mathfrak{B}^l$ mit

$$\gamma^{-1}B = \{\vartheta \in \Theta \mid \psi_c(\vartheta) \in B(c);\, c \in C\} \in \mathfrak{A}_\Theta\,, \qquad \pi(\gamma^{-1}B) \geqq \alpha$$

auch ein α-*Schätzband* für γ. Als Größenfunktionen könnten z. B.

$$\int_C \tilde{\varrho}[B(c)]\, \nu(\mathrm{d}C) =: \varrho[B] \quad \text{oder} \quad \max_{c \in C} \tilde{\varrho}[B(c)] =: \varrho[B]$$

angesetzt werden, wobei $\tilde{\varrho}$ eine Größenfunktion für SB $B(c) \in \mathfrak{B}^l$ ist.

Sind ein Maß Π auf $\mathfrak{A}_\Theta$ und ein Testproblem mit den Hypothesen H: „$\vartheta_0 \in \Theta_H$" und K: „$\vartheta_0 \in \Theta_K$" gegeben, dann gibt es verschiedene Möglichkeiten zu seiner Behandlung:

1. Das Testproblem kann als symmetrisches Entscheidungsproblem $[\Pi, V, D]$ mit dem Entscheidungsraum $D = \{d_H, d_K\}$ behandelt werden. Mit der Verlustfunktion

$$V(\vartheta, d) = \begin{cases} 1 & \text{für} \quad \vartheta \in \Theta_H,\, d = d_K \text{ oder } \vartheta \in \Theta_K,\, d = d_H \\ 0 & \qquad\qquad \text{sonst} \end{cases}$$

ist die Entscheidung d_H genau dann optimal, wenn $\Pi(\Theta_H) \geqq \Pi(\Theta_K)$ gilt.
2. Analog zum Begriff eines Signifikanztests kann auch eine unsymmetrische Behandlung vorgenommen werden, bei der die Hypothese möglichst nur abgelehnt werden soll, falls sie nur „unplausiblen" Parametern entspricht. Es sei $\gamma\colon \Theta \to \Gamma$ eine Parameterfunktion und H: „$\gamma(\vartheta_0) \in \Gamma_H$" mit einem $\Gamma_H \subset \Gamma$. Man geht von einem α-HPD-SB aus und deutet seine Elemente als die „plausiblen" Parameterwerte:

Definition 1.4.12. *Es sei B ein α-HPD-SB für γ. Unter einem α-Test bezüglich Π versteht man die Ablehnung oder Annahme von H, je nachdem ob Γ_H und B disjunkt sind oder nicht.*

1.5. Identifizierbarkeit von Parametern

Das Problem der Parameteridentifizierbarkeit kann verbal als Frage nach der Möglichkeit, „eindeutige" Aussagen über Parameter in gewissen Strukturen auf Grund von anderen Parametern oder von Aussagen über die Strukturen treffen zu können, interpretiert werden.

Identifizierbarkeit von Parametern in dem Sinne, daß Unterschiede zwischen Parameterwerten zu Unterschieden in den entsprechenden Verteilungen der Beobachtungen führen, ist ein spezielles Problem, das eine zentrale Rolle in der Statistik und in der Ökonometrie spielt.

Es sei $\{P_\vartheta \mid \vartheta \in \Theta\}$ ein adäquates Verteilungsmodell für $\boldsymbol{y}$, wobei P_{ϑ_0} die Verteilung von $\boldsymbol{y}$ ist. $\gamma\colon \Theta \to \Gamma$ sei eine Parameterfunktion und $\gamma_0 = \gamma(\vartheta_0)$. $\mathfrak{E}_\Gamma$ sei die Menge der Äquivalenzrelationen in Γ und $\sigma \in \mathfrak{E}_\Gamma$.

Definition 1.5.1.

1. γ_0 *heißt σ-identifizierbar, falls für alle* $\vartheta, \tilde{\vartheta} \in \Theta$

$$P_\vartheta = P_{\tilde{\vartheta}} \Rightarrow \gamma(\vartheta) \overset{\sigma}{\sim} \gamma(\tilde{\vartheta}) .$$

Ist σ dabei durch die Gleichheit von Elementen in Γ gegeben, dann heißt γ_0 *identifizierbar.*

2. $\sigma^* \in \mathfrak{E}_\Gamma$ *heißt maximale Äquivalenzrelation, falls für alle* $\sigma \in \mathfrak{E}_\Gamma$, *bei denen* γ_0 *σ-identifizierbar ist, gilt*

$$\gamma \overset{\sigma^*}{\sim} \tilde{\gamma} \Rightarrow \gamma \overset{\sigma}{\sim} \tilde{\gamma} \quad (\gamma, \tilde{\gamma} \in \Gamma) .$$

Wir betrachten nun das Problem der Schätzung von γ_0. Wir nehmen an, daß es zu jedem $\vartheta \in \Theta$ eine nichtleere Menge $\mathcal{O}_\vartheta \subset \Gamma$ gibt, deren Elemente wir als optimale Schätzwerte für $\gamma(\vartheta)$ interpretieren. Ist eine Verlustfunktion $V: \Theta \times \Gamma \to R^{\geqq}$ gegeben, dann könnte z. B.

$$\mathcal{O}_\vartheta = \{\gamma_* \in \Gamma \mid V(\vartheta, \gamma_*) = \min_{d \in \Gamma} V(\vartheta, d)\}$$

sein.

Definition 1.5.2. *Eine* SF δ *heißt* $\mathcal{O}$*-erwartungstreu für* γ_0, *wenn*

$$E_\vartheta \delta(y) \in \mathcal{O}_\vartheta \quad (\vartheta \in \Theta)$$

gilt. γ_0 *heißt* $\mathcal{O}$*-schätzbar, wenn eine* $\mathcal{O}$*-erwartungstreue Entscheidungsfunktion für* γ_0 *existiert.*

Der nächste Satz ist eine einfache Folgerung aus dieser Definition.

Satz 1.5.1. *Sei* $\mathcal{O}$ *derart, daß* $\Gamma = \bigcup_{\vartheta \in \Theta} \mathcal{O}_\vartheta$ *und für* $\vartheta, \vartheta' \in \Theta$ *die Mengen* $\mathcal{O}_\vartheta, \mathcal{O}_{\vartheta'}$ *entweder disjunkt oder identisch sind. Weiterhin sei*

$$\gamma \overset{\sigma}{\sim} \tilde{\gamma} \Leftrightarrow \vartheta \in \Theta : \gamma, \tilde{\gamma} \in \mathcal{O}_\vartheta .$$

Ist γ_0 $\mathcal{O}$*-schätzbar, dann ist* γ_0 *σ-identifizierbar.*

Beweis. Es gibt ein $\mathcal{O}$-erwartungstreues δ. Dann folgt aus $P_\vartheta = P_{\tilde{\vartheta}}$ die Gleichung $E_\vartheta \delta(y) = E_{\tilde{\vartheta}} \delta(y)$ und $\mathcal{O}_\vartheta = \mathcal{O}_{\tilde{\vartheta}}$, d. h. $\gamma(\vartheta) \overset{\sigma}{\sim} \gamma(\tilde{\vartheta})$. ■

Beispiel 1.5.1. Wir betrachten das Schätzproblem und eine Verlustfunktion $V(\vartheta, d) = \|\gamma(\vartheta) - d\|^2$, $d \in \Gamma$, wobei $\|\cdot\|$ eine Seminorm in Γ bezeichnet. Dann sei

$$\mathcal{O}_\vartheta = \{d \in D \mid \|\gamma(\vartheta) - d\| = 0\} .$$

Die $\mathcal{O}$-Erwartungstreue einer SF δ entspricht der Beziehung

$$\|\gamma(\vartheta) - E_\vartheta \delta(y)\| = 0 , \quad \vartheta \in \Theta .$$

Die übliche Erwartungstreue erhalten wir im Spezialfall einer Norm $\|\cdot\|$, weil dann $\mathcal{O}_\vartheta = \{\gamma(\vartheta)\}$ und $E_\vartheta \delta(y) = \gamma(\vartheta)$ $(\vartheta \in \Theta)$ gilt.

Im Abschnitt 2.2.1 werden wir den Zusammenhang zwischen Schätzbarkeit und Identifizierbarkeit im linearen Modell untersuchen.

Literatur

[1] ZYPKIN, J. S., Adaption und Lernen in kybernetischen Systemen, Berlin 1970.
[2] BOX, G. E. P., and G. M. JENKINS, Time Series Analysis — forecasting and control, San Francisco 1970.
[3] MIDDLETON, D., Topics in Communication Theory, New York 1962.
[4] SCHÖNFELD, P., Methoden der Ökonometrie, Berlin 1969.
[5] PESCHEL, M., Anwendung statistischer Methoden in der Regelungstechnik — Statistische Modellbildung —, Berlin 1972.
[6] MENDEL, J. M., Discrete Techniques of Parameter Estimation, New York 1973.
[7] KENDALL, M. G., and A. STUART, The Advanced Theory of Statistics, Vol. 2: Inference and Relationship, London 1967.
[8] KAGAN, A. M., J. V. LINNIK und C. R. RAO (Каган, А. М., Ю. В. Линник и С. Р. Рао), Характеризационные задачи математической статистики, Москва 1972.
[9] EDWARDS, A. W. F., Likelihood, Cambridge 1972.
[10] BARNETT, V., Comparative Statistical Inference, New York 1973.
[11] LINDLEY, D. V., Introduction to Probability and Statistics, Part 2. Inference, Cambridge 1965.
[12] DE GROOT, M. H., Optimal Statistical Decisions, New York 1970.
[13] BUNKE, H., Statistical Inference: Fiducial and Structural Likelihood, Math. Operationsforsch. Statist. 6 (1975), 667—676.
[14] FISHER, R. A., Contributions to Mathematical Statistics, New York 1950.
[15] FRASER, D. A. S., The Structure of Inference, New York 1968.
[16] FISHBURN, P. C., Decision and Value Theory, New York 1964.
[17] FERGUSON, T. S., Mathematical Statistics: A Decision Theoretic Approach, New York 1967.
[18] ZACKS, S., The Theory of Statistical Inference, New York 1971.
[19] WITTING, H., Mathematische Statistik, Stuttgart 1966.
[20] LEHMANN, E. L., Testing Statistical Hypotheses, New York 1959.
[21] BUNKE, H., and O. BUNKE, Identifiability and estimability. Math. Operationsforsch. Statist. 5 (1974), 223—234.
[22] COX, D. R., and D. V. HINKLEY, Theoretical Statistics, London 1974.

KAPITEL 2

SCHÄTZUNG LINEARER PARAMETER

2.1. Beste erwartungstreue Schätzungen linearer Parameter

2.1.1. Beste lineare erwartungstreue Schätzungen in univariaten Modellen

In diesem Kapitel werden wir Verteilungsmodelle für eine n-dimensionale Zufallsgröße $\boldsymbol{y}$[1]) betrachten, die Teilmodelle in einem linearen Modell sind oder ein solches darstellen. $\boldsymbol{y}$ wird die beobachtbare Zufallsgröße bei einem Schätzproblem sein, das in der Schätzung einer linearen Funktion des Erwartungsvektors von $\boldsymbol{y}$ besteht. Wir wollen zur Abkürzung die folgenden Bezeichnungen verwenden:

$$\boldsymbol{y} \sim P\colon \quad \boldsymbol{y} \text{ hat die Verteilung } P,$$

$$\boldsymbol{y} \,(\sim)\, \mathcal{P}\colon \text{ die Verteilung von } \boldsymbol{y} \text{ liegt in } \mathcal{P}.$$

Um die im folgenden untersuchten Modelle definieren zu können, führen wir für festes $n \in \mathcal{N} = \{1, 2, 3, \ldots\}$ die Menge $\mathcal{K}_n$ aller auf $\mathfrak{B}^n$ definierten Verteilungen $\varkappa$ mit $\int y\varkappa(\mathrm{d}y) = 0$ und $\int yy'\varkappa(\mathrm{d}y) = I_n$ ein. Für $\vartheta = (\mu, \Omega, \varkappa) \in R^n \times \mathfrak{M}_n^{\geqq} \times \mathcal{K}_n$ definiert dann

$$P_\vartheta(B) = \varkappa(\{y \in R^n \mid \mu + \Omega^{1/2} y \in B\}) , \qquad B \in \mathfrak{B}^n ,$$

eine Verteilung P_ϑ mit $E_\vartheta \boldsymbol{y} = \mu$ und $D_\vartheta \boldsymbol{y} = \Omega$.

Definition 2.1.1. *Für eine nichtleere Teilmenge $\mathcal{F}$ von $R^n \times \mathfrak{M}_n^{\geqq}$ sei*

$$[\mathcal{F}] = \{P_\vartheta \mid \vartheta \in \Theta = \mathcal{F} \times \mathcal{K}_n\} ,$$
$$N[\mathcal{F}] = \{N_n(\mu, \Omega) \mid \vartheta = (\mu, \Omega) \in \mathcal{F}\} .$$

Ist $\mathcal{L}$ ein linearer (bzw. affiner) Unterraum des R^n und ist $V \subset \mathfrak{M}_n^{\geqq}$, dann heißt $[\mathcal{L} \times V]$ ein lineares (bzw. affines) Modell. $N[\mathcal{L} \times V]$ heißt normales lineares (bzw. affines) Modell. Bei $\mathcal{F} \subset R^n \times V_\Lambda$ mit $V_\Lambda := \{\sigma^2\Lambda \mid \sigma \in R^>\}$, festem $\Lambda \in \mathfrak{M}_n^{\geqq}$ und $R^> = (0, \infty)$ wird das Modell $[\mathcal{F}]$ bzw. $N[\mathcal{F}]$ univariat genannt.

Bei univariaten Modellen werden wir bei den Verteilungen P_ϑ oft an Stelle des Parameters $\vartheta = (\mu, \sigma^2\Lambda, \varkappa)$ den Parameter $\vartheta = (\mu, \sigma^2, \varkappa)$ verwenden, d. h. $[\mathcal{F}] = \{P_\vartheta \mid \vartheta \in \Theta\}$, $\Theta = \{\vartheta = (\mu, \sigma^2, \varkappa) \in R^n \times R^> \times \mathcal{K}_n \mid (\mu, \sigma^2\Lambda) \in \mathcal{F}\}$,

$$P_\vartheta(B) = \varkappa(\{y \in R^n \mid \mu + \sigma\Lambda^{1/2}\, y \in B\}) , \qquad B \in \mathfrak{B}^n .$$

Im Mittelpunkt der Ausführungen wird das Problem der Schätzung eines linearen Parameters $\gamma = \gamma(\vartheta) = C\mu$ mit $C \in \mathfrak{M}_{l \times n}$ oder allgemeiner eines inhomogenen Parameters $\gamma = \gamma(\vartheta) = C\mu + c$ mit $c \in R^l$ stehen. Die Gestalt von besten linearen (bzw. inhomogenen linearen) erwartungstreuen Schätzfunktionen (vgl. Def. 1.4.3), die wir kurz BLUE (bzw. BILUE) nennen, wird im

---

[1]) Zur besseren Unterscheidung sind Zufallsgrößen immer halbfett gesetzt.

Satz 2.1.1 angegeben. Zu seiner Formulierung benötigen wir den Begriff der Kleinsten-Quadrat-Schätzung.

Für $Z \in \mathfrak{M}_n^{\geqq}$ führen wir die Seminorm

$$||x||_Z = (x'Zx)^{1/2}, \quad x \in R^n,$$

ein. Jede Matrix $P_{\mathscr{L}}^Z$, die eine Projektion von R^n auf den linearen Unterraum $\mathscr{L}$ des R^n im Sinne der Norm $||\cdot||_Z$ ergibt, nennen wir einen Projektor. Ein Projektor $P_{\mathscr{L}}^Z \in \mathfrak{M}_{n\times n}$ ist also definiert durch $\mathscr{R}(P_{\mathscr{L}}^Z) = \mathscr{L}$ und

$$||y - P_{\mathscr{L}}^Z y||_Z = \min_{x\in\mathscr{L}} ||y - x||_Z, \quad y \in R^n.$$

Ist mit einer Matrix $X \in \mathfrak{M}_{n\times k}$

$$\mathscr{L} = \mathscr{R}(X) = \{X\beta \mid \beta \in R^k\},$$

dann ist bei $\Lambda \in \mathfrak{M}_n^{>}$ die eindeutig bestimmte Projektion $\hat{\mu}$ von y auf $\mathscr{L}$ im Sinne der Norm $||\cdot||_{\Lambda^{-1}}$ durch den Projektor

$$P = P_{\mathscr{L}}^{\Lambda^{-1}} = XK^-X'\Lambda^{-1} \tag{1}$$

darstellbar, wobei K^- eine beliebige g-Inverse (vgl. [A 1.23]) von $K = X'\Lambda^{-1}X$ ist.

Es gilt also $\hat{\mu} = Py$, und dies ist wegen (1) äquivalent mit $\hat{\mu} = X\hat{\beta}$, wobei $\hat{\beta}$ eine beliebige Lösung der sogenannten Normalgleichung $K\hat{\beta} = X'\Lambda^{-1}y$ ist. Unter der Voraussetzung $r[X] = k$ ist $\hat{\beta} = K^{-1}X'\Lambda^{-1}y$ die eindeutig bestimmte Lösung der Normalgleichung.

Definition 2.1.2. *Gilt* $\boldsymbol{y} \,\textcircled{\sim}\, [\mathscr{L} \times \mathcal{V}_\Lambda]$, *wobei* $\mathscr{L}$ *ein linearer Unterraum des* R^n *und* $\Lambda \in \mathfrak{M}_n^{>}$ *ist, dann heißt*

$$\hat{\gamma} = CP_{\mathscr{L}}^{\Lambda^{-1}}y + c$$

verallgemeinerte Kleinste-Quadrat-Schätzung (kurz: GLSE) *für* $\gamma = C\mu + c$. $\hat{\gamma} = CP_{\mathscr{L}}^{I_n}y + c$ *heißt gewöhnliche Kleinste-Quadrat-Schätzung (kurz:* OLSE).

Wir verwenden auch die Bezeichnung GLSE für $\hat{\gamma}$, wenn $\boldsymbol{y} \,\textcircled{\sim}\, [\mathscr{F}]$ gilt und $\mathscr{L}$ der kleinste lineare Unterraum des R^n mit $\mathscr{F} \subset \mathscr{L} \times \mathcal{V}_\Lambda$ ist.

In der folgenden Verallgemeinerung des Satzes von Gauss-Markov wird gezeigt, daß in einem univariaten linearen Modell und darüber hinaus auch in kleineren Modellen die GLSE die eindeutig bestimmte BILUE für einen inhomogenen linearen Parameter ist. Der Satz wird allgemeiner gefaßt, um auch affine Modelle zu erfassen.

Satz 2.1.1. *Es sei* $\boldsymbol{y} \,\textcircled{\sim}\, [\mathscr{F}]$ *mit* $\mathscr{F} \subset R^n \times \mathcal{V}_\Lambda$, $\Lambda \in \mathfrak{M}_n^{>}$ *und*

$$\mathscr{S} = \{\mu - \mu' \mid \mu, \mu' \in \mathscr{F}_1\}, \tag{2}$$

$$\mathscr{F}_1 = \{\mu \in R^n \mid \exists \sigma \in R^{>} : (\mu, \sigma^2\Lambda) \in \mathscr{F}\}. \tag{3}$$

Mit irgendeinem $\mu_0 \in \mathscr{F}_1$ *und* $\mathscr{L} = \mathscr{L}(\mathscr{S})$ *ist dann*

$$\hat{\gamma} = \hat{\gamma}(y) = CP_{\mathscr{L}}^{\Lambda^{-1}}y + [C(I_n - P_{\mathscr{L}}^{\Lambda^{-1}})\mu_0 + c] \tag{4}$$

die eindeutig bestimmte BILUE *für* $\gamma = C\mu + c$.

Beweis. Es gibt immer ein $X \in \mathfrak{M}_{n \times k}$ mit $\mathcal{L} = \mathcal{R}(X)$. Ist $\tilde{\gamma}(y) = Ay + a$ eine beliebige inhomogene lineare erwartungstreue SF (kurz: ILUE), dann gilt nach Def. 1.4.3

$$E_\vartheta \tilde{\gamma}(y) = A\mu + a = C\mu + c, \quad \vartheta \in \Theta. \tag{5}$$

Da (5) für alle $\mu = \mu_0 + g$ ($g \in \mathcal{S}$) also auch für $\mu = \mu_0$ und $\mu = \mu_0 + X\beta$ ($\beta \in R^k$) gelten muß, ist (5) äquivalent zu

$$a = c + (C - A)\,\mu_0, \quad AX = CX.$$

Aus $D_\vartheta \tilde{\gamma}(y) = \sigma^2 A \Lambda A'$ folgt also, daß $\tilde{\gamma}$ genau dann BILUE für γ ist (vgl. Def. 1.4.3), falls

$$A\Lambda A' = \min \{L \Lambda L' \mid L \in \mathfrak{M}_{l \times n}, LX = CX\} \tag{6}$$

gilt. Nun ist nach [A 1.90] durch $L = CP$ mit $P = XK^- X' \Lambda^{-1}$ die eindeutig bestimmte Lösung des Matrizenoptimierungsproblems (6) gegeben. Es ist der Ausdruck $C(I_n - P)\,\mu_0$ in (4) unabhängig von der speziellen Wahl von $\mu_0 \in \mathcal{F}_1$, denn für jedes andere $\mu_1 \in \mathcal{F}_1$ gilt wegen $AX = CX$ für $A = CP$ und $\mu_1 - \mu_0 = X\beta$ die Gleichung $C(I_n - P)\,\mu_1 = C(I_n - P)\,\mu_0$, d. h. (4) ist die eindeutige BILUE. ■

Aus diesem Satz folgt mit $\mu_0 = 0_n$ unmittelbar:

Korollar 2.1.1. *Es seien die Voraussetzungen des Satzes* 2.1.1 *und* $\mathcal{L}(\mathcal{S}) = \mathcal{L}(\mathcal{F}_1)$ *erfüllt. Dann ist* $\hat{\gamma} = CP_{\mathcal{L}}^{\Lambda^{-1}} y$ *die eindeutige* BLUE *für* $\gamma = C\mu$.

Bemerkung 1. Ist im Satz 2.1.1 $[\mathcal{F}] = [\mathcal{L} \times \mathcal{V}_\Lambda]$ ein univariates lineares Modell, dann folgt $\mathcal{S} = \mathcal{F}_1 = \mathcal{L}$, und es ist $\hat{\gamma} = CPy + c$ die eindeutige BILUE für $\gamma = C\mu + c$.

Bemerkung 2. Ist $[\mathcal{F}] = [\mathcal{A} \times \mathcal{V}_\Lambda]$ ein univariates affines Modell, dann gibt es nach [A 1.2] einen linearen Unterraum $\mathcal{L}$, so daß $\mathcal{A} = \mu_0 + \mathcal{L}$ für beliebiges $\mu_0 \in \mathcal{A}$ gilt. Es ist dann $\mathcal{L} = \mathcal{S}$.

Bemerkung 3. Aus dem Beweis des Satzes 2.1.1 ist sofort zu entnehmen, daß auch der Parameterwert $\sigma = 0$ zugelassen werden kann, d. h., $\mathcal{V}_\Lambda$ kann durch ${}_0\mathcal{V}_\Lambda = \{\sigma^2 \Lambda \mid \sigma \in R^{\geqq}\}$ ersetzt werden. Falls es mehrere ILUE für γ gibt, ist für die Eindeutigkeit der BILUE die Existenz eines $(\mu, \sigma^2\Lambda) \in \mathcal{F}$ mit $\sigma > 0$ erforderlich.

Betrachtet man die Optimalität einer ILUE bezüglich des Risikos

$$R(\vartheta, \tilde{\gamma}) = E_\vartheta \, \|\gamma(\vartheta) - \tilde{\gamma}(y)\|_Z^2 = \operatorname{sp}\,[Z D_\vartheta \tilde{\gamma}(y)]\,, \tag{7}$$

($Z \in \mathfrak{M}_l^{>}$), dann ergibt sich zu Satz 2.1.1 das

Korollar 2.1.2. (4) *ist die eindeutig bestimmte, im Sinne des Risikos* (7) *gleichmäßig beste* ILUE *für* $\gamma = C\mu + c$.

Beweis. Ist $Z = \sum_{i=1}^{l} \lambda_i h_i h_i'$ eine Spektralzerlegung von Z (vgl. [A 1.58]), dann erhalten wir für jede ILUE $\tilde{\gamma} = Ay + a$:

$$R(\vartheta, \tilde{\gamma}) = \operatorname{sp}\,[Z D_\vartheta \gamma] = \sum_{i=1}^{l} \lambda_i D_\vartheta \tilde{\zeta}_i\,,$$

wobei $\tilde{\zeta}_i = h_i' \tilde{\gamma}$ eine ILUE für $\zeta_i = h_i' \gamma$ ist. Nach Satz 2.1.1 ist $\hat{\zeta}_i = h_i' \hat{\gamma}$ die BILUE für ζ_i, falls $\hat{\gamma}$ die BILUE für γ ist. Es gilt also

$$R(\vartheta, \tilde{\gamma}) \geqq \sum_{i=1}^{l} \lambda_i D_\vartheta \hat{\zeta}_i = R(\vartheta, \hat{\gamma})\,.$$

Es ist also wegen $\lambda_i > 0$ $(i = 1, \dots, l)$ $\tilde{\gamma}$ genau dann gleichmäßig beste ILUE für γ, wenn $D\tilde{\zeta}_i = D\hat{\zeta}_i$ für alle i. Wegen der Eindeutigkeit der BILUE für ζ_i ist dies genau dann der Fall, wenn $\tilde{\zeta}_i = \hat{\zeta}_i$ für alle i, also $\tilde{\gamma} = \hat{\gamma}$ ist. ■

Abgesehen von der Eindeutigkeit gilt die Aussage des Korollars auch für singuläres $Z \in \mathfrak{M}_l^{\geqq}$.

Beispiel 2.1.1. Mit vorgegebenen $X \in \mathfrak{M}_{n\times k}^k$ und $\Lambda \in \mathfrak{M}_n^>$ betrachten wir das Modell

$$\boldsymbol{y} \circleddash [X\mathcal{A} \times \mathcal{V}_\Lambda],$$

wobei $X\mathcal{A} = \{X\beta \mid \beta \in \mathcal{A}\}$, $\mathcal{A} = \mathcal{H}_1 \cap \mathcal{H}_2 \cap \mathcal{H}_3$ mit

$$\mathcal{H}_1 = \{\beta \in R^k \mid u_j < w_j'\beta < v_j;\, j = 1, \dots, m\},$$
$$\mathcal{H}_2 = \{\beta \in R^k \mid (\beta - \beta_\varrho)' T_\varrho(\beta - \beta_\varrho) < t_\varrho;\, \varrho = 1, \dots, r\},$$
$$\mathcal{H}_3 = \{\beta \in R^k \mid H\beta = d\}$$

und $-\infty \leqq u_j < v_j \leqq \infty$, $w_j \in R^k$, $\beta_\varrho \in R^k$, $T_\varrho \in \mathfrak{M}_k^>$, $0 < t_\varrho \leqq \infty$.

Speziell könnte $\mathcal{A} = R^k$ sein. Wir nehmen an, daß $\mathcal{A}$ nichtleer ist, d. h., es gibt mindestens ein $\beta_0 \in \mathcal{A}$. Setzen wir $\mu_0 = X\beta_0$, dann gilt $X\mathcal{A} = \mu_0 + X\mathcal{W}$ mit

$$\mathcal{W} = \{\beta \in \mathcal{N}(H) \mid u_i < w_i'(\beta_0 + \beta) < v_i;\, i = 1, \dots, m;\, \|\beta_0 + \beta - \beta_\varrho\|_{T_\varrho}^2 < t_\varrho;\, \varrho = 1, \dots, r\}.$$

$\mathcal{W}$ enthält offensichtlich eine Umgebung $\mathcal{U}$ des Nullvektors in $\mathcal{N}(H)$. Dann enthält $\mathcal{D} = \{\beta - \beta' \mid \beta, \beta' \in \mathcal{W}\}$ auch $\mathcal{U}$. Mit den Bezeichnungen aus Satz 2.1.1 gilt

$$\mathcal{S} = X\mathcal{D} \quad \text{und} \quad \mathcal{L} = \mathcal{L}(\mathcal{S}) = X\mathcal{N}(H).$$

Dann ist nach Satz 2.1.1 die eindeutige BILUE für

$$\gamma = C\mu + c = G\beta + c \qquad (\mu = X\beta, G = CX)$$

wegen $(I_n - P)\mu_0 = 0_n$ durch $\hat{\gamma} = CPy + c$ gegeben. Hierbei ist der Projektor $P = P_{\mathcal{L}}^{\Lambda^{-1}}$ nach [A 1.24] durch

$$P = XK^{-1}LX'\Lambda^{-1}$$

mit

$$K = X'\Lambda^{-1}X$$

und

$$L = I_k - H'[HK^{-1}H']^- HK^{-1}$$

gegeben. Mit $G = CX$ und $H\beta_0 = d$ erhält man also

$$\hat{\gamma} = GK^{-1}[LX'\Lambda^{-1} + H'(HK^{-1}H')^- d] + c.$$

Mit der GLSE $\hat{\beta}_\Lambda = K^{-1}X'\Lambda^{-1}y$ für $\beta = K^{-1}X'\Lambda^{-1}\mu$ aus dem Modell $\boldsymbol{y} \circleddash [\mathcal{R}(X) \times \mathcal{V}_\Lambda]$ kann man auch schreiben

$$\hat{\gamma} = G\hat{\beta} + c, \quad \hat{\beta} = \hat{\beta}_\Lambda - K^{-1}H'(HK^{-1}H')^-(H\hat{\beta}_\Lambda - d). \tag{8}$$

2.1.2. BILUE in multivariaten Modellen

Die Ergebnisse über univariate Modelle lassen sich leicht auf die sogenannten multivariaten Modelle übertragen, bei denen die Kovarianzmatrizen für den Beobachtungsvektor $\boldsymbol{y}$ von der Form $\Sigma \otimes \Lambda$ mit unbekanntem Σ sind und der Erwartungsvektor von $\boldsymbol{y}$ von der Form $(I_p \otimes X)\beta$ ist. Hierbei ist $\otimes$ das in [A 1.47] definierte Kronecker-Produkt. Wir werden im weiteren den in

[A 1.3] definierten Operator $\vec{M}$ verwenden, der jeder Matrix M den Vektor der untereinander angeordneten Spalten von M zuordnet. Ist $\mathcal{A} \subset R^n$, dann bezeichne $\mathfrak{M}^p_{\mathcal{A}}$ die Menge der $n \times p$-Matrizen, deren Spalten in $\mathcal{A}$ liegen. Bei $X \in \mathfrak{M}_{n\times k}$ verwenden wir die Bezeichnung $\mathfrak{M}^p(X)$ für $\mathfrak{M}^p_{\mathfrak{R}(X)}$.

Ist $\mathbf{Y}$ eine zufällige Matrix, dann verwenden wir die Bezeichnung $D\mathbf{Y}$ für $D\vec{\mathbf{Y}}$. Mit $\mathcal{K}_{n\times p}$ bezeichnen wir die Menge aller Verteilungen $\varkappa$ auf $\mathfrak{B}_{\mathfrak{M}_{n\times p}} =: \mathfrak{B}^{n\times p}$ mit

$$\int Y\varkappa(\mathrm{d}Y) = 0_{n\times p} \quad \text{und} \quad \int \vec{Y}\vec{Y}'\varkappa(\mathrm{d}Y) = I_{np}\,.$$

Für $\vartheta = (M, \Omega, \varkappa) \in \mathfrak{M}_{n\times p} \times \mathfrak{M}^{\geqq}_{np} \times \mathcal{K}_{n\times p}$ definiert dann

$$P_\vartheta(B) = \varkappa(\{Y \in \mathfrak{M}_{n\times p} \mid \vec{M} + \Omega^{1/2}\vec{Y} \in \vec{B}\})\,, \qquad B \in \mathfrak{B}^{n\times p}\,,$$

eine Verteilung P_ϑ mit $E_\vartheta \mathbf{Y} = M$ und $D_\vartheta \mathbf{Y} = \Omega$.

Definition 2.1.3. *Für eine nichtleere Teilmenge $\mathcal{F}$ von $\mathfrak{M}_{n\times p} \times \mathfrak{M}^{\geqq}_{np}$ sei*

$$[\mathcal{F}] = \{P_\vartheta \mid \vartheta \in \Theta = \mathcal{F} \times \mathcal{K}_{n\times p}\}\,,$$

$$N[\mathcal{F}] = \{N_{n\times p}(M, \Omega) \mid \vartheta = (M, \Omega) \in \mathcal{F}\}\,.$$

Ein Modell $[\mathcal{F}]$ mit $\mathcal{F} \subset \mathfrak{M}_{n\times p} \times \mathcal{V}^p_\Lambda$ und

$$\mathcal{V}^p_\Lambda = \{\Sigma \otimes \Lambda \mid \Sigma \in \mathfrak{M}^{>}_p\}\,, \qquad \Lambda \subset \mathfrak{M}^{\geqq}_n\,,$$

heißt multivariat. $[\mathfrak{M}^p_{\mathcal{L}} \times \mathcal{V}^p_\Lambda]$ heißt multivariates lineares Modell, falls $\mathcal{L}$ ein linearer Unterraum des R^n ist. $N[\mathfrak{M}^p_{\mathcal{L}} \times \mathcal{V}^p_\Lambda]$ heißt normales multivariates lineares Modell.

Bei multivariaten Modellen werden wir bei den Verteilungen P_ϑ oft an Stelle des Parameters $\vartheta = (M, \Sigma \otimes \Lambda, \varkappa)$ den Parameter $\vartheta = (M, \Sigma, \varkappa)$ verwenden, $[\mathcal{F}] = \{P_\vartheta \mid \vartheta \in \Theta\}$, $\Theta = \{\nu = (M, \Sigma, \varkappa) \in \mathfrak{M}_{n\times p} \times \mathfrak{M}^{>}_p \times \mathcal{K}_{n\times p} \mid (M, \Sigma \otimes \Lambda) \in \mathcal{F}\}$, $P_\vartheta(B) = \varkappa(\{Y \in \mathfrak{M}_{n\times p} \mid M + \Lambda^{1/2} Y \Sigma^{1/2} \in B\})$, $B \in \mathfrak{B}^{n\times p}$. Offensichtlich ist $\mathbf{Y} \circledsim [\mathfrak{M}^p_{\mathcal{L}} \times \mathcal{V}^p_\Lambda]$ äquivalent mit $\mathbf{y} := \vec{\mathbf{Y}} \circledsim [\mathcal{L}^p \times \mathcal{V}^p_\Lambda]$, wobei gilt $\mathcal{L}^p = \mathop{\times}\limits_{i=1}^{p} \mathcal{L}$. Mit $A \in \mathfrak{M}^{\geqq}_p$ ist nach [A 1.41] $I_p \otimes P$ ein Projektor von R^{np} auf $\mathcal{L}^p$ im Sinne der Seminorm $\|\cdot\|_{A\otimes\Lambda^{-1}}$, falls P ein Projektor von R^n auf $\mathcal{L}$ im Sinne von $\|\cdot\|_{\Lambda^{-1}}$ ist. Für festes $\Sigma \in \mathfrak{M}^{>}_p$ ist demnach die BILUE von $\gamma = C\mu + c$ im Modell $\mathbf{y} \circledsim [\mathcal{L}^p \times \{\Sigma \otimes \Lambda\}]$ (mit fester Kovarianzmatrix $\Sigma \otimes \Lambda$) durch $\hat{\gamma}(y) = C(I_p \otimes P)\, y + c$ gegeben. Da diese BILUE für alle $\Sigma \in \mathfrak{M}^{>}_p$ dieselbe ist, ist $\hat{\gamma}$ auch BILUE für γ unter $\mathbf{y} \circledsim [\mathcal{L}^p \times \mathcal{V}^p_\Lambda]$. Bei $C = I_p \otimes G$ mit $G \in \mathfrak{M}_{l\times n}$ ist dann

$$\overrightarrow{\hat{\gamma}(Y)} := \hat{\gamma}(\vec{Y}) = (I_p \otimes GP)\,\vec{Y} + c = \overrightarrow{GPY} + c\,.$$

Definition 2.1.4. *Es sei $\mathbf{Y} \circledsim \{P_\vartheta \mid \vartheta \in \Theta\}$ und $\gamma(\vartheta) = CM + F$ mit festen $C \in \mathfrak{M}_{l\times n}$ und $F \in \mathfrak{M}_{l\times p}$. Eine* SF *$\tilde{\gamma}$ mit $\overrightarrow{\tilde{\gamma}(Y)} = L\vec{Y}$ $(Y \in \mathfrak{M}_{n\times p}$, $L \in \mathfrak{M}_{lp\times np})$, heißt lineare* SF *und eine* SF *$\tilde{\gamma}$ mit $\overrightarrow{\tilde{\gamma}(Y)} = L\vec{Y} + c$ $(c \in R^{lp})$ heißt inhomogene lineare* SF. *Eine (inhomogene) lineare* SF, *die erwartungstreu* *für γ ist, nennen wir kurz eine* (ILUE) LUE. *Eine* ILUE (LUE) $\hat{\gamma}$ *mit* $D_\vartheta \hat{\gamma} \leqq D_\vartheta \tilde{\gamma}$ *für alle* $\vartheta \in \Theta$ *und jede* ILUE (LUE) $\tilde{\gamma}$ *heißt* BILUE (BLUE).

Mit diesen Bezeichnungen gilt nach obigen Überlegungen

Satz 2.1.2. *Sind $\mathcal{L}$ ein linearer Unterraum des R^n und $\Lambda \in \mathfrak{M}_n^>$, dann ist unter* $Y \circeq [\mathfrak{M}_{\mathcal{L}}^p \times \mathcal{V}_\Lambda^p]$ *die eindeutige* BILUE *von* $\gamma = CM + F$ *durch* $\hat{\gamma} = CP_{\mathcal{L}}^{\Lambda^{-1}} Y + F$ *gegeben.*

Wegen der Projektionseigenschaft

$$||Y - \hat{M}|| = \min_{M \in \mathfrak{M}_{\mathcal{L}}^p} ||Y - M|| \qquad (Y \in \mathfrak{M}_{n \times p})$$

von $\hat{M} = P_{\mathcal{L}}^{\Lambda^{-1}} Y$ im Sinne der Norm $||A|| = ||\vec{A}||_{H \otimes \Lambda^{-1}}$ mit $H \in \mathfrak{M}_p^{\geqq}$ verwenden wir

Definition 2.1.5. *Unter* $Y \circeq [\mathfrak{M}_{\mathcal{L}}^p \times \mathcal{V}_\Lambda^p]$ *heißt* $\hat{\gamma} = C\hat{M} + F$ *mit* $\hat{M} = P_{\mathcal{L}}^{\Lambda^{-1}} Y$ *verallgemeinerte Kleinste-Quadrat-Schätzung* (GLSE) *für* $\gamma = CM + F$. $\hat{\gamma} = CP_{\mathcal{L}}^{\Lambda^{-1}} Y + F$ *heißt gewöhnliche Kleinste-Quadrat-Schätzung* (OLSE).

Wir verwenden auch die Bezeichnung GLSE für $\hat{\gamma}$, wenn $Y \circeq [\mathcal{F}]$ gilt und $\mathcal{L}$ der kleinste lineare Unterraum von R^n mit $\mathcal{F} \subset \mathfrak{M}_{\mathcal{L}}^p \times \mathcal{V}_\Lambda^p$ ist.

Analog zu Satz 2.1.1 erhält man

Satz 2.1.3. *Es sei* $Y \circeq [\mathcal{F}]$ *mit* $\mathcal{F} \subset \mathfrak{M}_{n \times p} \times \mathcal{V}_\Lambda^p$, $\Lambda \in \mathfrak{M}_n^>$ *und*

$$\mathcal{S} = \{M - M' \mid M, M' \in \mathcal{F}_1\},$$

$$\mathcal{F}_1 = \{M \in \mathfrak{M}_{n \times p} \mid \exists \Sigma \in \mathfrak{M}_p^>: (M, \Sigma \otimes \Lambda) \in \mathcal{F}\}. \tag{9}$$

Es existiere ein linearer Unterraum $\mathcal{L}$ des R^n mit $\mathfrak{M}_{\mathcal{L}}^p = \mathcal{L}(\mathcal{S})$. Mit irgendeinem $M_0 \in \mathcal{F}_1$ ist dann

$$\hat{\gamma} = CP_{\mathcal{L}}^{\Lambda^{-1}} Y + [C(I_n - P_{\mathcal{L}}^{\Lambda^{-1}}) M_0 + F] \tag{10}$$

die eindeutige BILUE *von* $\gamma = CM + F$. *Unter* $0_{n \times p} \in \mathcal{F}_1$ *ist* $\hat{\gamma} = CP_{\mathcal{L}}^{\Lambda^{-1}} Y$ *die eindeutige* BLUE *für* $\gamma = CM$.

Ebenso wie im univariaten Fall (vgl. Korollar 2.1.2) folgt aus der Optimalität bezüglich $M_\vartheta \tilde{\gamma} := E_\vartheta(\overrightarrow{\tilde{\gamma} - \gamma})(\overrightarrow{\tilde{\gamma} - \gamma})' = D_\vartheta \tilde{\gamma}$ die Optimalität bezüglich des Risikos

$$R(\vartheta, \tilde{\gamma}) = E_\vartheta ||\overrightarrow{\gamma(\vartheta) - \tilde{\gamma}(Y)}||_Z^2 = \operatorname{sp}[Z M_\vartheta \tilde{\gamma}(Y)], \tag{11}$$

bei dem $Z \in \mathfrak{M}_{lp}^{\geqq}$ ist.

Bemerkung 1. Läßt man singuläre Matrizen als Parameter zu, ersetzt man also im Satz 2.1.3 $\mathcal{V}_\Lambda^p$ durch ${}_0\mathcal{V}_\Lambda^p = \{\Sigma \otimes \Lambda \mid \Sigma \in \mathfrak{M}_p^{\geqq}\}$, so ist der Beweisgang, der beim Satz 2.1.2 vorgeführt wurde, nicht durchführbar. Die Aussage des Satzes 2.1.3 bleibt aber richtig, wenn der Begriff einer „linearen" SF nur für die speziellen SF der Form $\tilde{\gamma}(Y) = AY + G$ mit $A \in \mathfrak{M}_{l \times n}$, $G \in \mathfrak{M}_{l \times p}$ verwendet wird und in $\mathcal{F}$ mindestens ein Parameter (M, Σ) mit $\Sigma \neq 0_{p \times p}$ liegt.

Mit den Bezeichnungen des Satzes 2.1.3 ist die Erwartungstreue einer SF $\tilde{\gamma} = AY + G$ für $\gamma = CM + F$ äquivalent zu $AM + G = CM + F$ $(M \in \mathcal{F}_1)$, also zu

$$G = F + (C - A) M_0\,, \qquad AX = CX\,, \tag{12}$$

falls $\mathcal{L} = \mathcal{R}(X)$ ist. Weiterhin gilt

$$D_\vartheta \tilde{\gamma} = D_\vartheta[(I_p \otimes A)\, \vec{Y} + \vec{G}] = \Sigma \otimes A\Lambda A'\,,$$

was unter unseren Voraussetzungen für alle zugelassenen Σ genau dann unter allen SF $\tilde{\gamma}$ der obigen Art minimiert wird, wenn A Lösung des Optimierungsproblems (6) ist.

Bemerkung 2. Nach C. R. Rao [1] ist mit beliebigem $\pi > 0$ und $\Lambda_\pi = \Lambda + \pi XX'$ die Matrix $P_\pi = X(X'\Lambda_\pi^- X)^- X'\Lambda_\pi^-$ ein Projektor auf $\mathcal{R}(X)$ im Sinne der Norm $\|\cdot\|_{\Lambda^{-1}}$. Demnach ist

$$\hat{\gamma}(Y) = CP_\pi Y + F \tag{13}$$

unter $\boldsymbol{Y} \,\widehat{\sim}\, [\mathfrak{M}^p(X) \times \mathcal{V}_\Lambda^p]$ die BILUE bzw. GLSE für $\gamma = CM + F$. $\hat{\gamma}$ ist aber auch BILUE und GLSE unter $\boldsymbol{Y} \,\widehat{\sim}\, \mathcal{X}_\pi = [\mathfrak{M}^p(X) \times \mathcal{V}_{\Lambda\pi}^p]$. C. R. Rao [1] hat gezeigt, daß (13) auch bei singulärem Λ unter $\boldsymbol{Y} \,\widehat{\sim}\, [\mathfrak{M}^p(X) \times \mathcal{V}_\Lambda^p]$ die BILUE ist. Die Formel (13) ist von praktischem Interesse, denn es ist einerseits nicht notwendig, eine evtl. aufwendige Regularitätsprüfung für Λ durchzuführen, und andererseits können Ungenauigkeiten, die bei der numerischen Inversion einer „fast singulären" Matrix Λ auftreten können, durch Übergang zur evtl. günstigeren Matrix Λ_π verringert werden.

Bemerkung 3. Mit $\tilde{\gamma}_0 = (\tilde{\gamma} - \gamma)\, \Sigma^{-1/2}$ kann ein „normiertes" Risiko $\bar{M}_\vartheta \tilde{\gamma} = E\vec{\tilde{\gamma}}_0 \vec{\tilde{\gamma}}_0'$ bzw. ein normiertes quadratisches Risiko $\bar{R}(\vartheta, \tilde{\gamma}) = E\|\tilde{\gamma}_0\|_Z^2$ $(Z \in \mathfrak{M}_{l_p}^{\geq})$ definiert werden. Es gilt dann $M_\vartheta \tilde{\gamma} = (\Sigma^{-1/2} \otimes I_l)\, \bar{M}_\vartheta \tilde{\gamma}\, (\Sigma^{-1/2} \otimes I_l)$. Ersetzt man also im Satz 2.1.3 das Risiko $M_\vartheta \tilde{\gamma}$ durch $\bar{M}_\vartheta \tilde{\gamma}$, dann bleibt er richtig. Weiterhin ist die BILUE $\hat{\gamma}$ auch gleichzeitig beste ILUE bezüglich des Risikos $\bar{R}$.

2.1.3. Beste erwartungstreue Schätzungen in normalen Modellen und allgemeine Risikofunktionen

Die in 2.1.1 und 2.1.2 abgeleiteten SF haben bei Einschränkung der entsprechenden Modelle auf Normalverteilungen stärkere Optimalitätseigenschaften, nämlich kleinste Kovarianzmatrix und kleinstes quadratisches Risiko (11) in der Klasse der erwartungstreuen SF. Da Satz 2.1.3 alle vorangegangenen Aussagen als Spezialfälle enthält, genügt es, zum Beweis dieser Behauptung geeignete Bedingungen für das im Satz 2.1.3 betrachtete Modell $[\mathcal{F}]$ bzw. genauer seiner Einschränkung $N[\mathcal{F}]$ anzugeben, unter denen mit $\mathcal{L} = \mathcal{R}(X)$, $M_0 \in \mathcal{F}_1$ und $\tilde{Y} = Y - M_0$ die Statistik

$$t(Y) = (X'\Lambda^{-1}\tilde{Y},\ \tilde{Y}'\Lambda^{-1}\tilde{Y}) = (V, W)$$

erschöpfend und vollständig ist. Da die SF (10) von Y nur über $\hat{M} - M_0 = X(X'\Lambda^{-1}X)^- V$, also über $t(Y)$, abhängt, ist (10) nach dem Satz von LEHMANN und SCHEFFÉ (vgl. [A 3.11]) eine beste erwartungstreue SF (BUE) für γ. Ist das Risiko $R(\vartheta, \tilde{\gamma}) = E_\vartheta V(\vartheta, \tilde{\gamma}(Y))$ durch eine Verlustfunktion $V(\vartheta, \gamma)$ definiert, die für festes ϑ konvex auf $\mathfrak{M}_{l\times p}$ ist (kurz: V ist konvex), dann ist (10) nach [A 3.11] auch bezüglich des Risikos R gleichmäßig beste erwartungstreue SF. Beispiele für konvexe Verlustfunktionen sind solche der Form

$$V(\vartheta, \gamma) = \varphi(\vartheta) \, ||\overrightarrow{\gamma(\vartheta) - \gamma}||_Z^q ,$$

wobei $Z \in \mathfrak{M}_{lp}^{\geqq}$, $q \geqq 1$ und φ eine nichtnegative Funktion ist, z. B. $\varphi \equiv 1$ oder $\varphi(\vartheta) = ||\gamma(\vartheta)||^{-q}$.

Im folgenden Satz werden hinreichende Bedingungen dafür angegeben, daß t eine erschöpfende und vollständige Statistik ist.

Satz 2.1.4. *Gilt* $Y \circledsim N[\mathcal{F}]$ *mit* $\mathcal{F} \subset \mathfrak{M}_{n\times p} \times V_\Lambda^p$ *und ist* $\mathcal{L}(\mathcal{S}) = \mathfrak{M}^p(X)$ *mit* (9) *und* $X \in \mathfrak{M}_{n\times k}^k$, *dann ist die Statistik t erschöpfend. Enthält außerdem*

$$\mathcal{B} = \{(B, \Sigma) \in \mathfrak{M}_{k\times p} \times \mathfrak{M}_p^{>} \mid (XB, \Sigma \otimes \Lambda) \in \mathcal{F}\}$$

eine in $\mathfrak{M}_{k\times p} \times \mathfrak{M}_p$ *offene Teilmenge, dann ist t vollständig.*

Beweis. Jede Verteilung $N_{n\times p}(M, \Sigma \otimes \Lambda) \in N[\mathcal{F}]$ hat mit $\vartheta = (M, \Sigma \otimes \Lambda)$ eine Dichte der Form

$$p_\vartheta(Y) \propto \exp\{-\tfrac{1}{2}\operatorname{sp}[\Sigma^{-1}(Y - M)'\Lambda^{-1}(Y - M)]\} .$$

Mit $B = (X'X)^{-1}X'(M - M_0)$ ergibt sich

$$p_\vartheta(Y) \propto \exp\{-\operatorname{sp}[\tfrac{1}{2}\Sigma^{-1}\tilde{Y}'\Lambda^{-1}\tilde{Y} + \Sigma^{-1}B'X'\Lambda^{-1}\tilde{Y}]\} , \tag{14}$$

woraus nach [A 3.4] folgt, daß t erschöpfend ist. Mit den Bezeichnungen

$$\Sigma^{-1} = \big((\sigma^{ij})\big), \quad h_{ii} = -\tfrac{1}{2}\sigma^{ii}, \quad h_{ij} = -\sigma^{ij} \quad (i < j),$$

$$\Sigma^{-1}B' = \big((q_{rs})\big), \quad X'\Lambda^{-1}\tilde{Y} = \big((v_{rs})\big), \quad \tilde{Y}'\Lambda^{-1}\tilde{Y} = \big((w_{ij})\big)$$

erhalten wir aus (14)

$$p_\vartheta(Y) \propto \exp\Big\{\sum_{i\leqq j} h_{ij}w_{ij} + \sum_{r,s} q_{rs}v_{rs}\Big\} .$$

Demnach ist $\{p_\vartheta \mid \vartheta \in \mathcal{F}\}$ eine π-parametrische Exponentialfamilie $(\pi = p(p+1)/2 + kp)$, da, wie wir sehen werden, die auf $\mathfrak{M}_{n\times p}$ definierten Funktionen $f \equiv 1, w_{11}, w_{12}, \dots, v_{11}, \dots, v_{kk}$ linear unabhängig sind (vgl. [A 3.6]). Da eine umkehrbar eindeutige stetige Beziehung zwischen den Parametern $\zeta = (h_{11}, h_{12}, \dots, q_{11}, \dots, q_{nk})$ und (B, Σ) besteht, variiert der Parameter ζ dieser Exponentialfamilie in einer Menge, die nach der Voraussetzung über $\mathcal{B}$ eine offene Menge des R^π enthält. Es ist dann nach [A 3.6] t eine vollständige Statistik.

Zum Beweis der linearen Unabhängigkeit bilden wir mit beliebigen $\zeta \in R^\pi$, $c \in R^1$ die Funktion

$$\varphi(Y) = cf + \sum_{i\leqq j} h_{ij}w_{ij} + \sum_{r,s} q_{rs}v_{rs}$$

und nehmen an, daß $\varphi(Y) \equiv 0$ $(Y \in \mathfrak{M}_{n\times p})$ gilt. Hieraus erhalten wir die Gleichungen

$$\frac{\partial^2\varphi}{\partial y_{\nu\mu}\,\partial y_{\varrho\sigma}} = (1 + \delta_{\mu\sigma})\,\lambda^{\nu\varrho}h_{\mu\sigma} = 0 \quad (\nu, \varrho = 1, \dots, n;\ \mu, \sigma = 1, \dots, p) ,$$

woraus wegen $\Lambda^{-1} \neq 0_{n\times n}$ für alle μ, σ folgt $h_{\mu\sigma} = 0$. Weiterhin erhalten wir dann

$$\frac{\partial \varphi}{\partial y_{\nu\mu}} = \sum_r q_{r\mu} \sum_\alpha x_{\alpha r} \lambda^{\alpha\nu} = 0 \qquad (\nu = 1, \dots, n; \mu = 1, \dots, p),$$

also

$$\Lambda^{-1} X q_\mu = 0_n, \qquad q_\mu' = (q_{1\mu}, \dots, q_{k\mu}) \quad (\mu = 1, \dots, p).$$

Aus $r[\Lambda^{-1}X] = k$ folgt $q_\mu = 0_k$ für $\mu = 1, \dots, p$. Aus $\varphi \equiv 0$ folgt also $h_{11} = h_{12} = \cdots = q_{11} = \cdots q_{kp} = 0$ und $c = 0$, womit die lineare Unabhängigkeit nachgewiesen ist. ■

Nach dem obigen Satz ist z. B. im Modell

$$Y = XB + E\Sigma^{1/2}, \qquad B \in \mathfrak{M}_{k\times p}, \qquad \Sigma \in \mathfrak{M}_p^>, \qquad E \sim N_{n\times p}(0, I_p \otimes \Lambda)$$

$(X \in \mathfrak{M}_{n\times k}, \Lambda \in \mathfrak{M}_n^>)$ eine BUE für $\gamma = CXB + F$ gegeben durch

$$\hat{\gamma} = CX(X'\Lambda^{-1}X)^- X'\Lambda^{-1}Y + F.$$

Bemerkung. Aus der Gestalt der Dichte p_ϑ erkennt man, daß $p_\vartheta(Y)$ für feste Σ und Y als Funktion von M ein eindeutiges Maximum bei $M = \hat{M}$ hat. Folglich ist die BUE $\hat{\gamma}$ für $\gamma = CM + F$ die Maximum-Likelihood-SF für γ (vgl. Def. 1.4.3 und 2.1.5).

2.1.4. Verteilungsaussagen und Kovarianzschätzungen

Wir werden in diesem Abschnitt Verteilungseigenschaften der GLSE in einem Modell $Y \circleddash [\mathcal{F}]$ mit $\mathcal{F} \subset \mathfrak{M}^p(X) \times \mathcal{V}_\Lambda^p$ untersuchen. P sei der Projektor $P = XK^+X'\Lambda^{-1}$ von R^n auf $\mathcal{R}(X)$ im Sinne der Norm $||\cdot||_{\Lambda^{-1}}$, wobei K^+ die Mooresche Inverse von K ist (vgl. [A 1.17]).

Aussagen über die Momente 2. Ordnung einer SF $\hat{\gamma} = C\hat{M} + G = CPY + G$ erhält man aus

$$D_\vartheta\hat{\gamma} = D_\vartheta\overrightarrow{CPY} = D_\vartheta(I_p \otimes CP)\,\vec{Y}\vec{Y}'(I_p \otimes CP)' = \Sigma \otimes CP\Lambda P'C'. \qquad (15)$$

Wegen $K^+KK^+ = K^+$ (vgl. [A 1.17]) erhält man

$$P\Lambda P' = XK^+X'\Lambda^{-1}XK^+X' = XK^+X' = P\Lambda \qquad (16)$$

und für $Q = I_n - P$ analog

$$Q\Lambda Q' = \Lambda Q', \quad Q'\Lambda^{-1}Q = \Lambda^{-1}Q, \quad Q\Lambda P' = P\Lambda Q' = Q'\Lambda^{-1}P = P'\Lambda^{-1}Q = 0_{n\times n}.$$

Definition 2.1.6. *Die Matrix (bzw. bei $p = 1$ der Vektor) $U = Y - \hat{M} = QY$ heißt Residuum. Die Matrix*

$$S = U'\Lambda^{-1}U = Y'\Lambda^{-1}QY$$

heißt Residualmatrix.

Die Matrizen U und S werden später wichtig sein. Es gilt $E_\vartheta U = 0_{n\times p}$ $(\vartheta \in \Theta)$ und mit der Bezeichnung

$$\operatorname{Cov}_\vartheta(U, V) = E_\vartheta(\overrightarrow{U - E_\vartheta U})(\overrightarrow{V - E_\vartheta V})'$$

$$\operatorname{Cov}_\vartheta(\hat{\gamma}, U) = (I_p \otimes C)\,E_\vartheta\vec{\hat{M}}\vec{U}' = \Sigma \otimes CP\Lambda Q' = 0_{l_p\times np}. \qquad (17)$$

Hieraus folgt unter anderem die wichtige Kovarianzzerlegung

$$D_\vartheta \boldsymbol{Y} = D_\vartheta \hat{\boldsymbol{M}} + D_\vartheta \boldsymbol{U}\,.$$

Mit der Bezeichnung

$$r[X] = r[P] = n - r[Q] = r$$

erhalten wir wegen [A 1.28] die Existenz eines $H \in \mathfrak{M}^{n-r}_{(n-r)\times n}$ mit $HH' = I_{n-r}$ und $Q = \Lambda^{1/2}H'H\Lambda^{-1/2}$. Dies ergibt für

$$Z = H\Lambda^{-1/2}Y = (Z_1, \ldots, Z_{n-r})' \tag{18}$$

(*kanonische Transformation*) die Kovarianzmatrix

$$D_\vartheta \boldsymbol{Z} = \Sigma \otimes H\Lambda^{-1/2}\Lambda\Lambda^{-1/2}H' = \Sigma \otimes I_{n-r}\,,$$

woraus

$$E_\vartheta \boldsymbol{S} = E_\vartheta \boldsymbol{Y}'\Lambda^{-1}Q\boldsymbol{Y} = E_\vartheta \boldsymbol{Z}'\boldsymbol{Z} = \sum_{j=1}^{n-r} E\boldsymbol{Z}_j\boldsymbol{Z}_j' = (n-r)\,\Sigma \tag{19}$$

folgt. Dies führt zu einer erwartungstreuen Schätzung $\hat{\Sigma}$ für die Matrix Σ

$$\hat{\Sigma} = (n-r)^{-1}\,S = (n-r)^{-1}\,(Y - \hat{M})'\,\Lambda^{-1}(Y - \hat{M})\,.$$

$\hat{D} = \hat{\Sigma} \otimes CP\Lambda C'$ ist dann erwartungstreue Schätzung für $D_\vartheta\hat{\gamma}$. Im Vergleich zur GLSE ist über Optimalitätseigenschaften dieser Schätzungen relativ wenig bekannt (vgl. J. Kleffe und R. Pincus [2] sowie die dort zitierten Arbeiten). Unter der Voraussetzung der Normalverteilung, d. h. beim Modell $\boldsymbol{Y} \circledsim N[\mathcal{F}]$, unter den Voraussetzungen des Satzes 2.1.4 und $M_0 = 0_{n\times p}$ ist $\hat{\Sigma}$ beste erwartungstreue Schätzung von Σ, denn $\hat{\Sigma} = (n-r)^{-1}\,[W - V'K^-V]$ hängt von Y nur über die erschöpfende und vollständige Statistik $t(Y) = (V, W)$ ab.

Unter der Voraussetzung einer Normalverteilung $(\boldsymbol{Y} \sim N_{n\times p}(M, \Sigma \otimes \Lambda))$ erhält man wegen der Linearität von $\hat{\gamma} = CPY + G$ eine Normalverteilung für $\hat{\gamma}$:

$$\hat{\gamma} \sim N_{l\times p}(CM + G, \Sigma \otimes CXK^-X'C')\,.$$

Mit der kanonischen Transformation (18) erhält man $\boldsymbol{S} = \sum_{j=1}^{n-r} \boldsymbol{Z}_j\boldsymbol{Z}_j'$, wobei wegen $D_\vartheta \boldsymbol{Z} = \Sigma \otimes I_{n-r}$ die zufälligen Vektoren $\boldsymbol{Z}_j$ normalverteilt und unabhängig sind. Es gilt

$$\begin{aligned} E_\vartheta \boldsymbol{Z} &= H\Lambda^{-1/2}M = H\Lambda^{-1/2}(I_n - Q)\,M \\ &= H(\Lambda^{-1/2} - H'H\Lambda^{-1/2})\,M - (H - HH'H)\Lambda^{-1/2}M = 0_{(n-r)\times p}\,, \end{aligned}$$

also $\boldsymbol{Z}_j \sim N_p(0, \Sigma)$. Nach Definition der Wishart-Verteilung [A 2.13] gilt deshalb $\boldsymbol{S} \sim W_p(n, \Sigma)$, und wegen (17) sind $\hat{\gamma}$ und $\boldsymbol{S}$ stochastisch unabhängig (vgl. [A 2.10]).

2.1.5. Beste äquivariante Schätzungen

In diesem Abschnitt wollen wir untersuchen, welche SF geeignet sein könnten, falls $\boldsymbol{Y}$ eine evtl. von der Normalverteilung verschiedene Verteilung besitzt. Zunächst bemerken wir, daß unter

$$\boldsymbol{Y} \circledsim \{N_{n\times p}(M_0 + XB, \Sigma \otimes \Lambda) \mid B \in \mathcal{B}\}$$

mit festen $M_0 \in \mathfrak{M}_{n\times p}$, $X \in \mathfrak{M}_{n\times k}$, $\Sigma \in \mathfrak{M}_p^>$, $\Lambda \in \mathfrak{M}_n^>$, $\mathcal{B} \subset \mathfrak{M}_{k\times p}$, wobei $\mathcal{B}$ eine offene Teilmenge aus $\mathfrak{M}_{k\times p}$ enthält, die SF (10) für $\gamma = CM + F$ eine BUE und eine bezüglich eines Risikos mit konvexer Verlustfunktion gleichmäßig beste erwartungstreue SF ist. Unter den obigen Voraussetzungen folgt nämlich ähnlich wie beim Satz 2.1.4, daß die Statistik $\hat{M}$ vollständig und erschöpfend ist. Liegt ein nicht normales Modell für $\boldsymbol{Y}$ vor, dann kann eine andere erwartungstreue SF besser als (10) sein (vgl. S. 40). Um diese Frage zu untersuchen, setzen wir

$$\boldsymbol{Y} \circleddash \{P_\mu \mid \mu \in \mathcal{L}\} \tag{20}$$

voraus, wobei $\mathcal{L}$ ein k-dimensionaler linearer Unterraum des $R^n (0 < k < n)$ ist und

$$P_\mu(A) := W(A - \mu) \qquad (A \in \mathfrak{B}^n, \mu \in R^n) \tag{21}$$

mit einer festen Verteilung W auf $\mathfrak{B}^n$ und

$$\int_{R^n} x W(dx) = 0 \qquad \int_{R^n} xx' W(dx) =: \Omega \in \mathfrak{M}_n^> \tag{22}$$

gilt. Es soll ein Parameter $\gamma = C\mu + c$ mit $C \in \mathfrak{M}_{l\times n}$, $c \in R^l$ geschätzt werden, wobei als Verlustfunktion $V(\mu, d) = L(C\mu + c - d)$ mit $L(d) = dd'$ oder $L(d) = ||d||_Z$, $Z \in \mathfrak{M}_l^{\geqq}$, d. h. das Risiko $R(\vartheta, \tilde{\gamma}) = M_\vartheta \tilde{\gamma} = E_\vartheta(\gamma - \tilde{\gamma})(\gamma - \tilde{\gamma})'$ oder (11) verwendet wird. Wird bei der Problemstellung, wie es häufig der Fall ist, gefordert, daß eine Verschiebung des Koordinatenursprungs um a ($a \in \mathcal{L}$) und eine Darstellung von $\boldsymbol{y}$ und μ im neuen Koordinatensystem gleichartige Veränderungen sowohl bei dem Parameter γ wie bei der SF hervorrufen, dann muß man sich auf die im folgenden definierten SF beschränken:

Definition 2.1.7. *Eine SF $\tilde{\gamma}$ für $\gamma = C\mu + c$ im Modell (20) heißt äquivariant, falls gilt*

$$\tilde{\gamma}(y + a) = \tilde{\gamma}(y) + Ca \qquad (y \in R^n, a \in \mathcal{L})\,.$$

Mit $P = P_{\mathcal{L}}^{\Omega^{-1}}$ ist die GLSE $\hat{\gamma} = CPy + c$ ein Beispiel für eine äquivariante SF. Offenbar ist $\tilde{\gamma}$ genau dann äquivariant, falls $\varphi(y) := \tilde{\gamma}(y) - \hat{\gamma}(y)$ eine invariante Funktion bezüglich der Gruppe $\mathcal{G}$ der Translationen $a(y) = y + a$ ($a \in \mathcal{L}$) ist (vgl. [A 3.25]). Mit $Q = I_n - P$ ist Qy eine bezüglich $\mathcal{G}$ maximal invariante Funktion, denn es gilt $Q(y + a) = Qy$ ($y \in R^n$, $a \in \mathcal{L}$) und aus $Qy' = Qy$ folgt $a = y' - y \in \mathcal{L}$, d. h. $y' = y + a$. Es ist also jede äquivariante SF von der Form $\tilde{\gamma}(y) = \hat{\gamma}(y) + \psi[Qy]$ mit einer Borel-meßbaren Funktion ψ, und sie hat ein Risiko $R(\mu, \tilde{\gamma}) = \int L(C\mu + c - \tilde{\gamma}(y))\, P_\mu(dy)$, woraus mit $t = y - \mu$

$$R(\mu, \tilde{\gamma}) = \int L(c - \hat{\gamma}(t) - \psi[Qt])\, W(dt) \tag{23}$$

folgt. Es hängt nicht von μ ab, und deshalb ist eine gleichmäßig beste äquivariante SF (auch Pitman-*Schätzung* genannt, vgl. [10]) durch ein ψ_0 gegeben, das (23) minimiert.

Nach [A 3.29] erfüllt jedes ψ, das (23) minimiert, die Äquivalenzbedingung $P_\mu(\psi[Q\boldsymbol{y}] = \psi_0[Q\boldsymbol{y}]) = 1$, ($\mu \in \mathcal{L}$) für

$$\psi_0[q] = E(c - \hat{\gamma}(\boldsymbol{t}) \mid Q\boldsymbol{t} = q)\,,$$

wobei der obige bedingte Erwartungswert unter der Voraussetzung der Verteilung W für $\boldsymbol{t}$ gebildet wird und als BOREL-meßbare Funktion auf $\mathcal{R}(Q)$ festgelegt werden kann. Wir haben also den

Satz 2.1.5. *Unter* (20) *ist*

$$\gamma_*(y) = \hat{\gamma}(y) - E(CP\boldsymbol{t} \mid Q\boldsymbol{t} = Qy) \tag{24}$$

eine gleichmäßig beste äquivariante SF *für* $\gamma = C\mu + c$. *Die Schätzfunktion* (24) *ist erwartungstreu:*

$$\begin{aligned} E_\mu \gamma_*(\boldsymbol{y}) &= \gamma + \int E(c - \hat{\gamma}(\boldsymbol{t}) \mid Q\boldsymbol{t} = Q(t + \mu))\, W(\mathrm{d}t) \\ &= \gamma + \int [c - \hat{\gamma}(t)]\, P_0(\mathrm{d}t) = \gamma\,. \end{aligned}$$

γ^* braucht nicht BUE zu sein, da es im allgemeinen nicht gleichmäßig besser als alle erwartungstreuen SF zu sein braucht und sogar eine gleichmäßig bessere nicht äquivariante SF existieren kann (vgl. S. ZACKS [10]). Man kann unter Voraussetzung stetiger Verteilungen die SF (24) in einer übersichtlichen Form darstellen, aus der ersichtlich ist, daß sie eine verallgemeinerte BAYESsche SF bezüglich des LEBESGUEschen Maßes als uneigentliche a priori Verteilung ist:

Satz 2.1.6. *Hat* W *die Dichte* f *bezüglich des* LEBESGUE*schen Maßes auf* R^n *und ist* $\mathcal{L} = \mathcal{R}(X)$ *mit* $X \in \mathfrak{M}_{k \times k}^k$, *dann gilt* $\gamma_*(y) = C\eta_*(y) + c$ *mit*

$$\eta_*(y) = \frac{\int X\beta f(y - X\beta)\, \mathrm{d}\beta}{\int f(y - X\beta)\, \mathrm{d}\beta}.$$

Beweis. Bezeichnet $\mu_{\mathcal{L}}$ und $\mu_{\mathcal{L}\perp}$ das LEBESGUEsche Maß über $\mathcal{L}$ bzw. $\mathcal{L}\perp := \mathcal{R}(Q)$, d. h., gilt z. B.

$$\mu_{\mathcal{L}}(\mathcal{B}) = \int\limits_{\{z \in R^n \mid Pz \in \mathcal{B}\}} \mathrm{d}z = \int\limits_{\{u \in R^k \mid Xu \in \mathcal{B}\}} \mathrm{d}u \quad (\mathcal{B} \in \mathfrak{B}_{\mathcal{L}})\,,$$

dann erhalten wir für

$$(\boldsymbol{u}, \boldsymbol{v}) = (P[y - \boldsymbol{t}], Q[y - \boldsymbol{t}])$$

die Verteilung

$$P^{\boldsymbol{u},\boldsymbol{v}}(\mathcal{K}) = \int\limits_{\{t \in R^n \mid (P[y-t], Q[y-t]) \in \mathcal{K}\}} f(t)\, \mathrm{d}t = \int\limits_{\mathcal{K}} f(y - u - v)\, \mathrm{d}\mu_{\mathcal{L}}(u)\, \mathrm{d}\mu_{\mathcal{L}\perp}(v)\,.$$

Dann kann nach [A 2.3] für die bedingte Verteilung $P^{\boldsymbol{u} \mid \boldsymbol{v} = v}$ eine Dichte $p(u \mid v)$ bezüglich $\mu_{\mathcal{L}}$ angegeben werden:

$$p(u \mid v) = \frac{f(y - u - v)}{\int_{R^n} f(y - u - v)\, \mathrm{d}\mu_{\mathcal{L}}(u)} = \frac{f(y - u - v)}{\int_{R^k} f(y - X\beta - v)\, \mathrm{d}\beta}.$$

Hieraus folgt mit $\eta_*(y) = E(P(y - \boldsymbol{t}) \mid Q\boldsymbol{t} = Qy) = E(\boldsymbol{u} \mid \boldsymbol{v} = 0)$ die Behauptung. ■

Ist $W = N_n(0, \Omega)$, dann ist, wie man leicht nachprüft, $\gamma_* = \hat{\gamma}$. A. M. KAGAN und O. V. ŠALAEVSKII haben in [3] gezeigt, daß die GLSE $\hat{\gamma}$ und die PITMAN-Schätzung γ_* genau dann äquivalent sind (d. h. $P_\mu(\gamma_* = \hat{\gamma}) = 1$, $\mu \in \mathcal{L}$), wenn $W = N_n(0, \Omega)$ ist. Hierbei wird vorausgesetzt, daß

$$\mathcal{L} = \mathcal{R}(X)\,, \quad X = ((x_{ik})) \in \mathfrak{M}_{n \times k}^k \quad \text{und} \quad \sum_{j=1}^k x_{ij}^2 > 0 \quad (i = 1, \dots, n); \tag{25a}$$

$$n > 2k + 1; \quad \Omega\text{: Diagonalmatrix} \tag{25b}$$

gilt. A. M. KAGAN untersuchte in [117] auch, wann bei variablen $\Omega = \sigma^2\Lambda$ mit $\sigma \in R^>$ und fester Diagonalmatrix Λ die PITMAN-Schätzung dieselbe bleibt, also z. B. im f-Modell

$$\boldsymbol{y} = \mu + \sigma \boldsymbol{t}; \quad \mu \in \mathscr{L}, \quad \sigma \in R^>, \quad \boldsymbol{t} \sim W,$$

eine gleichmäßig beste äquivariante SF ist. Dies ist nur für eine Normalverteilung W der Fall, d. h. genau dann, wenn γ_* und $\hat{\gamma}$ äquivalent sind.

2.1.6. BILUE bei Verteilungen mit evtl. nicht existierender Kovarianzmatrix

Existiert evtl. die Kovarianzmatrix von $\boldsymbol{y}$ nicht, dann können trotzdem gleichmäßig beste ILUE für eindimensionale Parameter $\gamma = h'\mu + c$ ($h \in R^n$, $c \in R^1$) bezüglich des Risikos

$$R(\vartheta, \tilde{\gamma}) = E_\vartheta \mid h'\mu + c - \tilde{\gamma}(\boldsymbol{y})| \tag{26}$$

gefunden werden, falls die charakteristische Funktion der Verteilung von $\boldsymbol{y}$ gewisse Eigenschaften hat. Es sei

$$\boldsymbol{y} \circleddash \{P_\vartheta \mid \vartheta = (\beta, \xi) \in \mathscr{B} \times \Xi\} \tag{27}$$

mit $E_\vartheta \boldsymbol{y} = \mu = X\beta$, $X \in \mathfrak{M}_{n\times k}$ und $\mathscr{L}(\mathscr{B}) = R^k$. Die zu P_ϑ gehörige charakteristische Funktion sei von der Form

$$\varphi_\vartheta(t) = e^{it'X\beta}\psi_\xi(t).$$

Satz 2.1.7. *Gibt es ein* $a_0 \in \mathscr{A} = \{a \in R^n \mid a'X = h'X\}$ *mit*

$$\max_{a\in\mathscr{A}} \operatorname{Re} \psi_\xi(sa) = \operatorname{Re} \psi_\xi(sa_0) \quad (\xi \in \Xi, s \in R^1), \tag{28}$$

dann ist unter (27) $\hat{\gamma}(y) = a_0'y + c$ *eine bezüglich* (26) *gleichmäßig beste* ILUE *für* $\gamma = h'\mu + c$.

Beweis. Wie wir in 2.1.1 gesehen haben, ist $\tilde{\gamma}(y) = a'y + b$ genau dann eine ILUE für γ, wenn $a \in \mathscr{A}$ und $b = c$ gilt. Nun ist die charakteristische Funktion von $\tilde{\gamma}(\boldsymbol{y}) - \gamma$

$$\tilde{\varphi}_\vartheta(s) = E_\vartheta \exp[is(a'\boldsymbol{y} - h'X\beta)] = \psi_\xi(sa).$$

Mit Formel [A 2.50] erhalten wir

$$R(\vartheta, \tilde{\gamma}) = \frac{2}{\pi}\int_{-\infty}^{\infty} \frac{1 - \operatorname{Re} \tilde{\varphi}_\vartheta(s)}{s^2} ds = \frac{2}{\pi}\int_{-\infty}^{\infty} \frac{1 - \operatorname{Re} \psi_\xi(sa)}{s^2} ds,$$

und (28) ergibt die Optimalität von $\hat{\gamma}$. ■

Ein Spezialfall von (27) wurde von K. R. KADIYALA in [4] untersucht. Dabei sind die Komponenten von $\boldsymbol{y} - X\beta$ stochastisch unabhängig und haben die gleiche stabile Verteilung mit der charakteristischen Funktion $\varphi_\xi(s) = e^{-|\xi s|^\alpha}$ ($\xi > 0$). Dabei ist $\alpha \in (1, 2]$ fest und für $\alpha < 2$ existiert das Moment 2.Ordnung nicht. In diesem Spezialfall ist $\psi_\xi(t) = \exp\left\{-\xi^\alpha \sum_{i=1}^n |t_i|^\alpha\right\}$, und (28) ist äquivalent zu

$$\sum_{i=1}^n |a_{0i}|^\alpha = \min\left\{\sum_{i=1}^n |a_i|^\alpha \mid a \in R^n : a'X = h'X\right\}.$$

Dieses Optimierungsproblem erfordert im allgemeinen einen relativ großen numerischen Aufwand. Für $\alpha = 2$ (Normalverteilung) ist nach [A 1.89] die Lösung $a_0 = X(X'X)^- X'h$, d. h., $\hat{\gamma}$ ist die OLSE von γ. Für den in [4] betrachteten Fall hat W. NÄTHER [5] gezeigt, daß die Optimalität auch für allgemeinere Verlustfunktionen $V(\vartheta, \gamma)$ gilt, die nach unten beschränkt sind und für festes ϑ auf (γ, ∞) monoton nicht fallend und auf $(-\infty, \gamma)$ monoton nichtwachsend sind.

2.1.7. Zulässigkeit und Minimax-Optimalität der GLSE

In diesem Abschnitt wollen wir Ergebnisse über Zulässigkeit und Minimax-Optimalität zusammenfassend darstellen, deren Beweis meist in den späteren Kapiteln vorgeführt werden soll. Zunächst bemerken wir, daß die in 2.1.3 bewiesene BUE-Eigenschaft der GLSE charakteristisch für die Normalverteilung ist (vgl. 2.1.5). Ist $P_{\mu, W}$ durch (21) definiert und gilt

$$\boldsymbol{y} \circleddash \{P_{\mu, W} \mid \mu \in \mathcal{L},\ W \in \mathfrak{W}\}\,, \tag{29}$$

wobei $\mathcal{L} = \mathcal{R}(X)$ ein linearer Unterraum des R^n und $\mathfrak{W}$ eine Klasse von Verteilungen auf $\mathfrak{B}^n$ mit (22) und $\Omega \in \mathfrak{M}_n^>$, die mindestens eine nicht normale Verteilung W^* enthält, dann ist unter (25) die GLSE $\hat{\gamma} = CP_{\mathcal{L}}^{\Omega^{-1}} + c$ für $\gamma = C\mu + c$ keine BUE. Es ist nämlich unter $\boldsymbol{y} \circleddash \{P_{\mu, W^*} \mid \mu \in \mathcal{L}\}$ die PITMAN-Schätzung für γ gleichmäßig besser als $\hat{\gamma}$. Es ist also $\hat{\gamma}$ unter (29) nicht zulässig bez. $M_\vartheta \tilde{\gamma}$. Hieraus folgt beispielsweise, daß die GLSE für $\gamma = CM + F$ im multivariaten linearen Modell $\boldsymbol{Y} \circleddash [\mathfrak{M}^p(X) \times \Lambda_p^\Lambda]$ mit Diagonalmatrix $\Lambda \in \mathfrak{M}_n^>$, und (25a) eine BLUE, aber nicht zulässig und keine BUE ist. Sätze über die Charakterisierung der Normalverteilung durch die Zulässigkeit der GLSE in der Klasse der erwartungstreuen SF findet man in A. M. KAGAN, J. V. LINNIK, C. R. RAO [6]. Die Zulässigkeit der GLSE in der Klasse der inhomogenen linearen SF gilt sogar ohne Annahme einer Normalverteilung (vgl. auch R. THRUM [7]).

Im folgenden heißt eine SF linear zulässig, falls sie in der Klasse der inhomogenen linearen SF zulässig ist.

Satz 2.1.8. *Es seien die Voraussetzungen des Satzes* 2.1.3 *erfüllt, wobei zu jedem* $M \in \mathcal{F}_1$ *auch der Strahl* $\{\lambda M \mid \lambda \in R^>\}$ *in* $\mathcal{F}_1$ *enthalten sei. Dann ist die* GLSE $\hat{\gamma} = CP_{\mathcal{L}}^{\Lambda^{-1}} Y + F$ *für* $\gamma = CM + F$ *linear zulässig bezüglich des Risikos* (11) *oder* $M_\vartheta \tilde{\gamma}$.

Beweis. Da aus der Zulässigkeit bezüglich (11) die Zulässigkeit bezüglich $M_\vartheta \tilde{\gamma}$ folgt, genügt es zu zeigen, daß für jede SF $\tilde{\gamma}$ mit $\overrightarrow{\tilde{\gamma}(Y)} = A\vec{Y} + Q$ aus $R(\vartheta, \tilde{\gamma}) \leq R(\vartheta, \hat{\gamma})$ $(\vartheta \in \Theta)$ die Gleichheit $R(\vartheta, \tilde{\gamma}) = R(\vartheta, \hat{\gamma})$ $(\vartheta \in \Theta)$ folgt. Für solche SF $\tilde{\gamma}$ gilt mit $D = A - (I_p \otimes C)$, $G = Q - \vec{F}$ für alle $\vartheta \in \Theta$

$$\begin{aligned} R(\vartheta, \tilde{\gamma}) &= \operatorname{sp}[ZA(\Sigma \otimes \Lambda) A'] + \operatorname{sp}[Z(D\vec{M} + G)(D\vec{M} + G)'] \\ &\leq R(\vartheta, \hat{\gamma}) = \operatorname{sp}[Z(\Sigma \otimes CP\Lambda PC')]\,. \end{aligned} \tag{30}$$

Wegen der Voraussetzungen folgt hieraus für jedes feste $(M, \Sigma \otimes \Lambda) \in \mathcal{F}$

$$\operatorname{sp}[Z(\lambda D\vec{M} + G)(\lambda D\vec{M} + G)'] \leq W = R(\vartheta, \hat{\gamma}) - \operatorname{sp}[ZA(\Sigma \otimes \Lambda) A'] \quad (\lambda \in R^>)\,,$$

was nur bei $D\vec{M} = 0_{lp}$ gelten kann. Da nach Satz 2.1.3 $\hat{\gamma}$ BILUE ist, gilt dann

$$\Sigma \otimes CPAPC' = \min \{\tilde{A}(\Sigma \otimes \Lambda) \tilde{A}' \mid \tilde{A} \in \mathfrak{M}_{lp \times np}: D\vec{M} = 0_{lp}, M \in \mathcal{S}\}$$
$$\leqq A(\Sigma \otimes \Lambda) A' .$$

Dies ergibt mit $D\vec{M} = 0_{lp}$ und (30) die Gleichheit $R(\vartheta, \gamma) = R(\vartheta, \hat{\gamma})$ $(\vartheta \in \Theta)$. ■

In jedem normalen linearen Modell $Y \circledsim N[\mathfrak{M}_Y^P \times V]$ mit $\mathcal{L} \subset R^n$, $\dim \mathcal{L} = k$ und $V \subset V_\Lambda^p$, $\Lambda \in \mathfrak{M}_n^>$ ist die GLSE für $\gamma = CM + P$ zulässig (in der Klasse aller SF), falls das Matrizenrisiko $M_\vartheta\tilde{\gamma}$ zugrunde gelegt wird (vgl. Satz 4.1.3). Die GLSE ist auch zulässig bezüglich des Risikos

$$R(\vartheta, \tilde{\gamma}) = \sup_{h \in \mathcal{H}} h' M_\vartheta \tilde{\gamma} h\,, \quad \mathcal{H} \subset R^{lp}$$

(vgl. Satz 4.1.4). Bezüglich des quadratischen Risikos

$$R(\vartheta, \tilde{\gamma}) = E_\vartheta \|\overrightarrow{\tilde{\gamma} - \gamma}\|^2 = \operatorname{sp}\,[M_\vartheta \tilde{\gamma}]$$

ist die GLSE für γ zulässig für $p = 1$ und $l = 1$ oder 2 sowie für $p = 2$, $l = 1$ (vgl. Satz 4.1.1). Die obigen Zulässigkeitsaussagen gelten auch für normierte Risiken

$$\bar{M}_\vartheta \tilde{\gamma} = E_\vartheta \vec{\tilde{\gamma}}_0 \vec{\tilde{\gamma}}_0', \quad \tilde{\gamma}_0 = (\tilde{\gamma} - \gamma)\, \Sigma^{-1/2} \tag{31}$$

bzw.

$$\bar{R}(\vartheta, \tilde{\gamma}) = \operatorname{sp}\,[\bar{M}_\vartheta \tilde{\gamma}] = E_\vartheta \|\overrightarrow{\tilde{\gamma} - \gamma}\|^2_{\Sigma^{-1} \otimes I_n} = E_\vartheta \|\vec{\tilde{\gamma}}_0\|^2 . \tag{32}$$

Für $p = 1$ und $3 \leqq l$, $k < n$ ist bezüglich des Risikos (7) die GLSE nicht zulässig, da es gleichmäßig bessere, darunter auch evtl. zulässige SF gibt (vgl. Satz 4.2.6). Dies gilt auch für das Risiko $R(\vartheta, \tilde{\gamma}) = |M_\vartheta \tilde{\gamma}|$ (vgl. H. Läuter [116]). Für $p \geqq 3$ und $n \geqq p + k$ ist die GLSE bezüglich des Risikos (32) nicht zulässig (vgl. 4.2.5).

Die bisher beschriebenen und einige daraus ableitbare Optimalitäts- und Zulässigkeitseigenschaften der GLSE in linearen Modellen lassen sich tabellarisch folgendermaßen zusammenfassen:

	Optimalität	lineare Zulässigkeit	Zulässigkeit	Nichtzulässigkeit
lineares Modell	BLUE $(M, R_Z, \mathcal{H}, D)$	(M, R_Z)	–	unter Voraussetzung S. 42 (M, R, D)
normales lineares Modell	BUE $(M, R_Z, \mathcal{H}, D)$	(M, R_Z)	$(M, \bar{M}, \mathcal{H})$ Für $p = 1$, $l = 1{,}2$ und $p = 2$, $l = 1$ $(R_Z, \bar{R})$	Für $p = 1$, $l \geqq 3$, $k < n$ (R_Z, D) Für $p \geqq 3$, $k + p \leqq n$ $(\bar{R})$
lineares Modell mit spezieller nichtnormaler Verteilung	Pitman-SF ist besser unter (25) (M, R, D)	(M, R_Z)	–	unter (25) (M, R_Z, D)

Hierbei ist in Klammern die Art der Risikofunktion angegeben, bezüglich der die betreffende Eigenschaft gilt.

M: Matrizenrisiko $M_\vartheta\tilde{\gamma}$, $\overline{M}$: normiertes Matrizenrisiko $\overline{M}_\vartheta\tilde{\gamma}$

R_Z: Quadratisches Risiko $E\,\|\overrightarrow{\gamma - \tilde{\gamma}}\|_Z^2$, $Z \in \mathfrak{M}_{lp}^{>}$, $R = R_{I_n}$, $\overline{R} = R_{\Sigma^{-1}\otimes I_n}$.

$\mathcal{H}$: $R(\vartheta, \tilde{\gamma}) = \sup_{h \in \mathcal{H}} h' M_\vartheta \tilde{\gamma} h$, $\mathcal{H} \subset R^{lp}$

D: $R(\vartheta, \tilde{\gamma}) = |M_\vartheta \tilde{\gamma}|$.

Die oben zitierten Sätze zeigen außerdem, daß die in der Tabelle angegebenen Eigenschaften auch noch gelten, wenn der Parameter (M, Σ) nur in gewissen Teilmengen von $\mathfrak{M}_{\mathcal{Y}}^p \times \mathcal{V}_\Lambda^p$ variieren kann.

Im Satz 7.3.1 wird gezeigt, daß die GLSE unter $\boldsymbol{Y} \circleddash N[\mathfrak{M}_{\mathcal{Y}}^p \times \mathcal{V}_\Lambda^p]$ $(\Lambda \in \mathfrak{M}_n^{>})$ eine Minimax- SF für γ bezüglich des Risikos (32) ist. Falls die GLSE nicht zulässig ist, gibt es gleichmäßig bessere SF, die dann auch Minimax-SF sind. Bezüglich der nichtnormierten Risiken $M_\vartheta\tilde{\gamma}$ bzw. (11) ist die GLSE eine Minimax- SF, falls die Kovarianzmatrix beschränkt ist (vgl. Beispiel 7.3.1), d. h. unter

$$\boldsymbol{Y} \circleddash N[\mathfrak{M}_{\mathcal{Y}}^p \times \mathcal{V}], \qquad \mathcal{V} = \{\Sigma \otimes \Lambda \mid \Sigma \in \mathfrak{M}_p^{>}, \Sigma \leqq A\},$$

mit $A \in \mathfrak{M}_p^{>}$. In 7.3.2 wird auch gezeigt, daß die Minimaxeigenschaften in einem größeren, über die Normalverteilungen hinausgehenden Modell gelten können, z. B. unter $\boldsymbol{Y} \circleddash [\mathfrak{M}_{\mathcal{Y}}^p \times \mathcal{V}_\Lambda^p]$ bezüglich (32).

2.1.8. Beste Schätzungen mit beschränkter Verzerrung und beste angepaßte Schätzungen

1. Die GLSE für einen Parameter $\gamma = CM + F$ kann man unter den Voraussetzungen des Satzes 2.1.8 auch ohne die Forderung der Erwartungstreue erhalten. Es wird eine beste inhomogene lineare SF ($\vec{\tilde{\gamma}} = A\vec{Y} + g$) mit beschränkter „Verzerrung"

$$B_\vartheta\tilde{\gamma} = \|E_\vartheta\vec{\tilde{\gamma}} - \vec{\gamma}\|^2 = \|[A - (I_p \otimes C)]\,\vec{M} + g - \vec{F}\|^2$$

(vgl. G. A. Barnard [8]) gesucht. Wir hatten beim Beweis des Satzes 2.1.8 gesehen, daß $B_\vartheta\tilde{\gamma}$ auf Θ genau dann beschränkt ist, wenn

$$[A - (I_p \otimes C)]\, M = 0 \qquad (M \in \mathcal{F}_1) \tag{33}$$

gilt. Für solche SF $\tilde{\gamma}$ ist dann

$$M_\vartheta\tilde{\gamma} = A(\Sigma \otimes \Lambda)\, A' + (g - \vec{F})\,(g - \vec{F})'.$$

In 2.1.1 hatten wir gesehen, daß solch eine Matrixfunktion unter der Nebenbedingung (33) für $A = CP_{\mathcal{Y}}^{\Lambda^{-1}}$, $g = \vec{F}$, also für die GLSE $\hat{\gamma}$, minimal wird.

2. Wir definieren nun eine angepaßte SF als eine SF, die bei jeder „fehlerlosen" Beobachtung ($Y = M$) den wahren Parameter ergibt:

Definition 2.1.8. *Es sei* $\boldsymbol{Y} \circleddash [\mathfrak{M}_{\mathcal{Y}}^p \times \mathcal{V}_\Lambda^p]$ *(bzw.* $N[\mathfrak{M}_{\mathcal{Y}}^p \times \mathcal{V}_\Lambda^p]$*) mit einem linearen Unterraum* $\mathcal{Y}$ *des* R^n*. Eine* SF $\tilde{\gamma}$ *für* $\gamma = CM + F$ *heißt angepaßt, falls gilt*

$$\tilde{\gamma}(M) = CM + F \qquad (M \in \mathfrak{M}_{\mathcal{Y}}^p). \tag{34}$$

Die Angepaßtheit einer inhomogenen linearen SF ist trivialerweise mit ihrer Erwartungstreue äquivalent. Die Angepaßtheit ist unter $\boldsymbol{Y} \circleddash [\mathfrak{M}_{\mathcal{Y}}^p \times \mathcal{V}_\Lambda^p]$ eine schwächere Forderung als die Erwartungstreue, denn aus $E_\vartheta\tilde{\gamma}(Y) = CM + F$ $(\vartheta \in \Theta)$ folgt wegen

$$\lim_{a \downarrow 0} \int \tilde{\gamma}(Y)\, W_a(\mathrm{d}Y) = \tilde{\gamma}(M)$$

mit $W_a \in [\mathfrak{M}_Y^p \times \mathcal{V}_\Lambda^p]$ $(a > 0)$ und $W_a(A) = \sum_{i=1}^n a\zeta_i [I_A(M - M_i) + I_A(M + M_i)] + [1 - 2a \sum_{i=1}^n \zeta_i] I_A(M)$ $(A \in \mathfrak{B}^{mp})$, wobei $\Lambda = \sum_{i=1}^n \lambda_i u_i u_i'$, $2\mathcal{S}_i = \lambda_i^{1/2}$, $M_i = (u_i \mid 0_{n\times(p-1)})$ ist, die Angepaßtheit $\tilde{\gamma}(M) = \gamma$ $(M \in \mathfrak{M}_Y^p)$. Offensichtlich ist andererseits

$$\tilde{\gamma}(Y) = \begin{cases} Y, & Y \in \mathfrak{M}_Y^p, \\ 0, & \text{sonst} \end{cases}$$

eine angepaßte, aber i. a. nicht erwartungstreue SF.

Unter $Y \circleddash N[\mathfrak{M}_Y^p \times \mathcal{V}_\Lambda^p]$ erhält man für beschränkte stetige erwartungstreue SF $\tilde{\gamma}$ mit der Dichte $p(Y \mid M, \Sigma)$ von $N_{n\times p}(M, \Sigma \otimes \Lambda)$

$$CM + F = \lim_{\Sigma\to 0} \int \tilde{\gamma}(Y)\, p(Y \mid M, \Sigma)\, \mathrm{d}Y = \tilde{\gamma}(M), \qquad M \in \mathfrak{M}_Y^p$$

(vgl. [A 2.12]), woraus die Angepaßtheit von $\tilde{\gamma}$ folgt. Da $T = (\hat{M}, U)$ eine erschöpfende Statistik ist, die Zufallsgrößen $\hat{M}, U$ unabhängig sind und die Verteilung $N_{n\times p}(0, \Sigma \otimes Q\Lambda Q)$ von U nicht von M abhängt, könnte die Frage nach einer besten angepaßten, nur von $\hat{M}$ abhängigen SF $\tilde{\gamma}(\hat{M})$ interessant sein. Wegen

$$\tilde{\gamma}(\alpha M + \bar{\alpha}\bar{M}) = C(\alpha M + \bar{\alpha}\bar{M}) + F$$

ist für jede angepaßte SF $\tilde{\gamma}$ die Funktion $\tilde{\gamma} - F$ auf $\mathfrak{M}_Y^p$ linear. Folglich gilt

$$E_\vartheta \tilde{\gamma}(\hat{M}) = \tilde{\gamma}(M) = CM + F, \qquad \vartheta \in \Theta,$$

d. h., jede angepaßte SF $\hat{\gamma}(\hat{M})$ ist erwartungstreu. Da T eine vollständige Statistik ist, folgt aus dem Satz von Lehmann und Scheffé, daß die GLSE $\hat{\gamma} = C\hat{M} + F$ beste angepaßte, nur von $\hat{M}$ abhängige SF ist. Andererseits gibt es angepaßte SF $\tilde{\gamma}(T)$, die gleichmäßig besser als $\hat{\gamma}$ bezüglich eines quadratischen Risikos $E_\vartheta \|\tilde{\gamma} - \gamma\|_Z^2$ sind, z. B. die im Kap. 4 untersuchten Steinschen SF, die nicht linear und nicht erwartungstreu sind.

2.2. Singuläre Modelle

2.2.1. Identifizierbarkeit und Schätzbarkeit

Während wir bisher vorwiegend Modelle der Form $[\mathcal{F}]$ betrachteten, bei denen trivialerweise jeder Parameter $\gamma = CM + F$ identifizierbar ist, braucht dies für einen Parameter $\gamma(\vartheta) = CB + F$ unter

$$Y \circleddash [\mathcal{F}]_{\mathcal{K}} = \{P_\vartheta \mid \vartheta \in \Theta\}, \qquad \mathcal{K} \subset \mathcal{K}_{n\times p}, \tag{1}$$

$$\Theta = \{\vartheta = (B, \Omega, \varkappa) \in \mathfrak{M}_{k\times p}^{>} \times \mathfrak{M}_{np} \times \mathcal{K} \mid (XB, \Omega) \in \mathcal{F}\},$$

$$P_\vartheta(A) = \varkappa(\{Y \in \mathfrak{M}_{n\times p} \mid \overrightarrow{XB} + \Omega^{1/2}\vec{Y} \in \vec{A}\}), \qquad A \in \mathfrak{B}^{n\times p},$$

mit $X \in \mathfrak{M}_{n\times k}^r$ und $\mathcal{F} \subset \mathfrak{M}_{n\times p} \times \mathfrak{M}_{np}^{\geq}$ nicht der Fall zu sein. Wir verwenden die Bezeichnung $[\mathcal{F}] = [\mathcal{F}]_{\mathcal{K}_{n\times p}}$.

Ist $r < k$ (wir nennen dann das Modell singulär vgl. 2.3.4) und gibt es ein Paar verschiedener

$$B, \bar{B} \in \mathcal{F}_1 = \{\tilde{B} \mid \exists \Omega \in \mathfrak{M}_{np}^{\geq}: (X\tilde{B}, \Omega) \in \mathcal{F}\}$$

mit $B - \overline{B} \in \mathcal{N}(X)$, dann gilt $\vartheta = (B, \Omega, \varkappa) \neq \overline{\vartheta} = (\overline{B}, \Omega, \varkappa)$ aber $XB = X\overline{B}$ und $P_\vartheta = P_{\overline{\vartheta}}$, d. h., $\gamma = B$ ist nicht identifizierbar. In 1.5 hatten wir gesehen, daß jeder schätzbare Parameter identifizierbar ist. Es entsteht die Frage, ob auch die Umkehrung gilt.

Definition 2.2.1. *Unter* (1) *heißt ein Parameter* γ (*linear*) *schätzbar, falls es eine* (*inhomogene lineare*) *erwartungstreue* SF *für* γ *gibt.*

Satz 2.2.1. *Ist* $\mathcal{F} = X\mathcal{A} \times \mathcal{V}$, *enthält* $\mathcal{A}$ *eine offene Teilmenge in* $\mathfrak{M}_{k\times p}$, *ist* $\mathcal{V} \subset \mathfrak{M}_{np}^{\geqq}$ *und* $C \in \mathfrak{M}_{l\times k}$, $F \in \mathfrak{M}_{l\times p}$, *dann sind unter* $\mathbf{Y} \, \widetilde{\frown} \, [\mathcal{F}]_\varkappa$ *folgende Aussagen für* $\gamma = CB + F$ *äquivalent:*

1. *Es existiert* $A \in \mathfrak{M}_{l\times n}$ *mit* $AX = C$, *d. h.* $C' \in \mathfrak{M}^l(X')$.
2. γ *ist linear schätzbar.*
3. γ *ist schätzbar.*
4. γ *ist identifizierbar.*

Beweis. Der Beweis wird mit folgenden Schlüssen geführt:

a) Aus 1. folgt 2., da $\tilde{\gamma} = AY + F$ erwartungstreu für γ ist.
b) Aus 2. folgt trivialerweise 3. und aus 3. nach Satz 1.5.1 (vgl. Beispiel 1.5.1) auch 4.
c) Wir nehmen nun an, es gelte 4. Dann folgt aus $P_\vartheta = P_{\overline{\vartheta}}$ und $\vartheta = (B, \Omega, \varkappa)$, $\overline{\vartheta} = (\overline{B}, \Omega, \varkappa) \in \Theta$ die Gleichheit $CB + F = C\overline{B} + F$. Nun folgt aus $\vartheta \in \Theta$, $\tilde{\vartheta} = (\tilde{B}, \Omega, \varkappa) \in \Theta$ und $XB = X\tilde{B}$ die Gleichheit $P_\vartheta = P_{\tilde{\vartheta}}$, also auch $CB = C\tilde{B}$. Somit gibt es eine Funktion φ mit $CB = \varphi(XB)$, $B \in \mathcal{A}$.
φ ist linear auf $X\mathcal{A}$ wegen

$$\varphi(\alpha XB + \bar{\alpha} X\overline{B}) = \varphi(X[\alpha B + \bar{\alpha}\overline{B}]) = C[\alpha B + \bar{\alpha}\overline{B}] = \alpha\varphi(XB) + \bar{\alpha}\varphi(X\overline{B}) .$$

Wegen $r[I_p \otimes X] = rp$ enthält $\overrightarrow{X\mathcal{A}} = (I_p \otimes X)\vec{\mathcal{A}}$ eine offene Teilmenge des rp-dimensionalen Unterraumes $\mathcal{L} = \overrightarrow{X\mathcal{L}(\mathcal{A})}$ von R^{np}. Deshalb gibt es in $\overrightarrow{X\mathcal{A}}$ ein $u_0 = \overrightarrow{XB_0}$ und rp orthogonale Vektoren $u_i = \overrightarrow{XB_i}$ ($B_i \in \mathcal{A}$, $i = 1, \dots, rp$), und für jedes $B \in \mathcal{A}$ gilt

$$\overrightarrow{XB} = \sum_i c_i u_i + u_0; \qquad c_i = \|u_i\|^{-2} u_i'(\overrightarrow{XB} - u_0) .$$

Hieraus folgt

$$(I_p \otimes C)\vec{B} = \overrightarrow{CB} = \overrightarrow{\varphi(XB)} = \overrightarrow{\varphi\Big(\sum_i c_i XB_i + XB_0\Big)} = \sum_i c_i \overrightarrow{\varphi(XB_i)} + \overrightarrow{\varphi(XB_0)} .$$

Mit $A = \sum_i \overrightarrow{\varphi(XB_i)} \|u_i\|^{-2} u_i'$ und $\vec{G} = \overrightarrow{CB_0 + F} - A\overrightarrow{XB_0}$ erhalten wir hieraus

$$(I_p \otimes C)\vec{B} = A\overrightarrow{XB} + \vec{G} .$$

Da $\vec{\mathcal{A}}$ eine offene Menge enthält, ist dies nur unter $I_p \otimes C = A(I_p \otimes X)$ erfüllt. Zerlegt man $A = ((A_{ij}))$ in Teilmatrizen $A_{ij} \in \mathfrak{M}_{l\times p}$ ($i, j = 1, \dots, n$), dann folgt $C = A_{ii}X$ für jedes i, d. h., es ist 1. erfüllt. ■

Nach obigem Satz ist also $\gamma = CB + F$ genau dann identifizierbar oder schätzbar, wenn $\gamma = HM + F$ mit $M = XB$ für ein $H \in \mathfrak{M}_{l\times n}$ gilt. Die Sätze aus 2.1. über BILUE und BUE können bei singulären Modellen für identifizierbare Parameter γ verwendet werden. Weitere äquivalente Bedingungen für die Identifizierbarkeit sind im folgenden Korollar enthalten, das aus [A 1.36] folgt.

Korollar 2.2.1. *Folgende Aussagen sind äquivalent zu* 1.:

5. *Es existiert ein* $A \in \mathfrak{M}_{l \times k}$ *mit* $AK = C$ ($K = X'\Lambda^{-1}X$ für ein $\Lambda \in \mathfrak{M}_n^{>}$).
6. $CX^-X = C$ (X^-: *beliebige g-Inverse von* X).
7. $CK^-K = C$.

Bemerkung 1. Die Gleichung $XB = XB_0$ hat genau dann für jedes feste $B_0 \in \mathcal{A}$ eine eindeutige Lösung, wenn $r = r[X] = k$ ist (vgl. [A 1.30]). Es sind also B und damit alle Parameter $\gamma = CB + F$ mit $C \in \mathfrak{M}_{l \times n}$, $F \in \mathfrak{M}_{l \times p}$, $l \in \mathcal{N}$ genau dann identifizierbar, wenn $r = k$ gilt.

Bemerkung 2. Ist $\mathcal{A} = \{B \in \mathfrak{M}_{k \times p} \mid HB = 0_{h \times p}\} = \mathfrak{M}^p(A)$ mit $H \in \mathfrak{M}_{h \times k}$ bzw. $A \in \mathfrak{M}_{k \times r}$, $HA = 0_{h \times r}$ (Modell mit linearen Nebenbedingungen), dann ist nach Satz 2.2.1 $\gamma = CB + F$ genau dann identifizierbar, wenn ein D mit $CA = DXA$ existiert oder $CA(CA)^- XA = CA$ gilt. A kann beispielsweise durch $I_k - H^-H$ gegeben sein. Eine andere explizit nur von H abhängige hinreichende und notwendige Bedingung für die Identifizierbarkeit von γ ist

$$C(K + H'H)^- (K + H'H) = C \tag{2}$$

(vgl. R. M. Pringle und A. A. Rayner [9], Satz 6.10), die als Verallgemeinerung von 7. aus Korollar 2.2.1 angesehen werden kann.

Bemerkung 3. Mit Satz 2.2.1 können auch Identifizierbarkeitsbedingungen für Parameter $\gamma = C(B) + F$, die durch einen linearen Operator $C: \mathfrak{M}_{k \times p} \to \mathfrak{M}_{u \times v}$ und eine Matrix $F \in \mathfrak{M}_{u \times v}$ gegeben sind, abgeleitet werden. Hierzu geht man zum Modell für $\vec{Y}$ über, in dem $E_\theta \vec{Y} = (I_p \otimes X)\, \vec{B}$ gilt. Nun existiert eine Matrix $C \in \mathfrak{M}_{pk \times uv}$ mit $\overrightarrow{C(B)} = C\vec{B}$ und $\vec{\gamma} = C\vec{B} + \vec{F}$. $\vec{\gamma}$ ist genau dann unter $\vec{Y}$ (~) $[\overrightarrow{X\mathcal{A}} \times \mathcal{V}]$ identifizierbar, wenn ein A mit $C = A(I_p \otimes X)$ existiert. Dies ist wiederum äquivalent mit der Existenz einer erwartungstreuen inhomogenen linearen SF $\tilde{\vec{\gamma}} = A\vec{Y} + \vec{G}$ für $\vec{\gamma}$. Es ist also γ genau dann identifizierbar und schätzbar, wenn γ linear schätzbar ist. Für Parameter mit der speziellen Form $\gamma = UBV + F$, $U \in \mathfrak{M}_{u \times k}$, $V \in \mathfrak{M}_{p \times v}$, ergibt sich wegen $\overrightarrow{UBV} = (V' \otimes U)\, \vec{B}$ aus obigen Überlegungen als notwendige und hinreichende Identifizierbarkeitsbedingung die Existenz eines $A \in \mathfrak{M}_{uv \times pn}$ mit $V' \otimes U = A(I_p \otimes X)$. Mit $V = ((v_{\pi\varphi}))$ und $A = ((A_{\varphi\pi}))$, $A_{\varphi\pi} \in \mathfrak{M}_{u \times n}$ ($\varphi = 1, \dots, v$; $\pi = 1, \dots, p$) ist diese Bedingung $((v_{\pi\varphi}U)) = ((A_{\varphi\pi}X))$. Abgesehen vom Fall $V = 0$, in dem γ trivialerweise identifizierbar ist, gibt es immer ein Paar π, φ mit $v_{\pi\varphi} \neq 0$. Aus der Identifizierbarkeit erhalten wir also die Existenz eines L mit $U = LX$, z. B. $L = v_{\pi\varphi}^{-1} A_{\varphi\pi}$, d. h. auch die Existenz einer erwartungstreuen inhomogenen linearen SF der speziellen Gestalt

$$\tilde{\gamma}(Y) = LYV + F. \tag{3}$$

Die Identifizierbarkeit eines Parameters der Form $\gamma = UBV + F$ mit $V \neq 0_{p \times v}$ ist äquivalent mit $U' \in \mathfrak{M}^n(X')$ bzw. mit seiner Schätzbarkeit oder mit seiner

„linearen“ Schätzbarkeit im Sinne der Existenz einer erwartungstreuen SF der Form (3).

Bemerkung 4. Unter den Voraussetzungen von Satz 2.2.1 kann auch ein Kriterium von G.A. MILLIKEN [10] verwendet werden, das hinreichend und notwendig für die Schätzbarkeit von $\gamma = CB + F$ ist und die Berechnung einer g-Inversen von C und der Spur einer bestimmten Matrix erfordert:

$$\mathrm{sp}\,[X(I_k - C^+C)] = r[X] - r[C]\,.$$

Die $\mathcal{O}$-Schätzbarkeit eines beliebigen Parameters $\gamma = CB + P$ kann man durch geeignete Wahl der Verlustfunktion (vgl. Def. 1.5.2) immer erreichen. Es sei $||M|| = ||\vec{M}||_{I_p \otimes Z}$ ($Z \in \mathfrak{M}_l^>$) eine Norm in $\mathfrak{M}_{l\times p}$ und $H \in \mathfrak{M}_{l\times l}$ der entsprechende Projektor auf das orthogonale Komplement des linearen Unterraumes

$$\mathcal{H} = \{CM \mid M \in \mathfrak{M}_{k\times p}\colon XM = 0_{n\times p}\}$$

von $\mathfrak{M}_{l\times p}$. Dann wählen wir die Verlustfunktion

$$V(\vartheta, d) = \min\,\{||d - C\bar{B} - F||^2 \mid \bar{B} \in \mathfrak{M}_{k\times p}\colon XB = X\bar{B}\}\,,$$

die auch in der Form

$$V(\vartheta, d) = ||H(d - CB - F)||^2 = |d - CB - F|^2$$

mit $|d| = ||Hd||$ geschrieben werden kann. Offensichtlich haben wir dann

$$\mathcal{O}_\vartheta = \{CB + L + F \mid L \in \mathcal{H}\}$$

(vgl. 1.5). Eine SF $\tilde{\gamma}$ für γ ist genau dann $\mathcal{O}$-erwartungstreu, wenn

$$V(\vartheta, E_\vartheta\tilde{\gamma}) = |E_\vartheta\tilde{\gamma} - CB - F|^2 = 0 \qquad (\vartheta \in \Theta)\,.$$

Hier und im folgenden schreiben wir

$$E_\vartheta f(Y) := \int f(y)\, P_\vartheta(\mathrm{d}y)\,.$$

Eine spezielle $\mathcal{O}$-erwartungstreue SF für γ ist

$$\hat{\gamma}(Y) = CX^-Y + F\,,$$

wobei X^- eine beliebige g-Inverse von X ist. Es gilt nämlich

$$E_\vartheta\hat{\gamma}(Y) = CX^-XB + F = CB + L + F \in \mathcal{O}_\vartheta \qquad (\vartheta \in \Theta)$$

mit

$$L = C(X^-X - I_k)\,B = CM \in \mathcal{H}\,,$$

$$XM = X(X^-X - I_k)\,B = 0_{n\times p}\,.$$

Nun kann eine Verallgemeinerung des Satzes von GAUSS-MARKOV für evtl. nicht schätzbare Parameter bewiesen werden, wobei das Risiko

$$R(\vartheta, \tilde{\gamma}) = E_\vartheta V\big(\vartheta, \tilde{\gamma}(Y)\big) = E_\vartheta\, |\gamma - \tilde{\gamma}(Y)|^2 \tag{4}$$

verwendet wird.

Satz 2.2.2. *Sind die Voraussetzungen des Satzes* 2.2.1 *erfüllt mit* $V = V_\Lambda^p$ ($\Lambda \in \mathfrak{M}_n^>$), *dann ist* $\hat{\gamma} = CX^{\oplus}Y$ *mit*

$$X^{\oplus} = K^-X'\Lambda^{-1}\,, \qquad K = X'\Lambda^{-1}X$$

eine bezüglich (4) *gleichmäßig beste* $\mathcal{O}$*-erwartungstreue lineare* SF *für* $\gamma = CB$. *Ist* $0_{k\times p} \in \mathcal{A}$, *dann ist* $\hat{\gamma} = CX^{\oplus}Y + F$ *bezüglich* (4) *gleichmäßig beste inhomogene „lineare“* (*im Sinne von Bem.* 1, S. 34) $\mathcal{O}$*-erwartungstreue* SF *für* $\gamma = CB + F$.

Beweis. $\tilde{\gamma} = AY + G$ ist genau dann $\mathcal{O}$-erwartungstreu, wenn

$$\overrightarrow{H(AXB + G - CB - F)} = [I_p \otimes H(AX - C)]\,\vec{B} + \overrightarrow{H(G - F)} = 0_{kp} \tag{5}$$

ist (vgl. (2.2.6)). Bei $0_{k\times p} \in \mathcal{A}$ und offenem $\mathcal{A}$ ist (5) äquivalent mit

$$H(AX - C) = 0_{k\times k}, \quad H\,(G - F) = 0_{k\times p}\,. \tag{6}$$

Für eine $\mathcal{O}$-erwartungstreue SF $\tilde{\gamma} = AY + G$ gilt mit $\vartheta = (B, \Sigma \otimes \Lambda, \varkappa)$

$$R(\vartheta, \tilde{\gamma}) = E_\vartheta\,|\gamma - E_\vartheta \tilde{\gamma}|^2 = \mathrm{sp}\,[\Sigma]\,\mathrm{sp}\,[H'ZHA\Lambda A']\,. \tag{7}$$

Mit $D = A - CX^\oplus$ erhalten wir

$$\begin{aligned}\mathrm{sp}\,[H'ZHA\Lambda A'] = \mathrm{sp}\,[H'ZHD\Lambda D'] &+ 2\,\mathrm{sp}\,[H'ZHD\Lambda(X^\oplus)'\,C'] \\ &+ \ \ \mathrm{sp}\,[H'ZHCX^\oplus\Lambda(X^\oplus)'\,C']\,.\end{aligned} \tag{8}$$

Nun gilt aber wegen (6) mit $Q = I_k - X^\oplus X$

$$HD\Lambda(X^\oplus)' = HDX(K^-)' = H(AX - CX^\oplus X)\,(K^-)' = HCQ(K^-)'$$

und aus $XQ = 0_{n\times k}$ folgt nach Definition von H $HD\Lambda(X^\oplus)' = 0_{k\times k}$. Somit folgt aus (7) und (8)

$$R(\vartheta, \tilde{\gamma}) \geqq \mathrm{sp}\,[\Sigma]\,\mathrm{sp}\,[H'ZHCX^\oplus\Lambda(X^\oplus)'\,C'] = R(\vartheta, \hat{\gamma})\,,$$

also die behauptete Optimalität von $\hat{\gamma} = CX^\oplus Y + F$. Die erste Behauptung des Satzes wird analog bewiesen. ■

Mit einer geeigneten Wahl der Äquivalenzrelation σ in $\Gamma = \mathfrak{M}_{l\times p}$ ist es immer möglich, die σ-Identifizierbarkeit eines Parameters $\gamma = CB + F$ zu erreichen (vgl. 1.5):

$$\gamma_1 = CB_1 + F \overset{\sigma}{\sim} \gamma_2 = CB_2 + F \Leftrightarrow |\gamma_1 - \gamma_2| = 0\,. \tag{9}$$

Dann ist „$\gamma_1 \overset{\sigma}{\sim} \gamma_2$“ äquivalent zu „$XB_1 = XB_2$“ oder „$\gamma_1 - \gamma_2 \in \mathcal{H}$“.

Satz 2.2.3. *Es sei $\sigma \in \mathfrak{E}_\Gamma$ durch* (9) *definiert. Dann ist $\gamma = CB + F$ im Modell* (1) *σ-verteilungsidentifizierbar, und σ ist eine maximale Äquivalenzrelation in Γ.*

Beweis. Zunächst bemerken wir, daß die Voraussetzungen des Satzes 1.5.1 für das oben definierte $\mathcal{O}_\vartheta$ erfüllt sind:

Es sei $\vartheta, \vartheta' \in \Theta$ und $d = CB + F + U = CB' + F + U'$ ein gemeinsames Element von $\mathcal{O}_\vartheta$ und $\mathcal{O}_{\vartheta'}$. Dann haben wir für jedes $d^* = CB' + F + U^* \in \mathcal{O}_{\vartheta'}$ $(U^* \in \mathcal{H})$:

$$d^* = CB + U^0 \in \mathcal{O}_\vartheta\,,$$

$$U^0 = U^* + C(B' - B) = U^* + U - U' \in \mathcal{H}\,.$$

Analog folgt $d_* \in \mathcal{O}_{\vartheta'}$ aus $d_* \in \mathcal{O}_\vartheta$. Wir haben also bewiesen, daß $\mathcal{O}_\vartheta = \mathcal{O}_{\vartheta'}$ für jedes Paar nicht disjunkter Mengen $\mathcal{O}_\vartheta$, $\mathcal{O}_{\vartheta'}$ $(\vartheta, \vartheta' \in \Theta)$ gilt.

Aus Satz 1.5.1 folgt, daß $\mathcal{O}_\vartheta$ verteilungsidentifizierbar ist. Deshalb hat $P_{\vartheta_*} = P_{\vartheta'_*}$ die Identität $\mathcal{O}_\vartheta = \mathcal{O}_{\vartheta'}$ und auch $\gamma_\vartheta = CB + F \overset{\sigma}{\sim} CB' + F = \gamma_{\vartheta'}$ zur Folge. Es ist also γ σ-identifizierbar. Es sei nun γ auch σ_*-identifizierbar mit $\sigma_* \in \mathfrak{E}_\Gamma$. Dann folgt $CB + F \overset{\sigma_*}{\sim} CB' + F$ aus $P_\vartheta = P_{\vartheta'}$, d. h. aus $XB = XB'$, $\Omega = \Omega'$, $\varkappa = \varkappa'$. Deshalb ist die Äquivalenzklasse

$$(\gamma_\vartheta)_{\sigma_*} = \{d \in \Gamma \mid d \overset{\sigma_*}{\sim} \gamma_\vartheta\} = \Phi(XB, \Omega, \varkappa)$$

bereits durch $XB, \Omega, \varkappa$ festgelegt. Andererseits ist $(\gamma_\vartheta)_{\sigma_*}$ für alle $\Omega \in \mathcal{V}$, $\varkappa \in \mathcal{K}$ dieselbe Äquivalenzklasse. Somit folgt $\gamma_\vartheta \overset{\sigma_*}{\sim} \gamma_{\vartheta'}$ bereits aus $XB = XB'$, d. h. aus $\gamma_\vartheta \overset{\sigma}{\sim} \gamma_{\vartheta'}$. ■

2.2.2. Bedingt erwartungstreue Schätzungen

Wir betrachten das Modell

$$\boldsymbol{Y} \circleddash [\mathfrak{M}^p(X) \times \mathcal{V}] = \{P_\vartheta \mid \vartheta = (B, \Omega, \varkappa) \in \Theta = \mathfrak{M}_{k\times p} \times \mathcal{V}_{n\times p} \times \mathcal{K}_{n\times p}\} \tag{10}$$

mit $X \in \mathfrak{M}^r_{n \times k}$, $\mathcal{V} \subset \mathcal{V}^p_\Lambda$ und $\Lambda \in \mathfrak{M}^>_n$. Ist $r < k$, dann kann ein Parameter $\gamma = CB + F$ nichtidentifizierbar sein. Durch Verkleinerung des Parameterraumes Θ mittels linearer Restriktionen für B ($HB = 0_{n \times p}$) kann man ohne das Modell (10) zu verändern die Identifizierbarkeit von γ erreichen. Man wählt hierzu ein $H \in \mathfrak{M}_{n \times k}$ derart, daß (2) gilt, oder was hierzu nach Bemerkung 2 äquivalent ist, daß ein D mit $CA = DXA$ existiert, wobei A eine Matrix aus $\mathfrak{M}_{k \times k}$ mit $\mathcal{R}(A) = \mathcal{N}(H)$ ist. Außerdem soll

$$\mathcal{R}(X')\,\mathcal{R}(H') = \{0_{k \times n}\} \tag{11}$$

gelten. Nach [A 1.31] ist (11) hinreichend und notwendig dafür, daß zu jedem $B \in \mathfrak{M}_{k \times p}$ ein $\tilde{B} \in \mathfrak{M}^p_{\mathcal{N}(H)}$ mit $XB = X\tilde{B}$ existiert, z. B. $\tilde{B} = T \times B$, wobei $G^- = (T \mid K)$ eine beliebige g-Inverse von $G = \begin{pmatrix} X \\ \cdots \\ H \end{pmatrix}$ ist. Unter (11) gilt

$$\begin{aligned} Y \circeq [\mathfrak{M}^p(X) \times \mathcal{V}] &= [X\mathfrak{M}^p_{\mathcal{N}(H)} \times \mathcal{V}] \\ &= \{P_\vartheta \mid \vartheta \in \Theta_* = \mathfrak{M}^p_{\mathcal{N}(H)} \times \mathcal{V} \times \mathcal{K}_{n \times p}\}\,. \end{aligned} \tag{12}$$

Bei Verwendung des verkleinerten Parameterraumes Θ_* ist nach Bemerkung 2 der Parameter $\gamma = CB + F$ identifizierbar. Die Bedingung (11) bedeutet, daß außer dem Nullvektor keine Linearkombination der Zeilen von X mit einer Linearkombination der Zeilen von H übereinstimmt. Sie ist hinreichend und notwendig für $\mathfrak{M}^p(X) = X\mathfrak{M}^p_{\mathcal{N}(H)}$. Für $C = I_k$, also $\gamma = B$ ist die Bedingung (2) wegen [A 1.32] äquivalent zu $r[K + H'H] = k$, und dies ist nach [A 1.32] äquivalent zu $r[G] = k$. Es ist also B (und damit jeder Parameter $\gamma = CB + F$) im Modell (12) (mit dem Parameterraum Θ_*) genau dann identifizierbar, wenn $r[G] = k$ gilt.

Für nicht schätzbare Parameter $\gamma = CB + F$ kann man anstelle der Θ-Erwartungstreue aus 2.2.1 auch den Begriff der bedingten Erwartungstreue verwenden:

Definition 2.2.2. *Gilt im Modell* (10) *für die* SF $\tilde{\gamma}$

$$E_\vartheta \tilde{\gamma}(Y) = \gamma(\vartheta) \qquad (\vartheta \in \mathcal{U} \times \mathcal{K}_{n \times p})\,,$$

wobei $\mathcal{U} \subset \mathfrak{M}_{k \times p} \times \mathcal{V}$, *dann heißt* $\tilde{\gamma}$ $\mathcal{U}$*-bedingt erwartungstreu für* γ. *Bei* $\mathcal{U} = \mathfrak{M}^p_{\mathcal{N}(H)} \times \mathcal{V}$ *heißt* $\tilde{\gamma}$ H*-bedingt erwartungstreu.*

$\tilde{\gamma}$ ist im Modell (10) demnach genau dann H-bedingt erwartungstreu für $\gamma = CB + F$, wenn $\tilde{\gamma}$ im Modell (12) erwartungstreu für γ ist. Hieraus folgt, daß die H-bedingt erwartungstreue inhomogene lineare SF für γ mit kleinster Kovarianzmatrix eindeutig ist und durch die BILUE $\hat{\gamma}$ für γ im Modell (12) gegeben ist:

$$\hat{\gamma} = DP^{\Lambda^{-1}}_{X\mathcal{N}(H)} Y + F = CA(A'X'\Lambda^{-1}XA)^- A'X'\Lambda^{-1}Y + F\,. \tag{13}$$

A ist hierbei derart, daß $\mathcal{R}(A) = \mathcal{N}(H)$ gilt, z. B. $A = I_k - H^-H$. Werden die linearen Restriktionen so gewählt, daß $r[G'] = r[(X' \mid H')] = k$ gilt, dann kann man $\hat{\gamma}$ einfacher darstellen, da nach [A 1.32] $(K + H'H)^{-1}$ eine g-Inverse von K und deshalb (vgl. 2.1.1)

$$P^{\Lambda^{-1}}_{\mathfrak{R}(X)} = XX^{\ominus}, \quad X^{\ominus} = (K + H'H)^{-1} X'\Lambda^{-1} \tag{14}$$

ein Projektor von R^n auf $\mathfrak{R}(X)$ bezüglich $||\cdot||_{\Lambda^{-1}}$ ist. Da unter (12)

$$\gamma = CB + F = DXB + F \qquad (B \in \mathfrak{M}^p_{\mathcal{N}(H)})$$

gilt, erhalten wir

$$\hat{\gamma} = DXX^{\ominus}Y + F .$$

Hieraus folgt wegen $H(K + H'H)X' = 0_{n\times n}$ (vgl. [A 1.29]), also $X^{\ominus}Y \in \mathfrak{M}^p_{\mathfrak{R}(\Lambda)}$:

$$\hat{\gamma} = C\hat{B} + F , \qquad \hat{B} = X^{\ominus}Y .$$

Wegen (2.1.16) und (13) gilt

$$D_\vartheta\hat{\gamma} = \Sigma \otimes C(K + H'H)^{-1} C' , \quad (\vartheta \in \Theta) .$$

Wegen (2.1.19) und $\dim X\mathcal{N}(H) = r[X] = r$ ist unter (10)

$$\hat{\Sigma} = (n - r)^{-1} Y'\Lambda^{-1}(I_n - XX^{\ominus}) Y$$

eine erwartungstreue SF für Σ.

Ist γ bereits identifizierbar unter (10), dann ist

$$\hat{\gamma} = C\hat{B} + F = CX^{\ominus}Y + F$$

die BILUE für γ, denn es ist $\hat{B}$ eine erwartungstreue SF für $\tilde{B} = X^{\ominus}XB$, also $\tilde{B}$ ein schätzbarer Parameter, $\gamma = C\tilde{B} + F$ und

$$\hat{B} = X^{\ominus}P^{\Lambda^{-1}}_{\mathfrak{R}(X)}Y = (K + H'H)^{-1} X'\Lambda^{-1}X(K + H'H)^{-1} X'\Lambda^{-1}Y = X^{\ominus}Y$$

(vgl. [A 1.29]) die BILUE für $\tilde{B}$.

Ein wichtiger Spezialfall entsteht, wenn $H = I_k - X^+X$ ist, also $\mathcal{N}(H) = \mathfrak{R}(X')$ und $r[G] = k$ (vgl. [A 1.18]). Die H-bedingt erwartungstreue inhomogene lineare SF für $\gamma = CB + F$ mit kleinster Kovarianzmatrix ist dann

$$\hat{\gamma} = CX^{\oplus}Y + F , \qquad X^{\oplus} = K^+X'\Lambda^{-1} ,$$

denn es ist $XX^{\oplus}$ ein Projektor auf $\mathfrak{R}(X)$ bezüglich $||\cdot||_{\Lambda^{-1}}$, und es gilt $\mathfrak{R}(X^{\oplus}) = \mathfrak{R}(X')$ (vgl. [A 1.23]), also auch $DXX^{\oplus} = CX^{\oplus}$. Bei $\Lambda = I_n$ ist $X^{\oplus} = X^+$ die Mooresche Inverse von X (vgl. [A 1.18]). Eine interessante Charakterisierung der H-bedingten Erwartungstreue einer linearen SF $\tilde{B} = LY$ für B für irgendein $H \in \mathfrak{M}_{n\times k}$ ist die Erwartungstreue der SF $\tilde{\gamma} = C\tilde{B} + F$ für jeden schätzbaren Parameter $\gamma = CB + F$ im Modell (10) (vgl. Satz 6.9 in [9]). In Erweiterung der Bezeichnungen aus 2.1 nennen wir $\hat{\gamma} = CX^{\oplus}Y + F$ eine GLSE und $\hat{\gamma} = CX^+Y + F$ eine OLSE für $\gamma = CB + F$.

2.2.3. Reparametrisierung, lineare Restriktionen und verallgemeinerte Inverse

1. In einem Modell (10) mit $r[X] = r < k$ kann durch eine geeignete Transformation $\tilde{B} = TB$, $\tilde{X} = XU$ mit

$$\tilde{X}\tilde{B} = XB , \qquad B \in \mathfrak{M}_{k\times p}$$

erreicht werden, daß der Parameter $\widetilde{B}$ im „reparametrisierten“ Modell

$$Y \circleddash \{\widetilde{P}_\vartheta \mid \widetilde{\vartheta} = (\widetilde{B}, \Omega, \varkappa) \in \mathfrak{M}^p(T) \times \mathcal{V} \times \mathcal{K}_{n\times p}\},\ \widetilde{P}_{\widetilde{\vartheta}} := P_\vartheta \qquad (15)$$

und damit auch jeder Parameter $\widetilde{\gamma} = C\widetilde{B} + F$ identifizierbar ist. Wie man sofort sieht, ist dies genau dann der Fall, wenn

$$U \in \mathfrak{M}^r_{k\times r}\,, \quad T \in \mathfrak{M}^r_{r\times k}\,, \quad XUT = X\,, \quad r[XU] = r \qquad (16)$$

gilt, wenn nur T aus $\mathfrak{M}_{r\times k}$ zugelassen werden.

Eine spezielle Reparametrisierung erhält man durch Zusammenfassen von r linear unabhängigen Spalten von X zu einer Matrix $\widetilde{X}$. Nehmen wir o. B. d. A. an, diese Spalten seien die ersten r Spalten von X, dann ist $X = (\widetilde{X}, \widetilde{X}A)$ mit einem $A \in \mathfrak{M}_{r\times(k-r)}$ und man wählt $U' = (I_r \mid 0_{r\times(k-r)})$, $T = (I_r \mid A)$.

Die Reparametrisierung ist eine Methode zur Berechnung der BILUE für identifizierbare Parameter $\gamma = CB + F$, denn jedes solches γ ist von der Form $\gamma = AXB + F = A\widetilde{X}\widetilde{B} + F$ und somit ist

$$\hat{\gamma} = A\widetilde{X}\hat{\widetilde{B}} + F\,, \quad \hat{\widetilde{B}} = \widetilde{X}^{\oplus}Y\,, \quad \widetilde{X}^{\oplus} = (\widetilde{X}'\Lambda^{-1}\widetilde{X})^{-1}\,\widetilde{X}'\Lambda^{-1} \qquad (17)$$

die BILUE für γ.

2. Die Methode der Reparametrisierung ist äquivalent der „Methode der linearen Restriktionen“, wonach ein H mit $\mathcal{R}(X) = X\mathcal{N}(H)$ und $r[G] = k$ $(G' = (X' \mid H'))$ und die zugehörige H-bedingt erwartungstreue lineare SF $\hat{B} = X^{\ominus}Y$ für B mit kleinster Kovarianzmatrix bestimmt werden und damit die BILUE für γ durch $\hat{\gamma} = AX\hat{B} + F$ gegeben ist:

a) Ist $\widetilde{B} = TB$, $\widetilde{X} = XU$ eine Reparametrisierung mit (16), dann ist $B_* = U\widetilde{B} = U\widetilde{X}^{\oplus}XB$ ein identifizierbarer Parameter in (10). Ist nun $H \in \mathfrak{M}_{n\times k}$ derart, daß $\mathcal{N}(H) = \mathcal{R}(UT)$ gilt, dann hat die Gleichung $GB_* = \begin{pmatrix} XB \\ \cdots \\ 0_{k\times p}\end{pmatrix}$ genau eine Lösung B^*, denn aus ihr folgt $HB_* = 0_{n\times p}$, also $B_* = UTB^*$ mit einem $B^* \in \mathfrak{M}_{k\times p}$ und $XB_* = \widetilde{X}TB^* = XB$, also auch $TB^* = \widetilde{X}^+XB$. Diese eindeutige Lösbarkeit ist nach [A 1.31] äquivalent mit $r[(X' \mid H')] = k$. Da B_* ein identifizierbarer Parameter ist, stimmt nach 2.2.2 die H-bedingt erwartungstreue SF $\hat{B} = X^{\ominus}Y$ für B_* mit der BILUE $U\hat{\widetilde{B}}$ für B_* überein, d. h. wir haben

$$\hat{\gamma} = AX\hat{B} + F = A\widetilde{X}\hat{\widetilde{B}} + F\,.$$

b) Ist andererseits $HB = 0_{n\times p}$ eine lineare Restriktion mit $\mathcal{R}(X) = X\mathcal{N}(H)$ und $r[(X' \mid H')] = k$, dann ist $r[H] = k - r$, und es gibt ein $U \in \mathfrak{M}^r_{k\times r}$ mit $\mathcal{N}(H) = \mathcal{R}(U)$. Für die Reparametrisierung

$$\widetilde{B} = TB\,, \quad \widetilde{X} = XU\,, \quad T = U^+X^{\ominus}X$$

gilt dann wegen $X^{\ominus}XB \in \mathcal{R}(U)$ (vgl. 2.2.2)

$$\widetilde{X}\widetilde{B} = XUU^+X^{\ominus}XB = XX^{\ominus}XB = XB \qquad (B \in \mathfrak{M}_{k\times p})$$

und $r[\widetilde{X}] = r$.

Da sowohl $\overline{B} = X^{\ominus}XB$ wie auch $\widetilde{B} = U^{+}\overline{B}$ identifizierbar sind, gilt für ihre BILUE $\hat{\overline{B}} = X^{\ominus}X\hat{B}$ und $\hat{\widetilde{B}}$ die Gleichung $\hat{\widetilde{B}} = U^{+}\hat{\overline{B}}$. Hiermit haben wir dann:

$$\hat{\gamma} = AX\hat{\overline{B}} + F = AXUU^{+}\hat{\overline{B}} + F = A\widetilde{X}\hat{\widetilde{B}} + F\,.$$

c) Die spezielle Reparametrisierung $\widetilde{X} = XU$, bei der $\widetilde{X}$ aus r linear unabhängigen Spalten von X besteht, ist den linearen Restriktionen $B_{ij} = 0$ ($i \in J$; $j = 1, \ldots, p$) äquivalent, wobei J die Indizes der übrigen Spalten enthält.

3. Die Methode der linearen Restriktionen (oder der Reparametrisierung) ist äquivalent der Berechnung einer „eingeschränkten Kleinsten-Quadrat-Schätzung“ $\hat{B}_H \in \mathfrak{M}^{p}_{\mathcal{N}(H)}$ für B, die durch

$$\|Y - X\hat{B}_H\|_{\Xi\otimes\Lambda^{-1}} = \min\{\|Y - XB\|_{\Xi\otimes\Lambda^{-1}} \mid B \in \mathfrak{M}^{p}_{\mathcal{N}(H)}\} \qquad (\Xi \in \mathfrak{M}^{>}_{p})$$

definiert ist. Nach [A 1.29] ist solch ein $\hat{B}_H$ eindeutig bestimmt und von der Form $X^{\ominus}Y$, d. h., $\hat{B}_H$ stimmt mit der H-bedingt erwartungstreuen SF $\hat{B} = X^{\ominus}Y$ überein.

4. Im folgenden wollen wir einige Zusammenhänge zwischen verallgemeinerter Inversen und Erwartungstreue bzw. BILUE-Eigenschaft beschreiben. Eine SF $\hat{B} = LY$ erzeugt genau dann für alle identifizierbaren Parameter $\gamma = CB + F$ erwartungstreue SF $\hat{\gamma} = C\hat{B} + F$, wenn $L = X^{-}$ eine g-Inverse von X ist. Dies folgt mit $C = AX$ aus

$$E_{\vartheta}\hat{\gamma} = AXLXB + F = AXB + F\,,$$

da diese Gleichung für alle B und A, also $XLX = X$ gelten soll. Es sind genau dann alle erzeugten SF $\hat{\gamma} = CX^{-}Y + F$ BILUE für die entsprechenden identifizierbaren Parameter $\gamma = CB + F$, wenn $XX^{-} = XK^{-}X'\Lambda^{-1}$ für eine g-Inverse K^{-} von K gilt, also X^{-} eine g-Inverse speziellen Typs ist. Dies folgt aus der Gestalt der eindeutigen BILUE für $\gamma = AXB + F$, wonach

$$\hat{\gamma} = AXK^{-}X'\Lambda^{-1}Y + F = AXX^{-}Y + F$$

für alle A und Y, also $XX^{-} = XK^{-}X'\Lambda^{-1}$ gilt. Eine spezielle g-Inverse von X der obigen Art ist $X^{\oplus} = K^{-}X'\Lambda^{-1}$, $X^{\oplus}$ erfüllt die Gleichungen

$$XX^{\oplus}X = XP^{\Lambda^{-1}}_{\mathfrak{R}(X)}X = X\,, \qquad XX^{\oplus} = XK^{+}X'\Lambda^{-1}$$

und

$$X^{\oplus}XX^{\oplus} = K^{+}KK^{+}X'\Lambda^{-1} = X^{\oplus}\,.$$

$\hat{B}_{\Lambda} = X^{\oplus}Y$ ist die BILUE für $B_{\Lambda} = X^{\oplus}XB = K^{-}KB$. Sie erzeugt, wie bereits in 2.2 gezeigt wurde, die BILUE für jeden identifizierbaren Parameter. Die SF $\hat{B}_{\Lambda}$ ist auch, wie man leicht sieht, mittels der Methode der linearen Restriktionen mit $H = I_k - K^{+}K$ erhältlich.

Bei der in 2.2.2 beschriebenen Methode der linearen Restriktionen haben wir die spezielle g-Inverse $X^{\ominus}$ (vgl. (14)) verwendet. Sie erfüllt die Gleichung $XX^{\ominus}X = X$ (vgl. [A 1.29]), welche eine g-Inverse von X definiert. Die Mooresche Inverse X^{+} ergibt bei $\Lambda = I_n$ nach 2.2.2 die $\mathfrak{M}^{p}_{\mathfrak{R}(X')} \times \mathcal{V}$-bedingt erwartungstreue SF $\hat{B} = X^{+}Y$.

Ein weiterer interessanter Spezialfall ergibt sich, wenn die Matrix $\tilde{X}$ der ersten r Spalten von X den Rang r hat. Die durch entsprechende Reparametrisierung erhaltene SF $\hat{\tilde{B}} = \tilde{X}^{\oplus} Y$ ist auch von der Form $\hat{\tilde{B}} = X^{-} Y$. Dies folgt mit der g-Inversen $K^{-} = \begin{pmatrix} (\tilde{X}'\Lambda^{-1}\tilde{X})^{-1} & 0_{r\times(k-r)} \\ 0_{(k-r)\times r} & 0_{(k-r)\times(k-r)} \end{pmatrix}$ von K (vgl. [A 1.19]) aus

$$X\tilde{X}^{\oplus}X = X(\tilde{X}'\Lambda^{-1}\tilde{X})^{-1}\,\tilde{X}'\Lambda^{-1}X = XK^{-}K = X$$

(vgl. Korollar 2.2.1).

2.2.4. Beste lineare Schätzung mit minimaler Verzerrungsmatrix

Für Modelle (10) mit $r[X] = r < k$ ist von vielen Autoren (vgl. u. a. Chipman [11], Penrose [12] und P. Schönfeld [13]) als Kriterium zur Auswahl einer geeigneten linearen SF $\tilde{B} = AY$ für den Parameter B die „Minimierung" einer sogenannten Verzerrungsmatrix $V_A = AX - I_k$, die mit der Verzerrung $E_\theta\tilde{\boldsymbol{B}} - B = V_A B$ eng zusammenhängt, vorgeschlagen worden. Unter den SF, die diese Bedingung erfüllen, wird diejenige mit kleinster Kovarianzmatrix gewählt. Dies führt zur SF $\hat{B} = X^{\oplus} Y$, wobei $X^{\oplus} = K^{+}X'\Lambda^{-1}$ ist.

Definition 2.2.3. *Die* SF $\tilde{B} = AY$ *heißt eine lineare* SF *mit minimaler Verzerrungsmatrix* (LIMBE), *falls für jede andere* SF $\bar{B} = \bar{A}Y$

$$V_A V_A' \leqq V_{\bar{A}} V_{\bar{A}}'$$

gilt. Eine LIMBE *mit kleinster Kovarianzmatrix nennen wir* BLIMBE.

Betrachten wir nun $V_A = (AX - K^{+}K) + (K^{+}K - I_k)$ und damit

$$V_A V_A' = (AX - K^{+}K)\,(AX - K^{+}K)' + (I_k - K^{+}K)\,.$$

Es ist also $V_A V_A' \geqq V_{\tilde{A}} V_{\tilde{A}}'$ genau dann, wenn $\tilde{A}X = K^{+}K = X^{\oplus}X$. Es ist somit die LIMBE $\tilde{B} = \tilde{A}Y$ genau dann eine BLIMBE, falls

$$D_\theta\tilde{\boldsymbol{B}} = \Sigma \otimes \tilde{A}\Lambda\tilde{A}' = \min\,\{\Sigma \otimes A\Lambda A' \mid A \in \mathfrak{M}_{k\times n},\, AX = X^{\oplus}X\}\,.$$

Nach [A 1.90] *ist dann* $\hat{B} = X^{\oplus}XX^{\oplus}Y = X^{\oplus}Y$ *die (eindeutig bestimmte)* BLIMBE.

Fordert man bei der Definition einer LIMBE etwas allgemeiner die Minimierung von $V_A Z V_A'$ anstelle von $V_A V_A'$, wobei $Z \in \mathfrak{M}_k^{>}$, dann ist die BLIMBE nach Schönfeld [13] durch $\hat{B} = L(L'KL)^{+}\,L'X'\Lambda^{-1}Y$ und $L = Z^{1/2}$ gegeben.

2.3. Abhängigkeit von der Kovarianzmatrix

2.3.1. Spezielle Kovarianzstrukturen

In diesem Abschnitt werden wir die BILUE bei linearen Modellen mit speziellen Kovarianzstrukturen bestimmen bzw. untersuchen.

1. *Äquikorrelierter Fall*

Haben die Komponenten y_{ij}, $i = 1, \dots, n$, jeder Spalte y_j der Beobachtungsmatrix Y gleiche Varianzen σ_j und paarweise einen gleichen nichtnegativen Korrelationskoeffizienten ϱ, dann ist folgende Annahme angebracht:

$$DY \in \mathcal{V}_\varrho = \{\Sigma \otimes \Lambda_\varrho \mid \Sigma \in \mathfrak{M}_p^{>}\},$$
$$\Lambda_\varrho = (1 - \varrho) I_n + \varrho 1_{n \times n}.$$

Wir betrachten das lineare Modell

$$Y \circledcirc [\mathfrak{M}^p(X) \times \mathcal{V}_\varrho] \tag{18}$$

mit $X \in \mathfrak{M}^k_{n \times k}$ und $0 \leqq \varrho < 1$. Wegen der leicht nachprüfbaren Gleichungen

$$\Lambda_\varrho^{-1} = (1 - \varrho)^{-1} \{I_n - (1 + \varrho[n - 1])^{-1} \varrho 1_{n \times n}\},$$
$$(X'\Lambda_\varrho^{-1}X)^{-1} = (1 - \varrho)^{-1} [\Gamma + \omega X^+ 1_{n \times n} X^{+'}],$$
$$\Gamma = (X'X)^{-1}, \quad X^+ = \Gamma X', \quad \omega = \varrho[1 + \varrho(n - 1 - 1_n' X X^+ 1_n)]^{-1},$$
$$(X'\Lambda_\varrho^{-1}X)^{-1} X'\Lambda_\varrho^{-1} = X^+ - \omega[X^+ 1_{n \times n} - X^+ 1_{n \times n} X^{+'} X']$$

ist nach Satz 2.1.3 die BILUE für B

$$\hat{B}_\varrho = \hat{B} - \omega X^+ 1_{n \times n} [Y - X\hat{B}],$$

wobei $\hat{B} = X^+ Y$ die OLSE für B ist.

Entsteht das Modell (18) aus einer p-dimensionalen Regressionsfunktion

$$F(x) = B_{(1)} + \sum_{i=1}^{k} x_i B_{i+1}$$

mit konstantem Glied $B_{(1)}$ (vgl. 1.3.3), dann ist 1_n die erste Spalte von X. Man berechnet dann

$$X^+ 1_n = e_1^{(k)}, \quad \omega = \varrho(1 - \varrho)^{-1},$$

woraus

$$\hat{B}_\varrho = \begin{pmatrix} \hat{B}_{(1)} - \omega[Y - X\hat{B}] \\ \hdashline \hat{B}_{(2)} \end{pmatrix}$$

folgt, wobei $\hat{B}_{(1)}$ die erste Zeile von $\hat{B} = \begin{pmatrix} \hat{B}_{(1)} \\ \hdashline \hat{B}_{(2)} \end{pmatrix}$ ist. In diesem Spezialfall hängt die BILUE der durch Streichen der ersten Zeile von B entstandenen Matrix $B_{(2)}$ nicht von ϱ ab und ist gerade die OLSE $\hat{B}_{(2)}$ von $B_{(2)}$. Demnach ist bei unbekanntem ϱ, d. h. im Modell

$$Y \circledcirc \left[\mathfrak{M}^p(X) \times \left\{\bigcup_{\varrho \in [0,1]} \mathcal{V}_\varrho\right\}\right],$$

die BILUE eines Parameters $\gamma = CB_{(2)} + F$ durch die OLSE $\hat{\gamma} = C\hat{B}_{(2)} + F$ gegeben.

In diesem Spezialfall gilt, wie man leicht nachprüft,

$$D_\theta \hat{B}_\varrho = \Sigma \otimes [(1 - \varrho) \Gamma + \varrho e_1 e_1']$$

und mit $S_* = (Y - X\hat{B})' (Y - X\hat{B})$

$$(n - k) \hat{\Sigma}_\varrho = (Y - X\hat{B}_\varrho)' \Lambda_\varrho^{-1} (Y - X\hat{B}_\varrho) = (1 - \varrho)^{-1} S,$$

so daß mit $\hat{\Sigma}_* = (n - k)^{-1} S_*$

$$\hat{D}_\varrho := \hat{\Sigma}_* \otimes [\Gamma + \varrho(1 - \varrho)^{-1} e_1 e_1']$$

eine erwartungstreue SF für $D_\vartheta \hat{\boldsymbol{B}}_\varrho$ ist. Mit Ausnahme der SF für $D_\vartheta \boldsymbol{B}'_{(1)}$ sind die hiermit gegebenen SF für die Kovarianzen und Varianzen der Elemente von $\hat{\boldsymbol{B}}_\varrho$ von ϱ unabhängig und identisch mit den im Modell

$$\boldsymbol{Y} \circleddash [\mathfrak{M}^p(X) \times \mathcal{V}_0] = [\mathfrak{M}^p(X) \times \mathcal{V}^p_{I_n}]$$

(also aus $\hat{D} = \hat{\Sigma}_* \otimes \Gamma$) erhaltenen SF.

2. *Blockdiagonale Kovarianzstruktur und heteroskedastische Beobachtungen*

Wir betrachten das univariate Modell

$$\boldsymbol{y} \circleddash [\mathcal{R}(X) \times \mathcal{V}_\Lambda] \tag{19}$$

mit blockdiagonaler Kovarianzstruktur

$$\Lambda = \operatorname{Diag}[\Lambda_1, \dots, \Lambda_m] \in \mathfrak{M}^>_{\sum_i n_i}, \qquad \Lambda_i \in \mathfrak{M}^>_{n_i}. \tag{20}$$

Wegen $\Lambda^{-1} = \operatorname{Diag}[\Lambda_1^{-1}, \dots, \Lambda_m^{-1}]$ hat die GLSE eine relativ übersichtliche Gestalt. Die Form (19), (20) entsteht z. B. bei dem für die Ökonometrie wichtigen Zellner-Modell (scheinbar unverbundene Regression, vgl. P. Schönfeld [14]), bei dem

$$X' = (X_{(1)} \mid \cdots \mid X_{(m)})$$

mit

$$X_{(j)} = \begin{pmatrix} x_{1j} & 0 & \cdots & 0 \\ 0 & x_{2j} & \cdots & 0 \\ \vdots & & & \\ 0 & 0 & & x_{nj} \end{pmatrix}, \quad x_{\nu j} \in R^{k_i}, \quad \nu = 1, \dots, n,$$

und

$$\Lambda_i = \Lambda_* \in \mathfrak{M}^>_n, \quad i = 1, \dots, m,$$

ist, und bei Modellen mit Intra-Klassen-Korrelation, wie sie z. B. von Balestra [15] untersucht wurden, bei denen $\Lambda_* = (1 - \varrho) I_n + \varrho 1_{n \times n}$ ist. Die Inverse von Λ_* ist dabei

$$\Lambda_*^{-1} = (1 - \varrho)^{-1} [I_n - \varrho(1 + \varrho[n-1]) 1_{n \times n}].$$

Das Zellner-Modell läßt sich formal auch anders beschreiben, indem die Teilvektoren $y_j \in R^n$ $(j = 1, \dots, m)$ in der Zerlegung $y' = (y_1', \dots, y_m')$ als Zeilen zu einer Matrix Y zusammengefügt werden. Es entsteht dann für $\tilde{\boldsymbol{y}} = \vec{\boldsymbol{Y}}$ das Modell

$$\tilde{\boldsymbol{y}} \circleddash [\mathcal{R}(\operatorname{Diag}[X_1, \dots, X_n]) \times \{\Lambda_* \otimes I_m\}]$$

mit $X_i' = (X_{i1} \mid \cdots \mid X_{im})$. Bei $X_i = X_* \in \mathfrak{M}_{m \times k}$ $(i = 1, \dots, n)$, hängt die GLSE $\hat{\mu} = (I_n \otimes X_* X_*^+) \tilde{\boldsymbol{y}}$ für $\mu = E_\vartheta \tilde{\boldsymbol{y}}$ nicht mehr von Λ_* ab.

Ein Spezialfall von (19) entsteht bei sogenannten heteroskedastischen Beobachtungen $\boldsymbol{y}_i$ $(i = 1, \dots, n)$, d. h., die $\boldsymbol{y}_i$ sind stochastisch unabhängig und haben Varianzen $D\boldsymbol{y}_i = \sigma^2 \omega_i$:

$$\Lambda = \operatorname{Diag}[\omega_1, \dots, \omega_n].$$

3. *Autokorrelierte Fehlergrößen*

Wir betrachten ein univariates Modell

$$\boldsymbol{y} \circleddash [\mathcal{R}(X) \times \mathcal{V}_\Lambda]$$

mit

$$\Lambda = (1 - \varrho^2)^{-1} \begin{pmatrix} 1 & \varrho & \varrho^2 & \cdots & \varrho_{n-1} \\ \varrho & 1 & & \cdots & \cdot \\ \vdots & \vdots & \vdots & \cdots & \cdot \\ \varrho^{n-1} & \varrho^{n-2} & \varrho^{n-3} & \cdots & 1 \end{pmatrix}. \tag{21}$$

Diese Kovarianzstruktur entsteht bei einem f-Modell $\boldsymbol{y} = X\beta + \boldsymbol{\varepsilon}$ mit

$$\varepsilon_t = \varrho\varepsilon_{t-1} + \eta_t \quad (t = 1, \dots, n), \quad -1 < \varrho < 1,$$

wobei η_t $(t = 1, \dots, n)$ unabhängige reelle Zufallsgrößen mit $E\eta_t = 0$ und $D\eta_t = \sigma^2$ sind. Die Zufallsgröße ε_0 ist dabei derart angesetzt, daß $E\varepsilon_0 = 0$ und $D\varepsilon_0 = (1 - \varrho^2)^{-1}\sigma^2 = \sigma_1^2$ gilt, woraus $E\varepsilon_t = 0$, $D\varepsilon_t = \sigma_1^2$ $(t = 1, \dots, n)$ (also die Stationarität des stochastischen Prozesses ε_t) folgt. Die Gestalt (21) erhält man aus

$$\varepsilon_t = \sum_{m=0}^{t-1} \varrho^m \varepsilon_{t-m} + \varrho^t \varepsilon_0$$

und

$$\operatorname{cov}(\varepsilon_t, \varepsilon_{t-\tau}) = \sum_{m=0}^{\tau-1} \varrho^m E(\eta_{t-m}\varepsilon_{t-\tau}) + \varrho^\tau \sigma_1^2 = \varrho^\tau \sigma_1^2 .$$

Für die Berechnung der GLSE benötigt man die Inverse

$$\Lambda^{-1} = (1 - \varrho^2)^{-1} \begin{pmatrix} 1 & -\varrho & 0 & \cdots & 0 & 0 \\ -\varrho & 1 + \varrho^2 & -\varrho & \cdots & 0 & 0 \\ 0 & -\varrho & 1 + \varrho^2 & \cdots & 0 & 0 \\ \cdot & \cdot & & & & \\ 0 & 0 & & & 1 + \varrho^2 & -\varrho \\ 0 & 0 & & & -\varrho & 1 \end{pmatrix}.$$

2.3.2. Güte der OLSE in Abhängigkeit von der Kovarianzmatrix

Aus 2.1 und 2.2.3 wissen wir, daß die „OLSE" $\hat{B} = X^+Y$ die BILUE $\hat{\gamma} = CX\hat{B} + F$ eines Parameters $\gamma = CXB + F$ im Modell $\boldsymbol{Y} \circleddash [\mathfrak{M}^p(X) \times \mathcal{V}^p_{I_n}]$ ergibt. Da im Modell

$$\boldsymbol{Y} \circleddash [\mathfrak{M}_{k\times p} \times \mathcal{V}^p_\Lambda] \tag{22}$$

die Berechnung der GLSE bzw. BILUE $\hat{\gamma}_\Lambda$ von γ über die Formel (2.1.10) also

$$\hat{\gamma}_\Lambda = CX\hat{B}_\Lambda + F, \quad \hat{B}_\Lambda = X^\oplus_\Lambda Y, \quad X^\oplus_\Lambda = (X'\Lambda^{-1}X)^+ X'\Lambda^{-1}$$

mit mehr numerischem Aufwand als die der OLSE $\hat{\gamma}$ verbunden oder auch die genaue Gestalt von Λ unbekannt sein kann, interessieren Bedingungen, unter denen die OLSE $\hat{\gamma}$ mit der GLSE $\hat{\gamma}_\Lambda$ übereinstimmt. Hinreichend und notwendig für $X\hat{B} = X\hat{B}_\Lambda$ ist nach dem folgenden Satz 2.3.1 die Bedingung $\Lambda\mathcal{R}(X) = \mathcal{R}(X)$.

Satz 2.3.1. *Für $\Lambda, \Omega \in \mathfrak{M}_n^>$ ist $X\hat{B}_\Lambda = X\hat{B}_\Omega$ genau dann, wenn*

$$\Lambda^{-1}\mathcal{R}(X) = \Omega^{-1}\mathcal{R}(X).$$

Beweis. $X\hat{B}_\Lambda = X\hat{B}_\Omega$ gilt genau dann, wenn

$$X(\Lambda^{-1/2}X)^+ \Lambda^{-1/2} = XX^\oplus_\Lambda = XX^\oplus_\Omega = X(\Omega^{-1/2}X)^+ \Omega^{-1/2}$$

gilt. Nach [A 1.56] ist diese Gleichung äquivalent mit $\Lambda^{-1}\mathcal{R}(X) = \Omega^{-1}\mathcal{R}(X)$. ■

Beispiele für Modelle, bei denen die OLSE mit der GLSE übereinstimmt, sind:

a) *Einfache Klassifikation mit heteroskedastischen Beobachtungen*

$$\boldsymbol{y}_{ij} = \mu_i + \boldsymbol{\varepsilon}_{ij}, \quad j = 1, \dots, n_i;\ i = 1, \dots, l,$$

$$E\boldsymbol{\varepsilon}_{ij} = 0, \quad D\boldsymbol{\varepsilon}_{ij} = \sigma^2\lambda_i, \quad \lambda_i > 0,$$

wobei die Zufallsgrößen $\boldsymbol{\varepsilon}_{ij}$ unkorreliert sind und $\mu_i \in R^1$, $\sigma \in R^>$ gilt.

b) *Direkte Beobachtungen mit äquikorreliertem Fehler*

$$\boldsymbol{y} \ominus [\mathfrak{R}(1_n) \times \mathcal{V}_\Lambda],$$

wobei $\Lambda = (1 - \varrho)\, I_n + \varrho 1_{n\times n}$ ist.

Gilt nicht $\Omega^{-1}X = \Lambda^{-1}X$, dann ist im Modell (22) $X\hat{B}_\Omega$ keine BILUE für XB, aber $\hat{\gamma}_\Omega$ ist erwartungstreu:

$$E_\vartheta \hat{\gamma}_\Omega = CXX_\Omega^\oplus XB + F = CXB + F = \gamma\,.$$

Die Kovarianzmatrix ist aber nicht gleich der von $\hat{\gamma}_\Lambda$, falls $CXX_\Omega^\oplus \neq CXX_\Lambda^\oplus$,

$$D_\vartheta \hat{\gamma}_\Omega = \Sigma \otimes CXX_\Omega^\oplus \Lambda X_\Omega^\oplus X'C' > D_\vartheta \hat{\gamma}_\Lambda = \Sigma \otimes CX(X'\Lambda^{-1}X)^+ X'C'\,. \quad (23)$$

Im Abschnitt 2.5.3 werden andererseits Bedingungen für die asymptotische Gleichheit der Kovarianzmatrizen der OLSE und der GLSE abgeleitet.

Eine Übereinstimmung der mit Λ und Ω gebildeten SF für Σ bzw. der Residualmatrizen $S_\Lambda = (Y - X\hat{B}_\Lambda)'\,\Lambda^{-1}(Y - X\hat{B}_\Lambda)$ und S_Ω ist nur unter sehr starken zusätzlichen Bedingungen möglich. Aus Überlegungen von Kruskal [16] kann man folgern, daß $S_\Lambda = S_\Omega$ äquivalent mit $\Omega^{-1}\Lambda(I_n - XX^+) = 0_{n\times n}$ ist. Den Erwartungswert von $\hat{\boldsymbol{\Sigma}}_\Omega = (n - r)^{-1}\, \boldsymbol{S}_\Omega$ erhalten wir mit $\boldsymbol{Z} = Y - XB = (z_1, \dots, z_p)$ und $Q = I_n - XX_\Omega^\oplus$ aus

$$E_\vartheta \hat{\boldsymbol{\Sigma}}_\Omega = (n - r)^{-1}\, E_\vartheta\big((\boldsymbol{z}_i' Q \Omega^{-1} Q \boldsymbol{z}_j)\big)_{i,j=1,\dots,p} = (n - r)^{-1} \mathrm{sp}\, [Q'\Omega^{-1}Q\Lambda]\, \Sigma\,.$$

Für eine Beurteilung der Güte der SF $\hat{\gamma}_\Omega$, die mit einer evtl. von Λ verschiedenen Matrix $\Omega \in \mathfrak{M}_n^>$ gebildet wird, sind übersichtliche Formeln bzw. Abschätzungen für die Differenz $W_\vartheta = D_\vartheta \hat{\gamma}_\Omega - D_\vartheta \hat{\gamma}_\Lambda$ der Kovarianzmatrix zur Kovarianzmatrix der BILUE nützlich. Wir erhalten aus (23)

$$W_\vartheta = \Sigma \otimes CXDX'C'\,,$$

$$D = A^+X'\Omega^{-1}\Lambda\Omega^{-1}XA^+ - K^+\,, \quad A = X'\Omega^{-1}X\,, \quad K = X'\Lambda^{-1}X\,. \quad (24)$$

Wegen $\Omega^{-1}\Lambda\Omega^{-1} = \Omega^{-1} - \Omega^{-1}\Delta\Omega^{-1}$ mit $\Delta = \Omega - \Lambda$ folgt aus (24)

$$D = (A^+ - K^+) + L'\Delta L\,, \quad L = \Omega^{-1}XA^+\,. \quad (25)$$

Aus (25) können bei Vorhandensein von Abschätzungen für $\Delta = \Omega - \Lambda$ verschiedenartige Abschätzungen für W_ϑ gewonnen werden. Beispielsweise folgen mit der Matrizennorm $\|M\| = \Big(\sum_{i,j} m_{ij}^2\Big)^{1/2}$ aus $r[X] = k$ und

$$0_{n\times n} < \Lambda - M \leqq \Omega \leqq \Lambda + M \quad (M \in \mathfrak{M}_n^>)\,, \quad \|M\| = \varepsilon\,,$$

die Abschätzungen

$$\|W_\vartheta\| \leqq \|\Sigma\|\, \|CX\|^2\, \|D\|$$

$$\|D\| \leqq \|A^{-1} - K^{-1}\| + \varepsilon\, (\|A^{-1}\|^2\, \|(\Lambda - M)^{-1}\|^2 \|X\|^2)$$

$$\|A^{-1}\| \leqq \|(X'(\Lambda + M)^{-1}\, X)^{-1}\|$$

$$\|A^{-1} - K^{-1}\| \leqq \varepsilon\, (\|A^{-1}\|\, \|X\|^2\, \|(\Lambda - M)^{-1}\|\, \|\Lambda^{-1}\|)\,.$$

Spezielle Untersuchungen über die Güte von $\hat{\gamma}_\Omega$ unter (22) findet man in [17] und [18].

Für $p=1$ kann man aus den Ergebnissen von S. J. Habermann [118] $\mathrm{sp}[W_\vartheta] \leqq w\, \mathrm{sp}[D_\vartheta \gamma_\Lambda]$ folgern, wobei $w = ((\tau^2 + 1)/4\tau) - 1$, $\tau = \lambda_{\max}[H]/\lambda_{\min}[H]$, $H = \Omega^{-1/2}\Lambda\Omega^{-1/2}$ ist.

2.3.3. Notwendige und hinreichende Bedingungen für die Existenz von BILUE

Während wir bisher bei linearen Modellen der Form $[\mathfrak{M}^p(X) \times \mathcal{V}_\Lambda^p]$ BILUE für identifizierbare lineare Parameter bestimmen konnten, interessiert uns jetzt, ob eine größere Menge

$$\mathcal{V} = \{\Sigma \otimes \Lambda \mid \Sigma \in \mathfrak{M}_p^{\geq}, \Lambda \in \mathcal{W}\} \tag{26}$$

von möglichen Kovarianzmatrizen (also schwächere Information über die Verteilung von $\boldsymbol{Y}$) zugelassen werden kann. Aus Satz 2.3.1 folgt unmittelbar, daß unter (26) genau dann für alle Parameter $\gamma = CXB + F$ eine BILUE existiert, wenn $\Lambda^{-1}\mathfrak{R}(X) = \Omega^{-1}\mathfrak{R}(X)$ für alle $\Lambda, \Omega \in \mathcal{W}$ gilt, denn genau dann ist für ein beliebiges $\Lambda \in \mathcal{W}$ $\hat{M}_\Lambda = X\hat{B}_\Lambda$ die BILUE für $M = XB$ im Modell $\boldsymbol{Y} \sim [\mathfrak{M}^p(X) \times \mathcal{V}]$:

Satz 2.3.2. *Im Modell* $\boldsymbol{Y} \sim [\mathfrak{M}^p(X) \times \mathcal{V}]$ *mit* (26) *existiert genau dann für alle Parameter* $\gamma = CXB + F$ *eine* BILUE, *wenn* $\Lambda^{-1}\mathfrak{R}(X) = \Omega^{-1}\mathfrak{R}(X)$ *für alle* $\Lambda, \Omega \in \mathcal{W}$ *gilt.*

Die Bedingung $\Lambda^{-1}\mathfrak{R}(X) = \Omega^{-1}\mathfrak{R}(X)$ ist nach [A 1.56] genau dann erfüllt, falls $T \in \mathfrak{M}_{n\times h}^{n-r}$ mit $T'X = 0_{h\times k}$ und $U \in \mathfrak{M}_k$, $W \in \mathfrak{M}_{h\times h}$ existieren, so daß

$$\Omega = \Lambda + XUX' + \Lambda TWT'\Lambda \tag{27}$$

gilt (vgl. C. R. Rao [45]). Hiermit kann man für ein festes $\Lambda \in \mathfrak{M}^>$ auch das größte Modell $[\mathfrak{M}^p(X) \times \mathcal{V}]$ angeben, das $[\mathfrak{M}^p(X) \times \mathcal{V}_\Lambda^p]$ enthält und bei dem für alle identifizierbaren linearen Parameter die BILUE existiert. Dieses größte Modell ist durch die Menge $\mathcal{W}$ aller Ω der Form (27) gegeben.

2.3.4. Bibliographische Bemerkungen

Seit den Arbeiten von A. M. Legendre und K. F. Gauss, in denen die ersten Darstellungen der Methode der kleinsten Quadrate zu finden sind, ist gerade in Verbindung mit linearen Modellen, Regressionsanalyse bzw. Ausgleichsrechnung eine unübersehbare Anzahl von Arbeiten erschienen, zu denen noch die seit den fundamentalen Beiträgen von R. A. Fisher entstandenen vielen Veröffentlichungen zur Theorie der Parameterschätzung hinzugezählt werden müssen. Diese Fülle an Literatur läßt die Feststellung der Urheberschaft der verschiedenen Resultate oft als schwieriges Unterfangen erscheinen, und es wurde deshalb in den vorangegangenen Abschnitten meist auf entsprechende Hinweise verzichtet, zumal mehrere Resultate in erweiterter oder verallgemeinerter Form abgeleitet wurden. Es soll aber hier der Zugang zur Literatur erleichtert werden, indem in Ergänzung der zitierten Arbeiten auf die grundlegenden oder zusammenfassenden Arbeiten von C. R. Rao [1], [19], T. O. Lewis und P. L. Odell [20], G. S. Watson [21], [22], D. R. Cox [23], G. Zyskind und F. B. Martin [24] und W. Y. Tan [25] sowie auf die Arbeiten [46], [47], die einen historischen Rückblick geben, hingewiesen wird.

Darüberhinaus beschäftigen sich die folgenden Bücher ausführlich mit dem linearen Modell: R. L. Plackett [26], H. Scheffé [27], A. S. Goldberger [28], N. R. Draper und H. Smith [29], T. W. Anderson [30], H. Theil [31], C. R. Rao [32], G. A. F. Seber [33], E. Malinvaud [34], J. W. Linnik [35], J. Koerts und A. P. S. Abrahamse [36], F. A. Graybill [37], A. Albert [38], T. O. Lewis und R. L. Odell [39], H. Drygas [40], R. Sprent [41], S. R. Searle [42], [43], H. Toutenburg [48].

In diesem Kapitel ist auf eine Darstellung der Schätzung linearer Parameter in linearen Modellen $[\mathfrak{M}_Y^p \times \mathcal{V}_\Lambda]$ mit singulärer Kovarianzmatrix ($r[\Lambda] < n$) verzichtet worden, da sie sich in besonders übersichtlicher Form im Rahmen einer koordinatenfreien Theorie (vgl. [7], [40] und [43]) darstellen läßt und diese in unserem zweiten Band enthalten sein wird. Das Problem kann im Prinzip durch eine geeignete lineare Transformation auf ein lineares Modell mit regulärer Kovarianzmatrix zurückgeführt werden, wie es z. B. von A. J. Goldman und M. Zelen [44] oder S. K. Mitra und C. R. Rao [45] dargestellt wurde. BILUE können auch durch Verwendung geeigneter g-Inversen erhalten werden, wie es G. Zyskind und F. B. Martin [24] und C. R. Rao [1], [19] untersuchten. Insbesondere sei auf die Formel (2.1.13) für die BILUE hingewiesen, die auch bei singulärem Λ gilt.

2.4. Asymptotische Theorie

Bisher wurden Schätzfunktionen für die Parametermatrix B im Modell $[\mathfrak{M}^p(X) \times \mathfrak{V}_\Lambda^p]$ bei endlicher Beobachtungsanzahl n untersucht. In diesem Abschnitt untersuchen wir nun asymptotische Eigenschaften von Schätzfunktionen bei wachsendem Stichprobenumfang. Solche asymptotischen Aussagen können i. allg. auch für komplizierte Schätzfunktionen noch relativ leicht erhalten werden. Wir werden asymptotische Eigenschaften für Folgen von gewöhnlichen Kleinsten-Quadrat-Schätzungen (OLSE), von verallgemeinerten Kleinsten-Quadrat-Schätzungen (GLSE) sowie von zweistufigen SF in multivariaten linearen Modellen angeben, wobei die Matrizen der Regressanden auch nicht vollen Rang haben dürfen.

In diesem Abschnitt werden Grundkenntnisse über Konvergenzarten zufälliger Variablen und Vektoren (vgl. [A 4]) vorausgesetzt.

Es ist klar, daß man nur SF verwenden möchte, welche die über die Beobachtungen eingehende Information über den unbekannten Parameter der zugrunde liegenden Verteilung „möglichst gut" ausnutzen. Mit wachsender Information (wachsender Stichprobenumfang) soll der Schätzfehler immer geringer werden. Mathematisch kann dies z. B. mit Hilfe der Konsistenz im quadratischen Mittel (q.M.-Konsistenz) beschrieben werden. Dieses Kriterium berücksichtigt sowohl die asymptotische Verzerrung, als auch das asymptotische Streuungsverhalten um den wahren Parameter. Wir werden im Abschnitt 2.4.1 Bedingungen angeben, unter denen die verwendeten Schätzungen q.M.-konsistent sind.

Im Abschnitt 2.4.2 behandeln wir Grenzverteilungen für SF. In Anwendungen postuliert man zumeist für die Verteilung der Beobachtungen eine Normalverteilung, um z. B. in der Testtheorie Aussagen über den Fehler erster und zweiter Art zu erhalten (vgl. Kapitel 5) oder in der Theorie der Bereichsschätzfunktionen Konfidenzkoeffizienten abschätzen zu können (vgl. Kapitel 6). Diese Annahme ist in vielen Situationen nur heuristisch motiviert und manchmal direkt falsch. Man kann aber unter gewissen Voraussetzungen die asymptotische Normalität von SF sichern und dann mit dieser gesicherten Grenzverteilung arbeiten. Außerdem werden Aussagen über Grenzverteilungen zweistufiger SF möglich, deren endlichdimensionalen Verteilungseigenschaften selbst unter der Voraussetzung normalverteilter Beobachtungen nur in einigen Spezialfällen ableitbar sind.

Im Abschnitt 2.4.3 beschäftigen wir uns mit der Ableitung asymptotischer Optimalitätseigenschaften von Folgen von SF. Wir zeigen dort, daß die Folge der GLSE's asymptotisch optimal ist in einer Teilklasse von linearen und q.M.-konsistenten Schätzfolgen. Weiterhin werden asymptotische Optimalitätseigenschaften von Folgen der OLSE und von zweistufigen SF nachgewiesen. Die asymptotische Optimalität von Folgen von OLSE's und von zweistufigen SF ist deshalb von großem Interesse, weil diese SF die eigentlich praktisch anwendbaren SF sind, da die Struktur der Kovarianzmatrix i. allg. nicht bekannt ist. Obwohl man bei zweistufigen SF i. allg. wenig über die Güte bei endlichen Stichprobenumfängen aussagen kann, läßt sich doch unter sehr allgemeinen Voraussetzungen die asymptotische Optimalität nachweisen.

Für die asymptotische Theorie ist es zweckmäßig, den Begriff des Folgenmodells einzuführen.

Seien für $n = m, m+1, \dots$ ($m \geqq k$ beliebige feste natürliche Zahl) $X_n \in \mathfrak{M}_{n\times k}$, $\Lambda_n \in \mathfrak{M}_n^>$ bekannte Matrizen sowie $Y_{(n)}$ zufällige Matrizen mit Werten in $\mathfrak{M}_{n\times p}$. Wir nennen eine Menge $\mathcal{M}_\Theta = \{P_\vartheta \mid \vartheta \in \Theta\}$ von Folgen $P_\vartheta = P_{\{\vartheta_n\}} = \{P_{\vartheta_n}\}$ von Wahrscheinlichkeitsverteilungen (P_{ϑ_n}: Wahrscheinlichkeitsverteilung für $\vec{Y}_{(n)}$ über $(R^{np}, \mathfrak{B}^{np})$) ein Folgenmodell für die Folge $\{Y_{(n)}\}$ und schreiben dann $\{Y_{(n)}\} \circleddash \mathcal{M}_\Theta$. Im folgenden definieren wir spezielle Folgenmodelle $\mathcal{M}_{\Theta_i}$ ($i = 1, \dots, 6$), die in diesem Abschnitt verwendet werden.

$$\mathcal{M}_{\Theta_1}\colon \Theta_1 = \{\vartheta = \{\vartheta_n\} \mid \vartheta_n = (B, \Sigma_n, \varkappa_n) \in \mathfrak{M}_{k\times p} \times \mathfrak{M}_p^{\geqq} \times \mathcal{K}_{(n)}\,,$$
$$\exists\, \delta > 0\,, \quad \exists\, \Delta < \infty \quad \varliminf_{n\to\infty} \lambda_{\min}[\Sigma_n] \geqq \delta\,,$$
$$\varlimsup_{n\to\infty} \lambda_{\max}[\Sigma_n] \leqq \Delta\}\,.$$

Hierbei sei $\mathcal{K}_{(n)}$ eine Menge von Parametern $\varkappa_n$ derart, daß das Tripel $\vartheta_n = (B, \Sigma_n, \varkappa_n)$ eindeutig eine Wahrscheinlichkeitsverteilung über $(R^{np}, \mathfrak{B}^{np})$ festlegt mit

$$E_\vartheta Y_{(n)} := E_{\vartheta_n} Y_{(n)} = X_n B \tag{1}$$

und

$$D_\vartheta Y_{(n)} = \Sigma_n \otimes \Lambda_n \tag{2}$$

für

$$\vartheta \in \Theta_1\,.$$

$\mathcal{M}_{\Theta_2}\colon \Theta_2 = \{\vartheta = \{\vartheta_n\} \mid \vartheta_n = (B, \Sigma_n, \varkappa_n) \in \mathfrak{M}_{k\times p} \times \mathfrak{M}_p^{\geqq} \times \mathcal{K}_{(n)}, \Sigma_n \xrightarrow[n\to\infty]{} \Sigma \in \mathfrak{M}_p^{\geqq},$
$\Sigma \neq 0_{p\times p}\}$ mit (1) und (2) für $\vartheta \in \Theta_2$.

$\mathcal{M}_{\Theta_3}\colon \Theta_3 = \{\vartheta \in \Theta_2 \mid \Sigma_n \xrightarrow[n\to\infty]{} \Sigma \in \mathfrak{M}_p^>\}\,.$

Für die Folgenmodelle $\mathcal{M}_{\Theta_i}$ ($i = 1, 2, 3$) wird auch die Schreibweise $\mathcal{M}_{\Theta_i} = \{[\mathfrak{M}^p(X_n) \times \mathcal{V}^p_{\Lambda_n}]\}_{\Theta_i}$ ($i = 1, 2, 3$) bzw. $\mathcal{M}^N_{\Theta_i} = \{N[\mathfrak{M}^p(X_n) \times \mathcal{V}^p_{\Lambda_n}]\}_{\Theta_i}$ ($i = 1, 2, 3$) für Normal-Folgenmodelle verwendet werden.

Im Abschnitt 2.4.2 sollen die Folgenmodelle $\mathcal{M}_{\Theta_i}$ ($i = 4, 5, 6$) verwendet werden. Es sei $\mathfrak{M} \subset \mathfrak{M}_p^>$. Dann definieren wir

$$\mathcal{M}_{\Theta_4}\colon \Theta_4 = \{\vartheta = \{\vartheta_n\} \mid \vartheta_n = (B, \Sigma_{1n}, \dots, \Sigma_{nn}, \varkappa_n) \in \mathfrak{M}_{k\times p} \times \left(\mathop{\times}_{i=1}^{n} \mathfrak{M}\right) \times \mathcal{K}_{(n)}\}$$

mit $E_\vartheta Y_{(n)} = X_n B$ und $D_\vartheta Y'_{(n)} = \text{Diag}\,[\Sigma_{1n}, \dots, \Sigma_{nn}]$ für $\vartheta \in \Theta_4$. Hierbei sind also die Zeilenvektoren $Y_i^{(n)}$ der Matrix $Y_{(n)}$ für jedes n unkorreliert und besitzen die positiv definiten Kovarianzmatrizen Σ_{in}.

$\mathcal{M}_{\Theta_5}$: Es sei

$$\varepsilon_{(n)} := Y_{(n)} - X_n B = \begin{pmatrix} \varepsilon_1^{(n)'} \\ \vdots \\ \varepsilon_n^{(n)'} \end{pmatrix}$$

und $\mathcal{M}_{\Theta_5} = \{P_\vartheta \in \mathcal{M}_{\Theta_4} \mid P_\vartheta^{\vec{\varepsilon}'^{(n)}} = P_\vartheta^{\varepsilon_1^{(n)}} \times \cdots \times P_\vartheta^{\varepsilon_n^{(n)}} \; \forall n \geqq m\}$. $\mathcal{M}_{\Theta_5}$ enthält somit alle Verteilungsfolgen, unter denen die Zeilenvektoren von $\varepsilon_{(n)}$ stochastisch unabhängig (aber nicht notwendig identisch) verteilt sind.

$\mathcal{M}_{\Theta_6}$: $\Theta_6 = \{\vartheta \in \Theta_5 \mid \Sigma_{1n} = \cdots = \Sigma_{nn} =: \Sigma_n \xrightarrow[n\to\infty]{} \Sigma \in \mathfrak{M}_p^>\}$. In diesem Folgenmodell gilt also insbesondere $D_\vartheta Y'_{(n)} = I_n \otimes \Sigma_n$ oder damit äquivalent $D_\vartheta Y_{(n)} = \Sigma_n \otimes I_n$ für $\vartheta \in \Theta_6$.

Weiter seien für die Folgenmodelle $\mathcal{M}_{\Theta_i}$ $(i = 5, 6)$ $\mathcal{F}_{\Theta_i}$ die Mengen der Verteilungsfunktionen der Zeilenvektoren $\varepsilon_i^{(n)'}$ von $\varepsilon_{(n)}$, die durch Variation von ϑ in Θ_i $(i = 5, 6)$ entstehen.

Für beliebige feste natürliche Zahlen $n \geqq m$ nennen wir $\mathcal{M}_{\Theta_i}(n) = \{P_{\vartheta_n} \mid \{\vartheta_n\} \in \Theta_i\}$ $(i = 1, \dots, 6)$ Modelle für $Y_{(n)}$.

Entsprechend dem Begriff der Identifizierbarkeit eines Parameters $\gamma = \gamma(\vartheta_n)$ in den Modellen $\mathcal{M}_{\Theta_i}(n)$ mit endlicher Beobachtungsanzahl n führen wir für die asymptotische Beobachtungsweise den folgenden Identifizierbarkeitsbegriff ein:

Definition 2.4.1. *Ein von n unabhängiger Parameter $\gamma = \gamma(\vartheta)$ heißt im Folgenmodell $\mathcal{M}_{\Theta_i}$ $(i = 1, \dots, 6)$ identifizierbar, falls es eine natürliche Zahl n_0 gibt, so daß γ in allen Modellen $\mathcal{M}_{\Theta_i}(n)$ mit $n \geqq n_0$ identifizierbar ist.*

Nach 2.2.1 ist ein linearer Parameter $\gamma = CB \in \mathfrak{M}_{l\times p}$ in allen Folgenmodellen $\mathcal{M}_{\Theta_i}$ $(i = 1, 2, 3)$ genau dann identifizierbar, wenn es für alle $n \geqq n_0$ Matrizen $W_n \in \mathfrak{M}_{l\times k}$ mit $C = W_n K_n := W_n(X_n' \Lambda_n^{-1} X_n)$ gibt.

Für Folgenmodelle mit erweiterten Beobachtungsmatrizen $Y_{(n)}$, d. h. für Folgenmodelle, bei denen die Matrizen $Y_{(n)}$ die Form $Y_{(n+1)} = \begin{pmatrix} Y_{(n)} \\ y'_{n+1} \end{pmatrix}$, $n = m, m+1, \dots$, haben, gilt offensichtlich das Lemma 2.4.1.

Lemma 2.4.1. *Es sei $\gamma = CB$ identifizierbar im Modell $\mathcal{M}_{\Theta_i}(n_0)$, dann ist γ im Folgenmodell $\mathcal{M}_{\Theta_i}$ $(i = 1, \dots, 6)$ identifizierbar.*

Zur Einfachheit nennen wir im folgenden einen Parameter $\gamma = CB$ identifizierbar, falls er im zugehörigen Folgenmodell identifizierbar ist. Außerdem heiße ein Folgenmodell regulär, falls $\gamma = B$ identifizierbar ist, und anderenfalls singulär. Offensichtlich ist ein Folgenmodell genau dann regulär, wenn es eine natürliche Zahl n_0 mit $r[X_n] = k$ $(n \geqq n_0)$ gibt.

Ist nun $\gamma = CB$ ein identifizierbarer Parameter, so sind für genügend große n die eindeutig bestimmten SF

$$\hat{\gamma}_n := C\hat{B}_n = CK_n^- X_n' \Lambda_n^{-1} Y_{(n)} \qquad \text{(GLSE)} \tag{3}$$

und

$$\tilde{\gamma}_n := C\tilde{B}_n = CT_n^- X_n' Y_{(n)}, \qquad T_n := X_n' X_n \qquad \text{(OLSE)} \tag{4}$$

erwartungstreue SF für γ (vgl. 2.2.1).

2.4.1. Konsistenz

In diesem Abschnitt geben wir Bedingungen an die Folgen der Matrizen X_n und Λ_n an, unter denen die GLSE und die OLSE im quadratischen Mittel konsistent (kurz: *q.M.-konsistent*) für identifizierbare Parameter $\gamma = CB$ sind, d. h. die Schätzungen mit wachsender Beobachtungsanzahl n eine immer geringere Streuung um den wahren Parameter aufweisen, und damit nach [A 4.14] auch in Wahrscheinlichkeit gegen γ konvergieren, also konsistente Schätzungen sind. Dabei verallgemeinern wir die Resultate aus F. Eicker [49], H. Drygas [50], H. Theil [31] und P. Schönfeld [14] für univariate lineare Modelle auf den multivariaten Fall.

Definition 2.4.2. *Eine Folge von SF $\{\bar{\gamma}_n(\boldsymbol{Y}_{(n)})\}$ heißt q.M.-konsistent für einen von n unabhängigen Parameter $\gamma = \gamma(\vartheta)$ mit Werten in $\Gamma \subset \mathfrak{M}_{l\times p}$, falls*

$$E_\vartheta \, ||\bar{\gamma}_n(\boldsymbol{Y}_{(n)}) - \gamma(\vartheta)||^2 \xrightarrow[n\to\infty]{} 0 \qquad (\vartheta \in \Theta).$$

Wir schreiben dann $\bar{\gamma}_n \xrightarrow{\text{q.M.}} \gamma$.

Hierbei verwenden wir die Matrizennorm $||\gamma||^2 := \operatorname{sp}[\gamma\gamma'] = \vec{\gamma}'\vec{\gamma}$.[1])

Zunächst werden Bedingungen für die q.M.-Konsistenz der OLSE abgeleitet, aus denen sich dann durch einfache Modelltransformation auch solche für die GLSE ergeben. Für das Folgenmodell $\mathcal{M}_{\Theta_1}$ gilt der folgende Satz:

Satz 2.4.1.

a) *$\gamma = CB$ sei ein identifizierbarer Parameter. Dann gilt für die Folge $\{\tilde{\gamma}_n\}$ der* OLSE $\tilde{\gamma}_n \xrightarrow{\text{q.M.}} \gamma$

$$\Leftrightarrow \lambda_{\max}[CT_n^+ X_n' \Lambda_n X_n T_n^+ C'] \xrightarrow[n\to\infty]{} 0\,. \tag{5}$$

b) $\tilde{\gamma}_n \xrightarrow{\text{q.M.}} \gamma$ *für alle identifizierbaren $\gamma = CB$, falls die Bedingung*

$$\lambda_{\max}[T_n^+ X_n' \Lambda_n X_n T_n^+] \xrightarrow[n\to\infty]{} 0 \tag{6}$$

erfüllt ist.

Beweis.

a) Da für $n \geqq n_0$ die $\tilde{\gamma}_n$ erwartungstreue SF sind, gilt

$$E_\vartheta \, ||\tilde{\gamma}_n - \gamma||^2 = \operatorname{sp}[D_\vartheta \tilde{\gamma}_n] = \operatorname{sp}[\Sigma_n \otimes CT_n^+ X_n' \Lambda_n X_n T_n^+ C']\,. \tag{7}$$

Die rechte Seite von (7) konvergiert für $n \to \infty$ wegen

$$\operatorname{sp}[\Sigma_n] \cdot \lambda_{\max}[CT_n^+ X_n' \Lambda_n X_n T_n^+ C'] \leqq \operatorname{sp}[\Sigma_n \otimes CT_n^+ X_n' \Lambda_n X_n T_n^+ C']$$
$$\leqq l \operatorname{sp}[\Sigma_n] \, \lambda_{\max}[CT_n^+ X_n' \Lambda_n X_n T_n^+ C']$$

(vgl. [A 1.57] und [A 1.64]) genau dann gegen Null, wenn (5) erfüllt ist.

---

[1]) Unter Verwendung der Norm $||\vec{\gamma}||_A = \vec{\gamma}' A \vec{\gamma}$ mit einer beliebigen positiv definiten Matrix A ergibt sich wegen $\lambda_{\min}[A] \, ||\gamma||^2 \leqq ||\vec{\gamma}||_A^2 \leqq \lambda_{\max}[A] \, ||\gamma||^2$ ein äquivalenter Konvergenzbegriff.

b) Die Behauptung folgt aus a) und der Ungleichung

$$\lambda_{\max}[CT_n^+X_n'\Lambda_nX_nT_n^+C'] \leqq \lambda_{\max}[T_n^+X_n'\Lambda_nX_nT_n^+]\,\lambda_{\max}[CC']$$

(vgl. [A 1.65]). ■

Aus Satz 2.4.1 erhalten wir

Korollar 2.4.1. *Wenn für ein* $\delta > 0$ *die Matrix* $n^\delta T_n^+X_n'\Lambda_nX_nT_n^+$ *gegen eine Matrix* $Q \in \mathfrak{M}_k^{\geqq}$ *konvergiert, so gilt* $\tilde{\gamma}_n \xrightarrow{\text{q.M.}} \gamma$ *für alle identifizierbaren* $\gamma = CB$.

Beweis. In diesem Fall ist (6) wegen

$$\lambda_{\max}[T_n^+X_n'\Lambda_nX_nT_n^+] = n^{-\delta}\lambda_{\max}[n^\delta T_n^+X_n'\Lambda_nX_nT_n^+]$$

erfüllt. ■

Unter Zusatzvoraussetzungen an die Matrizen Λ_n ergibt sich

Korollar 2.4.2. *Wenn es Zahlen* $m > 0$ *und* $M < \infty$ *mit*

$$\varliminf_{n\to\infty} \lambda_{\min}[\Lambda_n] \geqq m \quad \text{und} \quad \varlimsup_{n\to\infty} \lambda_{\max}[\Lambda_n] \leqq M$$

gibt, so gilt:

a) $\tilde{\gamma}_n \xrightarrow{\text{q.M.}} \gamma$ *für einen identifizierbaren Parameter* $\gamma = CB$

$$\Leftrightarrow \lambda_{\max}[CT_n^+C'] \xrightarrow[n\to\infty]{} 0\,. \tag{8}$$

b) $\tilde{\gamma}_n \xrightarrow{\text{q.M.}} \gamma$ *für alle identifizierbaren* $\gamma = CB$, *falls*

$$\lambda_{\max}[T_n^+] \xrightarrow[n\to\infty]{} 0 \tag{9}$$

oder

$$n^\delta T_n^+ \xrightarrow[n\to\infty]{} Q \in \mathfrak{M}_k^{\geqq} \tag{10}$$

mit einem $\delta > 0$.

c) *Ist* $\gamma = B$ *identifizierbar, so gilt*

$$\tilde{B}_n \xrightarrow{\text{q.M.}} B \Leftrightarrow \lambda_{\min}[T_n] \xrightarrow[n\to\infty]{} \infty\,. \tag{11}$$

In diesem Falle ist (10) *hinreichend für* $\tilde{\gamma}_n \xrightarrow{\text{q.M.}} \gamma$ *für alle* $\gamma = CB$.

Beweis.

a) Die Bedingungen (5) und (8) sind wegen

$$m\lambda_{\max}[CT_n^+C'] = \lambda_{\max}[CT_n^+X_n'mI_nX_nT_n^+C'] \leqq \lambda_{\max}[CT_n^+X_n'\Lambda_nX_nT_n^+C']$$
$$\leqq \lambda_{\max}[CT_n^+X_n'MI_nX_nT_n^+C'] = M\lambda_{\max}[CT_n^+C']$$

äquivalent.

b) Die erste Aussage folgt wieder aus a) und der Ungleichung $\lambda_{\max}[CT_n^+C'] \leqq \lambda_{\max}[T_n^+] \times \lambda_{\max}[CC']$. Die zweite Aussage wird analog zu Korollar 2.4.1 hergeleitet.

c) Die Bedingung (8) lautet in diesem Fall $\lambda_{\max}[T_n^{-1}] = (\lambda_{\min}[T_n])^{-1} \xrightarrow[n\to\infty]{} 0$ und ist genau dann erfüllt, wenn (11) gilt. ■

Für die Folge $\{\hat{\gamma}_n\}$ der GLSE's ergeben sich durch Transformation des Folgenmodells $\{Y_{(n)}\} \circleddash \{[\mathfrak{M}^p(X_n) \times \mathcal{V}^p_{\Lambda_n}]\}_{\Theta_1}$ auf $\{\tilde{Y}_{(n)}\} := \{\Lambda_n^{-1/2}Y_{(n)}\} \circleddash \{[\mathfrak{M}^p(\Lambda_n^{-1/2}X_n)$

$\times\, \mathcal{V}^p_{I_n}]\}_{\Theta_1}$ aus Satz 2.4.1 analoge Bedingungen für die q.M.-Konsistenz der GLSE im Folgenmodell $\mathcal{M}_{\Theta_1}$.

Korollar 2.4.3.

a) *$\gamma = CB$ sei identifizierbar. Dann gilt für die Folge $\{\hat{\gamma}_n\}$ der* GLSE's $\hat{\gamma}_n \xrightarrow{\text{q.M.}} \gamma$

$$\Leftrightarrow \lambda_{\max}[CK_n^+C'] \underset{n\to\infty}{\longrightarrow} 0\,. \tag{12}$$

b) *Aus $\lambda_{\max}[K_n^+] \underset{n\to\infty}{\longrightarrow} 0$ folgt $\hat{\gamma}_n \xrightarrow{\text{q.M.}} \gamma$ für alle identifizierbaren $\gamma = CB$.*

c) *Ist B identifizierbar, so gilt $\hat{\boldsymbol{B}}_n \xrightarrow{\text{q.M.}} B$*

$$\Leftrightarrow \lambda_{\min}[K_n] \underset{n\to\infty}{\longrightarrow} \infty\,. \tag{13}$$

In diesem Fall ist (13) *auch hinreichend für $\hat{\gamma}_n \xrightarrow{\text{q.M.}} \gamma$ für alle $\gamma = CB$.*

d) *$\hat{\gamma}_n \xrightarrow{\text{q.M.}} \gamma$ für alle identifizierbaren γ, falls $n^\delta K_n^+$ für ein $\delta > 0$ gegen eine Matrix $Q \in \mathfrak{M}_k^{\geqq}$ konvergiert.*

Beispiel 2.4.1. Wir betrachten das spezielle univariate reguläre Folgenmodell $\{Y_{(n)}\}$ $\circeq \{[R(1_n) \times \mathcal{V}^1_{I_n}]\}_{\Theta_1}$. Hierbei gilt $nK_n^{-1} = 1 =: Q$ und nach Korollar 2.4.3 d) folgt somit

$$\tilde{\beta}_n = \frac{1}{n} \sum_{i=1}^{n} \mathbf{Y}_i^{(n)} \xrightarrow{\text{q.M.}} \beta = E_\vartheta \mathbf{Y}_i^{(n)}$$

$(\mathbf{Y}'_{(n)} = (\mathbf{Y}_1^{(n)}, \dots, \mathbf{Y}_n^{(n)}))$.

Beispiel 2.4.2. Für das singuläre Folgenmodell $\{\mathbf{Y}_{(n)}\} \circeq \{[\mathfrak{M}^p(1_{n\times 2}) \times \mathcal{V}^p_{I_n}]\}_{\Theta_1}$ ist $K_n^+ = \dfrac{1}{4n} 1_{2\times 2}$ die Mooresche Inverse von $K_n = n1_{2\times 2}$, und die Matrix nK_n^+ konvergiert für $n \to \infty$ gegen die positiv semidefinite Grenzmatrix $Q = \frac{1}{4} 1_{2\times 2}$. Damit folgt nach Korollar 2.4.3 d) $\hat{\gamma}_n = \tilde{\gamma}_n \xrightarrow{\text{q.M.}} \gamma$ für alle identifizierbaren $\gamma = CB$.

Bemerkung 1. Wir haben vorausgesetzt, daß die Matrizen Λ_n positiv definit sind. Für singuläre Λ_n hat H. Drygas in [50] analoge Konsistenzbedingungen angegeben.

Bemerkung 2. Liegt ein Folgenmodell mit erweiterten Beobachtungsmatrizen $Y_{(n)}$ vor, so ist (9) auch notwendige Bedingung für $\tilde{\gamma}_n \xrightarrow{\text{q.M.}} \gamma$ für alle identifizierbaren $\gamma = CB$ und (12) notwendige Bedingung für $\hat{\gamma}_n \xrightarrow{\text{q.M.}} \gamma$ für alle identifizierbaren $\gamma = CB$ (siehe H. Drygas [50], [51]).

Bemerkung 3. Für das Folgenmodell $\mathcal{M}_{\Theta_3}$ (hier waren die Zeilenvektoren der Beobachtungsmatrizen unabhängig verteilt) mit erweiterter Matrixfolge $\{\boldsymbol{Y}_{(n)}\}$ lassen sich auch Bedingungen für die starke Konsistenz der OLSE gegen identifizierbare Parameter $\gamma = CB$ angeben. Dazu setzen wir voraus, daß die Zufallsgrößen $\boldsymbol{Y}_{(n)}$ alle über einem gemeinsamen Wahrscheinlichkeitsgrundraum erklärt sind; $\boldsymbol{Y}_{(n)}: (\Omega, \mathfrak{A}, P_\eta) \to (R^{np}, \mathfrak{B}^{np}, P_{\vartheta_n})$ mit $\eta \in \Xi$.

Definition 2.4.3. *Eine Folge $\{\bar{\gamma}_n\}$ von* SF *heißt stark konsistent für einen von n unabhängigen Parameter $\gamma = \gamma(\vartheta) \in \mathfrak{M}_{l\times k}$, falls $P_\eta\{\omega \mid \bar{\gamma}_n(\boldsymbol{Y}_{(n)}(\omega)) \underset{n\to\infty}{\longrightarrow} \gamma\} = 1$ $(\eta \in \Xi)$ gilt. Schreibweise: $\bar{\gamma}_n \overset{\text{fs}}{\to} \gamma$.*

Satz 2.4.2. *Im Folgenmodell $\mathcal{M}_{\Theta_3}$ für eine erweiterte Folge $\{Y_{(n)}\}$ sei mit Zahlen $\mathfrak{r} > 0$ und $\mathfrak{k} < \infty$ $\mathfrak{M}$ eine Teilmenge der Menge $\{\Sigma \in \mathfrak{M}_p^{>} \mid \lambda_{\min}[\Sigma] \geqq \mathfrak{r},\ \lambda_{\max}[\Sigma] \leqq \mathfrak{k}\}$. Gilt dann*

$$Z_j^{(n)} := e_j^{(k)\prime} X_n' X_n e_j^{(k)} \underset{n\to\infty}{\longrightarrow} \infty \qquad (j = 1, \dots, k) \tag{14}$$

(hierbei bezeichnet $e_j^{(k)}$ den j-ten Einheitsvektor im R^k) und

$$(X_n'X_n)^+ \operatorname{Diag}[Z_1^{(n)}, \dots, Z_k^{(n)}] = O(1)\,, \tag{15}$$

so ist die OLSE $\tilde{\gamma}_n$ stark konsistent für jeden identifizierbaren Parameter $\gamma = CB$.

Beweis. Wir zeigen: $\tilde{\gamma}_n - \gamma = C(X_n'X_n)^+ X_n'\varepsilon_{(n)}$ $(n \geqq n_0)$ konvergiert mit Wahrscheinlichkeit 1 gegen Null. Unter Beachtung von [A 4.4] erhalten wir, daß $\operatorname{Diag}[Z_1^{(n)}, \dots, Z_k^{(n)}]^{-1} \times X_n'\varepsilon_{(n)}$ mit Wahrscheinlichkeit 1 gegen Null konvergiert und mit [A 4.3] folgt die Behauptung. ■

Für $p = 1$ wurde der Satz 2.4.2 in H. Drygas [51] bewiesen. Die Bedingungen (14) und (15) sind insbesondere dann erfüllt, wenn $n^{-2\lambda}T_n$ gegen eine positiv definite Grenzmatrix konvergiert für ein $\lambda > 0$.

2.4.2. Asymptotische Normalität

In der Schätz- und Testtheorie verwendet man häufig Statistiken, die Funktionen der GLSE bzw. der OLSE sind. Um Irrtumswahrscheinlichkeiten oder Konfidenzkoeffizienten abschätzen zu können, benötigt man eine Verteilungsannahme für die Beobachtungsmatrix $\boldsymbol{Y}_{(n)}$. Die übliche Annahme einer Normalverteilung für $\boldsymbol{Y}_{(n)}$ und damit einer Normalverteilung für $\hat{\gamma}_n$ bzw. $\tilde{\gamma}_n$ ist oft nicht gerechtfertigt. Unter gewissen Voraussetzungen an die Verteilungsklasse kann man aber sichern, daß die GLSE bzw. die OLSE asymptotisch normalverteilt sind, und kann dann für große Beobachtungszahlen n mit dieser gesicherten Grenzverteilung arbeiten.

In der Literatur sind viele Arbeiten zur asymptotischen Normalität von Kleinsten-Quadrat-Schätzungen in regulären linearen Modellen mit unabhängigen Beobachtungsgrößen vorhanden (F. Eicker [49], [52], E. Malinvaud [34], P. Schönfeld [14], P. K. Sen und M. L. Puri [53], P. Huber [54], H. Theil [31]). Dabei beschränken sich einige Autoren auf univariate Modelle, andere auf Folgen erweiterter Matrizen $Y_{(n)}$. Eine weitere Einschränkung ist durch die Annahme identisch verteilter Fehlerkomponenten gegeben. Schließlich untersuchen einige Autoren nur die asymptotische Normalität der OLSE und andere die der GLSE bei unterschiedlichen Kovarianzstrukturen.

Durch die Verwendung eines zentralen Grenzwertsatzes für Linearformen unabhängiger zufälliger Vektoren, der eine Erweiterung eines Satzes von F. Eicker [55] darstellt, wird die Ableitung von hinreichenden Bedingungen für die asymptotische Normalität der OLSE und der GLSE sowie von zweistufigen SF in allgemeinen multivariaten linearen Modellen möglich. Diese Bedingungen sind in einigen Fällen auch notwendig für die asymptotische Normalität.

Die meisten der oben angeführten Resultate aus der Literatur lassen sich dann als Spezialfälle unserer Sätze ableiten. (Dies soll hier nicht im einzelnen diskutiert werden. Wir verweisen auf W. H. Schmidt [56].)

Definition 2.4.4. *Es sei $\{\boldsymbol{Z}_n\}$ eine Folge s-dimensionaler Zufallsgrößen $\boldsymbol{Z}_n$ mit Verteilungen $P_n^{\boldsymbol{Z}_n}$. Dann heißt die Folge der Wahrscheinlichkeitsverteilungen $\{P_n^{\boldsymbol{Z}_n}\}$ schwach konvergent gegen eine Grenzverteilung $P^{\boldsymbol{Z}_0}$ einer Zufallsgröße $\boldsymbol{Z}_0$, falls*

$$F_n(t) := P_n^{\boldsymbol{Z}_n}\{Z_n < t\} \xrightarrow[n\to\infty]{} P^{\boldsymbol{Z}_0}\{Z_0 < t\} = F_0(t)$$

für alle Stetigkeitspunkte $t \in R^s$ der Verteilungsfunktion $F_0(t)$ gilt. Wir schreiben dann $P_n^{\mathbf{Z}_n} \xrightarrow{L} P^{\mathbf{Z}_0}$ und verwenden auch die Sprechweise „$\mathbf{Z}_n$ ist asymptotisch $P^{\mathbf{Z}_0}$-verteilt".

1. Ein zentraler Grenzwertsatz

Es sei $\mathcal{F}$ eine (nichtleere) Menge von p-dimensionalen Verteilungsfunktionen mit

$$\int_{R^p} x\mathrm{d}F(x) = 0_p \qquad (F \in \mathcal{F}) \tag{16}$$

und

$$\mathfrak{M}(\mathcal{F}) := \left\{\Sigma = \int_{R^p} xx'\mathrm{d}F(x) \mid F \in \mathcal{F}\right\} \subset \mathfrak{M}_p^{>} . \tag{17}$$

Mit $\{\varepsilon_i^{(n)}\}_{i=1,\ldots,k_n,n=1,2,\ldots}$ bezeichnen wir eine Doppelfolge zufälliger p-Vektoren. Für jedes n seien die Vektoren $\varepsilon_1^{(n)}, \ldots, \varepsilon_{k_n}^{(n)}$ stochastisch unabhängig. Weiter sei $\mathcal{S}(\mathcal{F})$ die Teilmenge aller solchen Folgen $\{\varepsilon_i^{(n)}\}$, für welche die Verteilungsfunktionen der Folgenelemente $\varepsilon_i^{(n)}$ in $\mathcal{F}$ liegen.

Außerdem betrachten wir eine Folge $\{A_n\} = \{(A_{1n} \vdots \ldots \vdots A_{k_n n})\}$, $n = 1, 2, \ldots$, nichtstochastischer $(s \times pk_n)$-Matrizen mit $A_{in} \in \mathfrak{M}_{s\times p}$ $(i = 1, \ldots, k_n)$ und

$$r[A_n] = s \qquad (n \in \mathcal{N}) \tag{18}$$

und den zufälligen standardisierten s-Vektor

$$\xi_n = H_n^{-1} \sum_{i=1}^{k_n} A_{in}\varepsilon_i^{(n)} \tag{19}$$

mit

$$H_n^2 := \sum_{i=1}^{k_n} A_{in}D\varepsilon_i^{(n)}A_{in}' . \tag{20}$$ [1])

Unser Ziel ist nun die Ableitung von Bedingungen, unter denen die Vektoren ξ_n asymptotisch normalverteilt sind.

Satz 2.4.3.

a) *Hinreichend dafür, daß für alle Folgen $\{\varepsilon_i^{(n)}\} \in \mathcal{S}(\mathcal{F})$*

A:
$$P^{\xi_n} \xrightarrow{L} N_s(0, I_s) \tag{21}$$

gilt und B: *die Summanden von ξ_n infinitesimal sind:*

$$\max_{1\leq i\leq k_n} P\{||H_n^{-1}A_{in}\varepsilon_i^{(n)}|| > \delta\} \xrightarrow[n\to\infty]{} 0 \qquad \textit{für alle } \delta > 0 , \tag{22}$$

sind die Bedingungen

I:
$$\max_{1\leq i\leq k_n} \mathrm{sp}\,[A_{in}'(A_nA_n')^{-1} A_{in}] \xrightarrow[n\to\infty]{} 0 , \tag{23}$$

II:
$$\sup_{F\in\mathcal{F}} \int_{||x||>c} ||x||^2 \,\mathrm{d}F(x) \xrightarrow[c\to\infty]{} 0 \tag{24}$$

---

[1]) H_n ist die eindeutig bestimmte symmetrische und positiv definite Matrix mit der Eigenschaft $H_n \cdot H_n = H_n^2$ (vgl. [A 1.63]).

und

III: $$\inf_{\Sigma \in \mathfrak{M}(\mathcal{F})} \lambda_{\min}[\Sigma] \geqq \mathfrak{r} > 0 . \tag{25}$$

b) *Die Bedingung* I *ist notwendig dafür, daß* A *und* B *für alle* $\{\varepsilon_i^{(n)}\} \in \mathcal{G}(\mathcal{F})$ *gelten.*

c) *Enthält* $\mathcal{F}$ *nur ein Element, so ist* I *notwendig und hinreichend für* A *und* B.

d) *Ist* $p = 1$, *so sind* I, II *und* III *gemeinsam hinreichend und notwendig dafür, daß* A *und* B *für alle Folgen* $\{\varepsilon_i^{(n)}\} \in \mathcal{G}(\mathcal{F})$ *gelten.*

Beweis. Wir beweisen hier nur a), b) und c). Die Aussage d) wurde von F. Eicker in [55] gezeigt.

Wenn $\mathcal{F}$ einelementig ist, so sind die Bedingungen II und III automatisch erfüllt und daher folgt aus a) und b) die Behauptung c). Zum Nachweis von a) und b) zeigen wir zunächst, daß es genügt, den Fall $s = 1$ zu betrachten.

Nach [A 4.20] gilt:

A und B $\Leftrightarrow$ A*: $P^{c(n)'\xi_n} \xrightarrow{L} N(0, 1)$ für alle Folgen $\{c(n)\}$ mit $\|c(n)\| = 1$ und $c(n) \in R^s$

und

$$\text{B*: } \max_{1 \leqq i \leqq k_n} \sup_{c(n):\|c(n)\|=1} P\{|c'(n)\, H_n^{-1} A_{in} \varepsilon_i^{(n)}| > \delta\} = \max_{1 \leqq i \leqq k_n} P\{\|H_n^{-1} A_{in} \varepsilon_i^{(n)}\| > \delta\} \xrightarrow[n\to\infty]{} 0$$

für alle $\delta > 0$.

Wenn a) und b) für $s = 1$ bewiesen wäre, so wäre mit

$$a_{in}' := c(n)'\, H_n^{-1} A_{in} \quad \text{und} \quad a_n = (a_{1n}', \ldots, a_{k_n n}')$$

$$\text{I*:} \quad \sup_{c(n):\|c(n)\|=1}\ \max_{1 \leqq i \leqq k_n} \operatorname{sp}[a_{in}(a_n a_n')^{-1} a_{in}'] \xrightarrow[n\to\infty]{} 0$$

II und III hinreichend und I* notwendig für A und B für alle Folgen $\{\varepsilon_i^{(n)}\} \in \mathcal{G}(\mathcal{F})$. Wir zeigen daher, daß I und I* äquivalente Bedingungen sind. Es ist

$$\operatorname{sp}[a_{in}(a_n a_n')^{-1} a_{in}'] = \frac{\|a_{in}\|^2}{a_n a_n'} = \frac{c(n)'\, H_n^{-1} A_{in} A_{in}' H_n^{-1} c(n)}{c(n)'\, H_n^{-1} A_n A_n' H_n^{-1} c(n)}$$

und daher konvergiert (vgl. [A 1.84]) für $n \to \infty$

$$\max_{1 \leqq i \leqq k_n} \sup_{c(n):\|c(n)\|=1} \operatorname{sp}[a_{in}(a_n a_n')^{-1} a_{in}'] = \max_{1 \leqq i \leqq k_n} \max\{d : |A_{in} A_{in}' - d A_n A_n'| = 0\}$$

$$= \max_{1 \leqq i \leqq k_n} \lambda_{\max}[(A_n A_n')^{-1/2} A_{in} A_{in}' (A_n A_n')^{-1/2}]$$

gegen Null genau dann, wenn dies für die Größe

$$\max_{1 \leqq i \leqq k_n} \operatorname{sp}[(A_n A_n')^{-1/2} A_{in} A_{in}' (A_n A_n')^{-1/2}] = \max_{1 \leqq i \leqq k_n} \operatorname{sp}[A_{in}' (A_n A_n')^{-1} A_{in}]$$

erfüllt ist. Sei also im folgenden $s = 1$.

Beweis von a) für $s = 1$: Nach [A 4.21] gelten die Behauptungen A und B für alle Folgen $\{\varepsilon_i^{(n)}\} \in \mathcal{G}(\mathcal{F})$ genau dann, wenn für ξ_n die Lindeberg-Bedingung

$$\forall z_0 > 0: \sum_{i=1}^{k_n} \int_{|z| > z_0} z^2 \, dF_{\xi_{in}}(z) \xrightarrow[n\to\infty]{} 0 \tag{26}$$

($F_{\xi_{in}}$ Verteilungsfunktion von $\xi_{in} := H_n^{-1} A_{in} \varepsilon_i^{(n)}$) für alle Folgen $\{\varepsilon_i^{(n)}\} \in \mathcal{G}(\mathcal{F})$ erfüllt ist.

Zum Nachweis von (26) betrachten wir die folgenden Ungleichungen für beliebige Zahlen $z_0 > 0$:

$$\int\limits_{|z|>z_0} z^2 \, \mathrm{d}F_{\xi_{in}}(z) = H_n^{-2} \int\limits_{R^p \setminus B_{in}} A_{in} x x' A_{in}' \, \mathrm{d}F_{in}(x)$$

$$= H_n^{-2} A_{in} \Sigma_{in} A_{in}' \int\limits_{R^p \setminus B_{in}} \frac{A_{in} x x' A_{in}'}{A_{in} \Sigma_{in} A_{in}'} \, \mathrm{d}F_{in}(x) \leqq H_n^{-2} A_{in} \Sigma_{in} A_{in}' \int\limits_{R^p \setminus B_{in}} \frac{x'x}{\lambda_{\min}[\Sigma_{in}]} \, \mathrm{d}F_{in}(x)$$

$$\leqq \frac{1}{\mathfrak{r}} H_n^{-2} A_{in} \Sigma_{in} A_{in}' \int\limits_{||x||^2 > \frac{z_0^2}{H_n^{-2} ||A_{in}||^2}} ||x||^2 \, \mathrm{d}F_{in}(x) \,, \tag{27}$$

F_{in} ist die Verteilungsfunktion von $\varepsilon_i^{(n)}$, Σ_{in} die Kovarianzmatrix von $\varepsilon_i^{(n)}$ und $B_{in} = \{x \in R^q \mid H_n^{-2} A_{in} x x' A_{in}' \leqq z_0^2\}$.

Hierbei können wir ohne Beschränkung der Allgemeinheit annehmen, daß $A_{in} \Sigma_{in} A_{in}' > 0$ ist, weil sonst der Summand $A_{in} \varepsilon_i^{(n)}$ mit Wahrscheinlichkeit 1 Null wäre und somit von vornherein aus der Summe entfernt werden könnte. Um mit II eine gleichmäßige Abschätzung der rechten Seite von (27) zu erhalten, zeigen wir jetzt

$$\max_{1 \leqq i \leqq k_n} H_n^{-2} ||A_{in}||^2 \xrightarrow[n \to \infty]{} 0 \,. \tag{28}$$

Nach III gilt stets $\Sigma_{in} \geqq \mathfrak{r} I_q$, woraus $H_n^2 \geqq \mathfrak{r} A_n A_n'$ folgt. Deshalb gilt mit I

$$\max_{1 \leqq i \leqq k_n} H_n^{-2} ||A_{in}||^2 \leqq \max_{1 \leqq i \leqq k_n} \frac{1}{\mathfrak{r}} (A_n A_n')^{-1} ||A_{in}||^2 = \frac{1}{\mathfrak{r}} \max_{1 \leqq i \leqq k_n} \operatorname{sp} [A_{in}' (A_n A_n')^{-1} A_{in}] \xrightarrow[n \to \infty]{} 0 \,.$$

Unter Berücksichtigung von (28) erhalten wir aus der Abschätzung (27) und II, daß es für jedes $\delta > 0$ eine natürliche Zahl n_0 gibt so, daß für alle $n \geqq n_0$ und für alle $i = 1, \ldots, k_n$

$$\int\limits_{|z|>z_0} z^2 \, \mathrm{d}F_{\xi_{in}} \leqq \frac{1}{\mathfrak{r}} H_n^{-2} A_{in} \Sigma_{in} A_{in}' (\delta \cdot \mathfrak{r}) \tag{29}$$

erfüllt ist. Und aus (29) folgt wegen (20)

$$\sum_{i=1}^{k_n} \int\limits_{|z|>z_0} z^2 \, \mathrm{d}F_{\xi_{in}}(z) \leqq \delta$$

für alle $n \geqq n_0$ und für alle Fehlerfolgen $\{\varepsilon_i^{(n)}\} \in \mathcal{S}(\mathcal{F})$.

B e w e i s v o n b) f ü r $s = 1$: Es sei A und B erfüllt für alle Folgen $\{\varepsilon_i^{(n)}\} \in \mathcal{S}(\mathcal{F})$. Wir betrachten dann eine Folge $\{\varepsilon_i^{(n)}\} \in \mathcal{S}(\mathcal{F})$ mit unabhängig und identisch verteilten Vektoren $\varepsilon_i^{(n)}$. Es sei F die Verteilungsfunktion, Σ die zugehörige Kovarianzmatrix und $\{G_{i_n n}\}_{n=1,2,\ldots}$ eine Folge von Vektoren mit $||G_{i_n n}||^2 = \max_{1 \leqq i \leqq k_n} ||G_{in}||^2$ und $G_{in} := H_n^{-1} A_{in}'$. Wegen B konvergiert dann die (eindimensionale) Folge $G_{i_n n}' \varepsilon_i^{(n)}$ in Wahrscheinlichkeit gegen Null, und dies impliziert

$$G_{i_n n} \xrightarrow[n \to \infty]{} 0_p \,. \tag{30}$$

Wir nehmen zum Beweis an, dies wäre nicht der Fall. Dann würde eine Teilfolge $\{n_j\}_{j=1,2,\ldots}$ der Folge der natürlichen Zahlen und ein $a \neq 0_p$ mit

$$G_{i_{n_j} n_j} \xrightarrow[j \to \infty]{} a \tag{31}$$

existieren, denn es gilt

$$||G_{i_n n}||^2 = \frac{||A_{i_n n}||^2}{\sum_{i=1}^{k_n} A_{in}\Sigma A'_{in}} \leqq (\lambda_{\min}[\Sigma])^{-1} < \infty\,.$$

Unter Benutzung der CAUCHY-SCHWARTZschen Ungleichung erhalten wir

$$P\{|(G_{i_{n_j}n_j} - a)'\, \varepsilon^{(n_j)}_{i_{n_j}}| > \delta\} \leqq P\{||\varepsilon^{(n_j)}_{i_{n_j}}|| \cdot ||G_{i_{n_j}n_j} - a|| > \delta\}$$

für alle $\delta > 0$. Da die Verteilungsfunktion von $\varepsilon^{(n_j)}_{i_{n_j}}$ nicht von j abhängt, können wir wegen (31) für jede Zahl $\eta > 0$ eine Zahl j_0 finden, so daß für alle $j \geqq j_0$

$$P\{|(G_{i_{n_j}n_j} - a)'\, \varepsilon^{(n_j)}_{i_{n_j}}| > \delta\} < \eta$$

gilt. Das heißt $(G_{i_{n_j}n_j} - a)'\, \varepsilon^{(n_j)}_{i_{n_j}} \overset{P}{\to} 0$ und daraus folgt nach [A 4.9]

$$a'\varepsilon^{(n_j)}_{i_{n_j}} = G'_{i_{n_j}n_j}\varepsilon^{(n_j)}_{i_{n_j}} - (G'_{i_{n_j}n_j}\varepsilon^{(n_j)}_{i_{n_j}} - a'\varepsilon^{(n_j)}_{i_{n_j}}) \overset{P}{\to} 0\,.$$

Für jedes $\delta > 0$ konvergiert somit

$$P\{|a'\varepsilon^{(n_j)}_{i_{n_j}}| > \delta\} \tag{32}$$

für $j \to \infty$ gegen 0. Nun hängt aber der Ausdruck (32) nicht von j ab, und deshalb gilt für alle $j = 1, 2, \ldots$ und für alle $\delta > 0$ jetzt $P\{|a'\varepsilon^{(n_j)}_{i_{n_j}}| > \delta\} = 0$. Es folgt $P\{|a'\varepsilon^{(n_j)}_{i_{n_j}}| = 0\} = 1$ und daraus $Da'\varepsilon^{(n_j)}_{i_{n_j}} = a'\Sigma a = 0$ im Widerspruch zur positiven Definitheit von Σ. Es gilt also (30). Und mit (30) schließen wir aus der Ungleichung

$$H_n^{-2}\, ||A_{in}||^2 = \frac{||A_{in}||^2}{\sum_{i=1}^{k_n} A_{in}\Sigma A'_{in}} \geqq \frac{1}{\lambda_{\max}[\Sigma]}\,\frac{A_{in}A'_{in}}{A_nA'_n} = (\lambda_{\max}[\Sigma])^{-1}\,\mathrm{sp}\,[A'_{in}(A_nA'_n)^{-1}\,A_{in}]$$

das Erfülltsein der Bedingung I. ∎

Bemerkung. Die Bedingungen II und III sind i. allg. nicht notwendig für A und B, falls $p > 1$ ist. Z. B. sei $p = 3$, $s = 1$, $k_n = n$, $A_{in} = (n^{-1/2}, 0, 0)$ und $\mathcal{F}$ die Menge der Verteilungsfunktionen zur Menge der Normalverteilungen

$$\left\{ N_3\left(\begin{pmatrix} 0 \\ 0 \\ 0 \end{pmatrix}, \begin{pmatrix} 1 & 0 & 0 \\ 0 & j & 0 \\ 0 & 0 & 1/j \end{pmatrix} \right), \quad j = 1, 2, \ldots \right\}.$$

Dann gilt $\mathfrak{M}(\mathcal{F}) \subset \mathfrak{M}_3^{>}$ und für jedes n ist ξ_n standardnormalverteilt für alle Fehlerfolgen $\{\varepsilon_i^{(n)}\} \in \mathcal{S}(\mathcal{F})$. Also ist die asymptotische Normalität von ξ_n erfüllt, und überdies sind die Summanden infinitesimal. In diesem Beispiel sind aber weder II noch III erfüllt.

Für $p = 1$ wurde der Satz 2.5.3 von F. EICKER in [55] angegeben. E. MALINVAUD hat in [34] Teil a) des Satzes für identisch verteilte Vektoren $\varepsilon_i^{(n)}$ bewiesen. Die univariate Version des Satzes in E. MALINVAUD [34] hat P. SCHÖNFELD in [14] ohne Beweis formuliert.

2. Asymptotische Normalität von SF im linearen Modell

Durch Anwendung von Satz 2.4.3 auf die Folge $\{\gamma_n\}$ der OLSE's für identifizierbare Parameter $\gamma = CB$ im Folgenmodell $\mathcal{M}_{\Theta_s}$ erhalten wir den folgenden Satz.

Satz 2.4.4. *Es sei* $\xi_n = H_n^{-1}\overrightarrow{(\tilde{\gamma}_n - \gamma)}$ *mit* $H_n^2 = D_\vartheta \tilde{\gamma}_n$ *und* $C \in \mathfrak{M}^l_{l \times k}$ *(*H_n *ist nach* [A 1.37] *regulär). Dann gilt:*

a) A: $P_\vartheta^{\xi_n} \xrightarrow{L} N_{lp}(0, I_{lp})$ *und die Summanden* $\xi_{in} = H_n^{-1}[I_p \otimes CT_n^- X_n' e_i^{(n)}]\, \varepsilon_i^{(n)}$ *(*$e_i^{(n)}$*: i-ter Einheitsvektor im* R^n*) von* ξ_n *sind infinitesimal für alle Folgen* $\{\varepsilon_i^{(n)}\} \in \mathcal{G}(\mathcal{F})$ *mit* $\mathcal{F} = \mathcal{F}_{\Theta_s}$*, falls die Bedingungen*

Ia:
$$\max_{1 \leq i \leq n} e_i^{(n)\prime} X_n T_n^- C' [C T_n^- C']^{-1} C T_n^- X_n' e_i^{(n)} \xrightarrow[n\to\infty]{} 0\,, \tag{33}$$

II *und* III *erfüllt sind.*

b) Ia *ist notwendige Bedingung für Aussage* A.

c) *Enthält* $\mathcal{F}$ *nur ein Element* F*, sind also die Zeilenvektoren* $\varepsilon_i^{(n)}$ *unabhängig und identisch gemäß* F *verteilt, so ist* Ia *notwendig und hinreichend für* A.

d) *Im Falle* $p = 1$ *sind die Bedingungen* Ia, II *und* III *gemeinsam notwendig und hinreichend für* A.

Beweis. Es sei n_1 der Index des ersten Modells $\mathcal{M}_{\Theta_s}(n_1)$, in dem γ identifizierbar ist. Dann gilt für $n \geqq n_1$

$$\xi_n = H_n^{-1}\overrightarrow{(\tilde{\gamma}_n - \gamma)} = H_n^{-1}(I_p \otimes CT_n^- X_n')\, \overrightarrow{\varepsilon(n)} = H_n^{-1}\left(\sum_{i=1}^n I_p \otimes CT_n^- X_n' e_i^{(n)}\right) \varepsilon_i^{(n)}\,.$$

Mit $A_{in} = I_p \otimes CT_n^- X_n' e_i^{(n)}$ haben wir nach Satz 2.4.3 nur die Äquivalenz der Bedingungen I und Ia zu zeigen. Diese ist aber wegen

$$\max_{1 \leq i \leq n} \operatorname{sp}[A_{in}'(A_n A_n')^{-1} A_{in}] = \max_{1 \leq i \leq n} \operatorname{sp}[I_p \otimes e_i^{(n)\prime} X_n T_n^- C'[CT_n^- C']^{-1} CT_n^{-\prime} X_n' e_i^{(n)}]$$
$$= p \max_{1 \leq i \leq n} e_i^{(n)} X_n T_n^- C'[CT_n^- C']^{-1} CT_n^{-\prime} X_n' e_i^{(n)}$$

(vgl. [A 1.57]) tatsächlich erfüllt. ■

Bemerkung. Ist $\gamma = B$ identifizierbar, so reduziert sich Ia zu

$$\max_{1 \leq i \leq n} e_i^{(n)\prime} X_n (X_n' X_n)^{-1} X_n' e_i^{(n)} \xrightarrow[n\to\infty]{} 0\,.$$

Die praktische Anwendbarkeit dieses Satzes ist dadurch eingeschränkt, daß für die Berechnung der standardisierten Zufallsgröße ξ_n die Matrizen Σ_{in} bekannt sein müssen. In vielen praktischen Problemstellungen ist dies eine unrealistische Voraussetzung.

Die Schwierigkeit kann man dadurch umgehen, daß man in die normalisierenden Matrizen H_n^2 bestimmte Schätzungen der Matrizen Σ_{in} einsetzt und für die so entstehende zweistufige Schätzung ebenfalls die asymptotische Normalität nachweist. Wir werden ein solches zweistufiges Verfahren von F. Eicker [52] im univariaten und regulären Fall (β identifizierbar) ohne Beweis angeben. Eine zweite Möglichkeit ergibt sich in den Fällen, bei denen die Matrizen H_n^2 gegen eine positiv definite Grenzmatrix H konvergieren. Unter dieser Zusatzvoraussetzung lassen sich nämlich einfache Bedingungen für die asymptotische Normalität der Größe $\eta_n = \sum_{i=1}^{k_n} A_{in} \varepsilon_i^{(n)} = n^\lambda \overrightarrow{(\tilde{\gamma}_n - \gamma)}$ $(\lambda > 0)$ herleiten. Wir betrachten also zunächst das univariate ($p = 1$) Folgenmodell $\mathcal{M}_{\Theta_s}$, in dem β

identifizierbar sei. Weiter setzen wir voraus, daß die Folge der Vektoren $Y_{(n)}$ eine Folge von erweiterten Vektoren ist. $Y_{(n)}$ hat dann also die Kovarianzstruktur $D_\vartheta Y_{(n)} = \text{Diag}\,[\sigma_1^2, \dots, \sigma_n^2]$. Als Schätzungen für die Größen σ_i^2, $i = 1, \dots, n$, verwenden wir die Residuen $\tilde{\sigma}_i^2 := (y_i - e_i^{(n)\prime} X_n \tilde{\beta}_n)^2$, die in die zufälligen k-Vektoren $\zeta_n := S_n^{-1/2} T_n^{1/2} (\tilde{\beta}_n - \beta)$ über $S_n = T_n^{-1/2} X_n' \,\text{Diag}\,[\tilde{\sigma}_1^2, \dots, \tilde{\sigma}_n^2]\, X_n T_n^{-1/2}$ eingehen. Dann wurde von F. Eicker in [57] der folgende Satz über die asymptotische Normalität von ζ_n angegeben:

Satz 2.4.5. *Es sei $\mathcal{M}_{\Theta_s}$ ein Folgenmodell mit erweiterten Vektoren $Y_{(n)}$ und β identifizierbar. Unter den Voraussetzungen* I, II *und* III *gilt*

$$P_\vartheta^{\zeta_n} \xrightarrow{L} N_k(0, I_k) \qquad \text{für alle } \{\varepsilon_i^{(n)}\} \in \mathcal{S}(\mathcal{F}) \text{ mit } \mathcal{F} = \mathcal{F}_{\Theta_s}.$$

Wir untersuchen nun die Fälle genauer, bei denen H_n^2 gegen eine positiv definite Grenzmatrix H konvergiert. Unter dieser Zusatzvoraussetzung gilt $P_\vartheta^{\xi_n} \xrightarrow{L} N_s(0, I_s)$ genau dann, wenn $P_\vartheta^{\eta_n} \xrightarrow{L} N_s(0, H)$ (vgl. [A 4.19]), außerdem sind die Summanden von ξ_n genau dann infinitesimal, wenn dies für die Summanden von η_n zutrifft. Bezüglich der Voraussetzung I gilt dann das folgende

Lemma 2.4.2. *Sei $\{A_{in}\}$ eine solche Folge von Matrizen, daß*

$$H_n^2 = \sum_{i=1}^{k_n} A_{in} \Sigma_{in} A_{in}' \xrightarrow[n\to\infty]{} H \in \mathfrak{M}_s^{>} \tag{34}$$

mit $\Sigma_{in} \in \mathfrak{M}(\mathcal{F})$ gilt. Für $\mathcal{F}$ seien die Bedingungen II *und* III *erfüllt. Dann gilt*

$$\max_{1\le i\le k_n} \text{sp}\,[A_{in}'(A_n A_n')^{-1} A_{in}] \xrightarrow[n\to\infty]{} 0 \Leftrightarrow \max_{1\le i\le k_n} \|A_{in}\|^2 \xrightarrow[n\to\infty]{} 0\,. \tag{35}$$

Beweis. Nach II und III existieren ein $\mathfrak{r} > 0$ und $\mathfrak{k} < \infty$ mit $\inf_{\Sigma\in\mathfrak{M}(\mathcal{F})} \lambda_{\min}[\Sigma] \geqq \mathfrak{r}$ und $\sup_{\Sigma\in\mathfrak{M}(\mathcal{F})} \lambda_{\max}[\Sigma] \leqq \mathfrak{k}$, dann gilt also $\mathfrak{r} I_p \leqq \Sigma \leqq \mathfrak{k} I_p$ und damit

$$\mathfrak{r} A_n A_n' \leqq H_n^2 \leqq \mathfrak{k} A_n A_n'\,. \tag{36}$$

Aus (36) folgt mit [A 1.86] wegen

$$\varliminf_{n\to\infty} \lambda_{\min}[\mathfrak{r} A_n A_n'] \geqq \frac{\mathfrak{r}}{\mathfrak{k}} \lim_{n\to\infty} \lambda_{\min}[H_n^2] = \frac{\mathfrak{r}}{\mathfrak{k}} \lambda_{\min}[H] > 0$$

$(\mathfrak{k} + \mathfrak{r})\, A_n A_n' \geqq H$ und nach [A 1.11] $(A_n A_n')^{-1} \leqq (\mathfrak{k} + \mathfrak{r})\, H^{-1}$ für alle hinreichend großen Werte von n. Ebenfalls unter Beachtung von [A 1.86] folgt $(A_n A_n')^{-1} \geqq \frac{\mathfrak{r}}{2} H^{-1}$, falls nur n hinreichend groß ist. Die Behauptung folgt dann aus den Ungleichungen

$$\text{sp}\,[A_{in}'(A_n A_n')^{-1} A_{in}] \leqq (\mathfrak{k} + \mathfrak{r})\ \text{sp}\,[A_{in}' H^{-1} A_{in}] \leqq (\mathfrak{k} + \mathfrak{r})\, (\lambda_{\min}[H])^{-1} \|A_{in}\|^2$$

und $\text{sp}\,[A_{in}(A_n A_n')^{-1} A_{in}] \geqq \frac{\mathfrak{r}}{2} (\lambda_{\max}[H])^{-1} \|A_{in}\|^2$. ■

Mit Hilfe von Lemma 2.4.2 geben wir nun eine Neuformulierung des Satzes 2.4.4 an. Dazu schränken wir uns auf das Folgenmodell $\mathcal{M}_{\Theta_s}$ ein, da in diesem Folgenmodell die Konvergenzbedingung (34) besonders einfach wird. Offensichtlich stimmt im Folgenmodell $\mathcal{M}_{\Theta_s}$ die OLSE $\tilde{\gamma}_n$ mit der GLSE $\hat{\gamma}_n$ überein. Im folgenden wollen wir die asymptotische Normalität von $\eta_n(\lambda) = n^\lambda(\overrightarrow{\hat{\gamma}_n - \gamma})$

für positive Zahlen λ und identifizierbare $\gamma = CB$ diskutieren. Die Matrix H_n^2 hat hier die Form $H_n^2 = \Sigma_n \otimes C(n^{-2\lambda}T_n)^- C'$.

Satz 2.4.6. *Unter der Voraussetzung*

$$C(n^{-2\lambda}T_n)^- C' \xrightarrow[n\to\infty]{} G \in \mathfrak{M}_l^> \quad \textit{für ein } \lambda > 0 \tag{37}$$

gilt:

a) A 1: $P_\vartheta^{\eta_n(\lambda)} \xrightarrow{L} N_{lp}(0, \Sigma \otimes G) \quad (\vartheta \in \Theta_6)$,
und die Summanden $\eta_{in}(\lambda) = (I_p \otimes n^\lambda T_n^- X_n' e_i^{(n)})\, \varepsilon_i^{(n)}$ *von* $\eta_n(\lambda)$ *sind infinitesimal, falls die Bedingungen*

Ib: $$||T_n^- X_n'||_{\max} = o(n^{-\lambda}), \tag{38}$$

II *und* III *erfüllt sind. Hierbei bedeutet*

$$||((a_{ij}))||_{\max} := \max_{i,j} |a_{ij}| .$$

b) *Enthält* $\mathcal{F} = \mathcal{F}_{\Theta_6}$ *nur ein Element* F, *so ist*

Ic: $$||CT_n^- X_n'||_{\max} = o(n^{-\lambda}) \tag{39}$$

notwendig und hinreichend für A 1.

Beweis. Mit $A_{in} = I_p \otimes n^\lambda CT_n^- X_n' e_i^{(n)}$ und $H_n^2 \xrightarrow[n\to\infty]{} H = \Sigma \otimes G \in \mathfrak{M}_{pl}^>$ genügt es wegen Satz 2.4.4 und Lemma 2.4.2 Ib $\Rightarrow$ Ic $\Leftrightarrow \max\limits_{1\leq i\leq n} ||A_{in}||_{\max}^2 \xrightarrow[n\to\infty]{} 0$ zu zeigen. Dies ist aber wegen

$$\max_{1\leq i\leq n} ||A_{in}||_{\max} = \max_{1\leq i\leq n} ||n^\lambda CT_n^- X_n' e_i^{(n)}||_{\max} = ||n^\lambda CT_n^- X_n'||_{\max} \leqq k\, ||C||_{\max}\, ||n^\lambda T_n^- X||_{\max}$$

(vgl. [A 1.66]) erfüllt. ■

Aus Satz 2.4.6 erhalten wir für die GLSE im Folgenmodell $\{Y_{(n)}\} \circleddash \mathcal{M}_{\Theta_3} = \{[\mathfrak{M}^p(X_n) \times \mathcal{V}_{A_n}^p]\}_{\Theta_3}$ ein Korollar.

Korollar 2.4.4. *Gilt* $\{\Lambda_n^{-1/2} Y_{(n)}\} \circleddash \mathcal{M}_{\Theta_s}$, *sind also die Zeilenvektoren von* $\tilde{\varepsilon}_{(n)} = \Lambda_n^{-1/2}\varepsilon_{(n)}$ *für jedes n stochastisch unabhängig, so bleiben die Aussagen des Satzes richtig, wenn wir* X_n *durch* $\tilde{X}_n = \Lambda_n^{-1/2} X_n$ *ersetzen. In diesem Fall ist* $\eta_n(\lambda) = n^\lambda C\, \overrightarrow{(\hat{B}_n - B)}$ *mit* $\hat{B}_n = (X_n' \Lambda_n^{-1} X_n)^- X_n' \Lambda_n^{-1} Y_{(n)}$.

Von besonderem Interesse ist Korollar 2.4.4, wenn B selbst identifizierbar ist.

Korollar 2.4.5. *Unter den Voraussetzungen* $\{\Lambda_n^{-1/2} Y_{(n)}\} \circleddash \mathcal{M}_{\Theta_s}$ *und* $n^{-2\lambda} K_n \xrightarrow[n\to\infty]{} G^{-1} \in \mathfrak{M}_k^>$ *gilt mit* $C = I_k$:

a) *Sind die Bedingungen*

Id: $$||\Lambda_n^{-1/2} X_n|| = o(n^\lambda),$$

II *und* III *erfüllt, so gilt für die Folge der* GLSE A 2: $P_\vartheta^{\eta_n(\lambda)} \xrightarrow{L} N_{lp}(0, \Sigma \otimes G)$ *und die Summanden* $\eta_{in}(\lambda) = (I_p \otimes n^\lambda K_n^- X_n' \Lambda_n^{-1} e_i^{(n)})\, \varepsilon_i^{(n)}$ *von* $\eta_n(\lambda)$ *sind infinitesimal.*

b) *Enthält $\mathcal{F}$ nur ein Element F, sind also die Zeilenvektoren von $\tilde{\varepsilon}_{(n)}$ unabhängig und identisch gemäß F verteilt, so sind* A 2 *und* Id *äquivalent.*

Bemerkung. Aus diesem Korollar lassen sich die Resultate über die asymptotische Normalität der GLSE in E. MALINVAUD [34], P. SCHÖNFELD [14], P. K. SEN und M. L. PURI [53] und H. THEIL [31] herleiten (vgl. W. H. SCHMIDT [56]).

Beweis. Die positive Definitheit der Matrix G impliziert die Identifizierbarkeit von B. Nach Korollar 2.4.4 reicht es zu zeigen

$$||\Lambda_n^{-1/2}X_n||_{\max} = o(n^\lambda) \tag{40}$$

$$\Leftrightarrow ||K_n^{-1}X_n'\Lambda_n^{-1/2}||_{\max} = o(n^{-\lambda})\,. \tag{41}$$

Mit der Ungleichung

$$\begin{aligned}||n^\lambda K_n^{-1}X_n'\Lambda_n^{-1/2}||_{\max} &= ||(n^{-2\lambda}K_n)^{-1}\, n^{-\lambda}X'\Lambda_n^{-1/2}||_{\max}\\ &\leqq k\,||(n^{-2\lambda}K_n)^{-1}||_{\max}\cdot||n^{-\lambda}X'\Lambda_n^{-1/2}||_{\max}\end{aligned}$$

folgt (41) aus (40). Um die Umkehrung zu zeigen, definieren wir

$$W_n = (w_1^{(n)}, \ldots, w_n^{(n)}) := n^{-\lambda}X_n'\Lambda_n^{-1/2}\,.$$

Dann gilt (41) genau dann, wenn $\max\limits_{1\leqq j\leqq n} ||(n^{-2\lambda}K_n)^{-1}\,w_j^{(n)}||$ für $n\to\infty$ gegen 0 konvergiert. Mit der Ungleichung

$$\max_{1\leqq j\leqq n}||(n^{-2\lambda}K_n)^{-1}\,w_j^{(n)}||^2 = \max_{1\leqq j\leqq n} w_j^{(n)\prime}(n^{-2\lambda}K_n)^{-2}\,w_j^{(n)} \geqq \lambda_{\min}[(n^{-2\lambda}K_n)^{-2}]\max_{1\leqq j\leqq n}||w_j^{(n)}||^2$$

folgt aus (41)

$$\max_{1\leqq j\leqq n}||w_j^{(n)}||^2 \xrightarrow[n\to\infty]{} 0$$

und damit

$$||n^\lambda X_n'\Lambda_n^{-1/2}||_{\max} \xrightarrow[n\to\infty]{} 0\,. \blacksquare$$

Bemerkung 1. Ist B identifizierbar und soll aber trotzdem nur $\gamma = CB$ geschätzt werden, so sind die Bedingungen Id, II und III nach [A 4.19] hinreichend für

$$P_\vartheta^{n^\lambda \overrightarrow{C(\hat{B}_n - B)}} \xrightarrow{L} N_{lp}(0, \Sigma\otimes G) \quad (\vartheta\in\Theta_6)\,.$$

Bemerkung 2. Ist $\Lambda_n = I_n$ und $\mathcal{M}_{\Theta_6}$ ein Folgenmodell mit erweiterten Matrizen $Y_{(n)}$, so folgt nach [A 1.85] aus $n^{-2\lambda}K_n \xrightarrow[n\to\infty]{} G^{-1}\in\mathfrak{M}_k^{>}$ bereits die Gültigkeit der Bedingung Id und damit die asymptotische Normalität der GLSE für alle Parameter $\gamma = CB$, wenn die $\varepsilon_i^{(n)}$ identisch verteilt sind. Für die GLSE im Folgenmodell $\{\Lambda_n^{-1/2}Y_{(n)}\} \ominus \mathcal{M}_{\Theta_6}$ bleibt diese Aussage auch dann noch richtig, wenn die Matrizen Λ_n erweiterte Diagonalmatrizen $\Lambda_{n+1} = \begin{pmatrix}\Lambda_n & 0_n\\ 0_n' & \lambda_{n+1}\end{pmatrix}$ sind.

Wir haben in den Korollaren 2.4.4 und 2.4.5 vorausgesetzt, daß die Folge der Matrizen Λ_n bekannt ist, um die Berechnung der GLSE zu ermöglichen. Im allgemeinen sind aber auch die Matrizen Λ_n bei praktischen Problemstellungen nicht verfügbar, so daß man von vornherein wieder mit der OLSE arbeiten wird. Manchmal wird man der OLSE sogar dann den Vorzug geben, wenn die Matrizen Λ_n bekannt sind, da die Berechnung der Inversen Λ_n^{-1} für große Werte von n erhebliche numerische Schwierigkeiten bereitet. Allerdings ist die OLSE i. allg. schlechter als die GLSE im Sinne des Risikos (1.4.2), und andererseits sind zweistufige Schätzungen (GLSE mit geschätzter Matrix Λ_n) manchmal besser als die OLSE (siehe auch Abschnitt 2.4.3).

Aus diesen Gründen führen wir für die OLSE und für zweistufige Schätzungen noch zwei weitere Sätze über die asymptotische Normalität an.

Wie vorher sei $\{Y_{(n)}\} \circleddash \mathcal{M}_{\Theta_3}$ und $\{\Lambda_n^{-1/2} Y_{(n)}\} \circleddash \mathcal{M}_{\Theta_6}$ erfüllt.

Satz 2.4.7. *Es sei $\gamma = CB$ ein identifizierbarer Parameter. Unter der Konvergenzvoraussetzung $n^{2\lambda} C T_n^- X_n' \Lambda_n X_n T_n^{-\prime} C' \xrightarrow[n\to\infty]{} G \in \mathfrak{M}_l^>$ gilt:*

a) *Hinreichend für*

A 3: $$P_\vartheta^{n^\lambda(\tilde{\gamma}_n - \gamma)} \xrightarrow{L} N_{lp}(0, \Sigma \otimes G) \quad (\vartheta \in \Theta_6)$$

und die Summanden $(I_p \otimes n^\lambda C T_n^- X_n' e_i^{(n)})\, \varepsilon_i^{(n)}$ von $n^\lambda(\overrightarrow{\tilde{\gamma}_n - \gamma})$ sind infinitesimal, sind die Bedingungen

Ie: $$\|T_n^- X_n' \Lambda_n^{1/2}\|_{\max} = o(n^{-\lambda}) \;,$$

II *und* III (*für* $\mathcal{F} := \mathcal{F}_{\Theta_6}$).

b) *Enthält* $\mathcal{F} = \mathcal{F}_{\Theta_6}$ *nur ein Element, so sind* A 3 *und*

If: $$\|C T_n^- X_n' \Lambda_n^{1/2}\|_{\max} = o(n^{-\lambda})$$

äquivalent.

Der Beweis erfolgt mit Satz 2.4.3 und Lemma 2.4.2 analog wie der Beweis von Satz 2.4.4 und wird deshalb ausgelassen.

Wir geben zum Schluß dieses Abschnittes noch einen Grenzwertsatz für Folgen von zweistufigen Schätzungen $\hat{\hat{\gamma}}_n = C\hat{\hat{B}}_n = C(X_n' \hat{\Lambda}_n^{-1} X_n)^- X_n' \hat{\Lambda}_n^{-1} Y_{(n)}$ für identifizierbare Parameter $\gamma = CB$, wenn $\hat{\Lambda}_n = \hat{\Lambda}_n(Y_{(n)})$ mit Wahrscheinlichkeit 1 positiv definite Schätzungen für die Matrizen Λ_n sind. Die zweistufige Schätzung wird asymptotisch normalverteilt sein, falls die GLSE asymptotisch normalverteilt ist und falls die Schätzungen $\hat{\Lambda}_n$ der Matrizen Λ_n „konsistent" sind.

Definition 2.4.5. *Eine Folge $\{\bar{\gamma}_n(Y_{(n)})\}$ heißt konsistent für einen Parameter $\gamma = \gamma(\vartheta)$ mit Werten in $\Gamma \subset \mathfrak{M}_{l \times k}$, falls für jedes $\delta > 0$ gilt*

$$P_\vartheta\{\|\bar{\gamma}_n(Y_{(n)}) - \gamma(\vartheta)\| > \delta\} \xrightarrow[n\to\infty]{} 0 \quad (\vartheta \in \Theta)\,.$$

Wir schreiben dann

$$\bar{\gamma}_n \xrightarrow{P_\vartheta} \gamma\,.$$

Da die Dimension der Matrizen Λ_n mit $n \to \infty$ wächst, muß man Konsistenzbedingungen an Schätzungen $\hat{\Lambda}_n$ geeignet formulieren. Der folgende Satz ist eine Verallgemeinerung eines Satzes in H. Theil [31] für singuläre Folgenmodelle.

Wir betrachten das Folgenmodell

$$\{Y_{(n)}\} \circleddash \mathcal{M}_{\Theta_7}$$

mit $\Theta_7 \subset \{\vartheta = \{\vartheta_n\} \mid \vartheta_n = (B, \Sigma_n, \Lambda_n, \varkappa_n) \in \mathfrak{M}_{k\times p} \times \mathfrak{M}_p^> \times \mathfrak{M}_n^> \times \mathcal{K}_{(n)};$

$$e_1^{(p)\prime} \Sigma_n e_1^{(p)} = 1\,, \quad \Sigma_n \xrightarrow[n\to\infty]{} \Sigma \in \mathfrak{M}_p^>\}\,.$$

und den Eigenschaften

$$E_\vartheta \boldsymbol{Y}_{(n)} = X_n B\,,$$

$$D_\vartheta \boldsymbol{Y}_{(n)} = \Sigma_n \otimes \Lambda_n \qquad (\vartheta \in \Theta_7)\,.$$

Die Bedingung $e_1^{(p)\prime} \Sigma_n e_1^{(p)} = 1$ (im univariaten Fall $\sigma_n^2 = 1$) garantiert die Identifizierbarkeit der Parameter Σ_n und Λ_n aus dem KRONECKER-Produkt $\Sigma_n \otimes \Lambda_n$.

Satz 2.4.8. *Unter den Voraussetzungen*

1. $(n^{-2\lambda} K_n)^- \xrightarrow[n\to\infty]{} Q \in \mathfrak{M}_k^{\geqq}\,, \quad n^{-2\lambda} K_n = O(1)\,, \quad G = CQC' \in \mathfrak{M}_l^{>}\,,$
2. $(n^{-2\lambda} \hat{\boldsymbol{K}}_n)^- \overset{P_\vartheta}{\to} Q$ *mit* $\hat{\boldsymbol{K}}_n = X_n' \hat{\boldsymbol{\Lambda}}_n^{-1} X_n\,,$
   $n^{-\lambda} X_n' (\hat{\boldsymbol{\Lambda}}_n^{-1} - \Lambda_n^{-1})\, \boldsymbol{\varepsilon}_{(n)} \overset{P_\vartheta}{\to} 0_k\,,$
   $n^{\lambda} (\hat{\boldsymbol{K}}_n^- \hat{\boldsymbol{K}}_n - I_k) \overset{P_\vartheta}{\to} 0_{k \times k}$

und

3. $P_\vartheta^{n^\lambda \overrightarrow{(\hat{\gamma}_n - \gamma)}} \overset{L}{\to} N_{lp}(0, \Sigma \otimes G) \qquad (\vartheta \in \Theta_7)$

gilt auch für die Folge der zweistufigen SF $\hat{\hat{\gamma}}_n$ *die asymptotische Normalität, d. h.*

$$P_\vartheta^{n^\lambda \overrightarrow{(\hat{\hat{\gamma}}_n - \gamma)}} \overset{L}{\to} N_{lp}(0, \Sigma \otimes G) \qquad (\vartheta \in \Theta_7)\,.$$

Beweis. Es ist

$$n^\lambda C (\hat{\hat{\boldsymbol{B}}}_n - B) = n^\lambda C \hat{\boldsymbol{K}}_n^- X_n' \hat{\Lambda}_n^{-1} \varepsilon_{(n)} + n^\lambda C (\hat{\boldsymbol{K}}_n^- \hat{\boldsymbol{K}}_n - I_k)\, B\,, \tag{42}$$

und daher genügt es nach [A 4.19], das Grenzverhalten des ersten Summanden der rechten Seite von (42) zu untersuchen. Aus der Gleichung

$$\begin{aligned} n^\lambda C \hat{\boldsymbol{K}}_n^- X_n' \hat{\Lambda}_n^{-1} \varepsilon_{(n)} &= C (n^{-2\lambda} \hat{\boldsymbol{K}}_n)^-\, n^{-\lambda} X_n' \hat{\Lambda}_n^{-1} \varepsilon_{(n)} \\ &= C (n^{-2\lambda} K_n)^-\, n^{-\lambda} X_n' \Lambda_n^{-1} \varepsilon_{(n)} + C[(n^{-2\lambda} \hat{\boldsymbol{K}}_n)^- - (n^{-2\lambda} K_n)^-] \\ &\quad \times n^{-\lambda} X_n' \hat{\Lambda}_n^{-1} \varepsilon_{(n)} + C (n^{-2\lambda} \hat{\boldsymbol{K}}_n)^-\, n^{-\lambda} X_n' (\hat{\Lambda}_n^{-1} - \Lambda_n^{-1})\, \varepsilon_{(n)} \end{aligned}$$

folgt mit [A 4.19] die Behauptung, denn der erste Summand ist für hinreichend große Werte von n mit $n^\lambda(\hat{\gamma}_n - \gamma)$ identisch, der zweite Summand konvergiert nach [A 4.11] und [A 4.10] wegen $n^{-2\lambda} K_n = O(1)$ und der dritte Summand nach [A 4.9] und [A 4.10] in Wahrscheinlichkeit gegen 0. ■

Bemerkung. Ist Q positiv definit, also B identifizierbar, so sind die Voraussetzungen $n^{-2\lambda} K_n = O(1)$ und $n^\lambda (\hat{\boldsymbol{K}}_n^- \hat{\boldsymbol{K}}_n - I_k) \overset{P_\vartheta}{\to} 0_{k \times k}$ überflüssig.

Ein Beispiel für die asymptotische Normalität zweistufiger Schätzungen geben wir am Schluß des Abschnittes 2.4.3 an.

2.4.3. Asymptotische Optimalität

Wir befassen uns in diesem Abschnitt mit der Ableitung von asymptotischen Optimalitätseigenschaften für Schätzungen linearer Parameter. Wie im Abschnitt 2.1 gezeigt wurde, besitzt die GLSE bestimmte Optimalitätseigenschaften bei endlichen Stichprobenumfängen. Die GLSE ist BLUE und BUE unter der Voraussetzung normalverteilter Beobachtungen. Da wir hier nur asymptotische Eigenschaften von SF betrachten, werden wir nicht nur SF zulassen, die für jede feste Beobachtungsanzahl n erwartungstreu sind, sondern eine Klasse von asymptotisch erwartungstreuen Folgen von SF (kurz Schätzfolgen) zugrunde legen.

Zunächst führen wir den Begriff der asymptotischen Optimalität von Schätzfolgen ein. Dann zeigen wir, daß die Folge der GLSE's in einer Teilklasse aller linearen und asymptotisch erwartungstreuen Schätzfolgen asymptotisch optimal ist.

Die Berechnung der GLSE ist oftmals problematisch (siehe Abschnitt 2.4.2). Deshalb untersuchen wir auch die asymptotische Optimalität von Folgen von OLSE's. Es gibt Beispiele dafür, daß die OLSE, die im allgemeinen schlechter ist als die GLSE, asymptotisch optimal ist (siehe z. B. J. ANDEL [58]).

In den Fällen, in denen für die Folge der OLSE's die asymptotische Optimalität nicht gesichert werden kann, wird man der zweistufigen Schätzfolge $\{\hat{\hat{\gamma}}_n\}$ den Vorzug geben. Die Folgen von zweistufigen Schätzungen werden i. allg. nicht die Optimalitätseigenschaften der BLUE oder der BUE besitzen, aber wir werden unter bestimmten Voraussetzungen asymptotische Optimalitätseigenschaften nachweisen. Unter schwachen Bedingungen (siehe Satz 2.4.8) haben nämlich zweistufige SF die gleiche Grenzverteilung wie die Folge der GLSE's. Verschiedene Beispiele dafür wurden in P. J. DHRYMES [59], R. W. PARKS [60], P. SCHÖNFELD [14], P. A. V. B. SWAMY [61], H. THEIL [31], T. D. WALLACE und A. HUSSAIN [62] und A. ZELLNER [63] angegeben.

Daraus erhalten wir dann, daß bestimmte Folgen von zweistufigen SF asymptotisch im Sinne der Grenzverteilungen mindestens genauso gut sind, wie alle zugelassenen linearen und asymptotisch erwartungstreuen SF. Bis jetzt wurden zweistufige SF in der Literatur immer nur mit der GLSE verglichen (A. ZELLNER [63], R. W. PARKS [60]). Tatsächlich gilt aber auch die asymptotische Optimalität in der größeren Klasse der asymptotisch erwartungstreuen linearen SF.

Am Schluß dieses Abschnittes werden wir zur Veranschaulichung einige Beispiele diskutieren.

1. Der Begriff der asymptotischen Optimalität

Wir führen nun den Begriff der asymptotischen Optimalität von Schätzfolgen $\varphi = \{\bar{\gamma}_n\}$ für lineare Parameter $\gamma = CB$ im Folgenmodell $\mathcal{M}_{\Theta_2}$ ein. Das Vergleichskriterium für zwei Schätzfolgen soll bei uns der Vergleich der Folgen der Kovarianzmatrizen sein. Man kann für Schätzfolgen φ von γ oftmals die q.M.-Konsistenz für γ unter sehr allgemeinen Voraussetzungen (siehe Satz 2.4.1 und Korollare 2.4.1 bis 2.4.3) sichern.

Daher konvergieren die Kovarianzmatrizen derartiger Schätzfolgen mit wachsender Beobachtungsanzahl n gegen die Nullmatrix. Da nicht q.M.-konsistente Schätzfolgen von vornherein uninteressant sind, wollen wir aus der Klasse der q.M.-konsistenten Schätzfolgen eine „möglichst gute“ Schätzfolge auswählen.

Wir betrachten daher für Zahlen $\lambda > 0$ die Mengen von Schätzfolgen

$$S_\lambda := \{\varphi = \{\bar{\gamma}_n\} \mid \bar{\gamma}_n(\mathbf{Y}_{(n)}) = L_n\mathbf{Y}_{(n)}\,, \quad L_n \in \mathfrak{M}_{l\times n}\,, \\ E_\vartheta\bar{\gamma}_n \xrightarrow[n\to\infty]{} \gamma \ \forall\vartheta \in \Theta_2\,, \\ D_\vartheta(n^\lambda\bar{\gamma}_n) \xrightarrow[n\to\infty]{} \mathcal{K}_\varphi \in \mathfrak{M}_{lp}^{\geqq} \ \forall\vartheta \in \Theta_2\} \tag{43}$$

und

$$T_\lambda := \{\varphi = \{\bar{\gamma}_n\} \mid E_\vartheta\bar{\gamma}_n = \gamma \ \forall n \geqq m\,, \quad \forall\vartheta \in \Theta_2\,, \\ D_\vartheta(n^\lambda\bar{\gamma}_n) \xrightarrow[n\to\infty]{} \mathcal{K}_\varphi \in \mathfrak{M}_{lp}^{\geqq} \ \forall\vartheta \in \Theta_2\} \tag{44}$$

und verwenden die folgende

Definition 2.4.6. *Eine Schätzfolge $\varphi^* \in S_\lambda$ (oder $\in T_\lambda$) heißt asymptotisch S_λ- (oder T_λ-) optimal, falls für jede andere Folge $\varphi \in S_\lambda$ (oder $\in T_\lambda$) gilt:*

$$\mathcal{K}_\varphi - \mathcal{K}_{\varphi^*} \geqq 0_{lp\times lp}\,.$$

Ist nun eine Schätzfolge φ^* asymptotisch S_λ- (bzw. T_λ-) optimal, so ist φ^* mit $\lambda' \leqq \lambda$ offensichtlich auch asymptotisch $S_{\lambda'}$- (bzw. $T_{\lambda'}$-)optimal. Daher wird man versuchen, λ möglichst groß zu wählen, um eine schnelle Konvergenzgeschwindigkeit der Folge der Kovarianzmatrizen der Schätzungen gegen die Nullmatrix zu erreichen. (Zum Beispiel könnte man die größte Zahl λ wählen, für welche $\hat{\varphi} := \{\hat{\gamma}_n\}$ noch in S_λ liegt.) Eine asymptotisch S_λ- (bzw. T_λ-) optimale Schätzfolge ist somit eine beste Schätzfolge in einer Teilklasse aller Schätzfolgen, für welche die Folgen der Kovarianzmatrizen eine nicht größere Konvergenzgeschwindigkeit als $o(n^{-2\lambda})$ gegen die Nullmatrix besitzen.

Im nächsten Satz beweisen wir die asymptotische S_λ-Optimalität der Folge der GLSE's für identifizierbare Parameter $\gamma = CB$. Obwohl es für jeden endlichen Stichprobenumfang nichterwartungstreue lineare Schätzungen für γ gibt, die für gewisse Parametermengen besser sind als die GLSE (siehe Abschnitt 3.2), ist die Folge der GLSE's eine beste Folge in der Klasse S_λ aller linearen asymptotisch erwartungstreuen Schätzungen, deren Kovarianzmatrizen das Grenzverhalten (43) besitzen. Die Einschränkung auf lineare Schätzfolgen ist dabei wesentlich. Die Menge T_λ enthält nicht nur die Folgen von linearen Schätzungen. Wie bereits bekannt ist, ist die GLSE BUE, falls Normalverteilung vorliegt. Folglich ist die Folge der GLSE's auch T_λ-asymptotisch optimal, falls sie zu T_λ gehört. Der wesentliche Grund für die Einführung des Begriffes der T_λ-Optimalität ist der, daß wir ausgehend von der T_λ-Optimalität der Folge der GLSE's die asymptotische T_λ-Optimalität der Folge der OLSE's und von Folgen von zweistufigen Schätzungen in bestimmten Fällen zeigen werden. Es ist klar, daß mit einer asymptotisch optimalen Schätzfolge φ^* auch jede andere Schätzfolge φ asymptotisch optimal ist, für welche $\mathcal{K}_\varphi = \mathcal{K}_{\varphi^*}$ gilt. Wir führen deshalb in der Menge der zugelassenen Schätzfolgen einen Äquivalenzbegriff ein.

Definition 2.4.7. *Zwei Schätzfolgen φ_1 und φ_2 aus der Menge S_λ (oder aus T_λ) heißen äquivalent, falls $\mathcal{K}_{\varphi_1} = \mathcal{K}_{\varphi_2}$ gilt. Wir schreiben dann $\varphi_1 \sim \varphi_2$ und bilden die Äquivalenzklasse $[\varphi_1] := \{\varphi_2 \mid \varphi_1 \sim \varphi_2\}$.*

2. Asymptotische Optimalität der GLSE

Wir formulieren jetzt den Satz über die asymptotische S_λ-Optimalität der Folge $\hat{\varphi} := \{\hat{\gamma}_n\}$ der GLSE's im Folgenmodell $\mathcal{M}_{\Theta_2} = \{[\mathfrak{M}^p(X_n) \times \mathcal{V}^p_{\Lambda_n}]\}_{\Theta_2}$.

Satz 2.4.9. *Es sei $\gamma = CB$ ein identifizierbarer Parameter mit $C = W_n K_n$ $(n \geqq n_0)$ und*

$$W_n = O(n^{-2\lambda}) . \tag{45}$$

Außerdem sei für ein $\lambda > 0$

$$(n^{-2\lambda} K_n)^- \xrightarrow[n\to\infty]{} Q \in \mathfrak{M}_k^{\geqq} \tag{46}$$

erfüllt. Dann ist jede Folge $\varphi \in [\hat{\varphi}]$ asymptotisch S_λ-optimal.

Beweis. Die GLSE $\hat{\gamma}_n$ ist nach 2.1.1 eine lineare erwartungstreue SF für γ. Außerdem gilt

$$D_\vartheta(n^\lambda \hat{\gamma}_n) = \Sigma_n \otimes C(n^{-2\lambda} K_n)^- C' \xrightarrow[n\to\infty]{} \Sigma \otimes CQC' = \mathcal{K}_{\hat{\varphi}} . \tag{47}$$

Sei nun $\varphi = \{\bar{\gamma}_n\}$ eine beliebige andere Schätzfolge aus S_λ, also $\bar{\gamma}_n(Y_{(n)}) = L_n Y_{(n)}$. Wegen der asymptotischen Erwartungstreue muß dann $L_n X_n$ gegen C konvergieren. Außerdem gilt

$$\begin{aligned} D_\vartheta(n^\lambda \bar{\gamma}_n) &= n^{2\lambda} D_\vartheta\big((L_n - Z_n)\, Y_{(n)} + Z_n Y_{(n)}\big) \\ &= n^{2\lambda} D_\vartheta\big((L_n - Z_n)\, Y_{(n)}\big) + n^{2\lambda} D_\vartheta\,(Z_n Y_{(n)}) + n^{2\lambda}\varrho_n + n^{2\lambda}\varrho_n' \end{aligned} \tag{48}$$

mit

$$Z_n = W_n X_n' \Lambda_n^{-1} \tag{49}$$

und

$$\begin{aligned} \varrho_n &= E_\vartheta[\overrightarrow{(L_n - Z_n)\, \varepsilon_{(n)}}]\, [\overrightarrow{Z_n \varepsilon_{(n)}}]' \\ &= [I_p \otimes (L_n - Z_n)]\, [\Sigma_n \otimes \Lambda_n]\, [I_p \otimes Z_n'] \\ &= \Sigma_n \otimes (L_n - Z_n)\, \Lambda_n Z_n' \\ &= \Sigma_n \otimes (L_n - Z_n)\, X_n W_n' \\ &= \Sigma_n \otimes (L_n X_n - C)\, W_n' . \end{aligned} \tag{50}$$

Somit folgt aus (50) $n^{2\lambda}\varrho_n \xrightarrow[n\to\infty]{} 0_{lp \times lp}$, und unter Beachtung von (2.5.48) erhalten wir

$$\mathcal{K}_\varphi = \lim_{n\to\infty} D_\vartheta(n^\lambda \bar{\gamma}_n) = \lim_{n\to\infty} D_\vartheta\big(n^\lambda (L_n - Z_n)\, Y_{(n)}\big) + \lim_{n\to\infty} D_\vartheta(n^\lambda \hat{\gamma}_n) \geqq \mathcal{K}_{\hat{\varphi}}. \ \blacksquare$$

Aus Satz 2.4.9 erhalten wir das folgende Korollar für den regulären Fall:

Korollar 2.4.6. *Wenn $n^{-2\lambda} K_n \xrightarrow[n\to\infty]{} Q \in \mathfrak{M}_k^{>}$, so ist jede Folge $\varphi \in [\hat{\varphi}]$ asymptotisch S_λ-optimal für jeden linearen Parameter $\gamma = CB$.*

Beweis. Da Q positiv definit ist, gibt es eine natürliche Zahl n_0, von der ab K_n positiv definit ist, und für $n \geqq n_0$ kann man daher $W_n = CK_n^{-1}$ setzen. Außerdem konvergiert dann die Matrix $n^{2\lambda} W_n = C(n^{-2\lambda} K_n)^{-1}$ gegen CQ^{-1}, wodurch (45) automatisch erfüllt ist. $\blacksquare$

Die Bedingung $W_n = O(n^{-2\lambda})$ ist für viele Folgenmodelle erfüllbar. Dazu betrachten wir noch einmal ein Folgenmodell $\mathcal{M}_{\Theta_2}$ mit erweiterten Beobachtungsmatrizen $Y_{(n)}$. Für ein solches Folgenmodell sind auch die Matrizen X_n erweiterte Matrizen. Deshalb ist die Folge $\{r_n\} = \{r[X_n]\}$ monoton nichtfallend, und es gibt eine Zahl n_0 derart, daß $r[X_{n'}] = s := \max_n r[X_n] \leqq k$ $(n' \geqq n_0)$ gilt.

Wir nehmen für K_n die folgende Zerlegung an:

$$K_n = \begin{pmatrix} K_{n11} & K_{n12} \\ K'_{n12} & K_{n22} \end{pmatrix} \quad \text{mit} \quad K_{n_011} \in \mathfrak{M}_s^> .$$

O. B. d. A. sei K_{n_011} eine positiv definite Matrix. Dies kann durch eine eventuelle Vertauschung der Spalten der Matrix X_{n_0} und der entsprechenden Vertauschung der Zeilen der Matrix B immer erreicht werden. Wir setzen in diesem Falle $W_n = (W_{1n} \mid 0_{l \times (k-s)})$ mit $W_{1n} \in \mathfrak{M}_{l \times s}$. Alle solche Matrizen W_n definieren identifizierbare Parameter im Modell $\mathcal{M}_{\Theta_2}(n)$ (vgl. 2.2.1) und müssen so gewählt werden, daß sie alle denselben Parameter $\gamma = W_n K_n B$ festlegen (d. h.: $W_n K_n = W_{n'} K_{n'}\ \forall n, n' \geqq n_0$). Dann ist die Bedingung $W_n = O(n^{-2\lambda})$ automatisch erfüllt, wie wir im folgenden zeigen werden.

Es sei $X_n = (X_{n1} \mid X_{n2})$ mit $X_{n1} \in \mathfrak{M}_{n \times s}$. Offensichtlich ist dann $K_{n_011} = X'_{n_01} \Lambda^{-1}_{n_0} X_{n_01}$ erfüllt, woraus wir $r[X_{n_01}] = s$ schließen. Aber das impliziert $r[X_{n1}] = s$ für alle $n \geqq n_0$, und folglich ist auch $K_{n11} \in \mathfrak{M}_s^>$ für $n \geqq n_0$. Außerdem gilt

$$C = W_n K_n = (W_{1n} K_{n11} \mid W_{1n} K_{n12}) =: (C_1 \mid C_2) \quad \text{mit } C_1 \in \mathfrak{M}_{l \times s} .$$

Daraus folgt nun mit

$$Q = \begin{pmatrix} Q_{11} & Q_{12} \\ Q'_{12} & Q_{22} \end{pmatrix}$$

$$n^{2\lambda} W_{1n} = C_1 (n^{-2\lambda} K_{n11})^{-1} \xrightarrow[n \to \infty]{} C_1 Q_{11}^{-1} .$$

Daher ist $W_n = O(n^{-2\lambda})$ erfüllt, falls nur $Q_{11} \in \mathfrak{M}_s^>$ gilt.

Beispiel 2.4.3. Wir betrachten noch einmal das singuläre multivariate Folgenmodell

$$\mathcal{M}_{\Theta_2} = \{[\mathfrak{M}^p(1_{n \times 2}) \times \mathcal{V}^p_{I_n}]\}_{\Theta_2} .$$

Wegen $K_n = n 1_{2 \times 2}$ gilt $Q = 1_{2 \times 2}$ mit $\lambda = \frac{1}{2}$. Es sei $\gamma = 1_{l \times 2} B$ der zu schätzende Parameter. Dann sind mit $W_{1n} = \frac{1}{n} 1_n$ alle Voraussetzungen erfüllt, denn einerseits gilt $\gamma = W_n K_n B$ für $n \geqq 2$ und andererseits sind K_{n11} und Q_{11} positiv.

Liegt das Normal-Folgenmodell $\mathcal{M}^N_{\Theta_2} = \{N[\mathfrak{M}^p(X_n) \times \mathcal{V}^p_{\Lambda_n}]\}_{\Theta_2}$ vor, so folgt unter Benutzung der Tatsache, daß die GLSE BUE in allen Modellen $\mathcal{M}^N_{\Theta_2}(n)$ ist, das eingangs erwähnte folgende einfache Ergebnis: Unter der Konvergenzannahme (46) ist jede Folge $\varphi \in [\hat{\varphi}]$ asymptotisch T_λ-optimal. Dieses Resultat wird zum Nachweis der asymptotischen T_λ-Optimalität für Folgen von OLSE's und von zweistufigen SF nützlich sein.

Bemerkung. Die asymptotische Optimalität der GLSE gilt nicht, wenn man alle asymptotisch erwartungstreuen SF zuläßt. Dazu betrachten wir das einfache univariate Folgenmodell $\mathcal{M}^N_{\Theta_2} = \{N[\mathfrak{M}^1(1_n) \times \mathcal{V}^1_{I_n}]\}_{\Theta_2}$. Die GLSE für β ist hier $\hat{\beta}_n = \frac{1}{n} \sum_{i=1}^n Y_i =: \overline{Y}_{(n)}$ und besitzt die asymptotische Varianz $\mathcal{K}_{\{\hat{\beta}_n\}} = \sigma^2$ mit $\lambda = \frac{1}{2}$. Andererseits bilden die Schätzungen

$$\bar{\beta}_n := \begin{cases} \overline{Y}_{(n)}, & \text{falls } |\overline{Y}_{(n)}| \leqq \dfrac{\log n}{\sqrt{n}}, \\ \frac{1}{2} \overline{Y}_{(n)}, & \text{falls } |\overline{Y}_{(n)}| > \dfrac{\log n}{\sqrt{n}} \end{cases}$$

eine asymptotisch erwartungstreue Schätzfolge mit der asymptotischen Varianz

$$\mathcal{K}_{\{\bar{\beta}_n\}} = \begin{cases} \sigma^2, & \text{falls } \beta \neq 0\,, \\ \dfrac{\sigma^2}{4}, & \text{falls } \beta = 0\,. \end{cases}$$

Dieses Beispiel von Hodges und Lehmann zeigt, daß die Einschränkung auf lineare asymptotisch erwartungstreue (bzw. im Falle normalverteilter Beobachtungen auf erwartungstreue) SF für die asymptotische S_λ- (bzw. T_λ-)Optimalität der GLSE wesentlich ist.

3. Asymptotische Optimalität der OLSE

Im allgemeinen ist die OLSE $\tilde{\gamma}_n$ für identifizierbare $\gamma = CB$ bei endlichen Stichprobenumfängen n schlechter als die GLSE $\hat{\gamma}_n$. (In einigen Fällen gilt aber $\tilde{\gamma}_n = \hat{\gamma}_n$, siehe Abschnitt 2.3.2.) Jedoch könnte es sein, daß bei wachsendem Stichprobenumfang n der Effizienzverlust $D_\vartheta(n^\lambda\tilde{\gamma}_n) - D_\vartheta(n^\lambda\hat{\gamma}_n)$ gegen $0_{lp\times lp}$ konvergiert. Im nächsten Satz formulieren wir hinreichende Bedingungen hierfür.

Satz 2.4.10. *Es sei $\gamma = CB$ mit $C = W_nK_n$ ein identifizierbarer Parameter im Modell $\mathcal{M}_{\Theta_2}$ und $W_n = O(n^{-2\lambda})$. Weiter sei*

$$(n^{-2\lambda}K_n)^- \xrightarrow[n\to\infty]{} Q \in \mathfrak{M}_k^{\geqq}\,, \tag{51}$$

$$(n^{-2\lambda}T_n)^- \xrightarrow[n\to\infty]{} Q_1 \in \mathfrak{M}_{k\times k} \tag{52}$$

und

$$n^{-2\lambda}X_n'\Lambda_nX_n \xrightarrow[n\to\infty]{} Q_2 \in \mathfrak{M}_k^{\geqq} \tag{53}$$

erfüllt. Dann gilt:

a) $\tilde{\varphi} := \{\tilde{\gamma}_n\} \in [\hat{\varphi}]$ (*d. h.: $\tilde{\varphi}$ ist asymptotisch S_λ-optimal*) *genau dann, wenn*

$$C[Q_1Q_2Q_1' - Q]\,C' = 0_{l\times l}\,. \tag{54}$$

b) *Im Modell $\mathcal{M}_{\Theta_2}^N$ ist $\tilde{\varphi}$ genau dann asymptotisch T_λ-optimal, wenn* (54) *gilt.*

Beweis. Es genügt, a) zu zeigen. Nach (47) ist $\mathcal{K}_{\hat{\varphi}} = \Sigma \otimes CQC'$, und für die OLSE konvergieren die Kovarianzmatrizen $D_\vartheta(n^\lambda\tilde{\gamma}_n) = \Sigma_n \otimes [n^{2\lambda}CT_n^-X_n'\Lambda_nX_nT_n^{-\prime}C']$ gegen den Grenzwert $\mathcal{K}_{\tilde{\varphi}} = \Sigma \otimes CQ_1Q_2Q_1'C'$. ∎

4. Asymptotische Optimalität von zweistufigen Schätzungen

Wir betrachten jetzt wieder die zweistufigen SF $\hat{\hat{\gamma}}_n = C\hat{\hat{B}}_n = C(X_n'\hat{\Lambda}_n^{-1}X_n)^- \times X_n'\hat{\Lambda}_n^{-1}Y_{(n)}$ für identifizierbare $\gamma = CB$ im Modell $\mathcal{M}_{\Theta_7}$ (vgl. 2.4.2). Hierbei seien $\hat{\Lambda}_n = \hat{\Lambda}_n(Y_{(n)})$ für $n \geqq n_0$ positiv definite SF für die Matrizen Λ_n. Es ist klar, daß die Matrix Λ_n auf Grund von $Y_{(n)}$ nur dann sinnvoll geschätzt werden kann, wenn die Anzahl der unbekannten Parameter in Λ_n mit n nicht zu schnell wächst. Solche zweistufigen SF sind i. allg. nichtlinear, und die Berechnung der ersten und zweiten Momente sowie der Nachweis ihrer Konvergenz ist ein schwieriges Problem. (Für einige spezielle Modelle wurde dieses Problem gelöst, siehe P. A. V. B. Swamy [61].) Jedoch wissen wir aus Satz 2.4.8, daß die zufällige Größe $\overrightarrow{n^\lambda(\hat{\hat{\gamma}}_n - \gamma)}$ manchmal die gleiche asymptotische Normalverteilung

$N_{lp}(0, \Sigma \otimes G)$ besitzt wie die Folge der GLSE's $n^\lambda(\overrightarrow{\hat{\gamma}_n - \gamma})$. Außerdem ist die Kovarianzmatrix $\Sigma \otimes G$ der Grenzverteilung von $n^\lambda(\overrightarrow{\hat{\gamma}_n - \gamma})$ mit dem Grenzwert $\mathcal{K}_{\hat{\varphi}}$ identisch. (Im allgemeinen müssen die Momente der Grenzverteilung nicht mit den Grenzwerten der Momente der Folge übereinstimmen. Für ein Gegenbeispiel siehe H. Witting, G. Nölle [64].) Das führt auf die

Definition 2.4.8. *Eine Folge $\varphi^* = \{\gamma_n^*\}$ heißt asymptotisch S_λ-* (bzw. T_λ-) *g-optimal*[1]), *wenn die zufällige Größe $n^\lambda(\overrightarrow{\gamma_n^* - \gamma})$ eine Grenzverteilung P besitzt mit dem Erwartungswert 0_{lp} und der Kovarianzmatrix $\mathcal{K}$ und wenn für jede Folge $\bar{\varphi} \in S_\lambda$ (oder $\bar{\varphi} \in T_\lambda$) die Matrix $\mathcal{K}_{\bar{\varphi}} - \mathcal{K}$ positiv semidefinit ist.*

Durch Rückgang auf die Grenzverteilung muß also eine asymptotisch S_λ- (bzw. T_λ-) g-optimale Schätzfolge φ^* nicht notwendig in S_λ (bzw. in T_λ) liegen. Solch eine Schätzfolge φ^* ist aber zumindestens nicht schlechter als alle Schätzfolgen $\bar{\varphi} \in S_\lambda$ (bzw. $\in T_\lambda$) im Sinne der Grenzverteilung, die eine Approximation der tatsächlichen Verteilung für große Werte von n darstellt.

Wir führen nun einen Satz über die asymptotische Optimalität von zweistufigen SF an.

Satz 2.4.11. *Im Modell $\mathcal{M}_{\Theta_7}$ sei $\gamma = CB$ mit $C = W_nK_n$ und $W_n = O(n^{-2\lambda})$ der zu schätzende Parameter. Unter den Voraussetzungen des Satzes 2.4.8 gilt:*

a) *$\hat{\hat{\varphi}}$ ist asymptotisch S_λ-g-optimal.*

b) *Liegt das Normal-Folgenmodell $\mathcal{M}_{\Theta_7}^N$ vor, so ist $\hat{\hat{\varphi}}$ auch asymptotisch T_λ-g-optimal.*

Beweis. Da $\Sigma \otimes G$ nach Satz 2.4.9 die minimale Grenzkovarianzmatrix der Menge S_λ ist, erfüllt $\hat{\hat{\varphi}}$ mit $P = N_{lp}(0, \Sigma \otimes G)$ nach Satz 2.4.8 die Definition 2.4.8. ■[2])

5. Einige Beispiele

Wir führen nun zwei Beispiele für die asymptotische Optimalität der OLSE in univariaten regulären Folgenmodellen an.

Beispiel 2.4.4. Wir betrachten das univariate reguläre Folgenmodell $\mathcal{M}_{\Theta_8} = \{[\mathfrak{M}^1(1_n) \times V^1_{\Lambda_n}]\}_{\Theta_8}$ mit

$$\Lambda_n = \frac{1}{1-\varrho^2}\begin{pmatrix} 1 & \varrho & \varrho^2 \ldots\ldots & \varrho^{n-1} \\ \varrho & 1 & \varrho\,\varrho^2 \ldots & \varrho^{n-2} \\ \vdots & \vdots & & \vdots \\ \varrho^{n-1} & \varrho^{n-2} & \ldots\ldots\ldots\ldots & 1 \end{pmatrix}. \tag{55}$$

Hierbei ist ϱ ein unbekannter Parameter mit der Eigenschaft $0 < |\varrho| < 1$. (Wenn die Fehlerkomponenten $\varepsilon_i := Y_i - \beta$ einen autoregressiven Prozeß 1. Ordnung mit dem Parameter ϱ bilden, dann hat Λ_n die Form (55), vgl. 2.3.1.) Sei der zu schätzende Parameter β, also

---

1) g-optimal soll bedeuten „optimal im Sinne der Grenzverteilung“.

2) M. Nussbaum hat in [119] bewiesen, daß die betrachteten Schätzfolgen unter stärkeren Modellannahmen auch beste asymptotisch normalverteilte Schätzfolgen sind. Dabei ergibt sich die Normalverteilung von $\mathbf{Y}_{(n)}$ als notwendige Bedingung.

$C = 1$. Dann gilt

$$\hat{\beta}_n = (1_n' \Lambda_n^{-1} 1_n)^{-1} 1_n' \Lambda_n^{-1} Y_{(n)} \quad \text{und} \quad \tilde{\beta}_n = \frac{1}{n} \sum_{i=1}^{n} Y_i .$$

Außerdem folgt mit $\lambda = \frac{1}{2}$:

1) $\frac{1}{n} K_n = 1 + \varrho^2 \frac{n-2}{n} - 2\varrho \frac{n-1}{n} \xrightarrow[n\to\infty]{} (1-\varrho)^2 =: Q^{-1}$

2) $\frac{1}{n} T_n = 1 =: Q_1$

3) $\frac{1}{n} X_n' \Lambda_n X_n = (1-\varrho^2)^{-1} + \frac{2\varrho}{(1-\varrho^2)(1-\varrho)} \left[1 - \frac{1-\varrho^n}{n(1-\varrho)}\right] \xrightarrow[n\to\infty]{} (1-\varrho^2)^{-2} =: Q_2 .$

Daher ist (54) erfüllt und somit der Satz 2.4.10 anwendbar, und wir haben die asymptotische $S_{1/2}$-Optimalität der Folge $\tilde{\varphi}$ verifiziert, obwohl die SF $\tilde{\beta}_n$ für jeden endlichen Stichprobenumfang n schlechter als die GLSE $\hat{\beta}_n$ ist. Liegt das Folgenmodell $\mathcal{M}_{\Theta_2}^N$ vor, so ist $\tilde{\varphi}$ überdies asymptotisch $T_{1/2}$-optimal.

Beispiel 2.4.5. Es sei das univariate reguläre Folgenmodell $\mathcal{M}_{\Theta_2} = \{[\mathfrak{M}^1(X_n) \times \mathfrak{V}^1_{\Lambda_n}]\}_{\Theta_2}$ mit $X_n' = (1, 2, \ldots, n)$ und der Kovarianzmatrix (55) gegeben. In diesem linearen Trendmodell sei β der zu schätzende Parameter. Dann gilt mit $\lambda = 1{,}5$:

1) $n^{-3} K_n = \frac{1}{6} \frac{(n+1)(2n+1)}{n^2} (1-\varrho^2) + n^{-3}\varrho\,(n + n^2 - \varrho n^2) \xrightarrow[n\to\infty]{} \frac{1}{3} (1-\varrho)^2 =: Q^{-1}$

2) $n^{-3} T_n = \frac{1}{6} \frac{(n+1)(2n+1)}{n^2} \xrightarrow[n\to\infty]{} \frac{1}{3} = Q_1^{-1}$ und

3) $$n^{-3} X_n' \Lambda_n X_n = n^{-3}(1-\varrho^2)^{-1} \left[\frac{1}{6} n(n+1)(2n+1) \frac{1+\varrho}{1-\varrho} + \varrho^2(2 + n - \varrho^n)(1-\varrho^n)(1-\varrho)^{-4} - (1 + n - \varrho^n + \varrho^{n+1})\,\varrho n (1-\varrho)^{-3}\right] \xrightarrow[n\to\infty]{} \frac{1}{3}(1-\varrho)^{-2} =: Q_2 .$$

Auch in diesem Beispiel ist (54) erfüllt und somit $\tilde{\varphi} = \{\tilde{\beta}_n\}$ mit $\tilde{\beta}_n = \frac{6}{n(n+1)(n+2)} \times \sum_{i=1}^{n} i Y_i$ asymptotisch $S_{1,5}$-optimal. Im Normal-Folgenmodell $\mathcal{M}_{\Theta_2}^N$ ist $\tilde{\varphi}$ asymptotisch $T_{1,5}$-optimal.

Diese beiden (und weitere) Beispiele wurden in J. Anděl [58] angegeben. Allerdings werden in dieser Arbeit nur univariate, reguläre lineare Modelle mit eindimensionalem Parameter β ($p = k = 1$) betrachtet. Als asymptotisches Effizienzkriterium verwendet der Autor den Quotienten $e_n = D_\vartheta \hat{\beta}_n / D_\vartheta \tilde{\beta}_n$ und nennt die OLSE asymptotisch effizient bezüglich der GLSE, falls $e_n \xrightarrow[n\to\infty]{} 1$. Auf den allgemeinen Fall ($p + k > 2$) ist diese Definition nicht übertragbar. Unter der Konvergenzannahme (43) für die Folge der Kovarianzmatrizen ist diese Definition mit $\tilde{\varphi} \in [\hat{\varphi}]$ für $p = k = 1$ äquivalent. Da in beiden Beispielen (43) mit $\lambda = \frac{1}{2}$ bzw. $\lambda = \frac{3}{2}$ für $\hat{\varphi}$ erfüllt ist, ergeben sich somit die Effizienzaussagen von J. Anděl [58] als Spezialfall aus der asymptotischen S_λ-Optimalität der OLSE. Darüber hinaus gilt die asymptotische Optimalität in der größeren Klasse der Schätzfolgen mit (43), also nicht nur bezüglich der GLSE.

Jetzt diskutieren wir die asymptotische g-Optimalität für zweistufige SF im regulären univariaten Modell mit heteroscedastischen Varianzen.

Beispiel 2.4.6. Gegeben sei das univariate Folgenmodell $\mathcal{M}_{\Theta_7}$ mit $\Theta_7 = \{\vartheta = \{\vartheta\}_n \mid \vartheta_n = (\beta, \Lambda_n, \varkappa_n) \in R^k \times M_n \times \mathcal{K}_{(n)}\}$. Hierbei ist für monoton nichtfallende Folgen $\{n_i\}$ natürlicher Zahlen ($i = 1, \ldots, m$) mit $\sum_{i=1}^m n_i = n$ die Menge M_n definiert durch

$$M_n = \{M \in \mathfrak{M}_n^> \mid M = \text{Diag}\,[\lambda_1^2 I_{n_1}, \ldots, \lambda_m^2 I_{n_m}], \lambda_i^2 \in R_1^>, i = 1, \ldots, m\}.$$

Es gilt also $E_\vartheta Y_{(n)} = X_n\beta$ ($\vartheta \in \Theta_7$) und $D_\vartheta Y_{(n)} = \text{Diag}\,[\lambda_1^2 I_{n_1}, \ldots, \lambda_m^2 I_{n_m}]$ ($\vartheta \in \Theta_7$). Für die Matrizen X_n nehmen wir die Zerlegung

$$X_n = \begin{pmatrix} X_{[1]} \\ \vdots \\ X_{[m]} \end{pmatrix} \quad \text{mit } X_{[i]} \in \mathfrak{M}^k_{n_i(n) \times k}$$

an. Entsprechend habe der Beobachtungsvektor $Y_{(n)}$ die Zerlegung

$$Y_{(n)} = \begin{pmatrix} Y_{[1]} \\ \vdots \\ Y_{[m]} \end{pmatrix} \quad \text{mit } Y_{[i]} \in R^{n_i(n)} \quad (i = 1, \ldots, m).$$

Dieses Folgenmodell kann also als Folge zusammengesetzter linearer Modelle mit den Teilmodellen

$$E_\vartheta Y_{[i]} = X_i\beta, \quad D_\vartheta Y_{[i]} = \lambda_i^2 I_{n_i} \quad (i = 1, \ldots, m)$$

interpretiert werden.

Die GLSE berechnet sich zu

$$\hat{\beta}_n = \left(\sum_{i=1}^m \frac{1}{\lambda_i^2} X'_{[i]} X_{[i]}\right)^{-1} \left(\sum_{i=1}^m \frac{1}{\lambda_i^2} X'_{[i]} Y_{[i]}\right),$$

und zweistufige SF haben die Form

$$\hat{\hat{\beta}}_n = \left(\sum_{i=1}^m \frac{1}{\hat{\lambda}_i^2} X'_{[i]} X_{[i]}\right)^{-1} \left(\sum_{i=1}^m \frac{1}{\hat{\lambda}_i^2} X'_{[i]} Y_{[i]}\right),$$

wobei die $\hat{\lambda}_i^2$ mit Wahrscheinlichkeit 1 positive Schätzungen für die λ_i^2 seien ($i = 1, \ldots, m$). Wir können dann den folgenden Satz formulieren:

Satz 2.4.12. *Es sei $\gamma = CB$ ein beliebiger linearer Parameter mit $C \in \mathfrak{M}^l_{l \times k}$. Unter den Voraussetzungen*

1) *die Schätzungen $\hat{\lambda}_i^2$ seien für $n \to \infty$ konsistent für λ_i^2 ($i = 1, \ldots, m$);*
2) *für ein $\delta > 0$ gelte $n^{-2\delta} K_n \xrightarrow[n\to\infty]{} Q \in \mathfrak{M}_k^>$ und $n^{-2\delta} X'_{[i]} X_{[i]} \xrightarrow[n\to\infty]{} Q_i \in \mathfrak{M}_k^>$ ($i = 1, \ldots, m$);*
3) $P_\vartheta^{n^\delta(\hat{\gamma}_n - \gamma)} \xrightarrow{L} N_l(0, CQ^{-1}C')$

gilt: Die Folge $\hat{\hat{\varphi}}$ ist asymptotisch S_δ-g-optimal und außerdem asymptotisch T_δ-g-optimal, falls das Folgenmodell $\mathcal{M}^N_{\Theta_7}$ vorliegt.

Beweis. Nach Satz 2.4.8 ist es hinreichend

$$n^{-2\delta} \hat{K}_n \xrightarrow{P_\vartheta} Q \tag{56}$$

und

$$n^{-\delta} X'_n (\hat{\Lambda}_n^{-1} - \Lambda_n^{-1})\, \varepsilon_{(n)} \xrightarrow{P_\vartheta} 0_k \tag{57}$$

zu zeigen, weil dann auch

$$P_\vartheta^{n^\delta(\hat\gamma_n-\gamma)} \xrightarrow{L} N_l(0, CQ^{-1}C') \tag{58}$$

erfüllt ist.

Zum Nachweis von (56) zeigen wir

$$n^{-2\delta}(\hat{\boldsymbol{K}}_n - K_n) \xrightarrow{P_\vartheta} 0_{k\times k} \,. \tag{59}$$

Es gilt

$$n^{-2\delta}(\hat{\boldsymbol{K}}_n - K_n) = n^{-2\delta} \sum_{i=1}^{m} \left(\frac{1}{\hat\lambda_i^2} - \frac{1}{\lambda_i^2}\right) X'_{[i]}X_{[i]}\,, \tag{60}$$

und wegen

$$n^{-2\delta}X'_{[i]}X_{[i]} \xrightarrow[n\to\infty]{} Q_i \quad \text{und} \quad \frac{1}{\hat\lambda_i^2} - \frac{1}{\lambda_i^2} \xrightarrow{P_\vartheta} 0$$

konvergiert nach [A 4.9] und [A 4.10] jeder einzelne Summand von (60) und damit nach [A 4.9] die gesamte Summe in Wahrscheinlichkeit gegen $0_{k\times k}$.

Um (57) zu zeigen, berechnen wir

$$n^{-\delta}X'_n(\hat\Lambda_n^{-1} - \Lambda_n^{-1})\,\varepsilon_{(n)} = \sum_{i=1}^{m}\left(\frac{1}{\hat\lambda_i^2} - \frac{1}{\lambda_i^2}\right) n^{-\delta}X'_{[i]}\varepsilon_{[i]}$$

und führen zufällige k-Vektoren

$$\boldsymbol{Z}_i^{(n)} = n^{-\delta}X'_{[i]}\varepsilon_{[i]}$$

ein. Offensichtlich gilt

$$E_\vartheta \boldsymbol{Z}_i^{(n)} = 0_k \quad \text{und} \quad D_\vartheta \boldsymbol{Z}_i^{(n)} = n^{-2\delta}\lambda_i^2 X'_{[i]}X_{[i]}\,,$$

so daß $\boldsymbol{Z}_i^{(n)}$ asymptotisch beschränkte Momente erster und zweiter Ordnung besitzt. Unter Beachtung von [A 4.11] und [A 4.9] erhalten wir somit (57). ■

Die Eigenschaft (58) wurde in P. Schönfeld [52] hergeleitet.

Bemerkung 1. Die Residuen

$$\hat\lambda_i^2 := \frac{1}{n_i - k}\,(Y_{[i]} - X_{[i]}\tilde\beta_{[i]})'\,(Y_{[i]} - X_{[i]}\tilde\beta_{[i]})$$

(mit $\tilde\beta_{[i]}$ OLSE im Modell $[\mathfrak{M}^1_{\mathfrak{R}(X_{[i]})} \times \mathcal{V}^1_{I_{n_i}}]$) sind spezielle konsistente SF für λ_i^2, falls $n_i(n) \xrightarrow[n\to\infty]{} \infty$ $(i = 1, \ldots, m)$ und die Beobachtungsvektoren $\boldsymbol{Y}_{[i]}$ erweiterte Vektoren mit unabhängig und identisch verteilten Fehlern sind. Dies wurde in T. Kloeck [65] bewiesen und von H. Drygas [66] für den singulären Fall verallgemeinert.

Bemerkung 2. Das Resultat unter Bemerkung 1 kann auf den multivariaten Fall wie folgt verallgemeinert werden. Wir betrachten für eine erweiterte Beobachtungsfolge $\{\boldsymbol{Y}_{(n)}\}$ das Folgenmodell $\mathcal{M}_{\Theta_s} \subset \mathcal{M}_{\Theta_s}$ mit der Eigenschaft $P_\vartheta^{e'_1} = P_\vartheta^{e'_2} = \cdots$ $(\vartheta \in \Theta_s)$. In diesem Folgenmodell sind also die Zeilenvektoren der Beobachtungsmatrizen sämtlich unabhängig und identisch verteilt, insbesondere gilt

$$D_\vartheta \boldsymbol{Y}_{(n)} = \Sigma \otimes I_n \qquad (\vartheta \in \Theta_s)\,.$$

Die Schätzungen $\hat\Sigma_n = f(n)\,(\boldsymbol{Y}_{(n)} - X_n\hat{\boldsymbol{B}}_n)'\,(\boldsymbol{Y}_{(n)} - X_n\hat{\boldsymbol{B}}_n)$ sind dann ohne weitere Voraussetzungen über die Folge $\{X_n\}$ stark konsistente Schätzungen für Σ. Hierbei kann $f(n)$ als $\frac{1}{n}$, $\frac{1}{n - r[X_n]}$ oder $\frac{1}{n - r[X_n] + 2}$ gewählt werden.

Zum Nachweis benutzen wir die Identität

$$\hat{\Sigma}_n = f(n)\, \varepsilon'_{(n)}\varepsilon_{(n)} - f(n)\, \varepsilon'_{(n)} X_n X_n^+ \varepsilon_{(n)} . \tag{61}$$

Nach dem Gesetz der großen Zahlen (vgl. [A 4.5]) konvergiert der erste Ausdruck der rechten Seite von (61) mit Wahrscheinlichkeit 1 gegen Σ, so daß wir nur noch

$$L_n := f(n)\, \varepsilon'_{(n)} U_n U'_n \varepsilon_{(n)} \overset{fs}{\to} 0_{p\times p} \tag{62}$$

mit $U_n = X_n(X'_n X_n)^{+1/2}$ zeigen müssen. Nun ist aber L_n eine symmetrische positiv semidefinite Matrix, und daher impliziert

$$d_j^{(n)} := e_j^{(p)\prime} L_n e_j^{(p)} \overset{fs}{\to} 0\,, \qquad j = 1, \dots, p\,,$$

bereits (62). Es seien $\delta_1^{(n)}, \dots, \delta_p^{(n)}$ die Spaltenvektoren der Matrix $\varepsilon_{(n)}$, dann gilt

$$d_j^{(n)} = \|n^{-1/2} U'_n \delta_j^{(n)}\|^2 = \sum_{s=1}^{k} \left(n^{-1/2} \sum_{i=1}^{n} u_{is}^{(n)} \varepsilon_{ij}\right)^2 \tag{63}$$

mit $U_n = ((u_{is}^{(n)}))$. Unter Beachtung von $U'_n U_n \leqq I_k$ konvergiert nach [A 4.6] jeder Summand der rechten Seite von (63) und damit auch die ganze Summe fast sicher gegen Null.

Wir haben in diesem Abschnitt 2.4 asymptotische Eigenschaften von SF für identifizierbare lineare Parameter $\gamma = CB$ in Folgenmodellen $\mathcal{M}_{\Theta_i}$ ($i = 1, \dots, 7$) angegeben und dabei vorausgesetzt, daß der wahre Parameter B^0 in allen Modellen $\mathcal{M}_{\Theta_i}(n)$, $n = m, m+1, \dots$ derselbe, also unabhängig von n, ist. Der allgemeinere Fall $B^0 = B^0(n)$ kann bei Schätzung identifizierbarer Parameter $\gamma_n = C_n B_n$ behandelt werden. Fast alle Aussagen bleiben dann unter eventuellen Zusatzvoraussetzungen an die Matrizen C_n erhalten. So bleibt z. B. Satz 2.4.1 über die q.M.-Konsistenz der OLSE richtig, wenn man die Existenz einer Zahl $M < \infty$ mit $\lambda_{\max}[C_n C'_n] \leqq M$ $(n \geqq m)$ fordert.

Weiter haben wir in diesem Abschnitt nur homogene Parameter $\gamma = CB$ betrachtet. Bei inhomogenen Parametern $\tilde{\gamma} = CB + \tilde{a}$ bleiben selbstverständlich alle Aussagen erhalten, wenn man die entsprechenden inhomogenen SF verwendet.

2.5. Rekursive und schrittweise Regression

2.5.1. Rekursive Regression

Die Berechnung von Schätz- und Teststatistiken im uni- und multivariaten linearen Modell ist oft wegen der dabei auftretenden umfangreichen rechentechnischen Arbeiten mit einem großen Aufwand verbunden. Dabei tritt bei den Schätzungen, insbesondere bei der Produktionskontrolle durch Prozeßrechner, oftmals auch die Notwendigkeit auf, Schätzungen der linearen Parameter nach einer gewissen Anzahl neu vorliegender Beobachtungen zu wiederholen. Unter diesen Bedingungen ist es sinnvoll, Schätzungen zu verwenden, für die nicht immer die gesamte Rechnung neu durchgeführt werden muß, sondern die aus der alten Schätzung und den neuen Beobachtungen, eventuell unter Verwendung gewisser Hilfsgrößen, berechenbar sind. Ein klassisches Beispiel für solch eine „*rekursive*“ Schätzung ist die durch Anwendung des Matrixinversionslemmas [A 1.21] sich ergebende Gestalt

$$\begin{aligned} \hat{\beta}_2 &= \hat{\beta}_1 + D_2(Y_2 - X_2\hat{\beta}_1)\,, \\ D_2 &:= (X_1'X_1)^{-1} X_2'[X_2(X_1'X_1)^{-1} X_2' + I_{n_2}]^{-1} \end{aligned} \tag{1}$$

der OLSE für β im linearen Modell

$$(y_1' \mid y_2')' \circledsim \left[\mathcal{R}\begin{pmatrix} X_1 \\ \hdashline X_2 \end{pmatrix} \times \mathcal{V}_{\Lambda_{n_1+n_2}}\right], \qquad X_1 \in \mathfrak{M}_{n_1 \times k},\, X_2 \in \mathfrak{M}_{n_2 \times k}\,, \tag{2}$$

wenn $\hat{\beta}_1$ die OLSE für β im linearen Modell

$$y_1 \circledsim [\mathcal{R}(X_1) \times \mathcal{V}_{\Lambda_{n_1}}]\,, \qquad r[X_1] = k \tag{3}$$

ist. Für $r[X_1] < k$ ist auch eine rekursive Darstellung der OLSE in der Gestalt (1) möglich. Die Berechnung von D_2 wird aber wesentlich komplizierter ([78], [79]). Ist in (2) die OLSE auch BLUE, dann ist (1) eine gute Schätzung. Dies wird aber nur in Spezialfällen gelten, so daß auch eine rekursive Darstellung anderer Schätzungen und Bedingungen dafür, daß eine Schätzung rekursiv aufschreibbar ist, interessant sind.

Für blockdiagonale Kovarianzstruktur

$$\Lambda_{n_1+n_2} = \begin{pmatrix} \Lambda_{n_1} & 0_{n_1 \times n_2} \\ 0_{n_2 \times n_1} & \Lambda_{n_2} \end{pmatrix} \tag{4}$$

erhält man bei regulären Λ_{n_1} und Λ_{n_2} durch eine leichte Modifikation von (1) eine rekursive Gestalt der GLSE im Modell (2). In (39) wurde die Klasse der rekursiv darstellbaren Schätzungen stark erweitert. Unter anderem kann dann auch die GLSE im Modell (3) mit autoregressiver Kovarianzstruktur rekursiv dargestellt werden. Allgemein existiert eine rekursive Darstellung der GLSE in all den Fällen, in denen $\Lambda_{n_1+n_2}^{-1}$ eine sogenannte Banddiagonalmatrix ist, d. h. eine natürliche Zahl m, $0 < m < n_1 + n_2$, existiert, so daß für die Elemente λ^{ij} von $\Lambda_{n_1+n_2}^{-1} \in \mathfrak{M}_{n_1+n_2}^{>}$ gilt $\lambda^{ij} \equiv 0$ für $|i - j| > m$.

In diesem Abschnitt werden nun, ausgehend von einer allgemeinen Definition der Rekursivität einer Schätzung, hinreichende Bedingungen für die Rekursivität von Schätzungen im linearen Modell angegeben.

Sei für $n = 1, 2, \ldots$ die Folge $\{Y^{(n)}\}$ der zufälligen Matrizen

$$Y^{(n)} := (y_{(1)}', \ldots, y_{(n)}')'$$

mit Werten im $\mathfrak{M}_{n \times p}$ durch die linearen Folgenmodelle (vgl. Abschnitt 2.4)

$$\{Y^{(n)}\} \circledsim \left\{[\mathfrak{M}^p(X^{(n)}) \times \mathcal{V}_{\Lambda_n}^p],\ X^{(n)} = \begin{pmatrix} X(1) \\ \vdots \\ X(n) \end{pmatrix} \in \mathfrak{M}_{n \times k}\right\}_\Theta\,, \tag{5}$$

$$\Theta := \{\vartheta = \{\vartheta_n\} \mid \vartheta_n = (B, \Sigma, \varkappa_n) \in \mathfrak{M}_{k \times p} \times \mathfrak{M}_p^{\geqq} \times \mathcal{K}_{(n)},\ n = 1, 2, \ldots\}$$

bzw. für $p = 1$

$$\{y^{(n)}\} \circledsim \left\{\mathcal{R}[(X^{(n)}) \times V_{\Lambda_n}],\ X^{(n)} = \begin{pmatrix} x(1) \\ \vdots \\ x(n) \end{pmatrix} \in \mathfrak{M}_{n\times k}\right\}_{\Theta_a} \tag{5a}$$

$$\Theta_a := \{\vartheta = \{\vartheta_n\} \mid \vartheta_n = (\beta, \sigma^2, \varkappa_n) \in \mathfrak{M}_{k\times 1} \times R^{>} \times \mathcal{K}_{(n)},\ n = 1, 2, \ldots\}$$

definiert. Ferner sei $\{\tilde{\gamma}(X^{(n)}, Y^{(n)}, n)\}$ für $n \geqq k \in \mathcal{N}_1$ eine Folge von SF eines Parameters $\gamma = \gamma(\vartheta) \in \gamma(\Theta)$. Betrachten wir nun eine durch

$$\mathcal{J} := \{n_i;\ n_i \in \mathcal{N}_1,\ i = 1, 2, \ldots\} \tag{6}$$

mit

$$Y_{i(n_i)} := \begin{pmatrix} y(n^{i-1}+1) \\ \vdots \\ y(n^i) \end{pmatrix},\quad X_{i(n_i)} := \begin{pmatrix} X(n^{i-1}+1) \\ \vdots \\ X(n^i) \end{pmatrix},\quad n_i := \sum_{j=1}^{i} n_j\,. \tag{7}$$

definierte Folge

$$Z(\mathcal{J}) := \{(X_{i(n_i)} \mid Y_{i(n_i)});\ n_i \in \mathcal{J},\ i = 1, 2, \ldots\} \tag{8}$$

von Datengruppen unabhängiger und abhängiger Größen im Modell (5) (bzw. (5a)). Mit

$$(X_i \mid Y_i) := (X^{(n^i)} \mid Y^{(n^i)}) \tag{9}$$

für alle $i = 1, 2, \ldots$ geben wir dann folgende Definition einer rekursiven Schätzung von γ.

Definition 2.5.1. *Die Folge $\{\tilde{\gamma}(X^{(n)}, Y^{(n)}, n);\ n = 1, 2, \ldots\}$ der Schätzungen von γ heißt in bezug auf $\mathcal{J}$ rekursiv, wenn für alle $i \in \mathcal{N}_1$ Funktionen*

$$g_i = (g_{1,i}(X_i, Y_i), \ldots, \quad g_{s,i}(X_i, Y_i))\,, \tag{10}$$

$$g_{j,i}\colon \mathfrak{M}_{n^i\times k} \times \mathfrak{M}_{n^i\times p} \to \mathfrak{M}_{m_j\times l_j}\,,\ j = 1, \ldots, s, \tag{11}$$

mit von i unabhängigen s, m_j und l_j, $j = 1, \ldots, s$, und mit

$$\mathcal{D}_g := \mathop{\times}_{j=1}^{s} \mathfrak{M}_{m_j\times l_j}$$

Funktionen

$$f_{1,i}\colon \gamma(\Theta) \times \mathcal{D}_g \times \mathfrak{M}_{n_i\times k} \times \mathfrak{M}_{n'\times p} \to \gamma(\Theta)$$

bzw.

$$f_{2,i}\colon \gamma(\Theta) \times \mathcal{D}_g \times \mathfrak{M}_{n_i\times k} \times \mathfrak{M}_{n'\times p} \to \mathcal{D}_g$$

existieren, so daß mit

$$\tilde{\gamma}_i := \tilde{\gamma}(X_i, Y_i, n^i)$$

gilt

$$\tilde{\gamma} = f_{1,i}(\tilde{\gamma}_{i-1}, g_{i-1}, X_{i(n_i)}, Y_{i(n_i)}) \tag{12}$$

und

$$g_i = f_{2,i}(\tilde{\gamma}_{i-1}, g_{i-1}, X_{i(n_i)}, Y_{i(n_i)})\,. \tag{13}$$

Für eine in $\mathcal{J}$ rekursive Schätzung kann also die Schätzung $\tilde{\gamma}_i$ von γ auf Grund der i Beobachtungsgruppen $(X_{j(n_j)}, Y_{j(n_j)})$, $j = 1, \ldots, i$, aus der Kenntnis der Schätzung $\tilde{\gamma}_{i-1}$, einer Hilfsgröße g_{i-1} von fester Dimension und der i-ten Beobachtungsgruppe $(X_{i(n_i)}, Y_{i(n_i)})$ berechnet werden. Zur Berechnung von $\tilde{\gamma}_i$ benötigt man also nicht die volle Kenntnis der Beobachtungsdaten, sondern nur die gewisser „Funktionale" der Daten. Der durch $\mathcal{J}$ festgelegte Umfang der einzelnen Datengruppen ist dabei häufig aus meß- und verfahrenstechnischen Gründen vorgegeben, kann aber eventuell auch aus schätztechnischen Überlegungen heraus, wie z. B. der Rekursivität und einfachen Berechenbarkeit, vorgeschrieben sein. Bedingungen an $\mathcal{J}$, so daß eine große Klasse von SF für B im linearen Modell (5), z. B. die OLSE, die Ridge-Schätzung und die GLSE bei blockdiagonaler und autoregressiver Kovarianzstruktur, rekursiv sind, erhält man aus folgender, die obigen SF überdeckender Klasse von rekursiven SF.

Sei $\gamma(\Theta) = \mathfrak{M}_{q\times r}$. *Existieren natürliche Zahlen* m_{i-1}, $m_{i(n_i)}$, l_{i-1} *und* $l_{i(n_i)}$ *und Matrizenfunktionen* $g_{1,i}$, *definiert durch* (10), (11) *und* (13),

$$\begin{aligned}
&C_{i-1}\colon \mathfrak{M}_{n^{i-1}\times k} \times \mathfrak{M}_{n^{i-1}\times p} \to \mathfrak{M}_{m_{i-1}\times q}\,,\\
&C_{i(n_i)}\colon \mathfrak{M}_{n_i\times k} \times \mathfrak{M}_{n_i\times p} \times \mathcal{D}_{g_1} \times \mathfrak{M}_{q\times r} \to \mathfrak{M}_{m_{i(n_i)}\times q}\\
&H_{i-1}\colon \mathfrak{M}_{n^{i-1}\times k} \times \mathfrak{M}_{n^{i-1}\times p} \to \mathfrak{M}_{l_{i-1}\times q}\\
&H_{i(n_i)}\colon \mathfrak{M}_{n_i\times k} \times \mathfrak{M}_{n_i\times p} \times \mathcal{D}_{g_1} \times \mathfrak{M}_{q\times r} \to \mathfrak{M}_{l_{i(n_i)}\times q}\\
&E_{i-1}\colon \mathfrak{M}_{n_i\times k} \times \mathfrak{M}_{n^{i-1}\times p} \to \mathfrak{M}_{l_{i-1}\times r}
\end{aligned}$$

und

$$E_{i(n_i)}\colon \mathfrak{M}_{n_i\times k} \times \mathfrak{M}_{n_i\times p} \times \mathcal{D}_{g_1} \times \mathfrak{M}_{q\times r} \to \mathfrak{M}_{l_{i(n_i)}\times r}\,,$$

so daß mit

$$\begin{aligned}
C_{i-1} &:= C_{i-1}(X_{i-1}, Y_{i-1})\,,\\
C_{i(n_i)} &:= C_{i(n_i)}(X_{i(n_i)}, Y_{i(n_i)}, g_{1,i-1}, \tilde{\gamma}_{i-1})\\
H_{i-1} &:= H_{i-1}(X_{i-1}, Y_{i-1})\\
H_{i(n_i)} &:= H_{i(n_i)}(X_{i(n_i)}, Y_{i(n_i)}, g_{1,i-1}, \tilde{\gamma}_{i-1})\\
E_{i-1} &:= E_{i-1}(X_{i-1}, Y_{i-1})\\
E_{i(n_i)} &:= E_{i(n_i)}(X_{i(n_i)}, Y_{i(n_i)}, g_{1,i-1}, \tilde{\gamma}_{i-1})
\end{aligned}$$

für jedes $i \in \mathcal{N}_1$ *die* SF $\tilde{\gamma}_i$ *in der Grundform*

$$\tilde{\gamma}_i := [C'_{i-1}C_{i-1} + C'_{i(n_i)}C_{i(n_i)}]^+ \, [H'_{i-1}E_{i-1} + H'_{i(n_i)}E_{i(n_i)}] \tag{14}$$

darstellbar ist, dann ist unter der Voraussetzung

$$C_i = \begin{pmatrix} C_{i-1} \\ \cdots\cdots \\ C_{i(n_i)} \end{pmatrix}, H_i = \begin{pmatrix} H_{i-1} \\ \cdots\cdots \\ H_{i(n_i)} \end{pmatrix} \quad \text{und} \quad E_i = \begin{pmatrix} E_{i-1} \\ \cdots\cdots \\ E_{i(n_i)} \end{pmatrix} \quad \text{für alle } i = 1, 2, \ldots, \tag{15}$$

$\tilde{\gamma}_i$ *im Sinne von Definition* 2.5.1 *in bezug auf* $\mathcal{J}$, *definiert in* (6), *rekursiv.*

Das erkennt man leicht aus folgender Darstellung von (14):
Seien

$$g_{2,i-1} := C'_{i-1}C_{i-1} \tag{16}$$

und

$$g_{3,i-1} := D'_{i-1}E_{i-1}\,. \tag{17}$$

Dann genügt mit

$$g_{2,i} = g_{2,i-1} + C'_{i(n_i)}C_{i(n_i)} \tag{18}$$

und

$$g_{3,i} = g_{3,i-1} + H'_{i(n_i)}E_{i(n_i)} \tag{19}$$

auch $g_i := (g_{1i}, g_{2i}, g_{3i})$ den Bedingungen (10), (11) und (13), und es ist

$$\tilde{\gamma}_i = (g_{2,i-1} + C'_{i(n_i)}C_{i(n_i)})^+ (g_{3,i-1} + H'_{i(n_i)}E_{i(n_i)})$$

in der Gestalt (12).

Eine für die Berechnung von $\tilde{\gamma}$ oft wesentlich einfachere Gestalt von $\tilde{\gamma}_i$ erhält man aus folgendem

Lemma 2.5.1. *Seien C_{i-1}, $C_{i(n_i)}$ und $g_{2,i-1}$ wie oben, dann ist*

$$(C'_{i-1}C_{i-1} + C'_{i(n_i)}C_{i(n_i)})^+ = [I_q - G_i^+C_{i(n_i)}]\, g_{2,i-1}^+$$
$$[I_q - C'_{i(n_i)}(I_{m_{i(n_i)}} - G_iG_i^+)\, M_iC_{i(n_i)}g_{2,i-1}^+]\,[I_q - G_i^+C_{i(n_i)}]' + (G_i'G_i)^+ \tag{20}$$

mit

$$G_i := C_{i(n_i)}(I_q - g_{2,i-1}^+ g_{2,i-1}) \tag{21}$$

und

$$M_i := [I_{m_{i(n_i)}} + (I_{m_{i(n_i)}} - G_iG_i^+)\, C_{i(n_i)}g_{2,i-1}^+C'_{i(n_i)}(I_{m_{i(n_i)}} - G_iG_i^+)]^{-1}\,. \tag{22}$$

Beweis. Siehe [A 1.17] und [A 1.22]. ■

Unter Beachtung von (20) erhält man dann folgende, für die Schätzung von B im linearen Modell (5) wichtige Spezialfälle von (14). Ist in (14) $C_i = H_i$, dann ist (siehe [A 1.17]) $\tilde{\gamma}_i = C_i^+E_i$, so daß unter Beachtung von [A 1.22]

$$\tilde{\gamma}_i = \tilde{\gamma}_{i-1} + D_i(E_{i(n_i)} - C_{i(n_i)}\tilde{\gamma}_{i-1}) \tag{23}$$

mit

$$D_i := G_i^+ + (I_q - G_i^+C_{i(n_i)})\, g_{2,i-1}^+C'_{i(n_i)}M_i\,(I_{m_{i(n_i)}} - G_iG_i^+) \tag{24}$$

gilt. Für $m_{i(n_i)} \equiv 1$ erhält man überdies (siehe dazu [78], S. 131) für D_i die einfache Gestalt

$$D_i = \begin{cases} \dfrac{(I_q - g_{2,i-1}^+ g_{2,i-1})\, C'_{i(n_i)}}{C_{i(n_i)}(I_q - g_{2,i-1}^+ g_{2,i-1})\, C'_{i(n_i)}} & \text{für } C'_{i(n_i)} \notin \mathcal{R}(C'_{i-1}), \\[2ex] \dfrac{g_{2,i-1}^+ \cdot C'_{i(n_i)}}{1 + C_{i(n_i)}g_{2,i-1}^+C'_{i(n_i)}} & \text{für } C'_{i(n_i)} \in \mathcal{R}(C'_{i-1}). \end{cases} \tag{25}$$

Eine wesentliche Vereinfachung der rekursiven Gestalt der SF (14) erhält man, wenn $C'_{i-1}C_{i-1}$ regulär ist. Denn dann ist $G_i = 0_{m_{i(n_i)}\times q}$ und somit

$$\begin{aligned} \tilde{\gamma}_i &= [g_{2,i-1}^{-1} - g_{2,i-1}^{-1}C_{i(n_i)}\,(I_{m_{i(n_i)}} + C_{i(n_i)}g_{2,i-1}^{-1}C'_{i(n_i)})^{-1}\, C_{i(n_i)}g_{2,i-1}^{-1}]\,(g_{3,i-1} + H'_{i(n_i)}E_{i(n_i)}) \\ &= (I_q - D_iC_{i(n_i)})\,\tilde{\gamma}_{i-1} + (I_q - D_iC_{i(n_i)})\, g_{2,i-1}^{-1}H'_{i(n_i)}E_{i(n_i)} \end{aligned} \tag{26}$$

mit

$$D_i = g_{2,i-1}^{-1} C'_{i(n_i)} (I_{m_{i(n_i)}} + C_{i(n_i)} g_{2,i-1}^{-1} C_{i(n_i)})^{-1}. \tag{27}$$

Ist überdies wieder $C_i \equiv H_i$, dann ist

$$\tilde{\gamma}_i = \tilde{\gamma}_{i-1} + D_i(E_{i(n_i)} - C_{i(n_i)}\tilde{\gamma}_{i-1}). \tag{28}$$

Es sollen jetzt Bedingungen für die Rekursivität im Sinne von Definition 2.5.1 einiger linearer Schätzungen von B im linearen Modell (5) angegeben und ihre der Form (23) entsprechende einfache rekursive Gestalt aufgeschrieben werden.

Beispiel 2.5.1. Sei

$$\hat{B}^{(n)} = (X^{(n)\prime} X^{(n)})^+ X^{(n)\prime} Y^{(n)} \tag{29}$$

die OLSE für B im linearen Modell (5). Dann ist $\hat{B}^{(n)}$ für beliebiges $\mathcal{J}$ rekursiv.

Beweis: Sei $\hat{B}_i := \hat{B}^{(n^i)}$,

$$X_i = \begin{pmatrix} X_{i-1} \\ \hdashline X_{i(n_i)} \end{pmatrix} \quad \text{und} \quad Y_i = \begin{pmatrix} Y_{i-1} \\ \hdashline Y_{i(n_i)} \end{pmatrix}, \tag{30}$$

dann ist

$$\hat{B}_i = (X_i'X_i)^+ X_i'Y_i = (X_{i-1}'X_{i-1} + X_{i(n_i)}'X_{i(n_i)})^+ (X_{i-1}'Y_{i-1} + X_{i(n_i)}'Y_{i(n_i)}) \tag{31}$$

natürlich in der Gestalt (14). Unter Beachtung von $g_{2,i-1} = X_{i-1}'X_{i-1}$, $C_{i(n_i)} := X_{i(n_i)}$ und $E_{i(n_i)} := Y_{i(n_i)}$ erhält man die rekursive Gestalt von (29) sofort aus (23).

Beispiel 2.5.2. Ist Λ_n im Modell (5) blockdiagonal mit den Blöcken $\Lambda_{i(n_i)} \in \mathfrak{M}_{n_i}^{>}$, dann ist im Modell (5) die GLSE $\hat{B}^{(n)}$ für B,

$$\hat{B}^{(n)} := (X^{(n)\prime} \Lambda_n^{-1} X^{(n)})^+ X^{(n)\prime} \Lambda_n^{-1} Y^{(n)}, \tag{32}$$

in bezug auf $\mathcal{J} := \{n_i; i = 1, 2, \ldots\}$ rekursiv.

Beweis. Sei $\Lambda_i = \begin{pmatrix} \Lambda_{i-1} & 0_{n^{i-1} \times i(n_i)} \\ 0_{i(n_i) \times n^{i-1}} & \Lambda_{i(n_i)} \end{pmatrix}$, und es erfülle $Q_i = \begin{pmatrix} Q_{i-1} & 0_{n^{i-1} \times i(n_i)} \\ 0_{i(n_i) \times n^{i-1}} & Q_{i(n_i)} \end{pmatrix}$

für alle $i = 1, 2, \ldots$ die Bedingung $\Lambda_i^{-1} = Q_i'Q_i$. Dann ist

$$\hat{B}_i = [(Q_{i-1}X_{i-1})'(Q_{i-1}X_{i-1}) + (Q_{i(n_i)}X_{i(n_i)})'(Q_{i(n_i)}X_{i(n_i)})]^+ \times$$
$$\times [(Q_{i-1}X_{i-1})'(Q_{i-1}Y_{i-1}) + (Q_{i(n_i)}X_{i(n_i)})'(Q_{i(n_i)}X_{i(n_i)})]$$

wieder in der Gestalt (14). Unter Beachtung von

$$g_{2,i-1} := X_{i-1}'\Lambda_{i-1}^{-1}X_{i-1}, \quad C_{i(n_i)} := Q_{i(n_i)}X_{i(n_i)} \quad \text{und} \quad E_{i(n_i)} := Q_{i(n_i)}Y_{i(n_i)}$$

ergibt sich die rekursive Gestalt von (32) unmittelbar aus (23).

Beispiel 2.5.3. Sei

$$\hat{B}^{(n)} := (X^{(n)\prime}X^{(n)} + r^2 I_k)^{-1} X^{(n)\prime} Y^{(n)}, \quad r \in R^1, \tag{33}$$

eine Ridge-Schätzung im Modell (5) (siehe Kapitel 3). Dann ist $\hat{B}^{(n)}$ für beliebiges $\mathcal{J}$ rekursiv.

Beweis. Für beliebiges $\mathcal{J}$ ist

$$\hat{B}_i = \left[\begin{pmatrix} X_{i-1} \\ \hdashline rI_k \end{pmatrix}' \begin{pmatrix} X_{i-1} \\ \hdashline rI_k \end{pmatrix} + X_{i(n_i)}'X_{i(n_i)}\right]^{-1} (X_{i-1}'Y_{i-1} + X_{i(n_i)}'Y_{i(n_i)})$$

und damit wieder in der Gestalt (14). Mit $g_{2,i-1} := X_{i-1}'X_{i-1} + r^2 I_k$, $C_{i(n_i)} := X_{i(n_i)}$ und $E_{i(n_i)} := Y_{i(n_i)}$ erhält man die rekursive Gestalt unmittelbar aus (28).

Beispiel 2.5.4. Die OLSE für B im linearen Modell (5) mit den Einschränkungen $HB = 0_{l \times p}$, $H \in \mathfrak{M}_{l \times k}$, $r[(X^{(n)'} \vdots H')] = k$, d. h. $\widehat{B^{(n)}} := (X^{(n)'}X^{(n)} + H'H)^{-1} X^{(n)'} Y^{(n)}$ ist für beliebiges $\mathcal{J}$ rekursiv (vgl. 2.2.3).

Beweis. Entsprechend zum Beispiel 2.5.3.

Beispiel 2.5.5. Sei b die GLSE für β im linearen Modell (5a) mit

$$X^{(n)} = \begin{pmatrix} X_p(1) \\ \vdots \\ X_p(n) \end{pmatrix}, \quad X_p(i) = I_p \otimes x(i), \quad x(i) \in R^k, \quad i = 1, \ldots, n, \tag{34}$$

und autoregressiver Kovarianzstruktur, d. h., es ist $\Lambda_n^{-1} = Q_n' Q_n \in \mathfrak{M}_{np \times np}$ mit

$$Q_n = \begin{Bmatrix} W^{-1} & 0 & \cdots & \cdots & 0 \\ -A_1 & W^{-1} & \ddots & & \vdots \\ \vdots & \ddots & \ddots & \ddots & \vdots \\ -A_m & & \ddots & \ddots & \vdots \\ 0 & \ddots & & \ddots & 0 \\ \vdots & \ddots & \ddots & & \vdots \\ 0 \cdots 0 \cdots & -A_m & \cdots & -A_1 & W^{-1} \end{Bmatrix} = \begin{pmatrix} & Q_{n-1} & & \begin{matrix} 0 \\ \vdots \\ 0 \end{matrix} \\ 0 \cdots 0 & -A_m & \cdots -A_1 & W^{-1} \end{pmatrix},$$

$$A_j \in \mathfrak{M}^p_{p \times p},\ j = 1, \ldots, m \quad \text{und} \quad W \in \mathfrak{M}^>_p . \tag{35}$$

Unter Beachtung von (35) ist dann mit $X_{p,i-1} := \begin{pmatrix} X_p(1) \\ \vdots \\ X_p(i-1) \end{pmatrix}$ für $i \geqq m$

$$Q_i \begin{pmatrix} X_p(1) \\ \vdots \\ X_p(i) \end{pmatrix} = \begin{pmatrix} Q_{i-1} X_{p,i-1} \\ \sum_{j=1}^{m} A_j X_p(i-j) + W^{-1} X_p(i) \end{pmatrix},$$

so daß für $n_i \equiv p$, $i = 1, 2, \ldots$, mit

$$g_{1,i-1} := \begin{pmatrix} X_p(i-1) \\ \vdots \\ X_p(i-m) \end{pmatrix} \in \mathfrak{M}_{m \times k}$$

und $A := (A_1, \vdots \ldots \vdots, A_m)$ die GLSE von β, d. h.

$$\hat{\beta}_i = (X'_{p,i} \Lambda_i^{-1} X_{p,i})^+ X'_{p,i} \Lambda_i^{-1} y_i\,, \quad y_i' := (y(1) \vdots \ldots \vdots y(i)),\ y(j) \in R^p,\ j = 1, \ldots, i\,,$$

die Gestalt

$$\begin{aligned} \hat{\beta}_i = {} & [(Q_{i-1} X_{p,i-1})' (Q_{i-1} X_{p,i-1}) + (A g_{1,i-1} + W^{-1} X_p(i))' (A g_{1,i-1} + W^{-1} X_p(i))]^+ \times \\ & \times \left[(Q_{i-1} X_{p,i-1})' (Q_{i-1} y_{i-1}) + (A g_{1,i-1} + W^{-1} X_p(i))' \left(\sum_{j=1}^{m} A_j y(i-j) + W^{-1} y(i) \right) \right] \end{aligned} \tag{36}$$

besitzt. Dies ist aber wieder ein Spezialfall der Grundform (14). Bei vollem Rang von $X_{p,i-1}$ ist mit

$$g_{2,i-1} := X'_{p,i-1} Q'_{i-1} Q_{i-1} X_{p,i-1}\,, \qquad C_{i(n_i)} := A g_{1,i-1} + W^{-1} X_p(i)\ .$$

und

$$E_{i(n_i)} := \sum_{j=1}^{m} A_j y(i-j) + W^{-1} y(i)$$

unter Beachtung von (28)

$$\hat{\beta}_i = \hat{\beta}_{i-1} + g_{2,i-1}^{-1}(Ag_{1,i-1} + W^{-1}X_p(i))' [I_p + (Ag_{1,i-1} +$$

$$+ W^{-1}X_p(i))\, g_{2,i-1}^{-1}\, (Ag_{1,i-1}W^{-1}X_p(i))']^{-1} \times$$

$$\times \left[\sum_{j=1}^{m} A_j\big(y(i-j) - X_p(i-j)\,\hat{\beta}_{i-1}\big) + W^{-1}\big(y(i) - X_p(i)\,\hat{\beta}_{i-1}\big)\right]. \quad (37)$$

Die Grundform (14) gestattet natürlich auch, die rekursive Darstellung beliebiger Kombinationen dieser Schätzungen aufzuschreiben. Insbesondere können auch eingeschränkte Schätzungen mit veränderlichen Einschränkungen rekursiv aufgeschrieben werden.

Bemerkung 1. Ist die Schätzung des Parameters B im linearen Modell (5) rekursiv in bezug auf $\mathcal{J}$, dann ist auch die Frage, unter welchen Voraussetzungen über $W \in \mathfrak{M}_n^>$

$$||e_W^2|| := (Y - X\hat{B})'\, W(Y - X\hat{B}) \quad (38)$$

rekursiv ist, interessant. Denn aus der Rekursivität von (38) erhält man unter anderem rekursive Schätzungen von Σ. Man erhält leicht folgendes Resultat:

Ist $\hat{B}$ rekursiv in bezug auf $\mathcal{J}$, dann ist unter der Voraussetzung der Blockdiagonalität von W mit den Blöcken

$$W_{j(n_j)} \in \mathfrak{M}_{n_j}^>, \qquad j > 1, 2, \dots,$$

auch (38) *rekursiv in bezug auf $\mathcal{J}$ im Sinne der Definition* 2.5.1.

Für einen wichtigen Spezialfall soll hier die explizite rekursive Gestalt von (38) aufgeschrieben werden.

Sei $\hat{B}$ die OLSE von B im linearen Modell (5) und $W = I_n$, dann ist unter Beachtung von $X_i'(Y_i - X_i\hat{B}_i) = 0_{k\times p}$, (31) und (23)

$$||e_i||^2 = Y_i'(Y_i - X_i\hat{B}_i)$$

$$= (Y_{i-1}', Y_{i(n_i)}')\left\{\begin{pmatrix} Y_{i-1} \\ \hline Y_{i(n_i)} \end{pmatrix} - \begin{pmatrix} X_{i-1} \\ \hline X_{i(n_i)} \end{pmatrix}[\hat{B}_{i-1} + D_i(Y_{i(n_i)} - X_{i(n_i)}\hat{B}_{i-1})]\right\}$$

$$= ||e_{i-1}||^2 + [Y_{i(n_i)}' - (g_{3,i-1} + Y_{i(n_i)}'X_{i(n_i)})\,D_i]\,(Y_{i(n_i)} - X_{i(n_i)}\hat{B}_{i-1}).$$

Dabei ist $g_{3,i-1} := Y_{i-1}X_{i-1} \in \mathfrak{M}_{p\times k}$ mit

$$g_{3,i} = g_{3,i-1} + Y_{i(n_i)}'X_{i(n_i)}.$$

Besitzt X_{i-1} vollen Rang, dann ist

$$||e_i||^2 = ||e_{i-1}||^2 + ||Y_{i(n_i)} - X_{i(n_i)}\hat{B}_{i-1}||^2_{\left(I_{n_i}+X_{i(n_i)}g_{2,i-1}^{-1}X_{i(n_i)}'\right)^{-1}}.$$

Entsprechende Formeln erhält man auch für die GLSE (32) mit blockdiagonaler Kovarianzstruktur und $W_i := \Lambda_i^{-1}$. Siehe dazu auch [78].

Bemerkung 2. Eine für die Aufstellung von rekursiven Schätzungen verwendbare Charakterisierung der BLUE hat H. DRYGAS in [89] abgeleitet. Er zeigt, daß, wenn $\hat{\beta}_n$ die BLUE für β im Modell

$$y_n \circledsim [\mathcal{R}(X_n) \times \mathcal{V}_{I_n}], \quad X_n \in \mathfrak{M}_{n\times k},$$

und $\hat{\beta}_{n+1}$ die BLUE für β im erweiterten Modell

$$y_{n+1} \circledsim \left[\mathcal{R}\begin{pmatrix} X_n \\ \hdashline x(n+1)\end{pmatrix} \times \mathcal{V}_{I_{n+1}}\right], \quad x'(n+1) \in R^k$$

ist, dann ist auch $\hat{\beta}_{n+1}$ die BLUE für β im Modell

$$\begin{pmatrix} \hat{\beta} \\ \hdashline y(n+1)\end{pmatrix} \circledsim \left[\mathcal{R}\begin{pmatrix} I_k \\ \hdashline x(n+1)\end{pmatrix} \times \mathcal{V}_{\begin{pmatrix}(X_n'X_n)^{-1} & 0_k \\ 0_k' & 1\end{pmatrix}}\right].$$

Charakterisierungen dieser Art gestatten dann, eine direkte rekursive Berechnung von $\hat{\beta}_{n+1}$ ohne Verwendung spezieller Matrixinversionstheoreme der Gestalt [A 1.21] anzugeben.

Bemerkung 3. Werden in einem linearen Modell

$$Y_n \circledsim [\mathfrak{M}^p(X_n) \times \mathcal{V}^p_{\Lambda_n}], \quad X_n \in \mathfrak{M}_{n\times k} \tag{39}$$

durch nachträgliche Überlegungen Beobachtungen als Ausreißer klassifiziert, d. h. ein Teil

$$\{(y(i_j), x(i_j));\ i_j \in \{1, \dots, n\},\ j = 1, \dots, l, l < n\} \tag{40}$$

der Beobachtungen

$$\{(y(i), x(i));\ i = 1, \dots, n\} \tag{41}$$

kann nicht mehr als durch (39) erzeugt angenommen werden, dann entsteht das Problem der Neuberechnung der Schätzung $\hat{B}$ von B im Modell (39) ohne Berücksichtigung von (40). Um nun nicht die ganze Rechnung neu durchführen zu müssen, kann auch hier ein rekursives Verfahren benutzt werden.

Sei z. B. mit

$$Y_l := \begin{pmatrix} y(i_1) \\ \vdots \\ y(i_l)\end{pmatrix} \quad \text{und} \quad X_l := \begin{pmatrix} x(i_1) \\ \vdots \\ x(i_l)\end{pmatrix} \quad \text{o.B.d.A.}\ Y_n := \begin{pmatrix} Y_{n-l} \\ \hdashline Y_l\end{pmatrix}$$

und entsprechend $X_n := \begin{pmatrix} X_{n-l} \\ \hdashline X_l\end{pmatrix}$. Dann ist

$$\hat{B}_n := \begin{pmatrix} X_{n-l} \\ \hdashline X_l\end{pmatrix}^+ \begin{pmatrix} Y_{n-l} \\ \hdashline Y_l\end{pmatrix}$$

die OLSE im Modell (39) und $\hat{B}_{n-l} := X^+_{n-l} Y_{n-l}$ die OLSE im Modell

$$Y_{n-l} \circledsim [\mathfrak{M}^p(X_{n-l}) \times \mathcal{V}^p_{\Lambda_{n-l}}]$$

für B. Mit $g_n := X_n' X_n$ und

$$D_{n,l} := g_n^+ X_l' - g_n^+ X_l' (I_l - X_l g_n^+ X_l')^+ (I_l - X_l g_n^+ X_l')$$

ist dann

$$\hat{B}_{n-l} = (I_k - D_{n,l}D_{n,l}^{+}) [I_k + g_n^{+} X_l' (I_l - X_l g_n^{+} X_l')^{+} X_l] (\hat{B}_n - g_n^{+} X_l' Y_l) .$$

Sind X_{n-l} und $(I_l - X_l g_n^{-1} X_l')$ von vollem Rang, dann ist $D_{n,l} = 0_{k \times l}$ und

$$\hat{B}_{n-l} = [I_k + g_n^{-1} X_l' (I_l - X_l g_n^{-1} X_l')^{-1} X_l] (\hat{B}_n - g_n^{-1} X_l' Y_l) .$$

Siehe dazu auch [79].

Bemerkung 4. Ist B im Modell (5) zufällig, dann kann man rekursive Schätzungen (Vorhersagen) für B aus der KALMAN-BUCY-Filtertheorie erhalten. Für normalverteilte $Y^{(n)}$ können bei konjugierten a-priori-Verteilungen für B auch Bedingungen für die Rekursivität von BAYESschen Schätzungen von B angegeben werden. Siehe dazu (7.2) und [81]—[84].

Bemerkung 5. Ist die BLUE für B im Modell (5) weder rekursiv noch die OLSE asymptotisch effizient, dann kann man versuchen, eine Approximation der BLUE zu finden, die rekursiv und asymptotisch effizienter als die OLSE ist. Siehe dazu [80].

2.5.2. Berechnungsverfahren bei schrittweiser Modelländerung

Um in der Klasse aller linearen Regressionsfunktionen ein „möglichst gutes" Modell für die UWB zwischen einer Eingangsgröße X und einer Ausgangsgröße Y herauszufinden, wird man sich bei der Analyse der Beobachtungsdaten Y nicht nur darauf beschränken, für ein gegebenes Modell die zugehörigen Parameter zu schätzen und Tests über diese Koeffizienten durchzuführen. Vielmehr läßt man noch weitere Alternativmodelle zu, indem man zusätzlich Einflußgrößen in den Regressionsansatz aufnimmt (Aufwärtsverfahren) bzw. bereits im Ansatz befindliche Einflußgrößen eliminiert (Abwärtsverfahren). Im allgemeinen sind bei der Auswahl von unabhängigen und abhängigen Einflußgrößen aus den beobachtbaren Variablen oft viele Gruppierungen in unabhängige und abhängige Variable möglich. Für die einzelnen Gruppierungen besteht dann die Aufgabe der Berechnung von Schätz- und Teststatistiken. Die Verfahren, die zur Berechnung der zu einer neuen Gruppierung gehörenden Statistiken die Berechnung der zur davor untersuchten Gruppierung gehörenden Statistik verwenden, heißen *schrittweise* Verfahren, weil man damit schrittweise unabhängige und abhängige Variable heraus- bzw. hereinnehmen kann. Sei durch

$$\{(I, J, K) \mid I = \{i_1, \dots, i_{m_1}\}, J = \{j_1, \dots, j_{m_2}\}, K = \{k_1, \dots, k_{m_3}\} ,$$
$$I \cup J \cup K = \{1, \dots, m\}, m_1 + m_2 + m_3 = m\}$$

eine beliebige Aufteilung der beobachtbaren Variablen $\mathfrak{Z}_1, \dots, \mathfrak{Z}_m$ in unabhängige Variable $\mathfrak{Z}_i$, $i \in I$, in abhängige Variable $\mathfrak{Z}_j$, $j \in J$, und nicht zur UWB gehörende Variable $\mathfrak{Z}_k$, $k \in K$, definiert. Bei der Konstruktion von Berechnungsverfahren für Test- und Schätzstatistiken ist es nun insbesondere für die Modellwahl oft zweckmäßig, solche Verfahren zu verwenden, für die eine Änderung der Aufteilung der beobachtbaren Variablen in abhängige und unabhängige Variable einfach zu erfassen ist. H. VÄLIAHO gibt in [85]—[88] solch ein Verfahren an.

Zur Vereinfachung der Rechnung werden dabei die beobachtbaren Variablen nur in zwei Gruppen aufgeteilt, und zwar in die unabhängigen und in die nicht-unabhängigen, d. h. abhängigen und nicht zum speziellen Modell gehörenden Variablen, wobei die Reihenfolge der Variablen innerhalb der beiden Gruppen beliebig sein kann. Der Vorteil dieser Vorgehensweise liegt dabei darin, daß durch die Hinzunahme von zunächst nicht zur UWB gehörenden Variablen in die UWB ein schrittweises Berechnungsverfahren möglich ist. Die obige Aufteilung kann auch formal beschrieben werden durch die Matrix

$$\Psi := \text{Diag}\,[\psi_1, \dots, \psi_m] \tag{43}$$

mit

$$\psi_i := \begin{cases} -1 & \text{für} \quad i \in I \\ +1 & \text{für} \quad i \notin I \end{cases}, \qquad i = 1, \dots, m\,.$$

Später werden wir darum für die beiden Gruppen auch die Bezeichnungen

$$x_\Psi := \{\mathfrak{Z}_i \mid i \in \{1, \dots, m\}, \psi_i = -1\} \tag{44a}$$

und

$$y_\Psi := \{\mathfrak{Z}_j \mid j \in \{1, \dots, m\}, \psi_j = +1\} \tag{44b}$$

verwenden.

Seien entsprechend zur Aufteilung (I, J, K) nun $Z_i \in R^n$, $i = 1, \dots, m$, der Vektor der n Beobachtungen der Variablen $\mathfrak{Z}_i$ und

$$X_I := (Z_{i_1}, \dots, Z_{i_{m_1}}) \in \mathfrak{M}_{n \times m_1}$$

bzw.

$$Y_I := (Z_{i_{m_1+1}}, \dots, Z_{i_{m_1+m_2}}, Z_{i_{m_1+m_2+1}}, \dots, Z_{i_m}) \in \mathfrak{M}_{n \times (m_2+m_3)}\,.$$

Jeder Teilmenge I von $\{1, \dots, m\}$ sei dann ein lineares Modell

$$Y_I \circledsim [\mathfrak{M}^{m-m_1}(X_I) \times \mathcal{V}_A^{m-m_1}] \tag{45}$$

zugeordnet.

In [85] ist nun grundlegend für die schrittweise Berechnung der BLUE und der Residuen im Modell (43) die Verwendung des sogenannten *Pivotoperators*. Dazu soll hier nur folgendes bemerkt werden: Es sei

$$A = \left(\begin{array}{c:c} A_{11} & A_{12} \\ \hdashline A_{21} & A_{22} \end{array}\right) \in \mathfrak{M}_{m \times m} \tag{46}$$

mit $A_{11} \in \mathfrak{M}^{m_1}_{m_1 \times m_1}$. Dann ist der Pivotoperator $\mathcal{A}_I$: $\mathfrak{M}_{m \times m} \to \mathfrak{M}_{m \times m}$ definiert durch

$$\mathcal{A}_I\{A\} := \left(\begin{array}{c:c} A_{11}^{-1} & A_{11}^{-1}\,A_{12} \\ \hdashline -A_{21}\,A_{11}^{-1} & A_{22} - A_{21}\,A_{11}^{-1}\,A_{12} \end{array}\right). \tag{47}$$

Für beliebige Einteilungen Ψ von A ist unter Beachtung von (45) der Pivotoperator $\mathcal{A}_\Psi$ durch

$$\mathcal{A}_\Psi\{A\} := \mathcal{D}_\Psi^{-1} \mathcal{A}_I \mathcal{D}_\Psi\{A\} \tag{48}$$

definiert. Dabei ist $\mathcal{D}_\Psi$ ein sogenannter *Diagonalpermutationsoperator*, definiert für beliebige, durch Ψ festgelegte Einteilungen der Spalten- und Zeilenindizes in jeweils zwei Gruppen I und $\{1, \ldots, m\} \setminus I$, so daß in $\mathcal{D}_\Psi\{A\}$ die Spalten und Zeilen mit den in I liegenden Indizes als erste Spalten und Zeilen erscheinen.

Ausgangspunkt des Berechnungsverfahrens ist die Matrix

$$A := Z'\Lambda^{-1}Z\,, \qquad Z := (Z_1 \,\vdots\, \ldots \,\vdots\, Z_m)\,. \tag{49}$$

Ist nun

$$A_I := \mathcal{D}_\Psi\{A\} = \begin{pmatrix} X_I'\Lambda^{-1}X_I & X_I'\Lambda^{-1}Y_I \\ Y_I'\Lambda^{-1}X_I & Y_I'\Lambda^{-1}Y_I \end{pmatrix},$$

dann ist

$$\mathcal{A}_I\{A_I\} = \begin{pmatrix} U_I & B_I \\ -B_I' & Q_I \end{pmatrix}, \tag{50}$$

mit

$$U_I := (X_I'\Lambda^{-1}X_I)^{-1}\,, \tag{51}$$

$$B_I := U_I X_I'\Lambda^{-1}Y_I \tag{52}$$

und

$$Q_I := Y_I'(\Lambda^{-1} - \Lambda^{-1}X_I U_I X_I'\Lambda^{-1})\,Y_I\,. \tag{53}$$

Entsprechend kann auch die gegenüber (50) durch Permutation von Spalten und Zeilen veränderte Matrix

$$\mathcal{A}_\Psi\{A\} = \mathcal{D}_\Psi^{-1}\mathcal{A}_I\{A_I\} = \mathcal{D}_\Psi^{-1}\mathcal{A}_\Psi\mathcal{D}_\Psi\{A\} \tag{54}$$

berechnet werden. Aus (50) und (54) sind dann durch die Auswahl der entsprechenden Spalten und Zeilen die BLUE von B und die Residuen des entsprechenden Modelles ablesbar. Z. B. sind im Modell (45) B_I die BLUE für B und Q_I die dazugehörigen Residuen.

Der Vorteil dieser Vorgehensweise besteht nun darin, daß bei einem Wechsel einer Anzahl $\mathfrak{z}_{l_1}, \ldots, \mathfrak{z}_{l_k}$ von Variablen in bezug auf ihre Zugehörigkeit zu den Gruppen X_Ψ und Y_Ψ mit Hilfe von

$$\Psi^1 := \mathrm{Diag}\,[\psi_1^1, \ldots, \psi_m^1]\,,$$

$$\psi_i^1 := \begin{cases} -1 & \text{für} \quad i \in \{l_1, \ldots, l_k\} \\ +1 & \text{für} \quad i \notin \{l_1, \ldots, l_k\} \end{cases} \qquad i = 1, \ldots, m\,, \tag{55}$$

durch $X_{\Psi^1\Psi}$ und $Y_{\Psi^1\Psi}$ die neue Aufteilung definiert ist und für diese dann (54) *durch Hintereinanderanwendung von $\mathcal{A}_\Psi$ und $\mathcal{A}_{\Psi^1}$ auf A berechenbar ist.* Dies erkennt man leicht, wenn man beachtet, daß die neue Einteilung durch $\Psi^* := \Psi^1\Psi$ definiert ist und für Pivotoperatoren

$$\mathcal{A}_{\Psi^1}\mathcal{A}_\Psi = \mathcal{A}_{\Psi^1\Psi} = \mathcal{A}_{\Psi^*}$$

gilt.

Das angegebene Verfahren stellt somit ein schrittweises Verfahren dar, bei dem in jedem Schritt die Auswahl der unabhängigen und abhängigen Variablen verändert werden kann. Für die rechentechnische Umsetzung siehe [87] und [88].

Beispiel 2.5.5. Sei $Z := (x_1, \ldots, x_m, y)$ und $X_{I_1} := (x_1, \ldots, x_m)$ bzw. $X_{I_2} := (x_1, \ldots, x_{m-1})$. Dann ist $\Psi_1 := \mathrm{Diag}[-1, \ldots, -1, 1]$ bzw. $\Psi_2 = \mathrm{Diag}[-1, \ldots, -1, 1, 1]$ und $\Psi^1 = (+1, \ldots, +1, -1, -1)$ mit $\Psi_1 = \Psi^1\Psi_2$ bzw. $\Psi_2 = \Psi^1\Psi_1$. Im Modell $\boldsymbol{y} \circledsim [\mathcal{R}(X_{I_1}) \times \mathcal{V}_\Lambda]$ sind dann die BLUE und die Residuen definiert durch $\mathcal{A}_{\Psi_1}\{Z'\Lambda^{-1}Z\}$ und im Modell $\boldsymbol{y} \circledsim [\mathcal{R}(X_{I_2}) \times \mathcal{V}_\Lambda]$ durch die letzte Spalte und das letzte Diagonalelement der entsprechenden Teilmatrizen von $\mathcal{A}_{\Psi^1}\mathcal{A}_{\Psi_1}\{A\}$.

2.5.3. Schrittweise Regression

In diesem Abschnitt geben wir ein Verfahren der schrittweisen Schätzung der Regressionskoeffizienten an. Dabei wird der Zusammenhang mit der BLUE hergestellt und ein Vergleich der mittleren quadratischen Fehler beider Schätzverfahren angegeben.

Als schrittweise Regression wird dabei folgendes Verfahren verstanden:

Wir betrachten das multivariate lineare Modell

$$\boldsymbol{Y} \circledsim [\mathfrak{M}^p(X) \times \mathcal{V}^p_{I_n}] \tag{56}$$

mit der Eigenschaft $r[X] = k$. In diesem Modell nehmen wir für die Erwartungswerte der Zufallsgröße $\boldsymbol{Y}$ die folgende Zerlegung an:

$$E_\vartheta(\boldsymbol{Y}) = X_1B_1 + X_2B \qquad \text{mit} \qquad X = (X_1 \mid X_2),\ B = \begin{pmatrix} B_1 \\ \hdashline B_2 \end{pmatrix},$$

und $X_1 \in \mathfrak{M}^{(k_1)}_{n\times k_1}$, $X_2 \in \mathfrak{M}^{(k_2)}_{n\times k_2}$, $k = k_1 + k_2$. Für das kleinere Modell

$$\boldsymbol{Y} \circledsim [\mathfrak{M}^p(X_1) \times \mathcal{V}^p_{I_n}] \tag{57}$$

berechnet sich die BLUE für B_1 zu

$$\widetilde{B}_1 = (X_1'X_1)^{-1} X_1'Y. \tag{58}$$

Sieht man aber das Modell (56) als adäquat an, so kann man eine Schätzung $\widetilde{\boldsymbol{B}}_2$ für die zusätzliche Parametermatrix B_2 unter Berücksichtigung der bereits erhaltenen Schätzung $\widetilde{\boldsymbol{B}}_1$ für B_1 aus dem Ansatz $\boldsymbol{Y} - X_1\widetilde{\boldsymbol{B}}_1 = X_2B_2 + \boldsymbol{\varepsilon}$ als Kleinste-Quadrat-Schätzung gewinnen. Es ist dann

$$\widetilde{B}_2 = (X_2'X_2)^{-1} X_2'(Y - X_1\widetilde{B}_1) = (X_2'X_2)^{-1} X_2'M_1Y\,, \tag{59}$$

wobei $M_1 = I_n - X_1(X_1'X_1)^{-1} X_1'$ gesetzt ist.

Für das univariate ($p = 1$) lineare Modell wurde in [115] von R. J. Freund, R. W. Vail und C. W. Clunies-Ross sowie in [114] von A. S. Goldberger und D. B. Jochems die Verzerrung von $\widetilde{\boldsymbol{B}}_2$ untersucht und Tests für Hypothesen über B_2 angegeben. A. S. Goldberger diskutierte in [113] die Verzerrung von $\widetilde{\boldsymbol{B}}_1$. D. G. Kabe [117] gab die entsprechenden Verallgemeinerungen für das multivariate Modell an. In [118] verglich T. D. Wallace die mittleren quadratischen Fehler der Schätzungen $\widetilde{\boldsymbol{B}}_1$ und $\hat{\boldsymbol{B}}_1$ sowie $\widetilde{\boldsymbol{B}}_2$ und $\hat{\boldsymbol{B}}_2$ ($\hat{\boldsymbol{B}}_1$, $\hat{\boldsymbol{B}}_2$ BLUE für B_1 bzw. B_2 im Modell (56)) für den Spezialfall, daß nur zwei Regressoren ($k_1 = k_2 = 1$) im univariaten Modell vorliegen. F. K. Hwangh [116] verallgemeinerte diese Aussagen im univariaten Fall für beliebige k_1 und k_2.

In diesem Abschnitt entwickeln wir die Theorie der schrittweisen Regression, wie sie in [117] dargestellt ist, und verallgemeinern die Resultate aus [116] für das multivariate Modell.

Bei den schrittweisen Schätzungen $\tilde{\boldsymbol{B}}_1$ und $\tilde{\boldsymbol{B}}_2$ handelt es sich, wenn das Modell (56) adäquat ist, um Schätzungen, die i. allg. nicht erwartungstreu sind. Wir werden zunächst die Erwartungswerte dieser Schätzungen berechnen und Voraussetzungen angeben, unter denen diese Schätzungen im quadratischen Mittel besser sind als die besten linearen erwartungstreuen Schätzungen

$$\begin{pmatrix} \hat{B}_1 \\ \hat{B}_2 \end{pmatrix} = \begin{pmatrix} X_1'X_1 & X_1'X_2 \\ X_2'X_1 & X_2'X_2 \end{pmatrix}^{-1} (X_1 \mid X_2)' \, Y \, . \tag{60}$$

Zunächst führen wir einige heuristische Überlegungen an. Wenn die Matrix B_2 im Sinne einer später noch festzulegenden Norm groß ist, so begeht man einen systematischen Fehler, wenn man die Schätzung $\tilde{\boldsymbol{B}}_1$ verwendet. Bei großen Werten von B_2 wird also die Schätzung $\hat{\boldsymbol{B}}_1$ besser als die Schätzung $\tilde{\boldsymbol{B}}_1$ sein. Ist umgekehrt B_2 klein (etwa $B_2 = 0_{k_2 \times p}$), so kann die Vergrößerung des Schätzfehlers bei Verwendung des größeren Modells (56) eine stärkere Auswirkung auf den Gesamtfehler haben als der systematische Fehler, der entsteht, wenn man das zu kleine nichtadäquate Modell (57) wählt. In diesem Fall wird die Schätzung $\tilde{\boldsymbol{B}}_1$ der Schätzung $\hat{\boldsymbol{B}}_1$ überlegen sein. Wir werden im folgenden zeigen, daß die Schätzung $\tilde{\boldsymbol{B}}_1$ im Sinne des mittleren quadratischen Fehlers besser ist als die Schätzung $\hat{\boldsymbol{B}}_1$, solange der Vektor $\vec{B}_2$ im Inneren eines gewissen Ellipsoides Z_1 liegt, das den Nullpunkt enthält.

Da $\tilde{\boldsymbol{B}}_2$ stets näher am Nullpunkt liegende Schätzwerte als $\hat{\boldsymbol{B}}_2$ liefert (vgl. (64)), besitzt $\tilde{\boldsymbol{B}}_2$ für kleine Werte von B_2 einen kleineren systematischen Fehler als $\hat{\boldsymbol{B}}_2$. Wegen der gleichen kontrahierenden Eigenschaft ist auch der Schätzfehler bei allen Parametern ϑ von $\tilde{\boldsymbol{B}}_2$ kleiner als derjenige von $\hat{\boldsymbol{B}}_2$. Wir werden auch hier ein Ellipsoid Z_2 angeben, so daß $\tilde{\boldsymbol{B}}_2$ im Sinne des mittleren quadratischen Fehlers besser als $\hat{\boldsymbol{B}}_2$ ist, solange $\vec{B}_2$ in Z_2 liegt. Dabei enthält Z_2 wieder den Nullpunkt.

Offensichtlich ist die numerische Berechnung der schrittweisen Schätzungen $\tilde{\boldsymbol{B}}_1$ und $\tilde{\boldsymbol{B}}_2$ i. allg. einfacher als die der Schätzungen $\hat{\boldsymbol{B}}_1$ und $\hat{\boldsymbol{B}}_2$,da im ersten Fall die Inversion zweier Matrizen der Ordnung $k_1 \times k_1$ bzw. $k_2 \times k_2$ erforderlich ist, während man im 2. Fall die Inverse einer $k \times k$ Matrix zu bestimmen hat.

Unter Berücksichtigung von [A 1.20] erhalten wir

$$\hat{B}_1 = (X_1'X_1)^{-1} X_1'Y - (X_1'X_1)^{-1} X_1'X_2G^{-1}X_2'M_1Y \tag{61}$$

und

$$\hat{B}_2 = G^{-1}X_2'M_1Y \, , \tag{62}$$

wobei $G = X_2'M_1X_2$ gesetzt ist.

Für die schrittweisen Schätzungen gilt unter Berücksichtigung von (58) und (61) sowie (59) und (62)

$$\tilde{B}_1 = \hat{B}_1 + (X_1'X_1)^{-1} X_1'X_2\hat{B}_2 \, , \tag{63}$$

$$\tilde{B}_2 = (X_2'X_2)^{-1} (X_2'M_1X_2) \, \hat{B}_2 \, , \tag{64}$$

woraus sich nun leicht die Erwartungswerte der schrittweisen Schätzungen zu

$$E_\vartheta(\tilde{\boldsymbol{B}}_1) = B_1 + (X_1'X_1)^{-1} X_1'X_2B_2 , \tag{65}$$

$$E_\vartheta(\tilde{\boldsymbol{B}}_2) = (X_2'X_2)^{-1} X_2'M_1X_2B_2 \tag{66}$$

berechnen.

Im Falle $X_1'X_2 = 0_{k_1 \times k_2}$ (Block-orthogonale Regression) gilt $\tilde{\boldsymbol{B}}_1 = \hat{\boldsymbol{B}}_1$ und $\tilde{\boldsymbol{B}}_2 = \hat{\boldsymbol{B}}_2$. Für die Kovarianzmatrizen der Schätzungen gelten die folgenden Formeln:

$$D_\vartheta(\hat{\boldsymbol{B}}_1 \mid \hat{\boldsymbol{B}}_2) = \Sigma \otimes (X'X)^{-1} =$$

$$= \Sigma \otimes \begin{pmatrix} (X_1'X_1)^{-1} [I_{k_1} + X_1'X_2G^{-1}X_2'X_1(X_1'X_1)^{-1}] & -(X_1'X_1)^{-1} X_1'X_2G^{-1} \\ -G^{-1}X_2'X_1(X_1'X_1)^{-1} & G^{-1} \end{pmatrix} \tag{67}$$

$$D_\vartheta(\tilde{\boldsymbol{B}}_1 \mid \tilde{\boldsymbol{B}}_2) = \Sigma \otimes \begin{pmatrix} (X_1'X_1)^{-1} & 0_{k_1 \times k_2} \\ 0_{k_2 \times k_1} & (X_2'X_2)^{-1} G(X_2'X_2)^{-1} \end{pmatrix}. \tag{68}$$

Hieraus erhalten wir den

Satz 2.5.1. *Für alle* $\vartheta \in \Theta$ *gilt:*

a) $D_\vartheta(\hat{\boldsymbol{B}}_1) \geqq D_\vartheta(\tilde{\boldsymbol{B}}_1)$ *und* $D_\vartheta(\hat{\boldsymbol{B}}_2) \geqq D_\vartheta(\tilde{\boldsymbol{B}}_2)$,

b) $\operatorname{sp}[D_\vartheta(\hat{\boldsymbol{B}}_1 \mid \hat{\boldsymbol{B}}_2)] \geqq \operatorname{sp}[D_\vartheta(\tilde{\boldsymbol{B}}_1 \mid \tilde{\boldsymbol{B}}_2)]$,

c) $|D_\vartheta(\hat{\boldsymbol{B}}_Y \mid \hat{\boldsymbol{B}}_2)| \geqq |D_\vartheta(\tilde{\boldsymbol{B}}_1 \mid \tilde{\boldsymbol{B}}_2)|$.

Beweis.

a) Die Matrix G^{-1} ist als untere Teilmatrix einer positiv definiten Matrix positiv definit, weshalb die Matrix $(X_1'X_1)^{-1} X_1'X_2G^{-1}X_2'X_1(X_1'X_1)^{-1}$ positiv semidefinit ist. Daher ist $D_\vartheta(\hat{\boldsymbol{B}}_1) \geqq D_\vartheta(\tilde{\boldsymbol{B}}_1) \; \forall \vartheta \in \Theta$ erfüllt. Außerdem ist auch $D_\vartheta(\hat{\boldsymbol{B}}_2) \geqq D_\vartheta(\tilde{\boldsymbol{B}}_2)$. Denn da die Matrix

$$X_2'X_2 - G = X_2'X_1(X_1'X_1)^{-1} X_1'X_2 \tag{69}$$

positiv semidefinit ist, ist es auch die Matrix $(X_2'X_2)^{-1} (X_2'X_2 - G) (X_2'X_2)^{-1}$, d. h. $(X_2'X_2)^{-1} \geqq (X_2'X_2)^{-1} G(X_2'X_2)^{-1}$. Andererseits ist nach (69) auch $(X_2'X_2)^{-1} \leqq G^{-1}$ erfüllt, woraus

$$G^{-1} \geqq (X_2'X_2)^{-1} G(X_2'X_2)^{-1} \tag{70}$$

folgt.

b) Nach [A 1.57] gilt

$$\begin{aligned} &\operatorname{sp}[D_\vartheta(\hat{\boldsymbol{B}}_1 \mid \hat{\boldsymbol{B}}_2) - D_\vartheta(\tilde{\boldsymbol{B}}_1 \mid \tilde{\boldsymbol{B}}_2)] \\ &= \operatorname{sp}[\Sigma] (\operatorname{sp}[(X_1'X_1)^{-1}] + \operatorname{sp}[(X_1'X_1)^{-1} X_1'X_2G^{-1}X_2'X_1(X_1'X_1)^{-1}] \\ &\quad + \operatorname{sp}[G^{-1}] - \operatorname{sp}[(X_1'X_1)^{-1}] - \operatorname{sp}[(X_2'X_2)^{-1} G(X_2'X_2)^{-1}]) \\ &\geqq \operatorname{sp}[\Sigma] \operatorname{sp}[G^{-1} - (X_2'X_2)^{-1} G(X_2'X_2)^{-1}] \geqq 0 \end{aligned}$$

wegen (70).

c) Wegen (67) folgt nach [A 1.54] und [A 1.53]

$$\begin{aligned} |D_\vartheta(\hat{\boldsymbol{B}}_1 \mid \hat{\boldsymbol{B}}_2)| &= |\Sigma|^k \{|G^{-1}| \cdot |(X_1'X_1)^{-1} [I_{k_1} + X_1'X_2G^{-1}X_2'X_1(X_1'X_1)^{-1}] \\ &\quad - (X_1'X_1)^{-1} X_1'X_2G^{-1}X_2'X_1(X_1'X_1)^{-1}|\}^p \\ &= |\Sigma|^k (|G|^{-1} \cdot |X_1'X_1|^{-1})^p . \end{aligned}$$

Für die schrittweisen Schätzungen gilt nach (68)

$$|D_\vartheta(\tilde{\boldsymbol{B}}_1 \,\vdots\, \tilde{\boldsymbol{B}}_2)| = |\Sigma|^k \,(|G| \cdot |X_1'X_1|^{-1}\, |X_2'X_2|^{-2})^p \,.$$

Außerdem ist nach (69) $|G| \leqq |X_2'X_2|$ erfüllt, woraus die Behauptung unmittelbar folgt. ■

Die Eigenschaft $D_\vartheta(\hat{\boldsymbol{B}}_1 \,\vdots\, \hat{\boldsymbol{B}}_2) \geqq D_\vartheta(\tilde{\boldsymbol{B}}_1 \,\vdots\, \tilde{\boldsymbol{B}}_2)$ ist im allgemeinen nicht erfüllt. Denn notwendig für die positive Semidefinitheit einer Matrix $\begin{pmatrix} A_1 & A_{12} \\ A_{12}' & A_2 \end{pmatrix}$ mit positiv definiter Matrix A_1 ist die Bedingung $A_2 - A_{12}'A_1^{-1}A_{21} \geqq 0_{k_2 \times k_2}$, welche für

$$\Sigma \otimes \begin{pmatrix} A_1 & A_{12} \\ A_{12}' & A_2 \end{pmatrix} = D_\vartheta(\hat{\boldsymbol{B}}_1 \,\vdots\, \hat{\boldsymbol{B}}_2) - D_\vartheta(\tilde{\boldsymbol{B}}_1 \,\vdots\, \tilde{\boldsymbol{B}}_2)$$

z. B. dann verletzt ist, wenn $k_1 = k_2 = 1$ und $X_1'X_2 \neq 0_{k_1 \times k_2}$ gilt.

Da die schrittweisen Schätzungen $\tilde{\boldsymbol{B}}_1$ und $\tilde{\boldsymbol{B}}_2$ im allgemeinen nicht erwartungstreu sind, ist die Kovarianzmatrix der Schätzung kein sinnvolles Kriterium für die Güte der Schätzung. Wir betrachten deshalb im folgenden die mittleren quadratischen Fehler (Momentenmatrizen).

Wegen

$$E_\vartheta(\tilde{\boldsymbol{B}}_1) - B_1 = (X_1'X_1)^{-1}\, X_1'X_2B_2 \tag{71}$$

sowie

$$E_\vartheta(\tilde{\boldsymbol{B}}_2) - B_2 = -\,(X_2'X_2)^{-1}\, X_2'X_1(X_1'X_1)^{-1}\, X_1'X_2B_2 \tag{72}$$

folgt unter Berücksichtigung von (67) und (68)

$$\begin{aligned} &M_\vartheta^{B_1}(\hat{\boldsymbol{B}}_1) - M_\vartheta^{B_1}(\tilde{\boldsymbol{B}}_1) \\ &= \Sigma \otimes [(X_1'X_1)^{-1}\, X_1'X_2G^{-1}X_2'X_1(X_1'X_1)^{-1}] \\ &\quad - (I_p \otimes [(X_1'X_1)^{-1}\, X_1'X_2])\, \vec{B}_2\vec{B}_2'\, (I_p \otimes [(X_1'X_1)^{-1}\, X_1'X_2])' \\ &= (I_p \otimes [(X_1'X_1)^{-1}\, X_1'X_2])\, (\Sigma \otimes G^{-1} - \vec{B}_2\vec{B}_2')\, (I_p \otimes [(X_1'X_1)^{-1}\, X_1'X_2])' \end{aligned} \tag{73}$$

und

$$\begin{aligned} &M_\vartheta^{B_2}(\hat{\boldsymbol{B}}_2) - M_\vartheta^{B_2}(\tilde{\boldsymbol{B}}_2) = \Sigma \otimes G^{-1} - \Sigma \otimes [(X_2'X_2)^{-1}\, G(X_2'X_2)^{-1}] \\ &\quad - (I_p \otimes [(X_2'X_2)^{-1}\, X_2'X_1(X_1'X_1)^{-1}\, X_1'X_2])\, \vec{B}_2\vec{B}_2'\, (I_p \otimes [(X_2'X_2)^{-1}\, X_2'X_1(X_1'X_1)^{-1}\, X_1'X_2])' \\ &= \Sigma \otimes [G^{-1} - (X_2'X_2)^{-1}] + \Sigma \otimes [(X_2'X_2)^{-1}\, X_2'X_1(X_1'X_1)^{-1}\, X_1'X_2(X_2'X_2)^{-1}] + \\ &\quad + (I_p \otimes [(X_2'X_2)^{-1}\, X_2'X_1(X_1'X_1)^{-1}\, X_1'X_2])\, \vec{B}_2\vec{B}_2'\, (I_p \otimes [(X_2'X_2)^{-1}\, X_2'X_1(X_1'X_1)^{-1}\, X_1'X_2])' \\ &\geqq (I_p \otimes [(X_2'X_2)^{-1}\, X_2'X_1])\, (\Sigma \otimes [(X_1'X_1)^{-1}] - (I_p \otimes [(X_1'X_1)^{-1}\, X_1'X_2]) \times \\ &\quad \times \vec{B}_2\vec{B}_2'\, (I_p \otimes [(X_1'X_1)^{-1}\, X_1'X_2])'\, (I_p \otimes [(X_2'X_2)^{-1}\, X_2'X_1])' \,, \end{aligned} \tag{74}$$

da nach (69) der erste Summand der rechten Seite von (74) positiv semidefinit ist.

Wir haben deshalb den folgenden Satz bewiesen:

Satz 2.5.2.

a) $M_\vartheta^{B_1}(\hat{\boldsymbol{B}}_1) \gtreqless M_\vartheta^{B_1}(\tilde{\boldsymbol{B}}_1) \Leftrightarrow D_\vartheta(\hat{\boldsymbol{B}}_2) \gtreqless \vec{B}_2\vec{B}_2'$.

b) *Wenn* $D_\vartheta(\tilde{\boldsymbol{B}}_1) \geqq \overrightarrow{(E_\vartheta(\tilde{\boldsymbol{B}}_1) - B_1)}\, \overrightarrow{(E_\vartheta(\tilde{\boldsymbol{B}}_1) - B_1)}'$, *so gilt* $M_\vartheta^{B_2}(\hat{\boldsymbol{B}}_2) \geqq M_\vartheta^{B_2}(\tilde{\boldsymbol{B}}_2)$.

Die Bedingungen dafür, daß die schrittweisen Schätzungen $\widetilde{\boldsymbol{B}}_1$ und $\widetilde{\boldsymbol{B}}_2$ besser sind (im quadratischen Mittel) als die Schätzungen $\hat{\boldsymbol{B}}_1$ bzw. $\hat{\boldsymbol{B}}_2$ können nach [A 1.9] wie folgt äquivalent umgeformt umgeformt werden.

$$\text{a)}\ \vec{B}_2\vec{B}_2' \leqq \Sigma \otimes G^{-1} \Leftrightarrow \vec{B}_2'(\Sigma^{-1} \otimes G)\, \vec{B}_2 \leqq 1 \Leftrightarrow ||B_2||^2_{\Sigma^{-1}\otimes G} \leqq 1 \tag{75}$$

$$\text{b)}\ \overrightarrow{\left(E_\vartheta(\widetilde{\boldsymbol{B}}_1) - B_1\right)}\, \overrightarrow{\left(E_\vartheta(\widetilde{\boldsymbol{B}}_1) - B_1\right)}' \leqq \Sigma \otimes (X_1'X_1)^{-1}$$

$$\Leftrightarrow$$

$$(I_p \otimes [(X_1'X_1)^{-1} X_1'X_2])\, \vec{B}_2\vec{B}_2'(I_p \otimes [(X_1'X_1)^{-1} X_1'X_2])' \leqq \Sigma \otimes (X_1'X_1)^{-1}$$

$$\Leftrightarrow$$

$$\vec{B}_2'(I_p \otimes [X_2'X_1(X_1'X_1)^{-1}])\, (\Sigma^{-1} \otimes X_1'X_1)\ \ (I_p \otimes [(X_1'X_1)^{-1} X_1'X_2])\, \vec{B}_2 \leqq 1$$

$$\Leftrightarrow$$

$$\vec{B}_2'(\Sigma^{-1} \otimes [-G + X_2'X_2])\, \vec{B}_2 \leqq 1$$

$$\Leftrightarrow$$

$$||\vec{B}_2||^2_{\Sigma^{-1} \otimes [-G + X_2'X_2]} \leqq 1\,. \tag{76}$$

Damit sind nun die eingangs erwähnten Ellipsoide angegeben. Die Schätzung $\widetilde{\boldsymbol{B}}_1$ ist im quadratischen Mittel besser (nicht schlechter) als die Schätzung $\hat{\boldsymbol{B}}_1$, falls

$$\vec{B}_2 \in Z_1 := \{b \in R^{k_2 p} \mid ||b||^2_{\Sigma^{-1}\otimes G} \leqq 1\}\,,$$

und die Schätzung $\widetilde{\boldsymbol{B}}_2$ ist besser als die Schätzung $\hat{\boldsymbol{B}}_2$, falls

$$\vec{B}_2 \in Z_2 := \{b \in R^{k_2 p} \mid ||b||^2_{\Sigma^{-1} \otimes [-G + X_2'X_2]} \leqq 1\}\,.$$

Bemerkung 1. Wird nur eine zusätzliche Einflußgröße in den Modellansatz aufgenommen ($k_2 = 1$), so reduziert sich die Behauptung a) des Satzes 2.5.2 im univariaten ($p = 1$) linearen Modell zu

$$M_\vartheta^{\beta_1}(\hat{\boldsymbol{\beta}}_1) \gtreqless M_\vartheta^{\beta_1}(\tilde{\boldsymbol{\beta}}_1) \Leftrightarrow \frac{\beta_2^2}{D_\vartheta(\hat{\boldsymbol{\beta}}_2)} \lesseqgtr 1\,.$$

Im Fall b) gilt dann mit $R_{21}^2 := (X_2'X_2)^{-1} X_2'X_1(X_1'X_1)^{-1} X_1'X_2$

$$M_\vartheta^{\beta_2}(\hat{\boldsymbol{\beta}}_2) \gtreqless M_\vartheta^{\beta_2}(\tilde{\boldsymbol{\beta}}_2) \Leftrightarrow \frac{2 - R_{21}^2}{R_{21}^2} \gtreqless \frac{\beta_2^2}{D_\vartheta(\hat{\boldsymbol{\beta}}_2)}$$

(zum Beweis siehe F. K. Hwangh [116] oder T. D. Wallace [118]).

Bemerkung 2. Für $k_2 = 1$ und $p = 1$ kann man somit bei jedem Parameter ϑ entscheiden, welche der Schätzungen besser ist. Im allgemeinen kann aber bei beliebigen k_2 und p eine solche Effizienzaussage nicht bei jedem Parameter ϑ getroffen werden.

Bemerkung 3. Wenn das multivariate lineare Modell $\boldsymbol{Y} \circleddash [\mathfrak{M}^p(X) \times \mathcal{V}^p_\Lambda]$ mit bekannter Matrix $\Lambda \in \mathfrak{M}_n^>$ vorliegt, so bleiben alle Aussagen erhalten, wenn man das transformierte Modell $\boldsymbol{Y} := \Lambda^{-1/2}\boldsymbol{Y} \circleddash [\mathfrak{M}^p(\Lambda^{-1/2}X) \times \mathcal{V}^p_{I_n}]$ betrachtet. Es ist dann

$$\widetilde{B}_1 = (X_1'\Lambda^{-1}X_1)^{-1} X_1'\Lambda^{-1}Y\,,$$

$$\widetilde{B}_2 = (X_2'\Lambda^{-1}X_2)^{-1} X_2'\Lambda^{-1}(Y - X_1\widetilde{B}_1)$$

und

$$\hat{B} = \begin{pmatrix} \hat{B}_1 \\ \cdots \\ \hat{B}_2 \end{pmatrix} = (X'\Lambda^{-1}X)^{-1} X'\Lambda^{-1}Y .$$

Außerdem bleiben alle Aussagen richtig, wenn man an Stelle von B lineare Parameter der Form $\gamma = CB$ (insbesondere $M = XB$) schätzen will. Als schrittweise Schätzungen werden dann die Schätzungen $\tilde{\gamma}_1 = C\tilde{B}_1$ und $\tilde{\gamma}_2 = C\tilde{B}_2$ verwendet. Als beste lineare erwartungstreue Schätzungen für γ werden die Schätzungen $\hat{\gamma}_1 = C\hat{B}_1$ und $\hat{\gamma}_2 = C\hat{B}_2$ benutzt.

Bemerkung 4. Wir haben bisher ein Zwei-Schrittverfahren betrachtet. Wenn das Modell $[\mathfrak{M}^p(X) \times \mathcal{V}^p_\Lambda]$ die Zerlegung $E_\vartheta(Y) = X_1B_1 + \cdots + X_mB_m$ gestattet, so haben die schrittweisen Schätzungen die Form

$$\begin{aligned} \tilde{B}_1 &= (X_1'X_1)^{-1} X_1'Y \\ \tilde{B}_2 &= (X_2'X_2)^{-1} X_2'(Y - X_1\tilde{B}_1) \\ &\vdots \\ \tilde{B}_m &= (X_m'X_m)^{-1} X_m'(Y - X_1\tilde{B}_1 - X_2\tilde{B}_2 - \cdots - X_{m-1}\tilde{B}_{m-1}) . \end{aligned}$$

Diese Schätzungen stimmen mit den besten linearen erwartungstreuen Schätzungen überein, falls Block-orthogonale Regression vorliegt ($X_i'X_j = 0_{k_i \times k_j}$ für alle $i \neq j$).

Bemerkung 5. Rekursive Berechnung der BLUE bei Modellvergrößerung

a) Die Schätzung $\tilde{B}_1 = (X_1'\Lambda^{-1}X_1)^{-1} X_1'\Lambda^{-1}Y$ ist BLUE für B_1 im Modell $[\mathfrak{M}^p(X_1) \times \mathcal{V}^p_\Lambda]$. Ist aber tatsächlich das Modell $[\mathfrak{M}^p(X_1 \mid X_2) \times \mathcal{V}^p_\Lambda]$ adäquat, so erhalten wir die BLUE im erweiterten Modell, indem wir in den Formeln (61), (62) und (63) X_1 durch $\tilde{X}_1 = \Lambda^{-1/2}X_1$ und X_2 durch $\tilde{X}_2 = \Lambda^{-1/2}X_2$ ersetzen in der folgenden Form:

$$\hat{B}_1 = \tilde{B}_1 - (X_1'\Lambda^{-1}X_1)^{-1} X_1'\Lambda^{-1}X_2\hat{B}_2 , \tag{77}$$

$$\hat{B}_2 = \tilde{G}^{-1}X_2'\Lambda^{-1/2}\tilde{M}_1\Lambda^{-1/2}Y . \tag{78}$$

Hierbei ist

$$\tilde{M}_1 = I_n - \Lambda^{-1/2}X_1(X_1'\Lambda^{-1}X_1)^{-1} X_1'\Lambda^{-1/2}$$

und

$$\tilde{G} = X_2'\Lambda^{-1/2}\tilde{M}_1\Lambda^{-1/2}X_2$$

gesetzt.
In die Berechnung der Schätzungen $\hat{B}_1$ und $\hat{B}_2$ gehen also die bereits aus der Berechnung der Schätzung $\tilde{B}_1$ bekannten Matrizen $(X_1'\Lambda^{-1}X_1)^{-1}$ und $(X_1'\Lambda^{-1}X_1)^{-1} X_1'\Lambda^{-1}$ ein, so daß nicht alle numerischen Rechnungen neu durchgeführt werden müssen.

b) Ist das Modell $[\mathfrak{M}^p(X_1 \mid X_2) \times \mathcal{V}^p_\Lambda]$ singulär $\big(r[(X_1 \mid X_2)] < k_1 + k_2\big)$, so kann die Darstellung aus a) wegen

$$\tilde{B}_1 = \tilde{X}_1^+\Lambda^{-1/2}Y$$

und

$$\begin{pmatrix} \hat{B}_1 \\ \cdots \\ \hat{B}_2 \end{pmatrix} = (\tilde{X}_1 \mid \tilde{X}_2)^+ \Lambda^{-1/2}Y$$

mit

$$\tilde{X}_1 = \Lambda^{-1/2}X_1 \quad \text{und} \quad \tilde{X}_2 = \Lambda^{-1/2}X_2$$

nach [A 1.22] wie folgt verallgemeinert werden:

$$\hat{B}_1 = \tilde{\boldsymbol{B}}_1 - \tilde{X}_1^+ \tilde{X}_2 J Y\,, \tag{79}$$

$$\hat{B}_2 = JY \tag{80}$$

mit

$$J := [L^+ + (I_{k_2} - L^+L)\, K\tilde{X}_2' \tilde{X}_1^{+\prime} \tilde{X}_1^+ \,(I_n - \tilde{X}_2 L^+)]\, \Lambda^{-1/2}$$

und

$$L := [I_n - \tilde{X}_1 \tilde{X}_1^+]\, \tilde{X}_2$$

sowie

$$K := \{I_{k_2} + [\tilde{X}_1^+ X_2\, (I_{k_2} - L^+L)]' \,[\tilde{X}_1^+ X_2\, (I_{k_2} - L^+L)]\}^{-1}\,.$$

Die Formeln (77) und (78) stimmen mit (79) und (80) im regulären Fall $\big(r[(X_1 \,\vdots\, X_2)] = k_1 + k_2\big)$ überein. Dann gilt nämlich wegen

$$L = \tilde{M}_1 \Lambda^{-1/2} X_2 \quad \text{und} \quad L^+L = I_{k_2}\,,$$

$$J = L^+ \Lambda^{-1/2} = \tilde{G}^{-1} X_2' \Lambda^{-1/2} \tilde{M}_1 \Lambda^{-1/2}\,.$$

2.6. Quasilineare Regressionsfunktionen und orthogonale Polynome

Ein spezielles univariates Modell erhält man, wenn die Parameter einer sogenannten quasilinearen Regressionsfunktion

$$f(x) = f_\beta(x) = \sum_{j=1}^{k} \beta_j g_j(x) = \beta' g(x) \tag{1}$$

bzw. ihre Werte $f(x)$ zu schätzen sind. Die Funktionen g_j seien dabei bekannte, auf einer nichtleeren Menge $\mathscr{X}$ definierte reelle Funktionen, $\beta_j \in R^1$ unbekannte Parameter.

Durch Beobachtungen $\boldsymbol{y}_i$, $i = 1, \dots, n$ an den Punkten $x_i \in \mathscr{X}$ des Versuchsplanes

$$\xi = (x_1, x_2, \dots, x_n) \tag{2}$$

ergibt sich unter den Voraussetzungen

$$E_\vartheta \boldsymbol{y}_i = \beta' g(x_i)\,, \qquad \operatorname{cov}_\vartheta (\boldsymbol{y}_i, \boldsymbol{y}_j) = \sigma^2 \lambda_{ij} \tag{3}$$

mit den Matrizen $G^\xi = \big((g_j(x_i)\big) \in \mathfrak{M}_{n\times k}$, $\Lambda = ((\lambda_{ij})) \in \mathfrak{M}_n^>$ das lineare Modell

$$\boldsymbol{y} \,\widetilde{\in}\, [\mathscr{R}(G^\xi) \times \mathcal{V}_\Lambda] = \{P_\vartheta \mid \vartheta = (\beta, \sigma, \varkappa_n) \in R^k \times R^> \times \mathscr{K}_n\}\,. \tag{4}$$

Dieses Modell ist im Vorhergehenden untersucht worden.

Ist der Versuchsplan ξ in dem Sinn „orthogonal", daß

$$K = G^{\xi\prime} \Lambda^{-1} G^\xi = \operatorname{Diag}[d_1, \dots, d_k] \in \mathfrak{M}_k^>$$

eine Diagonalmatrix ist, dann ist die Berechnung der GLSE $\hat{\gamma} = C\hat{\beta} + c$ für einen linearen Parameter $\gamma = C\beta + c$ wegen der Formel

$$\hat{\beta}_j = d_j^{-1} \sum_{i=1}^{n} g_j(x_i) \left[\sum_{l=1}^{n} \lambda^{il} y_l\right] \tag{5}$$

($j = 1, \dots, k$) besonders einfach und erfordert außer $\Lambda^{-1} = ||\lambda^{il}||$ keine direkte Matrizeninversion. Es ist darüber hinaus $D_\vartheta\hat{\beta} = \sigma^2 D^{-1}$, d. h. die Zufallsgrößen $\hat{\beta}_j$ sind unkorreliert und haben die Varianz $\sigma^2 d_j^{-1}$. Für festes $x \in \mathcal{X}$ hat die GLSE $\hat{f}(x)$ für $f(x)$ die Gestalt $\hat{f}(x) = \hat{\beta}' g(x)$, und ihre Varianz ist

$$D_\vartheta \hat{f}(x) = \sum_{j=1}^{k} d_j^{-1} [g_j(x)]^2 .$$

Die Residualsumme hat auch eine einfache Gestalt:

$$S = ||y - G^\xi \hat{\beta}||^2_{\Lambda^{-1}} = ||y||^2_{\Lambda^{-1}} - \sum_{j=1}^{k} \hat{\beta}_j^2 d_j . \tag{6}$$

Da $\hat{\beta}_j$ nur von g_j aber nicht von den anderen Funktionen g_l abhängt, ist der Übergang vom Modell (4) zu einem anderen Modell

$$\boldsymbol{y} \circledsim [\mathcal{R}(\tilde{G}^\xi) \times \mathcal{V}_\Lambda] ,$$

das durch Hinzufügen von Funktionen $g_{k+1}, \dots, g_{\tilde{k}}$ oder Streichung von Funktionen $g_{\tilde{k}+1}, \dots, g_k$ im Ansatz (1) bei Wahrung der Orthogonalität ($\tilde{G}^{\xi\prime}\tilde{G}^\xi = \operatorname{Diag}[d_1, \dots, d_{\tilde{k}}]$) entsteht, sehr einfach. Die GLSE für den Koeffizient β_j irgendeiner Funktion g_j ($j = 1, \dots, \tilde{k}$) im neuen Ansatz ist auch durch (5) gegeben, und die neue Residualsumme

$$\tilde{S} = S - \sum_{j=k+1}^{\tilde{k}} \hat{\beta}_j^2 d_j \quad \text{bzw.} \quad \tilde{S} = S - \sum_{j=\tilde{k}+1}^{k} \hat{\beta}_j^2 d_j$$

ergibt sich leicht aus S. Derartige Modelländerungen sind Grundlage von Verfahren der Modellwahl, z. B. bei Aufwärts- und Abwärtsverfahren (vgl. O. Bunke [96]).

Ist der Versuchsplan nicht orthogonal, dann kann man durch eine Reparametrisierung eine Zurückführung auf den orthogonalen Fall mit seinen praktischen Vorteilen erreichen. Man wählt $W \in \mathfrak{M}^k_{k \times k}$ mit

$$W'KW = D = \operatorname{Diag}[d_1, \dots, d_k]$$

(vgl. [A 1.6]). Dann gilt mit $\alpha = W^{-1}\beta$, $h = Wg$ und $H^\xi = ((h_j(x_i)))$

$$f(x) = \beta' g(x) = \alpha' h(x) , \quad H^{\xi\prime} \Lambda^{-1} H^\xi = D ,$$

d. h., im entsprechenden reparametrisierten Modell $\boldsymbol{y} \circledsim [\mathcal{R}(H^\xi) \times \mathcal{V}_\Lambda]$ ist ξ ein orthogonaler Versuchsplan. Für die GLSE von α gilt analog zu (5) $\hat{\alpha} = D^{-1} H^{\xi\prime} \Lambda^{-1} y$ und für die GLSE $\hat{\beta}$ für β im Modell (4) wegen $K^{-1} = WD^{-1}W'$

$$\hat{\beta} = W\hat{\alpha} = K^{-1} G^{\xi\prime} \Lambda^{-1} y .$$

Für die Residualsumme erhalten wir

$$S = ||y - G^\xi \hat{\beta}||^2_{\Lambda^{-1}} = ||y - H^\xi \hat{\alpha}||^2_{\Lambda^{-1}} = ||y||^2_{\Lambda^{-1}} - \sum_{j=1}^{k} \hat{\alpha}_j^2 d_j .$$

$W = \begin{pmatrix} W'_1 \\ \vdots \\ W'_k \end{pmatrix}$ kann immer als untere Dreiecksmatrix gewählt werden, wobei die Zeilen W'_j rekursiv berechnet werden können (vgl. [A 1.6]).

Somit ist es möglich, den Ansatz (1) durch Hinzufügen von Funktionen g_j $(j = k + 1, k + 2, \ldots)$ schrittweise zu erweitern und die zusammen mit den bereits errechneten Zeilen W'_j $(j = 1, \ldots, k)$ erforderlichen Zeilen W'_j $(j = k+1, k + 2, \ldots)$ schrittweise zu berechnen.

Die Orthogonalität eines Versuchsplanes ξ ist äquivalent zur Orthogonalität der Funktionen g_j $(j = 1, \ldots, k)$ bezüglich des Skalarproduktes

$$(g, \tilde{g}) = \sum_{i,l=1}^{n} \lambda^{il} g(x_i)\, \tilde{g}(x_l)\,. \tag{7}$$

Die oben beschriebene Reparametrisierung bedeutet, daß die Funktion f als Linearkombination der orthogonalen Funktionen $h_1, \ldots, h_k$ dargestellt wird. Für spezielle Funktionen g_j $(j = 1, \ldots, k)$ und spezielle Versuchspläne ξ gibt es unter der im folgenden immer gemachten Voraussetzung $\Lambda = I_n$ explizite Formeln oder Tabellen für dazugehörige orthogonale Funktionen bzw. für die benötigten Werte

$$h_j(x_i)\,, \quad d_j = \sum_{i=1}^{n} [h_j(x_i)]^2\,.$$

2.6.1. Polynomialmodelle

Sind die Funktionen g_j die Potenzen von x

$$g_j(x) = x^{j-1} \quad (j = 1, \ldots, k;\, x \in \mathcal{X} = R^1)\,,$$

dann gilt folgende Formel für die eindeutig bestimmten orthogonalen Polynome

$$h_j(x) = W'_j g(x) = \sum_{l=1}^{j} w_{jl} x^{l-1}$$

mit Leitkoeffizienten $w_{jj} = 1$:

$$h_{j+1}(x) = |A_j|^{-1} \begin{vmatrix} a_0 & a_1 & \cdots & a_j \\ a_1 & a_2 & \cdots & a_{j+1} \\ \vdots & \vdots & & \\ a_{j-1} & a_j & \cdots & a_{2j-1} \\ 1 & x & & x^j \end{vmatrix}, \quad a_l = \sum_{i=1}^{n} x_i^l\,, \quad |A_j| = \begin{vmatrix} a_0 & a_1 & \cdots & a_j \\ a_1 & a_2 & \cdots & a_{j+1} \\ \vdots & \vdots & & \\ a_j & a_{j+1} & \cdots & a_{2j} \end{vmatrix}$$

(vgl. [90]). Entsprechend der obigen Formel oder der rekursiven Berechnung der Vektoren W_j gibt es Formeln zur rekursiven Berechnung der orthogonalen Polynome h_j (vgl. [90]).

2.6.2. Äquidistante Versuchspunkte

Für Versuchspläne $\xi = (x_1, \ldots, x_n)$ mit äquidistanten Versuchspunkten $(x_{i+1} - x_i = \Delta;\, i = 1, \ldots, n - 1)$ können Tabellen orthogonaler Polynome verwendet werden. Die Tabellenwerke [91] und [92] enthalten für Versuchspläne mit

$$x_i = -(n - 1)/2 + i - 1 \quad (i = 1, \ldots, n) \tag{8}$$

die Werte $\tilde{h}_j(x_i)$, d_j und λ_j für diejenigen orthogonalen Polynome $\tilde{h}_j = \lambda_j h_j$, die sich aus den in 1. betrachteten Polynomen h_j durch Multiplikation mit einer geeigneten Zahl λ_j

ergeben. λ_j ist die kleinste ganze Zahl, bei der die Werte $\lambda_j h_j(x_i)$ $(i = 1, \dots, n)$ ganzzahlig sind. Weitere Tabellen sind in [90] zitiert.

Für Versuchspunkte $x_j = j - 1$ $(j = 1, \dots, n)$ findet man entsprechende orthogonale Polynome mit ganzzahligen Werten bei x_j in [92].

Aus den obigen orthogonalen Polynomen $\tilde{h}_j$ für die Versuchspunkte (8) lassen sich orthogonale Polynome $\bar{h}_j$ für einen beliebigen Versuchsplan ξ mit äquidistanten Versuchspunkten x_i berechnen:

$$\bar{h}_j(x) = \tilde{h}_j([x - x_1]\, \Delta^{-1} - (n - 1)/2)\,.$$

2.6.3. Tschebyscheff-Polynome

Für Versuchspläne mit sogenannten Tschebyscheff-Punkten

$$x_i = -\cos\,[(2n + 2)^{-1}\,(2i - 1)\,\pi] \qquad (i = 1, \dots, n)$$

gilt für beliebige Polynome p_1 und p_2 mit Grad m_1 bzw. m_2 und $m_1 + m_2 < 2n - 1$ und mit

$$(p, \tilde{p}) = \int\limits_{-1}^{1} \frac{p(x)\,\tilde{p}(x)}{\pi\sqrt{1 - x^2}}\,\mathrm{d}x; \tag{9}$$

$$(p_1, p_2) = n^{-1} \sum_{i=1}^{n} p_1(x_i)\, p_2(x_i)\,, \tag{10}$$

(vgl. [93]). Nun sind die Tschebyscheff-Polynome $h_0(x) = 1$, $h_1(x) = x$, $h_j(x) = 2xh_{j-1}(x) - h_{j-2}(x)$ $(j = 2, \dots)$ bekanntlich (vgl. [95]) orthogonal bezüglich des Skalarproduktes (9). Wegen (10) gilt dies auch für das Skalarprodukt (7) (vgl. auch [94]).

2.6.4. Trigonometrische Regression

Für Versuchspunkte

$$x_i = i2\pi/n\,, \qquad i = 1, \dots, n\,,$$

sind die Funktionen

$$\sin jx \quad \text{und} \quad \cos lx \qquad (j = 0, 1, \dots, m \leqq n/2;\, l = 1, 2, \dots, q < n/2)$$

bekanntlich orthogonal bez. (7) (vgl. [95]). Wählt man also einen Ansatz (1), bei dem die Funktionen g aus dieser Funktionenklasse sind, dann ist ξ ein orthogonaler Versuchsplan.

2.7. Approgression

2.7.1. Beste „lineare erwartungstreue" Approximation von Regressionsfunktionen

In diesem Abschnitt betrachten wir die Aufgabe, eine unbekannte Funktion f_0 aus einer gegebenen Funktionenklasse $\mathcal{F}$ auf der Grundlage eines Regressionsexperimentes in einer Funktionenklasse $\mathcal{G}$ zu approximieren.

Es sei $\mathcal{F} := \left\{f \mid f = \sum_{i=1}^{k} a_i\alpha_i, \alpha_i \in R^p\right\}$ mit gegebenen reellen Funktionen $a_i\colon \mathcal{X} \to R^1$, $i = 1, \dots, k$, und $\mathcal{G} := \left\{g \mid g = \sum_{i=1}^{r} b_i\beta_i, \beta_i \in R^p\right\}$ mit gegebenen reellen Funktionen $b_i\colon \mathcal{X} \to R^1$, $i = 1, \dots, r$. Ferner sei

$$\mathcal{H} := \left\{h \mid h = \sum_{i=1}^{r+k} c_i\gamma_i, \gamma_i \in R^p\right\}$$

mit $(c_1, \dots, c_{r+k}) = (a_1, \dots, a_k, b_1, \dots, b_r)$. Auf $\mathcal{H}$ sei ein Semiskalarprodukt $(\cdot, \cdot)$ definiert, und es sei $||h||^2 = (h, h)$. Die Funktionen $c_1, \dots, c_{r+k}$ seien linear unabhängig.

Unser Ziel ist es, ein festes unbekanntes $f_0 \in \mathcal{F}$ durch ein Element $g_0 \in \mathcal{G}$ so zu approximieren, daß $||f_0 - g_0||^2$ möglichst klein ist.

Wir nehmen an, daß die Approximation auf der Grundlage der Beobachtung einer Zufallsgröße $\boldsymbol{Y} = (\boldsymbol{Y}^1 \mid \cdots \mid \boldsymbol{Y}^n)'$ mit der Eigenschaft $E\{\boldsymbol{Y}^i\} = f(x_i)$ durchgeführt werden soll. Unter den entsprechenden Annahmen über die Kovarianzstruktur von $\boldsymbol{Y}$ genügt $\boldsymbol{Y}$ also einem linearen Modell

$$\boldsymbol{Y} \circledsim [\mathfrak{M}^p(A) \times \mathcal{V}_A^p] = \{P_\vartheta \mid \vartheta = (f, \Sigma, \varkappa) \in \mathcal{F} \times \mathfrak{M}_p^> \times \mathcal{K}_{n \times p}\} \tag{1}$$

mit

$$A = \left(a_j(x_i)\right)_{j=1,\dots,k}^{i=1,\dots,n}, \qquad \Xi f = \left(\left(f_j(x_i)\right)\right)_{j=1,\dots,p}^{i=1,\dots,n},$$

$$P(B) = \varkappa(\{Y \in \mathfrak{M}_{n \times p} \mid \Xi f + A^{1/2} Y \Sigma^{1/2} \in B\}), \qquad B \in \mathfrak{B}^{n \times p}.$$

Wir haben also eine Problemstellung, in der eine Kombination eines Approximationsproblems mit einem Regressionsproblem vorliegt. Wir wollen derartige Problemstellungen auch kurz Approgressionsprobleme nennen. Die Formulierung eines Approgressionsproblems anstelle eines reinen Regressionsproblems (vgl. Beispiel 1.3.3) kann verschiedenartige Gründe haben. Es kann beispielsweise für spätere Auswertungen zweckmäßig sein, eine möglichst einfache Gestalt der Funktion anzusetzen. Es können aber auch die reinen Schätzeigenschaften den Ansatz eines von $\mathcal{F}$ verschiedenen $\mathcal{G}$ als zweckmäßig erscheinen lassen. Formuliert man beispielsweise das Problem auf der Grundlage der Parametrisierung der Funktion f als parametrisches Schätzproblem, so führen schlechte a priori Kenntnisse über f zu einer großen Anzahl unbekannter Parameter (großes k). Schätzt man die unbekannten Parameter und wählt als Schätzung für f die entsprechende Funktion mit geschätzten Parametern, so können die Schätzfehler sehr groß sein. In derartigen Fällen setzt man bei praktischen Anwendungen der Regressionsanalyse häufig ein Modell mit einer geringen Anzahl von Parametern an, d. h., man arbeitet mit einem „inadäquaten" Modell und nimmt einen „systematischen" Fehler in Kauf. Bei der Wahl von $\mathcal{G}$ muß zwischen Schätzfehler und systematischem Fehler abgewogen werden (vgl. z. B. O. Bunke [96]). Wir nehmen hier $\mathcal{G}$ als fest gewählt an.

Wir bezeichnen als „Projektion" von f auf $\mathcal{G}$ die Menge

$$P[f] := \left\{g \in \mathcal{G} \mid ||f - g|| = \min_{g' \in \mathcal{G}} ||f - g'||\right\}.$$

Im formulierten Approgressionsproblem sind wir also an der Bestimmung von $P[f_0]$ interessiert. Es ist offensichtlich, daß die Information aus dem linearen Modell (1) nicht in jedem Fall ausreichend zu sein braucht, um daraus sinnvolle Aussagen über $P[f_0]$ ableiten zu können. Die Beobachtungen enthalten nur Information über gewisse Funktionswerte, nicht aber über den gesamten Funktionsverlauf. Es kann Nichtidentifizierbarkeit vorliegen, unterschiedliche f, die auch zu unterschiedlichen $P[f]$ führen, brauchen im allgemeinen nicht zu Unterschieden in den entsprechenden Verteilungen der Beobachtungen zu führen.

Wir benutzen die folgenden Bezeichnungen:

$$B = \left(\left(b_j(x_t)\right)\right)_{j=1,\dots,r}^{t=1,\dots,n}$$

und für $f = \sum_{i=1}^{k} a_i \alpha_i$ mit $\alpha_i = (\alpha_{i1}, \dots, \alpha_{ip})'$, $i = 1, \dots, k$:

$$\alpha(f) = \left((\alpha_{ij})\right)_{j=1,\dots,p}^{i=1,\dots,k}$$

und entsprechend für

$$g = \sum_{i=1}^{r} b_i \beta_i \quad \text{mit} \quad \beta_i = (\beta_{i1}, \dots, \beta_{ip})', \qquad i = 1, \dots, r:$$

$$\beta(g) = \left((\beta_{ij})\right)_{j=1,\dots,p}^{i=1,\dots,r}.$$

Weiterhin definieren wir den Operator $\Xi\colon \mathcal{H} \to \mathfrak{M}_{n\times p}$ durch

$$\Xi h := \left(\left(h_j(x_i)\right)\right)_{j=1,\dots,p}^{i=1,\dots,n} \quad \text{und} \quad \vec{\Xi} h := \overrightarrow{\Xi h}.$$

Wir haben dann

$$\Xi f = A\alpha(f), \qquad \Xi g = B\beta(g)$$

und

$$\vec{\Xi} f = [I_p \otimes A]\,\vec{\alpha}(f), \qquad \vec{\Xi} g = [I_p \otimes B]\,\vec{\beta}(g).$$

Der folgende Satz gibt über die Verteilungsidentifizierbarkeit (vgl. 1.5.1) von $P[f_0]$ im Modell (1) Auskunft.

Satz 2.7.1 *Die Projektion $P[f_0]$ von f_0 auf $\mathcal{G}$ ist im Modell (1) genau dann verteilungsidentifizierbar, wenn eine Funktion $m\colon \mathcal{F} \to R^{\geqq}$, ein linearer Operator Q: $\mathfrak{M}^p(A) \to \mathfrak{M}^p(B)$ und eine Seminorm s in $\mathfrak{M}^p(B)$ existieren, mit*

$$\|f - g\|^2 = m(f) + s^2(Q\Xi f - \Xi g) \qquad (f \in \mathcal{F}, g \in \mathcal{G}). \tag{2}$$

Beweis.

a) Es sei (2) erfüllt. Wir nehmen an, daß zu zwei verschiedenen f und f' die zugehörigen Verteilungen von Y übereinstimmen, wonach auch $\Xi f = \Xi f'$ gilt. Damit ist aber auch

$$s(Q\Xi f - \Xi g) = s(Q\Xi f' - \Xi g)$$

für beliebiges $g \in \mathcal{G}$, und so wird wegen (2) $\|f - g\|$ durch dieselben $g \in \mathcal{G}$ minimiert. Also gilt $P[f] = P[f']$, und die Identifizierbarkeit von $P[f_0]$ ist gezeigt.

b) Es sei $\tilde{\mathcal{G}}$ die Menge aller Äquivalenzklassen in $\mathcal{G}$ bezüglich $\|\cdot\|$:

$$\tilde{\mathcal{G}} = \{\tilde{g} \mid g \in \mathcal{G}\}, \; \tilde{g} = \{g' \in \mathcal{G} \mid \|g - g'\| = 0\}.$$

Entsprechend bezeichne $\|\cdot\|_\sim$ die in $\tilde{\mathcal{G}}$ induzierte Norm: $\|\tilde{g}\|_\sim = \|g\|$, $\forall g \in \tilde{g}$, und $\tilde{\mathfrak{M}}^p(B)$ bezeichne die Menge aller induzierten Äquivalenzklassen in $\mathfrak{M}^p(B)$:

$$\tilde{\mathfrak{M}}^p(B) = \{\tilde{\Xi}\tilde{g} \mid g \in \mathcal{G}\} \quad \text{mit } \tilde{\Xi}\tilde{g} = \{\Xi g' \mid g' \in \tilde{g}\}.$$

Wir nehmen nun an, daß $P[f_0]$ verteilungsidentifizierbar ist. Dann hat die Gleichheit der Verteilungen bzw. die Gleichheit $\Xi f = \Xi f'$ die Gleichheit $P[f] = P[f']$ zur Folge. Also existiert eine Funktion $\varphi\colon \mathfrak{M}^p(A) \to \tilde{\mathcal{G}}$ mit $\varphi(\Xi f) = P[f]$. Es sei $\tilde{s}$ die durch $\tilde{s}(\tilde{\Xi}\tilde{g}) = \|\tilde{g}\|_\sim$ in $\tilde{\mathfrak{M}}^p(B)$ definierte Seminorm. Der Operator $\tilde{Q}\colon \mathfrak{M}^p(A) \to \tilde{\mathfrak{M}}^p(B)$, der durch $\tilde{Q}\Xi f = \tilde{\Xi}\varphi(\Xi f)$ definiert ist, ist linear. Schließlich gilt

$$\|f - g\|^2 = \|\tilde{f} - P[f]\|_\sim^2 + \|P[f] - \tilde{g}\|_\sim^2. \tag{3}$$

Wir bezeichnen

$$m(f) := ||\tilde{f} - P[f]||^2_{\sim} . \tag{4}$$

Weiterhin gilt nach Definition von φ und $\tilde{Q}$

$$||P[f] - \tilde{g}||^2_{\sim} = \tilde{s}^2(\tilde{\Xi}(P[f] - \tilde{g})) = \tilde{s}^2(\tilde{\Xi}\varphi(\Xi f) - \tilde{\Xi}\tilde{g}) = \tilde{s}^2(\tilde{Q}\Xi f - \tilde{\Xi}g) . \tag{5}$$

Es sei nun $\{\varphi_1, \dots, \varphi_\lambda\}$ eine Basis in $\mathfrak{M}^p(A)$, und es seien $\psi_i \in \mathfrak{M}^p(B)$, $i = 1, \dots, \varkappa$, derart, daß $\{\tilde{\psi}_1, \dots, \tilde{\psi}_\varkappa\}$ eine Basis in $\tilde{\mathfrak{M}}^p(B)$ bildet. Mit

$$\tilde{Q}\varphi_i = \sum_{j=1}^{\varkappa} \tilde{q}_{ij}\tilde{\psi}_j , \quad i = 1, \dots, \lambda ,$$

sei der lineare Operator Q: $\mathfrak{M}^p(A) \to \mathfrak{M}^p(B)$ folgendermaßen definiert:

$$Q\varphi_i = \sum_{j=1}^{\varkappa} \tilde{q}_{ij}\psi_j , \quad i = 1, \dots, \lambda ,$$

und für $\Xi f = \sum_{i=1}^{\lambda} w_i^f \varphi_i$

$$Q\Xi f = \sum_{i=1}^{\lambda} w_i^f Q\varphi_i .$$

In $\mathfrak{M}^p(B)$ definieren wir die Seminorm s durch

$$s(\Xi g) = \tilde{s}(\tilde{\Xi}\tilde{g}) = ||g|| .$$

Wegen $\widetilde{(Q\Xi f)} = \tilde{Q}\Xi f$ gilt nach der Definition von s:

$$\tilde{s}^2(\tilde{Q}\Xi f - \tilde{\Xi}\tilde{g}) = s^2(Q\Xi f - \Xi g) . \tag{6}$$

Mit (3), (4), (5) und (6) ist die Darstellung (2) gezeigt. ∎

Bemerkung. Es sei die Seminorm $\vec{s}$ auf $\mathcal{R}(I_p \otimes B)$ durch $\vec{s}(\vec{\Xi g}) = s(\Xi g)$ definiert. Wegen der Linearität von Q gibt es eine Matrix $\bar{Q} \in \mathfrak{M}_{pn \times pn}$ mit

$$\overrightarrow{Q\Xi f} = \bar{Q}\vec{\Xi f} \quad \text{und} \quad s(Q\Xi f - \Xi g) = \vec{s}(\overrightarrow{Q\Xi f} - \vec{\Xi g}) .$$

Die Beziehung (2) wurde für den univariaten Fall von H. Bunke in [97] als sog. Reduzierbarkeitsbedingung für das Approgressionsproblem formuliert, und später wurde diese Bedingung von H. Bunke und O. Bunke in [98] für ein allgemeines Modell, das das multivariate Modell als Spezialfall enthält, als notwendige und hinreichende Bedingung für die Verteilungsidentifizierbarkeit von $P[f_0]$ erkannt.

Wir setzen im weiteren immer die Verteilungsidentifizierbarkeit von $P[f_0]$ voraus, nehmen zunächst an, daß Q und s fest gewählt seien, behandeln das zugehörige Entscheidungsproblem und diskutieren anschließend die Wahl von Q.

Wir formulieren das Approgressionsproblem als Entscheidungsproblem mit Entscheidungsraum $\mathcal{G}$, mit einer Verlustfunktion $||f - g||^2$ und mit dem Risiko $R(\delta, \vartheta) = E_\vartheta\{||\delta(\boldsymbol{Y}) - f||^2\}$ für eine Entscheidungsfunktion δ. Wir führen nun die Klasse der zugelassenen Entscheidungsfunktionen ein. Es sei

$$D := \{d: \mathfrak{M}_{n\times p} \to \mathcal{R}(I_p \otimes A) \mid \exists U \in \mathfrak{M}_{pn\times pn}: d(Y) = U\vec{Y}, \forall Y \in \mathfrak{M}_{n\times p}\} \tag{7}$$

und

$$\mathcal{D} := \{\delta: \mathfrak{M}_{n\times p} \to \mathcal{G} \mid \vec{\Xi}\delta \in D, s(E_\vartheta \Xi\delta(\boldsymbol{Y}) - Q\Xi f) = 0, \vartheta \in \Theta\} . \tag{8}$$

Wir wählen also solche Entscheidungsfunktionen, deren Einschränkungen auf den Versuchsplan linear in Y sind und die in einem verallgemeinerten Sinn erwartungstreu $\left(E_\vartheta \Xi\delta(\boldsymbol{Y}) \in \Xi P[f]\right)$ für $P[f_0]$ sind. Es sei weiterhin

$$\mathcal{D}^* := \{\delta\colon \mathfrak{M}_{n\times p} \to \mathcal{S} \mid \Xi\delta = Q\hat{M}\} \tag{9}$$

mit Q aus (2) und wobei $\hat{M} = P^{A^{-1}}_{\mathfrak{R}(A)} Y$ die BLUE von $E_\vartheta Y = \Xi f$ ist (vgl. Satz 2.1.2).

Optimale Entscheidungsfunktionen im formulierten Approgressionsproblem werden im folgenden Satz charakterisiert:

Satz 2.7.2. *Unter* (2) *ist jedes* $\delta^* \in \mathcal{D}^*$ *eine gleichmäßig beste Entscheidungsfunktion in* $\mathcal{D}$.

Beweis. Zu der Seminorm s aus (2) gibt es eine Matrix $S \in \mathfrak{M}^{\geqq}_{np}$ mit

$$\vec{s}(\vec{M}) = s(M) = \|\vec{M}\|_S, \qquad M \in \mathfrak{M}^p(B). \tag{10}$$

Die Erwartungstreuebedingung $s(E_\vartheta \Xi\delta - Q\Xi f) = 0$, $\vartheta \in \Theta$, aus (8) ist dann äquivalent zu

$$\vec{s}(U\vec{\Xi f} - \overrightarrow{Q\Xi f}) = \|(U - \bar{Q})\,(I_p \otimes A)\,\overrightarrow{\alpha(f)}\|_S = 0, \qquad f \in \mathcal{F},$$

(und mit $\bar{Q}$ aus der Bemerkung), also äquivalent zu

$$S(U - \bar{Q})\,(I_p \otimes A) = 0_{pn\times pk}. \tag{11}$$

(11) ist äquivalent zu

$$U = \bar{Q} + V(I_p \otimes AA^-) + C \tag{12}$$

mit

$$V \in \mathcal{V} := \{\bar{V} \in \mathfrak{M}_{pn\times pn} \mid S\bar{V}\,(\bar{I}_p \otimes A) = 0_{pn\times pk}\}.$$

und

$$C \in \mathcal{C} := \{\bar{C} \in \mathfrak{M}_{pn\times pn} \mid \bar{C}(I_p \otimes A) = 0_{pn\times pk}\}.$$

Also gilt wegen $\|V(I_p \otimes AA^-)\|_S = 0$ und (2):

$$\min_{\delta\in\mathcal{D}} R(\vartheta, \delta) = m(f) + \min_{C\in\mathcal{C}} E_\vartheta \|\bar{Q}\vec{\Xi} f - (\bar{Q} + C)\,\vec{Y}\|^2_S. \tag{13}$$

Andererseits gilt: $\Xi\delta$ ist erwartungstreu für $Q\Xi f$

$$\left(E_\vartheta \Xi\delta = U\overrightarrow{A\alpha(f)} = \overrightarrow{Q\Xi f} = \bar{Q}\overrightarrow{A\alpha(f)}, \forall\, \vartheta \in \Theta\right)$$

dann und nur dann, wenn U von der Form

$$U = \bar{Q} + C, \qquad C \in \mathcal{C}$$

ist. Demnach wird das Minimum in (13) für jedes $\delta^* \in \mathcal{D}^*$ erreicht, da $\Xi\delta^*$ die BLUE für Ξf ist. ■

Bemerkung. Legen wir anstelle des Modells (1) ein normales Modell $Y \,(\sim)\, N[\mathfrak{M}^p(A) \otimes \mathcal{V}^p_A]$ zugrunde, so gilt die Optimalität der Entscheidungsfunktionen $\delta^* \in \mathcal{D}^*$ sogar in der größeren Klasse aller verallgemeinert erwartungstreuen Entscheidungsfunktionen, d. h., anstelle der Linearität in (7) wird nur die Meßbarkeit der Abbildung gefordert. Der Beweis kann analog zum obigen Satz mit Hilfe der Resultate aus 2.1.3 geführt werden (vgl. H. Bunke [97]).

Wir bestimmen nun unter einigen zusätzlichen Voraussetzungen eine explizite Matrixdarstellung des Operators Q. Wir nehmen an, daß das Skalarprodukt $(\cdot, \cdot)$ in $\mathcal{H}$ die Gestalt

$$(\varphi, \psi) = \sum_{i,j=1}^{p} h_{ij}\langle \varphi_i, \psi_j \rangle, \qquad \varphi = (\varphi_1, \dots, \varphi_p)', \qquad \psi \in \mathcal{H} \tag{14}$$

besitzt, wobei $\langle \cdot, \cdot \rangle$ ein Skalarprodukt in $\mathcal{L}\{c_1, \dots, c_{r+k}\}$ und $H = \left((h_{ij})\right)_{j=1,\dots,p}^{i=1,\dots,p} \in \mathfrak{M}_p^{\geqq}$ ist. Wir führen noch einige Bezeichnungen ein:

$$T_1 = I_p \otimes \overline{T}_1, \qquad \overline{T}_1 = \begin{pmatrix} 0_{k\times r} \\ \cdots \\ I_{r\times r} \end{pmatrix},$$

$$T_2 = I_p \otimes \overline{T}_2, \qquad \overline{T}_2 = \begin{pmatrix} I_{k\times k} \\ \cdots \\ 0_{r\times k} \end{pmatrix},$$

$$M_0 = H \otimes M, \qquad M = \left((\langle c_i, c_j \rangle)\right)_{j=1,\dots,r+k}^{i=1,\dots,r+k},$$

$$M_r = \left((\langle c_i, c_j \rangle)\right)_{j=k+1,\dots,k+r}^{i=k+1,\dots,k+r}, \qquad M_{r,k+r} = \left((\langle c_i, c_j \rangle)\right)_{j=1,\dots,k+r}^{i=k+1,\dots,k+r},$$

$$M_{r,k} = \left((\langle c_i, c_j \rangle)\right)_{j=1,\dots,k}^{i=k+1,\dots,k+r}.$$

Satz 2.7.3. *Es gelte* (14), *und es sei* $r[B] = r$. *Existiert eine Lösung* $J \in \mathfrak{M}_{n\times n}$ *der Gleichung*

$$BM_r^+ M_{r,k} = JA, \tag{15}$$

dann ist $P[f_0]$ *verteilungsidentifizierbar, und bei geeigneter Wahl von* m *und* s *genügt der Operator* $Q: QV = JVH^+H$, $V \in \mathfrak{M}^p(A)$ *der Bedingung* (2) *aus Satz* 2.7.1. *Bei* $r[A] = k$ *und* $r[H] = p$ *gilt* $QV = Q_0 V$ *mit der Matrix*

$$Q_0 = BM_r^+ M_{r,k}(A'A)^{-1} A'. \tag{16}$$

Beweis. Es sei $f = \sum_{i=1}^{r+k} c_i \gamma_i(f) \in \mathcal{F}$ und $g = \sum_{i=1}^{r+k} c_i \gamma_i(g) \in \mathcal{G}$. Mit $\Gamma = \left((\gamma_{i\lambda})\right)_{\lambda=1,\dots,p}^{i=1,\dots,r+k}$ können

$$\vec{\Gamma}(f) \in \{T_2\vec{\alpha} \mid \vec{\alpha} \in R^{kp}\} \tag{17}$$

und

$$\vec{\Gamma}(g) \in \{T_1\vec{\beta} \mid \vec{\beta} \in R^{rp}\} \tag{18}$$

gewählt werden. Damit erhalten wir

$$\begin{aligned} \|f - g\|^2 &= \Big\|\sum_{i=1}^{r+k} [\gamma_i(f) - \gamma_i(g)]\, c_i\Big\|^2 = \sum_{i,j=1}^{r+k} ([\gamma_i(f) - \gamma_i(g)]\, c_i, [\gamma_j(f) - \gamma_j(g)]\, c_j) \\ &= \sum_{i,j=1}^{r+k} \sum_{\lambda,\varkappa=1}^{p} h_{\lambda\varkappa}[\gamma_{i\lambda}(f) - \gamma_{i\lambda}(g)]\, \langle c_i, c_j \rangle\, [\gamma_{j\varkappa}(f) - \gamma_{j\varkappa}(g)] = \|\vec{\Gamma}(f) - \vec{\Gamma}(g)\|_{M_0}^2. \end{aligned} \tag{19}$$

Aus (18) und (19) folgt

$$\|f - g\|^2 = m(f) + \|T_1 K\vec{\Gamma}(f) - \vec{\Gamma}(g)\|_{M_0}^2 \tag{20}$$

mit

$$m(f) = \|\vec{\Gamma}(f) - T_1 K\vec{\Gamma}(f)\|_{M_0}^2,$$

wobei $T_1 K \vec{\Gamma}(f)$ eine Projektion von $\vec{\Gamma}(f)$ auf $\mathcal{R}(T_1)$ bezüglich der Norm $||\cdot||_{M_0}$ ist. K kann dabei als

$$K = (T_1' M_0 T_1)^+ T_1' M_0 = H^+ H \otimes M_r^+ M_{r,k+r} \tag{21}$$

gewählt werden.

Mit der Bezeichnung $\psi = M_0^{1/2} T_1 [I_p \otimes (B'B)^{-1} B']$ haben wir unter Berücksichtigung von (18)

$$q := M_0^{1/2} \vec{\Gamma}(g) = M_0^{1/2} T_1 T_1' \vec{\Gamma}(g) = \psi[I_p \otimes B]\, T_1' \Gamma(g) = \psi \vec{\Xi g} \tag{22}$$

und wegen (15), (17) und (21) gilt

$$t := M_0^{1/2} T_1 K \vec{\Gamma}(f) = \psi[I_p \otimes B]\, K \vec{\Gamma}(f) = \psi[I_p \otimes B]\, K T_2 \vec{\alpha}(f)$$
$$= \psi[H^+ H \otimes J]\,[I_p \otimes A]\, \vec{\alpha}(f) = \psi[H^+ H \otimes J]\, \vec{\Xi f} = \psi \overrightarrow{Q \Xi f}. \tag{23}$$

Aus (22) und (23) folgt mit der Bezeichnung $\Phi = \psi' \psi = [H \otimes B(B'B)^{-1} M_r (B'B)^{-1} B']$

$$||T_1 K \vec{\Gamma}(f) - \vec{\Gamma}(g)||_{M_0}^2 = (t - q)' (t - q) = ||\overrightarrow{Q\Xi f} - \vec{\Xi g}||_\Phi^2 . \tag{24}$$

Aus (20) und (24) folgt (2) mit $s(M) = ||\vec{M}||_\Phi$. ■

Nach den Sätzen 2.7.2 und 2.7.3 ist unter den entsprechenden Voraussetzungen und bei $r[A] = k$ ein $\delta^* \in \mathcal{D}$ mit der Einschränkung auf den Versuchsplan

$$\Xi \delta^* = B M_r^+ M_{r,k} [A' \Lambda^{-1} A]^{-1} A' \Lambda^{-1} Y H^+ H \tag{25}$$

eine gleichmäßig beste Entscheidungsfunktion in $\mathcal{D}$. Bezeichnen wir die i-te Zeile von M_r^+ mit μ_i, so hat δ^* die Gestalt

$$\delta^* = \sum_{i=1}^{r} b_i \beta_i^* \quad \text{mit } \beta_i^{*\prime} = \mu_i M_{r,k} (A' \Lambda^{-1} A)^{-1} A' \Lambda^{-1} Y H^+ H . \tag{26}$$

Das Skalarprodukt $(\cdot, \cdot)$ könnte beispielsweise eine Integraldarstellung besitzen, so daß die Verlustfunktion die folgende Gestalt hat:

$$||f - g||^2 = \int_{\mathcal{X}} ||f(x) - g(x)||^2 \, d\mu(x)$$

mit einem gewissen Maß μ über $\mathcal{X}$.

Für einen einfachen Spezialfall ergibt sich eine Optimalitätseigenschaft der im inadäquaten Modell

$$Y \,(\widetilde{=})\, [\mathfrak{M}^p(B) \times \mathcal{V}_\Lambda^p] = \{P_\vartheta \mid \vartheta = (f, \Sigma, \varkappa) \in \mathcal{F} \times \mathfrak{M}_p^> \times \mathcal{K}\} \tag{27}$$

berechneten GLSE, die wir auch kurz ILSE nennen. Es sei

$$||f - g||^2 = ||\vec{\Xi f} - \vec{\Xi g}||_{H \otimes \Lambda^{-1}}^2 .$$

Wir führen für $\psi \in \mathcal{H}$ die folgende Bezeichnung ein:

$$\Xi \psi =: [\psi_1^\xi \mid \cdots \mid \psi_p^\xi], \quad \psi_i^\xi = (\psi_i(x_1), \ldots, \psi_i(x_m))' .$$

Dann wird der Abstand $||\cdot||$ gerade durch das Skalarprodukt $(\varphi, \psi) = \sum_{i,j=1}^{p} h_{ij} (\varphi_i^\xi)' \Lambda^{-1} \psi_j^\xi$ erzeugt. Dann gilt

$$M_r = \left(\left((b_i^\xi)' \Lambda^{-1} b_j^\xi \right) \right)_{j=1,\ldots,r}^{i=1,\ldots,r} = B' \Lambda^{-1} B$$

und

$$M_{r,k} = \left(\left((b_i^\xi)' \Lambda^{-1} a_j \right) \right)_{j=1,\ldots,k}^{i=1,\ldots,r} = B' \Lambda^{-1} A .$$

Es sei $r[H] = p$, also $H^+H = I_p$. (25) nimmt dann die folgende Gestalt an:

$$\Xi\delta^* = P^{A^{-1}}_{\mathfrak{R}(B)} P^{A^{-1}}_{\mathfrak{R}(A)} Y$$

und im Falle $\mathcal{G} \subset \mathcal{F}$ gilt $\mathfrak{R}(B) \subset \mathfrak{R}(A)$, und somit

$$\Xi\delta^* = P^{A^{-1}}_{\mathfrak{R}(B)} Y .$$

Bezeichnen wir mit $\tilde{\beta}$ die GLSE für β im Modell (27), so gilt im betrachteten Spezialfall

$$\delta^* = \sum_{i=1}^{r} b_i \tilde{\beta}_i , \tag{28}$$

d. h., die Verwendung der ILSE ist also in diesem Fall in dem Sinn gerechtfertigt, daß sie eine optimale Approximation ergibt.

Eine Verallgemeinerung des Approgressionsproblems für den Fall, daß Y Werte in einem separablen HILBERT-Raum annimmt, wurde von H. BUNKE und H. LÄUTER in [99] untersucht.

2.7.2. Minimax Approximation von Regressionsfunktionen

Für den Fall reeller Funktionen ($p = 1$) und einer L^2-Norm wurde von I. PETERSEN [100] eine Minimax-Lösung des Approgressionsproblems diskutiert. Von H. LÄUTER [101] wurde das entsprechende Optimierungsproblem auf ein in Spezialfällen einfacher lösbares Ungleichungssystem zurückgeführt.

Die Räume $\mathcal{F}$ und $\mathcal{G}$ seien wie im vorangegangenen Abschnitt lineare Funktionenräume mit endlicher Dimension. Der Abstand im Funktionenraum $\mathcal{H}$ sei jetzt durch das Semiskalarprodukt $(h, k) = \int_{\mathcal{X}} h(x)\, k(x)\, \mu(\mathrm{d}x)$ mit einem geeigneten Maß μ definiert. Dabei wird die quadratische μ-Integrierbarkeit über $\mathcal{X}$ aller auftretenden Funktionen vorausgesetzt.

Es seien $\mathcal{F}_0 = \mathcal{F} \cap \mathcal{G}$ und $\mathcal{F}_1$ bzw. $\mathcal{F}_2$ die orthogonalen Komplemente von $\mathcal{F}_0$ in $\mathcal{F}$ bzw. in $\mathcal{G}$. Die Dimension von $\mathcal{F}_i$ sei r_i, und $\varphi_i = (\varphi_{i1}, \dots, \varphi_{ir_i})'$ seien jetzt Vektorfunktionen, deren Komponenten die zugrundegelegte Basis in $\mathcal{F}_i$ bilden. M_{ik} bezeichne die Matrix

$$M_{ik} := \int_{\mathcal{X}} \varphi_i(x)\, \varphi_k'(x)\, \mu(\mathrm{d}x) . \tag{29}$$

Wir nehmen die Orthonormalität des Basissystems an:

$$M_{00} = I_{r_0} , \quad M_{11} = I_{r_1} , \quad M_{22} = I_{r_2} , \quad M_{10} = 0_{r_1 \times r_0} , \quad M_{20} = 0_{r_2 \times r_0} . \tag{30}$$

Jedes $f \in \mathcal{F}$ hat also eine Darstellung

$$f = \alpha' a = c_0' \varphi_0 + c_1' \varphi_1 ,$$

und jedes $g \in \mathcal{G}$ hat eine Darstellung

$$g = \beta' b = c_0' \varphi_0 + c_2' \varphi_2 .$$

Mit $\Phi_i := \left(\varphi_{ij}(x_t)\right)_{j=1,\dots,r_i}^{t=1,\dots,n}$, $A = (\Phi_0, \Phi_1)$ und $B = (\Phi_0, \Phi_2)$ haben wir $\Xi f = A\alpha$ und $\Xi g = B\beta$.

Für die Beobachtungen setzen wir jetzt ein univariates lineares Modell

$$y \ominus [\mathcal{R}(A) \times \mathcal{V}_{I_n}] = \{P_\vartheta \mid \vartheta = (f, \sigma^2, \varkappa) \in \Theta = \mathcal{F} \times R^> \times \mathcal{K}_n\} \quad (31)$$

voraus. Wir nehmen $r[A] = r_0 + r_1 = k \leqq n$ an.

Im Unterschied zu Abschnitt 2.7.1 lassen wir jetzt auch solche Entscheidungsfunktionen zu, welche die Erwartungstreue aus (8) nicht erfüllen. Wir haben also als Menge der zugelassenen Entscheidungsfunktionen:

$$\tilde{\mathfrak{D}} := \{\delta: R^n \to \mathcal{G} \mid \exists U \in \mathfrak{M}_{n\times n}: \Xi\delta = Uy\} . \quad (32)$$

Die Minimax-Lösung wird für einen eingeschränkten Parameterbereich gesucht. Es sei für $\varrho > 0$

$$\Theta_\varrho := \{\vartheta \in \Theta \mid \inf_{g\in\mathcal{G}} \|f - g\| < \varrho\sigma\} . \quad (33)$$

Dann diskutieren wir im weiteren die Lösung δ_m des folgenden Minimax-Problems:

$$\min_{\delta\in\tilde{\mathfrak{D}}} \max_{\vartheta\in\Theta_\varrho} R[\delta, \vartheta] = \max_{\vartheta\in\Theta_\varrho} R[\delta_m, \vartheta] , \quad (34)$$

wobei

$$R[\delta, \vartheta] = E_\vartheta\{\|\delta(y) - f\|^2\}$$

ist.

Mit $P_{01} \in \mathfrak{M}_{r_0\times r_1}$ und $P_{21} = \mathfrak{M}_{r_2\times r_1}$ benutzen wir die folgenden Bezeichnungen:

$$N_{ij} := \Phi_i'\Phi_j , \quad N_1 := N_{11} - N_{12}N_{00}^{-1}N_{01} ,$$

$$X := \begin{pmatrix} P_{01} \\ \hdashline M_{21} - P_{21} \end{pmatrix} (I_{r_1} - M_{12}M_{21})^{-1/2}$$

und das Funktional

$$\mathcal{J}(P_{01}, P_{21}) := \operatorname{sp}\left[\begin{pmatrix} N_{00}^{-1}N_{01} - P_{01} \\ \hdashline P_{21} \end{pmatrix} N_1^{-1} \begin{pmatrix} N_{00}^{-1}N_{01} - P_{01} \\ \hdashline P_{21} \end{pmatrix}\right] + \varrho^2\lambda_{\max}[X'X] .$$

Dann gilt der folgende Satz (vgl. I. Petersen [5]):

Satz 2.7.4. *Gilt*

$$\min_{P_{01}, P_{21}} \mathcal{J}(P_{01}, P_{21}) = \mathcal{J}(P_{01}^*, P_{21}^*) , \quad (35)$$

so erfüllt

$$\delta_m = b' \begin{pmatrix} I_{r_0} & P_{01}^* \\ \hdashline 0_{r_2\times r_0} & P_{21}^* \end{pmatrix} (A'A)^{-1} A'y$$

die Minimax-Bedingung (34).

Beweis. Die Bedingungen δ: $R^n \to \mathcal{G}$ und $\Xi\delta = Uy$ aus (32) ergeben für U die Forderung $Uy \in \mathcal{R}(B)$, $y \in R^n$ oder nach Bildung des Erwartungswertes

$$UAc = Bp(\alpha) , \quad (36)$$

wobei $p(\alpha)$ ein von α abhängiger r-dimensionaler Vektor ist. Wegen der Linearität der linken Seite von (36) in α gilt auch $p(\alpha) = P\alpha$ mit $P \in \mathfrak{M}_{r\times r}$, und wir erhalten

$$UA = BP \tag{37}$$

als Bedingung an U. Weiterhin gilt

$$\inf_{g\in\mathcal{G}} \|f - g\|^2 = c_1'(I_{r_1} - M_{12}M_{21})\, c_1 \,. \tag{38}$$

Wegen (37) und (38) können wir mit

$$\mathcal{U}(P) = \{U \in \mathfrak{M}_{n\times n} \mid UA = BP\}\,,$$

$$\mathcal{C}_\varrho = \left\{\alpha \in R^k \mid \alpha = \begin{pmatrix} c_0 \\ \vdots \\ c_1 \end{pmatrix} \in R^k\,, \quad c_1'(I_{r_1} - M_{12}M_{21})\, c_1 \leqq \varrho^2\right\}$$

und $\Xi^{-1}U =: L'$ die linke Seite von (34) auch folgendermaßen schreiben:

$$\min_{P\in\mathfrak{M}_{r\times r}} \min_{U\in\mathcal{U}(P)} \max_{\alpha\in\mathcal{C}_{\varrho\sigma}} \int_{\mathfrak{X}} E_\vartheta(L'y - \alpha'a)^2\, \mu(\mathrm{d}x)\,. \tag{39}$$

Unter Berücksichtigung von (30) erhält man

$$\int_{\mathfrak{X}} E_\vartheta(L'y - \alpha'a)^2\, \mu(\mathrm{d}x) = \sigma^2 \int_{\mathfrak{X}} L'L\mu(\mathrm{d}x) + \alpha'\left[P'P - 2P'\begin{pmatrix} I_{r_0} & 0_{r_0\times r_2} \\ 0_{r_2\times r_0} & M_{21}\end{pmatrix} + I_{r_0+r_1}\right]\alpha\,. \tag{40}$$

Mit der Bezeichnung $P = \begin{pmatrix} P_{00} & P_{01} \\ P_{20} & P_{21}\end{pmatrix}$ erhält man als notwendige Bedingung für die Beschränktheit von (39)

$$P_{00} = I_{r_0} \quad \text{und} \quad P_{20} = 0_{r_2\times r_0}\,.$$

Damit erhalten wir aus (40)

$$\int_{\mathfrak{X}} E_\vartheta(L'y - \alpha'a)^2\, \mu(\mathrm{d}x) = \sigma^2 \int_{Q} L'L\mu(\mathrm{d}x) + c_1'\Phi c_1 \tag{41}$$

mit

$$\Phi = \begin{pmatrix} P_{01} \\ P_{21} - M_{21}\end{pmatrix}' \begin{pmatrix} P_{01} \\ P_{21} - M_{21}\end{pmatrix} + (I_{r_1} - M_{12}M_{21})\,.$$

Wegen

$$\max_{c_1:c_1'(I_{r_1}-M_{12}M_{21})c_1\leqq\varrho\sigma} c_1'\Phi c_1 = \sigma^2\varrho^2 + \sigma^2\varrho^2\lambda_{\max}[X'X] \tag{42}$$

und

$$\begin{aligned}\min_{L:L'=\Xi^{-1}U,U\in\mathcal{U}(P)} \int_{\mathfrak{X}} L'L\mu(\mathrm{d}x) &= \mathrm{sp}\,[P(A'A)^{-1}A'] \\ &= \mathrm{sp}\left[N_{00}^{-1} + \begin{pmatrix} N_{00}^{-1}N_{01} - P_{01} \\ P_{21}\end{pmatrix} N_0^{-1} \begin{pmatrix} N_{00}^{-1}N_{01} - P_{01} \\ P_{21}\end{pmatrix}'\right]\end{aligned} \tag{43}$$

folgt aus (42) die Behauptung. Dabei wird das Minimum in (43) für

$$L = A(A'A)^{-1}P'b \quad \text{oder} \quad U = BP(A'A)^{-1}A'$$

angenommen. ■

Bemerkung. Fordert man die „Erwartungstreue" für die beste Approximation, d. h. $E_\vartheta\Xi\delta(y) = \Xi P[f]$ (vgl. (8)), so erhält man an Stelle von (37) als Nebenbedingung für die Optimierung die Bedingung

$$UA\alpha = B\begin{pmatrix} I_{k_0} & 0_{k_0+r_2} \\ 0_{r_1+k_0} & M_{12}\end{pmatrix}\alpha\,, \quad \alpha \in R^k\,.$$

Durch diese Nebenbedingung ist also P eindeutig bestimmt, und es ist $X = 0_{r_0 \times r_1}$. Als Lösung erhalten wir also die Approgressionslösung aus 2.7.1

$$U_m = B \begin{pmatrix} I_{r_0} & 0_{r_0 \times r_2} \\ 0_{r_1 \times r_0} & M_{12} \end{pmatrix} (A'A)^{-1} A'$$

oder

$$\delta_m = b' \begin{pmatrix} I_{r_0} & 0_{r_0 \times r_2} \\ 0_{r_1 \times r_0} & M_{12} \end{pmatrix} (A'A)^{-1} A'y$$

(vgl. Satz 2.7.3 und (25) und berücksichtige (30)).

Eine Umformung des Optimierungsproblems (35) finden wir den Resultaten von H. LÄUTER [101] folgend mit Hilfe von [A 1.92]. Wir benutzen folgende Bezeichnungen:

$$C = \begin{pmatrix} N_{00}^{-1} N_{01} \\ M_{21} \end{pmatrix}, \quad W = N_1^{-1}, \quad H = \frac{1}{\varrho^2}(I_{r_1} - M_{12}M_{21}),$$
$$V = H^{1/2} W H^{1/2}, \quad G = H^{1/2} W C' C W H^{1/2}. \tag{44}$$

Für $A \in \mathfrak{M}_{r_1}^{\geqq}$ und $\varkappa > 0$ bezeichnen wir $V_\varkappa(A) = \frac{1}{\sqrt{\varkappa}}(G + A)^{1/2}$. Wenn dann für ein A und ein $\varkappa_0 > 0$ die Beziehungen

$$V_{\varkappa_0}(A) \geqq V^{-1}, \; V_{\varkappa_0}^{-1}(A)\, A = VA, \quad \mathrm{sp}\,[V_{\varkappa_0}(A)] = 1 + \mathrm{sp}\,[V^{-1}]$$

gelten, so setzen wir

$$D_{\varkappa_0} = V_{\varkappa_0}(A) - V^{-1}.$$

Satz 2.7.5. *Die Matrizen*

$$P_{01}^* = N_{00}^{-1} N_{01} W (W + H^{-1/2} D_{\varkappa_0} H^{-1/2})^{-1}$$

und

$$P_{21}^* = M_{21} - M_{21} W (W + H^{-1/2} D_{\varkappa_0} H^{-1/2})^{-1}$$

sind Lösungen von (35).

Beweis. Mit

$$T = \begin{pmatrix} N_{00}^{-1} N_{01} - P_{01} \\ P_{21} \end{pmatrix}$$

erhält man $\varphi(T) = \mathcal{J}(P_{01}, P_{21})$, wobei $\varphi(T)$ in [A 1.92] definiert ist. Ist als T^* die Lösung aus [A 1.92], so gilt

$$\begin{pmatrix} -P_{01}^* \\ P_{21}^* \end{pmatrix} = T^{**} - \begin{pmatrix} N_{00}^{-1} N_{01} \\ 0_{r_2 \times r_1} \end{pmatrix}.$$

Berücksichtigt man die in [A 1.92] angegebene Gestalt von T^* und die Bezeichnungen (44), so folgt die Behauptung. ■

2.7.3. Vergleich von Schätzverfahren in inadäquaten Regressionsmodellen

Im Abschnitt 2.7.1 haben wir verschiedene Gründe diskutiert, die dazu führen, daß man eine möglichst genaue Approximation der Regressionsfunktion f nicht in der Funktionenmenge $\mathcal{F}$ sucht, obwohl man die Zugehörigkeit von f

zu $\mathcal{F}$ kennt, sondern in einer anderen Funktionenmenge $\mathcal{G}$ mit möglicherweise geringerer Dimension. Führt man die Menge $\mathcal{G}$ sogar anstelle von $\mathcal{F}$ in das Beobachtungsmodell ein, so wird dieses eventuell inadäquat (vgl. Kapitel 1). Dieses Vorgehen ist in Anwendungen der Regressionsanalyse häufig und führt zur Verwendung der ILSE, die wir in diesem Abschnitt mit der GLSE im adäquaten Modell und mit der Approgressionsschätzung, d. h. mit der in 2.7.1 diskutierten besten „linearen erwartungstreuen" Approximation (BLUA) vergleichen wollen.

Wir beschränken uns in diesem Abschnitt auf den univariaten Fall mit $\mathcal{G} \subset \mathcal{F}$. Die Funktionen $f \in \mathcal{F}$ und $g \in \mathcal{G}$ haben mit den Bezeichnungen aus 2.7.1 und 2.7.2 folgende Darstellung:

$$f = \alpha' a = c_0'\varphi_0 + c_1'\varphi_1\,, \qquad c_0 \in R^{r_0}\,, \qquad c_1 \in R^{r_1} \qquad (r_0 + r_1 = k)$$

und

$$g = c_0'\varphi_0\,, \qquad c_0 \in R^{r_0}\,.$$

Wir haben wieder wie in 2.7.1 einen Abstand in $\mathcal{F}$ (wegen $\mathcal{G} \subset \mathcal{F}$ ersetzen wir $\mathcal{H}$ durch $\mathcal{F}$), der durch ein Semiskalarprodukt $(\cdot, \cdot)$ definiert ist. M sei wieder die Matrix der Semiskalarprodukte der Basisfunktionen

$$M = ((a_i, a_j))_{i,j=1,\dots,k} = \left(\begin{array}{c|c} M_0 & M_2 \\ \hline M_2 & M_1 \end{array}\right)$$

mit $M_0 \in \mathfrak{M}_{r_0}^{>}$ und $M_1 \in \mathfrak{M}_{r_1}^{>}$.
Für die Beobachtungen nehmen wir folgendes Modell an:

$$\boldsymbol{y} \circledsim [\mathcal{R}(A) \times \mathcal{V}_{I_n}] = \{P_\vartheta \mid \vartheta = (f, \sigma^2, \varkappa) \in \mathcal{F} \times R^{>} \times \mathcal{K}_n\} \tag{45}$$

$A = (\Phi_0 \mid \Phi_1)$ mit $\Phi_i \in \mathfrak{M}_{n \times r_i}$, $i = 0, 1$, ist dabei wie im Modell (1) definiert. Das eingangs beschriebene inadäquate Modell hätte nun die Gestalt

$$\boldsymbol{y} \circledsim [\mathcal{R}(\Phi_0) \times \mathcal{V}_{I_n}] = \{P_\vartheta \mid \vartheta = (f, \sigma^2, \varkappa) \in \mathcal{G} \times R^{>} \times \mathcal{K}_n\}\,. \tag{46}$$

Es sei $\bar{\alpha}$ eine Schätzung von α und $\bar{f} = \bar{\alpha}'a$. Analog zu dem Vorgehen in (19) und (20) zerlegen wir das Risiko in zwei Summanden

$$R[\vartheta, \bar{f}] = E_\vartheta\{\|\boldsymbol{f} - \bar{\boldsymbol{f}}\|^2\} = B + V\,, \tag{47}$$

wobei B den systematischen Fehler

$$B = E_\vartheta\{\|\boldsymbol{f} - E_\vartheta\bar{\boldsymbol{f}}\|^2\} = \|\alpha - E_\vartheta\bar{\boldsymbol{\alpha}}\|_M^2 \tag{48}$$

und V den Schätzfehler

$$V = E_\vartheta\{\|E_\vartheta\bar{\boldsymbol{f}} - \bar{\boldsymbol{f}}\|^2\} = \operatorname{sp}\,[KD_\vartheta\bar{\boldsymbol{\alpha}}] \tag{49}$$

darstellen.

In diesem Abschnitt vergleichen wir die folgenden Schätzverfahren:

a) Die GLSE im adäquaten Modell (45):

$$\bar{f} = \hat{\alpha}'a\,, \qquad \hat{\alpha} = A^+y \qquad \text{(BLUE)}\,. \tag{50}$$

b) Die GLSE im inadäquaten Modell (41):

$$\tilde{f} = \tilde{\alpha}' f\,, \quad \tilde{\alpha} = \begin{pmatrix} \Phi_0^+ & y \\ & 0_{r_1} \end{pmatrix} \text{ (ILSE)}. \tag{51}$$

c) Die beste „lineare erwartungstreue" Approgression

$$f^* = \alpha^{*\prime} a\,, \quad \alpha^* = P^M \hat{\alpha}\,, \quad \text{(BLUA)} \tag{52}$$

mit $P^M = \left(\begin{array}{c:c} I_{r_0} & M_0^{-1} M_2 \\ \hdashline 0_{r_1 \times r_0} & 0_{r_1 \times r_1} \end{array}\right)$ (vgl. (25) und (26)).

Die ersten, die den Modellfehler und den Einfluß auf die Schätzung der Regressionsfunktion diskutierten, waren G. E. P. Box und N. R. Draper in [102] und [103] für den Spezialfall der Polynomialregression. Sie verwendeten als Schätzung die ILSE $\tilde{f}$ und minimierten den systematischen Fehler $\tilde{B}$ durch geeignete Wahl der Versuchsplanmatrix Φ_0. Erweiterungen dieses Vorgehens für stetige Versuchsplanung wurde von E. V. Sedunov [104] gegeben. L. L. Kupper und E. F. Meydrech [105] multiplizierten die BLUE mit einer Diagonalmatrix und diskutierten die Minimierung des Risikos durch geeignete Wahl der Elemente der Diagonalmatrix unter Restriktionen für die Parameter. Ein davon verschiedenes Vorgehen wurde von M. J. Karson [106], M. J. Karson, A. R. Manson und R. J. Hader [107] und R. Cote, A. R. Manson und R. J. Hader [108] diskutiert. Sie wählten als Schätzung die BLUE für die beste lineare Approximation für α im Sinne von (48), d. h. die BLUE für α_M mit

$$\min_{c_0 \in R^{r_0}} \left\| \alpha - \begin{pmatrix} c_0 \\ 0_{r_1} \end{pmatrix} \right\|_M^2 = \|\alpha - \alpha_M\|_M^2\,.$$

Sie ist wegen $\alpha_M = P^M \alpha$ durch $\alpha^* = P^M \hat{\alpha}$ gegeben. $f^* = \alpha^{*\prime} a$ stimmt also mit der besten linearen Approgression überein, die wir als gleichmäßig beste Entscheidungsfunktion in dem allgemeinen Entscheidungsproblem 2.7.1 gefunden haben.

Da im allgemeinen weder $\hat{f}$ noch $\tilde{f}$ als Entscheidungsfunktionen in $\mathcal{D}$ (vgl. (8)) enthalten sind, da sie die verallgemeinerte Erwartungstreuebedingung in (8) nicht erfüllen, ist trotz der Optimalität von f^* in $\mathcal{D}$ ein Vergleich mit $\hat{f}$ und $\tilde{f}$ von Interesse. Ein derartiger Vergleich wurde von H. Bunke und R. Strüby [109] durchgeführt.

Wir bezeichnen die Risiken der drei verschiedenen Schätzungen mit $\hat{R}$, $\tilde{R}$ und R^*, und entsprechende Bezeichnungen wählen wir für die Summanden B und V. Wir berechnen die verschiedenen Risiken:

a) $$\hat{R} = \hat{B} + \hat{V}$$

mit

$$\hat{B} = 0 \quad \text{und} \quad \hat{V} = \sigma^2 \operatorname{sp}[M(A'A)^{-1}]\,. \tag{53}$$

b)
$$\tilde{R} = \tilde{B} + \tilde{V}$$
mit
$$\tilde{B} = ||(I_k - P^A)\,\alpha||_M^2 = c_1'[M_1 - 2M_2'\Phi_0^+\Phi_1 + \Phi_1'(\Phi_0^+)'\,M_0(\Phi_0^+)\,\Phi_1]\,c_1\,, \tag{54}$$
$$P^A = \begin{pmatrix} I_{r_0} & \Phi_0^+\Phi_1 \\ 0_{r_1\times r_0} & 0_{r_1\times r_1} \end{pmatrix}$$
und
$$\tilde{V} = \sigma^2\,\mathrm{sp}\,[M_0(\Phi_0'\Phi_0)^{-1}]\,. \tag{55}$$
c)
$$R^* = B^* + V^*$$
mit
$$B^* = ||(I_k - P^M)\,\alpha||_M^2 = c_1'[M_1 - M_2'M_0^{-1}M_2]\,c_1 \tag{56}$$
und
$$V^* = \sigma^2\,\mathrm{sp}\,[(P^M)'\,M(A'A)^{-1}]\,. \tag{57}$$
Für den systematischen Fehler gilt wegen $\tilde{B} = B^* = ||(P^M - P^A)\,\alpha||_M \geqq 0$
$$0 = \hat{B} \leqq B^* \leqq \tilde{B}\,. \tag{58}$$
Die Beziehungen zwischen den Schätzfehlern sind nicht so einfach. Es gilt wegen (53) und (57)
$$\hat{V} - V^* = E_\vartheta||(\alpha - \hat{\alpha})||_M^2 - E_\vartheta||P^M(\alpha - \hat{\alpha})||_M^2 = E_\vartheta||(I_k - P^M)\,(\alpha - \hat{\alpha})||_M^2 \geqq 0\,.$$
Für weitere Vergleiche benötigen wir jedoch Zusatzvoraussetzungen. Wir nehmen die Blockorthogonalität des Versuchsplans an, d. h. $\Phi_0'\Phi_1 = 0_{r_0\times r_1}$. Dann folgt aus (55) und (57)
$$V^* - \tilde{V} = \sigma^2\,\mathrm{sp}\,[M_2'M_0^{-1}M_2(\Phi_1'\Phi_1)^{-1}] \geqq 0$$
und also
$$\hat{V} \geqq V^* \geqq \tilde{V}\,, \quad \text{falls } \Phi_0'\Phi_1 = 0_{r_0\times k_1}\,. \tag{59}$$

Bemerkung. In [102] wurde eine hinreichende Bedingung an die Versuchsplanmatrix A angegeben, unter der der systematische Fehler $\tilde{B}$ minimal wird. Diese sog. Box-Draper-Bedingung hat in unserer Formulierung die Gestalt
$$\Phi_0^+\Phi_1 = M_0^{-1}M_1\,. \tag{60}$$
Es ist leicht zu sehen (vgl. [109]), daß diese Bedingung notwendig und hinreichend für $\tilde{f} = f^*$ ist.

Im Fall des sog. Versuchsplanabstandes im Funktionenraum
$$||f_1 - f_2||^2 = ||\Xi f_1 - \Xi f_2||_{I_n}^2 \tag{61}$$
ist die Bedingung (60) immer erfüllt (vgl. auch die Diskussion am Ende des Abschnittes 2.7.1).

Aus dem Vergleich von Schätzfehlern und systematischen Fehlern wird klar, daß diese entgegengesetzte Tendenzen haben. Wenn beispielsweise die Varianz σ^2 groß im Vergleich zu $||c_1||$ ist, dann wird es wahrscheinlich besser sein, mit f^* oder $\tilde{f}$ zu arbeiten als mit $\hat{f}$. Für eine einfache Veranschaulichung nehmen wir wieder $\Phi_0'\Phi_1 = 0_{r_0 \times r_1}$ an. Wir charakterisieren in Abbildung 2.7.1 die Optimalitätsbereiche in Abhängigkeit von $\tilde{B}$ und B^* für festes σ^2:

$$\textcircled{\wedge} = \left\{(\hat{B}(\alpha), B^*(\alpha)) | \alpha : \hat{R} = \min_{0 \in \{\wedge, \sim, *\}} \mathring{R}\right\}$$

und entsprechend die Bereiche $\textcircled{\sim}$ und $\textcircled{*}$ als Optimalitätsbereiche für $\tilde{f}$ und f^*.

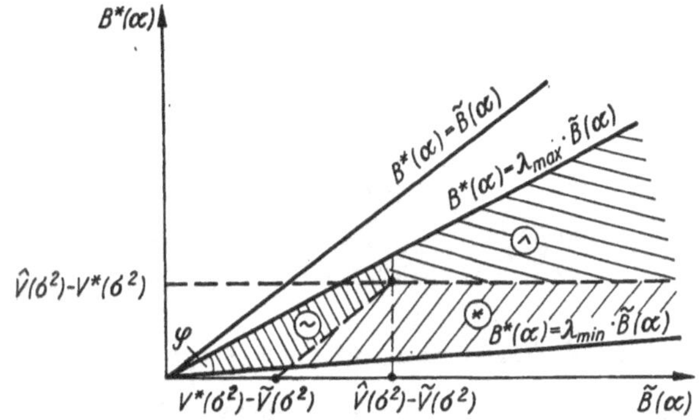

Abb. 2.7.1

Die Schranken $B^*(\alpha) = \lambda_{\max}\tilde{B}(\alpha)$ und $B^*(\alpha) = \lambda_{\min}\tilde{B}(\alpha)$, wobei $\lambda_{\max}$ und $\lambda_{\min}$ größter bzw. kleinster Eigenwert der Matrix $I_{r_1} - M_1^{-1/2}M_2'M_0^{-1}M_2M_1^{-1/2}$ sind, ergeben sich aus

$$\max \{B^*(\alpha) \mid \tilde{B}(\alpha) = \tilde{c}\, , c_1 \in R^{r_1}\} = \max_{c_1'M_1c_1 = \tilde{c}} c_1'(M_1 - M_2'M_0^{-1}M_2)\, c_1 = \lambda_{\max}\tilde{c}$$

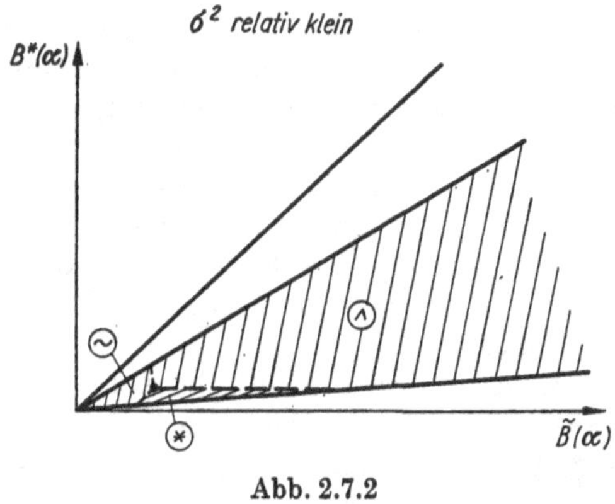

Abb. 2.7.2

und entsprechend

$$\min \{B^*(\alpha) \mid \tilde{B}(\alpha) = \tilde{c},\, c_1 \in R^{r_1}\} = \lambda_{\min}\tilde{c}\,.$$

Der Einfluß von σ^2 auf die Optimalitätsbereiche wird in den Abbildungen 2.7.2 und 2.7.3 veranschaulicht.

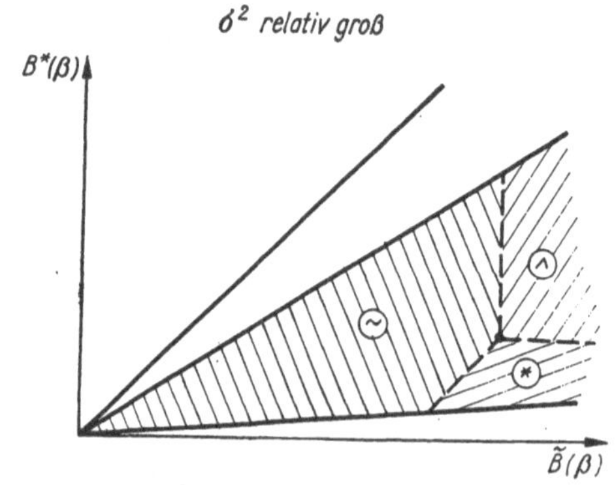

Abb. 2.7.3

2.7.4. Zusammengesetzte Verfahren

Die Optimalitätsbereiche für die in 2.7.3 verglichenen Schätzverfahren hängen offensichtlich stark von den unbekannten Parametern ab.

Ein empirisches Schätzverfahren wäre folgendermaßen zu beschreiben: Zunächst wählt man auf Grund der Daten eine Anfangsschätzung $(\bar{c}_1, \bar{\sigma})$ für (c_1, σ) und bestimmt dann das optimale Verfahren unter der Annahme $(c_1, \sigma) = (\bar{c}_1, \bar{\sigma})$. Ganz ähnlich könnte man bei mehreren konkurrierenden Funktionenmengen für die Approximation vorgehen. Natürlich ist bei diesem Vorgehen das totale Risiko des zusammengesetzten Verfahrens nicht bekannt. Aber dieses Vorgehen ist praktisch eine mathematische Formulierung für ein Verfahren, das in den Anwendungen der Regressionsanalyse ganz üblich ist, nämlich auf Grund der Daten eine Vorstellung über die Größenordnungen von σ und α zu erhalten (Anfangsschätzungen) und dann ein Modell zu wählen (in unserer Formulierung ein Schätzverfahren), in welchem die Effekte von systematischen Fehlern und Schätzfehlern möglichst abgewogen sind. Im Zeichen der gewachsenen Möglichkeiten der Datenverarbeitung, kann immer umfangreicheres Datenmaterial der statistischen Auswertung zugänglich gemacht werden. Dadurch wird aber gleichzeitig der Einfluß der heuristischen Deutung des Statistikers immer stärker ausgeschlossen, so daß derartige Formalisierungen bewährter Vorgehensweisen durchaus wichtig erscheinen.

Unter den Annahmen eines normalen Modells $\boldsymbol{y} \underset{\smile}{(\sim)} N[\mathcal{R}(A) \times \mathcal{V}_{I_n}]$ und des Versuchsplanabstandes aus (61) können auch Vortestverfahren zur Anwendung gelangen. In diesem Fall gilt, wie bereits diskutiert, $\tilde{f} = f^*$, so daß wir nur die

Entscheidung zwischen zwei Schätzverfahren zu treffen haben. Es gilt weiterhin

$$\hat{R} = \sigma^2 \operatorname{sp} [M(A'A)^{-1}] = \sigma^2 k \,, \tag{62}$$

$$B^* = 2\sigma^2 \lambda \tag{63}$$

mit

$$\lambda = \frac{1}{2\sigma^2} c_1' (\Phi_1' \Phi_1 - \Phi_1' \Phi_0 \Phi_0^+ \Phi_1) c_1$$

und

$$V^* = \sigma^2 \operatorname{sp} [M_0(\Phi_0' \Phi_0)^{-1}] = \sigma^2 r_0 \,. \tag{64}$$

Aus (57)—(59) folgt:

$$R^* \leqq \hat{R} \Leftrightarrow \lambda \leqq s/2 \,,$$

so daß „$\lambda \leqq s/2$" die Hypothese eines Vortests mit

$$z = \frac{1}{\hat{\sigma}^2 s} [(y - A\tilde{\alpha})' (y - A\tilde{\alpha}) - (y - A\hat{\alpha})' (y - A\hat{\alpha})] \,,$$

$$\hat{\sigma}^2 = \frac{1}{n - k} (y - A\hat{\alpha})' (y - A\hat{\alpha})$$

als Teststatistik ist. z hat eine F-Verteilung mit Parametern r_1, $n - k$ und dem Nichtzentralitätsparameter λ (vgl. z. B. C. Toro-Vizcarrondo und T. D. Wallace [110], T. D. Wallace [111] und T. D. Wallace und J. Goodnight [112].

Literatur

[1] Rao, C. R., Unified theory of linear estimation. Sankhyā, Ser. A, 33 (1971), 371—394.

[2] Kleffe, J., and R. Pincus, Bayes and best quadratic unbiased estimators for variance components and heteroscedastic variances in linear models. Math. Operationsforsch. Statist. 5 (1974), 147—154.

[3] Kagan, A. M., und O. W. Šalaevskii, (Каган, А. М., и О. В. Шалаевский), Допустимость оценок наймеными квадратов — исключительное свойство нормального закона. Матем. заметки 6 (1969), 81—89.

[4] Kadiyala, K. R., Regression with non-gaussian stable disturbances: some sampling results. Econometrica 40 (1972), 719—722.

[5] Näther, W., Semi-orderings between distribution functions and their applications to robustness of parameter estimators. Math. Operationsforsch. Statist. 6 (1975), 279—188.

[6] Kagan, A. M., J. Linnik und C. R. Rao, (Каган, А. М., Ю. В. Линник и С. Р. Рао), Характеризационные задачи мамематической статистики. Moskau 1972.

[7] Thrum, R., Eine koordinatenfreie Theorie der Schätzung linearer Parameter. Diss. Berlin 1973.

[8] Barnard, G. A., The logic of least squares. J. Roy. Statist. Soc., Ser. B, 25 (1963), 124—127.

[9] Pringle, R. M., and A. A. Rayner, Generalized Inverse Matrices with Applications to Statistics, London 1971.

[10] Milliken, G. A., New criteria for estimability for linear models. Ann. Math. Statist. 42 (1971), 1588—1594.

[11] CHIPMAN, J. S., On Least Squares with insufficient observations. J. Amer. Statist. Assoc. 59 (1964), 1078–1111.
[12] PENROSE, R., On best approximate solutions of linear matrix equations. Proc. Cambridge Phil. Soc. 52 (1956), 17–19.
[13] SCHÖNFELD, P., Best linear minimum bias estimation in linear regression. Econometrica 39 (1971), 531–544.
[14] SCHÖNFELD, P., Methoden der Ökonometrie, Band 1: Lineare Regressionsmodelle, Berlin und Frankfurt/M. 1969.
[15] BALESTRA, P., The demand for natural gas in the United States, Amsterdam 1967.
[16] KRUSKAL, W., When are Gauss-Markov and Least Squares Estimators identical? A coordinate free approach. Ann. Math. Statist. 39 (1968), 70–75.
[17] SWINDEL, B. F., On the bias of some least-squares estimators of variance in a general linear model. Biometrika 55 (1968), 313–316.
[18] STRAND, O. N., Coefficient errors caused by using the wrong covariance matrix in the general linear model. Ann. Math. Statist. 2 (1974), 935–949.
[19] RAO, R. C., Unified theory of Least Squares, Commun. Statist. 1 (1973), 1–8.
[20] LEWIS, T. O., and P. L. ODELL, A generalization of the Gauss-Markoff theorem, J. Amer. Statist. Assoc. 61 (1966), 1063–1066.
[21] WATSON, G. S., Linear least squares regression. Ann. Math. Statist. 38 (1967), 1679–1699.
[22] WATSON, G. S., Prediction and the efficiency of least squares. Biometrika 59 (1972), 91–98.
[23] COX, D. R., Notes on some aspects of regression analysis. J. Roy. Statist. Soc., Ser. A 131 (1968), 265–279.
[24] ZYSKIND, G., and F. B. MARTIN, On best linear estimation and a general Gauss-Markoff theorem in linear models with arbitrary negative covariance structure. SIAM J. Appl. Math. 17 (1969), 1190–1202.
[25] TAN, W. Y., Note on an extension of the Gauss-Markov theorems to multivariate linear regression models. SIAM J. Appl. Math. 20 (1971), 24–29.
[26] PLACKETT, R. L., Principles of Regression Analysis, Oxford 1960.
[27] SCHEFFÉ, H., The Analysis of Variance, New York 1959.
[28] GOLDBERGER, A. S., Econometric Theory, New York 1964.
[29] DRAPER, N. R., and H. SMITH, Applied Regression Analysis, New York 1966.
[30] ANDERSON, T. W., An Introduction to Multivariate Statistical Analysis, New York 1958.
[31] THEIL, H., Principles of Econometrics, North-Holland Publishing Company, Amsterdam London 1971.
[32] RAO, C. R., Lineare Statistische Methoden und ihre Anwendungen, Berlin 1973.
[33] SEBER, G. A. F., The Linear Hypothesis: a General Theory, London 1966.
[34] MALINVAUD, E., Statistical Methods of Econometrics, second revised edition, Amsterdam London 1970.
[35] LINNIK, J. W., Die Methode der Kleinsten Quadrate in Moderner Darstellung, Berlin 1961.
[36] KOERTS, J., and A. P. S. ABRAHAMSE, On the Theory and the Application of the General Linear Model, Rotterdam 1969.
[37] GRAYBILL, F. A., An Introduction to Linear Statistical Models, New York 1961.
[38] ALBERT, A., Regression and the Moore-Penrose Pseudoinverse, New York 1972.
[39] LEWIS, T. O., and R. L. ODELL, Best linear recursive Estimation. J. Amer. Statist. Assoc. 66 (1971), 893–896.
[40] DRYGAS, H., The Coordinate-free Approach to Gauss-Markov-Estimation, Berlin 1970.
[41] SPRENT, R., Models in Regression, London 1969.

[42] Searle, S. R., Linear Models, New York 1971.
[43] Eaton, M. L., Multivariate Statistical Analysis, Kopenhagen 1972.
[44] Goldman, A. J., and M. Zelen, Weak generalized inverses and minimum variance linear unbiased estimation. J. Res. Nat. Bur. Stand. B, Mathematics and Mathematical Physics, **68B** (1964), 151–172.
[45] Mitra, S. K., and C. R. Rao, Some results in estimation and tests of linear hypothesis under the Gauss-Markoff model. Sankhyā, Ser. A, **30** (1968), 281–290.
[46] Bunke, O., Statistische Methoden zur Modellbildung, Vorlesungsskripte, Berlin 1972.
[47] Plackett, R. L., A historical note on least squares. Biometrika **37** (1950), 149–157.
[48] Toutenburg, H., Vorhersage in linearen Modellen, Berlin 1975.
[49] Eicker, F., Asymptotic normality and consistency of the Least-Squares estimators for families of linear regressions. Ann. Math. Statist. **34** (1963), 447–456.
[50] Drygas, H., Consistency of the Least-Squares and Gauß-Markov estimators in regression models. Z. Wahrscheinlichkeitstheorie verw. Geb. **17** (1971), 309–326.
[51] Drygas, H., Weak and strong consistency of the Least-Squares-estimators in regression models, Preprint 1973.
[52] Eicker, F., Limit theorems for regressions with unequal and dependent errors. Proceedings of the Fifth Berkeley Symposium 1965.
[53] Sen, P. K., and M. L. Puri, Asymptotic theory of likelihood ratio tests in some multivariate linear models. Ann. Math. Statist. **41** (1970), 87–100.
[54] Huber, P., Robust regression: Asymptotics, conjectures and Monte Carlo. Ann. Statist. **1** (1973), 799–821.
[55] Eicker, F., A multivariate central limit theorem for random linear vector forms. Ann. Math. Statist. **37** (1966), 1825–1828.
[56] Schmidt, W. H., Asymptotic normality of Least-Square estimators in multivariate singular linear models. Math. Operationsforsch. Statist. **6** (1975), 285–300.
[57] Eicker, F., Central limit theorems for families of sequences of random variables. Ann. Math. Statist. **34** (1963), 439–446.
[58] Anděl, J., The efficiency of estimates in stationary autoregressive series. Aplikace Matematiky, Svazek **15** (1970), 18–29.
[59] Dhrymes, P. J., Distributed Lags-Problems of Estimation and Formulations, San Francisco 1971.
[60] Parks, R. W., Efficient estimation of a system of regression equations when disturbances are both serially and contemporaneously correlated, J. Amer. Statist. Assoc. **62** (1967), 500–509.
[61] Swamy, P. A. V. B., Statistical Inference in Random Coefficient Regression Models. Lecture Notes in Operations Research and Mathematical Systems 55. Berlin Heidelberg New York 1971.
[62] Wallace, T. D., and A. Hussain, The use of error components models in combining cross-sections with time series data. Econometrica **37** (1969), 55–72.
[63] Zellner, A., and D. S. Huang, Further properties of efficient estimators for seemingly unrelated regression equations. Intern. Econ. Rev. **3** (1962), 300–313.
[64] Witting, H., and G. Nölle, Angewandte Mathematische Statistik. Stuttgart 1970
[65] Kloek, T., Note on consistent estimation of the variance of the disturbance in a linear model. Econometrica **40** (1972), 911–912.
[66] Drygas, H., A note on a paper by T. Kloek concerning the consistency of variance-estimation in the linear model. Preprint 1973.
[67] Hwangh, F. K., Efficiencies for stepwise regressions — k-regressor case. Tamkang J. Math. **3** (1972), 17–20.
[68] Kabe, D. G., Stepwise multivariate linear regression. J. Amer. Statist. Assoc. 58 (1963), 770–773.
[69] Wallace, T. D., Efficiency for stepwise regression. J. Amer. Statist. Assoc. **59** (1964), 1179–1182.

[70] Cox, D. R., and D. V. Hinkley, A note on the efficiency of Least-Square-Estimates. J. Roy. Statist. Soc. Ser. B **30** (1968), 284–289.

[71] Le Cam, L., On some asymptotic properties of maximum likelihood estimates and related Bayes estimates. Univ. of California, Publ. in Statistics **1** (1953), 277–330.

[72] Maddala, G. G., Generalized least squares with an estimated variance covariance matrix. Econometrica **39** (1971), 23–33.

[73] Okamoto, M., Distinctness of the eigenvalues of a quadratic form in a multivariate sample. Ann. Statist. **1** (1973), 763–765.

[74] Schmidt, W. H., Asymptotic optimality of estimators in multivariate linear models. Math. Operationsforsch Statist. **6** (1975), 713–731.

[75] Swamy, P. A. V. B., and S. S. Arora, The exact finite sample properties of the estimators of coefficients in the error components regression models. Econometrica **40** (1972), 261–275.

[76] Telser, L. G., Iterative estimation of a set of linear regression equations. J. Amer. Statist. Assoc. **59** (1964), 845–862.

[77] Zellner, A., An efficient method of estimating seemingly unrelated regressions and tests for aggregation bias. J. Amer. Statist. Assoc. **57** (1962), 348–368.

[78] Albert, A., Regression and the Moore-Penrose Pseudoinverse. New York 1972.

[79] Boullion, T. L., and P. L. Odell, Generalized Inverse Matrices. New York 1971.

[80] Richardson, H. R., Recursive regression analysis when the least-squares estimate is not asymptotically efficient. SIAM J, Appl. Math. **19** (1970), 178–190.

[81] Duncan, O. B., and S. O. Horn, Linear dynamic recursive estimation from the viewpoint of regression analysis. J. Amer. Statist. Assoc. **67** (1972), 815–821.

[82] Sandoz, D. J., and B. H. Swanick, A recursive least-quares approach to the on-line adaptive control problem. Int. J. Control **16** (1972), 243–260.

[83] Kalman, R. E., New Methode in Wiener Filtering Theory, in J. L. Bogdanoff and F. Kozin, eds., Proceedings of the First Symposium on Engineering Applications of Random Function Theory and Probability. New York 1963, 270–388.

[84] Bellach, J., Bayessche Schätzungen und Vorhersagen bei stochastischen linearen Differenzengleichungssystemen. Math. Operationsforsch. Statist. **5** (1974), Heft 7–8.

[85] Väliaho, H., A Synthetic Approach to stepwise Regression Analysis. Commentations Physico-Mathematicae **34** (1969), Nr. 12.

[86] Väliaho, H., Non-optimal Weighting in stepwise Regression Analysis. Commentationes Physico-Mathematicae **41** (1971), 9–18.

[87] Väliaho, H., and T. Pekkonen, A Procedure for Stepwise Regression Analysis Berlin 1976.

[88] Väliaho, H. and T. Pekkonen, A Program for stepwise Regression Analysis, Forest Research Institute, Department of Mathematics, 1972.

[89] Drygas, H., Stepwise estimation methods and Bayessian analysis in regression models. Manuskript, 1971.

[90] Kendall, M. G., and A. Stuart, The Advanced Theory of Statistics. Vol. 2, London 1973.

[91] Pearson, E. S., and H. O. Hartley, Biometrika Tables for Statisticians. Vol. 1, Cambridge 1958.

[92] Fisher, R. A., and F. Yates, Statistical Tables for Biological. Agricultural and Medical Research, Edinburgh 1953.

[93] Ghizetti, A., und A. Ossicini, Quadrature Formulae. Berlin 1970.

[94] Petersen, I., (Петерсен, И.), Идентифицкация по равноточным измерениям в точках Чебышева. Изв. А. Н. ЭССР, физ-мат. **18** (1969) Nr. 4.

[95] Abramovitz, M. and I. Stegun, Handbook of Mathematical Functions. National Bureau of Standards. Appl. Math. Series, 55, Washington 1964.

[96] Bunke, O., Model choice and parameter estimation in regression analysis. Math. Operationsforsch. Statist. **4** (1973), 407–423.

[97] Bunke, H., Approximation of regression functions. Math. Operationsforsch. Statist. 4 (1973), 314–325.
[98] Bunke, H., and O. Bunke, Identifiability and estimability. Math. Operationsforsch. Statist. 5 (1974), 223–233.
[99] Bunke, H., and H. Läuter, Optimal approximation of the expectation of stochastic processes and multivariate appregression. Manuskript, Berlin 1963.
[100] Petersen, I., Linear minimax estimation of inadequate models in L^2-metric. Math. Operationsforsch. Statist. 4 (1973), 463–471.
[101] Läuter, H., Linear minimax estimation for inadequate models for the I. Petersen approach. Math. Operationsforsch. Statist. 6 (1975), 769–774.
[102] Box, G. E. P., and N. R. Draper, A basis for the selection of a response surface design. J. Amer. Statist. Assoc. 54 (1959), 622–654.
[103] Box, G. E. P., and N. R. Draper, The choice of a second order rotatable design. Biometrika 50 (1963), 335–352.
[104] Sedunov, E. V., (Седунов, Е. В.), Обобщение задачи Бокса-Дрейпера в планировании регрессионных экспериментов. Заводская лаборатория, 3 (1973), 308–313.
[105] Kupper, L. L., and E. F. Meydrech, A new approach to mean squared error estimation of response surfaces. Biometrika 60 (1973), 573–579.
[106] Karson, M. J., Design criterion for minimum bias estimation of response surfaces. J. Amer. Statist. Assoc. 65 (1970), 1565–1572.
[107] Karson, M. J., A. R. Manson and R. J. Hader, Minimum bias estimation and experimental design for response surfaces. Technometrics 11 (1969), 461–475.
[108] Cote, R., A. R. Manson and R. J. Hader, Minimum bias approximation of a general regression model. J. Amer. Statist. Assoc. 68 (1973), 633–638.
[109] Bunke, H., and R. Strüby, Estimation procedures in inadequate models: Comparison and empirical two step procedure. Math. Operationsforsch. Statist. 6 (1975), 167–177.
[110] Toro-Vizcarrondo, C., and T. D. Wallace, A test of the mean square error criterion for restrictions in linear regression. J. Amer. Statist. Assoc. 63 (1968), 558–572.
[111] Wallace, T. D., Weaker criteria and test for linear restrictions in regression. Econometrica 40 (1972), 689–698.
[112] Goodnight, J., and T. D. Wallace, Operational techniques and tables for making weak MSE tests for restrictions in regression. Econometrica 40 (1972), 699–709.
[113] Goldberger, A. S., Stepwise least squares residual analysis and specification error. J. Amer. Statist. Assoc. 56 (1961), 998–1000.
[114] Goldberger, A. S., and D. B. Jochems, Note on stepwise least squares. J. Amer. Statist. Assoc. 56 (1961), 105–110.
[115] Freund, R. J., R. W. Vail and C. W. Clunies-Ross, Residual analysis. J. Amer. Statist. Assoc. 56 (1961), 98–104.
[116] Läuter, H., On the admissibility and nonadmissibility of the usual estimator for the mean of multivariate normal population and conclusions to optimal design. Math. Operationsforsch. Statist. 5 (1974), 591–598.
[117] Kagan, A. M., Vortrag auf der Sommerschule über Modellwahl und Parameterschätzung in der Regressionsanalyse. Zinnowitz 1974.
[118] Haberman, S. J., How much do Gauss-Markov an Least Square Estimates differ? A coordinate-free Approach. Ann. Statist. 3 (1975), 982–990.
[119] Nussbaum, M., Asymptotic efficiency of estimators in the multivariate linear model. Math. Operationsforsch. Statist., Ser. Statistics, 8 (1977).

KAPITEL 3

SCHÄTZUNG LINEARER PARAMETER BEI ZUSATZINFORMATION

Im vorigen Kapitel wurden vorwiegend Kleinste-Quadratschätzungen für lineare Parameter und ihre Eigenschaften in linearen Modellen diskutiert. Dabei betrachteten wir das Verteilungsmodell

$$Y \;\textcircled{\sim}\; [\mathfrak{M}_{\mathcal{L}}^{p} \times \mathcal{V}_{\Lambda}^{p}]\,, \tag{1}$$

wobei $\mathcal{L}$ ein linearer Unterraum des R^n und $\mathcal{V}_{\Lambda}^{p} = \{\Sigma \otimes \Lambda \mid \Sigma \in \mathfrak{M}_{p}^{>}\}$ für ein festes $\Lambda \in \mathfrak{M}_{n}^{>}$ sind. Die Elemente von $[\mathfrak{M}_{\mathcal{L}}^{p} \times \mathcal{V}_{\Lambda}^{p}] = \{P_{\vartheta} \mid \vartheta \in \Theta\}$ sind durch einen Parameter $\vartheta = (M, \Sigma, \varkappa) \in \Theta = \mathfrak{M}_{n\times p} \times \mathfrak{M}_{p}^{>} \times \mathcal{K}_{n\times p}$ charakterisiert. In diesem Kapitel wollen wir an Stelle von (1) ein Teilmodell von $[\mathfrak{M}_{\mathcal{L}}^{p} \times \mathcal{V}_{\Lambda}^{p}]$ betrachten und Eigenschaften von SF in diesem Fall untersuchen. Genauer sei für eine konvexe Teilmenge $\mathcal{B}$ von $\mathfrak{M}_{\mathcal{L}}^{p} \times \mathcal{V}_{\Lambda}^{p}$ das zugrundeliegende Modell

$$Y \;\textcircled{\sim}\; [\mathcal{B}]\,. \tag{2}$$

Dabei wird $\mathcal{B}$ in den einzelnen Abschnitten speziell gewählt. Derartige Modelle (2) wollen wir konvexe Modelle nennen.

Unser Ziel wird sein, Schätzungen für lineare Parameter

$$\gamma = CM + F\,, \qquad C \in \mathfrak{M}_{l\times n}\,, \qquad F \in \mathfrak{M}_{l\times p}\,,$$

zu bestimmen, die besser als die GLSE $\hat{\gamma}$ für γ in (2) sind. Dabei legen wir das Matrizenrisiko

$$M_{\vartheta}\delta = E_{\vartheta}(\overrightarrow{\delta - \gamma})\,(\overrightarrow{\delta - \gamma})' \tag{3}$$

bzw. das quadratische Risiko

$$R(\vartheta, \delta) = \operatorname{sp}\,[(\Sigma^{-1/2} \otimes I_l)\, Z(\Sigma^{-1/2} \otimes I_l)\, M_{\vartheta}\delta] \tag{4}$$

zugrunde. In (4) ist $Z \in \mathfrak{M}_{lp}^{\geqq}$ eine beliebige, aber fest vorgegebene Matrix, durch die eine gewünschte Bewichtung der Komponenten von $\delta - \gamma$ erreicht wird. Die Matrizen $\Sigma^{-1/2} \otimes I_l$ bewirken eine Normierung, die insbesondere dazu führt, daß das Risiko der BLUE $\hat{\gamma}$ für γ in (1) beschränkt ist, denn aus 2.1.4 folgt, daß $M_{\vartheta}\hat{\gamma} = \Sigma \otimes C\Lambda C'$ gilt. In 3.2 erweist sich diese Normierung z. B. bei der Herleitung von Minimax-SF als wesentlich.

Wir werden vier Haupttypen konvexer Modelle im folgenden untersuchen.

Zuerst betrachten wir ein lineares Teilmodell $[\mathcal{B}_1]$ von $[\mathfrak{M}_{\mathcal{L}}^{p} \times \mathcal{V}_{\Lambda}^{p}]$, wobei $\mathcal{B}_1 = \mathfrak{M}_{\mathcal{L}_1}^{p} \times \mathcal{V}_{\Lambda}^{p}$ für einen affinen Teilraum $\mathcal{L}_1$ des linearen Raumes $\mathcal{L}$ sei. Weiter werden folgende Mengen betrachtet: Für eine Matrix $G \in \mathfrak{M}_n^{\geqq}$ sei

$$\mathcal{B}_2 = \{(M, \Sigma \otimes \Lambda) \in \mathfrak{M}_{\mathcal{Y}}^p \times \mathcal{V}_\Lambda^p \mid \vec{M}'(\Sigma^{-1} \otimes G)\,\vec{M} \leqq 1\}\,,$$

$$\mathcal{B}_3 = \mathcal{H} \times \mathcal{S} \quad \text{mit } \mathcal{H} = \{M \in \mathfrak{M}_{\mathcal{Y}}^p \mid \vec{M}'(I_p \otimes G)\,\vec{M} \leqq 1\}\,,$$

$$\mathcal{S} \subset \mathcal{V}_\Lambda^p,\ \mathcal{S} \text{ konvex},$$

$$\mathcal{B}_4 = \mathcal{H} \times \mathcal{S}$$

für einen Konus $\mathcal{H}$ in $\mathfrak{M}_{\mathcal{Y}}^p$ und eine konvexe Menge $\mathcal{S} \subset \mathcal{V}_\Lambda^p$. Offenbar sind die gewählten Mengen $\mathcal{B}_1, \mathcal{B}_2, \mathcal{B}_3, \mathcal{B}_4$ konvexe Mengen in $\mathfrak{M}_{\mathcal{Y}}^p \times \mathcal{V}_\Lambda^p$. Die jeweilige Einschränkung der Parametermenge Θ bezeichnen wir mit $\Theta_i = \mathcal{B}_i \times \mathcal{K}_{n\times p}$, $i = 1, 2, 3, 4$. Wir werden geeignete SF ableiten. Beim Vergleich zweier SF schreiben wir unter dem jeweils betrachteten Modell

$$\tilde{\gamma} \leqq \hat{\gamma}\,, \quad \text{wenn } M_\vartheta\tilde{\gamma} \leqq M_\vartheta\hat{\gamma}\,, \quad \vartheta \in \Theta\,, \tag{5}$$

$$\tilde{\gamma} \overset{z}{\leqq} \hat{\gamma}\,, \quad \text{wenn } R(\vartheta, \tilde{\gamma}) \leqq R(\vartheta, \hat{\gamma})\,, \quad \vartheta \in \Theta\,, \tag{6}$$

gilt. $\tilde{\gamma} <\cdot\, \hat{\gamma}$ bzw. $\tilde{\gamma} \overset{z}{<\cdot}\, \hat{\gamma}$ schreiben wir, wenn in (5) bzw. (6) für kein $\vartheta \in \Theta_i$ das Gleichheitszeichen zugelassen ist.

3.1. BLUE für ein lineares Teilmodell von $[\mathfrak{M}_{\mathcal{Y}}^p \times \mathcal{V}_\Lambda^p]$

Wir betrachten das Verteilungsmodell

$$Y \circleddash [\mathcal{B}_1]\,, \tag{7}$$

wobei $\mathcal{B}_1 = \mathfrak{M}_{\mathcal{Y}_1}^p \times \mathcal{V}_\Lambda^p$ für einen affinen Teilraum $\mathcal{Y}_1$ eines linearen Raumes $\mathcal{Y} \subset R^n$ sei. Das bedeutet, daß für Y ein Teilmodell des Modells $[\mathfrak{M}_{\mathcal{Y}}^p \times \mathcal{V}_\Lambda^p]$ adäquat ist. Wollen wir im Modell (7) den Parameter $\gamma = CM + F$ für $C \in \mathfrak{M}_{l\times n}$, $F \in \mathfrak{M}_{l\times p}$ schätzen, so können wir direkt die Ergebnisse des Kapitels 2 anwenden. Aus Satz 2.1.2 folgt, daß die BILUE für γ durch

$$\hat{\gamma}_1 = CPY + I_p \otimes C(I_n - P)\,\eta_0 + F$$

definiert ist, wobei η_0 ein beliebiger Vektor derart ist, daß $\mathcal{Y}_1 = \eta_0 + \tilde{\mathcal{Y}}_1$ mit $0_n \in \tilde{\mathcal{Y}}_1$ gilt und $P = P_{\tilde{\mathcal{Y}}_1}^{\Lambda^{-1}}$ ein Projektor auf $\tilde{\mathcal{Y}}_1$ bezüglich $\|\cdot\|_{\Lambda^{-1}}$ ist.

Wir betrachten speziell den Fall, daß $\mathcal{Y}_1$ durch folgende Menge gegeben ist:

$$\mathcal{Y}_1 = \{\mu = X\beta \mid \beta \in R^k, A\beta = r\} \tag{8}$$

für feste $A \in \mathfrak{M}_{v\times k}^v$, $X \in \mathfrak{M}_{n\times k}^k$, $r \in R^v$. Die BILUE $\hat{\gamma}_1$ hat für das Modell (7) mit (8) unter Berücksichtigung der Ergebnisse aus dem Abschnitt 2.1.1 die Gestalt

$$\hat{\gamma}_1 = CX\hat{\beta}_1 + F\,,$$

wobei mit $K = X'\Lambda^{-1}X$ und $\hat{\beta} = K^{-1}X'\Lambda^{-1}Y$

$$\hat{\beta}_1 = \hat{\beta} - K^{-1}A'(AK^{-1}A')^{-1}(A\hat{\beta} - r)$$

gilt. Da jede LUE in modell $[\mathfrak{M}_{\mathscr{Y}}^p \times \mathcal{V}_{\Lambda}^p]$ auch eine LUE in $[\mathfrak{M}_{\mathscr{Y}_1}^p \times \mathcal{V}_{\Lambda}^p]$ ist, erhalten wir, daß

$$M_\vartheta \hat{\gamma}_1 \leqq M_\vartheta \hat{\gamma} \tag{9}$$

in $[\mathfrak{M}_{\mathscr{Y}}^p \times \mathcal{V}_{\Lambda}^p]$ gilt, wobei $\hat{\gamma}$ die BILUE in $[\mathfrak{M}_{\mathscr{Y}}^p \times \mathcal{V}_{\Lambda}^p]$ ist. So stellen wir fest, daß eine Verkleinerung eines Modells zu keiner Verschlechterung, i. allg. zu einer Verbesserung der BILUE $\hat{\gamma}$ führt, daß (9) gilt.

3.2. Schätzung linearer Parameter in konvexen Modellen

In diesem Abschnitt wollen wir solche konvexen Modelle untersuchen, wie wir sie zu Anfang dieses Kapitels angegeben hatten. Die Modelle $[\mathscr{B}_i]$, $i = 2, 3, 4$, sind mit Hilfe von Ungleichungen definiert, und wir werden sehen, daß es sinnvoll ist, neben linearen Schätzungen auch gewisse nichtlineare SF zu betrachten, um günstige SF bestimmen zu können.

3.2.1. Konvexe Modelle vom Typ $[\mathscr{B}_2]$

Es sei

$$Y \circledsim [\mathscr{B}_2] \tag{10}$$

mit

$$\mathscr{B}_2 = \{(M, \Sigma \otimes \Lambda) \in \mathfrak{M}_{\mathscr{Y}}^p \times \mathcal{V}_{\Lambda}^p \mid \vec{M}'(\Sigma^{-1} \otimes G)\,\vec{M} \leqq 1\} \tag{11}$$

für einen linearen Unterraum $\mathscr{L}$ von R^n und eine feste Matrix $G \in \mathfrak{M}_n^{\geqq}$. Wir werden in verschiedenen Klassen von zugelassenen Schätzungen für einen Parameter $\gamma = CM + F$ optimale SF bestimmen.

Die einfachste Klasse von SF ist die Klasse der ILUE, die durch

$$\tilde{\gamma} = TY + V\,, \qquad T \in \mathfrak{M}_{l \times n}\,, \qquad V \in \mathfrak{M}_{l \times p}\,, \tag{12}$$

definiert sind.

Das von uns benutzte Risiko wollen wir in expliziter Gestalt aufschreiben. Für das Matrizenrisiko ergibt sich

$$M_\vartheta \tilde{\gamma} = \Sigma \otimes T\Lambda T' + (\overrightarrow{TM + V - \gamma})\,(\overrightarrow{TM + V - \gamma})'\,. \tag{13}$$

Analog erhalten wir

$$\begin{aligned} R(\vartheta, \tilde{\gamma}) &= \operatorname{sp}\,[Z(I_p \otimes T\Lambda T')] \\ &\quad + (\overrightarrow{TM + V - \gamma})'\,(\Sigma^{-1/2} \otimes I_l)\,Z(\Sigma^{-1/2} \otimes I_l)\,(\overrightarrow{TM + V - \gamma})\,. \end{aligned} \tag{14}$$

Es kommt nun darauf an, T und V so zu wählen, daß $M_\vartheta \tilde{\gamma}$ bzw. $R(\vartheta, \tilde{\gamma})$ minimal werden. Wir wissen (vgl. Satz 2.1.1), daß unter den linearen, erwartungstreuen SF die GLSE $\tilde{\gamma} = T_0 Y + F$ eine solche SF ist, die $M_\vartheta \tilde{\gamma}$ in der Menge der ILUE im Modell (10) minimiert. Für die Schätzung von γ im Modell (10) ist es jedoch sinnvoll, sich nicht auf die Menge der ILUE zu beschränken.

Zunächst werden wir die Klasse aller inhomogenen linearen SF betrachten und untersuchen, ob in der Menge der linearen SF eine SF existiert, die besser als die BILUE unter $Y \circledsim [\mathscr{B}_2]$ ist.

Die Matrix Z zerlegen wir in l-dimensionale Teilmatrizen Z_{ij} derart, daß $Z = ((Z_{ij}))_{i,j=1,\dots,p}$ gilt und setzen

$$\tilde{Z} := \sum_{i=1}^{p} Z_{ii} .$$

Dann beweisen wir

Lemma 3.2.1. *Es sei* $\overline{T} = T - T_0$, $\overline{V} = V - F$.

a) $\tilde{\gamma} \leqq \hat{\gamma}$ *gilt genau dann, wenn*

$$\psi_\vartheta(\overline{T}, \overline{V}) := \Sigma \otimes (\overline{T}\Lambda T_0' + T_0\Lambda\overline{T}' + \overline{T}\Lambda\overline{T}') + (\overrightarrow{\overline{\overline{T}M} + \overline{\overline{V}}})\,(\overrightarrow{\overline{\overline{T}M} + \overline{\overline{V}}})' \leqq 0 \tag{15}$$

erfüllt ist.

b) $\tilde{\gamma} \overset{z}{\leqq} \hat{\gamma}$ *gilt genau dann, wenn*

$$\psi_{\vartheta z}(\overline{T}, \overline{V}) := 2\,\mathrm{sp}\,[\tilde{Z}\overline{T}\Lambda T_0'] + \mathrm{sp}\,[\tilde{Z}\overline{T}\Lambda\overline{T}']$$
$$+ (\overrightarrow{\overline{\overline{T}M} + \overline{\overline{V}}})'\,(\Sigma^{-1/2} \otimes I_l)\,Z(\Sigma^{-1/2} \otimes I_l)\,(\overrightarrow{\overline{\overline{T}M} + \overline{\overline{V}}}) \leqq 0 \tag{16}$$

erfüllt ist.

Beweis. a) Zunächst gilt

$$M_\vartheta\hat{\gamma} = \Sigma \otimes T_0\Lambda T_0' ,$$

da $\hat{\gamma}$ erwartungstreu ist. Weiter berechnen wir

$$M_\vartheta\tilde{\gamma} = M_\vartheta\hat{\gamma} + \Sigma \otimes \overline{T}\Lambda T_0' + \Sigma \otimes T_0\Lambda\overline{T}' + \Sigma \otimes \overline{T}\Lambda\overline{T}' + (\overrightarrow{\overline{\overline{T}M} + \overline{\overline{V}}})\,(\overrightarrow{\overline{\overline{T}M} + \overline{\overline{V}}})' ,$$

woraus unmittelbar (15) folgt. Analog kann b) bewiesen werden, wenn man nur berücksichtigt, daß

$$\mathrm{sp}\,[Z(I_p \otimes \overline{T}\Lambda T_0')] = \mathrm{sp}\,[\tilde{Z}\overline{T}\Lambda T_0']$$

gilt. ■

Aus Lemma 3.2.1 folgt auch, daß $\tilde{\gamma} \leqq \hat{\gamma}$ bzw. $\tilde{\gamma} \overset{z}{\leqq} \hat{\gamma}$ nur gelten kann, wenn

$$\overline{T}\Lambda T_0' + T_0\Lambda\overline{T}' \leqq 0 \quad \text{bzw.} \quad \mathrm{sp}\,[\tilde{Z}\overline{T}\Lambda T_0'] \leqq 0$$

erfüllt ist. Außerdem erkennen wir, daß stets ein $\overline{T}$ und $\overline{V}$ existieren, so daß $\tilde{\gamma} \leqq \hat{\gamma}$ bzw. $\tilde{\gamma} \overset{z}{\leqq} \hat{\gamma}$ erfüllt ist. Die folgenden Sätze geben uns genauere Aussagen über die geeignete Wahl von $\overline{T}$ und $\overline{V}$.

Satz 3.2.1. *Es sei* $\hat{\gamma} = T_0Y + F$ *die* BILUE *für* γ *unter* $\mathbf{Y} \circledS [\mathcal{B}_2]$. *Falls für* $A \in \mathfrak{M}_{n\times n}$ *mit* $\mathcal{R}(A') \subseteqq \mathcal{R}(G)$ *die Ungleichung*

$$A(\Lambda + G^+)\,A' \leqq A + A' \tag{17}$$

erfüllt ist, gilt $\tilde{\gamma} \leqq \hat{\gamma}$ *für*

$$\tilde{\gamma} = \hat{\gamma} - T_0\Lambda AY . \tag{18}$$

Falls A *und* G *regulär sind und* $A(\Lambda + G^{-1})\,A' < A + A'$ *gilt, so ist* $\tilde{\gamma} <\cdot\, \hat{\gamma}$.

Beweis. Sei $\psi_\vartheta(-T_0\Lambda A, 0)$ definiert wie in Lemma 3.2.1. Dann erhalten wir

$$\begin{aligned}\psi_\vartheta(-T_0\Lambda A, 0) &= -\Sigma \otimes T_0\Lambda A\Lambda T_0' - \Sigma \otimes T_0\Lambda A'\Lambda T_0' \\ &\quad + \Sigma \otimes T_0\Lambda A\Lambda A'\Lambda T_0' + \overrightarrow{T_0\Lambda AM}\; \overrightarrow{T_0\Lambda AM}' \\ &= (\Sigma^{1/2} \otimes T_0\Lambda) - I_p \otimes A \big(- I_p \otimes A' + I_p \otimes A\Lambda A' \\ &\quad + ((\Sigma^{-1/2} \otimes A)\vec{M}\vec{M}')\Sigma^{-1/2} \otimes A'\big)(\Sigma^{1/2} \otimes \Lambda T_0') \\ &\leqq (\Sigma^{1/2} \otimes T_0\Lambda)(I_p \otimes (-A - A' + A\Lambda A' + AG^+A'))(\Sigma^{1/2} \otimes \Lambda T_0') \\ &= \Sigma \otimes [T_0\Lambda(-A - A' + A\Lambda A' + AG^+A')\Lambda T_0'],\end{aligned}$$

wobei hier die Modellvoraussetzungen über (M, Σ) benutzt wurden. Damit ergibt sich unter Berücksichtigung von (17)

$$\begin{aligned}\psi_\vartheta(-T_0\Lambda A, 0) &\leqq \Sigma \otimes [T_0\Lambda(-A - A' + A[\Lambda + G^+]A')\Lambda T_0'] \\ &\leqq 0,\end{aligned}$$

womit aus Lemma 3.2.1. a) die Behauptung folgt. ■

Satz 3.2.1 geht für $G = \lambda I_n$, $\lambda \in R^{>}$, auf H. Läuter [2] zurück. Für beliebiges reguläres G wurde er von O. Bunke in [1] bewiesen. Der Satz zeigt uns, daß es eine Klasse von SF gibt, die besser als $\hat{\gamma}$ sind. Es kommt darauf an, eine Matrix A mit (17) zu bestimmen. Setzt man speziell $A = \alpha P_{\mathfrak{R}(G)}$, so bedeutet (17)

$$\alpha^2(P_{\mathfrak{R}(G)}\Lambda P_{\mathfrak{R}(G)} + G^+) \leqq 2\alpha P_{\mathfrak{R}(G)}.$$

Das ist äquivalent zu der Bedingung

$$\alpha \leqq \frac{2}{\lambda_{\max}[P_{\mathfrak{R}(G)}\Lambda P_{\mathfrak{R}(G)} + G^+]}, \tag{19}$$

denn die Eigenvektoren von $P_{\mathfrak{R}(G)}\Lambda P_{\mathfrak{R}(G)} + G^+$ sind ebenfalls Eigenvektoren von $P_{\mathfrak{R}(G)}$. So erhalten wir zusammen mit Satz 3.2.1, daß für

$$\tilde{\gamma} = \hat{\gamma} - \alpha T_0\Lambda P_{\mathfrak{R}(G)}Y$$

und für α mit (19)

$$\tilde{\gamma} \leqq \hat{\gamma}$$

unter $Y\ (\widetilde{=})\ [\mathscr{B}_2]$ gilt. Man erkennt, daß für $\alpha \neq 0$ die SF $\tilde{\gamma}$ nicht erwartungstreu ist.

Häufig werden auch andere Matrizen A für die Konstruktion von $\tilde{\gamma}$ sinnvoll sein. Setzen wir z. B.

$$A = \lambda(P_{\mathfrak{R}(G)}\Lambda P_{\mathfrak{R}(G)} + G^+)^+, \quad \lambda \in R^>,$$

so errechnet man

$$A(\Lambda + G^+)A' = \lambda^2(P_{\mathfrak{R}(G)}\Lambda P_{\mathfrak{R}(G)} + G^+)^+,$$

und somit erfüllt dieses A für $0 \leqq \lambda \leqq 2$ die Bedingung (17), so daß für die durch (18) gegebene SF

$$\tilde{\gamma} = \hat{\gamma} - \lambda T_0\Lambda(P_{\mathfrak{R}(G)}\Lambda P_{\mathfrak{R}(G)} + G^+)^+ Y \tag{20}$$

$\tilde{\gamma} \leqq \hat{\gamma}$ gilt.

Damit haben wir einige Möglichkeiten zur Konstruktion von $\tilde{\gamma}$ diskutiert. Mit dem Problem der Konstruktion von SF mit (5) beschäftigte sich auch

H. TOUTENBURG in [3], der einen anderen Zugang wählte, dessen Ergebnisse aber als Spezialfälle von Satz 3.2.1 erhalten werden können.

Um noch einige andere SF mit (5) bzw. (6) bestimmen zu können, wollen wir annehmen, daß der Raum $\mathcal{L}$ mit $\mathcal{R}(X)$ zu einer gegebenen Matrix $X \in \mathfrak{M}_{n \times k}$ übereinstimmt. Dann hat jedes Element $M \in \mathfrak{M}_{\mathcal{L}}^p$ eine Darstellung der Form $M = XB$ mit einem geeigneten $B \in \mathfrak{M}_{k \times p}$. Aus der Bedingung $\vec{M}'(\Sigma^{-1} \otimes G) \times \vec{M} \leqq 1$ über (M, Σ) in $[\mathcal{B}_2]$ folgt dann

$$\vec{B}'(\Sigma^{-1} \otimes H)\, \vec{B} \leqq 1 \tag{21}$$

mit

$$H = X'GX\,. \tag{22}$$

Umgekehrt folgt für eine beliebige Lösung $G \in \mathfrak{M}_n^{\geqq}$ von (22) aus (21) die Ungleichung

$$\vec{M}'(\Sigma^{-1} \otimes G)\, \vec{M} \leqq 1\,.$$

Somit gilt mit H aus (22)

$$\mathcal{B}_2 = \{(XB, \Sigma \otimes \Lambda) \in \mathfrak{M}_{\mathcal{L}}^p \times \mathcal{V}_\Lambda^p \mid \vec{B}'(\Sigma^{-1} \otimes H)\, \vec{B} \leqq 1\}\,, \tag{23}$$

und umgekehrt stimmt diese Menge für ein beliebiges $G \in \mathfrak{M}_n^{\geqq}$, das (22) erfüllt, mit der in (11) definierten Menge überein. Dann gilt

Satz 3.2.2. *Es genüge $G \in \mathfrak{M}_n^{\geqq}$ der Gleichung* (22). *Wenn für $S \in \mathfrak{M}_k^{\geqq}$ die Ungleichung*

$$G^+ \leqq \Lambda + 2XSX' \tag{24}$$

gilt, so ist $\tilde{\gamma} \leqq \hat{\gamma}$ für eine SF (18) *mit*

$$A^+ = P_{\mathcal{R}(G)}\Lambda P_{\mathcal{R}(G)} + P_{\mathcal{R}(G)}XSX'P_{\mathcal{R}(G)}\,. \tag{25}$$

Falls G und Λ regulär sind und statt (24)

$$G^{-1} < \Lambda + 2XSX'$$

gilt, ist $\tilde{\gamma} <\cdot\, \hat{\gamma}$.

Beweis. Da $G \in \mathfrak{M}_n^{\geqq}$ der Gleichung (22) genügt, wissen wir, daß die in (23) definierte Menge mit der in (11) definierten Menge, insbesondere für dieses G, übereinstimmt. Beachten wir, daß für A aus (25)

$$A = P_{\mathcal{R}(G)} A P_{\mathcal{R}(G)}$$

gilt, so ergibt sich mit (24)

$$\begin{aligned} A(\Lambda + G^+)\, A' &\leqq A(\Lambda + \Lambda + 2XSX')\, A \\ &= 2AP_{\mathcal{R}(G)}\,(\Lambda + XSX')\, P_{\mathcal{R}(G)}A \\ &= 2A\,. \end{aligned}$$

Aus Satz 3.2.1 folgt damit die Behauptung. ■

Korollar 3.2.1. *Es seien die Voraussetzungen von Satz 3.2.2 erfüllt und sei $S \in \mathfrak{M}_k^{>}$. Dann ist für $H \in \mathfrak{M}_k^{>}$ in $[\mathcal{B}_2]$*

$$\tilde{\gamma} = CX(S^{-1} + X'\Lambda^{-1}X)^{-1}\, X'\Lambda^{-1}Y + F <\cdot\, \hat{\gamma}\,. \tag{26}$$

Beweis. Es ist wegen [A 1.39] für jedes $\varepsilon > 0$

$$G_\varepsilon = G + \varepsilon P_{\mathcal{N}(X')}$$

eine reguläre Matrix, und G_ε erfüllt für jedes $\varepsilon > 0$ die Gleichung (22). Weiter ist für hinreichend großes ε

$$G_\varepsilon^{-1} \leqq \Lambda + 2XSX'$$

erfüllt. Satz 3.2.2 können wir dann auch für den Fall anwenden, wenn wir dort G durch G_ε ersetzen. Somit folgt, daß

$$\tilde{\gamma} = \hat{\gamma} - T_0\Lambda(\Lambda + XSX')^{-1}\, Y <\cdot\, \hat{\gamma}$$

in $[\mathcal{B}_2]$ gilt, denn die durch (25) definierte Matrix A hat bei regulärem G_ε die Gestalt $A = (\Lambda + XSX')^{-1}$. Man erhält aus $T_0 = CX(X'\Lambda^{-1}X)^{-1}\, X'\Lambda^{-1}$ und [A 1.41]

$$T_0 - T_0\Lambda(\Lambda + XSX')^{-1} = CX(S^{-1} + X'\Lambda^{-1}X)^{-1}\, X'\Lambda^{-1}. \quad \blacksquare \qquad (27)$$

Diese SF $\tilde{\gamma}$ ist eine Verallgemeinerung der von A. E. Hoerl und R. W. Kennard in [4] eingeführten Ridge-Schätzung, die sich für $S = \varrho I_k$ ergibt.

Die wesentliche Bedingung an S ist (24). Daher ist es interessant, auch hinreichende Bedingungen für (24) aufzustellen. Zunächst wollen wir bemerken, daß als Lösung für G aus (22) $G = X'^{+}HX^{+}$ gewählt werden kann. Dann kann man das folgende Lemma beweisen.

Lemma 3.2.2. *Es seien* $H, S \in \mathfrak{M}_k^{\geq}$, *und es gelte*

$$S \leqq 2SHS\,. \qquad (28)$$

Dann ist die Ungleichung (24) *mit* $G = X'^{+}HX^{+}$ *erfüllt.*

Beweis. Wegen [A 1.18] gilt $S^{1/2}X'(XSX')^{+}\, XS^{1/2} = I_k$, und daher bedeutet (28), daß

$$S^{1/2}X'(XSX')^{+}\, XS^{1/2} \leqq 2S^{1/2}HS^{1/2}$$

und somit wegen [A 1.8] und [A 1.11]

$$(XSX')^{+} \leqq 2X'^{+}HX^{+}$$

oder

$$(X'^{+}HX^{+})^{+} \leqq 2XSX'$$

gilt, woraus unmittelbar (24) folgt. $\blacksquare$

Wenn insbesondere $S^{-1} = \alpha H$ gesetzt wird, so ist (28) äquivalent zu $\alpha \leqq 2$. Bedingungen der Form (28) wurden bei den Verallgemeinerungen der Ridge-Schätzung von O. Bunke in [1], die sich als Spezialfälle von (26) ergeben, verwendet.

Eine weitere Möglichkeit der Konstruktion einer SF $\tilde{\gamma}$ mit (5) ergibt sich aus einer Idee von D. W. Marquardt [5], die in [1] verallgemeinert wurde. Wir werden diese Ergebnisse hier kurz darlegen. Dabei bezeichnen wir als Eigenraum einer Matrix D einen von Eigenvektoren von D aufgespannten Raum.

Satz 3.2.3. *Es sei* $\hat{\gamma} = T_0Y + F$ *die* BILUE für $\tilde{\gamma}$ *im Modell* $[\mathcal{B}_2]$, *wobei* $\mathcal{B}_2$ *durch* (23) *definiert sei. Dabei sei* H *regulär. Es sei* P *eine Projektionsmatrix auf einen Eigenraum von* $K = X'\Lambda^{-1}X$. *Wenn*

$$PH^{-1}P \leqq PK^{-1} \qquad (29)$$

gilt, so ist

$$\tilde{\gamma} := CX(I_k - P)\, K^{-1}X'\Lambda^{-1}Y + F \leqq \hat{\gamma}\,.$$

Beweis. Wir setzen zunächst $\tilde{G} = (X'\Lambda^{-1/2})^+ H(\Lambda^{-1/2}X)^+ + P_{\mathcal{N}(X'\Lambda^{-1/2})}$. Da H regulär war, ist somit $\tilde{G}$ ebenfalls regulär. Setzen wir

$$\tilde{A} = \Lambda^{-1/2}XPK^{-1}X'\Lambda^{-1/2},$$

so errechnen wir mit [A 1.22], [A 1.18]

$$\begin{aligned}\tilde{A}(I_n + \tilde{G}^{-1})\tilde{A} &= \Lambda^{-1/2}XPK^{-1}X'\Lambda^{-1/2}\\ &\quad + \Lambda^{-1/2}XPK^{-1}X'\Lambda^{-1/2}[(X'\Lambda^{-1/2})^+ H(\Lambda^{-1/2}X)^+]^+ \Lambda^{-1/2}XK^{-1}PX'\Lambda^{-1/2}\\ &= \tilde{A} + \Lambda^{-1/2}XPH^{-1}PX'\Lambda^{-1/2}. \end{aligned} \tag{30}$$

Setzen wir nun

$$G = \Lambda^{-1/2}\tilde{G}\Lambda^{-1/2},$$

$$A = \Lambda^{-1/2}\tilde{A}\Lambda^{-1/2},$$

so folgt aus (29) und (30)

$$\begin{aligned}A(\Lambda + G^{-1})A &= \Lambda^{-1/2}\tilde{A}\Lambda^{-1/2}(\Lambda + \Lambda^{1/2}\tilde{G}^{-1}\Lambda^{1/2})\Lambda^{-1/2}\tilde{A}\Lambda^{-1/2}\\ &= \Lambda^{-1/2}\tilde{A}(I_n + \tilde{G}^{-1})\tilde{A}\Lambda^{-1/2}\\ &= A + \Lambda^{-1}XPH^{-1}PX'\Lambda^{-1}\\ &\leqq A + \Lambda^{-1}XPK^{-1}X'\Lambda^{-1}\\ &= 2A.\end{aligned}$$

Da G regulär ist, gilt trivialerweise $\mathcal{R}(A') \subseteq \mathcal{R}(G) = R^k$. Wegen (22) gilt $\mathcal{R}(H) \subseteq \mathcal{R}(X') = \mathcal{R}(X'\Lambda^{-1/2})$, und so erhält man

$$X'GX = X'\Lambda^{-1/2}(X'\Lambda^{-1/2})^+ H(\Lambda^{-1/2}X)^+ \Lambda^{-1/2}X = H,$$

so daß G die Gleichung (22) erfüllt. Daraus folgt, daß die durch (11) und (23) definierten Mengen übereinstimmen. Außerdem erfüllten A und G die Voraussetzungen von Satz 3.2.1, aus dem dann

$$\hat{\gamma} - T_0\Lambda AY \leqq \hat{\gamma} \tag{31}$$

folgt. Wenn wir nun zeigen, daß $T_0\Lambda A = CXPK^{-1}X'\Lambda^{-1}$ ist, so folgt aus (31) die Behauptung des Satzes

$$\begin{aligned}T_0\Lambda A &= CXK^{-1}X'\Lambda^{-1}\Lambda A\\ &= CXK^{-1}X'\Lambda^{-1}XPK^{-1}X'\Lambda^{-1}\\ &= CXPK^{-1}X'\Lambda^{-1}. \quad \blacksquare\end{aligned}$$

Spezialfälle dieses Satzes wurden von D. W. Marquardt in [5] und O. Bunke in [1] betrachtet. Wenn $\lambda_1, \ldots, \lambda_k$ die Eigenwerte (o. B. d. A. $\lambda_1 \geqq \lambda_2 \geqq \cdots \geqq \lambda_k$) und $e_1, \ldots, e_k$ ein orthonormiertes Eigenvektorsystem von $X'\Lambda^{-1}X$ sind, so wird in [1] und [5] der Fall $P = P_{\mathcal{L}(e_{r+1}, \ldots, e_k)}$ für ein r, $0 < r < k$, betrachtet. Hierbei bezeichnet $\mathcal{L}(e_{r+1}, \ldots, e_k)$ die lineare Hülle der Vektoren $e_{r+1}, \ldots, e_k$. Außerdem wird in [1] eine andere Klasse von SF betrachtet, die die Ridge-SF und die SF $\tilde{\gamma}$ aus Satz 3.2.5 mit $P = P_{\mathcal{L}(e_{r+1}, \ldots, e_k)}$ als Spezialfälle enthält.

Wir haben hier mit obigen Überlegungen Klassen von linearen SF erhalten, die im Modell $[\mathcal{B}_2]$ besser als die BILUE sind, wobei als Risiko das Matrizenrisiko $M_\vartheta\delta$ zugrunde gelegt wurde. Daraus folgt, daß die hergeleiteten SF auch bei dem quadratischen Risiko $R(\vartheta, \delta)$ bei beliebigem $Z \in \mathfrak{M}_s^{\geqq}$ besser als die BILUE sind (vgl. [A 1.70]).

Die Umkehrung dieser Aussage gilt i. allg. nicht, d. h. wenn $\tilde{\gamma} \overset{z}{\leqq} \hat{\gamma}$ für ein $Z \in \mathfrak{M}_s^{\geqq}$ gilt, so gilt nicht notwendig auch $\tilde{\gamma} \leqq \hat{\gamma}$. Daher können im allgemeinen für die Verbesserung von SF bei quadratischem Risiko schwächere Bedingungen als bei einem Matrizenrisiko gestellt werden (vgl. [1]).

Wir wollen nun in der Klasse aller inhomogenen linearen SF einige SF durch bestimmte Optimalitätseigenschaften auszeichnen. Dazu betrachten wir ein quadratisches Risiko $R(\vartheta, \delta)$ der Form (4) mit $Z = I_p \otimes Z_1$, wobei $Z_1 \in \mathfrak{M}_l^{\geqq}$ ist. Dann gilt also wegen (14) für δ mit $\delta(Y) = TY + V$:

$$R(\vartheta, \delta) = p \operatorname{sp} [Z_1 T \Lambda T'] + (\overrightarrow{TM + V - \gamma})' (\Sigma^{-1} \otimes Z_1) (\overrightarrow{TM + V - \gamma}) . \tag{32}$$

Unser Ziel wird nun sein, eine SF mit Minimaxeigenschaften zu bestimmen.

Definition 3.2.1. *Eine inhomogene lineare* SF γ^* *mit*

$$\sup_{\mathscr{B}_2} R(\vartheta, \gamma^*) = \inf_{T, V} \sup_{\mathscr{B}_2} R(\vartheta, \delta)$$

heißt Minimax inhomogene lineare SF (MILE).

Wir werden eine Minimax inhomogene lineare SF γ^* bestimmen und werden sehen, daß γ^* i. allg. von Z_1 abhängt. Im Spezialfall $r[Z_1] = 1$ kann eine von Z_1 unabhängige MILE angegeben werden.

Bei der folgenden Darstellung sei $\mathscr{B}_2$ durch (23) definiert, und es gelte (22). Dabei sei $r[X] = k$ und $r[H] = k$, und wir benutzen folgende Bezeichnungen:

$$V = H^{-1/2} X' \Lambda^{-1} X H^{-1/2} , \tag{33}$$

$$G = V^{-1} H^{-1/2} X' C' Z_1 C X H^{-1/2} V^{-1} . \tag{34}$$

Für $A \in \mathfrak{M}_k^{\geqq}$ und $\varkappa > 0$ bezeichnen wir $V_\varkappa(A) = \frac{1}{\sqrt{\varkappa}} (G + A)^{1/2}$.

Satz 3.2.4. *Wenn für ein* $A \in \mathfrak{M}_k^{\geqq}$ *und ein* $\varkappa > 0$ *die Beziehungen*

$$V_\varkappa(A) \geqq V^{-1} , \tag{35}$$

$$V_\varkappa^{-1}(A)\, A = VA , \tag{36}$$

$$\operatorname{sp} [V_\varkappa(A)] = 1 + \operatorname{sp} [V^{-1}] \tag{37}$$

gelten, so gilt für

$$D_\varkappa = V_\varkappa(A) - V^{-1}: \tag{38}$$

$\gamma^* = T^* Y + F$ *ist eine* MILE *für* γ *in* $[\mathscr{B}_2]$, *wenn*

$$T^* = CXH^{-1/2} D_\varkappa H^{-1/2} X' (p\Lambda + XH^{-1/2} D_\varkappa H^{-1/2} X')^{-1} \tag{39}$$

gesetzt wird. Außerdem ist

$$p \operatorname{sp} [Z_1 T^* \Lambda T^{*\prime}] = \min_{\Theta_2} R(\vartheta, \gamma^*) \leqq R(\vartheta, \gamma^*) \leqq \max_{\Theta_2} R(\vartheta, \gamma^*) = p \operatorname{sp} [Z_1 T^* \Lambda T^{*\prime}] . \tag{40}$$

Beweis. Mit (32) errechnen wir für $\delta(Y) = TY + V$

$$R(\vartheta, \delta) = p\,\mathrm{sp}\,[Z_1 T \Lambda T'] + \vec{B}'\left(\Sigma^{-1} \otimes X'(T - C)'\, Z_1(T - C)\, X\right) \vec{B}$$
$$+ 2\vec{B}'\,(\Sigma^{-1} \otimes X'(T - C)'\, Z_1)\,(\overrightarrow{V - F}) + (\overrightarrow{V - F})'\,(\Sigma^{-1} \otimes Z_1)\,(\overrightarrow{V - F}). \quad (41)$$

Da aus $(XB, \Sigma \otimes \Lambda) \in \mathscr{B}_2$ stets $(-XB, \Sigma \otimes \Lambda) \in \mathscr{B}_2$ folgt, erhalten wir hieraus

$$\sup_{\mathscr{B}_2} R(\vartheta, \delta) \geqq \sup_{\mathscr{B}_2} R(\vartheta, \tilde{\delta}), \quad \tilde{\delta}(Y) = TY + F, \quad (42)$$

und das Gleichheitszeichen steht bei $Z_1(V - F) = 0_{l \times p}$. Da wir $\sup\limits_{\mathscr{B}_2} R(\vartheta, \delta)$ minimieren wollen, folgt aus (42), daß wir zur Bestimmung einer MILE uns auf die Menge der SF der Gestalt $\delta = TY + F$ beschränken können. Aus (41) folgt

$$R(\vartheta, \delta) = p\,\mathrm{sp}\,[Z_1 T \Lambda T'] + \vec{B}'(\Sigma^{-1} \otimes X'(T - C)'\, Z_1(T - C)\, X)\, \vec{B}$$

und somit

$$\sup_{\mathscr{B}_2} R(\vartheta, \delta) = p\,\mathrm{sp}\,[Z_1 T \Lambda T'] + \lambda_{\max}[Z_1^{1/2}(T - C)\, XH^{-1}X'(T - C)'\, Z_1^{1/2}]. \quad (43)$$

Dieses Funktional ist zu minimieren. Aus [A 1.92] erhalten wir die im Satz formulierten Aussagen. ■

Die Berechnung der MILE γ^* ist im allgemeinen Fall recht schwierig. Zwei Spezialfälle wollen wir hier betrachten.

Beispiel 3.2.1. Es seien C, H, Z_1 und X derartige Matrizen, daß $Q = qH^{-1/2}X'C'Z_1 \times CXH^{-1/2}$ für ein $q \in R^>$ eine Projektionsmatrix ist, die mit $V = H^{-1/2}X'\Lambda^{-1}XH^{-1/2}$ vertauschbar ist. Dann gilt $G = \frac{1}{q} V^{-1}QV^{-1}$ und $G^{1/2} = \frac{1}{\sqrt{q}} V^{-1}Q$. Man zeigt direkt, daß für $\varkappa < \frac{1}{q}$ mit

$$\frac{1}{\sqrt{\varkappa}} \frac{1}{\sqrt{q}} \mathrm{sp}\,[V^{-1}Q] + \frac{1}{\varkappa} \mathrm{sp}\,[V^{-1}] - \frac{1}{\varkappa} \mathrm{sp}\,[V^{-1}Q] = 1 + \mathrm{sp}\,[V^{-1}]$$

die Matrix $A = \varkappa V^{-2} - \varkappa QV^{-2}$ die Bedingungen (35) bis (37) erfüllt. So folgt

$$D_\varkappa = \frac{1}{\sqrt{\varkappa}} \frac{1}{\sqrt{q}} V^{-1}Q + V^{-1} - V^{-1}Q - V^{-1} = \left(\frac{1}{\sqrt{\varkappa}} \frac{1}{\sqrt{q}} - 1\right) V^{-1}Q. \quad (44)$$

Für $\varkappa$ errechnet man wegen $\mathrm{sp}\,[D_\varkappa] = 1$ hieraus

$$\varkappa = \frac{1}{q} \left(\frac{\mathrm{sp}\,[V^{-1}Q]}{1 + \mathrm{sp}\,[V^{-1}Q]}\right)^2. \quad (45)$$

Setzen wir dies in (44) ein, so ist

$$D_\varkappa = \frac{1}{\mathrm{sp}\,[V^{-1}Q]} V^{-1}Q. \quad (46)$$

Die Matrix T^* kann dann mit (44) leicht errechnet werden. Betrachten wir insbesondere den Fall, daß $H = \lambda I_k$, $\lambda > 0$, $Z_1 = I_l$, $C = X^+$ gilt. Dann ist $CX = I_k$ und folglich $V^{-1}Q = \lambda K^{-1}$. Aus (39), (46) und [A 1.41] erhalten wir dann mit $\varrho := \mathrm{sp}\,[K^{-1}]$:

$$T^* = \frac{1}{\lambda\varrho} K^{-1}X' \left(p\Lambda + \frac{1}{\lambda\varrho} XK^{-1}X'\right)^{-1}$$
$$= \frac{1}{p} \left(\lambda\varrho K^{-1} + \frac{1}{p} K^{-1}\right) X'\Lambda^{-1}$$
$$= \frac{1}{p} \frac{1}{\lambda\varrho + \frac{1}{p}} K^{-1}X'\Lambda^{-1}$$
$$= \frac{1}{1 + p\lambda\varrho} K^{-1}X'\Lambda^{-1}. \quad (47)$$

Wir berechnen nun noch $\sup_{\mathscr{B}_2} R(\vartheta, \gamma^*)$. Es gilt

$$\operatorname{sp}[T^*\Lambda T^{*\prime}] = \left(\frac{1}{1+p\lambda\varrho}\right)^2 \varrho = \frac{\varrho}{(1+p\lambda\varrho)^2}.$$

Dann folgt aus Satz 3.2.4 und (40)

$$\begin{aligned}\sup_{\mathscr{B}_2} R(\vartheta, \gamma^*) &= \frac{p\varrho}{(1+p\lambda\varrho)^2} + \frac{1}{\lambda}\left(\frac{\varrho\lambda}{1+\varrho\lambda}\right)^2 \\ &= \frac{p\varrho}{(1+p\lambda\varrho)^2} + \frac{\varrho^2\lambda}{(1+\varrho\lambda)^2}. \end{aligned} \tag{48}$$

Somit erhalten wir das

Ergebnis. *Eine* MILE *für* $\gamma = B + F$ *bei einem Risiko* $R(\vartheta, \delta) = p \operatorname{sp}[T\Lambda T'] + (\overrightarrow{TM + V - \gamma})' \times (\Sigma^{-1} \otimes I_k)(\overrightarrow{TM + V - \gamma})$ *ist gegeben durch*

$$\gamma^* = \frac{1}{1 + p\lambda \operatorname{sp}[K^{-1}]} \hat{B} + F, \tag{49}$$

wobei $\hat{B}$ *die* BLUE *für* $B = X^+M$ *bezeichnet.*

Beispiel 3.2.2. Es sei $r[Z_1] = 1$, d. h. $Z_1 = zz'$ für ein $z \in R^l$. Dann ist $G = ff'$ für $f = H^{1/2}(X'\Lambda^{-1}X)^{-1} X'C'z$. Wir definieren

$$\varkappa = f'(S^{-1} + I_k)^{-2} f, \tag{50}$$

$$g = \frac{1}{\sqrt{\varkappa}}(S^{-1} + I_k)^{-1} f,$$

$$A = \varkappa(S^{-1} + gg')(S^{-1} + gg') - ff'.$$

Dann zeigt man unmittelbar, daß diese $\varkappa$ und A den Bedingungen (35) bis (37) genügen, und man errechnet

$$D_\varkappa = gg'. \tag{51}$$

Somit nimmt T^* die Form

$$\begin{aligned} T^* &= CXH^{-1/2}gg'H^{-1/2}X'\Lambda^{-1/2}(pI_n + \Lambda^{-1/2}XH^{-1/2}gg'H^{-1/2}X'\Lambda^{-1/2})^{-1}\Lambda^{-1/2} \\ &= \frac{1}{\varkappa}\frac{1}{p+g'Sg} CXH^{-1/2}gf'(I_k + S)^{-1} H^{1/2}T_0 \\ &= A^*(X'\Lambda^{-1}X)^{-1} X'\Lambda^{-1} \end{aligned} \tag{52}$$

mit

$$A^* = \frac{1}{\varkappa(p + g'Sg)} CXH^{-1/2}gf'(I_k + S)^{-1} H^{1/2} \tag{53}$$

an.

Ergebnis. *Eine* MILE *für* $\gamma = CM + F$ *in* $[\mathscr{B}_2]$ *zum Risiko* $R(\vartheta, \delta)$ *und* $Z_1 = zz'$ *ist gegeben durch*

$$\gamma^* = A^*X^{\oplus}Y + F, \qquad X^{\oplus} := (X'\Lambda^{-1}X)^{-1} X'\Lambda^{-1}. \tag{54}$$

Dieses letzte Beispiel wollen wir noch etwas genauer betrachten. Die Matrix A^* hängt von $Z_1 = zz'$ ab, jedoch läßt sich für $r[Z_1] = 1$ auch eine von Z_1 unabhängige MILE angeben. Diese erhalten wir folgendermaßen. Das zu minimierende Funktional (43) kann bei $r[Z_1] = 1$ für $\delta(Y) = TY + F$ in der Gestalt

$$\sup_{\mathscr{B}_2} R(\vartheta, \delta) = pz'T\Lambda T'z + z'(T - C) XH^{-1}X'(T - C)' z$$

geschrieben werden, und ein minimales T erhalten wir unter Benutzung von [A 1.91] in der Form

$$T_1^* = CX(H + K)^{-1} X'\Lambda^{-1}, \tag{55}$$

so daß also für $\gamma_1^* = T_1^* Y + F$

$$\sup_{\mathscr{B}_2} R(\vartheta, \gamma^*) = \sup_{\mathscr{B}_2} R(\vartheta, \gamma_1^*)$$

gilt. Damit haben wir für $r[Z_1] = 1$ eine MILE $T_1^* Y + F$ für γ erhalten, die unabhängig von Z_1 ist. Man kann also sowohl (54) als auch γ_1^* benutzen. Die Schätzung $\gamma_1^* = T_1^* Y + F$ ist von J. Kuks und V. Olman [6] hergeleitet worden. Da $\gamma_1^* = T_1^* Y + F$ eine MILE für beliebiges $z \in R^l$ darstellt, erhalten wir den

Satz 3.2.5. *Setzen wir $\delta(Y) = TY + V$, so gilt für γ_1^**

$$\sup_{\mathscr{B}_2} \max_{z:|z|=1} \operatorname{sp}\left[(\Sigma^{-1} \otimes zz')\, M_\vartheta \gamma_1^*\right] = \min_{\delta} \sup_{\mathscr{B}_2} \max_{z:|z|=1} \operatorname{sp}\left[(\Sigma^{-1} \otimes zz')\, M_\vartheta \boldsymbol{\delta}\right]. \quad (56)$$

Beweis. Bezeichnen wir das durch (4) definierte Risiko bei $Z = I_p \otimes zz'$ mit $R_z(\vartheta, \delta)$, so gilt also

$$R_z(\vartheta, \delta) = \operatorname{sp}\left[(\Sigma^{-1} \otimes zz')\, M_\vartheta \boldsymbol{\delta}\right].$$

Da γ_1^* eine MILE für beliebiges $z \in R^l$ ist, gilt

$$\sup_{\mathscr{B}_2} R_z(\vartheta, \gamma_1^*) \leqq \sup_{\mathscr{B}_2} R_z(\vartheta, \delta)$$

für alle δ. Da γ_1^* unabhängig von z und δ ist, folgt aus dieser Ungleichung die Behauptung. ■

Wir wollen bemerken, daß für $p = 1$ die Aussage des Satzes 3.2.5 in der Form

$$\sup_{\mathscr{B}_2} \lambda_{\max}\left[\frac{1}{\sigma^2} M_\vartheta \gamma_1^*\right] = \min_{\delta} \sup_{\mathscr{B}_2} \lambda_{\max}\left[\frac{1}{\sigma^2} M_\vartheta \boldsymbol{\delta}\right]$$

geschrieben werden kann.

Bei der Herleitung der MILE hatten wir $H \in \mathfrak{M}_k^>$ und $X \in \mathfrak{M}_{n\times k}^k$ vorausgesetzt. J. Kuks und V. Olman zeigten in [6], daß für $r[Z_1] = 1$ die SF γ_1^* auch in dem Falle noch eine MILE ist, wenn nur $H + X'\Lambda^{-1}X \in \mathfrak{M}_k^>$ gilt.

Bisher betrachteten wir ein quadratisches Risiko. Will man sich nicht auf ein solches Risiko, d. h. auf eine bestimmte Matrix Z, festlegen, so wäre es sinnvoll, das Matrizenrisiko $M_\vartheta \boldsymbol{\delta}$ zugrunde zu legen. Dies wurde von O. Bunke in [17] durchgeführt. Wir betrachten das Modell $[\mathscr{B}_2]$ aus (23). Es sei dabei $H + X'\Lambda^{-1}X \in \mathfrak{M}_k^>$. Wie beim quadratischen Risiko wollen wir auch hier das normierte Risiko

$$\overline{M}_\vartheta \tilde{\gamma} := (\Sigma^{-1/2} \otimes I_l)\, M_\vartheta \tilde{\gamma} (\Sigma^{-1/2} \otimes I_l) = I_p \otimes T\Lambda T' + (\Sigma^{-1/2} \otimes I_l)\, (\overrightarrow{TM + V - \gamma})$$
$$\times\, (\overrightarrow{TM + V - \gamma})'\, (\Sigma^{-1/2} \otimes I_l)$$

für eine SF $\tilde{\gamma} = TY + V$ benutzen. Wegen

$$TM + V - \gamma = TM - CM + V - F$$

folgt dann, daß

$$(\Sigma^{-1/2} \otimes I_l)\, (\overrightarrow{TM + V - \gamma})\, (\overrightarrow{TM + V - \gamma})' (\Sigma^{-1/2} \otimes I_l)$$

genau dann eine endliche Norm für alle $\vartheta \in \Theta_2$ hat, wenn

$$V = F \quad (57)$$

und $\Sigma^{-1/2}(T - C)\, M$ für alle $\vartheta \in \Theta_2$ beschränkt ist. Das ist aber genau dann der Fall, wenn gilt

$$(T - C)\, XB = 0_{n\times p}, \qquad B \in \mathcal{N}(H). \quad (58)$$

Wenn dann P den orthogonalen Projektor auf $\mathcal{R}(H)$ bezeichnet, so erhalten wir für jede SF $\tilde{\gamma}$ mit (57), (58) und jedes $z \in R^{lp}$:

$$\sup_{\mathcal{B}_2} z'(\Sigma^{-1/2} \otimes I_r) \overrightarrow{(T - C)XB} \overrightarrow{B'X'(T - C)'} (\Sigma^{-1/2} \otimes I_r) z$$

$$= \sup_{\mathcal{B}_2} z'(\Sigma^{-1/2} \otimes I_r) \overrightarrow{(T - C)XPB} \overrightarrow{B'PX'(T - C)'} (\Sigma^{-1/2} \otimes I_r) z$$

$$= \sup_{\mathcal{B}_2} z'\left(\Sigma^{-1/2} \otimes (T - C)XP\right)(\Sigma^{1/2} \otimes H^{1/2+}) (\Sigma^{-1/2} \otimes H^{1/2}) BB'(\Sigma^{-1/2} \otimes H^{1/2})$$

$$\times (\Sigma^{1/2} \otimes H^{1/2+}) \left(\Sigma^{-1/2} \otimes PX'(T - C)'\right) z$$

$$= z'\left(I_p \otimes (T - C) XH^+X'(T - C)'\right) z .$$

So erhalten wir, daß für $\tilde{\gamma}$ mit (57), (58)

$$\overline{M}_\vartheta \tilde{\gamma} \leqq I_p \otimes T\Lambda T' + I_p \otimes (T - C) XH^+X'(T - C)' =: S\tilde{\gamma} \tag{59}$$

gilt und daß für beliebiges $z \in R^{lp}$

$$\sup_{\mathcal{B}_2} z'\overline{M}_\vartheta \tilde{\gamma} z = z'S\tilde{\gamma}z$$

gilt. Für inhomogene lineare SF $\tilde{\gamma}$, die nicht (57) oder (58) erfüllen, schreiben wir formal $S\tilde{\gamma} = M_\infty$ mit $M < M_\infty$ für alle $M \in \mathfrak{M}_{lp}^{\geqq}$. Wir können dann $S\tilde{\gamma}$ als das Supremum von $\{\overline{M}_\vartheta \tilde{\gamma} \mid \vartheta \in \Theta_2\}$ bezeichnen. Entsprechend [17] definieren wir eine Matrix Minimax lineare SF (MMILE) und geben dann die in [17] hergeleitete MMILE an.

Definition 3.2.2. *Eine* SF γ_0^* *ist eine* MMILE *für* γ *in* $[B_2]$, *wenn*

$$S\tilde{\gamma}_0 \leqq S\tilde{\gamma}$$

für alle linearen SF $\tilde{\gamma}$ *gilt.*

Der folgende Satz gibt uns die explizite Gestalt einer MMILE. Dabei zeigt sich, daß die bei $p = 1$ von J. Kuks und V. Olman erhaltene MILE mit T_1^* aus (50) hier als MMILE herauskommt.

Satz 3.2.6. *Wenn* $|H + X'\Lambda^{-1}X| > 0$ *gilt, so ist*

$$\gamma_1^* = T_1^* Y + F$$

eine MMILE *für* γ *unter* $Y \circledsim [\mathcal{B}_2]$.

Der Beweis folgt aus [A 1.91]. Aus diesem Satz folgt unmittelbar, daß die MMILE bei $H = \frac{1}{\varkappa^2} K$ die „gestauchte“ SF

$$\gamma_1^* = \frac{1}{1 + \varkappa^2} CXK^{-1}X'\Lambda^{-1}Y + F = \frac{1}{1 + \varkappa^2} \hat{\gamma} + F$$

und für $H = \varrho I_k$ die Ridge-SF $\gamma_1^* = CX(\varrho I_k + K)^{-1} X'\Lambda^{-1}Y + F$ ist. Bisher betrachteten wir den Fall, daß $\mathcal{B}_2$ eine bez. des Ursprungs in $\mathfrak{M}_Y^p$ symmetrische

Menge darstellt. Nehmen wir an, daß eine Menge $\mathscr{B}_2'$ der folgenden Art gegeben ist:

$$\mathscr{B}_2' = \{(M, \Sigma \otimes \Lambda) \in \mathfrak{M}_{\mathscr{Y}}^p \times \mathcal{V}_\Lambda^p \mid (\overrightarrow{M - M_0})' (\Sigma^{-1} \otimes G) (\overrightarrow{M - M_0}) \leqq 1\} .$$

Hierbei sei M_0 eine beliebige bekannte Matrix aus $\mathfrak{M}_{\mathscr{Y}}^p$. Wir stellen uns nun die Aufgabe, derartige Verbesserungen wie bei dem bisherigen Modell $[\mathscr{B}_2]$ auch für $[\mathscr{B}_2']$ herzuleiten. Es sei

$$Y \circleddash [\mathscr{B}_2'] = \{ P_\vartheta \mid \vartheta \in \Theta_2'\} , \quad \Theta_2' \subset \Theta ,$$

und es soll $\gamma = CM + F$ geschätzt werden. Bezeichnen wir

$$\tilde{Y} = Y - M_0 , \quad \tilde{M} = M - M_0 ,$$

so gilt

$$\tilde{Y} \circleddash [\mathscr{B}_2] = \{P_{\tilde{\vartheta}} \mid \tilde{\vartheta} = (\tilde{M}, \Sigma, \varkappa) \in \mathfrak{M}_{\mathscr{Y}}^p \times \mathcal{V}_\Lambda^p \times \mathscr{K}_{n \times p}\} . \tag{60}$$

Schreiben wir $\delta(Y) = TV + V$ als Funktion von $\tilde{Y}$, so ergibt sich $\delta(Y) = \tilde{\delta}(\tilde{Y}) = T\tilde{Y} + V + TM_0$. Unter Benutzung von (13) errechnet man direkt

$$M_\vartheta \delta = M_{\tilde{\vartheta}} \delta , \quad \vartheta \in \Theta_2' , \quad \tilde{\vartheta} = (M - M_0, \Sigma, \varkappa) . \tag{61}$$

Wegen (61) übertragen sich die qualitativen Eigenschaften der SF $\tilde{\delta}$ auf die entsprechenden SF δ, und wir können die oben erzielten Resultate auf (60) anwenden.

So erhält man z. B., daß für ein A mit (17) und $\mathscr{R}(A') \subseteq \mathscr{R}(G)$ wegen Satz 3.2.1

$$M_\vartheta \delta \leqq M_\vartheta \hat{\gamma} , \quad \vartheta \in \Theta_2' ,$$

für $\delta(Y) = \hat{\gamma} - T_0 \Lambda A Y + CM_0 - (T_0 - T_0 \Lambda A) M_0$ gilt.

Beim Gebrauch der verschiedenen Schätzfunktionen interessiert man sich für deren Risiko oder zumindest für den Gewinn beim Gebrauch der verbesserten SF im Vergleich zur BILUE in $[\mathscr{B}_2]$. Wir betrachten hier das Risiko $R(\vartheta, \delta)$ aus (4), wobei wir $Z = I_p \otimes Z_1$ voraussetzen wollen, so daß für $R(\vartheta, \delta)$ die Darstellung (32) gilt. Definieren wir die Funktion g durch

$$g(\vartheta, \delta) = R(\vartheta, \hat{\gamma}) - R(\vartheta, \delta) ,$$

so drückt $g(\vartheta, \delta)$ den Gewinn im Vergleich zur BILUE aus.

Offenbar gilt nach Konstruktion, daß die MILE den minimalen Gewinn, nämlich $\inf_{\mathscr{B}_2} g(\vartheta, \delta)$, maximiert. Außerdem folgt, daß für die MILE γ^*

$$\inf_{\mathscr{B}_2} g(\vartheta, \gamma^*) > 0 \tag{62}$$

ist, da, wie man leicht erkennt, $\hat{\gamma}$ keine MILE ist. Aus (35) erhalten wir für den Gewinn folgende Ungleichung:

$$\begin{aligned} R(\vartheta, \hat{\gamma}) - p \operatorname{sp} [Z_1 T^* \Lambda T^{*\prime}] - \varkappa \leqq g(\vartheta, \gamma^*) \leqq R(\vartheta, \hat{\gamma}^*) \\ - p \operatorname{sp} [Z_1 T^* \Lambda T^{*\prime}] . \end{aligned} \tag{63}$$

Diese Intervalle wollen wir in Beispielen explizit angeben.

Beispiel 3.2.3. In Beispiel 3.2.1 errechneten wir für $Z_1 = I_l$, $H = I_k$, $C = X^+$, $\varrho = \text{sp}\,[K^{-1}]$

$$T^* = \frac{1}{1 + p\lambda\varrho} K^{-1}X'\Lambda^{-1} \tag{64}$$

und

$$\varkappa = \lambda \frac{\varrho^2}{(1 + \lambda\varrho)^2}. \tag{65}$$

Dann bedeutet (63) wegen $R(\vartheta, \hat{\gamma}) = p\varrho$

$$p\varrho - p\varrho \frac{1}{(1 + p\lambda\varrho)^2} - \lambda \frac{\varrho^2}{(1 + \lambda\varrho)^2} \leqq g(\vartheta, \gamma^*)$$
$$\leqq p\varrho - p\varrho \frac{1}{(1 + p\lambda\varrho)^2}.$$

Für $p = 1$ ergibt sich daraus

$$\frac{\lambda\varrho^2}{1 + \lambda} \leqq g(\vartheta, \gamma^*) \leqq \lambda\varrho^2 \frac{2 + \lambda\varrho}{(1 + \lambda\varrho)^2}.$$

Beispiel 3.2.4. In Beispiel 3.2.2 setzten wir $Z_1 = zz'$ und wir errechneten für A^* aus (53)

$$T^* = A^*K^{-1}X'\Lambda^{-1}$$

und $\varkappa$ wie in (50). Mit $\nu = z'CXK^{-1}X'C'z$ errechnet man

$$R(\vartheta, \hat{\gamma}) = p\nu\,, \quad \text{sp}\,[Z_1T^*\Lambda T^{*\prime}] = \frac{g'S^{-1}g(1 + g'Sg)}{(p + g'Sg)^2}.$$

Setzen wir dies in (63) ein, so erhalten wir für $g(\vartheta, \gamma^*)$ das gewünschte Intervall. Für $p = 1$ ergibt sich insbesondere

$$\nu - \varkappa - \frac{g'S^{-1}g}{1 + g'Sg} \leqq g(\vartheta, \gamma^*) \leqq \nu - \frac{g'S^{-1}g}{1 + g'Sg}.$$

Es sei nun wieder $Z_1 \in \mathfrak{M}_l^{\geqq}$ eine beliebige Matrix. Wir betrachteten bisher den Fall, daß H eine reguläre Matrix ist. Wenn H singulär ist, so ist durch Satz 3.2.1 ebenfalls eine Menge von SF gegeben, die gleichmäßig besser als die BLUE $\hat{\gamma}$ sind. Im folgenden wollen wir eine MILE für singuläres H charakterisieren.

Wir bezeichnen die durch (23) definierte Menge $\mathscr{B}_2$ mit $\mathscr{B}_2(H)$. Dann gilt

Lemma 3.2.3. *Es sei $\{H_m, m = 1, 2, \ldots\}$ eine Folge von Matrizen mit $H_m \in \mathfrak{M}_k^{>}$ derart, daß*

$$\mathscr{B}_2(H_m) \subseteq \mathscr{B}_2(H_{m+1})\,, \qquad m = 1, 2, \ldots. \tag{66}$$

Es sei $\gamma_m^* = T_m^*Y + F$ die durch Satz 3.2.4 gegebene MILE für γ unter $\mathbf{Y} \circleddash [\mathscr{B}_2(H_m)]$. Wenn $H_m \to H$ konvergiert, so ist für jeden Häufungspunkt T^* von $\{T_m^*\}$ die SF $\gamma^* = T^*Y + F$ eine MILE unter $\mathbf{Y} \circleddash [\mathscr{B}_2(H)]$.

Beweis. Für beliebiges $\delta(Y) = TY + F$ gilt wegen (66)

$$\sup_{\mathscr{B}_2(H_m)} R(\vartheta, \delta) \leqq \sup_{\mathscr{B}_2(H_{m+1})} R(\vartheta, \delta) \leqq \sup_{\mathscr{B}_2(H)} R(\vartheta, \delta)\,, \qquad m = 1, 2, \ldots, \tag{67}$$

da aus $H_m \to H$ und (66)

$$\mathscr{B}_2(H_m) \subseteqq \mathscr{B}_2(H)$$

folgt. Aus (67) ergibt sich dann

$$\sup_{\mathscr{B}_2(H_m)} R(\vartheta, \gamma_m^*) \leqq \sup_{\mathscr{B}_2(H_{m+1})} R(\vartheta, \gamma_{m+1}^*) \leqq \min_T \sup_{\mathscr{B}_2(H)} R(\vartheta, \delta) =: a\,. \tag{68}$$

Da $a < \infty$ ist, folgt aus (68) wegen (43)

$$\lambda_{\max}[Z_1^{1/2}(T_m^* - C)\, X H_m^{-1} X'(T_m^* - C)'\, Z_1^{1/2}] \leqq \alpha < \infty ,$$

und somit ist

$$\{Z_1^{1/2}(T_m^* - C)\, X H_m^{-1} X'(T_m^* - C)'\, Z_1^{1/2}\}$$

beschränkt. Daher existiert eine Teilfolge $\{m_i\} \subset \{m\}$, so daß

$$\{Z_1^{1/2}(T_{m_i}^* - C)\, X H_{m_i}^{-1/2}\} \quad \text{und} \quad \{T_{m_i}^*\}$$

konvergieren. Daraus folgt, daß wenigstens ein Häufungspunkt von $\{T_m^*\}$ existiert.

Nehmen wir an, es sei T^* ein beliebiger Häufungspunkt von $\{T_m^*\}$. Dann existiert eine Teilfolge $\{T_{m_i}^*\}$ von $\{T_m^*\}$ derart, daß

$$Z_1^{1/2}(T_{m_i}^* - C)\, X H_{m_i}^{-1/2} - Z_1^{1/2}(T^* - C)\, X H_{m_i}^{-1/2} \to 0$$

gilt. Daraus erhalten wir zusammen mit (68)

$$\sup_{\mathscr{B}_2(H_{m_i})} R(\vartheta, \gamma_{m_i}^*) - \sup_{\mathscr{B}_2(H_{m_i})} R(\vartheta, \gamma^*) \to 0$$

für $i \to \infty$, d. h. $\sup\limits_{\mathscr{B}_2(H_{m_i})} R(\vartheta, \gamma^*) \leqq a + \varepsilon$ für $i \geqq i_0(\varepsilon)$ und ein beliebiges $\varepsilon > 0$. Wegen $H_m \to H$ und $\mathscr{B}_2(H_m) \subseteq \mathscr{B}_2(H)$ folgt hieraus

$$\sup_{\mathscr{B}_2(H)} R(\vartheta, \gamma^*) = a .$$

Wegen der Definition von a ist also γ^* eine MILE für γ unter $\boldsymbol{Y}\ (\widetilde{\smile})\ [\mathscr{B}_2(H)]$. ∎

In diesem Lemma ist H nicht notwendig eine reguläre Matrix. Für beliebiges H gilt der folgende Satz.

Satz 3.2.7. *Es sei* $A \in \mathfrak{M}_k^{>}$ *und* $H_m = H + \frac{1}{m} A$. *Es sei* $\gamma_m^* = T_m^* Y + F$ *die durch Satz* 3.2.4 *gegebene* MILE *für* γ *in* $[\mathscr{B}_2(H_m)]$. *Dann ist die Folge* $\{T_m^*\}$ *beschränkt, und für jeden Häufungspunkt* T^* *von* $\{T_m^*\}$ *ist* $\gamma^* = T^* Y + F$ *eine* MILE *für* γ *in* $[\mathscr{B}_2(H)]$.

Beweis. Offenbar ist $H_m \in \mathfrak{M}_k^{>}$ für $m = 1, 2, \ldots$,und (66) ist erfüllt. Außerdem gilt $H_m \to H$, und somit ist wegen Lemma 3.2.3 der Satz bewiesen, wenn $\{T_m^*\}$ beschränkt ist. Dazu bemerken wir, daß wegen (39) $T_m^* = C\Lambda^{-1/2} N_m \Lambda^{-1/2}$

$$N_m = \Lambda^{-1/2} X H_m^{-1/2} D_{\varkappa, m} H_m^{-1/2} X' \Lambda^{-1/2} \left(p I_n + \Lambda^{-1/2} X H_m^{-1/2} D_{\varkappa, m} H_m^{-1/2} X' \Lambda^{-1/2}\right)^{-1}$$

gilt, wenn $D_{\varkappa, m}$ mit dem in Satz 3.2.4 definierten $D_\varkappa$ übereinstimmt, wobei H durch H_m ersetzt wird. Da $N_m \leqq I_n$ gilt, folgt hieraus die Beschränktheit von $\{T_m^*\}$. ∎

Wir wollen bemerken, daß insbesondere die Wahl $A = I_k$ in Satz 3.2.7 möglich ist.

Damit haben wir für konvexe Modelle $[\mathscr{B}_2]$ bzgl. verschiedener Kriterien optimale Schätzungen für γ in der Klasse der linearen SF bestimmt. Dabei verglichen wir verschiedene lineare SF miteinander nur unter Benutzung von Voraussetzungen über die ersten beiden Momente der Zufallsgröße $\boldsymbol{Y}$.

3.2.2. Konvexe Modelle vom Typ $[\mathscr{B}_3]$

Wir betrachten in diesem Abschnitt das Verteilungsmodell

$$Y \circledsim [\mathscr{B}_3] \tag{69}$$

mit

$$\mathscr{B}_3 = \mathscr{H} \times \mathscr{S} \quad \text{für} \quad \mathscr{H} = \{M \in \mathfrak{M}^p_{\mathscr{Y}} \mid \vec{M}'(I_p \otimes G)\,\vec{M} \leqq 1\} \tag{70}$$

und $\mathscr{S}$ eine konvexe Teilmenge von $\mathcal{V}^p_\Lambda$. Hierbei ist $G \in \mathfrak{M}^{\geqq}_n$ eine feste Matrix mit $\mathscr{R}(G) \supseteq \mathscr{L}$. Geschätzt werden soll ein linearer Parameter $\gamma = CM + F$, wobei natürlich die Klasse der zugelassenen SF eine wesentliche Rolle spielt. Unser Ziel besteht in der Angabe von SF, die gleichmäßig besser als die BLUE in $[\mathscr{B}_3]$ sind. Zunächst sehen wir, daß wegen $M \in \mathscr{H}$ für $\mathscr{H}$ aus (70) ebenso eine Beschränkung für γ gegeben ist. Es sei

$$\Gamma = \{\gamma = CM + F \mid M \in \mathscr{H}\}\,. \tag{71}$$

Es ist dann eine natürliche Forderung, daß nur SF $\tilde{\gamma}$ mit Werten in Γ betrachtet werden, d. h. daß die SF $\tilde{\gamma}$ eingeschränkt sind auf Γ. Wir wollen zunächst eine Klasse derartiger SF beschreiben. Die zur Definition von $R(\vartheta, \delta)$ benutzte Matrix Z habe hier die Gestalt $Z = I_p \otimes Z_1$ für $Z_1 \in \mathfrak{M}^{\geqq}_l$. Dann definieren wir die Matrizen

$$\tilde{Z} = PZ_1P\,,$$

$$\tilde{G} = (CP_{\mathscr{Y}}G^+P_{\mathscr{Y}}C')^+\,,$$

wobei P ein Projektor bez. der euklidischen Norm auf den Raum $\Gamma_0 := C\mathscr{L}$ bezeichnet. Weiter sei für eine SF δ mit $\delta(Y) \in \mathfrak{M}_{l\times p}$ und $\varrho \in R^>$

$$f_\varrho(Y) := \varrho(\varrho\tilde{Z} + \tilde{G})^+\,\tilde{Z}\delta(Y)\,. \tag{72}$$

Wir wollen einige Eigenschaften von f_ϱ bestimmen.

1. $f_\varrho(Y) \in \mathfrak{M}^p_{\Gamma_0}$ *für* $Y \in \mathfrak{M}_{n\times p}$.

Diese Eigenschaft folgt aus $\mathscr{R}(\tilde{Z}) \subseteq \Gamma_0$, $\mathscr{R}(\tilde{G}) \subseteq \Gamma_0$, was wegen [A 1.18] gilt. Wir bezeichnen in diesem Abschnitt für Matrizen $H \in \mathfrak{M}_{l\times p}$, $K \in \mathfrak{M}^{\geqq}_l$

$$|H|^2_K := \vec{H}'(I_p \otimes K)\,\vec{H}\,.$$

Dann formulieren wir als zweite Eigenschaft für f_ϱ:

2. *Ist* $|\delta(Y)|_{\tilde{G}} > 1$, *so existiert genau ein* $\varrho = \varrho_Y \in R^>$ *derart, daß*

$$|f_{\varrho_Y}(Y)|_{\tilde{G}} = 1 \tag{73}$$

gilt.

Dazu berechnen wir

$$|f_\varrho(Y)|^2_{\tilde{G}} = \left|\left(\tilde{Z} + \frac{1}{\varrho}\tilde{G}\right)^+ \tilde{Z}\delta(Y)\right|^2_{\tilde{G}}$$

und aus [A 1.44] folgt die Existenz und Eindeutigkeit eines ϱ mit (73).

Dann definieren wir die Funktion f_δ:

$$f_\delta(Y) = \begin{cases} \delta(Y) & \text{für } |\delta(Y)|^2_{\tilde{G}} \leqq 1 \\ f_{\varrho_Y}(Y) & \text{für } |\delta(Y)|^2_{\tilde{G}} > 1 \,. \end{cases} \tag{74}$$

Für f_δ gilt

Lemma 3.2.4. *Es sei* $\delta(Y) \in \mathfrak{M}^p_{\Gamma_0}$. *Dann ist*

$$f_\delta(Y) \in \mathfrak{M}^p_{\Gamma_0}$$

und

$$|f_\delta(Y) - CM|^2_{Z_1} = \min_{M \in \mathcal{H}} |CM - \delta(Y)|^2_{Z_1} \,.$$

Beweis. Oben zeigten wir $f_\varrho(Y) \in \mathfrak{M}^p_{\Gamma_0}$, und wegen $\delta(Y) \in \mathfrak{M}^p_{\Gamma_0}$ folgt $f_\delta(Y) \in \mathfrak{M}^p_{\Gamma_0}$. Weiter errechnen wir

$$|CM - \delta(Y)|^2_{Z_1} = |CM - f_\delta(Y)|^2_{Z_1} + |f_\delta(Y) - \delta(Y)|^2_{Z_1}$$
$$+ 2(\overrightarrow{CM - f_\delta(Y)})' (I_p \otimes Z_1) (\overrightarrow{f_\delta(Y) - \delta(Y)}) \,.$$

In dieser Gleichung können wir Z_1 durch $\tilde{Z}$ ersetzen, da $f_\delta(Y) \in \mathfrak{M}^p_{\Gamma_0}$, $\delta(Y) \in \mathfrak{M}^p_{\Gamma_0}$ gilt, und so ist der Satz bewiesen, wenn für alle $M \in \mathcal{H}$

$$(\overrightarrow{CM - f_\delta(Y)})' (I_p \otimes \tilde{Z}) (\overrightarrow{f_\delta(Y) - \delta(Y)}) \geqq 0 \tag{75}$$

gilt. Offenbar ist (75) für $|\delta(Y)|^2_{\tilde{G}} \leqq 1$ erfüllt. Betrachten wir dann $|\delta(Y)|^2_{\tilde{G}} > 1$. Nach Konstruktion gilt

$$(\varrho_Y \tilde{Z} + \tilde{G}) f_\delta(Y) = \varrho_Y \tilde{Z} \delta(Y) \,,$$

woraus

$$\varrho_Y \tilde{Z}[f_\delta(Y) - \delta(Y)] = -\tilde{G} f_\delta(Y)$$

folgt. Beachten wir dies, so ist (75) genau dann erfüllt, wenn

$$(\overrightarrow{CM - f_\delta(Y)})' (I_p \otimes \tilde{G}) \overrightarrow{f_\delta(Y)} \leqq 0 \tag{76}$$

gilt. Um (76) zu zeigen, schätzen wir mit Hilfe von (73), der CAUCHY-SCHWARZschen Ungleichung und [A 1.18] ab:

$$(\overrightarrow{CM}' (I_p \otimes \tilde{G}) \overrightarrow{f_\delta(Y)})^2 \leqq \overrightarrow{CM}' (I_p \otimes \tilde{G}) \overrightarrow{CM}$$
$$= \vec{M}'(I_p \otimes (CP_Y)' \tilde{G} CP_Y) \vec{M}$$
$$= \vec{M}'(I_p \otimes G^{1/2} G^{1/2+} P_Y C' G \tilde{C} P_Y G^{1/2+} G^{1/2}) \vec{M}$$
$$\leqq \vec{M}'(I_p \otimes G) \vec{M}$$
$$\leqq 1 = \overrightarrow{f_\delta(Y)}' (I_p \otimes G) \overrightarrow{f_\delta(Y)} \,.$$

Hieraus folgt (76) und das Lemma ist bewiesen. ■

Korollar 3.3.2. *Für* δ *mit Werten in* $\mathfrak{M}^p_{\Gamma_0}$ *gilt unter* $Y \,\tilde{\in}\, [\mathcal{B}_3]$ *für*

$$\delta_1(Y) = f_\delta(Y) + F \,, \quad \delta_2(Y) = \delta(Y) + F \,,$$

$$\delta_1 \overset{z}{\leqq} \delta_2 \,. \tag{77}$$

Beweis. Wegen Lemma 3.2.4 gilt

$$\begin{aligned}|\delta_1(Y) - \gamma|^2_{Z_1} &= |f_\delta(Y) - CM|^2_{Z_1}\\ &\leqq |\delta(Y) - CM|^2_{Z_1}\\ &= |\delta(Y) + F - \gamma|^2_{Z_1},\end{aligned}$$

woraus (77) folgt. ■

Wir sehen also, daß die Einführung von f_δ zur Verbesserung von SF geführt hat. Diese SF f_δ sind Verallgemeinerungen der in der Literatur betrachteten eingeschränkten Kleinsten-Quadrat-Schätzungen, die sich für lineare SF δ ergeben und meist nur im Fall $G = I_n$, $Z_1 = I_l$ betrachtet werden. Schon wenn wir lineare SF δ mit $\delta(Y) = TY + V$ betrachten, so erhebt sich die Frage, welche Matrix T zu einer optimalen Schätzung von $\gamma = CM + F$ führt, wenn die Menge $\{f_\delta \mid \delta(Y) = TY + V,\ T \in \mathfrak{M}_{l\times n},\ V \in \mathfrak{M}_{l\times p}\}$ als SF zugelassen werden. Dabei zeigt sich, daß der Typ der Verteilung hier eine wesentliche Rolle spielt.

Bisher war δ eine beliebige SF. Wenn man sich das Ziel stellt, SF $\tilde{\gamma}$ mit $\tilde{\gamma} \overset{z}{\leqq} \hat{\gamma}$ zu suchen, so ergibt sich natürlich aus Korollar 3.2.2

$$f_{\hat{\gamma}} \overset{z}{\leqq} \hat{\gamma}\,. \tag{78}$$

Dabei spielt die Menge $\mathscr{S}$ in (70) noch gar keine Rolle. Wenn wir über $\mathscr{S}$ noch geeignete Informationen haben, so sollten diese bei der Bestimmung eines $\tilde{\gamma}$ mit $\tilde{\gamma} \overset{z}{\leqq} \hat{\gamma}$ berücksichtigt werden.

Betrachten wir zunächst

$$\mathscr{S} = \{\Sigma \otimes \Lambda \in \mathcal{V}^p_\Lambda \mid \Sigma \geqq \nu I_p\}$$

für ein $\nu \in R^>$. Dann folgt für $M \in \mathscr{H}$ wegen [A 1.49]

$$\vec{M}'(\Sigma^{-1} \otimes G)\,\vec{M} \leqq \nu^{-1}\vec{M}'(I_p \otimes G)\,\vec{M} \leqq \nu^{-1}$$

oder

$$\vec{M}'(\Sigma^{-1} \otimes \nu G)\,\vec{M} \leqq 1\,. \tag{79}$$

Damit ergibt sich

$$\mathscr{H} \times \mathscr{S} \subseteq \tilde{\mathscr{B}}_2 = \{(M, \Sigma \otimes \Lambda) \in \mathfrak{M}^p_{\mathscr{Y}} \times \mathcal{V}^p_\Lambda \mid \vec{M}'(\Sigma^{-1} \otimes \nu G)\,\vec{M} \leqq 1\}\,,$$

so daß wir $[\mathscr{B}_3]$ als ein Teilmodell von $[\tilde{\mathscr{B}}_2]$ auffassen können. Derartige konvexe Modelle $[\tilde{\mathscr{B}}_2]$ wurden in 3.2.1 diskutiert, und wir würden durch die Anwendung der Ergebnisse aus 3.2.1 direkt SF $\tilde{\gamma}$ mit $\tilde{\gamma} \overset{z}{\leqq} \hat{\gamma}$ erhalten. Einen solchen Zugang schlug auch H. Toutenburg in [23] vor. Eine andere mögliche Information über $\mathscr{S}$ ist

$$\mathscr{S} = \mathcal{V}^p_\Lambda\,,$$

d. h., wir wissen nichts über Σ. Offenbar existiert keine lineare SF $\tilde{\gamma}$ mit $\tilde{\gamma} \overset{z}{\leqq} \hat{\gamma}$, die nicht mit $\hat{\gamma}$ äquivalent ist. Wir nehmen an, es sei uns für Σ eine SF $\hat{\Sigma}$ gegeben, die unabhängig von Y ist. Mit Hilfe von $\hat{\Sigma}$ wollen wir dann eine in Y lineare SF $\tilde{\gamma}$

mit $\tilde{\gamma} \overset{z}{\leqq} \hat{\gamma}$ bestimmen. Wir setzen voraus, daß das Modell

$$\hat{\boldsymbol{\Sigma}} \circledsim \{Q_\vartheta \mid \vartheta \in \Theta_3\}$$

mit $Q_\vartheta(|\hat{\boldsymbol{\Sigma}}| \neq 0) = 1$ und $E_\vartheta \hat{\boldsymbol{\Sigma}} = \Sigma$ gilt. In (63) sei $G \in \mathfrak{M}_n^>$, und wir bezeichnen

$$A = \Lambda^{-1/2} G^{-1} \Lambda^{-1/2} ,$$

$$N(\hat{\boldsymbol{\Sigma}}) = I_{pn} + \varkappa \Sigma^{-1/2} \hat{\boldsymbol{\Sigma}}^{-1} \Sigma^{1/2} \otimes A .$$

Dann gilt der folgende Satz.

Satz 3.2.8. *Es sei* $\gamma = T_0 Y + F$ *die* BILUE *für* γ *unter* $\boldsymbol{Y} \circledsim [\mathscr{B}_3]$ *mit* $\mathscr{S} = \mathcal{V}_\Lambda^p$. *Dann ist* $\tilde{\gamma} \leqq \hat{\gamma}$ *für*

$$\vec{\tilde{\gamma}} = \vec{\hat{\gamma}} - \lambda (I_p \otimes T_0 \Lambda)(I_p \otimes \Lambda + \varkappa \hat{\Sigma}^{-1} \otimes G^{-1})^{-1} \vec{Y} , \tag{80}$$

wenn

$$\lambda E_\vartheta \{N^{-1}(\hat{\Sigma})(I_{pn} + \Sigma^{-1} \otimes A) N'^{-1}(\hat{\Sigma})\} \leqq E_\vartheta \{N^{-1}(\hat{\Sigma}) + N'^{-1}(\hat{\Sigma})\} \tag{81}$$

gilt.

Beweis. Wir errechnen

$$M_\vartheta \tilde{\gamma} - M_\vartheta \hat{\gamma} = E_\vartheta \{E_\vartheta [(\overrightarrow{\tilde{\gamma} - \gamma})(\overrightarrow{\tilde{\gamma} - \gamma})' \mid \hat{\Sigma}] - E_\vartheta (\overrightarrow{\hat{\gamma} - \gamma})(\overrightarrow{\hat{\gamma} - \gamma})'\}.$$

Dann erhalten wir durch analoge Rechnungen wie im Beweis zu Satz 3.2.1.

$$\begin{aligned}
M_\vartheta \tilde{\gamma} - M_\vartheta \hat{\gamma} = E_\vartheta \{ & -\lambda (\Sigma \otimes T_0 \Lambda)(I_p \otimes \Lambda + \varkappa \hat{\Sigma}^{-1} \otimes G^{-1})^{-1} (I_p \otimes \Lambda T_0') \\
& - \lambda (I_p \otimes T_0 \Lambda)(I_p \otimes \Lambda + \varkappa \hat{\Sigma}^{-1} \otimes G^{-1})^{-1} (\Sigma \otimes \Lambda T_0') \\
& + \lambda^2 (I_p \otimes T_0 \Lambda)(I_p \otimes \Lambda + \varkappa \hat{\Sigma}^{-1} \otimes G^{-1})^{-1} (\Sigma \otimes \Lambda) \\
& \times (I_p \otimes \Lambda + \varkappa \hat{\Sigma}^{-1} \otimes G^{-1})^{-1} (I_p \otimes \Lambda T_0') \\
& + \lambda^2 (I_p \otimes T_0 \Lambda)(I_p \otimes \Lambda + \varkappa \hat{\Sigma}^{-1} \otimes G^{-1})^{-1} \vec{M} \vec{M}' \\
& \times (I_p \otimes \Lambda + \varkappa \hat{\Sigma}^{-1} \otimes G^{-1})^{-1} (I_p \otimes \Lambda T_0')\} \\
\leqq E_\vartheta \{ & -\lambda (\Sigma^{1/2} \otimes T_0 \Lambda)[(I_p \otimes I_n + \varkappa \Sigma^{1/2} \hat{\Sigma}^{-1} \Sigma^{-1/2} \otimes A)^{-1} \\
& + (I_p \otimes I_n + \varkappa \Sigma^{-1/2} \hat{\Sigma}^{-1} \Sigma^{1/2} \otimes A)^{-1}] (\Sigma^{1/2} \otimes \Lambda^{1/2} T_0') \\
& + \lambda^2 (\Sigma^{1/2} \otimes T_0 \Lambda^{1/2})(I_p \otimes I_n + \varkappa \Sigma^{-1/2} \hat{\Sigma}^{-1} \Sigma^{1/2} \otimes A)^{-1} \\
& \times (I_p \otimes I_n + \varkappa \Sigma^{1/2} \hat{\Sigma}^{-1} \Sigma^{-1/2} \otimes A)^{-1} (\Sigma^{1/2} \otimes \Lambda^{1/2} T') \\
& + \lambda^2 (\Sigma^{1/2} \otimes T_0 \Lambda^{1/2})(I_p \otimes I_n + \varkappa \Sigma^{-1/2} \hat{\Sigma}^{-1} \Sigma^{1/2} \otimes A)^{-1} \\
& \times (\Sigma^{-1} \otimes A)(I_p \otimes I_n + \varkappa \Sigma^{1/2} \hat{\Sigma}^{-1} \Sigma^{-1/2} \otimes A)^{-1} (\Sigma^{1/2} \otimes \Lambda^{1/2} T_0')\} .
\end{aligned}$$

Da (81) erfüllt ist, folgt dann

$$M_\vartheta \tilde{\gamma} - M_\vartheta \hat{\gamma} \leqq 0 . \quad \blacksquare$$

Wir bezeichnen mit ϱ_i die Eigenwerte von A. Dann gilt das

Korollar 3.2.3. *Es seien* $p = 1$, $\mathscr{S} = R^>$ *und* $\hat{\Sigma} = \hat{\sigma}^2$. *Für*

$$\tilde{\gamma} = \hat{\gamma} - \lambda T_0 \Lambda \left(\Lambda + \varkappa \frac{1}{\hat{\sigma}^2} G^{-1} \right)^{-1} Y \tag{82}$$

ist $\tilde{\gamma} \leqq \hat{\gamma}$, *wenn für* $i = 1, \dots, n$

$$\left[\lambda\left(1 + \frac{1}{\sigma^2}\varrho_i\right) - 2\right] E_\vartheta \frac{1}{\left(1 + \varkappa \frac{1}{\hat{\sigma}^2}\varrho_i\right)^2} \leqq 2\varkappa\varrho_i E_\vartheta \frac{\frac{1}{\hat{\sigma}^2}}{\left(1 + \varkappa \frac{1}{\hat{\sigma}^2}\varrho_i\right)^2} \tag{83}$$

gilt.

Beweis. Für $p = 1$ stimmen die durch (80) bzw. (82) definierten SF überein. Die Ungleichung (81) bedeutet dann:

$$\lambda E_\vartheta \left\{\left(I_n + \varkappa \frac{1}{\hat{\sigma}^2} A\right)^{-1} \left(I_n + \frac{1}{\sigma^2} A\right)\left(I_n + \varkappa \frac{1}{\hat{\sigma}^2} A\right)^{-1}\right\} \leqq 2E_\vartheta \left(I_n + \varkappa \frac{1}{\hat{\sigma}^2} A\right)^{-1}. \tag{84}$$

Wenn wir nun mit $\{e_i\}$ ein orthonormiertes System von Eigenvektoren von A bezeichnen, so ist (84) äquivalent mit

$$\lambda E_\vartheta \frac{1 + \frac{1}{\sigma^2}\varrho_i}{\left(1 + \varkappa \frac{1}{\hat{\sigma}^2}\varrho_i\right)^2} \leqq 2E_\vartheta \frac{1 + \varkappa \frac{1}{\hat{\sigma}^2}\varrho_i}{\left(1 + \varkappa \frac{1}{\hat{\sigma}^2}\varrho_i\right)}.$$

Aus dieser Ungleichung folgt aber unmittelbar (83). ■

Eine Verallgemeinerung von Satz 3.2.9 für beliebiges singuläres $G \in \mathfrak{M}_n^{\geqq}$ kann man wie in Satz 3.2.1 erhalten.

Beispiel 3.2.5. Wir betrachten das Modell $Y \ominus [\mathscr{B}_3]$ für $p = 1$ und $\mathscr{S} = R^{>}$. Weiter sei für $\vartheta \in \Theta_3$

$$\hat{\sigma}^2 \sim \sigma^2 \cdot \chi_n^2 \cdot \frac{1}{n},$$

und Y und $\hat{\sigma}^2$ seien für alle $\vartheta \in \Theta_3$ stochastisch unabhängig. Wir wollen zeigen, daß für $\tilde{\gamma}$ aus (82)

$$\tilde{\gamma} \leqq \hat{\gamma}, \qquad \vartheta \in \Theta_3,$$

gilt, wenn $0 \leqq \lambda \leqq 2$ und $\frac{\lambda}{2}\frac{n+2}{n} \leqq \varkappa$ erfüllt sind.

Wegen des Korollars 3.2.3 haben wir (83) nachzuprüfen, d. h.

$$\left[\lambda\left(1 + \frac{1}{\sigma^2}\varrho_i\right) - 2\right] E_\vartheta \frac{\hat{\sigma}^4}{(\hat{\sigma}^2 + \varkappa\varrho_i)^2} \leqq 2\varkappa\varrho_i E_\vartheta \frac{\hat{\sigma}^2}{(\hat{\sigma}^2 + \varkappa\varrho_i)^2}. \tag{85}$$

Weiter errechnet man

$$E_\vartheta \frac{\hat{\sigma}^4}{(\hat{\sigma}^2 + \varkappa\varrho_i)^2} = n(n+2)\, E_\vartheta \frac{1}{\left(\chi_{n+4}^2 + \varkappa\varrho_i n \frac{1}{\sigma^2}\right)^2}, \tag{86}$$

$$E_\vartheta \frac{\sigma^2}{(\hat{\sigma}^2 + \varkappa\varrho_i)^2} = \frac{1}{\sigma^2} n^2 E_\vartheta \frac{1}{\left(\chi_{n+2}^2 + \varkappa\varrho_i n \frac{1}{\sigma^2}\right)^2}. \tag{87}$$

Da χ_{n+4}^2 stochastisch größer als χ_{n+2}^2 ist (siehe [A 2.5]), gilt

$$E_\vartheta \frac{1}{\left(\chi_{n+2}^2 + \varkappa\varrho_i n \frac{1}{\sigma^2}\right)^2} \geqq E_\vartheta \frac{1}{\left(\chi_{n+4}^2 + \varkappa\varrho_i n \frac{1}{\sigma^2}\right)^2}$$

für alle $\varkappa$, ϱ_i, σ. Dann erhalten wir zusammen mit (86), (87) für $0 < \lambda \leqq 2$

$$\left[\lambda\left(1 + \frac{1}{\sigma^2}\varrho_i\right) - 2\right] E_\vartheta \frac{\hat{\sigma}^4}{(\hat{\sigma}^2 + \varkappa\varrho_i)^2} \leqq \lambda \frac{1}{\sigma^2}\varrho_i E_\vartheta \frac{\hat{\sigma}^4}{(\hat{\sigma}^4 + \varkappa\varrho_i)^2}$$

$$\leqq \lambda \frac{1}{\sigma^2}\varrho_i n(n+2) E_\vartheta \frac{1}{\left(\chi^2_{n+2} + \varkappa\varrho_i n \frac{1}{\sigma^2}\right)^2}$$

$$= \lambda\varrho_i \frac{n+2}{n} E_\vartheta \frac{\hat{\sigma}^2}{(\hat{\sigma}^2 + \varkappa\varrho_i)^2},$$

woraus (85) für $2\varkappa \geqq \lambda \frac{n+2}{n}$, d. h.

$$\frac{\lambda}{2}\frac{n+2}{n} \leqq \varkappa \tag{88}$$

folgt. ■

Dieses Beispiel zeigt uns, daß unter Y (~) $[\mathscr{B}_3]$ für $\mathscr{S} = R^>$ bei Vorhandensein einer von Y unabhängigen SF für σ^2 ebenfalls leicht SF $\tilde{\gamma}$ mit $\tilde{\gamma} \lesssim \hat{\gamma}$ angegeben werden können.

Betrachten wir $n \geqq 2$, so ist (88) für $\lambda = \varkappa = 1$ erfüllt, und somit gilt

$$\tilde{\gamma} = \hat{\gamma} - T_0\Lambda(\Lambda + \varkappa\hat{\Sigma}^{-1}G^{-1})^{-1}Y = T_0(\hat{\Sigma}G + \Lambda^{-1})^{-1}\Lambda^{-1}Y \lesssim \hat{\gamma}.$$

Für das hier betrachtete Modell wollen wir noch einige andere SF betrachten. Dazu wollen wir annehmen, daß $\mathscr{L} = \mathscr{R}(X)$ für ein $X \in \mathfrak{M}^k_{n\times k}$ gilt. Wenn wir

$$H = X'GX \tag{89}$$

definieren, so gilt $\vec{M}'(I_p \otimes G)\vec{M} \leqq 1$ genau dann, wenn $\vec{B}'(I_p \otimes H)\vec{B} \leqq 1$ gilt. Eine analoge Feststellung hatten wir in 3.2.1 schon begründet. Dann läßt sich $\mathscr{B}_3$ in der Form

$$\mathscr{B}_3 = \mathscr{H} \times \mathscr{S}, \quad \mathscr{H} = \{XB \times \mathfrak{M}^p_Y \mid \vec{B}'(I_p \otimes H)\vec{B} \leqq 1\},$$

$$\mathscr{S} \subset V^p_\Lambda, \quad \mathscr{S} \text{ konvex},$$

schreiben.

Satz 3.2.9. *Es seien $p = 1$, $n \geqq 2$, $\mathscr{S} = R^>$. Weiter sei $\hat{\sigma}^2$ wie in Beispiel 3.2.5 gewählt. Für*

$$\tilde{\gamma} = CX(\hat{\sigma}^2H + X'\Lambda^{-1}X)^{-1}X'\Lambda^{-1}Y + F$$

gilt $\tilde{\gamma} \lesssim \hat{\gamma}$.

Beweis. Da $P_{\mathscr{R}(H^{-1/2}X')} = I_p$ ist, gilt wegen [A 1.18]

$$H = H^{1/2}H^{-1/2}X'(XH^{-1}X')^+XH^{-1/2}H^{1/2} = X'(XH^{-1}X')^+X,$$

und wir sehen, daß $G = (XH^{-1}X')^+ + P_{\mathscr{N}(X')}$ die Gleichung (89) erfüllt und $G \in \mathfrak{M}^>_n$ ist. Dann ist aber wegen Beispiel 3.2.5

$$\tilde{\gamma} = \hat{\gamma} - \lambda T_0\Lambda(\Lambda + \varkappa\hat{\sigma}^{-2}G^{-1})^{-1}Y \lesssim \hat{\gamma}$$

für $0 \leqq \lambda \leqq 2, \varkappa \geqq \frac{\lambda}{2}\frac{n+2}{n}$. Aus [A 1.41] erhalten wir dann wegen $T_0 = CX(X'\Lambda^{-1}X)^{-1} \times X'\Lambda^{-1}$ für $\lambda = 1, \varkappa = 1$ und $n \geqq 2$:

$$\tilde{\gamma} = CX(\hat{\sigma}^2 H + X'\Lambda^{-1}X)^{-1} X'\Lambda^{-1}Y + F\,,$$

womit der Satz bewiesen ist. ■

Dieser Satz liefert uns ein interessantes Ergebnis. Betrachten wir $p = 1$, so ist $\mathcal{B}_3$ wesentlich durch die Ungleichung

$$B'HB \leqq 1$$

charakterisiert. Würden wir formal beide Seiten mit $\sigma^2 \in \mathcal{S} = R^>$ multiplizieren, so erhalten wir mit $\tilde{H} = \sigma^2 H$ die Ungleichung

$$\frac{1}{\sigma^2} B'\tilde{H}B \leqq 1\,,$$

und das wäre dann eine Ungleichung, wie sie von uns für die Definition von $\mathcal{B}_2$ in 3.2.1 benutzt wurde. Der Unterschied besteht darin, daß $\tilde{H}$ nicht bekannt ist. Würden wir dann aber für

$$\tilde{\mathcal{B}}_2 = \left\{(XB, \sigma^2\Lambda) \in \mathfrak{M}_X^p \times \mathcal{V}_\Lambda^p \,\middle|\, \frac{1}{\sigma^2} B'\tilde{H}B \leqq 1\right\}$$

die Kuksche SF γ_1^* mit T_1^* wie in (55) benutzen, so wäre

$$\gamma_1^* = CX(\sigma^2 H + X'\Lambda^{-1}X)^{-1} X'\Lambda^{-1}Y + F\,.$$

Da σ^2 unbekannt ist, ist es somit auch γ_1^*, aber aus Satz 3.2.9 folgt, daß bei Ersetzen des σ^2 durch die SF $\hat{\sigma}^2$ eine SF $\hat{\gamma}$ entsteht, die immer noch besser als $\tilde{\gamma}$ ist. Aus dem Korollar 3.2.2 erhalten wir, daß für die eingeschränkte SF δ_1 mit

$$\delta_1(Y) = f_\delta(Y) + F$$

bei $\delta = CX(\hat{\sigma}^2 H + X'\Lambda^{-1}X)^{-1} X'\Lambda^{-1}$

$$\delta_1 \leqq \tilde{\gamma}$$

gilt, so daß also δ_1 der SF $\tilde{\gamma}$ vorzuziehen ist.

3.2.3. Konvexe Modelle vom Typ [$\mathcal{B}_4$]

Wir untersuchen in diesem Abschnitt das Teilmodell [$\mathcal{B}_4$] des linearen Modells [$\mathfrak{M}_X^p \times \mathcal{V}_\Lambda^p$]. Hierbei sei $\mathcal{B}_4 = \mathcal{H} \times \mathcal{S}$, wobei $\mathcal{H}$ ein Konus in $\mathfrak{M}_X^p$ sei und $\mathcal{S} \subset \mathcal{V}_\Lambda^p$ sei, und wir betrachten das Modell

$$Y \circledsim [\mathcal{B}_4]\,. \tag{90}$$

Geschätzt werden soll ein linearer Parameter $\gamma = CM + F$. Im Modell [$\mathcal{B}_4$] ist charakteristisch, daß $\mathcal{H}$ und $\mathcal{S}$ unabhängig voneinander sind und $\mathcal{H}$ unbeschränkt ist. Beachten wir für lineare SF $\tilde{\gamma}$ die Darstellungen (13) bzw. (14) der Risiken $M_\vartheta\tilde{\gamma}$ bzw. $R(\vartheta, \tilde{\gamma})$, so erkennen wir, daß unter $Y \circledsim [\mathcal{B}_4]$ diese Risiken für nicht-erwartungstreue SF unbeschränkt sind, denn mit $(M, \Sigma \otimes \Lambda)$ gehört $(\varkappa M,$

$\Sigma \otimes \Lambda$) zu $\mathcal{B}_4$ für beliebiges $\varkappa > 0$. Daraus folgt, daß keine lineare SF existiert, die in $[\mathcal{B}_4]$ besser als die BLUE $\hat{\gamma}$ ist. Somit müssen für die Verbesserung der BLUE in Y nichtlineare Funktionen benutzt werden.

In 4.3.1 wird für ein Normalmodell

$$\boldsymbol{Y} \circledsim N[\mathfrak{M}_Y^p \times V_\Lambda^p]$$

eine Klasse von SF angegeben, die besser als die BLUE sind, wenn ein quadratisches Risiko mit $r[Z_1] \geqq 3$, $Z = I_p \otimes Z_1$, vorausgesetzt wird und eine von $\boldsymbol{Y}$ unabhängige erwartungstreue SF für σ^2 gegeben ist. Daraus folgt natürlich, daß jede dieser SF dann auch im Modell

$$\boldsymbol{Y} \circledsim N[\mathcal{B}_4] \tag{91}$$

besser als die BLUE $\hat{\gamma}$ ist.

Betrachten wir nicht das Normalmodell (91), sondern das Modell (90), so eignet sich analog wie in 3.2.2 die eingeschränkte Kleinste-Quadrat-SF $\bar{\gamma}$ als SF für γ. Wir bezeichnen $\mathcal{H}_0 = \{\gamma = CM + F \mid M \in \mathcal{H}\}$. Dann definieren wir $\bar{\gamma} \in \mathcal{H}_0$ durch

$$|\overrightarrow{\bar{\gamma}(Y)} - \overrightarrow{\hat{\gamma}(Y)}|_Z = \min_{\gamma \in \mathcal{H}_0} |\overrightarrow{\gamma(Y)} - \overrightarrow{\hat{\gamma}(Y)}|_{Z'}, \tag{92}$$

wenn wir ein quadratisches Risiko (4) betrachten. Dann gilt analog zur Aussage in Korollar 3.2.2 die Ungleichung

$$R(\vartheta, \bar{\gamma}) \leqq R(\vartheta, \hat{\gamma}), \quad \vartheta \in \Theta_4 .$$

Eine Charakterisierung von $\bar{\gamma}$, die auch für die Herleitung von iterativen Berechnungsverfahren günstig ist, ist durch das folgende Lemma gegeben.

Lemma 3.2.5. *Für $\bar{\gamma}(Y)$ gilt*

$$(\vec{\hat{\gamma}} - \vec{\bar{\gamma}})' Z(\vec{\gamma} - \vec{\bar{\gamma}}) \leqq 0 \quad \textit{für alle } \gamma \in \mathcal{H}_0 .$$

Diese Aussage folgt direkt aus einem Ergebnis von E. S. Levitin und B. T. Poljak [13].

Mit der Untersuchung derartiger SF $\bar{\gamma}$ beschäftigten sich verschiedene Autoren. Für den Fall, daß

$$\mathcal{K} = \{\beta \in R^k \mid \beta = (\beta_1, \dots, \beta_k)', \beta_1 \leqq \dots \leqq \beta_k\}$$

und

$$\mathcal{H} = \{1_p' \otimes X\beta \mid \beta \in \mathcal{K}\} \tag{93}$$

definiert sind, wurden SF $\bar{\gamma}$ z. B. von R. E. Barlow u. a. in [12] diskutiert. Das durch (93) gegebene $\mathcal{H}$ beinhaltet Ordnungsbeschränkungen, und derartige Restriktionen sind in verschiedenen praktischen Problemen gegeben. In [12] wird insbesondere die isotone Regression behandelt, die dann vorliegt, wenn $X = I_k$ ist und $\gamma = \beta \in \mathcal{K}$ geschätzt werden soll.

Ein anderer wichtiger Spezialfall für $\mathcal{B}_4$ ergibt sich, wenn $\mathcal{H}$ wie in (88) für

$$\mathcal{K} = \{\beta \in R^k \mid \beta = (\beta_1, \dots, \beta_k)', \beta_i \geqq 0, i = 1, \dots, k\}$$

gewählt wird. Das bedeutet also, daß die unbekannten Parameter nichtnegativ sind.

3.3. Zusammengesetzte Verfahren (Vortest-Schätzungen)

In diesem Kapitel betrachteten wir bisher die Konstruktion von SF, die in Teilmodellen des linearen Modells

$$Y \circledcirc [\mathfrak{M}_{\mathscr{L}}^p \times \mathcal{V}_\Lambda^p] \tag{94}$$

besser als die BILUE $\hat{\gamma}$ für $\gamma = CM + F$ sind. Dabei war wesentlich, daß allein dadurch, daß wir uns auf Teilmodelle beschränkten, ein beträchtlicher Gewinn im Vergleich zum Gebrauch der BILUE in (94) entstehen kann. Deshalb wird man stets danach streben, ein möglichst „kleines" adäquates Modell zu erhalten. Das wird im allgemeinen erreicht, indem ein Modell (94) angesetzt wird und dann für ein Modell $Y \circledcirc [\mathscr{B}] \subset [\mathfrak{M}_{\mathscr{L}}^p \times \mathcal{V}_\Lambda^p]$

$$H: Y \circledcirc [\mathscr{B}]$$

getestet wird. Damit hängt aber auch das später angewendete Schätzverfahren vom Ausgang dieses Tests ab. Denn, wenn H angenommen wird, so wählen wir für γ eine in $[\mathscr{B}]$ geeignete SF $\hat{\gamma}_1$ und sonst i. allg. die BILUE $\hat{\gamma}$ in (94). Die auf diesem Wege zu konstruierenden SF werden deshalb Vortest-Schätzungen (preliminary test estimations) genannt.

In 3.3.1 setzen wir $[\mathscr{B}]$ als ein lineares Teilmodell und in 3.2.2 als ein konvexes Modell voraus und werden dann Vortest-SF konstruieren.

3.3.1. Vortest-Schätzungen in linearen Teilmodellen

Es sei

$$Y \circledcirc N[\mathfrak{M}^p(X) \times \mathcal{V}_\Lambda^p] \tag{95}$$

mit einer Matrix $X \in \mathfrak{M}_{n\times k}^k$ und $\mathscr{L} = \mathscr{R}(X)$.

Es sei $N[\mathscr{B}_1]$ ein lineares Teilmodell von (90), wobei $\mathscr{B}_1 = \mathfrak{M}_{\mathscr{L}_1}^p \times \mathcal{V}_\Lambda^p$ für einen affinen Teilraum $\mathscr{L}_1$ von $\mathscr{L}$ gelte. In 3.1 bestimmten wir die BILUE $\hat{\gamma}_1$ für γ in $N[\mathscr{B}_1]$. Wenn $\mathscr{L}_1 = \eta_0 + \tilde{\mathscr{L}}_1$ für $\eta_0 \in \mathscr{L}$, $0_{n\times k} \in \tilde{\mathscr{L}}_1$ gilt, und $P = P_{\tilde{\mathscr{L}}_1}^{\Lambda^{-1}}$ den Projektor auf $\tilde{\mathscr{L}}_1$ bezüglich der Norm $||\cdot||_{\Lambda^{-1}}$ bezeichnet, so ist

$$\hat{\gamma}_1 = CPY + C(I_n - P)(1_p' \otimes \eta_0) + F\,. \tag{96}$$

Wenn speziell $p = 1$ und

$$\mathscr{L}_1 = \{\mu = X\beta \mid \beta \in R^k, A\beta = r\} \tag{97}$$

für $A \in \mathfrak{M}_{s\times k}^s$, $r \in R^s$ gilt, so wurde in 3.1

$$\hat{\gamma}_1 = CX\hat{\beta}_1 + F, \tag{98}$$

$$\hat{\beta}_1 = \hat{\beta} - K^{-1}A'(AK^{-1}A')^{-1}(A\hat{\beta} - r)$$

berechnet. Man erhält, daß im Modell (95) für $\hat{\gamma}_1$ aus (96)

$$\hat{\gamma}_1 \circledcirc N[\tilde{\mathscr{B}}_1]$$

gilt. Dabei ist

$$\tilde{\mathscr{B}}_1 = \{(CM + F, \overrightarrow{CP}(\Sigma \otimes \Lambda)(\overrightarrow{CP})') \mid M \in \mathfrak{M}_{\mathscr{L}}^p\}\,.$$

Unter $p = 1$ und (97) ergibt sich

$$\tilde{\mathscr{B}}_1 = \{(CX\beta - CXQ(A\beta - r) + F, \sigma^2 XC[K^{-1} - QAK^{-1}]\, X'C' \mid \beta \in R^k\,,\ \sigma^2 \in R^>\}$$

für $Q = K^{-1}A'(AK^{-1}A')^{-1}$. Außerdem wissen wir, daß dann in (95)

$$D_\vartheta \hat{\gamma} = \sigma^2 CXK^{-1}X'C' \geqq D_\vartheta \hat{\gamma}_1$$

gilt. Daher bietet sich folgende Vorgehensweise an. Wenn $\boldsymbol{Y} \mathrel{\dot{\circledS}} N[\mathscr{B}_1]$ gilt, so benutzen wir $\hat{\gamma}_1$ als SF für γ und sonst $\hat{\gamma}$. Ob $\boldsymbol{Y} \mathrel{\circledS} N[\mathscr{B}_1]$ gilt, prüfen wir mit Hilfe eines Tests, und je nach Ausgang des Tests wählen wir unsere SF.

In 5.1 wird gezeigt, daß für das Testproblem

$$H\colon A\beta = r \quad \text{gegen} \quad K\colon A\beta \neq r$$

der F-Test ein gleichmäßig bester invarianter α-Test ist. Dieser hat nach 5.2 die Gestalt

$$\mathscr{S}(Y) = \begin{cases} 1, & \text{wenn } u > c\,, \\ 0 & \text{sonst} \end{cases}$$

für

$$u = \frac{n-k}{s} \frac{(A\hat{\beta} - r)'\,(AK^{-1}A')^{-1}\,(A\hat{\beta} - r)}{(Y - X\hat{\beta})'\,\Lambda^{-1}(Y - X\beta)}\,. \tag{99}$$

Dabei gilt, falls $\boldsymbol{Y} \sim N_n(X\beta, \sigma^2\Lambda)$

$$\boldsymbol{z} := \frac{1}{\sigma}\,(AK^{-1}A')^{-1/2}\,(A\hat{\boldsymbol{\beta}} - r) \sim N_s(\tilde{\delta}, I_s)$$

mit

$$\tilde{\delta} = \frac{1}{\sigma}\,(AK^{-1}A')^{-1/2}\,\delta\,, \qquad \delta = A\beta - r$$

und

$$\boldsymbol{w} := \frac{1}{\sigma^2}\,(\boldsymbol{Y} - X\hat{\boldsymbol{\beta}})'\,\Lambda^{-1}(\boldsymbol{Y} - X\hat{\boldsymbol{\beta}}) \sim \chi^2_{n-k}\,.$$

Die Größen $\boldsymbol{z}$ und $\boldsymbol{w}$ sind hierbei stochastisch unabhängig. Das oben geschilderte Verfahren bedeutet dann also, daß wir die SF

$$\hat{\hat{\gamma}} = I_{(0,c)}(u)\,\hat{\gamma}_1 + I_{[c,\infty)}(u)\,\hat{\gamma} \tag{100}$$

betrachten, wobei $I_{(a,b)}(u) = \begin{cases} 1 & \text{für } a < u < b \\ 0 & \text{sonst} \end{cases}$ die Indikatorfunktion für das Intervall (a, b) ist.

Die Güte derartiger SF wurden in der Literatur untersucht. T. A. Bancroft hatte in [9] zuerst auf die Untersuchung der Vortest-SF hingewiesen. Für ein Regressionsmodell mit 2 Variablen betrachtete er Vortest-SF und bestimmte die Verzerrung dieser SF. Später untersuchten u. a. D. V. Huntsberger [14], T. Kitagawa [15], T. Sawa und T. Hiromatsu [16], T. O. Wallace und A. Hussain [24] das Problem der Vortest-SF.

Die SF $\hat{\hat{\gamma}}$ wollen wir für die Schätzung von γ im Modell (95) benutzen. Daher ist es sinnvoll, die SF $\hat{\hat{\gamma}}$ mit der BLUE $\hat{\gamma}$ zu vergleichen. Nach der Definition hängt die SF $\hat{\hat{\gamma}}$ nichtlinear von Y ab. Dadurch wird die Berechnung des Risikos von $\hat{\hat{\gamma}}$ recht kompliziert, und wir wollen deshalb hier einige Vorbetrachtungen anführen.

Zunächst berechnen wir $M_\vartheta \gamma_1$. Wegen

$$\begin{aligned} M_\vartheta \hat{\gamma}_1 &= D_\vartheta \hat{\gamma}_1 + (E_\vartheta \hat{\gamma}_1 - \gamma)(E_\vartheta \hat{\gamma}_1 - \gamma)' \\ &= D_\vartheta \hat{\gamma} - \sigma^2 CXQAK^{-1}X'C' + CXQ\delta\delta'Q'X'C' \end{aligned}$$

folgt $M_\vartheta \hat{\gamma}_1 - M_\vartheta \hat{\gamma} \leqq 0$, wenn

$$-\sigma^2(AK^{-1}A')^{-1} + (AK^{-1}A')^{-1}\delta\delta'(AK^{-1}A')^{-1} \leqq 0\,,$$

d. h. $\lambda := \tilde{\delta}'\tilde{\delta} = \frac{1}{\sigma^2}\delta'(AK^{-1}A')\,\delta \leqq 1$ gilt. Weiter folgt aus (98) und (100)

$$\begin{aligned} \hat{\hat{\gamma}} &= I_{(0,c)}(u)\,[CX\hat{\beta} - CXK^{-1}A'(AK^{-1}A')^{-1}(A\hat{\beta} - r) + F] + I_{[c,\infty)}(u)\,[CX\hat{\beta} + F] \\ &= \hat{\gamma} - I_{(0,c)}(u) \cdot CXQ\,(A\hat{\beta} - r)\,. \end{aligned} \tag{101}$$

Es seien v_1 und v_2 zwei Größen, für die

$$v_1(\lambda) \sim \chi^2_{s+2;\lambda}\,, \qquad v_2(\lambda) \sim \chi^2_{s+4;\lambda}$$

gilt. Für den Fall, daß v_1 und w bzw. v_2 und w stochastisch unabhängig voneinander sind, definieren wir

$$g_j(\lambda) = P_\vartheta\left(\frac{v_j(\lambda)}{w} < c\,\frac{s}{n-k}\right), \qquad j = 1, 2\,.$$

Dann gilt das von M. E. Bock u. a. in [7] bewiesene

Lemma 3.3.1. *Für das Modell* (95) *gilt*

$$E_\vartheta \hat{\hat{\gamma}} = \gamma - CXQ\delta \cdot g_1(\lambda)\,,$$

$$M_\vartheta \hat{\hat{\gamma}} = D_\vartheta \hat{\gamma} - \sigma^2 CXQAK^{-1}X'C'g_1(\lambda) + [2g_1(\lambda) - g_2(\lambda)]\,CXQ\delta\delta'Q'X'C'\,.$$

Beweis. Zunächst berechnen wir

$$\begin{aligned} E_\vartheta I_{(0,c)}(u)\,(A\hat{\beta} - r) &= \sigma(AK^{-1}A')^{1/2}\,E_\vartheta I_{(0,c)}(u)\,z = \sigma(AK^{-1}A')^{1/2}\,E_\vartheta\left[I_{\left(0,\frac{cs}{n-k}\right)}\left(\frac{z'z}{w}\right)z\right] \\ &= \delta g_1(\lambda)\,, \end{aligned}$$

da wegen [A 2.47]

$$E_\vartheta\left[I_{\left(0,\frac{cs}{n-k}\right)}\left(\frac{z'z}{w}\right)z\right] = \delta\tilde{P}_\vartheta\left(\frac{v_1(\lambda)}{w} < \frac{cs}{n-k}\right)$$

gilt. Wenn wir dies benutzen, so folgt wegen (96)

$$E_\vartheta \hat{\hat{\gamma}} = \gamma - CXQ\delta \cdot g_1(\lambda)\,.$$

Mit ähnlichen Überlegungen erhält man die angegebene Darstellung für $M_\vartheta \hat{\hat{\gamma}}$, wobei wir hier auf die Arbeit [7] verweisen möchten. ■

Aus diesem Lemma erhalten wir insbesondere, daß

$$M_\vartheta \hat{\hat{\gamma}} \leqq M_\vartheta \hat{\gamma}$$

genau dann gilt, wenn

$$[2g_1(\lambda) - g_2(\lambda)]\,CXQ\delta\delta'Q'X'C' \leqq \sigma^2 CXQAK^{-1}X'C'g_1(\lambda)$$

gilt. Wenn wir ein quadratisches Risiko $R(\vartheta, \delta)$ zugrunde legen, so gilt $R(\vartheta, \hat{\hat{\gamma}}) \leqq R(\vartheta, \hat{\gamma})$ genau dann, wenn

$$[2g_1(\lambda) - g_2(\lambda)]\,\delta'Q'X'C'ZCXQ\delta \leqq \sigma^2 g_1(\lambda)\,\mathrm{sp}\,[ZCXQAK^{-1}X'C'] \tag{102}$$

erfüllt ist.

Wir wollen einige Eigenschaften von $\hat{\hat{\gamma}}$ für den Fall eines quadratischen Risikos genauer beschreiben.

Satz 3.3.1.

a) $R(\vartheta, \hat{\hat{\gamma}}) \leqq R(\vartheta, \hat{\gamma})$, *wenn* $2\delta'Q'X'C'ZCXQ\delta \leqq \sigma^2\,\mathrm{sp}\,[ZCXQAK^{-1}X'C']$

b) $R(\vartheta, \hat{\hat{\gamma}}) \geqq R(\vartheta, \hat{\gamma})$, *wenn* $2\delta'Q'X'C'ZCXQ\delta \geqq \sigma^2\,\mathrm{sp}\,[ZCXQAK^{-1}X'C']$

Beweis. Zunächst gilt

$$0 < g_2(\lambda) < g_1(\lambda) < 1\,, \quad 0 \leqq \lambda < \infty\,,$$

da $\boldsymbol{v}_1(\lambda)$ stochastisch kleiner als $\boldsymbol{v}_2(\lambda)$ ist. Daher folgt

$$1 \leqq 2 - \frac{g_2(\lambda)}{g_1(\lambda)} \leqq 2$$

und somit

$$\delta'Q'X'C'ZCXQ\delta \leqq \left[2 - \frac{g_2(\lambda)}{g_1(\lambda)}\right]\delta'Q'X'C'ZCXQ\delta \leqq 2\delta'Q'X'C'ZCXQ\delta\,. \tag{103}$$

Mit (102) folgt aus dieser Ungleichung unmittelbar die Behauptung. ■

Will man die Differenz $R(\vartheta, \hat{\hat{\gamma}}) - R(\vartheta, \hat{\gamma})$ abschätzen, so ist zu erwarten, daß diese für

$$\vartheta \in \Theta_\lambda := \left\{(\beta, \sigma^2) \mid \lambda = \tilde{\delta}'\tilde{\delta},\ \tilde{\delta} = \frac{1}{\sigma^2}(AK^{-1}A')^{-1/2}(A\beta - r)\right\}$$

bei hinreichend großem λ beliebig klein wird, d. h., es existiert zu beliebigem $\nu > 0$ ein $\lambda(\nu)$, so daß

$$|R(\vartheta, \hat{\hat{\gamma}}) - R(\vartheta, \hat{\gamma})| < \nu \qquad \text{für } \vartheta \in \Theta_\lambda, \lambda \geqq \lambda(\nu) \tag{104}$$

erfüllt ist. Die Ungleichung (104) ist deshalb anschaulich klar, da für hinreichend großes λ die Hypothese H mit einer beliebig groß vorgegebenen Wahrscheinlichkeit abgelehnt wird und so die Vortest-SF $\hat{\hat{\gamma}}$ „meist" mit $\hat{\gamma}$ übereinstimmt.

Diese Vermutung läßt sich auch aus Lemma 3.3.1 ableiten. Wegen

$$\lim_{\lambda\to\infty} \lambda g_1(\lambda) = 0 \quad \text{und} \quad \lim_{\lambda\to\infty} g_1(\lambda) = 0$$

folgt

$$\lim_{\lambda\to\infty} R(\vartheta, \hat{\hat{\gamma}}) = R(\vartheta, \hat{\gamma}) = \mathrm{sp}\,[ZT_0AT_0']\,.$$

Qualitativ kann man die Funktionen $R(\vartheta, \hat{\hat{\gamma}})$, $R(\vartheta, \hat{\gamma}_1)$, $R(\vartheta, \hat{\gamma})$ wie folgt darstellen:

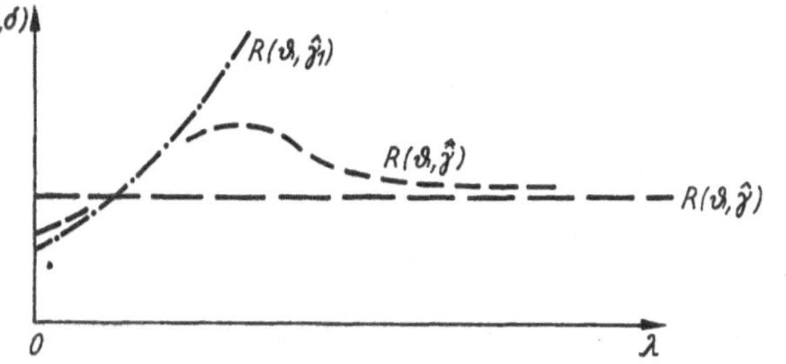

Abb. 3.3.1

Einige speziellere Abschätzungen für $R(\vartheta, \hat{\hat{\gamma}})$ findet man z. B. in [7].

S. L. Sclove u. a. diskutierten in [18] die Optimalität der Vortest-SF $\hat{\hat{\gamma}}$ bei quadratischem Verlust. Sie zeigten, daß unter gewissen Voraussetzungen eine Verbesserung von $\hat{\hat{\gamma}}$ dadurch erreicht werden kann, daß ein Analogon zur James-Stein-SF benutzt wird. In Kapitel 4 wird dies untersucht.

Betrachten wir noch einmal die Vortest-SF $\hat{\hat{\gamma}}$ und die durch Lemma 3.3.1 gegebene Momentenmatrix $M_\vartheta \hat{\hat{\gamma}}$. Da $g_1(\lambda)$ und $g_2(\lambda)$ von der Konstanten c abhängen, wobei c das Signifikanzniveau des benutzten F-Tests ist, ist somit auch $M_\vartheta \hat{\hat{\gamma}}$ von c abhängig. Wir betrachten hier die Schätzung des Parameters γ, und es gibt daher keine Rechtfertigung für eine feste Vorgabe eines Signifikanzniveaus. Eine Möglichkeit für eine optimale Wahl von c wollen wir im folgenden diskutieren.

Die bisher betrachteten Funktionen $g_1(\lambda)$, $g_2(\lambda)$ und $\hat{\hat{\gamma}}$ bezeichnen wir mit $g_1(\lambda, c)$, $g_2(\lambda, c)$ und $\hat{\hat{\gamma}}_c$, um die Abhängigkeit von c auszudrücken. In Lemma 3.3.1 wurde gezeigt, daß

$$M_\vartheta \hat{\hat{\gamma}}_c = D_\vartheta \hat{\gamma} - \sigma^2 CXQAK^{-1}X'C' g_1(\lambda, c) \\ + [2g_1(\lambda, c) - g_2(\lambda, c)]\, CXQ\delta\delta'Q'X'C'$$

gilt. Wenn man $M_\vartheta \hat{\hat{\gamma}}_c$ als Funktion von δ und c betrachtet, so zeigt sich, daß kein c derart existiert, daß $M_\vartheta \hat{\hat{\gamma}}_c$ gleichmäßig für alle δ minimal wird.

Für die optimale Wahl eines c wollen wir hier ein Minimaxkriterium benutzen. Es seien $H: \Theta \to \mathfrak{M}_l^{\geqq}$, $f: \mathfrak{M}_l \to R^{\geqq}$ vorgegebene Funktionen. Von f verlangen wir $f(0) = 0$, und es gelte für beliebiges $D \in \mathfrak{M}_l^{\geqq}$, daß $f(aD)$ eine nichtfallende Funktion von $a \in R^{>}$ ist.

Definition 3.3.1. c^* *heißt Minimax-Signifikanzniveau, wenn*

$$\sup_\vartheta f(M_\vartheta \hat{\hat{\gamma}}_{c^*} - H(\vartheta)) \leqq \sup_\vartheta f(M_\vartheta \hat{\hat{\gamma}}_c - H(\vartheta))$$

für alle $c \in R^{>}$ *gilt.*

Wir sehen hieran, daß ein c^* derart bestimmt werden soll, daß $M_\vartheta \hat{\hat{\gamma}}_{c^*}$ „nahe" an $H(\vartheta)$ für alle ϑ liegt. Daher könnte man $H(\vartheta)$ als die „wünschenswerte" Funktion bezeichnen.

Beispiel 3.3.1. Es sei f definiert durch $f(D) = |d'Dd|$, $D \in \mathfrak{M}_l$ und ein festes $d \in R^l$. Wenn $H(\vartheta)$ der Gleichung

$$d'H(\vartheta)\, d = \inf_c d'M_\vartheta \hat{\hat{\gamma}}_c d \tag{105}$$

genügt, so ist

$$f(M_\vartheta \hat{\hat{\gamma}}_c - H(\vartheta))$$

die sogenannte Regretfunktion, wie sie von H. Chernoff und L. E. Moses in [20] für ein ähnliches Problem eingeführt worden war.

Die Benutzung einer Funktion H für die Bestimmung eines Minimax-Signifikanzniveaus erweist sich in unserem Problem als sinnvoll. Würden wir z. B. $H(\vartheta) = 0_{l \times l}$ und $f(D) = |\mathrm{sp}\,[D]|$ wählen, so folgt aus Satz 3.3.1, daß sich als Minimax-Signifikanzniveau $c^* = 0$ ergibt und wir somit die triviale Lösung $\hat{\gamma}$ erhalten, die wir nicht als besonders sinnvoll in unserem Problem ansehen. Die von uns betrachtete Größe $f(M_\vartheta \hat{\hat{\gamma}}_c - H(\vartheta))$ ist eine verallgemeinerte Regretfunktion, die durch f und H bestimmt wird.

Durch (105) ist ein spezielles $H(\vartheta)$ gegeben. Eine andere Möglichkeit für die Wahl von H wäre folgende. Wesentliche Bestandteile von $\hat{\hat{\gamma}}_c$ sind $\hat{\gamma}$ und $\hat{\gamma}_1$. Wie wir oben zeigten, ist

$$M_\vartheta \hat{\gamma}_1 \leqq M_\vartheta \hat{\gamma}$$

dann erfüllt, wenn $\lambda \leqq 1$ gilt. Da $\hat{\hat{\gamma}}_c$ ein Kompromiß zwischen $\hat{\gamma}$ und $\hat{\gamma}_1$ ist, scheint es auch sinnvoll, $H(\vartheta)$ als Funktion von $M_\vartheta \hat{\gamma}$ und $M_\vartheta \hat{\gamma}_1$ zu wählen. Beispielsweise könnte man

$$H(\vartheta) = \begin{cases} M_\vartheta \hat{\gamma}_1 & \text{für } \lambda \leqq 1 \\ M_\vartheta \hat{\gamma} & \text{für } \lambda > 1 \end{cases}$$

wählen. $H(\vartheta)$ ergibt sich dann unmittelbar durch

$$H(\vartheta) = M_\vartheta \hat{\gamma} - I_{[0,1]}(\lambda)\, [\sigma^2 CXQAK^{-1}X'C' - CXQ\delta\delta'Q'X'C']$$

und damit

$$\begin{aligned} M_\vartheta \hat{\hat{\gamma}}_c - H(\vartheta) &= -\sigma^2 CXQAK^{-1}X'C' g_1(\lambda, c) + [2g_1(\lambda, c) - g_2(\lambda, c)]\, CXQ\delta\delta'Q'X'C' \\ &\quad + I_{[0,1]}(\lambda)\, [\sigma^2 CXQAK^{-1}X'C' - CXQ\delta\delta'Q'X'C'] \\ &= [-\sigma^2 g_1(\lambda, c) + \sigma^2 I_{[0,1]}(\lambda)]\, CXQAK^{-1}X'C' \\ &\quad + [2g_1(\lambda, c) - g_2(\lambda, c) - I_{[0,1]}(\lambda)]\, CXQ\delta\delta'Q'X'C'\,. \end{aligned}$$

Für die Funktion f mit

$$f(D) = |\mathrm{sp}\,[D]|$$

und für $\gamma = \Lambda^{-1/2}X\beta$ errechnen wir

$$\mathrm{sp}\,[M_\vartheta \hat{\hat{\gamma}}_c - H(\vartheta)] = \sigma^2 G(\lambda, c)$$

mit

$$G(\lambda, c) = [-g_1(\lambda, c) + I_{[0,1]}(\lambda)]\, s + [2g_1(\lambda, c) - g_2(\lambda, c) - I_{[0,1]}(\lambda)]\, \lambda\,.$$

Hierbei ist $I_{[0,1]}$ die Indikatorfunktion des Intervalls $[0, 1]$, und es gilt $\mathrm{sp}\,[CXQAK^{-1}X'C'] = s$.

Die Bestimmung eines Minimax-Signifikanzniveaus zu diesem H und einer Funktion f ist recht schwierig und gelingt im allgemeinen nur näherungsweise mit Hilfe rechentechnischer Approximationen.

Für eine Regretfunktion, ähnlich definiert wie hier für ein H aus (105), diskutierten T. Sawa und T. Hiromatsu in [16] eine Minimaxlösung.

3.3.2. Vortest-Schätzungen in konvexen Modellen

Wir betrachten das Modell

$$\boldsymbol{Y} \circledsim N[R^k \times \mathcal{V}_\Lambda]_X \,, \tag{106}$$

das mit (90) für $p = 1$ und $\mathcal{L} = \mathcal{R}(X)$ übereinstimmt. Es sei $X \in \mathfrak{M}^k_{n\times k}$. In 3.3.1 hatten wir ein lineares Teilmodell $N[\mathcal{B}_1]$ von $N[\mathcal{L} \times \mathcal{V}_1]$ gewählt und $H' : \boldsymbol{Y} \circledsim N[\mathcal{B}_1]$ gegen $K' : \boldsymbol{Y} \circledsim N[\mathcal{L} \times \mathcal{V}_\Lambda] \setminus N[\mathcal{B}_1]$ getestet.

In Abhängigkeit des Ergebnisses dieses Tests konstruierten wir eine geeignete SF $\hat{\hat{\gamma}}$ für den linearen Parameter γ. Eine analoge Situation betrachten wir hier für den Fall, daß das Teilmodell von der Gestalt $N[\mathcal{B}_2]$ ist. Zunächst testen wir

$$H : \boldsymbol{Y} \circledsim N[\mathcal{B}_2] \quad \text{gegen} \quad K : \boldsymbol{Y} \circledsim N[\mathcal{L} \times \mathcal{V}_\Lambda] \setminus N[\mathcal{B}_2] \tag{107}$$

für

$$\mathcal{B}_2 = \left\{(X\beta, \sigma^2\Lambda) \mid \frac{1}{\sigma^2}\,\beta' H\beta \leqq 1\right\}, \quad H \in \mathfrak{M}^{>}_k \,, \tag{108}$$

und werden analog wie in 3.3.1 eine Vortest-SF herleiten. Wenn wir jetzt einen Test für das Problem (107) konstruieren wollen, so ist es klar, daß eine Teststatistik bestimmt werden muß, die besonders gut zur Trennung von $N[\mathcal{B}_2]$ und $N[\mathcal{L} \times \mathcal{V}_\Lambda] \setminus N[\mathcal{B}_2]$ geeignet ist. Da $\mathcal{B}_2$ wesentlich durch die Ungleichung $\frac{1}{\sigma^2}\beta' H\beta \leqq 1$ bestimmt ist, ist es zunächst heuristisch sinnvoll, als Teststatistik für das Prüfen von (107)

$$U = \frac{n-k}{k}\,\frac{\hat{\beta}' H\hat{\beta}}{|Y - X\hat{\beta}|^2_{\Lambda^{-1}}} \tag{109}$$

zu benutzen.

Man kann zeigen, daß der unten mit U konstruierte Test bei einer etwas abgeänderten Alternative ein Maximin-Test ist (vgl. [23]). Aus der Darstellung für $\hat{\gamma}$ folgt, daß für $\boldsymbol{Y} \sim N_n(X\beta, \sigma^2\Lambda)$

$$\hat{\gamma} \sim N_k(H^{1/2}\beta, \sigma^2 H^{1/2}(X'\Lambda^{-1}X)^{-1}\, H^{1/2}) \tag{110}$$

gilt. Insbesondere folgt dann für den Spezialfall

$$H = \nu \cdot X'\Lambda^{-1}X \,, \quad \nu > 0 \,, \tag{111}$$

daß die Verteilung von $\boldsymbol{U}$ durch

$$\frac{1}{\nu} \cdot \frac{n-k}{n} \cdot \boldsymbol{U} \sim F_{k,n-k;\psi^2} \tag{112}$$

für $\psi^2 = \frac{1}{\sigma^2}|X\beta|^2_{\Lambda^{-1}}$ gegeben ist.

Wenn (111) nicht erfüllt ist, so können wir eine orthogonale Matrix Q derart wählen, daß

$$Q\hat{\gamma} = \tilde{\gamma} + \lambda$$

für $\tilde{\gamma} = Q\gamma = (\tilde{\gamma}_1, \ldots, \tilde{\gamma}_k)'$, $\lambda = (\lambda_1, \ldots, \lambda_k)'$ gilt und die $\lambda_1, \ldots, \lambda_k$ paarweise stochastisch unabhängig sind. Die λ_i sind dann normalverteilt, und es gelte

$$\lambda_i \sim N(0, \sigma_i^2)\,.$$

Offenbar gilt dann

$$|\hat{\gamma}|^2 = |\tilde{\gamma} + \lambda|^2 = \sum_{i=1}^{k} (\tilde{\gamma}_i + \lambda_i)^2,$$

und somit ist $|\hat{\gamma}|^2$ darstellbar als Summe von Quadraten unabhängiger Variabler.

Die Verteilung derartiger Summen kann recht gut approximiert werden. PATNAIK schlug in [19] vor, die Verteilung von solchen Summen durch eine derartige zentrale χ^2-Verteilung zu approximieren, deren ersten beiden Momente mit denen von $|\hat{\gamma}|^2$ übereinstimmen. Benutzt man diese Approximation für die Verteilung von $|\hat{\gamma}|^2$, so erhält man als Approximation für die Verteilung von U eine zentrale F-Verteilung (bis auf einen konstanten Faktor).

Unser Ziel ist, die Hypothese H gegen K in (111) zu prüfen. Wir definieren für ein $c > 0$ den Test

$$\varphi(Y) = \begin{cases} 1 & \text{für } U(Y) > c \\ 0 & \text{für } U(Y) < c. \end{cases}$$

Jede Verteilung von $N[\mathcal{B}_2]$ ist durch den Parameter $\vartheta = (\beta, \sigma^2) \in \tilde{\Theta}_2$ festgelegt, wobei $\tilde{\Theta}_2$ diejenigen (β, σ^2) enthält, für die $(X\beta, \sigma^2 \Lambda) \in \mathcal{B}_2$ ist. Wir erhalten dann unmittelbar folgendes Ergebnis:

Satz 3.3.3. *Wenn für c die Ungleichung*

$$\max_{\tilde{\Theta}_2} P_\vartheta(U > c) \leqq \alpha$$

gilt, so ist im Modell (110) *der Test φ ein α-Test für H gegen K.*

Korollar 3.3.1. *Wenn* (111) *gilt, so ist der α-Test aus dem Satz* 3.3.3 *unverfälscht.*

Beweis. Wenn (111) gilt, so ist die Verteilung von U charakterisiert durch (112), und es gilt $\psi^2 = \frac{1}{\nu} \cdot \frac{1}{\sigma^2} |\beta|_H^2$. Wie in Kapitel 5 gezeigt wird, ist unter diesen Bedingungen der betrachtete Test unverfälscht. ■

Analog wie in 3.3.1 können wir auch in dem in diesem Abschnitt betrachteten Fall Vortest-SF bestimmen. Dies wollen wir unter der Voraussetzung $H = \nu X' \Lambda^{-1} X$ tun, wofür der Satz 3.3.1 einen unverfälschten α-Test angab. In diesem Falle ist das α-Quantil c durch den α-Sicherheitspunkt $F_{\alpha; k, n-k; 1/\nu}$ der nichtzentralen $F_{k, n-k; 1/\nu}$-Verteilung gegeben.

Wir setzen $c = F_{\alpha; k, n-k; 1/\nu}$. Wir wollen den linearen Parameter γ schätzen und legen das quadratische Risiko $R(\vartheta, \delta)$ der Gestalt (4) für $p = 1$ zugrunde. γ^* bezeichne die durch Satz 3.2.4 gegebene MILE für γ unter $Y \,\textcircled{\sim}\, [\mathcal{B}_2]$. Dann definieren wir die Vortest-SF $\tilde{\tilde{\gamma}}$ für den Fall $H = \nu X' \Lambda^{-1} X$:

$$\tilde{\tilde{\gamma}} = I_{(0,c)}(U)\, \gamma^* + I_{[c,\infty)}(U)\, \hat{\gamma}\,. \tag{113}$$

Hierbei bezeichnet $I_{(0,c)}$ die Indikatorfunktion des Intervalls $(0, c)$.

Für $\gamma = H^{1/2}\beta$ ist wegen Satz 3.2.4 und Beispiel 3.2.1

$$\gamma^* = \varrho \hat{\gamma} \quad \text{für} \quad \varrho = \frac{1}{\nu k + 1}.$$

Somit folgt dann

$$\tilde{\tilde{\gamma}} = \varrho I_{(0,c)}(U)\,\hat{\gamma} + I_{[c,\infty)}(U)\,\hat{\gamma} = \hat{\gamma} - \frac{\nu k}{\nu k+1} I_{(0,c)}(U)\,\hat{\gamma}\,. \tag{114}$$

Lemma 3.3.2. *Es gilt*

$$E_\vartheta \tilde{\tilde{\gamma}} = \left[1 - \frac{\nu k}{\nu k+1} g_1(\psi^2)\right]\gamma\,, \tag{115}$$

$$M_\vartheta \tilde{\tilde{\gamma}} = \sigma^2\left[1 - \frac{\nu k(\nu k+2)}{(\nu k+1)^2}\nu g_1(\psi^2)\right] I_k + \frac{\nu k}{\nu k+1}\left[2g_1(\psi^2) - \frac{\nu k+2}{\nu k+1} g_2(\psi^2) - \frac{\nu k}{\nu k+1} g_1^2(\psi^2)\right] H^{1/2}\beta\beta' H^{1/2} \tag{116}$$

Beweis. Wegen (111) und (112) ist $\frac{1}{\nu}\,U \sim F_{k,n-k;\psi^2}$, und somit erhalten wir für $z := \Lambda^{-1/2}X\hat{\beta}$, $w := |Y - X\hat{\beta}|^2_{\Lambda^{-1}}$ analog wie in Lemma 3.3.1

$$E_\vartheta I_{(0,c)}(U)\hat{\gamma} = C E_\vartheta\left[I_{(0,c)}\left(\frac{|X\hat{\beta}|^2_{\Lambda^{-1}}}{|Y - X\hat{\beta}|^2_{\Lambda^{-1}}}\,\frac{n-k}{k}\right) X\hat{\beta}\right]$$

$$= C\Lambda^{1/2} E_\vartheta\left[I_{\left(0,\frac{ck}{n-k}\right)}\left(\frac{z'z}{w}\right) z\right] = \sigma C \Lambda^{1/2} g_1(\psi^2)\cdot\frac{1}{\sigma}\Lambda^{-1/2}X\beta$$

$$= g_1(\psi^2)\cdot CX\beta = g_1(\psi^2)\,H^{1/2}\beta\,.$$

Daher ergibt sich

$$E_\vartheta \tilde{\tilde{\gamma}} = \gamma - \frac{\nu k}{\nu k+1} g_1(\psi^2)\,\gamma = \left[1 - \frac{\nu k}{\nu k+1} g_1(\psi^2)\right]\gamma\,.$$

Für die Berechnung von $M_\vartheta \tilde{\tilde{\gamma}}$ errechnen wir zunächst

$$E_\vartheta \tilde{\tilde{\gamma}}\tilde{\tilde{\gamma}}' = E_\vartheta \gamma\hat{\gamma}' - \frac{\nu k}{\nu k+1}\left(2 - \frac{\nu k}{\nu k+1}\right) E_\vartheta I_{(0,c)}(U)\,\hat{\gamma}\hat{\gamma}'\,. \tag{117}$$

Aus [A 2.47] folgt

$$\frac{1}{\nu} E_\vartheta I_{(0,c)}(U) H^{1/2}\hat{\beta}\hat{\beta}' H^{1/2} = \sigma^2 g_1(\psi^2)\, I_k + \frac{1}{\nu} g_2(\psi^2)\, H^{1/2}\beta\beta' H^{1/2}\,, \tag{118}$$

und zusammen mit (115) und (117) erhält man

$$M_\vartheta \tilde{\tilde{\gamma}} = D_\vartheta \hat{\gamma} - \nu\sigma^2 \frac{\nu k(\nu k+2)}{(\nu k+1)^2} g_1(\psi^2)\, I_k + \left[-\frac{\nu k(\nu k+2)}{(\nu k+1)^2} g_2(\psi^2) + \frac{2\nu k}{\nu k+1} g_1(\psi^2) - \left(\frac{\nu k}{\nu k+1}\right)^2 g_1^2(\psi^2)\right] H^{1/2}\beta\beta' H^{1/2}\,,$$

woraus wegen $D_\vartheta \hat{\gamma} = \sigma^2 I_k$ die Gleichung (116) folgt. ■

Für den Fall eines quadratischen Risikos wollen wir einige Eigenschaften von $\tilde{\tilde{\gamma}}$ aus (114) anführen. Wir betrachten das Risiko

$$R(\vartheta, \tilde{\tilde{\gamma}}) = \frac{1}{\sigma^2}\,\mathrm{sp}\,[M_\vartheta \tilde{\tilde{\gamma}}]$$

und aus Lemma 3.3.2 folgt dann

$$R(\vartheta, \tilde{\tilde{\gamma}}) = k\left[1 - \frac{\nu^2 k(\nu k + 2)}{(\nu k + 1)^2} g_1(\psi^2)\right] + \frac{\nu k}{\nu k + 1}\left[2g_1(\psi^2) - \frac{\nu k + 2}{\nu k + 1} g_2(\psi^2)\right]\psi^2 . \tag{119}$$

Zunächst sehen wir, daß für $\nu k > 1$ unter $Y \circledsim N[\mathscr{B}_2]$

$$R(\vartheta, \tilde{\tilde{\gamma}}) \leqq R(\vartheta, \hat{\gamma}) \tag{120}$$

gilt, denn $Y \circledsim N[\mathscr{B}_2]$ ist genau dann erfüllt, wenn $\psi^2 \leqq 1/\nu$ ist, und wir berechnen dann

$$R(\vartheta, \tilde{\tilde{\gamma}}) - R(\vartheta, \hat{\gamma}) = \frac{\nu k}{\nu k + 1}\left\{\left[-\frac{\nu^2 k(\nu k + 2)}{\nu k + 1} + 2\psi^2\right] g_1(\psi^2) - \frac{\nu k + 2}{\nu k + 1} g_2(\psi^2)\,\psi^2\right\}.$$

Wegen $\frac{\nu k(\nu k + 2)}{\nu k + 1} > 2$ für $k\nu > 1$ folgt direkt (120) für $\psi^2 \leqq 1/\nu$. Aus $\lim\limits_{\lambda \to \infty} \lambda g_i(\lambda) = 0$ folgt außerdem

$$\lim_{\psi^2 \to \infty} R(\vartheta, \tilde{\tilde{\gamma}}) = R(\vartheta, \hat{\gamma}) ,$$

d. h., für großen Nichtzentralitätsparameter ψ^2 oder große Abweichungen vom Modell $N[\mathscr{B}_2]$ nähert sich die Güte der Vortest-SF $\tilde{\tilde{\gamma}}$ der Güte der BLUE an. Ein analoges Resultat hatten wir auch bei der Vortest-SF des vorigen Abschnitts schon erhalten. Ebenso wie dort erhalten wir für das qualitative Verhalten der Risiken $R(\vartheta, \hat{\gamma})$, $R(\vartheta, \gamma^*)$, $R(\vartheta, \tilde{\tilde{\gamma}})$:

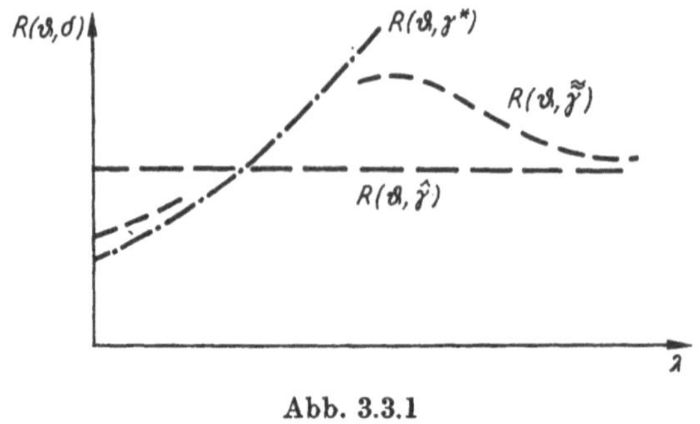

Abb. 3.3.1

Literatur

[1] Bunke, O., Statistische Methoden der Modellbildung. Vorlesungsskripte 1972.

[2] Läuter, H., Optimale Vorhersage und Schätzung in regulären und singulären Regressionsmodellen. Math. Operationsforsch. Statist. 1 (1970), 229—243.

[3] Toutenburg, H., Vorhersage im allgemeinen linearen Regressionsmodell mit Zusatzinformation über die Koeffizienten. Operationsforsch. math. Statist. I, 107—120, Berlin 1968.

[4] Hoerl, A. E., and R. W. Kennard, Ridge regression. Biased estimation for nonorthogonal problems. Technometrics 12 (1970), 55—67.

[5] Marquardt, D. W., Generalized inverses, ridge regression, biased linear estimation and nonlinear estimation. Technometrics **12** (1970), 591–612.

[6] Kuks, J., und V. Olman, (Кукс, Ю., и В. Олман), Минимаксная линейная оценка коэффициентов регрессии. Изв. Акад. Наук. Эст. ССР **21** (1972), 66–72.

[7] Bock, M. E., T. A. Jancey and G. G. Judge, The statistical eonsequences of preliminary test estimators in regression. J. Amer. Statist. Assoc. **68** (1973), 109–116.

[8] Toro-Vizarrondo, C., and T. D. Wallace, A test of the mean square error criterion for restrictions in linear regression. J. Amer. Statist. Assoc. **63** (1968), 558–572.

[9] Bancroft, T. A., On biases in estimation due to the use of preliminary tests of significance. Ann. Math. Statist. **15** (1944), 190–204.

[10] Goldberger, A. S., Econometric Theory. New York 1064.

[11] Judge, G. G., and T. Takayama, Inequality restrictions in regression analysis. J. Amer. Statist. Assoc. **61** (1966), 166–181.

[12] Barlow, R. E., D. J. Bartholomew, J. M. Bremner, and H. D. Brunk, Statistical Inference under Order Restrictions. New York 1972.

[13] Levitin, E. S., und B. T. Poljak, (Левитин, Е. С., и Б. Т. Поляк), Метод минимизации при наличим органичении. Журн. вычисл. математ. и математ. физики **6** (1966), 787–823.

[14] Huntsberger, D. V., A generalization of a preliminary testing procedure for pooling data. Ann. Math. Statist. **26** (1955), 734–743.

[15] Kitagawa, T., Estimation after preliminary tests of significance. Univers. California Publ. in Statist. **3** (1963), 147–186.

[16] Sawa, T., and T. Hiromatsu, Minimax regret significance points for a preliminary test in regression analysis. Stanford Univ. 1971.

[17] Bunke, O., Minimax linear, ridge, and shrunken estimators for linear parameters. Math. Operationsforsch. Statist. **6** (1975), 697–701.

[18] Sclove, S. L., C. Morris, and R. Radhakrishnan, Non-optimality of preliminary test estimators for the mean of multivariate normal distribution. Ann. Math. Statist. **43** (1972), 1481–1490.

[19] Patnaik, P. B., The non-central χ^2- and F-distributions and their applications. Biometrika **36** (1949), 202–232.

[20] Chernoff, H., and L. E. Moses, Elementary Decision Theory. New York 1959.

[21] Läuter, H., A minimax linear estimator for linear parameters under restrictions in form of inequalities. Math. Operationsforsch. Statist. **6** (1975), 689–695.

[22] Bunke, O., und J. Grimm, Die Prüfung statistischer Hypothesen mit vorgegebenen a priori-Wahrscheinlichkeiten, Biometr. Z. **9** (1967), 218–227.

[23] Toutenburg, H., Minimax-linear estimation (MMLE) and 2-stage MMLE in a restricted linear regression model. Math. Operationsforsch. Statist. **6** (1975), 703–708.

[24] Wallace, T. O., and A. Hussain, The use of error components models in combining cross-sections with time series data, Econometrica **37** (1969), 55–72.

KAPITEL 4

ZULÄSSIGKEIT UND VERBESSERUNGEN DER GLSE

4.1. Zulässigkeit der GLSE in normalen linearen Modellen

In diesem Abschnitt werden wir unter verschiedenartigen hinreichenden Voraussetzungen die Zulässigkeit der GLSE eines Parameters $\gamma = CM + F$ in einem Modell

$$Y \circledsim N[\mathfrak{M}_{\mathscr{Y}}^p \times \mathcal{V}] = \{N_{n\times p}(M, \Sigma \otimes \Lambda) \mid \vartheta = (M, \Sigma) \in \Theta = \mathfrak{M}_{\mathscr{Y}}^p \times \mathcal{U}\} \qquad (1)$$

beweisen. Dabei ist $\mathscr{L}$ ein k-dimensionaler linearer Unterraum des R^n, $\mathcal{V} = \{\Sigma \otimes \Lambda \mid \Sigma \in \mathcal{U}\}$, $\mathcal{U} \subset \mathfrak{M}_p^>$, $\Lambda \in \mathfrak{M}_n^>$. Mit einem Projektor P von R^n auf $\mathscr{L}$ im Sinne der Norm $\|\cdot\|_{\Lambda^{-1}}$ ist die GLSE von γ durch $\hat{\gamma} = CPY + F$ gegeben. Durch geeignete Zurückführung auf den Satz von James-Stein (vgl. [A 3.13]) erhält man folgende Zulässigkeitsaussage über γ:

Satz 4.1.1. *Gilt* $CP \in \mathfrak{M}_{l\times n}^l$ *und* $l = 1$ *oder* 2, *dann ist unter* (1) *die* GLSE $\hat{\gamma}$ *zulässig bezüglich des Matrizenrisikos*

$$R(\vartheta, \tilde{\gamma}) = E_\vartheta(\Sigma^{-1/2} (\tilde{\gamma} - \gamma)' Z(\tilde{\gamma} - \gamma) \Sigma^{-1/2}) , \quad Z \in \mathfrak{M}_l^> . \qquad (2)$$

Beweis. Wir führen einen indirekten Beweis für $l = 2$. Für $l = 1$ verläuft er ananlog, wobei an Stelle von b) in [A 3.13] der Teil a) verwendet wird. Wir nehmen an, es gäbe eine SF $\tilde{\gamma}$, die unter (1) gleichmäßig besser als $\hat{\gamma}$ ist: $\tilde{\gamma} < \hat{\gamma}$. Dann gibt es ein $\vartheta_0 = (M_0, \Sigma_0) \in \Theta$ mit

$$R(\vartheta, \tilde{\gamma}) \leqq R(\vartheta, \hat{\gamma}), \quad \vartheta \in \Theta_0 = \{(M, \Sigma_0) \mid M \in \mathfrak{M}_{\mathscr{Y}}^p\} , \qquad (3)$$

wobei für $\vartheta = \vartheta_0$ echte Ungleichheit gilt. Nun werden wir $\tilde{\gamma}$ durch eine von der im Modell

$$Y \circledsim N[\mathfrak{M}_{\mathscr{Y}}^p \times \{\Sigma_0 \otimes \Lambda\}] \qquad (4)$$

erschöpfenden Statistik $\hat{T}$ abhängige SF $\bar{\gamma}$ verbessern und dann $\hat{T}$ auf eine Zufallsgröße $z = \begin{pmatrix} x \\ \cdots \\ u \end{pmatrix}$ transformieren, so daß $\bar{\gamma}$ und $\hat{\gamma}$ als von z abhängige SF $\bar{\gamma} < \hat{\gamma}$ erfüllen, was ein Widerspruch zum auf z angewendeten Satz von James-Stein wäre. Wegen $\mathcal{J}CP \in \mathfrak{M}_{2\times n}^2$, $\mathcal{J} = Z^{1/2}$ gibt es ein $A \in \mathfrak{M}_{(k-2)\times n}^{(k-2)}$ mit

$$r[GP] = k , \quad G' = (C'\mathcal{J} \mid A') , \quad CVA' = 0_{2\times(k-2)} , \quad V = P\Lambda P' . \qquad (5)$$

Damit ist durch

$$T(M) = \left[GM + \begin{pmatrix} \mathcal{J}F \\ \cdots\cdots \\ 0_{(k-2)\times p} \end{pmatrix}\right] \Sigma_0^{-1/2}$$

eine eineindeutige Transformation $T\colon \mathfrak{M}_{\mathscr{Y}}^p \to \mathfrak{M}_{k\times p}$ mit der Umkehrung T^{-1} definiert. Da die Statistik $\hat{M} = PY$ unter (4) erschöpfend ist, gilt dies auch für $\hat{T}(Y) = T(PY)$. Dann ist nach dem Satz von Rao-Blackwell (vgl. [A 3.9]) durch $\bar{\gamma}(Y) = E(\tilde{\gamma}(Y) \mid \hat{T} = \hat{T}(Y))$ eine SF $\bar{\gamma}$ definiert, für die unter (4) $\bar{\gamma} \leqq \tilde{\gamma} < \hat{\gamma}$ gilt.

Durch die Transformation $\hat{T}$ entsteht aus (4) das Modell

$$\hat{T} \circledsim N[T(\mathfrak{M}_{\mathscr{Y}}^p) \times \{\Omega_0\}] = \{N_{k\times p}(\eta, \Omega_0) \mid \eta \in T(\mathfrak{M}_{\mathscr{Y}}^p)\} \qquad (6)$$

mit

$$\Omega_0 = I_p \otimes GVG', \qquad GVG' = \begin{pmatrix} CVC' & 0_{2\times(k-2)} \\ 0_{(k-2)\times 2} & AVA' \end{pmatrix}. \tag{7}$$

Für die SF $\bar{\gamma}^*(\hat{T}) = \mathcal{J}E(\tilde{\gamma}(Y) \mid \hat{T} = \hat{T})\,\Sigma_0^{-1/2}$ und $\hat{\gamma}^*(\hat{T}) = \mathcal{J}[CT^{-1}(\hat{T}) + F]\,\Sigma_0^{-1/2}$ von $\gamma^* = \mathcal{J}\gamma\Sigma_0^{-1/2}$ erhalten wir dann mit $\eta \in T(\mathfrak{M}_Y^p)$, $\vartheta_\eta = (T^{-1}(\eta), \Sigma_0 \otimes \Lambda)$, $\gamma_\eta = CT^{-1}(\eta) + F$, $\gamma_\eta^* = \mathcal{J}\gamma_\eta\Sigma_0^{-1/2}$:

$$R[\eta, \bar{\gamma}^*] := E_\eta[\bar{\gamma}^*(\hat{T}) - \gamma_\eta^*]'\,[\bar{\gamma}^*(T) - \gamma_\eta^*]$$

$$= E_{\vartheta_\eta}\,\Sigma_0^{-1/2}\,[\bar{\gamma}(Y) - \gamma_\eta]'\,Z[\bar{\gamma}(Y) - \gamma_\eta]\,\Sigma_0^{-1/2} = R(\vartheta_\eta, \bar{\gamma}) \leqq R(\vartheta_\eta, \hat{\gamma}) =: R[\eta, \hat{\gamma}^*], \tag{8}$$

wobei echte Ungleichheit für $\eta = T(M_0)$, also $\vartheta_\eta = \vartheta_0$, gilt.

Wir zerlegen nun $\hat{T} = \begin{pmatrix} T_1 \\ T_2 \end{pmatrix}\begin{matrix} \}2 \\ \}k-2 \end{matrix}$ bzw. $\eta = \begin{pmatrix} \eta_1 \\ \eta_2 \end{pmatrix}$ in Teilmatrizen. Dabei entspricht die i-te Spalte von $\hat{\gamma}^*$ der i-ten Spalte T_{1i} von T_1. Die durch Streichen der i-ten Spalte aus T_1 und η_1 entstehenden Matrizen seien mit $T_{1(i)}$ und $\eta_{1(i)}$ bezeichnet. Wir betrachten bei festem i und festem $\eta_0 \in T(\mathfrak{M}_Y^p)$ den normalverteilten zufälligen Vektor $z = \begin{pmatrix} x \\ u \end{pmatrix}$, der durch

$$u = \begin{pmatrix} \overrightarrow{T_{1(i)} - \eta_{1(i)}^0} \\ \overrightarrow{T_2 - \eta_2^0} \end{pmatrix}$$

und $x = T_{1i}$ definiert ist. Wegen (7) sind unter

$$T \circleddash N\,[\mathcal{H}^* \times \{\Omega_0\}], \qquad \mathcal{H}^* = \{\eta \in T(\mathfrak{M}_Y^p) \mid \eta_{1(i)} = \eta_{1(i)}^0, \eta_2 = \eta_2^0\} \tag{9}$$

die zufälligen Vektoren x und u unabhängig. Wir können deshalb auf z den Satz von James-Stein [A 3.13] anwenden, dessen Voraussetzungen, wie man leicht sieht, mit $\vartheta = \eta_{1(i)}$ als Parameter der Verteilung von x, mit $v = N_{2(p-1)+(k-2)p}(0, W)$, $W = Du$, als Verteilung von u und $f(\cdot \mid u)$ als Dichte der Normalverteilung $N_2(0, \mathcal{J}CVC'\mathcal{J})$ erfüllt sind. Demnach wäre $\delta_0(u, x) = x$ eine unter

$$z \circleddash \{N_2(\vartheta, \mathcal{J}CVC'\mathcal{J}) \times v \mid \vartheta \in R^2\} \tag{10}$$

bezüglich des Risikos $R(\vartheta, \delta) = E_\vartheta\,||\delta - \vartheta||^2$ zulässige SF. Es ist also $\hat{\gamma}_i^*$ eine zulässige SF der i-ten Spalte $\gamma_{\eta_i}^*$ von γ_η^* im zu (10) äquivalenten Modell (9) bezüglich des Risikos

$$R(\eta, \delta) = E_\eta\,||\delta(\hat{T}) - \gamma_{\eta_i}^*||^2. \tag{11}$$

Da aber $\hat{\gamma}_i^*$ nicht von $\eta_{1(i)}^*$ und η_2^* abhängt, ist $\hat{\gamma}_i^*$ auch unter (6) zulässig bezüglich (11). Andererseits hatten wir (8) erhalten, wonach für mindestens ein Diagonalelement (etwa das i-te) der Matrizen $R[\eta, \bar{\gamma}^*]$ und $R[\eta, \hat{\gamma}^*]$ die (8) entsprechende Ungleichung gilt (vgl. [A 1.59]), d. h.

$$R[\eta, \bar{\gamma}^*]_{ii} = E_\eta\,||\bar{\gamma}_i^* - \gamma_{\eta_i}^*||^2 \leqq E_\eta\,||\hat{\gamma}_i^* - \gamma_{\eta_i}^*||^2 = R[\eta, \hat{\gamma}^*]_{ii},$$

wobei für $\eta = T(M_0)$ die echte Ungleichung gilt. Dies steht aber im Widerspruch zur Zulässigkeit von $\hat{\gamma}_i^*$ bezüglich (11). Es kann also keine gleichmäßig bessere SF als $\hat{\gamma}$ geben. ■

Es sei bemerkt, daß im Fall $p = 1$ das Risiko (2) die Form $R(\vartheta, \tilde{\gamma}) = \sigma^{-2}E_\vartheta\,||\gamma - \gamma||_Z^2$ hat. Mit einem etwas einfacheren aber analogen Beweis (vgl. B. Bednarek-Kozek [7]) zeigt man auch:

Satz 4.1.2. *Gilt* $CP \in \mathfrak{M}_{l\times n}^l$ *und* $p = 1$ *oder* 2, *dann ist unter* (1) *die* GLSE $\hat{\gamma}$ *zulässig bezüglich des Risikos* $R(\vartheta, \tilde{\gamma}) = E(\gamma - \gamma)\,(\tilde{\gamma} - \gamma)'$.

Aus Satz 4.1.1 folgt die Zulässigkeit der GLSE $\hat{\gamma}$ für einen beliebigen Parameter $\gamma = CM + F$ bezüglich des Matrizenrisikos

$$M_\vartheta \tilde{\gamma} = E_\vartheta \overrightarrow{(\gamma - \tilde{\gamma})}\, \overrightarrow{(\gamma - \tilde{\gamma})}' . \tag{12}$$

Satz 4.1.3. *Unter* (1) *ist die* GLSE $\hat{\gamma}$ *für* $\gamma = CM + F$ *zulässig bezüglich* (12).

Beweis. Wie beim Beweis von Satz 4.1.1 nehmen wir an, es gäbe eine SF $\tilde{\gamma}$ mit $\tilde{\gamma} < \hat{\gamma}$. Hieraus folgt die Existenz eines $\vartheta_0 = (M_0, \Sigma_0) \in \Theta$ und eines $a \in R^{lp}$ mit

$$a' M_\vartheta \tilde{\gamma} a \leqq a' M_\vartheta \hat{\gamma} a \qquad (\vartheta \in \Theta_0 = \{(M, \Sigma_0) \mid M \in \mathfrak{M}_{\mathfrak{X}}^p\}) , \tag{13}$$

wobei echte Ungleichheit für $\vartheta = \vartheta_0$ gilt.

Wir betrachten nun das Modell

$$y \ominus \{N_{np}(\mu, \Sigma_0 \otimes \Lambda) \mid \mu \in \mathcal{L}^p = \mathcal{L} \times \cdots \times \mathcal{L}\} , \tag{14}$$

das aus $Y \ominus N[\mathfrak{M}_{\mathfrak{X}}^p \times \{\Sigma_0 \otimes \Lambda\}]$ durch die eineindeutige Transformation $y = \vec{Y}$ entsteht. $Y = \overleftarrow{y}$ sei ihre Umkehrung. Dann entsprechen $\hat{\gamma}$ und $\tilde{\gamma}$ den SF

$$\tilde{\gamma}^*(y) = \overrightarrow{\tilde{\gamma}(\overleftarrow{y})} \quad \text{und} \quad \hat{\gamma}^*(y) = \overrightarrow{\hat{\gamma}(\overleftarrow{y})}$$

für $\gamma^* = (I_p \otimes C)\, \mu + \vec{F}$ im Modell (14). Für die SF $\tilde{\zeta} = a'\tilde{\gamma}^*$ und $\hat{\zeta} = a'\hat{\gamma}^*$ von $\zeta = a'\gamma^*$ gilt offensichtlich mit $\vartheta_\mu = (\overleftarrow{\mu}, \Sigma_0)$

$$E_\mu(\zeta - \tilde{\zeta})^2 = a' M_{\vartheta_\mu} \tilde{\gamma} a , \qquad E_\mu(\zeta - \hat{\zeta})^2 = a' M_{\vartheta_\mu} \hat{\gamma} a . \tag{15'}$$

Nun ist $\hat{\zeta} = a'(I_p \otimes CP)\, y + a'\vec{F}$ die GLSE für ζ unter (14), und sie ist wegen Satz 4.1.1 zulässig bezüglich des Risikos $E_\mu(\zeta - \tilde{\zeta})^2$. Das ist aber wegen (15') ein Widerspruch zu (13). ■

Die Zulässigkeit der GLSE in univariaten Modellen kann analog zu Resultaten von H. Läuter [8] für eine spezielle Klasse von Risikofunktionen gezeigt werden.

Satz 4.1.4. *Es sei* $p = 1$, $\mathcal{A}$ *eine Menge von Vektoren* $a \in R^l$ *mit* $a'CP\Lambda P'C'a = \Lambda$ *und*

$$R(\vartheta, \tilde{\gamma}) = \sup_{a \in \mathcal{A}} a' M_\vartheta \gamma a . \tag{15}$$

Dann ist unter (1) *die* GLSE $\hat{\gamma}$ *zulässig bezüglich* (15).

Beweis. Wir wählen ein beliebiges $a \in R^l$. Die GLSE $\hat{\zeta}_a = a'\hat{\gamma}$ von $\zeta = a'\gamma$ ist nach Satz 4.1.1 zulässig bez. des Risikos $R_a(\vartheta, \tilde{\zeta}_a) = E_\vartheta(\zeta - \tilde{\zeta}_a)^2$. Nun gilt für jede SF $\tilde{\gamma}$ mit $\tilde{\gamma} \leqq \hat{\gamma}$, also

$$R_a(\vartheta, \tilde{\zeta}_a) \leqq R(\vartheta, \tilde{\gamma}) = \sup_{a \in \mathcal{A}} R_a(\vartheta, \tilde{\zeta}) \leqq R(\vartheta, \hat{\gamma}) = \sigma^2 = R_a(\vartheta, \hat{\zeta}_a)$$

$$(\vartheta = (\mu, \sigma^2) \in \Theta) , \quad \tilde{\zeta}_a = a'\tilde{\zeta} ,$$

daß wegen der Zulässigkeit von $\hat{\zeta}_a$ nur das Gleichheitszeichen, d. h. $R(\vartheta, \tilde{\gamma}) = R(\vartheta, \hat{\gamma})$ $(\vartheta \in \Theta)$ gelten kann. ■

Bemerkung 1. In 4.3 werden wir sehen, daß $\hat{\gamma}$ für $p = 1$, $l \geqq 3$ und $n > r = \dim \mathcal{L}$ nicht zulässig ist, da SF $\tilde{\gamma}$ konstruiert werden können, die

$$E_\vartheta \|\tilde{\gamma} - \gamma\|^2 = \sum_{i=1}^{l} E_\vartheta(\tilde{\gamma}_i - \gamma_i)^2 < E_\vartheta \|\hat{\gamma} - \gamma\|^2 = \sum_{i=1}^{l} E(\hat{\gamma}_i - \gamma_i)^2 \tag{16}$$

erfüllen. Es entsteht die Frage, ob es eine solche SF $\tilde{\gamma}$ gibt, die das Risiko $E_\vartheta(\tilde{\gamma}_i - \gamma_i)^2$ für die Schätzung jeder Komponente γ_i von γ gleichzeitig für alle i gegenüber $\hat{\gamma}$ verbessert. Allgemeiner entsteht die Frage, ob die Risiken

$E_\vartheta(a'\tilde{\gamma} - a'\gamma)^2$ für die aus $\tilde{\gamma}$ abgeleiteten SF $a'\tilde{\gamma}$ für die Parameter $a'\gamma$ gleichzeitig für alle a aus einer vorgegebenen Menge $\mathcal{A}$ verbessert werden können. Eine geringfügige Abänderung des Beweises von Satz 4.1.4 zeigt, daß diese Frage verneint werden muß. Es folgt u. a. hieraus, daß für eine SF $\tilde{\gamma}$ mit (16) mindestens ein Paar ϑ, i existiert, für das $E_\vartheta(\tilde{\gamma}_i - \gamma_i)^2 > E_\vartheta(\hat{\gamma}_i - \gamma_i)^2$ gilt.

Bemerkung 2. Die Zulässigkeitsaussagen aus den Sätzen 4.1.3 und 4.1.4 gelten auch für entsprechend normierte Risiken

$$\overline{M}_\vartheta\tilde{\gamma} = E_\vartheta\vec{\tilde{\gamma}}_\vartheta\vec{\tilde{\gamma}}_\vartheta', \quad \tilde{\gamma}_\vartheta = (\tilde{\gamma} - \gamma)\,\Sigma^{-1/2}, \tag{12'}$$

$$\overline{R}(\vartheta, \tilde{\gamma}) = \sup_{a \in \mathcal{A}} a'\overline{M}_\vartheta\tilde{\gamma}a. \tag{15'}$$

Die Beweise der Sätze müssen nur geringfügig verändert werden. Beim Beweis von Satz 4.1.3 müssen dabei $\tilde{\gamma}^*(y) = \overrightarrow{\tilde{\gamma}(\overleftarrow{y})\,H}$ und $\hat{\gamma}^*(y) = \overrightarrow{\hat{\gamma}(\overleftarrow{y})\,H}$ mit $H = \Sigma_0^{-1/2}$ und $\gamma^* = (H \otimes C)\,\mu + F\vec{H}$ gesetzt werden, und es muß ausgenutzt werden, daß $\hat{\zeta} = a'\hat{\gamma}^*$ die GLSE für $\zeta = a'\gamma^*$ ist.

4.2. Steinsche Schätzungen für den Erwartungsvektor einer Normalverteilung

4.2.1. Der Fall $Dy = I_k$ mit Verlustfunktion $\|\hat{\mu} - \mu\|^2$

Wir betrachten in diesem Abschnitt die Schätzung des Erwartungsvektors $Ey = \mu$ in einem Modell

$$y \mathrel{\widehat{\sim}} \{N_k(\mu, I_k) \mid \mu \in R^k\}. \tag{1}$$

Aus Kap. 2 wissen wir, daß die SF $\delta^0(y) = y$ für μ BUE und Minimax bez. des Risikos

$$R(\mu, \delta) = E_\mu\,\|\delta(y) - \mu\|^2 = \sum_{i=1}^{k} E_\mu(\delta_i(y) - \mu_i)^2 \tag{2}$$

ist. Aus 4.1 wissen wir, daß δ^0 bei $k = 1$ oder 2 zulässig bezüglich (2) ist. C. Stein hat in [1] die bemerkenswerte Tatsache bekanntgegeben, daß δ_0 bei $k \geqq 3$ durch eine nichterwartungstreue SF δ^* im Sinne von

$$R(\mu, \delta^*) < R(\mu, \delta^0) = k \tag{3}$$

verbessert werden kann. Ist die SF δ^c durch

$$\delta^c(y) = [1 - s^{-1}(k-2)\,c]\,y, \quad s = \|y\|^2 \tag{4}$$

definiert, dann ist die von W. James und C. Stein in [2] an Stelle von δ^* verwendete einfachere SF gerade δ^1. SF, die gleichmäßig besser als eine BUE sind, sollen im weiteren Steinsche SF genannt werden.

Wie D. Lindley in [3] und B. Efron und C. Morris in [4] bemerkt haben, kann man δ^c als „empirische Bayessche" SF, d. h. als Bayessche SF mit „geschätzter" a priori Verteilung erhalten. Hierzu betrachtet man $P_b^\mu = N_k(0, aI_k)$

mit $a = b^{-1}(1 - b)$ als a priori Verteilung über den Parameterraum R^k. Die a posteriori Verteilung $P^{\mu|y}$ (vgl. 1.4.1) ist dann, wie man leicht nachprüft, durch $N_k([1 - b]\,y, [1 - b]\,I_k)$ gegeben. Somit ist $\delta_b(y) = (1 - b)\,y$ eine BAYESsche SF, falls das Risiko (2) zugrundegelegt wird (vgl. 1.4.2, [A 3.29] und Kapitel 7). Da unter der BAYESschen Annahme die Verteilung P_b^y durch $N_k(0, b^{-1}I_k)$ gegeben ist, ergibt sich die induzierte Verteilung $\mathbf{s} \sim b^{-1}\chi_k^2$. Verwendet man nun eine SF $\hat{b}(s)$ für b, so erhält man als „empirische BAYESsche SF" die SF $\hat{\delta}(y) = [1 - \hat{b}(s)]\,y$.

Die SF δ^c aus (4) ergibt sich mit $\hat{b}(s) = c(k - 2)\,s^{-1}$, insbesondere entspricht die JAMES-STEINsche SF δ^1 der „erwartungstreuen" SF $\hat{b} = (k - 2)\,s^{-1}$ für b:

$$E_b\hat{\mathbf{b}}(s) = \int \hat{b}(\|y\|^2)\,P_b^y(\mathrm{d}y) = b(k - 2)\,E\chi_k^{-2} = b\,.$$

Betrachtet man das gemischte Risiko

$$R[b, \hat{\delta}] = \int R(\mu, \hat{\delta})\,P_b^\mu(\mathrm{d}\mu) = E_bR(\boldsymbol{\mu}, \hat{\delta}) \tag{5}$$

als Risiko in einem Entscheidungsproblem mit b als unbekannten Parameter aus $(0, 1]$, so haben B. EFRON und C. MORRIS in [4] gezeigt, daß δ^1 eine Minimax-SF bezüglich (5) unter allen SF der Form $\hat{\delta}(y) = [1 - \hat{b}(s)]\,y$ ist.

Durch einen Umweg über das gemischte Risiko (5) läßt sich das Risiko der SF δ^c unter (1) leicht berechnen:

Satz 4.2.1. *Unter* (1) *und* $k \geqq 3$ *gilt*

$$R[b, \delta^c] = k - b\zeta_k(c) \qquad (0 < b \leqq 1)\,, \tag{6}$$

$$\zeta_k(c) = k - 2 - (k - 2)\,(c - 1)^2\,, \tag{7}$$

$$R(\mu, \delta^c) = k - (k - 2)\,m_k(\|\mu\|^2)\,\zeta_k(c) \qquad (\mu \in R^n)\,, \tag{8}$$

$$m_k(\lambda) = E\chi_{k;\lambda}^{-2}\,. \tag{9}$$

Beweis. Mit den Bezeichnungen $E_l(f \mid y) = \int f(y, \mu)\,P_b^{\mu|y}\,(\mathrm{d}\mu)$ und mit $\hat{b}(s) = c(k - 2)\,s^{-1}$ berechnen wir

$$r_y := E_b\,(\|\delta^c(y) - \boldsymbol{\mu}\|^2 \mid y) = E_b\,(\|(b - \hat{b})\,y + [(1 - b)\,y - \boldsymbol{\mu}]\|^2 \mid y)$$
$$= [b - \hat{b}]^2\,s + k(1 - b)\,.$$

Hieraus folgt wegen [A 2.21] und [A 2.22]

$$R[b, \delta^c] = \int r_y P_b^y(\mathrm{d}y) = k(1 - b) + E_b[b - \hat{b}(b^{-1}\chi_k^2)]^2\,b^{-1}\chi_k^2$$
$$= k(1 - b) + E_b b\,[1 + c^2(k - 2)^2\,\chi_{k+2}^{-4} - 2c(k - 2)\,\chi_{k+2}^{-2}] = k - b\zeta_k(c)\,.$$

Zu (7) bemerken wir, daß für beliebige orthogonale Matrizen $T \in \mathfrak{M}_{k \times k}$ und $\mu \in R^k$

$$R(T\mu, \delta^c) = E_\mu\,\|\delta^c(Ty) - T\boldsymbol{\mu}\|^2 = R(\mu, \delta^c)$$

gilt, d. h. $R(\mu, \delta^c) = f(\lambda)$ hängt von μ nur über $\lambda = \|\mu\|^2$ ab. Nun gilt für beliebiges $b \in (0, 1]$

$$\int m_k(\|\mu\|^2)\,\mathrm{d}P_b^\mu = \int \left(\int s^{-1}\,\mathrm{d}P^{y|\mu}\right)\mathrm{d}P_b^\mu = \int s^{-1}\,\mathrm{d}P_b^y = bE\chi_k^{-2} = b(k - 2)^{-1}\,,$$

woraus mit (5)

$$\int \{R(\mu, \delta^c) - [k - (k - 2)\,m_k(\|\mu\|^2)\,\zeta_k(c)]\}\,P_b^\mu(\mathrm{d}\mu) = 0 \qquad (0 < b \leqq 1) \tag{10}$$

folgt. Da aber $\lambda = ||\mu||^2$ im Modell

$$\mu \circleddash \{P^\mu_a = N(0, a) \mid a \in R^{\geqq}\}$$

eine vollständige Statistik ist (vgl. [A 3.6]), folgt aus (10) die Behauptung (8). ■

Die Funktion $m_k(\lambda)$ ist stetig und monoton fallend von $m_k(0) = (k-2)^{-1}$ bis $\lim\limits_{\lambda\to\infty} m_k(\lambda) = 0$ (vgl. [A 2.20]). Daraus folgt, daß das Risiko $R(\mu, \delta^c)$ bei $\zeta_k(c) > 0$ mit wachsendem $||\mu||$ monoton wächst von $R(0, \delta^c) = k - \zeta_k(c)$ bis $\lim\limits_{||\mu||\to\infty} R(\mu, \delta^c) = k = R(\mu, \delta^0)$

Wegen $\zeta_k(0) = \zeta_k(2) = 0 \leqq \zeta_k(c) \leqq \zeta_k(1) = k - 2$ für $0 \leqq c \leqq 2$ und $\zeta_k(c) < 0$ für $c > 2$ folgt, daß die James-Stein SF δ^1 die beste der SF δ^c $(c \in R^{\geqq})$ ist:

Satz 4.2.2. *Unter* (1) *und* $k \geqq 3$ *gilt:*

1. δ^c *ist genau dann gleichmäßig besser als* δ^0, *falls* $0 < c < 2$.
2. δ^2 *hat das gleiche Risiko wie* δ^0.
3. δ^1 *ist gleichmäßig besser als* δ^c, *falls* $c \neq 1$.

Die SF δ^1 ist andererseits nicht zulässig, denn man kann zu jedem δ^c gleichmäßig bessere SF der Form $\hat{\delta}(y) = [1 - \hat{b}(s)]\, y$ angeben. Dies ist zunächst heuristisch vorstellbar, denn aus dem Beweis von Satz 4.2.1 wissen wir, daß

$$R[b, \hat{\delta}] = k(1-b) + b^{-1}E\,[\hat{b}(b^{-1}\chi^2_{k+2}) - b]^2$$

gilt, d. h., das gemischte Risiko ist durch das „Risiko“ $E[\hat{\boldsymbol{b}} - b]^2$ für die SF $\hat{b}(s)$ mit s aus einem Modell mit der Dimension $k + 2$ an Stelle von k charakterisiert.

Die SF $\hat{b}^c(s) = (k-2)\, cs^{-1}$ nimmt aber mit positiver $P^{\mathfrak{y}}_b$-Wahrscheinlichkeit auch Werte außerhalb des Parameterraumes $(0, 1]$ an, und deshalb wird das Risiko für die eingeschränkte SF

$$\hat{b}^c_+(s) = \begin{cases} \hat{b}^c(s), & \text{falls } 0 < \hat{b}^c(s) \leqq 1 \\ 1\ , & \text{falls } \quad \hat{b}^c(s) > 1 \end{cases},$$

kleiner: $E(\hat{\boldsymbol{b}}^c_+ - b)^2 < E(\hat{\boldsymbol{b}} - b)^2$. Für

$$\delta^c_+(y) = [1 - \hat{b}^c_+(s)]\, y = [1 - \hat{b}^c(s)]^+\, y \tag{11}$$

$(g^+(s) = I_{R^{\geqq}}(s)\, g(s)$: positiver Teil von $g)$ gilt also

$$R[b, \delta^c_+] < R[b, \delta^c] \qquad (0 < b \leqq 1)\,.$$

Die Vollständigkeitsüberlegung aus dem Satz 4.2.1 führt zwar jetzt nicht zum Beweis der entsprechenden Ungleichung für die Risiken

$$R(\mu, \delta^c_+) < R(\mu, \delta^c) \qquad (\mu \in R^k)\,, \tag{12}$$

aber sie ist von A. S. Barranchik in [5] bewiesen worden. Der Vergleich der Risiken für die verschiedenen SF δ^c_+ $(0 \leqq c \leqq 2)$ ist ein offenes Problem, wobei zwar $\delta^1_+ < \delta^1 < \delta^c$ $(c \neq 1)$, aber möglicherweise nicht $\delta^1_+ > \delta^c_+$ für alle $c \in [0, 2]$, $c = 1$ gilt. Eine interessante Untersuchung des gemischten Risikos $R[b, \delta^c_+]$ für verschiedene c findet man in [4] und [6].

Eine allgemeinere Klasse von SF, die gleichmäßig besser als δ^0 und somit Minimax-SF sind, ist durch den von K. ALAM in [11] bewiesenen Satz gegeben:

Satz 4.2.3. *Es sei* τ: $R^{\geqq} \to [0, 2k - 4t - 4)$ *mit* $0 \leqq t < k/2 - 1$ *eine meßbare nicht fast überall verschwindende Funktion, bei der* $s^t\tau(s)$ *monoton nicht fallend in* s *ist. Dann ist die* SF $\delta^\tau(y) = [1 - s^{-1}\tau(s)]\, y$ *gleichmäßig besser als* δ^0.

Als Spezialfälle erhalten wir z. B.

$$\delta^\tau = \delta^0 \quad \text{für } \tau = 0\,, \quad t \equiv 1\,,$$

$$\delta^\tau = \delta^c \;(0 \leqq c \leqq 2)\,, \quad \text{für } \tau = c(k-2)\,, \quad t = 1\,,$$

$$\delta^\tau = \delta^c_+ \;(0 \leqq c \leqq 2)\,, \quad \text{für } \tau(s) \equiv s b^c_+(s)\,, \quad t = 1\,.$$

Aus Satz 4.2.3 erhält man also u. a.

$$R(\mu, \delta^c_+) < R(\mu, \delta^0) \quad \text{für } 0 < c < 2\,, \quad \mu \in R^k\,.$$

Die Frage nach einer zulässigen Minimax-SF war lange Zeit offen, bis A. S. BARRANCHIK in einem unveröffentlichten Bericht und W. E. STRAWDERMAN in [10] für $k \geqq 5$ Beispiele für derartige SF erstmalig gefunden haben. Da jede BAYESsche SF bezüglich einer a priori Verteilung mit auf R^k positiver Dichte zulässig ist (vgl. [9]), sucht man derartige SF unter den BAYESschen SF, die gleichmäßig besser als δ^0 sind. Die SF von W. E. STRAWDERMAN ist durch δ^τ mit

$$\tau = [k + 2 - 2\alpha] - \left[\int_0^1 \lambda^{(k/2)-\alpha} \exp\{-\lambda s\}\, d\lambda\right]^{-1} 2 \exp\{-s/2\}$$

und $0 \leqq \alpha < 1$ (bzw. $1/2 \leqq \alpha < 1$ bei $k = 5$) gegeben. Sie ist BAYESsch bezüglich der a priori Verteilung P^μ, die man aus $P^{\mu|b} = N(0, b^{-1}(1 - b))$ und der Verteilung P^b mit der Dichte $p(b) = I_{(0,1]}(b)\,(1 - \alpha)^{-1}\, b^{-\alpha}$ erhält (vgl. [4]). K. ALAM [11] gibt für $k \geqq 3$ zulässige Minimax-SF δ^τ mit

$$\tau(s) = [M(\nu, k/2, s/2)]^{-1}\, k^{-1} 2\nu M(\nu + 1, k/2 + 1, y/2)$$

an, wobei M die konfluente hypergeometrische Funktion ist mit

$$4^{-1}[2k + 5 - (4k^2 + 8k - 7)^{1/2}] \leqq \nu < 1\,.$$

4.2.2. Der Fall $Dy = \Omega$ mit Verlustfunktion $\|\hat{\mu} - \mu\|^2_\Sigma$

An Stelle von (1) betrachten wir nun das allgemeinere Modell

$$\boldsymbol{y} \circleddash \{N_k(\mu, \Omega) \mid \mu \in R^k\} \qquad (\Omega \in \mathfrak{M}^>_k,\; k \geqq 3)\,. \tag{13}$$

Wird als Risiko

$$R(\mu, \delta) = E_\mu\, \|\delta(\boldsymbol{y}) - \mu\|_{\Omega^{-1}} \tag{14}$$

verwendet, dann können die Ergebnisse aus 4.2.1 auf das durch die Transformation $\tilde{\boldsymbol{y}} = \Omega^{-1/2}\boldsymbol{y}$ entstehende Modell

$$\tilde{\boldsymbol{y}} \circleddash \{N_k(\tilde{\mu}, I_k) \mid \tilde{\mu} \in R^k\}$$

angewendet werden, denn es gilt mit $\tilde{\mu} = \Omega^{-1/2}\mu$ und $\tilde{\delta}(\tilde{y}) = \Omega^{-1/2}\delta(\Omega^{1/2}\tilde{y})$:

$$E_\mu\, \|\delta(\boldsymbol{y}) - \mu\|^2_{\Omega^{-1}} = E_{\tilde{\mu}}\, \|\tilde{\delta}(\tilde{\boldsymbol{y}}) - \tilde{\mu}\|^2\,.$$

Demnach ist die SF

$$\delta^\tau(y) = [1 - (y'\Omega^{-1}y)^{-1}\, \tau(y'\Omega^{-1}y)]\, y \tag{15}$$

gleichmäßig besser als δ^0, falls k und τ den Voraussetzungen des Satzes 4.2.3 genügen. Ist an Stelle von (14) aber (1) oder allgemeiner das Risiko

$$R(\mu, \delta) = E_\mu \, ||\delta(\boldsymbol{y}) - \mu||_Z \,, \qquad (Z \in \mathfrak{M}_k^{>}) \tag{16}$$

vorgegeben, dann sind andere Überlegungen erforderlich, um eine bessere SF als δ^0 zu erhalten. Nach P. K. BHATTACHARYA [12] kann man folgendermaßen vorgehen:

Nach [A 1.5] existiert ein $A \in \mathfrak{M}_{k\times k}^k$ mit

$$A'\Omega^{-1}A = I_k \,, \qquad A'ZA = D = \mathrm{Diag}\,[d_1, \dots, d_k] \qquad (d_1 \geqq d_2 \geqq \dots \geqq d_k) \,.$$

Betrachtet man im Modell

$$\tilde{\boldsymbol{y}} = A^{-1}\boldsymbol{y} \ (\sim)\ \{N_k(\tilde{\mu}, I_k) \mid \tilde{\mu} \in R^k\} \tag{17}$$

das Risiko $\tilde{R}(\tilde{\mu}, \tilde{\delta}) = E_{\tilde{\mu}} \, ||\tilde{\delta}(\tilde{\boldsymbol{y}}) - \tilde{\mu}||_D^2$, dann gilt für jede SF δ und $\tilde{\delta}(\tilde{y}) = A^{-1}\delta(A\tilde{y})$

$$\tilde{R}(\tilde{\mu}, \tilde{\delta}) = R(\mu, \delta) \qquad (\mu \in R^k) \,. \tag{18}$$

Wir betrachten nun für jedes $j = 1, 2, \dots, k$ das Modell

$$\tilde{\boldsymbol{y}}_{(j)} = (\boldsymbol{y}_1, \dots ; \tilde{\boldsymbol{y}}_j)' \ (\sim)\ \{N_j(\tilde{\mu}_{(j)}, I_j) \mid \tilde{\mu}_{(j)} = (\tilde{\mu}_1, \dots, \tilde{\mu}_j)' \in R^j\} \tag{19}$$

und das Risiko

$$R_{(j)}(\mu_{(j)}, \delta) = E_{\mu_{(j)}} \, ||\delta(\tilde{\boldsymbol{y}}_{(j)}) - \tilde{\mu}_{(j)}||_{I_j}^2 \,. \tag{20}$$

Für $j = 3, 4, \dots, k$ gibt es dann nach 4.2.1 immer eine SF δ_j der Form

$$\delta_j(\tilde{y}_{(j)}) = \varphi_j(\tilde{y}_{(j)})\, \tilde{y}_{(j)} \,, \qquad \varphi_j \colon R^j \to R^1 \,,$$

die im Sinne von (20) gleichmäßig besser als die SF $\tilde{y}_{(j)}$ ist. Mit den Funktionen φ_j können wir dann eine SF δ^* im Modell (13) konstruieren, die im Sinne von (14) gleichmäßig besser als δ^0 ist:

$$\delta^*(y) = A\delta_*(A^{-1}y) \,, \tag{21}$$

$$\delta_*(\tilde{y}) = (\psi_1(\tilde{y})\, \tilde{y}_1, \dots, \psi_k(\tilde{y})\, \tilde{y}_k) \,, \tag{22}$$

$$\psi_i(\tilde{y}) = \sum_{j=i}^{k} \gamma_{ij}\varphi_j(\tilde{y}_{(j)}) \,, \tag{23}$$

$$\gamma_{ij} = \left[\sum_{l=i}^{k} \alpha_l\right]^{-1} \alpha_j \,, \qquad \alpha_j = d_j - d_{j+1} \ (j < k) \,, \qquad \alpha_k = d_k \,, \tag{24}$$

$$\varphi_j(\tilde{y}_{(j)}) \equiv 1 \qquad (j = 1, 2) \,. \tag{25}$$

Satz 4.2.4. *Unter* (13) *gilt* $R(\mu, \delta^*) < R(\mu, \delta^0)$ $(\mu \in R^k)$.

Beweis. Da $f(x) = ||x||^2$ eine konvexe Funktion ist und

$$\gamma_{ij} \geqq 0 \,, \quad \sum_{j=i}^{k} \gamma_{ij} = 1 \,, \quad (i = 1, 2, \dots, k; j = i, \dots, k) \,, \quad d_i = \sum_{j=i}^{k} \alpha_j$$

gilt, erhalten wir

$$R(\mu, \delta^*) = \tilde{R}(\tilde{\mu}, \delta^*) = \sum_{i=1}^{k} d_i E_{\tilde{\mu}}[\psi_i(\tilde{\boldsymbol{y}})\, \tilde{\boldsymbol{y}}_i - \tilde{\mu}_i]^2 \leqq \sum_{i=1}^{k} d_i \sum_{j=i}^{k} \gamma_{ij} E_{\tilde{\mu}}[\varphi_j(\tilde{\boldsymbol{y}}_{(j)})\, \tilde{\boldsymbol{y}}_i - \tilde{\mu}_i]^2$$
$$= \sum_{j=1}^{k} \alpha_j E_{\tilde{\mu}}\, ||\varphi_j(\tilde{\boldsymbol{y}}_{(j)})\, \boldsymbol{y}_{(j)} - \tilde{\mu}_{(j)}||^2_{I_j} < \sum_{j=1}^{k} \alpha_j E_{\tilde{\mu}}\, ||\tilde{\boldsymbol{y}}_{(j)} - \tilde{\mu}_{(j)}||^2_{I_j} = R(\mu, \delta_0)\,. \quad \blacksquare$$

Eine spezielle Wahl der Funktionen φ_j $(j = 3, 4, \dots, k)$ wäre nach 4.2.1

$$\varphi_j(\tilde{y}_{(j)}) = \begin{cases} 0\,, & \text{falls } s_j = ||\tilde{y}_{(j)}||^2 \leqq c_j(j-2)\,, \\ 1 - c(k-2)\, s_j^{-1}\,, & \text{falls } s_j > c_j(j-2) \end{cases}$$

mit $0 < c_j < 2$. Aus (23) ersieht man, daß aus $\psi_i(\tilde{y}) = 0$ auch $\psi_j(\tilde{y}) = 0$ für $i < j \leqq k$ folgt, d. h., es gibt ein i_y mit $\psi_{i_y+1}(\tilde{y}) = \dots = \psi_k(\tilde{y}) = 0 < \psi_j(\tilde{y})$ $(j = 1, \dots, i_y)$, oder es ist $\psi_j(y) = 0$ $(j = 1, \dots, k)$. Deshalb kann das durch δ_* gegebene Schätzverfahren als Vortest-Schätzung folgendermaßen gedeutet werden (vgl. S. SCLOVE [14]):

Es sei $\mathcal{J} = \{j_\varrho \mid \varrho = 1, \dots, r\}$ die Menge der Indizes $j = 1, \dots, k$ mit $\alpha_j > 0$ und H_j: „$\tilde{\mu}_{(j)} = 0$“. Es werden nacheinander die Hypothesen H_{j_ϱ} $(\varrho = r, r-1, r-2, \dots)$ mit Tests geprüft, deren kritische Bereiche durch „$s_j > c_j(j-2)$“ gegeben sind. Ist H_{ϱ_y} die erste dieser Hypothesen, die abgelehnt wird, so werden bei δ_* die Komponenten $\tilde{\mu}_i$ $(i = 1, \dots, \varrho_y)$ von $\tilde{\mu}$ durch $\psi_i(\tilde{y})\, \tilde{y}_i$ und die übrigen $\tilde{\mu}_i$ $(i = \varrho_y + 1, \dots, k)$ durch 0 geschätzt. Sind alle d_i gleich, dann enthält $\mathcal{J}$ nur den Index k, und es wird nur die Hypothese H_k: „$\tilde{\mu} = 0_k$“ geprüft. Je nachdem, ob H_k abgelehnt oder angenommen wird, ist die Schätzung von $\tilde{\mu}$ durch $\delta^c(\tilde{y})$ oder 0_k gegeben.

Eine einfachere Methode zur Verbesserung von δ^0 ist von M. E. BOCK [13] für den Fall $Z = I_k$ vorgeschlagen worden, die durch eine Transformation $\tilde{y} = Z^{1/2}y$ und mit $A = Z^{1/2}\Omega Z^{1/2}$ und $a = (\lambda_{\max}^{-1}[A]\, \mathrm{sp}\,[A] - 2)$ auf folgende allgemeinere Form gebracht werden kann:

Satz 4.2.5. *Es sei $k \geqq 3$, $\mathrm{sp}\,[A] > 2\lambda_{\max}[A]$ und $\varrho: R^{\geqq} \to [0, 2a]$ eine monoton nichtfallende (nicht fast überall verschwindende) Funktion. Dann ist die* SF

$$\delta_\varrho(y) = [1 - \varrho(y'\Omega^{-1}y)\, (y'\Omega^{-1}y)^{-1}]\, y \tag{26}$$

bezüglich (14) *gleichmäßig besser als δ^0. Für $\varrho(z) \equiv c > 0$ ist δ_ϱ genau dann Minimax-*SF*, falls $c \leqq 2a$ ist. Ist $a \leqq 0$, dann ist keine* SF *der Form* (26) *eine Minimax-*SF.

Wir sehen, daß eine Verbesserung der obigen Art nur für Risikos mit einer speziellen Eigenschaft $(a > 0)$ möglich ist. Für $\Omega = Z = I_k$ ergibt sich hieraus der Spezialfall $t = 1$ des Satzes 4.2.3, der von A. S. BARRANCHIK in [15] bewiesen wurde. M. E. BOCK [13] gibt auch in Verallgemeinerung der in 4.2.1 angegebenen SF von W. E. STRAWDERMAN spezielle τ an, für die δ^τ zulässig ist. Als spezielle Verbesserung von δ^0 erhalten wir die folgende Verallgemeinerung der SF δ^1_+:

$$\delta(y) = [1 - a\, (y'\Omega^{-1}y)^{-1}]^+\, y\,.$$

Kürzlich haben M. HUDSON [19] und J. BERGER [20] allgemeine und einfache Resultate erzielt: Ist $k \geqq 3$, $\varrho: [0, \infty) \to [0, 2(k+2)]$ eine monoton nicht fallende Funktion und $w = y'\Lambda^{-1} Z^{-1}\Lambda^{-1}y$, dann ist $\delta(y) = [I_k - W^{-1}\varrho(w)Z^{-1}\Lambda^{-1}]\, y$ Minimax-SF.

4.2.3. Der Fall $Dy = \sigma^2 \Lambda$

Im Fall eines Zufallsvektors $\boldsymbol{y}$ mit der Verteilung $N_k(\mu, \sigma^2\Lambda)$ und unbekannten μ und σ ist eine Verbesserung der SF δ^0 im Fall $k \geqq 3$ möglich, falls eine zusätzlich von $\boldsymbol{y}$ unabhängige Zufallsgröße $\boldsymbol{v} \sim \sigma^2\chi_n^2$ verwendet wird. Wir betrachten also das Modell

$$(\boldsymbol{y}, \boldsymbol{v}) \,\widehat{\sim}\, \{N_k(\mu, \sigma^2 I_k) \times W_\sigma \mid \mu \in R^k, \sigma \in R^>\}\,, \tag{27}$$

wobei W_σ mit einem festen $n \geqq 1$ die Verteilung von $\sigma^2\chi_n^2$ und

$$R(\mu, \sigma, \delta) = E_{\mu,\sigma}\,\|\delta(\boldsymbol{y}, \boldsymbol{v}) - \mu\|_Z^2\,, \quad Z \in \mathfrak{M}_k^>\,, \tag{28}$$

das Risiko bezeichnen.

Es gilt in Verallgemeinerung der Ergebnisse von M. E. Bock [13] mit $A = Z^{1/2}\Lambda Z^{1/2}$ und $a = (\lambda_{\max}^{-1}[A]\,\mathrm{sp}\,[A] - 2)\,(n + 2)^{-1}$:

Satz 4.2.6. *Es sei* $k \geqq 3$, $\mathrm{sp}\,[A] > 2\lambda_{\max}[A]$ *und* $\varrho\colon R^{\geqq} \to [0, 2a)$ *eine monoton nichtfallende (nicht fast überall verschwindende) Funktion. Dann ist*

$$\delta_\varrho(y, v) = [1 - \varrho(z)\, z^{-1}]\, y\,, \quad z = y'\Lambda^{-1}y/v \tag{29}$$

im Sinne von (28) *gleichmäßig besser als* δ^0. *Für* $\varrho(z) \equiv c > 0$ *ist* δ_ϱ *genau dann Minimax, falls* $c \leqq a$ *ist. Ist* $a \leqq 0$, *dann ist keine* SF *der Form* (28) *eine Minimax*-SF.

Andersartige Verbesserungen von δ^0 können analog zur Konstruktion von δ^* (vgl. Satz 4.2.4) gebildet werden, da der Beweis von Satz 4.2.4 übertragen werden kann. Man geht aus vom Spezialfall $k = j$, $\Lambda = Z = I_k$ des Satzes 4.2.6 (der von A. J. Barranchik in [15] bewiesen worden ist), wonach unter

$$(\boldsymbol{y}_{(j)}, \boldsymbol{v}) \,\widehat{\sim}\, \{N_j(\tilde{\mu}_{(j)}, \sigma^2 I_j) \times W_\sigma \mid \tilde{\mu}_{(j)} \in R^j, \sigma \in R^>\}$$

(vgl. (19)) die SF

$$\delta_j(\tilde{y}_{(j)}, v) = [1 - \varrho_j(Z_j)\, Z_j^{-1}]\, \tilde{y}_{(j)}\,, \quad Z_j = \|y_{(j)}\|^2/v$$

für $j \geqq 3$ im Sinne von (20) gleichmäßig besser als $\tilde{y}_{(j)}$ ist, falls ϱ_j die Bedingungen von Satz 4.2.6 ($k = j$, $\Lambda = Z = I_k$) erfüllt. Verwendet man also an Stelle von φ_j die Funktion $[1 - \varrho_j(Z_j)\, Z_j^{-1}]$, dann erhält man analog zu (21) bis (25) eine SF $\delta^*(y, v)$, die im Sinne von (28) gleichmäßig besser als δ^0 ist.

Betrachtet man die analog zu δ^c gebildeten SF $\delta_c := \delta_\varrho$ mit $\varrho(z) \equiv ca$ $(0 \leqq c \leqq 2)$, dann entsteht die Frage nach dem optimalen c. C. W. James und C. Stein haben in [2] gezeigt, daß im Spezialfall $\Lambda = Z = I_k$ $(a = (k - 2)\,(n + 2) - 1)$ δ_1 gleichmäßig besser als jedes δ_c $(0 \leqq c \leqq 2,\ c \neq 1)$ ist. Für die SF $\delta_c^+ = [1 - cz^{-1}]^+\, y$ gilt bei $0 < c < 2$ und $\Lambda = Z = I_k$, daß sie gleichmäßig besser als δ^0 ist (vgl. Satz 4.2.6) und (wie A. J. Barranchik [5] gezeigt hat) sogar gleichmäßig besser als δ_c ist. Eine Formel für das Risiko von δ_1 ist durch (39) gegeben (vgl. 4.2.5).

4.2.4. Der Fall einer unbekannten Kovarianzmatrix Dy

Im Fall eines Zufallsvektors $\boldsymbol{y}$ mit der Verteilung $N_k(\mu, \Omega)$ und unbekannten μ, Ω ist eine Verbesserung der SF δ^0 im Fall $k \geqq 3$ möglich, falls zusätzlich eine von $\boldsymbol{y}$ unabhängige zufällige Matrix $\boldsymbol{W} \sim W_k(m, \Omega)$ und das spezielle Risiko

$$R(\mu, \Omega, \delta) = E_{\mu, \Omega} \|\delta(\boldsymbol{y}, \boldsymbol{W}) - \mu\|^2_{\Omega^{-1}} \tag{30}$$

verwendet wird. Wir betrachten also das Modell

$$(\boldsymbol{y}, \boldsymbol{W}) \circleddash \{N_k(\mu, \Omega) \times W_k(m, \Omega) \mid \mu \in R^k, \Omega \in \mathfrak{M}_k^>\}, \quad (k \geqq 3, m > k - 1). \tag{31}$$

Die bedingte Verteilung von $\boldsymbol{z} = \boldsymbol{y}'\boldsymbol{W}^{-1}\boldsymbol{y}$ unter der Bedingung $\boldsymbol{y} = y$ ist dieselbe wie die von $\boldsymbol{y}'\Omega^{-1}\boldsymbol{y}/\chi^2_{m-k+1}$ (vgl. C. R. RAO [16]). Dann ist mit $\tilde{\boldsymbol{y}} = \Omega^{-1/2}\boldsymbol{y}$ die bedingte Verteilung von $\boldsymbol{z} = \tilde{\boldsymbol{y}}'(\Omega^{1/2}W\Omega^{1/2})^{-1}\tilde{\boldsymbol{y}}$ unter der Bedingung $\tilde{\boldsymbol{y}} = \Omega^{-1/2}\boldsymbol{y} := \tilde{y}$ dieselbe wie die von $\|\tilde{y}\|^2/\chi^2_{m-k+1}$. Die SF

$$\delta_\varrho(y, W) = [1 - \varrho(z)\, z^{-1}]\, y\,, \qquad z = y'W^{-1}y \tag{32}$$

hat dann mit $\tilde{\mu} = \Omega^{-1/2}\mu$ das Risiko

$$\begin{aligned} R(\mu, \Omega, \delta_\varrho) &= E_{\tilde{\mu}}\{E(\|[1 - \varrho(\boldsymbol{z})\, \boldsymbol{z}^{-1}]\, \tilde{\boldsymbol{y}} - \tilde{\mu}\|^2 \mid \tilde{\boldsymbol{y}} = \tilde{y})\} \\ &= E_{\tilde{\mu}} \|[1 - \varrho(\tilde{\boldsymbol{y}}'\Omega^{-1}\tilde{\boldsymbol{y}}/\boldsymbol{v})\, \boldsymbol{v}(\tilde{\boldsymbol{y}}'\Omega^{-1}\tilde{\boldsymbol{y}})^{-1}]\, \boldsymbol{y} - \tilde{\mu}\|^2\,, \end{aligned}$$

wobei $\boldsymbol{v} \sim \chi^2_{m-k+1}$ eine von $\boldsymbol{y}$ unabhängige Zufallsgröße ist. Wir können jetzt Satz 4.2.6 anwenden und erhalten

Satz 4.2.7. *Es gilt unter* (31)

$$R(\mu, \Omega, \delta_\varrho) < E_{\tilde{\mu}} \|\tilde{\boldsymbol{y}} - \tilde{\mu}\|^2 = R(\mu, \Omega, \delta^0)\,,$$

falls ϱ *die Voraussetzungen des Satzes* 4.2.6 *mit* $a = (k-2)(m-k+3)$ *erfüllt.*

M. E. BOCK [13] hat unter $\Omega \neq I_k$ gezeigt, daß bezüglich des Risikos $E_{\mu,\Omega}\|\boldsymbol{\delta} - \mu\|^2_{I_k}$ keine SF der Form (32) gleichmäßig besser als δ^0 sein kann. Dies ist auch für das Risiko $E_{\mu,\Omega}\|\boldsymbol{\delta} - \mu\|^2_Z$ ($Z \in \mathfrak{M}_k^>$, $Z \neq \Omega^{-1}$) der Fall, wie man mit der Transformation $\tilde{y} = Z^{1/2}y$ leicht nachprüft. Spezielle SF der Form δ_ϱ sind

$$\delta_c(y, W) = [1 - c(p-2)(k-p+3)^{-1}(y'W^{-1}y)^{-1}]\, y$$

mit $0 < c < 2$. W. JAMES und C. STEIN [2] haben gezeigt, daß δ_1 gleichmäßig besser als jede SF δ_c $(c \neq 1)$ ist. Andererseits ist

$$\delta_c^+(y, W) \neq [1 - c(p-2)(k-p+3)^{-1}(y'W^{-1}y)^{-1}]^+\, y$$

für jedes $c \in (0, 2)$ gleichmäßig besser als δ_c (vgl. S. SCLOVE [17]).

4.2.5. Multivariate Modelle

Wir betrachten in diesem Abschnitt ein multivariates Modell

$$\boldsymbol{Y} \circleddash \{N_{k\times p}(M, \Sigma \otimes \Lambda) \mid (M, \Sigma) \in \Theta\}\,, \qquad \Theta \subset \mathfrak{M}_{k\times p} \times \mathfrak{M}_k^> \tag{33}$$

und die BUE $\delta^0(Y) = Y$ für M. Ist das Risiko für eine SF δ von M von der Form

$$R(M, \Sigma, \delta) = \sum_{j=1}^{p} d_j E_{M,\Sigma} \|\delta_j(\boldsymbol{Y}) - m_j\|^2_{Z_j} \qquad (d_j > 0, Z_j \in \mathfrak{M}_k^>)\,, \tag{34}$$

wobei δ_j, m_j die j-te Spalte von δ bzw. M bezeichnet, dann kann bei $k \geqq 3$ mit Hilfe von Satz 4.2.6 eine gleichmäßig bessere SF δ^* als δ^0 konstruiert werden, die noch von Zufallsgrößen $\boldsymbol{v}_j$ $(j = 1, \dots, p)$ abhängt, die wie $\sigma_{jj}^2 \chi_{n_j}^2$, verteilt sind. Dabei sollen jeweils die j-te Spalte von $\boldsymbol{y}_j$ von $\boldsymbol{Y}$ und $\boldsymbol{v}_j$ unabhängig sein. Weiterhin soll $\operatorname{sp}[H_j] > 2\lambda_{\max}[H_j]$, $H_j = Z_j^{1/2} \Lambda Z_j^{1/2}$ $(j = 1, \dots, p)$ gelten. Man verwendet für jedes feste j als SF δ_j^* eine SF

$$\delta_j^*(y_j) = [1 - \varrho_j(z_j)\, z_j^{-1}]\, y_j$$

mit $z_j = y_j' \Lambda^{-1} y_j / v_j$, wobei ϱ_j die Voraussetzungen des Satzes mit $A = H_j$ und $n = n_j$ erfüllen soll. Wegen $\boldsymbol{y}_j \sim N_k(m_j, \sigma_{jj}^2 \Lambda)$ ist dann das Risiko (34) gegenüber dem Risiko von δ^0 in jedem Glied also auch insgesamt verbessert:

$$R(M, \Sigma, \delta^*) < \sum_{j=1}^{p} d_j E_{M,\Sigma} \|\boldsymbol{y}_j - m_j\|_{Z_j}^2 = R(M, \Sigma, \delta^0)\,. \tag{35}$$

Ist dagegen das Risiko von der Form

$$R(M, \Sigma, \delta) = \sum_{i=1}^{k} d_i E_{M,\Sigma} \|\boldsymbol{\delta}_{(i)} - m_{(i)}\|_{\Sigma^{-1}}^2 \tag{36}$$

$(d_i > 0)$, wobei $\delta_{(i)}$, $m_{(i)}$ die i-te Zeile von δ bzw. M bezeichnen, dann kann man bei $p \geqq 3$ den Satz 4.2.7 wegen $y_{(i)} \sim N_p(m_{(i)}, \lambda_{ii} \Sigma)$ für jedes feste i anwenden, falls eine von $\boldsymbol{Y}$ unabhängige zufällige Matrix $\boldsymbol{W}_i$ mit $\boldsymbol{W}_i \sim W_p(m, \lambda_{ii}^{-1} \Sigma)$ und $m > p - 1$ bei der Schätzung zusätzlich zu $\boldsymbol{Y}$ verwendet wird. Man erhält dann eine SF mit den Zeilen

$$\delta_{(i)}(y_{(i)}, W) = [1 - \varrho_i(z_i)\, z_i^{-1}]\, y_{(i)}, \quad z_i = \lambda_{ii}\, y_{(i)}'\, W_i^{-1}\, y_{(i)}\,.$$

Ist an Stelle von (36) ein allgemeineres Risiko $R(M, \Sigma, \delta) = E_{M,\Sigma} \|\vec{\boldsymbol{\delta}} - \vec{M}\|_{\Sigma^{-1} \otimes Z}^2$ $(Z \in \mathfrak{M}_k^>)$ vorgegeben, dann geht man zum Modell für $\tilde{\boldsymbol{Y}} = Z^{1/2} \boldsymbol{Y}$ über und nutzt aus, daß für die SF $\tilde{\delta}(\tilde{Y}) = Z^{1/2}\, \delta(Z^{-1/2}\, \tilde{Y})$ und $\tilde{M} = Z^{1/2} M$ das Risiko

$$E_{M,\Sigma} \|\boldsymbol{\delta} - \vec{M}\|_{\Sigma^{-1} \otimes Z}^2 = \sum_{i=1}^{k}{}' E_{\tilde{M},\Sigma} \|\tilde{\delta}_{(i)}(\tilde{\boldsymbol{Y}}) - \tilde{m}_{(i)}\|_{\Sigma^{-1}}^2$$

ist. Ist also $\tilde{\delta}$ eine Verbesserung der GLSE $\tilde{Y}$ von $\tilde{M}$, dann ist δ eine Verbesserung von δ_0.

Eine andere Verbesserung von δ^0 bei $k > p + 1$, $m > p - 1$ im Sinne des Risikos

$$R(M, \Sigma, \delta) = \sum_{i=1}^{k} E_{M,\Sigma} \|\boldsymbol{\delta}_{(i)} - m_{(i)}\|_{\Sigma^{-1}}^2 \tag{37}$$

wird von B. Efron und C. Morris in [6] vorgeschlagen:

$$\bar{\delta}_{(i)}^c(Y, W) = [I_p - c(k - p - 1)\, (n + p + 1)^{-1}\, W(Y'Y)^{-1}]\, y_{(i)}\,. \tag{38}$$

In [6] wird bemerkt, daß für alle $c \neq 1$, M und Σ $R(M, \Sigma, \bar{\delta}^1) < R(M, \Sigma, \bar{\delta}^c)$ gilt, d. h., die Verallgemeinerung $\bar{\delta}^1$ der SF δ^1 von James und Stein für $p \geqq 1$

ist die beste der SF $\bar{\delta}^c$. Ihr Risiko ist nach [17] gleich

$$R(M, \Sigma, \bar{\delta}^1) = 1 - \zeta E_{M,\Sigma}\{\mathrm{sp}\,[(Y'Y)^{-1}\Sigma]\} < R(M, \Sigma, \delta^0)$$

$$\zeta = m(k - p - 1)^2 (pk)^{-1} (m + p + 1)^{-2} .$$

Ein Vergleich der verschiedenen SF liegt noch nicht vor.

4.3. STEINsche Schätzungen in linearen Modellen

4.3.1. Univariates lineares Modell

Unter einem Modell

$$y \circledsim N[\mathcal{F}] = \{N_n(\mu, \sigma^2\Lambda) \mid \vartheta = (\mu, \sigma^2\Lambda) \in \mathcal{F}\} , \qquad (1)$$

$\mathcal{F} \subset \mathcal{L} \times \mathcal{V}_\Lambda$, $\mathcal{L}$: r-dimensionaler linearer Unterraum des R^n, $\Lambda \in \mathfrak{M}_n^>$ ist die GLSE für einen Parameter $\gamma = C\mu$ ($C \in \mathfrak{M}_{l\times n}$) durch $\hat{\gamma} = CPy$ gegeben, wobei P ein Projektor von R^n auf $\mathcal{L}$ im Sinne der Norm $\|\cdot\|_{\Lambda^{-1}}$ ist (vgl. 2.1). Wir setzen voraus, daß $CP\Lambda P'C' > 0$ gilt, also $\hat{\gamma}$ eine reguläre Kovarianzmatrix hat.

Die GLSE ist bezüglich des Matrizenrisikos $M_\vartheta\gamma$ zulässig (vgl. Satz 4.1.3). Wird aber ein quadratisches Risiko

$$R(\vartheta, \delta) = E_\vartheta \|\delta(y) - \gamma\|_Z^2 , \qquad Z \in \mathfrak{M}_l^> \qquad (2)$$

zugrunde gelegt, dann ist $\hat{\gamma}$ zwar für $l = 1, 2$ und $\mathcal{F} = \mathcal{L} \times \mathcal{V}_\Lambda$ (vgl. Satz 4.1.1) zulässig, läßt sich aber für $l \geqq 3$ durch Anwendung der Resultate aus 4.2 verbessern. Ist σ^2 bekannt, also $\mathcal{F} = \mathcal{U} \times \{\sigma^2\Lambda\}$ mit $\mathcal{U} \subset \mathcal{L}$ und einem festen $\sigma > 0$, dann gilt (vgl. 2.1.4)

$$\hat{\gamma} \circledsim \{N_l(\gamma, \sigma^2\Omega) \mid \gamma \in C\mathcal{U}\} , \qquad \Omega = CP\Lambda P'C' . \qquad (3)$$

Wendet man Satz 4.2.5 an, dann erhält man eine SF

$$\delta_\varrho(y) = [1 - \varrho(z)\, z^{-1}]\, \hat{\gamma} , \qquad z = \hat{\gamma}'\Omega^{-1}\hat{\gamma} ,$$

für die $R(\mu, \sigma, \delta_\varrho) < R(\mu, \sigma, \delta^0) = \sigma^2\, \mathrm{sp}\,[Z\Omega]$ gilt, falls $l \geqq 3$, $a = \lambda_{\max}^{-1}[H]\, \mathrm{sp}\,[H] - 2 > 0$ und $H = Z^{1/2}\Omega Z^{1/2}$ gilt und ϱ: $R^\geqq \to [0, 2a)$ monoton nichtfallend und nicht fast überall verschwindend ist. Andererseits kann auch Satz 4.2.4 auf das Modell (3) angewendet werden.

Bemerkung. Ist δ^* eine Verbesserung von $\hat{\gamma}$, dann ist mit $c \in R^l$ die SF $\delta_* + c$ eine Verbesserung der GLSE $\hat{\gamma} + c$ für $C\mu + c$.

Ist σ nicht bekannt, dann verwendet man die Zufallsgröße $v = \|y - Py\|_{\Lambda^{-1}}^2$, die nach 2.1.4 von $\hat{\gamma}$ unabhängig ist und die Verteilung von $\sigma^2\chi_{n-r}^2$ besitzt. Aus Satz 4.2.6 ergibt sich unmittelbar

Satz 4.3.1. *Es sei* $l \geqq 3$, $n > r = \dim \mathcal{L}$ *und*

$$a := (\lambda_{\max}^{-1}[H]\, \mathrm{sp}\,[H] - 2)\, (n - r + 2)^{-1} > 0 , \qquad (4)$$

$$H = Z^{1/2}\Omega Z^{1/2} , \qquad \Omega = CP\Lambda P'C' .$$

Ist $\varrho: R^{\geqq} \to [0, 2a)$ eine monoton nichtfallende (nicht fast überall verschwindende) Funktion, dann ist unter (1)

$$\delta_\varrho(y) = [1 - \varrho(z)\, z^{-1}]\, \hat{\gamma}\,, \qquad z = \hat{\gamma}' \Omega^{-1} \hat{\gamma}/v\,, \qquad v = ||y - Py||^2_{\Lambda^{-1}} \tag{5}$$

im Sinne von (2) *gleichmäßig besser als* $\hat{\gamma}$.

An Stelle von (4) kann bei $k \geqq 3$ und $n > r$ auch die komplizierter gebildete SF δ^* aus 4.2.3 zur Verbesserung von $\hat{\gamma}$ verwendet werden.

4.3.2. Multivariates lineares Modell

Unter einem multivariaten Modell

$$Y \circleddash N[\mathcal{F}] = \{N_{n\times p}(M, \Sigma \otimes \Lambda) \mid \vartheta = (M, \Sigma \otimes \Lambda) \in \mathcal{F}\}\,, \tag{6}$$

$\mathcal{F} \subset \mathfrak{M}^p_{\mathcal{L}} \times V^p_\Lambda$, $\mathcal{L}$: r-dimensionaler linearer Unterraum des R^n, $r < n$ kann die GLSE $\hat{\gamma}$ von $\gamma = CM$ ($C \in \mathfrak{M}_{l\times n}$) mit Hilfe der Resultate aus 4.2.5 verbessert werden. Wir betrachten zuerst ein Risiko

$$R(\vartheta, \delta) = \sum_{j=1}^{p} d_j E_\vartheta\, ||\delta_j(Y) - \gamma_j||^2_{Z_j} \qquad (d_j > 0, Z_j \in \mathfrak{M}_l^>)\,, \tag{7}$$

wobei δ_j und γ_j die j-ten Spalten von δ bzw. γ bezeichnen. Wir setzen voraus, daß $\operatorname{sp}[H_j] > 2\lambda_{\max}[H_j]$, $H_j = Z_j^{1/2} \Lambda Z_j^{1/2}$ gilt. Da $v_j = ||y_j - Py_j||^2_{\Lambda^{-1}}$ wie $\sigma^2_{jj}\chi^2_{n-r}$ verteilt ist und von $\hat{\gamma}_j$ unabhängig ist, erhalten wir als Verbesserung von $\hat{\gamma}$ eine SF δ mit den Spalten

$$\delta_j(Y) = [1 - \varrho_j(z_j)\, z_j^{-1}]\, \hat{\gamma}_j\,, \qquad z_j = \hat{\gamma}_j' \Omega^{-1} \gamma_j / v_j\,, \tag{8}$$

wobei $\varrho_j: R^{\geqq} \to [0, 2a_j)$ für jedes j eine monoton nicht fallende Funktion ist und $a_j = (\operatorname{sp}[H_j]\, \lambda^{-1}_{\max}[H_j] - 2)\,(n - r + 2)^{-1}$ gesetzt ist (vgl. (4.2.5)).

Wird an Stelle von (7) das Risiko

$$R(\vartheta, \delta) = E_\vartheta\, ||\overrightarrow{\delta(Y)} - \vec{\gamma}||_{\Sigma^{-1}\otimes Z}\,, \qquad Z \in \mathfrak{M}_l^>\,, \tag{9}$$

verwendet, dann kann man nach Satz 4.2.7 unter $p \geqq 3$, $n > p + r - 1$ eine Verbesserung von $\hat{\gamma}$ folgendermaßen finden:

$$\delta(Y) = Z^{-1/2} \tilde{\delta}(\tilde{\gamma}, W)\,, \qquad \tilde{\gamma} = Z^{1/2} \hat{\gamma}\,,$$
$$\tilde{\delta}_{(i)}(\tilde{\gamma}, W) = [1 - \varrho_i(z_i)\, z_i^{-1}]\, \tilde{\gamma}_{(i)}\,, \qquad z_i = \tilde{\gamma}'_{(i)} W_i^{-1} \gamma_{(i)}\,,$$
$$W_i = \omega_{ii}(Y - PY)' \Lambda^{-1}(Y - PY)\,, \qquad \Omega = ((\omega_{ij}))\,,$$

wobei $\varrho_i: R^{\geqq} \to [0, 2a)$ für jedes i eine monoton nichtfallende Funktion ist und $a = (p - 2)\,(n - r - p + 3)^{-1}$ gesetzt ist. Aus 4.2.5 ergeben sich noch andere Möglichkeiten zur Verbesserung von $\hat{\gamma}$.

Bemerkung. Für Modelle ohne Beschränkung auf Normalverteilung, also z. B. für $Y \circleddash [\mathfrak{M}_{\mathcal{L}} \times V^p_\Lambda]$, können analog zu den dargestellten Verfahren auch SF konstruiert werden, welche die GLSE in einem bestimmten Sinn asymptotisch (für großes n) verbessern (vgl. S. L. Wind [18]).

4.3.3. Bemerkungen zur Anwendung STEINscher SF

Im folgenden sollen einige heuristisch begründete Hinweise für die Anwendung von STEINschen Verbesserungen der GLSE von linearen l-dimensionalen Parametern $\gamma = C\mu + c$ in normalen univariaten linearen Modellen $\boldsymbol{y} \circledsim N[\mathscr{L} \times \mathcal{V}_\Lambda]$ gegeben werden, die analog auch für multivariate Modelle formuliert werden könnten.

Die Anwendung STEINscher Verbesserungen der in 4.3.2 betrachteten Art setzt voraus, daß eine wohldefinierte quadratische Risikofunktion $E_\vartheta \|\tilde{\gamma} - \gamma\|_Z^2$ vorgegeben ist. Es könnten dann die verschiedenen Formen für die Anwendung der Verbesserungen (s. u.) durch Berechnung der Risiken verglichen werden, wobei aber die Lage des unbekannten Parameters ϑ darüber entscheiden würde, welche Form günstiger ist. Ist das Risiko nicht vorgegeben bzw. sind evtl. mehrere verschiedene Z als Koeffizientenmatrix denkbar, dann ist die Anwendung STEINscher Verbesserungen fraglich, da eine für ein bestimmtes Risiko berechnete Verbesserung für ein anderes Risiko schlechter als die GLSE sein kann. Dies wird auch in gewissem Sinn, nämlich für Z der Form aa' ($a \in R^l$), durch Satz 4.1.3 ausgedrückt.

Aus der Gestalt (4.2.8) bzw. (4.2.39) der Risikofunktionen für gewisse STEINsche SF ersieht man, daß die Verbesserung besonders groß in der Umgebung von $\mu = 0_k$ und immer geringer für wachsendes $\lambda = \|\mu\|$ bzw. $\lambda = \sigma^{-1}\|\mu\|$ wird.

Man könnte also durch Zerlegung von $\mu' = (\mu_1', \mu_2')$ in zwei Teilvektoren versuchen, die kleinere Länge der Teilvektoren in STEINschen SF der Teilvektoren auszunutzen, wobei aber andererseits damit die Dimension k von μ durch kleinere Zahlen zu ersetzen ist.

Auf Grund von Untersuchungen des Verhaltens der Risikofunktionen in Abhängigkeit von der Dimension k und von λ ergibt sich folgender Hinweis für die Berechnung einer Verbesserung der GLSE mittels einer Zerlegung des Vektors γ in orthogonale Komponenten, von denen eine, die möglicherweise groß ist, durch die GLSE und die andere durch eine STEINsche SF geschätzt wird:

Es sei bekannt, daß für ein $\mu_0 \in \mathscr{L}$ der Abstand des Vektors $\mu - \mu_0$ von einem linearen Unterraum $\mathcal{U}$ von $\mathscr{L}$ (bzw. $\|\mu - \mu_0\|$ bei $\mathcal{U} = \mathscr{L}$) klein ist. Ist das orthogonale Komplement von $\mathcal{V} = C\mathcal{U}$ in R^l durch $\mathcal{N}(P_\mathcal{V}^Z) = \mathcal{R}(A)$ mit $A \in \mathfrak{M}_{l\times s}^s$ gegeben und wird $\gamma_0 = C\mu_0 + F$, $\gamma_\mathcal{V} = P_\mathcal{V}^Z\gamma$ und $\gamma_{\mathcal{V}\perp} = (I_e - P_\mathcal{V}^Z)\,\gamma = A\zeta$ gesetzt, dann gilt die Zerlegung $\gamma = \gamma + \gamma_\mathcal{V} + \gamma_{\mathcal{V}\perp}$, wobei $\gamma_{\mathcal{V}\perp}$ „klein" ist. Die GLSE von $\gamma_\mathcal{V}$ ist $\hat{\gamma}_\mathcal{V} = P_\mathcal{V}^Z\hat{\gamma}$. Es sei $\tilde{\zeta}[x, v] = [1 - \tau(v)]\,x$ eine STEINsche Verbesserung der SF $\zeta^0(x) = x$ von ζ bezüglich des Risikos $E_{\zeta,\delta}\|\tilde{\zeta} - \zeta\|_{A'ZA}^2$ im Modell

$$(\boldsymbol{x}, \boldsymbol{v}) \circledsim \{N_s(\zeta, \sigma^2\Omega) \times W_\sigma \mid \zeta \in R^s, \sigma \in R^>\}\,,$$

wobei

$$\Omega = DP_\mathscr{L}^{\Lambda^{-1}}\Lambda^{-1}P_\mathscr{L}^{\Lambda^{-1}}D' > 0\,, \qquad D = (A'A)^{-1}A'(I_e - P_\mathcal{V}^Z)$$

gelten soll und W_σ die Verteilung von $\sigma^2\chi_{n-r}^2$ bezeichnet ($\dim \mathscr{L} =: r$). Dann ist die SF

$$\tilde{\gamma}(y) = \gamma_0 + \hat{\gamma}_\mathcal{V} + A\tilde{\zeta}\,[D\hat{\gamma}, \|y - P_\mathscr{L}^{\Lambda^{-1}}y\|_{\Lambda^{-1}}^2]$$

wegen

$$E_\vartheta \|\tilde{\gamma} - \gamma\|_Z^2 = E_\vartheta \|\hat{\gamma}_V - \gamma_V\|_Z^2 + E_\vartheta \|\tilde{\zeta} - \zeta\|_{A'ZA}^2$$

eine Verbesserung der GLSE γ.

Zwei einfache Beispiele für eine Zerlegung der obigen Art sind unter $\boldsymbol{y} \circleddash \{N_n(\mu, I_n) \mid \mid \mu \in R^n\}$ die folgenden:

1) Liegt μ in der Nähe von $\mu_0 \in R^n$, dann wird man μ durch $\tilde{\mu} = \mu_0 + [1 - \tau(\|y - \mu_0\|)] \times [y - \mu_0]$ schätzen, wobei τ geeignet gewählt ist.
2) Sind die Komponenten von μ wenig verschieden voneinander, dann wird man $\tilde{\mu} = \bar{y}1_n + [1 - \tau(\|y - \bar{y}1_n\|)] [y - \bar{y}1_n]$ verwenden.

Literatur

[1] Stein, C., Inadmissibility of the usual estimtor for the mean of a multivariate normal distribution. Proc. Third Berkeley Symp. Math. Statist. Prob. **1** (1956), 197–206.
[2] James, W., and C. Stein, Estimation with quadratic loss Proc. Fourth Berkeley Symp. Math. Statist. Prob. **1** (1961), 361–379.
[3] Lindley, D. V., and A. F. M. Smith, Bayes estimates for the linear model (with discussion). J. Roy. Statist. Soc., Ser. B, **34** (1972), 1–41.
[4] Efron, B., and C. Morris, Stein's estimation rule and its competitors — An empirical Bayes approach. J. Amer. Statist. Assoc. **68** (1973), 117–130.
[5] Barranchik, A., Multiple regression and estimation of the mean of the multivariate normal distribution. Technical Report 51, Dept. of Statistics, Stanford Univ. 1964.
[6] Efron, B., and C. Morris, Empirical Bayes on vector observations: An extension of Stein's method. Biometrika **59** (1972), 335–347.
[7] Bednarek-Kozek, B., On estimation in the multidimensional Gaussian model. Zastosowania Mat. **8** (1973), 511–520.
[8] Läuter, H., On the admissibility and nonadmissibility of the usual estimator for the mean of multivariate normal population and conclusion to optimal design. Math. Operationsforsch. Statist. **5** (1974), 591–598.
[9] Zacks, S., The Theory of Statistical Inference, New York 1971.
[10] Strawderman, W. E., Proper Bayes minimax estimators of the multivariate normal mean. Ann. Math. Statist. **42** (1971), 385–388.
[11] Alam, K., A family of admissible minimax estimators of the mean of a multivariate normal distribution. Ann. Statist. **1** (1973), 517–525.
[12] Bhattacharya, P. K., Estimating the means of a multivariate normal population with general quadratic loss function. Ann. Math. Statist. **37** (1966), 1819–1824.
[13] Bock, M. E., Minimax estimators of the means of a multivariate normal distribution. Ann. Statist. **3** (1975), 209–218.
[14] Sclove, S., Improved estimators for coefficients in linear regression. J. Amer. Statist. Assoc. **63** (1968), 596–606.
[15] Barranchik, A. J., A family of minimax estimators of the mean of a multivariate normal distribution. Ann. Math. Statist. **41** (1970), 642–645.
[16] Rao, C. R., Lineare Statistische Methoden, Berlin 1973.
[17] Sclove, S., Improved estimation of parameters in multivariate regression. Sankya A, **33** (1971), 61–66.
[18] Wind, S. L., An empirical Bayes approach to multiple linear regression. Ann. Statist. **1** (1973), 93–103.
[19] Hudson, M., Empirical Bayes estimation. Technical Report 58, Stanford Univ. 1974.
[20] Berger, J. O., Admissible minimax estimation of a multivariate normal mean with orbitrary quadratic loss. Ann. Statist. **4** (1975), 233–226.

KAPITEL 5

PRÜFUNG LINEARER HYPOTHESEN

5.1. Die multivariate lineare Hypothese

5.1.1. Die Formulierung der multivariaten linearen Hypothese

Der komplizierte Zusammenhang von Größen, zwischen denen eine statistische Ursache-Wirkungs-Beziehung untersucht werden soll, bedingt oftmals unklare Modellvorstellungen.

Ein spezielles Problem besteht darin, daß in dem Bestreben, keine Einflußgröße zu vernachlässigen, zu viele Größen in das Modell einbezogen werden, d. h. auch solche, bei denen tatsächlich kein Zusammenhang zu anderen besteht. Da eine solche Aufblähung des Modells im allgemeinen zu einer Verminderung der Güte statistischer Aussagen über die relevanten Parameter führt — bei Schätzungen wird beispielsweise die Varianz vergrößert (vgl. 3.1) und bei Tests die Gütefunktion verringert (vgl. 5.4) — ist es angebracht, mittels geeigneter statistischer Verfahren diese überflüssigen Größen zu eliminieren.

Im linearen Regressionsmodell (1.3.12) kann dies z. B. geschehen, indem ein α-Test (vgl. 1.4.2) zum Prüfen der Hypothese, daß gewisse Koeffizienten des Parametervektors $\beta \in R^k$ Null seien, benutzt wird. Dieses sowie zahlreiche andere Testprobleme, die den Erwartungswert einer normalverteilten Zufallsgröße betreffen, erweisen sich als Spezialfälle der im folgenden beschriebenen *multivariaten linearen Hypothese*:

Es sei $\boldsymbol{Y}$ eine zufällige Variable, der ein normales multivariates lineares Verteilungsmodell entspricht,

$$\boldsymbol{Y} \mathrel{\widetilde{-}} N[\mathfrak{M}_{\mathcal{L}}^p \times \mathcal{V}_{I_n}^p] . \tag{1}$$

$\mathfrak{M}_{\mathcal{L}}^p$ bezeichnet hier wie in Definition 2.1.3 den Raum aller $(n \times p)$-Matrizen M, deren Spaltenvektoren in einem gegebenen l-dimensionalen linearen Unterraum $\mathcal{L} \subset R^n$ liegen, und $\mathcal{V}_{I_n}^p$ die Menge aller Matrizen der Art $\Sigma \otimes I_n$, $\Sigma \in \mathfrak{M}_p^>$. Mit $\vartheta = (M, \Sigma) \in \Theta = \mathfrak{M}_{\mathcal{L}}^p \times \mathfrak{M}_p^>$ folgt aus (1)

$$E_\vartheta \boldsymbol{Y} = M \in \mathfrak{M}_{\mathcal{L}}^p \quad \text{und} \quad D_\vartheta \boldsymbol{Y} = \Sigma \otimes I_n . \tag{2}$$

Die *allgemeine lineare Hypothese* lautet nun

$$H: \text{„}M \in \mathfrak{M}_{\mathcal{H}}^p\text{“} \tag{3}$$

und ist gegen die *Alternative*

$$K: \text{„}M \in \mathfrak{M}_{\mathcal{L}}^p \setminus \mathfrak{M}_{\mathcal{H}}^p\text{“} \tag{4}$$

zu prüfen. Hierbei stellt $\mathcal{H}$ einen $(l - r)$-dimensionalen Unterraum, $1 \leqq r \leqq l$, von $\mathcal{L}$ dar. Einige Beispiele für lineare Hypothesen sind im Abschnitt 5.2 angegeben.

5.1.2. Reduktion durch Invarianz

Es sei $\mathcal{G}$ die Menge aller Transformationen g von $\mathfrak{M}_{n\times p}$ auf sich der Art

$$gY = CYR + D\,, \qquad (Y \in \mathfrak{M}_{n\times p})\,. \tag{5}$$

Hierbei bezeichnet C eine orthogonale $(n \times n)$-Matrix, welche die Teilräume $\mathcal{H}$ und $\mathcal{L}$ invariant läßt, d. h. $C\mathcal{H} = \mathcal{H}$, $C\mathcal{L} = \mathcal{L}$; R eine beliebige reguläre $p \times p$-Matrix und D eine beliebige Matrix aus $\mathfrak{M}^p_{\mathcal{H}}$.

Es ist unschwer nachzuprüfen, daß $\mathcal{G}$ in Bezug auf die übliche Verknüpfung von Transformationen den Gruppenaxiomen genügt, so daß wir von der Transformationsgruppe $\mathcal{G}$ sprechen können.

Es erweist sich, daß das oben beschriebene Testproblem (H, K) invariant gegenüber dieser Transformationsgruppe ist (s. Def. 1.4.9), denn wenn $P = N_{n\times p}(M, \Sigma \otimes I_n)$ ist, dann ist P^g die Normalverteilung $N_{n\times p}(CMR + D, R'\Sigma R \otimes I_n)$, und auf Grund der Eigenschaften von C, R und D folgt sofort, daß $CMR + D \in \mathfrak{M}^p_{\mathcal{L}}$, wenn $M \in \mathfrak{M}^p_{\mathcal{L}}$, und daß $CMR + D \in \mathfrak{M}^p_{\mathcal{H}}$ genau dann, wenn $M \in \mathfrak{M}^p_{\mathcal{H}}$. Somit gilt unter Berücksichtigung der Gruppeneigenschaften von $\mathcal{G}$ in der Bezeichnung von (1.4.14)

$$\mathfrak{P}^g_H = \mathfrak{P}_H\,, \quad \mathfrak{P}^g_K = \mathfrak{P}_K \quad (g \in \mathcal{G})\,.$$

Transformationen der Beobachtungen Y in der in (5) beschriebenen Art können durch einen Wechsel des Bezugssystems im Beobachtungsraum $\mathfrak{M}_{n\times p}$, etwa des Koordinatenursprungs, des Maßstabs usw. entstehen.

Um zu sichern, daß die auf Grund der Beobachtung Y zu treffende Entscheidung über Annahme oder Ablehnung der Hypothese nicht von der willkürlichen Wahl eines solchen Bezugssystems abhängt, ist es sinnvoll, sich auf die Klasse der invarianten Testfunktionen zu beschränken, d. h. der meßbaren Abbildungen $\varphi: \mathfrak{M}_{n\times p} \to [0, 1]$ mit

$$\varphi(gY) = \varphi(Y) \quad \forall g \in \mathcal{G}\,, \quad \forall Y \in \mathfrak{M}_{n\times p}\,.$$

Dazu ist es günstig, eine *maximal* invariante Statistik $t(Y)$ zu bestimmen (s. Def. 1.4.7), da alle invarianten Testfunktionen φ aus dieser abgeleitet werden können d. h. $\varphi(Y) = f(t(Y))$ (vgl. [A 3.26]).

Da wir uns im folgenden nur für die *Verteilungsfunktionen* solcher invarianten Statistiken interessieren werden, genügt es auch, eine Statistik zu finden, die zu einer maximal invarianten äquivalent ist.

Definition 5.1.1. *Zwei meßbare Funktionen f, g: $\mathfrak{M}_{n\times p} \to \mathcal{T}$ heißen äquivalent (bezüglich des np-dimensionalen* Lebesgue-*Maßes μ_{np}), wenn für fast alle $Y \in \mathfrak{M}_{n\times p}$ gilt $f(Y) = g(Y)$, d. h., $f(Y)$ und $g(Y)$ unterscheiden sich nur auf einer Menge $\mathcal{N} \subset \mathfrak{M}_{n\times p}$, wobei $\mu_{np}(\mathcal{N}) = 0$ ist.*

Der Kürze halber führen wir einige neue Bezeichnungen ein, und zwar $P_{\mathcal{L}}$ und $P_{\mathcal{H}}$ für die orthogonalen Projektionen des R^n auf die Vektorräume $\mathcal{L}$ bzw. $\mathcal{H}$, Q_1 für die Projektion auf das orthogonale Komplement von $\mathcal{H}$ in $\mathcal{L}$, d. h. $Q_1 = P_{\mathcal{L}} - P_{\mathcal{H}}$, und Q_2 für die Projektion auf den zu $\mathcal{L}$ orthogonalen

Raum, also $Q_2 = I_n - P_{\mathcal{L}}$. Die $(p \times p)$-Matrizen S_1 und S_2 werden definiert durch

$$S_1 = Y'Q_1Y\,,$$
$$S_2 = Y'Q_2Y\,.$$

Satz 5.1.1. *Wenn* $\dim \mathcal{H} < n - p$ *oder gleichbedeutend* $n - l + r > p$ *gilt, dann ist die Statistik* $t(Y) = (\hat{\lambda}_1, \dots, \hat{\lambda}_p)$ *der* p *Lösungen* $0 \leqq \hat{\lambda}_1 \leqq \cdots \leqq \hat{\lambda}_p$ *der Determinantengleichung*

$$|S_1 - \hat{\lambda} S_2| = 0 \tag{6}$$

äquivalent einer bezüglich $\mathcal{G}$ *maximal invarianten Statistik.*

Beweis. Da der Rang von $Q_1 + Q_2$, nämlich $r + n - l$, nach Voraussetzung größer ist als p, hat die Matrix $(Q_1 + Q_2)\,Y$, und damit die Matrix $S_1 + S_2 = Y'(Q_1 + Q_2)\,Y$, für fast alle $Y \in \mathfrak{M}_{n \times p}$ den Rang p (siehe [A 1.43]).

Es sei $Y \in \mathfrak{M}_{n \times p}$ und $gY = Y^* = CYR + D$. Dann ist $S_1^* = Y^{*\prime}Q_1Y^* = (R'Y'C' + D') \times Q_1(CYR + D)$. Wegen $D \in \mathfrak{M}^p_{\mathcal{H}}$ ist $Q_1D = 0_{n \times p}$ und somit $S_1^* = R'Y'C'Q_1CYR$. Da C die Räume $\mathcal{L}$, $\mathcal{H}$ und demzufolge auch das orthogonale Komplement von $\mathcal{H}$ in $\mathcal{L}$ invariant läßt, gilt $Q_1C = CQ_1$. Somit haben wir $S_1^* = R'S_1R$. Genauso ist $S_2^* = Y^{*\prime}Q_2Y^* = R'S_2R$. Demzufolge gilt $|S_1^* - \hat{\lambda}S_2^*| = |R'| \cdot |S_1 - \hat{\lambda}S_2| \cdot |R| = 0$ genau dann, wenn $|S_1 - \hat{\lambda}S_2| = 0$, womit die Invarianz der Statistik t bewiesen ist.

Um zu zeigen, daß diese Statistik äquivalent einer Maximalinvarianten ist, nehmen wir an, daß zwei Elemente des Stichprobenraums Y, $Y^* \in \mathfrak{M}_{n \times p}$ so existieren, daß $r[S_1 + S_2] = r[S_1^* + S_2^*] = p$ und $|S_1 - \hat{\lambda}S_2| = 0$ sowie $|S_1^* - \hat{\lambda}S_2^*| = 0$ die gleichen Lösungen $0 \leqq \hat{\lambda}_1 \leqq \cdots \leqq \hat{\lambda}_p$ besitzen. Dann existiert eine reguläre $(p \times p)$-Matrix R derart, daß $S_1^* = R'S_1R$ und $S_2^* = R'S_2R$ (siehe [A 1.67]). Die Gleichung $S_1^* = R'S_1R$ läßt sich schreiben als $(Q_1Y^*)'\,(Q_1Y^*) = (Q_1YR)'\,(Q_1YR)$. Daraus folgt die Existenz einer orthogonalen Matrix C_1, die auf dem Nullraum von Q_1 die identische Abbildung darstellt, so daß $Q_1Y^* = C_1Q_1YR$ gilt (siehe [A 1.42]).

Analog existiert eine orthogonale Matrix C_2, die auf $\mathcal{L}$ die identische Abbildung ist, mit $Q_2Y^* = C_2Q_2YR$. Setzt man $C = C_1C_2$, so gilt $Q_1Y^* = CQ_1YR$, $Q_2Y^* = CQ_2YR$. C läßt $\mathcal{L}$ invariant, den Raum $\mathcal{H}$ sogar elementweise. Für $D = P_{\mathcal{H}}Y^* - P_{\mathcal{H}}Y \in \mathfrak{M}_{\mathcal{H}}$ gilt stets $P_{\mathcal{H}}Y^* = CP_{\mathcal{H}}Y + D$ und daher

$$(Q_1 + Q_2 + P_{\mathcal{H}})\,Y^* = C(Q_1 + Q_2 + P_{\mathcal{H}})\,YR + D$$

bzw. wegen $Q_1 + Q_2 + P_{\mathcal{H}} = I_n$

$$Y^* = CYR + D\,,$$

d. h., es existiert ein $g \in \mathcal{G}$ so, daß aus $t(Y^*) = t(Y)$ die Gleichung $Y^* = gY$ folgt. ■

Wir bemerken hier, daß für die Gültigkeit von Satz 5.1.1 nicht notwendig $n - l \geqq p$ sein muß, d. h. die üblicherweise zur Schätzung von Σ benutzte Größe $\frac{1}{n - l} S_2$ muß nicht regulär sein. Allerdings gibt es für diesen Fall, d. h. $n - l < p$, bis heute noch keine Erfolge bei der Berechnung der Verteilung der charakteristischen Wurzeln oder von ihnen abgeleiteter Funktionen, so daß der praktischen Anwendung hier doch Grenzen gesetzt sind.

Wenn die Bedingung $\dim \mathcal{H} < n - p$, d. h. $n - l + r > p$, nicht erfüllt ist, so existieren lediglich triviale invariante Tests, wie der folgende Satz zeigt.

Satz 5.1.2. *Falls* dim $\mathcal{H} \geqq n - p$ *ist, so sind alle invarianten* α*-Testfunktionen äquivalent der Funktion*

$$\varphi(Y) \equiv \alpha\,, \qquad Y \in \mathfrak{M}_{n\times p}\,.$$

Beweis. Es sei vorerst $n \geqq p$. Dann wählen wir einen Unterraum $\mathcal{F} \subset \mathcal{H}$, der den zu $\mathcal{H}$ orthogonalen $n - l + r$ dimensionalen Teilraum des R^n zu einem p-dimensionalen Raum $\mathcal{T}$ ergänzt. Wenn mit $P_{\mathcal{F}}$ die orthogonale Projektion des R^n auf $\mathcal{F}$ bezeichnet wird, dann ist $Q_1 + Q_2 + P_{\mathcal{F}}$ die Projektion auf $\mathcal{T}$. Für fast alle Y, $Y^* \in \mathfrak{M}_{n\times p}$ sind die p Spalten der Matrizen $(Q_1 + Q_2 + P_{\mathcal{F}})\, Y$ bzw. $(Q_1 + Q_2 + P_{\mathcal{F}})\, Y^*$ jeweils linear unabhängig, woraus folgt, daß sie den Teilraum $\mathcal{T}$ aufspannen. Deshalb existiert für jedes solche Paar Y, Y^* eine reguläre Matrix R, so daß $(Q_1 + Q_2 + P_{\mathcal{F}})\, Y^* = (Q_1 + Q_2 + P_{\mathcal{F}})\, YR$. Da $(P_{\mathcal{H}} - P_{\mathcal{F}})\, Y^*$ und $(P_{\mathcal{H}} - P_{\mathcal{F}})\, YR$ in $\mathfrak{M}^p_{\mathcal{H}}$ liegen, gilt für ihre Differenz $D \in \mathfrak{M}^p_{\mathcal{H}}$, daß $(P_{\mathcal{H}} - P_{\mathcal{F}})\, Y^* = (P_{\mathcal{H}} - P_{\mathcal{F}})\, YR + D$. Wegen $(Q_1 + Q_2 + P_{\mathcal{F}}) + (P_{\mathcal{H}} - P_{\mathcal{F}}) = I_n$ erhalten wir

$$Y^* = YR + D = gY\,.$$

Hierbei ist g eine Transformation aus $\mathcal{G}$ mit $C = I_n$. Jede bezüglich $\mathcal{G}$ invariante Funktion hat also für fast alle $Y \in \mathfrak{M}_{n\times p}$ den gleichen Wert, d. h., jedem invarianten α-Test ist die Funktion $\varphi \equiv \alpha$ äquivalent. Für $n < p$ kann bei einer leichten Modifizierung des Beweises $Y^* = YR$ gezeigt werden. ■

Satz 5.1.2 besagt, daß, falls dim $\mathcal{H} \geqq n - p$ ist, bei Benutzung eines invarianten Tests die Entscheidung über Ablehnung oder Annahme der Hypothese — abgesehen von einer Menge vom Maß Null — überhaupt nicht von der Beobachtung Y abhängt.

Man wird also in diesem Falle auf die Invarianzforderung verzichten müssen, um sinnvolle Tests konstruieren zu können.

5.1.3. Die Verteilung der charakteristischen Wurzeln

Im folgenden nehmen wir stets $n - l \geqq p$ an. Die zufälligen Variablen $\mathbf{S}_i = \mathbf{Y}'Q_i\mathbf{Y}$ $(i = 1, 2)$ sind, da Q_1, Q_2 idempotent sind und $Q_1Q_2 = 0_{n\times n}$ gilt, unabhängige Wishart-verteilte Größen (siehe [A 2.8], [A 2.13])

$$\mathbf{S}_1 \sim W_p(r, \Sigma; \Xi)\,,$$
$$\mathbf{S}_2 \sim W_p(n - l, \Sigma)\,.$$

Hierbei ist der Nichtzentralitätsparameter $\Xi = Q_1M$ und kann als „Abweichung" der Matrix M vom Raum $\mathfrak{M}^p_{\mathcal{H}}$ interpretiert werden. Unter der Nullhypothese H, d. h. bei $M \in \mathfrak{M}^p_{\mathcal{H}}$, ist $\Xi = 0_{n\times p}$ und somit auch $\mathbf{S}_1$ *zentral* Wishart-verteilt.

Satz 5.1.3. *Die Verteilung der charakteristischen Wurzeln* $0 \leqq \hat\lambda_1 \leqq \cdots \leqq \hat\lambda_p$ *der Gleichung* $|S_1 - \hat\lambda S_2| = 0$ *hängt von den Parametern* M *und* Σ *nur durch die Lösungen* $0 \leqq \lambda_1 \leqq \cdots \leqq \lambda_p$ *der Gleichung*

$$|M'Q_1M - \lambda\Sigma| = 0 \tag{7}$$

ab.

Beweis. Eine beliebige Transformation des Stichprobenraums $g\colon Y \to CYR + D$ aus $\mathcal{G}$ führt zur Variablen $\mathbf{Y}^* = C\mathbf{Y}R + D$ mit der Verteilung $\mathbf{Y}^* \sim N_{n\times p}(CMR + D,\, R'\Sigma R)$. Da $t(Y) = (\hat\lambda_1, \ldots, \hat\lambda_p)$ eine invariante Statistik darstellt, gilt stets $t(\mathbf{Y}^*) = t(\mathbf{Y})$, woraus insbesondere folgt, daß die Verteilung von $t(Y^*)$ mit der von $t(Y)$ übereinstimmt. Daher ist die Verteilung der charakteristischen Wurzeln für alle Parameter der Art $(CMR + D, R'\Sigma R)$ die gleiche. Ähnlich wie im Satz 5.1.1 läßt sich zeigen, daß diese Parametermenge durch die Lösungen von $|M'Q_1M - \lambda\Sigma| = 0$ charakterisiert wird. ∎

Speziell für $\Xi = Q_1M = 0_{n\times p}$ ergeben sich — *unabhängig von der Gestalt von* Σ — als Lösungen von (5.1.7) stets $\lambda_1 = \lambda_2 = \cdots = \lambda_p = 0$. Demzufolge gehen in die Verteilung der charakteristischen Wurzeln unter Voraussetzung der Hypothese (3) nur die bekannte Dimension p und die, wie sie oft bezeichnet werden, Freiheitsgrade $r = r[Q_1]$ der zur Hypothese H gehörigen quadratischen Form S_1 sowie die Anzahl $n - l = r[Q_2]$ von Freiheitsgraden der Residualmatrix S_2 ein.

R. A. Fisher [1], P. L. Hsu [2], S. N. Roy [3] und M. A. Girshick [4] fanden für $r \geqq p$ unabhängig voneinander als Wahrscheinlichkeitsdichte bezüglich des p-dimensionalen Lebesgue-Maßes

$$p(\hat{\lambda}_1, \ldots, \hat{\lambda}_p) = \begin{cases} K \prod_{i=1}^{p} \left[\hat{\lambda}_i^{\frac{r-p-1}{2}} (1+\hat{\lambda}_i)^{\frac{n-l+r}{2}}\right] \prod_{i>j} (\hat{\lambda}_i - \hat{\lambda}_j), & 0 < \hat{\lambda}_1 < \hat{\lambda}_2 < \cdots < \hat{\lambda}_p, \\ 0 & \text{sonst} \end{cases} \tag{8}$$

mit

$$K = \pi^{p/2} \prod_{i=1}^{p} \frac{\Gamma\left(\frac{n-l+r+1-i}{2}\right)}{\Gamma\left(\frac{r-p+i}{2}\right)\Gamma\left(\frac{n-l-p+i}{2}\right)\Gamma\left(\frac{i}{2}\right)}.$$

Für den Fall $r < p$ ergibt sich die Dichte bezüglich des r-dimensionalen Lebesgue-Maßes aus (8) durch Vertauschen von r und p und Ersetzen von n durch $n + r - p$ ([5]). O. B. d. A. wird daher, wenn von der Verteilung der charakteristischen Wurzeln oder von ihnen abgeleiteter Statistiken unter der Hypothese die Rede ist, im folgenden stets $p \leqq r$ angenommen.

5.1.4. Zwei Spezialfälle der linearen Hypothese

A. Das univariate lineare Modell

In zahlreichen in der Praxis vorkommenden Situationen hat man nur eine Zufallsgröße vorzuliegen ($p = 1$), und man hat beispielsweise Hypothesen über den Zusammenhang des Erwartungswertes dieser Variablen und gewissen Einflußgrößen zu prüfen (vgl. Beispiel 1.3.2). Mit $p = 1$ reduzieren sich die im Abschnitt 5.1.1 definierten Größen Y, M und Σ zu Vektoren y, μ und einem positiven Skalar σ^2.

Das Modell und das Testproblem können dann folgendermaßen dargestellt werden

$$y \mathrel{\widetilde{\ominus}} N[\mathcal{L} \times \mathcal{V}_i], \quad \mathcal{V}_i = \{\sigma^2 I_n | \sigma^2 \in R^{>}\}, \tag{9}$$

$$H: „\mu \in \mathcal{H}“, \tag{10}$$

$$K: „\mu \in \mathcal{L} \setminus \mathcal{H}“. \tag{11}$$

Da sowohl $S_1 = y'Q_1y$ als auch $S_2 = y'Q_2y$ skalare Größen sind, gilt $|S_1 - \hat{\lambda}S_2| = 0$ genau dann, wenn $\hat{\lambda} = S_1/S_2$. Da $\boldsymbol{S_1/S_2}$ den Quotienten zweier unabhängig χ^2-verteilter Variabler darstellt, besitzt $\frac{n-l}{r}\hat{\boldsymbol{\lambda}}$ eine $F_{r,n-l;\psi^2}$-Verteilung (siehe [A 2.20]) mit dem Nichtzentralitätsparameter $\psi^2 = \frac{1}{\sigma^2}\mu'Q_1\mu$.

Unter der Nullhypothese, d. h. $\mu \in \mathscr{H}$, verschwindet ψ^2, und es ist

$$\frac{n-l}{r}\hat{\boldsymbol{\lambda}} \sim F_{r,n-l}\,.$$

Da die F-Verteilung einen monotonen Likelihood-Quotienten besitzt, d. h. für $\psi_0^2 < \psi_1^2$ ist der Quotient der Dichten $p_{\psi_1^2}(\hat{\lambda})/p_{\psi_0^2}(\hat{\lambda})$ mit

$$p_{\psi^2}(\hat{\lambda}) = c\ \mathrm{e}^{-\psi^2/2} \sum_{j=0}^{\infty} \frac{\left(\frac{r}{n-k}\right)^{r/2+j}}{\beta(\frac{1}{2}r+j;\frac{1}{2}(n-l))} \cdot \frac{(\frac{1}{2}\psi^2)^j}{j!} \frac{\hat{\lambda}^{r/2-1+j}}{\left(1+\frac{r}{n-l}\hat{\lambda}\right)^{(r+n-l)/2+j}}$$

eine in $\hat{\lambda}$ monoton wachsende Funktion (vgl. [A 3.17]), folgt speziell für $\psi_0^2 = 0$, daß für jedes $\psi^2 > 0$ der Quotient $p_{\psi^2}(\hat{\lambda})/p_0(\hat{\lambda})$ monoton in $\hat{\lambda}$ wächst. Aus dem Fundamentallemma von NEYMAN-PEARSON ergibt sich daraus sofort, daß der Test

$$\varphi^*(Y) = \begin{cases} 1, & \text{wenn } \frac{n-l}{r}\hat{\lambda} > F_{\alpha;r,n-l}\,, \\ 0 & \text{sonst} \end{cases} \tag{12}$$

für jedes $\psi^2 > 0$ die Güte $E_{\psi^2}\varphi(\hat{\boldsymbol{\lambda}})$ unter allen nur von $\hat{\lambda}$ abhängigen α-Tests φ maximiert, d. h. *der Test* (12) *stellt einen gleichmäßig besten invarianten α-Test dar.*

$F_{\alpha;r,n-l}$ bezeichnet den α-Sicherheitspunkt der zentralen $F_{r,n-l}$-Verteilung (vgl. [A 2.20]). Die Werte dieser Sicherheitspunkte können für die verschiedensten Kombinationen der Freiheitsgrade und der Größe von α aus Tabellen abgelesen werden. ([6], [7], [8], [9]).

Auf Grund der Monotonie des Likelihood-Quotienten ist die Güte des Tests (12)

$$\beta_{\varphi^*}(\psi^2) = \int_{F_{\alpha,r,n-l}}^{\infty} p_{\psi^2}(\hat{\lambda})\,\mathrm{d}\hat{\lambda}$$

eine in ψ^2 *monoton wachsende Funktion* ([A 3.20]).

In vielen praktischen Problemstellungen ist man jedoch nicht so sehr an einem Testproblem der in (10), (11) beschriebenen Art interessiert, das zum Beispiel entsteht, wenn die Hypothese geprüft wird, daß die Faktoren $x_1, \dots, x_r$ keinen Einfluß auf den Erwartungswert von $\boldsymbol{y}$ haben, als vielmehr am Test der Hypothese, daß „fast“ kein Einfluß vorhanden ist.

Wir wollen diese Problemstellung wie folgt beschreiben

$$\tilde{H}: \quad „\frac{1}{\sigma^2} \mu' Q_1 \mu \leqq \psi_H^2“, \tag{13}$$

$$\tilde{K}: \quad „\frac{1}{\sigma^2} \mu' Q_1 \mu \geqq \psi_K^2“, \tag{14}$$

wobei ψ_H^2 und ψ_K^2 dem konkreten Problem entsprechende Werte $0 \leqq \psi_H^2 < \psi_K^2 < \infty$ sind.

Aus der Monotonie des Likelihood-Quotienten ergibt sich unmittelbar

Satz 5.1.4. *Ein gleichmäßig bester invarianter α-Test zum Prüfen der Hypothese* (13) *gegen die Alternative* (14) *ist durch*

$$\varphi^*(Y) = \begin{cases} 1, & \textit{wenn } \frac{n-l}{r}\hat{\lambda} > F_{\alpha; r, n-l, \psi_H^2} \\ 0 & \textit{sonst} \end{cases} \tag{15}$$

gegeben.

$F_{\alpha; r, n-l; \psi_H^2}$, der α-Sicherheitspunkt der nichtzentralen $F_{r, n-l; \psi_H^2}$-Verteilung (vgl. [A 2.20]), kann aus entsprechenden Nomogrammen entnommen werden [10]. *Auch dieser Test besitzt eine im Nichtzentralitätsparameter ψ^2 monoton wachsende Gütefunktion.*

Neben den angeführten Optimalitätseigenschaften der Tests (12) und (15) in der Klasse $\mathcal{D}_\alpha^i$ der invarianten α-Tests interessiert natürlich, inwiefern sie auch optimal innerhalb der Klasse der unverfälschten α-Tests oder sogar aller α-Tests sind.

Für den Fall $r = 1$, wie er beispielsweise im univariaten Regressionsmodell vorkommt, wenn eine Hypothese über die Größe eines Einflußparameters getestet werden soll, kann man darauf die folgende Antwort geben:

Satz 5.1.5. *Der Test* (12) *ist der gleichmäßig beste unter allen unverfälschten* (s. Def. 1.4.8) *α-Tests zum Prüfen des Testproblems* (H, K).

Beweis. Wählen wir eine orthogonale Matrix C so, daß ihr erster Spaltenvektor im zu $\mathcal{H}$ orthogonalen Teil von $\mathcal{L}$ liegt, die nächsten $l - 1$ Spalten $\mathcal{H}$ aufspannen und die letzten $n - l$ orthogonal zu $\mathcal{L}$ sind, so ist mit der Transformation $\tilde{y} = C'y$ bei Betrachtung der erschöpfenden Statistik $\tilde{y}_1, \ldots, \tilde{y}_l, \tilde{y}_1^2 + \cdots + \tilde{y}_n^2$ das Problem auf das einer $(l + 1)$-parametrigen Exponentialfamilie [A 3.6] zurückgeführt, bei der die Hypothese getestet wird, daß ein Parameter Null sei (vgl. 5.1.6, kanonische Form).

Für dieses Problem ist jedoch die Existenz eines gleichmäßig besten unverfälschten α-Tests bekannt ([11], [12]). Dieser besitzt den kritischen Bereich

$$(n - l) \frac{\tilde{y}_1^2}{\tilde{y}_{l+1}^2 + \cdots + \tilde{y}_n^2} > F_{\alpha; 1, n-l} \tag{16}$$

(hier wie im folgenden wird mit solch einer Bezeichnung die Menge der $\tilde{y}$, welche die Ungleichung erfüllen, beschrieben) und ist wegen $\tilde{y}_1^2 = (c_1'y)^2 = y'c_1c_1'y = y'Q_1y$ und

$$\tilde{y}_{l+1}^2 + \cdots + \tilde{y}_n^2 = y'(c_{l+1}c_{l+1}' + \cdots + c_nc_n')\, y = y'Q_2y$$

mit dem Test (12) identisch. ∎

Der durch (16) bestimmte Test ist auch unter dem Namen *zweiseitiger t-Test* bekannt.

Ein gleichmäßig bester Test in der Klasse $\mathcal{D}_\alpha$ aller α-Tests kann nicht existieren, da der Test (16) als bester unverfälschter zulässig sein muß, seine Güte die des einseitigen t-Tests mit dem kritischen Bereich

$$\sqrt{n-l}\,\frac{\tilde{y}_1}{(\tilde{y}_{l+1}^2 + \cdots + \tilde{y}_n^2)^{1/2}} > t_{\alpha;n-l}$$

jedoch nicht dominiert.

Wenn $r > 1$ ist, existiert kein gleichmäßig bester unverfälschter Test für (H, K), da einerseits der F-Test mit dem kritischen Bereich

$$\frac{(n-l)}{r}\,\frac{\tilde{y}_1^2 + \cdots + \tilde{y}_r^2}{\tilde{y}_{l+1}^2 + \cdots + \tilde{y}_n^2} > F_{\alpha;r,n-l}$$

unverfälscht und *zulässig* ist ([11], vgl. auch Satz 5.1.7 und 5.4.2) und andererseits der Test mit dem kritischen Gebiet

$$(n-l)\,\frac{\tilde{y}_1^2}{\tilde{y}_{l+1}^2 + \cdots + \tilde{y}_n^2} > F_{\alpha;1,n-l}$$

ebenfalls unverfälscht ist, aber für die Parameter $\vartheta_i = E\boldsymbol{y}_i = 0$, $i = 2, \ldots, r$; $\vartheta_1 = 0$ eine größere Güte als der obige Test besitzt.

Erst recht existiert natürlich kein gleichmäßig bester Test in $\mathcal{D}_\alpha$. Jedoch ist der F-Test (15) zumindest im Sinne des Minimax-Risikos optimal. Er maximiert in der Klasse der α-Tests $\tilde{\mathcal{D}}_\alpha$ zum Prüfen des Testproblems $(\tilde{H}, \tilde{K})$ die minimale Güte auf jeder durch $\frac{1}{\sigma^2}\,\mu' Q_1 \mu = \text{const}$ bestimmten Parametermenge. Da die maximale Güte (vgl. Def. 1.4.8) auf dieser Menge konstant sein muß, folgt daraus unmittelbar, daß der F-Test auch einen strengsten Test darstellt.

Satz 5.1.6. *Für den Test* (15) *gilt*

$$\inf_{\frac{1}{\sigma^2}\mu' Q_1 \mu = \psi^2} \beta_{\varphi^*}(\mu, \sigma^2) = \sup_{\varphi \in \tilde{\mathcal{D}}_\alpha} \inf_{\frac{1}{\sigma^2}\mu' Q_1 \mu = \psi^2} \beta_\varphi(\mu, \sigma^2)\,,$$

wobei ψ^2 *eine beliebige Konstante* $\psi^2 \geqq \psi_K^2$ *ist.*

Beweis. Das Testproblem

$$H'': \text{„}\frac{1}{\sigma^2}\mu' Q_1 \mu \leqq \psi_H^2\text{“}\,, \quad K'': \text{„}\frac{1}{\sigma^2}\mu' Q_1 \mu = \psi^2\text{“}\,, \quad \psi^2 \geqq \psi_K^2$$

ist invariant gegenüber der Gruppe $\mathcal{G}_{(1)}$ der Transformationen des Stichprobenraums

$$g_{(1)}: y \to y + d\,, \quad d \in \mathcal{H}\,.$$

Als maximal invariant gegenüber $\mathcal{G}_{(1)}$ erweist sich die Statistik

$$z = (I_n - P_{\mathcal{H}})\,y = (Q_1 + Q_2)\,y\,.$$

Durch Anwendung des HUNT-STEIN-Theorems ([A 3.24]), wobei hier als invariantes Maß ν das $(l-r)$-dimensionale LEBESGUE-Maß auf dem zu $\mathcal{G}_{(1)}$ isomorphen Unterraum $\mathcal{H}$ genommen werden kann, ergibt sich, daß zu jedem α-Test φ eine nur von z abhängige Testfunktion $\varphi_{(1)}$ existiert, so daß

$$\inf_{\frac{1}{\sigma^2}\mu' Q_1 \mu = \psi^2} \beta_{\varphi_{(1)}}(\mu, \sigma^2) \geqq \inf_{\frac{1}{\sigma^2}\mu' Q_1 \mu = \psi^2} \beta_{\varphi}(\mu, \sigma^2) .$$

Das Testproblem ist weiterhin invariant gegenüber der Gruppe $\mathcal{G}_{(2)}$ der orthogonalen Transformationen

$$g_{(2)}: z \to Cz ,$$

wobei C die Unterräume $\mathcal{H}$ und $\mathcal{L}$ invariant läßt. Als Maximalinvariante erhält man $w = (y'Q_1y, y'Q_2y)$. Auf der orthogonalen Gruppe läßt sich ein invariantes (Wahrscheinlichkeits-)Maß konstruieren ([11]), so daß die Anwendung des HUNT-STEIN-Theorems ergibt, daß ein Maximin-Test unter den nur von w abhängigen Tests zu suchen ist.

Schließlich ist das Testproblem invariant unter der multiplikativen Gruppe $\mathcal{G}_{(3)}$

$$g_{(3)}: w \to cw \qquad (c > 0) ,$$

für die mit dem Maß ν, welches für alle Intervalle $[a, b]$, $0 < a < b$, durch $\nu([a, b]) = \log b - \log a$ definiert ist, ebenfalls die Voraussetzungen des HUNT-STEIN-Theorems gelten. Die Statistik $\frac{y'Q_1y}{y'Q_2y}$ ist maximal invariant unter $\mathcal{G}_{(3)}$, und da unter den von dieser Statistik abhängigen Tests ein gleichmäßig bester existiert, nämlich (15), muß dieser die geforderte Maximin-Eigenschaft besitzen. ■

Als einfache Folgerung erhalten wir

$$\inf_{\left\{\vartheta \left| \frac{1}{\sigma^2}\mu' Q_1 \mu \geqq \psi_K^2 \right.\right\}} \beta_{\varphi^*}(\vartheta) = \sup_{\varphi \in \tilde{\mathfrak{D}}_\alpha} \inf_{\left\{\vartheta \left| \frac{1}{\sigma^2}\mu' Q_1 \mu \geqq \psi_K^2 \right.\right\}} \beta_{\varphi}(\vartheta) ,$$

was besagt, daß der Test (15) von allen α-Tests die größte untere Schranke für die Güte auf dem Alternativbereich aufweist, also ein Maximintest ist. Dies kann umgekehrt auch so interpretiert werden, daß er bei gegebener unterer Schranke unter allen Tests φ, deren Güte auf dem Alternativbereich diese Schranke nicht unterschreitet, das Signifikanzniveau, die maximale Irrtumswahrscheinlichkeit 1. Art, minimiert.

Eine weitere Deutung wäre die, daß, für $n = n_0, n_0 + 1, \ldots$ eine Folge von Modellen (9) $\cdots$ (11) vorausgesetzt, er bei gegebenem Signifikanzniveau α und festgelegter unterer Schranke für die Güte auf der Alternative unter allen Tests, die diesen Restriktionen genügen, die erforderliche Anzahl n von Beobachtungen minimiert.

Solche Maximin-Eigenschaft eines Tests schließt im allgemeinen nicht die Möglichkeit aus, daß ein weiterer Maximin-Test existiert, der gleichmäßig besser als der erste ist. In unserem Fall gilt jedoch

Satz 5.1.7. *Der F-Test* (15) *ist zulässig für das durch* (13), (14) *gegebene Testproblem.*

Beweis. Durch Überführung in die kanonische Form analog zum Beweis von Satz 5.1.5 erhalten wir die Variable $t = (\tilde{y}_1, \ldots, \tilde{y}_r, \tilde{y}_{r+1}, \ldots, \tilde{y}_l, z)$ mit $z = y_1^2 + \cdots + y_n^2$, welche einer Exponentialfamilie mit den Parametern $\xi = (\xi_1, \ldots, \xi_{l+1})$, $\xi_{l+1} > 0$ angehört. In den neuen Parametern besitzt die Hypothese die Gestalt

$$H: \xi_1^2 + \cdots + \xi_r^2 \leq \psi_H^2$$

und die Alternative

$$K: \xi_1^2 + \cdots + \xi_r^2 \geqq \psi_K^2 .$$

Das Annahmegebiet (15) ist identisch mit der Menge

$$\frac{\tilde{y}_1^2 + \cdots + \tilde{y}_r^2}{z - \tilde{y}_{r+1}^2 - \cdots - \tilde{y}_l^2} \leqq d\,, \qquad d = \frac{F_{\alpha;r,n-l,\psi_H^2}}{1 + F_{\alpha;r,n-l,\psi_H^2}}$$

oder äquivalent dazu

$$\tilde{y}_1^2 + \cdots + \tilde{y}_r^2 + d(\tilde{y}_{r+1}^2 + \cdots + \tilde{y}_l^2) \geqq dz .$$

Diese Menge ist offensichtlich der Schnitt aller durch

$$\alpha_1\tilde{y}_1 + \cdots + \alpha_r\tilde{y}_r + d^{1/2}\alpha_{r+1}\tilde{y}_{r+1} + \cdots + d^{1/2}\alpha_l\tilde{y}_l \leqq dz\,, \qquad \|\alpha\| = 1$$

bzw. mit $\delta = (\alpha_1, \ldots, \alpha_r, d^{1/2}\alpha_{r+1}, \ldots, d^{1/2}\alpha_l, d)'$ durch

$$\delta' t \leqq 0$$

definierten Halbräume und somit konvex und abgeschlossen. Ein Vektor $\xi \in R^k$, für den $\xi' t \leqq c$, wobei c ein Skalar darstellt, für alle t aus dem Annahmebereich ist, muß notwendig die Bedingung $\xi_{l+1} > 0$ erfüllen. Wählen wir nun ξ_0 so, daß $\xi_{01}^2 + \cdots + \xi_{0r}^2 \geqq \psi_K^2$, dann gehören alle Parameter der Art $\xi_0 + \lambda\xi$ von einem bestimmten λ_0 ab zum Alternativbereich. Somit sind die Voraussetzungen des Theorems von C. Stein [A 3.50] über die Zulässigkeit von Tests erfüllt. ■

B. Der Hotelling-Test

Von speziellem Interesse ist auch der Fall $r = 1$, wie er in den Beispielen 5.2.2 und 5.2.4 auftritt. Hier hat die Matrix Q_1 den Rang 1 und deswegen $S_1 = Y'Q_1Y$ für fast alle $Y \in \mathfrak{M}_{n\times p}$ ebenfalls. Daher besitzt die Gleichung $|S_1 - \hat{\lambda}S_2| = 0$ nur eine von Null verschiedene Lösung, die übereinstimmt mit

$$\hat{\lambda} = \operatorname{sp}(S_1S_2^{-1}) .$$

$\boldsymbol{S}_1$ als Wishart-verteilte Größe

$$\boldsymbol{S}_1 \sim W_p(1, \Sigma; \Xi)\,, \qquad \Xi = Q_1M$$

besitzt die gleiche Verteilung wie $\boldsymbol{x}\boldsymbol{x}'$, wobei

$$\boldsymbol{x} \sim N_p(\xi, \Sigma)\,, \qquad \xi\xi' = M'Q_1M$$

und $\boldsymbol{x}$ unabhängig von $\boldsymbol{S}_2$ ist (siehe [A 2.13]). $\hat{\boldsymbol{\lambda}}$ besitzt demnach die gleiche Verteilung wie $\operatorname{sp}(\boldsymbol{x}\boldsymbol{x}'\boldsymbol{S}_2^{-1}) = \boldsymbol{x}'\boldsymbol{S}_2^{-1}\boldsymbol{x}$. Da $\frac{n-l-p+1}{p}\boldsymbol{x}'\boldsymbol{S}_2^{-1}\boldsymbol{x} \sim F_{p,n-l-p+1;\theta^2}$ mit $\theta^2 = \xi'\Sigma^{-1}\xi = \operatorname{sp}(M'Q_1M\Sigma^{-1})$ (siehe [A 2.26]), haben wir

$$\frac{n-l-p+1}{p}\tilde{\boldsymbol{\lambda}} \sim F_{p,n-l-p+1;\theta^2} .$$

Analog zu Satz 5.1.4 existiert auch hier ein gleichmäßig bester invarianter Test zum Prüfen der Hypothese

$$H': „\xi'\Sigma^{-1}\xi \leqq \theta_H^2“$$

gegen die Alternative

$$K': „\xi'\Sigma^{-1}\xi \geqq \theta_K^2“\,, \qquad \theta_H^2 < \theta_K^2 .$$

Er ist gegeben durch

$$\varphi^*(Y) = \begin{cases} 1, & \text{wenn } \dfrac{n-l-p+1}{p}\hat{\lambda} > F_{\alpha;p,n-l-p+1;\theta_H^2}, \\ 0 & \text{sonst}. \end{cases} \tag{17}$$

Satz 5.1.8. *Ist speziell $\theta_2^H = 0$, dies entspricht der Hypothese „$M \in \mathfrak{M}_{\mathscr{K}}^p$", so ist der Test (17) — gewöhnlich als* HOTELLING*-Test bezeichnet —*

- *gleichmäßig bester invarianter α-Test,*
- *zulässig in der Klasse $\mathscr{D}_\alpha$ der α-Tests,*
- *für $p = 2$ Maximin-Test unter allen α-Tests.*

Beweis. Die erste Behauptung folgt als Spezialfall aus der Monotonie des Likelihood-Quotienten der Klasse der Verteilungen $F_{p,n-l-p+1;\theta^2}$ $(\theta^2 \geqq 0)$. Die Zulässigkeit des HOTELLING-Tests auch unter den nichtinvarianten Tests wurde zuerst von C. STEIN [13] bewiesen, der zeigte, daß das Annahmegebiet dieses Tests die Voraussetzungen des in [A 3.50] angegebenen Theorems erfüllt, und davon ausgehend, daß für hinreichend große Werte von θ^2 die Güte des HOTELLING-Tests nicht von der eines anderen Tests dominiert werden kann. J. KIEFER und R. SCHWARTZ [49] zeigten den BAYESschen Charakter und damit die Zulässigkeit auch für beschränkte Alternativbereiche $\theta^2 \leqq c_0$.

N. GIRI, J. KIEFER und C. STEIN [14] konnten für den einfachsten nichttrivialen Fall $n - l = 2$, $p = 2$ die Existenz einer a priori-Verteilung auf jeder durch $\theta^2 = \text{const}$ bestimmten Parametermenge nachweisen, bezüglich derer der HOTELLING-Test ein BAYESscher Test ist. Da er entlang dieser Kurve eine konstante Güte besitzt, muß er Maximin-Eigenschaften besitzen ([15]), d. h., er maximiert unter allen Tests mit dem gleichen Signifikanzniveau die minimale Güte auf jeder Kurve der Art $\theta^2 = \text{const}$ und somit natürlich auch auf der Menge $\theta^2 \geqq \theta_K^2$.

In [16] bewies O. V. ŠALAJEVSKI, daß diese Idee auf beliebige Werte von n ausgedehnt werden kann und kündigte auch einen Beweis für beliebiges p an. ■

Für den Fall $\theta_H^2 > 0$ läßt sich C. STEINS Beweis der Zulässigkeit übertragen, jedoch ist die Frage der Minimax-Eigenschaften des Tests (17) noch ungelöst.

5.1.5. Einige Tests zum Prüfen der multivariaten linearen Hypothese

Im vorigen Abschnitt sahen wir, daß es für den Fall $\min\{p, r\} = 1$, in dem nur eine Lösung $\hat\lambda$ der Gleichung $|S_1 - \hat\lambda S_2| = 0$ existiert, einen gleichmäßig besten invarianten Test zum Prüfen der linearen Hypothese gibt. Im allgemeinen jedoch, wenn p und r nicht kleiner als 2 sind, existieren für fast alle $Y \in \mathfrak{M}_{n\times p}$ mehrere Lösungen dieser Gleichung.

In diesem Fall kann man keinen gleichmäßig besten invarianten Test konstruieren (vgl. die Aussagen über Zulässigkeit verschiedener Tests in diesem Abschnitt), und es sind verschiedene Statistiken, die aus mehr oder weniger heuristischen Gründen als Grundlage für Annahme oder Ablehnung der Nullhypothese dienen, gebräuchlich. Die bekanntesten sind die von

S. N. ROY [17] $\quad \hat\lambda_{\max} = \hat\lambda_p ,$

S. S. WILKS [18] $\quad \Lambda = \prod_{i=1}^{p} (1 + \hat\lambda_i)^{-1} ,$

H. HOTELLING [19] $\quad \frac{1}{n-l} T_0^2 = \sum_{i=1}^{p} \hat\lambda_i ,$

K. C. S. PILLAI [20] $\quad V = \sum_{i=1}^{p} \hat\lambda_i (1 + \hat\lambda_i)^{-1} .$

Ferner findet man in der Literatur noch $\hat{\lambda}_{\min}$ ([5]) bzw. allgemein $\hat{\lambda}_i$ für beliebiges $i = 1, \dots, p$ als Grundlage für einen Test angegeben. Es ist klar, daß die genannten Teststatistiken invariant unter den natürlichen Transformationen sind, daß ihre Verteilung unter der Nullhypothese H demnach nur von $p, n - l$ und r und bei Vorliegen der Alternative K zusätzlich noch von den Parametern $\lambda_1, \dots, \lambda_p$ abhängt.

Die Wahl eines auf einer bestimmten Teststatistik basierenden Tests φ wird davon abhängen, inwiefern z. B. folgende über die Invarianz hinausgehende Forderungen erfüllt sind (s. a. [20])

1. *Anwendbarkeit* dadurch, daß die Verteilung unter der Nullhypothese — eventuell auch nur näherungsweise — vorliegt, oder sogar Tafeln existieren, aus denen die Signifikanzpunkte abgelesen werden können.
2. *Gute Charakteristika des Tests* wie
   a) Unverfälschtheit,
   b) Die Gütefunktion $\beta_\varphi(\lambda) = E_\lambda\varphi$, $\lambda = (\lambda_1, \dots, \lambda_p)'$, ist monoton wachsend in jedem λ_i,
   c) Vorliegen einer — möglichst großen — unteren Schranke der Gütefunktion,
   d) Zulässigkeit,
   e) Konsistenz in den Parametern, d. h. $\beta_\varphi(\lambda) \to 1$, wenn $||\lambda|| \to \infty$.

A. Roys größte Wurzel

S. N. Roy [17] schlug vor, $\hat{\lambda}_{\max}$ als Grundlage für die Prüfung der linearen Hypothese zu nehmen, und zwar, indem wir

$$\varphi(Y) = \begin{cases} 1, & \text{wenn } \hat{\lambda}_{\max} > \lambda_{\max;\alpha}, \\ 0 & \text{sonst} \end{cases} \tag{18}$$

setzen, wobei $\lambda_{\max;\alpha}$, der α-Sicherheitspunkt der Verteilung von $\hat{\lambda}_{\max}$ unter H, von p, $n - l$ und r abhängt. In [21] gibt Roy für $p = 2, 3, 4$ einen endlichen rekursiven Algorithmus zur Berechnung der exakten Verteilungsfunktion von $\hat{\vartheta}_{\max} = \dfrac{\hat{\lambda}_{\max}}{1 + \hat{\lambda}_{\max}}$ unter H an.

Auf Approximationen der Verteilungsfunktion aufbauend, berechnete D. Heck [22] die Sicherheitspunkte $x_\alpha \left(= \dfrac{\lambda_{\max;\alpha}}{1 + \lambda_{\max;\alpha}} \right)$ für

$$p = 2, 3, 4, 5; \quad m_1 = \tfrac{1}{2}(r - p - 1) = -\tfrac{1}{2}, 0, 1, 2, \dots, 10;$$
$$m_2 = \tfrac{1}{2}(n - l - p - 1) = 5, \dots, 1000; \alpha = 1\%, 2{,}5\%, 5\%$$

und erarbeitete Nomogramme, aus denen die x_α sofort abgelesen werden können. In [23] wurden noch die Sicherheitspunkte für $p = 6$ tabelliert.

Neben der Bestimmung der Sicherheitspunkte, d. h. der Konstruktion des α-Tests, interessiert natürlich das Verhalten der Gütefunktion $\beta_\varphi(\lambda_1, \dots, \lambda_p)$.

Von S. N. Roy [21] stammt eine Überlegung, die zu einer unteren Schranke der Gütefunktion führt:

Satz 5.1.9. *Für die Güte des Tests* (18) *gilt stets*

$$\beta_\varphi(\lambda_1, \dots, \lambda_p) \geqq 1 - \prod_{i=1}^{p} P\left(F_{r,n-l;\lambda_i} \leqq \frac{n-l}{r}\lambda_{\max;\alpha}\right). \tag{19}$$

Beweis. Da $\hat{\lambda}_{\max} = \max\limits_{a \in R^p} \dfrac{a'S_1a}{a'S_2a}$ (s. [A 1.74]), gilt

$$P(\hat{\lambda}_{\max} \leqq \lambda_{\max;\alpha}) = P\left(\frac{a'S_1a}{a'S_2a} \leqq \lambda_{\max;\alpha} \text{ für alle } a \in R^p\right).$$

Sei nun $a_1, \dots, a_p$ ein orthonormiertes Basissystem des R^p, das aus den zu den Eigenwerten $\lambda_1, \dots, \lambda_p$ von $\Xi'\Xi\Sigma^{-1}$ gehörenden Eigenvektoren gehört. Dann folgt sofort

$$P(\hat{\lambda}_{\max} \leqq \lambda_{\max;\alpha}) \leqq P\left(\frac{a_i'S_1a_i}{a_i'S_2a_i} \leqq \lambda_{\max;\alpha};\ i = 1, \dots, p\right).$$

Sämtliche $a_i'S_1a_i$ und $a_i'S_2a_i$ $(i = 1, \dots, p)$ sind *unabhängig* verteilte Zufallsgrößen (s. [A 2.28])

$$a_i'S_1a_i \sim \sigma_{ai}\chi^2_{r;\lambda_i}, \quad \sigma_{ai} = a_i'\Sigma a_i, \quad a_i'S_2a_i \sim \sigma_{ai}\chi^2_{n-l},$$

und daher läßt sich die Ungleichung umformen zu

$$P(\hat{\lambda}_{\max} \leqq \lambda_{\max;\alpha}) \leqq \prod_{i=1}^{p} P\left(F_{r,n-l;\lambda_i} \leqq \frac{n-l}{r}\lambda_{\max;\alpha}\right). \tag{20}$$

Dies ist gleichbedeutend mit (19). ■

Einige weitere Eigenschaften des $\hat{\lambda}_{\max}$-Tests bzw. seiner Gütefunktion sind im folgenden Satz zusammengefaßt, dessen aufwendiger Beweis hier nur angedeutet wird.

Satz 5.1.10. *Der Test* (18) *ist konsistent in den Parametern, unverfälscht, zulässig; seine Gütefunktion wächst monoton in allen Argumenten* λ_i.

Beweis. Die Konsistenz folgt unmittelbar aus (20). Wenn zumindest ein λ_i sehr groß ist, so liegt wegen der Konsistenz des F-Tests und (20) der Wert $P(\hat{\lambda} \leqq r_\alpha)$ nahe an Null und entsprechend $\beta_\varphi(\lambda_1, \dots, \lambda_p)$ nahe bei Eins. S. N. Roy und W. F. Mikhail [24], M. N. Gosh [25] sowie R. Schwartz [26] wiesen die Zulässigkeit nach, indem sie jeweils zeigten, daß der Annahmebereich $\{Y \in \mathfrak{M}_{n\times p} \mid \hat{\lambda}_{\max} \leqq r_\alpha\}$ sich als Schnitt geeigneter Bereiche darstellen läßt, die eine Anwendung der Methoden von C. Stein (siehe Beweis zum Satz 5.1.5) erlauben. Das Gupta u. a. [27] bewiesen, daß die Gütefunktion monoton in den Nichtzentralitätsparametern wächst. Damit ist der $\hat{\lambda}_{\max}$-Test natürlich auch unverfälscht. Dabei gingen sie von einer Darstellung $S_1 = \sum\limits_{i=1}^{r} x_i x_i'$ aus, wobei $x_i \sim N_p(\mu, \Sigma)$. Da die Güte nur von den charakteristischen Wurzeln von $\sum\limits_{i=1}^{r} \mu_i\mu_i'\Sigma^{-1}$ abhängt, kann man sich auf den Fall $\Sigma = I_p$, $\mu_i = (0, \dots, \lambda_i^{1/2}, \dots, 0)'$, $i = 1, \dots, \min\{r, p\}$, $\mu_i = 0$ sonst, beschränken.

Wir gehen von folgendem Lemma ([28]) aus: Wenn $\mathcal{A}$ eine symmetrische, konvexe Menge im R^p ist, dann fällt die Wahrscheinlichkeit $P_{\lambda_i}(x_i \in \mathcal{A})$ monoton in λ_i, wobei Symmetrie hier bedeutet, daß mit $x \in \mathcal{A}$ auch $-x \in \mathcal{A}$ gilt. Dann bleibt nur zu zeigen, daß für jedes i $(i = 1, \dots, r)$ bei festgehaltenem S_2 und festen Werten von x_j $(j = 1, \dots, r;\ j \neq i)$ die Menge $\left\{x_i \in R^p \mid \lambda_{\max}\left[\sum\limits_{j=1}^{r} x_j x_j' S_2^{-1}\right] \leqq \lambda_{\max;\alpha}\right\}$ symmetrisch und konvex ist, da eine fallende Annahmewahrscheinlichkeit einer wachsenden Güte entspricht. Hierbei symbolisiert $\lambda_{\max}[\cdot]$ die größte charakteristische Wurzel der aufgeführten Matrix. Die Symmetrie ist wegen $x_i x_i' = (-x_i)(-x_i)'$ gewährleistet. Um die Konvexität zu zeigen, benutzen wir die Tatsache, daß S_2^{-1} eine Darstellung $S_2^{-1} = T'T$ besitzt, wobei T eine $(p \times p)$-Matrix ist. Mit $X = (x_1, \dots, x_r)$ haben wir

$$\lambda_{\max}\left[\sum_{j=1}^{r} x_j x_j' S_2^{-1}\right] = \lambda_{\max}[TXX'T'] .$$

Seien nun $X_1, X_2 \in \mathfrak{M}_{p\times r}$ zwei Matrizen, die bei festem S_2 bzw. T die Ungleichung

$$\lambda_{\max}[TX_iX_i'T'] \leqq \lambda_{\max;\alpha}, \quad i = 1, 2, \tag{21}$$

erfüllen. Dann ist mit $X = \lambda X_1 + (1-\lambda) X_2$, $0 \leqq \lambda \leqq 1$, auf Grund der CAUCHY-SCHWARTZsche-Ungleichung für jeden Vektor c mit $||c|| = 1$

$$\begin{aligned} c'TXX'T'c &= \lambda^2 c'TX_1X_1'T'c + \lambda(1-\lambda)\, c'TX_1X_2'T'c \\ &\quad + \lambda(1-\lambda)\, c'TX_2X_1'T'c + (1-\lambda)^2\, c'TX_2X_2'T' \\ &\leqq (\lambda(c'TX_1X_1'T'c)^{1/2} + (1-\lambda)\,(c'TX_2X_2'T'c)^{1/2})^2 \leqq \lambda_{\max;\alpha} \end{aligned}$$

und daher die Menge der $X \in \mathfrak{M}_{p\times r}$, die (21) erfüllen, konvex. Der Schnitt dieser Menge mit

$$\mathscr{B}_0 = \{X \in \mathfrak{M}_{p\times r} \mid x_j = x_j^0, j \neq i\}$$

ist dann ebenfalls konvex. Unabhängig davon bewiesen S. N. ROY und W. F. MIKHAIL [29] sowie J. N. SRIVASTAVA [30] das gleiche Resultat. ■

Über diese qualitativen Aussagen hinaus liegen über die genaue Gestalt der Gütefunktion des $\lambda_{\max}$-Tests noch keine numerisch auswertbaren Ergebnisse vor.

B. WILKS' Λ-Statistik

Die Anwendung des Likelihood-Quotienten-Prinzips auf die Prüfung der linearen Hypothese führt zu dem Test

$$\varphi(Y) = \begin{cases} 1, \text{ wenn } \Lambda = \dfrac{|S_2|}{|S_1 + S_2|} = \prod\limits_{i=1}^{p} (1 + \hat{\lambda}_i)^{-1} < U_{1-\alpha}, \\ 0 \text{ sonst} \end{cases} \tag{22}$$

(s. z. B. [5]). Aus (22) ist ersichtlich, daß es bei Benutzung des Λ-Tests nicht nötig ist, die charakteristischen Wurzeln explizit zu berechnen.

Der Sicherheitspunkt $U_{1-\alpha}$ wird durch die Verteilung von Λ unter der Nullhypothese sowie durch das gewünschte Signifikanzniveau α bestimmt. Aufbauend auf zentral WISHART-verteilten Matrizen ist bewiesen worden (siehe [A 2.24]), daß λ unter H wie das Produkt von p unabhängigen Beta-verteilten Variablen $B_{\frac{n-l+1-i}{2}, \frac{r}{2}}$, $(i = 1, \dots, p)$, mit den Dichten

$$p_{\frac{n-l+1-i}{2}, \frac{r}{2}}(x) = \frac{1}{\beta\left(\dfrac{n-l+1-i}{2}; \dfrac{r}{2}\right)} x^{(n-l+1-i)/2-1}(1-x)^{r/2-1} \tag{23}$$

$$0 \leqq x \leqq 1, i = 1, \dots, p$$

verteilt ist.

Für einige wichtige Spezialfälle können daraus leicht die Verteilung von Λ — oder von Funktionen von Λ — sowie die Sicherheitspunkte ermittelt werden.

Die Resultate ersieht man aus der Tabelle 5.1.

Tabelle 5.1

Werte von p und r	Teststatistik	Verteilung	kritischer Bereich
$p = 1$ r beliebig	$T_1 = \frac{n-l}{r}\frac{1-\Lambda}{\Lambda}$	$F_{r,n-l}$	$T_1 > F_{\alpha;r,n-l}$
$p = 2$ r beliebig	$T_2 = \frac{n-l-1}{r}\frac{1-\sqrt{\Lambda}}{\sqrt{\Lambda}}$	$F_{2r,2(n-l-1)}$	$T_2 > F_{\alpha;2r,2(n-l-1)}$
p beliebig $r = 1$	$T_3 = \frac{n-l-p+1}{p}\frac{1-\Lambda}{\Lambda}$	$F_{p,n-l-p+1}$	$T_3 > F_{\alpha;p,n-l-p+1}$
p beliebig $r = 2$	$T_4 = \frac{n-l-p+1}{p}\frac{1-\sqrt{\Lambda}}{\sqrt{\Lambda}}$	$F_{2p,2(n-l-p+1)}$	$T_4 > F_{\alpha;2p,2(n-l-p+1)}$

Der erste und der dritte Fall stimmen natürlich mit den im Abschnitt 5.1.4 erhaltenen Ergebnissen überein. Für $p = 3, 4, 5$ und 6 stellten K. C. S. Pillai und A. K. Gupta [31] die exakte Dichte von Λ durch Reihenentwicklung dar und tabellierten davon ausgehend zu zahlreichen Kombinationen der Werte von r und $n - l - p + 1$ die oberen 10%-, 5%-, 2.5%-, 1%- und 0.5%-Sicherheitspunkte von $-(n - l + \frac{1}{2}(r - p - l)) \log \Lambda$. A. M. Mathai und P. N. Rathie [32] sowie A. K. Gupta [33] stellten die Dichte und Verteilungsfunktion von Λ für beliebiges p als Summe algebraischer Funktionen dar, die aber bisher noch nicht für die Berechnung von Signifikanzpunkten ausgewertet werden konnten.

Bei größeren Werten von n ist es möglich, auf einfache Approximationen der Verteilungsfunktion zurückzugreifen, um die kritischen Werte $U_{1-\alpha}$ zumindest annähernd zu bestimmen.

Falls für $n = n_0, n_0 + 1, \ldots$ eine Folge von Modellen (1) gegeben ist und die entsprechende lineare Hypothese für jedes Modell $H_{(n)}$: „$M_{(n)} \in \mathfrak{M}^p_{\mathscr{H}_{(n)}}$" lautet, wobei $\mathscr{H}_{(n)}$ jeweils ein r-dimensionaler Unterraum des R^n ist, wies P. L. Hsu [34] nach, daß unter $H_{(n)}$ die Folge $-(n - l) \log \Lambda_{(n)}$ in Verteilung gegen eine χ^2-Verteilung mit $f = pr$ Freiheitsgraden konvergiert

$$-(n - l) \log \Lambda_{(n)} \xrightarrow[(n)]{L} \chi^2_f . \tag{24}$$

Die Definition von $\Lambda_{(n)}$ dürfte hier klar sein.

Der Test mit dem kritischen Bereich

$$-(n - l) \log \Lambda_{(n)} > \chi^2_{\alpha;f} \tag{25}$$

besitzt somit asymptotisch das Signifikanzniveau α:

$$\lim_{n\to\infty} E_0\varphi(Y_{(n)}) = \alpha .$$

Eine Approximation mit höherer Konvergenzgeschwindigkeit fand C. R. RAO [35]

$$\frac{m_R\sigma - 2k}{f}\,\frac{1 - \Lambda_{(n)}^{1/\sigma}}{\Lambda_{(n)}^{1/\sigma}} \xrightarrow[(n)]{L} F_{f,\, m_R\sigma - 2k} \tag{26}$$

mit

$$m_R = n - l + r - \frac{r + p + 1}{2}, \quad \sigma = \left(\frac{p^2r^2 - 4}{p^2 + r^2 - 5}\right)^{1/2}, \quad k = \frac{pr - 2}{4}.$$

Von zahlreichen anderen Näherungen sei hier nur die von T. W. ANDERSON [5] genannt:

$$P(-m_A \log \Lambda_{(n)} \leqq z) = P(\chi_f^2 \leqq z) + \frac{\gamma_2}{m_A^2}[P(\chi_{f+4}^2 \leqq z) - P(\chi_f^2 \leqq z)]$$

$$+ \frac{1}{m_A^4}\{[\gamma_4 P(\chi_{f+8}^2 \leqq z) - P(\chi_f^2 \leqq z)] - \gamma_2^2[P(\chi_{f+4}^2 \leqq z) - P(\chi_f^2 \leqq z)]\}$$

$$+ O(m_A^{-6}), \tag{27}$$

wobei $m_A = (n - l) - \frac{1}{2}(p - r + 1),\ \gamma_2 = \frac{pr(p^2 + r^2 - 5)}{48}$,

$$\gamma_4 = \frac{\gamma_2^2}{2} + \frac{pr}{1920}(3p^4 + 3r^4 + 10p^2r^2 - 50(p^2 + r^2) + 159).$$

Die größere Genauigkeit gegenüber den vorher genannten Approximationen wird hier durch einen höheren Rechenaufwand erkauft.

Der Λ-Test (22) besitzt hinsichtlich seiner Gütefunktion analoge Eigenschaften wie die im Satz 5.1.10 erwähnten.

Satz 5.1.11. *Der Λ-Test ist konsistent in den Parametern, unverfälscht, zulässig; seine Gütefunktion wächst monoton in allen Argumenten.*

Beweis. Aus der Ungleichung

$$\Lambda = \prod_{i=1}^{p}(1 + \hat{\lambda}_i)^{-1} \leqq (1 + \hat{\lambda}_{\max})^{-1}$$

und der Konsistenz des $\hat{\lambda}_{\max}$-Tests folgt sofort die Konsistenz des Λ-Tests. Die Zulässigkeit wird mit analogen Methoden wie die des $\hat{\lambda}_{\max}$-Tests bewiesen ([26]), und auch die Monotonie der Gütefunktion läßt sich wie im Satz 5.1.10 zeigen ([27]): O. B. d. A. halten wir $x_2, \dots, x_r$ und S_2 fest. Dann läßt sich die Menge der $x_1 \in R^p$, für die $\frac{\left|x_1x_1' + \sum_{i=2}^{r} x_ix_i' + S_2\right|}{|S_2|} \leqq U_{1-\alpha}^{-1}$ ist, schreiben als $\{x_1 \mid |Ax_1x_1'A' + I_p| \leqq c\}$, wobei $A = \left(\sum_{i=2}^{r} x_ix_i' + S_2\right)^{-1/2}$ und $c = U_{1-\alpha}^{-1}|S_2| \times |A|^2$. Wegen $|tt' + I_p| \equiv t't + 1$ für beliebige p-Vektoren t haben wir als Annahmebereich

$$\{x_1 \in R^p \mid x_1'(A'A)\,x_1 \leqq c - 1\}$$

eine symmetrische und konvexe Menge. ■

Über die genaue Gestalt der Gütefunktion ist im allgemeinen jedoch wenig bekannt, da die Verteilung von Λ unter der Alternative K — mit Ausnahme spezieller Parameter — bisher nicht in numerisch auswertbarer Form vorliegt.

Eine einfache Approximation durch die Güte des χ^2-Tests ergibt sich aus der zuerst von P. L. Hsu [34] bewiesenen Konvergenz der nichtzentralen Verteilung von $-(n-l)\log \Lambda_{(n)}$ gegen die Verteilungsfunktion der nichtzentralen χ^2-Verteilung mit $f = pr$ Freiheitsgraden: Bezeichnet man mit $\lambda^{(n)} = (\lambda_1^{(n)}, \dots, \lambda_p^{(n)})'$ einen zum entsprechenden Modell gehörigen Vektor von Nichtzentralitätsparametern und konvergiert die Folge der $\psi_{(n)}^2 = \sum_{i=1}^{p} \lambda_j^{(n)}$ gegen eine Konstante ψ_0^2, so gilt

$$P_{\lambda^{(n)}}(-(n-l)\log \Lambda_{(n)} \leqq x) \underset{(n)}{\rightarrow} P(\chi^2_{f,\psi_0^2} \leqq x)\,, \qquad x \in [0, \infty)\,. \tag{28}$$

N. Sugiura und Y. Fujikoshi [36] entwickelten eine genauere Näherung mit Hilfe der Verteilungsfunktionen von nichtzentralen χ^2-Variablen, ähnlich der Formel (27).

C. Hotellings T_0^2

Auf D. N. Lawley [37] geht die Idee zurück, als kritischen Bereich das Gebiet zu wählen, in dem

$$T_0^2 = (n-l)\,\mathrm{sp}\,[S_1 S_2^{-1}] = (n-l) \sum_{i=1}^{p} \hat{\lambda}_i > T_{0;\alpha}^2 \tag{29}$$

ist. Für $p = 2$ berechnete H. Hotelling [19] die Verteilungsfunktion unter H

$$P(T_0^2 \leqq \tau) = I_w(r-1, n-l) - \sqrt{\pi}\,\frac{\Gamma\left(\frac{n-l+r-1}{2}\right)}{\Gamma\left(\frac{r}{2}\right)\Gamma\left(\frac{n-l}{2}\right)} \left(\frac{1-w}{1+w}\right)^{\frac{n-l-1}{2}}$$

$$\times\, I_{w^2}\left(\frac{r-1}{2}, \frac{n-l+1}{2}\right), \tag{30}$$

wobei

$$w = \frac{\tau}{2(n-l)+\tau} \qquad \text{und} \qquad I_w(\nu_1, \nu_2)$$

die (normierte) unvollständige Betafunktion mit den Parametern ν_1 und ν_2 an der Stelle w darstellt. Wenn $p > 2$ ist, hat die Verteilung eine weitaus kompliziertere Form.

A. G. Constantine [38] gab die exakte Form der Dichte an, jedoch gilt diese nur für $\frac{T_0^2}{n-l} \leqq 1$ und ist daher für die Berechnung von Signifikanzpunkten nicht geeignet. Durch analytische Fortsetzung dieser Funktion konnte A. W. Davis [39] exakte Sicherheitspunkte von T_0^2 für

$$\alpha = 0{,}001;\ 0{,}05; \quad p = 3, 4 \quad \begin{array}{l} r = 3(1)\,6(2)\ 12,\ 15(5)\ 25,\ 40,\ 60 \\ n-l = 3(1)\ 10(2)\ 20(5)\ 40(10)\ 100,\ 200,\ \infty \end{array}$$

angeben.

In [40] berechnete er noch die Werte für $p = 5$. Auch K. C. S. PILLAI und D. L. YOUNG [41] konnten für $p = 3, 4$ und einige Werte von $n - l$ und $\frac{r - p - 1}{2}$ die exakten Sicherheitspunkte für $\alpha = 0,10$; 0,025 und 0,005 tabellieren. Die ersten drei zentralen Momente der zufälligen Variablen $\boldsymbol{T}_0^2$ sind [41]

$$\begin{aligned}
\mu_1 &= \frac{pr(n-l)}{n-l-p-1}\,,\\
\mu_2 &= 2\,\frac{pr(n-l+r-p-1)\,(n-l-1)\,(n-l)^2}{(n-l-p-3)\,(n-l-p-1)^2\,(n-l-p)}\,, \qquad (31)\\
\mu_3 &= 4\,\frac{pr(r+\frac{1}{2}(n-l-p-1))\,(n-l+r-p-1)}{(n-l-p-1)^3\left(\frac{1}{2}(n-l-p-1)-1\right)\left(\frac{1}{2}(n-l-p-1)-2\right)}\\
&\quad\times\frac{\left(p+\frac{1}{2}(n-l-p-1)\,(n-l-1)\right)(n-l)^3}{\left(\frac{1}{2}(n-l-p-1)+1\right)(n-l-p)}\,.
\end{aligned}$$

Man kann versuchen, $\boldsymbol{T}_0^2$ durch eine zufällige Variable zu approximieren, die das k-fache einer F-verteilten Größe mit f_1 und f_2 Freiheitsgraden ist,

$$\boldsymbol{T}_0^2 \approx k\boldsymbol{F}_{f_1,f_2}\,. \qquad (32)$$

Dies kann geschehen, indem die frei wählbaren Parameter k, f_1 und f_2 so gesetzt werden, daß

(i) das erste Moment von $k\boldsymbol{F}_{f_1,f_2}$ an μ_1 angeglichen wird (K. C. S. PILLAI [20]),
(ii) die ersten beiden Momente angeglichen werden (J. LÄUTER [42], K. C. S. PILLAI [41], J. MCKEON [43]),
(iii) die ersten drei Momente angeglichen werden (K. C. S. PILLAI [41], J. MCKEON [43]).

Während die ersten beiden Methoden verschiedene Möglichkeiten der Bestimmung der Parameter zulassen, bestimmt die dritte die Werte von k, f_1, f_2 eindeutig,

$$\begin{aligned}
f_1 &= 2(a+1)\,,\\
f_2 &= 2(b-a-1)\,, \qquad (33)\\
k &= K\,\frac{a+1}{b-a-1}\,,
\end{aligned}$$

wobei

$$\begin{aligned}
a &= \frac{2\mu_1^3\mu_2 + 3\mu_1^2\mu_3 - 6\mu_1\mu_2^2 - \mu_2\mu_3}{\mu_2\mu_3 + 4\mu_1\mu_2^2 - \mu_1^2\mu_3}\,,\\
b &= \frac{(a+1)\,(a+3) - \mu_1^2/\mu_2}{a+1-\mu_1^2/\mu_2}\,, \qquad (34)\\
k &= \frac{\mu_1(b-a-2)}{a+1}\,.
\end{aligned}$$

Für $n \to \infty$ konvergiert $\frac{1}{n-l} \boldsymbol{S}_2$ in Wahrscheinlichkeit gegen Σ, ([A 4.5, A 2.19]) und somit $(n-l)\, \boldsymbol{S}_2^{-1}$ gegen Σ^{-1}. Da $\boldsymbol{S}_1$ oder genauer $\boldsymbol{S}_1^{(n)}$ unabhängig von n immer die gleiche WISHART-Verteilung besitzt, konvergiert $\boldsymbol{T}_0^2 = (n-l) \times \operatorname{sp}(\boldsymbol{S}_1\boldsymbol{S}_2^{-1})$ in Verteilung gegen $\operatorname{sp}(\boldsymbol{S}_1\Sigma^{-1}) = \operatorname{sp}(\Sigma^{-1/2}\boldsymbol{S}_1\Sigma^{-1/2})$ und demzufolge (siehe [A 2.29]) unter H

$$P(\boldsymbol{T}_0^2 \leqq x) \underset{(n)}{\longrightarrow} P(\chi_{pr}^2 \leqq x)\,, \qquad x \in [0, \infty)\,. \tag{35}$$

Satz 5.1.12. *Der* HOTELLING*sche* T_0^2*-Test* (29) *ist konsistent, unverfälscht, zulässig; seine Gütefunktion wächst monoton in allen Argumenten.*

Beweis. Die Konsistenz ergibt sich aus

$$T_0^2 = (n-l) \sum_{i=1}^{p} \hat{\lambda}_i \geqq \hat{\lambda}_{\max}\,, \tag{36}$$

der Beweis der Zulässigkeit ([27], [30]) beruht wieder auf der STEINschen Methode, und die zum Beweis der Monotonie erforderliche Konvexität des Gebietes $\mathcal{A}$ (vgl. Satz 5.1.10) ersieht man sofort aus

$$\operatorname{sp}\left[\sum_{i=1}^{r} x_i x_i' S_2^{-1}\right] = \sum_{i=1}^{r} x_i' S_2^{-1} x_i\,. \quad \blacksquare$$

Die exakte Bestimmung der Verteilung von $\boldsymbol{T}_0^2$ im nichtzentralen Fall und damit der Güte gelang bisher im allgemeinen Fall noch nicht.

Eine grobe Näherung (P. L. HSU [34]) stellt die nichtzentrale χ^2-Verteilung mit $f = pr$ Freiheitsgraden und dem Nichtzentralitätsparameter ψ_0^2 dar. Unter den gleichen Voraussetzungen wie bei den Betrachtungen zum Λ-Test gilt

$$P_{\lambda(n)}(\boldsymbol{T}_{0,(n)}^2 \leqq x) \underset{(n)}{\longrightarrow} P(\chi_{f;\psi^2}^2 \leqq x)\,, \qquad x \in [0, \infty)\,. \tag{37}$$

M. SIOTANI [44] gab eine asymptotische Entwicklung der Verteilungsfunktion von $\boldsymbol{T}_0^2$ mit Hilfe von verschiedenen nichtzentralen χ^2-Verteilungen an, in der Form ähnlich wie (27).

D. Andere Tests

Neben dem $\hat{\lambda}_{\max}$-, dem Λ- und dem T_0^2-Test gibt es natürlich noch andere Möglichkeiten der Testkonstruktion. Als Spezialfall eines Satzes von R. SCHWARTZ [26] erhält man eine Aussage über die Zulässigkeit einer großen Klasse von Tests.

Satz 5.1.13 (R. SCHWARTZ). *Sei* $f\colon R^p \to R^1$ *eine Funktion, für die gilt*

a) f *ist symmetrisch in dem Sinne, daß* $f(x_1, \ldots, x_p) = f(x_{i_1}, \ldots, x_{i_p})$ *und* $f(-x_1, x_2, \ldots, x_p) = f(x_1, x_2, \ldots, x_p)$,

b) f *ist in* $|x_i|$ $(i = 1, \ldots, p)$ *nichtfallend,*

c) *die Menge* $\{x \in R^p | f(x) \leqq k\}$ *ist konvex,*

d) f *ist linksseitig stetig.*

Dann ist der α*-Test mit dem kritischen Bereich*

$$f\left(\frac{\hat{\lambda}_1}{1+\hat{\lambda}_1}, \ldots, \frac{\hat{\lambda}_p}{1+\hat{\lambda}_p}\right) > K_\alpha$$

zulässig in $\mathfrak{D}_\alpha$. *Ferner ist die Bedingung* c) *notwendig für die Zulässigkeit.*

Mit $x_i = \frac{\hat{\lambda}_i}{1 + \hat{\lambda}_i}$ lassen sich die drei bisher betrachteten Teststatistiken als
$\hat{\lambda}_{\max} = \frac{|x|_{\max}}{1 - |x|_{\max}}$, $\Lambda = \prod_{i=1}^{p} (1 - |x_i|)$ und $T_0^2 = (n - l) \sum_{j=1}^{p} \frac{|x_i|}{1 - |x_i|}$ schreiben, woraus sofort zu sehen ist, daß die Voraussetzungen des Satzes von R. SCHWARTZ gegeben sind.

Eine weitere Teststatistik, die die Bedingungen des Satzes erfüllt, stellt die von K. C. S. PILLAI [20] gegebene Funktion

$$V = \sum_{i=1}^{p} \frac{\hat{\lambda}_i}{1 + \hat{\lambda}_i} = \operatorname{sp} S_1(S_1 + S_2)^{-1} \tag{38}$$

dar. PILLAI [20] approximierte ihre Dichte unter Voraussetzung der Nullhypothese durch eine Beta-Dichte

$$p(v) = C v^{pr/2-1} \left(1 - \frac{v}{p}\right)^{p(n-l)/2-1}, \quad 0 \leqq v \leqq p\,. \tag{39}$$

P. R. KRISHNAIAH und T. C. CHANG [45] konnten die exakte Verteilung darstellen, auf deren Grundlage F. J. SCHUURMANN u. a. [46] zu $\alpha = 0{,}01$; $0{,}025$; $0{,}05$; $0{,}10$; $0{,}25$ und $0{,}50$ α-Sicherheitspunkte für $p = 2(1)\,6$ und verschiedene Werte von r und $n - l$ tabellierten.

Durch analytische Betrachtungen der Dichtefunktion der charakteristischen Wurzeln im nichtzentralen Fall stellten R. SCHWARTZ [47] und S. JOHN [48] fest, daß der V-Test lokal bester invarianter Test zum Prüfen der linearen Hypothese ist, d. h., er besitzt in einer hinreichend kleinen Umgebung des Parameters $\lambda_1 = \cdots = \lambda_p = 0$ unter allen invarianten Tests die größte Güte. Betrachten wir jedoch in Analogie zu (13) Hypothesen wie z. B.

$$H: „\lambda_1 + \cdots + \lambda_p \leqq \varepsilon_H“\,,$$

dann stellt diese Optimalitätseigenschaft keinen Vorteil dar, da die Parameter, für die der Test eine hohe Ablehnungswahrscheinlichkeit besitzt, jetzt zur Hypothese gehören.

J. KIEFER und R. SCHWARTZ [49] konnten durch die Wahl geeigneter a-priori-Verteilungen auf dem Parameterraum nachweisen, daß der V-Test ein BAYESscher Test und damit zulässig auf einem bestimmten *beschränkten* Teil des Alternativbereichs ist.

Teststatistiken wie z. B. $\hat{\lambda}_{\min}$, die die Punkte a) und b) aus Satz 5.1.13 erfüllen, aber nicht von $\hat{\lambda}_{\max}$ abhängen, verletzen die Bedingung c) und führen deshalb nicht zu zulässigen Tests. Andererseits sind die auf solchen Statistiken aufbauenden Tests auch nicht konsistent in den Parametern.

Wenn die Nichtzentralitätsparameter die Struktur $\lambda_1 = \cdots = \lambda_{p-1} = 0$, $\lambda_p \neq 0$ besitzen, d. h. $\Xi = Q_1 M$ den Rang 1 hat, dann gilt wegen

$$\boldsymbol{S}_1 \overset{F}{\sim} (\boldsymbol{Z} + A)' (\boldsymbol{Z} + A)\,,$$

wobei $\boldsymbol{Z} \sim N_{r\times p}(0, \Sigma_p \otimes I_r)$ und $A \in \mathfrak{M}^1_{r\times p}$ so, daß $A'A = \Xi'\Xi$, $\hat{\lambda}_{\min} = \lambda_{\min}(\boldsymbol{S}_1\boldsymbol{S}_2^{-1}) \overset{F}{\sim} \lambda_{\min}[(\boldsymbol{Z} + A)\, \boldsymbol{S}_2^{-1}(\boldsymbol{Z} + A)']$. Es gilt nun (s. [A 1.60])

$$\lambda_{\min}[(Z + A)\, S_2^{-1}(Z + A)'] = \min_{\substack{x\in R^p \\ ||x||=1}} x'(Z + A)\, S_2^{-1}(Z + A)'\, x\,.$$

Mit Hilfe der Abschätzungen

$$\begin{aligned}\min_{||x||=1} x'(Z + A)\, S_2^{-1}(Z + A)'\, x &\leqq \min_{\substack{||x||=1 \\ A'x=0_p}} x'(Z + A)\, S_2^{-1}(Z + A)'\, x \\ &= \min_{\substack{||x||=1 \\ A'x=0_p}} x'ZS_2^{-1}Z'x \leqq \max_{||x||=1} x'ZS_2^{-1}Z'x = \lambda_{\max}[ZS_2^{-1}Z'] \quad (40)\end{aligned}$$

erhalten wir das Ergebnis, daß $\hat{\lambda}_{\min}$ stochastisch kleiner ist als $\lambda_{\max}(\boldsymbol{Z}\boldsymbol{S}_2^{-1}\boldsymbol{Z}')$, eine Variable, die nicht von Ξ abhängt.

Somit ist stets

$$P(\hat{\lambda}_{\min} > c_\alpha) \leqq P(\lambda_{\max}[\boldsymbol{Z}\boldsymbol{S}_2^{-1}\boldsymbol{Z}'] > c_\alpha) = p^* < 1$$

und demzufolge der $\hat{\lambda}_{\min}$-Test mit dem kritischen Bereich $\{Y \in \mathfrak{M}_{n\times p} \mid \hat{\lambda}_{\min} > c_\alpha\}$ inkonsistent. Aus $\hat{\lambda}_2 = \min_{\substack{||x||=1 \\ x'e_1=0}} x'(Z + A)\, S_2^{-1}\,(Z + A)'\, x$, wobei e_1 der zu $\hat{\lambda}_1$ $(= \hat{\lambda}_{\min})$ gehörende Eigenvektor ist, erhalten wir für $\hat{\lambda}_2$ und schrittweise für $\hat{\lambda}_3, \dots, \hat{\lambda}_{p-1}$ die gleichen Abschätzungen und daraus schließlich die Inkonsistenz entsprechender Tests.

Es ist demnach im allgemeinen nicht empfehlenswert, solche Tests zur Prüfung linearer Hypothesen zu verwenden.

Für die vier gebräuchlichsten $\hat{\lambda}_{\max}$-, Λ-, T_0^2- und V-Tests wurden in einigen Arbeiten ([50], [51]) numerische Vergleiche der Güte angestellt, jedoch nur für einige wenige Alternativen und kleine Werte von p. Da sich außerdem die Gütefunktionen in diesen Punkten nicht wesentlich voneinander unterscheiden, kann man dem nicht entnehmen, welcher Test evtl. den anderen vorzuziehen wäre.

Bei der Entscheidung für einen der vier Tests wird der Statistiker sich also meist von anderen Gesichtspunkten als dem der Güte leiten lassen müssen, wie z. B. rechentechnische Realisierbarkeit, Vorliegen von Programmen und Bestand an statistischen Tafelwerken oder anschauliche Interpretation der Teststatistik als Informationsmaß [52]. Es bietet sich natürlich an, analog zum Abschnitt 5.1.4 die Hypothese zu prüfen, daß die Parameter λ_i $(i = 1, \dots, p)$ ungefähr Null seien, z. B. $\lambda_{\max} \leqq c_0$ oder $\lambda_1^2 + \lambda_2^2 + \cdots + \lambda_p^2 \leqq d_0$ o. ä. Dies setzt jedoch die Kenntnis der Verteilung der Teststatistiken im nichtzentralen Fall voraus, um die Signifikanzgrenzen einzuhalten. Gegenwärtig ist jedoch von keinem multivariaten Test bekannt, auf welchen Kurven im Parameterraum seine Ablehnungswahrscheinlichkeit konstant, z. B. gleich α, ist. Somit gibt es, abgesehen von näherungsweisen Methoden bei großem n (siehe (28), (37)), noch keine α-Tests zum Prüfen derartiger Hypothesen.

5.1.6. Verallgemeinerungen der linearen Hypothese

A. Die kanonische Form

Wählen wir eine orthogonale Basis $c_1, \dots, c_n$ des R^n so, daß $c_1, \dots, c_r$ das zu $\mathcal{H}$ orthogonale Komplement in $\mathcal{L}$ aufspannen, $c_{r+1}, \dots, c_{r+n-l}$ orthogonal zu $\mathcal{L}$

sind und die letzten $l - r$ Vektoren in $\mathscr{H}$ liegen, dann ist ein Vektor Element von $\mathscr{L}$ genau dann, wenn — bezogen auf diese Basis — die $n - l$ „mittleren" Komponenten Null sind.

In $\mathscr{H}$ liegt er genau dann, wenn darüber hinaus auch seine ersten r Komponenten verschwinden.

Mit der durch die Vektoren c_i, $i = 1, \dots, n$, gegebenen Koordinatentransformation $Y \to \Gamma' Y$, $(\Gamma = (c_1, \dots, c_n))$, nimmt das im Abschnitt 5.1.1 beschriebene Testproblem dann die folgende *kanonische Form* an:

$$Y \mathrel{\widetilde{\in}} \left\{ N_{n\times p}\left(\begin{pmatrix} M_1 \\ \hdashline 0_{(n-l)\times p} \\ \hdashline M_3 \end{pmatrix}, \Sigma \otimes I_n\right) \,\middle|\, M_1 \in \mathfrak{M}_{r\times p},\ M_3 \in \mathfrak{M}_{(l-r)\times p},\ \Sigma \in \mathfrak{M}_p^{>} \right\}, \tag{41}$$

$$H: „M_1 = 0_{r\times p}", \tag{42}$$

$$K: „M_1 \neq 0_{r\times p}". \tag{43}$$

Die orthogonalen Transformationen, die $\mathscr{H}$ und $\mathscr{L}$ — und damit das Testproblem — invariant lassen, haben hier die Gestalt $C = \operatorname{Diag}(C_1, C_2, C_3)$, wobei $C_1 \in \mathfrak{M}_{r\times r}$, $C_2 \in \mathfrak{M}_{(n-l)\times(n-l)}$, $C_3 \in \mathfrak{M}_{(l-r)\times(l-r)}$ orthogonal sind. Die Matrizen $D \in \mathfrak{M}_{\mathscr{H}}^p$ haben die Form $D = \begin{pmatrix} 0_{r\times p} \\ \hdashline 0_{(n-l)\times p} \\ \hdashline D_3 \end{pmatrix}$, und mit $Y = \begin{pmatrix} Y_1 \\ \hdashline Y_2 \\ \hdashline Y_3 \end{pmatrix}$ sind hier $S_1 = Y_1' Y_1$ und $S_2 = Y_2' Y_2$. Obwohl jede lineare Hypothese auf eine kanonische Form gebracht werden kann, wird bei praktischen Problemen auf Grund des anfallenden Rechenaufwands davon jedoch selten Gebrauch gemacht. Wegen ihrer Übersichtlichkeit und leichten Handhabung wird die kanonische Form (41) bis (43) vor allem in theoretischen Arbeiten viel benutzt.

B. Eine Verallgemeinerung der linearen Hypothese

Wir wollen im linearen Modell (1) anstatt (3) und (4) die Hypothese

$$H: „MF \in \mathfrak{M}_{\mathscr{H}}^q" \tag{44}$$

gegen die Alternative

$$K: „MF \in \mathfrak{M}_{\mathscr{L}}^q \setminus \mathfrak{M}_{\mathscr{H}}^q" \tag{45}$$

prüfen.

F sei hier eine bekannte $(p \times q)$-Matrix vom Rang q. (Mit $F = I_p$ haben wir wieder das ursprüngliche Problem.) Wenn wir F zu einer regulären Matrix $(F \,\vdots\, G)$ ergänzen und die zufällige Variable

$$Y^* = Y(F \,\vdots\, G)$$

betrachten, erhalten wir — wieder durch den Übergang zu der in A) erwähnten neuen Basis des R^n — die kanonische Form

$$Y^* \circledsim \left\{ N_{n\times p}\left(\begin{pmatrix} M_{11} & M_{12} \\ 0_{(n-l)\times q} & 0_{(n-l)\times(p-q)} \\ M_{31} & M_{32}\end{pmatrix}, \Sigma \otimes I_n\right) \middle| M_{11} \in \mathfrak{M}_{r\times q}, M_{12} \in \mathfrak{M}_{r\times(p-q)}, \right.$$

$$\left. M_{31} \in \mathfrak{M}_{(l-r)\times q}, M_{32} \in \mathfrak{M}_{(l-r)\times(p-q)}, \Sigma \in \mathfrak{M}^{>}_{p} \right\} \tag{46}$$

$$H: „M_{11} = 0_{r\times q}“, \tag{47}$$

$$K: „M_{11} \neq 0_{r\times q}“. \tag{48}$$

Dieses Testproblem ist invariant gegenüber der Gruppe $\mathcal{G}^*$ von Transformationen g^* des Stichprobenraumes auf sich

$$g^*: Y^* \to C^*Y^*R^* + D^*.$$

wobei C^* wie oben eine orthogonale Matrix $C^* = \mathrm{Diag}\,(C_1, C_2, C_3)$ mit $C_1 \in \mathfrak{M}_{r\times r}$, $C_2 \in \mathfrak{M}_{(n-l)\times(n-l)}$, $C_3 \in \mathfrak{M}_{(l-r)\times(l-r)}$,

R^* eine reguläre $(p \times p)$-Matrix $R^* = \begin{pmatrix} R_{11} & R_{12} \\ 0_{(p-q)\times q} & R_{22}\end{pmatrix}$,

D^* eine Matrix der Gestalt $D^* = \begin{pmatrix} 0_{r\times q} & D_{12} \\ 0_{(n-l)\times q} & 0_{(n-l)\times(p-q)} \\ D_{31} & D_{32}\end{pmatrix}$

sind. Auch hier wollen wir uns auf die Klasse der invarianten Testfunktionen beschränken. Mit der Zerlegung

$$Y^* = \begin{pmatrix} Y_1^* & Z_1^* \\ Y_2^* & Z_2^* \\ Y_3^* & Z_3^* \end{pmatrix} \begin{matrix} r \\ n-l \\ l-r \end{matrix}$$
$$\qquad q \quad p-q$$

und den Bezeichnungen $S_1^* = Y_1^{*\prime} Y_1^*$, $S_2^* = Y_2^{*\prime} Y_2^*$ gilt (unter Außerachtlassung von Nullmengen) der folgende

Satz 5.1.14. *Die Statistik* $t(Y^*) = (\hat{\lambda}_1, \dots, \hat{\lambda}_q)$ *der charakteristischen Wurzeln* $0 \leqq \hat{\lambda}_1 \leqq \dots \leqq \hat{\lambda}_q$ *der Gleichung*

$$|S_1^* - \hat{\lambda} S_2^*| = 0 \tag{49}$$

ist maximal invariant gegenüber $\mathcal{G}^*$.

Beweis. Es genügt nachzuweisen, daß zu zwei Matrizen Y^* und $\tilde{Y}^*$, deren linke Blöcke übereinstimmen, stets eine derartige Transformation $g^* \in \mathcal{G}^*$ existiert, daß $\tilde{Y}^* = g^* Y^*$ ist, d. h., eine invariante Statistik hängt nur von (Y_1^*, Y_2^*, Y_3^*) und nicht von den Z_i^*,

$i = 1, \ldots, 3$, ab. Betrachtet man nun die auf dem $\mathfrak{M}_{n \times q}$ durch $\mathcal{G}^*$ induzierte Gruppe $\mathcal{G}^*_{(1)}$ der Transformationen

$$g^*_{(1)}\colon Y^*_{(1)} \to C^* Y^*_{(1)} R_{11} + D_{(1)}$$

mit $Y^*_{(1)} = \begin{pmatrix} Y^*_1 \\ \cdots \\ Y^*_2 \\ \cdots \\ Y^*_3 \end{pmatrix}$ und $D_{(1)} = \begin{pmatrix} 0_{r \times q} \\ \cdots \\ 0_{(n-l) \times q} \\ \cdots \\ D_{31} \end{pmatrix}$, so ist sofort ersichtlich, daß wir die Ergebnisse aus dem Abschnitt 5.1.2 verwenden können und als Maximalinvariante die Lösungen von $|S^*_1 - \hat{\lambda} S^*_2| = 0$ erhalten.

Es seien Y^* und $\tilde{Y}^*$ zwei Elemente des Stichprobenraums derart, daß ihre linken Blöcke übereinstimmen, d. h. $Y^*_1 = \tilde{Y}^*_1$, $Y^*_2 = \tilde{Y}^*_2$ und $Y^*_3 = \tilde{Y}^*_3$. Wählen wir $R_{12} = (Y^{*\prime}_2 Y^*_2)^{-1} \times Y^{*\prime}_2 Z^*_2$, so gilt für die beiden Blöcke Y_2 und Z_2 der Matrix $Y = Y^* R$, mit $R = \begin{pmatrix} I_q & R_{12} \\ 0_{(p-q) \times q} & I_{p-q} \end{pmatrix}$, daß $Y'_2 Z_2 = 0_{q \times (p-q)}$ ist. Ganz analog existiert ein $\tilde{R} = \begin{pmatrix} I_q & \tilde{R}_{12} \\ 0_{(p-q) \times q} & I_{p-q} \end{pmatrix}$ so, daß für $\tilde{Y} = \tilde{Y}^* R$ die Gleichung $\tilde{Y}'_2 \tilde{Z}_2 = 0_{q \times (p-q)}$ gilt. Berücksichtigen wir nun, daß stets eine reguläre $(p-q) \times (p-q)$-Matrix R_{22} so existiert, daß $R'_{22} Z'_2 Z_2 R_{22} = \tilde{Z}'_2 \tilde{Z}_2$ ist, woraus sich aus dem vorausgegangenen ergibt, daß mit $T = \text{Diag}\,(I_q, R_{22})$ auch

$$T'(Y_2 \,\vdots\, Z_2)'\,(Y_2 \,\vdots\, Z_2)\,T = (\tilde{Y}_2 \,\vdots\, \tilde{Z}_2)'\,(\tilde{Y}_2 \,\vdots\, \tilde{Z}_2)$$

ist, so haben wir für eine geeignet gewählte orthogonale Matrix $C_2 \in \mathfrak{M}_{(n-l) \times (n-l)}$ $C_2(Y_2 \,\vdots\, Z_2)\,T = (\tilde{Y}_2 \,\vdots\, \tilde{Z}_2)$ (vgl. [A 1.42]). Mit $C = \text{Diag}\,(I_r, C_2, I_{l-r})$ ist also insgesamt

$$C Y^* R T = \tilde{Y}^* \tilde{R} + D\,. \tag{50}$$

Hierbei ist $D = \begin{pmatrix} 0_{r \times q} & D_1 \\ 0_{(n-l) \times p} & \\ 0_{(l-r) \times q} & D_2 \end{pmatrix}$ derart, daß D_1 und D_2 die Differenz der entsprechenden Blöcke von CY^*RT und $\tilde{Y}^*\tilde{R}$ darstellen. Aus (50) folgt unmittelbar die Existenz eines solchen $g^* \in \mathcal{G}^*$, daß $\tilde{Y}^* = g^* Y^*$ ist. ∎

Aus diesem Satz kann man folgern, daß sämtliche Resultate der vorangegangenen Abschnitte dieses Kapitels auch für diese Form der linearen Hypothese übernommen werden können. Man muß lediglich berücksichtigen, daß S_1 und S_2 jetzt die Gestalt haben

$$S_1 = F' Y' Q_1 Y F\,,$$
$$S_2 = F' Y' Q_2 Y F\,. \tag{51}$$

M muß durch MF, Σ durch $F'\Sigma F$ und schließlich p durch q ersetzt werden.

Für die Aussagen über die Verteilung der Teststatistiken und über einige Eigenschaften der Gütefunktion, wie Monotonie in den Parametern und damit Unverfälschtheit, Konsistenz usw. ist diese Folgerung offensichtlich; die Zulässigkeit bzw. Maximin-Eigenschaften ergeben sich aus der Überlegung, daß — in der kanonischen Form — beim Vorliegen von Parametern (M, Σ) der Art $M = (M_{(1)} \,\vdots\, 0_{r \times (p-q)})$, $\Sigma = \text{Diag}\,(\Sigma_{11}, I_{p-q})$ zu jedem Test ψ der nur von

$Y_{(1)}$ $(= YF)$ abhängige Test

$$\psi^*(Y^*) = \int \psi(Y_{(1)}, Y_{(2)})\, \mathrm{d}N^{0,I}_{n\times(p-q)}(Y_{(2)})$$

konstruiert werden kann, der die gleiche Güte wie ψ besitzt.

C. Das Potthoff-Roy-Modell

Wir betrachten das Modell

$$\boldsymbol{Y} \stackrel{\frown}{\sim} N[\mathfrak{M} \times \mathfrak{V}^p_{I_n}] \tag{52}$$

mit

$$\mathfrak{M} = \left\{ M = \underset{\textstyle\quad t \quad\; q \quad p-t-q}{\begin{pmatrix} 0 & M_{12} & M_{13} \\ 0 & 0 & 0 \\ 0 & M_{32} & M_{33} \end{pmatrix}} \begin{matrix} r \\ n-l \\ l-r \end{matrix} \;\middle|\; M_{12} \in \mathfrak{M}_{r\times q}, \ldots, M_{33} \in \mathfrak{M}_{(l-r)\times(p-t-q)} \right\} \tag{53}$$

Zu prüfen ist die Hypothese

$$H: \text{„}M_{12} = 0_{r\times q}\text{“} \tag{54}$$

gegen die Alternative

$$K: \text{„}M_{12} \neq 0_{r\times q}\text{“}\,. \tag{55}$$

Solche in kanonischer Form vorliegenden Testprobleme ergeben sich durch reguläre Transformationen aus dem von R. F. Potthoff und S. N. Roy [53] eingeführten normalen Regressionsmodell mit $E_\vartheta \boldsymbol{Y} = XBG$ beim Prüfen von H: „$ABF = 0_{r\times q}$“ gegen K: „$ABF \neq 0_{r\times q}$“. Hierbei sind $X \in \mathfrak{M}^l_{n\times l}$, $G \in \mathfrak{M}^{p-t}_{(p-t)\times p}$, $A \in \mathfrak{M}^r_{r\times l}$, $F \in \mathfrak{M}^q_{(p-t)\times q}$ bekannte Matrizen und $B \in \mathfrak{M}_{l\times(p-t)}$ unbekannt.

Das in (52)—(55) angegebene Testproblem ist invariant gegenüber der Gruppe $\tilde{\mathfrak{G}}$ der Transformationen

$$\tilde{g}: Y \to \tilde{C} Y \tilde{R} + \tilde{D} \tag{56}$$

mit

$$\tilde{C} = \underset{\textstyle r \quad n-l \quad l-r}{\begin{pmatrix} C_1 & 0 & 0 \\ 0 & C_2 & 0 \\ 0 & 0 & C_3 \end{pmatrix}} \begin{matrix} r \\ n-l \\ l-r \end{matrix} \quad \text{orthogonal,}$$

$$\tilde{R} = \underset{\textstyle t \quad q \quad p-t-q}{\begin{pmatrix} R_{11} & R_{12} & R_{13} \\ 0 & R_{22} & R_{23} \\ 0 & 0 & R_{33} \end{pmatrix}} \begin{matrix} t \\ q \\ p-t-q \end{matrix} \quad \text{regulär,}$$

$$D = \underset{\textstyle t \quad q \quad p-t-q}{\begin{pmatrix} 0 & 0 & D_{13} \\ 0 & 0 & 0 \\ 0 & D_{32} & D_{33} \end{pmatrix}} \begin{matrix} r \\ n-l \\ l-r \end{matrix}$$

Die Beschreibung einer maximal invarianten Statistik erweist sich im allgemeinen als zu kompliziert, um sie zur Charakterisierung der Klasse der invarianten Tests gebrauchen zu können.

Für den speziellen Fall $r = 1$, $l - r = 0$ erhalten wir durch einfache Überlegungen, ähnlich denen im Beweis von Satz 5.1.14 als Maximalinvariante die Statistik $(\hat{\zeta}_1, \hat{\zeta}_2)$, wobei

$$\hat{\zeta}_1 = Y_{11}(Y'_{21}Y_{21})^{-1}\,Y'_{11}$$

und

$$\hat{\zeta}_2 = (Y_{11} \mid Y_{12}) \begin{pmatrix} Y'_{21}Y_{21} & Y'_{21}Y_{22} \\ Y'_{22}Y_{21} & Y'_{22}Y_{22} \end{pmatrix}^{-1} \begin{pmatrix} Y'_{11} \\ Y'_{12} \end{pmatrix}.$$

Hier bezeichnen die Y_{tj} die Blöcke von Y entsprechend der Aufteilung in (53). Die Verteilung dieser Statistik hängt nur von dem Parameter

$$\delta = (0_{r\times t} \mid M_{12})\,\Sigma^{-1} \begin{pmatrix} 0_{t\times r} \\ M'_{12} \end{pmatrix} = M_{12}\Sigma^{-1}_{22\cdot 1}M'_{12}$$

ab, wobei

$$\Sigma_{22\cdot 1} = \Sigma_{22} - \Sigma_{21}\Sigma^{-1}_{11}\Sigma_{12} \tag{57}$$

ist [54].

Anders als in dem in Abschnitt 5.1.4 behandelten Fall existiert hier kein gleichmäßig bester invarianter Test zum Prüfen der Hypothese „$M_{12} = 0_{r\times q}$". M. Behara und N. Giri [54] wiesen nach, daß der auf der Teststatistik $\dfrac{\hat{\zeta}_1}{1+\hat{\zeta}_1} + \dfrac{n-l+1-t}{q}\,\dfrac{\hat{\zeta}_2}{1+\hat{\zeta}_2}$ beruhende α-Test für hinreichend kleine Werte von δ einen besten invarianten Test darstellt, der bezüglich der Güte gewisse Maximin-Eigenschaften in der Klasse aller α-Tests besitzt. Für hinreichend große Werte von δ hingegen besitzt der Test mit dem kritischen Bereich

$$\frac{\hat{\zeta}_1}{1+\hat{\zeta}_1} + \frac{\hat{\zeta}_2}{1+\hat{\zeta}_2} > c_\alpha$$

diese Eigenschaften.

Es sei an dieser Stelle vermerkt, daß die sich in Analogie zum Modell (41) anbietenden Tests, welche auf den charakteristischen Wurzeln der Gleichung $|Y'_{12}Y_{12} - \hat{\lambda}Y'_{22}Y_{22}| = 0$ beruhen, nicht invariant sind. Ein Zugang zur Behandlung des Testproblems (52)—(55) wurde von C. R. Rao [55] beschritten. Entsprechend den Ergebnissen im vorigen Abschnitt können wir bei der Betrachtung von invarianten Testfunktionen die letzten $p - t - q$ Spalten der Variablen Y vernachlässigen. Den Block der ersten t Spalten bezeichnen wir mit X und die nächsten q Spalten mit Z. Es gilt

$$\boldsymbol{X} \sim N_{n\times t}(0, \Sigma_{11} \otimes I_n)\,,$$

$$\boldsymbol{Z} \sim N_{n\times q}(M_{(2)}, \Sigma_{22} \otimes I_n)\,,$$

mit $M_{(2)} = \begin{pmatrix} M_{12} \\ \hdashline 0_{(n-l)\times q} \\ \hdashline M_{32} \end{pmatrix}$, und als bedingte Verteilung von $\boldsymbol{Z}$ bei festem X erhalten wir (vgl. [A 2.11])

$$\boldsymbol{Z} \mid X \sim N_{n\times q}(M_{(2)} + X\Sigma_{11}^{-1}\Sigma_{12}, \Sigma_{22\cdot 1}) . \tag{58}$$

Da Σ_{11} und Σ_{12} nicht festgelegt sind, führt (58) zum Modell

$$\boldsymbol{Z} \mid X \circeq N[\mathfrak{M}^q_{\mathcal{Y}+\mathfrak{R}(X)} \times \mathcal{V}^q_{I_n}] \tag{59}$$

mit

$$\mathfrak{M}^q_{\mathcal{Y}+\mathfrak{R}(X)} = \left\{ \begin{pmatrix} M_{12} \\ \hdashline 0_{(n-l)\times q} \\ \hdashline M_{32} \end{pmatrix} + X\Sigma_{11}^{-1}\Sigma_{12} \mid M_{12} \in \mathfrak{M}_{r\times q}, M_{32} \in \mathfrak{M}_{(l-r)\times q}, \Sigma_{11} \in \mathfrak{M}_t^{>}, \Sigma_{12} \in \mathfrak{M}_{t\times q} \right\}.$$

Unter der Hypothese (54) haben wir entsprechend

$$\boldsymbol{Z} \mid X \circeq N[\mathfrak{M}^q_{\mathcal{H}+\mathfrak{R}(X)} \times \mathcal{V}^q_{I_n}] . \tag{60}$$

Wenden wir nun auf das durch (59), (60) bestimmte Testproblem einen der im Abschnitt 5.1.5 beschriebenen Tests an, so ist leicht nachzuprüfen, daß dieser invariant unter der Transformationsgruppe $\tilde{\mathcal{G}}$ ist.

Die Hypothese (54) wird bei Anwendung dieser Tests somit abgelehnt, wenn

$$T_X(Z) > c_{\alpha, X} , \tag{61}$$

wobei sich $T_X(Z)$ aus den erwähnten Teststatistiken durch Ersetzen von Y durch Z und $\mathcal{L}$ bzw. $\mathcal{H}$ durch $\mathcal{L} + \mathfrak{R}(X)$ bzw. $\mathcal{H} + \mathfrak{R}(X)$ ergibt. Der Wert von $c_{\alpha, X}$ ist so beschaffen, daß bei gegebenem X der Test (61) stets das Signifikanzniveau α besitzt. Somit ist auch der unbedingte Test (61) ein α-Test. Es sei hier vermerkt, daß auch ein Test mit dem kritischen Gebiet

$$T_X(Z) > c_\alpha \tag{62}$$

denkbar ist, wobei c_α nicht von X abhängen soll. Jedoch gestaltet sich die Berechnung der Signifikanzpunkte c_α schwierig, da die unbedingte Verteilung der Statistik $T_X(\boldsymbol{Z})$ nicht bekannt ist.

Die bedingte Verteilung von $T_X(\boldsymbol{Z})$ unter der Alternative — und damit die bedingte Güte des Tests (61) — hängt von X, oder genauer von $\mathfrak{R}(X)$ ab; die (unbedingte) Güte zu berechnen, gelang bisher noch nicht. Die (unbedingte) Konsistenz (in den charakteristischen Wurzeln von $M_{12}\Sigma_{22\cdot 1}^{-1}M'_{12}$) und die (unbedingte) Unverfälschtheit lassen sich aus den entsprechenden Sätzen in Abschnitt 5.1.5 übertragen, Monotonieeigenschaften und Fragen der Zulässigkeit sind bislang ungeklärt.

Eine andere Klasse von Tests wurde von Y. Fujikoshi [56] untersucht.

Die Matrizen $E, H \in \mathfrak{M}^{\geqq}_{n-l+r}$ seien definiert durch

$$E = \begin{pmatrix} 0_{r\times r} & \vdots & 0_{r\times(n-l)} \\ \hdashline 0_{(n-l)\times r} & \vdots & I_{n-l} - Y_{21}(Y'_{21}Y_{21})^{-1}Y'_{21} \end{pmatrix},$$

$$H = (I_r \mid -Y_{11}(Y'_{21}Y_{21})^{-1}Y'_{21})'(I_r + Y_{11}(Y'_{21}Y_{21})^{-1}Y'_{11})^{-1}$$
$$(I_r \mid -Y_{11}(Y'_{21}Y_{21})^{-1}Y'_{21}) .$$

Setzen wir weiterhin

$$S_{(1)} = (Y'_{12} \vdots Y'_{22})\, H \begin{pmatrix} Y_{12} \\ \cdots \\ Y_{22} \end{pmatrix}$$

und

$$S_{(2)} = (Y'_{12} \vdots Y'_{22})\, E \begin{pmatrix} Y_{12} \\ \cdots \\ Y_{22} \end{pmatrix},$$

so können formal Tests, die auf den charakteristischen Wurzeln der Gleichung

$$|S_{(1)} - \hat{\lambda} S_{(2)}| = 0 \tag{63}$$

beruhen, zum Prüfen der Hypothese (54) angewandt werden. Unschwer ist nachzuprüfen, daß diese Tests invariant gegenüber $\tilde{\mathscr{G}}$ sind, als Konsequenz ergibt sich daraus (vgl. Satz 5.1.3), daß bei der Berechnung der Verteilung der Wurzeln von (63) der Fall $\Sigma = I_p$ angenommen werden kann. Auf Grund der Idempotenz von E und H sowie wegen $HE = 0_{(n-l+r)\times(n-l+r)}$ entsprechen unter der Hypothese die bedingten Verteilungen von $\mathbf{S}_{(1)}$ und $\mathbf{S}_{(2)}$ bei gegebenem Y_{11}, Y_{21} – und damit auch die unbedingten Verteilungen – denen von zwei stochastisch unabhängigen WISHART-Variablen

$$\mathbf{S}_{(1)} \sim W_q(r, I_q)\,,$$

$$\mathbf{S}_{(2)} \sim W_q(n - l - t, I_q)\,.$$

Die Verteilung der üblichen Teststatistiken kann somit dem Abschnitt 5.1.5 entnommen werden.

Darüber hinaus konnte Y. FUJIKOSHI [56] die Monotonie der (unbedingten) Gütefunktionen der im Abschnitt 5.1.5 behandelten Tests in den Parametern $\lambda_1, \ldots, \lambda_q$ aufzeigen; die λ_i, $i = 1, \ldots, q$, bezeichnen hierbei die charakteristischen Wurzeln von $M'_{12}M_{12}\Sigma_{22\cdot1}^{-1}$.

5.2. Tests in speziellen Modellen

Wir wollen in diesem Abschnitt spezielle Testprobleme betrachten, wenn im Modell

$$\mathbf{Y} \circledsim N[\mathfrak{M}_{\mathscr{L}}^p \times \mathcal{V}_{I_n}^p]$$

eine Matrix $X \in \mathfrak{M}_{n\times k}^{l}$ gegeben ist mit $\mathscr{L} = \mathscr{R}(X)$, $\dim \mathscr{L} = r[X] = l \leqq k$ und $\mathcal{V}_{I_n}^p = \{\Sigma \otimes I_n \mid \Sigma \in \mathfrak{M}_p^{>}\}$, d. h.

$$\mathbf{Y} \circledsim N[\mathfrak{M}^p(X) \times \mathcal{V}_{I_n}^p]\,. \tag{1}$$

Dann hat jedes Element $M \in \mathfrak{M}_{\mathscr{L}}^p$ eine Darstellung der Form $M = XB$ mit einem geeigneten $B \in \mathfrak{M}_{k\times p}$. In diesem „parametrisierten Modell" werden wir Testprobleme über die unbekannte Erwartungswertmatrix $M = XB \in \mathfrak{M}^p(X)$ der zufälligen Matrix $\mathbf{Y}$ der Gestalt

$$H\colon \text{„}ABF = G\text{"} \quad \text{gegen} \quad K\colon \text{„}ABF \neq G\text{"} \tag{2}$$

untersuchen, wobei A, F und G bekannte Matrizen geeigneter Dimensionen sind. Wir werden zeigen, daß unter sehr allgemeinen Voraussetzungen diese Testprobleme Spezialfälle des im Abschnitt 5.1.6 behandelten Testproblems sind und werden die dort hergeleiteten Ergebnisse zur Konstruktion von Tests ausnutzen (Abschnitt 5.2.1). Im Abschnitt 5.2.2 werden die Ergebnisse im Spezialfall orthogonaler Modelle hergeleitet. Eine Reihe von Beispielen wird im Abschnitt 5.2.3 angegeben. Schließlich werden wir im Abschnitt 5.2.4 den Stichprobenumfang n wachsen lassen und die Konsistenz der vier gebräuchlichsten Tests des Problems (2) im Folgenmodell $\mathcal{M}_{\Theta_s}^N$ (vgl. Abschnitt 2.4.) beweisen. Außerdem werden wir unter gewissen Voraussetzungen die asymptotischen Verteilungen der gebräuchlichsten Teststatistiken im Folgenmodell $\mathcal{M}_{\Theta_s}$ unter der Hypothese angeben und die Konsistenz der so erhaltenen asymptotischen Tests zeigen.

Eine Erzeugendenmatrix X des Raumes $\mathcal{L}$ kennt man in vielen praktischen Problemen.

Sei z. B. y ein p-dimensionaler normalverteilter Zufallsvektor, von dem bekannt ist, daß jede Komponente seines Erwartungswertvektors linear von k Größen $x_1, \ldots, x_k$ abhängt. Seine Kovarianzmatrix $\Sigma \in \mathfrak{M}_p^>$ sei unbekannt. Wenn wir n unabhängige Beobachtungen $y_i' = (y_{i1}, \ldots, y_{ip})$ an den Stellen $x_{i1}, \ldots, x_{ik}$, $i = 1, \ldots, n$, haben, dann ist

$$Y = \begin{pmatrix} y_1' \\ \vdots \\ y_n' \end{pmatrix}$$

normalverteilt mit einer Erwartungswertmatrix XB und einer Kovarianzmatrix $\Sigma \otimes I_n$, wobei $X = ((x_{ij})) \in \mathfrak{M}_{n \times k}$ eine bekannte Matrix und $B \in \mathfrak{M}_{k \times p}$ ein unbekannter Parameter ist. Dann liegt also das Modell (1) vor.

5.2.1. Problemformulierung und Tests

Aus (1) folgt, daß die Verteilung von Y nur vom Parameter $\vartheta := (B, \Sigma) \in \mathfrak{M}_{k \times p} \times \mathfrak{M}_p^> =: \Theta$ abhängt und daß für die durch $\vartheta \in \Theta$ bestimmte Verteilung $E_\vartheta Y = XB$ und $D_\vartheta Y = \Sigma \otimes I_n$ gilt. Im folgenden benutzen wir die Bezeichnung $M(\vartheta) := E_\vartheta Y = XB$.

Es seien $A \in \mathfrak{M}_{r \times k}^r$, $F \in \mathfrak{M}_{p \times q}^q$ und $G \in \mathfrak{M}_{r \times q}$ bekannte Matrizen. Wir betrachten das Testproblem

$$H: „M(\vartheta) \in \{M = XB \mid B \in \mathfrak{M}_{k \times p}: ABF = G\} =: \mathfrak{M}_H\text{“}$$

gegen (3)

$$K: „M(\vartheta) \in \{M = XB \mid B \in \mathfrak{M}_{k \times p}: ABF \neq G\} =: \mathfrak{M}_K\text{“}.$$

Dafür schreiben wir kurz

$$H: „ABF = G\text{“} \quad \text{gegen} \quad K: „ABF \neq G\text{“}.$$

Testprobleme dieser Gestalt wurden z. B. von D. F. Morrison [57] betrachtet. Die Rangvoraussetzungen an A und F stellen keine Einschränkung der Allgemeinheit dar. Falls F^{-1} existiert, erhalten wir als Spezialfall von (3) das Testproblem

$$H: „AB = \tilde{G}\text{“} \quad \text{gegen} \quad K: „AB \neq \tilde{G}\text{“}$$

mit $\tilde{G} = GF^{-1}$.

Das Testproblem (3) ist nur sinnvoll, wenn

(I) $ABF = G$ lösbar ist, d. h. $\mathfrak{M}_H \neq \emptyset$,

(II) ein $B \in \mathfrak{M}_{k \times p}$ existiert mit $ABF \neq G$, d. h. $\mathfrak{M}_K \neq \emptyset$,

(III) $\mathfrak{M}_H \cap \mathfrak{M}_K = \emptyset$. Falls $\mathfrak{M}_H \cap \mathfrak{M}_K \neq \emptyset$ ist, kann $\boldsymbol{Y}$ eine Verteilung mit einer Erwartungswertmatrix $M(\vartheta)$ besitzen, die sowohl der Hypothese $(M(\vartheta) \in \mathfrak{M}_H)$ als auch der Alternative $(M(\vartheta) \in \mathfrak{M}_K)$ genügt. Dann ist es sinnlos, darüber entscheiden zu wollen, ob $M(\vartheta) \in \mathfrak{M}_H$ oder $M(\vartheta) \in \mathfrak{M}_K$ gilt.

(I) und (II) wollen wir stets voraussetzen.

Definition 5.2.1. *Das Problem* (3) *heißt testbar (im Modell* (1)*), wenn* $\mathfrak{M}_H \cap \mathfrak{M}_K = \emptyset$ *gilt.*

Satz 5.2.1. *Das Problem* (3) *ist genau dann testbar, wenn aus* $XB = X\tilde{B}$ *stets* $ABF = A\tilde{B}F$ *folgt, d. h. wenn* $\gamma(\vartheta) = ABF$ *verteilungsidentifizierbar ist.*

Beweis. Angenommen es existieren Matrizen B, $\tilde{B}$ aus $\mathfrak{M}_{k \times p}$ so, daß $XB = X\tilde{B}$ aber $ABF \neq A\tilde{B}F$ gilt. Sei B_0 eine Lösung des Gleichungssystems $ABF = G$. Für $B_1 := (B - \tilde{B} + B_0)$ gilt dann $XB_0 = XB_1$ und $AB_0F = G \neq AB_1F$. Folglich ist $M_0 := XB_0 \in \mathfrak{M}_H \cap \mathfrak{M}_K \neq \emptyset$. Umgekehrt folgt aus der Verteilungsidentifizierbarkeit von $\gamma(\vartheta) = ABF$ sofort die Testbarkeit des Problems (3). ■

Aus Satz 5.2.1 und Bemerkung 3 im Abschnitt 2.2.1 folgt, daß (3) genau dann testbar ist, wenn $A' \in \mathfrak{M}^r(X')$ gilt. Wir wollen daher im folgenden stets

$$A' \in \mathfrak{M}^r(X') = \mathfrak{M}^r(X'X) \tag{4}$$

voraussetzen (vgl. [A 1.39]). Wenn $r[X] = k$ ist, dann gilt $A' \in \mathfrak{M}^r(X')$ für jedes $A \in \mathfrak{M}_{r \times k}$, und jedes Testproblem der Gestalt (3) ist testbar.

Wir wollen zunächst den Spezialfall $G = 0_{r \times q}$ betrachten.

a) $\boldsymbol{H}$: **„$\boldsymbol{ABF = 0_{r \times q}}$“ gegen $\boldsymbol{K}$: „$\boldsymbol{ABF \neq 0_{r \times q}}$“,**
d. h., wir betrachten das Problem

$$H: „M(\vartheta) \in \{M = XB \mid B \in \mathfrak{M}_{k \times p}: ABF = 0_{r \times q}\} = \mathfrak{M}_H\text{“}$$

gegen (5)

$$K: „M(\vartheta) \in \{M = XB \mid B \in \mathfrak{M}_{k \times p}: ABF \neq 0_{r \times q}\} = \mathfrak{M}_K\text{“}$$

Lemma 5.2.1. *Wenn* $M(\vartheta) \in \mathfrak{M}^p(X)$ *und* $A' \in \mathfrak{M}^r(X')$, *dann gilt* $M(\vartheta) \in \mathfrak{M}_H$ *genau dann, wenn* $M(\vartheta)\, F \in \mathfrak{M}^q(XD)$, *wobei* $D := (I_k - A'(AA')^{-1} A)$ *ist.*

Beweis. Sei $M(\vartheta) \in \mathfrak{M}_H$, d. h. $M(\vartheta) = XB$, $ABF = 0_{r \times q}$. Dann folgt $Bf_j \in \mathcal{N}(A) = \mathcal{R}(I_k - A'(AA')^{-1} A) = \mathcal{R}(D)$ und $M(\vartheta) f_j = XBf_j \in \mathcal{R}(XD)$ für alle $j = 1, \dots, q$ und

$F = (f_1, \dots, f_q)$. Daraus folgt $M(\vartheta) F \in \mathfrak{M}^q(XD)$. Sei jetzt $M(\vartheta) = XB$ und $M(\vartheta) F \in \mathfrak{M}^q(XD)$. Nach Voraussetzung existiert ein $C \in \mathfrak{M}_{r\times n}$ mit $A = CX$. Daraus erhält man $ABF = CXBF = CM(\vartheta) F = CXDF = ADF = 0_{r\times q}$, d. h. $M(\vartheta) \in \mathfrak{M}_H$. ■

Sei $\mathscr{H} := \mathscr{R}(XD)$. Man prüft leicht nach, daß $\mathscr{H}$ ein linearer Unterraum der Dimension $l - r$ von $\mathscr{L} = \mathscr{R}(X)$ ist (vgl. [A 1.34]). Mit Hilfe von Lemma 5.2.1 können wir das Problem (5) auch in der Gestalt

$$H: \text{„}M(\vartheta) F \in \mathfrak{M}^q_{\mathscr{H}}\text{“}$$

gegen (6)

$$K: \text{„}M(\vartheta) F \in \mathfrak{M}^q_{\mathscr{L}} \setminus \mathfrak{M}^q_{\mathscr{H}}\text{“}$$

formulieren. Damit haben wir das Problem (5) auf ein Testproblem mit linearer Hypothese zurückgeführt (vgl. S. 202).

Wir können also die Ergebnisse aus Abschnitt 5.1.6 anwenden und Tests angeben, die auf den charakteristischen Wurzeln der Determinantengleichung

$$|S_1 - \hat{\lambda} S_2| = 0 \tag{7}$$

basieren, wobei

$$\begin{aligned} S_1 &= F'Y'Q_1YF\,, \\ S_2 &= F'Y'Q_2YF\,, \\ Q_1 &= P_{\mathscr{R}(X)} - P_{\mathscr{H}} = P - P_{\mathscr{H}}\,, \\ Q_2 &= I_n - P_{\mathscr{R}(X)} = I_n - P \end{aligned} \tag{8}$$

gilt und $P := P_{\mathscr{R}(X)}$ bzw. $P_{\mathscr{H}}$ Projektionsmatrizen auf die Räume $\mathscr{L} = \mathscr{R}(X)$ bzw. $\mathscr{H} = \mathscr{R}(XD)$ sind.

Nach [A 1.23] kann man

$$P = X(X'X)^- X'\,, \qquad P_{\mathscr{H}} = XD(D'X'XD)^- D'X' \tag{9}$$

wählen. Eine andere Wahl der Projektionsmatrix $P_{\mathscr{H}}$ ist nach [A 1.34]

$$P_{\mathscr{H}} = X(X'X)^- X' - X(X'X)^- A'[A(X'X)^- A']^{-1} A(X'X)^- X'\,. \tag{10}$$

Man kann auf die Benutzung verallgemeinerter Inverser verzichten, wenn man [A 1.34] berücksichtigt. Ohne Beschränkung der Allgemeinheit sei

$$X = (X_1 \mid X_2) \in \mathfrak{M}^l_{n\times k}\,, \quad X_1 \in \mathfrak{M}^l_{n\times l} \quad \text{und} \quad A = (A_1 \mid A_2)\,, \quad A_1 \in \mathfrak{M}^l_{r\times l}\,.$$

Dann kann man als Projektionsmatrizen

$$P = X_1(X_1'X_1)^{-1} X_1'$$

und

$$P_{\mathscr{H}} = X_1(X_1'X_1)^{-1} X_1' - X_1(X_1'X_1)^{-1} A_1'[A_1(X_1'X_1)^{-1} A_1']^{-1} A_1(X_1'X_1)^{-1} X_1'$$

wählen.

Wenn wir die Bezeichnungen

$$\begin{aligned} T &:= X'X\,, \\ \hat{B} &= (X'X)^- X'Y = T^-X'Y \end{aligned} \tag{11}$$

und

$$\hat{\gamma} = A\hat{B}F$$

benutzen, folgt aus (8), (9) und (10)

$$S_1 = (A\hat{B}F)' [AT^- A']^{-1} A\hat{B}F = \hat{\gamma}'[AT^- A']^{-1} \hat{\gamma} , \quad (12)$$

$$S_2 = F'(Y - X\hat{B})' (Y - X\hat{B}) F . \quad (13)$$

Analog wie in Abschnitt 5.1.3 kann man zeigen, daß $\boldsymbol{S}_1$ und $\boldsymbol{S}_2$ stochastisch unabhängig sind und

$$\boldsymbol{S}_2 \sim W_q(n - l, F'\Sigma F) \qquad (\vartheta \in \Theta)$$

und unter H

$$\boldsymbol{S}_1 \sim W_q(r, F'\Sigma F)$$

gilt (vgl. S. 184). Daraus folgt insbesondere, daß $\boldsymbol{S}_2 \in \mathfrak{M}_q^>$ mit Wahrscheinlichkeit 1 gilt, d. h. S_2^{-1} existiert für fast alle $Y \in \mathfrak{M}_{n\times p}$.

Wir wollen jetzt unser ursprüngliches Testproblem (3) mit $G \neq 0_{r\times q}$ betrachten.

b) ***H*: „*ABF* = *G*" gegen *K*: „*ABF* ≠ *G*"**

Nach Voraussetzung (I) existiert ein B_0 mit $AB_0F = G$. Dann ist (1) äquivalent zu

$$\tilde{\boldsymbol{Y}} := (\boldsymbol{Y} - XB_0) \circleddash N[\mathfrak{M}^p(X) \times \mathcal{V}^p_{I_n}] , \quad (14)$$

und das Testproblem (3) ist äquivalent zu

$$H: „E_\vartheta \tilde{\boldsymbol{Y}} =: \tilde{M}(\vartheta) \in \{M = XB \mid B \in \mathfrak{M}_{k\times p}: ABF = 0_{r\times q}\}"$$

gegen

$$K: „\tilde{M}(\vartheta) \in \{M = XB \mid B \in \mathfrak{M}_{k\times p}: ABF \neq 0_{r\times q}\} .$$

Damit haben wir unser ursprüngliches Problem (3) im Modell (1) auf ein äquivalentes Testproblem der Gestalt (5) im Modell (14) zurückgeführt, und wir können die Ergebnisse aus a) benutzen, indem wir Y durch $\tilde{Y}$ ersetzen. Die Tests basieren dann auf den charakteristischen Wurzeln der Gleichung

$$|S_1 - \hat{\lambda} S_2| = 0$$

mit

$$S_1 = F'\tilde{Y}'Q_1\tilde{Y}F = F'(Y - XB_0)' Q_1(Y - XB_0) F ,$$

$$S_2 = F'\tilde{Y}'Q_2\tilde{Y}F = F'(Y - XB_0)' Q_2(Y - XB_0) F ,$$

wobei Q_1 und Q_2 wie in (8) definiert sind. Aus $PXB_0 = XB_0$ und (10) folgt unter Ausnutzung von $AT^- X'X = A$ für alle $A' \in \mathfrak{M}^r(X'X)$

$$\begin{aligned} S_1 &= (AT^- X'(Y - XB_0) F)' [AT^- A']^{-1} AT^- X'(Y - XB_0) F \\ &= (A\hat{B}F - AB_0F)' [AT^- A']^{-1} (A\hat{B}F - AB_0F) \\ &= (\hat{\gamma} - G)' [AT^- A']^{-1} (\hat{\gamma} - G) \end{aligned} \quad (15)$$

und

$$S_2 = F'(Y - XB_0)' (I_n - P) (Y - XB_0) F$$
$$= F'Y'(I_k - XT^-X') YF = F'(Y - X\hat{B})' (Y - X\hat{B}) F , \qquad (16)$$

d. h., S_1 und S_2 sind unabhängig von dem gewählten B_0. Folglich sind auch die Tests unabhängig von B_0.

Wir wollen nun noch das Problem

c) $\boldsymbol{H}$: „$\boldsymbol{A_1 B_{11} F_1 = G}$" gegen $\boldsymbol{K}$: „$\boldsymbol{A_1 B_{11} F_1 \neq G}$"

betrachten, wobei B_{11} o. B. d. A. die linke obere $(k_1 \times p_1)$-Matrix von B ist, d. h.

$$B = \begin{pmatrix} B_{11} & B_{12} \\ B_{21} & B_{22} \end{pmatrix},$$

und $A_1 \in \mathfrak{M}^r_{r \times k_1}$, $F_1 \in \mathfrak{M}^q_{p_1 \times q}$ bekannte Matrizen sind.

Dieses Testproblem läßt sich auf das Problem (3) zurückführen mit

$$A = (A_1 \mid 0_{r \times (k - k_1)}) \qquad \text{und} \qquad F = \begin{pmatrix} F_1 \\ 0_{(p - p_1) \times q} \end{pmatrix}.$$

In 5.1 wurden verschiedene Tests, basierend auf den Lösungen $\hat{\lambda}$ von (7), vorgeschlagen. Die wichtigsten Tests sind der HOTELLING-, WILKS-, PILLAI- und ROY-Test (vgl. S. 191). Zur Wahl eines Testes und dessen Eigenschaften siehe Abschnitt 5.1.

Bemerkung. Wir betrachten jetzt im univariaten Verteilungsmodell

$$\boldsymbol{y} \circledast N[\mathcal{R}(X) \times \mathcal{V}^1_{I_n}]$$

das Testproblem

$$H: „A\beta = 0_r" \quad \text{gegen } K: „A\beta \neq 0_r" ,$$

wobei wir $A' \in \mathfrak{M}^r(X')$ voraussetzen. Das Testproblem ist äquivalent zu

$$H: „E_\vartheta \boldsymbol{y} =: \mu \in \mathcal{H} := \{X\beta \mid \beta \in R^k: A\beta = 0_r\}"$$

gegen

$$K: „\mu \in \mathcal{K} := \{X\beta \mid \beta \in R^k: A\beta \neq 0_r\}" .$$

Im Abschnitt 5.1.4 A wurde gezeigt, daß $\frac{n - l}{r} \hat{\lambda} = \frac{n - l}{r} \frac{\boldsymbol{S}_1}{\boldsymbol{S}_2}$ unter H eine $F_{r,n-l}$-Verteilung und unter K eine $F_{r,n-l;\psi^2}$-Verteilung mit dem Nichtzentralitätsparameter

$$\psi^2 = \frac{1}{\sigma^2} \mu' Q_1 \mu = \frac{1}{\sigma^2} (X\beta)' (P - P_{\mathcal{H}}) (X\beta)$$

besitzt. Mit (10) und unter Berücksichtigung von $A(X'X)^- X'X = A$ folgt

$$\psi^2 = \frac{1}{\sigma^2} \beta' X'(X(X'X)^- A'[A(X'X)^- A']^{-1} A(X'X)^- X') X\beta$$
$$= \frac{1}{\sigma^2} (A\beta)' [A(X'X)^- A']^{-1} (A\beta) . \qquad (17)$$

5.2.2. Tests in orthogonalen Modellen

Definition 5.2.2. *Das Modell* (1) *heißt orthogonal, falls* $X'X = \operatorname{Diag}[d_1, \dots, d_k]$ *gilt.*

Wir wollen jetzt das Testproblem (3) in einem orthogonalen Modell betrachten. O. B. d. A. sei $X = (X_1 \mid X_2)$, $l = r[X] = r[X_1]$, $X_1 \in \mathfrak{M}_{n \times l}$ und

$$X'X = \operatorname{Diag}[D_l, 0_{(k-l)\times(k-l)}], \quad D_l := \operatorname{Diag}[d_1, \dots, d_l] \text{ und } d_i \neq 0, \quad i = 1, \dots, l.$$

Insbesondere kann man $(X'X)^- = \operatorname{Diag}[D_l, 0_{(k-l)\times(k-l)}]$ wählen und erhält aus (11), (15) und (16)

$$\hat{B} = \begin{pmatrix} \hat{B}_1 \\ \hdashline 0_{(k-l)\times p} \end{pmatrix} \quad \text{mit} \quad \hat{B}_1 = D_l^{-1} X_1' Y,$$

$$S_1 = (A_1 \hat{B}_1 F - G)' [A_1 D_l^{-1} A_1']^{-1} (A_1 \hat{B}_1 F - G),$$
$$S_2 = F'(Y - X_1 \hat{B}_1)' (Y - X_1 \hat{B}_1) F, \tag{18}$$

wobei $A = (A_1 \mid A_2)$, $A_1 \in \mathfrak{M}_{r \times l}$ gilt.

Falls $D_l = I_l$ gilt, so folgt insbesondere

$$\hat{B}_1 = X_1' Y,$$
$$S_1 = (A_1 \hat{B}_1 F - G)' [A_1 A_1']^{-1} (A_1 \hat{B}_1 F - G), \tag{19}$$
$$S_2 = F'(Y - X_1 \hat{B}_1)' (Y - X_1 \hat{B}_1) F.$$

Bei orthogonalen Modellen verringert sich der Rechenaufwand und die Zeilenvektoren von $\hat{\boldsymbol{B}}_1$ sind stochastisch unabhängig.

Jedes Testproblem (3) läßt sich auf ein Testproblem in einem orthogonalen Modell zurückführen. Sei $U = (U_1 \mid U_2) \in \mathfrak{M}_{n \times l}$ eine Matrix derart, daß die Spalten von $U_1 \in \mathfrak{M}_{n \times (l-r)}$ ein orthogonales Basissystem von $\mathscr{H} = \mathscr{R}(XD)$ $(D = I_k - A'(AA')^{-1} A)$ und die Spalten von U ein orthogonales Basissystem von $\mathscr{L} = \mathscr{R}(X)$ bilden und $U'U = I_l$ gilt. Sei B_0 eine Lösung von $ABF = G$. Dann gilt

$$\tilde{\boldsymbol{Y}} := (\boldsymbol{Y} - XB_0) \circleddash N[\mathfrak{M}^p(U) \times \mathcal{V}^p_{I_n}]$$

und

$$H: „E_\vartheta \tilde{\boldsymbol{Y}} F \in \mathfrak{M}^q_{\mathscr{H}}“ \quad \text{gegen} \quad K: „E_\vartheta \tilde{\boldsymbol{Y}} F \in \mathfrak{M}^q_{\mathscr{L}} \setminus \mathfrak{M}^q_{\mathscr{H}}“ .$$

Wenn wir die Projektionsmatrizen

$$P_{\mathscr{H}} = U_1 U_1',$$
$$P = UU' = U_1 U_1' + U_2 U_2'$$

benutzen, folgt

$$S_1 = F'\tilde{Y}'(P - P_{\mathscr{H}}) \tilde{Y} F = F'(Y - XB_0)' (U_2 U_2') (Y - XB_0) F,$$
$$S_2 = F'\tilde{Y}'(I_n - P) \tilde{Y} F = F'(Y - XB_0)' (I_n - UU') (Y - XB_0) F \tag{20}$$
$$= F'Y'(I_n - UU') YF.$$

Die Werte von S_1 und S_2 sind für alle Lösungen B_0 des Gleichungssystems $ABF = G$ konstant, also unabhängig von der konkreten Wahl von B_0 (vgl. S. 213).

Falls $G = 0_{r\times p}$, wählen wir $B_0 = 0_{k\times r}$ und erhalten

$$S_1 = F'Y'(U_2U_2')\,YF\,.$$

Im allgemeinen ist die Bestimmung einer geeigneten Matrix U nicht einfach, jedoch gibt es Fälle, z. B. bei äquidistanten polynomialen Regressionsmodellen, wo die Bestimmung von U relativ leicht ist (vgl. Abschnitt 2.6).

5.2.3. Beispiele

Beispiel 5.2.1. O. B. d. A. sei $B = \begin{pmatrix} B_{11} & B_{12} \\ B_{21} & B_2 \end{pmatrix} \in \mathfrak{M}_{k\times p}$, $B_{11} \in \mathfrak{M}_{k_1\times p_1}$, und der Einfachheit halber gelte im Modell (1) $r[X] = k$. Wir wollen

$$H: \text{„}B_{11} = 0_{k_1\times p_1}\text{“} \quad \text{gegen} \quad K: \text{„}B_{11} \neq 0_{k_1\times p_1}\text{“} \tag{21}$$

prüfen. Testprobleme dieser Gestalt treten bei der Variablenauswahl auf, wenn die Unabhängigkeit gewisser Zielgrößen $y_1, \ldots, y_{p_1}$ von gewissen Regressoren $x_1, \ldots, x_{k_1}$ zu prüfen ist. Mit Hilfe der Matrizen $A = (I_{k_1} \,\vdots\, 0_{k_1\times k_2}) \in \mathfrak{M}_{k_1\times k}$ und $F' = (I_{p_1} \,\vdots\, 0_{p_1\times p_2}) \in \mathfrak{M}_{p_1\times p}$ können wir (21) in der Form

$$H: \text{„}ABF = 0_{k_1\times p_1}\text{“} \quad \text{gegen} \quad K: \text{„}ABF \neq 0_{k_1\times p_1}\text{“}$$

schreiben, d. h., es liegt ein Spezialfall von (3) vor. Aus (12) und (13) folgt

$$S_1 = \hat{B}_{11}'W^{-1}\hat{B}_{11}\,,$$

$$S_2 = (I_{p_1} \,\vdots\, 0_{p_1\times p_2})\,(Y - X\hat{B})'\,(Y - X\hat{B})\,(I_{p_1} \,\vdots\, 0_{p_1\times p_2})' = \|Y_1 - X\hat{B}_1\|^2$$

mit

$$\hat{B}_{11} = (I_{k_1} \,\vdots\, 0_{k_1\times k_2})\,\hat{B}(I_{p_1} \,\vdots\, 0_{p_1\times p_2})' = (I_{k_1} \,\vdots\, 0_{k_1\times k_2})\,\hat{B}_1\,,$$

$$\hat{B}_1 = (X'X)^{-1}\,X'Y\,(I_{p_1} \,\vdots\, 0_{p_1\times p_2})' = (X'X)^{-1}\,X'Y_1\,,$$

$$Y = (Y_1 \,\vdots\, Y_2) \in \mathfrak{M}_{n\times p}\,, \qquad Y_1 \in \mathfrak{M}_{n\times p_1}\,,$$

$$k_2 := k - k_1\,, \qquad p_2 := p - p_1\,,$$

$$W = (I_{k_1} \,\vdots\, 0_{k_1\times k_2})\,(X'X)^{-1}\,(I_{k_1} \,\vdots\, 0_{k_1\times k_2})'\,.$$

W ist also die obere linke $(k_1 \times k_1)$-dimensionale Teilmatrix von $(X'X)^{-1}$. Mit [A 1.20] erhalten wir

$$W = (X_1'X_1)^{-1} + (X_1'X_1)^{-1}\,X_1'X_2(X_2'X_2 - X_2'X_1(X_1'X_1)^{-1}\,X_1'X_2)^{-1}\,X_2'X_1(X_1'X_1)^{-1}\,,$$

wobei $X = (X_1 \,\vdots\, X_2) \in \mathfrak{M}_{n\times k}$, $X_1 \in \mathfrak{M}_{n\times k_1}$ gilt. Durch Multiplikation prüft man leicht nach, daß

$$W^{-1} = X_1'(I_n - X_2(X_2'X_2)^{-1}\,X_2')\,X_1$$

gilt. Falls $p_1 = 1$ ist (n, k, k_1, p beliebig), existiert nur eine Lösung $\hat{\lambda}$ der Determinantengleichung $|S_1 - \hat{\lambda}S_2| = 0$, so daß alle in 5.1 vorgeschlagenen Teststatistiken zur Ablehnung der Hypothese

$$H: \text{„}(I_{k_1} \,\vdots\, 0_{k_1\times k_2})\,Be_1^{(p)} = 0_{k_1}\text{“}$$

führen, falls

$$\frac{1}{k_1}\,\frac{\hat{B}_{11}W^{-1}\hat{B}_{11}}{\hat{\sigma}_{11}^2} = \frac{1}{k_1}\,\frac{\hat{B}_{11}'X_1'(I_n - X_2(X_2'X_2)^{-1}\,X_2')\,X_1\hat{B}_{11}}{\hat{\sigma}_{11}^2} > F_{\alpha;k_1,n-k}\,,$$

wobei $\hat{\sigma}_{11}^2 = (n-k)^{-1}\,e_1^{(p)\prime}\,(Y - X\hat{B})'\,(Y - X\hat{B})\,e_1^{(p)} = (n-k)^{-1}\,S_2$ ist.

Wenn $k_1 = 1$ ist (n, k, p, p_1 beliebig), existiert nur eine von Null verschiedene Lösung $\hat{\lambda}$

der Determinantengleichung, so daß alle in 5.1. vorgeschlagenen Teststatistiken zur Ablehnung von

$$H: „e_1^{(k)\prime} B(I_{p_1} \mid 0_{p_1 \times p_2})' = 0'_{p_1}“$$

führen, falls

$$\frac{n-k-p_1+1}{p_1} \operatorname{sp}[S_1 S_2^{-1}] = \frac{n-k-p_1+1}{(n-k)\, p_1 W} \hat{B}_{11} \hat{\Sigma}_{11}^{-1} \hat{B}'_{11} > F_{\alpha; p_1, n-k-p_1+1}$$

mit $\hat{\Sigma}_{11} = (n-k)^{-1} (I_{p_1} \mid 0_{p_1 \times p_2}) (Y - XB)' (Y - XB) (I_{p_1} \mid 0_{p_1 \times p_2})'$ gilt.

In beiden Spezialfällen sind die angegebenen Tests gleichmäßig beste gegenüber der Transformationsgruppe $\mathcal{G}^*$ invariante Tests zum Signifikanzniveau α (vgl. Abschnitt 5.1.4 und 5.1.6).

Wir wollen nun noch für einige besonders interessante Spezialfälle Tests angeben.

(i) $\boldsymbol{H}$**: „$\boldsymbol{Be_1^{(p)} = 0_k}$“ gegen $\boldsymbol{K}$: „$\boldsymbol{Be_1^{(p)} \neq 0_k}$“**,

d. h., es ist zu testen, ob der erste Spaltenvektor von B gleich dem Nullvektor ist. Unter H ist die erste Spalte y_1 von Y dann unabhängig von $x_1, \ldots, x_k$.

In diesem Spezialfall ist $W^{-1} = X'X$, und die Hypothese H wird abgelehnt, falls

$$\frac{1}{k} \frac{\hat{B}'_1 X' X \hat{B}_1}{\hat{\sigma}_{11}^2} > F_{\alpha; k, n-k}$$

gilt, $\hat{B}_1 = (X'X)^{-1} X' y_1$, $\hat{\sigma}_{11}^2 = (n-k)^{-1} (y_1 - X\hat{B}_1)' (y_1 - X\hat{B}_1)$ ist und y_1 die erste Spalte von Y bezeichnet.

(ii) $\boldsymbol{H}$**: „$\boldsymbol{e_1^{(k)\prime} B = 0'_p}$“ gegen $\boldsymbol{K}$: „$\boldsymbol{e_1^{(k)\prime} B \neq 0'_p}$“**

Die Hypothese H wird abgelehnt, falls

$$\frac{n-k-p+1}{(n-k)\, pW} \hat{B}'_1 \hat{\Sigma}^{-1} \hat{B}_1 > F_{\alpha; p, n-k-p+1}$$

gilt, wobei $\hat{B}_1 = e_1^{(k)\prime} \hat{B}$,

$$\hat{\Sigma} = (n-k)^{-1} (Y - X\hat{B})' (Y - X\hat{B}),$$

$$W = e_1^{(k)\prime} (X'X)^{-1} e_1^{(k)} \tag{22}$$

gilt.

(iii) $\boldsymbol{H}$**: „$\boldsymbol{e_1^{(k)\prime} B e_1^{(p)} = 0}$“ gegen $\boldsymbol{K}$: „$\boldsymbol{e_1^{(k)\prime} B e_1^{(p)} \neq 0}$“**

Die Hypothese H wird abgelehnt, falls

$$\frac{1}{W} \frac{\hat{B}_{11}^2}{\hat{\sigma}_{11}^2} > F_{\alpha; 1, n-k}$$

gilt, wobei $\hat{B}_{11} = e_1^{(k)\prime} \hat{B} e_1^{(p)}$, $\hat{\sigma}_{11}^2 = (n-k)^{-1} e_1^{(p)\prime} (Y - X\hat{B})' (Y - X\hat{B}) e_1^{(p)}$ und W in (22) definiert ist.

Entsprechend wird im Testproblem

$$H: „e_i^{(k)\prime} B e_j^{(p)} = B_{ij} = 0“$$

gegen

$$K: „B_{ij} = 0“$$

für $i \in \{1, \ldots, k\}$, $j \in \{1, \ldots, p\}$ die Hypothese H abgelehnt, falls

$$\frac{1}{W_{ii}} \frac{\hat{B}_{ij}^2}{\hat{\sigma}_{jj}^2} > F_{\alpha; 1, n-k}$$

gilt, wobei $\hat{B}_{ij} = e_i^{(k)\prime} \hat{B} e_j^{(p)}$,

$$\hat{\sigma}_{jj}^2 = (n-k)^{-1} e_j^{(p)\prime} (Y - X\hat{B})' (Y - X\hat{B}) e_j^{(p)} ,$$
$$W_{jj} = e_j^{(p)\prime} (X'X)^{-1} e_j^{(p)} .$$

Falls $p_1 > 1$ und $k_1 > 1$, so ist der Test basierend auf den Lösungen $\hat{\lambda}$ von $|S_1 - \hat{\lambda} S_2| = 0$ nicht mehr eindeutig bestimmt. Unter Berücksichtigung der Kenntnis der Sicherheitspunkte der Verteilung der benutzten Teststatistik und der Güteeigenschaften müssen wir uns für einen der in 5.1 angegebenen Tests entscheiden. Bei der Bestimmung der Sicherheitspunkte ist zu beachten, daß in den Verteilungsaussagen in Abschnitt 5.1 die Parameter p und r durch p_1 und k_1 zu ersetzen sind.

Sei jetzt speziell

$$X'X = I_k ,$$

und das zu prüfende Problem laute

$$H_i: „e_i^{(k)\prime} BF = B_i' F = 0_q'“ \quad \text{gegen} \quad K_i: „B_i' F \neq 0_q'“ , \tag{23}$$

wobei i eine beliebige aber feste Zahl aus der Menge $\{1, \dots, k\}$ ist. Aus (19) folgt

$$S_1^i = F' \hat{B}_i \hat{B}_i' F ,$$
$$S_2 = F'(Y - X\hat{B})' (Y - X\hat{B}) F$$

mit $\hat{B} = X'Y$, $\hat{B}_i' = e_i^{(k)\prime} \hat{B}$.

Bei Benutzung der Hotelling-Statistik wird H_i beim Signifikanzniveau α_i abgelehnt, falls

$$T_0^{2i} = (n-k) \operatorname{sp} [S_1^i S_2^{-1}] = (n-k) \hat{B}_i' F S_2^{-1} F' \hat{B}_i > c_{\alpha_i}^i$$

gilt, wobei $c_{\alpha_i}^i$ das $(1 - \alpha_i)$-Quantil der Verteilung von T_0^{2i} unter H bezeichnet.

Wir betrachten jetzt das Testproblem

$$H_{1,\dots,s} = \bigcap_{i=1}^{s} H_i: „B_1' F = B_2' F = \cdots = B_s' F = 0_q'“ \tag{24}$$

gegen

$$K_{1,\dots,s} = \bigcup_{i=1}^{s} K_i: „\exists i \in \{1, \dots, s\}: B_i' F \neq 0_q'“ ,$$

wobei $s \leq k$ eine feste natürliche Zahl ist. Daß wir gerade Hypothesen über die ersten s Zeilen von B betrachten, stellt keine wesentliche Einschränkung dar.

Das Problem (24) kann auch in der Form

$$H_{1,\dots,s}: „(I_s \mid 0_{s \times (k-s)}) BF = 0_{s \times q}“$$

gegen

$$K_{1,\dots,s}: „(I_s \mid 0_{s \times (k-s)}) BF \neq 0_q“$$

geschrieben werden. Das zugehörige S_1 hat dann die Gestalt

$$S_1 = ((I_s \mid 0_{s \times (k-s)}) \hat{B}F)' [(I_s \mid 0_{s \times (k-s)}) (I_s \mid 0_{s \times (k-s)})']^{-1} (I_s \mid 0_{s \times (k-s)}) \hat{B}F$$
$$= ((I_s \mid 0_{s \times (k-s)}) \hat{B}F)' (I_s \mid 0_{s \times (k-s)}) \hat{B}F ,$$

und für die entsprechende HOTELLING-Statistik gilt

$$T_0^2 = (n-k)\,\mathrm{sp}\,[S_1 S_2^{-1}] = (n-k)\,\mathrm{sp}\,[(I_s \,\vdots\, 0_{s\times(k-s)})\hat{B}FS_2^{-1}((I_s \,\vdots\, 0_{s\times(k-s)})'\hat{B}F)'] =$$

$$= (n-k)\sum_{i=1}^{s} \hat{B}_i' FS_2^{-1}F'\hat{B}_i = \sum_{i=1}^{s} T_0^{2i}.$$

Wenn c_α das $(1-\alpha)$-Quantil der Verteilung von T_0^2 bezeichnet, so wird $H_{1,\dots,s}$ beim Signifikanzniveau α abgelehnt, wenn

$$T_0^2 = \sum_{i=1}^{s} T_0^{2i} > c_\alpha .$$

Wählt man α_i, $i = 1, \dots, s$, und α so, daß $\sum_{i=1}^{s} c_{\alpha_i}^i \leqq c_\alpha$ gilt, so besteht zwischen den Tests für H_i gegen K_i, $i = 1, \dots, s$, und dem Test für $H_{1,\dots,s}$ gegen $K_{1,\dots,s}$ folgender Zusammenhang: Führt jeder der Tests zur Prüfung von H_i gegen K_i zur Annahme von H_i, so führt auch der Test zur Prüfung von $H_{1,\dots,s}$ gegen $K_{1,\dots,s}$ zur Annahme von $H_{1,\dots,s}$. Wird umgekehrt $H_{1,\dots,s}$ abgelehnt, so muß wenigstens für ein $i_0 \in \{1, \dots, s\}$ der Test zur Prüfung von H_{i_0} gegen K_{i_0} zur Ablehnung von H_{i_0} führen.

Diese Eigenschaft entspricht auch unseren mengentheoretischen Vorstellungen von einem „vernünftigen" Test.

Andererseits erwartet man aber auch von einem vernünftigen Testverfahren, daß die Annahme von $H_{1,\dots,s} = \bigcap_{i=1}^{s} H_i$ zur Annahme von H_i für alle $i = 1, \dots, s$ führt und die Ablehnung einer Hypothese H_i zur Ablehnung von $H_{1,\dots,s}$. Diese Eigenschaften kann man für die auf der Grundlage der HOTELLING-Statistik und der Bedingung $\sum_{i=1}^{s} c_{\alpha_i}^i \leqq c_\alpha$ konstruierten Tests jedoch nicht zeigen. Außerdem sind die individuellen Tests für H_i gegen K_i und der auf der Voraussetzung $\sum_{i=1}^{s} c_{\alpha_i}^i \leqq c_\alpha$ beruhende Test für $H_{1,\dots,s}$ gegen $K_{1,\dots,s}$ von unterschiedlichem Signifikanzniveau.

Von S. N. ROY [17] wurde ein anderes Testprinzip, das sogenannte Union-Intersection-Prinzip, eingeführt. Dieses Prinzip konstruiert aus den individuellen α_i-Tests zum Prüfen von H_i gegen K_i, $i = 1, \dots, s$, einen Test zum Prüfen von $H_{1,\dots,s}$ gegen $K_{1,\dots,s}$ durch die folgende einfache Vorschrift:

$H_{1,\dots,s} = \bigcap_{i=1}^{s} H_i$ wird genau dann abgelehnt, wenn ein $i \in \{1, \dots, s\}$ existiert mit $T_0^{2i} > c_{\alpha_i}^i$.

Der Ablehnungsbereich für $H_{1,\dots,s}$ ist also die Vereinigung (Union) der Ablehnungsbereiche der individuellen Tests für H_i, und der Annahmebereich ist der Durchschnitt (Intersection) der Annahmebereiche für H_i.

Aus $P_\vartheta\ \{\exists\, i \in \{1, \dots, s\} \mid T_0^{2i} > C_{\alpha_i}^i\} \geqq P_\vartheta\ \{T_0^{2i} > c_{\alpha_i}^i\} = \alpha_i$ für alle $\vartheta = (B, \Sigma)$ mit $(I_s \,\vdots\, 0_{s\times(k-s)})\,BF = 0_{s\times p_1}$ folgt, daß die Wahrscheinlichkeit, die Hypothese $H_{1,\dots,s}$ abzulehnen, wenn sie gilt, größer ist als das Signifikanzniveau α_i der individuellen Tests zum Prüfen von H_i gegen K_i, $i = 1, \dots, s$.

Da $r[e_i^{(k)}] = 1$, $i = 1, \dots, s$, gilt, folgt aus 5.1.4

$$c_{\alpha_i}^i = \frac{q(n-k)}{n-k-q+1} F_{\alpha_i;\, q,\, n-k-q+1} .$$

Falls $q = 1$ oder $p = 1$ (F ist dann nur eine von 0 verschiedene Zahl!) gilt, erhält man die folgenden Tests:

$q = 1$: H_i: „$B_i'F = 0$" wird abgelehnt, falls $\frac{\|\hat{B}_i'F\|^2}{F'\hat{\Sigma}F} > F_{\alpha_i;1,n-k}$,

$H_{1,\dots,s}$: „$B_1'F = \dots = B_s'F = 0$" wird abgelehnt, falls $\frac{\sum_{i=1}^{s} \|\hat{B}_i'F\|^2}{F'\hat{\Sigma}F} > sF_{\alpha;s,n-k}$

ist.

Bei Benutzung des Union-Intersection-Prinzips wird $H_{1,\dots,s}$: „$B_1'F = \dots = B_s'F = 0$" abgelehnt, wenn

$$\frac{\|\hat{B}_i'F\|^2}{F'\hat{\Sigma}F} > F_{\alpha_i;1,n-k}$$

für ein $i \in \{1, \dots, s\}$ gilt.

$p = 1$: H_i: „$B_i'F = 0$" wird abgelehnt, falls $\frac{\hat{B}_i^2}{\hat{\Sigma}} > F_{\alpha_i;1,n-k}$,

$H_{1,\dots,s}$: „$B_1'F = \dots = B_s'F = 0$" wird abgelehnt, falls $\frac{\sum_{i=1}^{s} \hat{B}_i^2}{\hat{\Sigma}} > sF_{\alpha;s,n-k}$

gilt.

Wenn das Union-Intersection-Prinzip angewendet wird, wird $H_{1,\dots,s}$: „$B_1'F = \dots = B_s'F = 0$" abgelehnt, wenn

$$\frac{\hat{B}_i^2}{\hat{\Sigma}} > F_{\alpha_i;1,n-k}$$

für ein $i \in \{1, \dots, s\}$ gilt.

Dabei ist $\hat{\Sigma} = (n-k)^{-1}(Y - X\hat{B})'(Y - X\hat{B})$ eine erwartungstreue Schätzung für Σ.

Beispiel 5.2.2. Sei $y \odot \{N_p(\mu, \Sigma),\ \vartheta = (\mu, \Sigma) \in R^p \times \mathfrak{M}_p^{>}\}$. Auf Grund einer Stichprobe $y_1, \dots, y_n$ vom Umfang n ist

$$H: „\mu = \mu_0" \quad \text{gegen} \quad K: „\mu \neq \mu_0"$$

(μ_0 — bekannt) zu prüfen. Dann gilt

$$Y := (y_1 \mid \cdots \mid y_n)' \odot N[\mathfrak{M}^p(X) \times \mathcal{V}^p_{I_n}] \tag{25}$$

mit $X = 1_n$, $r[X] = 1$, und das Testproblem ist ein Spezialfall von (3) mit $B = \mu'$, $A = 1$, $F = I_p$ und $G = \mu_0'$.

Es gilt $\hat{B} = \hat{\mu}' = (\bar{y}_{.1}, \dots, \bar{y}_{.p}) =: \bar{y}'$, wobei $y_{.j} = 1/n \sum_{i=1}^{n} y_{ij}$, $y_i' = (y_{i1}, \dots, y_{in})$, $j = 1, \dots, p$, gilt, d. h., $\bar{y}_{.j}$ ist der Mittelwert der j-ten Komponente der Stichprobe.

Aus (15) und (16) erhalten wir

$$S_1 = (\hat{\mu} - \mu_0)[(1_n'1_n)^{-1}]^{-1}(\hat{\mu} - \mu_0)' = n(\bar{y} - \mu_0)(\bar{y} - \mu_0)',$$
$$S_2 = (Y - 1_n\hat{\mu}')'(Y - 1_n\hat{\mu}') = Y'Y - n\bar{y}\bar{y}'.$$

Da $r[A] = 1$ ist, ist der Test, der zur Ablehnung von H führt, wenn

$$\frac{(n-1) - p + 1}{p} \operatorname{sp}[S_1 S_2^{-1}] = \frac{(n-p)\,n}{p(n-1)} (\bar{y} - \mu_0)' \hat{\Sigma}^{-1} (\bar{y} - \mu_0) > F_{\alpha;p,n-p} \tag{26}$$

gilt, der gleichmäßig beste gegen die Transformationsgruppe $\mathcal{S}$ (vgl. S. 182) invariante Test. Dabei ist

$$\hat{\Sigma} = (n-1)^{-1}(Y'Y - n\bar{y}\bar{y}')$$

eine erwartungstreue Schätzung für Σ.

Beispiel 5.2.3. Vergleich von Erwartungswerten.

Sei $y \sim \{N_p(\mu, \Sigma),\ \vartheta = (\mu, \Sigma) \in R^p \times \mathfrak{M}_p^{>}\}$ und $\mu' = (\mu_1, \dots, \mu_p)$. Auf Grund einer Stichprobe y_i, $i = 1, \dots, n$, ist zu testen, ob $\mu_1 = \mu_2 = \dots = \mu_{q+1}$ für ein festes $q < p$ gilt, d. h., es liegt das Modell (25) vor, und das Testproblem kann in der Gestalt

$$H: „\mu_1 - \mu_{i+1} = 0,\ i = 1, \dots, q“$$

gegen

$$K: „\exists i \in \{1, \dots, q\} \quad \text{mit} \quad \mu_1 - \mu_{i+1} \neq 0“$$

bzw.

$$H: „1\mu'F = 0“ \quad \text{gegen} \quad K: „1\mu'F \neq 0“$$

formuliert werden mit

$$F = \begin{pmatrix} 1_q' \\ \cdots\cdots \\ -I_q \\ \cdots\cdots \\ 0_{(p-q-1)\times q} \end{pmatrix}, \qquad r[F] = q\,.$$

Unter Berücksichtigung von (12), (13) und der Resultate im Beispiel 5.2.2 erhalten wir

$$S_1 = (\hat{\mu}'F)'\,[(1_n'1_n)^{-1}]^{-1}\,(\hat{\mu}'F) = nF'\bar{y}\bar{y}'F\,,$$
$$S_2 = F'(Y'Y - n\bar{y}\bar{y}')\,F\,,$$

und H wird abgelehnt, wenn $T > F_{\alpha;q,(n-1)-q+1}$ mit

$$T = \frac{(n-1)-q+1}{q}\,\mathrm{sp}\,[S_1S_2^{-1}]$$
$$= \frac{(n-q)\,n}{q(n-1)}\,(\bar{y}_{.1} - \bar{y}_{.2}, \dots, \bar{y}_{.1} - \bar{y}_{.q+1})\,(F'\hat{\Sigma}F)^{-1}\,(\bar{y}_{.1} - \bar{y}_{.2}, \dots, \bar{y}_{.1} - \bar{y}_{.q+1})' \quad (27)$$

und $\hat{\Sigma} = (n-1)^{-1}(Y'Y - n\bar{y}\bar{y}')$ gilt.

Beispiel 5.2.4. Vergleich der Erwartungswerte zweier p-dimensionaler Normalverteilungen mit gleicher Kovarianzmatrix.

Seien x_i, $i = 1, \dots, n_1$, und y_i, $i = 1, \dots, n_2$, Stichproben zu zwei Normalverteilungen $N_p(\mu, \Sigma)$ bzw. $N_p(\nu, \Sigma)$ mit (μ, Σ), $(\nu, \Sigma) \in R^p \times \mathfrak{M}_p^{>}$. Wir wollen

$$H: „\mu - \nu = \delta_0“ \quad \text{gegen} \quad K: „\mu - \nu \neq \delta_0“$$

prüfen.

Besonders interessant ist der Fall $\delta_0 = 0$, d. h., es ist die Gleichheit der Mittelwerte zu prüfen. Dieser Test ist ein wichtiger vorbereitender Test für die Diskriminanzanalyse, wenn vorausgesetzt wird, daß zwei Normalverteilungen vorliegen, die sich höchstens in ihren Erwartungswertvektoren unterscheiden und auf Grund der Beobachtung einer Zufallsgröße z zu entscheiden ist, ob z zur gleichen Menge wie $x_1, \dots, x_{n_1}$ oder zur gleichen Menge wie $y_1, \dots, y_{n_2}$ gehört. Dieses Klassifikationsproblem ist nur sinnvoll für $\mu \neq \nu$.

Eine Einführung in Probleme der Klassifikation oder Diskriminanzanalyse und Beispiele dazu findet man z. B. bei C. R. Rao [58, 59] und H. Ahrens und J. Läuter [52].

Wenn wir die Bezeichnungen

$$Y_1 = \begin{pmatrix} x_1' \\ \vdots \\ x_{n_1}' \end{pmatrix}, \qquad Y_2 = \begin{pmatrix} y_1' \\ \vdots \\ y_{n_2}' \end{pmatrix}, \qquad Y = \begin{pmatrix} Y_1 \\ Y_2 \end{pmatrix}, \qquad n := n_1 + n_2$$

einführen, so gilt

$$Y \circleddash N[\mathfrak{M}^p(X) \times V^p_{I_n}] \tag{28}$$

mit

$$X = \begin{pmatrix} 1_{n_1} & 0_{n_1} \\ 0_{n_2} & 1_{n_2} \end{pmatrix}, \qquad r[X] = 2\,.$$

Das Testproblem kann formuliert werden als

$$H: „(1, -1)\, B = \delta_0'\text{“} \quad \text{gegen} \quad K: „(1, -1)\, B \neq \delta_0'\text{“}$$

mit $B = (\mu \mid \nu)'$.

Wir berechnen zunächst $\hat{B}$:

Es gilt $X'X = \begin{pmatrix} n_1 & 0 \\ 0 & n_2 \end{pmatrix}$ und $X'Y = \begin{pmatrix} n_1 \bar{y}_1' \\ n_2 \bar{y}_2' \end{pmatrix}$, wobei

$$\bar{y}_1' = (\bar{x}_{.1}, \ldots, \bar{x}_{.p})\,,$$
$$\bar{y}_2' = (\bar{y}_{.1}, \ldots, \bar{y}_{.p})$$

und $\bar{x}_{.j}$ bzw. $\bar{y}_{.j}$ wie im Beispiel 5.2.2 definiert sind. Dann folgt $\hat{B} = (X'X)^{-1} X'Y = \begin{pmatrix} \bar{y}_1' \\ \bar{y}_2' \end{pmatrix}$.
Weiter gilt

$$A(X'X)^{-1} A' = \left[(1, -1) \begin{pmatrix} n_1^{-1} & 0 \\ 0 & n_2^{-1} \end{pmatrix} \begin{pmatrix} 1 \\ -1 \end{pmatrix}\right] = \frac{n}{n_1 \cdot n_2}$$

und

$$A\hat{B} = (1, -1) \begin{pmatrix} \bar{y}_1' \\ \bar{y}_2' \end{pmatrix} = \bar{y}_1' - \bar{y}_2'\,.$$

Aus (15) und (16) folgt (mit $F = I_2$)

$$S_1 = (A\hat{B} - \delta_0')' \, [A(X'X)^{-1} A']^{-1} \, (A\hat{B} - \delta_0') = \frac{n_1 \cdot n_2}{n} (\bar{y}_1 - \bar{y}_2 - \delta_0)\, (\bar{y}_1 - \bar{y}_2 - \delta_0)'\,,$$

$$S_2 = (Y - X\hat{B})' \, (Y - X\hat{B}) = (Y_1'Y_1 + Y_2'Y_2) - (n_1\bar{y}_1\bar{y}_1' + n_2\bar{y}_2\bar{y}_2')\,.$$

Da $r = r[A] = 1$ ist, ist der folgende Test der gleichmäßig beste gegen die Transformationsgruppe $\mathcal{G}$ (vgl. S. 182) invariante Test zum Signifikanzniveau α:
H wird abgelehnt, wenn

$$\frac{(n-2) - p + 1}{p} \operatorname{sp}[S_1 S_2^{-1}]$$

$$= \frac{n - p - 1}{(n-2)\,p} \frac{n_1 n_2}{n} (\bar{y}_1 - \bar{y}_2 - \delta_0)' \, \hat{\Sigma}^{-1} (\bar{y}_1 - \bar{y}_2 - \delta_0) > F_{\alpha; p, n-p-1} \tag{29}$$

ist. Dabei gilt $\hat{\Sigma} = (n-2)^{-1} \, [(Y_1'Y_1 - n_1\bar{y}_1\bar{y}_1') + (Y_2'Y_2 - n_2\bar{y}_2\bar{y}_2')]$.

Beispiel 5.2.5. Stabilitätsprüfung.

Angenommen wir haben einen technischen Prozeß mit Ausgangsgrößen $y_1, \ldots, y_p$ und k Eingangsgrößen $x_1, \ldots, x_k$. Die Ausgangsgrößen hängen im wesentlichen linear von

$x_1, \dots, x_k$ ab, und außerdem wirke eine additive zufällige Größe ε, von der wir $\varepsilon \sim N_p(0, \Sigma)$, $\Sigma \in \mathfrak{M}_p^>$, voraussetzen, d. h. $y = (y_1, \dots, y_p) = (x_1, \dots, x_k) B + \varepsilon'$ für $B \in \mathfrak{M}_{k \times p}$. Zu einem bekannten Zeitpunkt T werde eine äußere Bedingung des Prozesses verändert, z. B. wird eine neue Arbeitskraft eingesetzt, ein Teil der technischen Anlage ausgewechselt oder in einem chemischen Prozeß ein Katalysator durch einen anderen ersetzt. Auf Grund einer Stichprobe vom Umfang n_1 vor dem Zeitpunkt T und einer Stichprobe vom Umfang n_2 nach dem Zeitpunkt T ist zu entscheiden, ob die Änderung in den äußeren Bedingungen des Prozesses einen Einfluß auf den Prozeß selbst hat oder nicht, d. h. ob der lineare Zusammenhang zwischen y und $x_1, \dots, x_k$ vor T ein anderer ist als nach T.

Diese Annahmen führen zum Modell

$$Y = \begin{pmatrix} Y_1 \\ Y_2 \end{pmatrix} = \begin{pmatrix} X_1 B_1 \\ X_2 B_2 \end{pmatrix} + \varepsilon = \begin{pmatrix} X_1 & 0_{n_1 \times k} \\ 0_{n_2 \times k} & X_2 \end{pmatrix} B + \varepsilon ,$$

wobei

$$Y_1 = ((y_{ij}))_{j=1,\dots,p}^{i=1,\dots,n_1}, \qquad Y_2 = ((y_{ij}))_{j=1,\dots,p}^{i=n_1+1,\dots,n},$$

$$X_1 = ((x_{ij}))_{j=1,\dots,k}^{i=1,\dots,n_1}, \qquad X_2 = ((x_{ij}))_{j=1,\dots,k}^{i=n_1+1,\dots,n},$$

$$B = \begin{pmatrix} B_1 \\ B_2 \end{pmatrix} \in \mathfrak{M}_{2k \times p}, \qquad \varepsilon = (\varepsilon_1 \mid \cdots \mid \varepsilon_n)',$$

und $n := n_1 + n_2$ gilt. Dann folgt

$$Y \sim N[\mathfrak{M}^p(X) \times V^p_{I_n}] \quad \text{mit} \quad X = \begin{pmatrix} X_1 & 0_{n_1 \times k} \\ 0_{n_2 \times k} & X_2 \end{pmatrix}. \tag{30}$$

Wir wollen die Hypothese
H: „die Änderung der äußeren Bedingung hat *keinen* wesentlichen Einfluß"
gegen die Alternative
K: „die Änderung der äußeren Bedingung hat einen wesentlichen Einfluß"
prüfen, d. h.

$$H: \text{„}B_1 = B_2\text{"} \quad \text{gegen} \quad K: \text{„}B_1 \neq B_2\text{"}$$

oder

$$H: \text{„}(I_k \mid -I_k)\, B = 0_{k \times p}\text{"} \quad \text{gegen} \quad K: \text{„}(I_k \mid -I_k)\, B \neq 0_{k \times p}\text{"} \tag{31}$$

ist zu prüfen.

Das Problem (31) ist testbar genau dann, wenn Matrizen C_1 und C_2 existieren mit

$$I_k = C_1 X_1 \quad \text{und} \quad -I_k = C_2 X_2 .$$

Daraus folgt insbesondere als notwendige Bedingung für die Testbarkeit $r[X_1] \geqq r[I_k] = k$, $r[X_2] \geqq r[-I_k] = k$. Damit ist $r[X_1] = r[X_2] = k$ eine notwendige und hinreichende Bedingung für die Testbarkeit von (31).

Auf Grund der Blockgestalt von X erhält man

$$\hat{B} = \begin{pmatrix} \hat{B}_1 \\ \hat{B}_2 \end{pmatrix}, \qquad \hat{B}_i = (X_i' X_i)^{-1} X_i' Y_i , \qquad i = 1, 2 ,$$

und mit (12) und (13)

$$\begin{aligned} S_1 &= ((I_k \mid -I_k)\, \hat{B})' \,[(I_k \mid -I_k)\, (X'X)^{-1}\, (I_k \mid -I_k)']^{-1}\, (I_k \mid -I_k)\, \hat{B} \\ &= (\hat{B}_1 - \hat{B}_2)' \,[(X_1'X_1)^{-1} + (X_2'X_2)^{-1}]^{-1}\, (\hat{B}_1 - \hat{B}_2) , \\ S_2 &= (Y - X\hat{B})' \,(Y - X\hat{B}) = \|Y_1 - X_1\hat{B}_1\|^2 + \|Y_2 - X_2\hat{B}_2\|^2 . \end{aligned}$$

Für die Durchführung eines Testes muß man sich für eine der in 5.1 angegebenen Teststatistiken entscheiden.

Im Falle $p = 1$ wird H abgelehnt, falls $T > F_{\alpha; k, n-2k}$ ist, wobei

$$T = \frac{n-2k}{k}\frac{S_1}{S_2} = \frac{1}{k}\frac{(\hat{B}_1 - \hat{B}_2)' [(X_1'X_1)^{-1} + (X_2'X_2)^{-1}]^{-1} (\hat{B}_1 - \hat{B}_2)}{\hat{\sigma}^2} \tag{32}$$

und $\hat{\sigma}^2 = (n - 2k)^{-1} (||Y_1 - X_1\hat{B}_1||^2 + ||Y_2 - X_2\hat{B}_2||^2)$ gilt.

5.2.4. Asymptotische Verteilungen und Konsistenz der gebräuchlichsten Tests

Bisher haben wir das Testproblem

$$H: \text{„}ABF = G\text{“} \quad \text{gegen} \quad K: \text{„}ABF \neq G\text{“} \tag{33}$$

in Modellen

$$Y_{(n)} \circeq N[\mathfrak{M}^p(X_n) \times \mathcal{V}^p_{I_n}]$$

bei fester Beobachtungsanzahl n diskutiert. Wir wollen jetzt n wachsen lassen und zunächst das Problem (33) im Folgenmodell $\mathcal{M}^N_{\Theta_s}$ (vgl. Abschnitt 2.4, S. 85) betrachten. Bei festem n war (33) nur eine Kurzschreibweise für

$$H_n: \text{„}E_\theta Y_{(n)} =: M(\vartheta_n) \in \{M = X_nB \mid B \in \mathfrak{M}_{k\times p}: ABF = G\} =: \mathfrak{M}_{H_n}\text{“}$$

gegen (34)

$$K_n: \text{„}M(\vartheta_n) \in \{M = X_nB \mid B \in \mathfrak{M}_{k\times p}: ABF \neq G\} =: \mathfrak{M}_{K_n}\text{“}.$$

Wir betrachten jetzt die Folge der Testprobleme H_n gegen K_n im Folgenmodell $\mathcal{M}^N_{\Theta_s}$, benutzen aber im folgenden weiter die Kurzschreibweise (33). Da wir später auch die Voraussetzung der Normalverteilung weglassen wollen, werden wir den Begriff der Testbarkeit in einem Folgenmodell $\mathcal{M}_\Theta \in \{\mathcal{M}^N_{\Theta_s}, \mathcal{M}_{\Theta_s}\}$ einführen.

Definition 5.2.3. *Das Problem* (33) *heißt im Folgenmodell* $\mathcal{M}_\Theta \in \{\mathcal{M}^N_{\Theta_s}, \mathcal{M}_{\Theta_s}\}$ *testbar, wenn eine natürliche Zahl* n_0 ($\geqq k + p$) *existiert, so daß* (33) *in allen Modellen* $\mathcal{M}_\Theta(n)$, $n \geqq n_0$ *testbar ist.* (33) *heißt im Modell* $\mathcal{M}_\Theta(n)$ *testbar, wenn* $\mathfrak{M}_{H_n} \cap \mathfrak{M}_{K_n} = \emptyset$.

Da im Beweis von Satz 5.2.1 nur algebraische Eigenschaften ausgenutzt wurden, gilt seine Aussage auch für Modelle $\mathcal{M}_{\Theta_s}(n)$. Daher gilt der

Satz 5.2.2. *Das Problem* (33) *ist im Folgenmodell* $\mathcal{M}_\Theta \in \{\mathcal{M}^N_{\Theta_s}, \mathcal{M}_{\Theta_s}\}$ *genau dann testbar, wenn* $\gamma = ABF$ *im Folgenmodell* $\mathcal{M}_\Theta$ *identifizierbar ist.*

Bemerkung. Aus Bemerkung 3 in Abschnitt 2.2.1 folgt, daß $\gamma = ABF$ im Folgenmodell $\mathcal{M}_\Theta \in \{\mathcal{M}^N_{\Theta_s}, \mathcal{M}_{\Theta_s}\}$ genau dann identifizierbar ist, wenn $\tilde{\gamma} = AB$ im Folgenmodell $\mathcal{M}_\Theta$ identifizierbar ist.

Sei (33) in $\mathcal{M}^N_{\Theta_s}(n)$ testbar für alle $n \geqq n_0$. Für jedes $n \geqq n_0$ beruhen die Tests auf den Wurzeln $\hat{\lambda}_i^{(n)}$ von $|S_1^{(n)} - \hat{\lambda}_i^{(n)} S_2^{(n)}| = 0$, wobei

$$\left.\begin{aligned} S_1^{(n)} &= (\hat{\gamma}_n - G)' \, [A T_n^- A']^{-1} \, (\hat{\gamma}_n - G), \\ S_2^{(n)} &= F'(Y_{(n)} - X_n \hat{B}_n)'(Y_{(n)} - X_n \hat{B}_n) F, \\ \hat{\gamma} &= A \hat{B}_n F, \\ \hat{B}_n &= T_n^- X_n' Y_{(n)}, \\ T_n &= X_n' X_n, \end{aligned}\right\} \qquad (35)$$

gilt.

Die üblichen („exakten") Tests sind:

a) Hotelling-Test

$$\varphi_1(Y_{(n)}) = \begin{cases} 1, & \text{falls } T_{0n}^2 > t^0_{\alpha;n}, \\ 0, & \text{sonst} \end{cases}$$

mit $T_{0n}^2 = (n - r[X_n]) \operatorname{sp} [S_1^{(n)} (S_2^{(n)})^{-1}] = (n - r[X_n]) \sum\limits_{i=1}^{q} \hat{\lambda}_i^{(n)}$,

b) Pillai-Test

$$\varphi_2(Y_{(n)}) = \begin{cases} 1, & \text{falls } V_n > v_{\alpha;n}, \\ 0, & \text{sonst} \end{cases}$$

mit $V_n = \sum\limits_{i=1}^{q} \dfrac{\hat{\lambda}_i^{(n)}}{1 + \hat{\lambda}_i^{(n)}} = \operatorname{sp} [S_1^{(n)} (S_1^{(n)} + S_2^{(n)})^{-1}]$,

c) Roy-Test

$$\varphi_3(Y_{(n)}) = \begin{cases} 1, & \text{falls } \hat{\lambda}_{\max}^{(n)} > l_{\alpha;n}, \\ 0, & \text{sonst} \end{cases}$$

mit $\hat{\lambda}_{\max}^{(n)} = \lambda_{\max}[(S_2^{(n)})^{-1/2} \, S_1^{(n)} (S_2^{(n)})^{-1/2}]$,

d) Wilks-Test

$$\varphi_4(Y_{(n)}) = \begin{cases} 1, & \text{falls } \Lambda_n < \lambda_{1-\alpha;n}, \\ 0, & \text{sonst} \end{cases}$$

mit $\Lambda = \prod\limits_{i=1}^{q} \dfrac{1}{1 + \hat{\lambda}_i^{(n)}} = \dfrac{|S_2^{(n)}|}{|S_1^{(n)} + S_2^{(n)}|}$,

wobei $t^0_{\alpha;n}$, $v_{\alpha;n}$, $l_{\alpha;n}$ und $\lambda_{1-\alpha;n}$ die $(1-\alpha)$- bzw. α-Quantile der Verteilungen der Statistiken $\boldsymbol{T}_{0n}^2$, $\boldsymbol{V}_n$, $\hat{\boldsymbol{\lambda}}_{\max}^{(n)}$ und $\boldsymbol{\Lambda}_n$ unter H bezeichnen.

Da häufig die exakte Bestimmung der $(1-\alpha)$-Quantile der benutzten Statistiken im multivariaten normalverteilten Modell $\mathcal{M}^N_{\Theta_s}(n)$ schwierig ist, nutzt man Approximationen der Quantile oder die asymptotischen Verteilungen der Statistiken aus (vgl. Abschnitt 5.1). Außerdem ist oft die Voraussetzung der Normalverteilung für die Beobachtungsmatrix $\boldsymbol{Y}_{(n)}$ fragwürdig. Daher werden wir jetzt die asymptotischen Verteilungen der Hotelling-, Pillai-, Roy- und

WILKS-Statistik unter der Hypothese H: „$ABF = G$“ in den Folgenmodellen $\mathcal{M}_{\Theta_8}^N$ und $\mathcal{M}_{\Theta_8}$, also auch im Nichtnormalfall, angeben.

P. K. SEN und M. L. PURI [60] zeigten, daß $-n \ln \Lambda_n$ unter der Hypothese H: „$(I_{k_1} \mid 0_{k_1 \times (k \times k_2)}) B = 0_{k_1 \times p}$“ asymptotisch χ^2-verteilt ist mit $k_1 p$ Freiheitsgraden.

Die hier angegebenen Ergebnisse beruhen auf dem Beweis von P. K. SEN und M. L. PURI [60] und auf den Resultaten von W. H. SCHMIDT [61], der die Grenzverteilungen der hier betrachteten Statistiken nicht nur unter bestimmten Hypothesen, sondern auch unter speziellen Folgen von Alternativen K_n in noch allgemeineren Folgenmodellen angibt.

Da wir sowohl für den Beweis der asymptotischen Verteilungen als auch für die noch zu definierenden „asymptotischen“ Tests in Modellen $\mathcal{M}_{\Theta_8}(n)$ die Existenz der Matrix $(1/n\, S_2^{(n)})^{-1}$ benötigen, wollen wir von nun an voraussetzen, daß die Modelle $\mathcal{M}_{\Theta_8}(n)$ $(n \geqq n_0 \geqq p + k)$ die Eigenschaft besitzen, daß die Matrix

$$S_2^{(n)} = (Y_{(n)} - X_n \hat{B}_n)' (Y_{(n)} - X_n \hat{B}_n)$$

mit Wahrscheinlichkeit 1 positiv definit ist. Das ist zum Beispiel der Fall, wenn die Verteilung von $Y_{(n)}$ für alle $n \geqq n_0$ absolut stetig bezüglich des np-dimensionalen LEBESGUEschen Maßes ist, wie von M. OKAMOTO in [62] gezeigt wird.

Im Falle der Normalverteilung ist diese Bedingung sofort erfüllt.

Wenn das Testproblem (33) im Folgenmodell $\mathcal{M}_{\Theta_8}$ bzw. $\mathcal{M}_{\Theta_8}^N$ testbar ist, so wird der Parameterraum Θ_8 durch die Hypothese H: „$ABF = G$“ und die Alternative K: „$ABF \neq G$“ in die disjunkten Mengen

$$\Theta_8^H := \{\vartheta \in \Theta \mid \gamma(\vartheta) = ABF = G\}$$

und

$$\Theta_8^K := \{\vartheta \in \Theta \mid \gamma(\vartheta) = ABF \neq G\}$$

zerlegt.

Satz 5.2.3. *Wenn $\gamma = ABF$ im Folgenmodell $\mathcal{M}_{\Theta_8}$ identifizierbar ist und die Bedingungen*

$$Q_n := nAT_n^- A' \underset{n \to \infty}{\longrightarrow} Q \in \mathfrak{M}_r^> \tag{36}$$

und

$$\|AT_n^- X_n'\|_{\max} = o(n^{-1/2}) \tag{37}$$

erfüllt sind, dann gilt für alle $\vartheta \in \Theta_8^H$:

a) *Die Statistiken T_{0n}^2, nV_n und $-n \ln \Lambda_n$ sind asymptotisch zentral χ^2-verteilt mit rq Freiheitsgraden.*

b) *$n\hat{\lambda}_{\max}^{(n)}$ ist asymptotisch verteilt wie der maximale Eigenwert einer zentral $W_q(r, I_q)$-verteilten zufälligen Matrix.*

Beweis. Aus (36) und (37) folgt nach Satz 2.4.6 und [A 4.17]

$$P_\vartheta^{\overrightarrow{n^{1/2}(\hat{\gamma}_n - \gamma)}} \overset{L}{\to} N_{rq}(0, F'\Sigma F \otimes Q) \qquad (\vartheta \in \Theta_8)\,. \tag{38}$$

Sei $\widetilde{\Sigma} := F'\Sigma F$. Mit [A 4.19] erhalten wir aus (38)

$$P_\vartheta^{n^{1/2}Q_n^{-1/2}\overrightarrow{(\hat{\gamma}_n - G)}} \xrightarrow{L} N_{rq}(0, \widetilde{\Sigma} \otimes I_r) \qquad (\vartheta \in \Theta_8^H) \tag{39}$$

und wegen

$$S_1^{(n)} = (\hat{\gamma}_n - G)' [A T_n^- A']^{-1} (\hat{\gamma}_n - G) = [\sqrt{n} Q_n^{-1/2}(\hat{\gamma}_n - G)]' [\sqrt{n} Q_n^{-1/2}(\hat{\gamma}_n - G)]$$

mit [A 2.13]

$$P_\vartheta^{S_1^{(n)}} \xrightarrow{L} W_q(r, \widetilde{\Sigma}) \qquad (\vartheta \in \Theta_8^H)\,. \tag{40}$$

Außerdem können wir aus (39)

$$Q_n^{-1/2}(\hat{\gamma}_n - G) = O_{P_\vartheta}(n^{-1/2}) \qquad (\vartheta \in \Theta_8^H)$$

und somit

$$S_1^{(n)} = O_{P_\vartheta}(1) \qquad (\vartheta \in \Theta_8^H) \tag{41}$$

und

$$\frac{1}{n} S_1^{(n)} \xrightarrow{P_\vartheta} 0_{q \times q} \qquad (\vartheta \in \Theta_8^H) \tag{42}$$

schließen. (Zur Definition von $O_P(n^\lambda)$ und $o_P(n^\lambda)$ vgl. [A 4.7]).

Auf Grund der Ergebnisse in 2.4.3 gilt

$$\frac{1}{n} S_2^{(n)} \xrightarrow{P_\vartheta} \widetilde{\Sigma} \qquad (\vartheta \in \Theta_8) \tag{43}$$

und

$$\frac{1}{n - r[X_n]} S_2^{(n)} \xrightarrow{P_\vartheta} \widetilde{\Sigma} \qquad (\vartheta \in \Theta_8)\,,$$

woraus wegen

$$T_{0n}^2 = (n - r[X_n]) \operatorname{sp} [S_1^{(n)}(S_2^{(n)})^{-1}] = \operatorname{sp} \left[\left(\frac{1}{n - r[X_n]} S_2^{(n)}\right)^{-1/2} S_1^{(n)} \left(\frac{1}{n - r[X_n]} S_2^{(n)}\right)^{-1/2}\right]$$

mit [A 4.19] folgt, daß T_{0n}^2 asymptotisch wie $\operatorname{sp} [\widetilde{\Sigma}^{-1/2} S_1^{(n)} \widetilde{\Sigma}^{-1/2}]$ verteilt ist. Aus den Eigenschaften von WISHART-verteilten Matrizen folgt die Behauptung für T_{0n}^2.

Aus (42) und (43) erhalten wir

$$\left(\frac{1}{n} S_1^{(n)} + \frac{1}{n} S_2^{(n)}\right)^{-1} \xrightarrow{P_\vartheta} \widetilde{\Sigma}^{-1} \qquad (\vartheta \in \Theta_8^H)\,. \tag{44}$$

Wegen

$$n V_n = \operatorname{sp} \left[S_1^{(n)} \left(\frac{1}{n} S_1^{(n)} + \frac{1}{n} S_2^{(n)}\right)^{-1}\right]$$

ist nV_n für alle $\vartheta \in \Theta_8^H$ asymptotisch wie $\operatorname{sp} [S_1^{(n)} \widetilde{\Sigma}^{-1}] = \operatorname{sp} [\widetilde{\Sigma}^{-1/2} S_1^{(n)} \widetilde{\Sigma}^{-1/2}]$ verteilt, woraus wie oben die Behauptung für die PILLAI-Statistik folgt.

Wir betrachten jetzt die WILKS-Statistik. Sei $\hat{\widetilde{\Sigma}}_{n i,j}$ die (i, j)-te Adjunkte der Matrix $\hat{\widetilde{\Sigma}}_n := 1/n\, S_2^{(n)}$, $\hat{\widetilde{\Sigma}}_n^{-1} = ((\hat{\tilde{\sigma}}_n^{i,j}))_{i,j=1,\ldots,q}$ und $\widetilde{\Sigma}^{-1} = ((\tilde{\sigma}^{i,j}))_{i,j=1,\ldots,q}$. Dann gilt wegen [A 1.52], (41) und (43)

$$\left|\frac{1}{n} S_1^{(n)} + \frac{1}{n} S_2^{(n)}\right| = \left|\hat{\widetilde{\Sigma}}_n + \frac{1}{n} S_1^{(n)}\right| = |\hat{\widetilde{\Sigma}}_n| + n^{-1} \sum_{i,j=1}^{q} \hat{\widetilde{\Sigma}}_{n i,j} (S_1^{(n)})_{i,j} + O_{P_\vartheta}(n^{-2})$$

$$= |\hat{\widetilde{\Sigma}}_n| \left\{1 + n^{-1} \sum_{i,j=1}^{q} \hat{\tilde{\sigma}}_n^{i,j} (S_1^{(n)})_{i,j} + O_{P_\vartheta}(n^{-2})\right\} \qquad (\vartheta \in \Theta_8^H)\,,$$

wobei $(S_1^{(n)})_{i,j}$ das (i, j)-te Element der Matrix $S_1^{(n)}$ bezeichnet.

Da $\Lambda_n = \dfrac{|\hat{\hat{\Sigma}}_n|}{\left|\hat{\hat{\Sigma}}_n + \frac{1}{n} S_1^{(n)}\right|}$ gilt, erhält man bei Benutzung der Reihenentwicklung von $-n \ln \Lambda_n$ und nochmaliger Anwendung von (41) und (43)

$$-n \ln \Lambda = n \ln \left\{1 + n^{-1} \sum_{i,j=1}^{q} \hat{\hat{\sigma}}_n^{i,j} (S_1^{(n)})_{i,j} + O_{P_\vartheta}(n^{-2})\right\} = \sum_{i,j=1}^{q} \hat{\hat{\sigma}}_n^{i,j} (S_1^{(n)})_{i,j} + O_{P_\vartheta}(n^{-1})$$

$$= \sum_{i,j=1}^{q} \hat{\hat{\sigma}}^{i,j} (S_1^{(n)})_{i,j} + o_{P_\vartheta}(1) = \operatorname{sp}[\tilde{\Sigma}^{-1} S_1^{(n)}] + o_{P_\vartheta}(1) \qquad (\vartheta \in \Theta_8^H),$$

woraus mit (40) die Behauptung folgt.

Wegen (40) und (43) gilt

$$P_\vartheta^{\left(\frac{1}{n} S_2^{(n)}\right)^{-1/2} S_1^{(n)} \left(\frac{1}{n} S_2^{(n)}\right)^{-1/2}} \xrightarrow{L} W_q(r, I_q) \qquad (\vartheta \in \Theta_8^H).$$

Da der maximale Eigenwert von den Elementen der zugehörigen Matrix stetig abhängt, folgt aus

$$n\hat{\lambda}_{\max}^{(n)} = \lambda_{\max}\left[\left(\frac{1}{n} S_2^{(n)}\right)^{-1/2} S_1^{(n)} \left(\frac{1}{n} S_2^{(n)}\right)^{-1/2}\right]$$

die Behauptung b). ■

Wenn $Y_{(n)}$ normalverteilt ist, so folgt sofort (39) und (40). Daher bleiben alle Schlüsse des Beweises von Satz 5.2.3 richtig, und es gilt das folgende

Korollar 5.2.1. *Wenn $\gamma = ABF$ im Folgenmodell $\mathcal{M}_{\Theta_8}^N$ identifizierbar ist, so sind die Statistiken T_{0n}^2, nV_n und $-n \ln \Lambda_{-n}$ im Folgenmodell $\mathcal{M}_{\Theta_8}^N$ für alle $\vartheta \in \Theta_8^H$ asymptotisch χ^2-verteilt mit rq Freiheitsgraden, und $n\hat{\lambda}_{\max}^{(n)}$ ist für alle $\vartheta \in \Theta_8^H$ asymptotisch verteilt wie der maximale Eigenwert einer $W_q(r, I_q)$- verteilten Matrix.*

Im Falle der Normalverteilung wurden die asymptotischen Verteilungen der Wilks- und Hotelling-Statistik unter H: „$AB = 0_{r \times p}$" von P. L. Hsu [34] bewiesen.

Wir führen die folgenden Tests ein:

a) asymptotischer Hotelling-Test

$$\psi_1(Y_{(n)}) = \begin{cases} 1, & \text{falls } T_{0n}^2 > \chi^2_{\alpha; qr}, \\ 0, & \text{sonst}, \end{cases}$$

b) asymptotischer Pillai-Test

$$\psi_2(Y_{(n)}) = \begin{cases} 1, & \text{falls } nV_n > \chi^2_{\alpha; qr}, \\ 0, & \text{sonst}, \end{cases}$$

c) asymptotischer Roy-Test

$$\psi_3(Y_{(n)}) = \begin{cases} 1, & \text{falls } n\hat{\lambda}_{\max}^{(n)} > l_\alpha, \\ 0, & \text{sonst}, \end{cases}$$

d) asymptotischer Wilks-Test

$$\psi_4(Y_{(n)}) = \begin{cases} 1, & \text{falls } -n \ln \Lambda > \chi^2_{\alpha; qr}, \\ 0, & \text{sonst}, \end{cases}$$

wobei $\chi^2_{\alpha;qr}$ und l_α die $(1-\alpha)$-Quantile der χ^2-Verteilung mit qr Freiheitsgraden bzw. der Verteilung der größten Wurzel einer $W_q(r, I_q)$-verteilten zufälligen Matrix sind.

Eine Tabelle der $(1-\alpha)$-Quantile der Verteilung der maximalen Wurzel einer $W_q(r, I_q)$-verteilten zufälligen Matrix wurde für $\alpha = 0{,}005$, $0{,}01$, $0{,}025$ und $0{,}05$, $q = 1, \dots, 10$ und verschiedene r von R. Ch. Hanumara und W. A. Thompson [63] angegeben.

Jede der angegebenen Testfolgen $\{\psi_i(Y_{(n)})\}$, $i \in \{1, \dots, 4\}$ hält im Modell $\mathcal{M}^N_{\Theta_8}$ bzw. unter den Voraussetzungen von Satz 5.2.3 im Modell $\mathcal{M}_{\Theta_8}$ asymptotisch das Signifikanzniveau α ein, d. h., es gilt

$$E_\vartheta \psi_i(Y) \xrightarrow[n\to\infty]{} \alpha \qquad \text{für alle } \vartheta \in \Theta_8^H .$$

Da wir bei wachsendem n immer mehr Information über das unbekannte vorliegende B erhalten, ist zu erwarten, daß für B mit $ABF \neq G$ bei hinreichend großem Stichprobenumfang n die benutzten Tests zur Ablehnung der Hypothese H: „$ABF = G$“ führen.

Da wir für jeden Test φ_n zum Testen einer Hypothese H gegen eine Alternative K $E_\vartheta\varphi_n$ als Wahrscheinlichkeit der Ablehnung der Hypothese H bei Vorliegen des Parameters ϑ deuten können, ist es sinnvoll die Forderung zu stellen, daß $E_\vartheta\varphi_n \xrightarrow[n\to\infty]{} 1$ für alle ϑ aus der Alternative K gilt.

Definition 5.2.4. *Eine Folge $\{\varphi_n\}$ von Tests φ_n heißt konsistent für ein Testproblem H gegen K, falls $E_\vartheta\varphi_n \xrightarrow[n\to\infty]{} 1$ für alle ϑ aus der Alternative K gilt.*

Um die Konsistenz der in diesem Abschnitt betrachteten Testfolgen für das Problem (33) in den Folgenmodellen $\mathcal{M}^N_{\Theta_8}$ und $\mathcal{M}_{\Theta_8}$ zu zeigen, benötigen wir das folgende Lemma.

Lemma 5.2.2. *Sei $A' \in \mathfrak{M}^r(X_n') = \mathfrak{M}^r(X_n'X_n)$ $(n \geq n_0)$ und*

$$\lambda^{(n)} := \lambda_{\max}\left[\left(\frac{1}{n} S_2^{(n)}\right)^{-1/2} (\hat{\gamma}_n - G)' (\hat{\gamma}_n - G) \left(\frac{1}{n} S_2^{(n)}\right)^{-1/2}\right].$$

Wenn die Bedingung

$$\lambda_{\max}[A T_n^- A'] \xrightarrow[n\to\infty]{} 0 \tag{45}$$

erfüllt ist, dann gilt

a) $$\lambda^{(n)} \xrightarrow{P_\vartheta} \lambda(\vartheta) = \begin{cases} 0, & \vartheta \in \Theta_8^H , \\ >0, & \vartheta \in \Theta_8^K , \end{cases}$$

und

b) *für alle $\delta > 0$ existiert eine natürliche Zahl $N(\delta)$ mit $n\hat{\lambda}^{(n)}_{\max} > \delta\lambda^{(n)}$ $(n \geq N(\delta))$.*

Beweis. a) Aus (45) folgt nach Korollar 2.4.2 sowohl im Modell $\mathcal{M}_{\Theta_8}$ als auch $\mathcal{M}^N_{\Theta_8}$ die Konvergenz $A\hat{B}_n \xrightarrow{\text{q.M.}} AB$ $(\vartheta \in \Theta_8)$. Daraus erhalten wir mit [A 4.14]

$$\hat{\gamma}_n = A\hat{B}_nF \xrightarrow{P_\vartheta} \gamma(\vartheta) = ABF \qquad (\vartheta \in \Theta_8) .$$

Wegen (43) folgt aus Stetigkeitsgründen

$$\lambda^{(n)} = \lambda_{\max}\left[\left(\frac{1}{n} S_2^{(n)}\right)^{-1/2} (\hat{\gamma}_n - G)' (\hat{\gamma}_n - G) \left(\frac{1}{n} S_2^{(n)}\right)^{-1/2}\right]$$

$$\xrightarrow{P_\vartheta} \lambda_{\max}[\tilde{\Sigma}^{-1/2} (\gamma(\vartheta) - G)' (\gamma(\vartheta) - G) \tilde{\Sigma}^{-1/2}] =: \lambda(\vartheta) \qquad (\vartheta \in \Theta_8) .$$

Für $\vartheta \in \Theta_8^H$ gilt $\gamma(\vartheta) - G = 0_{r\times p}$ und folglich $\lambda(\vartheta) = 0$. Für $\vartheta \in \Theta_8^K$ folgt

$$(\gamma(\vartheta) - G)\, \tilde{\Sigma}^{-1/2} e_i^{(q)} \neq 0 \qquad \text{für ein } i \in \{1, \dots, q\} ,$$

woraus sich $\lambda(\vartheta) > 0_r$ ergibt.

b) Aus (45) folgt, daß für jede reelle Zahl $\delta > 0$ eine natürliche Zahl $N(\delta)$ existiert mit

$$\lambda_{\max}[A T_n^- A'] \leqq \frac{1}{\delta} \qquad (n \geqq N(\delta))$$

bzw.

$$\lambda_{\min}[(A T_n^- A')^{-1}] \geqq \delta \qquad (n \geqq N(\delta)) ,$$

woraus mit [A 1.61] und [A 1.60]

$$(A T_n^- A')^{-1} - \delta I_r \in \mathfrak{M}_r^{\geqq} \qquad (n \geqq N(\delta)) ,$$

$$\left(\frac{1}{n} S_2^{(n)}\right)^{-1/2} [S_1^{(n)} - (\hat{\gamma}_n - G)' \delta (\hat{\gamma}_n - G)] \left(\frac{1}{n} S_2^{(n)}\right)^{-1/2} \in \mathfrak{M}_q^{\geqq} \qquad (n \geqq N(\delta))$$

und

$$n\hat{\lambda}_{\max}^{(n)} = \lambda_{\max}\left[\left(\frac{1}{n} S_2^{(n)}\right)^{-1/2} S_1^{(n)} \left(\frac{1}{n} S_2^{(n)}\right)^{-1/2}\right]$$

$$\geqq \delta\lambda_{\max}\left[\left(\frac{1}{n} S_2^{(n)}\right)^{-1/2} (\hat{\gamma}_n - G)' (\hat{\gamma}_n - G) \left(\frac{1}{n} S_2^{(n)}\right)^{-1/2}\right] = \delta\lambda^{(n)} \qquad (n \geqq N(\delta))$$

folgt. ■

Wir wollen zunächst die Konsistenz der Folgen $\{\varphi_i(Y_{(n)})\}$, $i = 1, \dots, 4$, der exakten Tests für das Problem (33) im Modell $\mathcal{M}_{\Theta_8}^N$ beweisen.

Satz 5.2.4. *Wenn das Problem* (33) *im Folgenmodell* $\mathcal{M}_{\Theta_8}^N$ *testbar und die Bedingung* (45) *erfüllt ist, dann sind die Testfolgen* $\{\varphi_1(Y_{(n)})\}, \dots, \{\varphi_4(Y_{(n)})\}$ (HOTELLING-, PILLAI-, ROY- *und* WILKS-*Test*) *konsistent.*

Beweis. Da die χ^2-Verteilung mit qr Freiheitsgraden im Punkte $\chi^2_{\alpha;qr}$ streng monoton ist, folgt aus Korollar 5.2.1 und [A 4.22], daß $t^0_{\alpha;n} \to \chi^2_{\alpha;qr}$, $nv_{\alpha;n} \to \chi^2_{\alpha;qr}$ und $-n \ln \lambda_{1-\alpha;n} \to \chi^2_{\alpha;qr}$ gilt, woraus wir sofort schließen können, daß auch

$$n(n - r[X_n])^{-1} t^0_{\alpha;n} \to \chi^2_{\alpha;qr} ,$$

$$\left((nv_{\alpha;n})^{-1} - \frac{1}{n}\right)^{-1} \to \chi^2_{\alpha;qr} \tag{46}$$

und

$$e^{-n \ln \lambda_{1-\alpha;n}} \to e^{\chi^2_{\alpha;qr}}$$

gilt.

Mit Korollar 5.2.1 erhält man für ein fest gewähltes α' mit $0 < \alpha' < \alpha$:

$$P_\vartheta\{b\hat{\lambda}_{\max}^{(n)} > nl_{\alpha;n}\} = \alpha \geqq P_\vartheta\{n\hat{\lambda}_{\max}^{(n)} > l_{\alpha-\alpha'}\} \qquad (\vartheta \in \Theta_8^H,\ n \geqq n_1)$$

und somit

$$nl_{\alpha;n} \leqq l_{\alpha-\alpha'} \quad (n \geqq n_1). \tag{47}$$

Sei $\vartheta \in \Theta_8^K$ im folgenden ein fester Parameter.

Aus Lemma 5.2.2 a) und wegen der Beschränktheit der in (46) und (47) betrachteten modifizierten Folgen der $(1-\alpha)$-Quantile folgt die Existenz reeller Zahlen $\delta > 0$ und $\varepsilon > 0$ mit

$$\begin{aligned} &\delta\lambda(\vartheta) - \varepsilon > n(n - r[X_n])^{-1} t^0_{\alpha;n} && (n \geqq n_0), \\ &\delta\lambda(\vartheta) - \varepsilon > \left((nv_{\alpha;n})^{-1} - \frac{1}{n}\right)^{-1} && (n \geqq n_0), \\ &\delta\lambda(\vartheta) - \varepsilon > nl_{\alpha;n} && (n \geqq n_0) \end{aligned} \tag{48}$$

und

$$\delta\lambda(\vartheta) - \varepsilon > \mathrm{e}^{-n\ln\lambda_{1-\alpha;n}} \quad (n \geqq n_0).$$

Außerdem existiert nach Lemma 5.2.2 b) eine natürliche Zahl $N(\delta)$ mit

$$T^2_{0n} \geqq (n - r[X_n])\,\hat{\lambda}^{(n)}_{\max} \geqq n^{-1}(n - r[X_n])\,\delta\lambda^{(n)} \quad (n \geqq N(\delta)),$$

$$\begin{aligned} nV_n &= n\sum_{i=1}^{q} \frac{\hat{\lambda}_i^{(n)}}{1 + \hat{\lambda}_i^{(n)}} \geqq n\frac{\hat{\lambda}^{(n)}_{\max}}{1 + \hat{\lambda}^{(n)}_{\max}} = \left((n\hat{\lambda}^{(n)}_{\max})^{-1} + \frac{1}{n}\right)^{-1} \\ &\geqq \left((\delta\lambda^{(n)})^{-1} + \frac{1}{n}\right)^{-1} \quad (n \geqq N(\delta)), \end{aligned} \tag{49}$$

$$n\hat{\lambda}^{(n)}_{\max} \geqq \delta\lambda^{(n)} \quad (n \geqq N(\delta)),$$

$$\begin{aligned} -n\ln\Lambda_n &= -n\sum_{i=1}^{q} -\ln(1 + \hat{\lambda}_i^{(n)}) \geqq n\ln(1 + \hat{\lambda}^{(n)}_{\max}) \\ &\geqq \ln(1 + n\hat{\lambda}^{(n)}_{\max}) \geqq \ln(1 + \delta\lambda^{(n)}) \geqq \ln\delta\lambda^{(n)} \quad (n \geqq N(\delta)). \end{aligned}$$

Unter Benutzung der Gleichungen (48), (49) und von Lemma 5.2.2 erhalten wir

$$\begin{aligned} E_\vartheta\varphi_1(Y_{(n)}) &= P_\vartheta\{T^2_{0n} > t^0_{\alpha;n}\} \geqq P_\vartheta\{n^{-1}(n - r[X_n])\,\delta\lambda^{(n)} > t^0_{\alpha;n}\} \\ &= P_\vartheta\{\delta\lambda^{(n)} > n(n - r[X_n])^{-1} t^0_{\alpha;n}\} \\ &\geqq P_\vartheta\{\delta\lambda^{(n)} > \delta\lambda(\vartheta) - \varepsilon\} \\ &\geqq P_\vartheta\{|\lambda^{(n)} - \lambda(\vartheta)| < \varepsilon\delta^{-1}\} \to 1, \end{aligned}$$

$$\begin{aligned} E_\vartheta\varphi_2(Y_{(n)}) &= P_\vartheta\{V_n > v_{\alpha;n}\} = P_\vartheta\{nV_n > nv_{\alpha;n}\} \\ &\geqq P_\vartheta\left\{\left((\delta\lambda^{(n)})^{-1} + \frac{1}{n}\right)^{-1} > nv_{\alpha;n}\right\} \\ &= P_\vartheta\left\{\delta\lambda^{(n)} > \left((nv_{\alpha;n})^{-1} - \frac{1}{n}\right)^{-1}\right\} \\ &\geqq P_\vartheta\{\delta\lambda^{(n)} > \delta\lambda(\vartheta) - \varepsilon\} \to 1, \end{aligned}$$

$$\begin{aligned} E_\vartheta\varphi_3(Y_{(n)}) &= P_\vartheta\{\hat{\lambda}^{(n)}_{\max} > l_{\alpha;n}\} = P_\vartheta\{n\hat{\lambda}^{(n)}_{\max} > nl_{\alpha;n}\} \\ &\geqq P_\vartheta\{\delta\lambda^{(n)} > \delta\lambda(\vartheta) - \varepsilon\} \to 1 \end{aligned}$$

und

$$\begin{aligned} E_\vartheta \varphi_4(Y_{(n)}) &= P_\vartheta\{\Lambda_n < \lambda_{1-\alpha;n}\} = P_\vartheta\{-n \ln \Lambda_n > -n \ln \lambda_{1-\alpha;n}\} \\ &\geqq P_\vartheta\{\ln \delta\lambda^{(n)} > -n \ln \lambda_{1-\alpha;n}\} \\ &= P_\vartheta\{\delta\lambda^{(n)} > e^{-n \ln \lambda_{1-\alpha;n}}\} \\ &\geqq P_\vartheta\{\delta\lambda^{(n)} > \delta\lambda(\vartheta) - \varepsilon\} \to 1 . \quad \blacksquare \end{aligned}$$

Anschließend werden wir die Konsistenz für die entsprechenden Folgen der asymptotischen Tests zeigen.

Satz 5.2.5. *Unter den Voraussetzungen von Satz* 5.2.4 *sind die Folgen* $\{\psi_1(Y_{(n)})\}$, ..., $\{\psi_4(Y_{(n)})\}$ *der asymptotischen* HOTELLING-, PILLAI-, ROY- *und* WILKS-*Tests für das Problem* (33) *im Folgenmodell* $\mathcal{M}_{\Theta_8}^N$ *konsistent.*

Beweis. Sei $\vartheta \in \Theta_8^K$ ein fester Parameter. Da nach Lemma 5.2.2 a) $\lambda(\vartheta) > 0$ gilt, existieren reelle Zahlen $\delta > 0$ und $\varepsilon > 0$ mit

$$\begin{aligned} &\delta\lambda(\vartheta) - \varepsilon > n(n - r[X_n])^{-1} \chi^2_{\alpha;qr} \\ &\delta\lambda(\vartheta) - \varepsilon > \left((\chi^2_{\alpha;qr})^{-1} - \frac{1}{n}\right)^{-1} \\ &\delta\lambda(\vartheta) - \varepsilon > l_\alpha \end{aligned} \tag{50}$$

und

$$\delta\lambda(\vartheta) - \varepsilon > e^{\chi^2_{\alpha;qr}} .$$

Außerdem gelten nach Lemma 5.2.2 b) die Gleichungen (49). Aus (49), (50) und Lemma 5.2.2 erhalten wir

$$\begin{aligned} E_\vartheta \psi_1(Y_{(n)}) &= P_\vartheta\{T^2_{0n} > \chi^2_{\alpha;qr}\} \geqq P_\vartheta\{n^{-1}(n - r[X_n])\, \delta\lambda^{(n)} > \chi^2_{\alpha;qr}\} \\ &= P_\vartheta\{\delta\lambda^{(n)} > n(n - r[X_n])^{-1} \chi^2_{\alpha;qr}\} \\ &\geqq P_\vartheta\{\delta\lambda^{(n)} > \delta\lambda(\vartheta) - \varepsilon\} \\ &\geqq P_\vartheta\{|\lambda^{(n)} - \lambda(\vartheta)| < \varepsilon\delta^{-1}\} \to 1 , \\ E_\vartheta \psi_2(Y_{(n)}) &= P_\vartheta\{n V_n > \chi^2_{\alpha;qr}\} \geqq P_\vartheta\left\{\left((\delta\lambda^{(n)})^{-1} + \frac{1}{n}\right)^{-1} > \chi^2_{\alpha;qr}\right\} \\ &= P_\vartheta\left\{\delta\lambda^{(n)} > \left((\chi^2_{\alpha;qr})^{-1} - \frac{1}{n}\right)^{-1}\right\} \\ &\geqq P_\vartheta\{\delta\lambda^{(n)} > \delta\lambda(\vartheta) - \varepsilon\} \to 1 , \\ E_\vartheta \psi_3(Y_{(n)}) &= P_\vartheta\{n \hat{\lambda}^{(n)}_{\max} > l_\alpha\} \geqq P_\vartheta\{\delta\lambda^{(n)} > l_\alpha\} \\ &\geqq P_\vartheta\{\delta\lambda^{(n)} > \delta\lambda(\vartheta) - \varepsilon\} \to 1 \end{aligned}$$

und

$$\begin{aligned} E_\vartheta \psi_4(Y_{(n)}) &= P_\vartheta\{-n \ln \Lambda_n > \chi^2_{\alpha;qr}\} \geqq P_\vartheta\{\ln (\delta\lambda^{(n)}) > \chi^2_{\alpha;qr})\} \\ &= P_\vartheta\left\{\delta\lambda^{(n)} > e^{\chi^2_{\alpha;qr}}\right\} \geqq P_\vartheta\{\delta\lambda^{(n)} > \delta\lambda(\vartheta) - \varepsilon\} \to 1 . \quad \blacksquare \end{aligned}$$

Satz 5.2.6. *Wenn* (33) *im Folgenmodell* $\mathcal{M}_{\Theta_8}$ *testbar ist und die Bedingungen* (36) *und* (37) *erfüllt sind, so sind die Folgen* $\{\psi_1(Y_{(n)})\}$, ..., $\{\psi_4(Y_{(n)})\}$ *der asympto-*

tischen Tests für das Problem (33) *im Modell* $\mathcal{M}_{\Theta_8}$ *konsistent und halten asymptotisch das Niveau* α *ein.*

Beweis. Aus (36) folgt insbesondere, daß die Bedingung (45) erfüllt ist. Somit ist Lemma 5.2.2 anwendbar, und der Beweis kann analog zum Beweis von Satz 5.2.5 geführt werden. ∎

5.3. Hypothesenprüfung bei eingeschränkter Alternative

5.3.1. Die Beschränkung des Alternativbereichs

Wir betrachten ein normales univariates Regressionsmodell

$$y \mathbin{\text{(\sim)}} N[\mathcal{R}(X) \times \mathcal{V}_{I_n}] \tag{1}$$

mit $E_\vartheta y = \mu = X\beta$; $X \in \mathfrak{M}_{n\times k}^k$, $\beta \in R^k$. Zum Prüfen der Hypothese

$$H: \text{„}\beta_{(1)} = 0_r\text{“} \tag{2}$$

gegen die Alternative

$$K: \text{„}\beta_{(1)} \neq 0_r\text{“} \tag{3}$$

mit $\beta_{(1)} = (\beta_1, \ldots, \beta_r)'$ wurde in den Abschnitten 5.1 und 5.2 der F-Test mit dem kritischen Bereich

$$\frac{1}{r}\,\frac{\hat{\beta}'_{(1)}(X'_1[I_n - X_2(X'_2X_2)^{-1}X'_2]\,X_1)\,\hat{\beta}_{(1)}}{s^2} > F_{\alpha;r,n-k} \tag{4}$$

als gleichmäßig bester invarianter α-Test abgeleitet, der auch in der Klasse $\mathcal{D}_\alpha$ aller α-Tests gewisse Optimalitätseigenschaften (Maximin-Test, strengster Test, Zulässigkeit) besitzt. Dabei wurde jedoch zugrunde gelegt, daß sämtliche Parameter $\vartheta = (\beta, \sigma^2)$ mit $\beta_{(1)} \neq 0_r$ zum Alternativbereich gehören. In vielen Problemen ergibt sich aus sachlogischen Überlegungen, daß der mögliche Alternativbereich bestimmten Beschränkungen unterworfen ist, beispielsweise, daß einige der Komponenten β_i, $i = 1, \ldots, r$, nicht negativ sein können. Es drängt sich nun die Frage auf, ob es möglich ist, solche α-Tests zu finden, die auf diesem eingeschränkten Alternativbereich eine größere Güte als der F-Test besitzen.

Im folgenden betrachten wir den Fall, daß die Zusatzinformation über den unbekannten Parameter β darin besteht, daß sich der zu prüfende Teilvektor $\beta_{(1)}$ in einem durch das System linearer Ungleichungen

$$R\beta_{(1)} \geqq 0_l \tag{5}$$

bestimmten konvexen Kegel $\mathcal{R}$ befinden muß. Hierbei ist $R \in \mathfrak{M}_{l\times r}$ eine feste bekannte Matrix. Das Testproblem (1), (2), (3), (5) ist invariant gegenüber der Gruppe $\mathcal{G}^*$ von Transformationen g^*

$$g^*: y \to cCy + X_2\gamma\,, \tag{6}$$

wobei $c > 0$, C eine orthogonale Matrix mit $CX = X$, X_2 die Teilmatrix der letzten $k - r$ Spalten von X und $\gamma \in R^{k-r}$ sind.

Analog zum Vorgehen im Abschnitt 5.1 beschränken wir uns auf die unter $\mathcal{G}^*$ invarianten Tests und suchen zuerst eine unter $\mathcal{G}^*$ maximal invariante Statistik. Lassen wir den k-dimensionalen Unterraum $\mathcal{R}(X)$ des Stichprobenraums $Y = R^n$ (wo $s^2 = 0$ ist) mit dem n-dimensionalen LEBESGUE-Maß Null außer acht, so gilt

Satz 5.3.1. *Die Statistik*

$$u(y) = \frac{1}{s} \hat{\beta}_{(1)}, \tag{7}$$

wobei $s^2 = (1/n - k)\, y'(I_n - X(X'X)^{-1} X')\, y$ *und* $\hat{\beta}_{(1)}$ *den Teilvektor der ersten* r *Komponenten von* $\hat{\beta} = (X'X)^{-1} X'y$ *darstellen, ist maximal invariant unter* $\mathcal{G}^*$.

Beweis. Ersetzen wir y durch $y^* = cCy + X_2\gamma$, so erhalten wir

$$s^{*2} = \frac{1}{n-k} (cCy + X_2\gamma)' (I_n - X(X'X)^{-1} X') (cCy + X_2\gamma)$$

und wegen $(I_n - X(X'X)^{-1} X')\, X_2 = 0_{n \times (k-r)}$, $C'C = I_n$, $C'X = C'CX = X$ etc.

$$s^{*2} = c^2 s^2 .$$

Analog gilt

$$\hat{\beta}^*_{(1)} = c\hat{\beta}_{(1)}$$

und daher $\frac{1}{s^*} \hat{\beta}^*_{(1)} = \frac{1}{s} \hat{\beta}_{(1)}$. Somit ist die Statistik u invariant unter $\mathcal{G}^*$.

Um die Maximalinvarianz zu zeigen, betrachten wir zwei Elemente y und y^* des Stichprobenraums mit $\frac{1}{s^*} \hat{\beta}^*_{(1)} = \frac{1}{s} \hat{\beta}_{(1)}$; $s, s^* \neq 0$. Daraus folgt sofort die Existenz einer Konstanten $c > 0$ und eines Vektors $\gamma \in R^{k-r}$ so, daß

$$s^{*2} = c^2 s^2 \tag{8}$$

sowie

$$\hat{\beta}^*_{(1)} = c\hat{\beta}_{(1)} \quad \text{bzw.} \quad \hat{\beta}^* = c\hat{\beta} + \begin{pmatrix} 0_r \\ \gamma \end{pmatrix} \tag{9}$$

gilt. Gleichung (8) kann mit $Q = I_n - X(X'X)^{-1} X'$ geschrieben werden als

$$(Qy^*)' (Qy^*) = (cQy)' (cQy) ,$$

woraus wie im Beweis zu Satz 5.1.1 die Existenz einer orthogonalen Matrix C, die auf dem Nullraum von Q die identische Abbildung darstellt, d. h. $CX = X$, folgt, so daß

$$Qy^* = cCQy \tag{10}$$

gilt. Multiplizieren wir (9) von links mit X, so erhalten wir

$$X(X'X)^{-1} X'y^* = cX(X'X)^{-1} X'y + X_2\gamma$$

oder mit $P = X(X'X)^{-1} X'$

$$Py^* = cPy + X_2\gamma . \tag{11}$$

Unter Berücksichtigung von $Q + P = I_n$ und $CP = P$ ergibt sich durch Summation von (10) und (11)

$$y^* = cCcy + X_2\gamma ,$$

d. h., aus $u(y^*) = u(y)$ folgt die Existenz eines $g^* \in \mathcal{G}^*$ mit $y^* = g^*y$. ■

Wir können uns demnach auf Funktionen von u beschränken, wenn wir nach invarianten Tests suchen. Aus Abschnitt 2.1.4 erhalten wir, daß $\hat{\boldsymbol{\beta}}_{(1)}$ und $\mathbf{s}^2$ stochastisch unabhängig sind und

$$\hat{\boldsymbol{\beta}}_{(1)} \sim N_r(\beta_{(1)}, \sigma^2 \Omega), \tag{12}$$

$$\frac{n-k}{\sigma^2} \mathbf{s}^2 \sim \chi^2_{n-k} \tag{13}$$

mit $\Omega^{-1} = X_1'(I_n - X_2(X_2'X_2)^{-1} X_2') X_1$ gilt. Aus (12) und (13) kann man direkt die Dichte der zufälligen Variablen $\boldsymbol{u}$ bezüglich des r-dimensionalen LEBESGUE-Maßes berechnen

$$p(u) = \frac{\Gamma\left(\frac{r+n-k}{2}\right)(n-k)^{\frac{n-k}{2}}}{\Gamma\left(\frac{n-k}{2}\right)\pi^{r/2}\,|\Omega|^{1/2}} [u'\Omega^{-1}u + n - k]^{\frac{r+n-k}{2}} \cdot \Phi_{\lambda,\Omega}(u) \tag{14}$$

mit

$$\Phi_{\lambda,\Omega}(u) = \frac{\mathrm{e}^{-\lambda'\Omega^{-1}\lambda/2}}{2^{\frac{r+n-k}{2}-1}\,\Gamma\left(\frac{r+n-k}{2}\right)} \times \int_0^\infty \mathrm{e}^{-w^2/2}\, w^{r+n-k-1} \exp\left\{\frac{u'\Omega^{-1}\lambda}{[u'\Omega^{-1}u + n - k]^{1/2}}\, w\right\} \mathrm{d}w \tag{15}$$

und $\lambda = \frac{1}{\sigma}\beta_{(1)}$. O. B. d. A. wollen wir von nun an stets $\Omega = I_r$ annehmen, da jeder andere Fall durch die Transformation

$$\hat{\beta}_{(1)} \to \Omega^{-1/2}\hat{\beta}_{(1)}$$

und Ersetzung von $\beta_{(1)}$ durch $\Omega^{-1/2}\beta_{(1)}$ sowie von R durch $R\Omega^{1/2}$ auf diesen zurückgeführt werden kann. Die Dichte (14) wird dadurch

$$p_\lambda(u) = \frac{\Gamma\left(\frac{r+n-k}{2}\right)(n-k)^{\frac{n-k}{2}}}{\Gamma\left(\frac{n-k}{2}\right)\pi^{r/2}} [u'u + n - k]^{\frac{r+n-k}{2}}\, \Phi_\lambda(u) \tag{16}$$

mit

$$\Phi_\lambda(u) = \frac{\mathrm{e}^{-\lambda'\lambda/2}}{2^{\frac{r+n-k}{2}-1}\,\Gamma\left(\frac{r+n-k}{2}\right)} \times \int_0^\infty \mathrm{e}^{-w^2/2}\, w^{r+n-k-1} \exp\left\{\frac{u'\lambda}{[u'u + n - k]^{1/2}}\, w\right\} \mathrm{d}w \tag{17}$$

und ist bekannt ([64], [65]) als Dichte einer *multivariaten t-Verteilung* mit dem Nichtzentralitätsparameter λ.

Speziell beim Vorliegen der Nullhypothese, d. h. $\lambda = 0_r$, erhalten wir die r-dimensionale zentrale t-Verteilung mit $n - k$ Freiheitsgraden (des Nenners), deren Dichte

$$p_0(u) = \frac{\Gamma\left(\frac{r+n-k}{2}\right)(n-k)^{\frac{n-k}{2}}}{\Gamma\left(\frac{n-k}{2}\right)\pi^{r/2}}[u'u + n - k]^{-\frac{r+n-k}{2}} \tag{18}$$

für $r = 1$ mit derjenigen der Studentschen t-Verteilung übereinstimmt.

Die Reduktion durch Invarianz führt also zu dem Problem, in dem durch (16) bestimmten Modell die Hypothese

$$H: „\lambda = 0_r“ \tag{19}$$

gegen die Alternative

$$K: „\lambda \neq 0_r, \quad R\lambda \geqq 0_t“ \tag{20}$$

zu testen.

Aus dem Fundamentallemma von Neyman-Pearson folgt sofort, daß ein bester invarianter α-Test zum Prüfen der Hypothese „$\lambda = 0_r$“ gegen die einfache Alternative „$\lambda = \lambda_*$“ durch den kritischen Bereich

$$\frac{p_{\lambda_*}(u)}{p_0(u)} > \gamma_\alpha$$

gegeben ist oder wegen der Monotonie von $p_{\lambda_*}(u)/p_0(u) = \Phi_\lambda(u)$ in $\frac{u'\lambda_*}{[u'u + n - k]^{1/2}}$ durch den Bereich

$$\frac{u'\lambda_*}{[u'u + n - k]^{1/2}} > x_\alpha, \tag{21}$$

wobei x_α in Abhängigkeit von λ_* und α gewählt wird.

Satz 5.3.2. *Ein gleichmäßig bester invarianter α-Test für das Testproblem* (19), (20) *existiert genau dann, wenn durch $R\lambda \geqq 0_t$ eine Halbgerade bestimmt ist.*

Beweis. Ist $\lambda_{**} = c\lambda_*$ ($c > 0$), dann unterscheidet sich die Teststatistik $\frac{u'\lambda_{**}}{[u'u + n - k]^{1/2}}$ von der in (21) angeführten lediglich um einen positiven Faktor und ergibt daher den gleichen Test. Ist nun $\lambda_{**} \neq c\lambda_*$, dann bilden, wie aus der analytischen Geometrie bekannt, die entsprechenden besten kritischen Gebiete Hyperboloide, die wegen der Verschiedenheit ihrer Achsen auch selbst verschieden sind. ■

Für den Fall, daß $R\lambda \geqq 0_t$ eine Halbgerade definiert — mittels einer orthogonalen Basistransformation können wir stets erreichen, daß diese vom Vektor $(1, 0, \ldots, 0)'$ aufgespannt wird — erhalten wir den Test mit dem kritischen Gebiet

$$\frac{u_1}{[u'u + n - k]^{1/2}} > x_\alpha,$$

welches auch durch

$$\sqrt{r+n-k-1}\,\frac{\beta_1}{[\hat{\beta}_2^2+\cdots+\hat{\beta}_r^2+(n-k)\,s^2]^{1/2}}>t_{\alpha;\,r+n-k-1} \tag{22}$$

beschrieben werden kann und den bekannten einseitigen t-Test darstellt.

Die Tatsache, daß im allgemeinen kein gleichmäßig bester invarianter Test existiert, führte dazu, daß verschiedene Tests zum Prüfen des Testproblems (1), (2), (3), (5) vorgeschlagen wurden.

5.3.2. Der Maximin Kontrast von Abelson und Tukey

R. P. Abelson und J. W. Tukey [66] schlugen vor, sich bei der Suche nach einer geeigneten Teststatistik auf die Klasse der linearen *Statistiken* $\sum_{i=1}^{r} c_i u_i$ zu beschränken. O. B. d. A. sei der Vektor $c = (c_1, \dots, c_r)'$ normiert, d. h. $||c|| = 1$. Die Statistik $\sum_{i=1}^{r} c_i u_i = \frac{1}{s} \sum_{i=1}^{r} c_i \hat{\beta}_i$ besitzt eine (eindimensionale) t_{n-k}-Verteilung mit dem Nichtzentralitätsparameter $c'\lambda = ||\lambda|| \cos \psi(c, \lambda)$, wobei $\psi(.\,,.)$ den Winkel zwischen zwei Vektoren bezeichnet. Unter der Nullhypothese hat die Statistik offensichtlich die zentrale t_{n-k}-Verteilung.

Wegen der Abhängigkeit der Güte des t-Tests mit dem kritischen Bereich

$$c'u > t_{\alpha;\,n-k} \tag{23}$$

vom Nichtzentralitätsparameter $c'\lambda$ ist es günstig, c so zu wählen, daß $c'\lambda$ oder — für feste Norm $||\lambda||$ — auch $\cos \psi(c, \lambda)$ so groß wie möglich wird. Jedoch ist λ unbekannt und abgesehen von dem vorhin erwähnten Fall einer Halbgeraden existiert kein Vektor c_*, der den Winkel $\psi(c, \lambda)$ für alle $\lambda \in \mathfrak{R}$ minimiert.

R. P. Abelson und J. W. Tukey wählten nun dasjenige c_*, welches den maximalen Wert von $\psi(c, \lambda)$ minimiert, d. h.

$$\max_{\lambda \in \mathfrak{R}} \psi(c_*, \lambda) = \min_{||c||=1} \max_{\lambda \in \mathfrak{R}} \psi(c, \lambda)\,. \tag{24}$$

Für festes $||\lambda||$ maximiert diese Wahl die minimale Güte auf $\mathfrak{R}$ unter allen Tests, die auf linearen Statistiken basieren. Es taucht natürlich die Frage auf: Ist c_* eindeutig bestimmt, und wie kann man es konstruieren?

Zu diesem Zweck ist es notwendig, zwei Fälle zu unterscheiden:

(i) der Rang der Matrix R ist kleiner als r,

(ii) der Rang der Matrix R ist gleich r.

Im ersten Fall enthält $\mathfrak{R}$ zumindest einen eindimensionalen linearen Unterraum, d. h. eine Gerade, für welche die Gleichung $R\lambda = 0_t$ erfüllt ist und c_* muß notwendig orthogonal zu diesem Unterraum sein.

Daher hat $c_*'u$ für alle Parameter λ, die in diesem Unterraum liegen, die zentrale t_{n-k}-Verteilung, unabhängig davon, wie „weit" — beispielsweise im Sinne der Norm $||\lambda||$ — die Alternative λ von der Nullhypothese entfernt ist. Somit ist die Güte des auf dieser linearen Statistik basierenden Tests für die erwähnten Parameter gleich α; der Test ist nicht konsistent in den Parametern (vgl. S. 192) und dem F-Test nicht vorzuziehen.

Im zweiten Fall existiert ein eindeutig bestimmtes c_*, das (24) erfüllt und für welches gilt

$$\psi_0 = \max_{\lambda \in \mathfrak{K}} \psi(c_*, \lambda) < \frac{\pi}{2} \tag{25}$$

(siehe z. B. [66], [67]). In [67] wurden für mehrere Modelle der Varianzanalyse explizite Formeln zur Berechnung von c_* angegeben.

Dieses c_* bildet die Achse eines durch

$$\cos \psi(c_*, \lambda) = \frac{c_*' \lambda}{||c_*|| \cdot ||\lambda||} \geqq \cos \psi_0 \tag{26}$$

gegebenen Kreiskegels $\mathcal{T}$, der den Kegel $\mathfrak{K}$ umfaßt. Es ist klar, daß dann, wenn die Beschränkung des Alternativbereichs von vornherein nicht durch (5) sondern durch (26) gegeben ist, die Idee des Maximin-Kontrasts zur gleichen Teststatistik $c_*'u$ führt.

Die Güte des Tests mit dem kritischen Bereich

$$c_*'u > t_{\alpha; n-k}$$

hängt monoton von $c_*'\lambda$ *ab und ist auf* $\mathfrak{K}$ *bzw.* $\mathcal{T}$ *wegen*

$$c_*'\lambda = ||\lambda|| \cos \psi(c_*, \lambda) \geqq ||\lambda|| \cos \psi_0 > 0$$

unverfälscht. Die Konsistenz in den Parametern ist gleichfalls aus der letzten Ungleichung ersichtlich.

5.3.3. Strengste irgendwo beste invariante Tests

Entsprechend der Definition 1.4.8 heißt ein Test $\varphi^* \in \mathcal{D}_\alpha^i$ *strengster invarianter* α*-Test*, wenn

$$\sup_{\lambda \in \mathfrak{K}} (\beta(\lambda) - \beta_{\varphi^*}(\lambda)) = \inf_{\varphi \in \mathcal{D}_\alpha^i} \sup_{\lambda \in \mathfrak{K}} (\beta(\lambda) - \beta_\varphi(\lambda)) \tag{27}$$

gilt. Hierbei bezeichnet $\mathcal{D}_\alpha^i$ die Klasse der invarianten α-Tests, und $\beta(\lambda)$ ergibt sich aus Definition 1.4.8 durch Ersetzen von $\mathcal{D}^*$ durch $\mathcal{D}_\alpha^i$.

Da man im allgemeinen nicht in der Lage ist, solche strengsten Tests zu konstruieren, beschränkten sich W. Schaafsma [67] und L. Smid [68] auf die Klasse Φ_0 der Tests, für die $\beta(\lambda) - \beta_\varphi(\lambda)$ zumindest in einem Punkt λ Null ist, wobei $\lambda \in \mathfrak{K}, \lambda \neq 0_r$, d. h. die ‚irgendwo' — also für mindestens ein $\lambda \in \mathfrak{K}$ — beste invariante α-Tests darstellen.

Ein Test φ_0 wird strengster irgendwo bester (*Most Stringent Somewhere Most Powerful* = MSSMP) invarianter α-Test genannt, wenn $\varphi_0 \in \Phi_0$ und

$$\sup_{\lambda \in \mathfrak{K}} (\beta(\lambda) - \beta_{\varphi_0}(\lambda)) = \inf_{\varphi \in \Phi_0} \sup_{\lambda \in \mathfrak{K}} (\beta(\lambda) - \beta_\varphi(\lambda)) \tag{28}$$

gilt. Wie im Abschnitt 5.3.1 gezeigt, fällt die Klasse aller irgendwo besten invarianten α-Tests mit der Menge der Tests mit dem kritischen Bereich

$$\frac{c'u}{[u'u + n - k]^{1/2}} > x_\alpha = \frac{t_{\alpha; r+n-k-1}}{\sqrt{t^2_{\alpha; r+n-k-1} + (r + n - k - 1)}}\,; \ ||c|| = 1 \tag{29}$$

zusammen. Mit $\mathcal{T}_*$ bezeichnen wir einen Kreiskegel $\frac{c'\lambda}{||c|| \cdot ||\lambda||} \geqq x_* > x_\alpha$, $x_* > 0$.

Satz 5.3.3. *Der Test* (29) *ist*

(i) *zulässig in der Klasse aller* α*-Tests,*

(ii) *konsistent auf* $\mathcal{T}_*$,

(iii) *bei konstantem* $||\lambda||$ *fällt seine Güte monoton in* $\psi(c, \lambda)$,

(iv) *seine Güte steigt monoton in allen Richtungen von* $\mathcal{T}_*$, *d. h. für* $\lambda_*, \lambda_{**} \in R^r$ *und* $\lambda_{**} - \lambda_* = d \in \mathcal{T}_*$ ist $\beta(\lambda_{**}) > \beta(\lambda_*)$.
Speziell ist der Test (29) unverfälscht auf $\mathcal{T}_*$.

Beweis. Die Zulässigkeit ergibt sich sofort aus der Tatsache, daß dieser Test der fast überall eindeutig bestimmte beste ähnliche α-Test für die Alternative „$\lambda = c$" ist (s. [67], [68]). Die Konsistenz folgt daraus, daß $\frac{c'\boldsymbol{u}}{[\boldsymbol{u}'\boldsymbol{u} + n - k]^{1/2}}$ verteilt ist wie

$$\frac{c'\lambda + c'\boldsymbol{x}}{[(\lambda_1 + \boldsymbol{x}_1)^2 + \cdots + (\lambda_r + \boldsymbol{x}_r)^2 + (n - k)\,\boldsymbol{s}^2]^{1/2}}, \tag{30}$$

wobei $\boldsymbol{x} \sim N_r(0, I_r)$ und $(n - l)\,\boldsymbol{s}^2 \sim \chi^2_{n-l}$. Für $||\lambda|| \to \infty$ strebt diese Variable in Wahrscheinlichkeit gegen $\frac{c'\lambda}{||\lambda||}$, d. h. die Wahrscheinlichkeit im kritischen Bereich (29) zu liegen, strebt (wegen $\lambda \in \mathcal{T}_*$) gegen 1, womit die Konsistenz gezeigt wäre.

Der dritte Punkt ergibt sich aus (30), indem man u. a. berücksichtigt, daß die Verteilung des Nenners nur von $||\lambda||$ abhängt, der Zähler jedoch wachsend in $c'\lambda$ ist. Zum Beweis der letzten Behauptung nehmen wir o. B. d. A. an, daß $c = (1, 0, \ldots, 0)'$ ist. Das kritische Gebiet (29) kann dann durch

$$\frac{\hat{\beta}_1}{[\hat{\beta}_1^2 + \cdots + \hat{\beta}_r^2 + (n - k)\,s^2]^{1/2}} > x_\alpha$$

beschrieben werden. Indem wir die Variable w durch die Transformation $w = C\hat{\beta}_{(1)}$ einführen, wobei C eine orthogonale Matrix mit $\frac{d'}{||d||} = (\delta_1, \ldots, \delta_r)$ als erstem Zeilenvektor ist, bekommt (29) die Form

$$\frac{\delta_1 w_1 + c_{21} w_2 + \cdots + c_{r1} w_r}{[w_1^2 + \cdots + w_r^2 + (n - k)\,s^2]^{1/2}} > x_\alpha .$$

Die c_{ij} stehen hier für die entsprechenden Elemente von C. Wegen $d \in \mathcal{T}_*$ haben wir $\delta_1 = \cos \psi(c, d) > x_\alpha$, und die letzte Ungleichung kann für festes $w_2, \ldots, w_r, s^2$ umgeformt werden zu

$$\frac{w_1 + K_1}{[K_2^2]^{1/2}} > K_3 ,$$

wobei die K_i, $i = 1, \ldots, 3$, von $w_2, \ldots, w_r, s^2$ abhängen.

Die Variablen $\boldsymbol{w}_1, \ldots, \boldsymbol{w}_r, \boldsymbol{s}^2$ sind unabhängig verteilt, und die Verteilung von $\boldsymbol{w}_2, \ldots, \boldsymbol{w}_r, \boldsymbol{s}^2$ ist (bei festem σ^2) die gleiche für λ_* und λ_{**}. Jedoch ist $\boldsymbol{w}_1$ normalverteilt mit Varianz σ^2 und hat unter λ_{**} einen größeren Erwartungswert als unter λ_*, so daß

$$P_{\lambda_{**}}^{\boldsymbol{w}_1|w_2,\ldots,s^2}\left(\frac{\boldsymbol{w}_1 + K_1}{[K_2^2]^{1/2}} > K_3\right) > P_{\lambda_*}^{\boldsymbol{w}_1|w_2,\ldots,s^2}\left(\frac{\boldsymbol{w}_1 + K_1}{[K_2^2]^{1/2}} > K_3\right)$$

gilt, woraus nach Integration über $\boldsymbol{w}_2, \ldots, \boldsymbol{s}^2$ die Behauptung folgt. ■

Da die maximale Güte $\beta(\lambda)$ konstant ist, wenn $||\lambda||$ festgehalten wird, hängt auf Grund der dritten Aussage von Satz 5.3.3 $\beta(\lambda) - \beta_\varphi(\lambda)$ monoton von $\psi(c, \lambda)$ ab. Somit läßt sich die Konstruktion eines MSSMP-Tests auf das gleiche Minimax-Problem (24) wie für den Maximin-Kontrast zurückführen.

Er hat somit die Gestalt

$$\frac{c_*' u}{[u'u + n - k]^{1/2}} > x_\alpha \tag{31}$$

oder — entsprechend (22) —

$$\sqrt{r + n - k - 1}\,\frac{c_*'\hat{\beta}_{(1)}}{[\hat{\beta}_{(1)}'(I_r - c_* c_*')\hat{\beta}_{(1)} + (n - k)\, s^2]^{1/2}} > t_{\alpha; r+n-k-1}. \tag{32}$$

Wenn der mögliche Parameterbereich $\mathcal{R}$ in dem Kreiskegel

$$\frac{c_*'\lambda}{||c_*||\;||\lambda||} > x_\alpha.$$

enthalten ist, d. h. $\cos \psi_0 > x_\alpha$ mit ψ_0 aus (25) gilt, dann gelten die im Satz 5.3.3 getroffenen Aussagen für den Test (31) bzw. (32), wenn wir an Stelle $\mathcal{T}^*$ das Gebiet $\mathcal{R}$ oder $\mathcal{T}$ (definiert in (26)) einsetzen.

Falls jedoch $\mathcal{R}$ (oder $\mathcal{T}$) nicht im Gebiet

$$\frac{c_*'\lambda}{||c_*||\;||\lambda||} \geqq x_\alpha$$

liegt, d. h. $\cos \psi_0 < x_\alpha$ gilt, existieren stets Parameter $\lambda \in \mathcal{R}$ bzw. $\lambda \in \mathcal{T}$ so, daß $\frac{c_*'\lambda}{||c_*||\;||\lambda||} < x_\alpha$ gilt. Analog zum Beweis von Satz 5.3.3 strebt für $||\lambda|| \to \infty$ die Variable $\frac{c_*'u}{[u'u + n - k]^{1/2}}$ in Wahrscheinlichkeit gegen $\frac{c_*'\lambda}{||c_*||\;||\lambda||} < x_\alpha$ und somit die Güte $\beta_\varphi(\lambda)$ gegen Null.

Somit ist in diesem Fall der Test (31) nicht konsistent und auch durch die Minimax-Eigenschaft (27) nicht eindeutig bestimmt, denn sein maximaler Wert für $\beta(\lambda) - \beta_\varphi(\lambda)$ beträgt 1, ein Wert, den auch jeder andere auf einer Statistik $\frac{c'u}{[u'u + n - k]^{1/2}}$, $c \in R^r$, beruhende Test nicht übertrifft.

Während genau wie beim Maximin-Kontrast von Abelson und Tukey die Signifikanzpunkte des MSSMP-Tests (31) bzw. (32) aus entsprechenden Tafelwerten für die t-Verteilung entnommen werden können, entspricht im Gegensatz zum ersten Test die Güte des MSSMP-Tests — mit Ausnahme von Parametern auf der von c_* aufgespannten Achse — nicht der eines t-Tests, da die χ^2-verteilte Größe im Nenner von (32) einen von Null verschiedenen Nichtzentralitätsparameter besitzt.

5.3.4. Der Likelihood-Quotienten-Test

Die Berechnung des Likelihood-Quotienten führt auf die Statistik

$$\varkappa = \frac{\max\limits_{(\beta,\sigma^2):\beta_{(1)}=0_r} (2\pi\sigma^2)^{-\frac{n}{2}} e^{-\frac{1}{2\sigma^2}(y-X\beta)'(y-X\beta)}}{\max\limits_{(\beta,\sigma^2):\beta_{(1)}\in\mathfrak{R}} (2\pi\sigma^2)^{-\frac{n}{2}} e^{-\frac{1}{2\sigma^2}(y-X\beta)'(y-X\beta)}}, \tag{33}$$

der entsprechende Test besteht darin, die Hypothese abzulehnen, falls $\varkappa$ kleiner als eine geeignet gewählte Signifikanzschranke k_α ist.

Bei festem σ^2 entspricht die Maximierung des Nenners der Minimierung von $(y - X\beta)' \times \times (y - X\beta) = (y - X\hat{\beta})' (y - X\hat{\beta}) + (X\hat{\beta} - X\beta)' (X\hat{\beta} - X\beta)$, wobei $\hat{\beta} = (X'X)^{-1} X'y$ die Kleinste-Quadrate-Schätzung darstellt. Auf Grund der orthogonalen Zerlegung

$$X\hat{\beta} - X\beta = [I_n - X_2(X_2'X_2)^{-1} X_2'] X_1(\hat{\beta}_{(1)} - \beta_{(1)}) +$$
$$+ X_2[(X_2'X_2)^{-1} X_2'X_1 (\hat{\beta}_{(1)} - \beta_{(1)}) + \hat{\beta}_{(2)} - \beta_{(2)}]$$

ist

$$\min_{\beta_{(1)}\in\mathfrak{R}} (y - X\beta') (y - X\beta) = \min_{\beta_{(1)}\in\mathfrak{R}} \{(y - X\hat{\beta})' (y - X\hat{\beta})$$
$$+ (\hat{\beta}_{(1)} - \beta_{(1)}) X_1'[I_n - X_2(X_2'X_2)^{-1} X_2'] X_1(\hat{\beta}_{(1)} - \beta_{(1)}) + [(X_2'X_2)^{-1}$$
$$\times X_2'X_1 (\hat{\beta}_{(1)} - \beta_{(1)}) + \hat{\beta}_{(2)} - \beta_{(2)}]' X_2'X_2 [(X_2'X_2)^{-1} X_2'X_1 (\hat{\beta}_{(1)} - \beta_{(1)}) + \hat{\beta}_{(2)} - \beta_{(2)}]\} . \tag{34}$$

Wir hatten vorausgesetzt, daß $\Omega^{-1} = X_1'[I_n - X_2(X_2'X_2)^{-1} X_2'] X_1 = I_r$ ist; berücksichtigen wir weiterhin, daß der letzte Summand in (34) bei geeigneter Wahl von $\beta_{(2)}$ stets sein Minimum, nämlich Null, erreicht, reduziert sich das Minimierungsproblem (34) zu

$$\min_{\beta_{(1)}\in\mathfrak{R}} [(n - k) s^2 + (\hat{\beta}_{(1)} - \beta_{(1)})' (\hat{\beta}_{(1)} - \beta_{(1)})] .$$

Mit $\beta^*_{(1)}$ bezeichnen wir die orthogonale Projektion von $\hat{\beta}_{(1)}$ auf $\mathfrak{R}$, d. h. den Vektor $\beta^*_{(1)} \in \mathfrak{R}$ mit

$$(\hat{\beta}_{(1)} - \beta^*_{(1)})' (\hat{\beta}_{(1)} - \beta^*_{(1)}) = \min_{\beta_{(1)}\in\mathfrak{R}} (\hat{\beta}_{(1)} - \beta_{(1)})' (\hat{\beta}_{(1)} - \beta_{(1)}) . \tag{35}$$

Somit ist

$$\min_{\beta_{(1)}\in\mathfrak{R}} (y - X\beta)' (y - X\beta) = (\hat{\beta}_{(1)} - \beta^*_{(1)})' (\hat{\beta}_{(1)} - \beta^*_{(1)}) + (n - k) s^2 .$$

Maximieren wir nun über σ^2, so wird das Maximum für

$$\sigma^2 = \frac{1}{n} ((\hat{\beta}_{(1)} - \beta^*_{(1)})' (\hat{\beta}_{(1)} - \beta^*_{(1)}) + (n - k) s^2)$$

angenommen, so daß

$$\max_{(\beta,\sigma^2):\beta_{(1)}\in\mathfrak{R}} (2\pi\sigma^2)^{-\frac{n}{2}} e^{-\frac{1}{2}(y-X\beta)'(y-X\beta)}$$
$$= n^{\frac{n}{2}} (2\pi)^{-\frac{n}{2}} [(\hat{\beta}_{(1)} - \beta^*_{(1)})' (\hat{\beta}_{(1)} - \beta^*_{(1)}) + (n - k) s^2]^{-\frac{n}{2}} e^{-n/2}$$

gilt. Ganz analog ist

$$\max_{(\beta,\sigma^2):\beta_{(1)}=0_r} (2\pi\sigma^2)^{-\frac{n}{2}} e^{-\frac{1}{2}(y-X\beta)'(y-X\beta)} = n^{\frac{n}{2}} (2\pi)^{-\frac{n}{2}} [\hat{\beta}'_{(1)}\hat{\beta}_{(1)} + (n - k) s^2]^{-\frac{n}{2}} e^{-n/2}$$

und demzufolge

$$\varkappa^{n/2} = \frac{(\hat\beta_{(1)} - \beta^*_{(1)})' (\hat\beta_{(1)} - \beta^*_{(1)}) + (n-k)\, s^2}{\hat\beta'_{(1)}\hat\beta_{(1)} + (n-k)\, s^2}.$$

Der kritische Bereich des Likelihood-Quotienten-Tests

$$\varkappa^{n/2} < k_\alpha^{n/2}$$

kann äquivalent (unter Berücksichtigung von $\beta^{*\prime}_{(1)}(\hat\beta_{(1)} - \beta^*_{(1)}) = 0$) durch

$$E^2 = \frac{\beta^{*\prime}_{(1)}\beta^*_{(1)}}{\hat\beta'_{(1)}\hat\beta_{(1)} + (n-k)\, s^2} > x_\alpha \tag{36}$$

mit $x_\alpha = 1 - k_\alpha^{n/2}$ beschrieben werden. Wir bemerken, daß die Statistik E^2 invariant unter der Transformationsgruppe $\mathcal{G}^*$ bleibt.

Um den Sicherheitspunkt x_α eines Likelihood-Quotienten-Tests berechnen zu können, ist es notwendig, die Verteilung von $\boldsymbol{E}^2$ unter der Nullhypothese anzugeben.

Satz 5.3.4. *Beim Vorliegen der Hypothese H: „$\beta_{(1)} = 0_r$" ist die Verteilung von $\boldsymbol{E}^2$ durch*

$$P_0(\boldsymbol{E}^2 \leqq x) = \sum_{i=0}^{r} q_i B_{\frac{i}{2}, \frac{n-k+r-i}{2}}(x)\,, \quad 0 \leqq x \leqq 1\,, \tag{37}$$

gegeben. Hier bezeichnen die q_i die Wahrscheinlichkeiten, daß die Variable $\beta^*_{(1)}$ auf einer i-dimensionalen ($i = 1, \ldots, r-1$) Begrenzungsfläche des Kegels $\mathfrak{K}$ oder im Nullpunkt ($i = 0$) bzw. im Innern von $\mathfrak{K}$ ($i = r$) liegt, und $B_{\nu_1,\nu_2}(x)$ steht für die Verteilungsfunktion einer Beta-verteilten Variablen (vgl. [A 2.23]) mit den Parametern ν_1 und ν_2 $\left(B_{0,\nu_2}(x) \equiv 1\right)$.

Beweis. Für eine beliebige i-dimensionale Begrenzungsfläche wählen wir ein neues orthogonales Basissystem so, daß seine ersten i Achsen in dem von dieser Fläche aufgespannten Raum liegen. Aus $\hat\beta_{(1)}$ erhalten wir durch entsprechende Transformation die Variable $z \sim N_r(0, \sigma^2 I_r)$; die orthogonale Projektion von z auf den oben erwähnten Unterraum hat die Gestalt $z_{(1)} = (z_1, \ldots, z_i, 0, \ldots, 0)$. Die Verteilung von $\frac{\boldsymbol{z}'_{(1)}\boldsymbol{z}_{(1)}}{\boldsymbol{z}'\boldsymbol{z} + (n-l)\, \boldsymbol{s}^2}$ ist die einer Beta-Variablen mit $\frac{i}{2}$ und $\frac{n-k+r-i}{2}$ als Parametern. Falls z so beschaffen ist, daß seine Projektion auf der Begrenzungsfläche von $\mathfrak{K}$ liegt, dann gilt natürlich $\frac{z'_{(1)}z_{(1)}}{z'z + (n-l)\, s^2} = \frac{\beta^{*\prime}_{(1)}\beta^*_{(1)}}{\hat\beta'\hat\beta + (n-l)\, s^2}$.

Führen wir in dem i-dimensionalen Raum die Polarkoordinaten $z'_{(1)}z_{(1)}, \theta_1, \ldots, \theta_{i-1}$ und im orthogonalen Komplement die Polarkoordinaten $z'_{(2)}z_{(2)}, \vartheta_1, \ldots, \vartheta_{r-i-1}$ ein, so ist die oben erwähnte Begrenzungsfläche durch die Bedingung $\theta \in \mathcal{B}$ für eine geeignet gewählte Menge $\mathcal{B}$ bestimmt. Nun ist auf Grund der Normalverteilung von $\boldsymbol{z}$ die Variable $\boldsymbol{z}'_{(1)}\boldsymbol{z}_{(1)}$ unabhängig von θ und genauso $\boldsymbol{z}'_{(2)}\boldsymbol{z}_{(2)}$. Daher ist die bedingte Verteilung der zufälligen Veränderlichen $\left(\frac{\boldsymbol{z}'_{(1)}\boldsymbol{z}_{(1)}}{\boldsymbol{z}'\boldsymbol{z} + (n-l)\, \boldsymbol{s}^2} \middle| \theta \in \mathcal{B}\right)$, die mit der von $\boldsymbol{E}^2$ unter der Bedingung, daß $\boldsymbol{\beta}^*_{(1)}$ auf der ausgewählten Begrenzungsfläche liegt, übereinstimmt, durch $B_{\frac{i}{2}, \frac{n-l+r-i}{2}}(x)$ gegeben.

Berücksichtigen wir, daß – abgesehen von Nullmengen – die Mengen im $\hat{\beta}$-Raum, für die $\beta^*_{(1)}$ auf verschiedenen Begrenzungsflächen liegt, disjunkt sind, ergibt sich daraus sofort (37). ■

Abgesehen von der Berechnung von $\beta^*_{(1)}$ erweist sich auch die der q_i, welche Funktionen von R, der Matrix der Restriktionen, sind, im allgemeinen als ziemlich schwierig. Bis auf wenige Spezialfälle ist es nicht möglich, die q_i in geschlossener analytischer Form anzugeben.

Satz 5.3.5. *Wenn im Modell* (1), (2), (3) *mit* $\Omega^{-1} = X_1'[I_n - X_2(X_2'X_2)^{-1} X_2'] X_1 = I_r$ *der Parameterbereich durch die Ungleichungen* $\beta_i \geqq 0$, $i = 1, \ldots, t \leqq r$, *eingeschränkt ist, so sind die* q_i *durch*

$$q_i = \binom{t}{r-i} 2^{-t}, \quad i = r - t, \ldots, r,$$

$$q_i = 0 \qquad \textit{sonst}$$

gegeben.

Beweis. Betrachten wir die Kleinste-Quadrate-Schätzung $\hat{\beta}_{(1)}$, deren Komponenten unter der Hypothese unabhängig $N(0, \sigma^2)$-verteilt sind, so ist die Analogie des Problems zu einem BERNOULLIschen Versuchsschema offensichtlich. ■

Die praktische Bedeutung dieses Satzes besteht darin, daß jeder Kegel $R\beta \geqq 0_t$ in geeigneter Weise in ein Gebiet, wie im Satz 5.3.5 beschrieben, eingebettet werden kann.

Einen anderen wichtigen Spezialfall bildet das balancierte Einfachklassifikations-Modell

$$y_{ij} = \mu_i + e_{ij}, \qquad \begin{array}{l} i = 1, \ldots, m \\ j = 1, \ldots, p \end{array}$$

wobei die μ_i unbekannte Konstanten sind und die e_{ij} unabhängig $N(0, \sigma^2)$-verteilt. Die Hypothese H: „$\mu_1 = \cdots = \mu_p$" soll gegen die Alternative getestet werden, daß nicht alle μ_i gleich seien. Für einige Parameterrestriktionen wie

$$\mu_1 \leqq \mu_2 \leqq \cdots \leqq \mu_p \qquad \text{(‚einfache Anordnung')}$$

oder

$$\mu_1 \leqq \mu_2, \mu_3, \ldots, \mu_p \qquad \text{(‚einfacher Baum')}$$

konnten D. J. BARTHOLOMEW [69] und A. KUDO [70] analytische Ausdrücke für die Wahrscheinlichkeiten q_i angeben. In [71] sind ihre Werte für $p = 3, 4, \ldots, 12$ tabelliert und für $m = 2, 3, \ldots, 8, 10, 16$ sowie $p = 3, \ldots, 6$ können sogar die 0,05- und 0,01-Signifikanzpunkte der $\bar{E}^2$-Statistik im Fall der ‚einfachen Anordnung' aus Tabellen entnommen werden.

Die analytischen Betrachtungen und die Berechnungen vereinfachen sich wesentlich, wenn die Restriktion des Parameterbereichs anstelle des Kegels $\mathcal{R}$ durch einen Kreiskegel $\mathcal{T}$, wie er in (26) definiert wurde, gegeben ist. Bezeichnen wir mit $\beta^*_{(1)}$ jetzt analog zu (35) die orthogonale Projektion von $\hat{\beta}_{(1)}$ auf $\mathcal{T}$, so ist

$$\beta^{*\prime}_{(1)}\beta^{*}_{(1)} = \begin{cases} \hat{\beta}'_{(1)}\hat{\beta}_{(1)}, & \text{wenn } \dfrac{c'\hat{\beta}_{(1)}}{\|c\| \cdot \|\hat{\beta}_{(1)}\|} \geqq \cos\psi_0, \\ \left(\dfrac{c'\hat{\beta}_{(1)}}{\|c\|}\cos\psi_0 + \left[\hat{\beta}'_{(1)}\left(I_r - \dfrac{cc'}{\|c\|^2}\right)\hat{\beta}_{(1)}\right]^{1/2}\sin\psi_0\right)^2, & \\ & \text{wenn } \cos\psi_0 > \dfrac{c'\hat{\beta}_{(1)}}{\|c\| \cdot \|\hat{\beta}_{(1)}\|} \geqq -\sin\psi_0, \\ 0, & \text{wenn } -\sin\psi_0 > \dfrac{c'\hat{\beta}_{(1)}}{\|c\| \cdot \|\hat{\beta}_{(1)}\|}, \end{cases} \tag{38}$$

wie man sich leicht durch geometrische Veranschaulichung klar machen kann.

Einige Eigenschaften des Likelihood-Quotienten-Tests mit dem kritischen Gebiet

$$E^2 = \frac{\beta^{*\prime}_{(1)}\beta^{*}_{(1)}}{\hat{\beta}'_{(1)}\hat{\beta}_{(1)} + (n-k)\,s^2} > x_\alpha, \tag{39}$$

wobei $\beta^{*\prime}_{(1)}\beta^{*}_{(1)}$ durch (38) bestimmt ist, wurden von R. Pincus [72] untersucht. Die wichtigsten Ergebnisse sind in den folgenden Sätzen zusammengestellt, von einer Wiedergabe der Beweise wurde vor allem ihrer Länge wegen abgesehen.

Satz 5.3.6. *Unter der Hypothese ergibt sich die Verteilung der Teststatistik* E^2 *aus*

$$P_0(E^2 \leqq x) = \sum_{j=0}^{r} p_j B_{\frac{j}{2}, \frac{n-k+r-j}{2}}(x), \quad 0 \leqq x \leqq 1, \tag{40}$$

wobei die p_j *durch*

$$p_0 = \frac{1}{2} B_{\frac{r-1}{2}, \frac{1}{2}}(\cos^2\psi_0),$$

$$p_j = \frac{1}{2}\binom{r-2}{j-1}\frac{\Gamma\left(\frac{j}{2}\right)\Gamma\left(\frac{r-j}{2}\right)}{\Gamma\left(\frac{1}{2}\right)\Gamma\left(\frac{r-1}{2}\right)}\sin^{j-1}\psi_0\cos^{r-j-1}\psi_0, \qquad j = 1, \dots, r-1,$$

$$p_r = \frac{1}{2} B_{\frac{r-1}{2}, \frac{1}{2}}(\sin^2\psi_0),$$

und $B_{\nu_1,\nu_2}(x)$ *wie im Satz* 5.3.4 *definiert sind.*

Da E^2 eine unter der Gruppe (6) invariante Statistik darstellt, ist die Güte des Tests (39) nur von $\lambda = \beta_{(1)}/\sigma$ abhängig.

Satz 5.3.7. (i) *Der Likelihood-Quotienten-Test ist unverfälscht.*

(ii) *Darüber hinaus wächst seine Güte monoton entlang allen Richtungen in* $\mathcal{T}$ *in dem Sinne, daß, falls* $\lambda_0 \in \mathcal{T}$ *ist, die Güte* $\beta_{E^2}(a\lambda_0)$ *monoton in* a *steigt* ($a \geqq 0$).

(iii) *Bei konstant gehaltenem Abstand* $||\lambda||$ *vom Nullpunkt steigt die Güte monoton ,zur Kegelachse c hin', d. h., sie wächst in* $c'\lambda$.

(iv) *Im zweidimensionalen Fall* $r = 2$ *ist der Likelihood-Quotienten-Test* (39) *auf dem eingeschränkten Alternativbereich gleichmäßig besser als der entsprechende F-Test mit dem gleichen Signifikanzniveau* α.

Noch für einen weiteren Spezialfall, nämlich bei beliebigem r für $\psi_0 = \pi/2$ oder äquivalent dazu $\cos \psi_0 = 0$, besitzt der entsprechende $\bar{E}^2$-Test auf dem zu einem Halbraum entarteten Kegel

$$c'\lambda \geqq 0 \tag{41}$$

für alle $\lambda \neq 0_r$ eine größere Güte als der F-Test.

Da jeder Kegel (5) bzw. Kreiskegel (26) in einen solchen Halbraum (41) eingebettet werden kann, folgt daraus die Unzulässigkeit des F-Tests für die Prüfung linearer Hypothesen bei Beschränkung des Alternativbereichs in der angegebenen Form. *Damit verliert der F-Test natürlich auch die übrigen erwähnten Optimalitätseigenschaften.* Für den allgemeinen Fall (5) bzw. (26) steht der Beweis noch aus, daß der Likelihood-Quotienten-Test besser ist als der F-Test, der bekanntlich ebenfalls als Likelihood-Quotienten-Test, nur eben bei unbeschränkter Alternative, ableitbar ist.

5.3.5. Zulässigkeit und multivariater Hotelling-Test

Systematische Vergleiche der Gütefunktionen des Likelihood-Quotienten-Tests und der in den Abschnitten 5.3.2 und 5.3.3 beschriebenen Tests sind bisher nicht vorgenommen worden (vgl. jedoch [71]). Jedoch ist bekannt [72], daß die Güte des Likelihood-Quotienten-Tests auf dem Alternativbereich von keinem anderen invarianten Test dominiert werden kann.

Satz 5.3.8. *Der Likelihood-Quotienten-Test* (36) *bzw.* (39) *ist zulässig in der Klasse der invarianten Testfunktionen.*

Falls der mögliche Parameterbereich durch einen Kreiskegel (26) gegeben ist, kann auch der von R. Bohrer [73] vorgeschlagene Test mit dem kritischen Bereich

$$T = \frac{\beta^{*\prime}_{(1)}\beta^{*}_{(1)}}{s^2} > w_\alpha \tag{42}$$

verwendet werden.

In [73] wird die Verteilung der Statistik $\boldsymbol{T}$ unter der Nullhypothese berechnet,

$$P_0(\boldsymbol{T} \leqq w) = \sum_{j=0}^{r} p_j F_{j,n-k}\left(\frac{w}{j}\right), \tag{43}$$

wobei die p_j, $j = 0, \dots, r$, in Satz 5.3.6 definiert sind, sowie aufbauend auf dieser Formel die Signifikanzpunkte w_α für alle Kombinationen von $r = 3$, 4 und 5; $n - k = 1, 2, 4, 6, 8, 10, 20, 40, 60, \infty$; $\psi_0 = 0, \frac{1}{16}\pi, \frac{2}{16}\pi, \dots, \frac{8}{16}\pi$ und $\alpha = 0{,}05$ und $0{,}01$ tabelliert.

Mit dem Problem der Zulässigkeit eines — nicht unbedingt invarianten — Tests befaßt sich eine Arbeit von M. L. EATON [74], in der eine vollständige Klasse von Testfunktionen beschrieben wird.

Berücksichtigen wir, daß $(\hat{\beta}_{(1)}, \hat{\beta}_{(2)}, \hat{\beta}'\hat{\beta} + ns^2)$ eine erschöpfende Statistik des Modells (1) ist, so ist klar, daß wir uns auf die Betrachtung von Testfunktionen $\varphi(\hat{\beta}_{(1)}, \hat{\beta}_{(2)}, \hat{\beta}'\hat{\beta} + ns^2)$ beschränken können. Bezeichnen wir weiter mit dem Annahmegebiet $\mathcal{A}$ die Menge im Stichprobenraum, für die $\varphi = 0$ gilt, dann ist $\mathcal{A}_{\hat{\beta}_{(2)}, \hat{\beta}'\hat{\beta}+ns^2}$ bei gegebenen Werten von $\hat{\beta}_{(2)}$ und $\hat{\beta}'\hat{\beta} + ns^2$ diejenige Menge der $\hat{\beta}_{(1)}$ in $\mathcal{R}^r$ für welche $\varphi(\hat{\beta}_{(1)}, \hat{\beta}_{(2)}, \hat{\beta}'\hat{\beta} + ns^2) = 0$ ist.

Definition 5.3.1. *Ein Vektor $x \in R^r$ heißt Normalvektor einer Menge $\mathcal{C} \subset R^r$, falls ein Element $c_0 \in \mathcal{C}$ derart existiert, daß $x'(c - c_0) \leqq 0$ für alle $c \in \mathcal{C}$ gilt.*

Im Modell (1) besitzt nun für jedes Testproblem

$$H: „\beta_{(1)} = 0_r“ \qquad K: „\beta_{(1)} \neq 0_r, \beta_{(1)} \in \mathcal{C}“ \tag{44}$$

der folgende Satz Gültigkeit. Hierbei stellt $\mathcal{C}$ einen konvexen Kegel in R^r dar, d. h., $\mathcal{C}$ ist konvex und mit $c \in \mathcal{C}$ liegt auch jedes positive Vielfache in $\mathcal{C}$.

Satz 5.3.9 (M. L. EATON). *Die Menge Φ aller nichtrandomisierten Tests φ, für welche $\mathcal{A}_{\hat{\beta}_{(2)}, \hat{\beta}'\hat{\beta}+ns^2}$ stets eine konvexe Menge darstellt, deren Normalvektoren sämtlich in $\mathcal{C}$ liegen, bildet eine im wesentlichen vollständige Klasse von Testfunktionen für das Problem* (44).

Zu den Tests, die nicht in Φ liegen, gehören neben dem F-Test auch der Maximin-Kontrast und der oben erwähnte Test von BOHRER, die sich als unzulässig erweisen.

Zum Abschluß dieses Abschnitts betrachten wir das multivariate Modell

$$Y \mathbin{\textcircled{\sim}} N[\mathfrak{M}^p(X) \times \mathcal{V}^p_{I_n}]_X \tag{45}$$

mit $E_\vartheta Y = XB$, $X \in \mathfrak{M}^k_{n \times k}$, $B \in \mathfrak{M}_{k \times p}$. Bezeichnet B_1 den ersten Zeilenvektor der Matrix B, so führt das Testproblem

$$H: „B_1 = 0_p'“ \quad \text{gegen} \quad K: „B_1 \neq 0_p'“ \tag{46}$$

zu dem in Abschnitt 5.1.4B und im Beispiel 5.2.4 behandelten HOTELLING-Test mit dem kritischen Bereich

$$\frac{n-k-p+1}{p} \hat{B}_1 S^{-1} \hat{B}_1' > F_{\alpha; p, n-k-p+1}, \tag{47}$$

wobei $\hat{B}_1$ die erste Zeile der GAUSS-MARKOV-Schätzung $\hat{B} = (X'X^{-1})\, X'Y$ und $S = Y'(I_n - X(X'X)^{-1}\, X')\, Y$ sind. Genau wie beim univariaten Modell taucht hier natürlich die Frage auf, ob bei Kenntnis der Restriktion $RB_1' \geqq 0_t$, $R \in \mathfrak{M}_{t \times p}$ — dieser Fall tritt in Beispiel 5.2.4 auf, wenn bekannt ist, daß gewisse Komponenten des einen Erwartungswertvektors nicht größer sein können als die entsprechenden Komponenten des anderen — ein Test gefunden werden kann, der auf dem eingeschränkten Alternativbereich gleichmäßig besser als der HOTELLING-Test ist.

Die Anwendung des Likelihood-Quotienten-Prinzips führt zu einem Test mit dem kritischen Bereich

$$\frac{B_1^* S^{-1} B_1^{*\prime}}{1 + \hat{B}_1 S^{-1} \hat{B}_1'} > w_\alpha . \tag{48}$$

Hierbei wird B_1^* dadurch charakterisiert, daß es $(\hat{B}_1 - B_1) S^{-1} (B_1 - B_1)'$ unter allen B_1 mit $RB_1' \geqq 0_t$ minimiert.

M. D. PERLMAN [75] bewies jedoch, daß die Gütefunktion dieses Kriteriums auf dem Parameterbereich der Nullhypothese nicht konstant und somit der Test (48) verfälscht ist. Daher kann er nicht gleichmäßig besser als der unverfälschte HOTELLING-Test (47) sein. Die Frage, ob eventuell ein anderer Test existiert, der auf dem gesamten Alternativbereich gleichmäßig besser als HOTELLINGS T^2-Test ist, konnte bisher noch nicht beantwortet werden.

Die Situation ändert sich etwas, wenn Information der Art

$$\Sigma^{-1} B_1 \geqq 0_p \quad \text{oder allgemeiner} \quad R\Sigma^{-1} B_1 \geqq 0_t$$

vorliegt. Die Likelihood-Quotienten-Statistik wurde von M. D. PERLMANN [76] berechnet, aber bislang existieren noch keine Ergebnisse über Eigenschaft und Güte dieses Tests.

5.4. Zusammengesetzte Verfahren

In 5.1 lernten wir den F-Test φ^* (vgl. 5.1.12) zur Prüfung linearer Hypothesen „$\mu \in \mathscr{H}$" im Modell (5.1.9)–(5.1.11) kennen. Wesentlich für die Konstruktion dieses Tests war die Modellannahme $\mu \in \mathscr{L}$. Die Güte des Tests ist monoton fallend in $l = \dim \mathscr{L}$. (Siehe S. D. GUPTA u. M. D. PERLMAN [77].) *Damit ist der F-Test um so besser, je kleiner l ist, d. h. je mehr Information über μ vorliegt.* Deshalb wählen wir l so klein wie möglich. Oft vermutet man, daß ein Modell

$$\boldsymbol{y} \,\textcircled{\sim}\, N[\mathscr{L}_0 \times \mathscr{V}_{I_n}] \tag{1}$$

mit gegenüber $\mathscr{L}$ kleinerem l_0-dimensionalen $\mathscr{L}_0 \subset \mathscr{L}$ (eventuell nur näherungsweise) adäquat ist. Unter der Annahme $\mu \in \mathscr{L}_0$ bietet sich analog zum Test φ^* ein Test für

$$H_0: „\mu \in \mathscr{H}_0 = \mathscr{H} \cap \mathscr{L}_0"$$

gegen (2)

$$K_0: „\mu \in \mathscr{L}_0 - \mathscr{H}_0"$$

an. Es sei hierbei $\dim \mathscr{H}_0 = l_0 - r_0$. Der α-Test für dieses Testproblem ist durch die Testfunktion

$$\varphi_0 = \begin{cases} 1, & \text{falls } \dfrac{(n - l_0)\, s_4(y)}{(n - l)\, s_2(y) + (l - l_0)\, s_3(y)} > F_{\alpha; r_0, n - l_0}, \\ 0, & \text{sonst} \end{cases} \tag{3}$$

charakterisiert. Hierbei sind

$$\begin{aligned} s_2(y) &= (n-l)^{-1} S_2 = (n-l)^{-1} y'(I_n - P_{\mathcal{L}})\, y\,, \\ s_3(y) &= (l-l_0)^{-1} y'(P_{\mathcal{L}} - P_{\mathcal{L}_0})\, y\,, \\ s_4(y) &= r_0^{-1} y'(P_{\mathcal{L}_0} - P_{\mathcal{H}_0})\, y\,. \end{aligned} \tag{4}$$

Wegen $l_0 < l$ hat dieser α-Test eine gleichmäßig bessere Güte als φ^* in (5.1.12), falls tatsächlich $\mu \in \mathcal{L}_0$ gilt. Zugleich ist aber die quadratische Form im Nenner von (3) nicht mehr zentral χ^2-verteilt, falls $\mu \notin \mathcal{L}_0$ ist, und nach einer Untersuchung der doppelt nichtzentralen F-Verteilung (Zähler und Nenner nichtzentral χ^2-verteilt) von C. LIEBSCHER [78] tritt ein Verlust an Güte auf, der unter Umständen den Vorteil von φ_0 überwiegt. Deshalb empfiehlt es sich, vor dem Gebrauch von φ_0 die lineare Hypothese

$$H_p: \text{„}\mu \in \mathcal{L}_0\text{“}$$

gegen die Alternative

$$K_p: \text{„}\mu \in \mathcal{L} - \mathcal{L}_0\text{“} \tag{5}$$

mit einem Vortest (preliminary test)

$$\varphi_p = \begin{cases} 1\,, & \text{falls } \dfrac{s_3(y)}{s_2(y)} > F_{\alpha_p;\, l-l_0,\, n-l} \\ 0\,, & \text{sonst} \end{cases} \tag{6}$$

zu prüfen. Je nachdem, ob mit Hilfe von φ_p die Hypothese H_p abgelehnt oder angenommen wird, entscheiden wir uns für die Wahl des Testverfahrens φ^* oder φ_0. Mit $s_1(y) = r^{-1}y'(P_{\mathcal{L}} - P_{\mathcal{H}})\, y$ ist die zusammengesetzte Testprozedur durch die Testfunktion

$$\varphi = \begin{cases} 1\,, & \text{falls } \dfrac{s_3(y)}{s_2(y)} > F_{\alpha_p;\, l-l_0,\, n-l}; \ \dfrac{s_1(y)}{s_2(y)} > F_{\alpha;\, r,\, n-l}\,, \\ 1\,, & \text{falls } \dfrac{s_3(y)}{s_2(y)} \leqq F_{\alpha_p;\, l-l_0,\, n-l}; \ \dfrac{(n-l_0)\, s_4(y)}{(n-l)\, s_2(y) + (l-l_0)\, s_3(y)} > F_{\alpha;\, r_0,\, n-l_0}\,, \\ 0\,, & \text{sonst} \end{cases} \tag{7}$$

beschrieben und *liefert allgemein keinen α-Test*. Die Gütefunktion von φ wurde noch nicht im allgemeinen Fall untersucht. Sie wird maßgeblich durch die Signifikanzniveaus α_p und α bestimmt. Da die Entscheidung, mit φ_0 oder φ^* zu testen, einer Wahl des Modellansatzes entspricht, sind Tests wie φ unter der Bezeichnung „*Tests in nicht vollständig spezifizierten Modellen*“ bekannt. Vor einer solchen Situation steht der Anwender tatsächlich oft. Meist entnimmt er seine Information über das Modell früheren Versuchen und muß die Sicherheit dieser Information geeignet prüfen.

5.4.1. Kanonische Form

Analog zur kanonischen Form des Testproblems in 5.1.6 nehmen wir an, daß eine orthogonale Transformation C des R^n existiert, die $\boldsymbol{y}$ in den zufälligen Vektor $\boldsymbol{z} = (\boldsymbol{z}_1', \boldsymbol{z}_2', \boldsymbol{z}_3', \boldsymbol{z}_4')'$ überführt, so daß

$$\begin{aligned} \mathcal{L} &= \{z \in R^n \mid z_2 = 0_{n-l}\}\,, \\ \mathcal{L}_0 &= \{z \in R^n \mid z_2 = 0_{n-l}, z_3 = 0_{l-l_0}\}\,, \\ \mathcal{H} &= \{z \in R^n \mid z_1 = 0_r, z_2 = 0_{n-l}\}\,, \\ \mathcal{H}_0 &= \{z \in R^n \mid z_1 = 0_r, z_2 = 0_{n-l}, z_3 = 0_{l-l_0}\} \end{aligned} \tag{8}$$

gilt. Mit der analogen Bezeichnung

$$E_{\mu,\sigma^2}\boldsymbol{z} = (\vartheta_1', 0_{n-l}', \vartheta_3', \vartheta_4')' \quad \text{für } \mu \in \mathcal{L}$$

erhält das zusammengesetzte Testproblem die einfache Gestalt

$$\begin{aligned} &H: \text{„}\vartheta_1 = 0_r\text{“} && K: \text{„}\vartheta_1 \neq 0_r\text{“} \\ &H_p: \text{„}\vartheta_3 = 0_{l-l_0}\text{“} && K_p: \text{„}\vartheta_3 \neq 0_{l-l_0}\text{“}\,. \end{aligned} \tag{9}$$

Dann folgt $s_1(z) = r^{-1}\,||z_1||^2$, $s_2(z) = (n-l)^{-1}\,||z_2||^2$, $s_3(z) = (l-l_0)^{-1}\,||z_3||^2$. Wir sehen, daß in einer durch (8) gegebenen kanonischen Form wegen $P_{\mathcal{L}_0} - P_{\mathcal{H}_0} = P_{\mathcal{L}} - P_{\mathcal{H}}$, $r = r_0$ und $s_1(z) = s_4(z)$ ist. φ hat dann als Funktion von z die Form

$$\varphi = \begin{cases} 1\,, & \text{falls } \dfrac{(n-l)\,||z_3||^2}{(l-l_0)\,||z_2||^2} > F_{\alpha_p;\,l-l_0,\,n-l};\ \dfrac{(n-l)\,||z_1||^2}{r\,||z_2||^2} > F_{\alpha;\,r,\,n-l}\,, \\ 1\,, & \text{falls } \dfrac{(n-l)\,||z_3||^2}{(l-l_0)\,||z_2||^2} \leqq F_{\alpha_p;\,l-l_0,\,n-l};\ \dfrac{(n-l_0)\,||z_1||^2}{r(||z_2||^2 + ||z_3||^2)} > F_{\alpha;\,r,\,n-l_0}\,, \\ 0\,, & \text{sonst.} \end{cases} \tag{10}$$

Hier entscheidet der Vortest, ob die Quadratsumme $||z_3||^2$ mit in den Nenner der Teststatistik aufgenommen wird. Ein solches Zusammenlegen von χ^2-verteilten quadratischen Formen zur Erhöhung der Nennerfreiheitsgrade des F-Tests wird allgemein als „*Pooling*“ bezeichnet. Nun untersuchen wir, wann sich das Testproblem in eine durch (8) gegebene kanonische Form bringen läßt.

Satz 5.4.1. *Eine kanonische Form des zusammengesetzten Testproblems existiert genau dann, wenn die linearen Räume $\mathcal{H}^\perp \cap \mathcal{L}$ und $\mathcal{L}_0^\perp \cap \mathcal{L}$ orthogonal sind.*

Beweis. Besitzen $\mathcal{L}$, $\mathcal{L}_0$, $\mathcal{H}$, $\mathcal{H}_0$ die Darstellung (8), so folgt die Orthogonalität von $\mathcal{H}^\perp \cap \mathcal{L}$ und $\mathcal{L}_0^\perp \cap \mathcal{L}$ unmittelbar.

Sei nun umgekehrt $\mathcal{H}^\perp \cap \mathcal{L}$ orthogonal zu $\mathcal{L}_0^\perp \cap \mathcal{L}$. Dann ist folgende orthogonale Aufspaltung des R^n möglich,

$$R^n = (\mathcal{H}^\perp \cap \mathcal{L}) \oplus \mathcal{L}^\perp \oplus (\mathcal{L}_0^\perp \cap \mathcal{L}) \oplus [(\mathcal{H}^\perp \cap \mathcal{L}) \oplus (\mathcal{L}_0^\perp \cap \mathcal{L}) \oplus \mathcal{L}^\perp]^\perp\,,$$

und es gibt eine orthogonale Basis des R^n, die aus Orthogonalbasen der einzelnen Unterräume besteht. Wir gehen zu einer solchen Basis über und bezeichnen mit z_1 den Vektor der Komponenten bezüglich der Basisvektoren in $\mathcal{H}^\perp \cap \mathcal{L}$, mit z_2 den Vektor der Komponenten bezüglich der Basisvektoren in $\mathcal{L}^\perp$, mit z_3 die Komponenten bezüglich $\mathcal{L}_0^\perp \cap \mathcal{L}$ und die restlichen Komponenten mit z_4. Dann besitzen $\mathcal{L}$, $\mathcal{L}_0$, $\mathcal{H}$, $\mathcal{H}_0$ die Gestalt (8). Zum Beispiel verschwindet z_2 für alle Vektoren aus $\mathcal{L}$. Weiter verschwindet z_1 für alle Vektoren aus $\mathcal{H}$ und wegen $\mathcal{H} \subset \mathcal{L}$ auch z_2. Umgekehrt folgt aus $z_1 = 0_r$ und $z_2 = 0_{n-l}$ die Orthogonalität von z zu $\mathcal{H}^\perp \cap \mathcal{L}$ und $\mathcal{L}^\perp$ und wegen $\mathcal{H} \subset \mathcal{L}$ und $\mathcal{L} = \mathcal{H} \oplus (\mathcal{H}^\perp \cap \mathcal{L})$ auch $z \in \mathcal{H}$. Völlig analog beweist man, daß z_2 und z_3 genau dann verschwinden, wenn $z \in \mathcal{L}_0$ gilt.

5.4.2. Zulässigkeit und Verfälschtheit

In Abschnitt 3.3 betrachteten wir Schätzfunktionen, deren Werte von einem Vortest abhängig waren und fanden in Lemma 3.3.1, daß sie stets verzerrt sind, falls der Vortest nicht entartet ist, d. h. die Hypothese im Vortest mit Wahrscheinlichkeit 1 abgelehnt wird. A. COHEN [82] bewies sogar ihre Unzulässigkeit. Deshalb erscheint das folgende Resultat von A. COHEN [83] überraschend.

Satz 5.4.2. *Der durch* (10) *definierte zusammengesetzte Test* φ *ist genau dann zulässig, wenn gilt*

$$F_{\alpha;\, r,\, n-l_0}\left(n - l + (l - l_0)\, F_{\alpha_p;\, l-l_0,\, n-l}\right) \geqq (n - l_0)\, F_{\alpha;\, r,\, n-l} \tag{11}$$

Beweis. Wir können uns auf die Betrachtung der Klasse Φ aller nur von der erschöpfenden Statistik $(z_1, z_3, z_4, ||z||^2)$ abhängigen Testfunktionen beschränken, zu der mit (10) auch φ gehört. Weiterhin ist φ invariant gegenüber der kompakten Gruppe G der orthogonalen Transformationen von z_1. Aus einer Version des HUNT-STEIN-Theorems folgt für diese Gruppe G aus der Zulässigkeit eines Tests in der kleineren Klasse Φ^i aller gegenüber G invarianten Verfahren auch die Zulässigkeit in der größeren Klasse Φ. Nun kennzeichnen wir die Verteilung von z durch den Parameter

$$\theta = (\vartheta_1, \vartheta_3, \vartheta_4, \sigma^2) \in \Theta = R^r \times R^{l-l_0} \times R^{l_0-r} \times R^> .$$

Angenommen, es existiert ein Test $\psi \in \Phi^i$, der besser als φ ist, d. h. für den

$$\begin{aligned} E_\theta\psi &\leqq E_\theta\varphi , \qquad \theta \in \Theta_H = \{\theta \in \Theta \mid \vartheta_1 = 0_r\} , \\ E_\theta\psi &\geqq E_\theta\varphi , \qquad \theta \in \Theta_K = \{\theta \in \Theta \mid \vartheta_1 \neq 0_r\} \end{aligned} \tag{12}$$

gilt, wobei für wenigstens ein $\theta \in \Theta$ eine der Ungleichungen (12) echt gilt. Da in jeder Umgebung eines jeden Punktes der Hypothese auch ein Punkt der Alternative liegt und die Gütefunktion von φ stetig ist, folgt

$$E_\theta\psi = E_\theta\varphi , \qquad \theta \in \Theta_H .$$

Jedoch bildet die Klasse der induzierten Randverteilungen von $(z_3, z_4, ||z||^2)$ eine Exponentialfamilie mit dem offenen Parameterbereich

$$\left\{\left(\frac{\vartheta_3}{\sigma^2}, \frac{\vartheta_4}{\sigma^2}, \frac{1}{2\sigma^2}\right) \middle| \vartheta_3 \in R^{l-l_0}, \vartheta_4 \in R^{l_0-r}, \sigma^2 \in R^>\right\}$$

und ist deshalb vollständig. Also gilt

$$E_\theta(\varphi \mid z_3, z_4, ||z||^2) = E_\theta(\psi \mid z_3, z_4, ||z||^2) \qquad \text{für } \theta \in \Theta_H \tag{13}$$

und fast alle $z_3, z_4, ||z||^2$. Beide Tests besitzen demzufolge bei festem $z_3, z_4, ||z||^2$ die gleiche Irrtumswahrscheinlichkeit 1. Art, hängen nur von $||z_1||^2$ ab und ihre Gütefunktion ist somit bei festem $\vartheta_3, \vartheta_4, \sigma^2$ nur von $||\vartheta_1||^2$ abhängig. Nun ist für $\theta' = (\vartheta_1', \vartheta_3, \vartheta_4, \sigma^2)$, $\theta'' = (\vartheta_1'', \vartheta_3, \vartheta_4, \sigma^2)$ mit $||\vartheta_1'||^2 < ||\vartheta_1''||^2$ der Likelihoodquotient

$$\frac{p'_\theta(||z_1||^2 \mid z_3, z_4, ||z||^2)}{p''_\theta(||z_1||^2 \mid z_3, z_4, ||z||^2)}$$

monoton in $||z_1||^2$. Als Funktion von z_1 erhalten wir φ in der Form

$$\varphi = \begin{cases} 1 , & \text{falls } ||z_1||^2 > c_p(z_3, z_4, ||z||^2, \alpha_p);\ ||z_1||^2 > c(z_3, z_4, ||z||^2, \alpha) , \\ 1 , & \text{falls } ||z_1||^2 \leqq c_p(z_3, z_4, ||z||^2, \alpha_p);\ ||z_1||^2 > c_0(z_3, z_4, ||z||^2, \alpha) , \\ 0 , & \text{sonst} \end{cases} \tag{14}$$

mit

$$c_p(z_3, z_4, ||z||^2, \alpha_p) = ||z||^2 - ||z_3||^2 - ||z_4||^2 - \frac{(n-l)\,||z_3||^2}{(l-l_0)\,F_{\alpha_p;\,l-l_0,\,n-l}},$$

$$c(z_3, z_4, ||z||^2, \alpha) = \frac{||z||^2 - ||z_3||^2 - ||z_4||^2}{\dfrac{n-l}{rF_{\alpha;\,r,\,n-l}} + 1},$$

$$c_0(z_3, z_4, ||z||^2, \alpha) = \frac{||z||^2 - ||z_4||^2}{\dfrac{n-l_0}{rF_{\alpha;\,r,\,n-l_0}} + 1},$$

falls $\alpha_p \neq 1$ ist.
Der bedingte Annahmebereich ist konvex, falls nicht

$$c_0(z_3, z_4, ||z||^2, \alpha) < c_p(z_3, z_4, ||z||^2, \alpha_p) < c(z_3, z_4, ||z||^2, \alpha) \tag{15}$$

gilt. Man kann nun zeigen, daß (15) genau dann unmöglich ist, wenn (11) erfüllt ist. Damit ist φ unter (11) gleichmäßig bester unter allen Tests aus Φ^t mit gleichem bedingten Signifikanzniveau. Das widerspricht mit (13) der Annahme (12). Ist jedoch der Annahmebereich von (14) für gewisse z_3, z_4, $||z||^2$ nicht konvex, so gibt es wegen der Monotonie des Likelihoodquotienten einen gleichmäßig besseren Test als φ. ■

Von einem unverfälschten Test erwarten wir, daß er unter H die Hypothese nicht mit größerer Wahrscheinlichkeit ablehnt als unter K (vgl. Def. 1.4.8). Diese meist anstrebenswerte Eigenschaft besitzt der durch (10) gegebene Test φ nicht.

Satz 5.4.3. *Es sei $\tilde{\alpha} = \sup_{\theta \in \Theta_H} E_\theta\varphi$. Dann gilt $E_\theta\varphi \geqq \tilde{\alpha}$ für alle $\theta \in \Theta_K$ genau dann, wenn $\alpha_p = 1$ ist, d. h., φ ist genau dann ein unverfälschter $\tilde{\alpha}$-Test, wenn er mit $\varphi^*_{\tilde{\alpha}}$ (F-Test, zum Signifikanzniveau $\tilde{\alpha}$) übereinstimmt.*

Beweis. Angenommen, es gilt

$$E_\theta\varphi \begin{cases} \leqq \tilde{\alpha}, & \theta \in \Theta_H \\ \geqq \tilde{\alpha}, & \theta \in \Theta_K. \end{cases}$$

Wie im Beweis von Satz 5.4.2 folgt dann $E_\theta\varphi = \tilde{\alpha}$ für $\theta \in \Theta_H$ und $E_\theta(\varphi \mid z_3, z_4, ||z||^2) = \tilde{\alpha}$ für $\theta \in \Theta_H$ für fast alle z_3, z_4, $||z||^2$. Demnach lehnen φ und der $\tilde{\alpha}$-F-Test $\varphi^*_{\tilde{\alpha}}$ bei festem z_3, z_4, $||z||^2$ unter $\vartheta_1 = 0_r$ die Hypothese mit gleicher Wahrscheinlichkeit $\tilde{\alpha}$ ab, und falls die Annahmebereiche beider Tests für festes $(z_3, z_4, ||z||^2)$ (bedingte Annahmebereiche) Kugeln um den Nullpunkt im R^r sind, müssen diese übereinstimmen.
Nun wählen wir einen festen Vektor $\tilde{z} \in R^n$ mit

$$c_p(\tilde{z}_3, \tilde{z}_4, ||\tilde{z}||^2, \alpha_p) < c(\tilde{z}_3, \tilde{z}_4, ||\tilde{z}||^2, \alpha) < c_0(\tilde{z}_3, \tilde{z}_4, ||\tilde{z}||^2, \alpha),\ ||\tilde{z}_2|| \neq 0$$

und betrachten (14) für festes $(\tilde{z}_3, \tilde{z}_4, ||\tilde{z}||^2)$. Dann ist der bedingte Annahmebereich von φ die Kugel mit dem Radius $c(\tilde{z}_3, \tilde{z}_4, ||\tilde{z}||^2, \alpha)$. Der Annahmebereich von $\varphi^*_{\tilde{\alpha}}$ ist aber die Kugel mit dem Radius $c(\tilde{z}_3, \tilde{z}_4, ||\tilde{z}||^2, \tilde{\alpha})$. Wegen $||\tilde{z}_2|| \neq 0$ folgt die Gleichheit beider Radien nur, wenn $\alpha = \tilde{\alpha}$ gilt. Jedoch für $z_3 = 0_{l-k}$ wird

$$\begin{aligned} &c_p(0_{l-k}, z_4, ||z||^2, \alpha_p) \\ &= ||z_1||^2 + ||z_2||^2 \geqq c(0_{l-k}, z_4, ||z||^2, \alpha),\ c_p(0_{l-k}, z_4, ||z||^2, \alpha_p),\ \geqq c_0(0_{l-k}, z_4, ||z||^2, \alpha), \end{aligned}$$

und der bedingte Annahmebereich von φ ist in diesem Fall die Kugel mit dem Radius $c_0(0_{l-k}, z_4, ||z||^2, \alpha)$, und es muß $c_0(0_{l-k}, z_4, ||z||^2, \alpha) = c(0_{l-k}, z_4, ||z||^2, \alpha)$ gelten. Wegen $n - l_0 > n - l$ und folglich $F_{\alpha;\,r,\,n-l} > F_{\alpha:\,r,\,n-l_0}$ erhalten wir schließlich $c(0_{l-k}, z_4, ||z||^2, \alpha) < c_0(0_{l-k}, z_4, ||z||^2, \alpha)$, was unsere Annahme über die Gleichheit der Radien widerlegt. ■

5.4.3. Vergleich der Gütefunktionen

Die Klasse der auf kanonische Form transformierbaren zusammengesetzten Testprobleme fällt mit den von A. E. Paull [79] untersuchten Testproblemen zusammen. Wir schreiben (10) in der Form

$$\varphi = \begin{cases} 1\,, \text{ falls } \dfrac{s_3(y)}{s_2(y)} > F_{\alpha_p;\, l-l_0,\, n-l}; \quad \dfrac{s_1(y)}{s_2(y)} > F_{\alpha;\, r,\, n-l}\,, \\ 1\,, \text{ falls } \dfrac{s_3(y)}{s_2(y)} \leqq F_{\alpha_p;\, l-l_0,\, n-l}; \quad \dfrac{(n-l_0)\, s_1(y)}{(n-l)\, s_2(y) + (l-l_0)\, s_3(y)} > F_{\alpha;\, r,\, n-l_0}\,, \\ 0\,, \text{ sonst}\,, \end{cases}$$

wobei rs_1, $(n-l)\, s_2$, $(l-l_0)\, s_3$ unabhängig χ^2-verteilte Variable sind. Weiter gilt

$$Es_1(y) = \sigma^2 + r^{-1}\mu'(P_{\mathscr{Y}} - P_{\mathscr{X}})\,\mu\,,$$
$$Es_2(y) = \sigma^2\,,$$
$$Es_3(y) = \sigma^2 + (l-l_0)^{-1}\,\mu'(P_{\mathscr{Y}} - P_{\mathscr{Y}_0})\,\mu\,,$$

und wir erhalten mit $\theta_{ji} = Es_i/Es_j$ eine äquivalente Form des Testproblems

$$H\colon\ \theta_{21} = 1\,, \qquad K\colon\ \theta_{21} > 1\,,$$
$$H_p\colon\ \theta_{23} = 1\,, \qquad K_p\colon\ \theta_{23} > 1\,,$$

die A. E. Paull [79] durch formale Verallgemeinerung einer speziellen Fragestellung fand. Er untersuchte, ob in einer einfachen hierarchischen Klassifikation zur Prüfung einer Hypothese über die Haupteffekte, die Nebeneffekte vernachlässigbar sind. Wir möchten an dieser Stelle einige seiner Bemerkungen zum Vergleich von φ mit den Tests φ^* und φ_0 wiedergeben. Die folgende Abbildung gibt ein qualitatives Bild vom Verhalten der Irrtumswahrscheinlichkeit 1. Art, d. h. der Gütefunktion an den Stellen $(\theta_{21} = 1,\ \theta_{23})$ in Abhängigkeit von α_p.

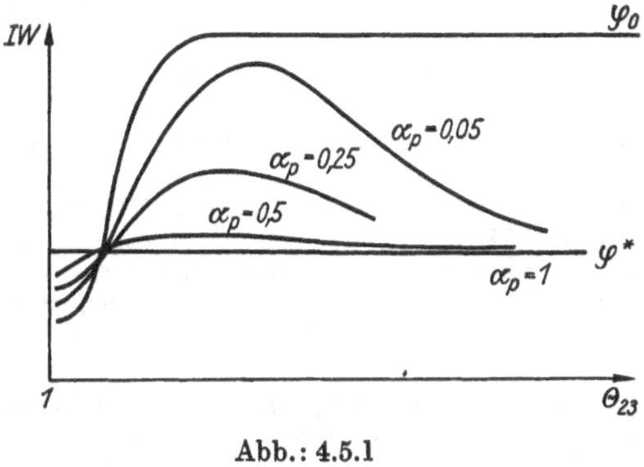

Abb.: 4.5.1

Je kleiner α_p wird, desto größer wird der maximale Fehler 1. Art von φ. Nur für α_p um 0,5 sind die Abweichungen zwischen den Fehlern 1. Art der Tests φ und φ^* vernachlässigbar. Deshalb entsteht die Frage, wie φ im Vergleich mit φ^* zum jeweils gleichen Signifikanzniveau abschneidet. A. E. Paull zeigt, daß für $\alpha = \alpha_p = 0{,}05$, $n - l = 20$, $l - l_0 = 4$, $r = 2$ das Signifikanzniveau von φ zwischen 0,048 und 0,148 in Abhängigkeit von θ_{23} variiert und φ nur für $\theta_{21} \leqq 1{,}6$ für alle $\theta_{23} > 0$ eine größere Güte besitzt als φ^* zum jeweils gleichen Niveau. Jedoch streben für großes θ_{23} die Gütefunktionen beider Tests gleichen Werten zu, da dann mit großer Wahrscheinlichkeit H_p abgelehnt wird. Für bekanntes σ^2 untersuchten B. K. Kale und T. A. Bancroft [80] das Poolingverfahren und kamen zu analogen Schlußfolgerungen.

Zusammenfassend stellen wir demnach fest, daß φ gegenüber φ^* nur für kleines θ_{23} bevorzugt werden sollte. Oft wird bekannt sein, daß die Abweichungen von H_p gering sind. In allen anderen Fällen sollte jedoch φ^* verwendet werden, da der Vortest φ_p bei größeren Abweichungen von H_p zu großen Irrtumswahrscheinlichkeiten führen kann.

Für zusammengesetzte Testprobleme, die sich nicht in die kanonische Form (8) transformieren lassen, wissen wir wenig über das Verhalten der Gütefunktion. In diese Klasse fällt z. B. das Problem

$$H: E\boldsymbol{y}_1 = 0_n, \quad H_p: E\boldsymbol{y}_1 = E\boldsymbol{y}_2,$$

wobei $\boldsymbol{y}_1$, $\boldsymbol{y}_2$ unabhängig verteilte Zufallsvektoren sind, das von A. Cohen [83] gesondert betrachtet wurde.

Literatur

[1] Fisher, R. A., The sampling distribution of some statistics obtained from non-linear equations. Ann. Eugen. **9** (1939), 248–249.

[2] Hsu, P. L., On the distribution of roots of certain determinal equations. Ann. Eugen. **9** (1939), 250–258.

[3] Roy, S. N., p-statistics and some generalizations in analysis of variance appropriate to multivariate problems. Sankhya **4** (1939), 381–396.

[4] Girshick, M. A., On the sampling theory of roots of determinatal equations. Ann. Math. Statist. **10** (1939), 203–224.

[5] Anderson, T. W., An Introduction to Multivariate Analysis. New York, 1958.

[6] Bolšev, L. N., und W. I. Smirnov (Большев, Л. Н., и В. И. Смирнов) Таблицы Математической статистики, Moskau 1965.

[7] Owen, D. B., Handbook of Statistical Tables, Reading, Massachusetts, Palo Alto, London 1962.

[8] Müller, P.-H., P. Neumann und R. Storm, Tafeln der Mathematischen Statistik, Leipzig 1973.

[9] Fisz, M., Wahrscheinlichkeitsrechnung und Mathematische Statistik, 5. Aufl., Berlin 1970.

[10] Harter, H. L., and D. B. Owen, Selected Tables in Mathematical Statistics, Vol. 2 Inst. of Math. Statist., 1974.

[11] Lehmann, E. L., Testing Statistical Hypotheses, New York 1959.

[12] Witting, H., und H. G. Nölle, Angewandte Mathematische Statistik, Leipzig 1970.

[13] Stein, C., Admissibility of Hotelling's T^2-test. Ann. Math. Statist. **27** (1956), 616–623.

[14] Giri, N., J. Kiefer, and C. Stein, Minimax character of Hotelling's T_0^2-test in the simplest case. Ann. Math. Statist. **34** (1963), 1524–1535.

[15] Wald, A., Statistical Decision Functions, New York 1950.

[16] Šalajevski, O. V. (Шалаевский, О. В.) Минимаксность T^2-теста Хотеллинга, Доклады АН СССР **180** (1968), 733–735.

[17] Roy, S. N., On a heuristic method of test construction and its use in multivariate analysis. Ann. Math. Statist. **24** (1953), 220–238.

[18] Wilks, S. S., Certain generalizations in the analysis of variance. Biometrika **26** (1932), 471–494.

[19] Hotelling, H., A generalized T-test and measure of multivariate dispersion. Proc. 2nd Berkeley Symp. (1951), 23–41.

[20] Pillai, K. C. S., Some new test criteria in multivariate analysis. Ann. Math. Statist. **26** (1955), 117–121.

[21] Roy, S. N., Some Aspects of Multivariate Analysis, New York 1957.
[22] Heck, D. L., Charts of some upper percentage points of the distribution of the largest characteristic root. Ann. Math. Statist. **31** (1960), 625–641.
[23] Pillai, K. C. S., and C. G. Bantegui, On the distribution of the largest of six roots of a matrix in multivariate analysis. Biometrika **46** (1959), 237–240.
[24] Roy, S. N., and W. F. Mikhail, The admissibility of the largest characteristic root test for the normal linear hypotheses. Essays in Prob. and Statist. 1970, 621–630.
[25] Ghosh, M. N., On the admissibility of some tests of MANOVA. Ann. Math. Statist. **35**, (1964), 789–794.
[26] Schwartz, R., Admissible tests in multivariate analysis of variance. Ann. Math. Statist. **38** (1967), 698–710.
[27] Das Gupta, S., T. W. Anderson, and G. S. Mudholkar, Monotonicity of the power functions of some tests of the multivariate linear hypothesis. Ann. Math. Statist. **35** (1964), 200–205.
[28] Anderson, T. W., The integral of a symmetric unimodal function over a symmetric convex set and some probability inequalities. Proc. Amer. Math. Soc. **6** (1955), 170–176.
[29] Roy, S. N., and W. F. Mikhail, On the monotonic character of the power function of two multivariate tests. Ann. Math. Statist. **32** (1961), 1145–1151.
[30] Srivastava, J. N., On the monotonicity property of the three main tests for multivariate analysis of variance. J. Roy. Statist. Soc., Ser. B **26** (1964), 77–88.
[31] Pillai, K. C. S., and A. K. Gupta, On the exact distribution of Wilks' criterion. Biometrika **56** (1969), 109–118.
[32] Mathai, A. M., and P. N. Rathie, The exact distribution of Wilks' criterion. Ann. Math. Statist. **42** (1971), 1010–1019.
[33] Gupta, A. K., Noncentral distribution of Wilks' statistic in MANOVA. Ann. Math. Statist. **42** (1971), 1254–1261.
[34] Hsu, P. L., Generalized analysis of variance. Biometrika **31** (1940), 221–237.
[35] Rao, C. R., An asymptotic expansion of the distribution of Wilks' criterion. Bull. Intern. Statist. Inst. **32** (1951), 177–180.
[36] Sugiura, N., and Y. Fujikoshi, Asymptotic expansions of the non-null distribution of the likelihood ratio criteria for multivariate linear hypothesis and independence. Ann. Math. Statist. **40** (1969), 942–952.
[37] Lawley, D. N., A generalization of Fisher's z-test. Biometrika **30** (1938), 180–187.
[38] Constantine, A. G., The distribution of Hotelling's generalized T_0^2. Ann. Math. Statist. **37** (1966), 215–225.
[39] Davis, A. W., A system of linear differential equations for the distribution of Hotelling's generalized T_0^2. Ann. Math. Statist. **39** (1968), 815–832.
[40] Davis, A. W., Further applications of a differential equation for Hotelling's generalized T_0^2. Ann. Inst. Statist. Math. **22** (1970), 77–87.
[41] Pillai, K. C. S., and D. L. Young, On the exact distribution of Hotelling's generalized T_0^2. J. Multivariate Analysis **1** (1971), 90–107.
[42] Läuter, J., Approximation des Hotellingschen T^2 durch die F-Verteilung. Biometr. Z. **16** (1974), 191–202.
[43] McKeon, J. J., F-approximations to the distribution of Hotellings T_0^2. Biometrika **60** (1973), 381–383.
[44] Siotani, M., An asymptotic expansion of the non-null distribution of Hotelling's generalized T_0^2-statistic. Ann. Math. Statist. **42** (1971), 650–571.
[45] Krishnaiah, P. R., and T. C. Chang, On the exact distributions of the traces of $S_1(S_1 + S_2)^{-1}$ and $S_1S_2^{-1}$. Sankhya, Ser. A, **34** (1972), 153–160.
[46] Schuurman, F. J., P. R. Krishnaiah and A. K. Chattopahyay, Exact percentage points of the distribution of the trace of $S_1(S_1 + S_2)^{-1}$. Aerospace Research Laboratories, Tech. Report 73-0008, Ohio 1973.

[47] SCHWARTZ, R., Properties of a test in MANOVA (Abstract). Ann. Math. Statist. 35 (1964), 939–940.
[48] JOHN, S., Some optimal multivariate tests. Biometrika 58 (1971), 123–127.
[49] KIEFER, J., and R. SCHWARTZ, Admissible Bayes character of T^2-, R^2- and other full invariant tests for classical multivariate normal problems. Ann. Math. Statist. 36 (1965), 747–770.
[50] ITO, K., A comparison of the powers of two multivariate analysis of variance tests. Biometrika 49 (1962), 455–462.
[51] PILLAI, K. C. S., and K. JAYACHANDRAN, Power comparisons of tests of two multivariate hypotheses based on four criteria. Biometrika 54 (1967), 125–210.
[52] AHRENS, H., und J. LÄUTER, Mehrdimensionale Varianzanalyse, Berlin 1974.
[53] POTTHOFF, R. F., and S. N. ROY, A generalized multivariate analysis of variance model useful especially for growth curve problems. Biometrika 51 (1964), 313–326.
[54] BEHARA, M., and N. GIRI, Locally and asymptotically minimax tests of some multivariate decision problems. Arch. Math. 22 (1971), 436–441.
[55] RAO, C. R., Covariance adjustment and related problems in multivariate analysis, Multivariate Analysis I, New York 1966, 87–103.
[56] FUJIKOSHI, Y., Monotonicity of the power functions of some tests in general MANOVA models. Ann. Statist. 1 (1973), 388–391.
[57] MORRISON, D. F., Multivariate Statistical Methods, New York 1968.
[58] RAO, C. R., Advanced Statistical Methods in Biometric Research, New York 1952.
[59] RAO, C. R., Lineare statische Methoden und ihre Anwendungen, Berlin 1973.
[60] SEN, P. K., and M. L. PURI, Asymptotic theory of likelihood ratio and rank order tests in some multivariate linear models. Ann. Math. Statist. 41 (1970), 87–100.
[61] SCHMIDT, W. H., Strong consistency of variance estimation and asymptotic theory for tests of the linear hypothesis in multivariate linear models.
[62] OKAMOTO, M., Distinctness of the eigenvalues of a quadratic form in a multivariate sample. Ann. Statist. 1 (1973), 763–765.
[63] HANUMARA, R. CH., and W. A. THOMPSON, Percentage points of the extreme roots of a Wishart matrix. Biometrika 55 (1968), 505–512.
[64] JOHNSON, N. L., and S. KOTZ, Distributions In Statistics: Continuous Multivariate Distributions, New York 1972.
[65] CORNISH, E. A., The multivariate t-distribution. Austral. J. Physics. 7 (1954), 531–542.
[66] ABELSON, R. P., and J. W. TUKEY, Efficient utilization of non numerical information in quantitative analysis. Ann. Math. Statist. 34 (1963), 1347–1369.
[67] SCHAAFSMA, W., Hypothesis testing problems with the alternative restricted by a number of inequalities, Groningen 1966.
[68] SCHAAFSMA, W., and L. J. SMID, Most stringent somewhere most powerful tests against alternatives restricted by a number of linear inequalities. Ann. Math. Statist. 37 (1966), 1161–1172.
[69] BARTHOLOMEW, D. J., Ordered tests in the analysis of variance. Biometrika 48 (1961), 325–332.
[70] KUDO, A., A multivariate analogue of the one-sided test. Biometrika 50 (1963), 403–418.
[71] BARLOW, R. E., D. J. BARTHOLOMEW, J. M. BREMNER and H. D. BRUNK, Statistical Inference under Order Restrictions, London 1972.
[72] PINCUS, R., Testing linear hypotheses under restricted alternative. Math. Operationsforsch. Statist. 6 (1975), 733–751.
[73] BOHRER, R., A multivariate t probability integral. Biometrika 60 (1973), 647–654.
[74] EATON, M. L., A complete class theorem for multidimensional one-sided alternatives. Ann. Math. Statist. 41 (1970), 1884–1888.
[75] PERLMAN, M. D., One-sided testing problems in multivariate analysis. Ann. Math. Statist. 40 (1969), 549–567.

[76] PERLMAN, M. D., Multivariate one-sided testing problems involving Fisher's discriminant function. Sankhya, Ser. A, **32** (1970), 19–34.

[77] GUPTA, S. D., and M. D. PERLMAN, Power of the noncentral F-test: Effect of additional variates on Hotelling's T^2-test. J. Amer. Statist. Assoc. **69** (1974), 345, 174–180.

[78] LIEBSCHER, C., Die Abhängigkeit der Gütefunktion des F-Tests von den Freiheitsgraden. in: Operationsforschung und Math. Statistik I, Berlin 1968.

[79] PAULL, A. E., On a preliminary test for pooling mean squares in the analysis of variance. Ann. Math. Statist. **21** (1950) 539–556.

[80] KALE, B. K., and T. A. BANCROFT, Inference for some incompletely specified models involving normal approximations to discrete data. Biometrics **23** (1967) 2.

[81] COHEN, A., A note on the admissibility of pooling in the analysis of variance. Ann. Math. Stat. **3** (1968) 5, 1744–1746.

[82] COHEN, A., Estimates of linear combinations of the parameters in the mean vector of a multivariate distribution. Ann. Math. Statist. **36** (1965), 78–87.

[83] COHEN, A., To pool or not to pool in hypothesis testing. J. Amer. Statist. Assoc. **69** (1974) 347, 721–725.

KAPITEL 6

BEREICHSSCHÄTZUNGEN FÜR LINEARE PARAMETER UND REGRESSIONS-FUNKTIONEN

6.1. Konstruktionsmethoden für α-Bereichsschätzfunktionen

Wir wollen in diesem Abschnitt annehmen, daß Y eine zufällige Variable mit Werten in $\mathcal{Y}$ darstellt. Weiter sei $\mathfrak{A}_\mathcal{Y}$ eine aus Teilmengen von $\mathcal{Y}$ bestehende σ-Algebra, und $\mathcal{P}_\Theta$ sei eine Familie von Wahrscheinlichkeitsmaßen auf $\mathfrak{A}_\mathcal{Y}$ mit

$$Y_\Theta \mathbin{\widetilde{\frown}} \mathcal{P}_\Theta := \{P_\vartheta \mid \vartheta \in \Theta\} . \tag{1}$$

Schließlich sei eine Abbildung $\gamma\colon \Theta \to \Gamma$ vorgegeben. Im Abschnitt 1.4 haben wir den Begriff der α-Bereichsschätzfunktion (α-BSF) eingeführt.

Unser Ziel ist es nun, zu vorgegebenem $\alpha \in [0, 1]$ α-Bereichsschätzfunktionen für γ zu konstruieren. Dazu wollen wir uns zunächst mit allgemeinen Verfahren zur Konstruktion von α-BSF befassen.

Im wesentlichen unterscheidet man zwei Hauptmethoden zur Bestimmung von α-BSF für γ. Diese wollen wir im folgenden kurz beschreiben.

Wir wollen zunächst annehmen, daß $\varphi\colon \Gamma \times \mathcal{Y} \to R^1$ und $\tau\colon \mathcal{Y} \to \mathfrak{B}^1$ Abbildungen mit

$$\{Y \in \mathcal{Y} \mid \varphi(\gamma(\vartheta), Y) \in \tau(Y)\} \in \mathfrak{A}_\mathcal{Y} , \qquad \vartheta \in \Theta , \tag{2}$$

und

$$P_\vartheta\{\varphi(\gamma(\vartheta), Y) \in \tau(Y)\} := P_\vartheta\{\{Y \in \mathcal{Y} \mid \varphi(\gamma(\vartheta), Y) \in \tau(Y)\}\} \geqq \alpha , \quad \vartheta \in \Theta , \tag{3}$$

sind. Dann gilt für die durch

$$K_{\varphi,\tau}(Y) = \{\gamma \in \Gamma \mid \varphi(\gamma, Y) \in \tau(Y)\} , \qquad Y \in \mathcal{Y} , \tag{4}$$

definierte Abbildung $K_{\varphi,\tau}\colon \mathcal{Y} \to \mathfrak{P}(\Gamma)$ sowohl

$$\{Y \in \mathcal{Y} \mid \gamma(\vartheta) \in K_{\varphi,\tau}(Y)\} = \{Y \in \mathcal{Y} \mid \varphi(\gamma(\vartheta), y) \in \tau(Y)\} \in \mathfrak{A}_\mathcal{Y} , \qquad \vartheta \in \Theta ,$$

als auch

$$P_\vartheta\{\gamma(\vartheta) \in K_{\varphi,\tau}(Y)\} = P_\vartheta\{\varphi(\gamma(\vartheta), Y) \in \tau(Y)\} \geqq \alpha ,$$

$K_{\varphi,\tau}$ ist also eine α-BSF für γ.

Wir brauchen demnach nur ein Paar (φ, τ) *von Abbildungen mit den Eigenschaften* (2) *und* (3) *zu bestimmen, um mit* $K_{\varphi,\tau}$ *aus* (4) *eine* α-BSF *für* γ *zu erhalten.*

Diese Methode der Konstruktion von α-BSF vermittels geeignet gewählter Abbildungen φ und τ stellt die Grundlage für die meisten in der Literatur angegebenen Verfahren zur Konstruktion von α-BSF für bestimmte spezielle γ dar. Auch wir werden in den folgenden Abschnitten 6.2 und 6.3 diese Methode anwenden.

Keine Anwendung wird dagegen in unseren weiteren Untersuchungen die zweite Hauptmethode zur Konstruktion von α-BSF finden. Dennoch wollen wir diese im folgenden aus theoretischer Sicht kurz beschreiben.

Es seien $h\colon \Theta \to \Psi$ und $L\colon \mathcal{Y} \to \mathfrak{P}(\Psi)$ Abbildungen, für die sowohl

$$\{Y \in \mathcal{Y} \mid h(\vartheta) \in L(Y)\} \in \mathfrak{A}_{\mathcal{Y}}\,, \qquad \vartheta \in \Theta\,, \tag{5}$$

als auch

$$P_\vartheta\{h(\vartheta) \in L(\boldsymbol{Y})\} \geqq \alpha\,, \qquad \vartheta \in \Theta\,, \tag{6}$$

gilt.[1]) Für die Abbildung $g\colon \Psi \to \Gamma$ möge

$$g\big(h(\vartheta)\big) = \gamma(\vartheta)\,, \qquad \vartheta \in \Theta\,, \tag{7}$$

gelten, und für die Abbildung $K_g\colon \mathcal{Y} \to \mathfrak{P}(\Gamma)$ mit

$$K_g(Y) = g\big(L(Y)\big)\,, \qquad Y \in \mathcal{Y}\,, \tag{8}$$

sei

$$\{Y \in \mathcal{Y} \mid \gamma(\vartheta) \in K_g(Y)\} \in \mathfrak{A}_{\mathcal{Y}}\,, \qquad \vartheta \in \Theta\,. \tag{9}$$

Dann existiert für jedes $\vartheta \in \Theta$ die Wahrscheinlichkeit

$$P_\vartheta\{\gamma(\vartheta) \in K_g(\boldsymbol{Y})\} := P_\vartheta\{\boldsymbol{Y} \in \mathcal{Y} \mid \gamma(\vartheta) \in K_g(\boldsymbol{Y})\}\,,$$

und wegen

$$\{Y \in \mathcal{Y} \mid \gamma(\vartheta) \in K_g(Y)\} = \{Y \in \mathcal{Y} \mid g\big(h(\vartheta)\big) \in g\big(L(Y)\big)\} \supset \{Y \in \mathcal{Y} \mid h(\vartheta) \in L(Y)\}$$

gilt

$$P_\vartheta\{\gamma(\vartheta) \in K_g(\boldsymbol{Y})\} \geqq \alpha\,.$$

Die Abbildung K_g ist also eine α-BSF für γ.

Gelingt es uns demnach, Abbildungen h, g und L anzugeben, die die Bedingungen (5) *bis* (7) *erfüllen, so brauchen wir nur noch zu untersuchen, ob die durch* (8) *definierte Abbildung K_g der Bedingung* (9) *genügt. Ist dies der Fall, so stellt K_g eine α-BSF für γ dar.*

Die durch diese Überlegungen gegebene Möglichkeit zur Konstruktion von α-BSF vermittels geeigneter Abbildungen h, g und L wurde bisher lediglich von E. Spjøtvoll [1] sowie von J. L. Folkes und C. E. Antle [2] angewendet, und zwar jeweils für den Fall, daß γ von der in Abschnitt 6.3 beschriebenen Art ist.

6.2. α-Bereichsschätzfunktionen für lineare Parameter

6.2.1. Problemstellung

Wir wollen in diesem Abschnitt annehmen, daß für die zufällige Matrix $\boldsymbol{Y}$ das multivariate lineare Modell

$$\mathcal{P}_\Theta := N[\mathfrak{M}^p(X) \times \mathcal{V}_\Lambda^p] \tag{1}$$

---

[1]) L ist also eine α-BSF für h!

mit $X \in \mathfrak{M}^k_{n\times k}$, $n - k \geqq p + \dfrac{p-1}{p}$ und $\Lambda \in \mathfrak{M}^>_n$ adäquat ist. Es sei $\Theta = \mathfrak{M}^p(X) \times \mathfrak{M}^>_p$, und für $\vartheta = (M, \Sigma) \in \Theta$ sei

$$P_\vartheta = N_{n\times p}(M, \Sigma \otimes \Lambda)$$

gesetzt. Weiter seien $C \in \mathfrak{M}^l_{l\times n}$ und $H \in \mathfrak{M}^q_{p\times q}$ fest vorgegebene Matrizen mit

$$r[CP^{\Lambda^{-1}}_{\mathfrak{R}(X)}\Lambda P^{\Lambda^{-1}}_{\mathfrak{R}(X)}C'] = l\,,$$

und es sei $\Gamma = \mathfrak{M}_{l\times q}$. Schließlich sei

$$\gamma(\vartheta) = CMH\,, \quad \vartheta = (M, \Sigma) \in \Theta\,. \tag{2}$$

Unsere Aufgabe soll es sein, α-BSF für den Parameter γ zu konstruieren.

Wir definieren dazu die Abbildungen $\hat{\gamma}\colon \mathfrak{M}_{n\times p} \to \mathfrak{M}_{l\times q}$ und $S\colon \mathfrak{M}_{n\times p} \to \mathfrak{M}^{\geqq}_p$ durch

$$\hat{\gamma}(Y) = CP^{\Lambda^{-1}}_{\mathfrak{R}(X)}YH\,, \quad Y \in \mathfrak{M}_{n\times p}\,,$$

bzw.

$$S(Y) = (Y - P^{\Lambda^{-1}}_{\mathfrak{R}(X)}Y)'\,\Lambda^{-1}(Y - P^{\Lambda^{-1}}_{\mathfrak{R}(X)}Y)\,, \quad Y \in \mathfrak{M}_{n\times p}\,.$$

Weiter sei $W := CP^{\Lambda^{-1}}_{\mathfrak{R}(X)}\Lambda P^{\Lambda^{-1}}_{\mathfrak{R}(X)}C'$, und $w_1, \ldots, w_e$ seien die Spaltenvektoren von $W^{-1/2}$. Offensichtlich folgt dann für $\vartheta = (M, \Sigma) \in \Theta$ aus $\boldsymbol{Y} \sim P_\vartheta$ stets

$$(\hat{\gamma}(\boldsymbol{Y}), S(\boldsymbol{Y})) \sim N_{l\times q}(CMH, (H'\Sigma H) \otimes W) \times W_p(n-k, \Sigma) \tag{3}$$

(vgl. [A 2.9], [A 2.13] und [A 2.10]). Auf Grund von [A 2.15] gilt außerdem

$$P_\vartheta\{r[S(\boldsymbol{Y})] < p\} = 0\,, \quad \vartheta \in \Theta\,. \tag{4}$$

6.2.2. α-Bereichsschätzfunktionen für lineare Parameter

Es sei $\xi\colon \mathfrak{M}_{l\times q} \times \mathfrak{M}_q \to R^1$ eine Borel-meßbare Abbildung, und es gelte für $A \in \mathfrak{M}_{l\times q}$, $B \in \mathfrak{M}^{\geqq}_q$ und $C \in \mathfrak{M}^>_q$ stets

$$\xi(A, B) = \xi(AC, CBC)\,. \tag{5}$$

Weiter seien $\boldsymbol{U}$ und $\boldsymbol{V}$ stochastisch unabhängige zufällige Matrizen mit

$$(\boldsymbol{U}, \boldsymbol{V}) \sim N_{l\times q}(0, I_q \otimes I_l) \times W_q(n-k, I_q)\,. \tag{6}$$

Schließlich sei ξ_α die kleinste reelle Zahl mit

$$P\{\xi(\boldsymbol{U}, \boldsymbol{V}) \leqq \xi_\alpha\} \geqq \alpha\,. \tag{7}$$

Dann gilt der folgende Satz, der uns die Möglichkeit bietet, α-BSF für γ anzugeben:

Satz 6.2.1. *Die Abbildung* $K\colon \mathfrak{M}_{n\times p} \to \mathfrak{B}^{l\times q}$ *mit*

$$K(Y) = \{\gamma \in \mathfrak{M}_{l\times q} \mid \xi(W^{-1/2}(\gamma - \hat{\gamma}(Y)), H'S(Y)\,H) \leqq \xi_\alpha\}\,, \quad Y \in \mathfrak{M}_{n\times p} \tag{8}$$

ist eine α-BSF *für* γ. *K ist exakt, wenn in* (7) *die Gleichheit gilt.*

Beweis. Wegen [A 2.9] und [A 2.16] folgt für $\vartheta = (M, \Sigma) \in \Theta$ aus $Y \sim P_\vartheta$

$$\left(W^{-1/2}(\gamma(\vartheta) - \hat{\gamma}(Y))\,(H'\Sigma H)^{-1/2},\ (H'\Sigma H)^{-1/2}\,H'S(Y)\,H(H'\Sigma H)^{-1/2}\right) \sim N_{l\times q}(0, I_q \otimes I_l) \times W_q(n-k, I_q)\,. \tag{9}$$

Weiter gilt auf Grund von (5)

$$P_\vartheta\{\gamma(\vartheta) \in K(Y)\} = P_\vartheta\{\xi\left(W^{-1/2}(\gamma(\vartheta) - \hat{\gamma}(Y)),\ H'S(Y)\,H\right) \leqq \xi_\alpha\}$$
$$= P_\vartheta\{\xi\left(W^{-1/2}(\gamma(\vartheta) - \hat{\gamma}(Y))\,(H'\Sigma H)^{-1/2},\ (H'\Sigma H)^{-1/2}\,H'S(Y)\,H(H'\Sigma H)^{-1/2}\right) \leqq \xi_\alpha\}$$
$$= P^{(U,V)}\{\xi(U, V) \leqq \xi_\alpha\} \geqq \alpha\,. \tag{10}$$

K ist also eine α-BSF für γ. Gilt nun in (7) die Gleichheit, so gilt auch in (10) das Gleichheitszeichen, und K ist demnach in diesem Falle exakt. ■

Dafür, daß in (7) das Gleichheitszeichen gilt, ist die Stetigkeit der zur Verteilung von $\xi(U, V)$ gehörigen Verteilungsfunktion im Punkte ξ_α hinreichend.

Offensichtlich erfüllen die Abbildungen $\xi^{(1)}$, $\xi^{(2)}$ und $\xi^{(3)}$ mit

$$\xi^{(1)}(A, B) = (n-k)\,\mathrm{sp}\,[A'AB^+]\,, \quad A \in \mathfrak{M}_{l\times q}\,, \quad B \in \mathfrak{M}_q^{\geqq}\,, \tag{11}$$

$$\xi^{(2)}(A, B) = |(A'A + B)^+|\,|B|\,, \quad A \in \mathfrak{M}_{l\times q}\,, \quad B \in \mathfrak{M}_q^{\geqq}\,, \tag{12}$$

und

$$\xi^{(3)}(A, B) = \lambda_{\max}[A'AB^+]\,, \quad A \in \mathfrak{M}_{l\times q}\,, \quad B \in \mathfrak{M}_q^{\geqq} \tag{13}$$

die Bedingung (5). Wir können also mit Hilfe von $\xi^{(1)}$, $\xi^{(2)}$ und $\xi^{(3)}$ unter Verwendung der Aussage von Satz 6.2.1 α-BSF für γ konstruieren.

Sind $f\colon \mathfrak{M}_{l\times q} \times \mathfrak{M}_{n\times p} \to R^1$ und $h\colon \mathfrak{M}_{n\times p} \to R^1$ vorgegebene Abbildungen und ist Y ein beliebiges Element aus $\mathfrak{M}_{n\times p}$, so werden wir künftig mitunter „$f(\gamma, Y) \leqq h(Y)$" an Stelle von $\{\gamma \in \mathfrak{M}_{l\times q} \mid f(\gamma, Y) \leqq h(Y)\}$ schreiben. Bei Verwendung dieser Schreibweise haben die SB zu den mit Hilfe von $\xi^{(1)}$, $\xi^{(2)}$ und $\xi^{(3)}$ auf Grund von Satz 6.2.1 konstruierten α-BSF für $Y \in \mathfrak{M}_{n\times p}$ die Gestalt

$$„\mathrm{sp}\,[(\gamma - \hat{\gamma}(Y))'\,W^{-1}(\gamma - \hat{\gamma}(Y))\,(H'S(Y)\,H)^+] \leqq (n-k)^{-1}\,T^2_{0;1-\alpha}(q, n-k, l)," \tag{14}$$ [1])

$$„|[(\gamma - \hat{\gamma}(Y))'\,W^{-1}(\gamma - \hat{\gamma}(Y)) + (H'S(Y)\,H)]^+|\,|(H'S(Y)\,H)| \leqq \leqq U_{1-\alpha}(q, n-k, l)"\,, \tag{15}$$

bzw.

$$„\lambda_{\max}[(\gamma - \hat{\gamma}(Y))'\,W^{-1}(\gamma - \hat{\gamma}(Y))(H'S(Y)\,H)^+] \leqq \leqq \lambda_{\max;1-\alpha}(q, n-k, l)"\,, \tag{16}$$

denn es gilt (vgl. [A 2.30]) $\xi^{(1)}_\alpha = T^2_{0;1-\alpha}(q, n-k, l)$, $\xi^{(2)}_\alpha = U_{1-\alpha}(q, n-k, l)$ und $\xi^{(3)}_\alpha = \lambda_{\max;1-\alpha}(q, n-k, l)$. Nach Satz 6.2.1 und wegen [A 2.33] sind die α-BSF mit den in (14) bis (16) beschriebenen Schätzbereichen sogar exakt. Hinweise zur Bestimmung der Quantile $T^2_{0;1-\alpha}(q; n-k, l)$, $U_{1-\alpha}(q, n-k, l)$ bzw. $\lambda_{\max;1-\alpha}(q, n-k, l)$ haben wir bereits im Abschnitt 5.1.5 angegeben.

---

[1]) Wir werden mitunter, ohne dies im weiteren extra zu vermerken, die SB der von uns konstruierten α-BSF nur für diejenigen $Y \in \mathfrak{M}_{n\times p}$ angeben, für die $H'S(Y)\,H \neq 0_{g\times g}$ (oder, wie in (15), $H'S(Y)\,H + (\gamma - \hat{\gamma}(Y))'\,W^{-1}(\gamma - \hat{\gamma}(Y)) \neq 0$) gilt. Wegen (4) und [A 2.15] stellt dies keine wesentliche Einschränkung dar.

Beispiel 6.2.1. Es sei $X \in \mathfrak{M}^k_{n\times k}$ und $\Lambda \in \mathfrak{M}^>_n$, und die zufällige Matrix Y sei von der Gestalt

$$Y = XB + \varepsilon$$

mit $B \in \mathfrak{M}_{k\times p}$, $\varepsilon \sim N_{n\times p}(0, \Sigma \otimes \Lambda)$ und $\Sigma \in \mathfrak{M}^>_p$. Letzteres bedeutet nichts anderes, als daß für Y das Modell $N[\mathfrak{M}^p(X) \times \mathcal{V}^p_\Lambda]$ adäquat ist. Mit $D \in \mathfrak{M}^l_{l\times k}$ und $C = D(X'\Lambda^{-1}X)^{-1} \times X'\Lambda^{-1}$ gilt für jedes $B \in \mathfrak{M}_{k\times p}$

$$DB = CXB\,,$$

so daß der Parameter DB wegen $XB \in \mathfrak{M}^p(X)$ von der in (2) beschriebenen Art ist. Weiterhin gilt

$$P^{\Lambda^{-1}}_{\mathfrak{R}(X)} = X(X'\Lambda^{-1}X)^{-1} X'\Lambda^{-1}\,,$$

und damit gilt auch

$$CP^{\Lambda^{-1}}_{\mathfrak{R}(X)} = D(X'\Lambda^{-1}X)^{-1} X'\Lambda^{-1}\,.$$

Schließlich ist

$$CP^{\Lambda^{-1}}_{\mathfrak{R}(X)} \Lambda P^{\Lambda^{-1}}_{\mathfrak{R}(X)} C' = D(X'\Lambda^{-1}X)^{-1} D' \in \mathfrak{M}_l\,.$$

Aus diesen Gründen folgt aus Satz 6.2.1 und den im Anschluß an diesen Satz angeführten Bemerkungen, daß die drei BSF mit den SB

$$\begin{aligned}
&„\mathrm{sp}\,[(\gamma - D(X'\Lambda^{-1}X)^{-1} X'\Lambda^{-1}Y)' (D(X'\Lambda^{-1}X)^{-1} D')^{-1}\\
&\times (\gamma - D(X'\Lambda^{-1}X)^{-1} X'\Lambda^{-1}Y) \big(Y'(\Lambda^{-1} - \Lambda^{-1}X(X'\Lambda^{-1}X)^{-1} X'\Lambda^{-1})\, Y\big)^+]\\
&\leqq (n-k)^{-1}\, T^2_{0;\,1-\alpha}(p, n-k, l)“\,, \quad Y \in \mathfrak{M}_{n\times p}\,,
\end{aligned} \tag{17}$$

$$\begin{aligned}
&„|[(\gamma - D(X'\Lambda^{-1}X)^{-1} X'\Lambda^{-1}Y) (D(X'\Lambda^{-1}X)^{-1} D')^{-1} (\gamma - D(X'\Lambda^{-1}X)^{-1} X'\Lambda^{-1}Y)\\
&+ Y'(\Lambda^{-1} - \Lambda^{-1}X(X'\Lambda^{-1}X)^{-1} X'\Lambda^{-1})\, Y]^+| \cdot |Y'(\Lambda^{-1} - \Lambda^{-1}X(X'\Lambda^{-1}X)^{-1} X'\Lambda^{-1})\, Y|\\
&\leqq U_{1-\alpha}(p, n-k, l)“\,, \quad Y \in \mathfrak{M}_{n\times p}\,,
\end{aligned} \tag{18}$$

$$\begin{aligned}
&„\lambda_{\max}[(\gamma - D(X'\Lambda^{-1}X)^{-1} X'\Lambda^{-1}Y)' (D(X'\Lambda^{-1}X)^{-1} D')^{-1}\\
&\times (\gamma - D(X'\Lambda^{-1}X)^{-1} X'\Lambda^{-1}Y) \big(Y'(\Lambda^{-1} - \Lambda^{-1}X(X'\Lambda^{-1}X)^{-1} X'\Lambda^{-1})\, Y\big)^+]\\
&\leqq \lambda_{\max;\,1-\alpha}(p, n-k, l)“\,, \quad Y \in \mathfrak{M}_{n\times p}
\end{aligned} \tag{19}$$

exakte α-BSF für $\gamma = DB$ sind.

6.2.3. Schätzung linearer Parameter in univariaten Modellen

Von besonderem Interesse ist die Schätzung linearer Parameter der Form (2), falls das Modell $\mathcal{P}_\Theta$ univariat ist, falls also $p = 1$ ist. Diesen Spezialfall unseres allgemeinen Problems wollen wir nun näher betrachten. Wir bemerken dabei zunächst, daß für $p = 1$ offensichtlich nur der Fall $H = 1$ von Interesse ist, denn aus (2) folgt wegen $H \in \mathfrak{M}^q_{p\times q}$ und $1 \leqq q \leqq p = 1$ für $C^* = HC$

$$\gamma(\vartheta) = C\mu H = C^*\mu\,, \quad \vartheta = (\mu, \sigma^2) \in \Theta\,.$$

Wir brauchen also nur Abbildungen der Form

$$\gamma(\vartheta) = C\mu\,, \quad \vartheta = (\mu, \sigma^2) \in \Theta \tag{20}$$

zu betrachten.

Wir können auch hier den Satz 6.2.1 anwenden und insbesondere die Abbildungen $\xi^{(1)}$, $\xi^{(2)}$ und $\xi^{(3)}$ aus (11), (12) und (13) zur Konstruktion von α-BSF verwenden. Dabei ist zu bemerken, daß im Falle $p = 1$ auf Grund von [A 2.31] und [A 2.24]

$$\xi_\alpha^{(1)} = lF_{1-\alpha;l,n-k}, \quad \xi_\alpha^{(2)} = \beta_{1-\alpha;n-k,l}$$

und

$$\xi_\alpha^{(3)} = l(n-k)^{-1} F_{1-\alpha;l,n-k}$$

gilt. Die Quantile $\xi_\alpha^{(1)}$, $\xi_\alpha^{(2)}$ und $\xi_\alpha^{(3)}$ sind also für $p = 1$ besonders leicht zu bestimmen (vgl. [A 2.20] bzw. [A 2.24]).

Beispiel 6.2.2. Es sei wiederum $X \in \mathfrak{M}_{n\times k}^k$ und $\Lambda \in \mathfrak{M}_n^>$. Weiter sei $\boldsymbol{y}$ ein zufälliger Vektor der Form

$$\boldsymbol{y} = X\beta + \boldsymbol{\varepsilon}$$

mit

$$\boldsymbol{\varepsilon} \sim N_n(0, \sigma^2\Lambda), \quad \sigma^2 > 0, \quad \beta \in R^k.$$

Entsprechend den in Beispiel 6.2.1 angestellten Überlegungen und wegen $T^2_{0;1-\alpha}(1, n-k, l) = lF_{1-\alpha;l,n-k}$ ist unter diesen Umständen die BSF K_1 mit den Schätzbereichen

$$„(\beta - (X'\Lambda^{-1}X)^{-1} X'\Lambda^{-1}y)' (X'\Lambda^{-1}X) (\beta - (X'\Lambda^{-1}X)^{-1} X'\Lambda^{-1}y)$$
$$\leqq \frac{l}{n-k} F_{1-\alpha;l,n-k}(y'(\Lambda^{-1} - \Lambda^{-1}X(X'\Lambda^{-1}X)^{-1} X'\Lambda^{-1})\, y)\text{“} \quad (y \in R^n) \tag{21}$$

eine α-BSF für β.

Beispiel 6.2.3. Der zufällige Vektor $\boldsymbol{y}$ möge die in Beispiel 6.2.2 angegebenen Voraussetzungen erfüllen. Wir wollen jedoch zusätzlich annehmen, daß $X := (x_1, \ldots, x_k)$ mit

$$x_i = (0'_{m_{i-1}}, 1'_{n_i}, 0'_{n-m_i})' \quad (i = 1, \ldots, k)$$

gilt, wobei n_i $(i = 1, \ldots, k)$ und m_i $(i = 1, \ldots, k)$ natürliche Zahlen mit $n_i \geqq 2$ $(i = 1, \ldots, k)$ $\sum_{i=1}^k n_i = n$ und $m_i := \sum_{j=1}^i n_j$ $(i = 1, \ldots, k)$ sein sollen. Weiter sei $\Lambda = I_n$. Damit ist der zufällige Vektor $\boldsymbol{y} = (\boldsymbol{y}_1, \ldots, \boldsymbol{y}_n)'$ von der Form

$$\boldsymbol{y}_j = \mu_i + \boldsymbol{\varepsilon}_j, \quad m_{i-1} < j \leqq m_i, \quad i = 1, \ldots, k, \quad m_0 = 0,$$

mit $\mu_i \in R^1$ $(i = 1, \ldots, k)$, $\boldsymbol{\varepsilon}_j \sim N(0, \sigma^2)$ $(j = 1, \ldots, n)$, $\sigma^2 \in R^>$ und $E\boldsymbol{\varepsilon}_j\boldsymbol{\varepsilon}_t = 0$ $(1 \leqq j \leqq n, 1 \leqq t < j)$. Wir betrachten also ein sehr wichtiges varianzanalytisches Modell. Setzen wir

$$\bar{y}_{(i)} = \frac{1}{n_i} \sum_{j=m_{i-1}+1}^{m_i} y_j, \quad i = 1, \ldots, k, \; y = (y_1, \ldots, y_n)' \in R^n, \tag{22}$$

so folgt unter den gegebenen Voraussetzungen aus den im vorausgehenden Beispiel angestellten Betrachtungen, daß die BSF mit den SB

$$„\sum_{i=1}^k n_i(\mu_i - \bar{y}_{(i)})^2 \leqq \frac{k}{n-k} F_{1-\alpha;k,n-k} \left[\sum_{i=1}^k \sum_{j=m_{i-1}+1}^{m_i} (y_j - \bar{y}_{(i)})^2\right]\text{“}, \quad y = (y_1, \ldots, y_n)' \in R^n \tag{23}$$

eine α-BSF für $\beta = (\mu_1, \ldots, \mu_k)'$ ist. Bei der vorliegenden besonderen Wahl von X und Λ gilt nämlich sowohl

$$(X'\Lambda^{-1}X)^{-1} X'\Lambda^{-1}y = (\bar{y}_{(1)}, \ldots, \bar{y}_{(k)})', \quad y \in R^n, \tag{24}$$

als auch

$$(X'\Lambda^{-1}X) = \text{Diag}\,(n_1, \ldots, n_k), \tag{25}$$

und damit geht (21) in (23) über.

Für das hier von uns betrachtete Modell verwendet man häufig auch die Schreibweise

$$\left.\begin{aligned} &y_{ij} = \mu_i + \varepsilon_{ij}\,, \\ &\varepsilon_{ij} \sim N(0, \sigma^2)\,, \\ &E\varepsilon_{ij}\varepsilon_{ht} = \delta_{ih}\delta_{jt}\sigma^2\,, \\ &\mu_i \in R^1\,, \\ &\sigma^2 > 0\,. \end{aligned}\right\} \begin{aligned} &i = 1, \dots, k,\ j = 1, \dots, n_i; \\ &h = 1, \dots, k,\ t = 1, \dots, n_k; \end{aligned}$$

Dieser Schreibweise angemessen ist die Beschreibung der durch (23) gegebenen SB in der Form

$$„\sum_{i=1}^{k} n_i(\mu_i - \bar{y}_{(i)})^2 \leqq \frac{k}{n-k} F_{1-\alpha;k,n-k} \sum_{i=1}^{k} \sum_{j=1}^{n_i} (y_{ij} - \bar{y}_{(i)})^2\text{“}\,,$$

$$y = (y_{11}, \dots, y_{1n_1}, y_{21}, \dots, y_{2n_2}, y_{31}, \dots, y_{kn_k})' \in R^n\,.$$

Hierbei gilt jetzt

$$\bar{y}_{(i)} = \frac{1}{n_i} \sum_{j=1}^{n_i} y_{ij}\,, \qquad i = 1, \dots, k\,.$$

Beispiel 6.2.4. Wir betrachten einen zufälligen Vektor $\boldsymbol{y}$ der Form

$$\boldsymbol{y} = \mu \cdot \mathbf{1}_n + \boldsymbol{\varepsilon}$$

mit $\boldsymbol{\varepsilon} \sim N_n(0, \sigma^2 I_n)$, $\mu \in R^1$ und $\sigma^2 > 0$. Damit haben wir offensichtlich einen Spezialfall der in Beispiel 6.2.3 untersuchten Problemstellung vorliegen. Dementsprechend erhalten wir als eine mögliche α-BSF für den Parameter μ die Abbildung K_1 mit den SB

$$„|\mu - \bar{y}| \leqq n^{-1/2}(n-1)^{-1/2}\, t_{\frac{1-\alpha}{2};n-1} \left[\sum_{j=1}^{n} (y_j - \bar{y})^2\right]^{1/2}\text{“}\,, \qquad y = (y_1, \dots, y_n)' \in R^n\,,$$

wenn wir

$$\bar{y} = \frac{1}{n} \sum_{i=1}^{n} y_i$$

setzen und beachten, daß $F_{1-\alpha;1,n-1} = \left(t_{\frac{1-\alpha}{2};n-1}\right)^2$ gilt (vgl. [A 2.20]). Hinweise zur Bestimmung der Werte $t_{\frac{1-\alpha}{2};n-1}$ sind im Anhang [A 2.20] zusammengestellt.

Beispiel 6.2.5. Der zufällige Vektor $\boldsymbol{y}$ möge von der in Beispiel 6.2.3 betrachteten Art sein. Unter diesen Umständen ergibt sich als Folgerung aus den Beispielen 6.2.2 und 6.2.3, daß für $1 \leqq i_1 \leqq k$ und $1 \leqq i_2 \leqq k$ die BSF mit den SB

$$„|\gamma - (\bar{y}_{(i_1)} - \bar{y}_{(i_2)})| \leqq (n-k)^{-1/2}(n_{i_1}^{-1} + n_{i_2}^{-1})^{-1/2}\, t_{\frac{1-\alpha}{2};n-k}$$

$$\times \left(\sum_{i=1}^{k} \sum_{j=m_{i-1}+1}^{m_i} (y_j - \bar{y}_{(i)})^2\right)^{1/2}\text{“}\,, \qquad y = (y_1, \dots, y_n)' \in R^n\,,$$

eine α-BSF für den Parameter

$$\gamma = \mu_{i_1} - \mu_{i_2} = (e_{i_1}^{(k)} - e_{i_2}^{(k)})' \begin{pmatrix} \mu_1 \\ \vdots \\ \mu_k \end{pmatrix}$$

ist. Dies ist leicht einzusehen, wenn wir in (17) D durch $e_{i_1}^{(k)} - e_{i_2}^{(k)}$ ersetzen und berücksichtigen, daß im vorliegenden Fall neben (24) auch $p = l = 1$, $D(X'\Lambda^{-1}X)^{-1}D' = n_{i_1}^{-1} + n_{i_2}^{-1}$ und $T^2_{0;1-\alpha}(1, n-k, 1) = \left(t_{\frac{1-\alpha}{2};n-k}\right)^2$ gilt (vgl. [A 2.20] und [A 2.31]).

Für $p = 1$ können wir nun jedoch auch Abbildungen ξ angeben, die der Bedingung genügen und deren Verallgemeinerung auf den Fall $p > 1$ aber schwierig oder sogar unmöglich ist:

Beispiel 6.2.6. Für die Abbildung $\xi^{(4)}: R^l \times R^{\geqq} \to R^{\geqq}$ sei

$$\xi^{(4)}(u, v) = \begin{cases} \dfrac{\max\limits_{1 \leqq i \leqq l} |u_i|}{v^{1/2}} (n-k)^{1/2}, & u = (u_1, \dots, u_l)' \in R^l, \quad v > 0, \\ 0 & \text{sonst.} \end{cases}$$

Offensichtlich ist $\xi^{(4)}$ BOREL-meßbar. Weiter erfüllt $\xi^{(4)}$ die Bedingung (5), sie erfüllt also alle Voraussetzungen von Satz 6.2.1. Ersetzen wir demnach in (8) ξ durch $\xi^{(4)}$ und ξ_α durch $\xi_\alpha^{(4)} = m_{1-\alpha}(l, n-k, I_l)$[1]), so erhalten wir aus (8) eine α-BSF für γ. Diese hat dann die Gestalt

$$K(Y) = \{\gamma \in R^l \mid \max_{1 \leqq i \leqq l} |w_i'(\gamma - \hat{\gamma}(y))| = (S(y))^{1/2} (n-k)^{-1/2} m_{1-\alpha}(l, n-k, I_l)\}, \quad y \in R^n. \tag{26}$$

Hinweise zur Berechnung der Quantile $m_{1-\alpha}(l, n-k, I_l)$ können dem Anhang (vgl. [A 2.31]) entnommen werden.

Die in Beispiel 6.2.6 untersuchte α-BSF für γ wurde von R. G. MILLER [3] mit anderen α-BSF verglichen. In Ergänzung zu Beispiel 6.2.6 wollen wir noch einen interessanten Spezialfall näher betrachten:

Beispiel 6.2.7. Wir wollen annehmen, daß der zufällige Vektor $\boldsymbol{y}$ von der in Beispiel 6.2.3 betrachteten Art ist, und wir wollen eine α-BSF für den Parameter $\beta = (\mu_1, \dots, \mu_k)'$ konstruieren. Wie wir bereits aus Beispiel 6.2.1 wissen, folgt aus den von uns aufgeführten Voraussetzungen an $\boldsymbol{y}$, daß

$$\boldsymbol{y} \mathbin{\circleddash} N[\mathfrak{R}(X) \times \mathfrak{V}_{I_n}]$$

gilt. Weiter wissen wir, wiederum aus Beispiel 6.2.1, daß der Parameter $\beta = (\mu_1, \dots, \mu_k)'$ von der in (2) beschriebenen Art ist, wobei hier $C = (X'X)^{-1} X'$ ist. Schließlich gilt bei dieser speziellen Wahl von C gerade $W = (X'X)^{-1}$ und $CP_{\mathfrak{R}(X)}^{A^{-1}} = (X'X)^{-1} X'$, und damit gilt auf Grund von (25) insbesondere $w_i = n_i^{1/2} \cdot e_i^{(k)}$ $(i = 1, \dots, k)$. Somit geht für den von uns betrachteten Fall (26) in

$$K(y) = \Big\{\beta = (\mu_1, \dots, \mu_k)' \in R^k \mid \max_{1 \leqq i \leqq l} |\mu_i - \bar{y}_{(i)}|\, n_i^{1/2} \leqq m_{1-\alpha}(k, n-k, I_k)\, (n-k)^{-1/2}$$
$$\times \Big(\sum_{i=1}^{k} \sum_{j=m_{i-1}+1}^{m_i} (y_j - \bar{y}_{(i)})^2\Big)^{1/2}\Big\}, \quad y = (y_1, \dots, y_n)' \in R^n$$

über, wobei wir hier die in (22) definierten Abbildungen $y_{(i)}$ zur Beschreibung von K verwendet haben. Außerdem haben wir die Beziehung (24) berücksichtigt.

Zusammenfassend können wir sagen, daß die Aussagen des Satzes 6.2.1 auch für den Fall $p = 1$ von großem Interesse sind. Neben dem durch diesen Satz gegebenen Konstruktionsverfahren gibt es jedoch für $p = 1$ noch einige andere Möglichkeiten zur Konstruktion von α-BSF für γ. Diese wollen wir im weiteren beschreiben. Wir beweisen dazu zunächst den folgenden Satz:

Satz 6.2.2. *Es seien $\mathcal{M}_1, \dots, \mathcal{M}_l \in \mathfrak{B}^1$ BOREL-Mengen mit*

$$1 - \sum_{i=1}^{l} (1 - P\{\boldsymbol{t}_{n-k} \in \mathcal{M}_i\}) \geqq \alpha. \tag{27}$$

---

[1]) Zur Definition von $m_{1-\alpha}(l, n-k, I_l)$ vgl. [A 2.30]!

Dann ist die Abbildung $K\colon R^n \to \mathfrak{B}^l$ *mit*

$$K(y) = \{\gamma \in R^l \mid (n-k)^{1/2}\,(w_i'(\gamma - \hat{\gamma}(y)) \in (S(y))^{1/2}\,\mathcal{M}_i,\ i = 1, \dots, l\}, \qquad y \in R^n, \tag{28}$$

eine α-BSF *für* γ.

Beweis. Für $\vartheta = (\mu, \sigma^2) \in \Theta$ gilt wegen (9) und [A 2.20] sowie auf Grund der Bonferroni-Ungleichung [A 2.48]

$$\begin{aligned} P_\vartheta\{\gamma(\vartheta) \in K(y)\} &= P_\vartheta\{(S(y))^{-1/2}\,(n-k)^{1/2}\,[w_i'(\gamma(\vartheta) - \hat{\gamma}(y)] \in \mathcal{M}_i, i = 1, \dots, l\} \\ &\geqq 1 - \sum_{i=1}^{l} P_\vartheta\{(S(y))^{-1/2}\,(n-k)^{1/2}\,[w_i'(\gamma(\vartheta) - \hat{\gamma}(y))] \in \overline{\mathcal{M}}_i\} \\ &= 1 - \sum_{i=1}^{l} \left(1 - P_\vartheta\{(S(y))^{-1/2}\,(n-k)^{1/2}\,[w_i'(\gamma(\vartheta) - \hat{\gamma}(y))] \in \mathcal{M}_i\}\right) \\ &= 1 - \sum_{i=1}^{l} (1 - P\{t_{n-k} \in \mathcal{M}_i\}) \geqq \alpha. \ \blacksquare \end{aligned}$$

Das einzige Problem bei der praktischen Anwendung des Satzes 6.2.2 besteht offensichtlich in der Bestimmung geeigneter Mengen $\mathcal{M}_i$. Diese Mengen können wir zum Beispiel so wählen, daß

$$\mathcal{M}_i = \left(-\infty, t_{\frac{1-\alpha}{l}; n-k}\right), \qquad i = 1, \dots, l, \tag{29}$$

gilt, denn aus (29) folgt

$$1 - \sum_{i=1}^{l} (1 - P\{t_{n-k} \in \mathcal{M}_i\}) = 1 - l + l\left(1 - \frac{1-\alpha}{l}\right) = \alpha.$$

Eine andere Möglichkeit würde darin bestehen,

$$\mathcal{M}_i = \left[-t_{\frac{1-\alpha}{2l}; n-k}, t_{\frac{1-\alpha}{2l}; n-k}\right], \quad i = 1, \dots, l,$$

zu setzen. Auch in diesem Falle können wir die Gültigkeit von (27) nachweisen, denn es gilt $t_{\delta; n-k} = -t_{1-\delta; n-k}$ für $\delta \in [0, 1]$, und folglich ist

$$1 - \sum_{i=1}^{l} (1 - P\{t_{n-k} \in \mathcal{M}_i\}) = 1 - \sum_{i=1}^{l} \left(1 - \left[1 - \frac{1-\alpha}{2l} - \frac{1-\alpha}{2l}\right]\right) = \alpha.$$

Die α-BSF K aus Satz 6.2.2 wird im allgemeinen nicht exakt sein, da die zu ihrer Konstruktion verwendete Bonferroni-Ungleichung sehr grob ist. Ein Anwendungsbeispiel zu Satz 6.2.2 geben wir im Anschluß an den nachfolgenden Satz 6.2.3 an. Zuvor wollen wir jedoch darauf hinweisen, daß die in Satz 6.2.2 beschriebene α-BSF unter anderem bereits von R. G. Miller [3] angegeben wurde.

Im folgenden wollen wir uns mit einer weiteren α-BSF für γ befassen. Es seien $r_1, \dots, r_t$ natürliche Zahlen mit $\sum_{i=1}^{t} r_i = l$, und es seien $a_1, \dots, a_t$ reelle Zahlen mit

$$\prod_{i=1}^{t} P\{F_{r_i, n-k} \leqq a_i\} \geqq \alpha. \tag{30}$$

Schließlich seien $\mathcal{A}_1, \dots, \mathcal{A}_t$ disjunkte nichtleere Teilmengen von $\{1, \dots, l\}$ mit

$$|\mathcal{A}_i| = r_i\,, \qquad i = 1, \dots, t\,.$$

Unter diesen Voraussetzungen können wir den nachfolgenden Satz 6.2.3 beweisen:

Satz 6.2.3. *Die Abbildung* $K\colon R^n \to \mathfrak{B}^l$ *mit*

$$K(y) = \left\{\gamma \in R^l \mid \sum_{j\in\mathcal{A}_i} (w_j'(\gamma - \hat{\gamma}(y)))^2 \leqq S(y)\, a_i \frac{r_i}{n-k}\,, i = 1, \dots, t\right\}, \qquad y \in R^n\,,$$

ist eine α-BSF *für* γ. *Für* $t = 1$ *ist* K *exakt, sobald in* (30) *das Gleichheitszeichen gilt.*

Beweis. Für $\vartheta = (\mu, \sigma^2) \in \Theta$ folgt aus (9)

$$\frac{n-k}{r_i}\,\frac{\sum\limits_{j\in\mathcal{A}_i} (w_j'(\gamma(\vartheta) - \hat{\gamma}(\boldsymbol{y})))^2}{S(\boldsymbol{y})} \sim \boldsymbol{F}_{r_i, n-k}\,.$$

Damit gilt aber auf Grund der Kimball-Ungleichung [A 2.49], wegen [A 2.20] und wegen (9)

$$P_\vartheta\{\gamma(\vartheta) \in K(\boldsymbol{y})\} = P_\vartheta\left\{\left[\sum_{j\in\mathcal{A}_i} (w_j'(\gamma(\vartheta) - \hat{\gamma}(\boldsymbol{y})))^2\right] \leqq S(\boldsymbol{y})\, a_i \frac{r_i}{n-k}\,;\ i = 1, \dots, t\right\}$$

$$\geqq \prod_{i=1}^{t} P_\vartheta\left\{\left[\sum_{j\in\mathcal{A}_i} (w_j'(\gamma(\vartheta) - \hat{\gamma}(\boldsymbol{y})))^2\right] \leqq S(\boldsymbol{y})\, a_i \frac{r_i}{n-k}\right\} \tag{31}$$

$$= \prod_{i=1}^{t} P\{\boldsymbol{F}_{r_i, n-k} \leqq a_i\} \geqq \alpha\,. \tag{32}$$

K ist demnach eine α-BSF für γ. Für $t = 1$ gilt in (31) das Gleichheitszeichen. Gilt demzufolge in (30) und damit auch in (32) die Gleichheit, so ist K exakt. ■

Die eben konstruierte α-BSF K wurde für den Fall $l = t = 2$ bereits von Acton [4] beschrieben. Acton führt für diesen Fall für die Schätzbereiche, die man vermittels K erhält, die Bezeichnung „polygonale Bereiche" ein. Die zur Anwendung des Satzes 6.2.3 benötigten Konstanten a_i könnten wir zum Beispiel so wählen, daß

$$a_i = F_{1-\sqrt[t]{\alpha};\, r_i, n-k}\,, \qquad i = 1, \dots, t, \tag{33}$$

gilt, denn aus (33) folgt

$$\prod_{i=1}^{t} P\{\boldsymbol{F}_{r_i, n-k} \leqq a_i\} = (\sqrt[t]{\alpha})^t = \alpha\,.$$

Um die Aussagen der Sätze 6.2.2 und 6.2.3 zu veranschaulichen, geben wir das folgende, bereits in Anschluß an Satz 6.2.2 angekündigte Beispiel an:

Beispiel 6.2.8. Wir wollen wiederum einen zufälligen Vektor der Form

$$\boldsymbol{y} = X\beta + \boldsymbol{\varepsilon}$$

mit $\boldsymbol{\varepsilon} \sim N_n(0, \sigma^2 I_n)$, $\beta \in R^k$, $\sigma^2 \in R^>$ betrachten. Über X wollen wir dabei dieselben Annahmen machen wie in Beispiel 6.2.3. Weiter seien $t, r_1, \dots, r_t$ natürliche Zahlen mit $\sum\limits_{i=1}^{t} r_i = k$, und $\mathcal{A}_i$ $(i = 1, \ldots, t)$ seien disjunkte nichtleere Teilmengen von $\{1, \ldots, k\}$ mit $|\mathcal{A}_i| = r_i$ $(i = 1, \ldots, t)$. Entsprechend den Überlegungen aus Beispiel 6.2.7 ergibt sich dann als Folgerung aus den Sätzen 6.2.2 und 6.2.3 sowie aus den in Anschluß an diese Sätze gemachten Bemerkungen, daß die Abbildungen K_1 und K_2 mit

$$K_1(y) = \Bigg\{(\mu_1, \ldots, \mu_k)' \in R^k \mid |\mu_i - \bar{y}_{(i)}|\, n_i^{1/2}$$

$$\leqq t_{1-\frac{\alpha}{2r};\, n-k} (n-k)^{-1/2} \left[\sum_{\alpha=1}^{k} \left(\sum_{j=m_{\alpha-1}+1}^{m_\alpha} (y_j - \bar{y}_{(k)})^2\right)\right]^{1/2},\ i = 1, \ldots, k\Bigg\},$$

$$y = (y_1, \ldots, y_n)' \in R^n$$

bzw.

$$K_2(y) = \Bigg\{(\mu_1, \ldots, \mu_k)' \in R^k \mid \sum_{j \in \mathcal{A}_i} [(\mu_j - \bar{y}_{(j)})^2 n_j]$$

$$\leqq F_{1-\sqrt[t]{\alpha};\, r_i, n-k} \frac{r_i}{n-k} \left[\sum_{a=1}^{k} \left(\sum_{j=m_{a-1}+1}^{m_a} (y_j - \bar{y}_{(a)})^2\right)\right];\ i = 1, \ldots, t\Bigg\},$$

$$y = (y_1, \ldots, y_n)' \in R^n,$$

α-BSF für den Parameter $\beta = (\mu_1, \ldots, \mu_k)'$ sind. Dabei haben die Abbildungen $\bar{Y}_{(1)}, \ldots, \bar{Y}_{(k)}$ wiederum die in (22) angegebene Bedeutung. Wir bemerken hier, daß für $t = 1$ die in (23) beschriebene BSF und K_2 übereinstimmen.

Wir wollen nunmehr annehmen, daß $C = (X'\Lambda^{-1}X)^{-1} X'\Lambda^{-1}$ gilt. Die Abbildungen $h_i\colon R^n \times R^{i-1} \to R^1$ $(i = 1, \ldots, k)$ seien durch

$$h_i(y, (b_1, \ldots, b_{i-1})')$$

$$= (e_1^{(k-i+1)})' \left((x_i, \ldots, x_k)' \Lambda^{-1}(x_i, \ldots, x_k)\right)^{-1} (x_i, \ldots, x_k)' \Lambda^{-1}\left(y - \sum_{j=1}^{i-1} b_j x_j\right),$$

$$y \in R^n,\ (b_1, \ldots, b_{i-1})' \in R^{i-1}$$

definiert, wobei hier $X = (x_1, \ldots, x_k)$ gesetzt ist. Weiter seien $a_1, \ldots, a_k, d_1, \ldots, d_k$ positive reelle Zahlen mit

$$\sum_{i=1}^{k} P\{\boldsymbol{t}_{n-k} \leqq a_i\} \geqq \alpha$$

bzw.

$$\sum_{i=1}^{k} P\{\boldsymbol{t}_{n-k} \in [-d_i, d_i]\} \geqq \alpha\,. \tag{34}$$

Dann gilt der folgende Satz, den wir ohne Beweis angeben wollen:

Satz 6.2.4. *Die Abbildungen K_1 und K_2 mit*

$$K_1(y) = \{\gamma = (\gamma_1, \ldots, \gamma_k)' \in R^k \mid \gamma_i - h_i(y, (\gamma_1, \ldots, \gamma_{i-1})')$$
$$\leqq d_i(n-k)^{-1/2} [S(y)]^{1/2},\ i = 1, \ldots, k\}, \quad y \in R^n,$$

bzw.

$$K_2(y) = \{\gamma = (\gamma_1, \ldots, \gamma_k)' \in R^k \mid |\gamma_i - h_i(y, (\gamma_1, \ldots, \gamma_{i-1})')|$$
$$\leqq a_i(n-k)^{-1/2} [S(y)]^{1/2},\ i = 1, \ldots, k\}, \quad y \in R^n,$$

stellen α-BSF für γ dar.

Der Beweis dieses Satzes wurde von J. L. FOLKES und C. E. ANTLE in [2] angegeben. Die einzige Schwierigkeit bei der Anwendung der BSF K_1 und K_2 besteht in der Bestimmung geeigneter Werte $a_1, \ldots, a_k$ und $d_1, \ldots, d_k$. Wir wollen zwei Beispiele für die mögliche Wahl dieser Werte angeben. Wählen wir die Größen $d_1, \ldots, d_k$ so, daß

$$d_i = t_{1-\frac{1+\sqrt[k]{\alpha}}{2};n-k}, \quad i = 1, \ldots, k,$$

gilt, so ergibt sich

$$\prod_{i=1}^{k} P\{\boldsymbol{t}_{n-k} \in [-d_i, d_i]\} = \left(\frac{1+\sqrt[k]{\alpha}}{2} - 1 + \frac{1+\sqrt[k]{\alpha}}{2}\right)^k = \left(\sqrt[k]{\alpha}\right)^k = \alpha .$$

Es gilt also in diesem Falle die Ungleichung (34). Wählen wir andererseits die Größen $a_1, \ldots, a_k$ derart, daß

$$\alpha_i = t_{1-\sqrt[k]{\alpha}}, \qquad i = 1, \ldots, k,$$

ist, so gilt

$$\prod_{i=1}^{k} P\ \{\boldsymbol{t}_{n-k} \leqq a_i\} = \left(\sqrt[k]{\alpha}\right)^k = \alpha .$$

Der Satz 6.2.4 ist von besonderem Interesse für die Konstruktion von α-BSF für den in Beispiel 6.2.2 eingeführten Parameter β, da dieser von der Form (2) mit $C = (X'\Lambda^{-1}X)^{-1} X'\Lambda^{-1}$ ist.

An dieser Stelle wollen wir darauf hinweisen, daß sämtliche von uns bisher angegebenen α-BSF mit Hilfe der in Abschnitt 6.1 zuerst beschriebenen Konstruktionsmethode für α-BSF konstruiert wurden. Die folgende Überlegung soll demonstrieren, warum die andere in Abschnitt 6.1 beschriebene Methode bisher so selten angewendet wurde. Wir wollen dazu annehmen, daß $X \in \mathfrak{M}^2_{n\times 2}$, $D = (1, 0)$ und $C = (X'\Lambda^{-1}X)^{-1} X'\Lambda^{-1}$ gilt. Weiter sei

$$\gamma(\vartheta) = CX\beta = \beta , \quad \vartheta = (X\beta, \sigma^2) \in \mathfrak{R}(X) \times R^{>} ,$$

und es sei $X'\Lambda^{-1}X = I_2$. Für $\gamma_1 : \Theta \to R^1$ sei schließlich

$$\gamma_1(\vartheta) = DCX\beta = \beta_1 ,$$

wobei wir mit β_1 bzw. γ_1 die erste Komponente von β bzw. γ bezeichnen wollen. Nach Beispiel 6.2.2 wissen wir, daß K_3 mit

$$K_3(y) = \left\{\beta \in R^2 \mid \|\beta - X'\Lambda^{-1}y\|^2 \leqq S(y) \frac{2}{n-2} F_{1-\alpha;2,n-2}\right\}, \quad y \in R^n ,$$

eine α-BSF für γ ist. Andererseits wissen wir aus Beispiel 6.2.1, daß K_4 mit

$$K_4(y) = \left\{\beta \in R^1 \mid |\beta_1 - (1, 0)\, X'\Lambda^{-1}y| \leqq t_{\frac{t-\alpha}{2};n-2} [S(y)]^{1/2}(n-2)^{-1/2}\right\}, \quad y \in R^n ,$$

eine α-BSF für γ_1 ist, denn es gilt

$$T^2_{0;1-\alpha}(1, n-2, 1) = \left(t_{\frac{1-\alpha}{2};n-2}\right)^2 .$$

Schließlich ist auf Grund der in 6.1 angestellten Überlegungen auch K_5 mit

$$\begin{aligned} K_5(y) &= \{\beta_1 \in R^1 \mid \exists \beta \in K_3(y) \text{ mit } \beta_1 = (1, 0)\,\beta\} \\ &= \{(1, 0)\,\beta \mid \beta \in K_3(y)\} = \{\beta_1 \in R^1 \mid |\beta_1 - (1, 0)\,X'\Lambda^{-1}y| \\ &\leq [S(y)]^{1/2} \left(\frac{2}{n-2}\right)^{1/2} (F_{1-\alpha;\,2,\,n-2})^{1/2}\}, \qquad y \in R^n \end{aligned}$$

eine α-BSF für γ_1. Es liegt nun ein Vergleich von K_4 und K_5 nahe. Wir sehen sofort, daß wegen

$$\left(t_{\frac{1-\alpha}{2};\,n-2}\right)^2 = F_{1-\alpha;\,1,\,n-2} < 2F_{1-\alpha;\,2,\,n-2}$$

für $y \in R^n$ aus $S(y) \neq 0$

$$K_4(y) \subset K_5(y)$$

folgt. Außerdem wissen wir aus Satz 6.2.1, daß K_4 exakt ist, was auf K_5 nicht zutrifft. Es ist also begründet, die Abbildung K_4 der vermittels der zweiten in Abschnitt 6.1 beschriebenen Konstruktionsmethode gewonnenen α-BSF K_5 vorzuziehen. Da außerdem bei der Anwendung der zweiten Konstruktionsmethode erhebliche rechentechnische Probleme (bedingt durch die oft komplizierte, hier aber notwendige punktweise Transformation von Mengen) entstehen können, wird klar, warum diese Methode bisher so selten angewendet wurde.

6.3. α-Bereichsschätzfunktionen für Graphen und Regressionsfunktionen

6.3.1. Problemstellung

In diesem Abschnitt wollen wir annehmen, daß für die zufällige Matrix Y dieselben Voraussetzungen wie in Abschnitt 6.2.1 gelten. Auch die Größen Θ, C und W sowie die Abbildung S seien wie in Abschnitt 6.2.1 gewählt, und für $\vartheta = (M, \Sigma) \in \Theta$ sei mit P_ϑ wiederum das Wahrscheinlichkeitsmaß $N_{n\times p}\,(M, \Sigma \otimes \Lambda)$ bezeichnet. Es seien $\mathscr{X}$ und Ω vorgegebene Mengen.

Für beliebiges $f\colon \mathscr{X} \to \Omega$ wollen wir mit $\tilde{f}$ den Graphen $\{(A, f(A)) \mid A \in \mathscr{X}\}$ bezeichnen. Weiter sei $\Gamma = \{\tilde{f} \mid f \in \{\mathscr{X} \to \Omega\}\}$ und für $\vartheta \in \Theta$ sei f_ϑ ein Element aus $\{\mathscr{X} \to \Omega\}$, also eine Abbildung von $\mathscr{X}$ in Ω.

Wir stellen uns das Ziel, α-BSF für den Parameter

$$\gamma(\vartheta) = \tilde{f}_\vartheta = \{(A, f_\vartheta(A)) \mid A \in \mathscr{X}\}$$

zu bestimmen.

Wir wollen dazu im folgenden unter $r\colon \mathscr{X} \times \Omega \times \mathfrak{M}_{n\times p} \to R^1$ und $t\colon \mathscr{X} \to R^>$ geeignet gewählte Abbildungen verstehen. Weiter sei $T_\alpha \in R^1$. Die Abbildungen $\varphi\colon \Gamma \times \mathfrak{M}_{n\times p} \to R^1$ und $\tau\colon \mathfrak{M}_{n\times p} \to \mathfrak{B}^1$ seien künftig durch

$$\varphi(\tilde{f}, Y) = \sup_{A \in \mathscr{X}} \frac{r(A, f(A), Y)}{t(A)}, \qquad (\tilde{f}, Y) \in \Gamma \times \mathfrak{M}_{n\times p},$$

bzw.

$$\tau(Y) = (-\infty, T_\alpha], \qquad Y \in \mathfrak{M}_{n\times p},$$

definiert. $K_{\varphi,\tau}$ sei schließlich wie in (6.1.4) erklärt. Auf Grund der vorliegenden speziellen Gestalt von φ und τ gilt

$$\begin{aligned} K_{\varphi,\tau}(Y) &= \{\tilde{f} \in \Gamma \mid \varphi(\tilde{f}, Y) \leqq T_\alpha\} \\ &= \{\tilde{f} \in \Gamma \mid r(A, f(A), Y) \leqq T_\alpha t(A), A \in \mathcal{X}\}, \qquad Y \in \mathfrak{M}_{n\times p}. \qquad (1) \end{aligned}$$

In jedem der von uns im folgenden betrachteten Spezialfälle unseres allgemeinen Problems werden wir die Abbildungen r und t sowie die Konstante T_α so wählen, daß $K_{\varphi,\tau}$ eine α-BSF für γ ist.

Für jedes $A \in \mathcal{X}$ wollen wir mit $K^A_{\varphi,\tau}$ die durch

$$K^A_{\varphi,\tau}(Y) = \{\omega \in \Omega \mid r(A, \omega, Y) \leqq T_\alpha t(A)\}, \qquad Y \in \mathfrak{M}_{n\times p},$$

definierte Abbildung bezeichnen. Ist $K_{\varphi,\tau}$ eine BSF für γ, so gilt für $\vartheta \in \Theta$

$$\begin{aligned} &\{Y \in \mathfrak{M}_{n\times p} \mid \gamma(\vartheta) \in K_{\varphi,\tau}(Y)\} \\ &= \{Y \in \mathfrak{M}_{n\times p} \mid r(A, f_\vartheta(A), Y) \leqq T_\alpha t(A), A \in \mathcal{X}\} \\ &= \{Y \in \mathfrak{M}_{n\times p} \mid f_\vartheta(A) \in K^A_{\varphi,\tau}(Y), A \in \mathcal{X}\} \in \mathfrak{B}_{\mathfrak{M}^{n\times p}}, \end{aligned}$$

und daraus folgt

$$P_\vartheta\{\gamma(\vartheta) \in K_{\varphi,\tau}(\mathbf{Y})\} = P_\vartheta\{f_\vartheta(A) \in K^A_{\varphi,\tau}(\mathbf{Y}), A \in \mathcal{X}\}, \qquad \vartheta \in \Theta. \qquad (2)$$

Bemerkung. Ist K^A für jedes $A \in \mathcal{X}$ eine Abbildung von $\mathfrak{M}_{n\times p}$ in $\mathfrak{P}(\Omega)$ und gilt

$$\{Y \in \mathfrak{M}_{n\times p} \mid f_\vartheta(A) \in K^A(Y), A \in \mathcal{X}\} \in \mathfrak{B}_{\mathfrak{M}^{n\times p}}, \qquad \vartheta \in \Theta,$$

so bezeichnet man die Abbildungen K^A ($A \in \mathcal{X}$) häufig als simultane Konfidenzbereiche für die Parameter $f_\vartheta(A)$ ($A \in \mathcal{X}$). Gilt zudem

$$P_\vartheta\{f_\vartheta(A) \in K^A(\mathbf{Y}), A \in \mathcal{X}) \geqq \alpha, \qquad \vartheta \in \Theta,$$

so werden die Abbildungen K^A ($A \in \mathcal{X}$) gewöhnlich als simultane α-Konfidenzbereiche für die Parameter $f_\vartheta(A)$ ($A \in \mathcal{X}$)[1]) bezeichnet. Ist demnach $K_{\varphi,\tau}$ eine α-BSF für γ, so stellen die Abbildungen $K^A_{\varphi,\tau}(A \in \mathcal{X})$ wegen (2) simultane α-Konfidenzbereiche für die Parameter $f_\vartheta(A)$ ($A \in \mathcal{X}$) dar.

Künftig sei

$$\hat{\eta}(Y) = CP^{A^{-1}}_{\mathfrak{R}(X)}y, \qquad y \in \mathfrak{M}_{n\times p}$$

gesetzt. Offensichtlich gilt mit $\vartheta = (M, \Sigma) \in \Theta$ und $\mathbf{Y} \sim P_\vartheta$

$$(\hat{\eta}(\mathbf{Y}), S(\mathbf{Y})) \sim N_{l\times p}(CM, \Sigma \otimes W) \times W_p(n-k, \Sigma). \qquad (3)$$

Weiter seien w_i ($i = 1, \dots, l$) die Spaltenvektoren von $W^{1/2}$, und es sei $\mathcal{T} := \{Y \in \mathfrak{M}_{n\times p} \mid r[S(Y)] = p\}$.

Wir bemerken hier, daß wegen $n - k \geqq p + \dfrac{p-1}{p}$ und [A 2.15]

$$P_\vartheta(\mathcal{T}) = 1, \qquad \vartheta \in \Theta \qquad (4)$$

gilt.

---

[1]) Üblich ist auch die etwas umständlichere Bezeichnung „simultane Konfidenzbereiche für die Parameter $f_\vartheta(A)$ ($A \in \mathcal{X}$) zum Konfidenzkoeffizienten α".

6.3.2. Simultane Schätzung von Parametern verschiedener Dimension

1. Wir betrachten zunächst den Fall, daß $\mathcal{X} \subset \bigcup_{j=1}^{lp} \mathfrak{M}^j_{j\times lp}$, $\Omega = \bigcup_{j=1}^{lp} R^j$ und

$$f_\vartheta(A) = A\overrightarrow{CM}\,, \quad A \in \mathcal{X}\,, \quad \vartheta = (M, \Sigma) \in \Theta$$

gilt. Damit ist

$$\gamma(\vartheta) = \{(A, A\overrightarrow{CM}) \mid A \in \mathcal{X}\}\,, \quad \vartheta = (M, \Sigma) \in \Theta\,,$$

und es gilt der folgende Satz:

Satz 6.3.1. *Es sei*

$$r(A, \omega, Y) =$$

$$= \begin{cases} (A\overrightarrow{\hat{\eta}(Y)} - \omega)' \left(A(S(Y) \otimes W)\, A'\right)^{-1} (A\overrightarrow{\hat{\eta}(Y)} - \omega)\,, \\ \qquad \text{für } (A, \omega, Y) \in (\mathfrak{M}^j_{j\times lp} \cap \mathcal{X}) \times R^j \times \mathcal{T}\,, \quad j = 1, \dots, lp, \\ 0, \qquad \text{für } (A, \omega, Y) \in (\mathfrak{M}^j_{j\times lp} \cap \mathcal{X}) \times R^j \times (\mathfrak{M}_{n\times p} \setminus \mathcal{T})\,,\ j = 1, \dots, lp\,, \\ 1 + d_{1-\alpha}(lp, p, n-k)^{1)} \quad \text{sonst}\,, \end{cases}$$

$$t(A) = 1\,, \quad A \in \mathcal{X}\,,$$

und

$$T_\alpha = d_{1-\alpha}(lp, p, n-k)\,.$$

Dann ist $K_{\varphi,\tau}$ *eine* α-BSF *für* γ.

Beweis.[2]) Auf Grund von [A 1.23], [A 1.47] und [A 1.68] gilt für

$$\vartheta = (M, \Sigma) \in \Theta \quad \text{und} \quad Y \in \mathcal{T}$$

$$\begin{aligned} \varphi(\gamma(\vartheta), Y) &= \sup_{A\in\mathcal{X}} \frac{r(A, f_\vartheta(A), Y)}{t(A)} \\ &= \sup_{A\in\mathcal{X}} (A\overrightarrow{\hat{\eta}(Y)} - A\overrightarrow{CM})' \left(A(S(Y) \otimes W)\, A'\right)^{-1} (A\overrightarrow{\hat{\eta}(Y)} - A\overrightarrow{CM}) \\ &\leqq (\overrightarrow{\hat{\eta}(Y) - CM})' (S(Y) \otimes W)^{-1} (\overrightarrow{\hat{\eta}(Y) - CM}) \\ &= (\overrightarrow{\hat{\eta}(Y) - CM})' (\Sigma^{-1/2} \otimes W^{-1/2}) (\Sigma^{1/2}[S(Y)]^{-1} \Sigma^{1/2} \otimes I_m) \\ &\quad \times (\Sigma^{-1/2} \otimes W^{-1/2}) (\overrightarrow{\hat{\eta}(Y) - CM}) \\ &\leqq \|\overrightarrow{\hat{\eta}(Y) - CM}\|^2_{\Sigma^{-1}\otimes W^{-1}} \lambda_{\max} [\Sigma^{1/2}(S(Y))^{-1} \Sigma^{1/2}]\,. \end{aligned}$$

Ist nun $\mathbf{Y} \sim P_\vartheta$, so folgt aus (3)

$$\left(\|\hat{\eta}(\mathbf{Y}) - CM\|^2_{\Sigma^{-1}\otimes W^{-1}},\quad \Sigma^{1/2}(S(\mathbf{Y}))^{-1} \Sigma^{1/2}\right) \sim \chi^2_{lp} \times W_p(n-k, I_p)\,. \tag{5}$$

Damit gilt auf Grund der Definition der Verteilung $d(lp, p, n-k)$ (vgl. [A 2.30])

$$\|\overrightarrow{\hat{\eta}(\mathbf{Y}) - CM}\|^2_{\Sigma^{-1}\otimes W^{-1}} \lambda_{\max} [\Sigma^{1/2}(S(\mathbf{Y}))^{-1} \Sigma^{1/2}] \sim d(lp, p, n-k)\,, \tag{6}$$

und daraus folgt schließlich

$$\begin{aligned} &P_\vartheta\{\gamma(\vartheta) \in K_{\varphi,\tau}(\mathbf{Y})\} = P_\vartheta\{\varphi(\gamma(\vartheta), \mathbf{Y}) \leqq T_\alpha\} \\ &\geqq P_\vartheta\{\|\overrightarrow{\hat{\eta}(\mathbf{y}) - CM}\|^2_{\Sigma^{-1}\otimes W^{-1}} \lambda_{\max} [\Sigma^{1/2}(S(\mathbf{Y}))^{-1}\Sigma^{1/2}] \leqq d_{1-\alpha}(lp, p, n-k)\} \geqq \alpha\,. \blacksquare \end{aligned}$$

---

[1]) Zur Definition von $d_{1-\alpha}(lp, p, n-k)$ vgl. [A 2.30]!

[2]) Daß $K_{\varphi,\tau}$ eine BSF ist, werden wir hier wie auch in jedem der folgenden Fälle nicht beweisen. Wir beschränken uns auf die Überprüfung der Wahrscheinlichkeitsaussage (1.4.6).

Der hier bewiesene Satz gibt die Möglichkeit, α-Bereichsschätzfunktionen für relativ komplizierte γ zu berechnen, da $\mathcal{X}$ eine Menge von Elementen verschiedener Dimension darstellen kann. Der praktischen Anwendbarkeit des Satzes sind jedoch zur Zeit noch Grenzen gesetzt, da die Quantile $d_{1-\alpha}(lp, p, n-k)$ für den Fall $p > 1$ bis jetzt noch nicht berechnet wurden. Im Falle $p = 1$ gilt

$$d_{1-\alpha}(lp, p, n-k) = \frac{l}{n-k} F_{1-\alpha; l, n-k} \,. \tag{7}$$

Für die in Satz 6.3.1 beschriebene BSF $K_{\varphi,\tau}$ gilt

$$\begin{aligned} K^A_{\varphi,\tau}(Y) = \{\omega \in R^j \mid & (A\overrightarrow{\hat{\eta}(Y)} - \omega)' \left(A(S(Y) \otimes W) A'\right)^{-1} (A\overrightarrow{\hat{\eta}(Y)} - \omega) \\ & \leqq d_{1-\alpha}(lp, p, n-k)\} \,, \\ & Y \in \mathcal{T}\,^{1)}, \quad A \in \mathcal{X} \cap \mathfrak{M}^j_{j\times lp}, \quad j = 1, \dots, lp \,. \end{aligned} \tag{8}$$

Im folgenden Satz wollen wir eine weitere Möglichkeit zur Bestimmung von α-BSF für γ angeben. Wir wollen dazu annehmen, daß $d\colon \mathcal{X} \to \bigcup_{j=1}^{lp} R^j$ eine Abbildung ist, für die mit $j \leqq lp$ und $A \in \mathcal{X} \cap \mathfrak{M}^j_{j\times lp}$ stets $d(A) \in R^j \setminus \{0_j\}$ gilt.

Satz 6.3.2. *Ist*

$$r(A, \omega, Y) = \begin{cases} \dfrac{([d(A)]'\,(A\overrightarrow{\hat{\eta}(Y)} - \omega))^2}{[d(A)]'\left(A(S(Y) \otimes W)\,A'\right)[d(A)]}, \\ \qquad \textit{für } (A, \omega, Y) \in (\mathcal{X} \cap \mathfrak{M}^j_{j\times lp}) \times R^j \times \mathcal{T}\,,\ j = 1, \dots, lp\,, \\ 0, \qquad \textit{für } (A, \omega, Y) \in (\mathcal{X} \cap \mathfrak{M}^j_{j\times lp}) \times R^j \times (\mathfrak{M}_{n\times p} \setminus \mathcal{T})\,, \\ \qquad\qquad j = 1, \dots, lp\,. \\ 1 + d_{1-\alpha}(lp, p, n-k) \qquad \textit{sonst,} \end{cases}$$

$$t(A) = 1, \qquad A \in \mathcal{X}$$

und

$$T_\alpha = d_{1-\alpha}(lp, p, n-k)\,,$$

so ist $K_{\varphi,\tau}$ eine α-BSF für γ.

Beweis. Auf Grund von [A 1.75], [A 1.23], [A 1.47] und [A 1.74] gilt für $\vartheta = (M, \Sigma) \in \Theta$ und $Y \in \mathcal{T}$

$$\begin{aligned} \varphi(\gamma(\vartheta), Y) &= \sup_{A\in\mathcal{X}} \frac{([d(A)]'\,(A\overrightarrow{\hat{\eta}(Y)} - A\,\overrightarrow{CM}))^2}{[d(A)]'\,(A(S(Y) \otimes W)\,A')\,[d(A)]} \\ &= \sup_{A\in\mathcal{X}} \frac{([d(A)]'\,(A(S(Y)\otimes W)\,A')^{1/2}\,(A(S(Y)\otimes W)\,A')^{-1/2}\,(A\overrightarrow{\hat{\eta}(Y)} - A\,\overrightarrow{CM}))^2}{[d(A)]'\,(A(S(Y) \otimes W)\,A')\,[d(A)]} \\ &\leqq \sup_{1\leqq j\leqq lp}\ \sup_{A\in\mathfrak{M}^j_{j\times lp}}\ \sup_{d\in R^j} \frac{\left(d'(A(S(Y)\otimes W)\,A')^{1/2}\,(A(S(Y)\otimes W)\,A')^{-1/2}\,A(\overrightarrow{\hat{\eta}(Y) - CM})\right)^2}{d'(A(S(Y)\otimes W)\,A')\,d} \end{aligned}$$

---

[1]) Wir werden künftig die Werte $K^A_{\varphi,\tau}$ im allgemeinen nur für $Y \in \mathcal{T}$ angeben. Wegen (4) stellt dies keine wesentliche Einschränkung dar.

$$= \sup_{1 \leq j \leq lp} \sup_{A \in \mathfrak{M}^j_{j \times lp}} \sup_{d \in R^j} \frac{(d'(A(S(Y) \otimes W) A')^{-1/2} A(\overrightarrow{\hat{\eta}(Y) - CM}))^2}{d'd}$$

$$= \sup_{1 \leq j \leq lp} \sup_{A \in \mathfrak{M}^j_{j \times lp}} (\overrightarrow{\hat{\eta}(Y) - CM})' A'(A(S(Y) \otimes W) A')^{-1} A(\overrightarrow{\hat{\eta}(Y) - CM})$$

$$\leq (\overrightarrow{\hat{\eta}(Y) - CM})' (S(Y) \otimes W)^{-1} (\overrightarrow{\hat{\eta}(Y) - CM})$$

$$= (\overrightarrow{\hat{\eta}(Y) - CM})' (\Sigma^{-1/2} \otimes W^{-1/2}) (\Sigma^{1/2}(S(Y))^{-1} \Sigma^{1/2} \otimes I_l)$$

$$\times (\Sigma^{-1/2} \otimes W^{-1/2}) (\overrightarrow{\hat{\eta}(Y) - CM})$$

$$\leq ||\overrightarrow{CM - \hat{\eta}(Y)}||^2_{\Sigma^{-1} \otimes W^{-1}} \lambda_{\max} [\Sigma^{1/2}(S(Y))^{-1} \Sigma^{1/2} \otimes I_l]$$

$$= ||\overrightarrow{CM - \hat{\eta}(Y)}||^2_{\Sigma^{-1} \otimes W^{-1}} \lambda_{\max} [\Sigma^{1/2}(S(Y))^{-1} \Sigma^{1/2}] .$$

Es sei nun $Y \sim P_\vartheta$. Damit gilt (wegen (3)) (5), und demzufolge gilt auch (6). Daraus folgt schließlich

$$P_\vartheta\{\gamma(\vartheta) \in K_{\varphi,\tau}(Y)\} = P_\vartheta\{\varphi(\gamma(\vartheta, Y)) \leq d_{1-\alpha}(lp, p, n-k)\}$$

$$\geq P_\vartheta\{||\overrightarrow{CM - \hat{\eta}(Y)}||^2_{\Sigma^{-1} \otimes W^{-1}} \lambda_{\max} [\Sigma^{1/2}(S(Y))^{-1} \Sigma^{1/2}] \leq d_{1-\alpha}(lp, p, n-k)\} \geq \alpha . \blacksquare$$

Für $K_{\varphi,\tau}$ aus Satz 6.3.2 und $A \in \mathcal{X} \cap \mathfrak{M}^j_{j \times lp}$ $(j = 1, \ldots, lp)$ gilt offensichtlich

$$K^A_{\varphi,\tau}(Y) = \{\omega \in R^j \mid [d(A)]' \left(A\overrightarrow{\hat{\eta}(Y)} - \omega\right)^2$$
$$\leq d_{1-\alpha}(lp, p, n-k) [d(A)]' \left(A(S(Y) \otimes W) A'\right) d(A)\} , \quad Y \in \mathcal{T} . \quad (9)$$

2. Nachdem wir nunmehr für unser allgemeines Problem zwei verschiedene Typen von α-BSF für γ beschrieben haben, wollen wir uns im folgenden mit einem interessanten Spezialfall dieses Problems befasssen: Wir wollen annehmen, daß $C \in \mathfrak{M}^1_{1 \times n}$ gilt. Aus $C \in \mathfrak{M}^1_{1 \times n}$ folgt, daß $l = 1$ und damit auch $W \in R^1$ gilt. Außerdem ist in diesem Falle $\mathcal{X} \subset \bigcup_{j=1}^{p} \mathfrak{M}^j_{j \times p}$,

$$f_\vartheta(A) = A(CM)' , \qquad A \in \mathcal{X} , \qquad \vartheta = (M, \Sigma) \in \Theta ,$$

und

$$\gamma(\vartheta) = \{(A, A(CM)') \mid A \in \mathcal{X}\} , \qquad \vartheta = (M, \Sigma) \in \Theta .$$

Wir beweisen hierzu den folgenden Satz:

Satz 6.3.3.

1. *Die Abbildungen r und t seien wie in Satz* 6.3.1 *(mit* $l = 1$*) erklärt. Weiter sei*

$$T_\alpha = T^2_{0;1-\alpha}(p, n-k, 1) (n-k)^{-1} .$$

Dann ist $K_{\varphi,\tau}$ *eine* α-BSF *für* γ.

2. *Ist in* $\mathcal{X}$ *eine reguläre* $(p \times p)$*-Matrix enthalten, so ist* $K_{\varphi,\tau}$ *exakt.*

Beweis. 1. Aus dem Beweis von Satz 6.3.1 folgt, daß für $\vartheta = (M, \Sigma) \in \Theta$ und $Y \in \mathcal{T}$

$$\varphi(\gamma(\vartheta), Y) = W^{-1} \sup_{A \in \mathcal{X}} (A(\overrightarrow{\hat{\eta}(Y) - CM}))' (AS(Y) A')^{-1} (A(\overrightarrow{\hat{\eta}(Y) - CM}))$$

$$\leq W^{-1}(\overrightarrow{\hat{\eta}(Y) - CM}) \Sigma^{-1/2}(\Sigma^{1/2}(S(Y))^{-1} \Sigma^{1/2}) \Sigma^{-1/2}(\overrightarrow{\hat{\eta}(Y) - CM})' \quad (10)$$

gilt. Weiter folgt wegen (3) aus $Y \sim P_\vartheta$

$$(W^{-1/2}\Sigma^{-1/2}(\hat{\eta}(Y) - CM)', \Sigma^{-1/2}S(Y)\Sigma^{-1/2}) \sim N_p(0, I_p) \times W_p(n-k, I_p),$$

und daraus folgt, wiederum auf Grund von [A 2.30],

$$\begin{aligned}&(n-k)\, W^{-1}(\hat{\eta}(Y) - CM)\, \Sigma^{-1/2}(\Sigma^{1/2}(S(Y))^{-1}\Sigma^{1/2})\, \Sigma^{-1/2}(\hat{\eta}(Y) - CM)'\\ &= (n-k)\, \mathrm{sp}\,[\Sigma^{-1/2}(\hat{\eta}(Y) - CM)'\, W^{-1}(\hat{\eta}(Y) - CM)\, \Sigma^{-1/2}(\Sigma^{-1/2}S(Y)\Sigma^{-1/2})^{-1}]\\ &\sim T_0^2(p, n-k, 1)\,. \end{aligned} \tag{11}$$

Außerdem ist die zur $T_0^2(p, n-k, 1)$-Verteilung gehörige Verteilungsfunktion stetig (vgl. [A 2.33]), und es gilt wegen [A 2.32] für jedes $\delta \in [0, 1]$

$$T^2_{0;\delta}(p, n-k, 1) = \frac{(n-k)\,p}{n-k+p+1} F_{\delta;p,n-k+p+1}\,. \tag{12}$$

Daraus folgt aber

$$\begin{aligned}&P_\vartheta\,\{\gamma(\vartheta) \in K_{\varphi,\tau}(Y)\} = P_\vartheta\,\{\varphi(\gamma(\vartheta), Y) \leqq T^2_{0;1-\alpha}(p, n-k, 1)\,(n-k)^{-1}\}\\ &\geqq P_\vartheta\,\{W^{-1}(\hat{\eta}(Y) - CM)\,\Sigma^{-1/2}(\Sigma^{-1/2}S(Y)\Sigma^{-1/2})^{-1}\Sigma^{-1/2}(\hat{\eta}(Y) - CM)'\\ &\qquad \leqq T^2_{0;1-\alpha}(p, n-k, 1)\,(n-k)^{-1}\} = \alpha\,. \end{aligned} \tag{13}$$

2. Schließlich ist für $A_0 \in \mathfrak{M}^p_{p\times p} \cap \mathscr{X}$ und $Y \in \mathscr{T}$

$$\begin{aligned}&(A_0(\overrightarrow{\hat{\eta}(Y) - CM}))'\,(A_0 S(Y) A_0')^{-1}\,(A_0(\overrightarrow{\hat{\eta}(Y) - CM}))\\ &= (\hat{\eta}(Y) - CM)\,(S(Y))^{-1}\,(\hat{\eta}(Y) - CM)'\\ &= (\hat{\eta}(Y) - CM)\,\Sigma^{-1/2}(\Sigma^{1/2}(S(Y))^{-1}\Sigma^{1/2})\,\Sigma^{-1/2}(\hat{\eta}(Y) - CM)'\,.\end{aligned}$$

Gilt demnach

$$\mathfrak{M}^p_{p\times p} \cap \mathscr{X} \neq \emptyset\,,$$

so gilt in (10) und damit auch in (13) Gleichheit, $K_{\varphi,\tau}$ ist also in diesem Falle eine exakte α-BSF für γ. ∎

Für $A \in \mathfrak{M}^j_{j\times p} \cap \mathscr{X}$ ($j = 1, \ldots, p$) erhalten wir die zu $K_{\varphi,\tau}$ gehörige Abbildung $K^A_{\varphi,\tau}$, indem wir in (8) den Wert $d_{1-\alpha}(lp, p, n-k)$ durch $(n-k)^{-1}\,T^2_{0;1-\alpha}(p, n-k, 1)$ ersetzen. ($T^2_{0;1-\alpha}(p, n-k, 1)$ läßt sich leicht berechnen, wenn wir (12) berücksichtigen.) Es gilt also

$$\begin{aligned}K^A_{\varphi,\tau}(Y) &= \{\omega \in R^j \mid (A\overrightarrow{\hat{\eta}(Y)} - \omega)'\,(A(S(Y) \otimes W)\,A')^{-1}\,(A\overrightarrow{\hat{\eta}(Y)} - \omega)\\ &\qquad \leqq (n-k)^{-1}\,T^2_{0;1-\alpha}(p, n-k, 1)\}\\ &= \{\omega \in R^j \mid (A(\hat{\eta}(Y))' - \omega)'\,(AS(Y)\,A')^{-1}\,(A(\hat{\eta}(Y))' - \omega)\\ &\qquad \leqq W\,\frac{p}{n-k+p+1}\,F_{1-\alpha;p,n-k+p+1}\}\,, \qquad Y \in \mathscr{T}\,.\end{aligned}$$

D. R. JENSEN [5] bewies die Aussage des Satzes 6.3.3 für speziell gewählte X, Λ und C, und zwar für $X = 1_n$, $\Lambda = I_n$ und $C = \frac{1}{n}1_n'$.

In Ergänzung zu Satz 6.3.3 geben wir das folgende Lemma an, das von D. F. MORRISON [6] in ähnlicher, jedoch nicht so allgemeiner Form bewiesen wurde:

Lemma 6.3.1. *Es sei* $\mathcal{X} \subset \mathfrak{M}_{1\times p} \setminus \{0_p'\}$[1]. *In diesem Falle ist die* BSF $K_{\varphi,\tau}$ *aus Satz* 6.3.3 *exakt, sobald* $\left\{d \frac{c}{\|c'\|} \mid c \in \mathcal{X},\ d \in \{-1, 1\}\right\}$ *in* $\{c \in \mathfrak{M}_{1\times p} \mid \|c'\| = 1\}$ *dicht liegt.*

Beweis. Unter den angegebenen Voraussetzungen gilt für $Y \in \mathcal{T}$ und $\vartheta = (M, \Sigma)$ wegen [A 1.75]

$$\varphi(\gamma(\vartheta), Y) = W^{-1} \sup_{c\in\mathcal{X}} (c(\overrightarrow{\hat{\eta}(Y) - CM}))' (cS(Y)\, c')^{-1} (c(\overrightarrow{\hat{\eta}(Y) - CM}))$$

$$= W^{-1} \sup_{c\in\mathcal{X}} \frac{(c(\hat{\eta}(Y) - CM)')^2}{cS(Y)\, c'} = W^{-1} \sup_{c\in(S(Y))^{1/2}\mathcal{X}} \frac{\left(c(S(Y))^{-1/2}\, (\hat{\eta}(Y) - CM)'\right)^2}{cc'}$$

$$= W^{-1} \sup_{c\in R^l\setminus\{0_l\}} \frac{(c(S(Y))^{-1/2}\, (\hat{\eta}(Y) - CM)')^2}{cc'} = W^{-1}(\hat{\eta}(Y) - CM)'\, (S(Y))^{-1}\, (\hat{\eta}(Y) - CM)\,.$$

Demzufolge gilt in (10) und damit auch in (13) das Gleichheitszeichen. ∎

Von D. F. Morrison [6] wurde das Lemma 6.3.1 für den Fall, daß $\mathcal{X} = \mathfrak{M}_{1\times p} \setminus \{0_p'\}$, $X = 1_n$, $A = I_n$ und $C = (X'X)^{-1} X' = \frac{1}{n} 1_n'$ gilt, bewiesen. Für $\mathcal{X} = \mathfrak{M}_{1\times p} \setminus \{0_p'\}$ liegt $\left\{d \frac{c}{\|c'\|} \mid c \in \mathcal{X},\ d \in \{-1, 1\}\right\}$ offensichtlich in $\{c \in \mathfrak{M}_{1\times p} \mid \|c'\| = 1\}$ dicht. Dies ist auch der Fall, falls $\mathcal{X}$ von der Form $\{c \in \mathfrak{M}_{1\times p} \mid \|c'\| \leqq a,\ c' \neq 0_p\}$ mit $a \in R^>$ ist.

Wir geben nun eine weitere α-BSF für γ an. Dabei setzen wir wiederum voraus, daß $C \in \mathfrak{M}_{1\times n}^1$ und damit $l = 1$ gilt:

Satz 6.3.4.

1. *Es sei* $d\colon \mathcal{X} \to \bigcup_{j=1}^{p} R^j$ *eine Abbildung mit* $d(A) \in R^j \setminus \{0_j\}$, $A \in \mathcal{X} \cap \mathfrak{M}_{j\times p}^j$, $j = 1, \ldots, p$. *Weiter seien* r *und* t *wie in Satz* 6.3.2 *erklärt, und es sei* $T_\alpha = T^2_{0;1-\alpha}(p, n-k, 1)\, (n-k)^{-1}$. *Dann ist* $K_{\varphi,\tau}$ *eine* α-BSF *für* γ.

2. *Gilt zudem für ein* $d_0 \in R^p \setminus \{0_p\}$

$$d(A) = d_0\,, \qquad A \in \mathfrak{M}_{p\times p}^p \cap \mathcal{X}\,, \tag{14}$$

und gilt für jedes $F \in \{A \in \mathfrak{M}_{p\times p}^p \mid |A| = 1\}$

$$\{\lambda F \mid \lambda \in R^1\} \cap \mathcal{X} \neq \emptyset\,,$$

so ist $K_{\varphi,\tau}$ *exakt.*

Beweis. 1. Aus dem Beweis von Satz 6.3.2 folgt, daß für $\vartheta = (M, \Sigma) \in \Theta$ und $Y \in \mathcal{T}$ stets

$$\varphi(\gamma(\vartheta), Y) \leqq W^{-1}(\hat{\eta}(Y) - CM)\, (S(Y))^{-1}\, (\hat{\eta}(Y) - CM)' \tag{15}$$

$$= (\hat{\eta}(Y) - CM)\, \Sigma^{-1/2}(\Sigma^{-1/2}S(Y)\, \Sigma^{-1/2})^{-1}\, \Sigma^{-1/2}(\hat{\eta}(Y) - CM)'\, W^{-1} \tag{16}$$

---

[1]) Für $c \in \mathfrak{M}_{1\times p} \setminus \{0_p'\}$ gilt

$$f_\vartheta(c) = cMc' \in R^1\,, \qquad \vartheta = (M, \Sigma) \in \Theta\,.$$

gilt. Weiter folgt aus $Y \sim P_\vartheta$ (11), und da nach [A 2.33] die zur $T_0^2(p, n-k, 1)$-Verteilung gehörige Verteilungsfunktion stetig ist, gilt

$$\begin{aligned} P_\vartheta\{\gamma(\vartheta) \in K_{\varphi,\tau}(Y)\} &= P_\vartheta\{\varphi(\gamma(\vartheta), Y) \leqq (n-k)^{-1}\, T^2_{0;1-\alpha}(p, n-k, 1)\} \\ &\geqq P_\vartheta\{(\hat{\eta}(Y) - CM)\, \Sigma^{-1/2}(\Sigma^{-1/2} S(Y)\, \Sigma^{-1/2})^{-1}\, \Sigma^{-1/2}(\hat{\eta}(Y) - CM)'\, W^{-1} \\ &\qquad\qquad \leqq (n-k)^{-1}\, T^2_{0;1-\alpha}(p, n-k, 1)\} \\ &= \alpha\,. \end{aligned} \tag{17}$$

Die Abbildung $K_{\varphi,\tau}$ ist also eine α-BSF für γ. Wir wollen nun annehmen, daß für ein $d_0 \in R^p \setminus \{0_p\}$ die Gleichung (14) gilt. Weiter möge für jedes $F \in \{A \in \mathfrak{M}^p_{p\times p} \mid |A| = 1\}$

$$\{\lambda F \mid \lambda \in R^1\} \cap \mathscr{X} \neq \emptyset$$

sein. Schließlich sei $\varphi_M := \{Y \in \mathfrak{M}_{n\times p} \mid Y \in \mathscr{T}, \hat{\eta}(Y) - CM \neq 0_{l\times p}\}$ für jedes $M \in \mathfrak{M}_p(X)$ gesetzt. Dann existiert zu jedem $\vartheta = (M, \Sigma) \in \Theta$ und jedem $Y \in \varphi_M$ eine Matrix $A_{y,\vartheta} \in \mathscr{X}$ mit der Eigenschaft, daß für ein $\lambda_{y,\vartheta} \in R^1$

$$A'_{y,\vartheta}[d(A_{y,\vartheta})] = A'_{y,\vartheta} d_0 = \lambda_{y,\vartheta}(S(Y))^{-1}\, (\hat{\eta}(Y) - CM)' \tag{18}$$

gilt. Aus (18) folgt aber wegen (15) und (16)

$$\begin{aligned} \varphi(\gamma(\vartheta), Y) &\geqq \frac{([d(A_{y,\vartheta})]'\, (A_{y,\vartheta}(\overrightarrow{\hat{\eta}(Y) - CM})))^2}{[d(A_{y,\vartheta})]'\, A_{y,\vartheta} S(Y)\, A_{y,\vartheta}[d(A_{y,\vartheta})]}\, W^{-1} \\ &= \frac{[(\hat{\eta}(Y) - CM)\, (S(Y))^{-1}\, (\hat{\eta}(Y) - CM)']^2}{(\hat{\eta}(Y) - CM)\, (S(Y))^{-1}\, (\hat{\eta}(Y) - CM)'}\, W^{-1} \\ &= (\hat{\eta}(Y) - CM)\, (S(Y))^{-1}\, (\hat{\eta}(Y) - CM)'\, W^{-1} \\ &\geqq \varphi(\gamma(\vartheta), Y)\,, \end{aligned}$$

und folglich gilt in (15) Gleichheit. Außerdem gilt

$$P_\vartheta\{Y \in \mathscr{T}, \hat{\eta}(Y) - CM = 0_{l\times p}\} = P_\vartheta\{Y \in \mathscr{T}\}\, P_\vartheta\{\hat{\eta}(Y) - CM = 0_{l\times p}\} = 0\,.$$

Demnach gilt auch in (17) Gleichheit, und K ist exakt. ■

Die zu der α-BSF $K_{\varphi,\tau}$ gehörigen Abbildungen $K^A_{\varphi,\tau}$ erhalten wir, indem wir in (9) $d_{1-\alpha}(lp, p, n-k)$ durch $T^2_{0;1-\alpha}(p, n-k, 1)\, (n-k)^{-1}$ ersetzen. Ein Vergleich der beiden in den Sätzen 6.3.3 und 6.3.4 angegebenen α-BSF ist sehr schwierig. Wir sehen jedoch, daß wir zum Nachweis der Exaktheit der α-BSF aus Satz 6.3.3 wesentlich schwächere Voraussetzungen benötigen als zum Nachweis der Exaktheit der α-BSF aus Satz 6.3.4. Es ist jedoch davor zu warnen, daraufhin die erste BSF der letzteren vorzuziehen. Da die Abbildung d in vielfältiger Weise gewählt werden kann, müssen auch der BSF aus Satz 6.3.4 gewisse Vorzüge eingeräumt werden.

3. Wir wollen nun annehmen, daß n_i ($i = 1, \dots, q$; $q \leqq p$) natürliche Zahlen mit $\sum_{i=1}^{q} n_i = p$ sind. Mit $a_i \in R^l$ ($i = 1, \dots, q$) und $B_i \in \mathfrak{M}^{n_i}_{p\times n_i}$ ($i = 1, \dots, q$) sei $\mathscr{X} = \{(a_i, B_i) \mid i = 1, \dots, q\}$ und $\Omega = \bigcup_{i=1}^{q} \mathfrak{M}_{1\times n_i}$. Weiter sei

$$f_\vartheta((a_i, B_i)) = a_i' CMB_i\,, \quad \vartheta = (M, \Sigma) \in \Theta\,, \quad i = 1, \dots, q\,.$$

Unter diesen Voraussetzungen können wir die folgende Verallgemeinerung eines Theorems von D. R. JENSEN [5] beweisen:

Satz 6.3.5. *Es sei* $z = 1 - \frac{1-\alpha}{q}$, *für* $i = 1, \dots, q$ *sei*

$$r((a_i, B_i), \omega, Y) = \begin{cases} (n-k)\,(a_i'\hat{\eta}(Y)\,B_i - \omega)'\,(B_i'S(Y)\,B_i)^{-1}\,(a_i'\hat{\eta}(Y)\,B_i - \omega) \\ \qquad \text{für } Y \in \mathcal{T},\ \omega \in \mathfrak{M}_{1\times n_i}, \\ 0 \qquad \text{für } Y \in (\mathfrak{M}_{n\times p} \setminus \mathcal{T}),\ \omega \in \mathfrak{M}_{1\times n_i}, \\ 1 + (a_i'Wa_i)\,T^2_{0;1-z}(n_i, n-k, 1) \quad \text{sonst}, \end{cases}$$

$$T_\alpha = 1$$

und

$$t((a_i, B_i)) = (a_i'Wa_i)\,T^2_{0;1-z}(n_i, n-k, 1)\,, \qquad i = 1, \dots, q\,.$$

Dann ist $K_{\varphi,\tau}$ *eine* α-BSF *für* γ.

Beweis. Für $\vartheta = (M, \Sigma) \in \Theta$ und $Y \in \mathcal{T}$ gilt

$$\varphi(\gamma(\vartheta), Y) = \sup_{1\le i\le q} (n-k)\,\frac{a_i'(\hat{\eta}(Y) - CM)\,B_i(B_i'S(Y)\,B_i)^{-1}\,(a_i'(\hat{\eta}(Y) - CM)\,B_i)'}{a_i'Wa_iT^2_{0;1-z}(n_i, n-k, 1)}\,,$$

und aus $Y \sim P_\vartheta$ folgt wegen (3)

$$((a_i'Wa_i)^{-1/2}\,(a_i'(\hat{\eta}(Y) - CM)\,B_i(B_i'\Sigma B_i)^{-1/2},\ (B_i'\Sigma B_i)^{-1/2}\,(B_i'S(Y)\,B_i)\,(B_i'\Sigma B_i)^{-1/2})$$
$$\sim N_{1\times n_i}(0, I_{n_i}) \times W_{n_i}(n-k, I_{n_i})\,, \qquad i = 1, \dots, q\,.$$

Es gilt also auf Grund von [A 2.30]

$$\begin{aligned} &(a_i'Wa_i)^{-1}\,(a_i'(\hat{\eta}(Y) - CM)\,B_i)\,(B_i'S(Y)\,B_i)^{-1}\,(a_i'(\hat{\eta}(Y) - CM)\,B_i)'\,(n-k) \\ &= (n-k)\,(a_i'Wa_i)^{-1}\,\{a_i'((\hat{\eta}(Y) - CM)\,B_i)\,(B_i'\Sigma B_i)^{-1/2} \\ &\quad \times ((B_i'\Sigma B_i)^{-1/2}\,B_i'S(Y)\,B_i(B_i'\Sigma B_i)^{-1/2})^{-1}\,(B_i'\Sigma B_i)^{-1/2}\,(a_i'(\hat{\eta}(Y) - CM)\,B_i)'\} \\ &\sim T_0^2(n_i, n-k, 1)\,, \quad i = 1, \dots, q\,, \end{aligned}$$

sobald $Y \sim P_\vartheta$ gilt. Demzufolge ergibt sich auf Grund der BONFERRONNI-Ungleichung [A 2.48]

$$\begin{aligned} &P_\vartheta\{\gamma(\vartheta) \in K_{\varphi,\tau}(Y)\} = P_\vartheta\{\varphi(\gamma(\vartheta), Y) \le 1\} \\ &= P_\vartheta\left\{\frac{(a_i'(\hat{\eta}(Y) - CM)\,B_i)\,(B_i'S(Y)\,B_i)^{-1}\,(a_i'(\hat{\eta}(Y) - CM)\,B_i)'}{(a_i'Wa_i)\,T^2_{0;1-z}(n_i, n-k, 1)\,(n-k)^{-1}} \le 1,\ i = 1, \dots, q\right\} \\ &\ge 1 - \sum_{i=1}^{q} [P_\vartheta\{(a_i'Wa_i)^{-1}\,(a_i'(\hat{\eta}(Y) - CM)\,B_i)\,(B_i'S(Y)\,B_i)^{-1}\,(a_i'(\hat{\eta}(Y) - CM)\,B_i)' \\ &\qquad \ge (n-k)^{-1}\,T^2_{0;1-z}(n_i, n-k, 1)\}] \\ &= 1 - q(1-z) = \alpha\,. \quad \blacksquare \end{aligned}$$

Wählen wir $K_{\varphi,\tau}$ wie in Satz 6.3.5, so gilt für $i = 1, \dots, q$

$$\begin{aligned} K^{(a_i, B_i)}_{\varphi,\tau}(Y) = \{&\omega \in \mathfrak{M}_{1\times n_i} \mid \|a_i'\hat{\eta}(Y)\,B_i - \omega\|^2_{(B_i'S(Y)B_i)^{-1}} \\ &\le (n-k)^{-1}\,(a_i'Wa_i)\,T^2_{0;1-z}(n_i, n-k, 1)\}\,, \quad Y \in \mathcal{T}\,. \end{aligned} \tag{19}$$

Auch hier ist zu bemerken, daß die im Beweis des Satzes angewandte Bonferroni-Ungleichung sehr grob ist, so daß $K_{\varphi,\tau}$ im allgemeinen nicht exakt sein wird. Von D. R. Jensen [5] wurde der Satz 6.3.5 für den Fall bewiesen, daß $\Lambda = I_n$,

$$B_i = (e^{(p)}_{a_{i-1}+1}, \ldots, e^{(p)}_{a_i}) \qquad \left(a_i := \sum_{j=1}^{i} n_j,\ a_0 := 0,\ i = 1, \ldots, q\right)$$

und X von der in Beispiel 6.2.3 beschriebenen Art sind.

6.3.3. Simultane Schätzung von Parametern gleicher Dimension

1. Wir wollen nun voraussetzen, daß mit $p \geqq q$

$$\mathscr{X} \subset \{(H, F) \mid H \in \mathfrak{M}_{m\times l},\ F \in \mathfrak{M}_{q\times h}\}$$

gilt. Es sei $\Omega = \mathfrak{M}_{m\times h}$, und mit $G \in \mathfrak{M}^q_{p\times q}$ sei

$$f_\vartheta(A) = HCMGF\,, \quad \vartheta = (M, \Sigma) \in \Theta\,, \quad A = (H, F) \in \mathscr{X}\,.$$

Wir betrachten also einen Parameter der Form

$$\gamma(\vartheta) = \{(A, HCMGF) \mid A = (H, F) \in \mathscr{X}\}\,, \quad \vartheta = (M, \Sigma) \in \Theta\,.$$

Satz 6.3.6. 1. *Es sei $T \in \mathfrak{M}^{\min(h,m)}_{h\times m}$ eine vorgegebene Matrix, und es sei*

$$T_\alpha = (T^2_{0;1-\alpha}(q, n-k, l))^{1/2}\,(n-k)^{-1/2}\,.$$

Weiter gelte

$$t(A) = 1\,, \quad A \in \mathscr{X}\,,$$

und

$$r((H, F), \omega, Y) = \begin{cases} \dfrac{\operatorname{sp}[T(H\hat{\eta}(Y)\,GF - \omega)]}{(\operatorname{sp}[S(Y)\,GFTHWH'T'F'G'])^{1/2}}, \\ \quad \text{falls } ((H, F), \omega, Y) \in \mathscr{X} \times \Omega \times \mathscr{T} \text{ und } FTH \neq 0_{q\times l} \\ 0 \quad \text{sonst}\,. \end{cases}$$

Dann ist $K_{\varphi,\tau}$ eine α-BSF für γ. Gilt $\{(H, F) \in \mathscr{X} \mid FTH \neq 0_{q\times l}\} \neq \emptyset$, so ist $K_{\varphi,\tau}$ exakt,

a) *falls $m = l \leqq p = q = h$ ist und für ein $H_0 \in \mathfrak{M}^l_{l\times l}$*

$$\{(H_0, \lambda F) \mid \lambda \in R^{>}\} \cap \mathscr{X} \neq \emptyset\,, \quad F \in \mathfrak{M}_{p\times p}\,, \tag{20}$$

gilt, oder

b) *falls $m = l \geqq q = h$ ist und für ein $F_0 \in \mathfrak{M}^q_{q\times q}$*

$$\{(\lambda H, F_0) \mid \lambda \in R^{>}\} \cap \mathscr{X} \neq \emptyset\,, \quad H \in \mathfrak{M}_{l\times l}\,,$$

gilt.

Beweis. 1. Gilt $\{(H, F) \in \mathscr{X} \mid FTH \neq 0_{q\times l}\} = \emptyset$, so ist

$$\varphi(\gamma(\vartheta), Y) = 0\,, \quad (\vartheta, Y) \in \Theta \times \mathfrak{M}_{n\times p}\,,$$

und damit gilt

$$P_\vartheta\{\gamma(\vartheta) \in K_{\varphi,\tau}(Y)\} = 1\,, \qquad \vartheta \in \Theta\,.$$

Die Behauptung ist demnach in diesem Falle trivial. Wir setzen deshalb im weiteren voraus, daß $\{(H, F) \mid FTH \neq 0_{q\times l}\} \neq \emptyset$ ist. Es gilt dann für $\vartheta = (M, \Sigma) \in \Theta$ und $Y \in \mathcal{T}$

$$\varphi(\gamma(\vartheta), Y) = \left| \sup_{\substack{(H,F)\in\mathcal{X} \\ FTH \neq 0_{q\times l}}} \frac{\operatorname{sp}[TH(\hat{\eta}(Y) - CM)\,GF]}{\operatorname{sp}[S(Y)\,GFTHWH'T'F'G']^{1/2}} \right|.$$

Nach [A 1.69] und [A 1.71] ist

$$\begin{aligned}
&|\operatorname{sp} TH(\hat{\eta}(Y) - CM)\,GF| \\
&= |\operatorname{sp}[FTHW^{1/2}W^{-1/2}(\hat{\eta}(Y) - CM)\,G(G'S(Y)\,G)^{-1/2}(G'S(Y)\,G)^{1/2}]| \\
&= |\operatorname{sp}[W^{-1/2}(\hat{\eta}(Y) - CM)\,G(G'S(Y)\,G)^{-1/2}(G'S(Y)\,G)^{1/2}\,FTHW^{1/2}]| \\
&\leqq \left(\operatorname{sp}[(G'S(Y)\,G)^{-1/2}\,G'(\hat{\eta}(Y) - CM)'\,W^{-1}(\hat{\eta}(Y) - CM)\,G(G'S(Y)\,G)^{-1/2}]\right)^{1/2} \\
&\quad \times \left(\operatorname{sp}[(G'S(Y)\,G)^{1/2}\,FTHWH'T'F'(G'S(Y)\,G)^{1/2}]\right)^{1/2} \\
&= \left(\operatorname{sp}[(G'S(Y)\,G)^{-1}\,G'(\hat{\eta}(Y) - CM)'\,W^{-1}(\hat{\eta}(Y) - CM)\,G]\right)^{1/2} \\
&\quad \times (\operatorname{sp}[S(Y)\,GFTHWH'T'F'G'])^{1/2}\,,
\end{aligned}$$

so daß schließlich

$$\varphi(\gamma(\vartheta), Y) \leqq \left(\operatorname{sp}[(G'S(Y)\,G)^{-1}\,G'(\hat{\eta}(Y) - CM)'\,W^{-1}(\hat{\eta}(Y) - CM)\,G]\right)^{1/2} \tag{21}$$

$$\begin{aligned}
&= \left(\operatorname{sp}[\{(G'\Sigma G)^{-1/2}\,(G'S(Y)\,G)\,(G'\Sigma G)^{-1/2}\}^{-1}\,(G'\Sigma G)^{-1/2}\,G'(\eta(Y) - CM)'\right. \\
&\quad \left.\times\, W^{-1}(\hat{\eta}(Y) - CM)\,G(G'\Sigma G)^{-1/2}]\right)^{1/2}
\end{aligned} \tag{22}$$

gilt. Weiter ergibt sich aus $\mathbf{Y} \sim P_\vartheta$ wegen (3)

$$\begin{aligned}
&\left((G'\Sigma G)^{-1/2}\,G'S(\mathbf{Y})\,G(G'\Sigma G)^{-1/2},\,(G'\Sigma G)^{-1/2}\,G'(\hat{\eta}(\mathbf{Y}) - CM)'\,W^{-1}(\hat{\eta}(\mathbf{Y}) - CM)\,G(G'\Sigma G)^{-1/2}\right) \\
&\qquad \sim W_q(n-k, I_q) \times W_q(l, I_q)\,,
\end{aligned} \tag{23}$$

und daraus folgt auf Grund von [A 2.30]

$$\begin{aligned}
&(n-k)\operatorname{sp}[(G'\Sigma G)^{-1/2}\,G'(\hat{\eta}(\mathbf{Y}) - CM)'\,W^{-1}(\hat{\eta}(\mathbf{Y}) - CM)\,G(G'\Sigma G)^{-1/2} \\
&\qquad \times \{(G'\Sigma G)^{-1/2}\,G'S(\mathbf{Y})\,G(G'\Sigma G)^{-1/2}\}^{-1}] \sim T_0^2(q, n-k, l)\,.
\end{aligned}$$

Aus (21) und (22) erhalten wir wegen [A 2.33]

$$\begin{aligned}
&P_\vartheta\{\gamma(\vartheta) \in K_{\varphi,\tau}(\mathbf{Y})\} = P_\vartheta\{\varphi(\gamma(\vartheta), \mathbf{Y}) \leqq (T^2_{0;1-\alpha}(q, n-k, l)\,(n-k)^{-1})^{1/2}\} \\
&\geqq P_\vartheta\{(n-k)\operatorname{sp}[(G'\Sigma G)^{-1/2}\,G'(\hat{\eta}(\mathbf{Y}) - CM)'\,W^{-1}(\hat{\eta}(\mathbf{Y}) - CM)\,G(G'\Sigma G)^{-1/2} \\
&\qquad \times ((G'\Sigma G)^{-1/2}\,G'S(\mathbf{Y})\,G(G'\Sigma G)^{-1/2})^{-1}] \leqq T^2_{0;1-\alpha}(q, n-k, l)\} \\
&= \alpha\,.
\end{aligned} \tag{24}$$

$K_{\varphi,\tau}$ ist also eine α-BSF für γ.

2. Es sei $m = l \leqq p = q = h$, und für ein $H_0 \in \mathfrak{M}^l_{l\times l}$ gelte (20). Da weiterhin $r[T] = \min(h, m) = m = l$ gilt, ist $H_0'T' \in \mathfrak{M}^l_{l\times h}$. Damit existiert zu jedem $Y \in \mathcal{T}$ und zu jedem $\vartheta = (M, \Sigma) \in \Theta$ ein Paar $(F_{Y,\vartheta}, \lambda_{Y,\vartheta}) \in \mathfrak{M}_{p\times p} \times R^>$ mit

$$W^{-1}(\hat{\eta}(Y) - CM)\,G(G'S(Y)\,G)^{-1} = H_0'T'F'_{Y,\vartheta}$$

und

$$(H_0, (\lambda_{Y,\vartheta}F_{Y,\vartheta})) \in \mathcal{X}\,.$$

Auf Grund von (21) ergibt sich deshalb

$$\varphi(\gamma(\vartheta), Y) \geqq \frac{r\big((H_0, (\lambda_{y,\vartheta}F_{y,\vartheta})), f_\vartheta(H_0, (\lambda_{y,\vartheta}F_{y,\vartheta})), Y\big)}{t(H_0, (\lambda_{y,\vartheta}F_{y,\vartheta}))}$$
$$= \frac{\mathrm{sp}\,[TH_0(\hat{\eta}(Y) - CM)\, G(\lambda_{y,\vartheta}F_{y,\vartheta})]}{(\mathrm{sp}\,[S(Y)\, G(\lambda_{y,\vartheta}F_{y,\vartheta})\, TH_0WH_0'T'(\lambda_{y,\vartheta}F_{y,\vartheta})'\, G'])^{1/2}}$$
$$= \big(\mathrm{sp}\,[(G'S(Y)\,G)^{-1}\, G'(\hat{\eta}(Y) - CM)'\, W^{-1}(\hat{\eta}(Y) - CM)\, G]\big)^{1/2} \geqq \varphi(\gamma(\vartheta), Y)\,.$$

Daraus folgt, daß sowohl in (21) als auch in (24) Gleichheit gilt; unter den von uns angegebenen Voraussetzungen ist $K_{\varphi,\tau}$ also exakt.

Die Aussage b) des zweiten Teils der Behauptung läßt sich analog beweisen. ■

Für den Fall, daß $\mathscr{X} \subset \{(A, I_p) \mid A \in \mathfrak{M}_{p\times l}\}$,

$$f_\vartheta(A) = ACM\,, \quad \vartheta = (M, \Sigma) \in \Theta$$

und $T = I_p$ gilt, wurde die BSF $K_{\varphi,\tau}$ aus Satz 6.3.6 bereits von G. Mudholkar [7] angegeben. Für $A = (H, F) \in \mathscr{X}$ hat die zu der eben konstruierten α-BSF $K_{\varphi,\tau}$ gehörige Abbildung $K^A_{\varphi,\tau}$ das Aussehen

$$K^A_{\varphi,\tau}(Y) = \begin{cases} \{\omega \in \mathfrak{M}_{l\times p} \mid \mathrm{sp}\,[T(H\hat{\eta}(Y)\, GF - \omega)] \leqq (T^2_{0;1-\alpha}(q, n-k, l))^{1/2}\, (n-k)^{-1} \\ \qquad \times\, (\mathrm{sp}[S(Y)GFTHWH'T'F'G'])^{1/2}\}\,, \\ \qquad \textit{falls } FTH \neq 0_{q\times l} \textit{ und } Y \in \mathscr{T}\,, \\ \{0_{l\times p}\}, \quad \textit{falls } FTH = 0_{q\times l} \textit{ und } Y \in \mathscr{T}\,. \end{cases}$$

Eine weitere α-BSF für γ beschreiben wir in Satz 6.3.7.

Satz 6.3.7. *Es gelte*

$$r((H, F), \omega, Y) = \begin{cases} \dfrac{\mathrm{sp}\,[(H\hat{\eta}(Y)\, GF - \omega)\, (H\hat{\eta}(Y)\, GF - \omega)']}{(\mathrm{sp}\,[HWH']^2)^{1/2}\, (\mathrm{sp}\,[F'G'S(Y)\, GF]^2)^{1/2}}\,, \\ \qquad \textit{falls } ((H, F), \omega, Y) \in \mathscr{X}\times\Omega\times\mathscr{T} \\ \qquad \textit{und } H \neq 0_{m\times l},\, GF \neq 0_{p\times h}\,, \\ 0 \qquad \textit{sonst} \end{cases}$$

und

$$t(A) = 1\,, \quad A \in \mathscr{X}\,.$$

Ist dann

$$T_\alpha = T^2_{0;1-\alpha}(q, n-k, l)\,(n-k)^{-1}\,,$$

so ist $K_{\varphi,\tau}$ eine α-BSF für γ.

Beweis. Aus $\{(H, F) \in \mathscr{X} \mid H \neq 0_{m\times l}, GF \neq 0_{p\times h}\} = \emptyset$ folgt $r \equiv 0$, und in diesem Falle ist

$$P_\vartheta\{\gamma(\vartheta) \in K_{\varphi,\tau}(Y)\} = 1 \quad (\vartheta \in \Theta)\,,$$

die Behauptung ist also trivialerweise erfüllt. Wir wollen deshalb im weiteren annehmen, daß $\{(H, F) \in \mathscr{X} \mid H \neq 0_{m\times l}, GF \neq 0_{p\times h}\} \neq \emptyset$ gilt. Damit gilt für $\vartheta = (M, \Sigma) \in \Theta$ und $Y \in \mathscr{T}$

$$\varphi(\gamma(\vartheta), Y) = \sup_{\substack{(H,F)\in\mathscr{X}:\\ H\neq 0_{m\times l},\, GF\neq 0_{p\times h}}} \frac{\mathrm{sp}\,[\big(H(\hat{\eta}(Y) - CM)\, GF\big)\big(H(\hat{\eta}(Y) - CM)\, GF\big)']}{(\mathrm{sp}\,[HWH']^2)^{1/2}\, (\mathrm{sp}\,[F'G'S(Y)\, GF]^2)^{1/2}}\,.$$

Weiter gilt wegen [A 1.69], [A 1.71] und [A 1.70]

$$\begin{aligned}
&\mathrm{sp}\,[\big(H(\hat\eta(Y) - CM)\,GF\big)\big(H(\hat\eta(Y) - CM)\,GF\big)']\\
&\quad = \mathrm{sp}\,[HW^{1/2}W^{-1/2}(\hat\eta(Y) - CM)\,GFF'G'(\hat\eta(Y) - CM)'W^{-1/2}W^{1/2}H']\\
&\quad = \mathrm{sp}\,[W^{-1/2}(\hat\eta(Y) - CM)\,GFF'G'(\hat\eta(Y) - CM)'W^{-1/2}(W^{1/2}H'HW^{1/2})]\\
&\quad \leqq \big(\mathrm{sp}\,[(W^{-1/2}(\hat\eta(Y) - CM)\,GFF'G'(\hat\eta(Y) - CM)'\,W^{-1/2})]^2\big)^{1/2}\\
&\qquad \times (\mathrm{sp}\,[W^{1/2}H'HW^{1/2}]^2)^{1/2}\\
&\quad = (\mathrm{sp}\,[HWH']^2)^{1/2}\,\big(\mathrm{sp}\,[F'G'(\hat\eta(Y) - CM)'\,W^{-1}(\hat\eta(Y) - CM)\,GF]^2\big)^{1/2}\\
&\quad \leqq (\mathrm{sp}\,[HWH']^2)^{1/2}\,\mathrm{sp}\,[F'G'(\hat\eta(Y) - CM)'\,W^{-1}(\hat\eta(Y) - CM)\,GF]\\
&\quad = (\mathrm{sp}\,[HWH']^2)^{1/2}\,\mathrm{sp}\,[F'(G'S(Y)\,G)^{1/2}\,(G'S(Y)\,G)^{-1/2}\,G'(\hat\eta(Y) - CM)'\,W^{-1}\\
&\qquad \times (\hat\eta(Y) - CM)\,G(G'S(Y)\,G)^{-1/2}\,(G'S(Y)\,G)^{1/2}\,F]\\
&\quad = (\mathrm{sp}\,[HWH']^2)^{1/2}\,\big(\mathrm{sp}\,[(G'S(Y)\,G)^{1/2}\,FF'(G'S(Y)\,G)^{1/2}\,(G'S(Y)\,G)^{-1/2}\,G'\\
&\qquad \times (\hat\eta(Y) - CM)'W^{-1}(\hat\eta(Y) - CM)\,G(G'S(Y)\,G)^{-1/2}]\big)\\
&\quad \leqq (\mathrm{sp}\,[HWH']^2)^{1/2}\,(\mathrm{sp}\,[(G'S(Y)\,G)^{1/2}\,FF'(G'S(Y)\,G)^{1/2}]^2)^{1/2}\\
&\qquad \times \big(\mathrm{sp}\,[(G'S(Y)G)^{-1/2}\,G'(\hat\eta(Y) - CM)'\,W^{-1}(\hat\eta(Y) - CM)\,G(G'S(Y)G)^{-1/2}]^2\big)^{1/2}\\
&\quad \leqq (\mathrm{sp}\,[HWH']^2)^{1/2}\,(\mathrm{sp}\,[F'G'S(Y)\,GF]^2)^{1/2}\\
&\qquad \times \big(\mathrm{sp}\,[G'(\hat\eta(Y) - CM)'\,W^{-1}(\hat\eta(Y) - CM)\,G(G'S(Y)\,G)^{-1}]\big)\,.
\end{aligned}$$

Es gilt also

$$\varphi(\gamma(\vartheta), Y) \leqq \mathrm{sp}\,[G'\,(\hat\eta(Y) - CM)'\,W^{-1}(\hat\eta(Y) - CM)\,G(G'S(Y)\,G)^{-1}]\,. \tag{25}$$

Schließlich folgt aus $Y \sim P_\vartheta$ (23), und da (22) und (25) gelten, ergibt sich

$$\begin{aligned}
P_\vartheta\{\gamma(\vartheta) \in K_{\varphi,\tau}(Y)\} &= P_\vartheta\{\varphi(\gamma(\vartheta), Y) \leqq T^2_{0;1-\alpha}(q, n-k, l)\,(n-k)^{-1}\}\\
&\geqq P_\vartheta\{\mathrm{sp}\,[G'(\hat\eta(Y) - CM)'\,W^{-1}(\hat\eta(Y) - CM)\,G(G'S(Y)\,G)^{-1}]\\
&\qquad \leqq (n-k)^{-1}\,T^2_{0;1-\alpha}(q, n-k, l)\}\\
&= \alpha. \quad \blacksquare
\end{aligned}$$

Im allgemeinen wird die in Satz 6.3.7 beschriebene α-BSF $K_{\varphi,\tau}$ nicht exakt sein, da die im Beweis verwendeten Abschätzungen zu grob sind. Ein Nachweis der Nichtexaktheit (bzw. Exaktheit) ist jedoch sehr schwierig zu erbringen. Die zu $K_{\varphi,\tau}$ gehörigen Abbildungen $K^A_{\varphi,\tau}$ haben für $A = (H, F) \in \{(H, F) \in \mathscr{X} \mid H \neq 0_{m\times l}, GF \neq 0_{p\times h}\}$ die Gestalt

$$\begin{aligned}
K^A_{\varphi,\tau}(Y) = \{\omega \in \mathfrak{M}_{m\times h} \mid \mathrm{sp}\,[\big(H\hat\eta(Y)\,GF - \omega\big)\big(H\hat\eta(Y)\,GF - \omega\big)'] \leqq (n-k)^{-1}\\
\times T^2_{0;1-\alpha}(q, n-k, l)\,(\mathrm{sp}\,[HWH']^2)^{1/2}\,\big(\mathrm{sp}\,[F'G'S(Y)GF]^2\big)^{1/2}\},\quad Y \in \mathscr{T}.
\end{aligned}$$

2. Als nächstes wollen wir annehmen, daß mit $\mathscr{X} \subset \{c \in R^l \mid c \neq 0_l\}$

$$f_\vartheta(c) = c'CM\,, \quad \vartheta = (M, \Sigma) \in \Theta\,, \quad c \in \mathscr{X}\,,$$

und

$$\gamma(\vartheta) = \{(c, c'CM) \mid c \in \mathscr{X}\}\,, \quad \vartheta = (M, \Sigma) \in \Theta\,, \tag{26}$$

gilt. Hier können wir ohne größere Schwierigkeiten exakte α-BSF für γ konstruieren:

Satz 6.3.8.

1. *Es sei*

$$r(c, \omega, Y) = \left(c'\hat{\eta}(Y) - \omega\right) \left(S(Y)\right)^{-1} \left(c'\hat{\eta}(Y) - \omega\right)'$$
$$\text{für } (c, \omega, Y) \in \mathcal{X} \times \Omega \times \mathcal{T}, \tag{27}$$
$$t(c) = c'Wc, \quad c \in \mathcal{X}, \tag{28}$$

und

$$T_\alpha = \lambda_{\max;1-\alpha}(p, n-k, l). \tag{29}$$

Dann ist $K_{\varphi,\tau}$ *eine* α-BSF *für* γ.

2. *Liegt* $\left\{d \frac{c}{\|c\|} \mid c \in W^{1/2}\mathcal{X}, d \in \{-1, 1\}\right\}$ *dicht in* $\{c \in R^l \mid \|c\| = 1\}$, *so ist* $K_{\varphi,\tau}$ *exakt.*

Beweis. 1. Für $\vartheta = (M, \Sigma) \in \Theta$ und $Y \in \mathcal{T}$ gilt auf Grund von [A 1.74] und [A 1.69]

$$\begin{aligned}
\varphi(\gamma(\vartheta), Y) &= \sup_{c \in \mathcal{X}} \frac{c'(\hat{\eta}(Y) - CM)\,(S(Y))^{-1}\,(\hat{\eta}(Y) - CM)'\,c}{c'Wc} \\
&= \sup_{c \in \mathcal{X}} \frac{c'W^{1/2}W^{-1/2}(\hat{\eta}(Y) - CM)\,(S(Y))^{-1}\,(\hat{\eta}(Y) - CM)'\,W^{-1/2}W^{1/2}c}{c'Wc} \\
&= \sup_{c \in W^{1/2}\mathcal{X}} \frac{c'W^{-1/2}\,(\hat{\eta}(Y) - CM)\,(S(Y))^{-1}(\hat{\eta}(Y) - CM)'\,W^{-1/2}c}{c'c} \\
&\leqq \lambda_{\max}[W^{-1/2}(\hat{\eta}(Y) - CM)\,(S(Y))^{-1}\,(\hat{\eta}(Y) - CM)'\,W^{-1/2}] \\
&= \lambda_{\max}[(\hat{\eta}(Y) - CM)'\,W^{-1}(\hat{\eta}(Y) - CM)\,(S(Y))^{-1}] \\
&= \lambda_{\max}[\Sigma^{-1/2}(\hat{\eta}(Y) - CM)'\,W^{-1}(\hat{\eta}(Y) - CM)\,\Sigma^{-1/2}(\Sigma^{-1/2}S(Y)\,\Sigma^{-1/2})^{-1}].
\end{aligned} \tag{30}$$

Nun folgt aus $\boldsymbol{Y} \sim P_\vartheta$ stets (3) und damit auch

$$\left(\Sigma^{-1/2}(\hat{\eta}(\boldsymbol{Y}) - CM)'\,W^{-1}(\hat{\eta}(\boldsymbol{Y}) - CM)\,\Sigma^{-1/2}, \Sigma^{-1/2}S(\boldsymbol{Y})\,\Sigma^{-1/2}\right) \sim W_p(l, I_p) \times W_p(n-k, I_p).$$

Aus $\boldsymbol{Y} \sim P_\vartheta$ folgt also wegen [A 2.30]

$$\lambda_{\max}[\Sigma^{-1/2}(\hat{\eta}(\boldsymbol{Y}) - CM)'\,W^{-1}(\hat{\eta}(\boldsymbol{Y}) - CM)\,\Sigma^{-1/2}(\Sigma^{-1/2}S(\boldsymbol{Y})\,\Sigma^{-1/2})^{-1}] \sim \lambda_{\max}(p, n-k, l).$$

Aus diesem Grunde ist $K_{\varphi,\tau}$ eine α-BSF für γ, denn es gilt

$$\begin{aligned}
P_\vartheta\{\gamma(\vartheta) \in K_{\varphi,\tau}(\boldsymbol{Y})\} &= P_\vartheta\{\varphi(\gamma(\vartheta), \boldsymbol{Y}) \leqq \lambda_{\max;1-\alpha}(p, n-k, l)\} \\
&\geqq P_\vartheta\{\lambda_{\max}[\Sigma^{-1/2}(\hat{\eta}(\boldsymbol{Y}) - CM)'\,W^{-1}(\hat{\eta}(\boldsymbol{Y}) - CM) \\
&\qquad \times \Sigma^{-1/2}(\Sigma^{-1/2}S(\boldsymbol{Y})\,\Sigma^{-1/2})^{-1} \leqq \lambda_{\max;1-\alpha}(p, n-k, l)\} \\
&= \alpha.
\end{aligned} \tag{31}$$

2. Liegt nun $\left\{d \frac{c}{\|c\|} \mid c \in W^{1/2}\mathcal{X}, d \in \{-1, 1\}\right\}$ in $\{c \in R^l \mid \|c\| = 1\}$ dicht, so gilt auf Grund von [A 1.74] in (30) und damit auch in (31) Gleichheit. $K_{\varphi,\tau}$ ist in diesem Falle exakt. ∎

Einige Möglichkeiten der Bestimmung der Quantile $\lambda_{\max;1-\alpha}(p, n-k, l)$ haben wir schon in Abschnitt 5.1.5 zusammengestellt.

Definieren wir $K_{\varphi,\tau}$ wie in Satz 6.3.8, so gilt für $c \in \mathscr{X}$ und $Y \in \mathscr{T}$

$$K^c_{\varphi,\tau}(Y) = \{\omega \in \mathfrak{M}_{1\times p} \mid (c'\hat{\eta}(Y) - \omega)\,(S(Y))^{-1}\,(c'\hat{\eta}(Y) - \omega)' \leqq c'Wc\lambda_{\max;\,1-\alpha}(p, n-k, l)\} \,. \tag{32}$$

Ist für $\boldsymbol{Y}$ ein univariates Modell adäquat, gilt also $p = 1$, so geht (32) in

$$K^c_{\varphi,\tau}(Y) = [c'\hat{\eta}(Y) - u(c, Y), c'\hat{\eta}(Y) + u(c, Y)]\,, \quad c \in \mathscr{X}, Y \in \mathscr{T}\,, \tag{33}$$

mit

$$u(c, Y) = \left(S(Y)\,(c'Wc)\frac{l}{n-k}F_{1-\alpha;\,l,n-k}\right)^{1/2}, \quad c \in \mathscr{X}, Y \in \mathscr{T}\,,$$

über. Für diesen Fall wurde bereits von H. Scheffé [8] bewiesen, daß bei $\mathscr{X} = R^l \setminus \{0_l\}$

$$P_\vartheta\{c'C\mu = f_\vartheta(c) \in K^c_{\varphi,\tau}(\boldsymbol{Y}), c \in \mathscr{X}\} = \alpha\,, \quad \vartheta = (\mu, \sigma^2) \in \Theta \tag{34}$$

gilt. Aus diesem Grunde werden die in (33) aufgeführten Intervalle oftmals als Scheffé- oder S-Intervalle bezeichnet. Allgemeiner bezeichnet man BSF, für die t die Gestalt (28) hat, oft als BSF vom Scheffé-Typ — unabhängig davon, welche konkrete Gestalt γ hat. Es bleibt noch zu bemerken, unter welchen Voraussetzungen $\left\{d\frac{c}{\|c\|} \mid c \in W^{1/2}\,\mathscr{X}, d \in \{-1, 1\}\right\}$ dicht in $\{c \in R^l \mid \|c\| = 1\}$ liegt. Dies ist zum Beispiel der Fall, wenn $\mathscr{X} \cup \{0_l\}$ der R^l ist, wenn $\mathscr{X}$ ein $(l-1)$-dimensionaler affiner Unterraum des R^l ist oder wenn $\mathscr{X}$ eine Menge der Form $\{c \in R^l \mid c'\,Wc \leqq a, c \neq 0_l\}$ mit $a \in R^>$ ist.

Wir geben nun eine zweite α-BSF für γ an.

Satz 6.3.9.

1. *Es sei r wie in (27) definiert. Weiter sei*

$$t(c) = \left(\sum_{i=1}^{l} |w_i'c|\right)^2, \quad c \in \mathscr{X}\,,$$

und

$$T_\alpha = Q_{1-\alpha}(p, n-k, l)\,.^{1)}$$

Unter diesen Voraussetzungen ist $K_{\varphi,\tau}$ eine α-BSF für γ.

2. *Gibt es zu jedem $i \in \{1, \ldots, l\}$ ein $\lambda_i \in R^1$ mit*

$$\lambda_i e_i^{(l)} \in W^{1/2}\mathscr{X} \tag{35}$$

und gilt für $\boldsymbol{Z} \sim Q(p, n-k, l)$ die Gleichheit

$$P\{\boldsymbol{Z} \leqq Q_{1-\alpha}(p, n-k, l)\} = \alpha\,, \tag{36}$$

so ist $K_{\varphi,\tau}$ exakt.

---

[1]) Zur Definition von $Q_{1-\alpha}(p, n-k, l)$ vgl. [A 2.30]!

Beweis. 1. Auf Grund von [A 1.72] gilt für $\vartheta = (M, \Sigma) \in \Theta$ und $Y \in \mathcal{T}$

$$\begin{aligned}
\varphi(\gamma(\vartheta), Y) &= \sup_{c \in \mathfrak{X}} \frac{c'(\hat{\eta}(Y) - CM)\,(S(Y))^{-1}\,(\hat{\eta}(Y) - CM)'\,c}{\left(\sum_{i=1}^{l} |w_i' c|\right)^2} \\
&= \sup_{c \in \mathfrak{X}} \frac{c' W^{1/2} W^{-1/2}\,(\hat{\eta}(Y) - CM)\,(S(Y))^{-1}\,(\hat{\eta}(Y) - CM)'\,W^{-1/2} W^{1/2} c}{\left(\sum_{i=1}^{l} |w_i' c|\right)^2} \\
&= \sup_{\substack{c \in W^{1/2}\mathfrak{X} \\ c = (c_1, \ldots, c_l)'}} \frac{c' W^{-1/2}(\hat{\eta}(Y) - CM)\,(S(Y))^{-1}\,(\hat{\eta}(Y) - CM)'\,W^{-1/2} c}{\left(\sum_{i=1}^{l} |c_i|\right)^2} \\
&= \sup_{\substack{c \in W^{1/2}\mathfrak{X} \\ c = (c_1, \ldots, c_l)'}} \frac{c' W^{-1/2}\,(\hat{\eta}(Y) - CM)\,\Sigma^{-1/2}(\Sigma^{-1/2} S(Y)\,\Sigma^{-1/2})^{-1}\,\Sigma^{-1/2}(\hat{\eta}(Y) - CM)'\,W^{-1/2} c}{\left(\sum_{i=1}^{l} |c_i|\right)^2} \\
&\leqq \|W^{-1/2}(\hat{\eta}(Y) - CM)\,\Sigma^{-1/2}(\Sigma^{-1/2} S(Y)\,\Sigma^{-1/2})^{-1}\,\Sigma^{-1/2}\,(\hat{\eta}(Y) - CM)'\,W^{-1/2}\|_{\max}\,. \qquad (37)
\end{aligned}$$

Setzen wir nun

$$\begin{aligned}
&\left(W^{-1/2}(\hat{\eta}(Y) - CM)\,\Sigma^{-1/2}(\Sigma^{-1/2} S(Y)\,\Sigma^{-1/2})^{-1}\,\Sigma^{-1/2}(\hat{\eta}(Y) - CM)'\,W^{-1/2}\right) \\
&= B^{\vartheta}(Y) = \left((b_{ij}^{\vartheta}(Y))\right)_{j=1,\ldots,l}^{i=1,\ldots,l}, \qquad (38)
\end{aligned}$$

so gilt wegen $B^{\vartheta}(Y) \in \mathfrak{M}_l^{\geq}$

$$\begin{aligned}
&\|W^{-1/2}(\hat{\eta}(Y) - CM)\,\Sigma^{-1/2}(\Sigma^{-1/2} S(Y)\,\Sigma^{-1/2})^{-1}\,\Sigma^{-1/2}(\hat{\eta}(Y) - CM)'\,W^{-1/2}\|_{\max} \\
&= \max_{\substack{1 \leqq i \leqq l \\ 1 \leqq j \leqq l}} |b_{ij}^{\vartheta}(Y)| = \max_{1 \leqq i \leqq l} |b_{ii}^{\vartheta}(Y)|\,.
\end{aligned}$$

Wir wollen nun annehmen, daß $\boldsymbol{Y} \sim P_{\vartheta}$ gilt. Daraus folgt wegen (3) die Verteilungsaussage

$$\left(W^{-1/2}(\hat{\eta}(\boldsymbol{Y}) - CM)\,\Sigma^{-1/2}, \Sigma^{-1/2} S(\boldsymbol{Y})\,\Sigma^{-1/2}\right) \sim N_{l \times p}(0, I_p \otimes I_l) \times W_p(n - k, I_p)\,, \qquad (39)$$

und somit gilt wegen [A 2.30] auch

$$\|B^{\vartheta}(\boldsymbol{Y})\|_{\max} = \max_{1 \leqq i \leqq l} |b_{ii}^{\vartheta}(\boldsymbol{Y})| \sim Q(p, n - k, l)\,.$$

Es ist also

$$\begin{aligned}
P_{\vartheta}\{\gamma(\vartheta) \in K_{\varphi,\tau}(\boldsymbol{Y})\} &= P_{\vartheta}\{\varphi(\gamma(\vartheta), \boldsymbol{Y}) \leqq Q_{1-\alpha}(p, n - k, l)\} \\
&\geqq P_{\vartheta}\left\{\max_{1 \leqq i \leqq l} |b_{ii}^{\vartheta}(\boldsymbol{Y})| \leqq Q_{1-\alpha}(p, n - k, l)\right\} \qquad (40) \\
&\geqq \alpha\,. \qquad (41)
\end{aligned}$$

Die Abbildung $K_{\varphi,\tau}$ ist demnach eine α-BSF für γ.

2. Existiert insbesondere zu jedem $i \in \{1, \ldots, l\}$ ein λ_i mit (35), so gilt nach [A 1.72] in (37) und damit auch in (40) Gleichheit. Folgt zudem aus $\boldsymbol{Z} \sim Q(p, n - k, l)$ die Gleichung (36), so gilt auch in (41) Gleichheit, und damit ist $K_{\varphi,\tau}$ exakt. ■

C. G. KHATRI [9] konnte nachweisen, daß jede reelle Zahl c mit

$$\begin{aligned}
1 - \alpha = &\left(\prod_{j=1}^{l} \beta_2\left(\frac{1}{2} p; \frac{1}{2}(n - k + l - p); c\right)\right) \\
&\times \prod_{j=1}^{l-1} \left(\frac{\Gamma\left(\frac{1}{2}(n - k + j)\right)}{\Gamma\left(\frac{1}{2}(n - k - p + j)\right)}\right) \cdot \frac{\Gamma\left(\frac{1}{2}(n - k + l - p)\right)}{\Gamma\left(\frac{1}{2}(n - k + l)\right)}\Bigg)
\end{aligned}$$

eine obere Schranke für $Q_{1-\alpha}(p, n - k, l)$ darstellt. Hierbei ist

$$\beta_2(a;b;c) = \frac{\int_0^c y^{a-1}(1+y)^{-a-b}\,dy}{\int_0^\infty y^{a-1}(a+y)^{-a-b}\,dy}. \tag{42}$$

Für $p = 1$ gilt

$$(Q_{1-\alpha}(p, n-k, l))^{1/2} = m_{1-\alpha}(l, n-k, I_l)\,(n-k)^{-1/2}$$

(vgl. [A 2.30]), so daß für $p = 1$ aus $\mathbf{Z} \sim Q(p, n-k, l)$ (auf Grund der Stetigkeit der zur $m(l, n-k, I_l)$-Verteilung gehörigen Verteilungsfunktion) stets (36) folgt. Hinweise zur Berechnung der Quantile $m_{1-\alpha}(l, n-k, I_l)$ können dem Anhang entnommen werden. Wählen wir $K_{\varphi,\tau}$ wie in Satz 6.3.9, so gilt für $c \in \mathscr{X}$

$$K^c_{\varphi,\tau}(Y) = \Big\{\omega \in \mathfrak{M}_{n\times p} \mid (c'\hat{\eta}(Y) - \omega)\,(S(Y))^{-1}\,(c'\hat{\eta}(Y) - \omega)' \\ \leqq \Big(\sum_{i=1}^{l} |w_i'c|\Big)^2 Q_{1-\alpha}(p, n-k, l)\Big\}, \quad Y \in \mathscr{T}.$$

Ist $p = 1$, ist also für $\mathbf{Y}$ das Modell $N[\mathscr{R}(X) \times \mathfrak{V}_A]$ adäquat, so ist

$$K^c_{\varphi,\tau}(Y) = [c'\hat{\eta}(Y) - u(c, Y), c'\hat{\eta}(Y) + u(c, Y)], \quad c \in \mathscr{X}, Y \in \mathscr{T}, \tag{43}$$

mit

$$u(c, Y) = \Big(\sum_{i=1}^{j} |w_i'c|\Big)(S(Y))^{1/2}\, m_{1-\alpha}(l, n-k, I_l)\,(n-k)^{-1/2}, \quad c \in \mathscr{X}, Y \in \mathscr{T}.$$

Von J. W. Tukey [10] wurde nachgewiesen, daß für die Abbildungen $K^c_{\varphi,\tau}$ aus (43) die Beziehung (34) gilt, sobald W eine Diagonalmatrix ist.

Sowohl die BSF aus Satz 6.3.8 als auch die aus Satz 6.3.9 beruhen auf der in (27) definierten Abbildung r. Dies trifft auch auf die BSF zu, die wir nun untersuchen wollen:

Satz 6.3.10.

1. *Die Abbildung r sei definiert wie in* (27)*. Weiter sei*

$$t(c) = \big(\max_{1\leqq i\leqq l} |w_i'c|\big)^2, \quad c \in \mathscr{X},$$

und

$$T_\alpha = V_{1-\alpha}(p, n-k, l).$$[1]

Dann ist $K_{\varphi,\tau}$ eine α-BSF für γ.

2. *Für $l = 1$ und $l = 2$ ist $K_{\varphi,\tau}$ exakt, sobald*

$$\Big\{d\frac{c}{\max\limits_{1\leqq i\leqq l}|c_i|} \,\Big|\, c = (c_1, \dots, c_l)' \in W^{1/2}\mathscr{X}, d \in \{-1, 1\}\Big\} \supset \Big\{\sum_{i=1}^{l} d_i e_i^{(l)} \,\Big|\, d_i \in \{-1, 1\}, \\ i = 1, \dots, l\Big\} \tag{44}$$

[1]) Zur Definition von $V_{1-\alpha}(p, n-k, l)$ vgl. [A 2.30]!

gilt und aus $\mathbf{Z} \sim V(p, n-k, l)$

$$P\{\mathbf{Z} \leqq V_{1-\alpha}(p, n-k, l)\} = \alpha \tag{45}$$

folgt.

3. *Für* $p = 1$ *ist* $K_{\varphi,\tau}$ *exakt, sobald* (44) *gilt und aus* $\mathbf{Z} \sim V(p, n-k, l)$ (45) *folgt.*

Beweis. 1. Für $Y \in \mathcal{T}$ und $\vartheta = (M, \Sigma) \in \Theta$ sei die Matrix $B^\vartheta(Y)$ wie in (38) gewählt. Dann gilt nach [A 1.73]

$$\varphi(\gamma(\vartheta), Y) = \sup_{c \in \mathfrak{X}} \frac{c'(\hat{\eta}(Y) - CM)\,(S(Y))^{-1}\,(\hat{\eta}(Y) - CM)'\,c}{\left(\max\limits_{1 \leq i \leq l} |w_i'c|\right)^2} \tag{46}$$

$$= \sup_{c \in \mathfrak{X}} \frac{c'W^{1/2}W^{-1/2}(\hat{\eta}(Y) - CM)\,(S(Y))^{-1}\,(\hat{\eta}(Y) - CM)'\,W^{-1/2}W^{1/2}c}{\left(\max\limits_{1 \leq i \leq l} |w_i'c|\right)^2}$$

$$= \sup_{\substack{c \in W^{1/2}\mathfrak{X} \\ c = (c_1, \ldots, c_l)'}} \frac{c'W^{-1/2}(\hat{\eta}(Y) - CM)\,(S(Y))^{-1}\,(\hat{\eta}(Y) - CM)'\,W^{-1/2}c}{\left(\max\limits_{1 \leq i \leq l} |c_i|\right)^2}$$

$$= \sup_{\substack{c \in W^{1/2}\mathfrak{X} \\ c = (c_1, \ldots c_l)'}} \frac{c'W^{-1/2}(\hat{\eta}(Y) - CM)\,\Sigma^{-1/2}(\Sigma^{-1/2}S(Y)\,\Sigma^{-1/2})^{-1}\,\Sigma^{-1/2}(\hat{\eta}(Y) - CM)'\,W^{-1/2}c}{\left(\max\limits_{1 \leq i \leq l} |c_i|\right)^2}$$

$$\leqq \left(\sum_{i=1}^{l} \sum_{j=1}^{l} |b_{ij}^\vartheta(Y)|\right). \tag{47}$$

Es sei nun $\mathbf{Y} \sim P_\vartheta$. Dann gilt (39), und daraus folgt

$$\sum_{i=1}^{l} \sum_{j=1}^{l} |b_{ij}^\vartheta(\mathbf{Y})| \sim V(p, n-k, l)\,.$$

Demzufolge ist $K_{\varphi,\tau}$ eine α-BSF für γ, denn es gilt

$$P_\vartheta\{\gamma(\vartheta) \in K_{\varphi,\tau}(\mathbf{Y})\} = P_\vartheta\{\varphi(\gamma(\vartheta), \mathbf{Y}) \leqq V_{1-\alpha}(p, n-k, l)\} \tag{48}$$

$$\geqq P_\vartheta\left\{\sum_{i=1}^{l} \sum_{j=1}^{l} |b_{ij}^\vartheta(\mathbf{Y})| \leqq V_{1-\alpha}(p, n-k, l)\right\}$$

$$\geqq \alpha\,. \tag{49}$$

2. Ist nun $l = 1$ oder $l = 2$ und gilt (44), so gilt auf Grund von [A 1.73] in (47) und damit in (48) das Gleichheitszeichen. Folgt darüber hinaus aus $\mathbf{Z} \sim V(p, n-k, l)$ (45), so geht auch die Ungleichung (49) in eine Gleichung über. Daraus folgt aber die Exaktheit von $K_{\varphi,\tau}$.

3. Wir setzen nun voraus, daß $p = 1$ ist und daß (44) gilt. Entsprechend [A 1.75] gilt dann in (47) (und damit in (48)) das Gleichheitszeichen, da unter den angegebenen Voraussetzungen für $\vartheta = (M, \Sigma) \in \Theta$ und $Y \in \mathcal{T}$, $c'B^\vartheta(Y)\,c = \left(c'\left(W^{-1/2}(\hat{\eta}(Y) - CM)\right)\right)^2 (S(Y))^{-1}$ $(c \in R^l)$ ist. Folgt weiterhin aus $\mathbf{Z} \sim V(p, n-k, l)$ (45), so geht, wie wir bereits aus Punkt 2 des Beweises wissen, die Ungleichung (49) in eine Gleichung über, $K_{\varphi,\tau}$ ist also in diesem Falle exakt. ■

An dieser Stelle ist zu bemerken, daß die Quantile $V_{1-\alpha}(p, n-k, l)$ für $p > 1$ noch nicht berechnet wurden. Für $p = 1$ gilt $V_{1-\alpha}(p, n-k, l)^{1/2} = m_{1-\alpha}(1, l,$

$n - k, I_l)$[1]) (vgl. [A 2.31]). Da die zur $m(1, l, n - k, I_l)$-Verteilung[2]) gehörige Verteilungsfunktion stetig ist, folgt demnach für $p = 1$ aus $\boldsymbol{Z} \sim V(p, n - k, l)$ sofort (45). Wählen wir $K_{\varphi,\tau}$ wie in Satz 6.3.10, so gilt für $c \in \mathscr{X}$

$$K_{\varphi,\tau}^c(Y) = \Big\{\omega \in \mathfrak{M}_{1\times p} \mid \big(c'\hat{\eta}(Y) - \omega\big)\big(S(Y)\big)^{-1}\big(c'\hat{\eta}(Y) - \omega\big)' \leqq \Big(\max_{1\leqq i\leqq l} |w_i'c|\Big)^2 V_{1-\alpha}(p, n - k, l)\Big\}, \quad Y \in \mathscr{T}.$$

Für $p = 1$ ist dies gleichbedeutend mit

$$K_{\varphi,\tau}^c(Y) = [c'\hat{\eta}(Y) - u(c, Y), c'\hat{\eta}(Y) + u(c, Y)], \quad c \in \mathscr{X}, Y \in \mathscr{T},$$

wobei hier

$$u(c, Y) = \big(S(Y)\big)^{1/2}\Big(\max_{1\leqq i\leqq l} |w_i'c|\Big) m_{1-\alpha}(1, l, n - k, I_l), \quad c \in \mathscr{X}, Y \in \mathscr{T},$$

gesetzt ist.

Mit dem folgenden Beispiel wollen wir eine Anwendungsmöglichkeit der in den Sätzen 6.3.8 bis 6.3.10 konstruierten α-BSF beschreiben:

Beispiel 6.3.1. Wir betrachten eine deterministische UWB zwischen einem Regressor $\boldsymbol{x}$ mit Werten in $\mathscr{A}$ und einem Regressanden $\boldsymbol{y}$ mit Werten in $\mathfrak{M}_{1\times p}$, bei der sich für $\boldsymbol{x} = x$ der entsprechende Wert y von $\boldsymbol{y}$ als

$$y = f(x) = [g(x)]' B \tag{50}$$

ergibt. Hierbei sei $g: \mathscr{A} \to R^k$ eine vorgegebene Abbildung, und es sei $B \in \mathfrak{M}_{k\times p}$. Weiter sei $\xi = (x_1, \dots, x_n)$ mit $n - k \geqq p + \frac{p-1}{p}$ ein vorgegebener Versuchsplan, und die Versuchsplanmatrix $G(\xi)' = (g(x_1), \dots, g(x_n))$ sei von vollem Rang. Für $i \in \{1, \dots, n\}$ sei $\boldsymbol{Y}_i$ eine durch einen zufälligen Fehler $\boldsymbol{\varepsilon}_i$ überlagerte Beobachtung des Wertes $f_0(x_i)$ der Größe $\boldsymbol{y}$ bei $\boldsymbol{x} = x_i$. Es gelte also

$$\boldsymbol{Y}_i = f(x_i) + \boldsymbol{\varepsilon}_i, \quad i = 1, \dots, n.$$

Mit $\boldsymbol{Y}$ wollen wir die Matrix $(\boldsymbol{Y}_1', \dots, \boldsymbol{Y}_n')'$ bezeichnen. Für viele praktische Fragestellungen ist es interessant, für $\mathscr{A}_1 \subset \mathscr{A}$ eine Abbildung $K: R^k \times \mathfrak{M}_{n\times p} \to \mathfrak{B}_{\mathfrak{M}_{1\times p}}$ mit

$$P^{\boldsymbol{Y}}\{f(x) \in K(g(x), \boldsymbol{Y}), x \in \mathscr{A}_1\} \geqq \alpha \tag{51}$$

anzugeben. Ist $K: R^k \times \mathfrak{M}_{n\times p} \to \mathfrak{B}_{\mathfrak{M}_{1\times p}}$ eine Abbildung, für die (51) gilt, so bezeichnet man

$$\tilde{K}(Y) = \{(x, z) \mid z \in K(g(x), Y), x \in \mathscr{A}_1\}, \quad Y \in \mathfrak{M}_{n\times p}, \tag{52}$$

häufig als „Konfidenzband zum Konfidenzkoeffizienten α für den Graphen $\{(x, f(x)) \mid x \in \mathscr{A}_1\}$ der Regressionsfunktion f" oder kurz als „α-Konfidenzband für $\tilde{f} := \{(x, f(x)) \mid x \in \mathscr{A}_1\}$". Offensichtlich gilt nämlich

$$P^{\boldsymbol{Y}}\{f(x) \in K(g(x), \boldsymbol{Y}), x \in \mathscr{A}_1\} = P^{\boldsymbol{Y}}\{\{(x, f(x)) \mid x \in \mathscr{A}_1\} \subset \tilde{K}(\boldsymbol{Y})\} \geqq \alpha. \tag{53}$$

Wir stellen uns nun das Ziel, ein α-Konfidenzband für den Graphen $\tilde{f}$ zu konstruieren. Wir wollen dazu annehmen, daß durch

$$\boldsymbol{Y} = G^{\xi} B + \boldsymbol{\varepsilon}^{\xi} \tag{54}$$

---

[1]) Zur Definition von $m_{1-\alpha}(h, l, n - k, I_l)$ vgl. [A 2.34]!

[2]) Zur Definition der Verteilung $m(h, l, n - k, I_l)$ vgl. [A 2.34]!

mit

$$B \in \mathfrak{M}_{k\times p}, \quad \varepsilon^{\xi} \sim N_{n\times p}(0, \Sigma \otimes I_n), \quad \Sigma \in \mathfrak{M}_p^{>} \tag{55}$$

ein adäquates f-Beobachtungsmodell gegeben ist. Aus (54) und (55) folgt offensichtlich

$$Y \circleddash N[\mathfrak{M}^p(G^{\xi}) \times \mathcal{V}_{I_n}^p]. \tag{56}$$

Wir setzen $\Theta = \mathfrak{M}^p(G^{\xi}) \times \mathfrak{M}_p^{>}$ und

$$P_\vartheta = N_{n\times p}(M, \Sigma \otimes I_n), \quad \vartheta = (M, \Sigma) \in \Theta.$$

Wie wir sehen, gilt (51), wenn

$$P_\vartheta\{c'B \in K(c, Y), c \in \{g(x) \mid x \in \mathcal{A}_1\}\} \geqq \alpha, \quad \vartheta = (G^{\xi}B, \Sigma) \in \Theta \tag{57}$$

gilt. Da für $G^{\xi}B \in \mathfrak{M}^p(G^{\xi})$

$$B = ((G^{\xi})' G^{\xi})^{-1} (G^{\xi})' (G^{\xi}B)$$

gilt, ist mit $C = ((G^{\xi})' G^{\xi})^{-1} (G^{\xi})' \subset \mathfrak{M}_{k\times n}^k$ (57) äquivalent zu

$$P_\vartheta\{c'CM \in K(c, Y), c \in \{g(x) \mid x \in \mathcal{A}_1\}\} \geqq \alpha, \quad \vartheta = (M, \Sigma) \in \Theta.$$

Es sei nun $K_{\varphi,\tau}$ eine α-BSF für den Parameter

$$\gamma(\vartheta) = \{(c, c'CM) \mid c \in \{g(x) \mid x \in \mathcal{A}_1, g(x) \neq 0_k\}\}, \quad \vartheta = (M, \Sigma) \in \Theta. \tag{58}$$

Dabei sei $K_{\varphi,\tau}$ von der in Abschnitt 6.3.1 beschriebenen Art. Da aus

$$(g(x))' B = 0_p, \quad B \in \mathfrak{M}_{k\times p},$$

stets $g(x) = 0_k$ folgt, können wir

$$K(g(x), Y) = \begin{cases} K_{\varphi,\tau}^{g(x)}(Y) & \text{für } x \in \{x \in \mathcal{A}_1 \mid g(x) \neq 0_k\}, \\ \{0_{1\times p}\} & \text{sonst}, \end{cases} \tag{59}$$

$$Y \in \mathfrak{M}_{n\times p},$$

setzen, um mit $\tilde{K}$ aus (52) ein α-Konfidenzband für $\tilde{f}$ zu erhalten. Es gilt nämlich

$$\begin{aligned} &P_\vartheta\{\{c'CM \in K_{\varphi,\tau}^c(Y), c \in \{g(x) \mid x \in \mathcal{A}_1\}\} \\ &= P_\vartheta\{c'CM \in K_{\varphi,\tau}^c(Y), c \in \{g(x) \mid x \in \mathcal{A}_1, g(x) \neq 0_k\}\} \\ &= P_\vartheta\{\gamma(\vartheta) \in K_{\varphi,\tau}(Y)\} \geqq \alpha, \quad \vartheta = (M, \Sigma) \in \Theta. \end{aligned}$$

Um α-Konfidenzbänder für $\tilde{f}$ zu gewinnen, brauchen wir demnach nur α-BSF für die in (58) beschriebene Abbildung γ zu finden.

Wegen $\{g(x) \mid x \in \mathcal{A}_1\} \subset R^k$ können aus den Sätzen 6.3.8, 6.3.9 und 6.3.10 sehr leicht α-BSF für diese Abbildung γ abgeleitet werden, denn (56) stellt offensichtlich ein Modell der Form $N[\mathfrak{M}^p(X) \times \mathcal{V}_\Lambda^p]$ (mit $X = G^{\xi}$ und $\Lambda = I_n$) dar, und γ ist von der Form (26). Wir können dabei, auf Grund der gegebenen besonderen Struktur von X und C, $W = ((G^{\xi})' G^{\xi})^{-1}$ und $l = k$ setzen. Für diese besondere Wahl von W und l nehmen die zu den α-BSF $K_{\varphi,\tau}$ aus den Sätzen 6.3.8 bis 6.3.10 gehörigen Abbildungen $K_{\varphi,\tau}^c$ $(c = (c_1, \dots, c_k)' \in R^k, c \neq 0_k)$ die Gestalt

$$\begin{aligned} K_{\varphi,\tau}^c(Y) = \{\omega \in \mathfrak{M}_{1\times p} \mid &(c'\hat{\beta}(Y) - \omega) (S(Y))^{-1} (c'\hat{\beta}(Y) - \omega)' \\ &\leqq c'((G^{\xi})' G^{\xi})^{-1} c\lambda_{\max;1-\alpha}(p, n-k, k)\}, \quad Y \in \mathcal{T}, \end{aligned}$$

$$\begin{aligned} K_{\varphi,\tau}^c(Y) = \Big\{\omega \in \mathfrak{M}_{1\times p} \mid &(c'\hat{\beta}(Y) - \omega) (S(Y))^{-1} (c'\hat{\beta}(Y) - \omega)' \\ &\leqq \Big(\sum_{i=1}^k |w_i'c|\Big)^2 Q_{1-\alpha}(p, n-k, k)\Big\}, \quad Y \in \mathcal{T}, \end{aligned}$$

bzw.

$$K^c_{\varphi,\tau}(Y) = \Big\{\omega \in \mathfrak{M}_{1\times p} \mid (c'\hat{\beta}(Y) - \omega)\,(S(Y))^{-1}\,(c'\hat{\beta}(Y) - \omega)' \le \Big(\max_{1\le i\le k} |w_i'c|\Big)^2 V_{1-\alpha}(p, n-k, k)\Big\}, \quad Y \in \mathcal{T},$$

an. Hierbei wurde

$$\hat{\beta}(Y) = CP_{\mathfrak{R}(G^\xi)}Y = CY, \quad Y \in \mathfrak{M}_{n\times p},$$

gesetzt. Die daraus auf Grund von (59) resultierenden Abbildungen K haben für $g(x) \neq 0$ und $Y \in \mathcal{T}$ die Form

$$K(g(x), Y) = \{\omega \in \mathfrak{M}_{1\times p} \mid ([g(x)]'\,\hat{\beta}(Y) - \omega)\,(S(Y))^{-1}\,([g(x)]'\,\hat{\beta}(Y) - \omega)' \le (g(x))'\,((G^\xi)'\,G^\xi)^{-1}\,g(x)\,\lambda_{\max;\,1-\alpha}(p, n-k, k)\}, \tag{60}$$

$$K(g(x), Y) = \Big\{\omega \in \mathfrak{M}_{1\times p} \mid ([g(x)]'\,\hat{\beta}(Y) - \omega)\,(S(Y))^{-1}\,([g(x)]'\,\hat{\beta}(Y) - \omega)' \le \Big(\sum_{i=1}^{k} |w_i'g(x)|\Big)^2 Q_{1-\alpha}(p, n-k, k)\Big\} \tag{61}$$

bzw.

$$K(g(x), Y) = \Big\{\omega \in \mathfrak{M}_{1\times p} \mid ([g(x)]'\,\hat{\beta}(Y) - \omega)\,(S(Y))^{-1}\,([g(x)]'\,\hat{\beta}(Y) - \omega)' \le \Big(\max_{1\le i\le k} |w_i'g(x)|\Big)^2 V_{1-\alpha}(p, n-k, k)\Big\}. \tag{62}$$

Durch diese verschiedenen Abbildungen sind uns drei α-Konfidenzbänder für $\tilde{f}$ gegeben (vgl. auch [42]). Üblicherweise bezeichnet man ein Konfidenzband der Form (52) als exakt, wenn

$$P_\vartheta\{\tilde{f} \subset \tilde{K}(Y)\} = \alpha, \quad \vartheta \in \Theta \tag{63}$$

gilt. (63) ist dann erfüllt, wenn in (57) für alle $\vartheta \in \Theta$ das Gleichheitszeichen gilt. Dies ist der Fall, wenn die BSF $K_{\varphi,\tau}$ für die in (58) beschriebene Parameterfunktion γ exakt ist. Wann die zur Konstruktion der Abbildungen K aus (60), (61) und (62) verwendeten Abbildungen $K_{\varphi,\tau}$ exakt sind, haben wir bereits in den Sätzen 6.3.8, 6.3.9 und 6.3.10 untersucht.

6.3.4. Simultane Schätzung reellwertiger Parameter in multivariaten Modellen

1. In allen folgenden Betrachtungen werden wir als Ω die Menge der reellen Zahlen wählen. Wir betrachten künftig nur noch den Fall, daß für $A \in \mathcal{X}$ und $\vartheta \in \Theta$ $f_\vartheta(A) \in R^1$ gilt. Dabei wollen wir zunächst annehmen, daß $\mathcal{X} \subset \{c \in R^{lp} \mid c \neq 0_{lp}\}$ und

$$f_\vartheta(c) = c'\overrightarrow{(CM)'}, \quad c \in \mathcal{X}, \quad \vartheta = (M, \Sigma) \in \Theta,$$

gelten, woraus

$$\gamma(\vartheta) = \{(c, c'\overrightarrow{(CM)'}) \mid c \in \mathcal{X}\}, \quad \vartheta = (M, \Sigma) \in \Theta,$$

folgt. Unter diesen Voraussetzungen gilt der folgende Satz:

Satz 6.3.11.

1. *Es sei*

$$r(c, \omega, Y) = \frac{(c'\overrightarrow{(\hat{\eta}(Y))'} - \omega)^2}{c'(W \otimes S(Y))\, c}(n-k)\,, \quad (c, \omega, Y) \in \mathscr{X} \times R^1 \times \mathscr{T}\,, \tag{64}$$

$$t(c) = 1\,, \quad c \in \mathscr{X}\,, \tag{65}$$

und

$$T_\alpha = T^2_{0;1-\alpha}(p, n-k, l)\,.$$

Dann ist $K_{\varphi,\tau}$ *eine* α-BSF *für* γ.

2. $K_{\varphi,\tau}$ *ist exakt, sobald* $\left\{d\frac{c}{||c||} \mid c \in (W^{1/2} \otimes I_p)\,\mathscr{X},\, d \in \{-1, 1\}\right\}$ *in* $\{c \in R^{lp} \mid ||c|| = 1\}$ *dicht liegt.*

Beweis. 1. Für $Y \in \mathscr{T}$ und $\vartheta = (M, \Sigma) \in \theta$ gilt auf Grund von [A 1.74] und [A 1.69]

$$\begin{aligned}
\varphi(\gamma(\vartheta), Y) &= \sup_{c\in\mathscr{X}} \frac{(c'\overrightarrow{(\hat{\eta}(Y) - CM)'})^2}{c'(W \otimes S(Y))\, c}(n-k)\\
&= \sup_{c\in\mathscr{X}} \frac{[c'(W^{1/2} \otimes I_p)\,(W^{-1/2} \otimes I_p)\,\overrightarrow{(\hat{\eta}(Y) - CM)'}]^2}{c'(W^{1/2} \otimes I_p)\,(I_l \otimes S(Y))\,(W^{1/2} \otimes I_p)\, c}(n-k)\\
&= \sup_{c\in(W^{1/2}\otimes I_p)\mathscr{X}} \frac{(c'(W^{-1/2} \otimes I_p)\,\overrightarrow{(\hat{\eta}(Y) - CM)'})^2}{c'(I_l \otimes S(Y))\, c}(n-k)\\
&= \sup_{c\in(W^{1/2}\otimes I_p)\mathscr{X}} \frac{\left(c'\left(\overrightarrow{W^{-1/2}(\hat{\eta}(Y) - CM)'}\right)\right)^2}{c'(I_l \otimes S(Y))\, c}(n-k)\\
&\leqq \lambda_{\max}[(I_l \otimes (S(Y)))^{-1}\left(\overrightarrow{W^{-1/2}(\hat{\eta}(Y) - CM)'}\right)\left(\overrightarrow{W^{-1/2}(\hat{\eta}(Y) - CM)'}\right)'(n-k)]\\
&= \left(\overrightarrow{W^{-1/2}(\hat{\eta}(Y) - CM)'}\right)'(I_l \otimes S(Y))^{-1}\left(\overrightarrow{W^{-1/2}(\hat{\eta}(Y) - CM)'}\right)(n-k)\\
&= (n-k)\,\mathrm{sp}\,[W^{-1/2}(\hat{\eta}(Y) - CM)\,(S(Y))^{-1}\,(\hat{\eta}(Y) - CM)'\,W^{-1/2}]\\
&= (n-k)\,\mathrm{sp}\,[W^{-1/2}(\hat{\eta}(Y) - CM)\,\Sigma^{-1/2}(\Sigma^{-1/2}S(Y)\,\Sigma^{-1/2})^{-1}\,\Sigma^{-1/2}\\
&\qquad \times (\hat{\eta}(Y) - CM)'\,W^{-1/2}]\,.
\end{aligned} \tag{66}$$

Es sei nun $\mathbf{Y} \sim P_\vartheta$. Dann gilt

$$\begin{aligned}
&(n-k)\,\mathrm{sp}\,[W^{-1/2}(\hat{\eta}(\mathbf{Y}) - CM)\,\Sigma^{-1/2}(\Sigma^{-1/2}S(\mathbf{Y})\Sigma^{-1/2})^{-1}\\
&\qquad \times \Sigma^{-1/2}\,(\hat{\eta}(\mathbf{Y}) - CM)'\,W^{-1/2}] \sim T^2_0(p, n-k, l)\,,
\end{aligned}$$

und daraus folgt schließlich auf Grund von [A 2.33]

$$\begin{aligned}
P_\vartheta\{\gamma(\vartheta) \in K_{\varphi,\tau}(\mathbf{Y})\} &= P_\vartheta\{\varphi(\gamma(\vartheta), \mathbf{Y}) \leqq T^2_{0;1-\alpha}(p, n-k, l)\}\\
&\geqq P_\vartheta\{(n-k)\,\mathrm{sp}\,[W^{-1/2}(\hat{\eta}(\mathbf{Y}) - CM)\,\Sigma^{-1/2}(\Sigma^{-1/2}S(\mathbf{Y})\,\Sigma^{-1/2})^{-1}\,\Sigma^{-1/2}\\
&\qquad \times (\hat{\eta}(\mathbf{Y}) - CM)'\,W^{-1/2} \leqq T^2_{0;1-\alpha}(p, n-k, l)\}\\
&= \alpha\,.
\end{aligned} \tag{67}$$

2. Liegt nun $\left\{d\frac{c}{||c||} \mid c \in (W^{1/2} \otimes I_p)\,\mathscr{X},\, d \in \{-1, 1\}\right\}$ in $\{c \in R^{lp} \mid ||c|| = 1\}$ dicht, so gilt nach [A 1.74] in (66) (und demzufolge auch in (67)) das Gleichheitszeichen, woraus die Exaktheit von $K_{\varphi,\tau}$ folgt. ■

Von M. N. GHOSH [11] wurde dieser Satz unter der zusätzlichen Voraussetzung, daß $W = I_l$ ist, bewiesen. Man sieht sofort, daß Satz 6.3.11 eine Verallgemeinerung des Lemmas 6.3.1 auf den allgemeinen Fall $l \geqq 1$ darstellt. Die Menge $\left\{d \frac{c}{\|c\|} \mid c \in (W^{1/2} \otimes I_p)\, \mathscr{X},\, d \in \{-1, 1\}\right\}$ liegt unter anderem dann in $\{c \in R^{lp} \mid \|c\| = 1\}$ dicht, wenn $\mathscr{X} = R^{lp} \setminus \{0_{lp}\}$ gilt, oder wenn $\mathscr{X}$ vom Typ $\{c \in R^{lp} \mid \|c\| \leqq a,\ c \neq 0_{lp}\}$ mit $a \in R^{>}$ ist. Die zu $K_{\varphi,\tau}$ gehörigen Abbildungen $K_{\varphi,\tau}^c$ haben in diesen Fall die Gestalt

$$K_{\varphi,\tau}^c(Y) = \{\omega \in R^1 \mid \overrightarrow{(c'(\hat{\eta}(Y))' - \omega)^2} \leqq \big(c'(I_l \otimes S(Y))\, c\big)\, (n-k)^{-1} \times \\ \times\, T_{0;1-\alpha}^2(p, n-k, l)\}\,, \qquad Y \in \mathscr{T},\, c \in \mathscr{X}\,.$$

2. Als nächstes betrachten wir den Fall, daß $\mathscr{X} \subset \{(a, b) \mid a \in R^l,\ b \in R^p,\ b \neq 0_p,\ a \neq 0_l\}$ und

$$f_\vartheta\big((a, b)\big) = a'CMb\,, \qquad \vartheta = (M, \Sigma) \in \Theta\,, \qquad (a, b) \in \mathscr{X}$$

gilt. Der von uns betrachtete Parameter hat also die Form

$$\gamma(\vartheta) = \{\big((a, b), a'CMb\big) \mid (a, b) \in \mathscr{X}\}\,, \qquad \vartheta = (M, \Sigma) \in \Theta\,.$$

Wir beweisen hierzu den folgenden Satz, der eine Verallgemeinerung entsprechender Ergebnisse von S. N. ROY und R. C. BOSE [12], S. N. ROY [13] und S. N. ROY und R. GNANADESIKAN [14] darstellt:

Satz 6.3.12.

1. *Es sei*

$$r\big((a, b), \omega, Y\big) = \frac{(a'\hat{\eta}(Y)\, b - \omega)^2}{b'S(Y)\, b}\,, \qquad \big((a, b), \omega, Y\big) \in \mathscr{X} \times R^1 \times \mathscr{T}$$

und

$$t(a, b) = a'Wa\,, \qquad (a, b) \in \mathscr{X}\,.$$

Ist dann

$$T_\alpha = \lambda_{\max;1-\alpha}(p, n-k, l)\,, \tag{68}$$

so stellt $K_{\varphi,\tau}$ *eine* α-BSF *für* γ *dar.*

2. *Ist*

$$\mathscr{X} = \{(a, b) \mid a \in R^l,\, b \in R^p,\, a \neq 0_l,\, b \neq 0_p\}\,,$$

so ist $K_{\varphi,\tau}$ *exakt.*

Beweis. 1. Für $b \in R^p$ sei $\mathscr{X}_b := \{a \in R^l \mid (a, b) \in \mathscr{X}\}$. Damit gilt auf Grund von [A 1.74] und [A 1.75] für $Y \in \mathscr{T}$ und $\vartheta = (M, \Sigma) \in \Theta$

$$\varphi(\gamma(\vartheta), Y) = \sup_{(a,b) \in \mathscr{X}} \frac{\big(a'(\hat{\eta}(Y) - CM)\, b\big)^2}{(a'Wa)\, (b'S(Y)\, b)} \\ = \sup_{\substack{b \in R^p \\ b \neq 0_p}} \sup_{a \in \mathscr{X}_b} \frac{\big(a'W^{1/2}W^{-1/2}(\hat{\eta}(Y) - CM)\, b\big)^2}{(a'Wa)\, (b'S(Y)\, b)}$$

$$= \sup_{\substack{b \in R^p \\ b \neq 0_p}} \frac{1}{b'S(Y)\,b} \sup_{a \in W^{1/2}\mathscr{X}_b} \frac{(a'W^{-1/2}(\hat{\eta}(Y) - CM)\,b)^2}{||a||^2}$$

$$\leqq \sup_{\substack{b \in R^p \\ b \neq 0_p}} \frac{||W^{-1/2}(\hat{\eta}(Y) - CM)\,b||^2}{b'S(Y)\,b}$$

$$= \lambda_{\max}[(S(Y))^{-1}(\hat{\eta}(Y) - CM)'\,W^{-1}(\hat{\eta}(Y) - CM)]$$

$$= \lambda_{\max}[(\Sigma^{-1/2}S(Y)\,\Sigma^{-1/2})^{-1}\,\Sigma^{-1/2}(\hat{\eta}(Y) - CM)'\,W^{-1}(\hat{\eta}(Y) - CM)\Sigma^{-1/2}]\,. \quad (69)$$

Ist nun $\boldsymbol{Y} \sim P_\vartheta$, so gilt

$$\lambda_{\max}[(\Sigma^{-1/2}S(\boldsymbol{Y})\,\Sigma^{-1/2})^{-1}\,\Sigma^{-1/2}(\hat{\eta}(\boldsymbol{Y}) - CM)'\,W^{-1}(\hat{\eta}(\boldsymbol{Y}) - CM)\,\Sigma^{-1/2}]$$
$$\sim \lambda_{\max}(p, n - k, l)\,, \quad (70)$$

und daraus folgt

$$P_\vartheta\{\gamma(\vartheta) \in K_{\varphi,\tau}(\boldsymbol{Y})\} = P_\vartheta\{\varphi(\gamma(\vartheta), \boldsymbol{Y}) \leqq \lambda_{\max;1-\alpha}(p, n - k, l)\}$$
$$\geqq P_\vartheta\{\lambda_{\max}[(\Sigma^{-1/2}S(\boldsymbol{Y})\,\Sigma^{-1/2})^{-1}\,\Sigma^{-1/2}(\hat{\eta}(\boldsymbol{Y}) - CM)'\,W^{-1}(\hat{\eta}(\boldsymbol{Y}) - CM)\,\Sigma^{-1/2}]$$
$$\leqq \lambda_{\max;1-\alpha}(p, n - k, l)\}$$
$$= \alpha\,. \quad (71)$$

2. Ist $\mathscr{X} = \{(a, b) \mid a \in R^l,\, b \in R^p,\, a \neq 0_l,\, b \neq 0_p\}$, so gilt wegen [A 1.75] in (69) und damit auch in (71) das Gleichheitszeichen – unabhängig von der konkreten Wahl von ϑ. ■

Von S. N. Roy und R. C. Bose [12], von S. N. Roy [13] sowie von S. N. Roy und R. Gnanadesikan [14] wurde der Satz 6.3.12 für $C = (X'\Lambda^{-1}X)^{-1/2}\,X'\Lambda^{-1}$ und verschiedene X und Λ bewiesen.

Mit $(a, b) \in \mathscr{X}$ und $Y \in \mathscr{T}$ gilt für die α-BSF $K_{\varphi,\tau}$ aus Satz 6.3.12

$$K_{\varphi,\tau}^{(a,b)}(Y) = [a'\hat{\eta}(Y)\,b - u((a, b), Y),\, a'\hat{\eta}(Y)\,b + u((a, b), Y)]$$

mit

$$u((a, b), Y) = ||a||_W\,||b||_{S(Y)}\,(\lambda_{\max;1-\alpha}(p, n - k, l))^{1/2}\,.$$

Einen interessanten Spezialfall des betrachteten Problems stellt der Fall

$$\mathscr{X} = \{(a_i, b) \mid a_i \in R^l,\, a_i \neq 0_l,\, i = 1, \dots, t;\, b \in R^p,\, b \neq 0_p\}$$

mit $t \in \mathscr{N}$ dar. C. G. Khatri bestimmte in [9] für diesen Spezialfall Werte $T_\alpha^*(p, n - k, t)$ mit der Eigenschaft, daß die mit Hilfe von r aus (64), t aus (65) und $T_\alpha = T_\alpha^*(p, n - k, t)$ konstruierte Abbildung $K_{\varphi,\tau}$ eine α-BSF für γ ist. Mit

$$\mathscr{Z} := \left(\prod_{j=1}^{t-1} \frac{\Gamma\left(\frac{1}{2}(n - k + j)\right)}{\Gamma\left(\frac{1}{2}(n - p - p + j)\right)}\right)\left(\frac{\Gamma\left(\frac{1}{2}(n - k + t - p)\right)}{\Gamma\left(\frac{1}{2}(n - k + t)\right)}\right)^{t-1}$$

erhalten wir diese Werte $T_\alpha^*(p, n - k, t)$ als Lösung der Gleichung

$$1 - \alpha = \mathscr{Z}\,[\beta\left(\tfrac{1}{2}p, \tfrac{1}{2}(n - k + t - p);\, T_\alpha^*(p, n - k, t)\right)]\,.$$

Dabei ist $\beta(a, b; c)$ wie in (42) definiert.

6.3.5. Simultane Schätzung reellwertiger Parameter in univariaten Modellen

1. Wir betrachten in diesem Abschnitt den Spezialfall, daß $\boldsymbol{y}$ ein zufälliger Vektor ist.

Es ist also $p = 1$. Selbstverständlich können wir die Ergebnisse der vorausgehenden Abschnitte auf diesen Fall übertragen. Wir werden jedoch sehen, daß für $p = 1$ eine Vielzahl von Aussagen und Ergebnissen vorliegt, deren Verallgemeinerung auf den Fall $p > 1$ nicht oder nur sehr schwer möglich ist. Künftig sei stets $\mathscr{X} \subset R^l \setminus \{0_l\}$ und

$$f_\vartheta(c) = c'C\mu\,, \qquad \vartheta = (\mu, \sigma^2) \in \Theta\,, \qquad c \in \mathscr{X}\,.$$

Dann gilt zunächst

Satz 6.3.13.

1. *Es seien* $m_1 \in [1, \infty) \cup \{\infty\}$ *und* $m_2 \in [1, \infty) \cup \{\infty\}$ *Zahlen mit* $1/m_1 + 1/m_2 = 1$. *Weiter sei*

$$\|c\|_{m_j} = \begin{cases} \left(\sum\limits_{i=1}^{l} |c_i|^{m_j}\right)^{1/m_j}, & \textit{falls } 1 \leqq m_j < \infty\,, \\ \max\limits_{1 \leqq i \leqq l} |c_i|\,, & \textit{falls } m_j = \infty\,, \end{cases}$$

$$j = 1, 2, \quad c = (c_1, \dots, c_l)' \in R^l\,,$$

gesetzt, und es sei $Q \in \mathfrak{M}_l^{>}$. *Schließlich sei*

$$r(c, \omega, y) = \big(S(y)\big)^{-1/2}\,|\,c'\hat{\eta}(y) - \omega|, \quad (c, \omega, y) \in \mathscr{X} \times R^1 \times \mathscr{T}\,, \tag{72}$$

$$t(c) = \|Qc\|_{m_2}\,, \quad c \in \mathscr{X} \tag{73}$$

und

$$T_\alpha = m_{1-\alpha}(m_1, l, n-k, Q^{-1}WQ^{-1})\,.$$

Dann ist $K_{\varphi,\tau}$ *eine* α-BSF *für* γ.

2. *Gilt für* $\mathbf{Z} \sim m(m_1, l, n-k, Q^{-1}WQ^{-1})$ *die Gleichheit*

$$P\{\mathbf{Z} \leqq m_{1-\alpha}(m_1, l, n-k, Q^{-1}WQ^{-1})\} = \alpha\,, \tag{74}$$

so ist $K_{\varphi,\tau}$ *exakt,*

a) *falls* $1 < m_1 < \infty$ *ist und* $\left\{d\,\dfrac{c}{\|c\|_{m_2}}\;\middle|\; c \in Q\mathscr{X}, d \in \{-1, 1\}\right\}$ *in* $\{c \in R^l \mid \|c\|_{m_2} = 1\}$ *dicht liegt,*

oder

b) *falls* $m_1 = 1$ *ist und zu jedem* $c \in \{c = (c_1, \dots, c_l)' \in R^l \mid c_i \in \{-1, 1\}, 1 \leqq i \leqq l\}$ *ein* $\lambda_c \in R^1$ *mit* $\lambda_c\, c \in Q\mathscr{X}$ *existiert,*

oder

c) *falls* $m_1 = \infty$ *ist und jeder Vektor* $e_i^{(l)}$ $(i = 1, \dots, l)$ *ein Häufungspunkt der Menge* $\left\{d\,\dfrac{c}{\|c\|_{m_2}}\;\middle|\; c \in Q\mathscr{X}, d \in \{-1, 1\}\right\}$ *ist.*

Beweis. 1. Nach [A 1.75] gilt für $y \in \mathcal{T}$ und $\vartheta = (\mu, \sigma^2) \in \Theta$

$$\begin{aligned}\varphi(\gamma(\vartheta), y) &= (S(y))^{-1/2} \sup_{c \in \mathcal{X}} \frac{|c'(\hat{\eta}(y) - C\mu)|}{||Qc||_{m_2}} \\ &= (S(y))^{-1/2} \sup_{c \in \mathcal{X}} \frac{|c'QQ^{-1}(\hat{\eta}(y) - C\mu)|}{||Qc||_{m_2}} \\ &= (S(y))^{-1/2} \sup_{c \in Q\mathcal{X}} \frac{|c'Q^{-1}(\hat{\eta}(y) - C\mu)|}{||c||_{m_2}} \\ &\leqq (S(y))^{-1/2} ||Q^{-1}(\hat{\eta}(y) - C\mu)||_{m_1}\,. \end{aligned} \tag{75}$$

Außerdem folgt aus $\boldsymbol{y} \sim P_\vartheta$ wegen (3)

$$(S(\boldsymbol{y}))^{-1/2} ||Q^{-1}(\hat{\eta}(\boldsymbol{y}) - C\mu)||_{m_1} \sim m(m_1, l, n-k, Q^{-1}WQ^{-1}),$$

und daraus ergibt sich schließlich

$$P_\vartheta\{\gamma(\vartheta) \in K_{\varphi,\tau}(\boldsymbol{y})\} = P_\vartheta\{\varphi(\gamma(\vartheta), \boldsymbol{y}) \leqq m_{1-\alpha}(m_1, l, n-k, Q^{-1}WQ^{-1})\} \tag{76}$$

$$\geqq P_\vartheta\{(S(\boldsymbol{y}))^{-1/2} ||Q^{-1}(\hat{\eta}(\boldsymbol{y}) - C\mu)||_{m_1} \leqq m_{1-\alpha}(m_1, l, n-k, Q^{-1}WQ^{-1})\}$$

$$\geqq \alpha\,. \tag{77}$$

2. Wir wollen nun annehmen, daß aus $\boldsymbol{Z} \sim m(m_1, l, n-k, Q^{-1}WQ^{-1})$ (74) folgt. Damit geht die Ungleichung (77) in eine Gleichung über. Ist außerdem $1 < m_1 < \infty$ und liegt $\left\{d \frac{c}{||c||_{m_2}} \mid c \in Q\mathcal{X}, d \in \{-1, 1\}\right\}$ in $\{c \in R^l \mid ||c||_{m_2} = 1\}$ dicht, so gilt auf Grund von [A 1.75] in (75) und damit auch in (76) die Gleichheit. $K_{\varphi,\tau}$ ist also in diesem Fall exakt.

Die Teile b) und c) des zweiten Teils der Behauptung lassen sich analog beweisen. ■

Der Satz 6.3.13 stellt eine Verallgemeinerung entsprechender Ergebnisse von M. Dwass [15], H. Scheffé [8], J. W. Tukey [16], [17] und D. C. Bowden [18] dar. Von M. Dwass [15] wurde die Aussage des Satzes für den Fall bewiesen, daß für $\boldsymbol{y}$ ein Modell der in Beispiel 6.2.3 beschriebenen Art adäquat ist und $C = (X'X)^{-1} X'$, $W = Q^{1/2} = (X'X)^{-1}$, $l = k$ sowie

$$\mathcal{X} \subset \left\{c = (c_1, \dots, c_k)' \in R^k \mid \sum_{i=1}^{k} c_i = 0, c \neq 0_k\right\}$$

gilt. Einen Beweis des Satzes 6.3.13 für den Fall $m_1 = m_2 = 2$, $Q = W^{1/2}$ gab H. Scheffé in [8]. D. C. Bowden [18] verallgemeinerte das Ergebnis von Scheffé, in dem er sich von der Voraussetzung $Q = W^{1/2}$ löste. Für $m_1 = 1$ und $Q = W^{1/2}$ wies schließlich J. W. Tukey [16], [17] die Aussage des obigen Satzes unter der zusätzlichen Voraussetzung, daß W von der Form Diag $[\lambda_1^2, \dots, \lambda_l^2]$ mit $\lambda_i \in R^>$ $(i = 1, \dots, l)$ ist, nach.

Für $Q = W^{1/2}$ und $m_1 = 2$ stimmt die BSF aus Satz 6.3.13 mit der aus Satz 6.3.8 überein, wenn wir in Satz 6.3.8 zusätzlich voraussetzen, daß $\boldsymbol{y}$ ein zufälliger Vektor und demzufolge $p = 1$ ist. Unter der gleichen zusätzlichen Voraussetzung stimmen auch die BSF aus den Sätzen 6.3.9 bzw. 6.3.10 mit der BSF aus Satz 6.3.13 überein, sobald wir $Q = W^{1/2}$ und $m_1 = \infty$ bzw. $m_1 = 1$ setzen.

Wählen wir $K_{\varphi,\tau}$ wie in Satz 6.3.13, so gilt für $c \in \mathcal{X}$ und $y \in \mathcal{T}$

$$K^c_{\varphi,\tau}(y) = [c'\hat{\eta}(y) - u(c, y), c'\hat{\eta}(y) + u(c, y)] \tag{78}$$

mit

$$u(c, y) = (S(y))^{1/2} \, ||Qc||_{m_2} \, m_{1-\alpha}(m_1, l, n-k, Q^{-1}WQ^{-1}) \,.$$

Die Quantile $m_{1-\alpha}(m_1, l, n-k, Q^{-1}WQ^{-1})$ sind im allgemeinen schwierig zu berechnen. Ist jedoch $Q = W^{1/2}$, so gilt $Q^{-1}WQ^{-1} = I_l$, und für diesen Spezialfall sind einige der Quantile $m_{1-\alpha}(m_1, l, n-k, Q^{-1}WQ^{-1})$ sogar tabelliert. Es gilt nämlich sowohl

$$m_{1-\alpha}(\infty, l, n-k, I_l) = (n-k)^{-1/2} \, m_{1-\alpha}(l, n-k, I_l) \tag{79}$$

als auch

$$m_{1-\alpha}(2, l, n-k, I_l) = \left(\frac{l}{n-k} F_{1-\alpha; l, n-k}\right)^{1/2} \tag{80}$$

(vgl. [A 2.34]). Auf Grund von (79) und (80) folgt aus $\boldsymbol{Z} \sim m(m_1, l, n-k, Q^{-1}WQ^{-1})$ die Gleichung (74), sobald $Q = W^{1/2}$ und entweder $m_1 = 2$ oder $m_1 = \infty$ ist.

Ist $\mathcal{X} = R^l \setminus \{0_l\}$ und $1 < m_2 < \infty$, so liegt $\left\{d \frac{c}{||c||_l} \mid c \in Q\mathcal{X}, d \in \{-1, 1\}\right\}$ in $\{c \in R^l \mid ||c||_{m_2} = 1\}$ dicht. Dies ist auch der Fall, wenn $1 < m_2 < \infty$ und $\mathcal{X} = \{c \in R^l \mid ||Qc||_{m_2} \leqq a, c \neq 0_l\}$ mit $a \in R^>$ ist. Falls $\mathcal{X} = \{c \in R^l \mid ||c||_{m_2} \leqq a, c \neq 0_l\}$ mit $a \in R^>$ ist, existiert zu jedem $c \in \{c = (c_1, c_2, \ldots, c_l)' \in R^l \mid c_i \in \{-1, 1\}; i = 1, \ldots, l\}$ ein $\lambda_c \in R^1$ mit $\lambda_c c \in Q\mathcal{X}$. Außerdem ist in diesem Falle jeder der Vektoren $c_i^{(l)}$ $(i = 1, \ldots, l)$ ein Häufungspunkt der Menge $\left\{d \frac{c}{||c||_{m_1}} \mid c \in Q\mathcal{X}, d \in \{-1, 1\}\right\}$.

Während der Beweis des Satzes 6.3.13 auf der Hölderschen Ungleichung [A 1.75] basiert, beruht der folgende Satz auf einer anderen Abschätzung.

Satz 6.3.14. *Die Abbildung r sei wie in* (72) *gewählt, und mit*

$$L^+(a) = \max\{0, a\}\,, \quad a \in R^1\,,$$

bzw.

$$L^-(a) = -\min\{0, a\}\,, \quad a \in R^1\,,$$

sei

$$t(c) = \max\left\{\sum_{i=1}^{l} L^+(w_i'c), \sum_{i=1}^{l} L^-(w_i'c)\right\}, \quad c \in \mathcal{X}\,.$$

Schließlich sei

$$T_\alpha = (n-k)^{-1/2} \, q'_{1-\alpha}(l, n-k)\,.^{1)}$$

Dann ist $K_{\varphi,\tau}$ eine α-BSF *für* γ, *und $K_{\varphi,\tau}$ ist exakt, falls $\mathcal{X} = R^l \setminus \{0_l\}$ ist.*

---

1) Zur Definition von $q'_{1-\alpha}(l, n-k)$ vgl. [A 2.30]!

Beweis. Nach [A 1.76] gilt für $\vartheta = (\mu, \sigma^2) \in \Theta$ und $y \in \mathcal{T}$

$$\varphi(\gamma(\vartheta), y) = \sup_{c \in \mathfrak{X}} \frac{|c'(\hat{\eta}(y) - C\mu)|}{\max\left\{\sum_{i=1}^{l} L^+(w_i'c), \sum_{i=1}^{l} L^-(w_i'c)\right\}} (S(y))^{-1/2} \tag{81}$$

$$= (S(y))^{-1/2} \sup_{c \in \mathfrak{X}} \frac{|c' W^{1/2} W^{-1/2}(\hat{\eta}(y) - C\mu)|}{\max\left\{\sum_{i=1}^{l} L^+(w_i' c), \sum_{i=1}^{l} L^-(w_i'c)\right\}} \tag{82}$$

$$= (S(y))^{-1/2} \sup_{\substack{c \in W^{1/2}\mathfrak{X} \\ c=(c_1,\ldots,c_l)'}} \frac{|c' W^{-1/2}(\hat{\eta}(y) - C\mu)|}{\max\left\{\sum_{i=1}^{l} L^+(c_i), \sum_{i=1}^{l} L^-(c_i)\right\}}$$

$$\leqq (S(y))^{-1/2} \max \{\max_{1 \leq i \leq l} |b_i^\mu(y)|, \max_{\substack{1 \leq i \leq l \\ 1 \leq j \leq l}} |b_i^\mu(y) - b_j^\mu(y)|\}, \tag{83}$$

wobei hier

$$b_\mu(y) = (b_1^\mu(y), \ldots, b_l^\mu(y))' = W^{-1/2}(\hat{\eta}(y) - C\mu)$$

gesetzt ist. Wir wollen nun annehmen, daß $\boldsymbol{y} \sim P_\vartheta$ gilt. Auf Grund von (3) gilt dann

$$\left(\frac{1}{\sigma} b_\mu(\boldsymbol{y}), \frac{1}{\sigma^2} S(\boldsymbol{y})\right) \sim N_l(0, I_l) \times \chi^2_{n-k},$$

und daraus folgt auf Grund der Definition der Verteilung $q'(l, n-k)$ (vgl. [A 2.30])

$$(S(\boldsymbol{y}))^{-1/2} (n-k)^{1/2} (\max\{\max_{1 \leq i \leq l} |b_i^\mu(\boldsymbol{y})|, \max_{\substack{1 \leq i \leq l \\ 1 \leq j \leq l}} |b_i^\mu(\boldsymbol{y}) - b_j^\mu(\boldsymbol{y})|\}) \sim q'(l, n-k). \tag{84}$$

Aus (84) und aus (81) bis (83) folgt schließlich auf Grund der Definition des Quantils $q'_{1-\alpha}(l, n-k)$

$$P_\vartheta\{\gamma(\vartheta) \in K_{\varphi,\tau}(\boldsymbol{y})\} = P_\vartheta\{\varphi(\gamma(\vartheta), \boldsymbol{y}) \leqq (n-k)^{-1/2} q'_{1-\alpha}(l, n-k)\}$$

$$\geqq P_\vartheta\{(n-k)^{1/2}(S(\boldsymbol{y}))^{-1/2} (\max\{\max_{1 \leq i \leq l} |b_i^\mu(\boldsymbol{y})|, \max_{\substack{1 \leq i \leq l \\ 1 \leq j \leq l}} |b_i^\mu(\boldsymbol{y}) - b_j^\mu(\boldsymbol{y})|\}) \leqq q'_{1-\alpha}(l, n-k)\}$$

$$= \alpha, \tag{85}$$

die in der Behauptung aufgeführte Abbildung $K_{\varphi,\tau}$ ist also eine α-BSF. Ist ferner $\mathfrak{X} = R^l \setminus \{0_l\}$, so gilt nach [A 1.76] in (83) und damit auch in (85) die Gleichheit. ■

Von J. W. Tukey [10], [18] wurde der Satz 6.3.14 unter der Voraussetzung, daß W eine Diagonalmatrix der Form $\lambda_1 I_l$ mit $\lambda_1 \in R^+$ ist, bewiesen. E. Spjøtvoll und M. Stoline [19] bewiesen den Satz für den Fall, daß W eine beliebige (positiv definite) Diagonalmatrix ist.

Für $c \in \mathfrak{X}$ und $K_{\varphi,\tau}$ aus Satz 6.3.14 gilt

$$K^c_{\varphi,\tau}(y) = [c'\hat{\eta}(y) - u(c, y), c'\hat{\eta}(y) + u(c, y)], \quad y \in R^n, \tag{86}$$

mit

$$u(c, y) = \left(S(y)\right)^{1/2} (n-k)^{-1/2} q'_{1-\alpha}(l, n-k) \max\left\{\sum_{i=1}^{l} L^+(w_i'c), \sum_{i=1}^{l} L^-(w_i'c)\right\},$$

$$c \in \mathfrak{X}, \; Y \in R^n.$$

Die Quantile $q'_{1-\alpha}(l, n-k)$ wurden bisher noch nicht tabelliert. J. W. TUKEY [10] konnte zeigen, daß für $l > 2$ und $\alpha \geqq 0{,}95$ der Wert $q_{1-\alpha}(l, n-k)$[1]) eine gute Näherung für $q'_{1-\alpha}(l, n-k)$ ist. Einige Hinweise zur Bestimmung des Quantils $q_{1-\alpha}(l, n-k)$ sind im Anhang (vgl. [A 3.21]) zusammengestellt.

Das folgende Beispiel veranschaulicht die Bedeutung der in den Sätzen 6.3.13 und 6.3.14 konstruierten α-BSF:

Beispiel 6.3.2. Wir betrachten die Problematik aus Beispiel 6.3.1. Dabei wollen wir alle in diesem Beispiel aufgeführten Voraussetzungen sowie die dort eingeführten Bezeichnungen beibehalten. Zusätzlich wollen wir allerdings annehmen, daß $\boldsymbol{y}$ ein zufälliger Vektor ist, daß also $p = 1$ gilt. Entsprechend den Überlegungen aus Beispiel 6.3.1 erhalten wir aus den Sätzen 6.3.13 und 6.3.14 weitere α-Konfidenzbänder für $\tilde{f} = \{(x, f(x)) \mid x \in \mathcal{A}_1\}$. Diese haben die Form (52) mit

$$K(g(x), y) = \begin{cases} [(g(x))'\,\hat{\beta}(y) - (S(y))^{1/2}\, \|Qg(x)\|_{m_2}\, m_{1-\alpha}(m_1, l, n-k, Q^{-1}WQ^{-1}), \\ (g(x))'\,\hat{\beta}(y) + (S(y))^{1/2}\, \|Qg(x)\|_{m_2}\, m_{1-\alpha}(m_1, l, n-k, Q^{-1}WQ^{-1})], \\ \qquad\qquad \text{falls } g(x) \neq 0 \text{ ist}, \\ \{0\} \qquad\qquad \text{sonst}, \end{cases}$$

$$y \in R^n,\ x \in \mathcal{A}_1 \tag{87}$$

bzw.

$$K(g(x), y) = \begin{cases} \left[(g(x))'\,\hat{\beta}(y) - \left(\dfrac{S(y)}{n-k}\right)^{1/2} \left(\max\left\{\sum\limits_{i=1}^{l} L^+(w_i'g(x)),\ \sum\limits_{i=1}^{l} L^-(w_i'g(x))\right\}\right)\right. \\ \qquad \times\, q'_{1-\alpha}(l, n-k), \\ (g(x))'\,\hat{\beta}(y) + \left(\dfrac{S(y)}{n-k}\right)^{1/2} \left(\max\left\{\sum\limits_{i=1}^{l} L^+(w_i'g(x)),\ \sum\limits_{i=1}^{l} L^-(w_i'g(x))\right\}\right) \\ \qquad \left.\times\, q'_{1-\alpha}(l, n-k)\right], \\ \qquad\qquad \text{falls } g(x) \neq 0 \text{ ist}, \\ \{0\} \qquad\qquad \text{sonst}, \end{cases}$$

$$y \in R^n,\ x \in \mathcal{A}_1 .$$

Entsprechend den in Anschluß an Satz 6.3.13 angestellten Überlegungen ist hierbei zu beachten, daß für den von uns betrachteten Fall ($p = 1$) die in Beispiel 6.3.1 konstruierten Konfidenzbänder multivariate Verallgemeinerungen desjenigen Konfidenzbandes der Form (52) sind, das wir erhalten, wenn wir $K(g(y), y)$ wie in (87) wählen.

Der nachfolgende Satz, in dem eine weitere α-BSF für γ beschrieben wird, wurde in ähnlicher Form erstmals von R. BOHRER [20] bewiesen:

Satz 6.3.15. 1. *Es sei*

$$r(c, \omega, y) = (c'\hat{\eta}(y) - \omega)\,(S(y))^{-1/2}, \qquad (c, \omega, y) \in \mathcal{X} \times R^1 \times \mathcal{T}. \tag{88}$$

Weiter sei

$$t(c) = (c'Wc)^{1/2}, \qquad c \in \mathcal{X}, \tag{89}$$

[1]) Zur Definition des Quantils $q_{1-\alpha}(l, n-k)$ vgl. [A 2.30]!

und

$$T_\alpha = \left(F_{1-\alpha;\,l,\,n-k} \frac{l}{n-k}\right)^{1/2}.$$

In diesem Falle ist $K_{\varphi,\tau}$ eine α-BSF für γ.

2. *$K_{\varphi,\tau}$ ist exakt, falls* $\left\{\frac{c}{||c||} \mid c \in W^{1/2}\mathcal{X}\right\}$ *dicht in* $\{c \in R^l \mid ||c|| = 1\}$ *liegt.*

Beweis. Für $\vartheta = (\mu, \sigma^2) \in \Theta$ und $y \in \mathcal{T}$ ist auf Grund von [A 1.75]

$$\varphi(\gamma(\vartheta), y) = (S(y))^{-1/2} \sup_{c \in \mathcal{X}} \frac{c'(\hat{\eta}(y) - C\mu)}{(c'Wc)^{1/2}} \tag{90}$$

$$= (S(y))^{-1/2} \sup_{c \in \mathcal{X}} \frac{c'W^{1/2}W^{-1/2}(\hat{\eta}(y) - C\mu)}{(c'Wc)^{1/2}} \tag{91}$$

$$= (S(y))^{-1/2} \sup_{c \in W^{1/2}\mathcal{X}} \frac{c'W^{-1/2}(\hat{\eta}(y) - C\mu)}{||c||} \tag{92}$$

$$\leqq (S(y))^{-1/2} \, ||W^{-1/2}(\hat{\eta}(y) - C\mu)|| .$$

Es sei nun $\boldsymbol{y} \sim P_\vartheta$. Dann gilt als Folgerung aus (3)

$$\frac{n-k}{l} \frac{||W^{-1/2}(\hat{\eta}(\boldsymbol{y}) - C\mu)||^2}{S(\boldsymbol{y})} \sim F_{l,\,n-k} ,$$

und daraus folgt schließlich wegen (90) bis (92)

$$P_\vartheta\{\gamma(\vartheta) \in K_{\varphi,\tau}(\boldsymbol{y})\} = P_\vartheta\left\{\varphi(\gamma(\vartheta), \boldsymbol{y}) \leqq \left(\frac{l}{n-k} F_{1-\alpha;\,l,\,n-k}\right)^{1/2}\right\}$$

$$\geqq P_\vartheta\left\{(S(\boldsymbol{y}))^{-1/2} \, ||W^{-1/2}(\hat{\eta}(\boldsymbol{y}) - C\mu)|| \leqq \left(\frac{l}{n-k} F_{1-\alpha;\,l,\,n-k}\right)^{1/2}\right\}$$

$$= \alpha . \tag{93}$$

Damit ist der erste Teil der Behauptung bewiesen, $K_{\varphi,\tau}$ ist eine α-BSF für γ.

Wir wollen nun annehmen, daß $\{c/||c|| \mid c \in W^{1/2}\mathcal{X}\}$ dicht in $\{c \in R^l \mid ||c|| = 1\}$ liegt. Dann gilt nach [A 1.75] in (92) und demzufolge auch in (93) das Gleichheitszeichen, und damit ist $K_{\varphi,\tau}$ exakt. ■

Daß die in Satz 6.3.15 angegebene BSF $K_{\varphi,\tau}$ eine α-BSF für γ ist, wurde bereits von R. Bohrer [20] bewiesen. Bohrer wies gleichzeitig nach, daß $K_{\varphi,\tau}$ exakt ist, sobald $\mathcal{X} = R^l \setminus \{0_l\}$ ist. Ist $\mathcal{X} = R^l \setminus \{0_l\}$, so liegt $\{c/||c|| \mid c \in W^{1/2}\mathcal{X}\}$ natürlich in $\{c \in R^l \mid ||c|| = 1\}$ dicht. Letzteres ist auch der Fall, wenn $\mathcal{X}$ von der Form $\{c \in R^l \mid ||c|| \leqq a,\ c \neq 0_l\}$ mit $a \in R^>$ ist. Die zu $K_{\varphi,\tau}$ gehörigen Bereiche $K^c_{\varphi,\tau}(y)$ $(c \in \mathcal{X}, y \in \mathcal{T})$ haben im vorliegenden Fall die Gestalt

$$K^c_{\varphi,\tau}(y) = \left[-\infty,\ c'\hat{\eta}(y) + \left(\frac{l}{n-k} F_{1-\alpha;\,l,\,n-k} S(y)\, c'Wc\right)^{1/2}\right]. \tag{94}$$

Wir wollen an dieser Stelle die BSF $K_{\varphi,\tau}$ aus Satz 6.3.15 mit derjenigen aus Satz 6.3.13 vergleichen. Dabei wollen wir einschränkend annehmen, daß $Q = W^{1/2}$ bzw. $m_1 = m_2 = 2$ für die in der Formulierung von Satz 6.3.13 auftretenden Größen Q, m_1 und m_2 gilt, woraus insbesondere (80) folgt. Bezeichnen wir dann $K_{\varphi,\tau}$ aus Satz 6.3.13 mit K_1 und $K_{\varphi,\tau}$ aus Satz 6.3.15 mit K_2, so gilt für $c \in \mathcal{X}$ und $y \in \mathcal{T}$

$$K^c_1(y) \subset K^c_2(y) .$$

Es folgt

$$K_1(y) \subset K_2(y), \qquad y \in \mathcal{T}.$$

Außerdem benötigen wir zum Nachweis der Exaktheit von K_1 wesentlich schwächere Voraussetzungen als zum Nachweis der Exaktheit von K_2. Vom heuristischen Standpunkt aus gesehen, würden wir also die BSF K_1 im allgemeinen der BSF K_2 vorziehen. K_2 wird nur dann Verwendung finden, wenn wir auf Bereiche $K^c_{\varphi,\tau}(y)$ der Form (94), also auf unbeschränkte Intervalle, wertlegen.

2. Im Anschluß an den allgemeinen Fall (der dadurch gekennzeichnet ist, daß $\mathcal{X}$ eine beliebige Teilmenge von $R^l \setminus \{0_l\}$ darstellt) wollen wir nun den Fall betrachten, daß $\mathcal{X} \subset \left\{c = (c_1, \dots, c_l)' \in R^l \mid \sum_{i=1}^{l} c_i = 0, c \neq 0_l\right\}$ ist.

Satz 6.3.16.

1. *Für ein $Z \in \mathfrak{M}_l^{>}$ und ein $q_z \in R^1$ gelte sowohl*

$$Z \geqq W$$

als auch

$$Z^{-1/2}c = q_z^{-1}c, \qquad c \in \mathcal{X}. \tag{95}$$

Die Abbildung r sei wie in (72) *definiert. Schließlich sei*

$$t(c) = \left(\sum_{i=1}^{l} |c_i|\right)\frac{q_z}{2}, \qquad c = (c_1, \dots, c_l)' \in R^l, \tag{96}$$

und

$$T_\alpha = (n-k)^{-1/2}\, q_{1-\alpha}(l, n-k).$$

Dann ist $K_{\varphi,\tau}$ eine α-BSF *für* γ.

2. *$K_{\varphi,\tau}$ ist exakt, sobald $Z = W$ und*

$$\{e_i^{(l)} - e_j^{(l)} \mid 1 \leqq i \leqq l, 1 \leqq j \leqq l, i \neq j\} \subset \{dc \mid c \in \mathcal{X}, d \in \{-1, 1\}\} \tag{97}$$

gelten.

Beweis. 1. Für $y \in \mathcal{T}$ und $\mu \in \mathcal{R}(X)$ sei

$$Z^{-1/2}(\hat{\eta}(y) - C\mu) = \left((Z^{-1/2}(\hat{\eta}(y) - C\mu))_1, \dots, (Z^{-1/2}(\hat{\eta}(y) - C\mu))_l\right)'$$

bzw.

$$W^{-1/2}(\hat{\eta}(y) - C\mu) = \left((W^{-1/2}(\hat{\eta}(y) - C\mu))_1, \dots, (W^{-1/2}(\hat{\eta}(y) - C\mu))_l\right)'$$

gesetzt. Auf Grund von [A 1.77] gilt dann für $\vartheta = (\mu, \sigma^2) \in \Theta$ und $y \in \mathcal{T}$

$$\varphi(\gamma(\vartheta), y) = \sup_{\substack{c \in \mathcal{X} \\ c=(c_1,\dots,c_l)'}} \frac{|c'(\hat{\eta}(y) - C\mu)|}{(S(y))^{1/2}\left(\sum_{i=1}^{l}|c_i|\right)\frac{q_z}{2}} \tag{98}$$

$$= \sup_{\substack{c \in \mathcal{X} \\ c=(c_1,\dots,c_l)'}} 2\,\frac{|(q_z^{-1}c)'(\hat{\eta}(y) - C\mu)|}{(S(y))^{1/2}\left(\sum_{i=1}^{l}|c_i|\right)} \tag{99}$$

$$= \sup_{\substack{c \in \mathcal{X} \\ c=(c_1,\dots,c_l)'}} 2\,\frac{|c'Z^{-1/2}(\hat{\eta}(y) - C\mu)|}{(S(y))^{1/2}\left(\sum_{i=1}^{l}|c_i|\right)}$$

$$\leqq (S(y))^{-1/2}\left\{\max_{1\leqq i\leqq l}(Z^{-1/2}(\hat{\eta}(y) - C\mu))_i - \min_{1\leqq i\leqq l}(Z^{-1/2}(\hat{\eta}(y) - C\mu))_i\right\}. \tag{100}$$

Ist nun $\boldsymbol{y} \sim P_\vartheta$, so gilt

$$[\sigma^{-1}Z^{-1/2}(\hat{\eta}(\boldsymbol{y}) - C\mu), \sigma^{-2}S(\boldsymbol{y})] \sim N_l(0, Z^{-1/2}WZ^{-1/2}) \times \chi^2_{n-k}$$

ebenso wie

$$[\sigma^{-1}W^{-1/2}(\hat{\eta}(\boldsymbol{y}) - C\mu), \sigma^{-2}S(\boldsymbol{y})] \sim N_l(0, I_l) \times \chi^2_{n-k}.$$

Da $Z^{-1/2}WZ^{-1/2} \leqq I_l$ ist, und daraus wegen [A 2.30]

$$(n-k)^{1/2}(S(\boldsymbol{y}))^{-1/2}\left\{\max_{1\leqq i\leqq l}\left(W^{-1/2}(\hat{\eta}(\boldsymbol{y}) - C\mu)\right)_i - \min_{1\leqq i\leqq l}\left(W^{-1/2}(\hat{\eta}(\boldsymbol{y}) - C\mu)\right)_i\right\} \sim q(l, n-k)$$

folgt, gilt wegen (98) bis (100) und auf Grund von [A 2.46]

$$P_\vartheta\{\gamma(\vartheta) \in K_{\varphi,\tau}(\boldsymbol{y})\} = P_\vartheta\{\varphi(\gamma(\vartheta), \boldsymbol{y}) \leqq (n-k)^{-1/2} q_{1-\alpha}(l, n-k)\} \tag{101}$$

$$\geqq P_\vartheta\left\{(n-k)^{1/2}(S(\boldsymbol{y}))^{-1/2}\left\{\max_{1\leqq i\leqq l}\left(Z^{-1/2}(\hat{\eta}(\boldsymbol{y}) - C\mu)\right)_i - \min_{1\leqq i\leqq l}\left(Z^{-1/2}(\hat{\eta}(\boldsymbol{y}) - C\mu)\right)_i\right\} \leqq q_{1-\alpha}(l, n-k)\right\} \tag{102}$$

$$\geqq P_\vartheta\left\{(n-k)^{1/2}(S(\boldsymbol{y}))^{1/2}\left\{\max_{1\leqq i\leqq l}\left(W^{-1/2}(\hat{\eta}(\boldsymbol{y}) - C\mu)\right)_i - \min_{1\leqq i\leqq l}\left(W^{-1/2}(\hat{\eta}(\boldsymbol{y}) - C\mu)\right)_i\right\} \leqq q_{1-\alpha}(l, n-k)\right\} \tag{103}$$

$$= \alpha\,.$$

Aus (101) bis (103) folgt, daß $K_{\varphi,\tau}$ eine α-BSF für γ ist.

2. $K_{\varphi,\tau}$ ist offensichtlich exakt, wenn in (100) (und damit in (101)) ebenso wie in (102) Gleichheit gilt. Dies ist nach [A 1.77] unter den in Punkt 2 der Behauptung aufgeführten Voraussetzungen der Fall. ■

Für $K_{\varphi,\tau}$ aus Satz 6.3.16, $y \in \mathcal{T}$ und $c = (c_1, \dots, c_l)' \in \mathcal{X}$ gilt

$$K^c_{\varphi,\tau}(y) = [c'\hat{\eta}(y) - u(c, y), c'\hat{\eta}(y) + u(c, y)] \tag{104}$$

mit

$$u(c, y) = (S(y))^{1/2}(n-k)^{-1/2}\left(\sum_{i=1}^{l}|c_i|\right)\frac{q_z}{2}q_{1-\alpha}(l, n-k)\,.$$

Von J. W. Tukey [10], [18] wurde erstmals bewiesen, daß für die durch (104) gegebenen Abbildungen $K^c_{\varphi,\tau}$ $(c \in \mathcal{X})$

$$P_\vartheta\{f_\vartheta(c) \in K^c_{\varphi,\tau}(\boldsymbol{y}), c \in \mathcal{X}\} = \alpha\,, \qquad \vartheta \in \Theta$$

gilt, sobald die Bedingungen

a) $Z = W$, (105)

b) $Z = ((z_{ij}))$ mit $z_{ij} = a^2\delta_{ij} + b(1 - \delta_{ij})$, $a^2 > 0$, $-\dfrac{a^2}{l-1} < b < 0$ (106)

und

c) $\mathcal{X} = \{e_i^{(l)} - e_j^{(l)} \mid 1 \leqq i \leqq l, 2 \leqq j \leqq l, i < j\}$ (107)

erfüllt sind. Die Matrix Z aus (105) genügt den Voraussetzungen des Satzes 6.3.16[1]) unabhängig von der konkreten Gestalt von $\mathcal{X}$. Außerdem folgt sowohl aus (106) als auch aus (107) die Beziehung (97), so daß also das Ergebnis von Tukey einen Spezialfall unseres Satzes darstellt.

---

[1]) Wählen wir Z wie in (105), so ist $q_z = (a^2 - b)^{1/2}$ zu setzen!

Y. Hochberg [21] schlug vor, bei gegebenem $W = \left((w_{ij})\right)_{j=1,\dots,l}^{i=1,\dots,l}$ als Z die Matrix

$$Z_w^a = \left((z_{ij})\right)_{j=1,\dots,l}^{i=1,\dots,l}$$

mit

$$z_{ij} = \begin{cases} a, & \text{falls } i \neq j \\ \max\limits_{1\leq i\leq l} \left\{ w_{ii} + \sum\limits_{j=1}^{i-1} |a - w_{ij}| + \sum\limits_{j=i+1}^{l} |a - w_{ij}| \right\}, & \text{falls } i = j\,, \end{cases}$$

und $a \in R^1$ zu verwenden. Diese Matrix erfüllt alle Voraussetzungen des Satzes. Setzen wir $Z = Z_w^a$, so nimmt q_z den Wert $(z_{11} - a)^{1/2}$ an.

Eine Matrix $Z \in \mathfrak{M}_l^>$ erfüllt genau dann die Bedingungen (95), wenn der von $\mathcal{X}$ erzeugte lineare Unterraum (des R^l), dessen Dimension wir mit l_1 ($l_1 \leq l - 1$) bezeichnen wollen, l_1 linear unabhängige Vektoren $b_1, \dots, b_{l_1}$ mit

$$Z^{-1/2} b_i = q_z^{-1} b_i\,, \qquad i = 1, \dots, l_1\,, \tag{108}$$

enthält.

Von Y. Hochberg [21] wurde eine weitere α-BSF für γ konstruiert. Diese wollen wir im nachfolgenden Satz 6.3.17, den wir ohne Beweis angeben, beschreiben:

Satz 6.3.17. *Für* $c = (c_1, \dots, c_l)' \in \mathcal{X}$ *sei*

$$P_c = \{i \mid c_i > 0\}$$

und

$$N_c = \{j \mid c_j < 0\}\,.$$

Weiter sei

$$\psi_{ij} = (e_i^{(l)} - e_j^{(l)})'\, W (e_i^{(l)} - e_j^{(l)})\,, \qquad i = 1, \dots, l;\, j = 1, \dots, l\,.$$

Ist dann r wie in (72) *erklärt, und gilt sowohl*

$$t(c) = \left(\sum_{i\in P_c} \sum_{j\in N_c} c_i(-c_j)\, \psi_{ij}^{1/2} \right) \left(\frac{1}{2} \sum_{i=1}^{l} |c_i| \right)^{-1/2}, \qquad c = (c_1, \dots, c_l)' \in \mathcal{X}\,,$$

als auch

$$T_\alpha = m_{1-\alpha}\left(\frac{l(l-1)}{2}, n - k, I_l \right),$$

so ist $K_{\varphi,\tau}$ *eine* α-BSF *für* γ.

Für $c = (c_1, \dots, c_l)' \in \mathcal{X}$ und $y \in R^n$ gilt hier

$$K_{\varphi,\tau}^c(y) = [c'\hat{\eta}(y) - u(c, y), c'\hat{\eta}(y) + u(c, y)] \tag{109}$$

mit

$$u(c, y) = \left(S(y)\right)^{1/2} (n - k)^{-1/2}\, m_{1-\alpha}\left(\frac{l(l-1)}{2}, n - k, I_l \right)$$
$$\times \left(\sum_{i\in P_c} \sum_{j\in N_c} c_i(-c_j)\, \psi_{ij}^{1/2} \right) \left(\frac{1}{2} \sum_{i=1}^{l} |c_i| \right)^{-1/2}.$$

Ein wichtiges Anwendungsbeispiel für die Sätze 6.3.16 und 6.3.17 findet sich in der Varianzanalyse:

Beispiel 6.3.3. Wir betrachten den zufälligen Vektor $\boldsymbol{y}$ aus Beispiel 6.2.3. Aus Beispiel 6.2.1 wissen wir, daß für diesen zufälligen Vektor

$$\boldsymbol{y} \,(\widetilde{=})\, N[\mathcal{R}(X) \times \mathcal{V}_{I_n}]$$

gilt. Wir setzen (in Übereinstimmung mit den in 6.2.1 angeführten Bezeichnungen) $\Theta = \mathcal{R}(X) \times R^{>}$ und

$$P_\vartheta = N_n(\mu, \sigma^2 I_n)\,, \quad \vartheta = (\mu, \sigma^2)\,.$$

Man bezeichnet üblicherweise jeden Parameter der Form

$$\gamma^c(\vartheta) = c'\beta\,, \quad \vartheta = (X\beta, \sigma^2) \in \Theta \tag{110}$$

als (linearen) Kontrast, sobald für $c = (c_1, \dots, c_k)' \in R^k$ sowohl $\sum_{i=1}^{k} c_i = 0$ als auch $c \neq 0_k$ gilt.

Wir wollen uns an dieser Stelle mit dem Problem der gleichzeitigen Schätzung (vermittels von Schätzbereichen) einer gewissen Zahl von Kontrasten befassen. Dazu wollen wir annehmen, daß uns alle Kontraste der Form (110) mit

$$c \in \mathcal{X} \subset \left\{c = (c_1, \dots, c_k)' \in R^k \mid c \neq 0_k, \sum_{i=1}^{k} c_i = 0\right\}$$

interessieren. Wir stellen uns die Aufgabe, zu jedem $c \in \mathcal{X}$ und zu jedem $y \in R^n$ einen Bereich $K^c(y) \subset \mathfrak{B}^k$ mit

$$P_\vartheta\{c'\beta \in K^c(\boldsymbol{y}), c \in \mathcal{X}\} \geqq \alpha\,, \quad \vartheta = (X\beta, \sigma^2) \in \Theta \tag{111}$$

zu bestimmen. Um diese Aufgabe lösen zu können, schreiben wir zunächst (110) in einer etwas anderen, äquivalenten Form:

$$\gamma^c(\vartheta) = c'C\mu\,, \quad \vartheta = (\mu, \sigma^2) \in \Theta\,.$$

Hierbei haben wir $C = (X'X)^{-1} X'$ gesetzt. Damit läßt sich auch (111) durch die folgende gleichwertige Ungleichung ersetzen:

$$P_\vartheta\{c'C\mu \in K^c(\boldsymbol{y}), c \in \mathcal{X}\} \geqq \alpha\,, \quad \vartheta = (\mu, \sigma^2) \in \Theta\,.$$

Der zufällige Vektor $\boldsymbol{y}$ erfüllt alle Voraussetzungen der Sätze 6.3.13, 6.3.14, 6.3.16 und 6.3.17. Aus diesen Sätzen lassen sich demnach α-BSF für die durch

$$\gamma(\vartheta) = \{(c, c'C\mu) \mid c \in \mathcal{X}\}\,, \quad \vartheta = (\mu, \sigma^2) \in \Theta$$

definierte Parameterfunktion γ ableiten, denn im vorliegenden Fall gilt

$$W := CP_{\mathcal{R}(X)}C' = \mathrm{Diag}\,[n_1^{-1}, n_2^{-1}, \dots, n_k^{-1}] \in \mathfrak{M}_k^{>}\,.$$

Betrachten wir die in Satz 6.3.16 beschriebene α-BSF $K_{\varphi,\tau}$, so gilt für die Abbildungen $K_{\varphi,\tau}$ $(c \in \mathcal{X})$

$$P_\vartheta\{\gamma^c(\vartheta) \in K^c_{\varphi,\tau}(\boldsymbol{y}), c \in \mathcal{X}\} \geqq \alpha\,, \quad \vartheta \in \Theta\,.$$

Wir können für $c \in \mathcal{X}$ und $y \in R^n$ also $K^c(y) = K^c_{\varphi,\tau}(y)$ setzen und erhalten damit eine Lösung unseres Problems. Dabei ist zu beachten, daß in unserem Fall $l = k$ ist. Wegen (6.2.31) gilt außerdem

$$\hat{\eta}(y) = (\bar{y}_{(1)}, \dots, \bar{y}_{(k)})'\,, \quad y \in R^n\,, \tag{112}$$

bzw.

$$S(y) = \sum_{i=1}^{k} \sum_{h=m_{i-1}+1}^{m_i} (y_h - \bar{y}_{(i)})^2\,, \quad y = (y_1, \dots, y_n)' \in R^n\,. \tag{113}$$

Setzen wir $Z = Z_W^a$ und

$$T_1^c(y) = \left(\frac{1}{2}\sum_{i=1}^{k}|c_i|\right)\left(\max_{1\leq i\leq k}\{n_i^{-1} + (k-1)|a| - a\}\right)^{1/2}\left(\sum_{i=1}^{k}\sum_{h=m_{i-1}+1}^{m_i}(y_h - \bar{y}_{(i)})^2\right)^{1/2}$$

$$c = (c_1, \dots, c_k)' \in \mathcal{X}, \quad y = (y_1, \dots, y_n)' \in R^n,$$

so gilt hier für $c = (c_1, \dots, c_k)'$ und $y \in R^n$

$$K^c(y) = \left[\sum_{i=1}^{k} c_i y_{(i)} - T_1^c(y), \sum_{i=1}^{k} c_i \bar{y}_{(i)} + T_1^c(y)\right]. \tag{114}$$

Für $c \in \mathcal{X}$ und $y \in R^n$ wollen wir die Bereiche $K^c(y)$ aus (114) künftig mit $K_1^c(y)$ bezeichnen. Daß für die dadurch bestimmten Abbildungen K_1^c ($c \in \mathcal{X}$) die Ungleichung (111) gilt, wurde erstmals von J. W. TUKEY [10], [18] nachgewiesen – allerdings unter den zusätzlichen Annahmen, daß $n_1 = n_2 = \cdots = n_k$ und $a = 0$ ist.

In Analogie zu den eben angestellten Überlegungen läßt sich zeigen, daß wir für $y \in R^n$ und $c \in \mathcal{X}$ als $K^c(y)$ auch die in (109) beschriebenen Bereiche $K_{\varphi,\tau}^c(y)$ wählen können. Ebenso können wir $K^c(y) = K_{\varphi,\tau}^c(y)$ ($c \in \mathcal{X}, y \in R^n$) setzen, wenn wir $K_{\varphi,\tau}^c(y)$ wie in (78) wählen. Schließlich erhalten wir auch dann eine Lösung unseres Problems, wenn wir für $y \in R^n$ und $c \in \mathcal{X}$ als $K^c(y)$ das Intervall $K_{\varphi,\tau}^c(y)$ aus (86) ansetzen. Dabei müssen wir jeweils beachten, daß für das vorliegende Problem $l = k$ ist. Andererseits müssen wir auch hier $\hat{\eta}$ und S wie in (112) bzw. (113) wählen. Mit

$$T_2^c(y) = m_{1-\alpha}\left(\frac{k(k-1)}{2}, n-k, I_{\frac{k(k-1)}{2}}\right)(n-k)^{-1/2}$$

$$\times \left(\sum_{i\in P_c}\sum_{j\in N_c} c_i(-c_j)\,(n_i^{-1} + n_j^{-1})\right)^{1/2}\left(\sum_{i=1}^{k}\sum_{h=m_{i-1}+1}^{m_i}(y_h - \bar{y}_{(i)})^2\right)^{1/2},$$

$$c = (c_1, \dots, c_k)' \in \mathcal{X}, \quad y = (y_1, \dots, y_n)' \in R^n, \tag{115}$$

$$T_3^c(y) = ||Qc||_{m_2}\, m_{1-\alpha}(m_1, k, n-k, Q^{-1}WQ^{-1})\left(\sum_{i=1}^{k}\sum_{h=m_{i-1}+1}^{m_i}(y_h - \bar{y}_{(i)})^2\right)^{1/2},$$

$$c \in \mathcal{X}, y = (y_1, \dots, y_n)' \in R^n$$

und

$$T_4^c(y) = (n-k)^{-1/2}\, q'_{1-\alpha}(k, n-k)\left(\max\left\{\sum_{i=1}^{k} L^+(n_i^{-1/2}c_i), \sum_{i=1}^{k} L^-(n_i^{-1/2}c_i)\right\}\right)$$

$$\times \left(\sum_{i=1}^{k}\sum_{h=m_{i-1}+1}^{m_i}(y_h - y_{(i)})^2\right)^{1/2}, \qquad c = (c_1, \dots, c_k)' \in R^k, y = (y_1, \dots, y_n)' \in R^n \tag{116}$$

gehen (109), (78) und (86) bei dieser konkreten Wahl von l, $\hat{\eta}$ und S in

$$K_{\varphi,\tau}^c(y) = \left[\sum_{i=1}^{k} c_i\bar{y}_{(i)} - T_2^c(y), \sum_{i=1}^{k} c_i\bar{y}_{(i)} + T_2^c(y)\right], \quad c = (c_1, \dots, c_k)' \in R^k, y \in R^n, \tag{117}$$

$$K_{\varphi,\tau}^c(y) = \left[\sum_{i=1}^{k} c_i\bar{y}_{(i)} - T_3^c(y), \sum_{i=1}^{k} c_i\bar{y}_{(i)} + T_3^c(y)\right], \quad c = (c_1, \dots, c_k)' \in R^k, y \in R^n, \tag{118}$$

bzw.

$$K_{\varphi,\tau}^c(y) = \left[\sum_{i=1}^{k} c_i\bar{y}_{(i)} - T_4^c(y), \sum_{i=1}^{k} c_i\bar{y}_{(i)} + T_4^c(y)\right], \quad c = (c_1, \dots, c_k)' \in R^k, y \in R^n, \tag{119}$$

über. Der Satz 6.3.13 bietet noch eine weitere Möglichkeit, Lösungen für die Ungleichung

(111) anzugeben: Es sei $a_i = e_1^{(k)} - e_{i+1}^{(k)}$ $(i = 1, \dots, k-1)$ und $A = (a_1, \dots, a_{k-1})$. Dann existiert zu jedem $c \in \left\{c = (c_1, \dots, c_k)' \in R^k \mid \sum_{i=1}^{k} c_i = 0, c \neq 0_k\right\}$ ein Vektor $d_c \in \mathcal{L}(a_1, \dots, a_{k-1})$ mit $c = Ad_c$. Weiter gibt es eine Menge $\mathcal{X}^* \subset R^{k-1} \setminus \{0_{k-1}\}$ mit $\mathcal{X} = A\mathcal{X}^*$.
Setzen wir nun $C^* = A'C$ so können wir an Stelle von (110)

$$\gamma^c(\vartheta) = d_c' C^* \mu\,, \qquad \vartheta = (\mu, \sigma^2) \in \Theta$$

schreiben.

Auf Grund von $W^* := C^* P_{\mathfrak{R}(X)} (C^*)' = A'(X'X)^{-1} A \in \mathfrak{M}_{k-1}^{>}$ können wir aus Satz 6.3.13 eine α-BSF $K_{\varphi,\tau}$ für die durch

$$\gamma^*(\vartheta) = \{(d, d'C^*\mu) \mid d \in \mathcal{X}^*\}\,, \qquad \vartheta\, L= (\mu, \sigma^2) \in \Theta\,,$$

gegebene Funktion des Parameters ϑ herleiten. Für diese BSF $K_{\varphi,\tau}$ und $d \in \mathcal{X}^*$ gilt wegen (78)

$$K_{\varphi,\tau}^{d}(y) = [d'\hat{\eta}(y) - (S(y))^{1/2}\, \|Qd\|_{m_2}\, m_{1-\alpha}(m_1, l, n-k, Q^{-1}W^*Q^{-1})\,,$$
$$d'\hat{\eta}(y) + (S(y))^{1/2}\, \|Qd\|_{m_2}\, m_{1-\alpha}(m_1, l, n-k, Q^{-1}W^*Q^{-1})]\,, \qquad y \in R^n\,.$$

Hierbei ist $l = k - 1$,

$$\hat{\eta}(y) = A'(\bar{y}_{(1)}, \bar{y}_{(2)}, \dots, \bar{y}_{(k)})'\,, \qquad y \in R^n\,,$$

und $Q \in \mathfrak{M}_{k-1}^{>}$, während wir S wiederum wie in (113) zu wählen haben.
Da $K_{\varphi,\tau}$ eine α-BSF für γ^* ist, gilt außerdem

$$P_\vartheta\{d'C^*\mu \in K_{\varphi,\tau}^{d}(Y), d \in \mathcal{X}^*\} \geqq \alpha\,, \qquad \vartheta = (\mu, \sigma^2) \in \Theta\,, \tag{120}$$

und aus (120) folgt

$$P_\vartheta\{d_c'C^*\mu \in K_{\varphi,\tau}^{d_c}(\boldsymbol{y}), c \in \mathcal{X}\} \geqq \alpha\,, \qquad \vartheta = (\mu, \sigma^2) \in \Theta\,.$$

Schließlich gilt auch

$$d'C^* = c'C\,, \qquad c \in \mathcal{X}\,. \tag{121}$$

Setzen wir für $y \in R^n$ und $c \in \mathcal{X}$ also $K_{\varphi,\tau}^{d_c}(y) = K^c(y)$, so erhalten wir eine Lösung unseres Problems.

Da für $c \in \mathcal{X}$ mit beliebigem $Z_0 \in \mathfrak{M}_k^{>}$ sowohl $d_c = (A'Z_0A)^{-1} A'Z_0c$ als auch $c = A(A'Z_0A)^{-1} A'Z_0c$ ist, gilt hierbei

$$K^c(y) =$$
$$\left[\sum_{i=1}^{k} c\bar{y}_{t(i)} - \|Q(A'Z_0A)^{-1}A'Z_0c\|_{m_2} \left(\sum_{i=1}^{k} \sum_{h=m_{i-1}+1}^{m_i} (y_h - \bar{y}_{(i)})^2\right)^{1/2} m_{1-\alpha}(m_1, k-1, n-k, Q^{-1}WQ^{-1})\,,\right.$$
$$\left.\sum_{i=1}^{k} c_i y_{(i)} + \|Q(A'Z_0A)^{-1} A'Z_0c\|_{m_2} \left(\sum_{i=1}^{k} \sum_{h=m_{i-1}+1}^{m_i} (y_h - \bar{y}_{(i)})^2\right)^{1/2} m_{1-\alpha}(m_1, k-1, n-k, Q^{-1}WQ^{-1})\right],$$
$$y = (y_1, \dots, y_n)' \in R^n\,, \qquad c = (c_1, \dots, c_k)' \in \mathcal{X}\,. \tag{122}$$

Mit $Z_0 = (X'X)^{-1} = \operatorname{Diag}[n_1^{-1}, n_2^{-1}, \dots, n_k^{-1}]$, $Q = (A'Z_0A)^{1/2} = (W^*)^{1/2}$, $m_1 = m_2 = 2$ gilt insbesondere

$$K_2^c(y) := K^c(y)$$
$$= \left[\sum_{i=1}^{k} c_i y_{(i)} - \left(\sum_{i=1}^{k} n_i^{-1} c_i^2\right)^{1/2} \left(\frac{k-1}{n-k} F_{1-\alpha;\,k-1,\,n-k} \sum_{i=1}^{k} \sum_{h=m_{i-1}+1}^{m_i} (y_h - \bar{y}_{(i)})^2\right)^{1/2},\right.$$

$$\sum_{i=1}^{k} c_i\bar{y}_{(i)} + \left(\sum_{i=1}^{k} n_i^{-1} c_i^2\right)^{1/2} \left(\frac{k-1}{n-k} F_{1-\alpha;\,k-1,\,n-k} \sum_{i=1}^{k} \sum_{h=m_{i-1}+1}^{m_i} (y_h - \bar{y}_{(i)})^2\right)^{1/2}\Bigg],$$

$$c = (c_1, \ldots, c_k)' \in \mathscr{X}, \quad y = (y_1, \ldots, y_n)' \in R^n. \tag{123}$$

Daß die Bereiche $K_2^c(y)$ ($c \in \mathscr{X}, y \in \in R^n$) eine Lösung des vorgegebenen Problems darstellen, wurde erstmals von H. SCHEFFÉ [22] bewiesen. Setzen wir in (116) $Q = W^{1/2} = (X'X)^{-1/2}$ und $m_1 = m_2$, so gilt auf Grund von (20) für die Intervalle $K_{\varphi,\tau}^c(y)$ aus (118)

$$K_{\varphi,\tau}^c(y) = \Bigg[\sum_{i=1}^{k} c_i y_{(i)} - \left(\frac{k}{n-k} F_{1-\alpha;\,k,\,n-k}\right)^{1/2} \left(\sum_{i=1}^{k} c_i^2 n_i^{-1}\right)^{1/2} \left(\sum_{i=1}^{k} \sum_{h=m_{i-1}+1}^{m_i} (y_h - \bar{y}_{(i)})^2\right)^{1/2},$$

$$\sum_{i=1}^{k} c_i\bar{y}_{(i)} + \left(\frac{k}{n-k} F_{1-\alpha;\,k,\,n-k}\right)^{1/2} \left(\sum_{i=1}^{k} c_i^2 n_i^{-1}\right)^{1/2} \left(\sum_{i=1}^{k} \sum_{h=m_{i-1}+1}^{m_i} (y_h - \bar{y}_{(i)})^2\right)^{1/2}\Bigg],$$

$$c = (c_1, \ldots, c_k)' \in \mathscr{X}, \quad y \in R^n.$$

Bezeichnen wir für $y \in R^n$ und $c \in \mathscr{X}$ das Intervall $K_{\varphi,\tau}^c(y)$ aus (118) mit $K_3^c(y)$, so gilt wegen

$$(k-1)\, F_{1-\alpha;\,k-1,\,n-k} \leqq kF_{1-\alpha;\,k,\,n-k}$$

$$K_2^c(y) \subset K_3^c(y), \quad c \in \mathscr{X}, \quad y \in R^n.$$

Im allgemeinen sind wir daran interessiert, Intervalle $K^c(y)$ mit möglichst geringer Länge zu bestimmen. Aus diesem Grunde werden wir zumeist die Intervalle $K_2^c(y)$ den Bereichen $K_3^c(y)$ vorziehen.

Auch aus Satz 6.3.14 können wir eine α-BSF $\widetilde{K}_{\varphi,\tau}$ für γ^* ableiten. Entsprechend unseren oben angestellten Überlegungen erhalten wir auch dann eine Lösung unseres Problems, wenn wir $K^c(y) = \widetilde{K}_{\varphi,\tau}^c(y)$ für $y \in R^n$ und $c \in \mathscr{X}$ setzen. Bezeichnen wir die Zeilen von $(A'Z_0A)^{-1/2} A'Z_0$ mit $v_1, \ldots, v_{k-1}$, so gilt bei dieser Wahl der Intervalle $K^c(y)$

$$K^c(y) = \Bigg[\sum_{i=1}^{k} c_i\bar{y}_{(i)} - (n-k)^{-1/2}\, q'_{1-\alpha}(k-1, n-k) \left(\max\left\{\sum_{i=1}^{k} L^+(v_i'c), \sum_{i=1}^{k} L^-(v_i'c)\right\}\right)$$

$$\times \left(\sum_{i=1}^{k} \sum_{h=m_{i-1}+1}^{m_i} (y_h - \bar{y}_{(i)})^2\right)^{1/2}, \quad \sum_{i=1}^{k} c_i\bar{y}_{(i)} + (n-k)^{-1/2}\, q'_{1-\alpha}(k-1, n-k)$$

$$\times \left(\max\left\{\sum_{i=1}^{k} L^+(v_i'c), \sum_{i=1}^{k} L^-(v_i'c)\right\}\right) \left(\sum_{i=1}^{k} \sum_{h=m_{i-1}+1}^{m_i} (y_h - \bar{y}_{(i)})^2\right)^{1/2}\Bigg],$$

$$y = (y_1, \ldots, y_n)' \in R^n, \quad c = (c_1, \ldots, c_k)' \in R^k.$$

Von besonderem praktischen Interesse sind diejenigen Kontraste der Form (110), für die $c \in \{e_i^{(k)} - e_j^{(k)} \mid i = 1, \ldots, k, j = 1, \ldots, k, i \neq j\}$ ist. Diese Kontraste stellen Differenzen von Komponenten des Vektors $\beta = (\mu_1, \ldots, \mu_k)'$ dar. Mit $c = e_i^{(k)} - e_j^{(k)}$ ($i = 1, \ldots, k$, $j = 1, \ldots, k, i \neq j$) gilt für $y = (y_1, \ldots, y_n)' \in R^n$

$$K_1^c(y) = \Bigg[(\bar{y}_{(i)} - \bar{y}_{(j)}) - \left(\max_{1 \leqq t \leqq k} \{n_t^{-1}\} + (k-1)\,|a| - a\right)^{1/2} \left(\sum_{i=1}^{k} \sum_{h=m_{i-1}+1}^{m_i} (y_h - \bar{y}_{(i)})^2\right)^{1/2},$$

$$(\bar{y}_{(i)} - \bar{y}_{(j)}) + \left(\max_{1 \leqq t \leqq k} \{n_t^{-1}\} + (k-1)\,|a| - a\right)^{1/2} \left(\sum_{i=1}^{k} \sum_{h=m_{i-1}+1}^{m_i} (y_h - \bar{y}_{(i)})^2\right)^{1/2}\Bigg] \tag{124}$$

und

$$K_2^c(y) = \left[(\bar{y}_{(i)} - \bar{y}_{(j)}) - (n_i^{-1} + n_j^{-1})^{1/2} \left(\frac{k-1}{n-k} F_{1-\alpha;\, k-1,\, n-k} \sum_{i=1}^{k} \sum_{h=m_{i-1}+1}^{m_i} (y_h - \bar{y}_{(i)})^2 \right)^{1/2}, \right.$$

$$\left. (\bar{y}_{(i)} - \bar{y}_{(j)}) + (n_i^{-1} + n_j^{-1})^{1/2} \left(\frac{k-1}{n-k} F_{1-\alpha;\, k-1,\, n-k} \sum_{i=1}^{k} \sum_{h=m_{i-1}+1}^{m_i} (y_h - \bar{y}_{(i)})^2 \right)^{1/2} \right], \tag{125}$$

während (115) und (117) in

$$T_2^c(y) = m_{1-\alpha}\left(\frac{k(k-1)}{2},\, n-k,\, I_{\frac{k(k-1)}{2}} \right) (n-k)^{-1/2} (n_i^{-1} + n_j^{-1})^{1/2}$$

$$\times \left(\sum_{i=1}^{k} \sum_{h=m_{i-1}+1}^{m_i} (y_h - \bar{y}_{(i)})^2 \right), \qquad y = (y_1, \dots, y_n)' \in R^n,$$

bzw.

$$K_4^c(y) := K^c(y) = [(\bar{y}_{(i)} - \bar{y}_{(j)}) - T_2^c(y),\, (\bar{y}_{(i)} - \bar{y}_{(j)}) + T_2^c(y)], \qquad y \in R^n,$$

übergehen.

H. Scheffé [22] führte numerische Vergleiche der Länge der Intervalle $K_1^c(y)$ aus (124) und $K_2^c(y)$ aus (125) durch. Er konnte dabei zeigen, daß aus $S(y) > 0$, $n_1 = n_2 = \dots = n_k$ und $a = 0$

$$\mu_1[K_1^c(y)] \leqq \mu_1[K_2^c(y)]$$

folgt. Dabei fällt der Quotient $\mu_1[K_1^c(y)]/\mu_1[K_2^c(y)]$ mit wachsendem k monoton. Wollen wir also Schätzbereiche für die Differenzen $\mu_i - \mu_j$ der Komponenten des Vektors $\beta = (\mu_1, \dots, \mu_k)'$ angeben, so werden wir die Intervalle $K_1^c(y)$ den Intervallen $K_2^c(y)$ vorziehen — vorausgesetzt, daß sowohl $n_1 = n_2 = \dots = n_k$ als auch $a = 0$ ist.

Ebenfalls für $a = 0$ verglich Y. Hochberg [21] die Länge der Intervalle $K_1^c(y)$ aus (124) mit der Länge der Intervalle $K_4^c(y)$. Er konnte dabei zeigen, daß der Quotient $\mu_1[K_1^c(y)]/\mu_1[K_4^c(y)]$ sowohl größer als auch kleiner als Eins sein kann. Die Intervalle $K_1^c(y)$ und $K_4^c(y)$ scheinen im Mittel etwa gleichgroß zu sein.

Eine zweite wichtige Gruppe von Kontrasten bilden die sogenannten (h, j)-Kontraste: Ein Kontrast der Form (110) heißt (h, j)-Kontrast, wenn mit $c = (c_1, \dots, c_k)'$

$$c_i = h^{-1}, \qquad i = 1, \dots, h, \tag{126}$$

$$c_i = j^{-1}, \qquad i = h+1, \dots, h+j, \tag{127}$$

und

$$c_i = 0, \qquad i > h+j, \tag{128}$$

gilt. Für Vektoren $c = (c_1, \dots, c_k)' \in R^k$ mit

$$c_i = h^{-1}, \qquad i = 1, \dots, h,$$

und

$$c_i = (k-h)^{-1}, \qquad i = h+1, \dots, k,$$

verglich H. Scheffé [22] die Intervalle $K_1^c(y)$ und $K_2^c(y)$ bezüglich ihrer Länge. Er konnte zeigen, daß aus $a = 0$, $n_1 = n_2 = \dots = n_k$ und $S(y) > 0$

$$\mu_1[K_1^c(y)] \geqq \mu_1[K_2^c(y)]$$

folgt. Dabei wächst der Quotient $\mu_1[K_1^c(y)]/\mu_1[K_2^c(y)]$ mit wachsendem k monoton. Wollen wir also ausschließlich $(j, k-j)$-Kontraste schätzen, so werden wir dazu die Intervalle $K_1^c(y)$ nicht verwenden — wir werden ihnen stets die Bereiche $K_2^c(y)$ vorziehen.

E. Spjøtvoll und M. Stoline [19] führten für Vektoren $c = (c_1, \dots, c_k)' \in R^k$ der in (126) bis (128) beschriebenen Art Vergleiche der Länge der Intervalle $K_2^c(y)$ und $K_{\varphi,\tau}^c(y)$ durch, wobei sie $K^{c}_{\varphi,\tau}(y)$ wie in (119) wählten. Es ergab sich dabei, daß aus $j \leqq h$ genau dann für alle $y \in R^n$ mit $S(y) > 0$ die Ungleichung

$$\mu_1[K^c_2(y)] > \mu_1[K^c_{\varphi,\tau}(y)]$$

folgt, wenn

$$1 > hj(q_{1-\alpha}(k, n-k))^2 \, [(k-1)\, F_{1-\alpha;\, k-1,\, n-k}]^{-1} \left[j + h \frac{\min\limits_{1 \leqq i \leqq k} \{n_i\}}{\max\limits_{1 \leqq i \leqq k} \{n_i\}} \right]^{-1} \tag{129}$$

ist. Die Anzahl der Paare (h, j) ,für die (129) erfüllt ist, wächst monoton, wenn k wächst und der Quotient $\min\limits_{1 \leqq i \leqq k} \{n_i\} / \max\limits_{1 \leqq i \leqq k} \{n_i\}$ unverändert bleibt. Sie fällt monoton, wenn k unverändert bleibt und der Quotient $\min\limits_{1 \leqq i \leqq k} \{n_i\} / \max\limits_{1 \leqq i \leqq k} \{n_i\}$ fällt. Wir werden also die Intervalle $K^{c}_{\varphi,\tau}(y)$ den Intervallen $K^c_2(y)$ vorziehen, sobald entweder k sehr groß oder

$$\frac{\max\limits_{1 \leqq i \leqq k} \{n_i\}}{\min\limits_{1 \leqq i \leqq k} \{n_i\}} \approx 1$$

ist.

3. Ein weiterer interessanter Spezialfall unseres Problems ergibt sich, wenn $\mathcal{X}$ nur aus Vektoren mit nichtnegativen Komponenten besteht, wenn also $\mathcal{X} \subset \{c = (c_1, \ldots, c_l)' \in R^l \mid c_i \geqq 0,\ i = 1, \ldots, l;\ c \neq 0_l\}$ ist. Diesen Fall wollen wir nun betrachten.

Es seien $v_1, \ldots, v_l$ die Spaltenvektoren von $W^{-1/2}$. Für jede Menge $\mathcal{D} \in \mathfrak{B}^l$, deren Dimension wenigstens 1 ist, sei mit $Q(\mathcal{D})$ das Lebesgue-Integral über die Randfläche von $\mathcal{D}$ bezeichnet. Für eine beliebige Menge $\mathcal{A} \subset \{1, \ldots, l\}$ wollen wir im weiteren mit $\bar{\mathcal{A}}$ das Komplement von $\mathcal{A}$ (bezüglich der Menge $\{1, \ldots, l\}$) bezeichnen, während die Größen $\Delta(\mathcal{A})$, $\Psi(\mathcal{A})$, $\Xi(\mathcal{A})$ und $\overline{\Psi}(\mathcal{A})$ durch

$$\Delta(\mathcal{A}) = \Big\{ \sum_{i \in \mathcal{A}} a_i w_i \mid a_i > 0,\ i \in \mathcal{A};\ \|\sum_{i \in \mathcal{A}} a_i w_i\| = 1 \Big\},$$

$$\Xi(\mathcal{A}) = \Big\{ -\sum_{i \in \mathcal{A}} a_i v_i \mid a_i \geqq 0,\ i \in \mathcal{A};\ \|\sum_{i \in \mathcal{A}} a_i v_i\| = 1 \Big\},$$

$$\Psi(\mathcal{A}) = \begin{cases} \dfrac{1}{2} Q(\Delta(\mathcal{A}))\, \Gamma\!\left(\dfrac{|\mathcal{A}|}{2}\right) \pi^{-\frac{|\mathcal{A}|}{2}}, & \text{wenn } |\mathcal{A}| \geqq 2 \text{ ist,} \\ \dfrac{1}{2}, & \text{wenn } |\mathcal{A}| = 1 \text{ ist,} \\ 1, & \text{wenn } \mathcal{A} = \emptyset \text{ ist,} \end{cases}$$

und

$$\overline{\Psi}(\mathcal{A}) = \begin{cases} \dfrac{1}{2} Q(\Delta(\mathcal{A}))\, \Gamma\!\left(\dfrac{1-|\mathcal{A}|}{2}\right) \pi^{-\frac{l-|\mathcal{A}|}{2}}, & \text{wenn } |\mathcal{A}| \leqq l-2 \text{ ist,} \\ \dfrac{1}{2}, & \text{wenn } |\mathcal{A}| = l-1 \text{ ist,} \\ 1, & \text{wenn } \mathcal{A} = \{1, \ldots, l\} \text{ ist,} \end{cases}$$

erklärt seien. Schließlich sei künftig mit $\mathcal{D}_l$ die Menge $\mathfrak{P}(\{1, \dots, l\})$ bezeichnet. Damit gilt der folgende Satz, den wir ohne Beweis wiedergeben wollen:

Satz 6.3.18. *Die Abbildungen r und t seien wie in* (88) *bzw. wie in* (89) *gewählt. Gilt dann für* $T_\alpha \in R^{\geqq}$

$$\alpha = \sum_{\mathcal{A} \in \mathcal{D}_l} \Psi(\mathcal{A})\, \overline{\Psi}(\mathcal{A})\, P\left\{F_{|\mathcal{A}|, n-k} \leqq T_\alpha^2 \frac{n-k}{|\mathcal{A}|}\right\},$$

so ist $K_{\varphi, \tau}$ *eine* α-BSF *für* γ. *Ist außerdem*

$$\mathcal{X} = \{c = (c_1, \dots, c_l)' \in R^l \mid c \neq 0_l;\ c_i \geqq 0,\ i = 1, \dots, l\},$$

so ist $K_{\varphi, \tau}$ *exakt.*

Dieser Satz wurde von R. Bohrer und G. K. Francis [23] bewiesen. Bohrer und Francis zeigten auch, daß für $l = 2$ mit

$$W = \begin{pmatrix} w_{11} & w_{12} \\ w_{21} & w_{22} \end{pmatrix} \quad \text{und} \quad W^{-1} = \begin{pmatrix} w^{11} & w^{12} \\ w^{21} & w^{22} \end{pmatrix}$$

$$\begin{aligned} \sum_{\mathcal{A} \in \mathcal{D}_l} \Psi(\mathcal{A})\, \overline{\Psi}(\mathcal{A})\, P\left\{F_{|\mathcal{A}|, n-k} \leqq T_\alpha^2 \frac{n-k}{|\mathcal{A}|}\right\} &= (2\pi)^{-1} \arccos\left[w^{12}(w^{11}w^{22})^{-1/2}\right] \\ &+ \frac{1}{2} P\{F_{1, n-k} \leqq T_\alpha^2 (n-k)\} \\ &+ (2\pi)^{-1} \arccos\left[w_{12}(w_{11}w_{22})^{-1/2}\right] P\left\{F_{2, n-k} \leqq T_\alpha^2 \frac{n-k}{2}\right\} \end{aligned} \tag{130}$$

gilt. Analog erhalten wir (wie ebenfalls R. Bohrer und G. K. Francis [23] zeigen konnten) mit

$$W = \left((w_{ij})\right)_{j=1,2,3}^{i=1,2,3} \quad \text{und} \quad W^{-1} = \left((w^{ij})\right)_{j=1,2,3}^{i=1,2,3} \quad \text{für } l = 3$$

die Gleichung

$$\begin{aligned} &\sum_{\mathcal{A} \in \mathcal{D}_l} \Psi(\mathcal{A})\, \overline{\Psi}(\mathcal{A})\, P\left\{F_{|\mathcal{A}|, n-k} \leqq T_\alpha^2 \frac{n-k}{|\mathcal{A}|}\right\} \\ &= \frac{1}{2} - (4\pi)^{-1} \sum_{j=1}^{l} \sum_{i \leqq j} \arccos\left[w_{ij}(w_{ii}w_{jj})^{-1/2}\right] \\ &+ (4\pi)^{-1} \sum_{j=1}^{l} \sum_{i<j} \arccos\left[w^{ij}(w^{ii}w^{jj})^{-1/2}\right] P\{F_{1, n-k} \leqq T_\alpha^2 (n-k)\} \\ &+ (4\pi)^{-1} \sum_{j=1}^{l} \sum_{i<j} \arccos\left[w_{ij}(w_{ii}w_{jj})^{-1/2}\right] P\left\{F_{2, n-k} \leqq T_\alpha^2 \frac{n-k}{2}\right\} \\ &+ \left\{\frac{1}{2} - (4\pi)^{-1} \sum_{j=1}^{l} \sum_{i<j} \arccos\left[w^{ij}(w^{ii}w^{jj})^{-1/2}\right]\right\} P\left\{F_{3, n-k} \leqq T_\alpha^2 \frac{n-k}{3}\right\}. \end{aligned} \tag{131}$$

Die Formeln (130) und (131) geben die Möglichkeit, geeignete Werte T_α zu bestimmen — BOHRER und FRANCIS entwickelten dafür ein BASIC-Fortran-Programm für Digitalcomputer. Die Bestimmung geeigneter T_α-Werte für den Fall $l > 3$ ist im allgemeinen sehr schwierig, da hierzu Folgen rekursiv definierter Integrale zu berechnen sind. Eine Ausnahme von dieser Regel ergibt sich jedoch, wenn $W = \mathrm{Diag}\,[\lambda_1^2, \dots, \lambda_l^2]$ mit $\lambda_i^2 \in R^>$ $(i = 1, \dots, l)$ ist:

Satz 6.3.19.

1. *Die Abbildungen r und t seien wiederum wie in* (88) *bzw. wie in* (89) *definiert. Gilt dann*

$$\alpha = \sum_{j=0}^{l} \binom{l}{j} 2^{-l} P\left\{F_{j,n-k} \leqq T_\alpha^2 \frac{n-k}{j}\right\}, \tag{132}$$

so ist $K_{\varphi,\tau}$ eine α-BSF für γ.

2. *Liegt darüber hinaus* $\left\{\frac{c}{\|c\|} \,\middle|\, c \in W^{1/2}\mathscr{X}\right\}$ *in* $\{c = (c_1, \dots, c_l)' \in R^l \mid \|c\| = 1;$ $c_i > 0,\ i = 1, \dots, l\}$ *dicht, so ist $K_{\varphi,\tau}$ exakt.*

Beweis. 1. Für $y \in R^n$ und $\mu \in \mathfrak{R}(X)$ sei

$$\hat{\eta}(y) - C\mu = \big((\hat{\eta}(y) - C\mu)_1, (\hat{\eta}(y) - C\mu)_2, \dots, (\hat{\eta}(y) - C\mu)_l\big)' \tag{133}$$

und

$$\mathscr{H}_\mu(y) = \{i \in \{1, \dots, l\} \mid (\hat{\eta}(y) - C\mu)_i > 0\} \tag{134}$$

gesetzt.

Dann gilt für $\vartheta = (\mu, \sigma^2) \in \Theta$ und $y \in \mathscr{T}$ auf Grund von [A 1.79]

$$\varphi(\gamma(\vartheta), y) = \sup_{c \in \mathscr{X}} \frac{c'(\hat{\eta}(y) - C\mu)}{(S(y))^{1/2}\,(c'Wc)^{1/2}} = \sup_{c \in \mathscr{X}} \frac{c'W^{1/2}W^{-1/2}(\hat{\eta}(y) - C\mu)}{(S(y))^{1/2}\,(c'Wc)^{1/2}} \tag{135}$$

$$= (S(y))^{-1/2} \sup_{c \in W^{1/2}\mathscr{X}} \frac{c'W^{-1/2}(\hat{\eta}(y) - C\mu)}{(c'c)^{1/2}} \tag{136}$$

$$\leqq (S(y)) \Big[\sum_{i \in \mathscr{H}_\mu(y)} (\lambda_i^{-1}(\hat{\eta}(y) - C\mu)_i)^2\Big]^{1/2}. \tag{137}$$

Es sei nun $y \sim P_\vartheta$. Dann gilt wegen (3)

$$\Big(\big(\lambda_1^{-1}(\hat{\eta}(y) - C\mu)_1, \dots, \lambda_l^{-1}(\hat{\eta}(y) - C\mu)_l\big)', S(y)\Big) \sim N_l(0, \sigma^2 I_l) \times \sigma^2\chi^2_{n-k}. \tag{138}$$

Weiter sei $\mathscr{A} = \{i_1, \dots, i_{|\mathscr{A}|}\} \subset \{1, \dots, l\}$, und es sei

$$\bar{\mathscr{A}} = \{j_1, \dots, j_{|\bar{\mathscr{A}}|}\} = \{1, \dots, l\} \setminus \mathscr{A}.$$

Dann sind wegen [A 2.14] und (138) die zufälligen Variablen

$$S(y), \quad \sum_{v=1}^{|\mathscr{A}|} (\lambda_{i_v}^{-1}(\hat{\eta}(y) - C\mu)_{i_v})^2,$$

$$\Big(\sum_{v=1}^{|\mathscr{A}|} (\lambda_{i_v}^{-1}(\hat{\eta}(y) - C\mu)_{i_v})^2\Big)^{-1/2} \big(\lambda_{i_1}^{-1}(\hat{\eta}(y) - C\mu)_{i_1}, \dots, \lambda_{i_{|\mathscr{A}|}}^{-1}(\hat{\eta}(y) - C\mu)_{i_{|\mathscr{A}|}}\big)'$$

und

$$\Big(\sum_{v=1}^{|\bar{\mathscr{A}}|} (\lambda_{j_v}^{-1}(\hat{\eta}(y) - C\mu)_{j_v})^2\Big)^{-1/2} \big(\lambda_{j_1}^{-1}(\hat{\eta}(y) - C\mu)_{j_1}, \dots, \lambda_{j_{|\bar{\mathscr{A}}|}}^{-1}(\hat{\eta}(y) - C\mu)_{j_{|\bar{\mathscr{A}}|}}\big)'$$

sämtlich stochastisch unabhängig. Außerdem gilt

$$P_\vartheta\left\{\left(\sum_{j\in\mathcal{A}}(\lambda_j^{-1}(\hat{\eta}(y) - C\mu)_j)^2\right)^{-1/2}(\lambda_i^{-1}(\hat{\eta}(y) - C\mu)_i) > 0,\ i \in \mathcal{A}\right\} = 2^{-|\mathcal{A}|}, \tag{139}$$

$$P_\vartheta\left\{\left(\sum_{j\in\bar{\mathcal{A}}}(\lambda_j^{-1}(\hat{\eta}(y) - C\mu)_j)^2\right)^{-1/2}(\lambda_i^{-1}(\hat{\eta}(y) - C\mu)_i) \leqq 0,\ i \in \bar{\mathcal{A}}\right\} = 2^{-|\bar{\mathcal{A}}|} \tag{140}$$

und

$$\frac{n-k}{|\mathcal{A}|}\,\frac{\sum_{i\in\mathcal{A}}(\lambda_i^{-1}(\hat{\eta}(y) - C\mu)_i)^2}{S(y)} \sim F_{|\mathcal{A}|,\,n-k}\,.$$

Auf Grund dessen und wegen (135) bis (137) gilt schließlich

$$P_\vartheta\{\gamma(\vartheta) \in K_{\varphi,\tau}(y)\} = P_\vartheta\{\varphi(\gamma(\vartheta), y) \leqq T_\alpha\} \tag{141}$$

$$= \sum_{\mathcal{A}\in\mathfrak{D}_l} P_\vartheta\{\varphi(\gamma(\vartheta), y) \leqq T_\alpha,\ \mathcal{H}_\mu(y) = \mathcal{A}\} \tag{142}$$

$$\geqq \sum_{\mathcal{A}\in\mathfrak{D}_l} P_\vartheta\left\{\frac{\left(\sum_{i\in\mathcal{H}_\mu(y)}(\lambda_i^{-1}(\hat{\eta}(y) - C\mu)_i)^2\right)^{1/2}}{(S(y))^{1/2}} \leqq T_\alpha;\ \mathcal{H}_\mu(y) = \mathcal{A}\right\} \tag{143}$$

$$= \sum_{\mathcal{A}\in\mathfrak{D}_l} P_\vartheta\left\{\frac{\left(\sum_{i\in\mathcal{A}}(\lambda_i^{-1}(\hat{\eta}(y) - C\mu)_i)^2\right)}{S(y)} \leqq T_\alpha^2;\ (\hat{\eta}(y) - C\mu)_i > 0\,,\ i \in \mathcal{A};\right.$$

$$\left.(\hat{\eta}(y) - C\mu)_j \leqq 0, j \in \bar{\mathcal{A}}\right\} \tag{144}$$

$$= \sum_{\mathcal{A}\in\mathfrak{D}_l} P_\vartheta\left\{(S(y))^{-1/2}\sum_{i\in\mathcal{A}}(\lambda_i^{-1}(\hat{\eta}(y) - C\mu)_i)^2 \leqq T_\alpha;\right.$$

$$\left(\sum_{j\in\mathcal{A}}(\lambda_j^{-1}(\hat{\eta}(y) - C\mu)_j)^2\right)^{1/2}\lambda_i^{-1}(\hat{\eta}(y) - C\mu)_i > 0, i \in \mathcal{A}\,,$$

$$\left.\left(\sum_{j\in\bar{\mathcal{A}}}(\lambda_j^{-1}(\hat{\eta}(y) - C\mu)_j)^2\right)^{1/2}\lambda_i^{-1}(\hat{\eta}(y) - C\mu)_i \leqq 0\,,\ i \in \bar{\mathcal{A}}\right\} \tag{145}$$

$$= \sum_{\mathcal{A}\in\mathfrak{D}_l} P_\vartheta\left\{\frac{n-k}{|\mathcal{A}|}\,\frac{\sum_{i\in\mathcal{A}}(\lambda_i^{-1}(\hat{\eta}(y) - C\mu)_i)^2}{S(y)} \leqq T_\alpha\,\frac{n-k}{|\mathcal{A}|}\right\}$$

$$\times P_\vartheta\left\{\frac{\lambda_i^{-1}(\hat{\eta}(y) - C\mu)_i}{\left(\sum_{j\in\mathcal{A}}(\lambda_j^{-1}(\hat{\eta}(y) - C\mu)_j)^2\right)^{1/2}} > 0, i \in \mathcal{A}\right\}$$

$$\times P_\vartheta\left\{\frac{\lambda_i^{-1}(\hat{\eta}(y) - C\mu)_i}{\left(\sum_{j\in\bar{\mathcal{A}}}(\lambda_j^{-1}(\hat{\eta}(y) - C\mu)_j)^2\right)^{1/2}} \leqq 0, i \in \bar{\mathcal{A}}\right\} \tag{146}$$

$$= \sum_{\mathcal{A}\in\mathfrak{D}_l} 2^{-|\mathcal{A}|}2^{-|\bar{\mathcal{A}}|}\,P\left\{F_{|\mathcal{A}|,\,n-k} \leqq T_\alpha^2\,\frac{n-k}{|\mathcal{A}|}\right\} \tag{147}$$

$$= \sum_{j=0}^{l}\binom{l}{j}2^{-l}P\left\{F_{j,\,n-k} \leqq T_\alpha^2\frac{n-k}{j}\right\} = \alpha\,.$$

$K_{\varphi,\tau}$ ist also eine α-BSF für γ, sobald (132) gilt.

2. Liegt nun $\left\{\frac{c}{||c||}\,\middle|\, c \in W^{1/2}\mathfrak{X}\right\}$ in $\{c = (c_1, \ldots, c_l)' \in R^l \mid ||c|| = 1;\ c_i \geqq 0, i = 1, \ldots, l\}$ dicht, so gilt nach [A 1.79] in (137) und damit auch in (142) das Gleichheitszeichen — unabhängig von der Wahl von $\vartheta \in \Theta$. ∎

Für den Fall, daß W die Einheitsmatrix I_l ist, wurde der Satz 6.3.19 erstmals von R. BOHRER und G. K. FRANCIS [23] bewiesen. Da

$$\sum_{j=0}^{l} \binom{l}{j} 2^{-l} P\left\{F_{j,n-k} \leqq T_\alpha^2 \frac{n-k}{j}\right\}$$

monoton in T_α wächst, läßt sich leicht ein T_α bestimmen, für das (132) gilt.

Die Menge $\left\{\frac{c}{\|c\|} \,\middle|\, c \in W^{1/2}\mathscr{X}\right\}$ liegt zum Beispiel dann in

$$\{c = (c_1, \ldots, c_l)' \in R^l \mid \|c\| = 1;\ c_i \geqq 0,\ i = 1, \ldots, l\}$$

dicht, wenn

$$\mathscr{X} = \{c = (c_1, \ldots, c_l)' \in R^l \mid c \neq 0_l;\ c_i \geqq 0,\ i = 1, \ldots, l\}$$

oder

$$\mathscr{X} = \{c = (c_1, \ldots, c_l)' \in R^l \mid c \neq 0_l;\ \|c\| \leqq a;\ c_i \geqq 0,\ i = 1, \ldots, l\}$$

mit $a \in R^>$ ist. Für die α-BSF $K_{\varphi,\tau}$ aus den Sätzen 6.3.18 und 6.3.19 gilt

$$K_{\varphi,\tau}^c(y) = \left(-\infty, c'\hat{\eta}(y) + \left(S(y)\right)^{1/2} (c'Wc)^{1/2}\, T_\alpha\right], \quad y \in R^n, c \in \mathscr{X}.$$

Während wir in den Sätzen 6.3.18 und 6.3.19 die Abbildung r aus (88) zur Konstruktion einer α-BSF verwendet haben, wollen wir nun eine α-BSF unter Verwendung der Abbildung r aus (72) beschreiben. Dabei wollen wir wiederum voraussetzen, daß W die Gestalt $W = \operatorname{Diag}[\lambda_1^2, \ldots, \lambda_l^2]$ mit $\lambda_i > 0$ $(i = 1, \ldots, l)$ hat:

Satz 6.3.20. 1. *Die Abbildungen r und t seien wie in* (72) *bzw. wie in* (89) *erklärt. Weiter seien $G_0, G_1, \ldots, G_l$ Zufallsgrößen mit*

$$G_j \sim G_{j,l-j,n-k}, \quad j = 0, 1, \ldots, l.^{1)}$$

Schließlich sei $T_\alpha \in R^{\geqq}$ eine Lösung von

$$\sum_{j=0}^{l} \binom{l}{j} 2^{-l} P\{G_j \leqq T_\alpha^2\} = \alpha. \tag{148}$$

Dann ist $K_{\varphi,\tau}$ eine α-BSF für γ.

2. *$K_{\varphi,\tau}$ ist exakt, falls $\left\{\frac{c}{\|c\|} \,\middle|\, c \in W^{1/2}\mathscr{X}\right\}$ in $\{c = (c_1, \ldots, c_l)' \in R^l \mid \|c\| = 1; c_i \geqq 0,$ $i = 1, \ldots, l\}$ dicht liegt.*

Beweis. 1. Wir verwenden die in (133) und (134) eingeführten Bezeichnungen. Damit gilt für $\vartheta = (\mu, \sigma^2) \in \Theta$ und $y \in \mathscr{T}$ auf Grund von [A 1.78]

$$\varphi(\gamma(\vartheta), y) = \sup_{c \in \mathscr{X}} \frac{|c'(\hat{\eta}(y) - C\mu)|}{(S(y))^{1/2}\,(c'Wc)^{1/2}} = \sup_{c \in \mathscr{X}} \frac{c'W^{1/2}W^{-1/2}(\hat{\eta}(y) - C\mu)}{(S(y))^{1/2}\,(c'Wc)^{1/2}} \tag{149}$$

$$= (S(y))^{-1/2} \sup_{c \in W^{-1/2}\mathscr{X}} \frac{c'W^{-1/2}(\hat{\eta}(y) - C\mu)}{\|c\|} \tag{150}$$

$$\leqq (S(y))^{-1/2} \max\left\{\left(\sum_{i \in \mathscr{H}_\mu(y)} \left(\lambda_i^{-1}(\hat{\eta}(y) - C\mu)_i\right)^2\right)^{1/2}, \left(\sum_{i \in \mathscr{H}_\mu(y)} \left(\lambda_i^{-1}(\hat{\eta}(y) - C\mu)_i\right)^2\right)^{1/2}\right\}. \tag{151}$$

---

1) Zur Definition der Verteilung $G_{j,l-j,n-k}$ vgl. [A 2.30]!

Es gelte nun $\boldsymbol{y} \sim P_\vartheta$, woraus (3) und damit (138) folgt. Weiter sei $\mathcal{A} = \{i_1, \dots, i_{|\mathcal{A}|}\} \subset \{1, \dots, l\}$,und es sei

$$\bar{\mathcal{A}} = \{j_1, \dots, j_{|\bar{\mathcal{A}}|}\} = \{1, \dots, l\} \setminus \mathcal{A} .$$

Wegen [A 2.14] und (138) sind dann die zufälligen Variablen

$$S(\boldsymbol{y}), \quad \sum_{v=1}^{|\mathcal{A}|} (\lambda_{i_v}^{-1}(\hat{\eta}(\boldsymbol{y}) - C\mu)_{i_v})^2 ,$$

$$\left(\sum_{v=1}^{|\mathcal{A}|} (\lambda_{i_v}^{-1}(\hat{\eta}(\boldsymbol{y}) - C\mu)_{i_v})^2\right)^{-1/2} (\lambda_{i_1}^{-1}(\hat{\eta}(\boldsymbol{y}) - C\mu)_{i_1}, \dots, \lambda_{i_{|\mathcal{A}|}}^{-1}(\hat{\eta}(\boldsymbol{y}) - C\mu)_{i_{|\mathcal{A}|}})'$$

und

$$\left(\sum_{v=1}^{|\bar{\mathcal{A}}|} (\lambda_{j_v}^{-1}(\hat{\eta}(\boldsymbol{y}) - C\mu)_{j_v})^2\right)^{-1/2} (\lambda_{j_1}^{-1}(\hat{\eta}(\boldsymbol{y}) - C\mu)_{j_1}, \dots, \lambda_{j_{|\bar{\mathcal{A}}|}}^{-1}(\hat{\eta}(\boldsymbol{y}) - C\mu)_{j_{|\bar{\mathcal{A}}|}})'$$

sämtlich stochastisch unabhängig, und es gilt neben (139) und (140) auch

$$(S(\boldsymbol{y}))^{-1} \max \left\{\sum_{i\in\mathcal{A}} (\lambda_i^{-1}(\hat{\eta}(\boldsymbol{y}) - C\mu)_i)^2, \sum_{i\in\bar{\mathcal{A}}} (\lambda_i^{-1}(\hat{\eta}(\boldsymbol{y}) - C\mu)_i)^2\right\} \sim G_{|\mathcal{A}|, l-|\mathcal{A}|, n-k} .$$

Daraus und aus (149) bis (151) folgt schließlich in Analogie zu (141) bis (147)

$$P_\vartheta\{\gamma(\vartheta) \in K_{\varphi,\tau}(\boldsymbol{y})\} = P_\vartheta\{\varphi(\gamma(\vartheta), \boldsymbol{y}) \leqq T_\alpha\} = \sum_{\mathcal{A}\in\mathfrak{D}_l} P_\vartheta\{\varphi(\gamma(\vartheta), \boldsymbol{y}) \leqq T_\alpha, \mathcal{H}_\mu(\boldsymbol{y}) = \mathcal{A}\} \quad (152)$$

$$\geqq \sum_{\mathcal{A}\in\mathfrak{D}_l} P_\vartheta \left\{(S(\boldsymbol{y}))^{-1/2} \max \left\{\left(\sum_{i\in\mathcal{H}_\mu(\boldsymbol{y})} (\lambda_i^{-1}(\hat{\eta}(\boldsymbol{y}) - C\mu)_i)^2\right)^{1/2}, \left(\sum_{i\in\overline{\mathcal{H}_\mu(\boldsymbol{y})}} (\lambda_i^{-1}(\hat{\eta}(\boldsymbol{y}) - C\mu)_i)^2\right)^{1/2}\right\} \leqq T_\alpha;\ \mathcal{H}_\mu(\boldsymbol{y}) = \mathcal{A}\right\}$$

$$= \sum_{\mathcal{A}\in\mathfrak{D}_l} P_\vartheta \left\{\frac{\max \left\{\left(\sum_{i\in\mathcal{A}} (\lambda_i^{-1}(\hat{\eta}(\boldsymbol{y}) - C\mu)_i)^2\right)^{1/2}, \left(\sum_{i\in\bar{\mathcal{A}}} (\lambda_i^{-1}(\hat{\eta}(\boldsymbol{y}) - C\mu)_i)^2\right)^{1/2}\right\}}{(S(\boldsymbol{y}))^{1/2}} \leqq T_\alpha;\ (\eta(\boldsymbol{y}) - C\mu)_i > 0, i \in \mathcal{A}; (\hat{\eta}(\boldsymbol{y}) - C\mu)_i \leqq 0, i \in \bar{\mathcal{A}}\right\}$$

$$= \sum_{\mathcal{A}\in\mathfrak{D}_l} 2^{-|\mathcal{A}|} 2^{-|\bar{\mathcal{A}}|} P\{G_{|\mathcal{A}|} \leqq T_\alpha^2\} = \sum_{j=0}^{l} \binom{l}{j} 2^{-l} P\{G_{|\mathcal{A}|} \leqq T_\alpha^2\} .$$

Die Abbildung $K_{\varphi,\tau}$ ist demnach eine α-BSF für γ, sobald (148) gilt.

2. Wir wollen nun annehmen, daß $\left\{\frac{c}{\|c\|} \,\middle|\, c \in W^{1/2}\mathcal{X}\right\}$ in $\{c = (c_1, \dots, c_l)' \in R^l \mid \|c\| = 1;\ c_i \geqq 0, i = 1, \dots, l\}$ dicht liegt. Auf Grund von [A 1.75] gilt in diesem Falle in (151) das Gleichheitszeichen. Damit gilt auch in (152) die Gleichheit, und demzufolge ist $K_{\varphi,\tau}$ unter den angegebenen Bedingungen exakt. ■

Wir bemerken, daß aus $G \sim G_{0,l,n-k}$ sowie aus $G \sim G_{l,0,n-k}$ jeweils $\frac{n-k}{l} G \sim F_{l,n-k}$ folgt. Für die BSF $K_{\varphi,\tau}$ aus Satz 6.3.20 gilt offenbar

$$K_{\varphi,\tau}^c(y) = [c'\hat{\eta}(y) - (S(y))^{1/2} (c'Wc)^{1/2} T_\alpha, c'\hat{\eta}(y) + (S(y))^{1/2} (c'Wc)^{1/2} T_\alpha] ,$$

$$c \in \mathcal{X} , \quad y \in R^n .$$

Dabei bezeichnet T_α die Lösung von (148).

M. HALPERIN, S. C. RASTOGI, I. HO und Y. Y. YANG [24] gaben für $l \geqq 2$ obere Schranken T^* für die Lösung T_α der Gleichung (148) an. Diese obere Schranken erhalten wir als Lösung von

$$\alpha = P\left\{\boldsymbol{F}_{1,n-k} \leqq (T^*)^2 (n-k) - (l-1)\boldsymbol{F}_{l-1,n-k};\, \boldsymbol{F}_{l-1,n-k} \leqq \frac{n-k}{l}(T^*)^2\right\}$$

$$+ P\left\{\boldsymbol{F}_{1,n-k} \leqq \left(T^*(n-k)^{1/2} l^{1/2} - (l-1)(\boldsymbol{F}_{l-1,n-k})^{1/2}\right)^2;\right.$$

$$\left.\frac{n-k}{l}(T^*)^2 \leqq \boldsymbol{F}_{l-1,n-k} \leqq \frac{l}{(l-1)^2}(T^*)^2\right\}. \qquad (153)$$

Hierbei sind $\boldsymbol{F}_{1,n-k}$ und $\boldsymbol{F}_{l-1,n-k}$ zufällige Größen, für die $\boldsymbol{F}_{1,n-k} \sim F_{1,n-k}$ und $\boldsymbol{F}_{l-1,n-k} \sim F_{l-1,n-k}$ gilt und für die die Verteilung von $(\boldsymbol{F}_{1,n-k}, \boldsymbol{F}_{l-1,n-k})$ die μ_2-Dichte

$$p((x_1, x_2)) = \begin{cases} c_l x_1^{-1/2} x_2^{(l-2)/2}\left(1 + \dfrac{x_1 + (l-1)x_2}{n-k}\right)^{-(l+n-k)} \\ \qquad\qquad \text{für} \quad x_1 > 0, x_2 > 0\,, \\ 0 \qquad\qquad \text{sonst} \end{cases}$$

mit

$$c_l = \frac{(l-1)^{\frac{l-1}{2}}\,\Gamma\left(\dfrac{l+n-k}{2}\right)}{(n-k)^{1/2}\,\Gamma\left(\dfrac{l-1}{2}\right)\Gamma\left(\dfrac{n-k}{2}\right)^{1/2}}$$

hat. M. HALPERIN, S. O. RASTOGI, I. HO und Y. Y. YANG [24] untersuchten auch den Fall, daß W keine Diagonalmatrix ist. Für diesen Fall konnten sie zeigen, daß $K_{\varphi,\tau}$ eine α-BSF für γ ist, sobald wir r wie in (72). t wie in (89) und T_α als eine Lösung T^* von

$$\alpha = P\left\{\boldsymbol{F}_{1,n-k} \leqq (T^*)^2 (n-k) - (l-1)\boldsymbol{F}_{l-1,n-k};\right.$$

$$\left.\boldsymbol{F}_{l-1,n-k} \leqq \frac{q-1}{q}\,\frac{(T^*)^2 (n-k)}{l-1}\right\}$$

$$+ P\left\{\boldsymbol{F}_{1,n-k} \leqq \left(T^*(n-k)^{1/2} q^{1/2}((q-1)(l-1)\boldsymbol{F}_{l-1,n-k})^{1/2}\right)^2;\right.$$

$$\left.\frac{q-1}{q}\,\frac{(T^*)^2 (n-k)}{l-1} \leqq \boldsymbol{F}_{l-1,n-k} \leqq \frac{q}{q-1}\,\frac{(T^*)^2}{l-1}(n-k)\right\} \qquad (154)$$

wählen. In (154) ist

$$q = 1_l' \left((\operatorname{diag} W)^{-1/2} W (\operatorname{diag} W)^{-1/2}\right)^{-1} 1_l$$

gesetzt, während $\boldsymbol{F}_{1,n-k}$ und $\boldsymbol{F}_{l-1,n-k}$ dieselbe Bedeutung wie in (153) haben.

Ist W eine Diagonalmatrix, so geht (154) in (153) über. Für $l = 2, 3$ und 4 wurden die Lösungen T^* von (154) von HALPERIN, RASTOGI, HO und YANG in Abhängigkeit von q, $n - k$ und α tabelliert.

Selbstverständlich können wir im vorliegenden Fall auch aus Satz 6.3.13 α-BSF für γ ableiten. Diese können in bestimmten Fällen sogar exakt sein. Ist nämlich W eine Diagonalmatrix und ist außerdem $\left\{\frac{c}{||c||} \,\middle|\, c \in \mathcal{X}\right\} = \{c = (c_1, \dots, c_l)' \in R^l \mid c_i \geqq 0,\ i = 1, \dots, l;\ ||c|| = 1\}$, so ist jeder Vektor $e_i^{(l)}$ $(i = 1, \dots, l)$ ein Häufungspunkt der Menge $\left\{d \frac{c}{\sum_{i=1}^{l} |c_i|} \,\middle|\, c \in W^{1/2}\mathcal{X}, d \in \{-1, 1\}\right\}$.

Setzen wir demzufolge in Satz 6.3.13 $m_1 = \infty$, $m_2 = 1$, $Q = W^{1/2}$ und $m_{1-\alpha}(m_1, l, n-k, Q^{-1}WQ^{-1}) = (n-k)^{-1/2}\, m_{1-\alpha}(l, n-k, I_l)$, so erhalten wir mit der dadurch eindeutig bestimmten Abbildung $K_{\varphi,\tau}$ aus Satz 6.3.13 eine exakte α-BSF für γ, sobald W eine Diagonalmatrix und $\left\{\frac{c}{||c||} \,\middle|\, c \in \mathcal{X}\right\} = \{c = (c_1, \dots, c_l)' \in R^l \mid c_i \geqq 0,\ i = 1, \dots, l;\ ||c|| = 1\}$ ist.

4. Es seien nun ζ_i $(i = 1, \dots, l)$ und δ_i $(i = 1, \dots, l)$ reelle Zahlen mit $\zeta_i \leqq \delta_i$ $(i = 1, \dots, l)$. Weiter wollen wir annehmen, daß $\mathcal{X} = \{c = (c_1, \dots, c_l)' \in R^l \mid \zeta_i \leqq c_i \leqq \delta_i,\ i = 1, \dots, l\}$ ist.

Die Ecken des „Quaders“ $\mathcal{X}$ seien in beliebiger Weise numeriert, und es bezeichne d_j die bei dieser Numerierung an j-ter Stelle stehende Ecke von $\mathcal{X}$. Weiter sei s die Anzahl der Ecken von $\mathcal{X}$. Damit lassen sich exakte α-BSF für γ angeben:

Satz 6.3.21. *Es sei r wie in* (72) *definiert, und es sei $t(c) = 1$, $c \in \mathcal{X}$. Weiter sei*

$$T_\alpha = m_{1-\alpha}(s, n-k, V)\,(n-k)^{1/2}\,[1] \tag{155}$$

mit

$$V = \left((v_{ij})\right)_{j=1,\dots,s}^{i=1,\dots,s};\ v_{ij} = d_i' W d_j;\ i = 1, \dots, s;\ j = 1, \dots, s\,.$$

Dann ist $K_{\varphi,\tau}$ eine exakte α-BSF für γ.

Beweis. Es gilt für $\vartheta = (\mu, \sigma^2) \in \Theta$ und $y \in \mathcal{Y}$

$$\varphi(\gamma(\vartheta), y) = \sup_{c \in \mathcal{X}} |c'(\hat{\eta}(y) - C\mu)|\,(S(y))^{-1/2}\,(n-k)^{1/2}$$

$$= (n-k)^{1/2}\,(S(y))^{-1/2} \max\{|\sup_{c\in\mathcal{X}} c'(\hat{\eta}(y) - C\mu)|,\ |\inf_{c\in\mathcal{X}} c'(\hat{\eta}(y) - C\mu)|\}.$$

Nach Voraussetzung ist $\mathcal{X}$ ein Polyeder. Demzufolge nimmt die durch

$$g(c) = c'(\hat{\eta}(y) - C\mu)\,, \quad c \in \mathcal{X}\,,$$

gegebene Funktion g ihr Maximum und ihr Minimum (auf $\mathcal{X}$) jeweils in einer Ecke von $\mathcal{X}$ an, und es gilt aus diesem Grunde

$$\varphi(\gamma(\vartheta), y) = (n-k)^{1/2}\,(S(y))^{-1/2} \max\{\max_{1\leqq j\leqq s} |d_j'(\hat{\eta}(y) - C\mu)|,\ \min_{1\leqq j\leqq s} |d_j'(\hat{\eta}(y) - C\mu)|\}$$

$$= (n-k)^{1/2}\,(S(y))^{-1/2}\,\left(\max_{1\leqq j\leqq s} |d_j'(\hat{\eta}(y) - C\mu)|\right). \tag{156}$$

[1]) Zur Definition von $m_{1-\alpha}(s, n-k, V)$ vgl. [A 2.30]!

Es sei nun $\boldsymbol{y} \sim P_\vartheta$. Dann gilt

$$\frac{1}{\sigma}\left(d_j'(\hat{\eta}(\boldsymbol{y}) - C\mu), S(\boldsymbol{y})\right) \sim N(0, d_j'Wd_j) \times \chi^2_{n-k}, \quad j = 1, \dots, s,$$

und

$$E_\vartheta\left(d_j'(\hat{\eta}(\boldsymbol{y}) - C\mu), d_i'(\hat{\eta}(\boldsymbol{y}) - C\mu)\right) = \sigma^2 d_i'Wd_j, \quad i = 1, \dots, s, \quad j = 1, \dots, s,$$

und daraus folgt auf Grund von [A 2.30]

$$(n-k)^{1/2}\,(S(\boldsymbol{y}))^{-1/2}\,(\max_{1 \leqq j \leqq s} |d_j'(\hat{\eta}(\boldsymbol{y}) - C\mu)|) \sim m(s, n-k, V). \tag{157}$$

Aus (156) und aus (157) ergibt sich schließlich

$$P_\vartheta\{\gamma(\vartheta) \in K_{\varphi,\tau}(\boldsymbol{y})\} = P_\vartheta\{\varphi(\gamma(\vartheta), \boldsymbol{y}) \leqq m_{1-\alpha}(s, n-K, V)\,(n-k)^{1/2}\} = \alpha. \blacksquare$$

Für $K_{\varphi,\tau}$ aus Satz 6.3.21 gilt

$$K^c_{\varphi,\tau}(y) = [c'\hat{\eta}(y) - u(c, y), c'\hat{\eta}(y) + u(c, y)], \quad c \in \mathscr{X}, y \in R^n,$$

mit

$$u(c, y) = \left(S(y)\right)^{1/2}(n-k)^{-1/2}\, m_{1-\alpha}(s, n-k, V), \quad c \in \mathscr{X}, y \in R^n.$$

Für den Fall, daß W Diagonalgestalt hat und $l = 2, \zeta_1 = \delta_1 = 1$ sowie $\zeta_2 = -\delta_2$ ist, wurden die Werte $m_{1-\alpha}(s, n-k, V)$ von A. V. Gafarian [25] berechnet. Dazu ist zu bemerken, daß für $l = 2, \zeta_1 = \delta_1 = 1$ und $\zeta_2 = -\zeta_2$ die Menge $\mathscr{X}$ die Gestalt $\{c = (c_1, c_2)' \in R^2 \mid c_1 = 1, c_2 \in [-\delta_2, \delta_2]\}$ annimmt, so daß also in dem von Gafarian betrachteten Fall $s = 2$ ist.

5. Wir wollen nun annehmen, daß $l = 3$ ist und daß mit $\zeta \in R^1$ und $\delta \in R^1$ entweder $\mathscr{X} = \{(1, a, a^2)' \in R^3 \mid \zeta \leqq a \leqq \delta\}$ oder aber $\mathscr{X} = \{(1, a, a^2)' \in R^3 \mid \zeta < a < \delta\}$ gilt. Für beide Fälle berechneten J. R. Trout und B. Chow in [26] Werte T_1^* mit der Eigenschaft, daß die durch (72), (155) und

$$T_\alpha = T_1^*(n-k)^{-1/2}$$

gegebene Abbildung $K_{\varphi,\tau}$ eine exakte α-BSF für γ ist. Sie tabellierten die entsprechenden Werte T_1^* für verschiedene $n-k, \alpha, \zeta, \delta$, und W. H. P. Wynn und P. Bloomfield [27] untersuchten den Grenzfall $-\zeta = \delta = \infty$, das heißt den Fall, daß $\mathscr{X} = \{(1, a, a^2)' \in R^3 \mid a \in R^1\}$ ist. Sie gaben hierfür eine Möglichkeit zur Bestimmung von solchen Werten T_2^* an, für die die durch (72), (89) und

$$T_\alpha = T_2^*(n-k)^{-1/2}$$

definierte BSF $K_{\varphi,\tau}$ eine exakte α-BSF für γ ist. Gleichzeitig tabellierten Wynn und Bloomfield die Werte T_2^* in Abhängigkeit von W, α und $n-k$. Interessanterweise gilt (bei festem $n-k$) für diese tabellierten Werte stets

$$0{,}93F_{1-\alpha;3,n-k} \leqq T_2^* \leqq 0{,}96F_{1-\alpha;3,n-k}.$$

Für die von Trout und Chow unter Verwendung der Werte T_1^* konstruierte α-BSF $K_{\varphi,\tau}$ gilt

$$K^c_{\varphi,\tau}(y) = [c'\hat{\eta}(y) - \left(S(y)\right)^{1/2}T_1^*(n-k)^{-1/2}, c'\hat{\eta}(y) + \left(S(y)\right)^{1/2}T_1^*(n-k)^{-1/2}],$$
$$c \in \mathscr{X}, \quad y \in R^n. \tag{158}$$

Analog gilt für die von WYNN und BLOOMFIELD mit Hilfe der Werte T_2^* beschriebene α-BSF $K_{\varphi,\tau}$

$$K_{\varphi,\tau}^c(y) = [c'\hat{\eta}(y) - (S(y))^{1/2} (c'Wc)^{1/2} T_2^*(n-k)^{-1/2},$$
$$c'\hat{\eta}(y) + (S(y))^{1/2} (c'Wc)^{1/2} T_2^*(n-k)^{-1/2}], \qquad c \in \mathscr{X}, \quad y \in R^n. \tag{159}$$

In den Beispielen 6.3.1 und 6.3.2 haben wir uns mit dem Problem der Bestimmung von α-Konfidenzbändern für Graphen von Regressionsfunktionen auseinandergesetzt. Die Bereiche $K_{\varphi,\tau}^c(y)$ aus (158) und (159) sind von großer Bedeutung für die Bestimmung solcher α-Konfidenzbänder, wenn (bei Verwendung der in den Beispielen 6.3.1 und 6.3.2 eingeführten Bezeichnungen) $k = 3$,

$$g(x) = (1, x, x^2)', \qquad x \in R^1 \text{ [1]}, \tag{160}$$

und $\mathscr{A}_1 = [\zeta, \delta]$ (oder $\mathscr{A}_1 = (\zeta, \delta)$) bzw. $\mathscr{A}_1 = R^1$ ist. Ist nämlich $k = 3$ und $\mathscr{A}_1 = [\zeta, \delta]$ (oder $\mathscr{A}_1 = (\zeta, \delta)$), und gilt zudem (160), so können wir mit $\tilde{K}$ aus (52) ein exaktes α-Konfidenzband für $\tilde{f}$ gewinnen: Wir brauchen dazu nur in (158) $\hat{\eta}$ durch $\hat{\beta}$ zu ersetzen und dann für $x \in [\zeta, \delta]$ (bzw. $x \in (\zeta, \delta)$) und $y \in R^n$

$$K(g(x), y) = K_{\varphi,\tau}^{g(x)}(y)$$

zu setzen.

Daß die so gewonnene Abbildung $\tilde{K}$ wirklich ein exaktes α-Konfidenzband für $\tilde{f}$ ist, ergibt sich daraus, daß wir die in Beispiel 6.3.1 angestellten Überlegungen auf das vorliegende spezielle Modell übertragen können. Auf die gleiche Weise wie eben erhalten wir bei Verwendung von (159) (an Stelle von (158)) ein exaktes α-Konfidenzband für $\tilde{f}$, falls $k = 3$ und $\mathscr{A}_1 = R^1$ ist und falls außerdem (160) gilt.

6. Wir wollen nun abschließend annehmen, daß $l = 2$ ist und $\mathscr{X} = \{(1, a)' \mid a \in [\zeta, \delta]\}$ mit $\zeta \in R^1$, $\delta \in R^1$ und $\zeta < \delta$ gilt. Für diese konkrete Wahl von $\mathscr{X}$ und l lassen sich verschiedene exakte α-BSF für γ angeben:

Satz 6.3.22. *Es sei r wie in* (72) *definiert, und mit*

$$d_1 := ((1, \zeta)\, W(1, \zeta)')^{1/2} \quad \text{und} \quad d_2 := ((1, \delta)\, W(1, \delta)')^{1/2}$$

sei

$$t(c) = d_1 + \frac{d_2 - d_1}{\delta - \zeta}(a - \zeta), \qquad c = (1, a)' \in \mathscr{X}.$$

Weiter sei

$$T_\alpha = (n-k)^{-1/2} m_{1-\alpha}(2, n-k, V)$$

mit

$$V = ((v_{ij}))_{j=1,2}^{i=1,2}, \qquad v_{11} = v_{22} = 1$$

und

$$v_{12} = v_{21} = ((1, \zeta)\, W(1, \delta)')\, d_1^{-1} d_2^{-1}.$$

Dann ist $K_{\varphi,\tau}$ eine exakte α-BSF für γ.

---

[1]) Aus (160) folgt, daß die Regressionsfunktion f ein Polynom zweiten Grades in x ist.

Beweis. Da $t(c)$ für jedes $c \in \mathscr{X}$ positiv ist, gilt für $y \in \mathscr{T}$ und $\vartheta = (\mu, \sigma^2) \in \Theta$ auf Grund von [A 1.89]

$$\varphi(\gamma(\vartheta), y) = \sup_{a\in[\zeta,\delta]} \frac{|(1, a)' (\hat{\eta}(y) - C\mu)|}{d_1 + \frac{d_2 - d_1}{\delta - \zeta}(a - \zeta)} (S(y))^{-1/2}$$

$$= \sup_{a\in[\zeta,\delta]} \frac{|(1, a)' (\hat{\eta}(y) - C\mu)|}{d_1 - \zeta \frac{d_2 - d_1}{\delta - \zeta} + a \frac{d_2 - d_1}{\delta - \zeta}} (S(y))^{-1/2}$$

$$= (S(y))^{-1/2} \max \{d_1^{-1} |(1, \zeta) (\hat{\eta}(y) - C\mu)|, d_2^{-1}|(1, \delta) (\hat{\eta}(y) - C\mu)|\} .$$

Ist nun $\boldsymbol{y} \sim P_\vartheta$, so gilt wegen (3)

$$(n - k)^{1/2} \varphi(\gamma(\vartheta), \boldsymbol{y}) \sim m(2, n - k, V) ,$$

und daraus folgt

$$P_\vartheta\{\gamma(\vartheta) \in K_{\varphi,\tau}(\boldsymbol{y})\} = P_\vartheta\{\varphi(\gamma(\vartheta), \boldsymbol{y}) \leqq (n - k)\, m_{1-\alpha}(2, n - k, V)\} = \alpha . \quad \blacksquare$$

Wählen wir $K_{\varphi,\tau}$ wie in Satz 6.2.22, so gilt für $y \in R^n$ und $c = (1, a)' \in \mathscr{X}$

$$K^c_{\varphi,\tau}(y) = [c'\hat{\eta}(y) - u(c, y), c'\hat{\eta}(y) + u(c, y)]$$

mit

$$u(c, y) = \big(S(y)\big)^{1/2} (n - k)^{1/2} \left(d_1 + \frac{d_2 - d_1}{\delta - \zeta} (a - \zeta)\right) m_{1-\alpha} (2, n - k, V) .$$

Unter der zusätzlichen Voraussetzung, daß W eine Diagonalmatrix ist, wurde die Aussage von Satz 6.3.22 erstmals von F. A. Graybill und D. C. Bowden [28] bewiesen. Graybill und Bowden tabellierten auch die Werte $m_{1-\alpha}(2, n - k, V)$ in Abhängigkeit von α, $n - k$ und v_{12}.

Eine weitere α-BSF für γ wurde von H. P. Wynn und P. Bloomfield [27] konstruiert: Wynn und Bloomfield gaben ein Verfahren zur Bestimmung eines solchen Wertes T_3^* an, für den die durch (72), (89) und

$$T_\alpha := T_3^* \tag{161}$$

gegebene Abbildung $K_{\varphi,\tau}$ eine exakte α-BSF für γ ist. Sie tabellierten T_3^* in Abhängigkeit von $W, \alpha, n - k, \zeta$ und δ. In allen weiteren Untersuchungen im Rahmen dieses Unterabschnitts wollen wir annehmen, daß $W = \text{Diag}\,[\lambda_1^2, \lambda_2^2]$ mit $\lambda_i \in R^>$ $(i = 1, 2)$ ist.

Unter dieser zusätzlichen Voraussetzung konnten R. Bohrer und G. K. Francis [29] zeigen, daß die durch (88), (89) und

$$T_\alpha := T_4^*$$

definierte BSF $K_{\varphi,\tau}$ eine exakte α-BSF für γ ist, sobald T_4^* die Lösung der Gleichung

$$\alpha = \frac{1}{2}\left(\arctan\left[\frac{\delta}{\lambda_2}\lambda_1\right] - \arctan\left[\frac{\zeta}{\lambda_2}\lambda_1\right]\right) P\left\{\boldsymbol{F}_{2,n-k} \leqq \frac{(T^*)^2}{2} (n - k)^{-1/2}\right\}$$
$$+ \frac{1}{2} P\{\boldsymbol{F}_{1,n-k} \leqq (T_4^*)^2 (n - k)^{-1/2}\} + \frac{1}{2}$$
$$- \frac{1}{2\pi}\left(\arctan\left[\frac{\delta}{\lambda_2}\lambda_1\right] - \arctan\left[\frac{\zeta}{\lambda_2}\lambda_1\right]\right) \tag{162}$$

ist. Die auf der rechten Seite der Gleichung (162) stehende Summe wächst monoton in T_4^*, so daß eine Lösung dieser Gleichung prinzipiell möglich ist.

In den folgenden Sätzen geben wir weitere α-BSF für γ an. Dabei werden wir jedoch die Zahlen ζ und δ stets in besonderer Weise wählen. Weiterhin werden wir künftig für $y \in R^n$, und $\mu \in \mathfrak{R}(X)$ stets

$$\hat{\eta}(y) - C\mu = ((\hat{\eta}(y) - C\mu)_1, (\eta(y) - C\mu)_2)'$$

setzen. Es sei zunächst $\zeta = -\delta \neq 0$. Unter dieser zusätzlichen Annahme gilt der

Satz 6.3.23. *Es sei $h\colon R^1 \to R^{\geqq}$ eine Funktion mit $h(b) > 0$ für $b \neq 0$. Die Abbildung r sei wie in* (72) *erklärt. Weiter sei*

$$t(c) = \lambda_1 + |a|\,\lambda_2\,h(\delta)\,, \qquad c = (1, a)' \in \mathcal{X}\,,$$

und es sei

$$T_\alpha = m_{1-\alpha}(3, n-k, V_\delta)\,(n-k)^{-1/2}$$

mit

$$V_\delta = ((v_{ij}))_{j=1,2,3}^{i=1,2,3}\,, \qquad v_{11} = 1\,, \qquad v_{12} = v_{13} = v_{21} = v_{31}\,,$$

$$v_{12} = \frac{\lambda_1}{(\lambda_1 + \delta\lambda_2 h(\delta))}\,,$$

$$v_{23} = v_{32} = \frac{\lambda_1^2 - \delta^2\lambda_2^2}{(\delta_1 + \delta\lambda_2 h(\delta))^2}\,,$$

sowie

$$v_{22} = v_{33} = \frac{\lambda_1^2 + \delta^2\lambda_2^2}{(\lambda_1 + \delta\lambda_2 h(\delta))^2}\,.$$

Dann ist $K_{\varphi,\tau}$ eine exakte α-BSF für γ.

Beweis. Wegen [A 1.80] gilt für $\vartheta = (\mu, \sigma^2) \in \Theta$ und $y \in \mathcal{T} \setminus \{y \in R^n \mid (\eta(y) - C\mu)_1 = 0\}$

$$\varphi(\gamma(\vartheta), y) = \sup_{|a| \leqq \delta} \frac{|(1, a)\,(\hat{\eta}(y) - C\mu)|}{\lambda_1 + |a|\,\lambda_2 h(\delta)}\,(S(y))^{-1/2}$$

$$= (S(y))^{-1/2} \sup_{|a| \leqq \delta} \frac{|(\hat{\eta}(y) - C\mu)_1|}{\lambda_1} \; \frac{1 + |a| \dfrac{|(\hat{\eta}(y) - C\mu)_2|}{|(\hat{\eta}(y) - C\mu)_1|}}{1 + |a| \dfrac{\lambda_2}{\lambda_1} h(\delta)}$$

$$= (S(y))^{-1/2} \max \left\{ \frac{|(\hat{\eta}(y) - C\mu)_1|}{\lambda_1}, \frac{|(\hat{\eta}(y) - C\mu)_1 + \delta(\hat{\eta}(y) - C\mu)_2|}{\lambda_1 + \delta\lambda_2 h(\delta)}, \frac{|(\hat{\eta}(y) - C\mu)_1 - \delta(\hat{\eta}(y) - C\mu)_2|}{\lambda_1 + \delta\lambda_2 h(\delta)} \right\}.$$

Ist nun $\boldsymbol{y} \sim P_\vartheta$, so gilt

$$P_\vartheta\{(C\mu - \eta(\boldsymbol{y}))_1 = 0\} = 0\,,$$

und daraus folgt

$$(n-k)\,\varphi(\gamma(\vartheta), \boldsymbol{y}) \sim m(3, n-k, V_\delta)\,.$$

Demzufolge gilt

$$P_\vartheta\{\gamma(\vartheta) \in K_{\varphi,\tau}(y)\} = P_\vartheta\{\varphi(\gamma(\vartheta), y) \leqq m_{1-\alpha}(3, n-k, V_\delta)\,(n-k)^{-1/2}\}$$
$$= \alpha\,. \quad \blacksquare \tag{163}$$

Für bestimmte Funktionen h wurde die in Satz 6.3.23 konstruierte α-BSF bereits von F. A. GRAYBILL, D. C. BOWDEN [30] sowie von O. J. DUNN [31] untersucht. GRAYBILL und BOWDEN betrachteten für $h(b) = 1$ $(b \in R^1)$ den Grenzfall $\delta = \infty$ und bewiesen hierfür die Aussage des folgenden Lemmas:

Lemma 6.3.2. *Es seien r und t wie in* (72) *bzw.* (163) *definiert. Ferner sei*

$$T_\alpha = m_{1-\alpha}(2, n-k, I_2)\,(n-k)^{-1/2}\,. \tag{164}$$

Dann ist $K_{\varphi,\tau}$ eine exakte α-BSF für γ.

Beweis. Für $Q = W^{1/2}$, $m_1 = \infty$ und $l = 2$ stimmt die α-BSF $K_{\varphi,\tau}$ aus Satz 6.3.13 mit der in der Behauptung des vorliegenden Lemmas definierten Abbildung $K_{\varphi,\tau}$ überein, denn es ist

$$m_{1-\alpha}(\infty, 2, n-k, I_2) = m_{1-\alpha}(2, n-k, I_2)\,(n-k)^{-1/2}\,. \tag{165}$$

Wir brauchen also nur noch zu zeigen, daß $e_1^{(2)}$ und $e_2^{(2)}$ Häufungspunkte der Menge $\left\{d\,\frac{c}{\|c\|_1} \mid c \in W^{1/2}\mathscr{X},\ d \in \{-1, 1\}\right\}$ sind.

Nun ist zunächst

$$\left\{d\,\frac{c}{\|c\|_1}\,\middle|\, c \in W^{1/2}\mathscr{X},\ d \in \{-1, 1\}\right\} = \left\{d\,\frac{W^{1/2}c}{\|W^{1/2}c\|_1}\,\middle|\, c \in \mathscr{X}, d \in \{-1, 1\}\right\}.$$

Weiter gilt für $c := e_1^{(2)} \in \mathscr{X}$

$$\frac{W^{1/2}c}{\|W^{1/2}c_1\|_1} = e_1^{(2)}\,,$$

und für $a \to \infty$ konvergiert $\frac{W^{1/2}(1, a)'}{\|W^{1/2}(1, a)'\|_1}$ gegen $e_2^{(2)}$. Folglich sind $e_1^{(2)}$ und $e_2^{(2)}$ Häufungspunkte der Menge

$$\left\{d\,\frac{W^{1/2}c}{\|W^{1/2}c\|_1} \mid c \in \mathscr{X}, d \in \{-1, 1\}\right\}. \quad \blacksquare$$

Für die BSF $K_{\varphi,\tau}$ aus Satz 6.3.23 gilt

$$K^c_{\varphi,\tau}(y) = [c'\hat{\eta}(y) - u(c, y)\,, c'\hat{\eta}(y) + u(c, y)]\,, \quad c = (1, a)' \in \mathscr{X}\,, \quad y \in R^n\,, \tag{166}$$

mit

$$u(c, y) = \left(S(y)\right)^{1/2} (n-k)^{-1/2} \left(\lambda_1 + |a|\,\lambda_2 h(\delta)\right) m_{1-\alpha}(3, n-k, V_\delta)\,,$$
$$c = (1, a)' \in \mathscr{X}\,, \quad y \in R^n\,.$$

Damit erhalten wir Bereiche $K^c_{\varphi,\tau}(y)$, indem wir in (166) $m_{1-\alpha}(3, n-k, V_\delta)$ durch $m_{1-\alpha}(2, n-k, I_2)$ ersetzen.

O. J. DUNN [31] untersuchte die BSF $K_{\varphi,\tau}$ aus Satz 6.3.23 für den Fall, daß

$$h(b) = \left(\left(\left(\frac{\lambda_2}{\lambda_1}\,b\right)^2 + 1\right)^{-1/2} - 1\right)\left(\frac{\lambda_2}{\lambda_1}\,b\right)^{-1}, \quad b \in R^1 \setminus \{0\}\,, \tag{167}$$

und $\delta = \frac{\lambda_1}{\lambda_2} m$ mit $m \in \mathcal{N}$ ist. Für diesen Fall konnte sie zeigen, daß

$$m_{1-\alpha}(3, n-k, V_\delta) \leqq m_{1-\alpha}(m, n-k, I_m) \tag{168}$$

gilt, so daß wir $m_{1-\alpha}(m, n-k, I_m)$ als obere Schranke für den Wert $m_{1-\alpha}(3, n-k, V_\delta)$ verwenden können. Wir weisen an dieser Stelle darauf hin, daß aus (167) und $\delta = \frac{\lambda_1}{\lambda_2} m$

$$h(\delta) = \left((1+m^2)^{1/2} - 1\right)^{1/2} m^{-1}$$

sowie

$$v_{22} = v_{32} = 1\,, \qquad v_{23} = \frac{1-m^2}{1+m^2}\,, \qquad v_{12} = (1+m^2)^{-1/2}$$

folgt.

Nachdem wir bisher vorausgesetzt haben, daß $-\delta = \zeta \neq 0$ gilt, wollen wir nun annehmen, daß $\delta \leqq 0$ oder $\zeta \geqq 0$ ist.

Satz 6.3.24. *Die Abbildung r sei wie in* (72) *erklärt. Weiter seien*

$$t(c) = \lambda_1 + |a|\,\lambda_2\,, \qquad c = (1, a)' \in \mathcal{X}$$

und

$$T_\alpha = m_{1-\alpha}(2, n-k, V_{\zeta,\delta})$$

mit

$$V_{\zeta,\delta} = \left((v_{ij})\right)_{j=1,2}^{i=1,2}\,,$$

$$v_{11} = \left(\lambda_1^2 + (\zeta\lambda_2)^2\right)(\lambda_1 + |\zeta|\,\lambda_2)^{-2}\,,$$

$$v_{12} = v_{21} = \left(\lambda_1^2 + (\zeta\delta)\,\lambda_2^2\right)(\lambda_1 + |\zeta|\,\lambda_2)^{-1}\,(\lambda_1 + |\delta|\,\lambda_2)^{-1}\,,$$

sowie

$$v_{22} = \left(\lambda_1^2 + (\delta\lambda_2)^2\right)(\lambda_1 + |\delta|\,\lambda_2)^{-2}\,.$$

Unter diesen Voraussetzungen ist $K_{\varphi,\tau}$ eine exakte α-BSF für γ.

Beweis. Unter Berücksichtigung von [A 1.82] gilt für $\vartheta = (\mu, \sigma^2) \in \Theta$ und $y \in \mathcal{T}$

$$\varphi(\gamma(\vartheta), y) = \sup_{a \in [\zeta,\delta]} \frac{|(\hat{\eta}(y) - C\mu)_1 + a(\hat{\eta}(y) - C\mu)_2|}{\lambda_1 + |a|\,\lambda_2} (S(y))^{-1/2}$$

$$= (S(y))^{-1/2} \max\left\{\frac{|(\hat{\eta}(y) - C\mu)_1 + \zeta(\hat{\eta}(y) - C\mu)_2|}{\lambda_1 + \zeta\lambda_2}, \frac{|(\hat{\eta}(y) - C\mu)_1 + \delta(\hat{\eta}(y) - C\mu)_2|}{\lambda_1 + \delta\lambda_2}\right\}.$$

Ist nun $\boldsymbol{y} \sim P_\vartheta$, so gilt wegen (3)

$$(n-k)^{1/2}\,\varphi(\gamma(\vartheta), \boldsymbol{y}) \sim m(2, n-k, V_{\zeta,\delta})\,.$$

Daraus folgt dann

$$P_\vartheta\{\gamma(\vartheta) \in K_{\varphi,\tau}(\boldsymbol{y})\} = P_\vartheta\{\varphi(\gamma(\vartheta), \boldsymbol{y}) \leqq m_{1-\alpha}(2, n-k, V_{\zeta,\delta})\,(n-k)^{-1/2}\}$$
$$= \alpha\,. \quad \blacksquare$$

Für $K_{\varphi,\tau}$ aus Satz 6.2.24, $c = (1, a)' \in \mathcal{X}$ und $y \in R^n$ erhalten wir $K^c_{\varphi,\tau}(y)$, indem wir in (166) $h(\delta)$ durch 1 und $m_{1-\alpha}(3, n-k, V_\delta)$ durch $m_{1-\alpha}(2, n-k, V_{\zeta,\delta})$ ersetzen. Die Quantile $m_{1-\alpha}(2, n-k, V_{\zeta,\delta})$ wurden von F. A. GRAYBILL und D. C. BOWDEN [28] für verschiedene α, $n-k$, ζ, δ, λ_1 und λ_2 tabelliert.

Auch im nächsten Satz wird eine α-BSF für γ beschrieben:

Satz 6.3.25. *Es sei* $0 \leqq \zeta < \lambda_1/\lambda_2 < \delta$. *Die Abbildungen r und t seien wie in* (72) *bzw. wie in* (73) *mit* $Q = W^{1/2}$ *und* $m_2 = \infty$ *gewählt. Weiter sei*

$$T_\alpha = m_{1-\alpha}(3, n-k, V_1)\,(n-k)^{-1/2}$$

mit

$$V_1 = ((v_{ij}))^{i=1,2,3}_{j=1,2,3},$$
$$v_{11} = (\lambda_1^2 + (\zeta\lambda_2)^2)\,\lambda_1^{-2}, \qquad v_{33} = 2,$$
$$v_{12} = v_{21} = (\lambda_1^2 + \zeta\delta\lambda_2^2)\,(\max\{\lambda_1^2, \zeta\delta\lambda_2^2\})^{-1},$$
$$v_{22} = (\lambda_1^2 + \delta\lambda_2^2)\,(\delta\lambda_2)^2,$$
$$v_{31} = v_{13} = 1 + \frac{\lambda_2}{\lambda_1}\zeta$$

sowie

$$v_{32} = v_{23} = 1 + \frac{\lambda_1}{\lambda_2}(\delta)^{-1}.$$

Dann ist $K_{\varphi,\tau}$ *eine exakte* α-BSF *für* γ.

Beweis. Für $a \in \left[\frac{\lambda_1}{\lambda_2}, \delta\right]$ ist $|a|\,\lambda_2 = a\lambda_2 \geqq \lambda_1$, und demzufolge gilt wegen [A 1.83] für $y \in \mathcal{T}$ und $\vartheta = (\mu, \sigma^2) \in \Theta$

$$\sup_{a \in \left[\frac{\lambda_1}{\lambda_2}, \delta\right]} \frac{|(\hat\eta(y) - C\mu)_1 + a(\hat\eta(y) - C\mu)_2|}{\max\{\lambda_1, |a|\,\lambda_2\}}\,(S(y))^{-1/2} \tag{169}$$

$$= S((y))^{-1/2} \sup_{a \in \left[\frac{\lambda_1}{\lambda_2}, \delta\right]} \left\{\frac{1}{|a|\,\lambda_2}\,|(\hat\eta(y) - C\mu)_1 + a(\hat\eta(y) - C\mu)_2|\right\} \tag{170}$$

$$= (S(y))^{-1/2} \max\left\{(\delta\lambda_2)^{-1}\,|(\hat\eta(y) - C\mu)_1 + \delta(\hat\eta(y) - C\mu)_2|,\right.$$
$$\left.\lambda_1^{-1}\,|(\hat\eta(y) - C\mu)_1 + \frac{\lambda_1}{\lambda_2}(\hat\eta(y) - C\mu)_2|\right\}.$$

Ist dagegen $a \in \left[\zeta, \frac{\lambda_1}{\lambda_2}\right]$, so gilt $|a|\,\lambda_2 = a\lambda_2 \leqq \lambda_1$, und demzufolge ist

$$\sup_{a \in \left[\zeta, \frac{\lambda_1}{\lambda_2}\right]} \frac{|(\hat\eta(y) - C\mu)_1 + a(\hat\eta(y) - C\mu)_2|}{\max\{\lambda_1, |a|\,\lambda_2\}}\,(S(y))^{-1/2} \tag{171}$$

$$= \sup_{a \in \left[\zeta, \frac{\lambda_1}{\lambda_2}\right]} \frac{|(\hat\eta(y) - C\mu)_1 + a(\hat\eta(y) - C\mu)_2|}{\lambda_1}\,(S(y))^{-1/2} \tag{172}$$

$$= (S(y))^{-1/2} \max\left\{\lambda_1^{-1}|(\hat\eta(y) - C\mu)_1 + \frac{\lambda_1}{\lambda_2}(\hat\eta(y) - C\mu)_2|,\right.$$
$$\left.\lambda_1^{-1}|(\hat\eta(y) - C\mu)_1 + \zeta(\hat\eta(y) - C\mu)_2|\right\}.$$

Aus (169) bis (170) und (171) bis (172) folgt

$$\varphi(\gamma(\vartheta), y) = (S(y))^{-1/2} \max \{\lambda_1^{-1}|(\hat{\eta}(y) - C\mu)_1 + \zeta(\hat{\eta}(y) - C\mu)_2|, \\ |\lambda_1^{-1}(\hat{\eta}(y) - C\mu)_1 + \lambda_2^{-1}(\hat{\eta}(y) - C\mu)_2|, \\ (\delta\lambda_2)^{-1} |(\hat{\eta}(y) - C\mu)_1 + \delta(\hat{\eta}(y) - C\mu)_2|\}.$$

Demnach folgt aus $\boldsymbol{y} \sim P_\vartheta$

$$(n - k)^{1/2} \varphi(\gamma(\vartheta), \boldsymbol{y}) \sim m(3, n - k, V_1),$$

so daß schließlich

$$P_\vartheta\{\gamma(\vartheta) \in K_{\varphi,\tau}(\boldsymbol{y})\} = P_\vartheta\{\varphi(\gamma(\vartheta), \boldsymbol{y}) \leqq m_{1-\alpha}(3, n - k, V_1)\,(n - k)^{-1/2}\} = \alpha$$

gilt. ∎

Die zu $K_{\varphi,\tau}$ gehörigen Intervalle $K^c_{\varphi,\tau}(y)$ haben hier die Form

$$K^c_{\varphi,\tau}(y) = [c'\hat{\eta}(y) - u(c, y), c'\hat{\eta}(y) + u(c, y)], \quad c \in \mathscr{X}, \quad y \in R^n,$$

mit

$$u(c, y) = \big(S(y)\big)^{1/2} (n - k)^{-1/2} \max \{\lambda_1, |a|\,\lambda_2\}\, m_{1-\alpha}(3, n - k, V_1), \\ c = (1, a)' \in \mathscr{X}, \quad y \in R^n.$$

Die Abbildung $K_{\varphi,\tau}$ aus Satz 6.3.25 ist nur dann eine α-BSF für γ, wenn $0 \leqq \zeta < \frac{\lambda_1}{\lambda_2} < \delta$ ist. Außerdem sind im allgemeinen die Quantile $m_{1-\alpha}(2, n - k, V_{\zeta,\delta})$ leichter zu bestimmen als die Quantile $m_{1-\alpha}(3, n - k, V_1)$ (vgl. F. A. Graybill and D. C. Bowden [28]), so daß die BSF $K_{\varphi,\tau}$ aus Satz 6.3.25 seltener angewendet werden kann als die α-BSF $K_{\varphi,\tau}$ aus Satz 6.3.24. Im folgenden Beispiel werden wir sehen, daß die Abbildungen $K_{\varphi,\tau}$ aus den Sätzen 6.3.22 bis 6.3.25 von praktischem Interesse sind.

Beispiel 6.3.4. Wir wollen uns noch einmal mit dem in Beispiel 6.3.1 formulierten Problem der Konstruktion von α-Konfidenzbändern befassen. Dabei sei $\boldsymbol{y}$ wie in Beispiel 6.3.2 beschaffen, es sei also insbesondere $p = 1$. Weiter sei der Wertebereich der Größe x der R^1, und mit $\bar{x} := \frac{1}{n} \sum_{i=1}^n x_i$ sei

$$g(x) = (1, x - \bar{x})', \quad x \in R^1.$$

Da g Werte im R^2 annimmt, ist $k = 2$, und folglich gilt mit $\beta = (\beta_1, \beta_2)'$

$$f(x) = \beta_1 + (x - \bar{x})\,\beta_2, \quad x \in R^1.$$

Die Regressionsfunktion f, für deren Graphen $\tilde{f}$ wir ein α-Konfidenzband angeben wollen, ist demzufolge eine (in x) lineare Funktion. Setzen wir

$$s^2 = \frac{1}{n} \sum_{i=1}^n (x - \bar{x})^2,$$

so hat die in Beispiel 6.3.1 definierte Matrix W bei der gegebenen Gestalt von g die Form

$$W = \operatorname{Diag}[n^{-1}, (ns^2)^{-1}]. \tag{173}$$

Gleichzeitig gilt für $y = (y_1, \dots, y_n)' \in R^n$

$$\hat{\beta}(y) = \left(\bar{y}, (n - s^2)^{-1} \sum_{i=1}^n (x_i - \bar{x})\,(y_i - \bar{y})\right)'$$

und

$$S(y) = \sum_{i=1}^{n} \left(y_i - \bar{y} - (x_i - \bar{x}) (ns^2)^{-1} \sum_{j=1}^{n} (x_j - \bar{x}) (y_j - \bar{y}) \right)^2 , \tag{174}$$

wenn wir $\frac{1}{n} \sum_{i=1}^{n} y_i =: \bar{y}$ setzen.

In den Beispielen 6.3.1 und 6.3.2 haben wir bereits α-Konfidenzbänder für Graphen von beliebigen Regressionsfunktionen der Form (50) angegeben. *Dadurch wissen wir aus Beispiel 6.3.2, daß wir ein α-Konfidenzband für $\tilde{f}$ erhalten, wenn wir folgendermaßen vorgehen:*

1. Wir setzen in (87) $Q = W^{1/2}$ sowie $k = 2$, wählen $m_1 \in [1, \infty) \cup \{\infty\}$ in beliebiger Weise und berücksichtigen die gegebene Gestalt von g und $\hat{\beta}$. Damit geht (81) in

$$\begin{aligned} K(g(x), y) = \Bigg[& \bar{y} + (x - \bar{x}) (ns^2)^{-1} \sum_{i=1}^{n} (x_i - \bar{x}) (y_i - \bar{y}) \\ & - (S(y))^{1/2} m_{1-\alpha}(m_1, 2, n-2, I_2) \left\| \left(n^{-1/2}, \frac{x - \bar{x}}{(ns^2)^{1/2}} \right) \right\|_{m_1} , \\ & \bar{y} + (x - \bar{x}) (ns^2)^{-1} \sum_{i=1}^{n} (x_i - \bar{x}) (y_i - \bar{y}) \\ & + (S(y))^{1/2} m_{1-\alpha}(m_1, 2, n-2, I_2) \left\| \left(n^{-1/2}, \frac{x - \bar{x}}{(ns^2)^{1/2}} \right) \right\|_{m_1} \Bigg] , \\ & x \in R^1 , \quad y = (y_1, \dots, y_n)' \in R^n , \end{aligned}$$

über, wobei wir hier $S(y)$ wie in (174) wählen müssen.

2. Wir setzen

$$\bar{K}_{m_1}(y) := \{(x, z) \mid x \in \mathcal{A}_1, z \in K(g(x), y)\} , \quad y \in R^n .$$

Entsprechend unseren Betrachtungen aus Beispiel 6.3.2 stellt dann $\bar{K}_{m_1}$ ein α-Konfidenzband für $\tilde{f}$ dar. Für $m_1 = m_2 = 2$ erhalten wir (bei Berücksichtigung von (80)) auf diese Weise das sogenannte Working-Hotelling-Band $\bar{K}_2$, das erstmals von H. Working und H. Hotelling [31] beschrieben wurde (vgl. auch H. und O. Bunke [43]).

Interessanterweise ist das Working-Hotelling-Band exakt, sobald $\mathcal{A}_1$ die Menge der reellen Zahlen ist. Auf Grund unserer am Ende von Beispiel 6.3.1 angestellten Überlegungen ist $\bar{K}_2$ nämlich dann exakt, wenn die BSF $K_{\varphi,\tau}$ aus Satz 6.3.13 (für $m_1 = 2$, $k = l$ und bei obiger Wahl von Q, W und k) eine exakte α-BSF für die durch (58) gegebene Funktion des Parameters ϑ ist. Letzteres ist nach Satz 6.3.13 dann der Fall, wenn

$$\left\{ d \frac{c}{||c||} \,|\, c \in W^{1/2}\{g(x) | \, x \in \mathcal{A}_1\}, d \in \{-1, 1\} \right\} = \left\{ d \frac{W^{1/2} g(x)}{|| W^{1/2} g(x) ||} \,\middle|\, x \in \mathcal{A}_1, d \in \{-1, 1\} \right\}$$

in $\{c \in R^2 \mid ||c|| = 1\}$ dicht liegt. Da nun $\{W^{1/2}(1, x - \bar{x})' \mid x \in R^1\}$ ein affiner Unterraum des R^2 ist, liegt $\left\{ d \frac{W^{1/2} g(x)}{|| W^{1/2} g(x) ||} \mid x \in \mathcal{A}_1, d \in \{-1, 1\} \right\}$ in $\{c \in R^2 \mid ||c|| = 1\}$ dicht – folglich ist $\bar{K}_2$ exakt, falls $\mathcal{A}_1 = R^1$ ist. Durch analoge Überlegungen können wir zeigen, daß auch die Bänder $\bar{K}_{m_1}$ für $m_1 \in (1, \infty)$, $m_1 \neq 2$ exakt sind, falls $\mathcal{A}_1$ die Menge der reellen Zahlen ist. Diese Konfidenzbänder $\bar{K}_{m_1}$ sind jedoch zum gegenwärtigen Zeitpunkt in der Praxis kaum anwendbar, da die entsprechenden Quantile $m_{1-\alpha}(m_1, 2, n-2, I_2)$ bisher noch nicht tabelliert wurden.

Für $\mathcal{A}_1 = R^1$ ist schließlich auch $\bar{K}_\infty$ exakt. Diese Tatsache ergibt sich unmittelbar aus Lemma 6.3.2, wenn wir (79) berücksichtigen und beachten, daß

$$\{(1, x - \bar{x})' \mid x \in R^1\} = \{(1, a)' \mid a \in R^1\}$$

gilt. Daß das Konfidenzband $\overline{K}_\infty$ für $\mathcal{A}_1 = R^1$ exakt ist, wurde bereits von F. A. GRAYBILL und D. C. BOWDEN [30] nachgewiesen (vgl. auch H. und O. BUNKE [43]).

Zusammenfassend können wir sagen, daß die α-Konfidenzbänder $\overline{K}_{m_1}$ für $m_1 > 1$ und $\mathcal{A} = R^1$ exakt sind. Im Gegensatz dazu ist $\overline{K}_1$ schon dann exakt, wenn

$$\mathcal{A}_1 \subset [\bar{x} - s, \bar{x} + s] \tag{175}$$

ist. Dies ergibt sich als Folgerung aus Punkt 2b) der Behauptung von Satz 6.3.13.

Aus (175) folgt nämlich sowohl

$$n^{-1/2}(1, 1)' \in \{W^{1/2}(1, x - \bar{x})' \mid x \in \mathcal{A}_1\}$$

als auch

$$n^{-1/2}(1, -1)' \in \{W^{1/2}(1, x - \bar{x})' \mid x \in \mathcal{A}_1\},$$

denn für $x_4 := \bar{x} - s$ und $x_5 := \bar{x} + s$ ist

$$W^{1/2}g(x_4) = n^{-1/2}(1, -1)'$$

bzw.

$$W^{1/2}g(x_5) = n^{-1/2}(1, 1)'.$$

Damit gilt sowohl

$$(1, 1)' \in \left\{d \frac{W^{1/2}g(x)}{\|W^{1/2}g(x)\|_1} \mid x \in \mathcal{A}_1, d \in \{-1, 1\}\right\} \tag{176}$$

als auch

$$(1, -1)' \in \left\{d \frac{W^{1/2}g(x)}{\|W^{1/2}g(x)\|_1} \mid x \in \mathcal{A}_1, d \in \{-1, 1\}\right\}, \tag{177}$$

und dies ist nach Satz 6.3.13 und auf Grund der Überlegungen aus Beispiel 6.3.1 hinreichend dafür, daß $\overline{K}_1$ exakt ist. Bei Ausnutzung der in Beispiel 6.3.2 erzielten Ergebnisse können wir also verschiedene α-Konfidenzbänder für $\tilde{f}$ angeben, die alle in bestimmten Fällen exakt sind. Nun kann aber die Menge $\mathcal{A}_1$ so beschaffen sein, daß keines dieser Bänder exakt zu sein braucht. (Dies ist zum Beispiel dann der Fall, wenn mit $0 \leqq \zeta \leqq \delta$

$$\mathcal{A}_1 = [\bar{x} + \zeta, \bar{x} + \delta]$$

ist.) Dennoch können wir auch dann mitunter exakte α-Konfidenzbänder für $\tilde{f}$ angeben, wie wir im folgenden zeigen werden. Dazu wollen wir voraussetzen, daß bei gegebenem K: $R^2 \times R^n \to \mathfrak{B}^1$ die Abbildung $\widetilde{K}$ künftig stets durch (52) definiert ist. Weiter sei

$$\mathcal{A}_1 = [\bar{x} + \zeta, \bar{x} + \delta] \tag{178}$$

mit $\zeta \in R^1$, $\delta \in R^1$ und $\zeta < \delta$. Unter dieser Voraussetzung können wir unter anderem aus Satz 6.3.22 ein exaktes α-Konfidenzband für $\tilde{f}$ herleiten. Aus (178) folgt nämlich

$$\{g(x) \mid x \in \mathcal{A}_1\} = \{(1, a)' \mid \zeta \leqq a \leqq \delta\},$$

und bei dieser konkreten Gestalt der Menge $\{g(x) \mid x \in \mathcal{A}_1\}$ stellt die Abbildung $K_{\varphi,\tau}$ aus Satz 6.3.22 (für $k = l = 2$ und $W = \mathrm{Diag}\,[n^{-1}, (ns^2)^{-1}]$) eine exakte α-BSF für die durch (58) definierte Parameterfunktion γ dar. Setzen wir demzufolge

a) $d_1 = (n^{-1} + (ns^2)^{-1}\zeta^2)^{1/2}$, (179)

b) $d_2 = (n^{-1} + (ns^2)^{-1}\delta)^{1/2}$, (180)

c) $V = ((v_{ij}))_{j=1,2}^{i=1,2}$ mit $v_{11} = v_{22} = 1$,

$$v_{12} = v_{21} = d_1^{-1}d_2^{-1}(n^{-1} + (ns^2)^{-1}\zeta\delta)$$

und

d) $$K(g(x), y) = \Big[\bar{y} + (x - \bar{x})(ns^2)^{-1} \sum_{i=1}^{n} (x_i - \bar{x})(y_i - \bar{y}) - (S(y))^{1/2} (n-2)^{-1/2} \left(d_1 + \frac{d_2 - d_1}{\delta - \zeta}(x - \zeta - \bar{x})\right) m_{1-\alpha}(2, n-2, V),$$
$$\bar{y} + (x - \bar{x})(ns^2)^{-1} \sum_{i=1}^{n} (x_i - \bar{x})(y_i - \bar{y}) + (S(y))^{1/2} (n-2)^{-1/2} \left(d_1 + \frac{d_2 - d_1}{\delta - \zeta}(x - \zeta - \bar{x})\right) m_{1-\alpha}(2, n-2, V)\Big],$$
$$x \in \mathcal{A}_1, \quad y = (y_1, \ldots, y_n)' \in R^n,$$

so erhalten wir mit $\tilde{K}$ ein exaktes α-Konfidenzband für $\tilde{f}$. Dieses Konfidenzband wurde erstmals von F. A. Graybill und D. C. Bowden [28] untersucht.

Auf Grund von Satz 6.3.21 stellt $\tilde{K}$ auch dann ein exaktes α-Konfidenzband für $\tilde{f}$ dar, wenn mit α_1 aus (179), α_2 aus (180) sowie

$$V_2 = ((v_{ij}))_{j=1,2}^{i=1,2}, \quad v_{11} = d_1^2, \quad v_{22} = d_2^2, \quad v_{12} = v_{21} = (n^{-1} + (ns^2)^{-1} \delta\zeta)$$

für $x \in \mathcal{A}_1$ und $y = (y_1, \ldots, y_n)' \in R^n$

$$K(g(x), y) = \Big[\bar{y} + (x - \bar{x})(ns^2)^{-1} \sum_{i-1}^{n} (x_i - \bar{x})(y_i - \bar{y}) - ((S(y))^{1/2} (n-2)^{-1/2} m_{1-\alpha}(2, n-2, V_2),$$
$$\bar{y} + (x - \bar{x})(ns^2)^{-1} \sum_{i=1}^{n} (x_i - \bar{x})(y_i - \bar{y}) + (S(y))^{1/2} (n-2)^{-1/2} m_{1-\alpha}(2, n-2, V_2)\Big] \tag{181}$$

gilt. Für $\zeta = -\delta$ wurde diese Tatsache zuerst von A. V. Gafarian [25] bewiesen. Daß das Band $\tilde{K}$ auch bei allgemeiner Wahl von ζ und δ exakt ist, wiesen F. A. Graybill und D. C. Bowden [28] nach.

Ersetzen wir in (181) den Wert $(n-2)^{-1/2} m_{1-\alpha}(2, n-2, V_2)$ durch $T_3^*(n_1^{-1} + (ns^2)^{-1}(x - \bar{x})^2)^{1/2}$, so erhalten wir mit $\tilde{K}$ ein weiteres exaktes α-Konfidenzband für $\tilde{f}$. Hierbei stellt T_3^* die in (161) definierte Konstante dar, die in Abhängigkeit von $\zeta, \delta, a, \bar{x}, W$ und $n - k$ zu wählen ist.

Schließlich ist $\tilde{K}$ auch dann ein exaktes α-Konfidenzband für $\tilde{f}$, wenn T^* als Lösung von (162) gewählt wird und für $x \in \mathcal{A}_1$ und $y = (y_1, \ldots, y_n)' \in R^n$

$$K(g(x), y) = \Big(-\infty, \bar{y} + (x - \bar{x})(ns^2)^{-1} \sum_{i=1}^{n} (x_i - \bar{x})(y_i - \bar{y}) + (S(y))^{1/2} (n_1^{-1} + (ns^2)^{-1}(x - \bar{x})^2)^{1/2} T^*\Big) \tag{182}$$

gilt.

Die Idee, ein α-Konfidenzband unter Verwendung von T_3^* anzugeben, stammt von H. P. Wynn und P. Bloomfield [27]. Das auf T_3^* beruhende Konfidenzband wurde von R. Bohrer und G. K. Francis [29] konstruiert.

Weitere exakte α-Konfidenzbänder für $\tilde{f}$ lassen sich angeben, falls ζ und δ gewissen einschränkenden Bedingungen genügen. Ist zum Beispiel $-\zeta = \delta$, so läßt sich aus Satz 6.3.23 ein exaktes Band herleiten. Aus $-\zeta = \delta$ folgt nämlich

$$\{g(x) \mid x \in \mathcal{A}_1\} = \{(1, a)' \mid -\delta \leqq a \leqq \delta\},$$

und außerdem gilt mit

$$\lambda_1 := n^{-1/2}, \quad \lambda_2 := (ns^2)^{-1/2} \tag{183}$$

auf Grund von (173)

$$W = \mathrm{Diag}\,[\lambda_1^2, \lambda_2^2].$$

Wählen wir folglich V_δ (unter Berücksichtigung von (183)) und h wie in Satz 6.3.23, und setzen wir für $x \in \mathcal{A}_1$ und $y = (y_1, \dots, y_n)' \in R^n$

$$K(g(x), y) = \Big[\bar{y} + (x - \bar{x})\,(ns^2)^{-1} \sum_{i=1}^{n} (x_i - \bar{x})\,(y_i - \bar{y})$$

$$- (S(y))^{1/2} \frac{(n^{-1/2} + (ns^2)^{-1/2} x_i - \bar{x}h(\delta))}{(n-2)^{1/2}}\, m_{1-\alpha}(3, n-2, V_\delta),$$

$$\bar{y} + (x - \bar{x})\,(ns^2)^{-1} \sum_{i=1}^{n} (x_i - \bar{x})\,(y_i - \bar{y})$$

$$+ (S(y))^{1/2} \frac{(n^{-1/2} + (ns^2)^{-1/2} x - \bar{x}h(\delta))}{(n-2)^{1/2}}\, m_{1-\alpha}(3, n-2, V_\delta)\Big], \tag{184}$$

so stellt $\tilde{K}$ ein exaktes α-Konfidenzband für $\tilde{f}$ dar. O. J. Dunn [31] wies nach, daß für $m \in \mathcal{N}$ und $-\zeta = \delta = ms$ auch die durch

$$K(g(x), y) = \Big[\bar{y} + (x - \bar{x})\,(ns^2)^{-1} \sum_{i=1}^{n} (x_i - \bar{x})\,(y_i - \bar{y})$$

$$- (S(y))^{1/2} \left(n^{-1/2} + (ns^2)^{-1/2} |x - \bar{x}|\, \frac{\sqrt{1 + m^2} - 1}{m}\right) m_{1-\alpha}(m, n-2, I_m),$$

$$\bar{y} + (x - \bar{x})\,(ns^2)^{-1} \sum_{i=1}^{n} (x_i - \bar{x})\,(y_i - \bar{y})$$

$$+ (S(y))^{1/2} \left(n^{-1/2} + (ns^2)^{-1/2} |x - \bar{x}|\, \frac{\sqrt{1 + m^2} - 1}{m}\right) m_{1-\alpha}(m, n-2, I_m)\Big],$$

$$x \in \mathcal{A}_1, \quad y = (y_1, \dots, y_n)' \in R^n, \tag{185}$$

gegebene Abbildung $\tilde{K}$ ein α-Konfidenzband für $\tilde{f}$ ist. Dies ist auf Grund unserer bisherigen Betrachtungen leicht einzusehen. Bezeichnen wir nämlich die Intervalle $K(g(x), y)$ aus (184) und aus (185) mit $K^1(x, y)$ bzw. mit $K^2(x, y)$, und wählen wir ferner h wie in (167), so gilt wegen (168) stets

$$K^1(x, y) \subset K^2(x, y). \tag{186}$$

Auf Grund von (186) ist das von Dunn angegebene Konfidenzband im allgemeinen nicht exakt. Gilt nun (178) mit $0 \leqq \zeta < \delta$ (oder mit $\zeta < \delta \leqq 0$), so ist

$$\{g(x) \mid x \in \mathcal{A}_1\} = \{(1, a)' \mid 0 \leqq \zeta \leqq a \leqq \delta\}.$$

Demnach erhalten wir nach Satz 6.3.24 mit $\tilde{K}$ ein exaktes α-Konfidenzband für $\tilde{f}$, wenn wir für $x \in \mathcal{A}_1$ und

$$y = (y_1, \dots, y_n)' \in R^n$$

$$K(g(x), y) = \Bigg[\bar{y} + (x - \bar{x})\,(ns^2)^{-1} \sum_{i=1}^{n} (x_i - \bar{x})\,(y_i - \bar{y}) - (S(y))^{1/2}\,\frac{(n^{-1/2} + (ns^2)^{-1/2}\,|x - \bar{x}|)}{(n-2)^{1/2}}\, m_{1-\alpha}(2, n-2, V_{\zeta,\delta}),$$

$$\bar{y} + (x - \bar{x})\,(ns^2)^{-1} \sum_{i=1}^{n} (x_i - \bar{x})\,(y_i - \bar{y}) + (S(y))^{1/2}\,\frac{(n^{-1/2} + (ns^2)^{-1/2}\,|x - \bar{x}|)}{(n-2)^{1/2}}\, m_{1-\alpha}(2, n-2, V_{\zeta,\delta})\Bigg] \tag{187}$$

wählen. Die in (187) auftretende Matrix $V_{\zeta,\delta}$ ist dabei, wiederum unter Berücksichtigung von (183), wie in Satz 6.3.24 definiert. Gilt neben $0 \leqq \zeta < \delta$ auch $\zeta < s < \delta$, so können wir aus Satz 6.3.25 ein weiteres α-Konfidenzband für $\tilde{f}$ ableiten. Auch dieses Band hat die Form [52], allerdings gilt jetzt

$$K(g(x), y) = \Bigg[\bar{y} + (x - \bar{x})\,(ns^2)^{-1} \sum_{i=1}^{n} (x_i - \bar{x})\,(y_i - \bar{y}) - (S(y))^{1/2}\,\frac{\max\{n^{-1/2}, (x - \bar{x})\,(ns^2)^{-1/2}\}}{(n-2)^{1/2}}\, m_{1-\alpha}(3, n-2, V_1),$$

$$\bar{y} + (x - \bar{x})\,(ns^2)^{-1} \sum_{i=1}^{n} (x_i - \bar{x})\,(y_i - \bar{y}) + (S(y))^{1/2}\,\frac{\max\{n^{-1/2}, (x - \bar{x})\,(ns^2)^{-1/2}\}}{(n-2)^{1/2}}\, m_{1-\alpha}(3, n-2, V_1)\Bigg],$$

$$x \in \mathcal{A}_1, \qquad y = (y_1, \dots, y_n)' \in R^n .$$

Die Matrix V_1 ist hierbei wie in Satz 6.3.25 zu wählen, wobei die dort auftretenden Größen λ_1 und λ_2 in unserem Falle wie in (183) erklärt sind. Auf Grund dieser besonderen Form von λ_1 und λ_2 ist $0 \leqq \zeta < s < \delta$ mit $0 \leqq \zeta < \frac{\lambda_1}{\lambda_2} < \delta$ äquivalent, so daß nach Satz 6.3.25 $\tilde{K}$ im vorliegenden Fall ein exaktes α-Konfidenzband ist. Die praktische Bedeutung dieses Konfidenzbandes wird durch die Schwierigkeiten bei der Bestimmung der Quantile $m_{1-\alpha}(3, n-2, V_1)$ gemindert. Der Vollständigkeit wegen wollen wir an dieser Stelle zwei weitere α-Konfidenzbänder für $\tilde{f}$ angeben. Wir wollen dazu annehmen, daß t_1 und t_2 reelle Zahlen mit

$$P\{|\mathfrak{t}_{n-2}| \leqq t_1\}\, P\{|\mathfrak{t}_{n-2}| \leqq t_2\} \geqq \alpha \tag{188}$$

sind. Unter dieser Voraussetzung konnten J. L. FOLKES und C. F. ANTLE [2] zeigen, daß $\tilde{K}$ ein α-Konfidenzband ist, sobald

$$K(g(x), y) = \Bigg[\bar{y} + (x - \bar{x})\,(ns^2)^{-1} \sum_{i=1}^{n} (x_i - \bar{x})\,(y_i - \bar{y}) - (S(y))^{1/2}\,(n-2)^{-1/2}\,(n^{-1/2} t_1 + |x - \bar{x}|\,(ns^2)^{-1/2}\, t_2),$$

$$\bar{y} + (x - \bar{x})\,(ns^2)^{-1} \sum_{i=1}^{n} (x_i - \bar{x})\,(y_i - \bar{y}) + (S(y))^{1/2}\,(n-2)^{-1/2}(n^{-1/2} t_1 + |x - \bar{x}|\,(ns^2)^{-1/2}\, t_2)\Bigg],$$

$$x \in \mathcal{A}_1, \qquad y = (y_1, \dots, y_n)' \in R^n, \tag{189}$$

oder

$$K(g(x), y) = \left[\bar{y} + (x - \bar{x}) (ns^2)^{-1} \sum_{i=1}^{n} (x_i - \bar{x}) (y_i - \bar{y}) \right.$$

$$- (S(y))^{1/2} t_1 \frac{\left(\sum_{i=1}^{n} x_i\right) \left| x - \left(\sum_{i=1}^{n} x_i\right)^{-1} \left(\sum_{i=1}^{n} x_i^2\right) \right|}{\left(ns^2 \sum_{i=1}^{n} x_i^2\right)^{1/2}} - t_2 \frac{|x|}{\left(\sum_{i=1}^{n} x_i^2\right)^{1/2}},$$

$$\bar{y} + (x - \bar{x}) (ns^2)^{-1} \sum_{i=1}^{n} (x_i - \bar{x}) (y_i - \bar{y})$$

$$\left. + (S(y))^{1/2} t_1 \frac{\left(\sum_{i=1}^{n} x_i\right) \left| x - \left(\sum_{i=1}^{n} x_i\right)^{-1} \left(\sum_{i=1}^{n} x_i^2\right) \right|}{\left(ns^2 \sum_{i=1}^{n} x_i^2\right)^{1/2}} + t_2 \frac{|x|}{\left(\sum_{i=1}^{n} x_i^2\right)^{1/2}} \right],$$

$$x \in \mathcal{A}_1, \quad y = (y_1, \dots, y_n)' \in R^n, \tag{190}$$

gilt. Dabei ist es unwesentlich, welche konkrete Gestalt $\mathcal{A}_1$ hat.

Die beiden durch (189) bzw. durch (190) gegebenen α-Konfidenzbänder sind im allgemeinen nicht exakt, da zu ihrer Konstruktion sehr grobe Ungleichungen verwendet wurden. Interessanterweise wurden beide Konfidenzbänder mit Hilfe der zweiten in Abschnitt 6.1 aufgeführten Konstruktionsmethoden für α-BSF konstruiert, sie lassen sich nicht aus den in Abschnitt 6.3 erzielten Ergebnissen ableiten. Zusammenfassend können wir sagen, daß uns, unabhängig von der konkreten Gestalt von $\mathcal{A}_1$, verschiedene α-Konfidenzbänder für $\tilde{f}$ zur Verfügung stehen. Es stellt sich damit die Frage, welches dieser Konfidenzbänder bei der Bearbeitung von konkreten Problemstellungen angewendet werden soll. Hier empfiehlt es sich zunächst, exakte Konfidenzbänder den nichtexakten vorzuziehen.

Gilt ferner für zwei nicht identische α-Konfidenzbänder $\tilde{K}^{(1)}$ und $\tilde{K}^{(2)}$

$$\tilde{K}^{(1)}(y) \subset \tilde{K}^{(2)}(y), \quad y \in R^n,$$

so werden wir das Konfidenzband $\tilde{K}^{(1)}$ aus anschaulichen Gründen dem Konfidenzband $\tilde{K}^{(2)}$ vorziehen. F. A. Graybill und D. C. Bowden [30] konnten nun zeigen, daß für

$$\mathcal{A}_1 \subset \tilde{\mathcal{A}} := \left[\bar{x} + \frac{1 - \sqrt{k_0^2(2 - k_0^2)}}{k_0^2 - 1}, \quad \bar{x} + \frac{1 + \sqrt{k_0^2(2 - k_0^2)}}{k_0^2 - 1}\right]$$

$$\cup \left[\bar{x} - \frac{1 - \sqrt{k_0^2(2 - k_0^2)}}{k_0^2 - 1}, \quad \bar{x} - \frac{1 + \sqrt{k_0^2(2 - k_0^2)}}{k_0^2 - 1}\right]$$

$$\bar{K}_2(y) \subset \bar{K}_\infty(y), \quad y \in R^n, \tag{191}$$

gilt, wenn $k_0 := (2F_{1-\alpha;2,n-2})^{1/2} (m_{1-\alpha}(2, n-2, I_2))^{-1}$ ist. Weiter folgt aus $\mathcal{A}_1 \subset R^1 \setminus \tilde{\mathcal{A}}$

$$\bar{K}_2(y) \supset \bar{K}_\infty(y), \quad y \in R^n. \tag{192}$$

Gelten weder $\mathcal{A}_1 \subset \tilde{\mathcal{A}}$ noch $\mathcal{A}_1 \subset R^1 \setminus \tilde{\mathcal{A}}$, so gelten auch weder (191) noch (192).

Haben wir also die Wahl zwischen den α-Konfidenzbändern $\overline{K}_2$ und $\overline{K}_\infty$, so werden wir uns folgendermaßen entscheiden:

1. Gilt $\mathcal{A}_1 \subset \tilde{\mathcal{A}}$, so entscheiden wir uns für $\overline{K}_2$.
2. Gilt $\mathcal{A}_1 \subset R^1 \setminus \tilde{\mathcal{A}}$, so entscheiden wir uns für $\overline{K}_\infty$.
3. Gelten weder $\mathcal{A}_1 \subset \tilde{\mathcal{A}}$ noch $\mathcal{A}_1 \subset R^1 \setminus \tilde{\mathcal{A}}$, so ist eine Entscheidung zwischen $\overline{K}_2$ und $\overline{K}_\infty$ nicht ohne weiteres möglich.

Für $\alpha = 0{,}95$, $m = 2$ und $n = 6$ verglich O. J. DUNN [31] die α-Konfidenzbänder $\overline{K}_2$ und $\overline{K}_\infty$ mit dem durch (185) gegebenen Konfidenzband, das wir im folgenden mit $\overline{K}^{(3)}$ bezeichnen wollen. DUNN konnte dabei zeigen, daß aus

$$\mathcal{A} \subset \mathcal{A}_0 := \{x \in R^1 \mid 0{,}002s \leqq |x - \bar{x}| \leqq 2s\}$$

$$\overline{K}_2(y) \subset \overline{K}^{(3)}(y)\,, \qquad y \in R^n\,,$$

folgt. Weiterhin wies DUNN nach, daß für $\mathcal{A}_1 \subset \{x \in R^1 \mid |\bar{x} - x| \leqq 0{,}32s\}$, $n=6$ und $\alpha = 0{,}95$

$$\overline{K}_\infty(y) \subset \overline{K}^{(3)}(y)\,, \qquad y \in R^n\,,$$

gilt.

6.3.6. Simultane Schätzung nichtlinearer Parameter

In den vorausgehenden Unterabschnitten war $f_\vartheta(A)$ für $A \in \mathcal{X}$ und $\vartheta = (\mu, \sigma^2) \in \Theta$ stets als linear in $C\mu$ vorausgesetzt. Nun wollen wir annehmen, daß mit $\mathcal{X} \subset \{A \in \mathfrak{M}_{l\times l} \mid A' = A, A \neq 0_{l\times l}\}$

$$f_\vartheta(A) = (C\mu)'\,A(C\mu)\,, \qquad A \in \mathcal{X}\,, \qquad \vartheta = (\mu, \sigma^2) \in \Theta$$

gilt, so daß also $f_\vartheta(A)$ eine quadratische Form in $C\mu$ ist. Als Ω wählen wir hier den R^1. Damit gilt sowohl

$$\gamma(\vartheta) = \{(A, \mu'C'AC\mu) \mid A \in \mathcal{X}\}\,, \qquad \vartheta = (\mu, \sigma^2) \in \Theta$$

als auch

$$\{\Gamma = \{(A, f(A)) \mid A \in \mathcal{X}\} \mid f \in \{\mathcal{X} \to R^1\}\}\,.$$

Für $A \in \mathcal{X}$ seien mit d_i^A $(i = 1, \ldots, l)$ die (nicht notwendig verschiedenen) Wurzeln der Gleichung

$$|A - dW^{-1}| = 0$$

bezeichnet, und es sei D_A eine Diagonalmatrix mit den Hauptdiagonalelementen d_i^A. Weiter sei P_A eine reguläre Matrix mit

$$P'_A W^{-1} P_A = I_l$$

und

$$P'_A A P_A = D_A\,.$$

Es sei

$$\hat{\gamma}_A(y) = (\hat{\gamma}_{(A)}^{(1)}(y), \ldots, \gamma_{(A)}^{(l)}(y))' := P'_A\hat{\eta}(y)\,, \qquad y \in R^n\,,$$

gesetzt, und für $y \in R^n$ seien mit $\lambda_{\min}^A(y)$ und $\lambda_{\max}^A(y)$ die minimale bzw. maximale Wurzel von

$$\sum_{i=1}^{l} (d_i^A)^2 (\hat{\gamma}_{(A)}^{(i)}(y))^2 (d_i^A - \lambda)^2 = \frac{l}{n-k} S(y) F_{1-\alpha; l, n-k}$$

bezeichnet.

Schließlich gelte sowohl

$$a_A(y) = -\min\left(\min_{1 \leq i \leq l} d_i^A(y), \lambda_{\min}^A(y)\right), \quad y \in R^n,$$

als auch

$$b_A(y) = \max\left(\max_{1 \leq i \leq l} d_i^A(y), \lambda_{\max}^A(y)\right), \quad y \in R^n.$$

Damit gilt der folgende Satz, den wir ohne Beweis wiedergeben wollen:

Satz 6.3.26. *Gilt für* $y \in R^n$ *und* $A \in \mathscr{X}$

$$Q_1^A(y) = \begin{cases} 0, & \textit{falls } d_i^A(y) \geqq 0 \ (i = 1, \dots, l) \ \textit{und} \\ & \sum\limits_{i: d_i^A(y) > 0} (\hat{\gamma}_{(A)}^{(i)}(y))^2 \leqq \frac{l}{n-k} S(y) F_{1-\alpha; l, n-k}, \\ a_A(y) \left[\left(\sum\limits_{i=1}^{l} d_i^A (\hat{\gamma}_{(A)}^{(i)}(y))^2 (a_A(y) + d_i^A)^{-1}\right) - \frac{l}{n-k} S(y) F_{1-\alpha; l, n-k}\right] & \textit{sonst} \end{cases}$$

und

$$Q_2^A(y) = \begin{cases} 0, & \textit{falls } d_i^A(y) \leqq 0 \ (i = 1, \dots, l) \ \textit{und} \\ & \sum\limits_{i: d_i^A(y) < 0} (\hat{\gamma}_{(A)}^{(i)}(y))^2 \leqq \frac{l}{n-k} S(y) F_{1-\alpha; l, n-k}, \\ b_A(y) \left[\left(\sum\limits_{i=1}^{l} d_i^A (\hat{\gamma}_{(A)}^{(i)}(y))^2 (b_A(y) - d_i^A)^{-1}\right) + \frac{l}{n-k} S(y) F_{1-\alpha; l, n-k}\right] & \textit{sonst,} \end{cases}$$

so stellt die durch

$$K(y) = \{\tilde{f} \in \Gamma \mid Q_1^A(y) \leqq f(A) \leqq Q_2^A(y), A \in \mathscr{X}\}, \quad y \in R^n,$$

definierte Abbildung K *eine* α-BSF *für* γ *dar.* K *ist nicht exakt.*

Der Satz 6.3.26 stellt eine Zusammenfassung der von E. Spjøtvoll in [1] bewiesenen Theoreme 1 und 2 dar. Interessanterweise wurde auch die α-BSF K aus Satz 6.3.26 mit Hilfe der zweiten der beiden in Abschnitt 6.1 angegebenen Konstruktionsmethoden für α-BSF konstruiert.

6.4. α-Bereichsschätzfunktionen in Modellen ohne Normalverteilungen

Wir werden nun die in den vorausgehenden Abschnitten getroffenen Voraussetzungen über die Verteilungsklasse $\mathscr{P}_\Theta$ durch andere ersetzen:

Im folgenden Abschnitt wollen wir uns von den Normalverteilungsannahmen lösen und uns mit der Konstruktion asymptotischer α-BSF befassen. Dazu nehmen wir an, daß $\boldsymbol{Y} = \{\boldsymbol{Y}_n\}_{n\in\mathcal{N}}$ eine Folge von erweiterten zufälligen Matrizen ist. Wir stellen einige Verteilungsannahmen voran, die diese Folge $\boldsymbol{Y}$ betreffen: Für $n \in \mathcal{N}$ nehme $\boldsymbol{Y}_n$ Werte in $\mathfrak{M}_{n\times p}$ an. Weiter sei $\{\boldsymbol{y}_n\}_{n\in\mathcal{N}}$ eine Folge von zufälligen Vektoren mit $\boldsymbol{Y}_1 = \boldsymbol{y}_1$ und

$$\boldsymbol{Y}_{n+1} = \begin{pmatrix} \boldsymbol{Y}_n \\ \cdots\cdots \\ \boldsymbol{y}_{n+1} \end{pmatrix}, \quad n \in \mathcal{N}.$$

Es sei $m_0 \in \mathcal{N}$, und es sei $X = \{X_n\}_{n\in\mathcal{N}}$ eine Folge von Matrizen mit $X_n \in \mathfrak{M}_{n\times k}$ ($n \in \mathcal{N}$) und $r[X_n] = k$ für $n \geqq m_0$.

$\mathcal{F}$ sei eine Familie von p-dimensionalen Verteilungsfunktionen mit

$$\int_{R^p} x \mathrm{d}F(x) = 0, \quad F \in \mathcal{F}. \tag{1}$$

$\mathfrak{M}(\mathcal{F})$ sei wie in (2.4.17) erklärt, und es gelte sowohl (2.4.24) als auch (2.4.25). Weiter sei $\mathfrak{M}(\mathcal{F}) \subset \mathfrak{M}_p^{>}$.

Als Θ wählen wir eine Menge der Form

$$\{\vartheta := \{\vartheta_n\}_{n\in\mathcal{N}} \mid \vartheta_n := (B, \Sigma, \varkappa_n), \quad \varkappa_n \in \mathcal{K}_n, \quad n \in \mathcal{N}, \quad B \in \mathfrak{M}_{k\times p}, \Sigma \in \mathfrak{M}\}$$

mit $\mathfrak{M} \subset \mathfrak{M}_p^{>}$. Hierbei sei jedes $\mathcal{K}_n$ eine festgelegte Menge, und für jedes Tripel $\vartheta_n \in \mathfrak{M}_{k\times p} \times \mathfrak{M} \times \mathcal{K}_n$ bezeichne P_{ϑ_n} eine eindeutig bestimmte Wahrscheinlichkeitsverteilung auf $(R^{np}, \mathfrak{B}^{np})$.

Das Folgenmodell $\mathcal{M}_\Theta = \{P_\vartheta \mid \vartheta \in \Theta\}$ sei so beschaffen, daß für

$$P_\vartheta \in \mathcal{M}_\Theta \quad \text{und} \quad \vec{\boldsymbol{Y}}_n \sim P_{\vartheta_n} \quad (n \in \mathcal{N})$$

a) $E_{\vartheta_n}\boldsymbol{Y}_n = X_nB$, $D_{\vartheta_n}\{\vec{\boldsymbol{Y}}_n\} = \mathrm{Diag}\,[\Sigma, \Sigma, \dots, \Sigma]$ gilt,

b) die Zeilen $\boldsymbol{\varepsilon}_i^{(n)}$ ($i = 1, \dots, n$) von $\boldsymbol{Y}_n - X_nB$ stochastisch unabhängig und identisch verteilt sind und

c) die Verteilungsfunktion von $\boldsymbol{\varepsilon}_i^{(n)}$ ($i = 1, \dots, n$) in $\mathcal{F}$ liegt.

Vergleichen wir $\mathcal{M}_\Theta$ mit $\mathcal{M}_{\Theta_s}$ aus Abschnitt 2.4.1, so gilt $\mathcal{M}_\Theta \subset \mathcal{M}_{\Theta_s}$.

Wir wollen voraussetzen, daß das Folgenmodell $\mathcal{M}_\Theta$ für die Folge $\{\boldsymbol{Y}_n\}_{n\in\mathcal{N}}$ adäquat ist: $\boldsymbol{Y} \ominus \mathcal{M}_\Theta$. Es sei nun $\gamma\colon \Theta \to \Gamma$ eine vorgegebene Parameterfunktion. Unser Ziel ist die Konstruktion asymptotischer α-BSF für γ:

Definition 6.4.1. *Jede Folge $\{K_n\}_{n\in\mathcal{N}}$ von Abbildungen $K_n\colon \mathfrak{M}_{n\times p} \to \mathfrak{P}(\Gamma)$ mit*

$$\{Y_n \in \mathfrak{M}_{n\times p} \mid \gamma(\vartheta) \in K_n(Y_n)\} \in \mathfrak{B}^{n\times p}, \quad n \in \mathcal{N}, \quad \vartheta \in \Theta, \tag{2}$$

und

$$\liminf_{n\to\infty} P_{\vartheta_n}\{\gamma(\vartheta) \in K_n(\boldsymbol{Y}_n)\} \geqq \alpha$$

heißt asymptotische α-BSF für γ.

Wir definieren für jedes $n \in \mathcal{N}$ die Statistiken $\hat{B}_n$ und S_n durch

$$\hat{B}_n(Y_n) = (X_n'X_n)^+ X_n'Y_n, \quad Y_n \in \mathfrak{M}_{n\times p}$$

bzw.

$$S_n(Y_n) = \left(Y_n - X_n\hat{B}_n(Y_n)\right)' \left(Y_n - X_n\hat{B}_n(Y_n)\right), \qquad Y_n \in \mathfrak{M}_{n\times p}.$$

1. Wir betrachten nun zunächst den Fall, daß mit $C \in \mathfrak{M}^l_{l\times k}$ und $H \in \mathfrak{M}^q_{p\times q}$

$$\gamma(\vartheta) = CBH, \qquad \vartheta = \{(B, \Sigma, \varkappa_n)\}_{n\in\mathcal{N}} \tag{3}$$

gilt.

Es sei $\xi: \mathfrak{M}_{l\times q} \times \mathfrak{M}^{\geqq}_q \to R^1$ eine bis auf eine Menge $\mathcal{A} \times \{I_q\}$ mit $\mu_{lq}[\vec{\mathcal{A}}] = 0$ überall stetige Borel-meßbare Abbildung mit

$$\xi[A, B] = \xi[AC, CBC], \qquad A \in \mathfrak{M}_{l\times q}, \qquad B \in \mathfrak{M}^{\geqq}_q, \qquad C \in \mathfrak{M}^{>}_q. \tag{4}$$

Für $\mathbf{Z} \sim N_{l\times q}(0, I_q)$ sei die Verteilungsfunktion von $\xi[\mathbf{Z}, I_q]$ stetig, und es sei Q_α ein Intervall mit $P\{\xi[\mathbf{Z}, I_q] \in Q_\alpha\} \geqq \alpha$.
Damit gilt der folgende Satz:

Satz 6.4.1. *Für ein* $\lambda \in R^>$ *gelte*

$$n^{2\lambda}C(X_n'X_n)\,C' \xrightarrow[n\to\infty]{} G \in \mathfrak{M}^>_l$$

und

$$\|(X_n'X_n)^+ X_n'\|_{\max} = o(n^{-\lambda}).$$

Unter diesen Voraussetzungen ist die durch

$$K_n(Y_n) = \{A \in \mathfrak{M}_{l\times q} \mid \xi\,[n^\lambda G^{-1/2}(A - C\hat{B}_n(Y_n)\,H), (n-k)^{-1}\,H'S_n(Y_n)\,H] \in Q_\alpha\},$$
$$Y_n \in \mathfrak{M}_{n\times p} \tag{5}$$

definierte Folge $\{K_n\}_{n\in\mathcal{N}}$ *eine asymptotische* α-BSF *für* γ.

Beweis. Auf Grund der Voraussetzungen gilt nach Satz 2.4.6 bzw. auf Grund von Bemerkung 2 im Anschluß an Satz 2.4.12 für $\vartheta = \{\vartheta_n\}_{n\in\mathcal{N}} = \{(B, \Sigma, \varkappa_n)\}_{n\in\mathcal{N}}$

$$P_{\vartheta_n}^{n^\lambda C(B - \hat{B}_n(Y_n))} \xrightarrow{L} N_{l\times p}(0, \Sigma \otimes G)$$

und

$$(n-k)^{-1}\,S_n(Y_n) \xrightarrow{\text{fs}} \Sigma.$$

Daraus folgt nach [A 4.17]

$$P_{\vartheta_n}^{n^\lambda G^{-1/2}C(B - \hat{B}_n(Y_n))H(H'\Sigma H)^{-1/2}} \xrightarrow{L} N_{l\times p}\;(0, I_p)$$

und

$$(n-k)^{-1}\,(H'\Sigma H)^{-1/2}\;(H'S_n(Y_n)\,H)\;(H'\Sigma H)^{-1/2} \xrightarrow{\text{fs}} I_p,$$

und demzufolge gilt wegen [A 4.17], [A 4.19], [A 4.23] und den Eigenschaften von ξ

$$\lim_{n\to\infty} P_{\vartheta_n}\{\xi[n^\lambda G^{-1/2}C(B - \hat{B}_n(Y_n))H(H'\Sigma H)^{-1/2},$$
$$(n-k)^{-1}\,(H'\Sigma H)^{-1/2}\,(H'S_n(Y_n)\,H)\,(H'\Sigma H)^{-1/2}] \in Q_\alpha\}$$
$$= P\{\xi[\mathbf{Z}, I_q] \in Q_\alpha\} \geqq \alpha.$$

Wegen (4) gilt dann

$$\lim_{n\to\infty} \inf P_{\vartheta_n}\{\gamma(\vartheta) \in K_n(\mathbf{Y}_n)\}$$
$$= \lim_{n\to\infty} P_{\vartheta_n}\{\xi[n^\lambda G^{-1/2}C(B - \hat{B}_n(\mathbf{Y}_n))\, H(H'\Sigma H)^{-1/2},$$
$$(n-k)^{-1}\,(H'\Sigma H)^{-1/2}\, H'S_n(\mathbf{Y}_n)\, H(H'\Sigma H)]^{-1/2} \in Q_\alpha\} \geqq \alpha\,.$$

Da (2) trivialerweise erfüllt ist, ist $\{K_n\}_{n\in\mathcal{N}}$ eine asymptotische α-BSF für γ. ∎

Die Abbildung ξ aus Satz 6.4.5 könnten wir zum Beispiel so definieren, daß für $(A, B) \in \mathfrak{M}_{l\times q} \times \mathfrak{M}_q^>$

$$\xi[A, B] = \begin{cases} \operatorname{sp}[A'\,AB^{-1}] & \text{für } B \in \mathfrak{M}_q^>\,, \\ 0 & \text{sonst} \end{cases}$$

gilt. In diesem Falle wäre nach [A 2.29]

$$\xi[\mathbf{Z}, I_q] = \operatorname{sp}[\mathbf{Z}'\mathbf{Z}] \sim \chi^2_{lq}\,.$$

Als Q_α könnten wir demzufolge das Intervall $[0, \chi^2_{1-\alpha;\,lq}]$ wählen. Für diese spezielle Wahl von ξ und Q_α geht (5) in

$$K_n(Y_n) = \begin{cases} \{A \in \mathfrak{M}_{l\times q} \mid n^{2\lambda} \operatorname{sp}[(C\hat{B}_n(Y_n)\,H - A)'\,G^{-1}\,(C\hat{B}_n(Y_n)\,H - A) \\ \qquad \times\,(n-k)\,(H'S_n(Y_n)\,H)^{-1}] \leqq \chi^2_{1-\alpha;\,lq}\}\,, \\ \qquad \text{für } r[S_n(Y_n)] = p,\ Y_n \in \mathfrak{M}_{n\times p}\,, \\ \mathfrak{M}_{l\times p} \qquad \text{sonst}\,, \end{cases}$$
$$n \in \mathcal{N}$$

über. Besteht die Folge $\{\mathbf{Y}_n\}_{n\in\mathcal{N}}$ nur aus zufälligen Vektoren, gilt also $p = q = 1$, so könnten wir auch

$$\xi[a,b] = \begin{cases} \dfrac{\sum_{i=1}^{l} |a_i|}{b}\,, & \text{für } b > 0,\ a = (a_1, \dots, a_l)'\,, \\ 0, & \text{für } b = 0\,, \end{cases}$$
$$(a, b) \in R^l \times R^{\geqq}$$

setzen. Hierbei wäre

$$\xi[\mathbf{Z}, I_q] = \xi[\mathbf{Z}, 1] = \sum_{i=1}^{l} |\mathbf{u}_i|$$

mit

$$\mathbf{U} = (\mathbf{u}_1, \dots, \mathbf{u}_l)' \sim N_l(0, I_l)\,.$$

Als Q_α verwenden wir in diesem Falle das Intervall $[0, h_{1-\alpha;\,l}]$, wenn $h_{1-\alpha;\,l}$ das α-Quantil der Verteilung von $\sum_{i=1}^{n} |\mathbf{u}_i|$ bezeichnet.

2. Nachdem wir mit Satz 6.4.5 eine Möglichkeit zur Konstruktion asymptotischer α-BSF für Parameter der Form (3) gefunden haben, wollen wir uns nun mit der Bestimmung asymptotischer α-BSF für Graphen befassen.

Es sei $\mathscr{X} = R^k \setminus \{0_k\}$. Für beliebiges $f\colon \mathscr{X} \to \mathfrak{M}_{1\times p}$ sei mit $\tilde{f}$ der Graph $\{(c, f(c)) \mid c \in \mathscr{X}\}$ bezeichnet. Es sei $\Gamma = \{\tilde{f} \mid f \in \{\mathscr{X} \to \mathfrak{M}_{1\times p}\}\}$, und für $\vartheta := \{(B, \Sigma, \varkappa_n)\}_{n\in\mathscr{N}} \in \Theta$ sei $f_\vartheta\colon \mathscr{X} \to \mathfrak{M}_{1\times p}$ durch

$$f_\vartheta(c) = c'B\,, \qquad c \in \mathscr{X}\,,$$

definiert. Wir betrachten den Parameter

$$\gamma(\vartheta) = \tilde{f}_\vartheta = \{(c, c'B) \mid c \in \mathscr{X}\}\,, \qquad \vartheta \in \Theta\,.$$

Die Bedeutung solcher Parameter bzw. die Anwendungsmöglichkeiten von α-BSF für diese Parameter haben wir bereits in Abschnitt 6.3 untersucht. Wir wollen uns deshalb hier auf die Konstruktion von asymptotischen α-BSF für γ beschränken und keine weiteren Ausführungen über deren Anwendungsmöglichkeiten machen:

Es sei $\xi\colon \mathfrak{M}_{k\times p} \times \mathfrak{M}_p^{\geqq} \to R^1$ eine bis auf eine Menge $\mathscr{A} \times \{I_p\}$ mit $\mu_{kp}[\vec{\mathscr{A}}] = 0$ stetige Borel-meßbare Abbildung mit

$$\xi[A, B] = \xi[AC, CBC]\,, \qquad A \in \mathfrak{M}_{k\times p}\,, \qquad B \in \mathfrak{M}_p^{\geqq}\,, \qquad C \in \mathfrak{M}_p^{>}\,. \tag{6}$$

Weiter sei $\mathbf{Z}$ eine zufällige Matrix mit $\mathbf{Z} \sim N_{k\times p}(0, I_p)$. ξ_α sei das α-Quantil der Verteilung von $\xi(\mathbf{Z}, I_p)$, und die Verteilungsfunktion von $\xi(\mathbf{Z}, I_p)$ sei stetig. Weiter gelte für ein $\lambda \in R^{>}$ und ein $G \in \mathfrak{M}_k^{>}$

$$n^{2\lambda}(X_n'X_n)^+ \xrightarrow[n\to\infty]{} G\,.$$

Schließlich sei für jedes n die Abbildung $\varphi_n\colon \Gamma \times \mathfrak{M}_{n\times p} \to R^1$ so gewählt, daß sowohl

$$\{Y_n \in \mathfrak{M}_{n\times p} \mid \varphi_n(\gamma(\vartheta), Y_n) \leqq \xi_\alpha\} \in \mathfrak{B}_{\mathfrak{M}_{n\times p}}\,, \qquad \vartheta \in \Theta\,, \tag{7}$$

als auch

$$\varphi_n(\gamma(\vartheta), Y_n) \leqq \xi[n^\lambda G^{-1/2}(B - \hat{B}_n(Y)), (n-k)^{-1} S_n(Y_n)]\,, \quad \vartheta \in \Theta\,, \quad Y_n \in \mathfrak{M}_{n\times p}\,,$$

gilt. Unter diesen Voraussetzungen können wir den folgenden Satz beweisen.

Satz 6.4.2. *Es sei*

$$\|(X_n'X_n)^+ X_n'\|_{\max} = o(n^{-\lambda})\,.$$

Dann ist die durch

$$K_n(Y_n) = \{\tilde{f} \in \Gamma \mid \varphi_n(\tilde{f}, Y_n) \leqq \xi_\alpha\}\,, \qquad Y_n \in \mathfrak{B}_{\mathfrak{M}_{n\times p}}\,, \qquad n \in \mathscr{N}\,,$$

definierte Folge $\{K_n\}_{n\in\mathscr{N}}$ eine asymptotische α-BSF für γ.

Beweis. Aus dem Beweis von Satz 6.4.5 folgt, daß unter den gegebenen Voraussetzungen für $\vartheta \in \Theta$ wegen (6)

$$\liminf_{n\to\infty} P_{\vartheta_n}\{\gamma(\vartheta_n) \in K_n(\mathbf{Y}_n)\} = \liminf_{n\to\infty} P_{\vartheta_n}\{\varphi_n(\gamma(\vartheta), \mathbf{Y}_n) \leqq \xi_\alpha\}$$

$$\geqq \lim_{n\to\infty} P_{\vartheta_n}\{\xi[n^\lambda G^{-1/2}(B - \hat{B}_n(\mathbf{Y}_n)), (n-k)^{-1} S_n(\mathbf{Y}_n)] \leqq \xi_\alpha\}$$

$$= \lim_{n\to\infty} P_{\vartheta_n}\{\xi[n^\lambda G^{-1/2}(B - \hat{B}_n(\mathbf{Y}_n))\, \Sigma^{-1}, (n-k)^{-1} \Sigma^{-1/2} S_n(\mathbf{Y}_n)\, \Sigma^{-1/2}] \leqq \xi_\alpha\} = \alpha \text{ gilt.}$$

Da außerdem (7) gilt, ist $\{K_n\}_{n\in\mathcal{N}}$ eine asymptotische α-BSF für γ. ■

Eine mögliche Wahl der Folge $\{\varphi_n\}_{n\in\mathcal{N}}$ wäre

$$\varphi_n(\tilde{f}, Y_n) = \sup_{c\in\mathcal{X}} \frac{(f(c) - c'\hat{B}_n(Y_n))\,[(n-k)^{-1}\,S_n(Y_n)]^+\,(f(c) - c'\hat{B}_n(Y_n))'}{(c'Gc)\,n^{-2\lambda}}$$

$$(\tilde{f}, Y_n) \in \Gamma \times \mathfrak{M}_{n\times p}\,, \qquad n \in \mathcal{N}\,.$$

Da nach [A 1.79] und [A 1.64]

$$\varphi(\gamma(\vartheta), Y_n) = \sup_{c\in\mathcal{X}} \frac{c'(B - \hat{B}_n(Y_n))\;[(n-k)^{-1}\,\hat{S}_n(Y_n)]^+\,(B - \hat{B}_n(Y_n))'\,c}{c'Gcn^{-2\lambda}}$$

$$\leqq n^{2\lambda}\lambda_{\max}[G^{-1/2}(B - \hat{B}_n(Y_n))\;[(n-k)^{-1}\,S_n(Y_n)]^+\,(B - \hat{B}_n(Y_n))'\,G^{-1/2}]$$

$$\leqq (n-k)\,n^{2\lambda}\,\mathrm{sp}\,[(S_n(Y_n))^+\,(B - \hat{B}_n(Y_n))'\,G^{-1}(B - \hat{B}_n(Y_n))]\,,$$

gilt, könnten wir bei dieser besonderen Wahl von $\{\varphi_n\}_{n\in\mathcal{N}}$

$$\xi[A, B] = \begin{cases} \mathrm{sp}\,[A'AB^+] & \text{für } B \neq 0_{p\times p}\,, \\ 0 & \text{für } B = 0_{p\times p}\,, \end{cases}$$

$$(A, B) \in \mathfrak{M}_{k\times p} \times \mathfrak{M}_p^{\geqq}\,,$$

setzen. In diesem Falle wären die Voraussetzungen des Satzes 6.4.6 an ξ und $\{\varphi_n\}_{n\in\mathcal{N}}$ erfüllt. Gemäß unseren Überlegungen im Anschluß an Satz 6.4.5 wäre hier $\xi_\alpha = \chi^2_{1-\alpha;\,kp}$ zu setzen.

6.5. Optimalität und Zulässigkeit von BSF

In Abschnitt 1.4 haben wir Zulässigkeits- und Optimalitätskriterien für BSF angegeben. Wir wollen nun dazu übergehen, zu einigen speziellen Modellen BSF zu bestimmen, die innerhalb einer Klasse $\mathcal{K}$ von BSF im Sinne irgendeines dieser Kriterien zulässig oder sogar optimal sind. Wir betrachten dazu zunächst die $\mathcal{P}_\Theta$-Zulässigkeit bzw. $\mathcal{P}_\Theta$-Optimalität (vgl. Definition 1.4.7).

Es sei $\Gamma = \gamma(\Theta)$. Weiter sei $\mathcal{K}$ eine Klasse von BSF K der Form

$$K(Y) = \{\gamma \in \Gamma \mid Y \in A_\gamma^K\}\,, \qquad Y \in \mathcal{Y}\,, \tag{1}$$

wobei wir hier und im folgenden (für $(\gamma_0, K) \in \Gamma \times \mathcal{K}$) unter $A_{\gamma_0}^K$ den Annahmebereich eines nichtrandomisierten Tests $T_{\gamma_0}^K$ zum Testen der Hypothese H_{γ_0}: „$\gamma(\vartheta) = \gamma_0$" gegen die Alternative K_{γ_0}: „$\gamma(\vartheta) \neq \gamma_0$" verstehen wollen. Für $\alpha \in [0, 1]$ bezeichne $\mathcal{K}_\alpha$ die Menge aller exakten α-BSF in $\mathcal{K}$. Weiter sei $\overline{\mathcal{K}}_\alpha$ die Menge aller derjenigen BSF aus $\mathcal{K}$, deren Überdeckungswahrscheinlichkeit für den zu schätzenden Parameter nicht größer als α ist; das heißt, $\overline{\mathcal{K}}_\alpha$ sei die Menge aller BSF $K \in \mathcal{K}$ mit

$$P_\vartheta\{\gamma(\vartheta) \in K(Y)\} \leqq \alpha\,, \qquad \vartheta \in \Theta\,.$$

Ist dann für ein $K_1 \in \mathcal{K}_\alpha$ und für jedes $\gamma_0 \in \Gamma$ der Test $T_{\gamma_0}^{K_1}$ ein in der Klasse aller Tests $T_{\gamma_0}^{K}$ $(K \in \mathcal{K}_\alpha)$ zulässiger $(1-\alpha)$-Test zum Testen von H_{γ_0} gegen K_{γ_0}, so ist K_1 $\mathcal{P}_\Theta$-zulässig in $\overline{\mathcal{K}}_\alpha$.

Dies beweist die folgende Überlegung:

Wir wollen annehmen, daß in $\overline{\mathcal{K}}_\alpha$ eine BSF K^* existiert, die $\mathcal{P}_\Theta$-besser als K_1 ist.

Dann sind zwei Fälle möglich:

Fall 1: Es gilt $K^* \in \mathcal{K}_\alpha$. Aus $K^* \in \mathcal{K}_\alpha$ folgt für $\vartheta \in \Theta$ auf Grund der Zulässigkeit der Tests $T_{\gamma(\vartheta)}^{K_1}$, daß entweder für ein $\vartheta_1 \neq \vartheta$

$$P_{\vartheta_1}\{\gamma(\vartheta) \in K_1(Y)\} = P_{\vartheta_1}\{Y \in A_{\gamma(\vartheta)}^{K_1}\} < P_{\vartheta_1}\{Y \in A_{\gamma(\vartheta)}^{K^*}\} = P_{\vartheta_1}\{\gamma(\vartheta) \in K^*(Y)\}$$

oder aber für alle $\vartheta_1 \neq \vartheta$

$$P_{\vartheta_1}\{\gamma(\vartheta) \in K_1(Y)\} = P_{\vartheta_1}\{Y \in A_{\gamma(\vartheta)}^{K_1}\} = P_{\vartheta_1}\{Y \in A_{\gamma(\vartheta)}^{K^*}\} = P_{\vartheta_1}\{\gamma(\vartheta) \in K^*(Y)\}$$

gilt. Daraus folgt aber, daß K^* nicht $\mathcal{P}_\Theta$-besser als K_1 sein kann.

Fall 2: Es gilt $K^* \in \mathcal{K}_\alpha$. In diesem Falle ist für mindestens ein $\vartheta \in \Theta$

$$\alpha = P_\vartheta\{\gamma(\vartheta) \in K_1(Y)\} > P_\vartheta\{\gamma(\vartheta) \in K^*(Y)\}\,,$$

K^* kann also wiederum nicht $\mathcal{P}_\Theta$-besser als K_1 sein.

Selbstverständlich folgt aus der $\mathcal{P}_\Theta$-Zulässigkeit von K_1 in $\overline{\mathcal{K}}_\alpha$ die $\mathcal{P}_\Theta$-Zulässigkeit von K_1 in $\mathcal{K}_\alpha$, so daß also unter den oben aufgeführten Bedingungen K_1 in der Klasse aller exakten α-BSF $\mathcal{P}_\Theta$-zulässig ist.

Die folgende Überlegung führt sogar zu $\mathcal{P}_\Theta$-optimalen exakten α-BSF für γ: Ist nämlich für ein $K_1 \in \mathcal{K}_\alpha$ und für jedes $\gamma_0 \in \Gamma$ der Test $T_{\gamma_0}^{K_1}$ ein in der Klasse der Tests $T_{\gamma_0}^{K}$ $(K \in \mathcal{K}_\alpha)$ gleichmäßig bester $(1-\alpha)$-Test zum Testen von H_{γ_0} gegen K_{γ_0}, so ist K_1 in $\mathcal{K}_\alpha$ $\mathcal{P}_\Theta$-optimal. Dies ist leicht einzusehen, denn es gilt für $K \in \mathcal{K}_\alpha$ sowohl

$$P_\vartheta\{\gamma(\vartheta) \in K_1(Y)\} = P_\vartheta\{\gamma(\vartheta) \in K(Y)\} = \alpha\,, \qquad \vartheta \in \Theta\,,$$

als auch, für $\vartheta_1 \in \Theta$ und $\vartheta_2 \in \Theta$ mit $\vartheta_1 \neq \vartheta_2$,

$$\begin{aligned} P_{\vartheta_1}\{\gamma(\vartheta_2) \in K_1(Y)\} &= P_{\vartheta_1}\{Y \in A_{\gamma(\vartheta_2)}^{K_1}\} \\ &\leqq P_{\vartheta_1}\{Y \in A_{\gamma(\vartheta_2)}^{K}\} = P_{\vartheta_1}\{\gamma(\vartheta_2) \in K(Y)\}\,. \end{aligned}$$

Wir wollen nun versuchen, BSF K zu bestimmen, die in einer vorgegebenen Klasse $\mathcal{K}$ von BSF ϱ-optimal im Mittel sind. Wir wollen dazu annehmen, daß $\mathfrak{A}_{\mathcal{K}}$ eine σ-Algebra (über Γ) mit

$$\{K(Y) \mid Y \in \mathcal{Y},\, K \in \mathcal{K}\} \subset \mathfrak{A}_{\mathcal{K}} \tag{2}$$

ist, die alle einelementigen Mengen enthält. Weiter sei ϱ ein σ-endliches Maß auf $\mathfrak{A}_{\mathcal{K}}$ mit

$$\varrho(\{\gamma\}) = 0\,, \qquad \gamma \in \Gamma\,.^{1)} \tag{3}$$

[1]) Oftmals kann man $\mathfrak{A}_{\mathcal{K}} = \mathfrak{B}^l$ mit $l \in \mathcal{N}$ setzen. In diesem Falle könnte ϱ zum Beispiel das LEBESGUEsche Maß μ_l sein, das die hier aufgeführten Voraussetzungen erfüllt.

Dann läßt sich der folgende Satz beweisen, der auf einer Idee von J. W. PRATT [33], [34] beruht:

Satz 6.5.1. *Ist K^* in $\mathcal{K}$ $\mathcal{P}_\Theta$-optimal, so ist K^* in $\mathcal{K}$ auch ϱ-optimal im Mittel.*

Beweis. Es gilt auf Grund des Satzes von FUBINI für $\vartheta \in \Theta$ und $K \in \mathcal{K}$

$$E_{\vartheta\varrho}[K(Y)] = \int_{\mathcal{Y}} \int_{K(Y)} \varrho(d\gamma)\, P_\vartheta(dY) = \int_{\Gamma} \int_{\{Y|\gamma \in K(Y)\}} P_\vartheta(dY)\, \varrho(d\gamma) \tag{4}$$

$$= \int_{\Gamma} P_\vartheta\{\gamma \in K(Y)\}\, \varrho(d\gamma) = \int_{\Gamma\setminus\{\gamma(\vartheta)\}} P_\vartheta\{\gamma \in K(Y)\}\, \varrho(d\gamma)\,. \tag{5}$$

Auf Grund der $\mathcal{P}_\Theta$-Optimalität von K^* gilt für $\vartheta_1 \in \Theta$ und $\vartheta_2 \in \Theta$ mit $\vartheta_1 \neq \vartheta_2$

$$P_{\vartheta_2}\{\gamma(\vartheta_1) \in K^*(Y)\} \leqq P_{\vartheta_2}\{\gamma(\vartheta_1) \in K(Y)\}\,. \tag{6}$$

Aus (4), (5) und (6) folgt aber

$$E_{\vartheta}\varrho[K(Y)] \leqq E_\vartheta\, \varrho[K(Y)]\,, \qquad \vartheta \in \Theta\,. \quad \blacksquare$$

Offensichtlich stellt Satz 6.5.1 eine Beziehung zwischen zwei verschiedenen Optimalitätsbegriffen für BSF her. Es stellt sich damit die Frage, ob allgemein aus der Optimalität bzw. Zulässigkeit bezüglich eines der von uns betrachteten Vergleichskriterien auf die Optimalität bzw. Zulässigkeit bezüglich eines der anderen Kriterien geschlossen werden kann. Zumindest was die Zulässigkeit betrifft, müssen wir diese Frage verneinen, wie das folgende, von A. COHEN und W. B. STRAWDERMAN in [35] in ähnlicher Form angegebene Beispiel zeigt:

Beispiel 6.5.1. Es sei

$$Y \,(\sim)\, \mathcal{P}_\Theta = \{N(\mu, 1) \mid \mu \in R^1\}\,,$$

Weiter sei $\gamma(\mu) = \mu$ zu schätzen, und es sei $\mathcal{K}$ die Menge aller BSF $K_{a,b}$ der Form

$$K_{a,b}(Y) = [Y - a,\, Y + b]\,, \qquad Y \in R^1,$$

mit $a \in R^>$, $b \in R^>$. Jede dieser BSF $K_{a,b}$ ist $\mathcal{P}_\Theta$-zulässig, wie man sich leicht überzeugen kann. Für $a \neq b$ ist $K_{a,b} \in \mathcal{K}$ jedoch nicht μ_1-zulässig (und auch nicht μ_1-zulässig im Mittel) in $\mathcal{K}$, denn es gilt für $K_{\frac{a+b}{2}, \frac{a+b}{2}}$ sowohl

$$a + b = \mu_1[K_{a,b}(Y)] = \mu_1\left[K_{\frac{a+b}{2}, \frac{a+b}{2}}(Y)\right], \qquad Y \in R^1\,,$$

als auch

$$P_\mu\{\mu \in K_{\frac{a+b}{2}, \frac{a+b}{2}}(Y)\} > P_\mu\{\mu \in K_{a,b}(Y)\}\,, \qquad \mu \in R^1\,,$$

wobei hier für $\mu \in R^1$, $P_\mu = N(\mu, 1)$ gesetzt wurde.

Unter Umständen läßt sich aus der Zulässigkeit bezüglich eines Kriteriums jedoch auch auf die Zulässigkeit bezüglich eines der anderen Kriterien schließen, wenn man die von uns eingeführten Zulässigkeitsbegriffe etwas abschwächt:

Wir wollen annehmen, daß $\mathfrak{U}$ eine σ-Algebra über Θ ist. λ sei ein Maß auf $\mathfrak{U}$. Weiter sei $\Gamma = \Theta = R^1$, und es sei der Parameter $\gamma(\vartheta) = \vartheta$ zu schätzen. $\mathcal{K}$ sei wiederum eine Klasse von BSF für γ, und $\mathfrak{A}_{\mathcal{K}}$ aus (2) sei die σ-Algebra $\mathfrak{B}^1$.

Dann wollen wir eine BSF $K_0 \in \mathcal{K}$ als stark $\mathcal{P}_\Theta$-besser als eine andere BSF $K^* \in \mathcal{K}$ bezeichnen, falls (1.4.7) und (1.4.10) gelten und falls in (1.4.10) das Ungleichheitszeichen auf einer Menge $U_1 \in \mathfrak{U} \otimes \mathfrak{U}$ mit $\lambda^2[U_1] > 0$ gilt. Weiter wollen wir K_0 stark im Mittel μ_2-besser als K^* nennen, falls (1.4.7) und (1.4.9) mit $\varrho = \mu_l$ gelten und falls außerdem für alle ϑ aus einer Menge $U_2 \in \mathfrak{U}$ mit $\lambda[U_2] > 0$ in (1.4.9) das Ungleichheitszeichen gilt. Bezeichnen wir dann eine BSF $K_1 \in \mathcal{K}$ als schwach $\mathcal{P}_\Theta$-zulässig (bzw. als schwach im Mittel μ_l-zulässig), falls es in $\mathcal{K}$ keine BSF K_2 gibt, die stark $\mathcal{P}_\Theta$-besser (bzw. stark im Mittel μ_l-besser) als K_1 ist, so ist jede BSF K schwach $\mathcal{P}_\Theta$-zulässig, falls sie schwach im Mittel μ_l-zulässig ist und für eine Menge $U_3 \in \mathfrak{U}$ mit $\lambda[\mathfrak{U}_3] = 1$

$$E_\vartheta \mu_l[K(Y)] < \infty\,, \qquad \vartheta \in U_3\,,$$

gilt (vgl. A Cohen und W. E. Strawdermann [35]).

Im wesentlichen haben wir bis jetzt nur Aussagen darüber aufgeführt, ob eine BSF $\mathcal{P}_\Theta$-optimal, $\mathcal{P}_\Theta$-zulässig, ϱ-optimal im Mittel oder ϱ-zulässig im Mittel ist. Das folgende triviale Lemma enthält zwar ebenfalls keine Aussagen über ϱ-Zulässigkeit bzw. ϱ-Optimalität, es bietet aber die Möglichkeit, unter Umständen zu einer BSF (für ein gewisses γ) eine ϱ-bessere BSF anzugeben, falls $\gamma(\Theta) \subset \Gamma$ ist:

Lemma 6.5.1. *Ist K eine BSF für γ und gilt $\gamma(\Theta) \subset \Delta \subset \Gamma$, (z. B. $\Delta = \gamma(\Theta)$), so ist die durch*

$$K_1(Y) = \Delta \cap K(Y)\,, \qquad Y \in \mathcal{Y}\,,$$

definierte Abbildung K_1 ϱ-besser als K oder ϱ-äquivalent zu K, sobald $\varrho[K_1(Y)]$ für jedes $Y \in \mathcal{Y}$ erklärt ist.

Wir werden also, falls dies zugelassen ist, die BSF K_2 mit

$$K_2(Y) = K(Y) \cap \gamma(\Theta)\,, \qquad Y \in \mathcal{Y}\,,$$

an Stelle von K verwenden.

Im folgenden Teil wollen wir nun einige statistische Modelle etwas näher betrachten und versuchen, konkrete modellgebundene Aussagen über Zulässigkeit bzw. Optimalität zu gewinnen. Wir wollen zunächst annehmen, daß $\boldsymbol{y}$ ein zufälliger Vektor ist, für den

$$\boldsymbol{y} \,(\sim)\, N[R^n \times \{I_n\}]$$

gilt. Wir setzen hier also $(\mathcal{Y}, \mathfrak{A}_\mathcal{Y}) = (R^n, \mathfrak{B}^n)$ und $\Theta = R^n$. Weiter sei $P_\vartheta = N_n(\vartheta, I_n)$ $(\vartheta \in \Theta)$. Wir betrachten den Parameter $\gamma(\vartheta) = \vartheta$, für den $\Gamma = R^n$ ist. Üblicherweise wählt man als BSF für γ Abbildungen K_h der Form

$$K_h(y) = \{\vartheta \in R^n \mid \|y - \vartheta\| \leqq h\}\,, \qquad y \in R^n\,,$$

mit $h \in R^>$. Offensichtlich gilt für festen $h \in R^>$ und $\vartheta \in \Theta$, $\vartheta_1 \in \Theta$

$$\alpha_h := P_\vartheta\{\vartheta \in K_h(\boldsymbol{y})\} = P_{\vartheta_1}\{\vartheta_1 \in K_h(\boldsymbol{y})\}\,.$$

Ch. Stein [36] wies die folgende Minimaxeigenschaft nach:

Für die Menge $\mathcal{K}_{\alpha_h}$ aller der α_h-BSF K (für γ) für die die durch

$$m_K(y) := \mu_n[K(y)]\,, \qquad y \in R^n\,,$$

definierte Abbildung $m_k : R^n \to R^{\geqq}$ $\mathfrak{B}^n$-$\mathfrak{B}^1$-meßbar ist, gilt

$$\sup_{\vartheta \in R^n} E_\vartheta \mu_n[K_h(\boldsymbol{y})] = \min_{K \in \mathcal{K}_{\alpha_h}} \sup_{\vartheta \in R^n} E_\vartheta \mu_n[K(\boldsymbol{y})] .$$

Weitergehende Eindeutigkeitsaussagen bewies V. M. Joshi in [37] und in [38]. Er konnte nachweisen, daß es für $n \leqq 2$ keine BSF K in $\mathcal{K}_{\alpha_h}$ gibt, für die sowohl

$$\mu_n \times \mu_n[\{(\vartheta, y) \in R^n \times R^n \mid \vartheta \in (K_h(y) \setminus K(y)) \cup (K(y) \setminus K_h(y))\}] > 0^{1)} \quad (7)$$

als auch

$$\sup_{\vartheta \in R^n} E_\vartheta \mu_n[K_h(\boldsymbol{y})] = \sup_{\vartheta \in R^n} E_\vartheta \mu_n[K(\boldsymbol{y})] \quad (8)$$

gilt. Für $n \geqq 3$ dagegen gibt es α_h-BSF für γ in $\mathcal{K}_{\alpha_h}$, die sowohl die Ungleichung (7) als auch die Bedingung (8) erfüllen. Solche BSF sind zum Beispiel für hinreichend großes $a \in R^>$ und hinreichend kleines $b \in R^>$ die durch

$$K_{a,b}(y) = \left\{\vartheta \in R^n \mid \left\| \left(1 + b\left(a + \sum_{i=1}^n y_i^2\right)^{-1}\right) y - \vartheta \right\| \leqq h\right\},$$

$$y = (y_1, \dots, y_n)' \in R^n \quad (9)$$

definierten BSF $K_{a,b}$.

Ebenfalls von V. M. Joshi ([37], [38]) wurde nachgewiesen, daß es für $n \leqq 2$ keine α_h-BSF gibt, für die (7) gilt und die im Mittel μ_n-besser als K_h ist. Dagegen sind für $n \geqq 3$ und hinreichend großes $a \in R^>$ und hinreichend kleines $b \in R^>$ die BSF $K_{a,b}$ aus (9) sowohl μ_n-besser als auch im Mittel μ_n-besser als K_h, und es gilt dennoch (7).

Schließlich konnte von V. M. Joshi [39] für den Fall $n = 1$, das heißt für den Fall, daß $\boldsymbol{y}$ eine reellwertige Zufallsgröße ist, ein weiteres interessantes Ergebnis nachgewiesen werden: Ist $\mathcal{K}_\exists$ die Menge aller BSF (für γ) der Form

$$K(y) = [a_K(y), b_K(y)] , \quad y \in R^1 ,$$

mit

$$a_K \in \{(R^1, \mathfrak{B}^1) \to (R^1, \mathfrak{B}^1)\} ,$$

$$b_K \in \{(R^1, \mathfrak{B}^1) \to (R^1, \mathfrak{B}^1)\} \quad \text{und} \quad a_K(y) \leqq b_K(y) \quad (y \in R^1) ,$$

also die Menge der sogenannten „Konfidenzintervalle“ für γ, so ist K_h für $h \in R^>$ μ_1-zulässig in $\mathcal{K}_\exists$.

Ein im Vergleich zu dem bisher Betrachteten weitaus interessanteres Modell stellt das normale lineare Modell dar, mit dem wir uns nunmehr befassen wollen.

Wir wollen dazu annehmen, daß alle Voraussetzungen aus Abschnitt 6.2.1 gelten.

Allerdings wollen wir fordern, daß an Stelle von (6.2.4)

$$\gamma(\vartheta) = CM , \quad (M, \Sigma) \in \Theta \quad (10)$$

---

[1]) Gilt für K und K_h die Beziehung (7), so bezeichnet man K und K_h im allgemeinen als „nicht äquivalent“. Gilt (7) nicht, so spricht man bei K und K_h von „äquivalenten“ BSF.

gilt, das heißt, daß hier $H = I_p$ und $\Gamma = \mathfrak{M}_{l\times p} = \gamma(\Theta)$ ist. Wir wissen dann, daß für $\gamma_0 \in \Gamma$ und $\alpha \in [0, 1]$ die Tests mit den Annahmebereichen

$$A_{\gamma_0}^{K_1} = \{Y \in \mathfrak{M}_{n\times p} \mid \operatorname{sp}[(S(Y))^+(\hat{\gamma}(Y) - \gamma_0)' W^{-1}(\hat{\gamma}(Y) - \gamma_0)] \leqq (n-k)^{-1} T^2_{0;1-\alpha}(p, n-k, l)\}, \tag{11}$$

$$A_{\gamma_0}^{K_2} = \{Y \in \mathfrak{M}_{n\times p} \mid |S(Y)|\, |S(Y) + (\hat{\gamma}(Y) - \gamma_0)' W^{-1}(\hat{\gamma}(Y) - \gamma_0)|^{-1} \leqq U_{1-\alpha}(p, n-k, l)\} \tag{12}$$

bzw.

$$A_{\gamma_0}^{K_3} = \{Y \in \mathfrak{M}_{n\times p} \mid \lambda_{\max}[(S(Y))^+ (\hat{\gamma}(Y) - \gamma_0)' W^{-1}(\hat{\gamma}(Y) - \gamma_0)] \leqq \lambda_{\max}(p, n-k, l)\} \tag{13}$$

in der Klasse aller invarianten $(1-\alpha)$-Tests für H_{γ_0}: „$\gamma(\vartheta) = \gamma_0$" gegen K_{γ_0}: „$\gamma(\vartheta) \neq \gamma_0$" zulässig sind (vgl. Abschnitt 5.1.5). Daraus folgt insbesondere, daß die Tests mit den in (11), (12) bzw. (13) aufgeführten Annahmebereichen in der Klasse aller nichtrandomisierten invarianten und auf H_{γ_0} ähnlichen[1]) $(1-\alpha)$-Tests für H_{γ_0} gegen K_{γ_0} zulässig sind. Es sei nun

$$K_i(Y) = \{\gamma \in \mathfrak{M}_{l\times p} \mid Y \in A_\gamma^{K_i}\}, \quad Y \in \mathfrak{M}_{n\times p}, \quad i = 1, 2, 3.$$

Weiter sei $\mathcal{K}$ eine Klasse von BSF der Form (1), wobei wir zusätzlich annehmen wollen, daß $T_{\gamma_0}^K$ für $K \in \mathcal{K}$ und $\gamma_0 \in \Gamma$ stets einen nichtrandomisierten invarianten Test für H_{γ_0} gegen K_{γ_0} darstellt.

Da die BSF K_i $(i = 1, 2, 3)$ exakte α-BSF für γ sind, folgt aus unseren eingangs angestellten Überlegungen, daß jede der BSF K_i $(i = 1, 2, 3)$ in $\mathcal{K}_\alpha$ (das heißt in der Klasse aller exakten α-BSF aus $\mathcal{K}$) $\mathcal{P}_\Theta$-zulässig ist. Ist das Modell (6.2.1) univariat, gilt also $p = 1$, so läßt sich eine noch schärfere Aussage nachweisen. Für $p = 1$ gehen nämlich (11) und (13) in

$$A_{\gamma_0}^{K_4} = \left\{y \in R^n \mid (\hat{\gamma}(y) - \gamma_0)' W^{-1}(\hat{\gamma}(y) - \gamma_0) \in S(y) \frac{l}{n-k} F_{1-\alpha;l,n-k}\right\} \tag{14}$$

über. Wir wissen, daß der Test $T_{\gamma_0}^{K_4}$ mit dem Annahmebereich $A_{\gamma_0}^{K_4}$ ein gleichmäßig bester invarianter $(1-\alpha)$-Test ist. Daraus folgt, daß K_4 mit

$$K_4(y) = \{\gamma \in R^l \mid y \in A_\gamma^{K_4}\}, \quad y \in R^n, \tag{15}$$

wegen

$$P_\vartheta\{\gamma(\vartheta) \in K_4(\boldsymbol{y})\} = \alpha, \quad \vartheta \in \Theta,$$

$\mathcal{P}_\Theta$-optimal in der Klasse aller exakten α-BSF aus $\mathcal{K}$ ist. Gilt außerdem $\{K(y) \mid y \in R^n, K \in \mathcal{K}\} \subset \mathfrak{B}^l$, und ist ϱ ein σ-endliches Maß auf $\mathfrak{B}^l$, das der Bedingung (3) genügt (also etwa das LEBESGUEsche Maß μ_l), so ist K_4 nach Satz 6.5.1 in der Klasse aller exakten α-BSF aus $\mathcal{K}$ ϱ-optimal im Mittel. Damit haben wir

---

[1]) Einen $(1-\alpha)$-Test mit dem Annahmebereich A nennen wir auf H_{γ_0} ähnlich, wenn für $\vartheta \in \Theta$ mit $\gamma(\vartheta) = \gamma_0$

$$P_\vartheta\{Y \notin A\} = 1 - \alpha$$

gilt.

eine interessante Aussage über eine Optimalitätseigenschaft der üblicherweise verwendeten α-BSF für γ, deren Schätzbereiche die Ellipsoide

$$„\|\hat{\gamma}(y) - \gamma\|^2_{W^{-1}} \leqq S(y) \frac{l}{n-k} F_{1-\alpha;\, l,\, n-k}“$$

sind.

Eine noch stärkere Eigenschaft erhalten wir für den Fall, daß neben $p = 1$ auch $X = 1_n$ sowie $\Lambda = I_n$ (und damit

$$y \, (\widetilde{=}) \, N[\mathcal{R}(1_n) \times \mathcal{V}_{I_n}])$$

gilt und

$$\gamma(\vartheta) = \mu\,, \qquad \vartheta = (\mu 1_n, \sigma_2)$$

ist. Für diesen Fall nimmt $A^{K_4}_{\gamma_0}$ aus (14) die Gestalt

$$A^{K_4}_{\gamma_0} = \left\{ y \in R^n \mid |\bar{y} - \gamma_0| \leqq (S(y))^{1/2} (n-1)^{-1/2} n^{-1/2} t_{1-\frac{\alpha}{2};\, n-1} \right\} \tag{16}$$

mit

$$\bar{y} = \frac{1}{n} \sum_{i=1}^{n} y_i\,, \quad y = (y_1, \dots, y_n)' \in R^n\,,$$

und

$$S(y) = \sum_{i=1}^{n} (y_i - \bar{y})^2\,, \qquad y = (y_1, \dots, y_n)' \in R^n\,,$$

an. Wir wissen, daß $A^{K_4}_{\gamma_0}$ aus (16) der Annahmebereich eines gleichmäßig besten unverfälschten und auf H_{γ_0} ähnlichen $(1-\alpha)$-Tests (für H_{γ_0} gegen K_{γ_0}) ist. Ist demnach $\mathcal{K}$ eine Klasse von α-BSF K der Form (1) und ist für $K \in \mathcal{K}$ und $\gamma_0 \in \Gamma$ der Test $T^K_{\gamma_0}$ stets ein unverfälschter Test für H_{γ_0} gegen K_{γ_0}, so ist, wiederum auf Grund unserer eingangs angestellten Überlegungen, K_4 aus (15) $\mathcal{P}_\Theta$-optimal in der Klasse aller exakten α-BSF aus $\mathcal{K}$. Wir wollen nun annehmen, daß außerdem

$$\{K(y) \mid y \in R^n, K \in \mathcal{K}\} \subset \mathfrak{B}^1$$

gilt und daß ϱ ein σ-endliches Maß auf $\mathfrak{B}^1$ ist, das (3) genügt. (Letzteres trifft, wie wir bereits wissen, unter anderem auf das Lebesguesche Maß μ_1 zu). Nach Satz 6.5.1 ist dann K_4 in $\mathcal{K}$ auch ϱ-optimal im Mittel.

Von V. M. Joshi [33] konnte für den hier betrachteten Fall außerdem nachgewiesen werden, daß K_4 μ_1-zulässig in der Klasse aller Konfidenzintervalle ist. Damit haben wir einige interessante Optimalitätseigenschaften der in Beispiel 6.2.4 definierten α-BSF angegeben.

Bis jetzt haben wir noch keine Aussagen über Optimalitätseigenschaften von BSF für Graphen aufgeführt (wenn wir von den entsprechenden Bemerkungen im Beispiel 6.3.3 absehen, wo wir simultane Konfidenzbereiche bezüglich ihrer Länge verglichen haben). Dies wollen wir nun nachholen. Wir wollen dazu annehmen, daß alle Voraussetzungen aus Abschnitt 6.3.1 erfüllt sind. Insbesondere wollen wir voraussetzen, daß $\mathcal{X} = \{c \in R^l \mid c'Wc \leqq a, c \neq 0_l\}$ mit $a \in R^>$ ist, daß $\Omega = R^1$ gilt, daß Y ein zufälliger Vektor ist, (das heißt, daß in (6.2.1) $p = 1$ ist) und daß für $\vartheta = (\mu, \sigma^2) \in \Theta$

$$f_\vartheta(c) = c'C\mu$$

gilt. Dieser Fall wurde von R. Bohrer [40] näher untersucht.

Es sei $\mathcal{K}$ die Klasse aller α-BSF K der Form

$$K(y) = \{\tilde{f} \in \Gamma \mid f(c) \in [-\Phi_1^K(c)\,(S(y))^{1/2} + c'\hat{\eta}(y), \Phi_2^K(c)\,(S(y))^{1/2} + c'\hat{\eta}(y)],\ c \in \mathcal{X}\}\,,$$
$$y \in R^n\,,$$

mit $\Phi_i^K \in \{\mathcal{X} \to R^{\geq}\}$, $i = 1, 2$. Unter allen α-BSF aus $\mathcal{K}$ minimiert dann, wie Bohrer zeigen konnte, die durch

$$r(c, \omega, y) = |c'\hat{\eta}(y) - \omega|\,(S(y))^{-1/2}\,, \quad y \in \mathcal{T},\quad c \in \mathcal{X}, \omega \in R^1\,,$$
$$t(c) = (c'Wc)^{1/2}\,, \quad c \in \mathcal{X}\,,$$

und

$$T_\alpha = \left(\frac{l}{n-k} F_{1-\alpha; l, n-k}\right)^{1/2}$$

definierte BSF $K_{\varphi,\tau}$[1]) das Funktional

$$\psi(K) = \int_{\mathcal{X}} (\Phi_2^K(c) + \Phi_1^K(c))\,\mu_l[dc]\,.$$

Für $K_{\varphi,\tau}$ gilt dabei

$$\Phi_2^{K_{\varphi,\tau}}(c) = \Phi_1^{K_{\varphi,\tau}}(c) = (c'Wc)^{1/2}\left(\frac{l}{n-k} F_{1-\alpha; l, n-k}\right)^{1/2}, \quad c \in \mathcal{X}\,.$$

6.6. α-Bereichsschätzfunktionen in konvexen Modellen

Im folgenden Abschnitt wollen wir wiederum annehmen, daß der zufällige Vektor $\boldsymbol{y}$ einer Verteilung genügt, die einer Familie von Normalverteilungen angehört — allerdings soll für $\boldsymbol{y}$ nicht ein lineares, sondern ein konvexes Modell adäquat sein. Wir wollen dazu annehmen, daß $X \in \mathfrak{M}_{n\times k}^k (n - k \geqq 1)$ eine vorgegebene Matrix ist. Weiter sei Θ eine abgeschlossene und konvexe Teilmenge der Menge $\mathcal{R}(X) \times R^>$, und mit $\Lambda \in \mathfrak{M}_n^>$ und

$$P_\vartheta = N_n(\mu, \sigma^2\Lambda)\,, \quad \vartheta = (\mu, \sigma^2) \in \Theta\,, \tag{1}$$

möge

$$\boldsymbol{y}\ (\widetilde{=})\ \mathcal{P}_\Theta = \{P_\vartheta \mid \vartheta \in \Theta\}$$

gelten.[2])

Es sei $C \in \mathfrak{M}_{l\times n}^l$ mit $l \leq k$ eine vorgegebene Matrix, und es sei $\Gamma = C\mathcal{R}(X) = R^l$. Die Abbildung $\gamma\colon \Theta \to \Gamma$ sei durch

$$\gamma(\vartheta) = C\mu\,, \quad \vartheta = (\mu, \sigma^2) \in \Theta$$

---

[1]) $K_{\varphi,\tau}$ ist offensichtlich vom S-Typ und stimmt mit der BSF aus Satz 6.3.8 überein!

[2]) Für das konvexe Modell $\mathcal{P}_\Theta$ gilt also $\mathcal{P}_\Theta \subset N[\mathcal{R}(X) \times V_\Lambda]$.

definiert. Schließlich sei ϱ eine Größenfunktion auf der σ-Algebra $\mathfrak{B}^l$, wobei wir annehmen wollen, daß $\varrho[\emptyset] = 0$ gilt. (Diese Eigenschaft haben sowohl das Maß μ_l als auch die durch

$$B[A] = \sup_{\substack{a \in A \\ a' \in A}} ||a - a'|| \,, \qquad A \in \mathfrak{B}^l \,, \tag{2}$$

definierte Größenfunktion B_l!) Unser Ziel soll es sein, zu einer vorgegebenen α-BSF $K: R^n \to \mathfrak{B}^l$ für γ eine andere α-BSF $K_1: R^n \to \mathfrak{B}^l$ für γ zu konstruieren, die ϱ-besser bzw. im Mittel ϱ-besser als K ist.

Dazu seien die Abbildungen $\hat{\gamma}: R^n \to R^l$ und $S: R^n \to R^{\geqq}$ durch

$$\hat{\gamma}(y) = CP^{\Lambda^{-1}}_{\mathfrak{R}(X)} y \,, \qquad y \in R^n \,,$$

bzw.

$$S(y) = (y - P^{\Lambda^{-1}}_{\mathfrak{R}(X)} y)' \, \Lambda^{-1} (y - P^{\Lambda^{-1}}_{\mathfrak{R}(X)} y) \,, \qquad y \in R^n \,,$$

definiert. Weiter sei

$$W = CP^{\Lambda^{-1}}_{\mathfrak{R}(X)} \Lambda P^{\Lambda^{-1}}_{\mathfrak{R}(X)} C' \,,$$

so daß für $\vartheta = (\mu, \sigma^2) \in \Theta$ aus $\boldsymbol{y} \sim P_\vartheta$

$$D_\vartheta \hat{\gamma}(\boldsymbol{y}) = \sigma^2 W$$

folgt.

Unter diesen Voraussetzungen werden wir verschiedene Möglichkeiten zur Konstruktion von verbesserten α-BSF für γ kennenlernen, wobei jede dieser Verbesserungsmöglichkeiten an eine spezielle Gestalt der Menge Θ gebunden ist. Wir wollen zunächst den Fall $\Theta = \mathcal{U} \times \mathcal{W}$ mit $\mathcal{U} \subset \mathfrak{R}(X)$, $\mathcal{W} \subset R^>$ und $\mathcal{U} \in \mathfrak{B}^1$ untersuchen, wobei wir voraussetzen wollen, daß die Menge $C\mathcal{U}$ ein l-dimensionales Simplex enthält, d. h., es gibt einen Vektor $y_0 \in R^l$ sowie linear unabhängige Vektoren $g_i \in R^l$ ($i = 1, \ldots, l$) mit

$$\left\{ \gamma \in R^l \mid \gamma = \sum_{i=1}^{l} \alpha_i (g_0 + g_i) ; \alpha_i \geqq 0, i = 1, \ldots, l, \sum_{i=1}^{l} \alpha_i = 0 \right\} \subset C\mathcal{U} \,.$$

Eine einfache und zumeist leicht zu handhabende Möglichkeit zur Konstruktion von verbesserten Bereichsschätzfunktionen bietet unter diesen Umständen das Lemma 6.5.1, dessen Anwendungsmöglichkeiten wir hier kurz demonstrieren wollen: Wie wir aus den Abschnitten 6.2.2 und 6.2.3 wissen, stellt die BSF mit den Schätzbereichen

$$„||\hat{\gamma}(y) - \gamma||^2_{W^{-1}} \leqq \frac{l}{n-k} F_{1-\alpha;\, l,\, n-k} S(y)“ \,, \qquad y \in R^n \,, \tag{3}$$

eine exakte α-BSF für γ dar. Außerdem folgt für jedes $y \in R^n$ aus $S(y) \neq 0$ gerade $\varrho[K(y)] > 0$. Nach Lemma 6.5.1 stellt jedoch auch die Abbildung K_1 mit

$$K_1(y) = K(y) \cap C\mathcal{U} \,, \qquad y \in R^n \,,$$

eine exakte α-BSF für γ dar, und es gilt

$$\varrho[K(y)] \geqq \varrho[K_1(y)]\,, \qquad y \in R^n\,,$$

die Abbildung K_1 ist also zu K ϱ-äquivalent, oder sie ist sogar ϱ-besser als K.

Außerdem ist $C\mathcal{U}$ konvex, da $\mathcal{U}$ als konvex vorausgesetzt wurde. Ist nun $C\mathcal{U} \subseteq R^l$, so gilt mit $d \in R^>$ auf Grund der Konvexität von $C\mathcal{U}$

$$\mu_l[\{\gamma \in \Gamma \mid \inf_{g \in C\mathcal{U}} \|\gamma - g\|_{W^{-1}} > d\}] > 0\,. \tag{4}$$

Ist weiter ϱ eine Größenfunktion, für die $\varrho[B] > 0$ für $B \in \mathfrak{B}^l$ gilt, sobald B ein l-dimensionales Simplex enthält,[1]) so gilt für

$$y \in \left\{y \in R^n \mid \inf_{g \in C\mathcal{U}} \|\hat{\gamma}(y) - g\|_{W-1} > d,\, 0 < S(y) < d^2 \frac{n-k}{l} (F_{1-\alpha;\,l,\,n-1})^{-1}\right\}$$

sowohl $\varrho[K_1(y)] = \varrho[\emptyset] = 0$ als auch $\varrho[K(y)] > 0$. Schließlich folgt aus (4) und (6.2.3)

$$P_\vartheta\{\hat{\gamma}(\boldsymbol{y}) \in \{\gamma \in \Gamma \mid \inf_{g \in C\mathcal{U}} \|\gamma - g\|_{W^{-1}} > d\}\} > 0\,,$$

es gilt also auf Grund von (6.2.3)

$$\begin{aligned}
&P_\vartheta\left\{\inf_{g \in C\mathcal{U}} \|\hat{\gamma}(\boldsymbol{y}) - g\|_{W^{-1}} > d,\, 0 < S(\boldsymbol{y}) < d^2 \frac{n-k}{l} (F_{1-\alpha;\,l,\,n-k})^{-1}\right\} \\
&= P_\vartheta\left\{\hat{\gamma}(\boldsymbol{y}) \in \{\gamma \in \Gamma \mid \inf_{g \in C\mathcal{U}} \|\gamma - g\|_{W^{-1}} > d\},\, 0 < S(\boldsymbol{y}) < d^2 \frac{n-k}{l} (F_{1-\alpha;\,l,\,n-k})^{-1}\right\} \\
&= P_\vartheta\left\{\hat{\gamma}(\boldsymbol{y}) \in \left\{\gamma \in \Gamma \mid \inf_{g \in C\mathcal{U}} \|\gamma - g\|_{W^{-1}} > d\right\}\right\} \\
&\qquad \times P_\vartheta\left\{0 < S(\boldsymbol{y}) < d^2 \frac{n-k}{l} (F_{1-\alpha;\,l,\,n-k})^{-1}\right\} > 0\,.
\end{aligned}$$

Die BSF K_1 ist demnach ϱ-besser als K, sobald für jede Menge $B \in \mathfrak{B}^l$, die ein l-dimensionales Simplex enthält, $\varrho[B] > 0$ gilt.

Wir sehen also, daß wir vermittels Lemma 6.5.1 mitunter sehr leicht eine Verbesserung einer vorgegebenen α-BSF erzielen können. Wir wollen jedoch versuchen, noch andere Verbesserungsmöglichkeiten anzugeben. Dazu wollen wir annehmen, daß $h\colon R^l \times R^l \to R^1$ ein Skalarprodukt ist. Weiter sei ν die durch $\nu(g) = (h(g, g))^{1/2}$, $g \in R^l$ definierte Norm. Von ν wollen wir annehmen, daß zu jedem $g \in R^l$ ein eindeutig bestimmter Punkt $g_\nu \in C\mathcal{U}$ mit

$$\nu(g - g_\nu) = \inf_{g^* \in C\mathcal{U}} \nu(g - g^*) \tag{5}$$

existiert.

B e m e r k u n g. Diese Bedingung ist zum Beispiel dann erfüllt, wenn eine der folgenden Aussagen gilt:

1. Für kein $a \in R^>$ existieren Punkte g_1^a und g_2^a mit $g_1^a \neq g_2^a$ und $\nu(\delta g_1^a + (1-\delta)\, g_2^a) = a$, $\delta \in [0, 1]$;

---

[1]) Diese Voraussetzung gilt z. B. für $\varrho = \mu_l$. Sie gilt auch, wenn wir als ϱ die in (2) definierte Abbildung B_l wählen!

2. Für je zwei Punkte $g_1 \in C\mathcal{U}$ und $g_2 \in C\mathcal{U}$ sind alle Punkte $\delta g_1 + (1 - \delta)\, g_2$ $(\delta \in (0, 1))$ innere Punkte von $C\mathcal{U}$ (vgl. [A 1.34]).

Gilt für $g \in R^l$ und $g_\nu \in R^l$ die Gleichung (5), so werden wir künftig g_ν mit $P_{\nu, C\mathcal{U}}(g)$ bezeichnen — die dadurch definierte Abbildung $P_{\nu, C\mathcal{U}}: R^l \to C\mathcal{U}$ stellt offensichtlich den Projektor des R^l auf die Menge $C\mathcal{U}$ bezüglich der Norm ν dar. Schließlich sei für $y \in R^n$

$$\hat{\gamma}_\nu(y) = P_{\nu, C\mathcal{U}}(\hat{\gamma}(y))$$

gesetzt. Damit gilt

Satz 6.6.1.

1. *Die BSF K für γ sei durch*

$$K(y) = \{\gamma \in R^l \mid \nu(\gamma(y) - \gamma) \leqq c(S(y))^{1/2}\}\,, \qquad y \in R^n\,, \tag{6}$$

(mit $c \in R^>$) definiert. Dann ist die Abbildung $K_2: R^n \to \mathfrak{B}^l$ mit

$$K_2(y) = \{\gamma \in R^l \mid \nu(\hat{\gamma}_\nu(y) - \gamma) \leqq c(S(y))^{1/2}\}\,, \qquad y \in R^n\,, \tag{7}$$

ϱ-besser als K oder ϱ-äquivalent zu K.

2. *Falls $C\mathcal{U}$ beschränkt ist und*

$$\varrho[B] = \varrho[B + t]\,, \qquad B \in \mathfrak{B}^l\,, \qquad t \in R^l\,, \tag{8}$$

gilt, ist K_2 ϱ-besser als K.

Beweis. 1. Auf Grund von (8) gilt

$$\varrho[K(y)] = \varrho[K_2(y)]\,, \qquad y \in R^n\,.$$

Weiter gilt für alle Paare $(y, \gamma) \in R^n \times C\mathcal{U}$ auf Grund von [A 1.93]

$$\nu(\hat{\gamma}_\nu(y) - \gamma) \leqq \nu(\hat{\gamma}(y) - \gamma)\,,$$

und daraus folgt wegen $\gamma(\vartheta) \in C\mathcal{U}$ für $\vartheta \in \Theta$ die Ungleichung

$$\begin{aligned} P_\vartheta\{\gamma(\vartheta) \in K(\boldsymbol{y})\} &= P_\vartheta\{\nu(\hat{\gamma}(\boldsymbol{y}) - \gamma(\vartheta)) \leqq c(S(\boldsymbol{y}))^{1/2}\} \\ &\leqq P_\vartheta\{\nu(\hat{\gamma}_\nu(\boldsymbol{y}) - \gamma(\vartheta)) \leqq c(S(\boldsymbol{y}))^{1/2}\} = P_\vartheta\{\gamma(\vartheta) \in K_2(\boldsymbol{y})\}\,. \end{aligned} \tag{9}$$

Da $\mathcal{U}$ als konvex vorausgesetzt wurde, ist auch $C\mathcal{U}$ konvex. Der erste Teil der Behauptung ist damit bewiesen.

2. Ist außerdem $C\mathcal{U}$ beschränkt, so gilt für $\vartheta \in \Theta$ mit

$$d(\vartheta) := \sup_{\gamma^* \in C\mathcal{U}} \nu(\gamma(\vartheta) - \gamma^*)\,,$$

$$\mu_l[\{\gamma \in R^l \mid \nu(\gamma(\vartheta) - \gamma) > b,\, \nu(\gamma(\vartheta) - P_{\nu, C\mathcal{U}}(\gamma)) < b]\} > 0\,, \qquad b > d(\vartheta),\, \vartheta \in \Theta\,. \tag{10}$$

Aus (10) folgt aber

$$\mu_n[\{y \in R^n \mid \nu(\gamma(\vartheta) - \hat{\gamma}(y)) > b,\, \nu(\gamma(\vartheta) - \hat{\gamma}_\nu(y)) < b]\} > 0, \qquad b > d(\vartheta),\, \vartheta \in \Theta\,, \tag{11}$$

und damit gilt wegen (6.2.7) für $\vartheta \in \Theta$

$$\begin{aligned} &P_\vartheta\{\gamma(\vartheta) \in K_2(\boldsymbol{y}),\, \gamma(\vartheta) \notin K(\boldsymbol{y})\} \\ &= P_\vartheta\{\nu(\hat{\gamma}(\boldsymbol{y}) - \gamma(\vartheta)) > c(S(\boldsymbol{y})^{1/2}),\, \nu(\hat{\gamma}_\nu(\boldsymbol{y}) - \gamma(\vartheta)) \leqq c(S(\boldsymbol{y}))^{1/2}\} \\ &\geqq \int_{\left(\frac{d(\vartheta)}{c}\right)^2}^{\infty} P_\vartheta\{\nu(\gamma(\vartheta) - \hat{\gamma}(\boldsymbol{y})) > cb^{1/2},\, \nu(\gamma_\nu(\boldsymbol{y}) - \gamma(\vartheta)) \leqq cb^{1/2}\}\, P_\vartheta^S(\mathrm{d}b) > 0\,. \end{aligned} \tag{12}$$

In (9) gilt demnach sogar die echte Ungleichheit, K_2 ist also ϱ-besser als K_1. ■

Anhand des nachfolgenden Beispiels wollen wir die Anwendungsmöglichkeiten von Satz 6.6.1 erläutern:

Beispiel 6.6.1. Es sei $a \in R^{>}$, und es seien $X \in \mathfrak{M}_{n \times k}^{k}$ und $\Lambda \in \mathfrak{M}_{n}^{>}$ vorgegebene Matrizen. Wir betrachten einen zufälligen Vektor $\boldsymbol{y}$ der Form $\boldsymbol{y} = X\beta + \boldsymbol{e}$ mit $\boldsymbol{e} \sim N_n(0, \sigma^2\Lambda)$,

$$(\beta, \sigma^2) \in \{\beta = (\beta_1, \dots, \beta_k)' \in R^k \mid |\beta_{i_0}| \leqq a\} \times R^{>} \tag{13}$$

und $i_0 \in \{1, \dots, k\}$. Dann wissen wir aus Beispiel 6.2.1 und den in Abschnitt 6.2.2 angestellten Überlegungen, daß wegen $F_{1-\alpha;1,n-k} = \left(t_{\frac{1-\alpha}{2};n-k}\right)^2$ die BSF K mit dem SB

$$„|\beta_{i_0} - (e_{i_0}^{(k)})' (X'\Lambda^{-1}X)^{-1} X'\Lambda^{-1}y| \leqq \|e_{i_0}^{(k)}\|_{(X'\Lambda^{-1}X)^{-1}} (S(y))^{1/2} (n-k)^{-1/2} t_{\frac{1-\alpha}{2};n-k}\text{“}, \quad y \in R^n,$$

eine α-BSF für den Parameter $\beta_{i_0} = (e_{i_0}^{(k)})' \beta$ ist. Andererseits ist aber auch, wie die folgenden Überlegungen zeigen werden, K^* mit

$$K^*(y) = \begin{cases} \left\{b \in R^1 \mid |b - (e_{i_0}^{(k)})' (X'\Lambda^{-1}X)^{-1} X'\Lambda^{-1}y| \leqq \|e_{i_0}^{(k)}\|_{(X'\Lambda^{-1}X)^{-1}} (S(y))^{1/2} (n-k)^{-1/2} t_{\frac{1-\alpha}{2};n-k}\right\}, \\ \qquad \text{falls } |(e_{i_0}^{(k)})' (X'\Lambda^{-1}X)^{-1} X'\Lambda^{-1}y| \leqq a, \\ \left\{b \in R^1 \mid |b - a| \leqq \|e_{i_0}^{(k)}\|_{(X'\Lambda^{-1}X)^{-1}} (S(y))^{1/2} (n-k)^{-1/2} t_{\frac{1-\alpha}{2};n-k}\right\}, \\ \qquad \text{falls } (e_{i_0}^{(k)})' (X'\Lambda^{-1}X)^{-1} X'\Lambda^{-1}y > a, \\ \left\{b \in R^1 \mid |b + a| \leqq \|e_{i_0}^{(k)}\|_{(X\Lambda^{-1}X)^{-1}} (S(y))^{1/2} (n-k)^{-1/2} t_{\frac{1-\alpha}{2};n-k}\right\}, \\ \qquad \text{falls } (e_{i_0}^{(k)})' (X'\Lambda^{-1}X)^{-1} X'\Lambda^{-1}y < -a, \end{cases}$$

$$y \in R^n, \tag{14}$$

eine α-BSF für β_{i_0}, und K^* ist μ_1-besser als K. Mit $\mathcal{U} = \{X\beta \mid \beta = (\beta_1, \dots, \beta_k)' \in R^k, |\beta_{i_0}| \leqq a\}$ folgt nämlich aus (11) bis (13)

$$\boldsymbol{y} \,(\widetilde{=})\, N[\mathcal{U} \times \mathcal{V}_\Lambda],$$

und mit $C := (e_{i_0}^{(k)})' (X'\Lambda^{-1}X)^{-1} X'\Lambda^{-1}$ gilt für $\mu = X(\beta_1, \dots, \beta_k)' \subset \mathfrak{R}(X)$ stets

$$\beta_{i_0} = C\mu .$$

Das Problem der Konstruktion einer im Vergleich zu K μ-besseren α-BSF ist demzufolge ein Spezialfall des von uns in Satz 6.6.1 untersuchten Problems. Die in der Formulierung von Satz 6.6.1 auftretenden Größen nehmen für das von uns hier betrachtete spezielle Problem die Form

$$\hat{\gamma}(y) = (e_{i_0}^{(k)})' (X'\Lambda^{-1}X)^{-1} X'\Lambda^{-1}y, \quad y \in R^n,$$

$$C\mathcal{U} = \{\beta_{i_0} \in R^1 \mid |\beta_{i_0}| \leqq a\} \subset R^1,$$

$$\nu(b) = |b|, \quad b \in R^1,$$

$$c = (e_{i_0}^{(k)})' \left((X'\Lambda^{-1}X)^{-1} e_{i_0}^{(k)}\right)^{1/2} (n-k)^{-1/2} t_{\frac{1-\alpha}{2};n-k}^{1/2},$$

bzw.

$$P_{\nu, \mathcal{CU}}(b) = \begin{cases} b, & |b| \leqq a\,, \\ a, & b > a\,, \\ -a, & b < -a\,, \quad b \in R^1\,, \end{cases}$$

an, so daß (7) in (14) übergeht. Damit ist aber nach Satz 6.6.1 K^* μ_1-besser als K. Ist nun insbesondere $\boldsymbol{y}$ ein zufälliger Vektor der Form

$$\boldsymbol{y} = \mu 1_n + \boldsymbol{\varepsilon}$$

mit

$$\boldsymbol{\varepsilon} \sim N_n(0, \sigma^2 I_n)\,, \qquad (\mu, \sigma^2) \in R^1 \times R^>\,,$$

und ist bekannt, daß $|\mu| \leqq a$ gilt, so ergibt sich aus den eben angestellten Überlegungen, daß K^* mit

$$K^*(y) = \begin{cases} \left\{\mu \in R^1 \mid |n^{-1} \sum_{i=1}^{n} y_i - \mu| \leqq t_{\frac{1-\alpha}{2}; n-1} (S(y))^{1/2} (n-1)^{-1/2} n^{-1/2}\right\}, \\ \qquad \text{falls } \left|n^{-1} \sum_{i=1}^{n} y_i\right| \leqq a\,, \\ \left\{\mu \in R^1 \mid |a - \mu| \leqq t_{\frac{1-\alpha}{2}; n-1} (S(y))^{1/2} (n-1)^{-1/2} n^{-1/2}\right\}, \\ \qquad \text{falls } n^{-1} \sum_{i=1}^{n} y_i > a \\ \left\{\mu \in R^1 \mid |a + \mu| \leqq t_{\frac{1-\alpha}{2}; n-1} (S(y))^{1/2} (n-1)^{-1/2} n^{-1/2}\right\}, \\ \qquad \text{falls } n^{-1} \sum_{i=1}^{n} y_i < -a\,, \end{cases}$$

$$y = (y_1, \ldots, y_n)' \in R^n\,,$$

μ_1-besser als die BSF K_1 aus Beispiel 6.2.4 ist.

Auf Grund von Satz 6.6.1 ist es also zunächst ratsam, K_2 an Stelle von K zu verwenden. Nun wissen wir aber, daß die durch

$$K_3(y) = K(y) \cap \mathcal{CU}\,, \qquad y \in R^n\,,$$

definierte Abbildung K_3: $R^n \to \mathfrak{B}^l$ eine BSF ist, die zumindest ϱ-äquivalent zu K, in bestimmten Fällen sogar ϱ-besser als K ist. Weiter wissen wir, daß die Abbildung K_4: $R^n \to \mathfrak{B}^l$ mit

$$K_4(y) = K_2(y) \cap \mathcal{CU}$$

unter Umständen ϱ-besser als K_2, zumindest aber zu K_2 ϱ-äquivalent ist.

Wir werden also stets bemüht sein, K_3 an Stelle von K und K_4 an Stelle von K_2 zu verwenden. Es liegt hierbei die Vermutung nahe, daß K_4 ϱ-besser als K_3 ist. Es zeigt sich aber, daß K_3 und K_4 nicht ohne weiteres bezüglich ϱ vergleichbar sind:

Lemma 6.6.1. *Es sei $\mathcal{CU} \subset R^l$. Weiter gelte* (8) *und für $B \in \mathfrak{B}^l$ sei $\varrho[B] > 0$, sobald B ein l-dimensionales Simplex enthält. Dann ist weder K_3 ϱ-besser als K_4 noch K_4 ϱ-besser als K_3.*

Beweis. Es gilt für $\vartheta \in \Theta$

$$P_\vartheta\{\gamma(\vartheta) \in K_3(Y)\} = P_\vartheta\{\gamma(\vartheta) \in K(Y)\} < P_\vartheta\{\gamma(\vartheta) \in K_2(Y)\} = P_\vartheta\{\gamma(\vartheta) \in K_4(Y)\}\,, \qquad (15)$$

wobei die Ungleichung (15) unmittelbar aus dem Beweis von Satz 6.6.1 folgt. Weiter gilt

$$\nu(\hat{\gamma}_\nu(y) - \gamma) \leqq \nu(\hat{\gamma}(y) - \gamma)\,, \qquad (y, \gamma) \in R^n \times C\mathcal{U}\,,$$

und daraus folgt

$$\varrho[K_4(y)] \geqq \varrho[K_3(y)]\,, \qquad y \in R^n\,. \qquad (16)$$

Auf Grund der Voraussetzungen ist dann für

$$y \in Z_0 := \{y \in R^n \mid \nu(\hat{\gamma}_\nu(y) - \hat{\gamma}(y)) > c(S(y))^{1/2} > 0\}$$

sowohl

$$\varrho[K_3(y)] = \varrho[\emptyset] = 0 \quad \text{als auch } \varrho[K_4(y)] > 0\,.$$

Für $y \in Z_0$ gilt also in (16) sogar die echte Ungleichheit. Schließlich gilt

$$P_\vartheta\{Z_0\} > 0\,, \qquad \vartheta \in \Theta\,,$$

und daraus folgt die Behauptung. ■

Das hier bewiesene Lemma zeigt uns, daß, wenn K_3 eine exakte α-BSF für γ ist und wenn auf die Exaktheit besonderen Wert gelegt wird, K_3 stets der Abbildung K_4 vorzuziehen ist. K_4 hat zwar bezüglich jedes Maßes P_ϑ mit $\vartheta \in \Theta$ eine größere Überdeckungswahrscheinlichkeit für den entsprechenden Parameter $\gamma(\vartheta)$, ist aber dafür einerseits nicht exakt und liefert andererseits Schätzbereiche, die bezüglich ϱ größer sind als diejenigen, die man mit Hilfe von K_3 gewinnt.

Mitunter ist aber auch K_2 der Abbildung K_3 vorzuziehen, und zwar dann, wenn die Durchschnittsbildung der Mengen $C\mathcal{U}$ und $K(y)$ ($y \in R^n$) vom rechentechnischen Standpunkt aus nur schwierig zu realisieren ist. Dies wird oft der Fall sein, da die analytische Beschreibung von $P_{\nu, C\mathcal{U}}$ in vielen Fällen nicht einfach ist. Deshalb ist es, wie im folgenden ausgeführt, sinnvoll, noch nach anderen Verbesserungsmöglichkeiten für BSF zu suchen:

Es sei ν wiederum eine Norm über dem R^l, und es seien $\nu_i\colon R^l \to R^{\geqq}$ ($i = 1, \dots, m$) Abbildungen mit

$$\nu_i(b_1 + b_2) \leqq \nu_i(b_1) + \nu_i(b_2)\,, \qquad b_1, b_2 \in R^l\,,$$

$$\nu_i(\lambda b) = |\lambda|\, \nu_i(b)\,, \qquad \lambda \in R^1\,, \quad b \in R^l\,, \quad i = 1, \dots, m\,.$$ [1])

Es sei

$$\mathcal{U} = \{\mu \in R^n \mid \nu_i(C\mu) \leqq a_i,\, i = 1, \dots, m\}$$

mit $a_i \in R^{>}$ ($i = 1, \dots, m$). Weiter seien $c_1, \dots, c_m$ nichtnegative reelle Zahlen mit

$$\sum_{i=1}^{m} c_i = 1\,.$$

Die Matrizen $M_1, \dots, M_m$ mit $M_i \in \mathfrak{M}_l$ seien so gewählt, daß für alle $\gamma \in R^l$ und für $i = 1, \dots, m$ aus $\nu_i(\gamma) = 0$ stets $\nu\big((I_l - M_i)\,\gamma\big) = 0$ folgt. Wir wollen die Bezeichnungen

$$q_i := \sup\,\{\nu\big((I_l - M_i)\,\gamma\big) \mid \gamma \in R^l\colon \nu_i(\gamma) = 1\} \qquad (17)$$

---

[1]) Abbildungen solcher Art sind z. B. ν_1 und ν_2 mit

$$\nu_1(b) = ||b||_{W^{-1}} \quad \text{bzw.} \quad \nu_2(b) = |b_1|\,, \qquad b = (b_1, \dots, b_l) \in R^l\,.$$

und
$$M := \sum_{i=1}^{m} c_i M_i \tag{18}$$
verwenden, und es sei $0 < q_i < \infty$ $(i = 1, \ldots, m)$ und $M \in \mathfrak{M}_l^>$. Weiter sei $d\colon \mathfrak{M}_l^> \to R^1$ eine Abbildung mit $d(M) > 1$. Schließlich sei ϱ so gewählt, daß $\varrho[\{\gamma \in R^l \mid \nu(t-\gamma) \leqq d_1\}]$ für festes $t \in R^l$ streng monoton wachsend auf $R^{\geqq}$ ist und sowohl
$$\varrho[\{\gamma \in R^l \mid \nu(M\gamma) \leqq d_1\}] = \varrho[\{\gamma \in R^l \mid \nu(\gamma) \leqq (d(M))^{-1} d_1\}] \tag{19}$$
für $d_1 \in R^{\geqq}$ als auch
$$\varrho[\{\gamma \in R^l \mid \nu(t_1 - \gamma) \leqq d_1\}] = \varrho[\{\gamma \in R^l \mid \nu(\gamma) \leqq d_1\}] \tag{20}$$
für $(d_1, t_1) \in R^{\geqq} \times R^l$ gilt:

Satz 6.6.2. *Ist K wie in* (6) *definiert, so ist die durch*
$$K_5(y) = \begin{cases} K(y), & \text{wenn } c\big(S(y)\big)^{1/2} \leqq \dfrac{\sum_{i=1}^{m} c_i q_i a_i}{d(M) - 1}, \\ \left\{\gamma \in R^l \mid \nu\big(\hat{\gamma}(y) - M\gamma\big) \leqq c\big(S(y)\big)^{1/2} + \sum_{i=1}^{m} c_i q_i a_i\right\} & \text{sonst}, \end{cases} \tag{21}$$
$y \in R^n$, definierte BSF $K_5\colon R^n \to \mathfrak{B}^l$ *ϱ-besser als K.*

Beweis. Setzt man
$$Z_M = \left\{y \in R^n \mid c(S(y))^{1/2} > (d(M) - 1)^{-1}\left(\sum_{i=1}^{m} c_i q_i a_i\right)\right\}, \tag{22}$$
so gilt zunächst $\varrho[K(y)] = \varrho[K_5(y)]$ für $y \in R^n \setminus Z_M$. Wir zeigen nun, daß für $y \in Z_M$ $\varrho[K(y)] > \varrho[K_5(y)]$ gilt. Aus
$$c(S(y))^{1/2} > (d(M) - 1)^{-1}\left(\sum_{i=1}^{m} c_i q_i a_i\right)$$
folgt wegen $d(M) > 1$
$$d(M)^{-1}\left(c(S(y))^{1/2} + \sum_{i=1}^{m} c_i q_i a_i\right) < c(S(y))^{1/2}. \tag{23}$$
Weiter gilt wegen (19) und (20) für $y \in Z_M$
$$\begin{aligned} \varrho[K_5(y)] &= \varrho\left[\left\{\gamma \in R^l \mid \nu\big(\hat{\gamma}(y) - M\gamma\big) \leqq c(S(y))^{1/2} + \sum_{i=1}^{m} c_i q_i a_i\right\}\right] \\ &= \varrho\left[\left\{\gamma \in R^l \mid \nu(M^{-1}\hat{\gamma}(y) - \gamma) \leqq (d(M))^{-1}\left(c(S(y))^{1/2} + \sum_{i=1}^{m} c_i q_i a_i\right)\right\}\right] \\ &= \varrho\left[\left\{\gamma \in R^l \mid \nu(\hat{\gamma}(y) - \gamma) \leqq (d(M))^{-1}\left(c(S(y))^{1/2} + \sum_{i=1}^{m} c_i q_i a_i\right)\right\}\right]. \end{aligned}$$
Da
$$\varrho[K(y)] = \varrho[\{\gamma \in R^l \mid \nu(\hat{\gamma}(y) - \gamma) \leqq c(S(y))^{1/2}\}], \qquad y \in R^n,$$
gilt, folgt daraus wegen (23) für $y \in Z_M$
$$\varrho[K(y)] > \varrho[K_5(y)].$$

Weiter gilt, unabhängig von der konkreten Wahl von $\vartheta \in \Theta$

$$P_\vartheta\{Z_M\} > 0 .$$

Wir brauchen also nur noch zu zeigen, daß

$$P_\vartheta\{\gamma(\vartheta) \in K(\boldsymbol{y})\} \leqq P_\vartheta\{\gamma(\vartheta) \in K_5(\boldsymbol{y})\}\,, \qquad \vartheta \in \Theta\,,$$

gilt. Für $\vartheta = (\mu, \sigma^2) \in \Theta$ gilt offensichtlich

$$P_\vartheta\{\gamma(\vartheta) \in K_5(\boldsymbol{y})\} = P_\vartheta\left\{\gamma(\vartheta) \in K_5(\boldsymbol{y}),\, c(S(\boldsymbol{y}))^{1/2} \leqq (d(M) - 1)^{-1}\left(\sum_{i=1}^{m} c_i q_i a_i\right)\right\}$$

$$+ P_\vartheta\left\{\gamma(\vartheta) \in K_5(\boldsymbol{y}),\, c(S(\boldsymbol{y}))^{1/2} > (d(M) - 1)^{-1}\left(\sum_{i=1}^{m} c_i q_i a_i\right)\right\}. \tag{24}$$

Weiter ist

$$P_\vartheta\left\{\gamma(\vartheta) \in K_5(\boldsymbol{y}),\, c(S(\boldsymbol{y}))^{1/2} \leqq (d(M) - 1)^{-1}\left(\sum_{i=1}^{m} c_i q_i a_i\right)\right\}$$

$$= P_\vartheta\left\{\gamma(\vartheta) \in K(\boldsymbol{y}),\, c(S(\boldsymbol{y}))^{1/2} \leqq (d(M) - 1)^{-1}\left(\sum_{i=1}^{m} c_i q_i a_i\right)\right\}, \tag{25}$$

denn aus $c(S(y))^{1/2} \leqq (d(M) - 1)^{-1}\left(\sum_{i=1}^{m} c_i q_i a_i\right)$ folgt für jedes $y \in R^n$ sofort

$$K_5(y) = K(y)\,.$$

Andererseits gilt für jedes $y \in R^n$ mit

$$c(S(y))^{1/2} > (d(M) - 1)^{-1}\left(\sum_{i=1}^{m} c_i q_i a_i\right)$$

genau dann

$$\gamma(\vartheta) = C\mu \in K_5(y)\,,$$

wenn

$$\nu(\hat{\gamma}(y) - M\gamma(\vartheta)) \leqq c(S(y))^{1/2} + \sum_{i=1}^{m} c_i q_i a_i$$

gilt. Nun ist aber auf Grund der Voraussetzungen

$$\nu(\hat{\gamma}(y) - M\gamma(\vartheta)) = \nu(\hat{\gamma}(y) - C\mu + (I_l - M)\, C\mu) \leqq \nu(\hat{\gamma}(y) - \gamma(\vartheta)) + \nu((I_l - M)\,\gamma(\vartheta))$$

$$= \nu(\hat{\gamma}(y) - \gamma(\vartheta)) + \nu\left(\sum_{i=1}^{m} (I_l - c_i M_i)\,\gamma(\vartheta)\right) \leqq \nu(\hat{\gamma}(y) - \gamma(\vartheta)) + \sum_{i=1}^{m} \nu((I_l - M_i)\,\gamma(\vartheta))\, c_i$$

$$\leqq \nu(\hat{\gamma}(y) - \gamma(\vartheta)) + \sum_{i=1}^{m} q_i c_i \nu_i(\gamma(\vartheta)) \leqq \nu(\hat{\gamma}(y) - \gamma(\vartheta)) + \sum_{i=1}^{m} q_i c_i a_i\,,$$

so daß

$$\{y \in Z_M \mid \gamma(\vartheta) \in K(y)\} = \{y \in Z_M \mid \nu(\hat{\gamma}(y) - \gamma(\vartheta)) \leqq c(S(y))^{1/2}\}$$

$$\subseteqq \left\{y \in Z_M \mid \nu(\hat{\gamma}(y) - M\gamma(\vartheta)) \leqq c(S(y))^{1/2} + \sum_{i=1}^{m} c_i q_i a_i\right\} = \{y \in Z_M \mid \gamma(\vartheta) \in K_5(y)\}$$

gilt. Daraus folgt wegen

$$P_\vartheta\left\{\gamma(\vartheta) \in K(\boldsymbol{y}),\, c(S(\boldsymbol{y}))^{1/2} > (d(M) - 1)^{-1}\left(\sum_{i=1}^{m} c_i q_i a_i\right)\right\}$$

$$= P_\vartheta\{\boldsymbol{y} \in Z_M \mid \nu(\hat{\gamma}(\boldsymbol{y}) - \gamma(\vartheta)) \leqq c(S(\boldsymbol{y}))^{1/2}\}$$

$$\leqq P_\vartheta\left\{\boldsymbol{y} \in Z_M \mid \nu(\hat{\gamma}(\boldsymbol{y}) - M\gamma(\vartheta)) \leqq c(S(\boldsymbol{y}))^{1/2} + \sum_{i=1}^{m} c_i q_i a_i\right\}$$

$$= P_\vartheta\left\{\gamma(\vartheta) \in K_5(\boldsymbol{y}),\, c(S(\boldsymbol{y}))^{1/2} > (d(M) - 1)^{-1}\left(\sum_{i=1}^{m} c_i q_i a_i\right)\right\}$$

nnd wegen (24) und (25)

$$P_\vartheta\{\gamma(\vartheta) \in K_5(y)\} \geqq P_\vartheta \left\{\gamma(\vartheta) \in K(y), c(S(y))^{1/2} \geqq (d(M) - 1)^{-1} \left(\sum_{i=1}^m c_i q_i a_i\right)\right\}$$

$$+ P_\vartheta \left\{\gamma(\vartheta) \in K(y), c(S(y))^{1/2} \leqq (d(M) - 1)^{-1} \left(\sum_{i=1}^m c_i q_i a_i\right)\right\}$$

$$= P_\vartheta\{\gamma(\vartheta) \in K(y)\} . \blacksquare$$

Die Voraussetzungen des Satzes 6.6.2 haben ein sehr kompliziertes Aussehen, insbesondere was die Größen ν_i $(i = 1, \dots, m)$, q_i $(i = 1, \dots, m)$ und $d(M)$ anbelangt. Aus diesem Grunde wollen wir an dieser Stelle einige Hinweise zur Wahl der Abbildungen ν_i und zur Bestimmung der entsprechenden Größen q_i und $d(M)$ geben:

1. Wir betrachten zunächst den Fall, daß mit $E \in \mathfrak{M}_l^>$ und $F \in \mathfrak{M}_l^>$

$$\nu(g) = (g'Fg)^{1/2}, \qquad g \in R^l, \tag{26}$$

und

$$\nu_1(g) = (g'Eg)^{1/2}, \qquad g \in R^l, \tag{27}$$

gilt. Dann ist für jede Matrix $M_1 \in \mathfrak{M}_{l\times l}^l$

$$q_1 = \sup\{\nu((I_l - M_1)\,g) \mid g \in R^l\colon \nu_1(g) = 1\} = (\lambda_{\max}[E^{-1/2}(I_l - M_1)'\,F(I_l - M_1)\,E^{-1/2}])^{1/2}.$$

Weiter folgt aus $\nu_1(g) = 0$ stets $g = 0_l$ und damit $\nu((I_l - M_1)\,g) = 0$. Für $M_1 = vI_l$ folgt aus $v > 1$ insbesondere

$$q_1 = (v - 1)\,(\lambda_{\max}[E^{-1/2}FE^{-1/2}])^{1/2}.$$

2. Mit $d_i \in R^>$ $(i = 1, \dots, l)$ und $f_i \in R^>$ $(i = 1, \dots, l)$ sei

$$\nu(g) = \left(\sum_{i=1}^l f_i^2 g_i^2\right)^{1/2}, \qquad g = (g_1, \dots, g_l)' \in R^l,$$

und

$$\nu_2(g) = \sum_{i=1}^l |d_i g_i|, \qquad g = (g_1, \dots, g_l)' \in R^l.$$

Dann gilt mit $M_2 = vI_l$ und $v > 1$

$$q_2 = \sup\{\nu((I_l - M_2)\,g) \mid g \in R^l\colon \nu_2(g) = 1\} = (v - 1) \max_{1\leqq i\leqq l} \left(\frac{f_i}{d_i}\right).$$

Weiter folgt aus $\nu_2(g) = 0$ stets $g = 0_l$ und damit

$$\nu((I_l - M_2)\,g) = 0.$$

3. Es sei ν wiederum wie in (26) erklärt, und mit $h \in R^l$ sei $\nu_3\colon R^l \to R^{\geqq}$ durch

$$\nu_3(g) = h'g, \qquad g \in R^l,$$

definiert. Weiter sei $M_3 = P^{I_l}_{[\mathfrak{R}(h)]^\perp}$. Dann gilt

$$q_3 = \sup\{\nu((I_l - M)\,g) \mid g \in R^l\colon \nu_3(g) = 0\} = (h'h)^{-1}\,(h'Fh)^{1/2},$$

und aus $\nu_3(g) = 0$ folgt $g \in [\mathfrak{R}(h)]^\perp$ und damit

$$\nu((I_l - M_3)\,g) = 0.$$

4. Es sei ν wie in (26) erklärt, und es sei $M \in \mathfrak{M}_l^>$. Dann gilt

$$\nu(Mg) = (g'M'FMg)^{1/2}, \qquad g \in R^l.$$

Wir betrachten nun den Fall, daß $\varrho = \mu_l$ ist. In diesem Fall gilt mit $d_0 \in R^{\geqq}$ wegen

$$\mu_l[\{g \in R^l \mid g'Ag \leqq a^2\}] = \mu_l[\{g \in R^l \mid g'g \leqq a^2\}]\, |A|^{-1/2}$$

$$= |A|^{-1/2}\, 2^l a^l \left\{\Gamma\left(\frac{1}{2}\right)\right\}^l \left\{\Gamma\left(1 + \frac{l}{2}\right)\right\}^{-1}, \qquad a \in R^{>}, \qquad A \in \mathfrak{M}_l^{>},$$

(vgl. [41]) sowohl

$$\mu_l[\{g \in R^l \mid (g'Fg)^{1/2} \leqq d_0\}] = 2^l \left\{\Gamma\left(\frac{1}{2}\right)\right\}^l \left\{\Gamma\left(1 + \frac{l}{2}\right)\right\}^{-1} d_0^l\, |F|^{-1/2}.$$

als auch

$$\mu_l[\{g \in R^l \mid (g'M'FMg)^{1/2} \leqq d_0\}] = 2^l \left\{\Gamma\left(\frac{1}{2}\right)\right\}^l \left\{\Gamma\left(1 + \frac{l}{2}\right)\right\}^{-1} d_0^l\, |M'FM|^{-1/2}.$$

Daraus folgt aber

$$\mu_l[\{g \in R^l \mid (g'M'FMg)^{1/2} \leqq d_0\}] = \mu_l[\{g \in R^l \mid (g'Fg)^{1/2} \leqq d_0\, |M|^{-1/l}\}],$$

es gilt also in diesem Falle $d(M) = |M|^{1/l}$, und es ist $d(M) > 1$ genau dann, wenn $|M| > 1$ ist. Mit $M = vI_l$, $v > 1$ gilt insbesondere $d(M) = v$. Wählt man dagegen als Größenfunktion etwa die durch (2) definierte Abbildung $B_l\colon \mathfrak{B}^l \to R^{\geqq}$, so gilt

$$B_l[\{g \in R^l \mid (g'Fg)^{1/2} \leqq d_0\}] = 2d_0(\lambda_{\min}(F))^{-1/2}$$

bzw.

$$B_l[\{g \in R^l \mid (g'M'FMg)^{1/2} \leqq d_0\}] = d_0(\lambda_{\min}(M'FM))^{-1/2}.$$

Daraus folgt

$$B_l[\{g \in R^l \mid (g'M'FMg)^{1/2} \leqq d_0\}] = B_l\left[\left\{g \in R^l \mid (g'Fg)^{1/2} \leqq d_0 \left(\frac{\lambda_{\min}(M'FM)}{\lambda_{\min}(F)}\right)^{-1/2}\right\}\right],$$

so daß in diesem Falle

$$d(M) = [\lambda_{\min}(M'FM)]^{1/2}\, [\lambda_{\min}(F)]^{-1/2}$$

gilt. Mit $M = vI_l$ folgt daraus speziell $d(M) = v$, und es gilt in diesem Falle $d(M) > 1$ genau dann, wenn $v < 1$ ist.

Nach dieser Diskussion der Voraussetzungen von Satz 6.6.2 wollen wir uns nunmehr einer geometrischen Interpretation der Mengen

$$\mathcal{U}_1 = \{g \in R^l \mid \nu(g - t) \leqq cs^{1/2}\}$$

und

$$\mathcal{U}_2 = \{g \in R^l \mid \nu(Mg - t) \leqq cs^{1/2} + d\}, \qquad (t, s, d, c) \in R^l \times R^{\geqq} \times R^{\geqq} \times R^{\geqq}$$

für den Fall $M = vI_l$ mit $v > 1$ zuwenden.

In diesem Falle stellen sowohl $\mathcal{U}_1$ als auch $\mathcal{U}_2$ „Kreise" bezüglich der Norm ν dar, allerdings sind die Mittelpunkte der Kreise verschieden: Bei $\mathcal{U}_1$ ist der Mittelpunkt t, bei $\mathcal{U}_2$ gerade $v^{-1}t$. Die Menge $\mathcal{U}_2$ stellt also gegenüber $\mathcal{U}_1$ einen zum Koordinatenursprung verschobenen „Kreis" mit verändertem Radius dar: Gilt $v^{-1}(cs^{1/2} + d) < cs^{1/2}$, so ist der Radius von $\mathcal{U}_2$ kleiner als der von $\mathcal{U}_1$. Gilt dagegen $v^{-1}(cs^{1/2} + d) > cs^{1/2}$, so ist der Radius von $\mathcal{U}_1$ kleiner als der von $\mathcal{U}_2$. Wir wissen nun, daß für $M = vI_l$ (mit $v > 1$) stets $K(y)$ eine Menge der Form $\mathcal{U}_1$ ist, während $K_5(y)$ für $y \notin Z_M$ (mit Z_M aus (22)) eine Menge der Form $\mathcal{U}_1$ und für $y \in Z_M$ eine Menge der Form $\mathcal{U}_2$ ist.

Außerdem wissen wir, daß für $y \in Z_M$

$$\frac{c((S(y)) + \sum_{i=1}^{m} c_i q_i a_i}{v} < c(S(y))^{1/2}$$

gilt, so daß für $y \in Z_M$ also $K_5(y)$ im Vergleich zu $K(y)$ einen zum Koordinatenursprung verschobenen „Kreis" (bezüglich der Norm ν) mit verkleinertem Radius darstellt. Für $y \notin Z_M$ gilt dagegen, wie wir bereits wissen, $K(y) = K_5(y)$.

Als nächstes wollen wir die Anwendungsmöglichkeiten von Satz 6.6.2 an einem Beispiel demonstrieren:

Beispiel 6.6.2. Der zufällige Vektor $\boldsymbol{y}$ sei von der Form

$$\boldsymbol{y} = \mu \mathbf{1}_n + \boldsymbol{\varepsilon} \tag{28}$$

mit

$$\boldsymbol{\varepsilon} \sim N_n(0, \sigma^2 I_n), \tag{29}$$

$$|\mu| \leqq a, \quad \sigma^2 \in R^{>} \quad \text{und} \quad a \in R^{>}. \tag{30}$$

Aus Beispiel 6.2.4 wissen wir, daß die dort beschriebene BSF K_1 eine α-BSF für μ ist. Nach Satz 6.6.2 ist aber für $M \in (1, \infty)$ auch K_M mit

$$K_M(y) = \begin{cases} K(y), & \text{wenn} \quad (S(y))^{1/2} \leqq a \left(t_{\frac{1-\alpha}{2};\, n-1}\right)^{-1} n(n-1), \\ \left\{\mu \in R^1 \mid \left|\frac{1}{n} \sum_{i=1}^{n} y_i - M\mu\right| \leqq t_{\frac{1-\alpha}{2};\, n-1} (n(n-1))^{-1/2} (S(y))^{1/2} + a\right\} & \text{sonst,} \end{cases}$$

$$y = (y_1, \dots, y_n)' \in R^n \tag{31}$$

eine α-BSF für μ, und K_M ist sogar μ_1-besser als K_1. Mit $\mathcal{U} := \{\mu \mathbf{1}_n \mid |\mu| \leqq a\} \in \mathfrak{K}(\mathbf{1}_n)$ sind die Bedingungen (28) bis (30) äquivalent zu

$$\boldsymbol{y} \,\widehat{\sim}\, N[\mathcal{U} \times \mathcal{V}_{I_n}].$$

Außerdem folgt mit $C = \frac{1}{n} \mathbf{1}_n'$ aus $\mu \mathbf{1}_n \in \mathcal{U}$

$$\mu = C(\mu \mathbf{1}_n)$$

und

$$C\mathcal{U} = \{\mu \in R^1 \mid |\mu| \leqq a\} \subset R^1. \tag{32}$$

Das Problem der Konstruktion einer im Vergleich zu K_1 μ_1-besseren α-BSF für μ läßt sich unter diesen Umständen mit Hilfe von Satz 6.6.2 lösen. Dabei sind die in diesem Satz auftretenden Größen in unserem Falle durch

$$m = 1, \qquad c = t^{1/2}_{\frac{1-\alpha}{2};\, n-1} n^{-1/2} (n-1)^{-1/2},$$

$$\nu(b) = \nu_1(b) = |b|, \quad b \in R^1,$$

und

$$c_1 = 1, \qquad a_1 = a,$$

erklärt.

Wählen wir dann als $M = M_1$ eine beliebige Zahl aus $(1, \infty)$, so erfüllt M alle Voraussetzungen des Satzes 6.6.2, und mit

$$d(b) = b, \qquad b \in R^{\geqq}$$

gilt $d(M) > 1$.

Da für diese spezielle Wahl von M und d mit $\varrho = \mu_1$ auch (19) gilt, läßt sich Satz 6.6.2 anwenden, und unter Berücksichtigung von $q_1 = |M - 1|$ geht (21) in unserem Falle in (31) über. K_M ist also μ_1-besser als die in Beispiel 6.2.4 beschriebene α-BSF K_1.

Im Anschluß an dieses Beispiel wollen wir noch einige Bemerkungen zur optimalen Wahl der Matrix M anführen. Offensichtlich ist für $y \in Z_M$ (mit Z_M aus (22)) die ϱ-Größe von $K_5(y)$ sowohl von der Wahl der c_i $(i = 1, \dots, m)$ als auch von $a_1, \dots, a_m$ und $M_1, \dots, M_m$ abhängig. Sie wird minimal, wenn sowohl

$$(d(M))^{-1} \left(\sum_{i=1}^{m} c_i q_i a_i + c(S(y))^{1/2} \right) \tag{33}$$

als auch

$$(d(M) - 1)^{-1} \left(\sum_{i=1}^{m} c_i q_i a_i \right) \tag{34}$$

bezüglich aller Matrizen-m-Tupel $(M_1, \dots, M_m)$ und bezüglich aller nichtnegativen reellen Zahlen $c_1, \dots, c_m$ (die die Voraussetzungen von Satz 6.6.2 erfüllen) minimal werden. Die gleichzeitige Minimierung der Ausdrücke (33) und (34) bezüglich $M_1, \dots, M_m$ und $c_1, \dots, c_m$ wird jedoch im allgemeinen nicht möglich sein.

Wir betrachten daher den folgenden interessanten Spezialfall: Es sei $\varrho = \mu_l$, und es sei $m = 1$.[1] Die Norm ν sei definiert wie in (26), und für M wollen wir nur Matrizen der Form

$$M_v = vI_l$$

mit $v > 1$ zulassen. Diese Matrizen erfüllen die Voraussetzungen des Satzes 6.6.2, wenn, wie wir es ebenfalls fordern wollen, ν_1 durch (27) definiert ist. Unter dieser zusätzlichen Voraussetzung gelten, wie wir bereits wissen,

$$d(M_v) = M_v^{1/2} = v$$

und

$$q_1 = (\lambda_{\max}[E^{-1/2}FE^{-1/2}])^{1/2} (v - 1),$$

so daß

$$\left(\sum_{i=1}^{m} c_i q_i a_i \right) (d(M_v) - 1)^{-1} = a_1 (\lambda_{\max}[E^{-1/2}FE^{-1/2}])^{1/2} \tag{35}$$

gilt. Der in (35) rechtsstehende Ausdruck ist von v offensichtlich nicht mehr abhängig. Weiter gilt in diesem Falle für $y \in Z_{M_v}$

$$\begin{aligned} &\left(c(S(y))^{1/2} + \sum_{i=1}^{m} c_i q_i a_i \right) (d(M_v))^{-1} = \frac{c(S(y)) + a_1(v - 1) (\lambda_{\max}[E^{-1/2}FE^{-1/2}])^{1/2}}{v} \\ &= a_1 (\lambda_{\max}[E^{-1/2}FE^{-1/2}])^{1/2} + \frac{1}{v} \left(c(S(y))^{1/2} - a_1 (\lambda_{\max}[E^{-1/2}FE^{-1/2}])^{1/2} \right) \\ &> a_1 (\lambda_{\max}[E^{-1/2}FE^{-1/2}])^{1/2} . \end{aligned} \tag{36}$$

Daraus folgt aber, daß K_5 immer μ_l-besser wird mit wachsendem v. Wählt man speziell $v = +\infty$, so nimmt K_5 die Form

$$K_5(y) = \begin{cases} K(y), & \text{wenn } \; c(S(y))^{1/2} \leqq a_1(\lambda_{\max}[E^{-1/2}FE^{-1/2}])^{1/2}, \\ \{g \in R^l \mid \nu(g) \leqq a_1(\lambda_{\max}[E^{-1/2}FE^{-1/2}])^{1/2}\} & \text{sonst}, \end{cases} \qquad y \in R^n,$$

an.

Bisher haben wir bei der Konstruktion von verbesserten α-BSF für γ stets nur die spezielle Gestalt der Menge $\mathcal{U}$ berücksichtigt. Keine Berücksichtigung fand dagegen, daß eventuell auch $\mathcal{W} \subset R^>$ gelten kann. Mit diesem Fall wollen wir uns nun befassen. Wir wollen dazu annehmen, daß

$$\mathcal{W} = \{\sigma^2 \in R^> \mid \varrho_1^2 \leqq \sigma^2 \leqq \varrho_2^2\}$$

mit $\varrho_1 \in R^>$ gilt.

---

[1]) Daraus folgt insbesondere $c_1 = 1$!

Satz 6.6.3. *Die durch*

$$K_6(y) = \{\gamma \in R^l \mid ||\hat{\gamma}(y) - \gamma||^2_{W^{-1}} \leqq \chi^2_{1-\alpha;l}\varrho_2^2\}\,, \qquad y \in R^n\,,$$

definierte Abbildung $K_6\colon R^n \to \mathfrak{B}^l$ *ist im Mittel* μ_l*-besser als die durch* (3) *gegebene* α-BSF *für* γ, *sobald*

$$\left(\frac{\varrho_2^2}{\varrho_1^2}\right) \leqq \frac{l}{n-k}\, F_{1-\alpha;\,l,\,n-k}(\chi^2_{1-\alpha;\,l})^{-1} \cdot 2\left(\Gamma\left(\frac{n-k+l}{2}\right)\left(\Gamma\left(\frac{n-k}{2}\right)\right)^{-1}\right)^{2/l} \tag{37}$$

gilt.

Beweis. Es gilt zunächst für $\vartheta = (\mu, \sigma^2) \in \Theta$

$$P_\vartheta\{\gamma(\vartheta) \in K_6(\boldsymbol{y})\} = P_\vartheta\{||\hat{\gamma}(\boldsymbol{y}) - \gamma(\vartheta)||^2_{W^{-1}} \leqq \chi^2_{1-\alpha;\,l}\varrho_2^2\} \tag{38}$$

$$\geqq P_\vartheta\{||\hat{\gamma}(\boldsymbol{y}) - \gamma(\vartheta)||^2_{W^{-1}} \leqq \chi^2_{1-\alpha;\,l}\sigma^2\} = \alpha\,, \tag{39}$$

und für $\sigma \neq \varrho_2$ gilt in (39) sogar echte Ungleichheit. Weiter gilt

$$\mu_l[K_6(y)] = 2^l \left\{\Gamma\left(\frac{1}{2}\right)\right\}^l \left\{\Gamma\left(1 + \frac{l}{2}\right)\right\}^{-1} |W|^{-1/2}\, (\chi^2_{1-\alpha;\,l}\varrho_2^2)^{l/2}\,, \qquad y \in R^n\,,$$

und

$$\mu_l[K(y)] = 2^l \left\{\Gamma\left(\frac{1}{2}\right)\right\}^l \left\{\Gamma\left(1 + \frac{l}{2}\right)\right\}^{-1} |W|^{-1/2} \left(\frac{l}{n-k}\, F_{1-\alpha;\,l,\,n-k} S(y)\right)^{l/2}, \qquad y \in R^n\,.$$

Daraus folgt für $\vartheta = (\mu, \sigma^2) \in \Theta$ sowohl

$$E_\vartheta \mu_l[K_6(\boldsymbol{y})] = 2^l \left\{\Gamma\left(\frac{1}{2}\right)\right\}^l \left\{\Gamma\left(1 + \frac{l}{2}\right)\right\}^{-1} |W|^{-1/2}\, (\chi^2_{1-\alpha;\,l}\varrho_2^2)^{l/2} \tag{40}$$

als auch

$$E_\vartheta \mu_l[K(\boldsymbol{y})] = 2^l \left\{\Gamma\left(\frac{1}{2}\right)\right\}^l \left\{\Gamma\left(1 + \frac{l}{2}\right)\right\}^{-1} |W|^{-1/2} \left(\frac{l}{n-k}\, F_{1-\alpha;\,l,\,n-k}\right)^{l/2} E_\vartheta\{S(\boldsymbol{y})\}^{l/2} \tag{41}$$

$$= 2^l \left\{\Gamma\left(\frac{1}{2}\right)\right\}^l \left\{\Gamma\left(1 + \frac{l}{2}\right)\right\}^{-1} |W|^{-1/2} \left(\frac{l}{n-k}\, F_{1-\alpha;\,l,\,n-k}\right)^{l/2} \cdot \varrho_1^l E_\vartheta \left(\frac{S(\boldsymbol{y})}{\varrho_1^2}\right)^{l/2}$$

$$\geqq 2^l \left\{\Gamma\left(\frac{1}{2}\right)\right\}^l \left\{\Gamma\left(1 + \frac{l}{2}\right)\right\}^{-1} |W|^{-1/2} \left(\frac{l}{n-k}\, F_{1-\alpha;\,l,\,n-k}\right)^{l/2} \varrho_1^l E_\vartheta \left(\frac{S(\boldsymbol{y})}{\sigma^2}\right)^{l/2} \tag{42}$$

$$= 2^l \left\{\Gamma\left(\frac{1}{2}\right)\right\}^l \left\{\Gamma\left(1 + \frac{l}{2}\right)\right\}^{-1} |W|^{-1/2} \left(\frac{l}{n-k}\, F_{1-\alpha;\,l,\,n-k}\right)^{l/2} \varrho_1^l$$

$$\times\, 2^{l/2} \left(\Gamma\left(\frac{n-k+l}{2}\right) \left\{\Gamma\left(\frac{n-k}{2}\right)\right\}^{-1}\right).$$

Gilt nun (37), so ergibt sich aus (40), (41) und (42)

$$E_\vartheta \mu_l[K_6(\boldsymbol{y})] \leqq E_\vartheta \mu_l[K(\boldsymbol{y})]\,, \qquad \vartheta \in \Theta\,.$$

Daraus und aus (38) und (39) folgt die Behauptung. ■

Beispiel 6.6.3. Es sei $\boldsymbol{y}$ ein zufälliger Vektor der Form

$$\boldsymbol{y} = \mu 1_n + \boldsymbol{\varepsilon} \tag{43}$$

mit

$$\boldsymbol{\varepsilon} \sim N_n(0, \sigma^2 I_n)\,, \tag{44}$$

$$\mu \in R^1\,, \qquad 0 < \varrho_1^2 \leqq \sigma^2 \leqq \varrho_2^2\,. \tag{45}$$

Unter diesen Voraussetzungen ist K^* mit

$$K^*(y) = \left\{\mu \in R^1 \mid \left|\frac{1}{n} \sum_{i=1}^{n} y_i - \mu\right| \leqq (n^{-1}\chi^2_{1-\alpha;\,1}\varrho_2^2)^{1/2}\right\}, \qquad y = (y_1, \dots, y_n)' \in R^n, \tag{46}$$

eine im Vergleich zu K_1 aus Beispiel 6.2.4 im Mittel μ_1-bessere α-BSF für μ, sobald

$$\frac{\varrho_2^2}{\varrho_1^2} = (n-1)^{-1} (t_{1-\alpha;\,n-1})^2 (\chi^2_{1-\alpha;\,1})^{-1}\, 2 \left(\Gamma\left(\frac{n}{2}\right) \left(\Gamma\left(\frac{n-1}{2}\right)\right)^{-1}\right)^2 \tag{47}$$

gilt. Dies ist auf Grund der folgenden Überlegungen leicht einzusehen:

Mit $\mathscr{W}^*$ sei die Menge $\{\sigma^2 I_n \mid \varrho_1^2 \leqq \sigma^2 \leqq \varrho_2^2\}$ bezeichnet. Dann sind in dem von uns betrachteten Fall (43) bis (45) offenbar gleichbedeutend mit

$$\boldsymbol{y} \,(\widetilde{=})\, N[\mathscr{R}(\mathbf{1}_n) \times \mathscr{W}^*].$$

Weiter gilt mit $C = \frac{1}{n} \mathbf{1}_n$ für $\vartheta = (\mu \mathbf{1}_n, \sigma^2) \in \mathscr{R}(\mathbf{1}_n) \times \{\sigma^2 \in R^> \mid \varrho_1^2 \leqq \sigma^2 \leqq \varrho_2^2\}$

$$\mu = C(\mu \mathbf{1}_n).$$

Wir haben also einen Spezialfall des in Satz 6.6.3 betrachteten Problems vorzuliegen, wobei hier $l = 1$, $k = 1$,

$$\hat{\gamma}(y) = \frac{1}{n} \sum_{i=1}^{n} y_i, \qquad y = (y_1, \dots, y_n)' \in R^n,$$

und $W = n^{-1}$ gilt. Für diese spezielle Wahl der Größen C, W, l und k gehen aber (36) und (37) in (46) und (47) über, so daß K^* im Vergleich zu K im Mittel μ_1-besser ist, sobald (47) gilt.

Im allgemeinen kann man leicht nachprüfen, ob die Bedingung (37) erfüllt ist. Insbesondere gilt für $l \geqq 2$ auf Grund der LJAPUNOWschen Ungleichung

$$2 \left(\frac{\Gamma\left(\frac{n-k+l}{2}\right)}{\Gamma\left(\frac{n-k}{2}\right)} \right)^{2/l} \geqq n - k,$$

so daß (37) zumindest dann erfüllt ist, wenn

$$\frac{\varrho_2^2}{\varrho_1^2} \leqq l \frac{F_{1-\alpha;\,l,\,n-k}}{\chi^2_{1-\alpha;\,l}}$$

gilt. Außerdem gilt

$$\lim_{n \to \infty} F_{1-\alpha;\,l,\,n-k} = \chi^2_{1-\alpha;\,l},$$

so daß für großes n

$$\frac{F_{1-\alpha;\,l,\,n-k}}{\chi^2_{1-\alpha;\,l}} \approx 1$$

ist. Für großes n ist es daher begründet, K_6 an Stelle von K zu verwenden, sobald $\varrho_2^2 \leqq l\varrho_1^2$ ist.

Nachdem wir nunmehr auch den Fall $\mathscr{W} \subset R^>$ gesondert untersucht haben, wollen wir noch den Fall $\mathscr{U} \subset \mathscr{R}(X)$, $\mathscr{W} \subset R^>$ etwas näher betrachten. Es sei $l = 1$, und es sei $K\colon R^n \to \mathfrak{B}^1$ durch

$$K(y) = \left\{\gamma \in R^1 \mid |\hat{\gamma}(y) - \gamma| \leqq W^{1/2} t_{\frac{1-\alpha}{2};\,n-k} (n-k)^{-1/2} (S(y))^{1/2}\right\}, \qquad y \in R^n, \tag{48}$$

definiert. Weiter sei

$$\mathscr{W} = \{\sigma^2 \in R^> \mid \sigma \geqq \varrho_1\}$$

und

$$\mathscr{U} = \{g \in \mathfrak{R}(X) \mid |Cg| \leqq \varrho_2\}$$

mit $\varrho_1 \in R^>$, $\varrho_2 \in R^>$. Schließlich sei $v \in (1, \infty)$. Unter diesen Voraussetzungen gilt der folgende Satz:

Satz 6.6.4. *Gilt*

$$\varrho_2 \leqq 2^{1/2}\varrho_1(n-k)^{-1/2}\, t_{\frac{1-\alpha}{2};\,n-k} W^{1/2}\, \Gamma\left(\frac{n-k+1}{2}\right)\left(\Gamma\left(\frac{n-k}{2}\right)\right)^{-1}, \tag{49}$$

so ist die durch

$$K_7(y) = \left\{\{\gamma \in R^1 \mid |\hat{\gamma}(y) - v\gamma| \leqq W^{1/2}(n-k)^{-1/2}\, t_{\frac{1-\alpha}{2};\,n-k}(S(y))^{1/2} + (v-1)\,\varrho_2\right\}, \quad y \in R^n, \tag{50}$$

definierte BSF K_7: $R^n \to \mathfrak{B}^1$ *im Mittel* μ_1*-besser als* K *aus* (48).

Beweis. Es gilt zunächst für $\vartheta = (\mu, \sigma^2) \in \Theta$ auf Grund der Voraussetzungen

$$P_\vartheta\{\gamma(\vartheta) \in K_7(y)\} \tag{51}$$

$$= P_\vartheta\left\{|\hat{\gamma}(y) - vC\mu| \leqq W^{1/2}(n-k)^{-1/2}\, t_{\frac{1-\alpha}{2};\,n-k}(S(y))^{1/2} + (v-1)\,\varrho_2\right\}$$

$$\geqq P_\vartheta\left\{(|\hat{\gamma}(y) - C\mu| + (v-1)\,|C\mu| \leqq W^{-1/2}(n-k)^{-1/2}\, t_{\frac{1-\alpha}{2};\,n-k}(S(y))^{1/2} + (v-1)\,\varrho_2\right\} \tag{52}$$

$$\geqq P_\vartheta\left\{|\hat{\gamma}(y) - C\mu| \leqq W^{1/2}(n-k)^{-1/2}\, t_{\frac{1-\alpha}{2};\,n-k}(S(y))^{1/2}\right\} = P_\vartheta\{\gamma(\vartheta) \in K(y)\}\,. \tag{53}$$

Weiter gilt

$$\mu_1[K_7(y)] = 2v^{-1}\left\{W^{1/2}(n-k)^{-1/2}\, t_{\frac{1-\alpha}{2};\,n-k}(S(y))^{1/2} + (v-1)\,\varrho_2\right\}, \qquad y \in R^n,$$

$$E_\vartheta\mu_1[K_7(y)] = 2v^{-1}\left\{W^{1/2}(n-k)^{-1/2}\, t_{\frac{1-\alpha}{2};\,n-k}\, E_\vartheta\{S(y)\}^{1/2} + (v-1)\,\varrho_2\right\}, \qquad \vartheta \in \Theta,$$

$$\mu_1[K(y)] = 2W^{1/2}\,(n-k)^{-1/2}\, t_{\frac{1-\alpha}{2};\,n-k}(S(y))^{1/2}, \qquad y \in R^n$$

und

$$E_\vartheta\mu_1[K(y)] = 2W^{1/2}\,(n-k)^{-1/2}\, t_{\frac{1-\alpha}{2};\,n-k}\, E_\vartheta\{S(y)\}^{1/2}, \qquad \vartheta \in \Theta.$$

Gilt nun (49), so ist wegen $E_\vartheta\left\{\frac{S(y)}{\sigma^2}\right\}^{1/2} = 2^{1/2}\,\frac{\Gamma\left(\frac{n-k+1}{2}\right)}{\Gamma\left(\frac{n-k}{2}\right)}$

$$(v-1)\,\varrho_2 \leqq (v-1)\,\varrho_1(n-k)^{-1/2}\, t_{\frac{1-\alpha}{2};\,n-k}\, E_\vartheta\left\{\frac{S(y)}{\sigma^2}\right\}^{1/2}$$

$$\leqq (v-1)\,\varrho_1(n-k)^{-1/2}\, t_{\frac{1-\alpha}{2};\,n-k}\, E_\vartheta\left\{\frac{S(y)}{\varrho_1^2}\right\}^{1/2}$$

$$= (v-1)\,(n-k)^{-1/2}\, t_{\frac{1-\alpha}{2};\,n-k}\, E_\vartheta\{S(y)\}^{1/2}\,. \tag{54}$$

Daraus folgt schließlich

$$v^{-1}(n-k)^{-1/2}\, t_{\frac{1-\alpha}{2};\, n-k}\, E_\vartheta\{S(\boldsymbol{y})\}^{1/2}\, W^{1/2} + (v-1)\,\varrho_2$$
$$\leqq W^{1/2}(n-k)^{-1/2}\, t_{\frac{1-\alpha}{2};\, n-k}\, E_\vartheta\{S(\boldsymbol{y})\}^{1/2}\,, \tag{55}$$

und damit gilt

$$E_\vartheta \mu_1[K_7(\boldsymbol{y})] \leqq E_\vartheta \mu_1[K(\boldsymbol{y})]\,.$$

Da zudem für $\sigma \neq \varrho_1$ in (54) und damit in (55) die Ungleichheit gilt, folgt daraus wegen (51) bis (53) die Behauptung. ■

Auch die Bedeutung von Satz 6.6.4 wollen wir anhand eines Beispiels demonstrieren:

Beispiel 6.6.4. Wir betrachten wiederum einen zufälligen Vektor $\boldsymbol{y}$ der Form

$$\boldsymbol{y} = \mu \mathbf{1}_n + \boldsymbol{\varepsilon} \tag{56}$$

mit

$$\boldsymbol{\varepsilon} \sim N_n(0, \sigma^2 I_n)\,. \tag{57}$$

Allerdings wollen wir diesmal annehmen, daß

$$|\mu| \leqq \varrho_2 \tag{58}$$

und

$$\sigma \geqq \varrho_1 \tag{59}$$

mit $\varrho_2 \in R^{>}$, $\varrho_1 \in R^{>}$ gilt. Es sei $v < 1$ eine vorgegebene reelle Zahl. Definieren wir dann die BSF K_v durch

$$K_v(y) = \left\{\mu \in R^1 \;\middle|\; \left|\frac{1}{n}\sum_{i=1}^{n} y_i - v\mu\right| \leqq n^{-1/2}\,(n-1)^{-1/2}\, t_{\frac{1-\alpha}{2};\, n-1} + (v-1)\,\varrho_2\right\},$$
$$y = (y_1, \ldots, y_n)' \in R^n\,, \tag{60}$$

so folgt aus Satz 6.6.4, daß K_v eine im Vergleich zu der in Beispiel 6.2.4 angegebenen α-BSF K_1 für μ im Mittel μ_1-bessere α-BSF für μ ist, sobald

$$\varrho_2 \leqq \varrho_1\, 2^{1/2}\left[\Gamma\left(\frac{n-1}{2}\right)\right]^{-1} \Gamma\left(\frac{n}{2}\right) t_{\frac{1-\alpha}{2};\, n-1}\,(n-1)^{-1/2} \tag{61}$$

gilt. Beachtet man nämlich, daß aus (56) bis (59)

$$\boldsymbol{y} \circleddash N[\{\mu \mathbf{1}_n \mid |\mu| \leqq \varrho_2\} \times \{\sigma^2 I_n \mid \sigma \geqq \varrho_1\}]$$

folgt, so sieht man, daß das Problem der Konstruktion einer im Vergleich zu K_1 im Mittel μ_1-besseren α-BSF ein Problem der in Satz 6.6.4 untersuchten Art ist. Für den vorliegenden Fall haben die in der Formulierung dieses Satzes auftretenden Größen die Form

$$C = \frac{1}{n}\mathbf{1}_n', \qquad W = n^{-1}, \qquad k = 1\,, \tag{62}$$

und

$$\hat{\gamma}(y) = \frac{1}{n}\sum_{i=1}^{n} y_i\,, \qquad y = (y_1, \ldots, y_n)' \in R^n\,. \tag{63}$$

Für diese spezielle Wahl von C, W, r und $\hat{\gamma}$ gehen (49) und (50) aber in (61) und (60) über.

Betrachten wir (49), so sehen wir, daß mit wachsendem ϱ_1 das größte ϱ_2, für das K_7 nach Satz 6.6.4 noch im Mittel μ_1-besser als K aus (48) ist, wächst, und daß mit fallendem ϱ_1 auch dieses größte ϱ_2 kleiner wird. Dieser Zusammenhang ist heuristisch leicht zu erklären: Mit wachsendem ϱ_1 wächst die Information über die Größe der Varianz der Beobachtungen, während mit fallendem ϱ_2 die Information über die Größe von $C\mu$ wächst. Es ist nun aber sinnvoll anzunehmen, daß ein Verlust an Information über die Größe der Varianz durch einen Gewinn an Information über die Größe von $C\mu$ ausgeglichen werden kann und umgekehrt, ohne daß dadurch die entsprechend konstruierten α-BSF ihre Eigenschaften wesentlich ändern. Wir sehen aber, daß durch (49) diese Forderung erfüllt wird.

Wir wollen nun abschließend ein konvexes Modell betrachten, bei dem Θ nicht von der Form $\mathcal{U} \times \mathcal{W}$ ist. Es seien wiederum ν und ν_2 Normen über dem R^l. Weiter sei mit $a \in R^>$

$$\Theta = \{(\mu, \sigma^2) \mid \nu_1(C\mu) \leqq a\sigma\},$$

und es sei

$$q = \sup \{\nu(g) \mid g \in R^l, \nu_1(g) = 1\} < \infty .$$

Die Größenfunktion ϱ sei so gewählt, daß für jedes $t \in R^l$

$$\varrho[A + t] = \varrho[A], \qquad A \in \mathfrak{B}^l,$$

gilt und

$$\varrho[\{g \in R^l \mid \nu(t - g) \leqq d_1\}]$$

streng monoton wachsend in d_1 ist. Schließlich sei $K\colon R^n \to \mathfrak{B}^l$ durch

$$K(y) = \{g \in R^l \mid \nu(\hat{\gamma}(y) - g) \leqq c_1(S(y))^{1/2}\}, \qquad y \in R^n, \tag{64}$$

mit $c_1 \in R^>$ definiert. Dann gilt der folgende

Satz 6.6.5. *Es sei K aus* (64) *eine exakte* α-BSF *für* γ. *Existiert dann ein Paar* (*v, c*) *reeller Zahlen mit*

$$0 < v < 1, \quad 0 < c < c_1 \tag{65}$$

und

$$P_\vartheta\{\nu(\hat{\gamma}(y) - C\mu) \leqq cv^{-1}(S(y))^{1/2} + v^{-1}\sigma\,(v - 1)\,qa\} \geqq \alpha, \tag{66}$$

$$\vartheta = (\mu, \sigma^2) \in \Theta,$$

so ist die durch

$$K_8(y) = \{\gamma \in R^l \mid \nu(v\hat{\gamma}(y) - \gamma) \leqq c(S(y))^{1/2}\}, \qquad y \in R^n,$$

gegebene BSF *ϱ-besser als K.*

Beweis. Es gilt für $y \in R^n$

$$\begin{aligned}\varrho[K(y)] &= \varrho[\{g \in R^l \mid \nu(\hat{\gamma}(y) - g) \leqq c_1(S(y))^{1/2}\}] \\ &\geqq \varrho[\{g \in R^l \mid \nu(\hat{\gamma}(y) - g) \leqq c(S(y))^{1/2}\}] \\ &= \varrho[\{g \in R^l \mid \nu(v\hat{\gamma}(y) - g) \leqq c(S(y))^{1/2}\}] \\ &= \varrho[K_8(y)],\end{aligned} \tag{67}$$

und für $S(y) \neq 0$ gilt in (67) sogar die Ungleichheit. Weiter ist für $\vartheta = (\mu, \sigma^2) \in \Theta$ auf Grund der Dreiecksungleichung

$$\begin{aligned} P_\vartheta\{\gamma(\vartheta) \in K_8(y)\} &= P_\vartheta\{\nu(v\hat{\gamma}(y) - C\mu) \leqq c(S(y))^{1/2}\} \\ &\geqq P_\vartheta\left\{\nu(\hat{\gamma}(y) - C\mu) \leqq v^{-1}c(S(y))^{1/2} - \frac{1-v}{v}\,\nu(C\mu)\right\} \\ &\geqq P_\vartheta\left\{\nu(\hat{\gamma}(y) - C\mu) \leqq v^{-1}c(S(y))^{1/2} + \frac{v-1}{v}\,aq\sigma\right\}, \end{aligned}$$

und daraus folgt nach Voraussetzung

$$P_\vartheta\{\gamma(\vartheta) \in K_8(y)\} \geqq P_\vartheta\{\gamma(\vartheta) \in K(y)\} = \alpha\,. \quad ■$$

Um Satz 6.6.5 anzuwenden, müssen wir Paare (c, v) bestimmen, die den Bedingungen (65) und (66) genügen. Die sicherste Methode zum Auffinden solcher Paare ist die numerische Berechnung der in der linken Seite von (66) auftretenden Wahrscheinlichkeit für verschiedene a, c, ν, v und q. Eine andere Möglichkeit bietet das folgende

Lemma 6.6.2. *Es sei* ν *durch*

$$\nu(g) = (g' W^{-1} g)^{1/2}\,, \qquad g \in R^l\,,$$

definiert. Genügt dann das Paar (c, v) *den Ungleichungen*

$$0 < v < 1\,, \quad 0 < c < c_1\,, \tag{68}$$

$$c \geqq \left(\frac{l}{n-k}\,F_{1-\frac{1+\alpha}{2};\,l,\,n-k}\right)^{1/2} v^{1/2} \tag{69}$$

und

$$0 \leqq c^{-1}(v^{1/2} + 1)\,aq \leqq \left(\chi^2_{\frac{1+\alpha}{2};\,n-k}\right)^{1/2}, \tag{70}$$

so genügt es auch der Ungleichung (66).

Beweis. Auf Grund der konkreten Wahl von ν gilt zunächst

$$c_1 = \left(\frac{l}{n-k}\,F_{1-\alpha;\,l,\,n-k}\right)^{1/2}.$$

Weiter gilt auf Grund der BONFERRONI-Ungleichung [A 2.48] für $\vartheta = (\mu, \sigma^2) \in \Theta$ und für jedes Paar (c, v), das den Ungleichungen (68), (69) und (70) genügt,

$$\begin{aligned} &P_\vartheta\{v\nu(\hat{\gamma}(y) - C\mu) \leqq c(S(y))^{1/2} + (v-1)\,qa\sigma\} \\ &= P_\vartheta\left\{\nu(\hat{\gamma}(y) - C\mu) + \frac{1-v}{v}\,qa\sigma \leqq \frac{c}{v}\,(S(y))^{1/2}\right\} \\ &\geqq P_\vartheta\left\{\nu(\hat{\gamma}(y) - C\mu)\,\frac{1}{\sigma} \leqq \frac{c}{\sigma}\,\frac{1}{v^{1/2}}\,(S(y))^{1/2},\ \left(\frac{1-v}{v}\right) qa \leqq \frac{c}{\sigma}\left(\frac{1}{v} - \frac{1}{v^{1/2}}\right)(S(y))^{1/2}\right\} \end{aligned}$$

$$= P_\vartheta\left\{\nu(\hat{\gamma}(y) - C\mu)\frac{1}{\sigma} \leqq \frac{c}{\sigma}\,\frac{(S(y))^{1/2}}{v^{1/2}},\ (v^{-1/2}+1)\,qa \leqq \frac{c}{\sigma}\,\frac{1}{v^{1/2}}\,(S(y))^{1/2}\right\}$$

$$\geqq 1 - P_\vartheta\left\{(v^{1/2}+1)\,qav^{1/2}c^{-1} > (S(y))^{1/2}\,\frac{1}{\sigma}\right\}$$

$$- P_\vartheta\left\{\nu(\hat{\gamma}(y) - C\mu)\,\frac{1}{\sigma} > \frac{c}{\sigma}\,(S(y))^{1/2}\,v^{-1/2}\right\}$$

$$\geqq 1 - P_\vartheta\left\{\frac{\nu(\hat{\gamma}(y) - C\mu)}{(S(y))^{1/2}} > \left(\frac{l}{n-k}\,F_{1-\frac{1+\alpha}{2};\,l,\,n-k}\right)^{1/2}\right\}$$

$$- P_\vartheta\left\{\left(\chi^2_{\frac{1+\alpha}{2};\,n-k}\right)^{1/2} > \frac{1}{\sigma}\,(S(y))^{1/2}\right\}$$

$$= 1 - \left(1 - \frac{1+\alpha}{2}\right) - \left(\frac{1-\alpha}{2}\right) = \alpha\,. \quad \blacksquare$$

Offensichtlich kann (wie bereits im Beweis von Lemma 6.6.2 erwähnt) in dem in Lemma 6.6.2 betrachteten Fall

$$c_1 = \left(\frac{l}{n-k}\,F_{1-\alpha;\,l,\,n-k}\right)^{1/2}$$

gesetzt werden. Wir wollen nun annehmen, daß mit

$$\varrho_0 > \left(\frac{l}{n-k}\,F_{1-\alpha;\,l,\,n-k}\right)^{1/2} \quad \text{und} \quad \alpha' > \alpha$$

$$a \leqq \frac{\chi^2_{\frac{1+\alpha}{2};\,n-k}\left[\left(\frac{l}{n-k}\,F_{1-\alpha;\,l,\,n-k}\right)^{1/2} - \varrho_0^{-1}\right]q^{-1}}{\left(1 + \dfrac{\left(\frac{l}{n-k}\,F_{1-\alpha;\,l,\,n-k}\right)^{1/2} - \varrho_0^{-1}}{1+\left(\frac{l}{n-k}\,F_{1-\alpha';\,l,\,n-k}\right)^{1/2}}\right)}$$

gilt. Gilt dann (68), so erfüllt das Paar (c, v) mit

$$c = \left(\frac{l}{n-k}\,F_{1-\alpha;\,l,\,n-k}\right)^{1/2} - \varrho_0^{-1}\,,$$

$$v = \frac{\left(\frac{l}{n-k}\,F_{1-\alpha;\,l,\,n-k}\right)^{1/2} - \varrho_0^{-1}}{1+\left(\frac{l}{n-k}\,F_{1-\alpha';\,l,\,n-k}\right)^{1/2}}$$

die Bedingungen (69), (70) und (71). Hinweise zur Berechnung von q haben wir bereits im Anschluß an Satz 6.6.2 gegeben.

Literatur

[1] SPJØTVOLL, E., Multiple comparison of regression functions. Ann. Math. Statist. 43 (1972), 1076–1088.
[2] FOLKS, J. L., and C. E. ANTLE, Straight line confidence regions for linear models. J. Amer. Statist. Assoc. 62 (1967), 1365–1374.
[3] MILLER, R. G., Simultaneous Statistical Inference, New York 1966.
[4] ACTON, F. S., Analysis of Straight Line Data, New York 1939.
[5] JENSEN, D. R., Some simultaneous multivariate procedures using Hotelling's T^2-statistics. Biometrics 28 (1972), 39–53.
[6] MORRISON, D. F., Multivariate Statistical Methods, New York 1968.
[7] MUDHOLKAR, G. S., On confidence bounds associated with multivariate analysis of variance and non independence between two sets of variates. Ann. Math. Statist. 37 (1966), 1736–1746.
[8] SCHEFFÉ, H., The Analysis of Variance, New York 1959.
[9] KHATRI, C. G., On certain inequalities for normal distributions and their applications to simultaneous confidence bounds. Ann. Math. Statist. 38 (1967), 1853–1867.
[10] TUKEY, J. W., The problem of multiple comparisons. Unveröffentlichtes Manuskript, 1953.
[11] GHOSH, M. N., Hotelling's generalized T^2 in the multivariate analysis of variance. J. Roy Statist. Soc. Ser. B, 25 (1963), 358–367.
[12] ROY, S. N., and R. C. BOSE, Simultaneous confidence interval estimation. Ann. Math. Statist. 24 (1953), 513–536.
[13] ROY, S. N., Some further results in simultaneous confidence interval estimation. Ann. Math. Statist. 25 (1954), 752–761.
[14] ROY, S. N., and R. GNANADESIKAN, Futher contributions to multivariate confidence bounds. Biometrika 44 (1957), 399–410.
[15] DWASS, M., Multiple confidence procedures. Ann. Inst. Statist. Math. 10 (1959), 277 bis 282.
[16] TUKEY, J. W., Various methods from a unified point of view. Unveröffentlichtes Manuskript, Chicago 1952.
[17] BOWDEN, D. C., Simultaneous confidence bands for linear regression models. J. Amer. Statist. Assoc. 65 (1970), 413–421.
[18] TUKEY, J. W., Allowances for various types of error rates. Unveröffentlichtes Manuskript, Blacksburg (Virginia) 1952.
[19] SPJØTVOLL, E., und M. STOLINE, An extension of the T-method of multiple comparison to include the cases with unequal sample sizes. J. Amer. Statist. Assoc. 68 (1973) 975–978.
[20] BOHRER, R., On one-sided confidence bounds for response surfaces. Bull. Int. Statist. Inst. 43 (1969), 255–257.
[21] HOCHBERG, Y., Some generalizations of the T-method in simultaneous inference. J. Multivariate Analysis 4 (1974), 224–234.
[22] SCHEFFÉ, H., A method for judging all contrasts in the analysis of variance. Biometrika 40 (1953), 87–104.
[23] BOHRER, R., und G. K. FRANCIS, Sharp one-sided confidence bounds over positive regions. Ann. Math. Statist. 43 (1972), 1541–1548.
[24] HALFERIN, M., S. C. RASTOGI, I. HO and Y. Y. YANG, Shorter confidence bands in linear regression. J. Amer. Statist. Assoc. 62 (1967), 1050–1067.
[25] GAFARIAN, A. V., Confidence bands in straight line regression. J. Amer. Statist. Assoc. 59 (1964), 182–213.
[26] TROUT, R. J., and B. CHOW, Uniform confidence bands for a quadratic model. Technometrics 15 (1973), 611–624.
[27] WYNN, H. P., and P. BLOOMFIELD, Simultaneous confidence bands in regression analysis. J. Roy. Statist. Soc., Ser. B, 33 (1971), 202–217.

[28] GRAYBILL, F. A., und D. C. BOWDEN, Confidence bands of uniform and proportional width for linear models. J. Amer. Statist. Assoc. 61 (1966), 182–198.
[29] BOHRER, R., and G. K. FRANCIS, Sharp one-sided confidence bounds for linear regression over intervalls. Biometrika 59 (1972), 99–108.
[30] GRAYBILL, F. A., and D. C. BOWDEN, Linear segment confidence bands for simple linear models. J. Amer. Statist. Assoc. 62 (1967), 403–408.
[31] DUNN, O. J., A note on confidence bands for a regression line over a finite range. J. Amer. Statist. Assoc. 63 (1968), 1028–1033.
[32] WORKING, H., and H. HOTELLING, Application of the theory of error to the interpretation of trends. J. Amer. Statist. Assoc. 24 (1929), 73–85.
[33] PRATT, J. W., Length of confidence intervals. J. Amer. Statist. Assoc. 56 (1961), 549–567.
[34] PRATT, J. W., Shorter confidence intervals for the mean of a normal distribution with known variance. Ann. Math. Statist. 34 (1963), 574–586.
[35] COHEN, A., und W. E. STRAWDERMAN, Admissibility implications for different criteria in confidence estimation. Ann. Statist. 1 (1973), 363–365.
[36] STEIN, C. M., Confidence sets for the mean of a multivariate normal distribution. J. Roy. Statist. Soc., Ser. B, 24 (1962), 265–296.
[37] JOSHI, V. M., Inadmissibility of the usual confidence sets for the mean of a multivariate normal population. Ann. Math. Statist. 38 (1967), 1868–1875.
[38] JOSHI, V. M., Admissibility of the usual confidence sets for the mean of a univariate or bivariate normal distribution. Ann. Math. Statist. 40 (1969), 1042–1067.
[39] JOSHI, V. M., Admissibility of confidence intervals. Ann. Math. Statist. 37 (1966), 629–638.
[40] BOHRER, R., An optimality property of Scheffé bounds. Ann. Math. Statist. 1 (1973), 766–773.
[41] FICHTENHOLZ, G. M., Differential- und Integralrechnung III, Berlin 1964.
[42] HENSCHKE, K., Konfidenzbänder von beschränkter Größe für mehrdimensionale Regressionsfunktionen. Unveröffentlichte Diplomarbeit, Berlin 1972.
[43] BUNKE, H., and O. BUNKE, Confidence bands with a given maximal size for linear regression functions. Math. Operationsforsch. Statist. 3 (1972), 273–280.
[44] HENSCHKE, K., Improved Confidence regions for linear parameters. Math. Operationsforsch. Statist. 7 (1976), 100–130.
[45] HENSCHKE, K., Asymptotic confidence regions for linear parameters. Math. Operationsforsch. Statist. 8 (1977), 200–212.

KAPITEL 7

BAYESSCHE UND STRUKTURELLE INFERENZ

7.1. Bayessche Schätzungen in linearen Modellen

In der Bayesschen Theorie will man auf Grund einer Bewichtung des Parameterraumes zu Entscheidungen kommen. Man hat durch Erfahrungen, technische Gegebenheiten oder ähnliches eine Bewichtung bzw. Bewertung der Parameter des Parameterraumes gegeben. Von dieser gegebenen Bewertung geht man nach der Beobachtung zur a posteriori Bewichtung über und trifft aufgrund dieser neuen Bewichtung Entscheidungen (vgl. 1.4.3). Wir nehmen also ein adäquates Verteilungsmodell

$$\boldsymbol{y} \circleddash \mathcal{P} = \{P_\vartheta \mid \vartheta \in \Theta\}$$

und eine a priori Verteilung Π auf $\mathfrak{A}_\Theta$ an. In der Wahl von Π liegt eine gewisse Willkür. Es gibt Beispiele der Praxis, wo man auf Grund von Erfahrungswerten eine Verteilung Π wählt, die diese Erfahrungen widerspiegelt. Bei der Behandlung vieler Probleme erweist es sich als nützlich, die a priori Verteilung so zu wählen, daß der Typ der a priori und der a posteriori Verteilung übereinstimmt, d. h., wir konstruieren konjugierte Familien von Verteilungen (vgl. 1.4). Auf diese Art werden nämlich die Verteilungen über Θ vergleichbar, und man kann eine sogenannte nichtinformative a priori Verteilung definieren (vgl. 1.4 und [A 3.40]).

Eine andere Möglichkeit wäre, statt einer a priori Verteilung eine ganze Familie von a priori Verteilungen anzusetzen, die wiederum von einem neuen Parameter abhängen können, den man a priori bewichten kann. Dieses Vorgehen könnte man beliebig oft wiederholen. Es erscheint besonders dann sinnvoll, dieses Verfahren anzuwenden, wenn der Parameter aus Gruppen von Parametern besteht, die a priori die gleiche Bedeutung bzw. Bewichtung haben. Dieses Vorgehen wurde von D. V. Lindley und A. F. M. Smith [1], [2] vorgeschlagen. Andererseits ist an Stelle einer Bewichtung der Parameter der Familie auch die Anwendung des Minimax-Prinzips auf das gemischte Risiko für a priori Verteilungen aus dieser Familie denkbar, was zu Minimax-Bayesschen Entscheidungsfunktionen führt (vgl. 7.2.3).

7.1.1. Konjugierte Familien von Verteilungen für das multivariate normale Modell und Bayessche Schätzungen

In diesem Abschnitt werden wir für das multivariate normale Modell (Def. 2.1.3) nach einer entsprechenden Parametrisierung eine konjugierte Familie von a priori Verteilungen angeben und BAYESsche Schätzungen zu verschiedenen Verlustfunktionen bestimmen.

Solche Familien von Verteilungen sind für verschiedene v-Modelle z. B. von A. ANDO, G. M. KAUFMANN [3], S. GEISSER, J. CORNFIELD [4] und M. H. DE GROOT [5] angegeben worden. Wir betrachten folgendes Verteilungsmodell:

$$Y \odot N[\mathfrak{M}^p(X) \times \mathcal{V}_\Lambda^p] = \{N_{n\times p}(XB, \Sigma \otimes \Lambda) \mid \vartheta = (B, \Sigma) \in \Theta = \mathfrak{M}_{k\times p} \times \mathfrak{M}_p^>\}, \quad (1)$$

wobei $X \in \mathfrak{M}_{n\times k}$ und $\Lambda \in \mathfrak{M}_n^>$ bekannt sind. Es sei

$$\Theta^* = \{\vartheta^* = (B, \Sigma^{-1}) \mid \vartheta \in \Theta\}. \quad (2)$$

Wir bestimmen für den Parameter ϑ^* eine konjugierte Familie von a priori Verteilungen. Damit ist dann auch eine konjugierte Familie für den ursprünglichen Parameter $\vartheta = \psi(\vartheta^*)$ gegeben (vgl. Bemerkung 1).

Satz 7.1.1. *Für das Modell* (1) *ist*

$$\Pi = \{\mathrm{NW}(k, p, T) \mid T = (r, \tilde{\Gamma}, \tilde{B}, S) \in \mathcal{T} = \mathcal{N}_{k+p} \times \mathfrak{M}_k^> \times \mathfrak{M}_{k\times p} \times \mathfrak{M}_p^>\} \quad (3)$$

eine konjugierte Familie von a priori Verteilungen über $(\Theta^*, \mathfrak{A}_{\Theta^*})$. *Hierbei ist* $\mathcal{N}_{k+p} = \{n \in \mathcal{N} \mid n \geqq k + p\}$. *(Zur Definition der Normal-*WISHART*-Verteilung* NW *vgl.* [A 2.38]).

Beweis. Die Likelihoodfunktion zu (1) hat folgende Gestalt:

$$l_Y(\vartheta^*) \propto |\Sigma^{-1}|^{n/2} \exp\{-\tfrac{1}{2}\,\mathrm{sp}\,[\Sigma^{-1}(Y - XB)'\Lambda^{-1}(Y - XB)]\}.$$

Es sei

$$\Gamma_\Lambda = X'\Lambda^{-1}X, \quad \hat{B}_\Lambda = \Gamma_\Lambda^- X'\Lambda^{-1}Y \quad \text{und} \quad \hat{S}_\Lambda = (Y - X\hat{B}_\Lambda)'\Lambda^{-1}(Y - X\hat{B}_\Lambda). \quad (4)$$

Wir schreiben für $Y - XB = (Y - X\hat{B}_\Lambda) + X(\hat{B}_\Lambda - B)$. Wenn man berücksichtigt, daß $(Y - X\hat{B}_\Lambda)'\Lambda^{-1}X = 0_{p\times k}$ ist, erhalten wir für den Exponenten der Likelihoodfunktion $l_Y(\vartheta^*)$

$$(Y - XB)'\Lambda^{-1}(Y - XB) = \hat{S}_\Lambda + (B - \hat{B}_\Lambda)'\Gamma_\Lambda(B - \hat{B}_\Lambda).$$

Mit den Bezeichnungen aus [A 3.39] und

$$T(Y) = (n, \Gamma_\Lambda, \hat{B}_\Lambda, \hat{S}_\Lambda) \in \mathcal{T}_0 = \mathcal{N} \times \mathfrak{M}_k^\geqq \times \mathfrak{M}_{k\times p} \times \mathfrak{M}_p^\geqq,$$

$$\varphi(\vartheta^*) = |\Sigma^{-1}|^{-\left(\frac{p+1}{2}\right)}$$

sowie

$$k(T(Y), \vartheta^*) = |\Sigma^{-1}|^{n/2} \exp\{-\tfrac{1}{2}\,\mathrm{sp}\,[\Sigma^{-1}(\hat{S}_\Lambda + (B - \hat{B}_\Lambda)'\Gamma_\Lambda(B - \hat{B}_\Lambda))]\}$$

folgt für jedes $T_1 \in \mathcal{T}$ und $T_2 \in \mathcal{T} \cup \mathcal{T}_0$ die Existenz eines $T_3 \in \mathcal{T}$ mit $k(T_1, \vartheta^*)\,k(T_2, \vartheta^*) = k(T_3, \vartheta^*)$. Die Komponenten von T_3 erhält man, indem man die zwei Formen $S_i + (B - \tilde{B}_i)'\tilde{\Gamma}_i(B - \tilde{B}_i)$ $(i = 1, 2)$ addiert und so umformt, daß wiederum eine solche Form entsteht. Es ergibt sich

$$n_3 = n_1 + n_2, \quad \tilde{\Gamma}_3 = \tilde{\Gamma}_1 + \tilde{\Gamma}_2, \quad \tilde{B}_3 = \tilde{\Gamma}_3^{-1}(\tilde{\Gamma}_1\tilde{B}_1 + \tilde{\Gamma}_2\tilde{B}_2) \quad (5)$$

und

$$S_3 = S_1 + S_2 + \tilde{B}_1'\tilde{\Gamma}_1\tilde{B}_1 + \tilde{B}_2'\tilde{\Gamma}_2\tilde{B}_2 - \tilde{B}_3'\tilde{\Gamma}_3\tilde{B}_3.$$

Um [A 3.39] anwenden zu können, muß noch gezeigt werden, daß $T_3 \in \mathcal{T}$ ist, und wegen (5) genügt es zu zeigen, daß $S_3 \in \mathfrak{M}_p^>$ ist. Wenn $r[\tilde{\Gamma}_2] = s$ ist, existiert eine Matrix $R = \begin{pmatrix} R_1 \\ \cdots \\ R_2 \end{pmatrix}$

mit $R_1 \in \mathfrak{M}^s_{s\times p}$ und $R \in \mathfrak{M}^p_{p\times p}$, so daß $R'\tilde{\Gamma}_1 R = I_p$ und $R'\Gamma_2 R = \text{Diag}\,[D, 0_{(p-s)\times(p-s)}]$ ist. Hierbei ist $D \in \mathfrak{M}^>_s$ eine Diagonalmatrix. Es sei weiterhin $R^{-1} = \begin{pmatrix} \Lambda_1 \\ \cdots \\ \Lambda_2 \end{pmatrix}$ mit $\Lambda_1 \in \mathfrak{M}_{s\times p}$. Nach einfacher Rechnung erhält man schließlich

$$\tilde{B}_1\tilde{\Gamma}_1\tilde{B}_1 + \tilde{B}_2'\tilde{\Gamma}_2\tilde{B}_2' - \tilde{B}_3'\tilde{\Gamma}_3\tilde{B}_3 = (\tilde{B}_1 - \tilde{B}_2)'\,\Lambda_1'(I_s + D^{-1})^{-1}\,\Lambda_1(\tilde{B}_1 - \tilde{B}_2)$$

und somit

$$S_3 \in \mathfrak{M}^{\geq}_p\,. \quad ■$$

Bemerkung 1. Mit den Verteilungen $\Pi \in \Pi$ aus (3) erhalten wir für $\vartheta = (\boldsymbol{B}, \boldsymbol{\Sigma})$ mit der Transformation $\psi(\vartheta^*) = \psi(B, \Sigma^{-1}) = (B, \Sigma) = \vartheta$ durch $\Pi^* = \{\Pi^{\psi(\vartheta^*)} \mid \Pi \in \Pi\} = \{\text{NW}^{-1}(k, p, T) \mid T \in \mathcal{T}\}$ eine konjugierte Familie von Verteilungen für $\vartheta = (B, \Sigma)$. Das gilt auch für jede nicht notwendigerweise eineindeutige Transformation ψ. Im folgenden werden wir deshalb nicht weiter ausführen, wie man von einer konjugierten Familie für ϑ^* zu einer für den abgeleiteten Parameter $\vartheta = \psi(\vartheta^*)$ gelangt.

Wenn wir die a priori Verteilung $\Pi \in \Pi$ mit dem Parameter $T = (r, \tilde{\Gamma}, \tilde{B}, S)$ verwenden, ergibt sich für den Parameter $T_Y = (r_Y, \Gamma_Y, B_Y, S_Y)$ der a posteriori Verteilung nach (5)

$$r_Y = r + n\,, \qquad \Gamma_Y = \tilde{\Gamma} + \Gamma_A\,, \qquad B_Y = \Gamma_Y^{-1}(\tilde{\Gamma}\tilde{B} + \Gamma_A\hat{B}_A)$$

und (6)

$$S_Y = S + \hat{S}_A + \tilde{B}'\tilde{\Gamma}\tilde{B} + \hat{B}_A'\Gamma_A\hat{B}_A - B_Y'\Gamma_Y B_Y\,.$$

Aus dem Bildungsgesetz (6) der Parameter der a posteriori Verteilung entnimmt man, daß bei wachsender Beobachtungszahl die Parameter $r, \tilde{\Gamma}, S$ bezüglich der zwischen positiv semidefiniten Matrizen definierten Halbordnungsrelation wachsen. Demgemäß würde der Grenzübergang $(r, \tilde{\Gamma}, S) \to (k + p, 0_{k\times k}, 0_{p\times p})$ heuristisch einer „minimalen" Information über ϑ entsprechen. Es gilt genauer mit Π aus (3), daß das durch die Dichte

$$\pi_0(\vartheta^*) = |\Sigma|^{\frac{-(k+1)}{2}} \tag{7}$$

definierte nichtnormierte Maß Π_0 eine nichtinformative uneigentliche a priori Verteilung bez. $\underset{(\pi)}{>}$ (vgl. [A 3.40]) ist. Wenn wir Π_0 verwenden und $r[X] = k$ ist, liegt die a posteriori Verteilung Π_{0Y} in Π. π_{0Y} hat nach (7) den Parameter

$$r_{0Y} = k + p + n\,, \qquad \Gamma_Y = \Gamma_A\,, \qquad B_Y = \hat{B}_A \quad \text{und} \quad S_Y = \hat{S}_A\,.$$

Wir verstehen im folgenden unter Π die durch Π_0 erweiterte Familie von Verteilungen aus (3), wenn $r[X] = k$ ist.

Wir wollen nun zu verschiedenen Verlustfunktionen V BAYESsche Schätzungen für ϑ^* bzw. für den abgeleiteten Parameter $(\gamma, \Sigma) \in \Gamma \times \mathfrak{M}^>_p$ mit

$$\gamma = CB + F \quad \text{für } C \in \mathfrak{M}_{l\times p} \quad \text{und} \quad F \in \mathfrak{M}_{l\times p}$$

sowie

$$\Gamma = \{CB + F \mid B \in \mathfrak{M}_{k\times k}\} = \mathfrak{M}^p(C) + F \tag{8}$$

bestimmen, die nach [A 3.36] optimale Entscheidungen in $[\Pi_Y, D, V]$ sind. Im weiteren werden wir die spezielle Norm

$$|(\gamma, \Sigma)|_H = \begin{pmatrix} \vec{\gamma} \\ \cdots \\ \vec{\Sigma} \end{pmatrix}' H \begin{pmatrix} \vec{\gamma} \\ \cdots \\ \vec{\Sigma} \end{pmatrix} \tag{9}$$

für $H \in \mathfrak{M}_{p(l+p)}^{\geqq}$ verwenden. Bei Verwendung einer quadratischen Verlustfunktion hat I. G. EVANS [6] BAYESsche Schätzungen für (B, Σ) berechnet.

Satz 7.1.2. *Es sei $D = \Gamma \times \mathfrak{M}_p^{>}$ und die Verlustfunktion $V(\vartheta, d) = |(\gamma, \Sigma) - d|_H^2$. Dann ist $d^{\Pi_Y} = \left(CB_Y + F, \frac{S_Y}{r_Y - p - k - 1}\right)$ eine optimale Entscheidung in $[\Pi_Y, D, V]$ für $\Pi \in \Pi$, d. h. $CB_Y + F$ und $\frac{S_Y}{r_Y - p - k - 1}$ sind BAYESsche Schätzungen für γ bzw. Σ.*

Beweis. Es gilt nach [A 3.29] $d^{\Pi_Y} = E_{\Pi_Y}(\gamma, \Sigma)$. Die Behauptung folgt nun aus Anhang [A 2.38]. ■

BAYESsche Schätzungen für γ allein gelingen auch unter etwas allgemeineren Verlustfunktionen als im Satz 7.1.2.

Satz 7.1.3. *Es sei $D = \Gamma$. Bei einer Verlustfunktion der Gestalt $V(\vartheta, d) = L(||\gamma - d||_{H(\Sigma)})$ mit $H: \mathfrak{M}_p^{>} \to \mathfrak{M}_{lp}^{\geqq}$ für eine monoton nichtfallende Funktion L ist $d^{\Pi_Y} = CB_Y + F$ eine optimale Entscheidung in $[\Pi_Y, D, V]$.*

Beweis. Wir zeigen, daß d^{Π_Y} den a posteriori Verlust minimiert. Es sei d^* so gewählt, daß $d = Cd^* + F \in D$ ist. Dann gilt

$$V_{\Pi_Y}(d) = E_{\Pi_Y} L\,(||\gamma - d||_{H(\Sigma)}) = E_{\Pi_Y} E_{\Pi_Y}\,(L(||\boldsymbol{B} - d^*||_{H^*(\Sigma)}) \mid \boldsymbol{\Sigma} = \Sigma)$$

mit $H^*(\Sigma) = (I_r \otimes C)'\, H(\Sigma)\, (I_r \otimes C)$. Außerdem ist nach [A 2.38] $\Pi_Y^{\boldsymbol{B}|\boldsymbol{\Sigma} = \Sigma} = N_{k \times p}(B_Y, \Sigma \otimes \Gamma_Y^{-1})$. Die Voraussetzungen für [A 3.30] sind also erfüllt bezüglich der Norm $||\cdot||_{\Sigma^{-1} \otimes \Gamma_Y}$. Wir erhalten somit

$$E_{\Pi_Y}(L(||\boldsymbol{B} - d^*||_{H^*(\Sigma)}) \mid \boldsymbol{\Sigma} = \Sigma) \geqq E_{\Pi_Y}(L(||\boldsymbol{B} - B_Y||_{H^*(\Sigma)}) \mid \boldsymbol{\Sigma} = \Sigma)$$

und, da B_Y nicht von Σ abhängt, liefert die Integration nach Σ

$$V_{\Pi_Y}(d) \geqq E_{\Pi_Y}(L(||\gamma - (CB_Y + F)||_{H(\Sigma)})) = V_{\Pi_Y}(CB_Y + F) \quad \text{für alle } d \in D\,. \quad ■$$

Will man BAYESsche Schätzungen für β_{ij} bei der Verlustfunktion $|\beta_{ij} - d_{ij}|$ berechnen, so ergibt sich der Median der Verteilung $\Pi_Y^{\beta_{ij}}$ als BAYESsche Schätzung, also wiederum β_{ijY} aus (6). Das wurde beispielsweise von M. H. DE GROOT [5] gezeigt.

Wir wollen nun für eine etwas allgemeinere Verlustfunktion als der absolute Betrag $|\gamma_{ij} - d_{ij}|$ BAYESsche Schätzungen berechnen. Es sei dazu

$$S_Y = ((s_{ijY}))\,, \quad \gamma_Y = ((\gamma_{ijY})) = CB_Y + F\,, \quad C\Gamma_Y^{-1}C' = ((c_{ijY}))$$

und $t_{\varrho;r}$ das ϱ-Quantil der STUDENTschen t-Verteilung.

Satz 7.1.4. *Es sei $C \in \mathfrak{M}_{l \times k}^{l}$, $d = ((d_{ij})) \in D = \Gamma$ sowie*

$$V(\vartheta, d) = \sum_{i=1}^{l} \sum_{j=1}^{p} V_{ij}(\gamma_{ij}, d_{ij})$$

mit

$$V_{ij}(t_1, t_2) = \begin{cases} \varepsilon_{ij}(t_1 - t_2) & \text{für } t_1 \geqq t_2\,, \\ -\psi_{ij}(t_1 - t_2) & \text{für } t_1 < t_2 \end{cases}$$

und

$$\varepsilon_{ij}, \psi_{ij} \in (0, 1]$$

die Verlustfunktion. $d^{\Pi Y} = ((d_{ij}^{\Pi Y}))$ *mit*

$$d_{ij}^{\Pi Y} = (c_{iiY} s_{jjY})^{1/2} \nu_Y^{-1/2} t_{\varrho_{ij};\nu_Y} + \gamma_{ijY}, \qquad \varrho_{ij} = \frac{\varepsilon_{ij}}{\varepsilon_{ij} + \psi_{ij}}$$

und $\nu_Y = r_Y + l - k - p + 1$ *ist dann optimale Entscheidung in* $[\Pi_Y, D, V]$ *für* $\Pi \in \Pi$.

Beweis. Es gilt nach [A 2.42]

$$\Pi_Y^{CB+F} = \text{GMt}\,(r_Y - k + l, l, p, C\Gamma_Y^{-1}C', S_Y, CB_Y + F).$$

Hieraus erhalten wir nach [A 2.42]

$$\Pi_Y^{\gamma_{ij}}: \text{GMt}\,(\nu_Y + 1, 1, 1, c_{iiY}, s_{jjY}, \gamma_{ijY}) \text{ und mit [A 2.45]}$$

$$\Pi_Y^{(\gamma_{ij} - \gamma_{ijY})\nu_Y^{1/2}(c_{iiY} c_{ijY})^{-1/2}} = t_{\nu Y}. \tag{10}$$

Aus [A 3.28] ist bekannt, daß das ϱ_{ij}-Quantil $d_{ij}^{\Pi Y}$ der Verteilung von γ_{ij} eine optimale Entscheidung in $[\Pi_Y, D, V]$ ist. Es gilt also mit (10)

$$(d_{ij}^{\Pi Y} - \gamma_{ijY})\, \nu_Y^{1/2} (c_{iiY} \cdot s_{\gamma\gamma Y})^{-1/2} = t_{\varrho_{ij};\nu_Y}. \quad \blacksquare$$

Für abgeleitete Parameter von Σ, wie z. B. die verallgemeinerte Varianz $|\Sigma|$, wurden von I. G. EVANS [6] BAYESsche Schätzungen bestimmt.

Satz 7.1.5. *Es sei* $D = R^{>}$ *und* $V(\vartheta, d) = |\Sigma|^{-\alpha} (|\Sigma| - d)^2, \alpha \geqq 0$. *Dann ist*

$$d^{\Pi Y} = 2^{-p/2} |S_Y|^{-1/2}\, \Gamma\left(\frac{r_Y - k - p + \alpha}{2}\right) \Big/ \Gamma\left(\frac{r_Y - k + \alpha}{2}\right)$$

eine optimale Entscheidung in $[\Pi_Y, D, V]$.

Beweis. Nach [A 3.29] ist $d^{\Pi Y} = \dfrac{E_{\Pi Y} |\Sigma|^{1-\alpha}}{E_{\Pi Y} |\Sigma|^{-\alpha}}$. Mit [A 2.18] folgt $E_{\Pi Y} |\Sigma|^{\beta} = c_w(r_Y - k, S_Y)/c_w(r_Y - k - \beta, S_Y)$
und somit die Behauptung. $\blacksquare$

Bemerkung 2. $d_0 = \left(\hat{B}_A, \dfrac{\hat{S}_A}{n-1}\right)$ ist verallgemeinerte BAYESsche Schätzung (vgl. 1.4.4) bezüglich des a priori Maßes Π_0 aus (7), falls $r[X] = k$ ist.

Bemerkung 3. Es sei in einem v-Modell $\boldsymbol{y} \,(\widetilde{=})\, \mathcal{P} = \{P_\vartheta \mid \vartheta \in \Theta\}, \Theta \in \mathfrak{B}^k, \Gamma \in \mathfrak{B}^l$, und für einen linearen Parameter $A\vartheta = \gamma$ $(A \in \mathfrak{M}_{k \times l})$ sei $D = \mathcal{R}(A)$ sowie $V(\vartheta, d) = \|\gamma - d\|_H^2$. Dann ist $Ad^{\Pi Y}$ eine optimale Entscheidung in $[\Pi_Y^\gamma, D, V]$, wenn $d^{\Pi Y} = E_{\Pi Y}\, \boldsymbol{\vartheta}$ und Π_Y eine a posteriori Verteilung für $\boldsymbol{\vartheta}$ ist.

Beispiel 7.1.1. Wir betrachten das Modell

$$\boldsymbol{y} \,(\widetilde{=})\, N[\mathcal{R}(X) \times \mathcal{V}_A] = \{N_n(X\beta, \sigma^2 A) \mid \vartheta = (\beta, \sigma^2) \in \Theta = R^k \times R^{>}\}$$

mit $X \in \mathfrak{M}_{n \times k}$, $A \in \mathfrak{M}_n^{>}$. Mit $\Theta^* = \{\vartheta^* = (\beta, \sigma^{-2}) \mid \vartheta \in \Theta\}$ erhalten wir nach Satz 7.1.1

$$\Pi = \{\text{N}\Gamma(k, T) \mid T \in \mathcal{T} = \mathcal{N}_{k+1} \times \mathfrak{M}_k^{>} \times R^k \times R^{>}\}$$

(zur Definition der Normalgammaverteilung NΓ vgl. [A 2.38]) eine konjugierte Familie von a priori Verteilungen über $(\Theta^*, \mathfrak{A}_{\Theta^*})$. Als BAYESsche Schätzung ergibt sich nach Satz 7.1.2

$$d^{\Pi y} = \left(\beta_y, \frac{s_y}{r_y - k - 2}\right)$$

mit

$$\beta_y = (\tilde{\Gamma} + \Gamma_A)^{-1} (\tilde{\Gamma}\tilde{\beta} + \Gamma_A \hat{\beta}_A)$$

und

$$s_y = s + \hat{s}_A + \tilde{\beta}'\tilde{\Gamma}\tilde{\beta} + \hat{\beta}'_A\Gamma_A\hat{\beta}_A - \beta'_y(\tilde{\Gamma} + \Gamma_A)\beta_y$$

aus (6). Die BAYESsche Schätzung bezüglich der nichtinformativen a priori Verteilung Π_0 aus (7) ist dann mit $r[X] = k$

$$d^{\Pi_{0y}} = \left(\hat{\beta}_A, \frac{\hat{s}_A}{n-1}\right).$$

7.1.2. Folgenmodelle

Es sollen nun Methoden angegeben werden, mit denen man die BAYESsche Schätzung rekursiv berechnen kann in Abhängigkeit von der Anzahl der Beobachtungen. Bei vorgegebener a priori Verteilung $\Pi \in \Pi$ aus (3) und vorliegenden Beobachtungen „$\boldsymbol{Y} = Y$" erhält man also mit (6) und den in Satz 7.1.2 und Satz 7.1.3 formulierten Bedingungen an die Verlustfunktion

$$B_Y = \Gamma_Y^{-1}(\tilde{\Gamma}\tilde{B} + \Gamma_A\hat{B}_A),$$

das bewichtete Mittel der GLSE $\hat{B}_A$ aus (4) und des a priori Erwartungswertes $\tilde{B}$ als BAYESsche Schätzung. Diese Schätzung hängt natürlich von der Anzahl n der Beobachtungen ab. Bei der praktischen Berechnung der Schätzung ist es vorteilhaft, wenn man aus der für ein n schon berechneten Schätzung durch einfache Operationen, deren Zahl nicht von n abhängt, die Schätzung berechnen kann, die sich unter Hinzunahme von neuen Beobachtungen ergibt. Wenn das möglich ist, bezeichnen wir eine solche Schätzung als rekursiv darstellbar (vgl. 2.5). Es sei $\{\vartheta_n\}$ und $\{P_{\vartheta_n}\}$ eine Folge von Parametern bzw. Verteilungen. Wir betrachten das Folgenmodell (vgl. 2.5)

$$\{\boldsymbol{Y}_{(n)}\} \circleddash \mathcal{M}_\Theta^{\mathcal{N}} = \{\{P_{\vartheta_n}\} \mid \{\vartheta_n\} = (B, \Sigma \otimes \Lambda_n) : \vartheta = (B, \Sigma) \in \Theta\} \tag{11}$$

mit

$$\{P_{\vartheta_n} \mid \vartheta \in \Theta\} = N[\mathfrak{M}^p(X_n) \times \mathcal{V}^p_{\Lambda_n}].$$

Die Gestalt der Schätzung B_Y bei n Beobachtungen ergibt sich als

$$d_n^{\Pi_Y} = B_{Y_{(n)}} = C_n(X_n)\, Y_{(n)} + D_n(X_n) \tag{12}$$

mit

$$C_n(X_n) = (X'_n\Lambda_n^{-1}X_n + \tilde{\Gamma})^{-1} X'_n\Lambda_n^{-1}, \quad D_n(X_n) = (X'_n\Lambda_n^{-1}X_n + \tilde{\Gamma})^{-1}\tilde{\Gamma}\tilde{B}.$$

Es sei weiterhin

$$X_{n+m} = \begin{pmatrix} X_n \\ \hdashline X_{n,m} \end{pmatrix}, \quad X_n \in \mathfrak{M}_{n\times k}, \quad X_{n,m} \in \mathfrak{M}_{m\times k},$$

$$\Lambda_{n+m} = \begin{pmatrix} \Lambda_n & \Lambda_{n,m} \\ \Lambda'_{n,m} & \Lambda_m \end{pmatrix} \in \mathfrak{M}^>_{n+m}, \quad \Lambda_n \in \mathfrak{M}^>_n$$

und

$$Y_{(n+m)} = \begin{pmatrix} Y_{(n)} \\ \hdashline Y_{n,m} \end{pmatrix}, \quad Y_{(n)} \in \mathfrak{M}_{n\times p}, \quad Y_{n,m} \in \mathfrak{M}_{m\times p}.$$

Satz 7.1.6. *Für* $\Lambda_{n,m} = 0_{n\times m}$ *ist* $d_n^{\Pi\gamma}$ *aus* (12) *rekursiv darstellbar, und es gilt*

$$d_{n+m}^{\Pi\gamma} = d_n^{\Pi\gamma} + G_{n,m}$$

mit

$$G_{n,m} = \Gamma_{Y(n)}^{-1} X'_{n,m} \Lambda_m^{-1}\, Y'_{n,m} - \Gamma_{Y(n)}^{-1} X'_{n,m} (X_{n,m} \Gamma_{Y(n)}^{-1} X'_{n,m} + \Lambda_m^{-1})^{-1} X_{n,m} d_n^{\Pi\gamma}\,.$$

Der Beweis folgt aus (2.5.14).

Zu diesem Ergebnis kann man auch anders gelangen. Setzen wir voraus, es sei eine Folge unabhängiger Zufallsgrößen $\{Y_{(n)}\}$ gegeben (was bei Normalverteilung der Bedingung $\Lambda_{n,m} = 0_{n\times m}$ entspricht) mit $Y_n \circleddash N[\mathfrak{M}_p(X_n) \times \mathcal{V}_{\Lambda_n}^p]$. Wir verwenden eine a priori Verteilung $\Pi \in \Pi$. Dann ist die a posteriori Verteilung unter der Beobachtung $Y_{(n)} = \begin{pmatrix} y'_1 \\ \vdots \\ y'_n \end{pmatrix}$ gleich der a posteriori Verteilung unter der Beobachtung y_n, wenn als a priori Verteilung an Stelle Π die a posteriori Verteilung unter der Beobachtung $Y_{(n-1)}$ verwendet wird. Die rekursive Darstellung der BAYESschen Schätzung $B_{Y_{(n)}}$ ergibt sich nun aus dem Bildungsgesetz (6).

7.1.3. BAYESsche Schätzungen in nichtnormalen Modellen

Wenn wir das Verteilungsmodell (1) erweitern wollen, so daß nicht nur Normalverteilungen als mögliche Verteilungen für y zugelassen sein sollen, werden sich natürlich auch die Schätzungen ändern. Eine mögliche Verallgemeinerung ist das bereits von G. E. P. Box und G. C. TIAO [7] untersuchte Verteilungsmodell (13). Wir definieren die EP-Verteilung („exponential power-Verteilung"). Die eindimensionale Verteilung $\mathrm{EP}(\mu, \sigma, \varkappa)$ mit $(\mu, \sigma, \varkappa) \in R^1 \times R^> \times [-1, 1]$ ist eine Verteilung mit Erwartungswert μ, der Varianz σ und dem Parameter $\varkappa$, der die „Abweichung" von der Normalverteilung angibt, und der Dichtefunktion

$$f(y) = \begin{cases} k(\varkappa)\, \sigma^{-1} \exp\left\{- C(\varkappa) \left|\dfrac{y-\mu}{\sigma}\right|^{\frac{2}{1+\varkappa}}\right\} & \text{für } \varkappa \in (-1, 1]\,, \\[2ex] \dfrac{1}{2\sqrt{3}\,\sigma}\, I_{(\mu-\sqrt{3}\sigma,\, \mu+\sqrt{3}\sigma)}(y) & \text{für } \varkappa = -1\,, \end{cases}$$

wobei

$$k(\varkappa) = \frac{\Gamma\left(\frac{3}{2}(1+\varkappa)\right)^{1/2}}{(1+\varkappa)\,\Gamma\left(\frac{1}{2}(1+\varkappa)\right)^{3/2}}, \qquad C(\varkappa) = \left[\frac{\Gamma\left(\frac{3}{2}(1+\varkappa)\right)}{\Gamma\left(\frac{1}{2}(1+\varkappa)\right)}\right]^{\frac{1}{1+\varkappa}}$$

ist. Wir schreiben $y = (y_1, \dots, y_n)' \sim \mathrm{EP}(\mu, \sigma, \varkappa)_U$, wenn $y_1, \dots, y_n$ unabhängige Zufallsgrößen mit $y_i \sim \mathrm{EP}(\mu_i, \sigma, \varkappa)$ sind und $\mu = (\mu_1, \dots, \mu_n)$ ist.

Nun definieren wir die Klasse von Verteilungen

$$\mathrm{EP}\,[\mathcal{R}(X) \times \mathcal{V}_{I_n} \times A] = \{\mathrm{EP}\,(X\beta, \sigma, \varkappa)_U \mid \vartheta = (\beta, \sigma, \varkappa) \in \Theta = R^k \times R^> \times A\}$$

mit $X \in \mathfrak{M}_{n\times k}$ und $A \subseteq [-1, 1]$ und das v-Modell

$$y \circleddash \mathrm{EP}\,[\mathcal{R}(X) \times \mathcal{V}_{I_n} \times A] \tag{13}$$

für verschiedene Mengen A. Zuerst wollen wir eingeschränkte Modelle (13) für verschiedene fest vorgegebene $\varkappa$ untersuchen, d. h., in (13) soll A eine einelementige Menge sein. Wir schreiben dann

$$y \circleddash \mathrm{EP}\,[\mathcal{R}(X) \times \mathcal{V}_{I_n} \times \{\varkappa\}] = \mathrm{EP}_\varkappa\,[\mathcal{R}(X) \times \mathcal{V}_{I_n}]\,, \quad \varkappa \in [-1, 1]\,. \qquad (14)$$

Für jedes $\varkappa \in A = \{\varkappa_r \mid r = 0, 1, 2, \ldots\}$ geben wir eine konjugierte Familie von a priori Verteilungen an und bilden damit eine konjugierte Familie von a priori Verteilungen für das v-Modell (13). Dazu müssen wir uns auf eine spezielle Gestalt der Matrix X festlegen:

$$X = (x_1, \ldots, x_n)' = (d_1 c_1', \ldots, d_k c_k')' \quad \text{mit } c_i \in R^{n_i}\,, \quad c_i = ((c_{il})) \neq 0\,,$$

$d_i \in R^k$ $(i = 1, \ldots, k)$, $\sum_{i=1}^{k} n_i = n$. Es sei ferner für

$$B = (d_1, \ldots, d_k)',\ r[B] = k\,.$$

In einem einfachen linearen Modell mit Wiederholungen $y = \mathrm{Diag}\,[1_{n_1}, \ldots, 1_{n_k}]\beta + \varepsilon$ sind diese Bedingungen erfüllt.

Es sei mit $\beta^* = B\beta$ und $q \in \mathcal{N}$

$$\Theta^* = \{\vartheta^* = (\beta^*, \sigma) \mid \vartheta \in \Theta\}\,, \quad \Theta_q^* = \{\vartheta_q^* = (\beta^*, \sigma^{-2q}) \mid \vartheta \in \Theta\}\,. \qquad (15)$$

Lemma 7.1.1. *Es sei in dem Verteilungsmodell* (14) $\varkappa = -1$. *Dann ist* $\Pi_0^* = \{\mathrm{RP}(w, T) \mid T = (\alpha, a, b, s) \in \mathcal{T} = R^> \times R^{2k} \times R^>\}$ *mit* $w = (w_1, \ldots, w_k)'$, $w_i = \sqrt{3} \min_{l=1,\ldots,n_i} |c_{il}|^{-1}$ $(i = 1, \ldots, k)$ *eine konjugierte Familie von a priori Verteilungen für* ϑ^* *aus* (15).

(Zur Definition der Rechteck-PARETO-Verteilung RP vgl. [A 2.36]).

Beweis. Die Likelihoodfunktion für (15) mit $\varkappa = -1$ ist

$$l_y(\vartheta) = \prod_{i=1}^{n} l_{y_i}(\vartheta)$$

mit

$$l_{y_i}[\vartheta^*] = l_{y_i}(\vartheta) = \frac{1}{2\sqrt{3}\,\sigma} I_{(x_i'\beta - \sqrt{3}\sigma,\, x_i'\beta + \sqrt{3}\sigma)}(y_i)\,, \quad i = 1, 2, \ldots, n\,. \qquad (16)$$

D. h., $l_y(\vartheta)$ ist gleich 0 für

$$\vartheta \notin K_y(\vartheta) = \{(\beta, \sigma) \mid x_i'\beta - \sqrt{3}\,\sigma < y_i < x_i'\beta + \sqrt{3}\,\sigma\,, \quad i = 1, \ldots, n\}\,.$$

Wegen der speziellen Gestalt von X können die Bedingungen in $K_y(\vartheta^*)$ mit $\vartheta^* = (\beta^*, \sigma)$ ausgedrückt werden. Es gilt $l_y[\vartheta^*] = 0$ für

$$\begin{aligned}\vartheta^* \notin K_y[\vartheta^*] &= \{(\beta^*, \sigma) \mid y - \sqrt{3}\,\sigma 1_n < (\beta_1^* c_1', \ldots, \beta_k^* c_k')' < y + \sqrt{3}\,\sigma 1_n\} \\ &= \{(\beta^*, \sigma) \mid a(y) - \sigma w < \beta^* < b(y) + \sigma w,\ \sigma \geqq s(y)\}\,,\end{aligned}$$

wobei

$$a(y) = \left(\left(\max_{l=1,\ldots,n_i} \frac{z_{il}}{c_{il}}\right)\right), \quad b(y) = \left(\left(\min_{l=1,\ldots,n_i} \frac{z_{il}}{c_{il}}\right)\right) \quad \text{mit } z_{il} = y_{n_{i-1}+l} \quad (n_0 = 0) \qquad (17)$$

und $s(y) = \max_{i=1,\ldots,k} \frac{(a(y) - b(y))_i}{2w_i}$ sind.

Eine a priori Verteilung $\Pi \in \Pi_0^*$ hat eine Dichte, die für $\vartheta^* \notin K[\vartheta^*] = \{(\beta^*, \sigma) \mid a - \sigma w < \beta^* < b + \sigma w,\ \sigma \geqq s\}$ Null ist. Die a posteriori Verteilung ist also außerhalb von $K[\vartheta^*] \cup K_y[\vartheta^*]$ Null und sonst proportional zu $\sigma^{-(\alpha+1)}$. $K[\vartheta^*] \cup K_y[\vartheta^*]$ kann aber wieder als eine Menge $K[\vartheta^*]$ mit anderen Werten a, b, s aufgeschrieben werden, und somit ist die a posteriori Verteilung aus Π_0^*. Der Parameter $T_y = (\alpha_y, a_y, b_y, s_y)$ der a posteriori Verteilung ergibt sich als

$$a_y = ((\max_{i=1,\dots,k} \{a(y)_i, a_i\})), \qquad b_y = ((\min_{i=1,\dots,k} \{b(y)_i, b_i\})),$$

$$\alpha_y = \alpha + 1 \quad \text{und} \quad s_y = \max_{i=1,\dots,k} \left\{s(y),\, s,\, \frac{(a(y) - b)_i}{2w_i},\, \frac{(a - b(y))_i}{2w_i}\right\},$$

wenn $T = (\alpha, a, b, s)$ der Parameter der a priori Verteilung ist. ■

Mit Π_0^* ist auch eine konjugierte Familie Π_0 für (β, σ) gegeben (vgl. Bemerkung 3). Wir wollen nun noch für das v-Modell (14) mit $\varkappa = -1$ BAYESsche Schätzungen für (β, σ) bestimmen.

Lemma 7.1.2. *Mit der Verlustfunktion* $V(\vartheta, d) = |(\beta, \sigma) - d|_H^2$ $\left(H \in \mathfrak{M}_{k+1}^{\geq},\right.$ *vgl.* (9)$\left.\right)$, $D = R^k \times R^>$ *ist* $d_0^{\Pi_y} = \left(B^{-1}\dfrac{a_y + b_y}{2},\, \dfrac{\alpha_y}{\alpha_y - 1} s_y\right)$ *eine optimale Entscheidung in* $[\Pi_y, D, V]$ *mit* $\Pi \in \Pi_0$.

Beweis. Mit Bemerkung 7.1.3 ist $d_0^{\Pi_y} = (B^{-1}E_{\Pi_y}\gamma^*, E_{\Pi_y}\sigma)$. Die Behauptung folgt nun aus [A 2.37]. ■

Es sei nun $V(\vartheta^*, d) = \sum_{i=1}^{k} |\beta_i^* - d_i| + |\sigma - d_{k+1}|$ für $d = ((d_i)) \in D = \Theta^*$ aus (15).

Lemma 7.1.3. $d^{\Pi_y} = \left(\dfrac{a_y + b_y}{2},\, 2^{\frac{1}{\alpha_y}} s_y\right)$ *ist optimale Entscheidung in* $[\Pi_y, D, V]$ $(\Pi \in \Pi_0^*)$.

Der Beweis folgt mit [A 3.28] und [A 2.37].

Wenn $\varkappa = 0$ ist, geht das Modell (14) in $\boldsymbol{y} \ominus N[\mathcal{R}(X) \times \mathcal{V}_{I_n}]$ über. Mit $\Pi = \Pi_1^*$ aus Satz 7.1.1 haben wir eine konjugierte Familie von a priori Verteilungen über Θ_1^* aus (15). Damit ist aber auch eine konjugierte Familie Π_1 von a priori Verteilungen über Θ^* definiert.

Es seien jetzt $\varkappa_q = \dfrac{1 - q}{q}$ für $q \in \mathcal{N}_2$ und C_{2q} eine Menge von Polynomen $p: R^1 \to R^>$ der Ordnung $2q$, und für jedes dieser Polynome existiere ein Tripel $(e, f, g) \in R^2 \times R^>$ mit $f \neq 0$ und $p(x) \geqq g + (e + fx)^{2q}$.

Lemma 7.1.4. *Wenn in dem v-Modell* (14) $\varkappa = \varkappa_q$ *ist, ergibt sich mit*

$$\Pi_q^* = \left\{\Pi \mid \pi(\vartheta_q^*) \propto (\sigma^{-2q})^{\frac{r}{2}-1} \exp\left\{-\sigma^{-2q} \sum_{i=1}^{k} p_i(\beta_i^*)\right\},\right.$$

$$\left. T = (r, p_1, \dots, p_k) \in \mathcal{T} = \mathcal{N}_k \times \bigtimes_{i=1}^{k} C_{2q}\right\} \tag{18}$$

eine konjugierte Familie von a priori Verteilungen für ϑ_q^* *aus* (15).

Zum Beweis zeigt man, daß für $\Pi \in \Pi_q^*$ die Dichte der a posteriori Verteilung auch die Gestalt wie in (18) hat. Die in (18) definierte Dichte π ist tatsächlich eine Wahrscheinlichkeitsdichte, da

$$\int_{\Theta_q^*} \pi(\vartheta_q^*)\, \mathrm{d}\vartheta_q^* \propto \int_{R^> \times R^k} \tau^{\frac{r}{2}-1} \exp\left\{-\tau \sum_{i=1}^{r} p_i(\beta_i^*)\right\} \mathrm{d}\beta^*\, \mathrm{d}\tau$$

$$\leqq \int_{R^>} \left(\prod_{i=1}^{k} \int_{R^1} \tau^{1/2} \exp\{-\tau[e_i + f_i\beta_i^*]^{2q}\}\, \mathrm{d}\beta_i^* \right) \tau^{\frac{r-k}{2}-1} \mathrm{e}^{-\tau g_i}\, \mathrm{d}\tau < +\infty$$

ist.

Mit Π_q^* erhält man auch eine konjugierte Familie Π_q über Θ^* (vgl. Bemerkung 3). Verwendet man eine zu (9) analog definierte quadratische Verlustfunktion, so ergeben sich mit dem Parameter $T_y = (r_y, p_{1_y}, \dots, p_{k_y})$ der a posteriori Verteilung die a posteriori Erwartungswerte

$$E_{\Pi_y}\beta_i^* = \int_{R^k} t_i \left(\sum_{l=1}^{k} p_{ly}(t_l) \right)^{-r_y/2} \mathrm{d}t_1 \cdots \mathrm{d}t_k \left[\int_{R^k} \left(\sum_{l=1}^{k} p_{ly}(t_l) \right)^{-r_y/2} \mathrm{d}t_1 \cdots \mathrm{d}t_k \right]^{-1}$$

und

$$E_{\Pi_y}\sigma = \frac{\Gamma\left(\frac{r_y}{2} - \frac{1}{2q}\right)}{\Gamma\left(\frac{r_y}{2}\right)} \int_{R^k} \left(\sum_{l=1}^{k} p_{ly}(t_l) \right)^{-\left(\frac{r_y}{2} - \frac{1}{2q}\right)} \mathrm{d}t_1 \cdots \mathrm{d}t_k \times$$

$$\times \left[\int_{R^k} \left(\sum_{l=1}^{k} p_{ly}(t_l) \right)^{-r_y/2} \mathrm{d}t_1 \cdots \mathrm{d}t_k \right]^{-1}$$

als BAYESsche Schätzung. Wir bezeichnen $d_q^{\Pi_y} = (E_{\Pi_y}\beta^*, E_{\Pi_y}\sigma)$. Wenn wir nun in dem v-Modell (13)

$$A = \{\varkappa_q \mid q = 0, 1, 2 \dots\} \quad \text{für } \varkappa_0 = -1\,, \quad \varkappa_q = \frac{1-q}{q}$$

$(q \in \mathcal{N}_1)$ setzen, so ist mit den definierten Π_q $(q = 0, 1, \dots)$

$$\Pi = \left\{ \sum_{q=0}^{\infty} p_q \Pi_q \mid \Pi_{q-1} \in \Pi_q\,, \sum_{q=0}^{\infty} p_q = 1 \right\}$$

eine konjugierte Familie von a priori Verteilungen für $\vartheta = (\beta^*, \sigma, \varkappa)$ über $R^k \times R^> \times A$. Zu der a priori Verteilung $\Pi = \sum_{q=0}^{\infty} p_q \Pi_q \in \Pi$ kann man die a posteriori Verteilung wieder als Mischung von Verteilungen aus Π_{q-1} darstellen

$$\Pi_y = \sum_{q=0}^{\infty} p_{q|y} \Pi_{q|y}$$

mit

$$p_{q|y} = p_q E_{\Pi_q} l_{y\,\varkappa=\varkappa_q}(\beta^*, \sigma) \left(\sum_{l=0}^{\infty} p_l E_{\Pi_l} l_{y\,\varkappa=\varkappa_l}(\beta^*, \sigma) \right)^{-1}$$

und $\Pi_{q|y}$ als a posteriori Verteilung zur a priori Verteilung Π_q im Modell (14) mit $\varkappa = \varkappa_q$.

Verwenden wir eine quadratische Verlustfunktion analog zu der im Satz 7.1.2 $V(\vartheta, d) = |\vartheta - d|_H^2$ mit $D = \Theta = R^k \times R^> \times A$ und $H \in \mathfrak{M}_{k+2}^{\geqq}$, so ergibt sich

$$d^{\Pi_y} = \left(\sum_{q=0}^{\infty} p_{q|y} d_q^{\Pi_y}, \varkappa_y \right)$$

als optimale Entscheidung in $[\Pi_y, D, V]$, wobei

$$\varkappa_y \in \left\{ \bar{\varkappa} \mid \min_{\varkappa \in A} \left\{ \left(\sum_{q=0}^{\infty} \varkappa_q p_{q|q} - \varkappa \right)^2 \right\} = \sum_{q=0}^{\infty} \varkappa_q p_{q|y} - \bar{\varkappa} \right\}$$

ist.

Wenn für das Modell (13) zusätzlich Information über den Nichtnormalitätsparameter $\varkappa$ vorliegt, wählen wir als Verteilung für $\boldsymbol{\vartheta} = (\boldsymbol{\beta}, \boldsymbol{\sigma}, \boldsymbol{\varkappa})$ ein Produktmaß $\Pi^\varkappa \times \Pi^{(\beta,\sigma)}$, wobei $\Pi^{(\beta,\sigma)}$ in Anlehnung an das Modell (1) z. B. als Normalgammaverteilung gewählt werden könnte. Die Information kann beispielsweise darin bestehen, daß die Normalverteilung nicht als mögliche Verteilung im Modell (13) zugelassen werden soll oder daß die Verteilungen für $\boldsymbol{y}$ in einer Umgebung einer Normalverteilung liegen sollen. Im letztgenannten Fall wird man für $\boldsymbol{\varkappa}$ eine Verteilung wählen, die bei $\varkappa = 0$ einen Modalwert besitzt. G. E. P. Box und G. C. Tiao [7] schlagen als a priori Verteilung $\Pi^\varkappa$ eine Verteilung mit der Dichte $\pi(\varkappa) \propto (1 - \varkappa^2)^{a-1}$ für $a \geqq 1$ vor. Wenn $a = 1$ ist, liegt eine Rechteckverteilung vor, für $a > 1$ ist $\Pi^\varkappa$ eine Verteilung, die für $\varkappa = 0$ einen Modalwert besitzt, und für $a \to \infty$ wird $\pi(\varkappa)$ zur Delta-Dirac-Funktion, was bedeuten würde, daß nur die Normalverteilung zugelassen wäre.

Bemerkung 4. Bei manchen Problemen aus dem Bereich der Textilindustrie oder der Biologie ([7], [8]) liegt ein Modell (1) erst nach einer geeigneten Transformation der Beobachtungen Y vor. Wir wollen hier eine spezielle Transformation untersuchen.

Es sei $Y = ((Y_{ij}))$, $\lambda = (\lambda_{11}, \ldots, \lambda_{1p}, \lambda_{21}, \ldots, \lambda_{2p}) = (\lambda_1, \lambda_2) \in R^{2p}$,

$$Y_{ij}^{(\lambda)} = \begin{cases} [(Y_{ij} + \lambda_{1j})^{\lambda_{2j}} - 1] \dfrac{1}{\lambda_{2j}} & \text{für } \lambda_{2j} \neq 0, \\ \log (Y_{ij} + \lambda_{1j}) & \text{für } \lambda_{2j} = 0. \end{cases}$$

$\mathbf{Y}$ sei so verteilt, daß die transformierte Größe $f(\lambda, \mathbf{Y}) = \mathbf{Y}^{(\lambda)} = ((\mathbf{Y}_{ij}^{(\lambda)}))$ normalverteilt ist. Wir betrachten das v-Modell

$$\begin{aligned} \mathbf{Y} \circleddash \{P_\vartheta \mid \vartheta = (B, \Sigma^{-1}, \lambda) \in \Theta = \mathfrak{M}_{k\times p} \times \mathfrak{M}_p^> \times R^{2p},\ P_\vartheta^{f(\lambda,\mathbf{Y})} \in N[\mathfrak{M}_{k\times p} \times \mathcal{V}_A^p], \\ P_\vartheta(\mathbf{Y}_{ij} > -\lambda_{1j};\ i = 1, \ldots, n;\ j = 1, \ldots, p) = 1\}. \end{aligned} \tag{19}$$

Mit der Modellannahme (19) können wir die Likelihoodfunktion der Verteilung P_ϑ bestimmen. Es sei

$$\mathcal{I}(A, \lambda, r) = \prod_{j=1}^{p} \prod_{i=1}^{r} [(a_{ij} + \lambda_{1j})^{\lambda_{2j}-1} I_{(-\lambda_{1j}, \infty)}(a_{ij})].$$

Dann ist

$$l_Y(\vartheta) \propto \mathcal{J}(Y, \lambda, n) \,|\, \Sigma^{-1}|^{n/2} \exp\{-\tfrac{1}{2} \operatorname{sp}[\Sigma^{-1}(Y^{(\lambda)} - XB)' \Lambda^{-1}(Y^{(\lambda)} - XB)]\}. \quad (20)$$

Hierbei ist $I(Y, \lambda, n)$ die Jacobi-Determinante der Transformation $Y^{(\lambda)} = f(\lambda, Y)$.

Lemma 7.1.5. *Für das Verteilungsmodell* (19) *ist*

$$\Pi = \{\Pi \mid \pi(\vartheta) \propto \mathcal{J}(A, \lambda, r)\, \pi_\lambda(B, \Sigma^{-1}) \colon (A, r) \in \mathfrak{M}_{r \times p} \times \mathcal{N}\}$$

eine konjugierte Familie von a priori Verteilungen für $\boldsymbol{\vartheta}$, *wobei* $\pi_\lambda(B, \Sigma^{-1})$ *die Dichte einer Normal-Wishart-Verteilung aus* (1) *ist, deren Parameter* $S = S(\lambda)$, $\tilde{B} = \tilde{B}(\lambda)$ *Funktionen von* λ *sind.*

Beweis. Es gilt $\mathcal{J}(Y, \lambda, n)\, \mathcal{J}(A, \lambda, r) = \mathcal{J}\left(\begin{pmatrix} A \\ \cdots \\ Y \end{pmatrix}, \lambda, n+r\right) = \mathcal{J}_Y(\lambda)$. Mit der Likelihoodfunktion für (20) folgt der Beweis nun analog zu Satz 7.1.1. ■

Als a posteriori Randdichten für $(\boldsymbol{B}, \lambda)$ bzw. λ ergeben sich mit $\Pi \in \Pi$ (vgl. [A 2.40]) und den Parametern $S_Y(\lambda)$, $B_Y(\lambda)$ aus (6)

$$\begin{aligned} &\pi_Y(B, \lambda) \propto I_Y(\lambda)\, |S_y(\lambda) + (B - B_Y(\lambda))' \Gamma_Y (B - B_Y(\lambda))|^{-\frac{r_Y}{2}} |S_Y(\lambda)|^{\frac{r_Y - k}{2}}, \\ &\pi_Y(\lambda) \propto \mathcal{J}_Y(\lambda)\, |S_Y(\lambda)|^{\frac{(r_Y - k)}{2}} \qquad \text{und} \qquad \pi_Y(B) \propto \int_{R^{2p}} \pi_Y(B, \lambda)\, \gamma(\mathrm{d}\lambda). \end{aligned} \quad (21)$$

Wenn wir uns bei der Wahl der Parameter $S(\lambda)$, $\tilde{B}(\lambda)$ auf solche Matrizen beschränken, deren Elemente beliebig oft partiell nach λ differenzierbar sind, so sind die Parameter der a posteriori Verteilung auch beliebig oft differenzierbar, und insbesondere gilt das auch für die Ausdrücke in (21). Wir setzen voraus, daß $|S_Y(\lambda)|\, \mathcal{J}_Y(\lambda)^{-\frac{2}{r_Y - k}}$ einen eindeutig bestimmten Modalwert λ_Y besitzt. Dann erhalten wir aus (21) die Taylor-Entwicklung

$$\pi_Y(\lambda) \propto |W_Y + (\lambda - \lambda_Y)' G_Y (\lambda - \lambda_Y) + \varepsilon_1(\lambda)|^{\frac{r_Y - k}{2}}$$

und

$$\begin{aligned} \pi_Y(B, \lambda) \propto \mathcal{J}_Y(\lambda)^{-\frac{k}{r_Y - k}} [&|S_Y(\lambda_Y) + (B - B_Y(\lambda_Y))' \Gamma_Y (B - B_Y(\lambda))| \\ &+ (\lambda - \lambda_Y)' G_Y (\lambda - \lambda_Y) + \varepsilon_2(\lambda, B)]^{-r_Y/2}, \end{aligned}$$

wobei $G_Y = \frac{1}{2}\left(\left(\frac{\partial^2 |S_Y(\lambda)| \mathcal{J}_Y(\lambda)^{-\frac{2}{r_Y - k}}}{\partial \lambda_i\, \partial \lambda_j}\Big|_{\lambda = \lambda_Y}\right)\right)$ und $W_Y = |S_Y(\lambda_Y)|\, \mathcal{J}_Y(\lambda_Y)$ sind. Wenn $\varepsilon_1(\lambda)$ und $\varepsilon_2(\lambda, B)$ für große n klein sind, können wir die Verteilung in (21) mit

$$\pi_Y^*(\lambda) \propto |W_Y + (\lambda - \lambda_Y)' G_Y (\lambda - \lambda_Y)|^{\frac{r_Y - k}{2}}$$

und

$$\pi_Y^*(B) \propto |S_Y(\lambda_Y) + (B - B_Y(\lambda_Y))' \Gamma_Y (B - B_Y(\lambda_Y))|^{\frac{r_Y - 2p}{2}}$$

approximieren.

7.1.4. Bayessche Schätzungen in linearen Modellen mit konvexem Parameterraum

Wir wollen nun Bayessche Schätzungen bestimmen, wenn wir den Parameterraum Θ des Modells (1) auf eine konvexe Teilmenge Θ^* beschränken. Eine konjugierte Familie von a priori Verteilungen ergibt sich dann einfach mit Π aus (3) als die Menge der bedingten Verteilungen aus Π unter der Bedingung $\vartheta \in \Theta_*$. Im weiteren schreiben wir deshalb die konjugierten Familien nicht mehr auf, sondern berechnen gleich BAYESsche Schätzungen für den Parameter (γ, Σ). Wir müssen dazu nur zu einer gegebenen a posteriori Verteilung $\Pi_Y \in \Pi$ aus (3) BAYESsche Schätzungen aus der bedingten Verteilung $\Pi_Y^{\vartheta|\vartheta\in\Theta^*}$, falls $\Pi_Y(\Theta^*) > 0$ ist, bzw. $\Pi_Y^{\vartheta|RBS=0}$ für spezielle Matrizen R, S, falls $\Theta^* = \{\vartheta \in \Theta \mid RBS = 0\}$ ist, berechnen.

1. Zuerst betrachten wir Bedingungen der Gestalt $HB = 0_{(k-q)\times p}$ mit $H \in \mathfrak{M}_{(k-q)\times k}^{k-q}$.

Wir wählen ein $U \in \mathfrak{M}_{q\times k}^{q}$ mit $UH' = 0_{q\times(k-p)}$ so, daß für die zusammengesetzte Matrix $W = \begin{pmatrix} U \\ \cdots \\ H \end{pmatrix} \in \mathfrak{M}_{k\times k}^{k}$ gilt.

Es sei Π_Y eine a posteriori Verteilung aus Π mit den Parametern (6). Ferner sei $\boldsymbol{HB} = \boldsymbol{H}^*$ und $\boldsymbol{UB} = \boldsymbol{U}^*$. Mit der zusammengesetzten Matrix $W^{-1} = (K \,\vdots\, L)$ erhalten wir nach [A 2.42] und [A 2.43]

$$\Pi_Y^{\boldsymbol{U}^*|\boldsymbol{H}^*=H^*} = \mathrm{GMt}(r_Y, q, p, \Gamma^*, S^*, B^*) \tag{22}$$

mit $\quad S^* = S_Y + (H^* - HB_Y)' (H\Gamma_Y^{-1}H')^{-1} (H^* - HB_Y)\,, \qquad \Gamma^* = (K'\Gamma_Y K)^{-1}$

und $\quad B^* = UB_Y - U\Gamma_Y^{-1}H'(H\Gamma_Y^{-1}H')^{-1} (H^* - HB_Y)\,.$

Aus [A 2.41] wissen wir, daß $(r_Y - q - p - 1)^{-1}\, S^* \otimes \Gamma^*$ die Kovarianzmatrix der Verteilung (22) ist, so daß gilt

$$\begin{aligned} &D_{\Pi_Y}((K'\Gamma_Y K)^{1/2}\, \boldsymbol{U}^* \mid \boldsymbol{H}^* = 0_{(k-q)\times p}) \\ &= (r_Y - q - p - 1)^{-1} [S_Y + B_Y'H'(H\Gamma_Y^{-1}H')^{-1} HB_Y] \otimes I_q\,. \end{aligned} \tag{23}$$

Wir wollen nun BAYESsche Schätzungen für das Modell (1) mit $\Theta^* = \{\vartheta \in \Theta \mid HB = 0_{(k-q)\times p}\}$, $H \in \mathfrak{M}_{(k-q)\times k}^{k-q}$ angeben.

Satz 7.1.7. *Es sei $D = \{(\gamma, \Sigma) \mid \vartheta \in \Theta^*\}$ und die Verlustfunktion wie im Satz 7.1.2. Dann ist*

$$d^{\Pi_Y} = (CB_Y^* + F, (r_Y - p - 1)^{-1} (\alpha_Y S_Y + S_Y^*))$$

mit

$$B_Y^* = (I_k - P_{H'}) [I_k + \Gamma_Y^{-1}H'(H\Gamma_Y^{-1}H')^{-1} H]\, B_Y\,,$$

$$\alpha_Y = (r_Y - p - q - 1)^{-1} (r_Y - p - 1)\,,$$

$$S_Y^* = (B_Y^* - B_Y)'\, \Gamma_Y(B_Y^* - B_Y) + \frac{q}{r_Y - p - q - 1} B_Y'H'(H\Gamma_Y^{-1}H')^{-1} HB_Y$$

optimale Entscheidung in $[\Pi_Y, D, V]$.

Beweis. Nach [A 3.29] ist

$$d^{\Pi_Y} = (CE_{\Pi_Y}(\boldsymbol{B} \mid \boldsymbol{HB} = 0_{(k-q)\times p}) + F, E_{\Pi_Y}(\boldsymbol{\Sigma} \mid \boldsymbol{HB} = 0_{(k-q)\times p}))\,.$$

Es gilt

$$E_{\Pi_Y}(\boldsymbol{B} \mid \boldsymbol{HB} = 0_{(k-q)\times p}) = W^{-1} E_{\Pi_Y}\left(\begin{pmatrix} \boldsymbol{U}^* \\ \cdots \\ \boldsymbol{H}^* \end{pmatrix} \middle| \boldsymbol{H}^* = 0_{(k-q)\times p}\right) = K\, E_{\Pi_Y}(\boldsymbol{U}^* \mid \boldsymbol{H}^* = 0_{(k-q)\times p})\,. \tag{24}$$

Mit den Identitäten

$$KU = U'(UU')^{-1}\, U = P_{U'}\,, \quad LH = I_k - P_{U'} \quad \text{und} \quad P_{U'} = I_k - P_{H'}\,,$$

erhalten wir für (24) unter Verwendung von (22) (vgl. [A 2.43])

$$KE_{\Pi_Y}(\boldsymbol{U}^* \mid \boldsymbol{H}^* = 0_{(k-q)\times p}) = KUB_Y + KU\Gamma_Y^{-1}H'(H\Gamma_Y^{-1}H')^{-1}HB_Y = B_Y^*.$$

Ferner gilt mit [A 2.40] und [A 2.19]

$$E_{\Pi_Y}(\boldsymbol{\Sigma} \mid H\boldsymbol{B} = 0_{(k-q)\times p}) = E_{\Pi_Y}(E_{\Pi_Y}(\boldsymbol{\Sigma} \mid \boldsymbol{B} = B) \mid H\boldsymbol{B} = 0_{(k-q)\times p})$$
$$= E_{\Pi_Y}[S_Y + (\boldsymbol{B} - B_Y)'\,\Gamma_Y(\boldsymbol{B} - B_Y) \mid H\boldsymbol{B} = 0_{(k-q)\times p}]\,(r_Y - p - 1)^{-1}. \quad (25)$$

Außerdem ist

$$E_{\Pi_Y}((\boldsymbol{B} - B_Y)'\,\Gamma_Y(\boldsymbol{B} - B_Y) \mid H\boldsymbol{B} = 0_{(k-q)\times p}) = E_{\Pi_Y}((\boldsymbol{U}^* - M_Y)'$$
$$\times K'\Gamma_Y K(\boldsymbol{U}^* - M_Y) \mid \boldsymbol{H}^* = 0_{(k-q)\times p}) + (M_Y - UB_Y)'\,K'\Gamma_Y K(M_Y - UB_Y)$$
$$+ B_Y'H'L'\Gamma_Y LHB_Y - B_Y'H'L'\Gamma_Y K(M_Y - UB_Y) - (M_Y - UB_Y)'\,K'\Gamma_Y LHB_Y, \quad (26)$$

wobei

$$M_Y = E_{\Pi_Y}(\boldsymbol{U}^* \mid \boldsymbol{H}^* = 0_{(k-q)\times p}) = UB_Y - (K'\Gamma_Y K)^{-1}\,K'\Gamma_Y LHB_Y$$

ist (vgl. [A 2.43]). Mit (23) erhalten wir

$$E_{\Pi_Y}((\boldsymbol{U}^* - M_Y)'\,K'\Gamma_Y K(\boldsymbol{U}^* - M_Y) \mid \boldsymbol{H}^* = 0_{(k-q)\times p})$$
$$= \frac{q}{r_Y - p - q - 1}\,(S_Y + B_Y'H'(H\Gamma_Y^{-1}H')^{-1}\,HB_Y).$$

Dann ist in (26) mit $K(M_Y - UB_Y) - LHB_Y = B_Y^* - B_Y$

$$E_{\Pi_Y}((\boldsymbol{B} - B_Y)'\,\Gamma_Y(\boldsymbol{B} - B_Y) \mid H\boldsymbol{B} = 0_{(k-q)\times p}) = (\alpha_Y - 1)\,S_Y + S_Y^*.$$

Das Einsetzen in (25) zeigt die Behauptung. ■

2. Als nächstes berechnen wir BAYESsche Schätzungen zu den Bedingungen $BH = 0_{(k-q)\times p}$ mit $H \in \mathfrak{M}_{p\times(p-s)}^{p-s}$.

Wir wählen ein $U \in \mathfrak{M}_{p\times s}$ mit $H'U = 0_{(p-s)\times s}$ so, daß für die zusammengesetzte Matrix $W := (U \mathrel{\vdots} H) \in \mathfrak{M}_{p\times p}^{p}$ gilt. Es ergibt sich nun mit $\boldsymbol{B}U = \boldsymbol{U}^*$ und $\boldsymbol{B}H = \boldsymbol{H}^*$ nach [A 2.42] und [A 2.43] mit der Aufspaltung $W^{-1} = \begin{pmatrix} K \\ \cdots \\ L \end{pmatrix}$

$$\Pi_Y^{\boldsymbol{U}^*|\boldsymbol{H}^*=H^*} = \mathrm{GMt}(r_Y, k, s, (KS_Y^{-1}K')^{-1}, \Gamma_Y^{-1} + (H^* - B_Y H)'\,(H'S_Y H)^{-1}\,(H^* - B_Y H),$$
$$\ldots, B_Y U - (H^* - B_Y H)'\,(H'S_Y H)^{-1}\,H'S_Y U). \quad (27)$$

Nach [A 2.41] können wir die Kovarianzmatrix der Verteilung (27) berechnen und erhalten

$$D_{\Pi_Y}(\Gamma_Y^{1/2}\boldsymbol{U}^* \mid \boldsymbol{H}^* = H^*) = \frac{1}{r_Y - k - s - 1}\,(KS_Y^{-1}K')^{-1} \otimes (I_k + \Gamma_Y^{1/2}(H^* - B_Y H)' \times$$
$$\times (H'S_Y H)^{-1}\,(H^* - B_Y H)\,\Gamma_Y^{1/2}). \quad (28)$$

Wir wollen nun wieder BAYESsche Schätzungen berechnen.

Satz 7.1.8. *Es sei* $\Theta^* = \{\vartheta \in \Theta \mid BH = 0_{k\times(p-s)}\}$, $H \in \mathfrak{M}_{p\times(p-s)}^{p-s}$ *und* $D = \{(\gamma, \Sigma) \mid \vartheta \in \Theta^*\}$. *Die Verlustfunktion wählen wir wie in Satz* 7.1.2. *Dann ist*

$$d^{\Pi_Y} = (CB_Y^* + F, (S_Y + S_Y^*)\,(r_Y - p - 1)^{-1})$$

mit

$$B_Y^* = B_Y(I_k + H(H'S_Y H)^{-1}\,H'S_Y)\,(I_k - P_H),$$
$$S_Y^* = (B_Y - B_Y^*)'\,\Gamma_Y(B_Y - B_Y^*)$$
$$+ \alpha_Y(I_k - P_H)'\,S_Y(S_Y^{-1} - H(H'S_Y H)^{-1}\,H')\,S_Y(I_k - P_H)$$

und

$$\alpha_Y = (r_Y - k - s - 1)^{-1} \{k + \mathrm{sp}\,[H\Gamma_Y H' B_Y'(H'S_Y H)^{-1} B_Y]\}$$

optimale Entscheidung in $[\Pi_Y, D, V]$.

Beweis. Wir führen den Beweis analog zu Satz 7.1.7. Es müssen also die bedingten Erwartungswerte berechnet werden. Mit (27) gilt

$$E_{\Pi_Y}(\boldsymbol{B} \mid \boldsymbol{B}H = 0_{k\times(p-s)}) = E_{\Pi_Y}(\boldsymbol{U}^* \mid \boldsymbol{H}^* = 0_{k\times(p-s)})\,K = B_Y UK + B_Y H(H'S_Y H)^{-1} H'S_Y UK$$

und mit den Identitäten $UK = P_U = U(U'U)^{-1}U'$ und $P_U = I_p - P_H$ erhalten wir

$$E_{\Pi_Y}(\boldsymbol{B} \mid \boldsymbol{B}H = 0_{k\times(p-s)}) = B_Y^* .$$

Wir berechnen nun den bedingten Erwartungswert von $\boldsymbol{\Sigma}$ unter der Bedingung $\boldsymbol{B}H = 0_{k\times(p-s)}$. Es gilt nach [A 2.40] und [A 2.19]

$$\begin{aligned} E_{\Pi_Y}(\boldsymbol{\Sigma} \mid \boldsymbol{B}H = 0_{k\times(p-s)}) &= E_{\Pi_Y}(E_{\Pi_Y}(\boldsymbol{\Sigma} \mid \boldsymbol{B} = B) \mid \boldsymbol{B}H = 0_{k\times(p-s)}) \\ &= E_{\Pi_Y}(S_Y + (\boldsymbol{B} - B_Y)'\,\Gamma_Y(\boldsymbol{B} - B_Y) \mid \boldsymbol{B}H = 0_{k\times(p-s)})\,(r_Y - p - 1)^{-1} \quad (29) \end{aligned}$$

Außerdem ist mit der Bezeichnung $M_Y = E_{\Pi_Y}(\boldsymbol{U}^* \mid \boldsymbol{H}^* = 0_{k\times(p-s)})$

$$\begin{aligned} &E_{\Pi_Y}((\boldsymbol{B} - B_Y)'\,\Gamma_Y(\boldsymbol{B} - B_Y) \mid \boldsymbol{B}H = 0_{k\times(p-s)}) \\ &= (K' \vdots L')\,E_{\Pi_Y}\left[\begin{pmatrix} -H'B_Y' \\ \cdots\cdots \\ \boldsymbol{U}^{*\prime} - U'B_Y' \end{pmatrix} \Gamma_Y(-B_Y H \vdots \boldsymbol{U}^* - B_Y U) \mid \boldsymbol{H}^* = 0_{k\times(p-s)}\right]\begin{pmatrix} K \\ \cdots \\ L \end{pmatrix} \\ &= E_{\Pi_Y}(\boldsymbol{N}_Y'\Gamma_Y \boldsymbol{N}_Y \mid \boldsymbol{H}^* = 0_{k\times(p-s)}) \end{aligned}$$

mit

$$\boldsymbol{N}_Y = M_Y K - B_Y(HL + UK) + (\boldsymbol{U}^* - M_Y)\,K .$$

Da $HL + UK = I_p$ und $M_Y K = B_Y$ ist, erhalten wir weiter

$$\begin{aligned} E_{\Pi_Y}((\boldsymbol{B} - B_Y)'\,\Gamma_Y(\boldsymbol{B} - B_Y) \mid \boldsymbol{B}H = 0_{k\times(p-s)}) &= (B_Y^* - B_Y)'\,\Gamma_Y(B_Y^* - B_Y) \\ &+ K'E_{\Pi_Y}(\boldsymbol{U}^* - M_Y)'\,\Gamma_Y(\boldsymbol{U}^* - M_Y) \mid \boldsymbol{H}^* = 0_{k\times(p-s)})\,K \end{aligned}$$

und hieraus mit (28)

$$= (B_Y^* - B_Y)'\,\Gamma_Y(B_Y^* - B_Y) + K'(KS_Y^{-1}K')^{-1}K\alpha_Y . \quad (30)$$

Wenn man in (30) für $KS_Y^{-1}K$

$$U'S_Y U - U'S_Y H(H'S_Y H)^{-1} H'S_Y U$$

und $UK = I_p - P_H$ setzt, ergibt sich die Behauptung. ■

Wir wollen für die folgenden Fälle im Modell (1) $p = 1$ voraussetzen und schreiben $\Theta = \{\vartheta = (\beta, \sigma^2) \in R^k \times R^>\}$.

3. Es soll hier die Bedingung $H\beta \geqq c$ für $H \in \mathfrak{M}_{q\times k}^q$ und $c \in R^q$ untersucht werden, wobei die Ungleichung komponentenweise zu verstehen ist. A. O'Hagan [9] hat Bayessche Schätzungen unter solchen Bedingungen für $q = 1$ bestimmt. Wenn σ bekannt ist, ist die a posteriori Verteilung von $H\beta$ eine gestutzte Normalverteilung, deren Erwartungswert G. M. Tallis [10] berechnet hat.

Wir wählen ein $U \in \mathfrak{M}_{(k-q)\times k}^{k-q}$ so, daß $W = \begin{pmatrix} U \\ \cdots \\ H \end{pmatrix} \in \mathfrak{M}_{k\times k}^k$ ist. Π_y sei wieder eine a posteriori Verteilung aus Π mit den Parametern (6), wobei $p = 1$ ist. Als nächstes werden wir den bedingten Erwartungswert von $\boldsymbol{U}^* = U\boldsymbol{\beta}$ unter der Bedingung $\boldsymbol{H}^* = H\boldsymbol{\beta} = H^*$ und von $\boldsymbol{H}^*$ unter der Bedingung $\boldsymbol{H}^* \geqq c$ aufschreiben. Es gilt mit [A 2.43] (vgl. (22))

$$E_{\pi_y}(\boldsymbol{U}^* \mid \boldsymbol{H}^* = H^*) = U\beta_y - U\Gamma_y^{-1}H'(H\Gamma_y^{-1}H')^{-1}(H^* - H\beta_y) . \tag{31}$$

Als bedingte a posteriori Randdichte von $\boldsymbol{H}^*$ unter der Bedingung $\boldsymbol{H}^* \geqq c$ erhalten wir nach [A 2.39]

$$\pi_y(H^* \mid H^* \geqq c) \propto (S_y + ||H^* + H\beta_y||^2_{(H\Gamma_y^{-1}H')^{-1}})^{-\nu/2}\, I_{\{H^* \geqq c\}}(H^*) ,$$

wobei $\nu = r_y + q - k$ ist.

Wir berechnen als nächstes $E_{\Pi_y}(\boldsymbol{H}^* \mid \boldsymbol{H}^* \geqq c)$ mit Hilfe der Momentenfunktion $m(t) = E_{\Pi_y}(e^{t'\boldsymbol{H}^*} \mid \boldsymbol{H}^* \geqq c)$ für $t \in R^q$. Es gilt nämlich

$$E_{\Pi_y}(\boldsymbol{H}^* \mid \boldsymbol{H}^* \geqq c) = \left.\frac{\partial m(t)}{\partial t}\right|_{t=0} .$$

Es sei mit

$$\alpha(\nu, q, s, \Gamma, a) = \int_{\{x \in R^q | x \geqq a\}} (s + ||x||^2_{\Gamma^{-1}})^{-\nu/2}\, dx , \tag{32}$$

$$\alpha_y(\nu) = \alpha(\nu, q, s_y, H\Gamma_y^{-1}H', c - H\beta_y) .$$

Wir berechnen nun $m(t)$. Mit [A 2.40] erhalten wir

$$\alpha_y(\nu)\, m(t) = \int_{\{x \in R^q | x \geqq c - H\beta_y\}} e^{t'x}(s_y + ||x||^2_{(H\Gamma_y^{-1}H')^{-1}})^{-\nu/2}\, dx$$

$$= \int_{\{x \geqq c - H\beta_y\}} \int_{R^>} \frac{\tau^{\frac{\nu}{2}-1}}{2^{\nu/2}\Gamma\left(\frac{\nu}{2}\right)} \exp\left\{-\frac{1}{2}\tau\left(s_y + ||x||^2_{(H\Gamma_y^{-1}H')-1} - \frac{2t'x}{\tau}\right)\right\} d\tau\, dx$$

$$= c_y \int_{R^>} \tau^{\frac{r_y - k}{2}} e^{\frac{\tau s_y}{2}} \int_{\{x \geqq a(t)\}} e^{\frac{1}{2}||t||^2_{H\Gamma_y^{-1}H' \cdot \tau^{-1}}} \varphi_q(x \mid \tau^{-1}H\Gamma_y^{-1}H')\, dx\, d\tau . \tag{33}$$

Hierbei ist $\varphi_q(x \mid R)$ die Dichtefunktion von $N_q(0, R)$,

$$c_y = |H\Gamma_y^{-1}H'|^{\frac{1}{2}} \pi^{\frac{q}{2}} 2^{\frac{k - r_y}{2}} \frac{1}{\Gamma(\nu/2)}$$

und

$$a(t) = ((a_i(t))) = c - H\beta_y - \tau^{-1}H\Gamma_y^{-1}H't .$$

Es sei nun T_l: $R^q \to R^{q-1}$ diejenige lineare Abbildung, die die l-te Komponente wegläßt, also ist $T_l' = (e_1^{(q)}, \ldots, e_{l-1}^{(q)}, e_{l+1}^{(q)}, \ldots, e_q^{(q)})$. Ferner sei R_1: $R^q \to R^q$ diejenige Abbildung, die die erste Komponente an die l-te Stelle bringt, also

$$R_l' = (e_2^{(q)}, e_3^{(q)}, \ldots, e_l^{(q)}, e_1^{(q)}, e_{l+1}^{(q)}, \ldots, e_q^{(q)}) .$$

Dann ist $R_l^{-1} = R_l'$. Mit $M(t) = \int_{\{x \in R^q | x \geqq a(t)\}} \varphi_q(x \mid \tau^{-1}H\Gamma_y^{-1}H')\, dx$ und $H = (h_1, \ldots, h_q)'$ erhalten wir

$$\left.\frac{\partial M(t)}{\partial t_i}\right|_{t=0_q} = \sum_{l=1}^{q} \int_{\{z \in R^{q-1} | z \geqq T_l(a - H\beta_y)\}} \varphi_q\left(R_l\begin{pmatrix} c_l - h_l'\beta_y \\ z \end{pmatrix} \middle| \tau^{-1}H\Gamma_y^{-1}H'\right) dz \left.\frac{\partial a_l(t)}{\partial t_i}\right|_{t=0_q} . \tag{34}$$

Nach [A 2.11] ist

$$\varphi_q\left(R_l\begin{pmatrix}c_l - h_l'\beta_y\\ \cdots\cdots\\ z\end{pmatrix}\middle|\,\tau^{-1}H\Gamma_y^{-1}H'\right) = \varphi_q\left(\begin{pmatrix}c_l - h_l'\beta_y\\ \cdots\cdots\\ z\end{pmatrix}\middle|\,\tau^{-1}\,R_l'H\Gamma_y^{-1}H'R_l\right)$$

$$= \varphi_1(c_l - h_l'\beta_y \mid \tau h_l'\Gamma_y^{-1}h_l)\,\varphi_{q-1}(z + d_l - T_l(c - H\beta_y) \mid \tau^{-1}D_l^{-1}) \qquad (35)$$

mit $D_l = T_l(H\Gamma_y^{-1}H')^{-1}\,T_l'$ und

$$d_l = T_l\left(c - H\beta_y - H\Gamma_y^{-1}h_l\,\frac{c_l - h_l'\beta_y}{h_l'\Gamma_y^{-1}h_l}\right).$$

Mit der Bezeichnung $\Phi_r\,(a\,|R) = \int\limits_{\{x\in R^r|x\geqq a\}} \varphi_r(x \mid R)\,dx$ erhalten wir aus (35) für (34)

$$\left.\frac{\partial M(t)}{\partial t_i}\right|_{t=0_q} = \sum_{l=1}^{q} \varphi_1(c_l - h_l'\beta_y \mid \tau^{-1}h_l'\Gamma_y^{-1}h_l)\,\Phi_{q-1}(d_l \mid \tau^{-1}D_l^{-1})\,\frac{h_l'\Gamma_y^{-1}h_i}{\tau}. \qquad (36)$$

Mit (36) und (33) erhielten wir für $q \geqq 2$ mit der Bezeichnung (32)

$$\alpha_y(\nu)\left.\frac{\partial m(t)}{\partial t_i}\right|_{t=0_q} = c_y \int\limits_{R^>} \tau^{\frac{r_y-k}{2}-1}\,\mathrm{e}^{-\frac{\tau s_y}{2}}\left.\frac{\partial M(t)}{\partial t_i}\right|_{t=0_q} \mathrm{d}\tau$$

$$= \sum_{l=1}^{q}\;\int\limits_{\{z\in R^{q-1}|z\geqq d_l\}}\;\int\limits_{R^>} \tau^{\frac{\nu}{2}-2}\,\mathrm{e}^{-\frac{\tau}{2}\left(s_y + \frac{(c_l - h_l'\beta_y)^2}{h_l'\Gamma_y^{-1}h_l} + z'D_lz\right)}\,\mathrm{d}\tau\,\mathrm{d}z\,\frac{h_l'\Gamma_y^{-1}h_i}{2^{\nu/2}\,\Gamma(\nu/2)}$$

$$= \sum_{l=1}^{q}\;\int\limits_{\{z\in R^{q-1}|z\geqq d_l\}} \left(s_y + \frac{(c_l - h_l'\beta_y)^2}{h_l'\Gamma_y^{-1}h_l} + z'D_lz\right)^{-\left(\frac{\nu}{2}-1\right)} \mathrm{d}z\,\frac{h_l'\Gamma_y^{-1}h_i}{\nu - 2}$$

$$(i = 1, \dots, q)\,. \qquad (37)$$

Wenn $q = 1$ ist, ergibt sich mit (35) aus der Definition von $M(t)$

$$\alpha_y(\nu)\left.\frac{\mathrm{d}m(t)}{\mathrm{d}t}\right|_{t=0} = \left(s_y + \frac{(c - H\beta_y)^2}{H\Gamma_y^{-1}H'}\right)^{-\left(\frac{\nu}{2}-1\right)} \frac{H\Gamma_y^{-1}H'}{\nu - 2}. \qquad (38)$$

Wir wollen nun eine BAYESsche Schätzung für β und σ^2 für den eingeschränkten Parameterraum $\Theta^* = \{\vartheta \in \Theta \mid H\beta \geqq c\}$ angeben. Dazu führen wir noch einige Bezeichnungen ein. Es sei

$$a_y = \begin{cases} \left(\left(\alpha_y\left(\nu - 2, q - 1, s_y + \dfrac{(c_i - h_i'\beta_y)^2}{h_i'\Gamma_y^{-1}h_i}, d_i\right)\right)\right)_{i=1,\dots,q} & \text{für } q \geqq 2\,,\\[2ex] \left(s_y + \dfrac{(c - H\beta_y)^2}{H'\Gamma_y^{-1}H'}\right)^{-\left(\frac{\nu}{2}-1\right)} & \text{für } q = 1\,, \end{cases}$$

$$H_y = [(\nu - 2)\,a_y(\nu)]^{-1}\,H\Gamma_y^{-1}H'a_y$$

und

$$U_y = U\beta_y - U\Gamma_y^{-1}H'(H\Gamma_y^{-1}H')^{-1}\,(H_y - H\beta_y)\,.$$

Satz 7.1.9. *Es sei* $D = \{(\gamma, \sigma^2) \mid \vartheta \in \Theta^*\}$ *und die Verlustfunktion* V *wie im Satz 7.1.2 für* $p = 1$. *Dann ist*

$$d^{\Pi_y} = \left(CW^{-1} \begin{pmatrix} U_y \\ \cdots \\ H_y \end{pmatrix} + f, \frac{s_y^*}{r_y - (k - q) - 2} \right)$$

eine optimale Entscheidung in $[\Pi_y, D, V]$, *wobei mit* (32)

$$s_y^* = \frac{\alpha_y(\nu - 2)}{\alpha_y(\nu)} \quad \textit{und} \quad \nu = r_y - k + q$$

sind.

Beweis. Nach [A 3.29] ist

$$d^{\Pi_y} = \left(CW^{-1} E_{\Pi_y} \left(\begin{pmatrix} U^* \\ \cdots \\ H^* \end{pmatrix} \middle| \, H^* \geqq c \right) + f, E_{\Pi_y}(\sigma^2 \mid H^* \geqq c) \right).$$

(37) und (38) gibt gerade die i-te Komponente von $H_y = E_{\Pi_y}(H^* \mid H^* \geqq c)$ an. Mit (31) ist somit auch $U_y = E_{\Pi_y}(E_{\Pi_y}(U^* \mid H^* = H^*) \mid H^* \geqq c)$ gegeben. Wir berechnen nun noch $E_{\Pi_y}(\sigma^2 \mid H^* \geqq c)$. Die gemeinsame bedingte Dichte von (σ^{-2}, H^*) bezüglich der Bedingung $H^* \geqq c$ ist

$$\pi_y(\sigma^{-2}, H^* \mid H^* \geqq c)$$
$$= \frac{1}{c_y(\gamma)} (\sigma^{-2})^{(\gamma/2)-1} \exp\left\{ -\frac{\sigma^{-2}}{2} (s_y + \|H^* + H\beta_y\|^2_{(H\Gamma_y^{-1}H')^{-1}} \right\} I_{\{H^* \geqq c\}}(H^*)\,.$$

Die Normierungskonstante $c_y(\gamma)$ ergibt sich mit (32) aus den Eigenschaften einer Gammaverteilung als $c_y(\gamma) = 2^{\nu/2}\Gamma\left(\frac{\nu}{2}\right)\alpha_y(\gamma)$. Wir erhalten dann

$$E_{\Pi_y}(\sigma^2 \mid H^* \geqq c) = \frac{c_y(\nu - 2)}{c_y(\nu)} = \frac{\alpha_y(\nu - 2)}{(\nu - 2)\,(\alpha_y(\nu))}\,. \quad \blacksquare$$

Damit die BAYESsche Schätzung auch wirklich berechnet werden kann, müßten also die Wahrscheinlichkeiten $\alpha(m, r, s, \Gamma, a)$ einer GMt$(m, r, 1, S, \Gamma, 0)$-Verteilung aus (32) tabelliert werden, wie es für die Normalverteilung bereits getan wurde. Wenn $r = 1$ ist, kann $\alpha(m, r, s, \Gamma, a)$ nach der Methode von O'HAGAN [9] explizit berechnet werden. Es gilt

$$\alpha(m, 1, s, \gamma, a) = \int_a^\infty (s + \gamma x^2)^{-m/2}\, dx = s^{-m/2} \int_{a\left(\frac{\gamma}{s}\right)^{1/2}}^{\infty} (1 + x^2)^{-m/2}\, dx\,.$$

Wenn $b = a\sqrt{\frac{\gamma}{s}} < 0$ ist, spalten wir das Integral in eine Summe von Integralen über $(b, 0)$ und $[0, \infty)$ auf und erhalten mit der Transformation $z = (1 + x^2)^{-1}$

$$\alpha(m, 1, s, \gamma, a) = s^{-m/2}\left[2B\left(\frac{m}{2}, \frac{1}{2}\right) - B_{\frac{1}{1+b^2}}\left(\frac{m}{2}, \frac{1}{2}\right) \right],$$

wobei $B(\alpha, \beta)$, $B_p(\alpha, \beta)$ die Beta- bzw. die unvollständige Betafunktion ist (vgl. [11]).

4. Als nächstes wollen wir die Nebenbedingung $\sigma_1^2 \leqq \sigma^2 < \sigma_2^2$ betrachten.

Satz 7.1.10. *Mit* $\Theta^* = \{\vartheta \in \Theta \mid \sigma_1^2 \leqq \sigma^2 < \sigma_2^2\}$ *und* $D = \{(\gamma, \sigma^2) \mid \vartheta \in \Theta^*\}$ *sowie der Verlustfunktion* $V(\vartheta, d) = |(\gamma, \sigma^2) - d|_H^2$ *(vgl. Satz 7.1.2) ist* $d^{\Pi_y} = (C\beta_y + f, \alpha_y s_y)$ *optimale Entscheidung in* $[\Pi_y, D, V]$, *wobei*

$$\alpha_y = \frac{1}{2} \frac{\Gamma_{\frac{s_y}{2\sigma_1^2}}\left(\frac{r_y - k}{2} - 1\right) - \Gamma_{\frac{s_y}{2\sigma_2^2}}\left(\frac{r_y - k}{2} - 1\right)}{\Gamma_{\frac{s_y}{2\sigma_1^2}}\left(\frac{r_y - k}{2}\right) - \Gamma_{\frac{s_y}{2\sigma_2^2}}\left(\frac{r_y - k}{2}\right)}$$

ist. ($\Gamma_p(\alpha)$ *ist die unvollständige Gammafunktion siehe* [11]).

Beweis. Es gilt $E_{\Pi_y}(\beta \mid \sigma^2 = \sigma^2) = \beta_y$ und

$$E_{\Pi_y}(\sigma^2 \mid \sigma_2^2 < \sigma^{-2} \leqq \sigma_1^{-2}) = \left(\frac{s_y}{2}\right)^{\frac{r_y - k}{2}} \left(\Gamma_{\frac{s_y}{2\sigma_1^2}}\left(\frac{r_y - k}{2}\right) - \Gamma_{\frac{s_y}{2\sigma_2^2}}\left(\frac{r_y - k}{2}\right)\right)^{-1} \int\limits_{\sigma_2^{-2}}^{\sigma_1^{-2}} t^{\frac{r_y - k}{2}} e^{-\frac{s_y t}{2}} \, dt .$$

Nach [A 3.29] ist der bedingte Erwartungswert von ϑ unter der Bedingung $\sigma_1^2 \leqq \sigma^2 < \sigma_2^2$ aber gerade die BAYESsche Schätzung. ■

5. Jetzt betrachten wir Nebenbedingungen der Gestalt $\|\beta\|_T^2 \leqq \sigma^2 c$ für $T \in \mathfrak{M}_k^{>}$. Bei quadratischer Verlustfunktion (vgl. Satz 7.1.2) ergibt sich der bedingte Erwartungswert von β unter der Bedingung $\|\beta\|_T^2 \leqq \sigma^2 c$ als BAYESsche Schätzung für β. Um die Berechnung des Erwartungswertes $E_{\Pi_y}(\beta \mid \|\beta\|_T^2 \leqq \sigma^2 c)$ einfacher zu gestalten, setzen wir $T = \Gamma_y = X'\Lambda^{-1}X + \tilde{\Gamma}$. Wenn Restriktionen für ein $T \neq \Gamma_y$ interessieren, wählen wir den kleinsten Kegel $\{\vartheta \in \Theta \mid \|\beta\|_{\Gamma_y}^2 \leqq \sigma^2 c^*\}$, der $\{\vartheta \in \Theta \mid \|\beta\|_T^2 \leqq \sigma^2 c\}$ enthält, und berechnen unter diesen Bedingungen BAYESsche Schätzungen. Es sei

$$u = \Gamma_y^{1/2}\beta \quad \text{und} \quad \hat{u} = \Gamma_y^{1/2}\beta_y . \tag{39}$$

Dann gilt mit der a posteriori Verteilung Π_y und den Parametern (6) für $p = 1$

$$\Pi_y^{u|\sigma=\sigma} = N_k(\hat{u}, \sigma^2 I_k) \quad \text{und} \quad \Gamma_y^{1/2} E_{\Pi_y}\left(\beta \,\middle|\, \frac{\|\beta\|_{\Gamma_y}^2}{\sigma^2} \leqq c\right) = E_{\Pi_y}(u \mid \|u\|^2 \leqq \sigma^2 c) .$$

Die Dichte der bedingten a posteriori Verteilung ist

$$\pi_y(u, \sigma^{-2} \mid \|u\|^2 \leqq \sigma^2 c) \propto (\sigma^{-2})^{\frac{r_y}{2} - 1}$$
$$\times \exp\left\{-\frac{\sigma^{-2}}{2}(s_y + \|u - \hat{u}\|^2)\right\} I_{\{\|u\|^2 \leqq \sigma^2 c\}}(u, \sigma^{-2}) . \tag{40}$$

Die Bedingung $\|u\|^2 \leqq \sigma^2 c$ ist symmetrisch in den Komponenten von u. Wir berechnen deshalb nur den bedingten Erwartungswert der letzten Komponente u_k von u $E_{\Pi_y}(u_k \mid \|u\|^2 \leqq \sigma^2 c)$ und erhalten hieraus den Erwartungswert für u_i unter der Bedingung, indem wir den Index k durch i ersetzen. Den bedingten Erwartungswert von u_k schreiben wir als Integral mit der Dichte (40) und führen die eineindeutige Transformation

$$u_1 = r \cos \varphi_1 ,$$
$$u_2 = r \sin \varphi_1 \cos \varphi_2 ,$$
$$\vdots$$

$$u_{k-1} = r \sin \varphi_1 \cdots \sin \varphi_{k-2} \cos \varphi_{k-1},$$
$$u_k = r \sin \varphi_1 \cdots \sin \varphi_{k-1}$$

durch, wobei $(r, \varphi_1, \dots, \varphi_{k-1}) \in R^> \times [0, \pi]^{k-2} \times [0, 2\pi]$ ist. Die JACOBI-Determinante der Transformation ist

$$\left| \frac{\partial u_1, \dots, u_k}{\partial v, \varphi_1, \dots, \varphi_{k-1}} \right| = r^{k-1} (\sin \varphi_1)^{k-1} \dots \sin \varphi_{k-2}.$$

Wir bezeichnen

$$a_y(h, \tau) = \int_0^{\left(\frac{c}{\tau}\right)^{1/2}} \int_{[0,\pi]^{k-2}} \int_{[0,2\pi]} r^h (\sin \varphi_1)^{h-1} \dots (\sin \varphi_{k-1})^{h-k+1} g(\tau, r)\, e^{\tau r f(\varphi, \hat{u})}\, d\varphi\, dr, \tag{41}$$

wobei $g(\tau, r) = e^{-\frac{\tau}{2}(r^2 + ||\hat{u}||^2)}$ und $f(\varphi, u) = \hat{u}_1 \cos \varphi_1 + \dots + \hat{u}_k \sin \varphi_1 \cdots \sin \varphi_{k-1}$ ist.
Mit (40) und $\sigma^{-2} = \tau$ ist dann

$$E_{\Pi_y}\left(u_k \,\middle|\, \frac{||u||^2}{\sigma^2} \leqq c\right) = \frac{\int_0^\infty \tau^{\frac{r_y}{2}-1} e^{-\frac{\tau s_y}{2}} a_y(k, \tau)\, d\tau}{\int_0^\infty \tau^{\frac{r_y}{2}-1} e^{-\frac{\tau s_y}{2}} a_y(k-1, \tau)\, d\tau} \quad \text{und}$$

$$E_{\Pi_y}\left(\sigma^2 \,\middle|\, \frac{||u||^2}{\sigma^2} \leqq c\right) = \frac{\int_0^\infty \tau^{\frac{r_y}{2}-2} e^{-\frac{\tau s_y}{2}} a_y(k-1, \tau)\, d\tau}{\int_0^\infty \tau^{\frac{r_y}{2}-1} e^{-\frac{\tau s_y}{2}} a_y(k-1, \tau)\, d\tau}. \tag{42}$$

Wir berechnen $a_y(k, \tau)$. Nach [12] (S. 376) ist

$$\int_0^{2\pi} \sin \varphi_{k-1} \exp \{(r\hat{u}_{k-1} \sin \varphi_1 \cdots \sin \varphi_{k-2}) \cos \varphi_{k-1}$$
$$+ (r\hat{u}_k \sin \varphi_1 \cdots \sin \varphi_{k-2}) \sin \varphi_{k-1}\}\, d\varphi_{k-1}$$
$$= 2\pi \hat{u}_k (\hat{u}_k^2 + \hat{u}_{k-1}^2)^{-1/2} I_1(r \sin \varphi_1 \cdots \sin \varphi_{k-2} (\hat{u}_k^2 + \hat{u}_{k-1}^2)^{1/2}), \tag{43}$$

wobei $I_\alpha(z)$ die modifizierte BESSEL-Funktion ist (vgl. [12]). Ferner gilt nach [12] (S. 376)

$$\int_0^\pi \sin^{\mu+1} \varphi I_\mu(a \sin \varphi)\, e^{b \cos \varphi}\, d\varphi$$
$$= \sqrt{2\pi}\, b^{1/2} \int_0^{\pi/2} \sin^{\mu+1} \varphi \cos^{1/2} \varphi I_\mu(a \sin \varphi) I_{-1/2}(b \cos \varphi)\, d\varphi$$
$$= \sqrt{2\pi}\, a^\mu ((a^2 + b^2)^{1/2})^{-\left(\mu + \frac{1}{2}\right)} I_{\mu+1/2}((a^2 + b^2)^{1/2}). \tag{44}$$

Wir wenden (44) wiederholt auf (41) an und erhalten mit (43)

$$a_y(k, \tau) = \hat{u}_k \int_0^{\left(\frac{c}{\tau}\right)^{1/2}} \tau^{-\frac{k}{2}+1} r^{\frac{k}{2}+1} (2\pi)^{k/2} ||\hat{u}||^{k/2} I_{k/2}(\tau r ||\hat{u}||)\, g(\tau, r)\, dr. \tag{45}$$

Auf die gleiche Weise erhält man

$$a_y(k-1, \tau) = \int_0^{\left(\frac{c}{\tau}\right)^{1/2}} \tau^{-\frac{k}{2}+1} r^{k/2} (2\pi)^{k/2} ||\hat{u}||^{k/2} I_{\frac{k}{2}-1}(\tau r ||\hat{u}||)\, g(\tau, r)\, dr. \tag{46}$$

Wir wollen nun die bedingten Erwartungswerte (42) berechnen. Es sei dazu

$$\int_0^q t^{b-1} e^{-t} {}_1F_1(a, b, pt)\, dt = d(a, b, p, q) \tag{47}$$

($_1F_1$ ist eine konfluente hypergeometrische Funktion, vgl. [11]). Die Größe (47) ist eine tabellierbare Größe. Nach [11] (S. 44) gilt weiterhin

$$\int_0^\infty t^{\frac{\alpha}{2}-1} e^{-t} I_\beta(2k\sqrt{t})\, dt = \frac{k^\beta \Gamma\left(\frac{\alpha+\beta}{2}\right)}{\Gamma(\beta+1)} {}_1F_1\left(\frac{\alpha+\beta}{2}, \beta+1, -k^2\right). \tag{48}$$

Nun erhalten wir mit (45), (46) für $h, \nu \in \{0, 1\}$

$$\int_0^\infty \tau^{-\frac{r_y}{2}-\nu-1} e^{-\frac{\tau s_y}{2}} a_y(k-h, \tau)\, d\tau = \int_0^\infty \int_0^{\left(\frac{c}{\tau}\right)^{1/2}} \tau^{\frac{r_y-k}{2}-\nu} e^{-\tau\frac{s_y+||\hat{u}||^2}{2}} r^{\frac{k}{2}+1-h}$$

$$\times e^{-\frac{\tau r^2}{2}} I_{\frac{k}{2}-h}(\tau r||\hat{u}||)\, dr\, d\tau (\hat{u}_k)^{1-h} ||\hat{u}||^{-k/2} (2\pi)^{k/2}$$

und hieraus mit der Transformation $\tau\frac{s_\mu+||\hat{u}||^2}{2} = t$, $\frac{\tau r^2}{2} = s$ und (48)

$$= \int_0^\infty \int_0^{c/2} t^{\frac{1}{2}\left(r_y-\frac{3}{2}k-2\nu+h\right)-1} e^{-t} s^{k/4-h/2} e^{-s} I_{\frac{k}{2}-h}(\sqrt{st}\,2p)\, c_y\, ds\, dt$$

$$= \int_0^{c/2} s^{\frac{k}{2}-h} e^{-s} {}_1F_1\left(\frac{r_y-k}{2}-\nu, \frac{k}{2}+1-h, -p^2 s\right) c_y^*\, ds$$

mit

$$p^2 = \frac{||\hat{u}||^2}{s_y+||\hat{u}||^2}$$

und

$$c_y^* = ||\hat{u}||^{-h} (s_y+||\hat{u}||^2)^{-\frac{r_y-k}{2}+\nu} 2^{r_y/2-\nu} \frac{\Gamma\left(\frac{r_y-k}{2}-\nu\right)}{\Gamma\left(\frac{k}{2}+1-h\right)} \hat{u}_k. \tag{49}$$

Es sei mit (47) und (49)

$$\beta_y^* = \beta_y \frac{d\left(\frac{r_y-k}{2}, \frac{k}{2}+1, -p^2, \frac{c}{2}\right)}{d\left(\frac{r_y-k}{2}, \frac{k}{2}, -p^2, \frac{c}{2}\right)} \frac{2||\beta_y||_{\Gamma_y}}{k}$$

und (50)

$$s_y^* = \frac{d\left(\frac{r_y-k}{2}-1, \frac{k}{2}, -p^2, \frac{c}{2}\right)}{d\left(\frac{r_y-k}{2}, \frac{k}{2}, -p^2, \frac{c}{2}\right)} (s_y + ||\beta_y||^2_{\Gamma_y}).$$

Wir fassen nun die Ergebnisse zusammen.

Satz 7.1.11. *Es sei* $\Theta^* = \{\vartheta \in \Theta \mid ||\beta||^2_{\Gamma_y} \leqq \sigma^2 c\}$, $D = \{(\gamma, \sigma^2) \mid \vartheta \in \Theta^*\}$ *und die Verlustfunktion wie im Satz* 7.1.2. *Dann ist mit* (50) $d^{\Pi y} = \left(C\beta_y^* + f, \frac{s_y^*}{r_y - k - 2}\right)$ *opitmale Entscheidung in* $[\Pi_y, D, V]$.

Beweis. Nach [A 3.29] ist $d^{\Pi y} = (C\Gamma_y^{-1/2} E_{\Pi y}(\boldsymbol{u} \mid ||\boldsymbol{u}||^2 \leqq \sigma^2 c) + f, E_{\Pi y}(\sigma^2 \mid ||\boldsymbol{u}||^2 \leqq \sigma^2 c))$. Die Behauptung ergibt sich nun mit (42), (47) und (49). ■

Beispiel 7.1.2. Modelle der Varianz- bzw. Kovarianzanalyse mit Identifizierbarkeitsbedingungen sind beispielsweise Modelle mit konvexem Parameterraum wie in 1. oder 2. Wir betrachten die Modelle

$$y_{ij} = \mu + \alpha_i + \beta_j + \varepsilon_{ij}, \quad i = 1, \dots, I, \quad j = 1, \dots, J$$

mit

$$E\varepsilon_{ij}\varepsilon_{ts} = \sigma^2 \lambda_{ijts}$$

und

$$y_{ijt} = \beta_0 + \beta_{it} + z_{ij\gamma jt} + \varepsilon_{ijt} \quad (i = 1, \dots, I, j = 1, \dots, J, t = 1, \dots, T)$$

und

$$E\varepsilon_{ijt}\varepsilon_{nvw} = \sigma_{in}\lambda_{jv}\delta_{tw}\,.$$

Beide sind Modelle (1) mit

$$X = (X_1 \vdots X_2),\ X_i \in \mathfrak{M}_{n \times k_i}, \quad B = \begin{pmatrix} B_1 \\ \cdots \\ B_2 \end{pmatrix},\ B_i \in \mathfrak{M}_{k_i \times p}, \quad i = 1, 2\,.$$

Es seien $r[X] = q + k_2 \leqq k_1 + k_2$, $r[X_1] = q$ und die Identifizierbarkeitsbedingung

$$HB_1 = 0_{(k_1 - q) \times p} \quad \text{mit} \quad H \in \mathfrak{M}^{k_1 - q}_{(k_1 - q) \times k_1} \quad \text{und} \quad r\left[\begin{pmatrix} X_1' \vdots X_2 \\ \cdots\cdots \\ H \vdots 0_{(k_1 - q) \times k_2} \end{pmatrix}\right] = k_1 + k_2$$

gegeben. Dann ist mit Π aus (3) Π_H die Menge der auf $\Theta^* = \{\vartheta \in \Theta \mid HB_1 = 0_{(k_1 - q) \times p}\}$ gestutzten Verteilungen aus Π eine konjugierte Familie von a priori Verteilungen, und mit entsprechender quadratischer Verlustfunktion ist $d^{\Pi y}$ aus Satz 7.1.7 optimale Entscheidung in $[\Pi_y, D, V]$.

7.1.5. BAYESsche Schätzungen in speziellen linearen Modellen

Unter quadratischen Verlustfunktionen wollen wir hier BAYESsche Schätzungen in linearen Modellen mit spezieller Kovarianzstruktur bestimmen.

1. Zur Berechnung der BAYESschen Schätzung im linearen Regressionsmodell

Wir betrachten das lineare Regressionsmodell

$$y^\xi \;(\widehat{=})\; N[\mathcal{R}(G^\xi) \times \mathcal{V}_{I_n}] = \{N_n(G^\xi\beta, \sigma^2 I_n) \mid \vartheta = (\beta, \sigma^2) \in R^k \times R^>\}$$

(vgl. Beispiel 7.1.1), wobei $\xi = (x_1, \dots, x_n)$ ein Versuchsplan und $G^\xi = ((g_i^\xi)) = ((g_i(x_j)))$ bei vorgegebenen Funktionen $g_1, \dots, g_k \in \{\mathcal{X} \to R^1\}$ sein soll. Die konjugierte Familie Π von a priori Verteilungen aus Beispiel 7.1.1 verändern wir, indem für den a priori Parameter $\widetilde{\Gamma}$ nur Matrizen $\widetilde{\Gamma} = G^{\eta\prime}G^\eta$ für einen Versuchsplan $\eta = (z_1, \dots, z_t)$ mit $t \in \mathcal{N}$ zugelassen werden. Wir betrachten also die eingeschränkte Familie von apriori Verteilungen

$\Pi^* = \{N\Gamma(k, T^*) \mid T^* = (r, G^{\eta\prime}G^\eta, \tilde{\beta}, s), (r, \eta, \tilde{\beta}, s) \in \mathcal{N}_{k+1} \times H \times R^k \times R^>\}$,

wobei $H = \bigcup_{t \in \mathcal{N}} R^t$ ist. Die Bayessche Schätzung für $\vartheta = (\mu^\xi, \sigma^2)$ mit $\mu^\xi = E_\vartheta \boldsymbol{y}^\xi = G^\xi\beta$ ist bei quadratischer Verlustfunktion

$$d^{\Pi_y} = \left(G^\xi\beta_y, \frac{s_y}{r_y - k - 2}\right)$$

(vgl. Beispiel 7.1.1 und Bemerkung 3 aus 7.1.1). Aus 2.6 sind Methoden zur Berechnung der GLSE für μ^ξ bekannt, die rechentechnisch einfacher zu realisieren sind. Wir führen das Berechnen der Bayesschen Schätzung des Erwartungswertes $E_\vartheta \boldsymbol{y}^\xi = \mu^\xi$ auf diese bekannten Methoden zurück.

Wir schreiben $\begin{pmatrix} G^\xi \\ \cdots \\ G^\eta \end{pmatrix} = G^{(\xi,\eta)}$ und führen den a priori Parameter $G^\eta\tilde{\beta}$ als eine nicht realisierte Beobachtung Y ein und schreiben $\begin{pmatrix} y^\xi \\ \cdots \\ y^\eta \end{pmatrix} = y^{(\xi,\eta)}$. Dann ist mit

$$C = (I_n \vdots 0_{n\times t}) \text{ (und } \Gamma^\eta = G^{\eta\prime}G^\eta)$$

$$G^\xi\beta_y = G^\xi(\Gamma^\eta + \Gamma^\xi)^{-1}(\Gamma^\eta\tilde{\beta} + \Gamma^\xi\hat{\beta}_I) = CG^{(\xi,\eta)}G^{(\xi,\eta)+}y^{(\xi,\eta)} = \hat{\gamma}\,. \quad (51)$$

(51) kann also als GLSE für $\gamma = C\mu^{(\xi,\eta)} = CG^{(\xi,\eta)}\beta$ aufgefaßt werden, wobei die Beobachtung $y^{(\xi,\eta)} = \begin{pmatrix} y^\xi \\ \cdots \\ G^\eta\tilde{\beta} \end{pmatrix}$ vorliegt. Die Berechnung der Bayesschen Schätzung ist also äquivalent mit der Berechnung von $\hat{\gamma}$ für $\gamma = C\mu^{(\xi,\eta)} = CG^{(\xi,\eta)}\beta$ bei den Beobachtungen $y^{(\xi,\eta)}$.

2. Das Zellner-Modell

Das Modell entspricht „scheinbar unverbundenen Regressionen" $\boldsymbol{y}_i = X_i\beta_i + \boldsymbol{\varepsilon}_i$ für $i = 1, \dots, p$, wobei $X_i \in \mathfrak{M}_{n\times k}$ für $i = 1, \dots, p$ ist, deren Störgrößen untereinander korreliert sein können.

Wir untersuchen also mit $B = (\beta_1 \vdots \dots \vdots \beta_p)$ das v-Modell

$$\boldsymbol{y} = \vec{\boldsymbol{Y}} \circleddash N[\mathcal{R}(\text{Diag}[X_1, \dots, X_p]) \times \mathcal{V}_\Lambda^p]$$
$$= \{N_{n\times p}(\overrightarrow{(X_1\beta_1 \vdots \cdots \vdots X_p\beta_p)}, \Sigma \otimes \Lambda) \mid \vartheta = (B, \Sigma) \in \Theta = \mathfrak{M}_{k\times p} \times \mathfrak{M}_p^>\}\,. \quad (52)$$

Bemerkung 5. Wenn wir voraussetzen, daß die p Störgrößen $\boldsymbol{\varepsilon}_i$ unkorreliert sind, wir betrachten dann also $\Sigma = \text{Diag}[\sigma_1^2, \dots, \sigma_p^2]$, so erhalten wir für $\vartheta = (\beta_1, \sigma_1^{-2}, \dots, \beta_p, \sigma_p^{-2})$ mit $\Pi = \{\Pi \mid \Pi = \times_{i=1}^p \Pi_i, \Pi_i \in \Pi_i\}$ eine konjugierte Familie von a priori Verteilungen, wobei Π_i die Familie von Verteilungen aus Satz 7.1.1 für die i-te Regression, also für das Modell $\boldsymbol{y}_i \circleddash N[\mathcal{R}(X_i) \times \mathcal{V}_\Lambda]$ ist.

Bisher ist es nicht gelungen, für das Modell (52) eine konjugierte Familie von a priori Verteilungen anzugeben. D. V. Lindley und F. M. Smith [1], [2] schlagen deshalb aus anderen Überlegungen heraus, die auf B. DE FINETTI [13] zurückgehen, folgendes Vorgehen vor. Sie versuchen Informationen, die man auf Grund von natürlichen Begebenheiten oder früheren Beobachtungen über die Parameter hat, nicht durch Verteilungen einer konjugierten Familie widerzuspiegeln, sondern durch ein neues Verteilungsmodell für die Parameter zu erfassen. Dieses Verteilungsmodell kann wiederum von Parametern abhängen, für die man schließlich wieder ein v-Modell ansetzen kann. Dieser hierarchische Modellaufbau kann beliebig fortgesetzt werden.

D. V. LINDLEY und F. M. SMITH [1] erhalten dann für das ZELLNER-Modell mit $\Sigma = \text{Diag}\,[\sigma_1^2, \ldots, \sigma_p^2]$ Modalschätzungen. F. M. SMITH [2] zeigte schließlich, daß bei günstiger Wahl des Verteilungsmodells für den Parameter die so gewonnenen Schätzungen bei quadratischer Verlustfunktion besser sind als die Kleinste-Quadrat-Schätzungen.

Wir werden für den Parameter ϑ des ZELLNER-Modells (52) ein Verteilungsmodell ansetzen und die neuen Parameter des Verteilungsmodells für $\boldsymbol{\vartheta}$ a priori mit einer Verteilung aus einer konjugierten Familie bewichten. Damit haben wir dann die Möglichkeit mit Hilfe einer in dieser konjugierten Familie gegebenen Halbordnungsrelation eine nichtinformative a priori Verteilung über die künstlich angesetzten Parameter zu verwenden. Als v-Modell für $\boldsymbol{\vartheta}$ wählen wir eine parametrische Familie Π_Ψ:

$$\boldsymbol{\vartheta} \; (\simeq) \; \Pi_\Psi = \{ \mathop{\times}_{i=1}^{p} N_k(\mu, V^{-1}) \times W_p^{-1}(m, R) \mid$$
$$\psi = (\mu, V, R) \in \Psi = R^k \times \mathfrak{M}_k^> \times \mathfrak{M}_p^> \} \cdot \quad (53)$$

$P_\Psi \in \Pi_\Psi$ ist also eine Verteilung, die alle β_i ($i = 1, \ldots, p$) a priori mit der gleichen Normalverteilung und Σ unabhängig davon mit einer inversen WISHART-Verteilung bewichtet. Wenn wir a priori Kenntnis über B derart haben, daß die a priori Verteilung von $\boldsymbol{B}$ invariant gegenüber Permutationen der Spaltenvektoren von $\boldsymbol{B}$ sein soll, können wir ein derartiges v-Modell ansetzen. Man sagt dann, daß die Spaltenvektoren von B die „gleiche Rolle spielen" bzw. vertauschbar sind (B. DE FINETTI [13]).

Wir wollen nun für das fiktive Verteilungsmodell (53) eine konjugierte Familie von a priori Verteilungen bestimmen.

Lemma 7.1.6. *Für das v-Modell* (53) *ist*

$$\Pi = \{\text{NW}(1, k, T) \times W_p(\nu, W) \mid (T, \nu, W) = (r, \widetilde{\Gamma}, \widetilde{\mu}, S, \nu, W) \in \mathcal{T}$$
$$= \mathcal{N}_{k+1} \times R^> \times R^k \times \mathfrak{M}_k^> \times \mathcal{N}_p \times \mathfrak{M}_p^> \}$$

eine konjugierte Familie von a priori Verteilungen über $(\Psi, \mathfrak{A}_\Psi)$.

Beweis. Die Likelihoodfunktion der Verteilung (53) ist

$$l_\vartheta(\psi) \propto |V|^{p/2} \exp\left\{-\frac{1}{2}\sum_{i=1}^{p} \|\beta_i - \mu\|_V^2\right\} |\Sigma^{-1}|^{\frac{m+p+1}{2}} |R|^{m/2} \exp\left\{-\frac{1}{2}\,\text{sp}\,[R\Sigma^{-1}]\right\}$$

$$\propto |V|^{p/2} \exp\left\{-\frac{1}{2}\,\mathrm{sp}\,[V(S^* + (\mu - \mu^*)(\mu - \mu^*)'\,\Gamma^*)] - \frac{1}{2}\,\mathrm{sp}\,[W^*R]\right\} |R|^{m/2},$$

wobei

$$\Gamma^* = p\,, \quad \mu^* = \frac{1}{p}\sum_{i=1}^{p} \beta_i = \overline{\beta}\,, \quad S^* = (B - \mu^* 1_p')(B - \mu^* 1_p')'$$

und $W^* = \Sigma^{-1}$ ist. Es sei

$$T(\vartheta) = (p, \Gamma^*, \mu^*, S^*, m, W^*)\,, \qquad \varphi(\psi) = |V|^{-\frac{k+1}{2}}\,|R|^{-\frac{p+1}{2}}$$

und $k(T(\vartheta), \psi)$ der Ausdruck für $l_\vartheta(\psi)$, dann folgt die Behauptung aus [A 3.39].

Die Verknüpfungsoperation $k(T_1, \psi)\,k(T_2, \psi) = k(T_3, \psi)$ ergibt sich analog zu Satz 7.2.1, wenn man berücksichtigt, daß die Dichte einer Verteilung $\Pi \in \Pi$ von der gleichen Gestalt ist wie $l_\vartheta(\psi)$. Es gilt

$$p_3 = p_1 + p_2\,, \quad \Gamma_3 = \Gamma_1 + \Gamma_2\,, \quad \mu_3 = \Gamma_3^{-1}(\Gamma_1\mu_1 + \Gamma_2\mu_2)\,,$$
$$S_3 = S_1 + S_2 + (\mu_1 - \mu_2)(\mu_1 - \mu_2)'\,\Gamma_3^{-1}\Gamma_1\Gamma_2$$

und

$$m_3 = m_1 + m_2, W_3 = W_1 + W_2. \quad \blacksquare$$

Als eine nichtinformative a priori Verteilung für ψ bez. $\underset{(\pi)}{<}$ (vgl. [A 3.40]) erhalten wir das durch die Dichte $\pi_0(\psi) = |R|^{-1/2}$ definierte Maß Π_0. Es sei $(r, \tilde{\Gamma}, \tilde{\mu}, Sv, W)$ bzw. $(T_\vartheta, m_\vartheta, W_\vartheta)$ der Parameter der a priori Verteilung $\Pi \in \Pi$ bzw. der a posteriori Verteilung $\Pi_\vartheta \in \Pi$ im v-Modell (53). Dann gilt

$$T_\vartheta = \left(r + p, \tilde{\Gamma} + p, \frac{\tilde{\Gamma}\tilde{\mu} + \overline{\beta}}{\tilde{\Gamma} + p}, S + S^* + (\tilde{\mu} - \mu^*)(\tilde{\mu} - \mu^*)'\,\frac{\tilde{\Gamma} + p}{p\tilde{\Gamma}},\right.$$
$$\left. m + v, W + \Sigma^{-1}\right).$$

Wenn wir als a priori Verteilung $\Pi \in \Pi$ für $\boldsymbol{\psi}$ wählen, ergibt sich als a posteriori Verteilung Π_y für $\boldsymbol{\vartheta}$ im Modell (53)

$$\pi_y(\vartheta) \propto \int_{\Phi} l_y(\vartheta)\, l_\vartheta(\psi)\, \pi(\psi)\, d\psi.$$

Mit den Ausdrücken für die Likelihoodfunktionen der Verteilungen (52), (53) und der Dichte der Verteilung $\Pi \in \Pi$ ergibt sich

$$\pi_y(\vartheta) \propto |\Sigma^{-1}|^{\frac{n+m+p+1}{2}}\,|\Sigma^{-1} + W|^{-\frac{m+v}{2}}\,|S_\vartheta|^{-\frac{r+p-1}{2}}$$
$$\times \exp\{-\tfrac{1}{2}\,\mathrm{sp}[\Sigma^{-1}A_y(B)'\,A_y(B)]\}\,, \tag{54}$$

wobei

$$S_\vartheta = S + S^* + (\tilde{\mu} - \mu^*)(\tilde{\mu} - \mu^*)'\,(\tilde{\Gamma} + p)^{-1}\tilde{\Gamma}_p$$

und

$$A_y(B) = \Lambda^{-1/2}(y_1 - X_1\beta_1 \mid \cdots \mid y_p - X_p\beta_p)$$

ist.

Satz 7.1.12. *Die Modalwerte* $\mathrm{Mod}^{\Pi_y} = (B^*, \Sigma^*)$ *der a posteriori Verteilung* Π_y *aus* (54) *genügen den Modalgleichungen*

$$(n + m + p + 1)\,\Sigma^* - (m + \nu)\,(\Sigma^{*-1} + W)^{-1} = A_y(B^*)'\,A_y(B^*)$$
$$\times \operatorname{Diag}[X_1, \dots, X_p]\,(\Sigma^{*-1} \otimes \Lambda^{-1})\,(\vec{Y} - \operatorname{Diag}[X_1, \dots, X_p]\,\overrightarrow{B^*})$$
$$= (r + p - 1)\,\{(I_p - (\tilde{\Gamma} + p)^{-1}\,1_{p\times p}) \otimes [S + (B^* - \tilde{\mu}1_p')$$
$$\times (I_p - (\tilde{\Gamma} + p)^{-1}\,1_{p\times p})\,(B^* - \tilde{\mu}1_p')]^{-1}\}\,\overrightarrow{(B^* - \tilde{\mu}1_p')}\,.$$

Beweis. Mit der Identität

$$S_\vartheta = (B - \tilde{\mu}1_p')\left(I_p - \frac{1}{p + \tilde{\Gamma}}\,1_p\,1_p'\right)(B - \tilde{\mu}\,1_p')' + S$$

ergibt sich die Behauptung durch Differenzieren von $\log \pi_y(\vartheta)$ aus (54) nach B und Σ^{-1}, indem man die Ableitung gleich Null setzt. ■

3. Das lineare Modell mit autokorrelierten Fehlern

Im linearen f-Modell sei die Störgröße ein autoregressiver Prozeß. Wir betrachten also die Zeitreihe

$$\boldsymbol{y}_i = B'x_i + \boldsymbol{u}_i \quad \text{und} \quad \boldsymbol{u}_i = A'\boldsymbol{u}_{i-1} + \boldsymbol{\varepsilon}_i \qquad (i = 1, \dots, n)\,. \tag{55}$$

Hierbei sei $A \in \mathfrak{M}_{p\times p}$, $B \in \mathfrak{M}_{k\times p}$, $x_i \in R^k$ und $\boldsymbol{u}_i, \boldsymbol{\varepsilon}_i, \boldsymbol{y}_i$ p-dimensionale Zufallsgrößen. Als Verteilung für $\boldsymbol{\varepsilon}' = (\boldsymbol{\varepsilon}_1 \vdots \dots \vdots \boldsymbol{\varepsilon}_n)$ betrachten wir $\boldsymbol{\varepsilon} \sim N_{n\times p}(0, \Sigma \otimes \Lambda)$ $(\Sigma \in \mathfrak{M}_p^{>})$.

Wenn $\boldsymbol{u}_1, \dots, \boldsymbol{u}_n$ beobachtbare Zufallsgrößen sind, erhält man nach J. Anděl [14] eine Familie von NW-Verteilungen für (A, Σ^{-1}) als eine konjugierte Familie von a priori Verteilung für das f-Modell $\boldsymbol{u}_i = A'\boldsymbol{u}_{i-1} + \boldsymbol{\varepsilon}_i$ $(i = 1, \dots, n)$. A. Zellner [8] hat Bayessche Schätzungen für die Parameter des f-Modells (55) berechnet, falls $p = 1$ ist, auf Grund einer speziell gewählten „nichtinformativen" a priori Verteilung.

Durch (55) ist mit den Verteilungsannahmen für $\boldsymbol{\varepsilon}$ ein Verteilungsmodell für $\boldsymbol{Y} = (\boldsymbol{y}_1 \vdots \dots \vdots \boldsymbol{y}_n)'$ gegeben. Wir wollen nun das v-Modell für $\boldsymbol{Y}$ als ein normales Modell mit spezieller Kovarianzstruktur aufschreiben. Wir nehmen an, daß der zu den Zeitpunkten $i = 1, \dots, n$ beobachtete Prozeß schon vor Beginn der Beobachtung lief, d. h., wir sehen u_0 als Realisierung des ablaufenden autoregressiven Prozesses an, und da wir den konkreten Wert von u_0 nicht kennen, sehen wir $u_0 \in R^p$ als einen Parameter an.

Es sei

$$D = \begin{pmatrix} 0_{n-1} & I_{n-1} \\ 0 & 0_{n-1}' \end{pmatrix} \in \mathfrak{M}_{n\times n}\,.$$

Aus (55) folgt dann $\boldsymbol{u}_i' = u_0'A^i + \sum_{l=0}^{i-1} \boldsymbol{\varepsilon}_{i-1}A^l$, wobei wir $A^0 = I_p$ setzen. Dann ergibt sich mit $M' = (A'u_0 \vdots \dots \vdots A^{n\prime}u_0)$

$$\boldsymbol{U} = \begin{pmatrix} \boldsymbol{u}_1' \\ \vdots \\ \boldsymbol{u}_n' \end{pmatrix} = M + \boldsymbol{\varepsilon} + D'\boldsymbol{\varepsilon}A + D^{2\prime}\boldsymbol{\varepsilon}A^2 + \cdots + D^{n-1\prime}\boldsymbol{\varepsilon}A^{n-1}\,.$$

Mit den Verteilungsannahmen für ε erhalten wir

$$D\vec{U} = D(C(A)'\,\vec{E}) = C(A)'\,(\Sigma \otimes \Lambda)\,C(A), \qquad EU = M,$$

wobei

$$C(A) = \sum_{l=0}^{n-1} A^l \otimes D^l$$

ist.

Für Y ergibt sich somit folgendes v-Modell:

$$Y \,\widehat{=}\, \left\{ N_{n\times p}\left(\left(\begin{array}{c}\varrho' \\ \hline \overset{\circ}{X}B + M(B,\varrho)\end{array}\right), C(A)'\,(\Sigma \otimes \Lambda)\,C(A)\right) \right|,$$

$$\left. \vartheta = (B, \Sigma^{-1}, \varrho, A) \in \Theta = \mathfrak{M}_{k\times p} \times \mathfrak{M}_p^{>} \times R^p \times \mathfrak{M}_{p\times p} \right\}. \tag{56}$$

Hierbei ist

$$\varrho = B'x_1 + A'u_0,\; M(B,\varrho) = \left(A'(\varrho - B'x_1) \,\vdots\, \dots \,\vdots\, A^{n-1\prime}(\varrho - B'x_1)\right) \in \mathfrak{M}_{p\times(n-1)}$$

und

$$\overset{\circ}{X} = \begin{pmatrix} x_2' \\ \vdots \\ x_n' \end{pmatrix}.$$

Wir wollen als nächstes eine konjugierte Familie von apriori Verteilungen über $(\Theta, \mathfrak{A}_\Theta)$ bestimmen. Es sei

$$\Pi = \{\Pi_T \mid T = (r, \alpha, \tilde{\varrho}, \tilde{B}_1, \Gamma_1, S_1, \tilde{B}_2, \Gamma_2, S_2, \tilde{B}_{31}, \tilde{B}_{32}, \Gamma_3, S_3) \in \mathcal{T}\}\,, \tag{57}$$

wobei

$$\mathcal{T} = \mathcal{N}_{p+k+1} \times R^{>} \times R^p \times (\mathfrak{M}_{k\times p} \times \mathfrak{M}_k^{>} \times \mathfrak{M}_p^{>})^2 \times (\mathfrak{M}_{k\times p})^2 \times \mathfrak{M}_{k\times k}^{k} \times \mathfrak{M}_{p\times p}^{p}$$

ist. Die Dichte von Π_T bez. eines σ-endlichen Maßes ν sei

$$\pi_T(\vartheta) \propto |\Sigma^{-1}|^{\frac{r-p-1}{2}} \exp\left\{-\tfrac{1}{2}\,\mathrm{sp}\,[\Sigma^{-1}\{D_1(B) + A'D_2(B)\,A + 2A'D_3(B) + (\varrho - \tilde{\varrho})(\varrho - \tilde{\varrho})'\,\alpha\}]\right\} \tag{58}$$

mit

$$D_i(B) = S_i + (B - \tilde{B}_i)'\,\Gamma_i(B - \tilde{B}_i) \qquad (i = 1, 2)$$

und

$$D_3(B) = S_3 + (B - \tilde{B}_{31})'\,\Gamma_3(B - \tilde{B}_{32})\,.$$

Lemma 7.1.7. *In dem f-Modell* (55) *bzw. dem v-Modell* (56) *ist* Π *aus* (57) *und* (58) *eine konjugierte Familie von a priori Verteilungen für* ϑ, *wenn* $\Lambda = \mathrm{Diag}\,[w, \Omega]$ *mit* $w \in R^{>}$, $\Omega \in \mathfrak{M}_{n-1}^{>}$ *ist.*

Beweis. Wir erhalten mit der Verteilungsannahme für ε ($\varepsilon \circleddash N[\{0\} \times \mathcal{V}_\Lambda^p]$) aus der Likelihoodfunktion für ε mit der Transformation (55) die Likelihoodfunktion für Y,

$$l_Y(\vartheta) \propto |\Sigma^{-1}|^{n/2} \exp\{-\tfrac{1}{2}\,\mathrm{sp}\,[\Sigma^{-1}\,\{(\varrho - y_1)(\varrho - y_1)'\,w^{-1} + (C_1(Y - XB) + C_2(Y - XB)\,A)'\,\Omega(C_1(Y - XB) + C_2(Y - XB)\,A)\}]\},$$

wobei $C_1 = (0_{n-1} \vdots I_{n-1})$ und $C_2 = (I_{n-1} \vdots 0_{n-1})$ ist. Nach Umformung ergibt sich

$l_Y(\vartheta) \propto |\Sigma^{-1}|^{n/2} \exp\{-\frac{1}{2} \operatorname{sp}[\Sigma^{-1}\{\hat{D}_1(B) + A'\hat{D}_2(B)A + 2A'\hat{D}_3(B)(\varrho - \hat{\varrho})(\varrho - \hat{\varrho})' w^{-1}\}]\}$
mit

$$\hat{\varrho} = y_1, \quad \hat{D}_i(B) = \hat{S}_i + (B - \hat{B}_i)' \Gamma_{i\Omega}(B - \hat{B}_i) \quad (i = 1, 2),$$
$$\hat{D}_3(B) = \hat{S}_3 + (B - \hat{B}_{31}) \Gamma_{3\Omega}(B - \hat{B}_{32}),$$
$$\Gamma_{i\Omega} = X'C_i'\Omega^{-1}C_iX, \quad \hat{B}_i = \Gamma_{i\Omega}^{+}X'C_i'\Omega^{-1}C_iY,$$
$$\hat{S}_i = (Y - X\hat{B}_i)' C_i'\Omega^{-1}C_i(Y - X\hat{B}_i) \quad (i = 1, 2),$$
$$\hat{S}_3 = (Y - X\hat{B}_{31}) C_1'\Omega^{-1}C_2'(Y - X\hat{B}_{32}),$$
$$\Gamma_{3\Omega} = X'C_2'\Omega^{-1}C_1X, \quad \hat{B}_{31} = (\Gamma_{3\Omega}')^{-1} X'C_1'\Omega^{-1}C_1Y, \quad \hat{B}_{32} = \Gamma_{3\Omega}^{-1}X'C_2'\Omega^{-1}C_1Y.$$

Wir wollen zeigen, daß zu einer a priori Verteilung $\Pi \in \mathrm{\Pi}$, die a posteriori Verteilung auch von der Gestalt (53) ist. Die a priori Dichte und die Likelihoodfunktion $l_Y(\vartheta)$ haben die gleiche Gestalt. Es muß gezeigt werden, daß die Summe von quadratischen Formen im Exponenten wieder von der Form wie in (53) ist, d. h. daß $\hat{D}_i(B) + D_i(B)$ $(i = 1, 2)$ wieder für ein S_{iY}, Γ_{iY}, B_{iY} von der Form $D_{iY}(B)$ ist. Das wurde schon im Satz 7.2.1 bewiesen. Für $\hat{D}_3(B) + D_3(B)$ folgt der Beweis analog. Wenn wir wie üblich die Parameter der a posteriori Verteilung durch den Index Y kennzeichnen, ergeben sich also r_Y, Γ_{iY}, S_{iY}, B_{iY} $(i = 1, 2)$ aus (6) und

$$\alpha_Y = \alpha + w^{-1}, \quad \Gamma_{3Y} = \Gamma_3 + \Gamma_{3\Omega}, \quad B_{31Y} = (\Gamma_3' + \Gamma_{3\Omega}')^{-1} (\Gamma_3'\tilde{B}_{31} + \Gamma_{3\Omega}'\hat{B}_{31}),$$
$$B_{32Y} = (\Gamma_3 + \Gamma_{3\Omega})^{-1} (\Gamma_3\tilde{B}_{32} + \Gamma_{3\Omega}\hat{B}_{32})$$

und

$$S_{3Y} = S_3 + \hat{S}_3 + \tilde{B}_{31}'\Gamma_{3\Omega}\tilde{B}_{32} + \hat{B}_{31}'\Gamma_{3\Omega}\tilde{B}_{32} - B_{31Y}'\Gamma_{3Y}B_{32Y},$$

sowie

$$\varrho_Y = \frac{w^{-1}y + \alpha\tilde{\varrho}}{\alpha + w^{-1}}.$$

■

Wenn man eine Verlustfunktion $V(\vartheta, d) = ||\varrho - d||_H^2$ $(H \in \mathfrak{M}_p^{\geq})$ verwendet, ist $d^{\Pi_Y} = E_{\Pi_Y}\boldsymbol{\varrho} = \varrho_Y$ eine BAYESsche Schätzung für ϱ. Da der Erwartungswert für $(\boldsymbol{B}, \boldsymbol{\Sigma}, \boldsymbol{A})$ nur numerisch zu bewältigen ist, geben wir eine Methode an, wie man zu anderen BAYESschen Schätzungen gelangen kann.

Satz 7.1.13. *Der Modalwert* $\mathrm{Mod}^{\Pi_Y} = (B^*, \Sigma^*, A^*)$ *der Randdichte* $\pi_Y(B, \Sigma^{-1}, A)$ *von* $(\boldsymbol{B}, \boldsymbol{\Sigma}^{-1}, \boldsymbol{A})$ *genügt den Modalgleichungen*

$$[\Gamma_{1Y} \otimes \Sigma^{*-1} + \Gamma_{2Y} \otimes A^*\Sigma^{*-1}A^{*\prime} + \Gamma_{3Y} \otimes \Sigma^{*-1}A^{*\prime} + \Gamma_{3Y}' \otimes A^*\Sigma^{*-1}] \vec{B}^*$$
$$= (\Gamma_{1Y} \otimes \Sigma^{*-1}) \vec{B}_{1Y} + (\Gamma_{2Y} \otimes A^*\Sigma^{*-1}A^{*\prime}) \vec{B}_{2Y}$$
$$+ (\Gamma_{3Y} \otimes \Sigma^{*-1}A^{*\prime}) \vec{B}_{31Y}$$
$$+ (\Gamma_{3Y}' \otimes A^*\Sigma^{*-1}) \vec{B}_{32Y} D_{2Y}(B^*) A^* = D_{3Y}(B^*),$$
$$\Sigma^* = (r_Y - p - 2)^{-1} [D_{1Y}(B^*) + A^{*\prime}D_{2Y}(B^*) A^* + 2A^{*\prime}D_{3Y}(B^*)],$$

wobei

$$D_{iY}(B) = S_{iY} + (B - B_{iY})' \Gamma_{iY}(B - B_{iY}) \quad (i = 1, 2)$$

und

$$D_{3Y}(B) = S_{3Y} + (B - B_{31Y})' \Gamma_{3Y}(B - B_{32Y})$$

ist.

Der Beweis ergibt sich durch Differenzieren von $\log \pi_Y(B, \Sigma^{-1}, A)$, indem man die Ableitung 0 setzt. Die Randdichte $\pi_Y(B, \Sigma^{-1}, A)$ ergibt sich aus der a posteriori Verteilung der Gestalt (58), wenn man berücksichtigt, daß ϱ bei festem (B, Σ^{-1}, A) normalverteilt ist, als

$$\pi_Y(B, \Sigma^{-1}, A) \propto |\Sigma^{-1}|^{\frac{r-p-2}{2}} \exp\{-\tfrac{1}{2}\operatorname{sp}[\Sigma^{-1}\{D_{1Y}(B) + A'D_{2Y}A + 2AD_{3Y}(B)\}]\}.$$

Die erste Gleichung aus Satz 7.1.13 ist für gegebenes (Σ_0, A_0) lösbar, die zweite für gegebenes B_0 und die dritte für vorgegebenes (A_0, B_0). Für einen Anfangswert (Σ_0, A_0) kann man deshalb aus den Modalgleichungen iterativ eine Schätzung für (B, Σ^{-1}, A) gewinnen.

4. Das gemischte lineare Regressionsmodell

Wir betrachten das v-Modell

$$\boldsymbol{y} \circledsim N[\mathcal{R}(X) \times \mathcal{V}] = \{N_n(X\beta, \sum_{i=1}^{q} \sigma_i V_i) \mid \vartheta = (\beta, \sigma) \in \Theta = R^k \times \mathcal{S}\}. \quad (59)$$

Hierbei ist $\mathcal{S} = \{\sigma \in R^q \mid \sum_{j=1}^{q} \sigma_j V_j \in \mathfrak{M}_n^{>}\}$ und

$$\mathcal{V} = \left\{\sum_{i=1}^{q} \sigma_i V_i \mid \sigma \in \mathcal{S}\right\} \quad \text{mit } V_i \in \mathfrak{M}_{n\times n}, \quad i = 1, \dots, q.$$

Wenn wir eine spezielle Gestalt der Matrizen V_i und X voraussetzen, können wir eine konjugierte Familie von a priori Verteilungen angeben. Es sei dazu

$$V_i \in \mathfrak{M}_n^{\geq} \quad (i = 1, \dots, q), \qquad V_i V_j = 0_{n\times n} \quad \text{für } i \neq j \quad (60)$$

und

$$X = \sum_{i=1}^{q} X_i \quad \text{mit } \mathcal{R}(X_i) \subseteq \mathcal{R}(V_i) \quad (i = 1, \dots, q),$$

sowie

$$r[X_i] = k_i, \quad \sum_{i=1}^{q} k_i = r \leq k. \quad (61)$$

Mit der Bedingung (60) ist $\mathcal{S} = (R^{>})^q$.

Die $n_i = \dim \mathcal{R}(V_i)$ Zeilenvektoren von $P_i \in \mathfrak{M}_{n_i\times n}$ sollen eine orthogonale Basis von $\mathcal{R}(V_i)$ bilden $(i = 1, \dots, q)$, wobei die ersten k_i Zeilenvektoren eine Basis von $\mathcal{R}(X_i)$ bilden sollen. Dann gilt mit (60) und (61)

$$P = ((P_i))_{i=1,\dots,q}, \quad P\left(\sum_{i=1}^{q} \sigma_i V_i\right)P' = \operatorname{Diag}[\sigma_1\Omega_1, \dots, \sigma_q\Omega_q]$$

mit

$$\Omega_i = P_i V_i P_i' \in \mathfrak{M}_{n_i}^{>}, \quad P_i X_i = \begin{cases} \begin{pmatrix} R_i \\ \cdots\cdots \\ 0_{(n_i-k_i)\times k} \end{pmatrix} & \text{für } k_i \neq 0, \\ 0_{n_i\times k} & \text{für } k_i = 0 \quad (i = 1, \dots, q). \end{cases} \quad (62)$$

Nach den Voraussetzungen ist hierbei

$$R_i \in \mathfrak{M}^{k_i}_{k_j \times k} \quad \text{für } i \in J = \{i_1, \dots, i_s\} = \{i \mid k_i \neq 0\} .$$

Es sei $H \in \mathfrak{M}^{k-r}_{(k-r)\times k}$ so, daß mit $R = ((R_i))_{i\in J}$ gilt $r[(R \,\vdots\, H)] = k$. Dann definieren wir

$$R_i^* = \begin{cases} R_i & \text{für} \quad i \in \{i_2, \dots, i_s\} , \\ \begin{pmatrix} R_i \\ \cdots \\ H \end{pmatrix} & \text{für} \quad i = i_1 , \end{cases}$$

$$r[R_i^*] = k_i^* = \begin{cases} k_i & \text{für } i \in \{i_2, \dots, i_s\} , \\ k_{i_1} + k - r & \text{für } i = i_1 \end{cases} \tag{63}$$

und

$$\Theta^* = \{\vartheta^* = \left(((\beta_i^*, \sigma_i^*))_{i\in J} , ((\sigma_i^*))_{i\notin J}\right) \mid (\beta, \sigma) \in \Theta ,$$
$$\beta_i^* = R_i^*\beta \ (i \in J), \sigma_i^* = \sigma_i^{-1} , \ i = 1, \dots, q\} . \tag{64}$$

Wir bestimmen nun eine konjugierte Familie von a priori Verteilungen über $(\Theta^*, \mathfrak{A}_{\Theta^*})$. Mit $P_i y = z_i$, $P_i X = P_i X_i$ für $i = 1, \dots, q$ und $A_i' = (I_{k_i^*} \,\vdots\, 0_{k_i^* \times n_i - k_i^*})$ für $i \in J$ erhalten wir folgende Identität:

$$\|y - X\beta\|^2_{\left(\sum\limits_{i=1}^{q} \sigma_i V_i\right)^{-1}} = \|P(y - X\beta)\|^2_{\left(P \sum\limits_{i=1}^{q} \sigma_i V_i P'\right)^{-1}}$$
$$= \sum_{i\in J} \sigma_i^{-1} \|z_i - A_i \beta_i^*\|^2_{\Omega_i^{-1}} + \sum_{i\notin J} \sigma_i^{-1} \|z_i\|^2_{\Omega_i^{-1}} . \tag{65}$$

Mit der Aufspaltung der quadratischen Formen in (65) wie in (4) erhalten wir

$$\|y - X\beta\|^2_{\left(\sum\limits_{i=1}^{q} \sigma_i V_i\right)^{-1}} = \sum_{i\in J} \sigma_i^* (\hat{s}_{\Omega_i} + \|\beta_i^* - \hat{\beta}_{\Omega_i}\|^2_{\Gamma_{\Omega_i}}) + \sum_{i\notin J} \sigma_i^* \hat{s}_{\Omega_i} ,$$

wobei

$$\Gamma_{\Omega_i} = A_i' \Omega^{-1} A_i , \quad \hat{\beta}_{\Omega_i} = \Gamma_{\Omega_i}^{-} A_i' \Omega^{-1} z_i \quad (i \in J)$$

und

$$\hat{s}_{\Omega_i} = \begin{cases} \|z_i - A_i \hat{\beta}_{\Omega_i}\|^2_{\Omega_i^{-1}} & \text{für } i \in J \\ \|z_i\|^2_{\Omega_i^{-1}} & \text{für } i \notin J \end{cases} . \tag{66}$$

ist.

Satz 7.1.14. *In dem v-Modell* (59) *mit den Bedingungen* (60), (61) *ist*

$$\Pi = \left\{ \underset{i\in J}{\times} \mathrm{N}\Gamma(k_i^*, T_i) \underset{i\notin J}{\times} \Gamma\left(\frac{r_i}{2}, s_i\right) \middle| \ T_i = (r_i, \Gamma_i, \tilde{\beta}_i^*, s_i) \in \mathcal{T}_i \right.$$
$$\left. = \mathcal{N}_{k_i^*+1} \times \mathfrak{M}_{k_i^*} \times R^{k_i^*} \times R^{>} \ (i \in J), \ T_i = (r_i, s_i) \in \mathcal{T}_i = \mathcal{N}_1 \times R^{>} \ (i \notin J) \right\}$$

eine konjugierte Familie von a priori Verteilungen für ϑ^* *aus* (64).

Beweis. Für die Likelihoodfunktion der Verteilung von y gilt mit (62)

$$l_y(\vartheta) \propto \prod_{i=1}^{q} \sigma_i^{-n_i/2} \exp\left\{ -\tfrac{1}{2} \|y - X\beta\|^2_{\left(\sum\limits_{i=1}^{q} \sigma_i V_i\right)^{-1}} \right\} .$$

Mit (65) und (66) erhalten wir dann

$$l_y(\vartheta) = l_y(\vartheta^*) \propto \prod_{i\in J} \sigma_i^{*\,n_i/2} \exp\left\{ -\frac{\sigma_i^*}{2} \left(\hat{s}_{\Omega_i} + \|\beta_i^* - \hat{\beta}_{\Omega_i}\|^2_{\Gamma_{\Omega_i}}\right) \right\} \prod_{i\notin J} \sigma_i^{*\,n_i/2} \exp\left\{ -\frac{\sigma_i^*}{2} \hat{s}_{\Omega_i} \right\} .$$

Nun ergibt sich analog zu Satz 7.1.1 die Behauptung. ■

Nach (6) erhalten wir die Parameter der a posteriori Verteilung als

$$r_{iy} = r_i + n_i\,,\quad \Gamma_{iy} = \Gamma_i + \Gamma_{\Omega i} \quad \text{für } i \in \{1, \dots, q\}\,,$$
$$\beta^*_{iy} = \Gamma_{iy}^{-1}(\Gamma_i\tilde{\beta}^*_i + \Gamma_{\Omega i}\hat{\beta}_{\Omega i})\,, \tag{67}$$
$$s_{iy} = s_i + \hat{s}_{\Omega i} + \tilde{\beta}^{*\prime}_i\Gamma_i\tilde{\beta}^*_i + \hat{\beta}'_{\Omega i}\Gamma_{\Omega i}\hat{\beta}_{\Omega i} - \beta'_{iy}\Gamma_{iy}\beta_{iy} \quad \text{für } i \in J$$

und

$$s_{iy} = s_i + \hat{s}_{\Omega i} \quad \text{für } i \notin J\,.$$

Wir wollen nun BAYESsche Schätzungen angeben.

Bemerkung 6. Falls $r[X] = k$ ist, ergibt sich analog zu (7.1.7) das durch die Dichte

$$\pi_0(\vartheta^*) = \prod_{i \in J} \sigma_i^{*\,\frac{k_i - 1}{2}} \prod_{i \notin J} \sigma_i^{*\,-1/2}$$

definierte Maß Π_0 als nichtinformative a priori Verteilung für $\boldsymbol{\vartheta}^*$ (vgl. [A 3.40]). Mit $\pi_0(\vartheta^*(\vartheta))$ ist damit auch eine nichtinformative a priori Verteilung für $\boldsymbol{\vartheta}$ gegeben.

Satz 7.1.15. *Es sei* $\Theta = D$ *und* $V(\vartheta, d) = |(\beta, \sigma) - d|^2_H$ $(H \in \mathfrak{M}^{\geq}_{k+q})$ *analog zu* (9) *definiert. Mit* (63), (64) *und* $R^* = ((R^*_i))_{i \in J}$ *sowie* $\beta^*_y = ((\beta^*_{iy}))_{i \in J}$ *ist*

$$d^{\Pi_y} = \left(R^{*-1}\beta^*_y, ((a_{iy}))\right) \quad \textit{mit } a_{iy} = \begin{cases} (r_{iy} - k^*_i - 2)^{-1}\, s_{iy} & \textit{für } i \in J\,, \\ (r_{iy} - 2)^{-1}\, s_{iy} & \textit{für } i \notin J \end{cases}$$

optimale Entscheidung in $[\Pi_y, D, V]$.

Der Beweis folgt aus den Eigenschaften der Γ- bzw NΓ-Verteilung (vgl. [A 2.22] und [A 2.38]).

Wir wollen nun für das v-Modell (59) allgemeinere Bedingungen für V_i $(i = 1, \dots, q)$ als in (60) fordern. Die Matrizen V_i, $i = 1, \dots, q$, seien jetzt von folgender Gestalt:

$$V_i = \sum_{r=1}^{q} \lambda_{ri} Q_r \quad (i = 1, \dots, q) \text{ mit } Q_i Q_j = 0_{n_i \times n_i} \text{ für } i \neq j,\ Q_i^2 = Q_i \in \mathfrak{M}^{\geq}_{n_i}\,. \tag{68}$$

Ferner sei

$$A = ((\lambda_{ri})) \in \mathfrak{M}^q_{q \times q} \quad \text{und} \quad r[Q_i] = n_i\,.$$

Die Matrizen $Q_1, \dots, Q_q$ erfüllen die Bedingung (60). Eine Darstellung (68) existiert nach J. SEELEY [15] genau dann, wenn der durch die V_i erzeugte lineare Raum ein kommutativer, quadratischer Teilraum ist. Es sei $\mathcal{S} \subseteq \left\{\sigma \in R^q \,\middle|\, \sum_{i=1}^{q} \sigma_i V_i \in \mathfrak{M}^{>}_n\right\}$. Mit dem transformierten Parameter

$$\omega = A\sigma \in \mathcal{S}^* = \{\omega \in R^q \mid A^{-1}\omega \in \mathcal{S}\} = A\mathcal{S}$$

können wir das v-Modell (59) mit (68) als

$$\boldsymbol{y} \mathrel{(\simeq)} \left\{N_n\left(X\beta, \sum_{i=1}^{q} \omega_i Q_i\right) \,\middle|\, (\beta, \sigma) \in \Theta\right\} = \left\{N_n\left(X\beta, \sum_{i=1}^{q} \omega_i Q_i\right) \,\middle|\, (\beta, \omega) \in R^k \times \mathcal{S}^*\right\} \tag{69}$$

schreiben. Die Matrix X sei wieder von der Gestalt (61). Wegen (68) ist $\mathcal{S}^* \subseteq (R^>)^q$. Wir definieren Matrizen R_i^* wie in (63). Setzen wir $\mathcal{S}^* = (R^>)^q$, liefert Satz 7.1.14 eine konjugierte Familie von a priori Verteilungen für (β^*, ω^*) mit $\beta^* = R^*\beta$, $\omega_i^* = \omega_i^{-1}$ $(i = 1, \ldots, q)$ über $(R^k \times (R^>)^q, \mathfrak{B}^{k+q}_{R^k \times (R^>)^q})$. Die bedingten Verteilungen aus dieser Klasse unter der Bedingung $\boldsymbol{\omega} \in \mathcal{S}^* \subseteq (R^>)^q$ bilden dann eine konjugierte Familie von a priori Verteilungen für (β^*, ω^*) über $(R^k \times \mathcal{S}^{**}, \mathfrak{B}^{k+q}_{R^k \times \mathcal{S}^{**}})$ $(\mathcal{S}^{**} = \{\omega^* \mid \omega \in \mathcal{S}^*\})$. Wenn wir mit $D = \Theta = \{\vartheta = (\beta, \sigma) \in R^k \times \mathcal{S}\}$, eine Verlustfunktion $V(\vartheta, d)$ wie in Satz 7.1.15 verwenden und mit Π_y die a posteriori Verteilung für das v-Modell (69) mit (61) und $\mathcal{S}^* = (R^>)^q$ bezeichnen, erhalten wir $d^{\Pi_y} = E_{\Pi_y}(\boldsymbol{\vartheta} \mid \boldsymbol{\sigma} \in \mathcal{S})$ als optimale Entscheidung in $[\Pi_y, D, V]$. Es gilt mit den Parametern (67) der Verteilung Π_y

$$d^{\Pi_y} = \left(R^{*-1}\beta_y^*, A^{-1}E_{\Pi_y}(\boldsymbol{\omega} \mid \boldsymbol{\omega} \in \mathcal{S}^*)\right).$$

Ferner gilt

$$E_{\Pi_y}(\boldsymbol{\omega}_i \mid \boldsymbol{\omega} \in \mathcal{S}^*) = a_{iy} \qquad \text{mit } a_{iy} = (2c_y)^{-1}\, c_y(i)\, s_{iy}$$

und

$$c_y(i) = \int_{\mathcal{X}} \prod_{\substack{l \in J \\ l \neq i}} x_l^{\frac{r_{ly} - k_l^*}{2} - 2} \mathrm{e}^{-x_l} \prod_{l \notin J} x_l^{\frac{r_{ly}}{2} - 1} \mathrm{e}^{-x_l}\, \mathrm{d}x_1 \cdots \mathrm{d}x_q \quad \text{für } i \in J$$

und analog für $i \notin J$; weiterhin

$$c_y = \int_{\mathcal{X}} \prod_{l \in J} x_l^{\frac{r_{ly} - k_l^*}{2} - 1} \mathrm{e}^{-x_l} \prod_{l \notin J} x_l^{\frac{r_{ly}}{2} - 1} \mathrm{e}^{-x_l}\, \mathrm{d}x_1 \cdots \mathrm{d}x_q ,$$

$$\mathcal{X} = [((2s_{iy}^{-1}))^h]\, \mathcal{S}^{**} \qquad (c^h \text{ vgl. (76)}).$$

Beispiel 7.1.3. Das folgende gemischte Versuchsplanmodell ist ein v-Modell (59) mit (68). Wir betrachten das f-Modell

$$\boldsymbol{y}_{ij} = \mu + \alpha_i + \beta_j + \boldsymbol{e}_i + \boldsymbol{e}_{ij}$$

mit

$$D\boldsymbol{e}_i = \sigma_1^2, \quad D\boldsymbol{e}_{ij} = \sigma_2^2 \quad \text{für } i = 1, \ldots, I, \quad j = 1, \ldots, J.$$

Die $\boldsymbol{e}_i$ und $\boldsymbol{e}_{ij}$ seien unabhängige normalverteilte Zufallsgrößen. Mit $y = \overrightarrow{((y_{ij}))}$ erhalten wir das v-Modell

$$\boldsymbol{y} \ominus N[\mathcal{R}(X) \times \mathcal{V}], \tag{70}$$

wobei

$$\mathcal{V} = \{\sigma_1^2 V_1 + \sigma_2^2 V_2 \mid (\sigma_1^2, \sigma_2^2) \in \mathcal{S} = (R^>)^2\}$$

und $X = X_1 + X_2$ sind mit

$$V_1 = 1_{J \times J} \otimes I_I, \quad V_2 = I_{IJ}, \quad X_1 = \left(1_{IJ} \,\vdots\, 1_J \otimes I_I \,\vdots\, \frac{1}{J} 1_{J \times J} \otimes 1_I\right)$$

und

$$X_2 = \left(0_{IJ \times (I+1)} \,\vdots\, \left(I_J - \frac{1}{J} 1_{J \times J}\right) \otimes 1_I\right).$$

Mit

$$Q_1 = \frac{1}{J} 1_{J \times J} \otimes I_I \text{ und } Q_2 = I_{IJ} - Q_1 \text{ ist}$$

$$\sigma_1^2 V_1 + \sigma_2^2 V_2 = \omega_1 Q_1 + \omega_2 Q_2 \qquad \text{und} \qquad \mathcal{R}(X_i) \subseteq \mathcal{R}(Q_i) \quad (i = 1, 2),$$

wobei

$$(\omega_1, \omega_2)' = \begin{pmatrix} J & 1 \\ 0 & 1 \end{pmatrix} \begin{pmatrix} \sigma_1^2 \\ \sigma_2^2 \end{pmatrix} \in \mathcal{S}^* = \{(\omega_1, \omega_2) \mid \omega_1 \geqq \omega_2 \geqq 0\}$$

ist, so daß wir letztlich ein Modell (69) vorliegen haben. Gemäß (62) wählen wir eine orthogonale Basis für $\mathcal{R}(Q_i)$. Die Zeilenvektoren der Matrix $1_J^+ \otimes I_I = P_1$ bilden eine orthogonale Basis von $\mathcal{R}(Q_1) = \mathcal{R}(X_1)$ und die Zeilenvektoren von

$$L_2 \otimes I_I = \begin{pmatrix} 1 & -1 & 0 & \cdots & 0 \\ 1 & 1 & -2 & & 0 \\ \vdots & \vdots & \vdots & \ddots & \vdots \\ 1 & 1 & 1 & \cdots & -(J-1) \end{pmatrix} \otimes I_I = P_2$$

bilden eine orthogonale Basis von $\mathcal{R}(Q_2) = \mathcal{R}(X_2)$. Es gilt $P_1 X_1 = R_1 = (J(1_I \vdots I_I) \vdots 1_{I \times J})$ und $P_2 X_2 = R_2 = (0_{(J-1) \times (I+1)} \vdots L_2 \otimes 1_I)$, und da X nicht von vollem Rang ist, wählen wir $H = ((J, 0)' \vdots 0_{2 \times I} \vdots 1_{2 \times J})$, so daß mit $R^* = (R_1' \vdots H' \vdots R_2')'$

$$r[R^*] = I + J + 1$$

ist. Mit Satz 7.1.14 erhalten wir schließlich eine konjugierte Familie von a priori Verteilungen für (β^*, ω^*) mit $\beta^* = R^*(\mu, \alpha_1, \ldots, a_I, \beta_1, \ldots, \beta_J)$ und $\omega_i^* = \omega_i^{-1}$ $(i = 1, 2)$ in dem v-Modell

$$\boldsymbol{y} \circeq N[\mathcal{R}(X) \times \mathcal{V}^*] \qquad \text{mit} \qquad \mathcal{V}^* = \{\omega_1 Q_1 + \omega_2 Q_2 \mid (\omega_1, \omega_2) \in (R^>)^2\}.$$

Die a posteriori Verteilung sei Π_y mit den Parametern aus (67). Die bedingten Verteilungen dieser Familie unter der Bedingung $\omega \in \mathcal{S}^* = \{(\omega_1, \omega_2) \mid \omega_1 \geqq \omega_2 \geqq 0\}$ bilden dann eine konjugierte Familie von a priori Verteilungen für (β^*, ω^*) in dem ursprünglichen Modell (70), was analog zu (69) als

$$\boldsymbol{y} \circeq N[\mathcal{R}(X) \times \mathcal{V}^{**}] \qquad \text{mit} \qquad \mathcal{V}^{**} = \{\omega_1 Q_1 + \omega_2 Q_2 \mid \omega \in \mathcal{S}^*\}$$

geschrieben werden kann. Für eine quadratische Verlustfunktion $V(\vartheta, d)$ wie in Satz 7.1.15 mit $D = \Theta = \{(\beta, \sigma_1^2, \sigma_2^2) \in R^k \times (R^>)^2\}$ ist $E_{\Pi_y}(\beta \mid \omega \in \mathcal{S}^*) = R^{*-1}\beta_y^*$ bzw. $E_{\Pi_y}(\sigma_1^2, \sigma_2^2) = \begin{pmatrix} J & 1 \\ 0 & 1 \end{pmatrix}^{-1} E_{\Pi_y}(\omega \mid \omega \in \mathcal{S}^*)$ BAYESsche Schätzung für β bzw. σ. Wir berechnen nun noch $E_{\Pi_y}(\omega \mid \omega \in \mathcal{S}^*)$. Es gilt für die unbedingte a posteriori Verteilung $\Pi_y^{\omega_1^*, \omega_2^*}$, die wir aus Satz 7.1.14 mit den Eigenschaften der NΓ-Verteilung erhalten,

$$(\omega_1^*, \omega_2^*)' \sim \Gamma\left(\frac{r_{1y} - I - 2}{2}, s_{1y}\right) \times \Gamma\left(\frac{r_{2y} - J + 1}{2}, s_{2y}\right).$$

Ferner gilt

$$\begin{aligned} \Pi_y(\omega \in \mathcal{S}^*) &= \Pi_y(\omega_2^* \geqq \omega_1^* \geqq 0) = \Pi_y\left(\frac{\omega_2^*}{\omega_1^*} \geqq 1\right) \\ &= 1 - F_{r_{2y}-J+1, r_{1y}-I-2}\left(\frac{s_{2y}(r_{1y} - I - 2)}{s_{1y}(r_{2y} - J + 1)}\right), \end{aligned}$$

wobei $F_{\alpha,\beta}(x)$ die Verteilungsfunktion einer $F_{\alpha,\beta}$ verteilten Zufallsgröße ist. Zur numerischen Berechnung von $F_{\alpha,\beta}(x)$ gibt es verschiedene Näherungsmethoden (vgl. beispielsweise [7], [A 2.2]). Wir erhalten dann

$$E_{\Pi_y}(\omega_1 \mid \omega \in \mathcal{S}^*) = E_{\Pi_y}(\omega_1^* \mid \omega_2^* \geqq \omega_1^* \geqq 0)$$

$$= \frac{s_{1y}}{r_{1y} - I - 3} \frac{1 - F_{r_{2y}-J+1, r_{1y}-I-3}\left(\dfrac{s_{2y}(r_{1y} - I - 3)}{s_{1y}(r_{2y} - J + 1)}\right)}{1 - F_{r_{2y}-J+1, r_{1y}-I-2}\left(\dfrac{s_{2y}(r_{1y} - I + 2)}{s_{1y}(r_{2y} - J + 1)}\right)} \tag{71}$$

$$\times\ E_{\Pi_y}(\omega_2 \mid \omega \in \mathcal{S}^*) = E_{\Pi_y}(\omega_2^* \mid \omega_2^* \geqq \omega_1^* \geqq 0)$$

$$= \frac{s_{2y}}{r_{2y} - J} \frac{1 - F_{r_{2y}-J, r_{1y}-I-2}\left(\dfrac{s_{2y}(r_{1y} - I - 2)}{s_{1y}(r_{2y} - J)}\right)}{1 - F_{r_{2y}-J+1, r_{1y}-I-2}\left(\dfrac{s_{2y}(r_{1y} - I - 2)}{s_{1y}(r_{2y} - J + 1)}\right)}.$$

BAYESsche Schätzungen zu alternativen Verlustfunktionen kann man nach [A 3.29] und [A 3.31] aus der angegebenen Verteilung für (ω_1^*, ω_2^*) berechnen. Eine andere Möglichkeit wäre, beste Schätzungen in der Klasse der skaleninvarianten Schätzungen zu bestimmen. Damit haben sich beispielsweise S. PORTNOY [16] und H. SAHAI [17] beschäftigt. S. PORTNOY verwendet eine Verlustfunktion

$$V(\sigma, d) = \frac{(d - \sigma_1^2)^2}{4(\sigma_2^2 + J\sigma_1^2)^2}$$

und eine nichtinformative a priori Verteilung $\pi_0(\sigma_1^2, \sigma_2^2) = (\sigma_2^2)^{a-(b+1)} (\sigma_2^2 + J\sigma_1^2)^b$ für verschiedene $(a, b) \in R^2$. Die BAYESsche Schätzung für vorgegebenes a, b ist dann

$$\hat{\Phi}_{(a,b)} = E_{\Pi_{0y}} \frac{\sigma_1^2}{(\sigma_2^2 + J\sigma_1^2)^2} [E_{\Pi_{0y}}(\sigma_2^2 + J\sigma_1^2)]^{-1}.$$

PORTNOY zeigt dann, daß für $a = b = -1$ die Schätzfunktion $\hat{\Phi}(a, b)$ zulässig ist in der Klasse aller skaleninvarianten Schätzfunktionen. H. SAHAI [17] gibt gleichgeartete BAYESsche Schätzungen für gemischte Versuchsplanmodelle mit 3 Komponenten an. Wenn wir nach unserer Terminologie die nichtinformative a priori Verteilung

$$\pi_0(\sigma_1^2, \sigma_2^2) = (J\sigma_1^2 + \sigma_2^2)^{-\frac{I+1}{2}} (\sigma_2^2)^{-\frac{J-2}{2}}$$

verwenden, so besitzt die BAYESsche Schätzung nicht die Eigenschaften der PORTNOYschen Schätzung.

J. KLEFFE und R. PINCUS [18] geben BAYESsche Schätzungen in der Klasse aller erwartungstreuen, quadratischen Schätzungen an. Die Schätzung [71] gehört nicht dieser Klasse an und ist verschieden von den in [18] angegeben.

5. Das äquikorrelierte lineare Regressionsmodell

Wir untersuchen nun ein f-Modell, das sich aus den Beobachtungen

$$y_i = \mu_i + \varepsilon_i \qquad \text{mit } E\varepsilon_i\varepsilon_j = \begin{cases} \varrho\sigma_i\sigma_j & \text{für } i \neq j \\ \sigma_i^2 & \text{für } i = j \end{cases}$$

zusammensetzt. Hierbei seien $\mu_i \in R^1$ und ε_i, y_i eindimensionale Zufallsgrößen. Auf Grund von n Beobachtungen sollen also Entscheidungen über $2n + 1$ Parameter getroffen werden. Durch spezielle Annahmen werden wir im folgenden die Anzahl der Parameter verringern. Zuerst sei $\sigma_i = \sigma$ für $i = 1, \dots, n$. Wir betrachten das v-Modell

$$y \;(\simeq)\; N[\mathfrak{R}(X) \times V] = \Big\{N_n(X\beta, \sigma^2[(1-\varrho) I_n + \varrho 1_{n\times n}]) \mid \tilde{\vartheta} = (\beta, \sigma^2, \varrho) \in \tilde{\Theta} = R^k \times R^> \times \left(-\frac{1}{n-1}, 1\right)\Big\}. \tag{72}$$

Wir untersuchen das v-Modell (72) für spezielle Matrizen $X \in \mathfrak{M}_{n\times k}$:

$$X = X_1 + X_2 \quad \text{mit } \mathfrak{R}(X_1) \subseteq \mathfrak{R}(1_n)\,,\quad \mathfrak{R}(X_2) \subseteq \mathfrak{R}(1_n)^\perp\,,\quad r[X_i] = k_i \quad (i = 1,2) \tag{73}$$

und $k_1 + k_2 = r \leqq k$.

Zunächst geben wir einige einfach zu beweisende Eigenschaften des v-Modells (72) an.

Lemma 7.1.8. *Für $V = \sigma^2[(1-\varrho) I_n + \varrho 1_{n\times n}]$ gilt:*

a) $|V| = \sigma^{2n}(1-\varrho)^{n-1}\,[1 + (n-1)\varrho]$,

b) *V ist genau dann positiv definit, wenn $\varrho \in \left(-\frac{1}{n-1}, 1\right)$ ist,*

c) $\sigma^2 V^{-1} = \dfrac{1}{1-\varrho} I_n - \dfrac{\varrho}{(1-\varrho)\,[1+(n-1)\varrho]} 1_{n\times n}$.

Es sei $\sigma_1 = \sigma^2[1 + (n-1)\varrho]$, $\sigma_2 = \sigma^2(1-\varrho)$, $V_1 = P_{\mathfrak{R}(1_n)}$ und $V_2 = P_{\mathfrak{R}(1_n)^\perp}$. Wir können dann wegen $V = \sigma^2[(1-\varrho) I_n + \varrho 1_{n\times n}] = \sigma_1 V_1 + \sigma_2 V_2$ das v-Modell (72) als

$$y \;(\simeq)\; \{N_n(X\beta, \sigma_1 V_1 + \sigma_2 V_2) \mid \tilde{\vartheta} \in \tilde{\Theta}\} = \{N_n(X\beta, \sigma_1 V_1 + \sigma_2 V_2) \mid \vartheta = (\beta, \sigma_1, \sigma_2) \in \Theta\} \tag{74}$$

mit $\Theta = R^k \times (R^>)^2$ schreiben. Das v-Modell (74) mit (73) ist ein v-Modell (59) mit (61), so daß wir mit Π aus Satz 7.1.11 eine konjugierte Familie von a priori Verteilungen für ϑ^* aus (64) haben. Wir wollen nun BAYESsche Schätzungen für den ursprünglichen Parameter $\tilde{\vartheta} = (\beta, \sigma^2, \varrho)$ bestimmen. Es sei $R^* = ((R_i^*))_{i\in J}$, $\beta_y^* = ((\beta_{iy}^*))_{i\in J}$ und

$$t_{iy} = \begin{cases} r_{iy} - k_i^* & \text{für } i \in J\,, \\ r_{iy} & \text{für } i \notin J\,. \end{cases} \tag{75}$$

Satz 7.1.16. *Es sei $\tilde{\Theta} = D$ und $V(\tilde{\vartheta}, d) = |\tilde{\vartheta} - d|_H^2$ ($H \in \mathfrak{M}_{k+2}^2$) wie in* (9) *definiert. Dann ist mit* (67)

$$d^{\Pi_y} = \left(R^{*-1}\beta_y^*,\ [n(t_{1y}-2)]^{-1} s_{1y} + [n(t_{2y}-k-2)]^{-1}(n-1)\, s_{2y},\right.$$
$$\left. 1 - n\, d_y\!\left(\frac{t_{1y}}{2}, \frac{t_{2y}}{2}, \frac{s_{2y}}{s_{1y}}\right)\right)$$

optimale Entscheidung in $[\Pi_y,\ D,\ V]$. *Hierbei ist*

$$d_y(\alpha_1, \alpha_2, s) = \frac{\alpha_1}{\alpha_1 + \alpha_2} s^2 \frac{(n-1)^{\alpha_2 - 1}}{\Gamma(\alpha_2)}$$
$$\times\ {}_2F_1\big((\alpha_2, \alpha_1 + \alpha_2); (\alpha_1 + \alpha_2 + 1); 1 - (n-1)\, s\big)\,.$$

(*Zur Definition der konfluenten hypergeometrischen Funktion* ${}_2F_1$ *vgl.* [11]).

Beweis. Mit [A 3.29] und (64) ist wegen

$$\sigma^2 = \frac{n-1}{n}\sigma_2^{*-1} + \frac{1}{n}\sigma_1^{*-1} \text{ und } \varrho = 1 - n\left(n - 1 + \frac{\sigma_1^*}{\sigma_2^*}\right)^{-1}$$

$$d^{\Pi_y} = \left(R^{*-1}E_{\Pi_y}\beta^*,\ E_{\Pi_y}\left(\frac{1}{n}\sigma_1^{*-1} + \frac{n-1}{n}\,\sigma_2^{*-1}\right),\ E_{\Pi_y}\{1 - n\,\sigma_1^*[\sigma_2^* + (n-1)\,\sigma_1^*]^{-1}\}\right).$$

Aus den Eigenschaften der NΓ-Verteilung folgt mit (67) und (75)

$$\Pi_y^{\sigma_1^*, \sigma_2^*} = \Gamma\left(\frac{t_{1y}}{2}, s_{1y}\right) \times \Gamma\left(\frac{t_{2y}}{2}, s_{2y}\right).$$

Die a posteriori Erwartungswerte von β und σ^2 ergeben sich aus den Eigenschaften der NΓ-Verteilung (vgl. [A 2.38]). Für den a posteriori Erwartungswert von ϱ berechnen wir für $(\boldsymbol{u}_1, \boldsymbol{u}_2) \sim \Gamma(\alpha_1, s_1) \times \Gamma(\alpha_2, s_2)$ $E\boldsymbol{u}_1[\boldsymbol{u}_2 + (n-1)\,\boldsymbol{u}_1]^{-1}$. Es gilt

$$E\boldsymbol{u}_1[\boldsymbol{u}_2 + (n-1)\,\boldsymbol{u}_1]^{-1} = \left(\frac{s_1}{2}\right)^{\alpha_1}\left(\frac{s_2}{2}\right)^{\alpha_2}(\Gamma(\alpha_1)\,\Gamma(\alpha_2))^{-1}\int\limits_{(R^>)^2} u_1^{\alpha_1} u_2^{\alpha_2 - 1}[u_2 + (n-1)\,u_1]^{-1}$$
$$\times\ \mathrm{e}^{-u_1 s_1 - u_2 s_2}\, du_1\, du_2\,.$$

Mit der Transformation $t_1 = u_1,\ t_2 = \dfrac{u_2}{(n-1)\,u_1}$ und $U(a, a, x) = \int\limits_0^\infty \mathrm{e}^{-xt}t^{a-1}\,(t+1)^{-1}\,dt$ (vgl. [11], S. 41) ergibt sich dann

$$E[\boldsymbol{u}_1(\boldsymbol{u}_2 + (n-1)\,\boldsymbol{u}_1]^{-1} = \left(\frac{s_1}{2}\right)^{\alpha_1}\left(\frac{s_2}{2}\right)^{\alpha_2}(\Gamma(\alpha_1)\,\Gamma(\alpha_2))^{-1}\,(n-1)^{\alpha_2 - 1}$$
$$\times \int\limits_0^\infty U(\alpha_2, \alpha_2, (n-1)\,u_1 s_2)\, u_1^{\alpha_1 + \alpha_2 - 1}\, \mathrm{e}^{\frac{-u_1 s_1}{2}}\, du_1\,.$$

Hieraus erhalten wir mit

$$\int\limits_0^\infty \mathrm{e}^{\frac{-u_1 s_1}{2}}\, u_1^{\alpha_1 + \alpha_2 - 1}\, U(\alpha_2, \alpha_2, (n-1)\,u_1 s_2)\, du_1$$
$$= \left(\frac{s_1}{2}\right)^{-(\alpha_1 + \alpha_2)} \frac{\Gamma(\alpha_1 + \alpha_2)\,\Gamma(\alpha_1 + 1)}{\Gamma(\alpha_1 + \alpha_2 + 1)}\, {}_2F_1\left((\alpha_2, \alpha_1 + \alpha_2); \alpha_1 + \alpha_2 + 1\,;\, 1 - (n-1)\,\frac{s_2}{s_1}\right)$$

(vgl. [11], S. 49) die Behauptung. ∎

Wir wollen nun die Anzahl der $2n + 1$ Parameter des am Anfang von 5. eingeführten *f*-Modells durch eine andere Annahme verringern. Im Unterschied zum *v*-Modell (72) seien die Varianzen σ_i voneinander verschieden und die $\mu_1, \dots, \mu_n$ von spezieller Gestalt. Mit $x_\sigma = (x_1\sigma_1, \dots, x_n\sigma_n)'$ sei

$$\boldsymbol{y} \mathrel{(\widehat{=})} \Big\{N_n(x_\sigma\beta, \sigma^h[(1-\varrho)\,I_n + \varrho 1_{n\times n}]\,\sigma^h) \mid \vartheta = (\beta, \sigma, \varrho) \in \Theta = R^1 \times (R^>)^n$$
$$\times \left(-\frac{1}{n-1}, 1\right)\Big\}. \tag{76}$$

Hierbei bedeutet für $\sigma \in R^n$ dann $\sigma^h = \text{Diag}\,[\sigma_1, \dots, \sigma_n]$. Es sei für

$$\beta^* = (1-\varrho)^{-1/2}\,\beta\,, \qquad \omega_i^{-1} = \sigma_i(1-\varrho)^{1/2} \qquad (i = 1, \dots, n)$$

und

$$\omega_{n+1}^2 = (1-\varrho)\,[1+(n-1)\,\varrho]^{-1}$$

$$\Theta^* = \{\vartheta^* = (\beta^*, \omega, \omega_{n+1}) \mid (\beta, \sigma, \varrho) \in \Theta\,, \omega = (\omega_1, \dots, \omega_n)'\}\,. \tag{77}$$

Ferner sei

$$\Pi = \{\Pi_T \mid T = (\alpha, A, B) \in \mathcal{T} = R^> \times \mathfrak{M}_{n+1}^> \times \mathfrak{M}_{n+1}^>\} \tag{78}$$

eine Familie von Verteilungen über $(\Theta^*, \mathfrak{A}_{\Theta^*})$, wobei die Dichte von Π_T folgendermaßen gegeben ist:

$$\pi_T(\vartheta^*) \propto \left(\prod_{i=1}^{n+1} \omega_i\right)^{\alpha-1} \exp\left\{-\frac{1}{2}\begin{pmatrix}\beta^*\\ \cdots\\ \omega\end{pmatrix}' (A\omega_{n+1}^2 + B)\begin{pmatrix}\beta^*\\ \cdots\\ \omega\end{pmatrix}\right\}.$$

$\pi_T(\vartheta^*)$ ist tatsächlich eine Dichte, denn es gilt

$$\int_{\Theta^*} \pi_T(\vartheta^*)\, d\mu_{n+2} \propto \int_{\Theta^*} \left(\prod_{i=1}^{n+1} \omega_i\right)^{\alpha-1} \exp\left\{-\frac{1}{2}\begin{pmatrix}\beta^*\\ \cdots\\ \omega\end{pmatrix}(A\omega_{n+1}^2 + B)\begin{pmatrix}\beta^*\\ \cdots\\ \omega\end{pmatrix}\right\} d\mu_{n+2}$$

$$\leqq \int_{R^1\times(R^>)^{n+1}} \left(\prod_{i=1}^{n+1} \omega_i\right)^{\alpha-1} \exp\left\{-\frac{1}{2}\left\|\begin{pmatrix}\beta^*\\ \cdots\\ \omega\end{pmatrix}\right\|^2 (\omega_{n+1}^2\lambda_{\min}[A] + \lambda_{\min}[B])\right\} d\omega\, d\omega_{n+1}\, d\beta^* \propto$$

$$\propto \int_0^\infty \omega_{n+1}^{\alpha-1}(\omega_{n+1}^2\lambda_{\min}[A] + \lambda_{\min}[B])^{-\frac{n\alpha+1}{2}}\, d\omega_{n+1} \propto \int_0^\infty t^{\frac{\alpha}{2}-1}(1-t)^{\frac{(n-1)\alpha+1}{2}-1}\, dt$$

$$= B\left(\frac{\alpha}{2}, \frac{(n-1)\,\alpha+1}{2}\right) < +\infty\,.$$

Satz 7.1.17. *Unter* (76) *ist* Π *aus* (78) *eine konjugierte Familie von a priori Verteilungen für* ϑ^* *aus* (77).

Beweis. Die Likelihoodfunktion der Verteilung für $\boldsymbol{y}$ aus (76)

$$y(\vartheta^*) = l_y(\vartheta) \propto \left(\prod_{i=1}^{n} \sigma_i^{-1}\right)(1-\varrho)^{-\frac{n-1}{2}}\,[1+(n-1)\,\varrho]^{-\frac{1}{2}} \exp\left\{-\frac{1}{2}\,\|y - x_\sigma\beta\|_{V_{\varrho,\sigma}}^2\right\}$$

$$\propto \left(\prod_{i=1}^{n+1} \omega_i\right) \exp\left\{-\frac{1}{2}\,\|y - x_\sigma\beta\|_{V_{\varrho,\sigma}}^2\right\}. \tag{79}$$

Für $V_{\varrho,\sigma} = \{\sigma^h[(1-\varrho)\,I_n + \varrho 1_{n\times n}]\,\sigma^h\}^{-1}$ ergibt sich (vgl. Lemma 7.1.7)

$$V_{\varrho,\sigma} = (\sigma^h)^{-1}\,[(1-\varrho)^{-1}\,P_{\mathfrak{R}(1_n)\perp} + (1+(n-1)\varrho)^{-1}\,P_{\mathfrak{R}(1_n)}](\sigma^h)^{-1}$$
$$= \omega^h(P_{\mathfrak{R}(1_n)\perp} + \omega_{n+1}^2 P_{\mathfrak{R}(1_n)})\,\omega^h\,.$$

Mit dieser Identität und $P_{\mathfrak{R}(1)\perp}x = a$, $P_{\mathfrak{R}(1)}x = b$ $(x = (x_1, \dots, x_n)')$ läßt sich der Ausdruck im Exponenten von (79) wie folgt umformen:

$$\|y - x_\varrho\beta\|_{V_{\varrho,\sigma}}^2 = \|\omega^h y - x\beta^*\|_{(P_{\mathfrak{R}(1)\perp} + \omega_{n+1}^2 P_{\mathfrak{R}(1)})}^2$$
$$= \|\omega^h y - a\beta^*\|_{P_{\mathfrak{R}(1)\perp}}^2 + \|\omega^h y - b\beta^*\|_{P_{\mathfrak{R}(1)}}^2\,\omega_{n+1}^2 = \|(\beta^*, \omega')'\|_{(A^*\omega_{n+1}^2 + B^*)}^2\,, \tag{80}$$

wobei

$$A^* = \frac{1}{n}\begin{pmatrix} -n\bar{b} \\ \cdots \\ y \end{pmatrix}\begin{pmatrix} -n\bar{b} \\ \cdots \\ y \end{pmatrix}' \quad \text{für } \bar{b} = \frac{1}{n} b'1_n$$

und

$$B^* = \begin{pmatrix} \|a\|^2 & -a'y^h \\ -y^h a & y^h P_{\mathfrak{R}(1)^\perp} y^h \end{pmatrix}$$

ist. Aus (80) folgt

$$l_y[\vartheta^*] \propto \left(\prod_{i=1}^{n+1} \omega_i\right) \exp\left\{-\tfrac{1}{2} \|(\beta^* \vdots \omega')'\|^2_{(A^*\omega^2_{n+1}+B^*)}\right\} - k(T(y), \vartheta^*)\,.$$

Es sei $T(y) = (1, A^*, B^*)$ und $\mathcal{T}$ aus (78), dann folgt für $\varphi(\vartheta^*) = \left(\prod_{i=1}^{n+1} \omega_i\right)^{-1}$ die Behauptung aus [A 3.39]. ∎

Als eine BAYESsche Schätzung berechnen wir den Modalwert der a posteriori Verteilung.

Satz 7.1.18. *Der Modalwert* Mod^{Π_y} *der a posteriori Verteilung* Π_y *mit dem Parameter* $T_y = (\alpha_y, A_y, B_y)$ *existiert und ist die eindeutige Lösung der Modalgleichungen*

$$(\alpha_y - 1)\begin{pmatrix} 0 \\ \cdots \\ 1_n \end{pmatrix} = (1 \vdots \omega')'^h (A_y \omega^2_{n+1} + B_y)\begin{pmatrix} \beta^* \\ \cdots \\ \omega \end{pmatrix},$$

$$\alpha_y - 1 = \|(\beta^* \vdots \omega')'\|^2_{A_y} \omega^2_{n+1}\,. \tag{81}$$

Beweis. Die a posteriori Dichte aus (78) ist beschränkt, also ergibt sich der Modalwert Mod^{Π_y} als Lösung der Modalgleichung $\dfrac{\partial \log \pi_y(\vartheta^*)}{\partial \vartheta^*} = 0$. Hieraus folgt (81). Wir betrachten nun die aus (81) entstandene Funktionengleichung

$$F(\vartheta^*) = \begin{pmatrix} \begin{pmatrix} 1 \\ \cdots \\ \omega \end{pmatrix}^h (A_y \omega^2_{n+1} + B_y)\begin{pmatrix} \beta^* \\ \cdots \\ \omega \end{pmatrix} - (\alpha_y - 1)\begin{pmatrix} 0 \\ \cdots \\ 1_n \end{pmatrix} \\ \cdots\cdots \\ \omega^2_{n+1}\|(\beta^* \vdots \omega')'\|_{A_y} - \alpha_y + 1 \end{pmatrix} = 0_{n+2}\,. \tag{82}$$

Die JACOBI-Determinante von (82) ergibt sich als

$$\left|\frac{\partial F}{\partial \vartheta^*}\right| = \begin{pmatrix} 1 \\ \cdots \\ \omega \\ \cdots \\ \omega_{n+1} \end{pmatrix}^h \begin{pmatrix} \bar{A}_y \omega^2_{n+1} + \bar{B}_y & 2\omega_{n+1} A_y \begin{pmatrix} \beta^* \\ \cdots \\ \omega \end{pmatrix} \\ 2\omega_{n+1}(\beta^* \vdots \omega') A_y & 2\|(\beta^* \vdots \omega')'\|^2_{A_y} \end{pmatrix} = \prod_{i=1}^{n+1} \omega_i |R|\, |s - r' R^{-1} r|\,,$$

wobei $R = \bar{A}_y \omega^2_{n+1} + \bar{B}_y$, $r = 2A_y \begin{pmatrix} \beta^* \\ \cdots \\ \omega \end{pmatrix} \omega_{n+1}$, $s = 2\|(\beta^* \vdots \omega')'\|^2_{A_y}$, $\bar{A}_y = A_y + \begin{pmatrix} 0 & 0'_n \\ 0_n & I_n \end{pmatrix}$ $\times \operatorname{diag}[A_y]$ und $\bar{B}_y$ analog dazu definiert ist. Die Menge der $\vartheta^* \in R^{n+2}$, für die $|R| = 0$, $\prod_{i=1}^{n+1} \omega_i = 0$ oder $s - r'R^{-1} r = 0$ ist, hat das LEBESGUE-Maß Null. D. h., die Funktionengleichung (82) ist eindeutig nach ϑ^* auflösbar. ∎

Bemerkung 7. Nach [A 3.31] kann der Modalwert formal als optimale Entscheidung aufgefaßt werden. Will man nun den Modalwert für den Parameter ϑ berechnen, geht man folgendermaßen vor. Es sei allgemein eine eineindeutige Abbildung g gegeben mit $\vartheta^* = g(\vartheta)$. Mit der a posteriori Verteilungsdichte $\pi_y(\vartheta^*)$ ergibt sich für $\vartheta = g^{-1}(\vartheta^*)$ die Dichte

$$\pi_y(g(\vartheta)) \left|\frac{\partial g}{\partial \vartheta}\right| = \pi_y^*(\vartheta) .$$

Die Modalgleichung für den Parameter ϑ ergibt sich dann als

$$\frac{\partial \log \pi_y^*(\vartheta)}{\partial \vartheta} = \left(\left(\frac{\partial g}{\partial \vartheta}\right)\right) \frac{\partial \log \pi_y(\vartheta^*)}{\partial \vartheta^*}\bigg|_{\vartheta^* = g(\vartheta)} + \frac{\partial \log \left|\frac{\partial g}{\partial \vartheta}\right|}{\partial \vartheta} = 0 .$$

Bemerkung 8. Wir wollen jetzt eine nichtinformative a priori Verteilung für die Familie von Verteilungen (78) angeben. Dem Bildungsgesetz der a posteriori Verteilung entnehmen wir, daß $||x||^2_{A_y} > ||x||^2_A$ genau dann ist, wenn $x \in \mathcal{X} := \mathcal{R}\left(\left(\begin{matrix} -n\bar{b} \\ \cdots \\ y \end{matrix}\right)\right)$ ist und $||x||^2_{B_y} > ||x||^2_B$ nur für $x \in \mathcal{R}(B^*)$ gilt. Wenn für (α_i, A_i, B_i) $(i = 1, 2)$

$$\alpha_2 \geqq \alpha_1 , \quad P_{\mathcal{X}^\perp} A_i P_{\mathcal{X}^\perp} = A_0 , \qquad P_{\mathcal{R}(B^*)^\perp} B_i P_{\mathcal{R}(B^*)^\perp} = B_0 \quad (i = 1, 2) ,$$
$$P_{\mathcal{X}}(A_2 - A_1) P_{\mathcal{X}} > 0 \quad \text{und} \quad P_{\mathcal{R}(B^*)}(B_2 - B_1) P_{\mathcal{R}(B^*)} > 0$$

ist, definieren wir $\Pi_1 \underset{(A_0, B_0)}{<} \Pi_2$. Dann ist

$$\pi_0(\vartheta^*) = \left(\prod_{i=1}^{n+1} \omega_i\right)^{\frac{-n-1}{n-2}} \exp\left\{-\frac{1}{2} ||(\beta^* \,\vdots\, \omega')'||^2 (A_0\, \omega^2_{n+1} + B_0)\right\}$$

Dichte eines nichtinformativen a priori Maßes bez. der Halbordnungsrelation $\underset{(A_0, B_0)}{<}$. Offensichtlich gibt es zu jedem solchen Paar (A_0, B_0) eine nichtinformative a priori Verteilung.

7.2. Bayessche Konfidenzbereiche und Hypothesenprüfung

Für das lineare Modell (7.1.1) werden wir α-HPD-SB bestimmen, wie sie von G. E. P. Box und G. C. Tiao [20] berechnet wurden. Es zeigt sich, daß Bayessche SB für B dieser Art, genau wie α-Konfidenzbereiche, die nach dem klassischen Vorgehen (vgl. 5.) aufgebaut werden, Ellipsoide sind. Verwendet man die nichtinformative a priori Verteilung Π_0 (vgl. (7.1.7)), sind es sogar die gleichen Ellipsoide.

Wir geben anschließend für Funktionen von B ein α-Schätzband an.

Für Hypothesen H: „$ABC = D$" und H: „$M_1 \in \mathfrak{M}^s_r$" mit $M = (M_1 \,\vdots\, M_2) = XB$ werden dann α-Tests bez. einer a posteriori Verteilung Π_Y abgeleitet. B. K. Sinha [19] hat Bedingungen formuliert, unter denen diese Tests mit klassischen α-Tests äquivalent sind.

Zu speziellen Hypothesen für das univariate lineare Modell (7.1.1) werden wir dann ein anderes Bayessches Vorgehen beschreiben, das im Vergleich der a posteriori Wahrscheinlichkeiten der Hypothesen besteht. Die Hypothese mit der größten a posteriori Wahrscheinlichkeit wird angenommen. In 7.2.3 wird dann ein von O. Bunke und J. Grimm [22] betrachteter Minimax-Bayesscher

Test konstruiert. Das ist ein Test φ^{Π}, der das Supremum $\sup_{\Pi \in \Pi} R[\Pi, \varphi]$ des BAYESschen Risikos über eine Menge Π minimiert.

7.2.1. Konfidenzbereiche mit größter a posteriori Wahrscheinlichkeit für das multivariate lineare Modell

Wir wollen nun BAYESsche Konfidenzbereiche für das Verteilungsmodell (7.1.1) bestimmen. Im Abschnitt 1.4.3 sind α-SB mit größter a posteriori Wahrscheinlichkeit (α-HPD-SB) definiert und aus [A 3.33] wissen wir, daß α-HPD-Bereiche bestimmt sind in dem Sinne, daß sie in der Klasse aller α-SB den kleinstmöglichen LEBESGUEschen Inhalt haben. Wir wollen uns in diesem Abschnitt mit der Konstruktion von HPD-Bereichen befassen, wobei wir wie in [A 3.32] beschrieben vorgehen. Es sei Π_Y die a posteriori Verteilung bez. einer a priori Verteilung $\Pi \in \Pi$ und Π eine Klasse von Verteilungen über $(\Theta, \mathfrak{A}_\Theta)$ mit $\Theta \in R^m$. Im Modell (7.1.1) ist $m = kp + \frac{p(p+1)}{2}$. Wir wollen für den Parameter B des v-Modells (7.1.1) α-HPD-SB (bez. Π_Y) angeben, wobei die a posteriori Verteilung Π_Y aus Π von (7.1.3) mit den Parametern (7.1.6) gewählt wird. Aus [A 3.33] ist bekannt, daß dann ein α-HPD-SB (Π_Y) für B unter allen α-SB den kleinstmöglichen LEBESGUEschen Inhalt hat, falls die Dichte von Π_Y^B nirgends konstant ist auf $\mathfrak{M}_{k\times p}$.

Mit den Parametern aus (7.1.6) für die NW-Verteilung Π_Y erhalten wir aus [A 2.40] die a posteriori Verteilung Π_Y^B für $\boldsymbol{B}$ mit der Dichte $\pi_Y(B)$. Es gilt

$$\Pi_Y^B = \mathrm{GMt}(r_Y, k, p, \Gamma_Y^{-1}, S_Y, B_Y)\,. \tag{1}$$

Es sei

$$U_\Pi = U_\Pi(B, Y) = |I_p + S_Y^{-1}(B - B_Y)'\,\Gamma_Y(B - B_Y)|^{-1}\,.$$

Da die a posteriori Dichte $\pi_Y(B)$ aus (1) (vgl. [A 2.39]) eine monotone Funktion von $U_\Pi(B, Y)$ ist, gilt für den α-HPD-Bereich

$$B_\alpha = \{B \in \mathfrak{M}_{k\times p} \mid \pi_Y(B) \geqq c_\alpha^*\} = \{B \mid U_\Pi(B, Y) \geqq c_\alpha\}\,, \tag{2}$$

wobei c_α so gewählt ist, daß $\Pi_Y^B(B_\alpha) = \alpha$ ist. Zur Berechnung des BAYESschen Konfidenzbereiches benötigt man also die a posteriori Verteilung $\Pi_Y^{U_\Pi}$ von $\boldsymbol{U}_\Pi = U_\Pi(\boldsymbol{B}, Y)$.

Lemma 7.2.1. *Die a posteriori Verteilung $\Pi_Y^{U_\Pi}$ ist die Wahrscheinlichkeitsverteilung eines Produktes von p unabhängigen Beta-verteilten Zufallsgrößen mit den Parametern*

$$\left(\frac{r_Y - k - p + 1}{2}, \frac{k}{2}\right), \ldots, \quad \left(\frac{r_Y - k}{2}, \frac{k}{2}\right), \quad \textit{falls } k \geqq p \textit{ ist.}$$

Beweis. Es gilt mit (1)

$$U_\Pi(B, Y) = |I_p + S_Y^{-1/2} U_B' U_B S_Y^{-1/2}|^{-1} = |\Sigma^{-1}|\,|\Sigma^{-1} + \Sigma^{-1/2} S_Y^{-1/2} U_B' U_B S_Y^{-1/2}\,\Sigma^{-1/2}|^{-1}\,,$$

wobei $U_B = \Gamma_Y^{1/2}(B - B_Y)$ ist. Ferner ist (vgl. [A2.38])

$$\begin{aligned} \Pi_Y^{U_B S_Y^{-1/2}\Sigma^{-1/2}|\Sigma=\Sigma} &= N_{k\times p}(0, S_Y^{-1} \otimes I_k), \\ \Pi_Y^{\Sigma^{-1}} &= W_p(r_Y - k, S_Y^{-1}). \end{aligned} \tag{3}$$

Aus (3) folgt $\Pi_Y^{V_B,\Sigma^{-1}} = \Pi_Y^{V_B} \times \Pi_Y^{\Sigma^{-1}}$, wobei $V_B = U_B S_Y^{-1/2}\Sigma^{-1/2}$ ist mit $\Pi_Y^{V_B'V_B} = W_p(k, S_Y^{-1})$.

Die Behauptung folgt nun aus Anhang [A 2.24]. ■

Das Bestimmen der α-HPD-SB B_α erfordert also die Berechnung des α-Quantils $Q_\alpha(P)$ der Verteilung eines Produktes von p betaverteilten Zufallsgrößen mit den Parametern aus Lemma 7.2.1, was sehr kompliziert sein kann. In einigen Fällen ist diese Verteilung aber tabelliert (vgl. Tabelle 7.2.1).

Bemerkung 1.

1. Es sei $C \in \mathfrak{M}_{l\times k}^l$. Wir erhalten als a posteriori Verteilung von CB (vgl. [A 2.42])

$$\Pi_Y^{CB} = \text{GMt}\,(r_Y - k + l, l, p, (C\Gamma_Y^{-1}C'), S_Y, CB_Y)$$

und als analoge Aussage zu Lemma 7.2.1 ergibt sich die a posteriori Verteilung von

$$U_\Pi(CB, Y) = |I_p + S_Y^{-1}(B - B_Y)\, C'(C\Gamma_Y^{-1}C')^{-1}\, C(B - B_Y)|^{-1}$$

als Verteilung eines Produktes von p unabhängigen betaverteilten Zufallsgrößen mit den Parametern $\left(\frac{r_Y - k - p + 1}{2}, \frac{l}{2}\right), \ldots, \left(\frac{r_Y - k}{2}, \frac{l}{2}\right)$, wenn $l \geqq p$ ist.

Mit Lemma 7.2.1 heißt das, daß ein α-HPD-SB B_α^* für CB für eine reguläre Matrix C durch den μ_{kp}-optimalen α-SB B_α für B (vgl. (2)) durch $B_\alpha^* = CB_\alpha$ hervorgeht.

2. Für den Fall $l = 1$ erhalten wir als spezielle Verteilung von $U_\Pi(CB, Y)$ eine Betaverteilung mit den Parametern $\left(\frac{r_Y - k + p + 1}{2}, \frac{p}{2}\right)$, deren α-Punkte tabelliert sind, so daß man in (2) C_α angeben kann.

Bemerkung 2. Aus der Definition von $U_\Pi(B, Y)$ folgt, daß U_Π eine Zufallsgröße mit einem Wertevorrat aus (0, 1) ist. Dann ist bekannt, daß die Momente der Zufallsgröße die Verteilung eindeutig bestimmen (vgl. [27], S. 85). Es gilt

$$E_{\Pi_Y} U_\Pi^h(B, Y) = \prod_{i=1}^{p} \frac{\Gamma\left(\frac{1}{2}[r_Y - p - k + i] + h\right) \Gamma\left(\frac{1}{2}[r_Y - p + i]\right)}{\Gamma\left(\frac{1}{2}[r_Y - p - k + i]\right) \Gamma\left(\frac{1}{2}[r_Y - p + i] + h\right)}. \tag{4}$$

Die durch (4) definierte Verteilung bezeichnen wir mit $U(p, r_Y - k, k)$.

Aus [A 2.25] ist bekannt, daß bei Benutzung der nichtinformativen a priori Verteilung Π_0 aus (7.1.7) gilt

$$E_{(B,\Sigma)} U_{\Pi_0}(B, Y)^h = E_{\Pi_{0Y}} U_{\Pi_0}(B, Y)^{h - \frac{1}{2}(k+p)},$$

so daß α-KB, die mit $U_\Pi(B, Y)$ nach dem klassischen Vorgehen aufgebaut werden (vgl. 6.2.3) und α-HPD-SB (bez. Π_{0Y}) von der gleichen Gestalt, nämlich Ellipsoide mit denselben Hauptachsen sind und sich nur in der Überdeckungswahrscheinlichkeit unterscheiden. α-HPD-SB (bez. Π_Y) für ein $\Pi_Y \neq \Pi_{0Y}$ ergeben andere Ellipsoide als bei α-KB.

Bemerkung 3.

1. Für den Fall $p = 1$ ergibt sich mit Bemerkung 1 also $U_\Pi(\boldsymbol{B}, Y) \sim \beta\left(\frac{r_Y - k}{2}, \frac{k}{2}\right)$ oder, was dasselbe ist, $\frac{r_Y - k}{k}\frac{1 - U_\Pi}{U_\Pi} \sim F_{k, r_Y - k}$.

2. Für den Fall $p = 2$ ist

$$U_\Pi^{1/2}(\boldsymbol{B}, Y) \sim \beta(r_Y - k - 1, k)$$

bzw.

$$\frac{r_Y - k - 1}{k}\,\frac{1 - U_\Pi^{1/2}}{U_\Pi^{1/2}} \sim F_{2k, 2(r_Y - k - 1)}.$$

3. Für $p \geqq 3$ können wir die Verteilung von

$$-\alpha_Y \log U_\Pi(\boldsymbol{B}, Y)$$

näherungsweise bestimmen, wenn

$$\alpha_Y = r_Y - k - p + 1 + \tfrac{1}{2}(p + k - 3)$$

ist. G. E. P. Box und M. S. BARTLETT [7] haben gezeigt, daß die Verteilung von $-\alpha_Y \log U_\Pi(\boldsymbol{B}, Y)$ durch eine χ^2-Verteilung angenähert werden kann. Es gilt $\Pi_Y(U_\Pi(\boldsymbol{B}, Y) \geqq U_0) = = \chi^2_{pk}(0, -\alpha_Y \log U_0) + O(\alpha_Y^{-2})$.

Γ bestehe aus Funktionen $\psi_B\colon \mathfrak{M}^l_{l\times s} \to \mathfrak{M}_{l\times p}$ mit $\psi_B(C) = CAB$ $(A \in \mathfrak{M}_{s\times k})$. Man kann beispielsweise $CXB = CM$ betrachten. Wir konstruieren nun ein α-Schätzband (vgl. 1.4.3) $B_\alpha\colon \mathfrak{M}^l_{l\times s} \to \mathfrak{B}^{lp}$ für Funktionen ψ_B. Es sei $B_\alpha(C)$ ein α-HPD-SB (bez. Π_Y^{CAB}) für CAB mit $\Pi_Y^{CAB}(B_\alpha(C)) = \alpha$, den man mit Bemerkung 1 wie (2) erhält. Für das α-Schätzband B_α mit

$$A^{-1}(B_\alpha) = \bigcap_{C\in\mathfrak{M}^l_{l\times s}} (CA)^{-1}\left(B_\alpha(C)\right) = \{B \mid CAB \in B_\alpha(C);\, C \in \mathfrak{M}^l_{l\times s}\}$$

gilt wegen Bemerkung 1

$$\Pi_Y(A^{-1}(B_\alpha)) = \alpha\,.$$

Für ein α-Schätzband $K\colon \mathfrak{M}^l_{l+s} \to \mathfrak{B}^{lp}$ mit $\Pi_Y(A^{-1}K) \geqq \alpha$ folgt $\Pi_Y^{CAB}(K(C)) \geqq \alpha$, und da $B_\alpha(C)$ α-HPD-SB sein sollte, ist $\mu_{lp}(B_\alpha(C)) \leqq \mu_{lp}(K(C))$. Das heißt also, daß das α-Schätzband B_α minimalen LEBESGUEschen Durchmesser in der Klasse aller α-Schätzbänder hat.

7.2.2. BAYESsche Verfahren zur Hypothesenprüfung

In diesem Abschnitt wollen wir BAYESsche Verfahren zur Prüfung verschiedener Hypothesen angeben. Wir wollen Hypothesen

$$H\colon \text{„}\gamma(\vartheta_0) \in \Gamma_H\text{“} \quad \text{mit} \quad \Gamma_H \subset \Gamma \tag{5}$$

für die Parameter des linearen Modells (7.1.1) betrachten. Dazu geben wir zu verschiedenen Hypothesen (5) α-Tests bez. Π_Y an (vgl. 1.4.3), wobei die a posteriori Verteilung Π_Y aus (7.1.3) mit den Parametern (7.1.6) sein soll. Wir müssen dazu also einen α-HPD-SB B_α konstruieren und sehen, ob Γ_H und B_α disjunkt sind oder nicht (vgl. 1.4).

Wir betrachten die allgemeine lineare Hypothese

$$H: \text{„}ABC = D\text{“} \quad \text{für } \vec{D} \in \mathcal{R}(C' \otimes A)\,, \quad A \in \mathfrak{M}^r_{q\times k}\,, \quad C \in \mathfrak{M}^s_{p\times m}\,. \tag{6}$$

Es sei $R \in \mathfrak{M}^q_{q\times q}$ so gewählt, daß seine ersten r Zeilenvektoren in $\mathcal{R}(A)$ und die letzten $q-r$ in $\mathcal{R}(A)\perp$ liegen. $S \in \mathfrak{M}^m_{m\times m}$ sei derart, daß seine ersten s Spaltenvektoren in $\mathcal{R}(C')$ und die letzten $m-s$ in $\mathcal{R}(C')\perp$ liegen. Mit $(I_r \,\vdots\, 0_{r\times(q-r)})\,RA = P$ und $CS\,(I_s \,\vdots\, 0_{s\times(m-s)})' = Q$ sei $PBQ = B^*$. Für beliebiges $\vec{D} \in \mathcal{R}(C' \otimes A)$ gilt offensichtlich

$$RDS = \mathrm{Diag}\,[B_0^*, 0_{(q-r)\times(m-s)}] \quad \text{und} \quad RABCS = \mathrm{Diag}\,[B^*, 0_{(q-r)\times(m-s)}]\,.$$

Da $ABC = D$ genau dann erfüllt ist, wenn $RABCS = RDS$ gilt, untersuchen wir die zu (6) äquivalente Hypothese

$$H': \text{„}B^* = B_0^*\text{“}\,. \tag{7}$$

Mit der a posteriori Verteilung Π_Y aus (7.1.6) erhalten wir nach [A 2.42]

$$\Pi_Y^{B^*} = \mathrm{GMt}\,(r_Y - k - p + r + s, r, s, P\Gamma_Y^{-1}P', Q'S_YQ, PB_yQ)\,. \tag{8}$$

Nach 1.4 nimmt der α-Test bez. $\Pi_Y^{B^*}$ die Hypothese (7) an, wenn $\Pi_Y^{B^*}(\pi_Y(\boldsymbol{B}^*) \geqq \pi_Y(B_0^*)) \leqq \alpha$ ist. Es sei dazu

$$U_\Pi(B^*, Y) = |I_S + (Q'S_YQ)^{-1}(B^* - PB_YQ)'(P\Gamma_Y^{-1}P')^{-1}(B^* - PB_YQ)|^{-1}\,.$$

Mit (8) gilt $U_\Pi(\boldsymbol{B}^*, Y) \sim U(s, r_Y - k - p + s, r)$.

Wegen $\Pi_Y^{B^*}(\pi_Y(\boldsymbol{B}^*) \geqq \pi_Y(B_0^*)) = \Pi_Y^{B^*}(U_\Pi(\boldsymbol{B}^*, Y) \geqq U_\Pi(B_0^*, Y)) \leqq \alpha$ gilt: *Die Hypothese* (6) *wird von dem* BAYES*schen* α*-Test genau dann angenommen, wenn* $U_\Pi(B_0^*, Y) \geqq U_\alpha(s, r_Y - k - p + s, r)$ *ist.*

Die Verteilung von $U_\Pi(\boldsymbol{B}^*, Y)$ bzw. von Transformationen der Zufallsgröße $U_\Pi(\boldsymbol{B}^*, Y)$ ist analog zu Bemerkung 3 zu bestimmen. Es gilt Tabelle 7.2.1:

Werte für s und r	Zufallsgröße	Verteilung
$s = 1$, r beliebig	$\frac{1 - U_\Pi}{U_\Pi}\,\frac{r_Y - k - p + 1}{r}$	$F_{r,\, r_Y-k-p+1}$
$s = 2$, r beliebig	$\frac{1 - U_\Pi^{1/2}}{U_\Pi^{1/2}}\,\frac{r_Y - k - p + 1}{r}$	$F_{2r,\, 2(r_Y-k-p+1)}$
s beliebig, $r = 1$	$\frac{1 - U_\Pi}{U_\Pi}\,\frac{r_Y - k - p + 1}{s}$	$F_{s,\, r_Y-k-p+1}$
s beliebig, $r = 2$	$\frac{1 - U_\Pi^{1/2}}{U_\Pi^{1/2}}\,\frac{r_Y - k - p + 1}{s}$	$F_{2s,\, 2(r_Y-k-p+1)}$
$s \geqq 3$, $r \geqq 3$	$-\alpha_Y \log U_\Pi$ $\alpha_Y = r_Y - k - p + 1 + \frac{1}{2}(r + s - 3)$	$\chi^2_{rs} + O(\alpha_Y^{-2})$

Wir wollen mit $X \in \mathfrak{M}^k_{n\times k}$ allgemeine lineare Hypothesen für das v-Modell $\boldsymbol{Y}\,(\simeq)\,N[\mathfrak{M}^p(X) \times \mathcal{V}^p_\Lambda]$ untersuchen. Es sei $\mathcal{L}$ ein $(k-r)$-dimensionaler linearer Unterraum von $\mathcal{R}(X)$. Mit $M = XB = (M_1 \,\vdots\, M_2)$ $(M_1 \in \mathfrak{M}_{n\times s})$ betrachten wir die Hypothese

$$H: \text{„}M_1 \in \mathfrak{M}^s_{\mathcal{L}}\text{“}\,. \tag{9}$$

Dann existieren Matrizen $R \in \mathfrak{M}^n_{n\times n}$, $Q \in \mathfrak{M}^p_{p\times p}$, so daß mit $RX = P$ und

$$RMQ = PBQ = \begin{pmatrix} \Delta_{11} & \Delta_{12} \\ \Delta_{21} & \Delta_{22} \\ 0_{(n-k)\times s} & 0_{(n-k)\times(p-s)} \end{pmatrix}, \quad \Delta_{11} \in \mathfrak{M}_{r\times s}, \tag{10}$$

$M_1 \in \mathfrak{M}^s_Y$ genau dann gilt, wenn $\Delta_{11} = 0_{r\times s}$ ist (vgl. 5.1.6). Die Hypothese (9) ist also mit H': „$\Delta_{11} = 0_{r\times s}$“ äquivalent. Aus der a posteriori Verteilung Π_Y aus (7.1.6) erhalten wir mit $T = (I_k \vdots 0_{k\times(n-k)})$ und $\Delta = ((\Delta_{ij})) = TPBQ$ aus [A 2.42]

$$\Pi_Y^\Delta = \mathrm{GMt}\,(r_Y, k, p, TP\Gamma_Y^{-1}P'T', Q'S_YQ, TPB_YQ)$$

Mit folgender Aufspaltung der Matrizen

$$Q'S_YQ = \begin{pmatrix} S_Y^* & S_{12} \\ S_{21} & S_{22} \end{pmatrix}, S_Y^* \in \mathfrak{M}_s^>, \qquad TP\Gamma_Y^{-1}P'\Gamma' = \begin{pmatrix} \Gamma_Y^* & \Gamma_{12} \\ \Gamma_{21} & \Gamma_{22} \end{pmatrix}, \quad \Gamma_Y^* \in \mathfrak{M}_r^>$$

und $TPB_YQ = \begin{pmatrix} \Delta_Y^* & \tilde{\Delta}_{12} \\ \tilde{\Delta}_{21} & \tilde{\Delta}_{22} \end{pmatrix}$, $\Delta_Y^* \in \mathfrak{M}_{r\times s}$ erhalten wir nach [A 2.43]

$$\Pi_Y^{\Delta_{11}} = \mathrm{GMt}\,(r_Y - k - p + r + s, r, s, \Gamma_Y^*, S_Y^*, \Delta_Y^*)\,. \tag{11}$$

Die Hypothese H' und somit H wird durch den α-Test bez. $\Pi_Y^{\Delta_{11}}$ angenommen, wenn mit der Dichte $\pi_Y(\Delta_{11})$ der Verteilung (11) $\Pi_Y(\pi_Y(\Delta_{11}) \geqq \pi_Y(0_{r\times s})) \leqq \alpha$ *ist, und das gilt nach Bemerkung* 2 *aus* 7.2.1, *wenn*

$$|I_s + S_Y^{*-1}\,\Delta_Y^{*\prime}\,\Gamma_Y^*\,\Delta_Y^*|^{-1} \geqq U_\alpha(s, r_Y - k - p + s, r)$$

ist.

Wenn man als a priori Verteilung die nichtinformative Verteilung Π_0 aus (7.1.7) wählt, erhebt sich die Frage, ob klassische Tests (vgl. Kap. 5) und das beschriebene BAYESsche Vorgehen unterschiedliche Ergebnisse liefern. Man findet Hinweise darüber beispielsweise in [19], [20], [21]. Wir wollen nun untersuchen, unter welchen Voraussetzungen α-Tests bez. Π_Y und klassische Tests die gleichen Ergebnisse liefern. Es sei für das Modell

$$\boldsymbol{y} \,(\widehat{=})\, \mathcal{P} = \{P(\Delta, \bar{\Delta}) \mid (\Delta, \bar{\Delta}) \in \Xi \subseteq R_k\}$$

Π_0 eine Verteilung über $(\Xi, \mathfrak{A}_\Xi)$ und die Hypothese

$$H: „\Delta = \Delta_0“ \tag{12}$$

gegeben.

Definition 7.2.1. *B_α^K sei der Annahmebereich der Hypothese* (12) *eines klassischen α-Tests und B_α ein α-HPD-SB bez. Π_0. Wir sagen, der klassische α-Test und der* BAYES*sche α-Test bez. Π_0 sind äquivalent, wenn eine eineindeutige Abbildung φ: $(0, 1) \to (0, 1)$ mit $B_\alpha^K = B^B_{\varphi(\alpha)}[\Pi_0]$ existiert.*

Es gilt der Satz von SINHA [17].

Satz 7.2.1. *Das klassische Verfahren zur Prüfung der Hypothese* (12) *soll mit der Teststatistik $T(\Delta, y)$ den Annahmebereich $\{y \mid T(\Delta_0, y) \geqq c_\alpha\}$ haben. Es gelte außerdem:*

a) $P_{(\Delta,\bar{\Delta})}^{T(\Delta,\boldsymbol{y})} = P$ *hänge nicht von* $(\Delta, \bar{\Delta})$ *und* $\Pi_0^{T(\Delta,y)} = Q$ *nicht von y ab.*
b) *Die μ_1-Dichten von P und Q seien nirgends konstant.*
c) *Die Dichte π_0 von Π_0^Δ ist monoton nichtfallend in $T(\Delta, y)$.*

Dann sind der klassische α-Test und der BAYES*sche α-Test bez. π_0 äquivalent.*

Beweis. a) Das BAYESsche Verfahren nimmt die Hypothese an, wenn Δ_0 in dem α-HDP-SB $\{\Delta \mid \pi_0(\Delta) \geqq \pi_0(\Delta_0)\} = B_\alpha$ liegt. Das ist erfüllt, wenn $\Pi_0(\pi_0(\Delta) \geqq \pi_0(\Delta_0)) \leqq \alpha$ ist. Wegen c) ist aber

$$\{\Delta \mid \pi_0(\Delta) \geqq \pi_0(\Delta_0)\} = \{\Delta \mid T(\Delta, y) \geqq T(\Delta_0, y)\} .$$

Der BAYESsche α-Test bez. Π_0 nimmt die Hypothese (12) also genau dann an, wenn $T(\Delta_0, y) \geqq Q_{1-\alpha}(Q)$ ist. b) Beim klassischen Verfahren ist mit $\{y \mid T(\Delta_0, y) \geqq Q_\alpha(P)\}$ der Annahmebereich gegeben. Mit b) folgt, daß zu jedem $Q_\alpha(Q)$ eindeutig ein $\beta = \varphi(\alpha)$ mit $Q_\alpha(Q) = Q_{\beta(\alpha)}(P)$ existiert. ■

Beispiel 7.2.1. Es sei im Modell (7.1.1) $r[X] = k$ und $\Lambda = I_n$. Wir betrachten die Hypothesen (9). Das klassische Verfahren soll auf der WILKSschen U-Statistik basieren (vgl. Kap. 5). Dann ist mit den Matrizen $R = (T_1' \vdots T_2' \vdots T_3')'$ und $Q = (Q_1 \vdots Q_2)$ wie in (10)

$$RYQ = \begin{pmatrix} V & \tilde{V} \\ W & \tilde{W} \\ Z & \tilde{Z} \end{pmatrix} = \begin{pmatrix} T_1 \\ T_2 \\ T_3 \end{pmatrix} Y(Q_1 \vdots Q_2) ,$$

wobei

$$T_1 \in \mathfrak{M}_{r \times n} , \quad T_2 \in \mathfrak{M}_{(k-r) \times n} , \quad T_3 \in \mathfrak{M}_{(n-k) \times n} , \quad Q_1 \in \mathfrak{M}_{p \times s} , \quad Q_2 \in \mathfrak{M}_{p \times (p-s)}$$

und

$$T_1'T_1 = P_{\mathfrak{X}} , \qquad T_3'T_3 = P_{\mathfrak{R}(X)^\perp}$$

sind. Die WILKSsche U-Statistik ist dann

$$U = \frac{|S|}{|S + H|} \text{ mit } S = Z'Z = Q_1'Y'T_3'T_3YQ_1 = Q_1'Y'P_{\mathfrak{R}(X)^\perp} YQ_1$$

und

$$H = V'V = Q_1'Y'T_1'T_1YQ_1 = Q_1'Y'P_{\mathfrak{X}}YQ_1 .$$

Beim BAYESschen Verfahren erhalten wir (11) als a posteriori Verteilung für Δ_{11}. Wenn man die nichtinformative a priori Verteilung Π_0 verwendet, sind die Parameter der a posteriori Verteilung aus (7.1.6)

$$S_Y = Y'P_{\mathfrak{R}(X)^\perp}Y , \qquad \Gamma_Y = X'X , \qquad B_Y = \Gamma_Y^{-1}X'Y$$

und damit für (11)

$$S_Y^* = Q_1'S_YQ_1 , \quad \Gamma_Y^* = T_1X(X'X)^{-1} X'T_1' = T_1P_{\mathfrak{R}(X)}T_1'$$

und

$$\Delta_Y^* = T_1X(X'X)^{-1} XYQ_1 = T_1P_{\mathfrak{R}(X)}YQ_1 .$$

Die a posteriori Dichte π_{0Y} ist monoton nichtfallend in $U_{\Pi_0}(\Delta_{11}, Y)$, und es gilt

$$U_{\Pi_0}(0_{r \times s}, Y) = U .$$

Die Verteilung von U bzw. U_{Π_0} entnimmt man Tabelle 7.2.1. Die Verteilungen besitzen Dichten, die nirgends konstant sind. Wegen Satz 7.2.1 sind beide Verfahren äquivalent.

Wenn man das BAYESsche Verfahren mit dem klassischen HOTELLINGS T_0^2, oder PILLAIS' V-Statistik oder mit ROYS größter Wurzel vergleicht, so führt das BAYESsche Verfahren zu anderen Annahmebereichen als die klassischen Verfahren, so daß in dem definierten Sinne kein Vergleich möglich ist. Für $p = 1$ ist der klassische F-Test und der BAYESsche α-Test zum Testen der Hypothese (9) äquivalent.

Wir wollen nun ein anderes Vorgehen bei der Prüfung von Hypothesen beschreiben. Dazu betrachten wir das univariate Modell (7.1.1) aus Beispiel 7.1.1.

Bei vielen praktischen Fragestellungen repräsentiert $H\beta = c$ ($H \in \mathfrak{M}^k_{q\times k}$) eine qualitative Eigenschaft. Deshalb erscheint es sinnvoll, die Hypothesen H': „$H\beta = c$" und K': „$H\beta \neq c$" durch H: „$||H\beta - c||^2_T \leqq \varepsilon_1$" und K: „$||H\beta - c||^2_T \leqq \varepsilon_2$" für $T \in \mathfrak{M}^>_q$ und $\varepsilon_2 < \varepsilon_1$ zu ersetzen. Wir nehmen die Hypothese mit der größeren a posteriori Wahrscheinlichkeit an. Um die Berechnung dieser Wahrscheinlichkeiten einfacher zu gestalten, setzen wir $T = \sigma^{-2}(H\Gamma_y^{-1}H')^{-1}$ $\left(\Gamma_y = \tilde{\Gamma} + X'\Lambda^{-1}X\right.$, vgl. (7.1.6)$\left.\right)$. Wenn d_H die Annahme und d_K die Ablehnung von H repräsentiert, liefert dieses Verfahren nach 1.4 eine optimale Entscheidung in $[\Pi_y, D, V]$ für $D = \{d_H, d_K\}$ und $V(\vartheta, d_H) = I_{\Theta_K}(\vartheta)$, $V(\vartheta, d_K) = I_{\Theta_H}(\vartheta)$. Dieses Verfahren besteht also im Vergleich der a posteriori Wahrscheinlichkeiten $\Pi_y(H)$ und $\Pi_y(K)$.

Nach [A 2.38] gilt mit den Parametern (7.1.6) $\Pi_y^{H\beta|\sigma=\sigma} = N_q(H\beta_y, \sigma^2 H\Gamma_y^{-1}H')$ Mit $u = (H\Gamma_y^{-1}H')^{-1/2} H\beta - c$ und $\hat{u} = (H\Gamma_y^{-1}H')^{-1/2} H\beta_y - c$ ist also $\Pi_y^{u|\sigma=\sigma} = N_q(\hat{u}, \sigma^2 I_q)$. In 7.1.4 wurden Wahrscheinlichkeiten $\Pi_Y(H)$ und $\Pi_Y(K)$ bereits berechnet, so daß mit

$$p^2 = ||\hat{u}||^2 (s_y + ||\hat{u}||^2)^{-1}, \qquad c_y = ||\hat{u}||^{-1} \left(\frac{s_y}{s_y + ||\hat{u}||^2}\right)^{\frac{r_y-k}{2}} \pi^{-q/2} \left(\Gamma\left(\frac{q}{2}\right)\right)^{-1}$$

und der Bezeichnung (7.1.47)

$$\Pi_y(H) = d\left(\frac{r_y - k}{2}, \frac{q}{2}, -p^2, \frac{\varepsilon_1}{2}\right) c_y$$

ist. Analog ergibt sich

$$\Pi_y(K) = \left[d\left(\frac{r_y - k}{2}, \frac{q}{2}, -p^2, +\infty\right) - d\left(\frac{r_y - k}{2}, \frac{q}{2}, -p^2, \frac{\varepsilon_2}{2}\right)\right] c_y .$$

Dieses BAYESsche Vorgehen besteht also im Vergleich der tabellierbaren Größen (vgl. beispielsweise L. J. SLATER [11])

$$d\left(\frac{r_y - k}{2}, \frac{q}{2}, -p^2, \frac{\varepsilon_1}{2}\right)$$

und

$$d\left(\frac{r_y - k}{2}, \frac{q}{2}, -p^2, +\infty\right) - d\left(\frac{r_y - k}{2}, \frac{q}{2}, -p^2, \frac{\varepsilon_2}{2}\right).$$

7.2.3. Minimax-BAYESsche Tests

Wir gehen von der Betrachtungsweise aus, wie sie am Ende von 7.2.2 ausgeführt wurde. An Stelle einfacher Hypothesen für den Parameter im v-Modell (7.1.1) prüfen wir monotone Hypothesen für einen eindimensionalen Parameter und setzen dabei voraus, daß bereits aus Erfahrungen oder praktischen Überlegungen heraus eine Bewichtung der Hypothesen vorgegeben ist. Wenn H und K einfache Hypothesen sind, so sind in der klassischen Theorie optimale Tests bekannt (vgl. Kap. 5).

Wir suchen einen Test φ mit $\alpha_1(\varphi) = \sup_{\vartheta \in H} E_\vartheta \varphi$ und $\alpha_2(\varphi) = \sup_{\vartheta \in K} E_\vartheta(1 - \varphi)$, bei dem die mittlere Irrtumswahrscheinlichkeit $\alpha(\varphi) = \pi\alpha_1(\varphi) + (1 - \pi)\alpha_2(\varphi)$ minimal wird. Das ist gleichbedeutend damit, daß wir das maximale BAYESsche Risiko $\sup_{\Pi \in \Pi^*} R[\Pi, \varphi] = \sup_{\Pi \in \Pi^*} \left(\int_{\Theta_H} \alpha_1 \mathrm{d}\Pi + \int_{\Theta_K} \alpha_2 \mathrm{d}\Pi \right)$ minimieren. Hierbei ist $\Pi^* = \{\Pi \mid \Pi(\Theta_H) = \pi, \Pi(\Theta_K) = 1 - \pi\}$ eine Teilklasse aller Verteilungen Π über $\mathfrak{A}_\Theta$. Ein Test φ, der $\alpha(\varphi)$ minimiert, ist nach dem von O. BUNKE [23] eingeführten Optimalitätsbegriff π-optimal. O. BUNKE und J. GRIMM [22] haben solche Tests für verschiedene Hypothesen abgeleitet.

Wir betrachten das univariate Modell (7.1.1) mit $X \in \mathfrak{M}^k_{n \times k}$ und $\boldsymbol{y}^* \; (\widehat{=}) \; N[\mathcal{R}(X) \times \mathcal{V}_{I_n}]$.

Es sei $\mathcal{L}$ ein $(k - r)$-dimensionaler linearer Unterraum von $\mathcal{R}(X)$. $C \in \mathfrak{M}^r_{r \times n}$ sei eine Matrix, deren Zeilenvektoren eine orthogonale Basis von $\mathcal{L}^\perp \cap \mathcal{R}(X)$ bilden. An Stelle der linearen Hypothese H': „$\mu \in \mathcal{L}$" oder der dazu äquivalenten Hypothese H'': „$C\mu = 0_r$" betrachten wir

$$H: „\psi = \sigma^{-1} \|C\mu\| \leqq \psi_1", \quad K: „\psi \geqq \psi_2" \quad \text{für } \psi_2 > \psi_1 .$$

Es sei $D \in \mathfrak{M}^{n-r}_{(n-r) \times n}$ eine Matrix, deren Zeilenvektoren orthonormal sind und deren erste $(k - r)$ Zeilenvektoren in $\mathcal{L}$, die anderen in $\mathcal{R}(X)^\perp$ liegen. Dann ist mit $y = (C' \vdots D')' \, y^*$ $E_\vartheta \boldsymbol{y}_i = \eta_i$ $(i = 1, \dots, k)$, $E_\vartheta \boldsymbol{y}_i = 0$ $(i = k + 1, \dots, n)$, $D_\vartheta \boldsymbol{y} = \sigma^2 I_n$. Die Hypothesen H und K lassen sich zu H: „$\sigma^{-1} \left(\sum_{j=1}^{r} \eta_i^2 \right)^{1/2} \leqq \psi_1$", K: „$\psi \geqq \psi_2$" schreiben. Das heißt, wir ordnen kleinen Werten von ψ die durch $\eta_i = 0$ $(i = 1, \dots, r)$ beschriebene qualitative Eigenschaft zu und führen dazu einen Indifferenzbereich (ψ_1, ψ_2) ein. Mit $\{\vartheta = (\eta_1, \dots, \eta_k, \sigma) \in R^k \times R^>\} = \Theta$ ist das Testproblem gegenüber der Gruppe G_1 der Transformationen

$$\tilde{y} = gy \quad \text{mit } \tilde{y} = \begin{cases} y_i + c_i & \text{für } i = r + 1, \dots, k, \\ y_i & \text{für } i = 1, \dots, r, k, \dots, n \end{cases}$$

invariant. Die Gruppe G_1 erfüllt die Voraussetzung [A 3.27, 1)]. Ferner ist $T(y) = \left(y_1, \dots, y_k, \sum_{i=k+1}^{n} y_i^2 \right)$ eine erschöpfende Statistik und $z(T(y)) = \left(y_1, \dots, y_r, \sum_{i=k+1}^{n} y_i^2 \right)$ eine maximal invariante Funktion bez. G_1, so daß nach [A 3.27] ein nur von z abhängiger optimaler Test existiert.

Wir betrachten nun das Testproblem mit der beobachteten Zufallsvariablen $\boldsymbol{z}$. Dieses Testproblem ist invariant gegenüber der Gruppe G_2 von Transformationen

$$z^* = gz \quad \text{mit } z_i^* = \sum_{k=1}^{r} g_{ik} z_k \quad \text{für } i = 1, \dots, r \quad \text{und} \quad z_{r+1}^* = z_{r+1} ,$$

wobei $((g_{ij}))$ eine orthogonale Matrix ist. Diese Gruppe erfüllt ebenfalls Voraussetzung [A 3.27, 1)]. Da $x(z) = \left(\sum_{i=1}^{r} z_i^2, z_{r+1} \right) = (x_1, x_2)$ eine maximalinvariante Funktion ist, existiert ein nur von x abhängiger optimaler Test.

Betrachten wir letztlich die Gruppe G_3 der Transformationen $x^* = gx = cx$ für $c \neq 0$, so ist $u(x) = x_1/x_2$ eine maximalinvariante Funktion und $\boldsymbol{u} = u(\boldsymbol{y}) = \sum_{i=1}^{r} \boldsymbol{y}_i^2 \left(\sum_{j=k+1}^{n} \boldsymbol{y}_j^2 \right)^{-1}$ hat einen monotonen Likelihood-Quotienten $\left(\text{es gilt genauer } \boldsymbol{y} \sim \frac{r}{n - k} F_{r, n-k; \psi^2} \right)$.

Wir erhalten dann also mit [A'3.27] den π-optimalen Test

$$\varphi^{\pi}(y) = \begin{cases} 1 & \pi p_{\psi_1}(u(y)) < (1-\pi)\, p_{\psi_2}(u(y))\,, \\ 0 & \pi p_{\psi_1}(u(y)) \geqq (1-\pi)\, p_{\psi_2}(u(y))\,, \end{cases}$$

wobei $p_{\psi}(u)$ die Wahrscheinlichkeitsdichte der Verteilung $F_{r,\, n-k;\, \varphi}$ von $\boldsymbol{u}$ ist.

Bemerkung 4. Da $\dfrac{p_{\psi_1}(u)}{p_{\psi_2}(u)}$ monoton in $u(\boldsymbol{y})$ ist, ergibt sich φ^{π} als ein F-Test zum Testen der Hypothese H'': „$C\mu = 0_r$“, dessen Signifikanzniveau unbekannt ist. Somit ist ein Verfahren zur Festlegung des Signifikanzniveaus eines F-Tests der linearen Hypothese gegeben, daß vorgegebene Bewichtungen für die Hypothesen beachtet.

7.3. Minimaxeigenschaften der GLSE

Aus Kapitel 2 wissen wir, daß in normalen Modellen (Modell (7.1.1)) die GLSE $\hat{\gamma}_{\Lambda} = C\hat{M}_{\Lambda} + F$ eine BUE für $\gamma = CM + F$ ist (vgl. 2.1.3). Die GLSE kann man auch als verallgemeinerte BAYESsche SF bez. der nichtinformativen a priori Verteilung Π_0 auffassen (vgl. 7.1.1). Wir wollen untersuchen, wann $\hat{\gamma}_{\Lambda}$ Minimax-SF in der Klasse aller SF ist.

Wenn als Verlustfunktion $||\gamma - \tilde{\gamma}||_H^2$ verwendet wird, so hat R. RADNER [24] gezeigt, daß $\hat{\gamma}_{I_n}$ Minimax-SF unter $\boldsymbol{y}$ $(\widetilde{-})$ $[\mathcal{L} \times \mathcal{V}_{\leqq c}]$ ist, wobei $\mathcal{V}_{\leqq c} = \{\Omega \in \mathfrak{M}_n^{>} \mid \mathrm{sp}\,[\Omega] \leqq c\}$ ist. Wenn eine normierte Verlustfunktion $||\gamma - \tilde{\gamma}||_{\Sigma^{-1}\otimes H}$ verwendet wird, hat O. BUNKE [25] gezeigt, daß $\hat{\gamma}_{\Lambda}$ sogar Minimax-SF für $\boldsymbol{Y}$ $(\widetilde{-})$ $[\mathfrak{M}_{\mathcal{X}}^p \times \mathcal{V}_{\Lambda}^p]$ ist. Bei allgemeineren Verlustfunktionen $V(\vartheta, \tilde{\gamma}) = F(||\gamma - \tilde{\gamma}||_H)$, wobei F eine monoton nicht fallende konvexe Funktion ist, gilt unter $\boldsymbol{Y}$ $(\widetilde{-})$ $N[\mathfrak{M}_{\mathcal{X}}^p \times \{\Sigma_0 \times \Lambda\}]$, daß $\hat{\gamma}_{\Lambda}$ Minimax-SF ist. Dies wurde für $p = 1$ von W. NÄTHER [26] gezeigt. Mit der normierten Verlustfunktion $F(||\gamma - \hat{\gamma}||_{\Sigma^{-1}\otimes H}) = V(\vartheta, \tilde{\gamma})$ ist $\tilde{\gamma}_{\Lambda}$ Minimax-SF für $\boldsymbol{Y}$ $(\widetilde{-})$ $N[\mathfrak{M}_{\mathcal{X}}^p \times \mathcal{V}_{\Lambda}^p]$.

Wir werden später v-Modelle definieren, für die bezüglich einer Halbordnungsrelation das Modell (7.1.1) Maximalelement ist und zeigen, daß dann $\hat{\gamma}_{\Lambda}$ immer noch Minimax-SF ist. Im folgenden betrachten wir das v-Modell

$$\boldsymbol{Y}\ (\widetilde{-})\ [\mathfrak{M}_{\mathcal{X}}^p \times \mathcal{V}]_{\mathcal{K}} = \mathcal{P} = \{P_{\vartheta} \mid \vartheta = (M, \Omega, \varkappa) \in \Theta = \mathfrak{M}_{\mathcal{X}}^p \times \mathcal{V} \times \mathcal{K}\}\,, \quad (1)$$

wobei $\mathcal{V} \subseteq \mathfrak{M}_{np}^{>}$ und $\mathcal{K} \subset \mathcal{K}_{n\times p}$ sind. Ferner sei

$$D = \Gamma = \{\gamma = CM + F \mid M \in \mathfrak{M}_{\mathcal{X}}^p\} = \mathfrak{M}_{C\mathcal{X}+F}^p$$

und

$$\mathcal{P}_{(\Omega_0,\varkappa_0)} = \{P_{\vartheta} \mid \vartheta \in \Theta,\ (\Omega, \varkappa) = (\Omega_0, \varkappa_0)\}\,, \quad (2)$$

$$\mathcal{P}_{\varkappa_0}^{\Lambda_0} = \{P_{\vartheta} \mid \vartheta = (M, \Sigma \otimes \Lambda_0, \varkappa_0),\ M \in \mathfrak{M}_{\mathcal{X}}^p,\ \Sigma \in U\} \quad (U \subset \mathfrak{M}_p^{>},\ \Lambda_0 \in \mathfrak{M}_{\Lambda}^{>})\,.$$

7.3.1. Minimaxeigenschaften der GLSE in normalen Modellen

Wir wollen zuerst die Eigenschaften der GLSE in normalen Modellen untersuchen. Es sei

$$V(\vartheta, d) = F(||\gamma - d||_{\Sigma^{-1}\otimes H}) \quad (H \in \mathfrak{M}_q^{\geqq}) \quad (3)$$

für eine monoton nichtfallende konvexe Funktion F. Unter $\boldsymbol{Y} \ (\widetilde{=})\ N[\mathfrak{M}_X^p \times \mathcal{V}_\Lambda^p]$ können wir zeigen, daß $\hat{\gamma}_\Lambda$ Minimax-SF ist. Wir setzen voraus, daß das Risiko von $\hat{\gamma}_\Lambda$ existiert und endlich ist. Dann gilt (vgl. 2.1.2)

$$R(\vartheta_0, \hat{\gamma}_\Lambda) = \sup_{\vartheta_0 \in \Theta_0} R(\vartheta_0, \hat{\gamma}_\Lambda) < +\infty \text{ für alle } \vartheta_0 \in \Theta_0 = \{(M, \Sigma) \in \mathfrak{M}_X^p \times \mathfrak{M}_p\}\,. \quad (4)$$

Mit $\dim \mathscr{L} = k$ sei $\mathscr{R}(X) = \mathscr{L}$ für $X \in \mathfrak{M}_{n\times k}^k$. Dann ist

$$N[\mathfrak{M}_X^p \times \mathcal{V}_\Lambda^p] = \{N_{n\times p}(XB, \Sigma \otimes \Lambda) \mid (B, \Sigma) \in \mathfrak{M}_{k\times p} \times \mathfrak{M}_p^>\}\,. \quad (5)$$

Wir wählen dann eine Folge $\{\Pi_r\}$ von a priori Verteilungen Π_r für $(\boldsymbol{B}, \boldsymbol{\Sigma}^{-1})$ aus Satz 7.1.1 mit

$$\Pi_r = \mathrm{NW}(k, p, t, 0, r^{-1} I_k, I_p)\,. \quad (6)$$

Mit $\Pi_r^* = \Pi_r^{CXB+F,\Sigma}$ erhält man dann eine Folge von Verteilungen für $(\boldsymbol{\gamma}, \boldsymbol{\Sigma})$. Ferner sei P_r die gemeinsame Verteilung von $(\boldsymbol{Y}, \boldsymbol{\gamma}, \boldsymbol{\Sigma})$, die aus Π_r^* und der bedingten Verteilung P_ϑ von $\boldsymbol{Y}$ unter $(\boldsymbol{\gamma}, \boldsymbol{\Sigma}) = (\gamma, \Sigma)$ hervorgeht. Nach Satz 7.1.3 ist

$$\hat{\gamma}_r = CX\hat{B}_r + F \quad \text{mit} \quad \hat{B}_r(Y) = (X'\Lambda^{-1}X + r^{-1}I_k)^{-1}\, X'\Lambda^{-1}Y \quad (7)$$

Bayessche-SF bez. Π_r^*.

Lemma 7.3.1. *Mit*

$$u_r = \|\gamma - \hat{\gamma}_\Lambda\|_{\Sigma^{-1}\otimes H} \quad \textit{und} \quad v_r = \|\gamma - \hat{\gamma}_r\|_{\Sigma^{-1}\otimes H}$$

gilt

$$|\boldsymbol{u}_r - \boldsymbol{v}_r| \xrightarrow{P_r} 0\,.$$

Beweis. Es gilt $|u_r - v_r| \leqq \|\tilde{B}_r - \tilde{B}_\Lambda\|_{\Sigma^{-1}\otimes H^*} = \mathrm{sp}\,[\Sigma^{-1}Y'A_rY]^{1/2}$ mit $H^* = X'C'HCX$, $A_r = C_r'H^*C_r$ und

$$C_r = [(\Gamma_\Lambda + r^{-1}I_k)^{-1}\,\Gamma_\Lambda - I_k]\,\Gamma_\Lambda^{-1}X'\Lambda^{-1}\,.$$

Wegen der Tschebyschevschen Ungleichung ist dann

$$P_r(|\boldsymbol{u}_r - \boldsymbol{v}_r| \geqq \varepsilon) \leqq P_r(\|\hat{\boldsymbol{B}}_r - \hat{\boldsymbol{B}}_\Lambda\|_{\boldsymbol{\Sigma}^{-1}\otimes H^*} \geqq \varepsilon) \leqq \varepsilon^{-2} E_{P_r}\,\mathrm{sp}\,[\boldsymbol{\Sigma}^{-1}\boldsymbol{Y}'A_r\boldsymbol{Y}]\,.$$

Ferner gilt (vgl. [A 2.38])

$$E_{P_r}\,\mathrm{sp}\,[\boldsymbol{\Sigma}^{-1}\boldsymbol{Y}'A_r\boldsymbol{Y}] = E_{\Pi_r}E_{(B,\Sigma)}\,\mathrm{sp}\,[\boldsymbol{\Sigma}^{-1}\boldsymbol{Y}'A_r\boldsymbol{Y}] = E_{\Pi_r}\,\mathrm{sp}\,[\boldsymbol{\Sigma}^{-1} \otimes A_r\{D_{(\boldsymbol{B},\boldsymbol{\Sigma})}\boldsymbol{Y} + \overrightarrow{X\boldsymbol{B}}\,\overrightarrow{X\boldsymbol{B}}'\}]$$

$$= E_{\Pi_r}\{p\,\mathrm{sp}\,[A_r\Lambda] + \mathrm{sp}\,[(\boldsymbol{\Sigma}^{-1} \otimes X'A_rX)\, D_{\Pi_r}(\boldsymbol{B} \mid \boldsymbol{\Sigma} = \Sigma)]\} = p\,\mathrm{sp}\,[A_r\Lambda] + pr\,\mathrm{sp}\,[X'A_rX]\,.$$

Da $rA_r \underset{r\to\infty}{\rightrightarrows} 0_{n\times n}$ ist, folgt die Behauptung. ■

Es seien H_r bzw. G_r die Verteilungsfunktionen von $\boldsymbol{u}_r$ bzw. $\boldsymbol{v}_r$. Aus dem Lemma von Helly ([27], S. 96) folgt die Existenz von Teilfolgen $\{H_\alpha\}$, $\{G_\alpha\}$ und nicht notwendig normierter Verteilungsfunktionen H und G, so daß $H_\alpha(x) \underset{\alpha\to\infty}{\rightrightarrows} H(x)$ $G_\alpha(x) \underset{\alpha\to\infty}{\rightrightarrows} G(x)$ für alle Stetigkeitspunkte x von H und G. Zusammen mit Lemma 7.3.1 folgt dann $G(x) = H(x)$ (vgl. [27], S. 100) für alle Stetigkeitspunkte x.

Lemma 7.3.2. *Mit F aus* (3) *ist*

$$\limsup_\alpha E_{H_\alpha}F(\boldsymbol{u}_\alpha) \leqq \liminf_\alpha E_{G_\alpha}F(\boldsymbol{v}_\alpha)\,.$$

Beweis. Es gilt mit (4) und (5)

$$E_{G_\alpha}F(\boldsymbol{v}_\alpha) = R[\Pi_\alpha^*, \hat{\gamma}_\alpha] \leqq R[\Pi_\alpha^*, \hat{\gamma}_\Lambda] \leqq \sup_{\vartheta_0 \in \Theta_0} R(\vartheta_0, \hat{\gamma}_\Lambda) < +\infty\,. \tag{8}$$

F besitzt die Eigenschaften einer Verteilungsfunktion, und es gilt

$$E_{H_\alpha}F(\boldsymbol{u}_\alpha) = \int_0^\infty (1 - H_\alpha(u))\, F(\mathrm{d}u),\; E_{G_\alpha}F(\boldsymbol{v}_\alpha) = \int_0^\infty (1 - G_\alpha(u))\, F(\mathrm{d}u)\,.$$

Wegen (8) können wir das Lemma von Fatou anwenden und erhalten

$$\limsup_\alpha E_{H_\alpha}F(\boldsymbol{u}) \leqq \int_0^\infty (1 - H(u))\, F(\mathrm{d}u) \leqq \liminf_\alpha E_{G_\alpha}F(\boldsymbol{v}_\alpha)\,. \blacksquare$$

Satz 7.3.1. *Unter* $\boldsymbol{Y}$ (≂) $N[\mathfrak{M}_{\mathscr{L}}^p \times \mathcal{V}_\Lambda^p]$ *ist mit der Verlustfunktion* (3) $\hat{\gamma}_\Lambda$ *Minimax*-SF.

Beweis. Wegen [A 3.43] genügt es zu zeigen, daß das Risiko von $\hat{\gamma}_\Lambda$ nicht von ϑ_0 abhängt (vgl. (4)) und daß zu jedem $\varepsilon > 0$ eine Verteilung Π_ε existiert, so daß $\hat{\gamma}_L$ ε-Bayessche-SF bez. Π_ε ist. Zu jedem $\varepsilon > 0$ existiert nach Lemma 7.3.2 ein $\alpha(\varepsilon) \geqq \alpha_0$ mit $E_{H_{\alpha(\varepsilon)}}F(\boldsymbol{u}_{\alpha(\varepsilon)}) \leqq E_{G_{\alpha(\varepsilon)}}F(\boldsymbol{v}_{\alpha(\varepsilon)}) + \varepsilon$. Wir wählen die a priori Verteilung $\Pi_{\alpha(\varepsilon)}$ aus (6) als Π_ε und erhalten wegen der Optimalität von $\hat{\gamma}_r$ aus (7)

$$R[\Pi_\varepsilon, \hat{\gamma}_\Lambda] = E_{H_{\alpha(\varepsilon)}}F(\boldsymbol{u}_{\alpha(\varepsilon)}) \leqq E_{G_{\alpha(\varepsilon)}}F(\boldsymbol{v}_{\alpha(\varepsilon)}) + \varepsilon = R[\Pi_\varepsilon, \hat{\gamma}_r] + \varepsilon \leqq R[\Pi_\varepsilon, \tilde{\gamma}] + \varepsilon$$

für alle SF $\tilde{\gamma}$. $\blacksquare$

Bemerkung 1. Wenn die Kovarianz $\Sigma = \Sigma_0$ bekannt ist, folgen die Beweise für die Verlustfunktion $V(\vartheta, d) = F(\|\gamma - d\|_H)$ $(H \in \mathfrak{M}_{pl}^{\geqq})$ analog. D. h., unter $\boldsymbol{Y}$ (≂) $N[\mathfrak{M}_{\mathscr{L}}^p \times \{\Sigma_0 \otimes \Lambda\}]$ und der eingeführten Verlustfunktion ist $\hat{\gamma}_\Lambda$ Minimax-SF.

7.3.2. Minimaxeigenschaften der GLSE in nichtnormalen Modellen

Es sollen hier in allgemeineren Modellen die Eigenschaften der GLSE untersucht werden. Zuerst formulieren wir das Ergebnis von R. Radner [24].

Satz 7.3.2. *Mit* $V(\vartheta, d) = \|\gamma - d\|_H^2$ $(H \in \mathfrak{M}_l^>)$, *für* $p = 1$ *und* $\mathcal{V}_{\leqq c} = \{\Omega \in \mathfrak{M}_n^> \mid \operatorname{sp}[\Omega] \leqq c\}$ *ist* $\hat{\gamma}_{I_n}$ *Minimax*-SF *unter* $\boldsymbol{y}$ (≂) $[\mathscr{L} \times \mathcal{V}_{\leqq c}]$.

Beweis. Es sei $X \in \mathfrak{M}_{n \times k}^k$ mit $\mathfrak{R}(X) = \mathscr{L}$. Dann ist

$$R(\mu, \Omega, \varkappa, \hat{\gamma}_{I_n}) = \operatorname{sp}\,[P_{\mathfrak{R}(X)}C'HCP_{\mathfrak{R}(X)}\Omega] \leqq c\operatorname{sp}\,[P_{\mathfrak{R}(X)}C'HCP_{\mathfrak{R}(X)}] = R(\mu, cI_n, \varkappa_N, \hat{\gamma}_{I_n})$$

und damit

$$\sup_{\vartheta \in \Theta} R(\mu, \Omega, \varkappa, \hat{\gamma}_{I_n}) = R(\mu, cI_n, \varkappa_N, \hat{\gamma}_{I_n}) = \text{const}$$

($\varkappa_N$ repräsentiert die Normalverteilung $N_n(0, I_n)$). Wegen Bemerkung 1 ist $\hat{\gamma}_{I_n}$ Minimax-SF unter $\boldsymbol{y}$ (≂) $[\mathscr{L} \times \{cI_n\}]$, so daß für alle Schätzfunktionen $\tilde{\gamma}$

$$\sup_{\vartheta \in \Theta} R(\mu, \Omega, \varkappa, \hat{\gamma}_{I_n}) = \sup_{\mu \in \mathscr{L}} R(\mu, cI_n, \varkappa, \hat{\gamma}_{I_n}) \leqq \sup_{\mu \in \mathscr{L}} R(\mu, cI_n, \varkappa_N, \tilde{\gamma}) \leqq \sup_{\vartheta \in \Theta} R(\mu, \Omega, \varkappa, \tilde{\gamma})$$

gilt. $\blacksquare$

Wenn wir normierte quadratische Verlustfunktionen verwenden, ist $\hat{\gamma}_\Lambda$ ebenfalls Minimax-SF (vgl. [25]).

Satz 7.3.3. *Mit der Verlustfunktion* $V(\vartheta, d) = \|\gamma - d\|_{\Sigma^{-1} \otimes H}^2$ $(H \in \mathfrak{M}_l^{\geqq})$ *ist* $\hat{\gamma}_\Lambda$ *unter* $\boldsymbol{Y}$ (≂) $[\mathfrak{M}_{\mathscr{L}}^p \times \mathcal{V}_\Lambda^p]$ *Minimax*-SF.

Beweis. Da das Risiko für $\hat{\gamma}_A$ nicht von ϑ abhängt, gilt $\sup_{\vartheta \in \Theta} R(\vartheta, \hat{\gamma}_A) = \sup_{\vartheta_0 \in \Theta_0} R(\vartheta_0, \varkappa_N, \hat{\gamma}_A)$. Wegen Satz 7.3.1 ist $\hat{\gamma}_A$ Minimax-SF mit $\boldsymbol{Y} \,(\simeq)\, N[\mathfrak{M}_Y^p \times \mathcal{V}_A^p]$, und deshalb gilt für alle Schätzfunktionen $\tilde{\gamma}$

$$\sup_{\vartheta \in \Theta} R(\vartheta, \hat{\gamma}_A) = \sup_{\vartheta_0 \in \Theta_0} R(\vartheta_0, \varkappa_N, \hat{\gamma}_A) \leqq \sup_{\vartheta_0 \in \Theta_0} R(\vartheta_0, \varkappa_N, \tilde{\gamma}) \leqq \sup_{\vartheta \in \Theta} R(\vartheta, \tilde{\gamma}) . \quad \blacksquare$$

Wenn wir an Stelle quadratischer Verlustfunktionen allgemeinere der Gestalt (3) verwenden, lassen sich mit dem Satz von NÄTHER ([A 3.47]) und den zwischen Modellen definierten Halbordnungsrelationen $\underset{(1)}{<}$ und $\underset{(2)}{<}$ ähnliche Sätze beweisen.

Satz 7.3.4. *Unter* $\boldsymbol{Y} \,(\simeq)\, [\mathfrak{M}_Y^p \times \mathcal{V}]_{\mathcal{K}}$ *aus* (1) *sei* $\mathcal{P}_{(\Sigma_0 \otimes A, \varkappa_N)} = N[\mathfrak{M}_Y^p \times \{\Sigma_0 \otimes A\}]$ *Maximalelement bez. der Halbordnungsrelation* $\underset{(1)}{<}$. *Dann ist* $\hat{\gamma}_A$ *Minimax*-SF.

Der Beweis ist eine Folgerung von Satz 7.3.1 und [A 3.47].

Satz 7.3.5. *Es sei* $V(\vartheta, d) = F(\|\gamma - d\|_{\Sigma^{-1} \otimes H})$ $(H \in \mathfrak{M}_l^{\geqq})$ *und* $\mathcal{P}_{\varkappa_N} = N[\mathfrak{M}_Y^p \times \mathcal{V}_A^p]$ *Maximalelement in* $\mathcal{P}^* = \{\mathcal{P}_\varkappa^A \mid \varkappa \in \mathcal{K}, A \in \mathfrak{W}\}$ $(\mathfrak{W} \subset \mathfrak{M}_n^{>})$ *vgl.* (2)) *bezüglich der Halbordnungsrelation* $\underset{(2)}{<}$. *Unter* $\boldsymbol{Y} \,(\simeq)\, \mathcal{P}$ *aus* (1) *mit* $\mathcal{V} = \bigcup_{A \in \mathfrak{W}} \mathcal{V}_A^p$ *ist dann* $\hat{\gamma}_A$ *Minimax*-SF.

Der Beweis folgt wieder mit Satz 7.3.1 und [A 3.47].

Beispiel 7.3.1. Unter $\boldsymbol{Y} \,(\simeq)\, N[\mathfrak{M}_{\mathcal{K}}^p \times \mathcal{V}_A^p(\Sigma_0)]$ für $\mathcal{V}_A^p(\Sigma_0) = \{\Sigma \otimes A \mid \Sigma_0 \geqq \Sigma\}$ $(\Sigma_0 \in \mathfrak{M}_p^{>}, A \in \mathfrak{M}_n^{>})$ ist mit der Verlustfunktion $V(\vartheta, d) = F(\|\gamma - d\|_H)$ nach Satz 7.3.4 $\hat{\gamma}_A$ Minimax-SF, da $N[\mathfrak{M}_Y^p \times \{\Sigma_0 \otimes A\}]$ Maximalelement bezüglich $\underset{(1)}{<}$ in $\mathcal{P}^* = \{N[\mathfrak{M}_Y^p \times \{\Omega\}] \mid \Omega \in \mathcal{V}_A^p(\Sigma_0)\}$ ist.

Beispiel 7.3.2. Es sei $\boldsymbol{Y} \,(\simeq)\, N[\mathfrak{M}_Y^p \times \mathcal{V}_{\leqq A_0}^p] = \mathcal{P}$ mit $\mathcal{V}_{\leqq A_0}^p = \{\Sigma \otimes A \mid \Sigma \in \mathfrak{M}_p^{>}, A_0 \geqq A\}$ $(A_0 \in \mathfrak{M}_n^{>})$. Dann ist nach [A 3.45] $N[\mathfrak{M}_Y^p \times \mathcal{V}_{A_0}^p]$ Maximalelement bezüglich $\underset{(2)}{<}$ in $\mathcal{P}^* = \{N[\mathfrak{M}_Y^p \times \mathcal{V}_A^p] \mid A_0 - A \geqq 0_{n \times n}\}$. Deshalb ist mit der Verlustfunktion $V(\vartheta, d) = F(\|\gamma - d\|_{\Sigma^{-1} \times H})$ $(H \in \mathfrak{M}_l^{\geqq})$ $\hat{\gamma}_{A_0}$ Minimax-SF (vgl. Satz 7.3.5).

Beispiel 7.3.3. Wir betrachten das v-Modell (7.1.13) $\boldsymbol{y} \,(\simeq)\, \mathrm{EP}\,[\mathcal{R}(X) \times \mathcal{V}_{I_n}^1(\sigma_0^2) \times [-1, 0]] = \mathcal{P}$. Nach [A 3.46] ist $N[\mathcal{R}(X) \times \{\sigma_0^2 I_n\}]$ Maximalelement bezüglich $\underset{(2)}{<}$ in $\mathcal{P}^* = \{\mathrm{EP}_\varkappa\,[\mathcal{R}(X) \times \{\sigma^2 I_n\}] \mid (\sigma^2, \varkappa) \in (0, \sigma_0^2) \times [-1, 0]\}$. Wegen Satz 7.3.4 ist $\hat{\gamma}_{I_n}$ Minimax-SF für die Verlustfunktion $V(\vartheta, d) = F(\|\gamma - d\|_H)$. Bei Verwendung einer nichtnormierten Verlustfunktion muß also die Beschränktheit der Varianz σ^2 gefordert werden, um die Minimaxeigenschaft von $\hat{\gamma}_{I_n}$ garantieren zu können. Verwendet man die normierte Verlustfunktion $V(\vartheta, d) = F(\sigma^{-1} \|\gamma - d\|_H)$, so ist $\hat{\gamma}_{I_n}$ auch Minimax-SF ohne diese Forderung, also unter $\boldsymbol{y} \,(\simeq)\, \mathrm{EP}\,[\mathcal{R}(X) \times \mathcal{V}_{I_n} \times [-1, 0]]$. Nach [A 3.46] ist nämlich $N[\mathcal{R}(X) \times \mathcal{V}_{I_n}]$ Maximalelement bezüglich $\underset{(2)}{<}$ in $\mathcal{P}^* = \{\mathrm{EP}_\varkappa\,[\mathcal{R}(X) \times \mathcal{V}_{I_n}] \mid \varkappa \in [-1, 0]\}$, so daß mit Satz 7.3.5 $\hat{\gamma}_{I_n}$ Minimax-SF ist.

Bemerkung 1. Die Verteilung von $\boldsymbol{y}$ habe bezüglich des LEBESGUEschen Maßes eine Dichte und für die Likelihoodfunktion $l_y(\vartheta)$ gelte $0 < \int_\Theta l_y(\vartheta)\, d\vartheta < +\infty$ mit $\Theta \in \mathfrak{B}^k$ und

$\int\limits_{\Theta} |\vartheta_i| \, l_y(\vartheta) \, d\vartheta < +\infty$. Dann kann man $\pi_y \propto l_y$ als die Dichte einer a posteriori Verteilung ansehen und verallgemeinerte BAYESsche Schätzungen $\hat{\vartheta} = E_{\Pi_y}\vartheta = \left(\int\limits_{\Theta} l_y(\vartheta) \, d\vartheta\right)^{-1} \int\limits_{\Theta} \vartheta l_y(\vartheta) \, d\vartheta$ betrachten. Für die Folge von Schätzfunktionen $\vartheta_r = \left(\int\limits_{\Theta} l_y(\vartheta) \, e^{-r\|\vartheta\|^2} d\vartheta\right)^{-1} \int\limits_{\Theta} \vartheta l_y(\vartheta) \, e^{-r\|\vartheta\|^2} d\vartheta$ gilt dann nach dem Satz von LEBESGUE $\lim_r \hat{\vartheta}_r = \hat{\vartheta}_r[\mu_k]$. Wenn weiterhin die Verlustfunktion $V(\vartheta, d)$ beschränkt und außerdem derart ist, daß ϑ_r eine BAYESsche-SF bezüglich $\pi_r(\vartheta) \propto e^{-r\|\vartheta\|^2}$ darstellt, gilt $\lim_r R[\vartheta, \hat{\vartheta}_r] = R[\vartheta, \hat{\vartheta}]$. Hängt $R(\vartheta, \hat{\vartheta})$ nicht von ϑ ab, so ist nach [A 3.43] $\hat{\vartheta}$ Minimax-SF. M. A. GIRSHICK und L. G. SAVAGE [28] haben allgemeine Bedingungen an das Modell und die Verlustfunktion angegeben, die von quadratischen Verlustfunktionen ebenfalls erfüllt werden, unter denen $\lim_r R[\vartheta, \hat{\vartheta}_r] = R[\vartheta, \hat{\vartheta}]$ noch erfüllt ist. Da das Risiko der PITMAN-SF $\hat{\vartheta}$ nicht von ϑ abhängt (vgl. (2.1.23)) ist der folgende Satz bewiesen:

Satz 7.3.6. *Unter den formulierten Bedingungen an die Verlustfunktion ist die* PITMAN-SF *eine Minimax*-SF.

Wenn wir eine allgemeinere Verlustfunktion als (3) verwenden, können nur schwächere Aussagen bewiesen werden.

Lemma 7.3.3. *Es sei* $V(\vartheta, d) = L(\gamma - d)$, *wobei* L *eine konvexe Funktion ist.* $\mathcal{P}$ *aus* (1) *sei derart, daß* $\mathcal{P}_{(\Omega_0, \varkappa N)} = N[\mathfrak{M}_Y^p \times V]$ *Maximalelement bezüglich* $\underset{(1)}{<}$ *in* $\mathcal{P}^* = \{\mathcal{P}_{(\Omega, \varkappa)} \mid (\Omega, \varkappa) \in V \times \mathcal{K}\}$ *ist. Dann ist* $\hat{\gamma}_A$ *Minimax*-SF *unter* $\boldsymbol{y} \,(\sim)\, \mathcal{P}$ *in der Klasse aller erwartungstreuen Schätzfunktionen.*

Der Beweis folgt mit Satz 2.1.6 und [A 3.47].

7.4. BAYESsche Approgression

Auf Grund von Beobachtungen $Y = (y_1, y_2, \ldots, y_n)'$ mit der Eigenschaft $E\boldsymbol{y}_i = f(x_i)$ für $x_i \in \mathcal{X}$ und $f \in \mathcal{F} \in \{\mathcal{X} \to R^p\}$ soll wie in 2.7 die unbekannte Funktion f durch eine Funktion $g \in \mathcal{Y} \in \{\mathcal{X} \to R^p\}$ approximiert werden. Es sei

$$\mathcal{F} = \left\{f \,\middle|\, f = \sum_{i=1}^{k} a_i\alpha_i : \alpha_i \in R^p\right\} \quad (a_i : \mathcal{X} \to R^1),$$

$$\mathcal{G} = \left\{g \,\middle|\, g = \sum_{i=1}^{r} b_i\beta_i : \beta_i \in R^p\right\} \quad (b_i : \mathcal{X} \to R^1)$$

und in einem linearen Raum $\mathcal{H}$ mit $\mathcal{F} \cup \mathcal{G} \subseteq \mathcal{H}$ sei ein Skalarprodukt (f, g) gegeben. Die Funktionen $a_1, \ldots, a_k$ und die Funktionen $b_1, \ldots, b_r$ seien linear unabhängig. Dann existiert zu jedem $f \in \mathcal{F}$ genau ein $B_f \in \mathfrak{M}_{k\times p}$ mit $f = B_f'a$ $\left(a = (a_1, \ldots, a_k)'\right)$. Wir betrachten das in Kap. 2.7 definierte v-Modell

$$\begin{aligned} \boldsymbol{Y} \,(\sim)\, N[\mathfrak{M}^p(A) \times V_A^p] &= \{N_{n\times p}(AB_f, \Sigma \otimes \Lambda) \mid (f, \Sigma) \in \mathcal{F} \times \mathfrak{M}_p^{>}\} \\ &= \{N_{n\times p}(AB_f, \Sigma \otimes \Lambda) \mid \vartheta = (B_f, \Sigma^{-1}) \in \mathfrak{M}_{k\times p} \times \mathfrak{M}_p^{>}\} \end{aligned} \quad (1)$$

für $A = \left(\left(a_i(x_j)\right)\right)$.

Unter der Verteilungsannahme (1) ist Π aus Satz 7.1.1 eine konjugierte Familie von a priori Verteilungen für (B_f, Σ^{-1}). Wir wollen nun BAYESsche Schätzungen für f bestimmen. Es sei $D = \mathcal{G} \times \mathfrak{M}_p^>$ und die Verlustfunktion $V(\vartheta, d) = = ||f - g||^2 + ||\vec{\Sigma} - \vec{S}||_M^2$ für $d = (g, S)$, $||f||^2 = (f, f)$ und $H \in \mathfrak{M}_{p^2}^{\geqq}$. Dann ist nach [A 3.35] mit den Parametern (7.1.6) $(r_Y - k - p - 1)^{-1} S_Y$ BAYESsche Schätzung für Σ und dasjenige $g_Y \in \mathcal{G}$ BAYESsche Schätzung für f, das $||E_{\Pi Y} f - g|$ für alle $g \in \mathcal{G}$ minimiert. Es gilt $E_{\Pi Y} f = B_Y' a$. Für $\mathcal{G} \subseteqq \mathcal{F}$ ist g_Y gerade die Projektion $P[B_Y a]$ von $B_f' a$ auf $\mathcal{G}$ (vgl. Kap. 2.7.1).

7.5. Strukturelle Parameterverteilung in linearen funktionellen Modellen

Wir nehmen nun an, daß wir eine parameterabhängige funktionelle Beziehung zwischen einer nichtbeobachtbaren zufälligen Größe $\boldsymbol{\varepsilon}$ mit bekannter Verteilung und einer beobachtbaren Größe $\boldsymbol{y}$ vorliegen haben. Es ist beispielsweise folgende Situation vorstellbar: Es trifft eine Folge zufälliger Signale $\boldsymbol{n}(t) = l(t) + \boldsymbol{\varepsilon}(t)$, $t = 1, \ldots, n$, auf den Eingang eines Empfängers. Dabei ist die Verteilung der zufälligen Störungen $\boldsymbol{\varepsilon}(t)$, $t = 1, \ldots, n$, auf Grund früherer Beobachtungen oder physikalischer Erfahrung bekannt. Die Analyse des Anteils $l(t)$ im Signal ist von Interesse. Die Charakteristik des Empfängers sei linear, so daß Beobachtungen $\boldsymbol{y}(t) = T'\boldsymbol{n}(t)$ zur Verfügung stehen. Ist $\boldsymbol{n}(t)$ vektorwertig, so fassen wir das v-Modell (vgl. Kap. 1.3.1) in Matrixschreibweise zusammen:

$$\boldsymbol{Y} = LT + \boldsymbol{\varepsilon} T, \quad \boldsymbol{\varepsilon} \sim P^{\varepsilon}.$$

Um das Modell vollständig zu beschreiben, müssen die Parametermengen für L und T festgelegt werden. Ist beispielsweise die Charakteristik des Empfängers vollständig bekannt, liegt ein Filterproblem vor. Ist beispielsweise L bekannt (z. B. $L = 0_{n \times p}$) und T unbekannt, dann liegt ein Eichproblem vor. Bei Erfülltheit der notwendigen Voraussetzungen kann die strukturelle Verteilung (vgl. Kap. 1.4.3) von $\vartheta = (M, T)$ mit $M \doteq LT$ oder auch direkt die strukturelle Verteilung von $\gamma(\vartheta) = MT^{-1}$ bestimmt werden.

Wir diskutieren nun das normale lineare funktionelle Modell

$$\boldsymbol{Y} = M + \boldsymbol{\varepsilon} T, \quad \boldsymbol{\varepsilon} \sim N_{n \times p}(0, I_p \otimes \Lambda), \quad \vartheta = (M, T) \in \mathfrak{M}_{\mathcal{L}}^p \times \mathcal{T}, \quad (1)$$

wobei $\mathcal{L}$ ein gegebener linearer Unterraum des R^n ist und $\mathcal{T} \subset \mathfrak{M}_{p \times p}$ gilt. Im korrespondierenden Verteilungsmodell $N[\mathfrak{M}_{\mathcal{L}}^p \times \mathcal{V}_{\Lambda}^{\mathfrak{M}_{\mathcal{T}}}]$ mit $\mathfrak{M}_{\mathcal{T}} = \{TT' \mid T \in \mathcal{T}\}$ und $\mathcal{V}_{\Lambda}^{\mathfrak{M}} = \{\Sigma \otimes \Lambda \mid \Sigma \in \mathfrak{M}\}$ hat die spezielle Wahl von $\mathcal{T}$ nur über $\mathfrak{M}_{\mathcal{T}}$ einen Einfluß. Zwei verschiedene Parametrisierungen $\mathcal{T} \neq \mathcal{T}'$ mit $\mathfrak{M}_{\mathcal{T}} = \mathfrak{M}_{\mathcal{T}'}$ führen also zum gleichen Verteilungsmodell, die funktionellen Modelle sind aber zu unterscheiden (vgl. H. BUNKE [29] und Kap. 1.3.1). Die strukturelle Inferenz ist stark abhängig von der physikalischen Information, die sich in der Festlegung von $\mathcal{L}$ und $\mathcal{T}$ widerspiegelt. Für $\mathcal{T} = \mathfrak{M}_p^>$ ist das Modell (1) nicht zerlegbar, aber für $\mathcal{T} = \mathfrak{M}_{p \times p}^p$. Ein anderer Spezialfall, das sog. Progressionsmodell, in dem $\mathcal{T}$ eine Menge unterer Dreiecksmatrizen darstellt, wurde von D. A. S. FRAser und M. S. Haq [30] (vgl. auch D. A. S. Fraser [31]) behandelt. Wir werden im folgenden strukturelle Verteilungen bei verschiedenen Spezifizierungen von $\mathcal{T}$ angeben.

Wir untersuchen zunächst das univariate Modell

$$y = X\beta + \sigma\varepsilon\,, \quad \varepsilon \sim N_n(0, I_n)\,, \quad \vartheta = (\beta, \sigma) \in \Theta = R^k \times R^> \tag{2}$$

mit $X \in \mathfrak{M}^k_{n\times k}$ und $n > k$. Dabei benutzen wir den von H. und O. Bunke [32] entwickelten Zugang.

Mit $\mathcal{L} = \mathcal{R}(X)$ und $\mathcal{E}_1 = R^n - \mathcal{L}$ haben wir $P^{\varepsilon}(\mathcal{E}_1) = 1$. Wegen $y = f(\vartheta, \varepsilon) = M_\varepsilon\vartheta$, $M_\varepsilon = (X \vdots \varepsilon)$ ist ϑ strukturell identifizierbar mit $\vartheta = g(y, \varepsilon) = M_\varepsilon^+ y$ für $\varepsilon \in \mathcal{E}_1$ (vgl. (1.4.18)). Weiter gilt $\mathcal{Y}_1 = f(\Theta, \mathcal{E}_1) = \{l + \varepsilon \mid l \in \mathcal{L},\ \varepsilon \in \mathcal{E}_1\}$, und für $y \in \mathcal{Y}_1$ erhalten wir als Bahnen

$$A_y = \{\varepsilon = \varrho y + l \mid \varrho \in R^>, l \in \mathcal{L}\}\,. \tag{3}$$

Um die Zerlegbarkeit zu zeigen, müssen wir zeigen, daß die Bahnen entweder disjunkt oder identisch sind. Wir nehmen an, daß zwei Bahnen A_y und $A_{\tilde{y}}$ ein gemeinsames Element ε^* haben. Dann gilt für gewisse ϱ, $\tilde{\varrho} \in R^>$ und η, $\tilde{\eta} \in \mathcal{L}$

$$\varepsilon_* = \varrho y + \eta = \tilde{\varrho}\tilde{y} + \tilde{\eta}\,.$$

Aus diesen Beziehungen folgt für beliebiges $\bar{\varepsilon} = \bar{\varrho} y + \bar{l} \in A_y$ die Darstellung $\bar{\varepsilon} = \varrho'\tilde{y} + l'$ mit $\varrho' = \varrho^{-1}\bar{\varrho}\tilde{\varrho} \in R^1$ und $l' = \varrho^{-1}\bar{\varrho}\,(\tilde{\eta} - \eta) + \bar{l}$, also $\bar{\varepsilon} \in A\tilde{y}$. Damit ist die Zerlegbarkeit bewiesen.

Durch geeignete Reduktion des Problems können wir die Berechnung der bedingten Verteilungen vereinfachen. Es sei

$$P = XX^+ \quad \text{und} \quad Q = I_n - P\,, \quad \hat{\eta} = Py\,, \quad s = ||Qy||\,,$$
$$Uy = s^{-1}Qy\,, \qquad V\eta = (\hat{\eta}, s)\,.$$

Damit ist $T = (U, V)\colon R^n \to \mathcal{U} \times \mathcal{V}$ mit $\mathcal{U} = \{u \in \mathcal{L}^\perp \mid ||u|| = 1\}$, $\mathcal{V} = \mathcal{L} \times R^>$ eine bimeßbare Funktion. Wählen wir $\mathcal{Y}^* = \mathcal{U}$, dann ergeben sich die in 1.4.2.3 eingeführten Funktionen h und t (vgl. auch [A 3.48]) zu

$$h(\varepsilon) = U\varepsilon \quad \text{und} \quad t(y) = Uy\,,$$

wegen

$$\varepsilon = wU\varepsilon + P\varepsilon \in A_{h(\varepsilon)} \qquad (w = ||Q\varepsilon||)$$

und

$$Uy = s^{-1}y - [s^{-1}Py] \in A_y\,.$$

Die Bedingungen aus [A 3.49] sind mit $q = Q\varepsilon$ und $Uf(\vartheta, \varepsilon) = w^{-1}q = h(\varepsilon)$ erfüllt. Deshalb kann man die strukturelle Fehlerverteilung für $\boldsymbol{\varepsilon}$ im Modell (2) berechnen und erhält daraus die strukturelle Verteilung für $\boldsymbol{\vartheta}$ als Verteilung, die durch die Gleichung $\boldsymbol{\vartheta} = \tilde{g}(Vy, \boldsymbol{\varepsilon})$ induziert wird. Dabei ist

$$Vy = (\hat{\eta}, s) = Vf(\vartheta, \varepsilon) = (X\beta + \sigma P\varepsilon, \sigma w)$$

und mit $z = X^+\varepsilon$

$$\tilde{g}(Vy, \varepsilon) = (X^+\hat{\eta} - w^{-1}sz, w^{-1}s)' =: \tilde{g}_{Vy}(z, w)\,.$$

Da $\tilde{g}$ von ε nur durch z und w abhängt, erhalten wir für $C \in \mathfrak{B}_\Theta$

$$P^{\boldsymbol{\vartheta}}(C) = P^{\boldsymbol{z},\boldsymbol{w}|\boldsymbol{h}=t(y)}(\tilde{g}_{Vy}^{-1}C)\,,$$

wobei $\boldsymbol{z} = X^+\boldsymbol{\varepsilon}$, $w = ||Q\boldsymbol{\varepsilon}||$ und $\boldsymbol{h} = h(\boldsymbol{\varepsilon})$ sind. Mit $\boldsymbol{q} = Q\boldsymbol{\varepsilon}$ gilt nun

$$(\boldsymbol{z}, \boldsymbol{q}) \sim N_{2n}(0, W) \quad \text{mit } W = \begin{pmatrix} (X'X)^{-1} & 0_{k\times n} \\ 0_{n\times k} & Q \end{pmatrix}.$$

Also sind z und $(w, h) = (||q||, ||q||^{-1} q)$ unabhängig. Ist $D' = (A \mid B)$ eine Orthogonalmatrix mit $A \in \mathfrak{M}_{n \times (n-k)}$ und $B \in \mathfrak{M}_{n \times k}$ und mit

$$DQD' = \begin{pmatrix} I_{n-k} & 0_{(n-k) \times k} \\ 0_{k \times (n-k)} & 0_{k \times k} \end{pmatrix},$$

dann gilt

$$\lambda = Aq' \sim N_{n-k}(0, I_{n-k}), \qquad A\lambda = c .$$

Eine Transformation in Polarkoordinaten $(r, \varphi) = (r, \varphi_1, \ldots, \varphi_m)$ von λ $(m = n - k - 1)$ ergibt die Dichte

$$p(r, \varphi) \propto r^m e^{-r^2/2} \prod_{j=1}^{m} (\sin \varphi_j)^{m-j} .$$

Daraus folgt, daß r und φ und damit auch $w = r$ und $h = A\,||\lambda||^{-1} \lambda$ unabhängig sind. Dabei hat w die Dichte $p(w) \propto r^m e^{-r^2/2}$. Also hat $P^{z,w|h=h}$ die Dichte

$$p(z, w|h) \propto w^m \exp\left[-\tfrac{1}{2}(w^2 + z'X'Xz)\right] . \tag{4}$$

Da die Transformation

$$\bar{g}_{V_y}^{-1}(\beta, \sigma) = (\sigma^{-1}(\hat{\beta} - \beta), \sigma^{-1}s)$$

mit $\hat{\beta} = X^+\hat{\eta} = X^+y$ die Funktionaldeterminante

$$\frac{\partial(z, w)}{\partial(\beta, \sigma)} = \sigma^{-(k+2)}\, s$$

hat, erhalten wir aus (4) die strukturelle Dichte für ϑ:

$$p_y(\beta, \sigma) \propto \sigma^{-n-1} \exp\left[-s^2/2\sigma^2\right] \exp\{-\tfrac{1}{2}\sigma^{-2}[(\beta - \hat{\beta})' X'X(\beta - \hat{\beta})]\} .$$

Diese Dichte wird auch als posteriori Dichte im BAYESschen Modell mit der nichtinformativen a priori Dichte

$$\pi(\beta, \sigma) \propto \sigma^{-1}, \qquad (\beta, \sigma) \in R^k \times R^>$$

erhalten, und die weitere Inferenz kann wie in den Abschnitten 7.1 und 7.2 erfolgen.

Wir betrachten nun das allgemeine multivariate Modell der Form (1):

$$Y = XB + \varepsilon T, \qquad \varepsilon \sim N_{n \times p}(0, I_p \otimes \Lambda),$$

$$\vartheta = (B, T) \in \Theta = \mathfrak{M}_{k \times p} \times \mathcal{T}, \qquad X \in \mathfrak{M}^k_{n \times k}, \qquad \Lambda \in \mathfrak{M}^>_n, \qquad n - k \geqq p$$

unter verschiedenen Spezifizierungen von $\mathcal{T}$:

a) $\mathcal{T} = \mathfrak{M}^p_{p \times p}$,
b) $\mathcal{T}$ = Menge der regulären oberen $(p \times p)$-Dreiecksmatrizen D^p,
b') $\mathcal{T} = \{T \mid T \in D^p, t_{ii} > 0, i = 1, \ldots, p\} := D^{p+}$,
c) $\mathcal{T}$ = Menge der regulären unteren $(p \times p)$-Dreiecksmatrizen D_p,
c') $\mathcal{T} = \{T \mid T \in D_p, t_{ii} > 0, i = 1, \ldots, p\} := D_p^+$.

In allen diesen Fällen sind die Voraussetzungen für strukturelle Inferenz erfüllt, und man erhält in analoger Weise strukturelle Verteilungen für ϑ. Diese ergeben sich auch als a-posteriori-Verteilungen im BAYESschen Modell zu gewissen (uneigentlichen) a-priori-Verteilungen.

Es sei

$$B = (X'\Lambda^{-1}X)^{-1} X'\Lambda^{-1}Y, \qquad S = Y'(\Lambda^{-1} - \Lambda^{-1}X(X'\Lambda^{-1}X)^{-1} X'\Lambda^{-1})\,Y,$$

$$c(B, T, \hat{B}, S) = \exp\{-\tfrac{1}{2}\operatorname{sp}[(T'T)^{-1} S]\} \exp\{-\tfrac{1}{2}\operatorname{sp}[(T'T)^{-1} (B - \hat{B})' \times X'\Lambda^{-1}X(B - \hat{B})]\} .$$

Im folgenden geben wir die Dichten $p_y(B, T)$ der strukturellen Verteilungen (bis auf Normierungsfaktoren) zusammen mit den entsprechenden a-priori-Dichten $\pi(B, T)$ an. Im Fall $\mathcal{T} = D_p^+$ ergibt sich das von D. A. S. FRASER und M. S. HAQ [30] behandelte Modell.

$\mathcal{T}$	$p(B, T)$	$\pi(B, T)$
$\mathfrak{M}_{p\times p}^p$	$\|\det T\|^{-(n+p)} c(B, T, \hat{B}, S)$	$\|\det T\|^{-p}$
D^p	$\left\| \prod_{i=1}^{p} t_{ii}^{i-(n\times p)^{-1}} \right\| c(B, T, \hat{B}, S)$	$\left\| \prod_{i=1}^{q} t_{ii}^{i-p-1} \right\|$
D^{p+}	$\left(\prod_{i=1}^{p} t_{ii}^{i-(n+p)-1} \right) c(B, T, \hat{B}, S)$	$\prod_{i=1}^{p} t_{ii}^{i-p-1}$
D_p	$\left\| \prod_{i=1}^{p} t_{ii}^{-(n+i)} \right\| c(B, T, \hat{B}, S)$	$\left\| \prod_{i=1}^{p} t_{ii}^{-i} \right\|$
D_p^+	$\left(\prod_{i=1}^{p} t_{ii}^{-(n+i)} \right) c(B, T, \hat{B}, S)$	$\prod_{i=1}^{p} t_{ii}^{-i}$

Literatur

[1] LINDLEY, D. V., and A. F. M. SMITH, Bayes estimates for the linear model. J. Roy. Statist. Soc., Ser. B **34** (1972), 1–41.

[2] SMITH, A. F. M., A general Bayesian linear model. J. Roy. Statist. Soc., Ser. B **35** (1973), 67–75.

[3] ANDO, A., and G. M. KAUFMAN, Bayesian analysis of the ind. multinormal process-neither mean nor precision known. J. Amer. Statist. Assoc. **60** (1965), 347–358.

[4] GEISSER, S., and J. CORNFIELD, Posterior distributions for multi. normal parameter. J. Roy. Statist. Soc., Ser. B **25** (1963), 368–376.

[5] DE GROOT, M. H., Optimal Statistical Decisions. New York 1970.

[6] EVANS, I. G., Bayesian estimation of parameters of a multivariate normal distribution. J. Roy. Statist. Soc., Ser. B **27** (1965), 279–283.

[7] BOX, G. E. P., and G. C. TIAO, Bayesian Inference in Statistical Analysis. Massachusetts 1973.

[8] ZELLNER, A., An Introduction to Bayesian Inference in Econometrics. New York 1971.

[9] O'HAGAN, A., Bayes estimates of a convex quadratic. Biometrika **60** (1973), 565–571.

[10] TALLIS, G. M., Moment-generating function of a truncated multinormal distribution. J. Roy. Sactist. Soc., Ser. B **23** (1961), 223–229.

[11] SLATER, L. J., Confluent Hypergeometric Functions. Cambridge 1960.

[12] WATSON, G. N., A Treatise on the Theory of Bessel Functions. Cambridge 1922.

[13] DE FINETTI, B., Studies in Subjective Probability. New York 1950.

[14] ANDEL, J., On the Bayes approach in general multiple autoregr. series. Apl. Mat. 18 (1973).

[15] SEELEY, J., Quadratic subspaces and completeness. Ann. Mat. Statist. **42** (1971), 710–721.

[16] PORTNOY, S., Formal Bayes estimation with application to a random effects model. Ann. Math. Statist. **42** (1971), 1379–1403.

[17] SAHAI, H., Some formal Bayes estimators of variance components in the balanced-three-stage nested random effects model. Communications in Stat. **3** (1974), 233–242.

[18] KLEFFE, J., and R. PINCUS, Bayes and best quadratic unbiased estimators for variance components and heteroscedastic variances in linear models. Math. Operationsforsch. Statist. 5 (1974), 147–159.
[19] SINHA, B. K., On the equivalence of Bayesian and non-Bayesian procedures. Calcutta Stat. Ass. Bulletin (1971) 1–23.
[20] BOX, G. E. P., and G. C. TIAO, Multiparameter problems from Bayesian point of view. Ann. Math. Statist. 36 (1965), 1468–1482.
[21] LINDLEY, D. V., The Bayesian analysis of contingency tables. Ann. Math. Statist. 35 (1964), 1622–1643.
[22] BUNKE, O., and J. GRIMM, Die Prüfung statistischer Hypothesen mit vorgegebenen a priori Wahrscheinlichkeiten. Biometr. Z. 9 (1967), 217–227.
[23] BUNKE, O., Bedingte Strategien in der Spieltheorie. Existenzsätze und Anwendungen auf stat. Entscheidungsprobleme, Trans. III Prague Conf. on Infor.theory (1964), 35–43.
[24] RADNER, R., Minimax estimation for linear models. Ann. Math. Statist. 29 (1958), 1244–1250.
[25] BUNKE, O., Least squares as robust and minimax estimates. Math. Operationsforsch. Statist. 5 (1975), 687–688.
[26] NÄTHER, W., Optimale Versuchsplanung im linearen Regressionsmodell im Hinblick auf die Optimalität der Parameterschätzungen. Dissertation, Freiberg (1974).
[27] RAO, C. R., Linear Statistical Inference and Its Applications. (II), New York 1973.
[28] GIRSHICK, M. A., and L. G. SAVAGE, Bayes and minimax estimates for quadratic loss function. Proc. II. Berk. Symp. Math. Stat. Prob. 1 (1951) 53–74.
[29] BUNKE, H., Statistical inference: Fiducial and structural vs. likelihood. Math. Operationsforsch. Statist. 5 (1975), 667–676.
[30] FRASER, D. A. S., and M. S. HAQ, Structural probability and prediction for the multivariate model. J. Roy. Statist. Soc., Ser. B 31 (1969), 2.
[31] FRASER, D. A. S., The Structure of Inference. New York 1968.
[32] BUNKE, H., and O. BUNKE, Structural inference without use of transformation groups. (unveröffentlicht).

KAPITEL 8

METHODEN DER VERSUCHSPLANUNG

8.1. Einleitung

Die Analyse von Ursache-Wirkungs-Beziehungen und Abhängigkeitsverhältnissen und deren Beschreibung stellt bei praktischen und theoretischen Aufgaben ein wichtiges Problem dar. In den vorangegangenen Kapiteln wurden dazu statistische Verfahren entwickelt, mit deren Hilfe in gegebenen Modellen Funktionen oder Parameter geschätzt bzw. Hypothesen getestet werden können. Da man die Größen, zwischen denen eine UWB untersucht werden soll, oft nicht direkt beobachten kann, wurden in 1.3.2 neben dem Modell für eine UWB auch Beobachtungsmodelle eingeführt. Die Wahl eines geeigneten Versuchsplanes und damit eines geeigneten Beobachtungsmodells soll in diesem Kapitel diskutiert werden, denn es zeigt sich, daß *bei verschiedenen Schätz- und Testproblemen die Güte der Verfahren vom zugrundeliegenden Beobachtungsmodell abhängt.*

Wir betrachten eine UWB zwischen einer Größe $\boldsymbol{x}$ mit Werten in $\mathcal{X}$ und einer Größe $\boldsymbol{y}$ mit Werten in $\mathcal{Y}_x \subseteq R^1$. $\mathcal{X}$ sei dabei ein abgeschlossener und beschränkter Bereich des R^r, so daß also $\boldsymbol{y}$ von dem r-Tupel $x = (x^{(1)}, \dots, x^{(r)})$ abhängt. In vielen Fällen werden $x^{(1)}, \dots, x^{(r)}$ einstellbare oder kontrollierbare Werte darstellen, weshalb $\mathcal{X}$ oftmals auch als Einstellbereich bezeichnet wird. Wir setzen dann wie in Beispiel 1.3.3 voraus, daß sich für $\boldsymbol{y}$ eine Verteilung $S_0(x, \cdot)$ auf $\mathfrak{B}^1$ mit dem Erwartungswert

$$\mu(x) = \beta_0' f(x) = \sum_{j=1}^{k} \beta_{0j} f_j(x)$$

ergibt, wobei $\beta_0 \in R^k$ und $f\colon \mathcal{X} \to R^k$ gilt. Wir definieren für $x_1, \dots, x_n \in \mathcal{X}$ die Matrix

$$G^\xi = \big(f(x_1), \dots, f(x_n)\big)',$$

wobei abkürzend $\xi = \{x_1, \dots, x_n\}$ geschrieben wird. Wenn wir dann an den Stellen $x_1, \dots, x_n$ Beobachtungen durchführen, so setzen wir für den Beobachtungsvektor ein Modell

$$\mathfrak{v}_\xi = [\mathcal{R}(G^\xi) \times \mathcal{V}^\xi] \tag{1}$$

an, wobei $\mathcal{V}^\xi = \{\sigma^2 I_n \mid \sigma^2 \in R^>\}$ bezeichnet. Ausführlicher könnte man $\mathfrak{v}_\xi$ durch (1.3.10) beschreiben, d. h.

$$\mathfrak{v}_\xi = \{Q_{\beta,\Omega,\varkappa} \mid (\beta, \Omega, \varkappa) \in R^k \times \mathcal{V}^\xi \times \mathcal{K}^\xi\},$$

wobei $Q_{\beta,\Omega,\varkappa}$ eine Verteilung auf $\mathfrak{B}^n$ mit dem Erwartungsvektor $G^\xi\beta$ und der Kovarianzmatrix Ω ist. Den die Verteilung in $\mathfrak{v}_\xi$ eindeutig charakterisierenden Parameter bezeichnen wir mit $\vartheta(\xi)$. In diesem Kapitel ist es sinnvoll, für die

Funktionen $f_1, \dots, f_k$ die lineare Unabhängigkeit zu fordern, da sonst k verkleinert werden könnte. Das Problem der Versuchsplanung kann man dann ganz grob so beschreiben:

Es ist ein Versuchsplan ξ und damit ein Modell $\mathfrak{v}_\xi$ zu bestimmen, so daß ein bestimmtes statistisches Verfahren möglichst effektiv ist, d. h. mit hoher Güte eine Entscheidung trifft. Das zugrundeliegende Modell spielt bei der Auswahl eines solchen optimalen Versuchsplans eine wesentliche Rolle. Daher können die hier dargestellten Methoden nur dann angewendet werden, wenn das die UWB beschreibende Modell bzw. eine Klasse von Modellen für die UWB bekannt ist. Wenn keinerlei Information über ein adäquates Modell vorliegt, kann somit auch keine optimale Versuchsplanung durchgeführt werden.

In diesem Kapitel stellen wir wesentliche Resultate aus der Theorie der optimalen Versuchsplanung dar, wobei vor allem die Anwendungen in Schätz- und Testproblemen, wie sie in diesem Buch behandelt wurden, im Auge behalten werden. Die Theorie der Faktorpläne wollen wir hier nicht betrachten. Faktorpläne werden häufig verwendet, da sie leicht handhabbar sind, jedoch kann man nur in wenigen Fällen Aussagen über ihre statistischen Eigenschaften machen. Zur Theorie der Faktorpläne verweisen wir auf folgende Autoren: John [30], D. J. Finney [35], O. L. Davies [36], R. L. Plackett und J. P. Burman [37], V. V. Nalimov [38] und V. V. Nalimov und N. A. Černova [34].

8.1.1. Versuchspläne und Informationsmatrizen

Grundlegend für die Theorie der Versuchsplanung ist der Begriff des Versuchsplanes. Wir hatten $\mathcal{X}$ als Einstellbereich eingeführt. Die Auswahl von nicht notwendig voneinander verschiedenen Elementen $z_1, \dots, z_n \in \mathcal{X}$, in denen je ein Versuch durchgeführt werden soll, heißt realisierbarer Versuchsplan. Äquivalent hierzu können wir realisierbare Versuchspläne auch wie folgt beschreiben. Es seien $x_1, \dots, x_m$ die in $z_1, \dots, z_n$ auftretenden voneinander verschiedenen Punkte, und p_i bezeichnet die relative Häufigkeit von x_i in der Folge $z_1, \dots, z_n$. Dann ist der realisierbare Versuchsplan $z_1, \dots, z_n$ beschrieben durch n und $\xi = \begin{Bmatrix} x_1, \dots, x_m \\ p_1, \dots, p_m \end{Bmatrix}$.

Dabei gilt $\sum_{i=1}^{m} p_i = 1$. Die Menge $x_1, \dots, x_m$ bezeichnet man als Spektrum des Versuchsplanes, und p_i kann man als Gewicht des Punktes x_i im Versuchsplan deuten. Offenbar sind die p_i ganzzahlige Vielfache von $1/n$.

Setzen wir $\xi_n = \{z_1, \dots, z_n\}$ und sei dann ξ wie oben definiert, so unterscheidet sich ξ von ξ_n dadurch, daß ξ durch eine Normierung von ξ_n entstanden und unabhängig von n ist. Aus Kapitel 2 folgt, daß die Dispersionsmatrix der BLUE $\hat{\beta}$ für β im Beobachtungsmodell $\mathfrak{v}_{\xi_n}$ durch

$$D_{\theta(\xi_n)}(\hat{\beta}) = \frac{\sigma^2}{n} M^{-1}$$

mit

$$M = \frac{1}{n} \sum_{i=1}^{n} f(z_i) f'(z_i) = \sum_{i=1}^{m} p_i f(x_i) f'(x_i) \qquad (2)$$

gegeben ist. M ist somit unabhängig von n und hängt nur von dem durch Normierung von ξ_n entstandenen Plan ξ ab. So ist also $M = M(\xi)$ durch Elemente $x_1, \dots, x_m \in \mathcal{X}$ und zugehörige Gewichte p_i mit

$$p_i \geqq 0 , \qquad (3)$$

$$\sum p_i = 1 \qquad (4)$$

bestimmt. Oben waren die p_i ganzzahlige Vielfache von $1/n$, wenn insgesamt n Messungen durchgeführt werden sollen. Die letzte Bedingung an p_i erweist sich bei der mathematischen Behandlung der Auswahl eines optimalen Planes als sehr kompliziert.

Wir wollen uns auf das Problem konzentrieren, in dem die Punkte $x_i \in \mathcal{X}$ mit zugehörigen Gewichten p_i mit (3) und (4) in gewissem Sinn optimal gewählt werden. Solche Pläne $\xi = \begin{Bmatrix} x_1, \dots, x_m \\ p_1, \dots, p_m \end{Bmatrix}$ werden wegen (4) normierte Versuchspläne genannt. Wenn p_i ganzzahlige Vielfache von $1/n$ für eine ganze Zahl n sind, so heißt ξ realisierbarer normierter Versuchsplan. Die Menge aller realisierbaren normierten Versuchspläne bezeichnen wir mit Ξ_r. Dann ist es für die folgenden Untersuchungen zweckmäßig, wenn wir zu $\xi \in \Xi_r$ die Menge $\mathfrak{v}_\xi = \{\mathfrak{v}_{\xi_n} \mid \xi_n \in \Xi_\xi\}$ zuordnen, wobei Ξ_ξ die Menge aller realisierbaren Pläne ξ_n bezeichnet, für die der zugeordnete normierte Plan mit ξ übereinstimmt. $\mathfrak{v}_\xi$ ist also eine Menge von Beobachtungsmodellen.

Weiter werden wir für die BLUE $\hat{\beta}$ für β in $\mathfrak{v}_{\xi_n}$ die Dispersionsmatrix bezüglich des normierten Plans ξ, bzw. bezüglich $\mathfrak{v}_\xi$ durch

$$D_{\mathfrak{v}(\xi)}(\hat{\beta}) = \sigma^2 M^{-1}(\xi) \qquad (5)$$

definieren. Die Matrix $M(\xi)$ wird als Informationsmatrix für $\mathfrak{v}_\xi$, $\xi \in \Xi_r$ bezeichnet. Dazu wollen wir bemerken, daß $\frac{\sigma^2}{n} M^{-1}(\xi)$ die Fisherssche Informationsmatrix in $\mathfrak{v}_{\xi_n}$ ist, wenn wir ein Normalmodell, d. h. $\mathfrak{v}_{\xi_n} = N[\mathfrak{R}(G^{\xi_n}) \times V^{\xi_n}]$, vorliegen haben. Wegen (5) ist die Informationsmatrix ein Maß für die Güte der BLUE, und deshalb werden wir sie als Grundlage für Optimalitätskriterien in der Versuchsplanung verwenden. Später werden wir sehen, daß die so gewählten Optimalitätskriterien auch für die Versuchsplanung zu einigen Testproblemen günstig sind.

J. Kiefer schlug in [1] vor, an die p_i in

$$\xi = \begin{Bmatrix} x_1, \dots, x_m \\ p_1, \dots, p_m \end{Bmatrix} \qquad (6)$$

nur die Bedingungen (3) und (4) zu stellen. Dann ist der Versuchsplan (6) im allgemeinen kein realisierbarer Versuchsplan für irgendeinen Umfang n, denn ein p_j, $1 \leqq j \leqq m$, kann beispielsweise irrational sein. Wenn aber andererseits alle p_j rationale Zahlen sind, etwa $p_j = \frac{c_j}{d_j}$, c_j, d_j positive ganze Zahlen, so ist der obige Versuchsplan ein realisierbarer Versuchsplan für $n = d_1 \cdots d_m$. Da aber die rationalen Zahlen dicht in der Menge der reellen Zahlen liegen, ergibt sich, daß für gewisse Zahlen n jeder Versuchsplan der Form (6) zumindest näherungsweise realisierbar ist. Derartige Pläne (6) werden „approximative" Pläne oder auch „diskrete" Pläne genannt. Somit ist ein diskreter Plan dadurch bestimmt, daß man zu jedem Punkt x_i des Spektrums das entsprechende Gewicht p_i angibt. Dann können wir ξ auch beschreiben als Funktion über $\mathfrak{X}$:

$$\xi(x) = \begin{cases} p_i & \text{für } x = x_i,\ i = 1, \dots, m,\ \sum_{i=1}^{m} p_i = 1\,, \\ 0 & \text{sonst}\,. \end{cases} \tag{7}$$

Dadurch wird eine allgemeine Beschreibung eines Versuchsplanes nahegelegt.

Definition 8.1.1. *Es sei $\mathfrak{B}$ eine σ-Algebra über $\mathfrak{X}$. Dann heißt jedes Maß ξ über dem meßbaren Raum $(\mathfrak{X}, \mathfrak{B})$ mit $\xi(\mathfrak{X}) = 1$ ein stetiger Versuchsplan. Die Menge aller stetigen Versuchspläne bezeichnen wir mit Ξ.*

Dadurch ist in allgemeiner, aber für viele Betrachtungen günstiger Form ein Versuchsplan bestimmt. Wenn insbesondere $\mathfrak{B}$ derart beschaffen ist, daß alle einelementigen Teilmengen von $\mathfrak{X}$ darin enthalten sind, was wir im folgenden auch voraussetzen wollen, so ist die Menge aller diskreten Versuchspläne in der Menge der stetigen Pläne enthalten. Andererseits hatten wir oben gesehen, daß jeder realisierbare Plan auch ein diskreter Plan ist. So umfaßt also die Menge der stetigen Versuchspläne die Menge der realisierbaren und die Menge der diskreten Pläne. Daher wollen wir im folgenden, wenn es nicht zu Verwechslungen führt, stetige Pläne auch kurz Versuchspläne nennen. Wir bemerken hier, daß die Erweiterung der Menge der realisierbaren Pläne zur Menge der stetigen Pläne wesentlich die mathematische Behandlung der Probleme vereinfacht. Oftmals zeigt es sich, daß ein optimaler Plan in der Menge der stetigen Versuchspläne ein realisierbarer Plan ist, und damit haben wir dann auch einen optimalen realisierbaren Versuchsplan gefunden. Später wird bewiesen (Satz 8.1.1), daß bei vielen wichtigen Optimalitätskriterien ein optimaler Plan in der Menge der stetigen Pläne genauso gut ist wie ein optimaler Plan in der Menge der diskreten Pläne. In diesen Fällen ist also der Übergang zu der Menge der stetigen Pläne mathematisch günstig und inhaltlich keine Erweiterung gegenüber der Situation, in der man optimale diskrete Pläne bestimmen will.

Wie wir schon betont haben, spielen die Informationsmatrizen in der Versuchsplanung eine wesentliche Rolle. Wir definierten sie schon für realisierbare Pläne in (2). Die unmittelbare Verallgemeinerung dieser Definition für diskrete Pläne führt zur gleichen Darstellung

$$M(\xi) = \sum_{i=1}^{m} p_i f(x_i)\, f'(x_i)\,.$$

Die Verallgemeinerung dieser Formel für stetige Versuchspläne ergibt

$$M(\xi) = \int_{\mathfrak{X}} f(x)\, f'(x)\, \xi(\mathrm{d}x)\,. \tag{8}$$

Für diese Informationsmatrizen gelten verschiedene Aussagen, die im folgenden Abschnitt aufgeführt und bewiesen werden sollen.

8.1.2. Eigenschaften von Informationsmatrizen

Viele Eigenschaften von Informationsmatrizen können auf entsprechende Eigenschaften von Versuchsplänen zurückgeführt werden. Zu zwei Plänen ξ_1 und ξ_2 betrachten wir den Plan $\xi = \alpha\xi_1 + (1 - \alpha)\,\xi_2$ für ein $\alpha \in (0, 1)$. Da ξ_1 und ξ_2 normierte Maße über $(\mathcal{X}, \mathfrak{B})$ sind, ist nach Definition auch ξ ein stetiger Versuchsplan, denn es gilt

$$\xi(\mathcal{X}) = \alpha\xi_1(\mathcal{X}) + (1 - \alpha)\,\xi_2\,(\mathcal{X}) = 1\,.$$

Für diskrete Pläne

$$\xi_1 = \begin{Bmatrix} x_1^{(1)}, \dots, x_n^{(1)} \\ p_1^{(1)}, \dots, p_n^{(1)} \end{Bmatrix}$$

und

$$\xi_2 = \begin{Bmatrix} x_1^{(2)}, \dots, x_m^{(2)} \\ p_1^{(2)}, \dots, p_m^{(2)} \end{Bmatrix}$$

ist ξ gerade der Plan

$$\xi = \begin{Bmatrix} x_1^{(1)}, \dots, x_n^{(1)}, & x_1^{(2)}, \dots, x_m^{(2)} \\ \alpha p_1^{(1)}, \dots, \alpha p_n^{(1)}, & (1 - \alpha)\,p_1^{(2)}, \dots, (1 - \alpha)\,p_m^{(2)} \end{Bmatrix},$$

wenn die Spektren von ξ_1 bzw. ξ_2 disjunkt sind. Falls aber für i, j $x_i^{(1)} = x_j^{(2)}$ gilt, so müßte man die Gewichte zu diesem Punkt zusammenfassen. In jedem Fall ergibt sich aber, daß das Spektrum des Planes ξ die Vereinigung der Spektren von ξ_1 und ξ_2 ist.

Sehr leicht zeigt man, daß für die Informationsmatrix von $\mathfrak{v}_\xi$ für $\xi = \alpha\xi_1 + (1 - \alpha)\,\xi_2$, $\alpha \in (0, 1)$

$$M(\xi) = \alpha M(\xi_1) + (1 - \alpha)\,M(\xi_2) \tag{9}$$

gilt, d. h., $M(\xi)$ entsteht durch die gleiche Linearkombination aus $M(\xi_1)$ und $M(\xi_2)$ wie ξ aus ξ_1 und ξ_2. Wenn wir nun die Menge Ξ_r betrachten, ergibt sich, daß der Menge $\mathfrak{v} = \{\mathfrak{v}_\xi \mid \xi \in \Xi_r\}$ eine Menge von Informationsmatrizen $\mathfrak{M}_r = \{M(\xi) \mid \xi \in \Xi_r\}$ entspricht. Bezeichnen wir mit $\mathfrak{M} = \{M(\xi) \mid \xi \in \Xi\}$, so gilt

Satz 8.1.1.

1. *Für jeden Plan ξ ist $M(\xi)$ symmetrisch und $M(\xi) \in \mathfrak{M}_k^{\geqq}$ (k ist die Dimension des Parametervektors).*
2. *$M(\xi)$ ist singulär ($|M(\xi)| = 0$), wenn das Spektrum von ξ weniger als k Punkte enthält.*
3. *Die Menge $\mathfrak{M}$ ist konvex und kompakt (bezüglich einer beliebigen Matrizennorm), falls die Funktionen f_i, $i = 1, \dots, k$ stetig sind.*

4. *Zu jedem Versuchsplan ξ gibt es Punkte $x_1, \ldots, x_n$, so daß $M(\xi)$ in der Form*

$$M(\xi) = \sum_{i=1}^{n} p_i f(x_i) f'(x_i)$$

dargestellt werden kann, wobei

$$n = \frac{k(k+1)}{2} + 1\,, \quad 0 \leqq p_i \leqq 1\,, \quad \sum_{i=1}^{n} p_i = 1\,,$$

ist.

Beweis.

1. Die Symmetrie und die positive Semidefinitheit von $M(\xi)$ folgt unmittelbar aus der Definition (8) von $M(\xi)$, so daß die Behauptung 1 des Satzes gilt.

2. Wenn das Spektrum von ξ nur aus n $(n < k)$ Punkten $x_1, \ldots, x_n$ besteht, so ist

$$M(\xi) = \sum_{i=1}^{n} p_i f(x_i) f'(x_i)\,.$$

Der Rang von $M(\xi)$ ist dann aber höchstens n, d. h., der Rang ist kleiner als die Dimension der Matrix, sie ist also singulär.

3. Für die Konvexität von $\mathfrak{M}$ ist zu zeigen, daß zu zwei Versuchsplänen ξ_1 und ξ_2 ein Plan ξ existiert, so daß $M = \alpha M(\xi_1) + (1-\alpha)\, M(\xi_2)$, $\alpha \in (0, 1)$, die Informationsmatrix von $\mathfrak{v}_\xi$ ist. Nach (9) leistet dies gerade der Plan

$$\xi = \alpha\xi_1 + (1-\alpha)\,\xi_2\,.$$

Um die Kompaktheit zu zeigen, bezeichnen wir die Funktionen $f_i(x) f_j(x)$, $j = 1, \ldots, i$; $i = 1, \ldots, k$, in irgendeiner Reihenfolge mit $z_1(x), \ldots, z_m(x)$, $m = \frac{k(k+1)}{2}$ und betrachten die Menge $C_m = \{(z_1(x), \ldots, z_m(x)) \mid x \in \mathcal{X}\}$, d. h. das Bild von $\mathcal{X}$ im R^m unter der Abbildung $(z_1, \ldots, z_m)'$. Sei $\mathfrak{C}(C_m)$ die konvexe Hülle von C_m. Der Satz von CARATHEODORY [A 1.46] besagt nun, daß jedes $c = (c_1, \ldots, c_m)' \in \mathfrak{C}(C_m)$ in der Form

$$c_i = \sum_{j=1}^{m+1} \alpha_j z_i(t_j)\,, \qquad i = 1, \ldots, m\,, \tag{10}$$

dargestellt werden kann, wobei $\alpha_j \geqq 0$, $j = 1, \ldots, m+1$ und $\sum_{j=1}^{m+1} \alpha_j = 1$ ist. Da die Funktionen $z_1, \ldots, z_m$ stetig sind und $\mathcal{X}$ kompakt ist, schließen wir mit Hilfe von (10), daß $\mathfrak{C}(C_m)$ kompakt ist. Außerdem gilt, daß $\mathfrak{C}(C_m) = \mathfrak{N}_m$ mit

$$\mathfrak{N}_m = \{(c_1, \ldots, c_m) \mid c_i = \int_{\mathcal{X}} z_i(x)\, \xi(dx)\}$$

ist, da $\mathfrak{C}(C_m)$ abgeschlossen ist. Die Menge $\mathfrak{N}_m$ enthält aber gerade alle voneinander verschiedenen Elemente der Matrizen aus $\mathfrak{M}$, denn die Menge $\mathfrak{N}_m$ erhält man gerade, wenn man die $\frac{k(k+1)}{2}$ verschiedenen Elemente der Matrizen aus $\mathfrak{M}$, die symmetrisch sind, untereinander aufschreibt. Da $\mathfrak{N}_m$ kompakt ist, folgt die Kompaktheit von $\mathfrak{M}$.

4. Die Behauptung folgt daraus, daß alle Elemente der Matrizen aus $\mathfrak{M}$, d. h. die Elemente der Menge $\mathfrak{N}_m$ in der Form (10) darstellbar sind. Dabei war $m = \frac{k(k+1)}{2}$. ■

8.1.3. Optimalitätskriterien

Die Aufgabe der Versuchsplanung kann man ganz grob zunächst so formulieren. Es sei $\mathfrak{v}$ die Menge aller Beobachtungsmodelle $\mathfrak{v}_\xi$ der Gestalt (1), d. h.

$$\mathfrak{v} = \{\mathfrak{v}_\xi \mid \xi \in \Xi_r\} .$$

Dann ist ein solches Element aus $\mathfrak{v}$ zu wählen, das geeignet ist, eine „möglichst gute" Entscheidung über unbekannte Parameter zu treffen. Da jedes $\mathfrak{v}_\xi$ durch ξ eindeutig bestimmt ist, kommt es nun darauf an, einen Versuchsplan aus der Menge der realisierbaren Pläne auszuwählen. In diesem Abschnitt wollen wir Auswahlkriterien für Versuchspläne aufstellen, wobei wir in unseren Optimalitätskriterien die Informationsmatrix von $\mathfrak{v}_\xi$ als Grundlage nehmen werden. Wir werden später sehen, daß derartige Kriterien in vielen Fällen für Schätz- und Testprobleme erfolgreich angewendet werden können. Als Optimalitätskriterien bieten sich dann verschiedene Funktionale, die von den Elementen der Informationsmatrizen abhängen, zum Vergleich von Plänen an. In der Literatur (J. Kiefer, J. Wolfowitz [3], S. Karlin, W. J. Studden [4], V. V. Fedorov [5], H. Bandemer [6], u. a.) wurden vor allem folgende Optimalitätskriterien betrachtet:

1. Ein Versuchsplan $\xi^* \in \Xi_r$ heißt *D-optimal*, wenn er die Determinante $|M(\xi)|$ der Informationsmatrix maximiert, d. h.

$$\max_{\xi \in \Xi_r} |M(\xi)| = |M(\xi^*)| ,$$

oder äquivalent

$$\min_{\xi \in \Xi_{r,1}} |M^{-1}(\xi)| = |M^{-1}(\xi^*)| ,$$

wobei $\Xi_{r,1}$ die Menge aller Pläne $\xi \in \Xi_r$ mit $|M(\xi)| \neq 0$ ist. Ein D-optimaler Plan maximiert das Produkt der Eigenwerte von $M(\xi)$.

2. Wenn in $\mathfrak{v}_{\xi_n}$ der Parametervektor β oder auch die sogenannte Wirkungsfläche $f'(x)\,\beta$ geschätzt werden soll, so errechnet man für die Varianz von $f'(x)\,\hat{\beta}$ bei regulärer Matrix $M(\xi)$

$$D_{\vartheta(\xi)}\big(f'(x)\,\hat{\beta}\big) = \frac{\sigma^2}{n} f'(x)\, M^{-1}(\xi)\, f(x) .$$

Dadurch wird folgende Definition nahegelegt: Ein Versuchsplan $\xi^* \in \Xi_{r,1}$ heißt *G-optimal*, wenn

$$\min_{\xi \in \Xi_{r,1}} \max_{x \in \mathfrak{X}} f'(x)\, M^{-1}(\xi)\, f(x) = \max_{x \in \mathfrak{X}} f'(x)\, M^{-1}(\xi^*)\, f(x)$$

gilt. Solche Pläne werden auch häufig Minimaxpläne genannt.

3. Ein Versuchsplan ξ^* heißt *E-optimal*, wenn ξ^* den kleinsten Eigenwert von $M(\xi)$ maximiert, d. h. wenn $\max_{\xi \in \Xi_r} \lambda_{\min}[M(\xi)] = \lambda_{\min}[M(\xi^*)]$ gilt. Äquivalent dazu ist die Forderung, daß ξ^* den größten Eigenwert von $M^{-1}(\xi)$, falls M^{-1} exi-

stiert, minimiert, d. h.

$$\min_{\xi \in \Xi_r} \lambda_{\max}[M^{-1}(\xi)] = \lambda_{\max}[M^{-1}(\xi^*)] .$$

Anschaulich bedeutet dies, daß für einen beliebigen schätzbaren Parameter $a'\beta$, ($||a|| = 1$) die Varianz der Schätzung $a'\hat{\beta}$ höchstens gleich $\lambda_{\max}[M^{-1}(\xi^*)]$ ist.

4. Ein Versuchsplan ξ^* heißt *A-optimal*, wenn er die Spur der Inversen der Informationsmatrix minimiert, d. h.

$$\min_{\xi \in \Xi_{r,1}} \mathrm{sp}\,[M^{-1}(\xi)] = \mathrm{sp}\,[M^{-1}(\xi^*)] .$$

Ein A-optimaler Plan minimiert somit die Summe der Varianzen der Schätzungen der Komponenten von β.

Außer diesen vier aufgezählten Kriterien benötigt man für verschiedene Probleme, einerseits speziellere und andererseits allgemeinere Kriterien.

Wir haben oben Kriterien zur Auswahl eines Versuchsplanes zum Schätzen des Parametervektors β betrachtet. Wollen wir eine Versuchsplanung für die Schätzung eines abgeleiteten Parameters $\gamma = C\beta$ mit $C \in \mathfrak{M}^l_{l \times k}$ durchführen, so dürfen dabei nur solche realisierbaren Pläne ξ betrachtet werden, für die γ schätzbar ist. Die Menge dieser Pläne sei $\Xi_{C,r}$. Dann ist folgende Definition sinnvoll:

5. Wir nennen ξ^* *D_C-optimal*, wenn

$$\min_{\xi \in \Xi_{C,r}} |D_{\theta(\xi)}(C\hat{\beta}(\xi))| = |D_{\theta(\xi)}(C\hat{\beta}(\xi^*))| , \quad \xi^* \in \Xi_{C,r} ,$$

gilt. $D_{\theta(\xi)}(C\hat{\beta}(\xi))$ ist dabei die Dispersionsmatrix der Schätzung $C\hat{\beta}(\xi)$, wobei $\hat{\beta}(\xi)$ die BLUE von β war. Durch die Wahl von C sind hier speziell die Schätzungen eines Teilparametervektors von β, aber auch beliebiger abgeleiteter Parameter enthalten.

Wir betrachteten oben G-optimale Versuchspläne, die entsprechend eines Kriteriums, in dem die Funktion $d(x, \xi) = f'(x)\, M^{-1}(\xi)\, f(x)$ als wesentlicher Bestandteil auftrat, optimal waren. Bei Zugrundelegung von $d(x, \xi)$ ist folgende Klasse von Plänen ebenfalls wichtig.

6. Ein Versuchsplan ξ^* heißt *$\mathcal{J}$-optimal*, wenn

$$\min_{\xi \in \Xi_{r,1}} \int_{\mathcal{X}} d(x, \xi)\, p(x)\, \mathrm{d}x = \int_{\mathcal{X}} d(x, \xi^*)\, p(x)\, \mathrm{d}x$$

gilt, wobei $p(x)$ eine bekannte Gewichtsfunktion über $\mathcal{X}$ ist. In $p(x)$ kann eine unterschiedliche Bedeutung der Punkte aus $\mathcal{X}$ ausgedrückt werden.

Wir sind nun bestrebt, solche Optimalitätskriterien aufzustellen, mit denen eine möglichst umfassende Klasse von Versuchsplanungsproblemen behandelt werden kann. Dabei sollen möglichst viele der klassischen Kriterien der Versuchsplanung, wie D-, G-, A- oder $\mathcal{J}$-Optimalität enthalten sein.

Nehmen wir den Fall an, daß ein zu untersuchender Prozeß durch ein Modell aus einer Menge $\mathcal{F}$ beschrieben werden kann, wobei allerdings vor der Durchführung von Messungen nicht bekannt ist, durch welches. Nachdem man die Messungen durchgeführt hat, soll entschieden werden können, z. B. im Resultat eines Tests oder durch zusätzliche Informationen, durch welches Modell der Prozeß beschrieben wird. Es sollen Versuchspläne bestimmt werden, die einige wünschenswerte Eigenschaften besitzen. So könnte man etwa vorschreiben, daß ein derartiger Plan gesucht wird, der zur Schätzung der Parameter bzw. gewisser Linearkombinationen der Parameter in allen Modellen aus $\mathcal{F}$ geeignet ist. Oder aber das Problem besteht darin, einen Versuchsplan zu bestimmen, der optimal eine Diskrimination zwischen verschiedenen Modellen aus $\mathcal{F}$ zuläßt. Man kann sich auch die Situation vorstellen, daß die erwähnte Schätzung und Diskrimination auf Grund eines einheitlichen Datenmaterials durchgeführt werden soll. In allen diesen Fällen kommt es also darauf an, verschiedene Optimalitätskriterien miteinander zu verknüpfen und geeignete Versuchspläne zu bestimmen. Wir werden im Abschnitt 8.3 sehen, daß die Optimalitätskriterien, die von uns in diesem Abschnitt eingeführt werden, für die Lösung der eben genannten Aufgaben benutzt werden können.

Für die Definition der Klasse von Modellen benötigen wir noch eine Menge $\mathcal{M}$, deren Elemente wir für die Indizierung der Modelle benutzen. Wir wollen hier voraussetzen, daß $\mathcal{M}$ eine endliche Menge ist, und es sei dann $\mathcal{M} = \{1, \dots, s\}$. Zu jedem $m \in \mathcal{M}$ sei eine natürliche Zahl $k(m)$ gegeben. Wir betrachten nun eine geeignet gewählte Klasse von bekannten Vektorfunktionen

$$\Phi = \{f^{(m)} : \mathcal{X} \to R^{k(m)} \mid f^{(m)}(x) = (f_1^{(m)}(x), \dots, f_{k(m)}^{(m)}(x))', x \in \mathcal{X}, m \in \mathcal{M}\} .$$

Für festes m und für $\xi = \{x_1, \dots, x_n\}$ sei $\mathfrak{v}_{m,\xi}$ das Beobachtungsmodell

$$\mathfrak{v}_{m,\xi} = \{Q_{\beta(m),\Omega,\varkappa} \mid (\beta^{(m)}, \Omega, \varkappa) \in R^{k(m)} \times \mathcal{V}^\xi \times \mathcal{K}^\xi\} = [\mathcal{R}(G_m^\xi) \times \mathcal{V}^\xi] ,$$

wobei die Bezeichnungen analog zu Abschnitt 8.1 gewählt wurden. Mit $\mathfrak{v}_m$ bezeichnen wir die Menge

$$\mathfrak{v}_m = \{\mathfrak{v}_{m,\xi} \mid \xi \in \Xi_r\} .$$

Dann definieren wir

$$\mathcal{F} = \{\mathfrak{v}_m \mid m \in \mathcal{M}\} . \tag{11}$$

Zum Beispiel kann Φ aus Polynomen verschiedenen Grades bestehen oder aus beliebigen anderen Funktionen. In der Klasse $\mathcal{F}$ wollen wir die $\mathfrak{v}_m$ bewichten. $q^*(m)$ sei ein a-priori Gewicht für $\mathfrak{v}_m \in \mathcal{F}$. Mit $M_m(\xi)$ bezeichnen wir im Modell $\mathfrak{v}_{m,\xi}$ die Informationsmatrix.

Wir betrachten nun die folgenden beiden Kriterien:

$$S_1(\xi) = \prod_{m=1}^{s} \prod_{j=1}^{t(m)} |(A'_{mj} M_m^+(\xi) A_{mj})|^{-q(m,j)} \tag{12}$$

und

$$T(\xi) = \sum_{m=1}^{s} \sum_{j=1}^{t(m)} |A'_{mj} M_m^+(\xi) A_{mj}| \, q(m, j) , \tag{13}$$

wobei $A_{mj} \in \mathfrak{M}_{k(m) \times k_j(m)}^{k_j(m)}$ und $k_j(m)$ und $t(m)$ natürliche Zahlen sind. Unser Ziel wird sein, Versuchspläne ξ zu bestimmen, die $S_1^{-1}(\xi)$ bzw. $T(\xi)$ minimieren, wobei wir voraussetzen, daß $S_1(\xi)$ für wenigstens ein ξ von Null verschieden ist. Eine wesentliche Rolle spielen dabei die Gewichte $q(m, j)$. Sie sollen Vielfache der oben definierten Gewichte $q^*(m)$ sein, d. h. es gebe Zahlen $p(m, j)$, so daß $q(m, j) = p(m, j)\, q^*(m)$ gilt. Die anschauliche Bedeutung dieser Zahlen werden wir unten noch ausführlicher diskutieren.

Wir wollen noch bemerken, daß diese hier aufgestellten Kriterien $S_1(\xi)$ und $T(\xi)$ die zu Anfang dieses Abschnittes angegebenen Optimalitätskriterien (außer E-Optimalität) umfassen. So erhält man das Kriterium der D-Optimalität für die Schätzung der Parameter $\beta^{(1)}$ in $\mathfrak{v}_1 = \{\mathfrak{v}_{1,\xi} \mid \xi \in \Xi_r\}$, wenn $q(1, 1) = 1$, $q(m, j) = 0$ für $(m, j) \neq (1, 1)$ und $A_{11} = I_{r(1)}$ gesetzt wird. Weiter tritt bei $T(\xi)$ der Spezialfall auf: $s = 1$, $t(1) \geqq 1$, $q(1, j) = 1$, und es sei für $\mu_j \geqq 0$ und eine Orthonormalbasis $\{e_j\}$ in $R^{k(m)}$, $A_{mj} = \sqrt{\mu_j} e_j$. Dann ist

$$T(\xi) = \sum_{j=1}^{t(1)} \mu_j e_j' M_1^+(\xi)\, e_j = \operatorname{sp}\, [M_1^+(\xi)\, Z]\,, \tag{14}$$

wobei μ_j die Eigenwerte von Z zu den Eigenvektoren e_j sind. Dann gilt gerade $Z = \sum_{j=1}^{t(1)} \mu_j e_j e_j'$. Durch die Wahl der e_j und der μ_j ist es möglich, jede beliebige positiv semidefinite Matrix Z zu erzeugen. Das bedeutet, daß als Spezialfall des Kriteriums $T(\xi)$ alle Kriterien (14) bei beliebiger positiv semidefiniter Matrix Z auftreten. Speziell ergibt sich damit auch das Spurkriterium 3, welches wir am Anfang des Abschnitts anführten. Auch das $\mathcal{J}$-Kriterium läßt sich in der Form (14) schreiben, denn es ist

$$\mathcal{J}(\xi) = \int_{\mathcal{X}} d_1(x, \xi)\, p(x)\, dx = \int_{\mathcal{X}} \operatorname{sp}\, [M_1^{-1}(\xi) f^{(1)}(x) f^{(1)\prime}(x)]\, p(x)\, dx = \operatorname{sp}\, [M_1^{-1}(\xi)\, Z]$$

mit

$$Z = \int_{\mathcal{X}} f^{(1)}(x) f^{(1)\prime}(x)\, p(x)\, dx\,.$$

Wir wollen hier hervorheben, daß die Menge der Kriterien (14) mit der Menge der Funktionale K übereinstimmen, die linear von $M^+(\xi)$ abhängen und stets nichtnegativ sind. Über diese Funktionale bei regulärer Informationsmatrix existieren einige Resultate (vgl. z. B. V. V. Fedorov [5]). Wir sehen, daß S_1 und T bei allgemeiner Menge $\mathcal{M}$ sehr verwandt mit dem Begriff der D-Optimalität für ein Modell sind. Die Verallgemeinerung der G-Optimalität bei Betrachtung einer Klasse von Modellen führt z. B. zu

$$G(\xi) = \max_x \sum_{m=1}^{k} d_m(x, \xi)\, q(m)\,,$$

wobei $q(m)$ ein Vielfaches von $q^*(m)$ ist, d. h. $q(m) = p(m)\, q^*(m)$. Derartige Kriterien sollen im nächsten Abschnitt noch etwas genauer charakterisiert werden.

Die in S_1 bzw. T vorkommenden Funktionen $q(m, j)$ haben zwei Hauptaufgaben zu erfüllen. Zum einen sollen sie bei festem m eine Bewichtung der Matrizen $A_{mj}' M_m^+(\xi)\, A_{mj}$ ausdrücken. Außerdem können durch diese Werte Größenordnungsunterschiede der Determinanten der genannten Matrizen ausgeglichen werden. Um das zu erläutern, betrachten wir folgendes Beispiel:

Sei $\Phi = \{f^{(m)} \mid f^{(m)}(x) = (1, x, \ldots, x^m)', x \in [-1, 1], 1 \leq m \leq 5\}$ und $\mathcal{F}$ definiert wie oben. Dann gilt für den D-optimalen Plan ξ_m^* in $\mathfrak{v}_m$:

$$|M_1(\xi_1^*)| = 1\,, \quad |M_2(\xi_2^*)| = 0{,}1481\,, \quad |M_3(\xi_3^*)| = 0{,}512 \cdot 10^{-2}\,,$$

$$|M_4(\xi_4^*)| = 0{,}429 \cdot 10^{-4} \quad \text{und} \quad |M_5(\xi_5^*)| = 0{,}867 \cdot 10^{-7}\,.$$

(Diese Zahlen stammen aus I. S. Dubova, T. V. Pzkialadze, V. V. Fedorov [9]). Bewichten wir alle $\mathfrak{v}_m$ in $\mathcal{F}$ gleich, so wählen wir $q^*(m) = 1$. Betrachten wir das Kriterium T für

$p(m, j) = 0 \,\forall\, j > 1$, $p(m, 1) = 1$. Dann ist $T(\xi) = \sum_{m=1}^{5} |M_m^{-1}(\xi)|$, und wir suchen einen Plan ξ^*, der dieses Funktional minimiert. Dann ergibt sich, daß ξ^* vor allem durch die Modelle mit $m = 4$ und $m = 5$ bestimmt wurde, obwohl das gewählte Kriterium eine Gleichbewichtung ausdrücken sollte.

An diesem Beispiel sehen wir, daß Größenordnungsunterschiede die Bewichtung $q^*(m)$ der einzelnen $\mathfrak{v}_m$ in einer Klasse $\mathcal{F}$ verschieben können. Eine Möglichkeit, um einen optimalen Plan zu erhalten, der von allen Modellen aus $\mathcal{F}$ annähernd gleich stark beeinflußt wird, ist folgende. Wir setzen $|p(m, j)| = |A'_{mj} M_m^+(\xi^*_{mj})\, A_{mj}|^{-1}$, wobei ξ^*_{mj} ein $D_{A'_{mj}}$-optimaler Plan für $\mathfrak{v}_m$ ist. Dann ist

$$T(\xi) = \sum_{m=1}^{s} \sum_{j=1}^{t(m)} \frac{|A'_{mj} M_m^+(\xi)\, A_{mj}|}{|A'_{mj} M_m^+(\xi^*_{mj})\, A_{mj}|}\, q^*(m)\,.$$

Beim Kriterium S_1 könnte man eine analoge Normierung in folgender Weise erreichen. Statt (12) benutzen wir die bezüglich der Maximierung äquivalente Form

$$\ln S_1(\xi) = \sum_{m=1}^{s} \sum_{j=1}^{t(m)} q(m, j) \ln |(A'_{mj} M_m^+(\xi)\, A_{mj})^{-1}|\,. \tag{15}$$

Hier spielen die Funktionen $p(m, j)$ eine ähnliche Rolle wie bei $T(\xi)$. Einmal dienen sie dazu, das Kriterium entsprechend der Aufgabenstellung zu modifizieren, zum anderen sollen sie die Größenordnungsunterschiede der Determinanten ausgleichen. In diesem Fall könnte man die $p(m, j)$ folgendermaßen wählen:

1. $p^{(1)}(m, j) = \dfrac{1}{\alpha - \ln |A'_{mj} M_m^+(\xi^*_{mj})\, A_{mj}|}$,

   wobei α so gewählt wird, daß $\alpha - \ln |A'_{mj} M_m^+(\xi^*_{mj})\, A_{mj}| > 0$ für alle $m \in \mathcal{M}$ ist. Dies entspricht einer Normierung der Summanden in (15).
2. Eine zweite Möglichkeit ist folgende:

   $$p^{(2)}(m, j) = \frac{1}{\alpha - \ln |A'_{mj} M_m^+(\xi_0)\, A_{mj}|}$$

   für einen festen Plan ξ_0 mit $|A'_m M_m^+(\xi_0)\, A_m| \neq 0$, $j = 1, \ldots, t(m)$, $m \in \mathcal{M}$, und α so, daß die Nenner von $p^{(2)}(m, j)$ größer als Null sind für alle m, j.

Nun sei ξ_1 ein S_1-optimaler Plan, wobei in S_1 die Gewichte $p^{(2)}(m, j)$ eingesetzt wurden. Wenn für ein $m \in \mathcal{M}$ der Ausgangsplan ξ_0 schlecht war, d. h.

$$|A'_{mj} M_m^+(\xi_0)\, A_{mj}| \gg |A'_{mj} M_m^+(\xi^*_{mj})\, A_{mj}|\,,$$

so folgt daraus, daß ξ_1 infolge der hohen Bewichtung für m ein Plan ist, der sehr gute Eigenschaften für die Schätzung der Parameter in $\mathfrak{v}_m$ hat. So ist zu erwarten, daß ξ_1 gerade für diejenigen Modelle $\mathfrak{v}_m$ gut ist, für die ξ_0 schlecht war. Deshalb sollte man bei Benutzung von $p^{(2)}(m, j)$ nicht nur ξ_1, sondern eine konvexe Linearkombination von ξ_0 und ξ_1 etwa $\alpha\xi_0 + (1 - \alpha)\, \xi_1$ für ein geeignetes $\alpha > 0$ als Versuchsplan wählen.

8.2. Optimale Versuchspläne

Im vorigen Abschnitt haben wir eine Vielzahl von Optimalitätskriterien angegeben. Bei einem Versuchsplanungsproblem steht man vor der Aufgabe, zuerst ein geeignetes Auswahlkriterium für einen Plan auszuwählen und dann gemäß diesem Kriterium einen optimalen Plan zu berechnen.

In diesem Abschnitt sollen die einzelnen Optimalitätskriterien genauer untersucht werden. Dabei wird insbesondere auch diskutiert, wann ein gegebener Plan für mehrere Kriterien optimal ist. Zuerst wollen wir einige allgemeine Bemerkungen zu Versuchsplänen machen.

8.2.1. Orthogonale und rotierbare Versuchspläne

In 8.1.2 führten wir realisierbare, diskrete und stetige Versuchspläne ein, wobei die Einführung der beiden letzteren Mengen von Versuchsplänen allein durch die mathematische Behandelbarkeit der Aufgaben begründet wurde. Einige andere Mengen von Versuchsplänen haben sich neben diesen noch eingebürgert. Nehmen wir etwa an, wir betrachten $\mathfrak{v}_\xi$ aus (1) und $M(\xi)$ sei die Informationsmatrix. Dann heißt ein realisierbarer Plan ξ_n orthogonal, wenn $M(\xi_n)$ eine nichtsinguläre Diagonalmatrix ist. Damit ist dann auch $M^{-1}(\xi)$ eine Diagonalmatrix, und die BLUE für die einzelnen Koeffizienten in $\mathfrak{v}_{\xi_n}$ sind dann unkorreliert, da

$$\operatorname{Cov}_{\vartheta(\xi)}(e_i'\hat{\beta}, e_j'\hat{\beta}) = \frac{\sigma^2}{n} e_i' M^{-1}(\xi_n)\, e_j = \delta_{ij}\frac{\sigma^2}{n}$$

gilt, wobei δ_{ij} das KRONECKER-Symbol und $e_j = (0, \dots 0, 1, 0 \dots 0)$ seien. Falls die Fehler normalverteilt sind, sind diese einzelnen Schätzungen auch unabhängig voneinander. Orthogonale Pläne besitzen somit verschiedene günstige Eigenschaften, jedoch existieren sie nicht immer.

Oftmals wird die Klasse der drehbaren (rotierbaren) Pläne betrachtet. Wenn der Einstellbereich $\mathscr{X}$ symmetrisch bezüglich 0 ist, so heißt ein realisierbarer Versuchsplan ξ_n drehbar, wenn $M^{-1}(\xi_n)$ existiert und wenn

$$D_{\vartheta(\xi_n)}(f'(x)\,\hat{\beta}) = \frac{\sigma^2}{n} f'(x)\, M^{-1}(\xi_n)\, f(x)$$

nur über $|x|$ von x abhängt. Viele Autoren haben sich mit Problemen, die mit der Charakterisierung von drehbaren Plänen zusammenhängen, beschäftigt. Insbesondere seien G. E. P. BOX, W. G. HUNTER [31] und J. KIEFER [11] erwähnt.

8.2.2. Spektrum von Versuchsplänen

In 8.1.3 gaben wir verschiedene Optimalitätskriterien an. Interessant ist die Frage: Wie viele Punkte müssen mindestens im Spektrum eines optimalen Planes enthalten sein? Hierzu wollen wir als Verallgemeinerung des Satzes 8.1.1 den folgenden Satz beweisen. Wie im Abschnitt 8.1.3 betrachten wir eine Klasse von Modellen $\mathscr{F} = \{\mathfrak{v}_m \mid 1 \leqq m \leqq s\}$ und bezeichnen mit $M_m(\xi)$ die Informationsmatrix in $\mathfrak{v}_{m,\xi}$. Die in 8.1.3 diskutierten Kriterien sind Funktionale der Informationsmatrizen, und wir hatten schon früher die Informationsmatrizen auch für stetige Pläne definiert. Wir hatten schon oben betont, daß wir uns mit der „approximativen" Theorie beschäftigen wollen, d. h., wir lassen beliebige stetige Pläne zu. Zu bemerken ist hierbei, daß zu einem nicht realisierbaren Versuchsplan ξ das Modell $\mathfrak{v}_\xi$ in (1) nicht definiert werden kann. Andererseits kann $M(\xi)$ beliebig gut durch $M(\xi_n)$ für einen geeignet gewählten realisierbaren Plan angenähert werden. So wollen wir im folgenden die in 8.1.3 angegebenen Definitionen für D-, G-, A-, I-, E-optimale Pläne auch auf stetige Pläne ausdehnen, indem wir Ξ_r durch Ξ ersetzen. Dann gilt der

Satz 8.2.1. *Wir betrachten die Informationsmatrizen $M_m(\xi)$, $m = 1, \dots, s$, zu beliebigem Versuchsplan $\xi \in \Xi$. Dann existiert ein diskreter Versuchsplan $\bar{\xi} \in \Xi$ mit $M_m(\xi) = M_m(\bar{\xi})$ für $m = 1, \dots, s$, dessen Spektrum aus höchstens $\frac{k(k+1)}{2} + 1$ Punkten besteht, wobei $k = \sum_{m=1}^{s} k(m)$ ist.*

Beweis. Im Satz 8.1.1 wurde gezeigt, daß bei festem m die Menge $\{M_m(\xi) \mid \xi \in \Xi\}$ konvex ist. Daher folgt auch, daß mit

$$M(\xi) = \text{Diag}\,(M_1(\xi), M_2(\xi), \dots, M_s(\xi))$$

die Menge $\{M(\xi) \mid \xi \in \Xi\}$ eine konvexe Menge darstellt. Wenn wir jetzt wie im Beweis zu Satz 8.1.1, Punkt 4 fortfahren, erhalten wir die Behauptung. ■

Damit erhalten wir, daß wir zur Bestimmung eines optimalen Plans für die Kriterien S bzw. T nur über der Menge der diskreten Versuchspläne, deren Spektrum höchstens $\frac{k(k+1)}{2} + 1$ Punkte mit $k = \sum_{m=1}^{s} k(m)$ enthält, zu optimieren brauchen.

Während die in Satz 8.2.1 gegebene obere Schranke unabhängig von dem speziellen Kriterium S_1 bzw. T ist, hängt hingegen eine untere Schranke für die Anzahl der Meßpunkte eines optimalen Plans vom Kriterium ab. Da bei der Schätzung einer Linearkombination der Komponenten von β für $\mathfrak{v}$ die Informationsmatrix singulär sein kann, so kann man nur für jedes Kriterium einzeln solche Mindestanzahlen von Meßpunkten angeben. So kann man z. B. zeigen, daß beim Kriterium S_1 mindestens $n = \max_{1 \leq i \leq s} r[(A_{i1}, \dots, A_{it(i)})]$ Punkte im Spektrum eines optimalen Planes enthalten sein müssen. Diese Schranke n erhält man aus den Schätzbarkeitsbedingungen für alle Parameter $A'_{ij}\beta^{(i)}$.

8.2.3. S-optimale Versuchspläne

In 8.1.4 wurden verschiedene Optimalitätskriterien angegeben. Es zeigt sich jedoch, daß zwischen einigen Kriterien Beziehungen hergestellt werden können. Betrachten wir zuerst das Kriterium $S_1(\xi)$. Dabei übernehmen wir die Bezeichnungen aus 8.1.3. So sei $\mathcal{F}$ die Menge der zu betrachtenden Modelle, und $M_m(\xi)$ sei die Informationsmatrix im Modell $\mathfrak{v}_{m,\xi}$.

Zu gegebenen Matrizen $A_{mj} \in \mathfrak{M}^{k_j(m)}_{k(m) \times k_j(m)}$ ist

$$S(\xi) := \ln S_1(\xi) = \sum_{m=1}^{s} \sum_{j=1}^{t(m)} q(m, j) \ln |(A'_{mj} M_m^{+}(\xi)\, A_{mj})^{-1}| .$$

Bemerkung. In $S(\xi)$ haben wir allgemein $M_m^{+}(\xi)$ geschrieben, da nicht notwendigerweise $M_m^{-1}(\xi)$ existieren muß. Falls aber $A_m = I_{k(m)}$ für ein Paar (m, j) gilt, so würde dieser Summand die Gestalt $\ln |M_m(\xi)|$ haben, und für dieses m wird dann die Existenz von $M_m^{-1}(\xi)$

gefordert. Um aber eine einheitliche Schreibweise im Kriterium zu erhalten, wurde $S(\xi)$ in dieser allgemeinen Form zusammenfassend geschrieben.

Wenn wir nun einen Plan ξ suchen, der $S(\xi)$ maximiert, so bedeutet dies, daß wir einen Plan haben möchten, der die Parametervektoren $A'_{mj}\beta^{(m)}$ „gut" schätzt (für $q(m, j) > 0$). Dazu werden wir nur Pläne $\xi \in \Xi_1 \subseteq \Xi$ betrachten, wobei

$$\Xi_1 = \{\xi \mid \xi \in \Xi, \mathcal{R}(A_{mj}) \subseteq \mathcal{R}(M_m(\xi)), m \in \mathcal{M}, 1 \leqq j \leqq t(m)\}$$

gilt. Die Bedingung $\mathcal{R}(A_{mj}) \subseteq \mathcal{R}(M_m(\xi))$ für $\xi \in \Xi$ ist gleichbedeutend damit, daß die Parameter $A'_{mj}\beta^{(m)}$ in $\mathfrak{v}_{m,\xi}$ identifizierbar sind, so daß die Definition von Ξ_1 sinnvoll ist.

Nun wollen wir Eigenschaften optimaler Pläne studieren. Dazu definieren wir:

Definition 8.2.1. *ξ^* heißt S-optimal, wenn*

$S(\xi^*) = \max_{\xi \in \Xi_1} S(\xi)$ *gilt.*

ξ^* heißt S-suboptimal, wenn

$S((1 - \alpha)\, \xi^* + \alpha\xi(x)) \leqq S(\xi^*)$ *für alle* $x \in \mathcal{X}, \alpha \in [0, 1)$

gilt, wobei $\xi(x)$ derjenige Plan ist, der dem Punkt $x \in \mathcal{X}$ das Gewicht 1 *zuordnet.*

Hieraus folgt insbesondere, daß S-optimale Pläne stets S-suboptimal sind. Es werden Beziehungen zwischen optimalen und suboptimalen Plänen aufgezeigt, wobei wir sehen werden, daß ein S-suboptimaler Plan, der zu regulären Informationsmatrizen führt, stets auch S-optimal ist.

Im folgenden sollen S-optimale bzw. S-suboptimale Pläne charakterisiert werden. Es werden dabei u. a. Bedingungen gegeben, mit denen man nachprüfen kann, ob ein gegebener Plan optimal ist.

Im weiteren wird folgende Funktion häufig auftreten:

$$\varkappa(m, x, \xi) = \begin{cases} 1 & \text{für } f^{(m)}(x) \in \mathcal{R}(M_m(\xi)) \\ 0 & \text{für } f^{(m)}(x) \notin \mathcal{R}(M_m(\xi)) \,. \end{cases}$$

Aus [A 1.35] folgt, daß $f^{(m)}(x) \in \mathcal{R}(M_m(\xi))$ genau dann gilt, wenn für ein $\alpha > 0$

$$M_m(\xi)\, [(1 - \alpha)\, M_m(\xi) + f^{(m)}(x)\, f^{(m)\prime}(x)]^+ f^{(m)}(x) \neq 0$$

ist, so daß $\varkappa(m, x, \xi)$ berechnet werden kann.

Satz 8.2.2. *Es bezeichne für $m \in \mathcal{M}$, $j = 1, \dots, t(m)$,*

$$d_m(x, \xi, A_{mj}) = f^{(m)\prime}(x)\, [P_{\mathcal{R}(M_m^+(\xi)A_{mj})}\, M_m(\xi)\, P_{\mathcal{R}(M_m^+(\xi)A_{mj})}]^+ f^{(m)}(x)\, \varkappa(m, x, \xi)$$

und

$$a(x, \xi) = \sum_{m=1}^{s} \sum_{j=1}^{t(m)} q(m, j)\, d_m(x, \xi, A_{mj})\,.$$

a) *Folgende Bedingungen sind äquivalent:*

1. *Für $\xi^* \in \Xi_1$ gilt $S(\xi^*) = \max_{\xi \in \Xi_1} S(\xi)$.*

2. *Für* $\xi^* \in \Xi_1$ *gilt*

$$\sum_{m=1}^{s} \sum_{j=1}^{t(m)} q(m, j) \operatorname{sp} [A_{mj}(A'_{mj}M_m^+(\xi^*) A_{mj})^{-1} A'_{mj}(M_m(\xi^*) M_m^+(\xi) M_m(\xi^*))^+]$$

$$\leqq \sum_{m=1}^{s} \sum_{j=1}^{t(m)} q(m, j) k_j(m) =: k_0 \quad mit\ k_j(m) = r[A_{mj}]$$

für alle $\xi \in \Xi_1$ *mit* $\mathcal{R}(M_m(\xi^*)) \subseteq \mathcal{R}(M_m(\xi))$, $m \in \mathcal{M}$.

b) *Folgende Bedingungen sind äquivalent:*

1. *Für* $\xi^* \in \Xi_1$ *gilt* $S((1-\alpha)\xi^* + \alpha\xi(x)) \leqq S(\xi^*)$ *für alle* $x \in \mathcal{X}$ *und alle* $\alpha \in [0, 1)$.
2. *Für* $\xi^* \in \Xi_1$ *gilt* $\min\limits_{\xi \in \Xi_1} \max\limits_{x \in \mathcal{X}} a(x, \xi) = \max\limits_{x \in \mathcal{X}} a(x, \xi^*)$.
3. *Für* $\xi^* \in \Xi_1$ *gilt* $\max\limits_{x \in \mathcal{X}} a(x, \xi^*) = k_0$.

Beweis. Wir berechnen zunächst für beliebiges $\xi, \bar{\xi} \in \Xi_1$ mit $\mathcal{R}(M_m(\xi)) \subseteq \mathcal{R}(M_m(\bar{\xi}))$ für alle $m \in \mathcal{M}$ die Ableitung $\left.\frac{\partial}{\partial\alpha} S(\tilde{\xi})\right|_{\alpha=0}$, wobei $\tilde{\xi} = (1-\alpha)\xi + \alpha\bar{\xi}$ für $\alpha \in [0, 1)$ gesetzt wurde. Wegen [A 1.40] gilt (vgl. V. V. Fedorov [5]) für $\xi, \bar{\xi} \in \Xi_1$:

$$\frac{\partial}{\partial\alpha} A'_{mj}M_m^+(\tilde{\xi}) A_{mj} = - A'_{mj}M_m^+(\tilde{\xi}) [M_m(\bar{\xi}) - M_m(\xi)] M_m^+(\tilde{\xi}) A_{mj}. \tag{16}$$

Wir bestimmen nun den Grenzwert dieser Ableitung für $\alpha \to 0$. Wir erhalten wegen $\mathcal{R}(A_{mj}) \subseteq \mathcal{R}(M_m(\xi))$

$$A'_{mj}M_m^+(\tilde{\xi}) M_m(\bar{\xi}) M_m^+(\tilde{\xi}) A_{mj} =$$
$$= A'_{mj}M_m^+(\xi) M_m(\xi) M_m^+(\tilde{\xi}) M_m(\bar{\xi}) M_m^+(\bar{\xi}) M_m(\bar{\xi}) M_m^+(\tilde{\xi}) M_m(\xi) M_m^+(\xi) A_{mj},$$

und mit [A 1.40] folgt hieraus

$$\lim_{\alpha\to 0} A'_{mj}M_m^+(\tilde{\xi}) M_m(\bar{\xi}) M_m^+(\tilde{\xi}) A_{mj} = A'_{mj}M_m^+(\xi) M_m^{1/2}(\bar{\xi}) P_{\mathcal{R}(M_m^{1/2+}(\bar{\xi}) M_m(\xi))} M_m^{1/2}(\bar{\xi}) M_m^+(\xi) A_{mj}.$$

Analog erhalten wir

$$\lim_{\alpha\to 0} A'_{mj}M_m^+(\tilde{\xi}) M_m(\xi) M_m^+(\tilde{\xi}) A_{mj} = A'_{mj}M_m^+(\xi) A_{mj}.$$

Berücksichtigen wir, daß

$$\left.\frac{\partial}{\partial\alpha} \ln |A'_{mj}M_m^+(\tilde{\xi}) A_{mj}|\right|_{\alpha=0} = \operatorname{sp}\left[(A'_{mj}M_m^+(\tilde{\xi}) A_{mj})^{-1} \left.\frac{\partial}{\partial\alpha} A'_{mj}M_m^+(\tilde{\xi}) A_{mj}\right|_{\alpha=0}\right] \tag{17}$$

gilt und aus [A 1.40]

$$\lim_{\alpha\to 0} A'_{mj}M_m^+(\tilde{\xi}) A_{mj} = A'_{mj}M_m^+(\xi) A_{mj}$$

folgt, erhalten wir mit den obigen Grenzwertaussagen

$$\left.\frac{\partial}{\partial\alpha} \ln |A'_{mj}M_m^+(\tilde{\xi}) A_{mj}|\right|_{\alpha=0} =$$
$$= k_j(m) - \operatorname{sp}[(A'_{mj}M_m^+(\xi) A_{mj})^{-1} A'_{mj}M_m^+(\xi) M_m^{1/2}(\bar{\xi}) P_{\mathcal{R}(M_m^{1/2+}(\bar{\xi}) M_m(\xi))} M_m^{1/2}(\bar{\xi}) M_m^+(\xi) A_{mj})]. \tag{18}$$

Beweisen wir nun Teil a) des Satzes. (1 → 2): Wenn ξ^* S-optimal ist, so muß offenbar für jeden Plan $\bar{\xi}$ mit $\mathfrak{R}(M_m(\xi^*)) \subseteq \mathfrak{R}(M_m(\bar{\xi}))$ und $\tilde{\xi} = (1-\alpha)\,\xi^* + \alpha\bar{\xi}$ gelten: $\frac{\partial}{\partial\alpha} S(\tilde{\xi})\Big|_{\alpha=0} \leqq 0$. Wie wir oben gezeigt haben, gilt aber mit $\xi = \xi^*$

$$\frac{\partial}{\partial\alpha} S(\tilde{\xi})\Big|_{\alpha=0} = -\,k_0 + \sum_{m,j} q(m,j)\ \mathrm{sp}\,[(A'_{mj}M_m^+(\xi^*)\,A_{mj})^{-1}\,A'_{mj}\times$$
$$\times\, M_m^+(\xi^*)\,M_m^{1/2}(\bar{\xi})\,P_{\mathfrak{R}(M_m^{1/2+}(\bar{\xi})M_m(\xi^*))}\,M_m^{1/2}(\bar{\xi})\,M_m^+(\xi^*)\,A_{mj}]\,.$$

Wegen

$$M_m(\xi^*)\,(M_m(\xi^*)\,M_m^+(\bar{\xi})\,M_m(\xi^*))^+\,M_m(\xi^*) = M_m^{1/2}(\bar{\xi})\,P_{\mathfrak{R}(M_m^{1/2+}(\bar{\xi})M_m(\xi^*))}M_m^{1/2}(\bar{\xi})$$

erhalten wir somit

$$\frac{\partial}{\partial\alpha} S(\tilde{\xi})\Big|_{\alpha=0} = -\,k_0 + \sum_{m,j} q(m,j)\,\mathrm{sp}\,[A_{mj}(A'_{mj}M_m^+(\xi^*)\,A_{mj})^{-1}\,A'_{mj}(M_m(\xi^*)\,M_m^+(\bar{\xi})\,M_m(\xi^*))^+]\,,$$

womit gezeigt ist, daß aus 1. die Bedingung 2 folgt.

(2 → 1): Wir können für $\xi, \bar{\xi} \in \Xi_1$ und $\mathfrak{R}(M_m(\xi)) \subseteq \mathfrak{R}(M_m(\bar{\xi}))$ abschätzen:

$$A'_{mj}M_m^+(\xi)\,M_m^{1/2}(\bar{\xi})\,P_{\mathfrak{R}(M_m^{1/2+}(\bar{\xi})M_m(\xi))}M_m^{1/2}(\bar{\xi})\,M_m^+(\xi)\,A_{mj}$$
$$\geqq A'_{mj}M_m^+(\xi)\,M_m^{1/2}(\bar{\xi})\,P_{\mathfrak{R}(M_m^{1/2+}(\bar{\xi})A_{mj})}M_m^{1/2}(\bar{\xi})\,M_m^+(\xi)\,A_{mj}$$
$$= A'_{mj}M_m^+(\xi)\,A_{mj}(A'_{mj}M_m^+(\bar{\xi})\,A_{mj})^{-1}\,A'_{mj}M_m^+(\xi)\,A_{mj}\,.$$

Daher gilt wegen (18)

$$\frac{\partial}{\partial\alpha}\ln|A'_{mj}M_m^+(\tilde{\xi})\,A_{mj}|\Big|_{\alpha=0} \leqq k_j(m) - \mathrm{sp}\,[(A'_{mj}M_m^+(\bar{\xi})\,A_{mj})^{-1}\,A'_{mj}M_m^+(\xi)\,A_{mj}$$
$$\leqq k_j(m) - k_j(m)\,\frac{|A'_{mj}M_m^+(\xi)\,A_{mj}|^{1/k_j(m)}}{|A'_{mj}M_m^+(\bar{\xi})\,A_{mj}|^{1/k_j(m)}}$$
$$\leqq -\ln|A'_{mj}M_m^+(\xi)\,A_{mj}| + \ln|A'_{mj}M_m^+(\bar{\xi})\,A_{mj}|\,.$$

Die letzte Ungleichung folgt daraus, daß für alle positiven reellen Zahlen t und für eine beliebige natürliche Zahl n die Ungleichung $n - nt^{1/n} \leqq -\ln t$ gilt. Beachten wir jetzt die Gestalt von S, so erhalten wir

$$\frac{\partial}{\partial\alpha} S(\tilde{\xi})\Big|_{\alpha=0} \geqq -\,S(\xi) + S(\bar{\xi})\,.$$

Mit dieser Beziehung wollen wir zeigen, daß aus 2. die Behauptung unter 1. folgt. Nehmen wir an, daß für ξ^* die unter 2. aufgestellte Bedingung erfüllt ist, aber auch ein $\bar{\xi} \in \Xi_1$ mit $S(\bar{\xi}) > S(\xi^*)$ existiert. Dann kann $\bar{\xi}$ o. B. d. A. so angenommen werden, daß $|M_m(\bar{\xi})| \neq 0$ für alle $m \in \mathcal{M}$ ist, da S stetig von ξ abhängt und wir bei Nichterfüllung dieser Bedingung für ein hinreichend kleines $\gamma > 0$ an Stelle von $\bar{\xi}$ den Plan $(1-\gamma)\,\bar{\xi} + \gamma\xi_1$ nehmen, wobei ξ_1 ein beliebiger Plan mit $|M_m(\xi_1)| \neq 0$ für alle $m \in \mathcal{M}$ ist. Insbesondere gilt unter dieser Voraussetzung auch $\mathfrak{R}(M_m(\xi^*)) \subseteq \mathfrak{R}(M_m(\bar{\xi}))$. Aus (18) und wegen der unter 2. formulierten Bedingung folgt daher

$$\frac{\partial}{\partial\alpha} S(\tilde{\xi})\Big|_{\alpha=0} \leqq 0\,.$$

Andererseits hatten wir $\frac{\partial}{\partial\alpha} S(\tilde{\xi})\Big|_{\alpha=0} \geqq -\,S(\xi^*) + S(\bar{\xi})$ oben bewiesen, woraus für $S(\xi^*) < S(\bar{\xi})$ ein Widerspruch entsteht. Damit ist a) vollständig bewiesen.

Beweis von b):

(1 → 3): Es sei $\xi^* \in \Xi_1$ S-suboptimal. Dann setzen wir $\tilde{\xi} = (1-\alpha)\,\xi^* + \alpha\xi(x)$ für $\alpha \in [0, 1)$, wobei $\xi(x)$ derjenige Plan ist, der dem Punkt $x \in \mathscr{X}$ das Gewicht 1 zuordnet. Offenbar ist dann $\mathscr{R}(M_m(\xi^*)) \subseteq \mathscr{R}(M_m(\tilde{\xi}))$ für alle m, woraus $\tilde{\xi} \in \Xi_1$ folgt. Aus [A 1.35] folgt mit $d_m(x, \xi) = d_m(x, \xi, I_{k(m)})$

$$A'_{mj}M_m^+(\tilde{\xi})\,A_{mj} = \begin{cases} \dfrac{1}{1-\alpha}\,A'_{mj}M_m^+(\xi^*)\,A_{mj} & \text{für } f^{(m)}(x) \notin \mathscr{R}(M_m(\xi^*))\,, \\[2ex] \dfrac{1}{1-\alpha}\,A'_{mj}M_m^+(\xi^*)\,A_{mj} - \dfrac{\alpha}{1-\alpha}\cdot\dfrac{1}{1-\alpha+\alpha d_m(x,\xi^*)} & \\ \quad\times A'_{mj}M_m^+(\xi^*)\,f^{(m)}(x)\,f^{(m)\prime}(x)\,M_m^+(\xi^*)\,A_{mj} & \text{für } f^{(m)}(x) \in \mathscr{R}(M_m(\xi^*))\,, \end{cases} \tag{19}$$

und wir erhalten die Gleichung

$$\left.\frac{\partial}{\partial\alpha}\,A'_{mj}M_m^+(\tilde{\xi})\,A_{mj}\right|_{\alpha=0} = A'_{mj}M_m^+(\xi^*)\,A_{mj} - \varkappa(m, x, \xi^*)$$
$$\times\, A'_{mj}M_m^+(\xi^*)\,f^{(m)}(x)\,f^{(m)\prime}(x)\,M_m^+(\xi^*)\,A_{mj}\,.$$

Mit (17) folgt dann

$$\left.\frac{\partial}{\partial\alpha}\ln|A'_{mj}M_m^+(\tilde{\xi})\,A_{mj}|\right|_{\alpha=0}$$
$$= k_j(m) - \operatorname{sp}\left[(A'_{mj}M_m^+(\xi^*)\,A_{mj})^{-1}\,A'_{mj}M_m^+(\xi^*)\,f^{(m)}(x)\,f^{(m)\prime}(x)\,M_m^+(\xi^*)\,A_{mj}\right]\varkappa(m, x, \xi^*)\,.$$

Mit Hilfe von Resultaten aus T. L. Boullion und P. L. Odell [16] erhalten wir

$$M_m^{1/2+}(\xi^*)\,P_{\mathscr{R}(M_m^{1/2+}(\xi^*)A_{mj})} = [M_m^{1/2+}(\xi^*)\,A_{mj}(M_m^+(\xi^*)\,A_{mj})^+]^+$$

und daher folgt:

$$\left.\frac{\partial}{\partial\alpha}\ln|A'_{mj}M_m^+(\tilde{\xi})\,A_{mj}|\right|_{\alpha=0}$$
$$= k_j(m) - f^{(m)\prime}(x)\,M_m^{1/2+}(\xi^*)\,P_{\mathscr{R}(M_m^{1/2+}(\xi^*)A_{mj})}\,M_m^{1/2+}(\xi^*)\,f^{(m)}(x)\,\varkappa(m, x, \xi^*) \tag{20}$$
$$= k_j(m) - f^{(m)\prime}(x)\,([A'_{mj}M_m^+(\xi^*)]^+\,A'_{mj}M_m^+(\xi^*)\,A_{mj}[M_m^+(\xi^*)\,A_{mj}]^+)^+\,f^{(m)}(x)\,\varkappa(m, x, \xi^*)$$
$$= k_j(m) - f^{(m)\prime}(x)\,[P_{\mathscr{R}(M_m^+(\xi^*)A_{mj})}\,M_m(\xi^*)\,P_{\mathscr{R}(M_m^+(\xi^*)A_{mj})}]^+\,f^{(m)}(x)\,\varkappa(m, x, \zeta^*)$$
$$= k_j(m) - d_m(x, \xi^*, A_{mj})\,. \tag{21}$$

Da ξ^* S-optimal ist, folgt $\left.\frac{\partial}{\partial\alpha}S(\tilde{\xi})\right|_{\alpha=0} \leqq 0$ für alle $\xi(x)$. Somit erhalten wir

$$\left.\frac{\partial}{\partial\alpha}S(\tilde{\xi})\right|_{\alpha=0} = -\sum_{m=1}^{s}\sum_{j=1}^{t(m)} q(m, j)\,(k_j(m) - d_m(x, \xi^*, A_{mj}))$$
$$= -\sum_{m=1}^{s}\sum_{j=1}^{t(m)} q(m, j)\,k_j(m) + \sum_{m=1}^{s}\sum_{j=1}^{t(m)} q(m, j)\,d_m(x, \xi^*, A_{mj}) \leqq 0\,. \tag{22}$$

Also ergibt sich

$$\sum_{m=1}^{s}\sum_{j=1}^{t(m)} q(m, j)\,d_m(x, \xi^*, A_{mj}) \leqq \sum_{m=1}^{s}\sum_{j=1}^{t(m)} q(m, j)\,k_j(m)\,. \tag{23}$$

Die linke Seite ist gerade die im Satz definierte Funktion $a(x, \xi^*)$. Wir berechnen nun das Integral

$$\int_{\mathscr{X}} a(x, \xi^*)\,\mathrm{d}\xi^* = \sum_{m=1}^{s}\sum_{j=1}^{t(m)} q(m, j)\int_{\mathscr{X}} d_m(x, \xi^*, A_{mj})\,\mathrm{d}\xi^*\,. \tag{24}$$

Weiter folgt

$$\begin{aligned}\int_{\mathcal{X}} d_m(x, \xi^*, A_{mj})\, \mathrm{d}\xi^* &= \operatorname{sp}\,[(P_{\mathfrak{R}(M_m^+(\xi^*)\,A_{mj})} M_m(\xi^*)\, P_{\mathfrak{R}(M_m^+(\xi^*)\,A_{mj})})^+\, M_m(\xi^*)] \\ &= \operatorname{sp}\,[(P_{\mathfrak{R}(M_m^+(\xi^*)\,A_{mj})} M_m(\xi^*)\, P_{\mathfrak{R}(M^+(\xi^*)\,A_{mj})})^+ \\ &\qquad \times P_{\mathfrak{R}(M_m^+(\xi^*)\,A_{mj})} M_m(\xi^*)\, P_{\mathfrak{R}(M_m^+(\xi^*)\,A_{mj})}] \\ &= r[P_{\mathfrak{R}(M_m^+(\xi^*)\,A_{mj})} M_m(\xi^*)] = k_j(m)\,.\end{aligned}$$

Setzen wir dies in (24) ein, so erhalten wir

$$\int_{\mathcal{X}} a(x, \xi^*)\, \mathrm{d}\xi^* = \sum_{m=1}^{s} \sum_{j=1}^{t(m)} q(m, j)\, k_j(m) = k_0\,.$$

Hieraus folgt, daß $\max_{x \in \mathcal{X}} a(x, \xi^*) \geqq k_0$ gilt, denn es ist $\int_{\mathcal{X}} \mathrm{d}\xi^* = 1$. Zusammen mit (23) ergibt dies $\max_x a(x, \xi^*) = k_0$, womit die Bedingung 3 des Satzes, Teil b) bewiesen ist.

(3 → 2): Bei der Berechnung von $\int_{\mathcal{X}} a(x, \xi^*)\, \mathrm{d}\xi^*$ in (24) benutzten wir an keiner Stelle, daß ξ^* ein bestimmter optimaler Plan ist. Mit der gleichen Rechnung zeigt man, daß für einen beliebigen Plan $\xi \in \Xi_1$ gilt

$$\max_x a(x, \xi) = \max_x \left(\sum_{m=1}^{s} \sum_{j=1}^{t(m)} q(m, j)\, d_m(x, \xi, A_{mj}) \right) \geqq \sum_{m=1}^{s} \sum_{j=1}^{t(m)} q(m, j)\, k_j(m) = k_0\,. \tag{25}$$

Sei $\xi^* \in \Xi_1$ ein Plan, der Bedingung 3 erfüllt. Dann bedeutet dies wegen (25), daß ξ^* das Funktional $\max_{x \in \mathcal{X}} a(x, \xi)$ minimiert, woraus Bedingung 2 folgt.

(2 → 1): Es erfülle ξ^* die Bedingung 2. Nehmen wir an, ξ^* sei nicht S-suboptimal, so bedeutet dies, daß ein $x \in \mathcal{X}$ existiert, so daß für ein $\alpha > 0$

$$S(\tilde{\xi}) = S((1 - \alpha)\, \xi^* + \alpha \xi(x)) > S(\xi^*)$$

gilt. Nun gilt aber $\mathfrak{R}(M_m(\xi^*)) \subseteq \mathfrak{R}(M_m(\tilde{\xi}))$. Bilden wir dann den Plan $\hat{\xi} = (1 - \varrho)\, \xi^* + \varrho \tilde{\xi}$ für $\varrho \in [0, 1)$, so gilt $\hat{\xi} = (1 - \alpha\varrho)\, \xi + \alpha\varrho \xi(x)$. Dann gilt nach Voraussetzung

$$\frac{\partial}{\partial(\alpha\varrho)} S(\hat{\xi}) \bigg|_{\varrho=0} = -\, k_0 + a(x, \xi^*) \leqq 0\,,$$

d. h.

$$\frac{\partial}{\partial\varrho} S(\hat{\xi}) \bigg|_{\varrho=0} = \alpha[-k_0 + a(x, \xi^*)] \leqq 0\,.$$

Andererseits können wir wie beim Beweis von Teil a), (2 → 1), berechnen:

$$\frac{\partial}{\partial\varrho} S(\hat{\xi}) \bigg|_{\varrho=0} \geqq -\, S(\xi^*) + S(\tilde{\xi}) > 0\,,$$

was im Widerspruch zur vorhergehenden Ungleichung steht. Damit ist der Äquivalenzsatz bewiesen. ■

Dieser Satz gibt uns die Möglichkeit nachzuweisen, ob ein gegebener Plan ξ^* S-optimal bzw. S-suboptimal ist (Bedingung a), 2. bzw. b), 3.). Durch diesen Satz werden optimale Pläne für eine Vielzahl bekannter Optimalitätskriterien charakterisiert, wobei die Zulassung singulärer Pläne verschiedene Schwierigkeiten hervorgebracht hat. Wir haben oben einen Unterschied zwischen suboptimalen und optimalen Plänen gemacht. Wir wollen nun Beziehungen zwischen diesen Plänen aufstellen.

Korollar 8.2.1. *Wenn für einen suboptimalen Plan ζ^* alle Matrizen $M_m(\zeta^*)$ regulär sind, so ist dieser S-suboptimale Plan ein S-optimaler Plan.*

Beweis. Es sei ξ^* S-suboptimal. Wir haben wegen Satz 8.2.2 zu zeigen, daß

$$\sum_{m,j} q(m,j)\,\mathrm{sp}\,[A_{mj}(A'_{mj}M_m^+(\xi^*)\,A_{mj})^{-1}\,A'_{mj}M_m^{-1}(\xi^*)\,M_m(\xi)\,M_m^{-1}(\xi^*)] \leqq k_0$$

für alle ξ mit $|M_m(\xi)| \neq 0$ gilt. Da (vgl. Berechnung im Beweis zu Satz 8.2.2, b))

$$\sum_{m,j} q(m,j)\,\mathrm{sp}\,[A_{mj}(A'_{mj}M_m^+(\xi^*)\,A_{mj})^{-1}\,A'_{mj}M_m^{-1}(\xi^*)\,M_m(\xi)\,M_m^{-1}(\xi^*)]$$
$$= \sum_{m,j} q(m,j)\,\mathrm{sp}\,[(P_{\mathfrak{R}(M_m^+(\xi^*)\,A_{mj})}\,M_m(\xi^*)\,P_{\mathfrak{R}(M_m^+(\xi^*)\,A_{mj})})^+\,M_m(\xi)]$$
$$= \sum_{m,j} q(m,j) \int_{\mathscr{X}} d_m(x,\xi^*,A_{mj})\,\mathrm{d}\xi = \int_{\mathscr{X}} a(x,\xi^*)\,\mathrm{d}\xi$$

gilt, folgt diese Ungleichung unmittelbar. ■

So zeigt **Korollar 8.2.1.**, daß ein Plan ξ^* mit regulären Informationsmatrizen genau dann S-optimal ist, wenn $a(x,\xi^*) \leqq k_0$ für alle $x \in \mathscr{X}$ gilt.

Es gibt aber auch Fälle, in denen S-suboptimale Pläne mit singulären Informationsmatrizen S-optimal sind. Dazu beweisen wir das

Korollar 8.2.2. *Wenn*

$$\sum_{m,j} q(m,j)\,f^{(m)\prime}(x)\,[P_{\mathfrak{R}(M_m^+(\xi^*)\,A_{mj})}\,M_m(\xi^*)\,P_{\mathfrak{R}(M_m^+(\xi^*)\,A_{mj})}]^+\,f^{(m)}(x) \leqq k_0 \qquad (26)$$

für alle $x \in \mathscr{X}$ gilt, so ist ξ^* S-optimal.

Beweis. Aus unserer Voraussetzung folgt, daß

$$\sum_{m,j} q(m,j)\,\mathrm{sp}\,[(P_{\mathfrak{R}(M_m^+(\xi^*)\,A_{mj})}M_m(\xi^*)\,P_{\mathfrak{R}(M_m^+(\xi^*)\,A_{mj})})^+\,M_m(\xi)] \leqq k_0$$

für jeden Plan $\xi \in \Xi_1$ gilt. Da aber für ξ mit $\mathfrak{R}(M_m(\xi^*)) \subseteq \mathfrak{R}(M_m(\xi))$ die Abschätzung

$$\mathrm{sp}\,[A_{mj}(A'_{mj}M_m^+(\xi^*)\,A_{mj})^{-1}\,A'_{mj}(M_m(\xi^*)\,M_m^+(\xi)\,M_m(\xi^*))^+]$$
$$= \mathrm{sp}\,[A_{mj}(A'_{mj}M_m^+(\xi^*)\,A_{mj})^{-1}\,A'_{mj}M_m^+(\xi^*)\,M_m^{1/2}(\xi)\,P_{\mathfrak{R}(M_m^{1/2+}(\xi)\,M_m(\xi^*))}M_m^{1/2}(\xi)\,M_m^+(\xi^*)]$$
$$\leqq \mathrm{sp}\,[A'_{mj}(A'_{mj}M_m^+(\xi^*)\,A_{mj})^{-1}\,A'_{mj}M_m^+(\xi^*)\,M_m(\xi)\,M_m^+(\xi^*)]$$
$$= \mathrm{sp}\,[(P_{\mathfrak{R}(M_m^+(\xi^*)\,A_{mj})}M_m(\xi^*)\,P_{\mathfrak{R}(M_m^+(\xi^*)\,A_{mj})})^+\,M_m(\xi)]$$

gilt, können wir abschätzen:

$$\sum_{m,j} q(m,j)\,\mathrm{sp}\,[(A_{mj}(A'_{mj}M_m^+(\xi^*)\,A_{mj})^{-1}\,A'_{mj}(M_m(\xi^*)\,M_m^+(\xi)\,M_m(\xi^*))^+]$$
$$\leqq \sum_{m,j} q(m,j)\,\mathrm{sp}\,[(P_{\mathfrak{R}(M_m^+(\xi^*)\,A_{mj})}\,M_m(\xi^*)\,P_{\mathfrak{R}(M_m^+(\xi^*)\,A_{mj})})^+\,M_m(\xi)] \leqq k_0\,,$$

da ξ^* die Voraussetzung dieses Korollars erfüllt. ■

Aus Satz 8.2.2 kann man einige weitere Eigenschaften für S-suboptimale Versuchspläne ableiten. So gilt

Korollar 8.2.3. *Für einen S-suboptimalen Plan ξ^* gilt: Der Träger von ξ^*, d. h. die kleinste abgeschlossene Menge $B \in \mathfrak{B}$ mit $\xi^*(B) = 1$, ist bis auf ξ^*-Nullmengen enthalten in der Menge aller x mit $a(x,\xi^*) = k_0$.*

Beweis. Im Beweis zu Satz 8.2.2b) zeigten wir, daß für einen S-suboptimalen Plan ξ^* gilt

$$\int_{\mathscr{X}} a(x, \xi^*)\, d\xi^* = k_0 . \tag{27}$$

Da andererseits $a(x, \xi^*) \leqq k_0$ wegen der Bedingung 3 des Satzes gilt, kann (27) nur erfüllt sein, wenn die aufgestellte Behauptung erfüllt ist. ■

Bemerkung. Falls der S-suboptimale Plan ξ^* ein diskreter Plan ist, besagt Korollar 8.2.3, daß das Spektrum von ξ^* nur aus Punkten x besteht, in denen $a(x, \xi^*) = k_0$ gilt.

Die Bedingung aus Korollar 8.2.3. für einen suboptimalen Plan ist nur eine notwendige Eigenschaft. Man kann im allgemeinen nicht behaupten, daß alle Punkte x, für die $a(x, \xi^*) = k_0$ gilt, im Spektrum des suboptimalen Plans enthalten sein müssen. Eine weitere Beziehung zwischen dem Funktional S und $\max a(x, \xi)$ wird durch das Korollar 8.2.4. gegeben.

Korollar 8.2.4. *Es sei ξ^* ein S-optimaler Plan mit regulären Informationsmatrizen $M_m(\xi^*)$. Es sei eine Folge von Plänen $\{\xi_i\}$, $i = 1, \dots$ mit $\xi_i \in \Xi_1$ gegeben. Wenn ein $\varepsilon > 0$ existiert, so daß $S(\xi^*) - S(\xi_i) > \varepsilon$ für alle i gilt, so existiert ein $\varkappa > 0$ mit $\max_x a(x, \xi_i) - k_0 > \varkappa$.*

Beweis. Wegen Korollar 8.2.1. ist jeder S-suboptimale Plan auch S-optimal. Unter Benutzung der Rechnungen im Beweis zu Satz 8.2.2 a) und b) erhält man

$$\frac{\partial}{\partial \alpha} S((1-\alpha)\, \xi_i + \alpha \xi^*)\Big|_{\alpha=0} = \int_{\mathscr{X}} a(x, \xi_i)\, d\xi^* - k_0 .$$

Andererseits konnten wir abschätzen

$$\frac{\partial}{\partial \alpha} S((1-\alpha)\, \xi_i + \alpha \xi^*)\Big|_{\alpha=0} \geqq -S(\xi_i) + S(\xi^*) .$$

Aus diesen beiden Beziehungen folgt

$$\int_{\mathscr{X}} a(x, \xi_i)\, d\xi^* - k_0 \geqq S(\xi^*) - S(\xi_i) > \varepsilon \qquad \text{für alle } i .$$

Das ist aber nur möglich, wenn ein $\varkappa > 0$ existiert, so daß $\max_x a(x, \xi_i) - k_0 > \varkappa$ gilt. ■

Im Äquivalenzsatz wurde nichts über die Menge der S-suboptimalen Versuchspläne ausgesagt. Es ist möglich, daß mehrere suboptimale Pläne existieren, aber wie der nächste Satz zeigt, kann man in wichtigen Fällen die Eindeutigkeit der Dispersionsmatrizen $A'_{mj} M_m^+(\xi^*)\, A_{mj}$ der Schätzungen $A'_{mj}\hat{\beta}^{(m)}(\xi^*)$ für optimale Pläne nachweisen.

Satz 8.2.3. *Es seien ξ_1^*, ξ_2^* S-suboptimale Versuchspläne mit $\mathscr{R}(M_m(\xi_1^*)) \subseteq \mathscr{R}(M_m(\xi_2^*))$. Dann gilt*

$$A'_{mj} M_m^+(\xi_1^*)\, A_{mj} = A'_{mj} M_m^+(\xi_2^*)\, A_{mj} \qquad \textit{für alle } m \in \mathscr{M}, \quad 1 \leqq j \leqq t(m) .$$

Beweis. Wir setzen $\tilde{\xi} = (1-\alpha)\, \xi_1^* + \alpha \xi_2^*$ für $0 \leqq \alpha < 1$. Dann berechnen wir wie im Beweis zu Satz 8.2.2

$$\frac{\partial}{\partial \alpha} \ln |A'_{mj} M_m^+(\tilde{\xi})\, A_{mj}|\Big|_{\alpha=0} \leqq k_j(m) - k_j(m) \frac{|A'_{mj} M_m^+(\xi_1^*)\, A_{mj}|^{1/k_j(m)}}{|A'_{mj} M_m^+(\xi_2^*)\, A_{mj}|^{1/k_j(m)}} .$$

Wie wir dort bemerkten, gilt für eine beliebige natürliche Zahl n und für eine beliebige positive reelle Zahl t die Ungleichung $n - nt^{1/n} \leqq -\ln t$, wobei das Gleichheitszeichen nur für $t = 1$ steht. Daraus folgt, daß stets

$$\frac{\partial}{\partial \alpha} \ln |A'_{mj} M_m^+(\tilde{\xi})\, A_{mj}| \Big|_{\alpha=0} \leqq -\ln |A'_{mj} M_m^+(\xi_1^*)\, A_{mj}| + \ln |A'_{mj} M_m^+(\xi_2^*)\, A_{mj}| \tag{28}$$

gilt und daß für den Fall

$$|A'_{mj} M_m^+(\xi_1^*)\, A_{mj}| \neq |A'_{mj} M_m^+(\xi_2^*)\, A_{mj}|$$

„$<$" steht.

Definieren wir folgende Menge:

$$\mathcal{M}^* = \{m \in \mathcal{M} \text{ mit } A'_{mj} M_m^+(\xi_1^*)\, A_{mj} \neq A'_{mj} M_m^+(\xi_2^*) A_{mj} \text{ für wenigstens ein } j\} .$$

Dann erhalten wir für $\mathcal{M}^* \neq 0$ aus (28)

$$\frac{\partial}{\partial \alpha} S(\tilde{\xi}) \Big|_{\alpha=0} > -S(\xi_1^*) + S(\xi_2^*) = 0 , \tag{29}$$

da $S(\xi_1^*) = S(\xi_2^*)$ gilt. Aus (29) folgt aber, daß ξ_1^* nicht S-optimal sein kann, denn $\tilde{\xi}$ ist für hinreichend kleine positive α besser als ξ_1^* ,was im Widerspruch zur Wahl von ξ_1^* steht. ■

8.2.4. Iterationsverfahren für die Berechnung S-optimaler Pläne

Im Abschnitt 8.2.3 charakterisierten wir S-suboptimale bzw. S-optimale Pläne und bewiesen in Satz 8.2.2 zusammen mit dem Korollar 8.2.1, daß ein Plan ξ^*, für den die Informationsmatrizen $M_m(\xi^*)$ regulär sind, genau dann S-optimal ist, wenn $\max_{x \in \mathcal{X}} a(x, \xi^*) \leqq k_0$ gilt, wobei

$$a(x, \xi^*) = \sum_{m=1}^{s} \sum_{j=1}^{t(m)} q(m, j)\, d_m(x, \xi^*, A_{mj})$$

und

$$k_0 = \sum_{m=1}^{s} \sum_{j=1}^{t(m)} q(m, j)\, k_j(m)$$

waren. In diesem Abschnitt wollen wir voraussetzen, daß ein S-optimaler Plan ξ^* mit regulären Informationsmatrizen $M_m(\xi^*)$ existiert, so daß also wegen Satz 8.2.3 die Matrizen $A'_{mj} M_m^+(\xi^*)\, A_{mj}$ für alle eventuell existierenden S-suboptimalen Pläne übereinstimmen. Korollar 8.2.3 besagte, daß der Träger von ξ^* bis auf eine ξ^*-Nullmenge in der Menge aller x mit $a(x, \xi^*) = k_0$, d. h. in der Menge aller x, die $a(x, \xi^*)$ maximieren, enthalten ist. Diese Eigenschaft wird im folgenden Berechnungsverfahren wesentlich benutzt werden. Das hier angegebene Verfahren ist eine Verallgemeinerung eines Berechnungsverfahrens, das für die Bestimmung D-, A- und $\mathcal{J}$-optimaler Versuchspläne (siehe Abschnitt 8.1.4) bei Vorhandensein eines Modells von verschiedenen Autoren diskutiert wurde (vgl. G. E. P. Box, W. G. Hunter [31], V. V. Fedorov [5], H. P. Wynn [18]). Folgendes Verfahren wollen wir betrachten: Zu Beginn wird ein Plan $\xi_0 \in \Xi_1$ gewählt, was i. allg. keine Schwierigkeit bereitet. Dann bestimmen wir ein

$x_0 \in \mathcal{X}$, so daß $\max_x a(x, \xi_0) = a(x_0, \xi_0)$ gilt. Mit diesem x_0 bestimmen wir die kleinste positive Lösung $\alpha = \alpha_0$ mit $0 < \alpha < 1$ von der Gleichung

$$h(\alpha, x_0, \xi_0) := \sum_{m=1}^{s} \sum_{j=1}^{t(m)} q(m, j) \left[\frac{k_j(m)}{1-\alpha} + \frac{1 - d_m(x_0, \xi_0)}{1 - \alpha + \alpha d_m(x_0, \xi_0)} - \frac{1 - d_m(x_0, \xi_0) + d_m(x_0, \xi_0, A_{mj}) \varkappa(m, x_0, \xi_0)}{1 - \alpha + \alpha d_m(x_0, \xi_0) - d_m(x_0, \xi_0, A_{mj}) \varkappa(m, x_0, \xi_0)} \right] = 0 .$$

Hierbei ist $d_m(x, \xi, I_{k(m)}) = d_m(x, \xi)$ gesetzt. Dann wird der Plan $\xi_1 = (1 - \alpha_0) \xi_0 + \alpha_0 \xi(x_0)$ gebildet, wobei $\xi(x_0)$ derjenige Plan ist, der dem Punkt x_0 das Maß 1 zuordnet. Diese Schritte werden wiederholt. Im i-ten Schritt ($i \geqq 1$) haben wir zu berechnen:

1. *Bestimmung von x_i mit* $\max_x a(x, \xi_i) = a(x_i, \xi_i)$.
2. *Errechnen der kleinsten positiven Lösung $\alpha = \alpha_i$ von $h(\alpha, x_i, \xi_i) = 0$. Falls keine Lösung für $0 < \alpha < 1$ existiert, so setzen wir $\alpha_i = 0{,}9$.*
3. *Bildung des Plans $\xi_{i+1} = (1 - \alpha_i) \xi_i + \alpha_i \xi(x_i)$.*

Um Eigenschaften dieser Folge von Versuchsplänen formulieren zu können, ist es günstig, sogenannte ε-S-optimale Pläne einzuführen.

Definition 8.2.2. *Es sei $\varepsilon > 0$. Dann heißt ein Plan $\xi_\varepsilon \in \Xi_1$ ε-S-optimal, wenn*

$$\max_{\xi \in \Xi_1} S(\xi) - S(\xi_\varepsilon) \leqq \varepsilon$$

ist.

In Korollar 8.2.4. konnten wir feststellen, daß zu beliebigem $\varepsilon > 0$ ein $\varkappa > 0$ derart existiert, daß gilt: Ist $\max_x a(x, \xi_i) - \xi_0 < \varkappa$, so gilt auch $\max_{\xi \in \Xi_1} S(\xi) - S(\xi_i) < \varepsilon$. Wenn wir nun einen Plan ξ $\varkappa$-Minimax-Plan nennen, wenn $\max_k a(x, \xi) - k_0 < \varkappa$ gilt, so erkennen wir, daß ein Plan ξ_i, der $\varkappa$-Minimax-Plan ist, auch ε-S-optimal ist, womit eine Beziehung zwischen annähernd Minimax-Plänen und annähernd S-optimalen Plänen hergestellt wird.

Im folgenden Satz wollen wir zeigen, daß bei beliebig vorgegebenem $\varepsilon > 0$ die Pläne ξ_i für hinreichend großes i ε-S-optimal sind.

Satz 8.2.4. *Sei $\varepsilon > 0$. Dann existiert eine natürliche Zahl $i_0 = i_0(\varepsilon)$ derart, daß die nach dem angegebenen Verfahren 1. bis 3. bestimmten Pläne ξ_i für $i \geqq i_0$ ε-S-optimal sind.*

Beweis. Zuerst zeigen wir, daß $S(\xi_i) < S(\xi_{i+1})$ für $i \geqq 0$ gilt, falls ξ_i nicht S-optimal ist. Für

$$\tilde{\xi}_i = (1 - \alpha) \xi_i + \alpha \xi(x_i), \qquad \alpha \in (0, 1),$$

errechnet man mit (19)

$$|A'_{mj} M_m^+(\tilde{\xi}_i) A_{mj}| = |A'_{mj} M_m^+(\xi_i) A_{mj}| \left(\frac{1}{1-\alpha} \right)^{k_j(m)} \times \left(\frac{1 - \alpha + \alpha d_m(x_i, \xi_i) - \alpha d_m(x_i, \xi_i, A_{mj}) \varkappa(m, x_i, \xi_i)}{1 - \alpha + \alpha d_m(x_i, \xi_i)} \right).$$

Wenn wir diese Darstellung benutzen, so erhalten wir

$$\frac{\partial}{\partial\alpha} S(\tilde{\xi}_i) = -h(\alpha, x_i, \xi_i) \tag{30}$$

und hieraus

$$\frac{\partial}{\partial\alpha} S(\tilde{\xi}_i)\bigg|_{\alpha=0} = \sum_{m=1}^{s} \sum_{j=1}^{t(m)} q(m,j) \left[-k_j(m) - 1 + d_m(x_i, \xi_i) + 1 - d_m(x_i, \xi_i) \right.$$
$$\left. + d_m(x_i, \xi_i, A_{mj}) \varkappa(m, x_i, \xi_i)\right]$$
$$= \sum_{m=1}^{s} \sum_{j=1}^{t(m)} q(m,j) \left[-k_j(m) + d_m(x_i, \xi_i, A_{mj}) \varkappa(m, x_i, \xi_i)\right] = a(x_i, \xi_i) - k_0 . \tag{31}$$

Da ξ_i nicht S-optimal ist, folgt aus Satz 8.2.2, daß $a(x_i, \xi_i) > k_0$ ist, d. h., es ist $\frac{\partial}{\partial\alpha} S(\tilde{\xi}_i)\Big|_{\alpha=0} > 0$.
Wenn wir die Bestimmungsgleichung für α_i mit (30) vergleichen, so zeigt sich, daß wir gerade als α_i die kleinste positive Nullstelle von $\frac{\partial}{\partial\alpha} S(\tilde{\xi}_i) = 0$ wählen, wenn sie in (0, 1) existiert. Bei der vorgeschlagenen Wahl von α_i gilt also $\frac{\partial}{\partial\alpha} S(\tilde{\xi}_i) > 0$ für $0 < \alpha \leqq \alpha_i$, folglich ist $S(\xi_i) < S(\xi_{i+1})$.

Jetzt wollen wir zeigen, daß die Pläne ξ_i für hinreichend großes i ε-S-optimal sind. Dazu zeigen wir zuerst $\frac{\partial}{\partial\alpha} S(\tilde{\xi}_i)\Big|_{\alpha=0} \to 0$ für $i \to \infty$. Nehmen wir an, es existiere eine Menge J von unendlich vielen natürlichen Zahlen und ein $\delta > 0$, so daß

$$\frac{\partial}{\partial\alpha} S(\tilde{\xi}_i)\bigg|_{\alpha=0} \geqq \delta > 0 \qquad \text{für } i \in J . \tag{32}$$

Dann errechnen wir die 2. Ableitung von $S(\tilde{\xi}_i)$ und erhalten

$$\frac{\partial^2}{\partial\alpha^2} S(\tilde{\xi}_i) = \sum_{m=1}^{s} \sum_{j=1}^{t(m)} q(m,j) \left[-\frac{k_j(m)}{(1-\alpha^2)} - \frac{(1-d_m(x_i,\xi_i))^2}{(1-\alpha+\alpha d_m(x_i,\xi_i))^2}\right.$$
$$\left. + \frac{(1+d_m(x_i,\xi_i)+d_m(x_i,\xi_i,A_{mj})\varkappa(m,x_i,\xi_i))^2}{(1-\alpha+\alpha d_m(x_i,\xi_i)-\alpha d_m(x_i,\xi_i,A_{mj})\varkappa(m,x_i,\xi_i))^2}\right].$$

Da $S(\xi_i)$ konvergiert (die Folge der $S(\xi_i)$ ist beschränkt), existiert ein $\bar{\alpha}$ mit $0 < \bar{\alpha} < 1$ und

$$\left|\frac{\partial^2}{\partial\alpha^2} S(\tilde{\xi}_i)\right| \leqq K \qquad \text{für alle } i \text{ und } 0 \leqq \alpha \leqq \bar{\alpha} .$$

So folgt aus (32), daß $\frac{\partial}{\partial\alpha} S(\tilde{\xi}_i) \geqq \frac{1}{2} \min(\delta, 2K\bar{\alpha})$ ist für $0 \leqq \alpha \leqq \min\left(\frac{\delta}{2K}, \bar{\alpha}\right)$. Das bedeutet aber, daß $S(\xi_{i+1}) > S(\xi_i) + \min\left(\frac{\delta^2}{4K}, K\bar{\alpha}^2\right)$ gilt, was ein Widerspruch zur Konvergenz der Folge $S(\xi_i)$ ist, woraus also $\frac{\partial}{\partial\alpha} S(\tilde{\xi}_i)\Big|_{\alpha=0} \to 0$ für $i \to \infty$ folgt. Das heißt aber wegen (31), daß $\left|\max_i a(x_i^i, \xi_i) - k_0\right| \leqq \varkappa$ für ein beliebiges $\varkappa > 0$ und $i \geqq i_0(\varkappa)$ ist. Nach Korollar 8.2.4. ist also ξ_i ε-S-optimal für ein $\varepsilon > 0$ und $i \geqq i_0(\varkappa)$. ■

8.2.5. S-optimale Versuchspläne für den Fall, daß $\mathcal{M}$ unendlich viele Elemente enthält

Bisher hatten wir angenommen, daß in $\mathcal{M}$ endlich viele Modelle enthalten sind. Es ist aber auch zweckmäßig, abzählbar viele oder gar überabzählbar viele Modelle gleichzeitig zu betrachten. $\mathcal{M}$ wäre dann entsprechend eine abzählbare bzw. überabzählbare Menge. Diese Situation trifft man insbesondere bei der Schätzung von Parametern in nichtlinearen Modellen an, wie dies von E. LÄUTER in [8] gezeigt wurde. Das Kriterium $S(\xi)$ nimmt dann die Gestalt

$$S(\xi) = \int_{\mathcal{M}} \sum_{j=1}^{t(m)} \ln \left|(A'_{mj} M_m^+(\xi) A_{mj})^{-1}\right| dQ$$

an für ein Maß Q über einer σ-Algebra von $\mathcal{M}$.

Die Verallgemeinerung des im Abschnitt 8.1.4 für endlich viele Modelle definierten Kriterium S ist offensichtlich. So kann man erwarten, daß alle in den vorigen zwei Abschnitten enthaltenen Resultate auch hierfür bewiesen werden können. Es müssen allerdings noch zusätzliche Bedingungen gefordert werden. Wir betrachten die Menge von Plänen

$$R = \left\{ \xi \in \Xi_1 \,\middle|\, \max_{x \in \mathcal{X}} a(x, \xi) = \max_{x \in \mathcal{X}} \int_{\mathcal{M}} \sum_{j=1}^{t(m)} d_m(x, \xi, A_{mj})\, dQ < \infty \right.$$

$$\left. \text{und} \quad |M_m(\xi)| \neq 0 \text{ für alle } m \in \mathcal{M} \right\},$$

wobei die Bezeichnungen wie im Satz 8.2.2 verwendet wurden. Es gilt dann der

Satz 8.2.5. *Sei R nicht leer und $|S(\xi)| < \infty$ für alle $\xi \in R$. Dann sind die folgenden drei Bedingungen äquivalent:*

1. *Für $\xi^* \in R$ gilt $S(\xi) \leq S(\xi^*)$ für alle $\xi \in R$.*
2. *ξ^* minimiert $\max_{x \in \mathcal{X}} a(x, \xi)$.*
3. $\max_{x \in \mathcal{X}} a(x, \xi^*) = \int_{\mathcal{M}} \sum_{j=1}^{t(m)} k_j(m)\, dQ$.

Der Beweis dieses Satzes wird analog zu dem von Satz 8.2.2 geführt, wobei die Ergebnisse aus E. LÄUTER [4] berücksichtigt werden, wo dieser Satz für den Fall $t(m) \equiv 1$ und $A_{m1} = I_{k(m)}$ bewiesen wurde. Weiter gilt für dieses Kriterium die dem Satz 8.2.3 analoge Aussage über die Eindeutigkeit der optimalen Informationsmatrizen. In E. LÄUTER [4] wurde für den eben schon genannten Fall auch bewiesen, daß die optimalen Informationsmatrizen in stetiger Weise von dem Maß Q abhängen, was auch analog für das hier betrachtete Kriterium $S(\xi)$ gezeigt werden kann.

8.2.6. T-optimale Versuchspläne

Bisher haben wir in diesem Abschnitt S-optimale Versuchspläne genauer betrachtet. Dabei ergaben sich verschiedene Eigenschaften dieser optimalen Pläne. Mit dem in 8.1.4 eingeführten Funktional T kann man ebenfalls optimale

Versuchspläne konstruieren, deren Eigenschaften hier genauer untersucht werden sollen.

Uns werden im folgenden zwei wichtige Spezialfälle des T-Kriteriums interessieren. Zum einen wollen wir den Fall betrachten, daß $t(m) = 1$ für $m \in \mathcal{M} = \{1, \ldots, s\}$ und $A_{m1} = I_{k(m)}$ ist, so daß $T(\xi)$ die Gestalt $T_1(\xi) = \sum_{m=1}^{s} q(m) |M_m^{-1}(\xi)|$ hat. Zum anderen interessiert uns der Fall $t(m) \geqq 1$ und $k_j(m) = 1$ für $m \in \mathcal{M}$ und $1 \leqq j \leqq t(m)$. In diesem Fall hat $T(\xi)$ die Form $T_2(\xi) = \sum_{m=1}^{t(m)} \sum_{j=1}^{s} q(m, j) \times |A'_{mj} M_m^+(\xi) A_{mj}|$, wobei A_{mj} Vektoren der Ordnung $k(m)$ sind. Einen Äquivalenzsatz für diese beiden Optimalitätskriterien erhalten wir mit Hilfe eines allgemeinen Satzes, der für konkave Funktionale von P. WHITTLE [25] bewiesen wurde. Dieser Satz gilt für Funktionale φ, die von den Elementen einer Informationsmatrix $M(\xi)$ abhängen, d. h. $\varphi(\xi) = \bar{\varphi}(M(\xi))$. $\varphi(\xi)$ sei über einer geeigneten Menge $\Xi_1 \subset \Xi$ definiert. Die Ergebnisse von P. WHITTLE wollen wir im folgenden darstellen.

Definition 8.2.3. *Das Funktional $\varphi(\xi)$ heißt konkav, wenn für beliebige Pläne $\xi_1, \xi_2 \in \Xi_1$ und $\alpha \in [0, 1]$ gilt:*

$$\varphi((1-\alpha)\,\xi_1 + \alpha\xi_2) \geqq (1-\alpha)\,\varphi(\xi_1) + \alpha\varphi(\xi_2)\,.$$

Lemma 8.2.1. *Die oben betrachteten Funktionale $-T_1(\xi)$ und $-T_2(\xi)$ sind Beispiele für konkave Optimalitätskriterien.*

Beweis.

1. Es gilt für $\xi_1, \xi_2 \in \Xi_1$ die Ungleichung

$$|M_m(\tilde{\xi})| \geqq |M_m(\xi_1)|^{1-\alpha}\, |M_m(\xi_2)|^{\alpha} \tag{33}$$

mit $\tilde{\xi} = (1-\alpha)\,\xi_1 + \alpha\xi_2$ und $\alpha \in [0, 1]$, $m \in \mathcal{M}$ (vgl. [A 1.88]). Da für beliebige positive Zahlen a, b die Ungleichung $ab \leqq (1-\alpha)\, a^{\frac{1}{1-\alpha}} + \alpha b^{\frac{1}{\alpha}}$ gilt (vgl. W. J. SMIRNOW [26], S. 155), erhalten wir aus (33)

$$|M_m^{-1}(\tilde{\xi})| \leqq (1-\alpha)\, |M_m^{-1}(\xi_1)| + \alpha |M_m^{-1}(\xi_2)|\,. \tag{34}$$

Da die Linearkombination von konkaven Funktionen wieder konkav ist, bedeutet (34) gerade die Konkavität von $-T_1(\xi)$. Ξ_1 ist in diesem Fall die Menge aller Pläne mit $|M_m(\xi)| \neq 0$ für $m \in \mathcal{M}$.

2. Um die Konkavität von $-T_2(\xi)$ zu beweisen, bemerken wir zunächst, daß für $A, B \in \mathfrak{M}^{>}_{k(m)}$ die Ungleichung

$$c'[(1-\alpha)\, A + \alpha B]^{-1}\, c \leqq (1-\alpha)\, c'A^{-1}c + \alpha c'B^{-1}c \qquad \forall\, c \in R^{k(m)}$$

gilt. Dann folgt sofort, daß für alle Pläne mit $|M_m(\xi_i)| \neq 0$, $i = 1, 2$, $m \in \mathcal{M}$, die Konkavität von $-T_2(\xi)$ erfüllt ist. Setzen wir

$$\Xi_1 = \{\xi \in \Xi \mid A_{mj} \in \mathcal{R}(M_m(\xi)),\ m \in \mathcal{M}, j = 1, \ldots, t(m)\}\,,$$

so sind in Ξ_1 möglicherweise auch Pläne mit singulären Informationsmatrizen enthalten. Lassen wir solche Pläne bei unseren Betrachtungen zu, so setzen wir für zwei beliebige Pläne $\xi_1, \xi_2 \in \Xi_1$

$$A_\varrho = M_m(\xi_1) + \varrho I_{k(m)}\,, \qquad B_\varrho = M_m(\xi_2) + \varrho I_{k(m)}\,, \qquad \varrho \in R^{>}\,.$$

Dann errechnen wir:

$$A_\varrho^{-1} = [\varrho P_{\mathfrak{R}(M_m(\xi_1))} + M_m(\xi_1)]^+ + \frac{1}{\varrho} P_{\mathcal{N}(M_m(\xi_1))},$$

$$B_\varrho^{-1} = [\varrho P_{\mathfrak{R}(M_m(\xi_2))} + M_m(\xi_2)]^+ + \frac{1}{\varrho} P_{\mathcal{N}(M_m(\xi_2))}$$

sowie

$$[(1-\alpha) A_\varrho + \alpha B_\varrho]^{-1} = [(1-\alpha) M_m(\xi_1) + \alpha M_m(\xi_2) + \varrho P_1]^+ + \frac{1}{\varrho} P_2,$$

wenn wir mit P_1 einen Projektor auf die lineare Hülle von $\mathfrak{R}(M_m(\xi_1)) \cup \mathfrak{R}(M_m(\xi_2))$ und mit P_2 einen Projektor auf $\mathcal{N}(P_1)$ bezeichnen. Dann gilt für jedes ϱ und $\xi \in \Xi_1$ die Ungleichung

$$A'_{mj}[(1-\alpha) M_m(\xi_1) + \alpha M_m(\xi) + \varrho P_1]^+ A_{mj} \leqq (1-\alpha) A'_{mj}[\varrho P_{\mathfrak{R}(M_m(\xi_1))} + M_m(\xi_1)]^+ A_{mj} + \alpha A'_{mj}[\varrho P_{\mathfrak{R}(M_m(\xi_2))} + M_m(\xi_2)]^+ A_{mj}.$$

Bei $\varrho \to 0$ folgt hieraus

$$A'_{mj} M_m^+(\tilde{\xi}) A_{mj} \leqq (1-\alpha) A'_{mj} M_m^+(\xi_1) A_{mj} + \alpha A'_{mj} M_m^+(\xi_2) A_{mj}. \quad \blacksquare$$

Bevor wir den Äquivalenzsatz für konkave Funktionale beweisen, benötigen wir noch einige Begriffe. Für $\varphi(\xi)\colon \Xi_1 \to R^1$ sei

$$\Phi(\xi, \xi_1) = \lim_{\alpha \to +0} \frac{\varphi\big((1-\alpha)\xi + \alpha\xi_1\big) - \varphi(\xi)}{\alpha} = \frac{\partial}{\partial\alpha} \varphi\big((1-\alpha)\xi + \alpha\xi_1\big)\big|_{\alpha=0}$$

die Richtungsableitung an der Stelle ξ in Richtung ξ_1, wenn diese Ableitung existiert. Da konkave Funktionen stetig sind, existiert $\Phi(\xi, \xi_1)$ für die von uns betrachteten Funktionale.

Satz 8.2.6. *Es sei $\varphi(\xi)$ ein konkaves Funktional für $\xi \in \Xi_1$. Dann sind die folgenden 3 Bedingungen äquivalent:*

1. *Für $\xi^* \in \Xi_1$ gilt $\varphi(\xi^*) = \max_{\xi \in \Xi_1} \varphi(\xi)$.*
2. *ξ^* minimiert $\sup_{\xi_1 \in \Xi_1} \Phi(\xi, \xi_1)$.*
3. *$\sup_{\xi_1 \in \Xi_1} \Phi(\xi^*, \xi_1) = 0$.*

Beweis. Wegen der Stetigkeit der dem Modell zugrunde liegenden Funktion $f(x)$ und der Kompaktheit von $\mathfrak{X}$ existiert ein ξ^*, das Bedingung 1 erfüllt. Für dieses ξ^* gilt, da es optimal ist, $\Phi(\xi^*, \xi_1) \leqq 0$ für alle $\xi_1 \in \Xi_1$ und somit auch $\sup_{\xi_1 \in \Xi_1} \Phi(\xi, \xi_1) \leqq 0$. Für $\xi_1 = \xi^*$ gilt jedoch die Gleichheit und damit $\sup_{\xi_1 \in \Xi_1} \Phi(\xi^*, \xi_1) = 0$, d. h. die Bedingung 3 folgt aus 1 Weiter sind 2 und 3 äquivalent, da $\sup_{\xi_1 \in \Xi_1} \Phi(\xi, \xi_1) \geqq \Phi(\xi, \xi) = 0$ ist, und wir haben gerade gesehen, daß das Gleichheitszeichen (mindestens für den optimalen Plan) angenommen wird. Tatsächlich gilt die Gleichheit in $\sup_{\xi_1 \in \Xi_1} \Phi(\xi, \xi_1) \geqq 0$ nur, wenn ξ optimal ist, so daß aus 2 bzw. 3 auch 1 folgt. Es gilt nämlich $\Phi(\xi, \xi_1) \geqq \varphi(\xi_1) - \varphi(\xi)$ für alle ξ, $\xi_1 \in \Xi_1$. Wenn ξ nicht optimal ist, dann existiert ein Plan η mit $\varphi(\eta) > \varphi(\xi)$. Dann ist $\Phi(\xi, \eta) > 0$ für dieses η und damit $\sup_{\xi_1 \in \Xi_1} \Phi(\xi, \xi_1) > 0$. Mit diesem Widerspruch haben wir den Satz bewiesen. ■

Korollar 8.2.5. *Wenn $\varphi(\xi)$ ein konkaves Funktional ist und außerdem für alle $\xi_1 \in \Xi_1$ gilt $\Phi(\xi, \xi_1) = \int_{\mathcal{X}} D(x, \xi)\, \xi_1(\mathrm{d}x)$, d. h. $D(x, \xi) = \Phi(\xi, \xi(x))$, dann ist der Träger des φ-optimalen Planes ξ^* bis auf Mengen von ξ^*-Maß Null in der Menge $\{x |\ \Phi(\xi^*, \xi(x)) = 0\}$ enthalten.*

Beweis. Nach Satz 8.2.6 gilt $D(x, \xi^*) = \Phi(\xi^*, \xi(x)) \leqq 0$ und wegen unserer Voraussetzung

$$\int_{\mathcal{X}} D(x, \xi^*)\, \xi^*(\mathrm{d}x) = \Phi(\xi^*, \xi^*) = 0\,,$$

woraus die Behauptung folgt. ■

Bemerkung. Für $\Phi = T_1$ gilt $\Phi(\xi, \xi_1) = \int_{\mathcal{X}} D(x, \xi)\, \xi_1\,(\mathrm{d}x)$, denn es ist

$$\frac{\partial}{\partial\alpha} T_1(\tilde{\xi})\bigg|_{\alpha=0} = -\sum_{m=1}^{s} q(m)\, |M_m^{-1}(\xi)|\, (\mathrm{sp}\,[M_m^{-1}(\xi)\, M_m(\xi_1)] - k(m))\,.$$

Für $D(x, \xi)$ erhalten wir

$$D(x, \xi) = -\sum_{m=1}^{s} q(m)\, |M_m^{-1}(\xi)|\, (f^{(m)}(x) M_m^{-1}(\xi)\, f^{(m)}(x) - k(m))\,.$$

Mit Satz 8.2.6 selbst haben wir also speziell für unsere Funktionale $-T_1(\xi)$ und $-T_2(\xi)$ einen Äquivalenzsatz bewiesen.

Wie wir auch schon bei S-suboptimalen Plänen gesehen haben, läßt sich dieser Satz zur Herleitung qualitativer Eigenschaften optimaler Pläne sowie zur Aufstellung eines Berechnungsverfahrens für solche Pläne verwenden. So sind z. B. die Informationsmatrizen T_1-optimaler Pläne eindeutig bestimmt, d. h., es gilt folgender Satz.

Satz 8.2.7. *Seien ξ_1 und ξ_2 T_1-optimale Pläne, dann gilt für alle $m \in \mathcal{M}$*

$$M_m(\xi_1) = M_m(\xi_2)\,.$$

Beweis. Aus (34) erhalten wir

$$T_1((1 - \alpha)\, \xi_1 + \alpha\xi_2) \leqq (1 - \alpha)\, T_1(\xi_1) + \alpha T_1(\xi_2) = T_1(\xi_1)\,,$$

und das Gleichheitszeichen steht nur dann, wenn $M_m(\xi_1) = M_m(\xi_2)$ für alle $m \in \mathcal{M}$ gilt. Wegen der Optimalität von ξ_1 folgt hieraus die Behauptung. ■

Mit Hilfe des folgenden Iterationsverfahrens kann man, analog wie bei ε-S-optimalen Plänen „annähernd“ T_1-optimale Versuchspläne berechnen.

Definition 9.2.4. *Es sei $\varepsilon > 0$. Dann heißt ein Plan $\xi_\varepsilon \in \Xi_1$ ε-T_1-optimal, wenn*

$$\max_{\xi \in \Xi_1} T_1(\xi) - T_1(\xi_\varepsilon) \leqq \varepsilon$$

ist.

8.2.7. Iterationsverfahren für die Berechnung ε-T_1-optimaler Versuchspläne

Unter Benutzung des Satzes 8.2.6 kann man analog, wie wir es für das Kriterium $S(\xi)$ gemacht haben, ein Iterationsverfahren für die Berechnung ε-T_1-optimaler Pläne angeben. Wir schlagen folgendes Verfahren vor: Wir wählen einen Versuchsplan $\xi_0 \in \Xi_1$ und bestimmen einen Punkt $x_0 \in \mathcal{X}$, für den $a_1(x_0, \xi_0, \xi_0) = \max\limits_{x \in \mathcal{X}} a_1(x, \xi_0, \xi_0)$ gilt, mit $a_1(x, \xi_1, \xi_2) = \sum\limits_{m=1}^{s} q(m)\, d_m(x, \xi_1)\, |M_m^{-1}(\xi_2)|$ für $\xi_1, \xi_2 \in \Xi_1$. Wenn wir die Bezeichnung

$$b_1(\alpha, x, \xi) = \sum_{m=1}^{s} q(m)\, |M_m^{-1}(\xi)| \left(\frac{k(m)}{1 - \alpha + \alpha d_m(x, \xi)} - \frac{d_m(x, \xi)}{(1 - \alpha + \alpha d_m(x, \xi))^2} \right)$$

einführen, so bestimmen wir mit diesem x_0 die kleinste Lösung $\alpha = \alpha_0$ mit $0 < \alpha_0 < 1$ von der Gleichung $b_1(\alpha, x_0, \xi_0) = 0$. Dann bilden wir den Plan $\xi_1 = (1 - \alpha_0)\, \xi_0 + \alpha_0 \xi(x_0)$. Dieses Verfahren wird fortgeführt. Im i-ten Schritt ($i \geqq 1$) berechnen wir:

1. *Bestimmung von* x_i *mit* $\max\limits_{x \in \mathcal{X}} a_1(x, \xi_i, \xi_i) = a_1(x_i, \xi_i, \xi_i)$,
2. *Errechnen der kleinsten positiven Lösung* $\alpha = \alpha_i$ *von* $b_1(\alpha, x_i, \xi_i) = 0$,
3. *Bildung des Plans* $\xi_{i+1} = (1 - \alpha_i)\, \xi_i + \alpha_i \xi(x_i)$.

Zu diesem Verfahren läßt sich folgender Satz beweisen:

Satz 8.2.8. *Es sei* $\varepsilon > 0$. *Dann existiert eine natürliche Zahl* $i_0 = i_0(\varepsilon)$ *derart, so daß die nach dem angegebenen Verfahren* 1. *bis* 3. *bestimmten Pläne* ξ_i *für* $i \geqq i_0$ ε-T_1-*optimal sind.*

8.2.8. T_2-optimale Versuchspläne

Wenden wir uns nun dem Kriterium $T_2(\xi)$ zu. Wir bemerken, daß auch $T_2(\xi)$ linear von $M_m^+(\xi)$ abhängt, d. h. $\Phi(\xi, \xi) = \int\limits_{\mathcal{X}} D(x, \xi)\, \xi_1(dx)$. In dem Spezialfall, daß $s = 1$ ist und nur solche ξ betrachtet werden, für die $M_1(\xi)$ regulär ist, können optimale Pläne für $T_2(\xi)$ mit Hilfe einer von V. V. Fedorov [5] angegebenen Methode charakterisiert werden (linear optimale Pläne). Fedorov gab in [5] für Optimalitätskriterien, die linear von den Elementen von $M_1^{-1}(\xi)$ abhängen, einen Äquivalenzsatz und ein iteratives Berechnungsverfahren an.

Wie wir später im Abschnitt 8.3.1 sehen werden, ist es in verschiedenen Situationen notwendig, Pläne mit singulären Informationsmatrizen zuzulassen. Daher wollen wir für $T_2(\xi)$ einige Eigenschaften optimaler Versuchspläne mit singulären Informationsmatrizen anführen. Da wir oben gezeigt haben, daß $-T_2(\xi)$ ein konkaves Funktional von $\xi \in \Xi_1 = \{\xi \mid A_{mj} \in \mathcal{R}(M_m(\xi)),\, m \in \mathcal{M},\, j = 1, \ldots, t(m)\}$ ist, ist durch Satz 8.2.6 eine Äquivalenz zwischen T_2-optimalen und gewissen Minimaxplänen gegeben. Analog wie in Satz 8.2.7 für T_1-optimale Pläne können wir auch hier die Eindeutigkeit der Matrizen, die in $T_2(\xi)$ vorkommen, für alle T_2-optimalen Pläne zeigen. Ein Berechnungsverfahren für ε-T_2-optimale Pläne besteht aus der iterativen Wiederholung der folgenden Schritte. Ausgehend von $\xi_0 \in \Xi_1$ berechnet man im i-ten Schritt:

1. x_i *mit* $\max\limits_{x \in \mathcal{X}} a_2(x, \xi_i, \xi_i) = a_2(x_i, \xi_i, \xi_i)$ *mit*

$$a_2(x, \xi_1, \xi_2) = \sum_{m=1}^{s} \sum_{j=1}^{t(m)} q(m, j)\, d_m(x, \xi_1, A_{mj})\, A'_{mj} M_m^+(\xi_2)\, A_{mj}\,,$$

2. *kleinste positive Lösung* $\alpha = \alpha_i$ *von*

$$b_2(\alpha, x_i, \xi_i) = 0$$

mit

$$b_2(\alpha, x, \xi) = \sum_{m=1}^{s} \sum_{j=1}^{t(m)} q(m, j)\, A'_{mj} M_m^+(\xi)\, A_{mj} \left[\frac{1}{1-\alpha} - \frac{\alpha}{1-\alpha} \frac{d_m(x, \xi, A_{mj})}{1 - \alpha + \alpha d_m(x, \xi)}\right.$$
$$+ \frac{(1 - \alpha + \alpha d_m(x, \xi) - \alpha d_m(x, \xi, A_{mj}))\,(1 - d_m(x, \xi))}{(1 - \alpha + \alpha d_m(x, \xi))^2}$$
$$\left. - \frac{1 - d_m(x, \xi) + d_m(x, \xi, A_{mj})}{1 - \alpha + \alpha d_m(x, \xi)}\right],$$

3. *Bildung des Plans* $\xi_{i+1} = (1 - \alpha_i)\, \xi_i + \alpha_i \xi(x_i)$.

Damit haben wir in diesem Abschnitt zu allgemeinen Optimalitätskriterien der Form (8.1.12) und für konkave Funktionale optimale Pläne charakterisiert und Berechnungsverfahren angegeben. Im nächsten Abschnitt werden wir sehen, wie Fragen der Versuchsplanung in einigen statistischen Entscheidungsprobleme men behandelt werden können. Dabei werden wir insbesondere Schätz- und Testprobleme betrachten.

8.3. Versuchsplanung zur Schätzung von Parametern

8.3.1. Optimale Versuchspläne

Es sei $\Phi = \{f\}$ für ein $f\colon \mathcal{X} \to R^k$, und sei dann zu einem realisierbaren Versuchsplan $\xi = \{x_1, \dots, x_n\}$ das Modell $\mathfrak{v}_\xi$ definiert durch (1). Wir bezeichnen $\mathfrak{v} = \{\mathfrak{v}_\xi \mid \xi \in \Xi_r\}$.

Definition 8.3.1. *Unter den getroffenen Voraussetzungen über* $\mathfrak{v}_\xi$ *nennen wir* $\mathfrak{v}$ *erzeugt durch die Funktion* f.

Wenn nun der Parameter $\gamma = C\beta$ für ein $C \in \mathfrak{M}_{k_0 \times k}^{k_0}$ geschätzt werden soll, so werden wir nicht alle $\xi \in \Xi_r$ zulassen, sondern nur diejenigen, für die γ in $\mathfrak{v}_\xi$ schätzbar ist. So haben wir aus $\mathfrak{v}_C = \{\mathfrak{v}_\xi \mid \xi \in \Xi_{C,r}\}$ ein geeignetes Modell auszuwählen. In 2.1.1 wurde gezeigt, daß in $\mathfrak{v}_\xi \in \mathfrak{v}_C$ eine BLUE für γ existiert und daß sie durch

$$\hat{\gamma} = C(G^\xi)^+\, y \tag{35}$$

bestimmt ist. Dabei ist G^ξ wie in 8.1 definiert. In 2.1.4 ergab sich weiter, daß

$$D_{\theta(\xi)}\hat{\gamma} = \sigma^2 C(G^{\xi\prime} G^\xi)^+\, C' \tag{36}$$

gilt. Bezeichnen wir mit $M(\xi) = \frac{1}{n} G^{\xi\prime} G^\xi$ die Informationsmatrix in $\mathfrak{v}_\xi$, so bedeutet (36)

$$D_{\theta(\xi)}\hat{\gamma} = \frac{\sigma^2}{n} CM^+(\xi)\, C' .$$

Es ist dann sinnvoll, aus $\mathfrak{v}_C$ ein solches Modell $\mathfrak{v}_{\xi^*}$ zu wählen, für das $D_{\theta(\xi)}\hat{\gamma}$ „klein" wird. Im Rahmen der approximativen Theorie in der Versuchsplanung bedeutet dies aber, daß $CM^+(\xi)\,C'$ in gewissem Sinne klein wird. Wenn wir nun z. B. einen D_C-optimalen Versuchsplan bestimmen wollen, so ist dies äquivalent dazu, einen Versuchsplan $\xi^* \in \Xi_C$ zu wählen, für den

$$S(\xi) = -\ln |CM^+(\xi)\,C'| \tag{37}$$

minimal über Ξ_C wird. Dieses $S(\xi)$ ist ein Spezialfall des in 8.2 betrachteten Funktionals S, und wir können die dort definierten Begriffe übernehmen. Insbesondere ist $\Xi_1 = \Xi_C$. Aus Satz 8.2.2 erhält man direkt den folgenden Satz.

Satz 8.3.1. *Es sei S definiert durch* (37).

a) *Folgende Bedingungen sind äquivalent:*

1. *Für $\xi^* \in \Xi_C$ gilt* $S(\xi^*) = \max\limits_{\xi \in \Xi_C} S(\xi)$.
2. *Für $\xi^* \in \Xi_C$ gilt*
$$\operatorname{sp}[C'(CM^+(\xi^*)\,C')^{-1}\,C(M(\xi^*)\,M^+(\xi)\,M(\xi^*))^+] \leqq k_0$$
für alle $\xi \in \Xi_C$ mit $\mathfrak{R}(M(\xi^*)) \subseteq \mathfrak{R}(M(\xi))$.

b) *Folgende Bedingungen sind äquivalent:*

1. *Für $\xi^* \in \Xi_C$ gilt $S((1-\alpha)\,\xi^* + \alpha\xi(x)) \leqq S(\xi^*)$ für alle $x \in \mathcal{X}$, $\alpha \in [0, 1)$.*
2. *Für $\xi^* \in \Xi_C$ gilt*
$$\max_{x \in \mathcal{X}} f'(x)\,[P_{\mathfrak{R}(M^+(\xi^*)\,C')}M(\xi^*)\,P_{\mathfrak{R}(M^+(\xi^*)\,C')}]^+\,f(x) \leqq k_0$$
für alle $x \in \mathcal{X}$ mit $f(x) \in \mathfrak{R}(M(\xi^*))$.

Wir betrachten insbesondere den Fall $C = \lambda'$ für $\lambda \in R^k$, d. h., wir wollen eine Linearkombination von β schätzen. Um also ein ξ^* wählen zu können, so daß $\lambda' M^+(\xi^*)\,\lambda$ minimal wird, können wir versuchen

$$S(\xi) = \ln (\lambda' M^+(\xi)\,\lambda)^{-1} \tag{38}$$

über Ξ_λ zu maximieren. Dann gilt

Satz 8.3.2. *Für $\xi^* \in \Xi_\lambda$ gilt: ξ^* ist S-suboptimal, d. h. $S((1-\alpha)\,\xi^* + \alpha\xi(x)) \leqq S(\xi^*)$ für alle $x \in \mathcal{X}$ und $\alpha \in [0, 1)$ genau dann, wenn $(f'(x)\,M^+(\xi^*)\,\lambda)^2 \leqq \lambda' M^+(\xi^*)\,\lambda$ für alle $x \in \mathcal{X}$ mit $f(x) \in \mathfrak{R}(M(\xi^*))$.*

Beweis. Wir benutzen die Aussage von Satz 8.2.2 und haben dazu die dort definierte Funktion $a(x, \xi)$ zu berechnen. Für Ξ_1 aus Satz 8.2.2 gilt $\Xi_1 = \Xi_{\lambda'}$, und für $\xi \in \Xi_{\lambda'}$ errechnen wir

$$\begin{aligned}
&f'(x)\,[P_{\mathfrak{R}(M^+(\xi)\,\lambda)}M(\xi)\,P_{\mathfrak{R}(M^+(\xi)\,\lambda)}]^+\,f(x)\\
&= f'(x)\left[\frac{1}{\|M^+(\xi)\,\lambda\|^4}\,M^+(\xi)\,\lambda\lambda' M^+(\xi)\,M(\xi)\,M^+(\xi)\,\lambda\lambda' M^+(\xi)\right]^+ f(x)\\
&= f'(x)\,[M^+(\xi)\,\lambda\lambda' M^+(\xi)]^+\,f(x)\,\|M^+(\xi)\,\lambda\|^4\,\frac{1}{\lambda' M^+(\xi)\,\lambda}\\
&= f'(x)\,M^+(\xi)\,\lambda\lambda' M^+(\xi)\,f(x)\,\frac{1}{\lambda' M^+(\xi)\,\lambda} = \frac{(f'(x)\,M^+(\xi)\,\lambda)^2}{\lambda' M^+(\xi)\,\lambda}\,.
\end{aligned}$$

Satz 8.2.2 besagt nun, daß $\xi^* \in \Xi_1$ genau dann ein S-suboptimaler Plan ist, wenn $d(x, \xi, \lambda) \leqq 1$ ist, d. h.

$$(f'(x)\, M^+(\xi^*)\, \lambda)^2 \leqq \lambda' M^+(\xi^*)\, \lambda$$

für alle $x \in \mathscr{X}$ mit

$$f(x) \in \mathscr{R}(M(\xi^*)). \quad \blacksquare \tag{39}$$

Die Bedingung (39) kann man sehr einfach nachprüfen, was bei konkreten Beispielen besonders wichtig ist. In den Korollaren 8.2.1, 8.2.2. und 8.2.5 hatten wir Bedingungen angegeben, unter denen S-suboptimale Pläne auch S-optimal sind, so u. a., wenn $M(\xi^*)$ regulär ist. Aber es gibt auch Fälle, in denen Pläne ξ^* mit singulärer Matrix $M(\xi^*)$ optimal sind.

Korollar 8.3.1. *Für die Schätzung von $\lambda'\beta = f'(x_0)\,\beta$ für ein $x_0 \in \mathscr{X}$ ist $\xi^* = \xi(x_0)$ S-optimal.*

Beweis. Für $\xi^* = \xi(x_0)$ ist $M(\xi^*) = f(x_0) f'(x_0)$, und es gilt $(f'(x_0)\, M^+(\xi^*)\, \lambda)^2 = 1 = f'(x_0)\, M^+(\xi^*)\, f(x_0)$, woraus (39) folgt. Das bedeutet aber, daß ξ^* wegen Satz 8.3.1 S-suboptimal ist. Nehmen wir nun an, es existiere ein S-optimaler Plan $\xi_1^* \in \Xi_{\lambda'}$ mit $S(\xi_1^*) > S(\xi^*)$. Wegen $\xi_1^* \in \Xi_{\lambda'}$ ist $\lambda = f(x_0) \in \mathscr{R}(M(\xi_1^*))$, und das bedeutet offenbar $\mathscr{R}(M(\xi^*)) \subseteq \mathscr{R}(M(\xi_1^*))$. Da insbesondere ξ_1^* auch S-suboptimal ist, folgt hieraus und aus Satz 8.2.3, daß $\lambda' M^+(\xi^*)\, \lambda = \lambda' M^+(\xi_1^*)\, \lambda$ und somit $S(\xi_1^*) = S(\xi^*)$ gilt. Das ist aber ein Widerspruch zu unserer Voraussetzung. $\blacksquare$

Wir betrachten nun den Fall $C = I_k$, d. h., wir wollen β schätzen und für die BLUE $\hat{\boldsymbol{\beta}}$ einen „optimalen“ Plan bestimmen. Da diese Situation ein besonders wichtiger Spezialfall ist, wollen wir auf einige Resultate näher eingehen. Für D-optimale Versuchspläne gilt dann der aus den Sätzen 8.2.2 und 8.2.3 abgeleitete Äquivalenzsatz:

Satz 8.3.3 (J. Kiefer, J. Wolfowitz [3]).

1. *Folgende drei Aussagen sind äquivalent:*
   a) *ξ^* maximiert $|M(\xi)|$,*
   b) *ξ^* minimiert $\max\limits_{x \in \mathscr{X}} f'(x)\, M^{-1}(\xi)\, f(x)$, d. h., ξ^* ist G-optimal,*
   c) *$\max\limits_{x \in \mathscr{X}} f'(x)\, M^{-1}(\xi^*)\, f(x) = k$.*
2. *Zu zwei verschiedenen D-optimalen Plänen ξ_1^* und ξ_2^* gilt $M(\xi_1^*) = M(\xi_2^*)$.*

Mit Hilfe dieses Satzes kann nun direkt nachgeprüft werden, ob ein vermuteter Plan D-optimal ist. Es kann auch wieder, wie im Abschnitt 8.2.4, ein Berechnungsverfahren für D-optimale Pläne angegeben werden, das auf den im Satz 8.3.1 angegebenen Aussagen über einen optimalen Plan aufbaut. Auf weitere Eigenschaften D-optimaler Pläne wollen wir im weiteren eingehen.

8.3.2. Ungleichungen zur G- und D-Optimalität

Wenn man das Problem betrachtet, einen gegebenen Plan ξ bezüglich seiner Güte (im Sinne der G- oder D-Optimalität) einzuschätzen, so sind dafür verschiedene Ungleichungen nützlich. Ein solches Problem kann auftreten, wenn der Plan δ besonders einfach ist und deshalb häufig benutzt wird, oder er durch Vereinfachung aus einem optimalen Plan gewonnen wird. Prüft man ihn bezüglich der G-Optimalität, so ist das verhältnismäßig einfach, denn der Äquivalenzsatz (Satz 8.3.3) sagt aus, daß dann $\max_{x\in\mathcal{X}} f'(x)\, M^{-1}(\xi^*)\, f(x)$ für einen optimalen Plan ξ^* den Wert k annehmen muß. Berechnet man nun den entsprechenden Wert für ξ, so kann man ihn mit k vergleichen, ohne ξ^* zu kennen. Schwieriger erweist sich das Problem für das Kriterium der D-Optimalität, da der Wert $|M(\xi^*)|$ für einen D-optimalen Plan ξ^* nicht unbedingt bekannt sein muß. Ist $|M(\xi^*)|$ bekannt, so kann man diesen Wert leicht mit $|M(\xi)|$ vergleichen, ist er nicht bekannt, so helfen die folgenden Ungleichungen. Die erste und dritte wurden von C. L. Atwood [13], die zweite von H. P. Wynn [14] angegeben.

1. $$\frac{|M(\xi)|}{|M(\xi^*)|} \geqq \left[\frac{k}{\max\limits_{x\in\mathcal{X}} f'(x)\, M^{-1}(\xi)\, f(x)}\right]^k,$$

2. $$\frac{|M(\xi)|}{|M(\xi^*)|} \leqq \left[\frac{k}{\max\limits_{x\in\mathcal{X}} f'(x)\, M^{-1}(\xi)\, f(x)}\right]^k \left[\frac{\max\limits_{x\in\mathcal{X}} f'(x)\, M^{-1}(\xi)\, f(x) - 1}{k-1}\right]^{k-1}.$$

3. Sei $\max\limits_{x\in\mathcal{X}} f'(x)\, M^{-1}(\xi)\, f(x) \leqq c$, wobei $c > \frac{3}{2}$ ist (bei $k > 1$ gilt offensichtlich $c \geqq k > \frac{3}{2}$). Dann gilt

$$\frac{|M(\xi)|}{|M(\xi^*)|} \leqq \exp\left[-\frac{\left(\max\limits_{x\in\mathcal{X}} f'(x)\, M^{-1}(\xi)\, f(x) - k\right)^2}{2D}\right]$$

mit

$$D = \max\left(k - 1 + (c-1)^2;\ 4(c-1)^2\left[\frac{k-1}{(2c-3)^2} + \frac{1}{9}\right];\ 2(c-1)\,(c-k)\right).$$

Aus diesen Ungleichungen kann man durch leichte Umformungen auch Abschätzungen für $|M(\xi^*)|$ nach oben und unten gewinnen.

8.3.3. Transformation D-optimaler Versuchspläne

Die bisher angeführten Resultate geben allgemeine qualitative Aussagen über D-optimale Pläne. Will man in konkreten Fällen D-optimale Pläne benutzen, so muß man diese berechnen oder auf Tabellen zurückgreifen. Jedes Beobachtungsmodell $\mathfrak{v}_\xi$ und somit auch $\mathfrak{v}$ wird wesentlich bestimmt durch die Angabe der Funktion f und den Einstellbereich $\mathcal{X}$. Wenn überhaupt Tabellen für D-optimale Pläne verfügbar sind, so ist in der Mehrzahl der Fälle als Einstellbereich für x der r-dimensionale Quader

$$\{x \mid x = (x^{(1)}, \dots, x^{(r)})',\ -1 \leqq x^{(i)} \leqq 1,\ i = 1, \dots, r\}$$

gewählt. Dieser Bereich ist aus Symmetriegründen besonders geeignet und vereinfacht einige Berechnungsschwierigkeiten. Wenn $\mathcal{X}$ nicht mit diesem

Quader übereinstimmt, so sind diese Tabellen nicht anwendbar, und es entsteht folgende Frage: Welche Beziehungen haben D-optimale Pläne in verschiedenen Modellen zueinander? Dazu werden wir zwei Aussagen beweisen. Neben der oben betrachteten Menge $\mathfrak{v}$ sei eine Menge $\mathfrak{v}_1$ von Beobachtungsmodellen erzeugt durch die Funktion $\varphi: Z \to R^k$ für eine kompakte Teilmenge Z des R^r.

Satz 8.3.4. *Es sei $g: R^r \to R^r$ mit $z = g(x)$, $x \in \mathfrak{X}$, $z \in Z$. g sei eine stetig differenzierbare und umkehrbar eindeutige Abbildung von $\mathfrak{X}$ auf Z. Wenn dann $\xi^* = \begin{Bmatrix} x_1, \dots, x_m \\ p_1, \dots, p_m \end{Bmatrix}$ ein diskreter D-optimaler Versuchsplan für $\mathfrak{v}$ ist, so ist der Plan $\xi_z^* = \begin{Bmatrix} g(x_1), \dots, g(x_m) \\ p_1, \dots, p_m \end{Bmatrix}$ D-optimal für $\mathfrak{v}_1$, wenn $\varphi(z) = f(g^{-1}(z))$ für alle $z \in Z$ gilt.*

Beweis. Hierzu genügt es zu zeigen, daß

$$\varphi'(z) \left[\sum_{i=1}^{m} p_i \varphi(z_i)\, \varphi'(z_i)\right]^{-1} \varphi(z) = \bar{d}(z, \xi_z^*) \leq k$$

ist. Wir errechnen

$$\begin{aligned} \bar{d}(z, \xi_z^*) &= f'(g^{-1}(z)) \left[\sum_{i=1}^{m} p_i \varphi(g(x_i))\, \varphi'(g(x_i))\right]^{-1} f(g^{-1}(z)) \\ &= f'(g^{-1}(z)) \left[\sum_{i=1}^{m} p_i f(x_i)\, f'(x_i)\right]^{-1} f(g^{-1}(z)) \leq k, \end{aligned}$$

da $g^{-1}(z) \in \mathfrak{X}$ und ξ^* D-optimal für $\mathfrak{v}$ war. ■

Beispiel 8.3.1. Wir betrachten $\mathfrak{v}$ für $f(x) = (1, x, \dots, x^{k-1})'$ und $-1 \leq x \leq 1$. Es sei $\xi^* = \begin{Bmatrix} x_1, & \dots, & x_k \\ \frac{1}{k}, & \dots, & \frac{1}{k} \end{Bmatrix}$ ein D-optimaler Plan (tabelliert für $k \leq 11$ z. B. in I. S. Dubova, T. V. Pzkialadze und V. V. Fedorov [9]). Dann ist ein D-optimaler Plan für $\mathfrak{v}_1$ mit $\varphi(z) = (1, z, \dots, z^{k-1})'$ für $a \leq z \leq b$ gegeben durch

$$\begin{Bmatrix} g(x_1), \dots, g(x_k) \\ \frac{1}{k}, \quad \dots, \quad \frac{1}{k} \end{Bmatrix} \quad \text{mit } g(x) = \frac{b-a}{2} x + \frac{a+b}{2}.$$

Denn zunächst sehen wir, daß $g: [-1, 1] \to [a, b]$ und daß g umkehrbar eindeutig und stetig differenzierbar ist. Aus Satz 8.3.4 folgt, daß der angegebene Plan D-optimal für $\mathfrak{v}_2$ mit der erzeugenden Funktion $\psi: Z \to R^k$ und $\psi = (\psi_1, \dots, \psi_k)'$ mit $\psi_i(z) = (g^{-1}(z))^{i-1}$ ist, d. h.

$$\psi_i(z) = \left(\frac{2}{b-a} z - \frac{a+b}{b-a}\right)^{i-1}, \quad 1 \leq i \leq k.$$

Daraus sieht man, daß eine reguläre Matrix $C = ((c_{ij}))$ existiert, die von a und b abhängt, für die gilt

$$\sum_{i=1}^{k} \psi_i(z)\, \beta_i = \sum_{i=1}^{k} z^{i-1} \sum_{j=1}^{k} c_{ij} \beta_j = \varphi'(z)\, C\beta.$$

Für einen beliebigen diskreten Plan $\begin{Bmatrix} z_1, \dots, z_m \\ q_1, \dots, q_m \end{Bmatrix}$ gilt

$$\sum_{i=1}^{m} q_i \psi(z_i)\, \psi'(z_i) = C' \left(\sum_{i=1}^{m} q_i \varphi(z_i)\, \varphi'(z_i)\right) C,$$

woraus sich

$$\max_x \left| \sum_{i=1}^{m} q_i \psi(z_i)\, \psi'(z_i) \right| = |C|^2 \max_x \left| \sum_{i=1}^{m} q_i \varphi(z_i)\, \varphi'(z_i) \right|$$

ergibt, und wir schließen können, daß die D-optimalen Pläne für $\mathfrak{v}_1$ und $\mathfrak{v}_2$ übereinstimmen. Daher ist der angegebene Plan für $\mathfrak{v}_1$ D-optimal. ■

Eine andere Möglichkeit, von D-optimalen Plänen eines Modells auf D-optimale Pläne eines anderen Modells zu schließen, wird durch den folgenden Satz gegeben (P. G. Hoel [15]).

Satz 8.3.5. *Es sei* $\xi_1 = \begin{Bmatrix} x_1, \dots, x_{m_1} \\ p_1, \dots, p_{m_1} \end{Bmatrix}$ *ein diskreter D-optimaler Plan für* $\mathfrak{v}_1$ *mit der erzeugenden Funktion* $g = (g_1, \dots, g_k)'$, $g_i\colon \mathscr{X} \to R^1$, $\mathscr{X} = [a, b]$, *und es sei* $\xi_2 = \begin{Bmatrix} z_1, \dots, z_{m_2} \\ q_1, \dots, q_{m_2} \end{Bmatrix}$ *ein diskreter D-optimaler Plan für* $\mathfrak{v}_2$ *mit der erzeugenden Funktion* $h = (h_1, \dots, h_s)'$, $h_i\colon Z \to R^1$, $Z = [c, d]$, *wobei* g_i *und* h_j *stetige Funktionen seien. Betrachten wir* $\mathfrak{v}$ *mit der erzeugenden Funktion* $f\colon \mathscr{X} \times Z \to R^{ks}$, $f(x, z) = \big(g_1(x)\, h_1(z), g_1(x)\, h_2(z), \dots, g_k(x)\, h_s(z)\big)'$, *so ist der Plan* ξ^* *mit*

$$\xi^*(x_l, z_j) = p_l q_j\,, \qquad l = 1, \dots, m_1\,, \quad j = 1, \dots, m_2$$

D-optimal für $\mathfrak{v}$.

Beweis. Schreiben wir $f_{ij}(x, z) = g_i(x)\, h_j(z)$, $1 \leqq i \leqq k$, $1 \leqq j \leqq s$, so erhalten wir mit dem Kronecker-Produkt $f(x, z) = g(x) \otimes h(z)$. Sei weiterhin ξ ein beliebiger realisierbarer Plan in $[a, b] \times [c, d]$, $\xi = \begin{Bmatrix} (x_i, z_j) \\ w_{ij} \end{Bmatrix}$, so errechnen wir die Informationsmatrix $M(\xi)$ in dem Modell $\mathfrak{v}_\xi \in \mathfrak{v}$

$$\begin{aligned} M(\xi) &= \sum_{i,j} w_{ij} f(x_i, z_j)\, f'(x_i, z_j) = \sum_{i,j} w_{ij} (g(x_i) \otimes h(z_j))\, (g(x_i) \otimes h(z_j))' \\ &= \sum_{i,j} w_{ij} (g(x_i)\, g'(x_i) \otimes h(z_j)\, h'(z_j)) = \sum_i p_i g(x_i)\, g'(x_i) \otimes \sum_i q_j h(z_j)\, h'(z_j) \end{aligned} \tag{40}$$

für

$$p_i = \sum_j w_{ij}\,, \qquad q_j = \sum_i w_{ij}\,. \tag{41}$$

Aus (40) folgt

$$|M(\xi)| = \left| \sum_i p_i g(x_i)\, g'(x_i) \right|^s \left| \sum_j q_j h(z_j)\, h'(z_j) \right|^k.$$

Diese Darstellung für $|M(\xi)|$ gilt für jeden realisierbaren Plan ξ, und da sich $M(\xi)$ für jeden diskreten Versuchsplan durch die Informationsmatrizen realisierbarer Pläne beliebig gut approximieren läßt, gilt diese Darstellung auch für diskrete Pläne ξ. Damit erhalten wir, daß ein D-optimaler Plan für $\mathfrak{v}$ gerade zusammengesetzt wird aus D-optimalen Plänen für $\mathfrak{v}_1$ und $\mathfrak{v}_2$. ■

Bei der Anwendung dieses Satzes ist wichtig, daß jede Funktion $g_i(x)$, $i = 1, \dots, r$ mit jeder Funktion $h_j(z)$, $j = 1, \dots, s$, multipliziert werden muß. So ist Satz 8.3.5 z.B. nicht auf die üblichen Polynome ersten, zweiten und höheren Grades

$$l(x) = \beta_0 + \beta_1 x_1 + \beta_2 x_2 + \dots + \beta_k x_k\,, \quad -1 \leqq x_i \leqq 1\,, \quad 1 \leqq i \leqq k\,, \tag{42}$$

bzw.

$$l(x) = \beta_0 + \sum_{i=1}^{k} \beta_i x_i + \sum_{i,j} \beta_{ij} x_i x_j + \dots + \sum_{i=1}^{k} c_i x_i^d\,, \quad -1 \leqq x_i \leqq 1\,, \quad d > 1\,, \tag{43}$$

anwendbar. Diese hier aufgeführten Polynome sind aber als erzeugende Funktionen von großer Wichtigkeit bei praktischen Aufgaben, und daher sind sie auch schon in vielen Arbeiten betrachtet worden. Für Modelle mit der erzeugenden Funktion (42) kann man mit Hilfe von HADAMARD-Matrizen sehr einfach D-optimale Pläne konstruieren. Dabei sind HADAMARD-Matrizen H_n quadratische $(n \times n)$-Matrizen, die aus Elementen $+1$ und -1 bestehen und für die gilt

$$\frac{1}{n} H_n' H_n = I_n \,.$$

Die Methode beruht darauf, daß wegen des Äquivalenzsatzes 8.3.3 die Informationsmatrix eines D-optimalen Planes eine Einheitsmatrix sein muß (vgl. H. BANDEMER u. a. [6]). Modelle mit einer erzeugenden Funktion wie in (43) betrachten wir im Abschnitt 8.3.6 noch etwas genauer.

8.3.4. *D*-optimale Pläne für Polynomialregression

Im Abschnitt 8.2.2 untersuchten wir die Frage, wieviele Punkte im Spektrum eines optimalen Plans höchstens enthalten sind. Es wurde bewiesen, daß bei der Suche eines optimalen Plans für eine Menge $\mathfrak{v}$ von Beobachtungsmodellen mit einer erzeugenden Funktion $f\colon \mathscr{X} \to R^r$ höchstens $\frac{k(k+1)}{2} + 1$ Punkte notwendig sind. Andererseits wissen wir, daß mindestens k Punkte notwendig sind, damit alle Parameter in $\mathfrak{v}$ geschätzt werden können. KARLIN und STUDDEN bewiesen in [4], daß für eine große Klasse von Modellen im Spektrum eines D-optimalen Versuchsplans genau k Punkte enthalten sind. Dabei spielt der Begriff der TSCHEBYSCHEFFschen Polynome für $X \subset R^1$ eine Rolle. Ein System von Funktionen $f_i(x)$, $i = 1, \dots, k$, die stetig in $[a, b]$ sind, heißt TSCHEBYSCHEFFsches System in $[a, b]$, wenn jede beliebige Linearkombination dieser Funktionen $\sum_{i=1}^{k} a_i f_i(x)$ (a_i — reelle Zahlen mit $\sum_{i=1}^{k} |a_i| > 0$) nicht mehr als $k - 1$ Nullstellen in $[a, b]$ hat. Diese Bedingung ist äquivalent damit, daß die Determinante

$$\begin{vmatrix} f_1(x_1), \dots, f_k(x_1) \\ \vdots \qquad\quad \vdots \\ f_1(x_k), \dots, f_k(x_k) \end{vmatrix} \neq 0$$

für beliebige $a \leqq x_1 < x_2 < \dots < x_k \leqq b$ ist.

Wir werden annehmen, die Determinante sei größer als Null. Das klassische Beispiel für ein TSCHEBYSCHEFFsches Funktionensystem sind die Potenzen von x: $f_i(x) = x^{i-1}$ $(i = 1, \dots, k)$.

Satz 8.3.6. *Es sei* $\mathfrak{v} = \{\mathfrak{v}_\xi \mid \xi \in \Xi_r\}$ *mit der erzeugenden Funktion* f *für* $f(x) = \omega^{1/2}(x)\,(1, x, \dots, x^{k-1})$, $-1 \leqq x \leqq 1$. *Dann besitzt das Spektrum des D-optimalen Planes genau* k *Punkte, wenn* $\omega(x) > 0$ *ist und eine der drei folgenden Bedingungen erfüllt wird*

1. $\{1, \omega(x), \omega(x)\,x, \dots, \omega(x)\,x^{2(k-1)}\}$ *ist ein* TSCHEBYSCHEFF*sches Funktionensystem in* $[a, b]$.

2. $\omega(x) = P^{-1}(x)$, *wobei* $P(x)$ *eine in* $[a, b]$ *positive, stetig differenzierbare Funktion ist und ihre* $(2k-1)$*-te Ableitung* $P^{(2k-1)}(x)$ *existiert und keine Nullstellen in* $[a, b]$ *hat.*
3. $\omega(x) = P^{-1}(x)$, *wobei* $P(x)$ *ein in* $[a, b]$ *positives Polynom ist, dessen Grad höchstens* $2(k-1)$ *ist.*

Beweis. Wegen des Korollars 8.2.3 gilt in den Punkten des D-optimalen Plans ξ^*

$$k - d(x, \xi^*) = 0 \tag{44}$$

und in den übrigen Punkten von $\mathscr{X} = [a, b]$

$$k - d(x, \xi^*) \geqq 0\,. \tag{45}$$

Die Dispersionsmatrix $D(\xi^*) = \dfrac{1}{\sigma^2} M^{-1}(\xi^*)$ ist positiv definit und folglich gilt:

$$d(x, \xi^*) = f'(x)\, M^{-1}(\xi^*)\, f(x) = \sum_{i=0}^{2(k-1)} a_i x^i > 0$$

mit $a_i = \sum\limits_{\alpha+\beta=i+2} (M^{-1}(\xi^*))_{\alpha\beta}$.

Der Plan ξ^* muß mindestens k Punkte enthalten, da $M(\xi^*)$ sonst singulär wird. Nehmen wir nun an, er enthielte mindestens $(k+1)$ Punkte. Dann betrachten wir die Funktion

$$\psi(x) = k - d(x, \xi^*) - \gamma = k - \gamma - \omega(x) \sum_{i=0}^{2(k-1)} a_i x^i\,,$$

wobei γ eine hinreichend kleine positive reelle Zahl ist. Wenn sich alle Punkte des Plans im Inneren von $[a, b]$ befinden, dann kann wegen (44) und (45) die Anzahl der verschiedenen Wurzeln von $\psi(x)$ nicht kleiner als $2(k+1)$ sein. Wenn ein oder zwei Punkte Randpunkte sind, so hat $\psi(x)$ nicht weniger als $2k+1$ bzw. $2k$ Wurzeln. D. h., es gilt für die Anzahl n der verschiedenen Wurzeln von $\psi(x)$

$$n \geqq 2k\,. \tag{46}$$

Betrachten wir nun die Bedingung 1 des Satzes. Dann gilt, daß das System $\{1, \omega(x), \omega(x)\, x, \ldots, \omega(x)\, x^{2(k-1)}\}$ in $[a, b]$ ein Tschebyscheffsches System ist, d. h. daß eine beliebige Linearkombination aus den Funktionen des Systems, also auch $\psi(x) - k + \gamma$ nicht mehr als $2k-1$ verschiedene Nullstellen haben darf, d. h. $n \leqq 2k-1$, was im Widerspruch zu (46) steht. Daher kann ein D-optimaler Plan nicht mehr als k Punkte enthalten.

Betrachten wir die Bedingung 2 des Satzes.

Da $\psi(x) = k - \gamma - P^{-1}(x) \sum\limits_{i=0}^{2(k-1)} a_i x^i$ nach den obigen Betrachtungen mindestens $2k$ verschiedene Wurzeln hat, muß auch $\chi(x) = P(x)\, \psi(x)$ mindestens $2k$ verschiedene Wurzeln haben, da $P(x) > 0$ gilt. Nach dem Satz von Rolle muß die $(2k-1)$-te Ableitung $\chi^{(2k-1)}(x)$ von $\chi(x)$ noch mindestens eine Nullstelle besitzen. Es gilt

$$\chi^{(2k-1)}(x) = (k-\gamma)\, P^{(2k-1)}(x) - \left(\sum_{i=0}^{2(k-1)} a_i x^i\right)^{(2k-1)} = (k-\gamma)\, P^{(2k-1)}(x)\,.$$

Nach Voraussetzung ist aber $P^{(2k-1)}(x) \neq 0$ in $[a, b]$, und somit haben wir wieder einen Widerspruch erhalten.

Bei der dritten Bedingung des Satzes betrachten wir wie eben die Funktion $\chi(x)$ und nach Voraussetzung ist $\chi(x)$ ein Polynom der Ordnung $2(k-1)$, und somit hat $\chi(x)$ — also auch $\psi(x)$ — höchstens $2(k-1)$ Wurzeln, was wieder im Widerspruch zu (46) steht. Somit ist bewiesen, daß in allen drei Fällen ein D-optimaler Plan genau k Punkte im Spektrum besitzt. ■

Dieser Satz vermittelt eine sehr wichtige und oft benutzte Aussage. Interessant und für die Berechnungen günstig erweist sich in Verbindung mit diesem Satz auch der folgende Satz.

Satz 8.3.7. *Wenn für* $\mathfrak{v} = \{\mathfrak{v}_\xi \mid \xi \in \Xi_r\}$ *ein D-optimaler Plan genau k Punkte im Spektrum besitzt, so haben alle k Punkte das gleiche Gewicht* $p_i = \frac{1}{k}$, $i = 1, \dots, k$.

Beweis. Wenn das Spektrum eines beliebigen Plans ξ aus genau k Punkten x_i mit den Gewichten p_i besteht, so gilt

$$M(\xi) = \sum_{i=1}^{k} p_i f(x_i) f'(x_i) = F_\xi F'_\xi$$

für die Matrix $F_\xi = (\sqrt{p_1} f(x_1), \dots, \sqrt{p_k} f(k_k))$. Dann gilt

$$|M(\xi)| = |F_\xi|^2 = \prod_{i=1}^{k} p_i |G^\xi|^2 \tag{47}$$

mit $G^\xi = (f(x_1), \dots, f(x_k))$. Für feste x_i, $i = 1, \dots, k$, nimmt (47) aber seinen größten Wert für $p_i = p = \frac{1}{k}$ an, was zu beweisen war. ■

Im Falle der hier betrachteten Polynomialregression, d. h. für $\mathfrak{v}$ mit der erzeugenden Funktion $f = \omega^{1/2}(x)\,(1, x, \dots, x^{k-1})'$, $-1 \leqq x \leqq 1$, kann man für einige spezielle Gewichtsfunktionen $\omega(x)$ D-optimale Pläne direkt als Wurzeln spezieller Polynome charakterisieren. Man benötigt hier also kein iteratives Verfahren, sondern kann diese Wurzeln aus Tabellen entnehmen. Darüber gibt der folgende Satz Auskunft.

Satz 8.3.8. *Es habe* $\mathfrak{v}$ *die erzeugende Funktion* $f = \omega^{1/2}(x)\,(1, x, \dots, x^{k-1})'$ *und sei* $\omega(x)$ *eine der folgenden Funktionen:*

(1) $\omega(x) \equiv 1;\ -1 \leqq x \leqq 1,$

(2) $\omega(x) = (1-x)^{\alpha+1}(1+x)^{\beta+1};\ -1 \leqq x \leqq 1;\ \alpha > -1, \beta > -1,$

(3) $\omega(x) = e^{-x};\ 0 \leqq x \leqq \infty,$

(4) $\omega(x) = x^{\alpha+1} e^{-x};\ 0 \leqq x \leqq \infty;\ \alpha > -1,$

(5) $\omega(x) = e^{-x^2};\ -\infty \leqq x \leqq \infty.$

Dann erreicht $|M(\xi)|$ *ihr Maximum genau für solche Pläne* ξ^*, *die den Nullstellen der folgenden Polynome jeweils das Gewicht* $1/k$ *zuordnen:*

(1) $(1-x^2)\frac{d}{dx} P_{k-1}(x)$, *wobei* P_{k-1} *das* $(k-1)$*-te* Legendre*-Polynom ist,*

(2) $P_k^{(\alpha,\beta)}(x)$, *das k-te* Jacobi*-Polynom,*

(3) $x L_{k-1}^{(\alpha)}(x)$, *wobei* $L_{k-1}^{(\alpha)}$ *das* $(k-1)$*-te* Laguerre*-Polynom mit dem Parameter* α *ist,*

(4) $L_k^{(\alpha)}(x)$,

(5) *das Hermitesche Polynom* $H_k(x)$.

Von I. S. Dubova, T. V. Pzikaladze, V. V. Fedorov [9] wurden maschinell für $\mathfrak{v}_m$ mit der erzeugenden Funktion $f^{(m)}(x) = (1, x, \dots, x^{m-1})'$, $-1 \leq x \leq 1$, für $m = 2, \dots, 11$ D-optimale Pläne berechnet. Sie erhalten folgende Pläne:

$$m = 2\colon \xi_2^* = \begin{Bmatrix} -1 & 1 \\ \frac{1}{2} & \frac{1}{2} \end{Bmatrix},$$

$$m = 3\colon \xi_3^* = \begin{Bmatrix} -1 & 0 & 1 \\ \frac{1}{3} & \frac{1}{3} & \frac{1}{3} \end{Bmatrix},$$

$$m = 4\colon \xi_4^* = \begin{Bmatrix} -1 & -0.44 & 0{,}44 & 1 \\ \frac{1}{4} & \frac{1}{4} & \frac{1}{4} & \frac{1}{4} \end{Bmatrix},$$

$$m = 5\colon \xi_5^* = \begin{Bmatrix} -1 & -0{,}65 & 0 & 0{,}65 & 1 \\ \frac{1}{5} & \frac{1}{5} & \frac{1}{5} & \frac{1}{5} & \frac{1}{5} \end{Bmatrix},$$

$$m = 6\colon \xi_6^* = \begin{Bmatrix} -1 & -0{,}76 & -0{,}28 & 0{,}28 & 0{,}76 & 1 \\ \frac{1}{6} & \frac{1}{6} & \frac{1}{6} & \frac{1}{6} & \frac{1}{6} & \frac{1}{6} \end{Bmatrix},$$

$$m = 7\colon \xi_7^* = \begin{Bmatrix} -1 & -0{,}83 & -0{,}46 & 0 & 0{,}64 & 0{,}83 & 1 \\ \frac{1}{7} & \frac{1}{7} & \frac{1}{7} & \frac{1}{7} & \frac{1}{7} & \frac{1}{7} & \frac{1}{7} \end{Bmatrix},$$

$$m = 8\colon \xi_8^* = \begin{Bmatrix} -1 & -0{,}87 & -0{,}59 & -0{,}20 & 0{,}20 & 0{,}59 & 0{,}87 & 1 \\ \frac{1}{8} & \frac{1}{8} & \frac{1}{8} & \frac{1}{8} & \frac{1}{8} & \frac{1}{8} & \frac{1}{8} & \frac{1}{8} \end{Bmatrix},$$

$$m = 9\colon \xi_9^* = \begin{Bmatrix} -1 & -0{,}89 & -0{,}67 & -0{,}36 & 0 & 0{,}36 & 0{,}67 & 0{,}89 & 1 \\ \frac{1}{9} & \frac{1}{9} & \frac{1}{9} & \frac{1}{9} & \frac{1}{9} & \frac{1}{9} & \frac{1}{9} & \frac{1}{9} & \frac{1}{9} \end{Bmatrix},$$

$$m = 10\colon \xi_{10}^* = \begin{Bmatrix} -1 & -0{,}92 & -0{,}73 & -0{,}47 & -0{,}16 & 0{,}16 & 0{,}47 & 0{,}73 & 0{,}92 & 1 \\ \frac{1}{10} & \frac{1}{10} & \frac{1}{10} & \frac{1}{10} & \frac{1}{10} & \frac{1}{10} & \frac{1}{10} & \frac{1}{10} & \frac{1}{10} & \frac{1}{10} \end{Bmatrix},$$

$$m = 11\colon \xi_{11}^* = \begin{Bmatrix} -1 & 0{,}94 & -0{,}78 & -0{,}56 & -0{,}29 & 0 & 0{,}29 & 0{,}56 & 0{,}78 & 0{,}94 & 1 \\ \frac{1}{11} & \frac{1}{11} & \frac{1}{11} & \frac{1}{11} & \frac{1}{11} & \frac{1}{11} & \frac{1}{11} & \frac{1}{11} & \frac{1}{11} & \frac{1}{11} & \frac{1}{11} \end{Bmatrix}.$$

8.3.5. *D*-optimale Pläne für trigonometrische Regression

In diesem Abschnitt betrachten wir die Menge $\mathfrak{v}_s$ von Beobachtungsmodellen mit der erzeugenden Funktion $f^{(s)}(x) = (1, \cos x, \sin x, \dots, \cos sx, \sin sx)'$ mit $\mathcal{X} = [0, 2\pi]$. Mit $M_s(\xi)$ bezeichnen wir die Informationsmatrix in $\mathfrak{v}_{s,\xi}$. Mit Hilfe des Äquivalenztheorems gelingt es in diesem Fall, D-optimale Pläne direkt anzugeben (vgl. S. Karlin, W. J. Studden [21]; V. V. Fedorov [5]).

Da das Funktionensystem 1, $\sin x$, $\cos x$, ..., $\sin sx$, $\cos sx$ im Intervall $[0, 2\pi]$ im Sinne der L^2-Norm bezüglich des Lebesgue-Maßes orthogonal ist, hat $M_s(\xi^*)$ für denjenigen stetigen Versuchsplan ξ^*, der allen Punkten des Intervalls das gleiche Gewicht $p(x) = \dfrac{1}{2\pi}$ zuordnet, Diagonalgestalt. Es gilt nämlich mit den Bezeichnungen $M_s(\xi^*) = \big((m_{ij})\big)$, $f^{(s)}(x) = \big(f_1^{(s)}(x), \dots f_k^{(s)}(x)\big)'$, $1 \leq i, j \leq 2s + 1 = k$,

$$m_{11} = 1\,,$$

$$m_{ii} = \frac{1}{2\pi} \int_0^{2\pi} (f_i^{(s)}(x))^2 \, dx = \frac{1}{2} \qquad \text{für } i > 1\,,$$

$$m_{ij} = \frac{1}{2\pi} \int\limits_0^{2\pi} f_i^{(s)}(x)\, f_j^{(s)}(x)\, dx = 0 \qquad \text{für } i \neq j\,,$$

da

$$\int\limits_0^{2\pi} \sin ix \cos jx \, dx = 0 \qquad \text{für } i \neq j\,,$$

$$\int\limits_0^{2\pi} \sin^2 ix \, dx = \pi\,,$$

$$\int\limits_0^{2\pi} \cos^2 ix \, dx = \pi$$

ist. Die Inverse der Informationsmatrix ist dann $M_s^{-1}(\xi^*) = ((\mu_{ij}))$ mit

$$\mu_{11} = m_{11}^{-1} = 1\,, \qquad \mu_{ii} = m_{ii}^{-1} = 2 \qquad \text{für } 1 < i \leqq k\,.$$

Nun kann man die zu $\mathfrak{v}_{s,\xi}$ gehörige Funktion $d_s(x, \xi)$ berechnen:

$$d_s(x, \xi) = 1 + 2\sin^2 x + 2\cos^2 x + \cdots + 2\sin^2 sx + 2\cos^2 sx = 2s + 1 = k\,.$$

Mit Hilfe der dritten Bedingung des Äquivalenzsatzes sehen wir hieran, daß ein solcher Plan ξ^*, der allen Punkten das gleiche Gewicht zuordnet, D-optimal ist. Es ist bemerkenswert, daß die Varianz der Regressionskurve an allen Stellen x den gleichen Wert hat. Der folgende Satz gibt nun für den Fall der trigonometrischen Regression realisierbare D-optimale Pläne zu vorgegebener Versuchsanzahl $n \geqq k$ an.

Satz 8.3.9. *Für den Fall der trigonometrischen Regression ist für $n \geqq 2s + 1$ der Plan* $\xi^* = \begin{Bmatrix} x_1, \ldots, x_n \\ \frac{1}{n}, \ldots, \frac{1}{n} \end{Bmatrix}$ *mit* $x_i = 2\pi \frac{i-1}{n}$, $i = 1, \ldots, n$, *D-optimal.*

Beweis. Zu Beginn dieses Abschnitts haben wir die Informationsmatrix $M_s(\tilde{\xi})$ eines stetigen D-optimalen Versuchsplans $\tilde{\xi}$ berechnet. Für jeden anderen D-optimalen Plan ξ gilt (vgl. Satz 8.2.5) $M_s(\xi) = M_s(\tilde{\xi})$. Für einen realisierbaren Plan ξ ist dies gleichwertig mit dem Gleichungssystem

$$\begin{aligned} \sum_{\mu=1}^{n} p_\mu &= 1\,, \\ \sum_{\mu=1}^{n} p_\mu f_i^2(x_\mu) &= \tfrac{1}{2}\,, \qquad 1 < i \leqq 2s - 1\,, \\ \sum_{\mu=1}^{n} p_\mu f_i(x_\mu)\, f_j(x_\mu) &= 0\,, \qquad i \neq j\,, \quad 1 \leqq i, j \leqq 2s + 1\,. \end{aligned} \tag{48}$$

Es ist leicht zu zeigen, daß der angegebene Plan ξ^* dieses Gleichungssystem erfüllt (siehe SMIRNOV [26]), d. h., ξ^* ist D-optimal. ■

Bemerkung. Der im Satz 8.3.9 angegebene Plan ξ^* ist nicht der einzige D-optimale Plan für die hier betrachtete Menge $\mathfrak{v}_s$, denn jeder andere Plan $\bar{\xi}$, der den Punkten $x_i = 2\pi \frac{i-1}{n} + \varphi$, $1 \leqq i \leqq n$, $n \geqq 2s + 1$, $0 \leqq \varphi \leqq 2\pi$ gleiche Gewichte $1/n$ zuordnet, ist ebenfalls D-optimal, da er dem Gleichungssystem (48) genügt. Betrachten wir nun $\mathfrak{v}_{s-1}$. Der Plan $\xi^* = \begin{Bmatrix} x_1, \dots, x_n \\ p_1, \dots, p_n \end{Bmatrix}$ sei D-optimal für das oben betrachtete $\mathfrak{v}_s$ mit $k = 2s + 1$ Parametern. Da der Plan ξ^* das Gleichungssystem (48) erfüllt, erfüllt er auch das System

$$\sum_{\mu=1}^{n} p_\mu = 1 ,$$

$$\sum_{\mu=1}^{n} p_\mu f_i^2(x_\mu) = \tfrac{1}{2} , \qquad 1 < i \leqq 2s - 1 ,$$

$$\sum_{\mu=1}^{n} p_\mu f_i(x_\mu) f_j(x_\mu) = 0 , \qquad i \neq j , \qquad 1 \leqq i, j \leqq 2s - 1 .$$

Dies sind aber die zu (48) analogen Bedingungen für die D-Optimalität des Planes für $\mathfrak{v}_{s-1}$, denn es gilt für ξ^* und $\mathfrak{v}_{s-1}$:

$$d_{s-1}(x, \xi^*) = 1 + 2 \sin^2 x + 2 \cos^2 x + \dots + 2 \sin^2 (s-1)\, x + 2 \cos^2 (s-1)\, x = 2s - 1 .$$

Nach der dritten Bedingung des Äquivalenztheorems ist ξ^* also auch D-optimal für $\mathfrak{v}_{s-1}$ und damit für jedes $\mathfrak{v}_{s'}$ mit $s' \leqq s$.

8.3.6. Versuchspläne für Polynomialregression im Simplex und Quader

In den vorhergehenden Abschnitten haben wir entweder die unabhängige Variable x als eindimensional angesehen (z. B. bei Polynomial- bzw. Trigonometrischer Regression) oder, wie beim Äquivalenzsatz ($x \in \mathcal{X} \subseteq R^r$), x als Element eines beliebigen kompakten Bereiches. Im letzteren Fall haben wir sehr allgemeine Ergebnisse erhalten, aber wenige Hinweise (von dem iterativen Berechnungsverfahren, das für mehrdimensionale x sehr kompliziert wird, abgesehen), wie nun optimale diskrete Pläne zu konstruieren sind. Es zeigt sich, daß für $r > 1$ die optimalen Pläne stark von der Gestalt von $\mathcal{X}$ abhängen. Die meisten Analogien zum Fall $r = 1$ ergeben sich, falls $\mathcal{X}$ ein $(r-1)$-dimensionales Simplex ist, d. h. falls wir voraussetzen

$$0 \leqq x_{(i)} \leqq 1 , \qquad 1 \leqq i \leqq r \quad \text{und} \quad \sum_{i=1}^{r} x_{(i)} = 1 .$$

Dies sind die sogenannten Mixturmodelle. Für das Simplex wurden bei verschiedenen Polynomansätzen u. a. von C. L. Atwood [13] und R. H. Farrell, J. Kiefer, A. Walbran [22] D-optimale Versuchspläne angegeben, wobei eine Verallgemeinerung der Resultate für alle r und beliebigen Grad des Polynoms noch nicht gelungen ist. Folgende Fälle wurden untersucht:

1. *n-lineare Polynome in r Variablen $x_{(1)}, \dots, x_{(r)}$, d. h., es gilt $f = (f_1, \dots, f_k)'$ mit $f_i(x) = \prod_{j=1}^{p} x_{(i_j)}$, wobei $i_1 < \dots < i_p$ und $1 \leqq p \leqq n \leqq r$ ist. Es ist dabei $k = \sum_{p=1}^{n} \binom{r}{p}$.*
2. *Polynome in r Variablen $x_{(1)}, \dots, x_{(r)}$ vom Grade $\leqq m$, d. h., die Funktionen $f_i(x)$ haben die Form $\prod_{j=1}^{r} x_{(j)}^{m_j}$, wobei die m_j nichtnegative ganze Zahlen sind mit $\sum_{j=1}^{r} m_j \leqq m$. Hier ist die Anzahl k der Funktionen $f_i(x)$ dann $k = \binom{m+r}{r}$.*

Wir betrachten zuerst Fall 1. C. L. ATWOOD [13] bewies folgenden Satz, mit dessen Hilfe er für den Simplex bei $n = r$ Aussagen über die Gestalt eines D-optimalen Planes ableitete.

Satz 8.3.10. *Die Funktionen $f_i(x)$, $1 \leqq i \leqq k$, seien n-lineare Polynome in einer Menge $\mathcal{X} \subseteq R^r$ mit $\sum_{j=1}^{r} x_{(j)} = 1$. Außerdem sei $\mathcal{X}$ symmetrisch bezüglich der Hyperebene $H_{i,j} = \{x \mid x_{(i)} = x_{(j)}$ für feste $i, j, 1 \leqq i < j \leqq r\}$. Sei J ein Geradensegment aus $\mathcal{X}$, das unter der Vertauschung der zwei Koordinaten $x_{(i)}, x_{(j)}$ invariant bleibt und auf dem alle anderen Koordinaten konstant sind. Dann kann das Spektrum eines D-optimalen Planes ξ für $\mathfrak{v}$ mit der erzeugenden Funktion f von J nur den Mittelpunkt und die Endpunkte enthalten.*

Beweis. Sei ξ D-optimal. Dann existiert $M^{-1}(\xi)$, ist positiv definit, und es gilt $d(x, \xi) = f'(x) M^{-1}(\xi) f(x) \geqq \lambda |f(x)|^2$, wobei $\lambda > 0$ der kleinste Eigenwert von $M^{-1}(\xi)$ und $|f(x)|$ die euklidische Norm von $f(x)$ ist. Für $|x| \to \infty$ folgt $|f(x)| \to \infty$, da die $f_i(x)$ n-lineare Polynome sind. Dann gilt auch $d(x, \xi) \to \infty$. $d(x, \xi)$ ist eine in jeder Variablen höchstens quadratische Funktion. O. B. d. A. sei $\mathcal{X}$ symmetrisch bezüglich der Vertauschung von $x_{(1)}$ und $x_{(2)}$. Die Einschränkung von $d(x, \xi)$ auf die Gerade, die J enthält, ist, wenn man sie in Abhängigkeit von einer Variablen, etwa $x_{(1)}$, betrachtet, ebenfalls höchstens quadratisch. Da die Funktion $d(x, \xi)$ nichtnegativ und nicht konstant auf dieser Geraden ist, kann sie höchstens ein Maximum im Inneren von J haben.

Sei nun π die Permutation, die $x_{(1)}$ und $x_{(2)}$ austauscht. Dann gibt es eine lineare Abbildung L, so daß $Lf(x) = f(\pi x)$ gilt. Von KIEFER [2] wurde bewiesen, daß es unter diesen Voraussetzungen einen D-optimalen Plan ξ' gibt, der invariant unter π ist. Da ξ' optimal ist, muß wegen der Eindeutigkeit der optimalen Informationsmatrix $d(x, \xi) = d(x, \xi')$ gelten. Wegen der Invarianz von ξ' erhalten wir weiter $d(x, \xi') = d(\pi x, \xi') = d(\pi x, \xi)$, woraus folgt, daß die Funktion $d(x, \xi)$ symmetrisch ist, und so kann sie in J nur im Mittelpunkt und an den Endpunkten Maxima haben. ■

Das von uns betrachtete r-dimensionale Simplex ist offensichtlich invariant bezüglich der Vertauschung von je zwei Komponenten $x_{(i)}$ und $x_{(j)}$. Da man weiter zeigen kann (siehe R. H. FARRALL, J. KIEFER, A. WALBRAN [22]), daß dann auch für einen D-optimalen Plan ξ die Menge aller x mit $d(x, \xi) = k$, in der das Spektrum des Plans enthalten sein muß, auf solchen bezüglich der Vertauschung invarianten Segmenten J liegen muß, folgt daraus, daß das Spektrum von ξ in den sogenannten Baryzentren enthalten sein muß. Die baryzentrischen Punkte oder das (r, n)-Gitter sind die r-Vektoren $(1, 0, \ldots)$, $\left(\frac{1}{2}, \frac{1}{2}, 0, \ldots, 0\right)$, $\ldots, \left(\underbrace{\frac{1}{n}, \ldots, \frac{1}{n}}_{n\text{-mal}}, 0, \ldots, 0\right)$ und ihre Bilder unter allen möglichen Koordinatenvertauschungen. Wenn $n = r$ ist, so ist derjenige Plan D-optimal, der jedem Punkt dieses (r, n)-Gitters gleiches Gewicht zuordnet, denn die Anzahl der Parameter stimmt mit der Anzahl der Punkte des Plans $\left(k = \sum_{p=1}^{n} \binom{r}{p}\right)$ überein (vgl. Satz 8.3.6 und Satz 8.3.7).

Trivialerweise ist das (r, n)-Gitter für jedes r D-optimal für $n = 1$. KIEFER [1] hat gezeigt, daß es auch für $n = 2$ und alle r D-optimal ist, und H. URANISI [23] zeigte die Optimalität für $n = 3$ und alle k. C. L. ATWOOD [13] bewies für $n > 3$ folgenden Satz:

Satz 8.3.11. *Die Funktionen $f_i(x)$, $1 \leqq i \leqq k$, seien n-lineare Polynome mit $4 \leqq n \leqq r$. Dann ist das (r, n)-Gitter für das $(r-1)$-dimensionale Simplex D-optimal, wenn $n = r$ ist, und es ist nicht D-optimal, wenn $n < r$ ist.*

Wir kommen nun zum zweiten Fall, wo wir Polynome vom Grade kleiner oder gleich m betrachten wollen. Der uns hier vor allem interessierende Fall ist $m > 1$. Dazu wollen wir einige Resultate von J. KIEFER [1] und R. H. FARRELL J. KIEFER, A. WALBRAN [22] anführen.

Für $m = 2$ ordnet der D-optimale Plan gleiche Gewichte den Punkten auf den Kanten des Simplexes zu, die man erhält, wenn man die Kanten als eindimensionale Gebiete auffaßt und dort den D-optimalen Plan für ein Polynom 2. Grades bestimmt. Dieser Plan ist gerade ein $(r, 2)$-Gitter. Für $m = 3$, $r = 3$ bewiesen R. H. FARRELL, J. KIEFER, A. WALBRAN [22] folgenden Satz:

Satz 8.3.12. *Für $m = 3$, $r = 3$ ist der Plan ξ^*, der das Gewicht $\frac{1}{10}$ je den 3 Ecken des Simplexes, dem Punkt $x_1 = x_2 = x_3 = \frac{1}{3}$ und den 6 Punkten $\{x_h = 0, x_i = 1 - x_j = \frac{1}{2}(1 + 5^{-1/2}) \mid k, i, j = 1, 2, 3\}$ zuordnet, D-optimal.*

In den angegebenen Arbeiten von C. L. ATWOOD, J. KIEFER und R. H. FARRELL, J. KIEFER, A. WALBRAN werden außerdem noch die gleichen Modelle für den r-dimensionalen Kubus und die Hyperkugel betrachtet, und es wurden verschiedene Ergebnisse erzielt.

Von I. S. DUBOVA und V. V. FEDOROV [24] wurden für $r = 2, 3, 4$ und $m = 2, 3, 4$ für den Kubus $K = \{x \mid \max_{1 \leqq i \leqq r} |x_i| \leqq 1\}$ mit Rechenautomaten folgende D-optimalen Pläne berechnet (N – Anzahl der Punkte des Spektrums):

Plan 1

$r = 2$, $N = 6$, $m = 2$

	$x_{(1)}$	$x_{(2)}$
1.	1,00	1,00
2.	−1,00	1,00
3.	−1,00	−1,00
4.	0,40	−1,00
5.	1,00	−0,40
6.	−0,10	0,10

$|M(\xi)|^{-1} = 0{,}174 \cdot 10^3$

Plan 2

$r = 3$, $N = 10$, $m = 2$

	$x_{(1)}$	$x_{(2)}$	$x_{(3)}$
1.	1,00	−1,00	−1,00
2.	1,00	1,00	−1,00
3.	1,00	1,00	1,00
4.	−1,00	1,00	−1,00
5.	0,30	−1,00	1,00
6.	−1,00	0,30	1,00
7.	−1,00	−1,00	−0,30
8.	−0,20	1,00	0,20
9.	−0,20	−0,20	−1,00
10.	1,00	−0,20	0,20

$|M(\xi)|^{-1} = 0{,}539 \cdot 10^4$

Plan 3

$r = 4, \quad N = 15, \quad m = 2$

	$x_{(1)}$	$x_{(2)}$	$x_{(3)}$	$x_{(4)}$
1.	1,00	−1,00	0,00	−1,00
2.	−1,00	1,00	−1,00	−1,00
3.	−1,00	−1,00	1,00	−1,00
4.	−0,25	1,00	0,25	−0,25
5.	1,00	1,00	1,00	−1,00
6.	0,00	−0,25	−1,00	−1,00
7.	0,00	−1,00	1,00	1,00
8.	1,00	1,00	−1,00	−0,50
9.	−1,00	1,00	1,00	1,00
10.	1,00	−0,25	1,00	0,00
11.	−1,00	−0,25	0,00	1,00
12.	1,00	−1,00	−1,00	1,00
13.	−1,00	−1,00	−1,00	0,00
14.	−0,50	1,00	−1,00	1,00
15.	1,00	1,00	0,50	1,00

$|M(\xi)|^{-1} = 0{,}297 \cdot 10^6$

Plan 4

$r = 2, \quad N = 10, \quad m = 3$

	$x_{(1)}$	$x_{(2)}$
1.	1,00	1,00
2.	1,00	−1,00
3.	−1,00	−1,00
4.	−1,00	1,00
5.	0,00	1,00
6.	0,00	−1,00
7.	1,00	−0,30
8.	−1,00	−0,30
9.	0,60	0,50
10.	−0,60	0,50

$|M(\xi)|^{-1} = 0{,}167 \cdot 10^8$

Plan 5

$r = 2, \quad N = 15, \quad m = 4$

	$x_{(1)}$	$x_{(2)}$
1.	1,00	1,00
2.	−1,00	1,00
3.	−1,00	−1,00
4.	1,00	−1,00
5.	0,36	1,00
6.	−1,00	−0,36
7.	1,00	0,60
8.	−0,60	−1,00
9.	1,00	−0,30
10.	0,30	−1,00
11.	−0,56	1,00
12.	−1,00	0,56
13.	0,50	0,10
14.	−0,10	−0,50
15.	0,75	−0,75

$|M(\xi)|^{-1} = 0{,}532 \cdot 10^{17}$

8.3.7. *E*-optimale Versuchspläne

In Abschnitt 8.1.3 definierten wir die D_c-Optimalität. Diese Pläne sind geeignet, eine feste Linearkombination $c'\beta$ des Parametervektors β zu schätzen. Wenn aber bei Planung des Versuchs die Linearkombination des Parameters noch unbekannt ist, so liegt es nahe, Pläne zu bestimmen, die möglichst gut für die Schätzung jeder Linearkombination sind. Dabei scheint das folgende Minimaxkriterium geeignet (auf ein anderes Kriterium gehen wir im Abschnitt 8.3.8 ein). Wir betrachten $\mathfrak{v} = \{\mathfrak{v}_\xi \mid \xi \in \Xi_r\}$ mit der erzeugenden Funktion $f\colon \mathcal{X} \to R^k$. Es ist ein ξ^* zu bestimmen, so daß

$$\max_{a \in S_k} D_{\vartheta(\xi^*)}(a'\hat{\beta}(\xi^*)) = \inf_{\xi} \max_{a \in S_k} D_{\vartheta(\xi)}(a'\hat{\beta}(\xi)) \tag{49}$$

gilt, wobei $S_k = \{a \mid a \in R^k, ||a|| \leqq 1\}$ und $\hat{\beta}(\xi)$ die BLUE in $\mathfrak{v}_\xi$ ist. Die Gleichung (49) bedeutet aber, daß der maximale Eigenwert von $M^{-1}(\xi)$ durch den Versuchsplan ξ^* minimiert wird, so daß also ξ^* ein E-optimaler Plan ist. Wir wollen nun E-optimale Pläne charakterisieren. Es zeigt sich, daß ein Minimaxkriterium für diese Pläne formuliert werden kann, aus dem eine interessante Optimalitätseigenschaft für E-optimale Pläne folgen wird. Ξ war die Menge aller stetigen Versuchspläne in $\mathcal{X}$. Wir bezeichnen mit Ξ_2 die Menge derjenigen $\xi \in \Xi$, für die $|M(\xi)| \neq 0$ ist. Seien $\xi_1 \in \Xi_2$,

$$\lambda_{\max}[M^{-1}(\xi_1)] = \varkappa_0 \quad \text{und} \quad \Xi(\varkappa_0) = \{\xi \mid \lambda_{\max}[M^{-1}(\xi)] \leqq \varkappa_0\} .$$

Dann folgt, daß der E-optimale Plan ξ^* in $\Xi(\varkappa_0)$ liegt, so daß also

$$\inf_{\xi \in \Xi_2} \max_{a \in S_k} a'M^{-1}(\xi)\, a = \inf_{\xi \in \Xi(\varkappa_0)} \max_{a \in S_k} a'M^{-1}(\xi)\, a \tag{50}$$

gilt, und wir können unser gestelltes Problem auch so formulieren:

Gesucht ist $\xi^* \in \Xi(\varkappa_0)$ mit

$$\inf_{\xi \in \Xi(\varkappa_0)} \max_{a \in S_k} a'M^{-1}(\xi)\, a = \max_{a \in S_k} a'M^{-1}(\xi^*)\, a . \tag{51}$$

Dieses Problem kann man spieltheoretisch als Zweipersonenspiel auffassen, und gesucht ist eine Minimaxstrategie. Es gilt (vgl. A. Wald [19]), daß solch ein Spiel streng determiniert ist, wenn S_k separabel und $\{M^{-1}(\xi) | \xi \in \Xi(\varkappa)\}$ kompakt sind. Daß dies hier der Fall ist, besagt das folgende Lemma:

Lemma 8.3.1. *Sei f eine stetige Funktion $\mathcal{X} \to R^k$. Weiter sei $\Xi(\varkappa) = \{\xi | \lambda_{\max}[M^{-1}(\xi)] \leqq \varkappa\}$ für ein $\varkappa > 0$, so daß $\Xi(\varkappa) \neq \emptyset$ ist. Dann gilt*

a) *S_k ist in der durch $\delta_1(a, b) = \sup_{\xi \in \Xi(\varkappa)} |a'M^{-1}(\xi)\, a - b'M^{-1}(\xi)\, b|$ definierten Pseudometrik separabel.*

b) *Die Menge $\{M^{-1}(\xi) \mid \xi \in \Xi(\varkappa)\}$ ist in der durch*

$$\delta_2(M^{-1}(\xi_1), M^{-1}(\xi_2)) = \sup_{a \in S_k} |a'(M^{-1}(\xi_1) - M^{-1}(\xi_2))\, a|$$

definierten Pseudometrik kompakt.

Beweis. a) Offenbar ist S_k in der euklidischen Norm separabel. Sei $a_i \in S_k$, $i = 1, 2, \ldots$, und $\{a_i\}$ dicht in S_k. Wir zeigen, daß diese Menge auch bei der Metrik δ_1 in S_k dicht liegt. Dazu schätzen wir für $\xi \in \Xi(\varkappa)$; $a, b \in S_k$ ab:

$$|a'M^{-1}(\xi)\, a - b'M^{-1}(\xi)\, b| \leqq |a'M^{-1}(\xi)\, (a - b)| + |b'M^{-1}(\xi)\, (a - b)| \leqq 2\varkappa||a - b|| .$$

Hieraus folgt

$$\delta_1(a, b) \leqq 2\varkappa||a - b|| .$$

Da $\{a_i\}$ in der Norm $||\cdot||$ dicht in S_k ist, ergibt sich aus dieser Ungleichung, daß $\{a_i\}$ auch in der Metrik δ_1 in S_k dicht ist, so daß Behauptung a) bewiesen ist.

b) Nach Satz 8.1.1 gilt, daß bei unseren Voraussetzungen die Menge $\{M(\xi) \mid \xi \in \Xi\}$ eine kompakte Menge ist. Daraus folgt aber auch, daß $\{M(\xi) \mid \xi \in \Xi(\varkappa)\}$ eine kompakte Menge darstellt. Da die Invertierung hier eine stetige Abbildung ist, folgt, daß auch

$$\{M^{-1}(\xi) \mid \xi \in \Xi(\varkappa)\} \tag{52}$$

eine kompakte Menge bei einer beliebigen Matrizennorm ist. Dann schätzen wir für $a \in S_k$ ab

$$|a'(M^{-1}(\xi_1) - M^{-1}(\xi_2))\, a| \leqq ||M^{-1}(\xi_1) - M^{-1}(\xi_2)||\,,$$

woraus

$$\delta_2(M^{-1}(\xi_1), M^{-1}(\xi_2)) \leqq ||M^{-1}(\xi_1) - M^{-1}(\xi_2)||$$

folgt.

Aus dieser Ungleichung ergibt sich nun die Kompaktheit von (52) bei der Metrik δ_2. ∎

Nach diesem Lemma ist also unser Zweipersonenspiel (51) streng determiniert, d. h., es gilt

$$\min_{\xi \in \Xi(\varkappa)} \max_{a \in S_k} a' M^{-1}(\xi)\, a = \sup_{a \in S_k} \inf_{\xi \in \Xi(\varkappa)} a' M^{-1}(\xi)\, a\,. \tag{53}$$

Aus (50) und (53) folgt

$$\inf_{\xi \in \Xi_2} \max_{a \in S_k} a' M^{-1}(\xi)\, a = \sup_{a \in S_k} \inf_{\xi \in \Xi(\varkappa)} a' M^{-1}(\xi)\, a\,.$$

Mit der linken Seite muß auch die rechte Seite von $\varkappa$ unabhängig sein, und wir wollen zeigen, daß für $\Xi_a = \{\xi \in \Xi \mid a \in \mathcal{R}(M(\xi))\}$ gilt

$$\varrho := \inf_{\xi \in \Xi_2} \max_{a \in S_k} a' M^{-1}(\xi)\, a = \sup_{a \in S_k} \inf_{\xi \in \Xi_a} a' M^{-1}(\xi)\, a\,.$$

Zunächst bemerken wir, daß stets $\varrho \leqq \sup_{a \in S_k} \inf_{\xi \in \Xi(\varkappa)} a' M^{-1}(\xi)\, a$ gilt. Nehmen wir also an, es sei

$$\varrho < \sup_{a \in S_k} \inf_{\xi \in \Xi(\varkappa)} a' M^{-1}(\xi)\, a - \varepsilon =: K - \varepsilon$$

für ein $\varepsilon > 0$. Dann gilt für alle $a \in S_k$

$$\inf_{\xi \in \Xi_2} a' M^{-1}(\xi)\, a < K - \varepsilon\,.$$

Hieraus erhalten wir, daß für jedes a ein $\xi^{(a)} \in \Xi_2$ existiert, so daß $a' M^{-1}(\xi^{(a)})\, a < K - \varepsilon/2$ gilt. Berücksichtigen wir nun, daß $v(a, \tilde{a}) := a' M^{-1}(\xi^{(\tilde{a})})\, a$ bei festem $\tilde{a}$ stetig auf S_k ist, so folgt, daß zu jedem $\tilde{a} \in S_k$ eine offene Umgebung $U(\tilde{a}) \subset R^k$ existiert, so daß $v(b, \tilde{a}) < K - \varepsilon/4$ für $b \in U(\tilde{a})$ ist und $\{U(a) \mid \tilde{a} \in S_k\}$ überdeckt die bezüglich der euklidischen Norm kompakte Menge S_k. Aus dem Heine-Borelschen Überdeckungssatz folgt nun, daß endlich viele $a_1, \dots, a_n \in S_k$ existieren, so daß $S_k \subset \bigcup_{i=1}^{n} U(a_i)$ gilt. Dann folgt aber

$$\min_{1 \leqq i \leqq n} a' M^{-1}(\xi^{(a_i)})\, a < K - \frac{\varepsilon}{4}$$

für alle $a \in S_k$. O. B. d. A. können wir $\varkappa$ so wählen, daß $\xi^{(a_i)} \in \Xi(\varkappa)$ für $1 \leqq i \leqq n$ gilt. Dann erhalten wir

$$\inf_{\xi \in \Xi(\varkappa)} a' M^{-1}(\xi)\, a \leqq \min_{1 \leqq i \leqq n} a' M^{-1}(\xi^{(a_i)})\, a < K - \frac{\varepsilon}{4}\,.$$

Das ergibt aber einen Widerspruch zu der Aussage, daß

$$\sup_{a \in S_k} \inf_{\xi \in \Xi(\varkappa)} a' M^{-1}(\xi)\, a = K$$

ist.

Betrachten wir nun zunächst bei festem a den Wert

$$\inf_{\xi \in \Xi_2} D_{\vartheta(\xi)}\big(a' \hat{\beta}(\xi)\big) .$$

Sei ξ_a ein D_a-optimaler Plan für $\mathfrak{v}$. Dann gilt offenbar

$$\min_{\xi \in \Xi_a} D_{\vartheta(\xi)}\big(a' \hat{\beta}(\xi)\big) = D_{\vartheta(\xi)}\big(a' \hat{\beta}(\xi_a)\big) = \sigma^2 a' M^+(\xi_a)\, a .$$

Wir wollen zeigen, daß

$$\inf_{\xi \in \Xi_2} D_{\vartheta(\xi)}\big(a' \hat{\beta}(\xi)\big) = \min_{\xi \in \Xi_a} D_{\vartheta(\xi)}\big(a' \hat{\beta}(\xi)\big) = D_{\vartheta(\xi_a)}\big(a' \hat{\beta}(\xi_a)\big)$$

ist.

Nehmen wir an, es gelte $\inf_{\xi \in \Xi_2} a' M^{-1}(\xi)\, a > a' M^+(\xi_a)\, a$. Zu einem beliebigen Plan $\xi_1 \in \Xi_2$ bilden wir $\tilde{\xi} = (1 - \alpha)\, \xi_a + \alpha \xi_1$, und wir wissen: $\tilde{\xi} \in \Xi_2$ für $\alpha \in (0, 1)$. Daher ist unsere Annahme nur möglich, wenn $a' M^+(\tilde{\xi})\, a$ sich unstetig ändert für $\alpha \to 0$. Wie wir sehen werden, ist dies aber nicht der Fall, denn, wenn λ_i die von Null verschiedenen Eigenwerte von $F = M(\xi_1)^{-1/2} M(\xi_a)\, M(\xi_1)^{-1/2}$ mit einem zugehörigen ON-System von Eigenvektoren $\{e_i\}$ sind, so gilt

$$((1 - \alpha)\, F + \alpha I_k)^+ = \sum_i \frac{1}{(1 - \alpha)\, \lambda_i + \alpha}\, e_i e_i' + \frac{1}{\alpha}\, P_{\mathcal{N}(F)} \qquad \text{für } \alpha \neq 0$$

und somit

$$\begin{aligned} a' M^+(\tilde{\xi})\, a &= a' M^{-1/2}(\xi_1)\, [(1 - \alpha)\, F + \alpha I_k]^+\, M^{-1/2}(\xi_1)\, a \\ &= a' M^{-1/2}(\xi_1) \sum_i \frac{1}{(1 - \alpha)\, \lambda_i + \alpha}\, e_i e_i' M^{-1/2}(\xi_1)\, a \end{aligned}$$

für $\alpha \in [0, 1]$, da $M^{-1/2}(\xi_1)\, a \in \mathcal{R}(F)$ ist. An dieser Gleichung erkennen wir, daß $a' M^+(\tilde{\xi})\, a$ stetig von $\alpha \in [0, 1]$ abhängt.

Wenn wir unsere Ergebnisse zusammenfassen, so haben wir gezeigt, daß

$$\inf_{\xi \in \Xi_2} \max_{a \in S_k} D_{\vartheta(\xi)}\big(a' \beta(\xi)\big) = \sup_{a \in S_k} D_{\vartheta(\xi_a)}\big(a' \beta(\xi_a)\big)$$

gilt. Für einen E-optimalen Plan ξ^* können wir dieses Resultat in der Form schreiben

$$\lambda_{\max}\big(M^{-1}(\xi^*)\big) = \sup_{a \in S_k} a' M^+(\xi_a)\, a =: v . \tag{54}$$

Zur Herleitung der anfangs erwähnten Optimalitätseigenschaft von E-optimalen Plänen benötigen wir noch das folgende Lemma.

Lemma 8.3.2. *Es existiert ein $\bar{a} \in S_a$ mit*

$$\bar{a}' M^+(\xi_{\bar{a}})\, \bar{a} = \sup_{a \in S_k} a' M^+(\xi_a)\, a .$$

Beweis. Wir bezeichnen mit $v(a, \tilde{a}) = a'M^+(\xi_{\tilde{a}})\, a$. Sei nun $\{a_n\}$ eine Folge in S_k mit $v(a_n, a_n) \to v = \sup\limits_{a \in S_k} v(a, a)$. Dann existiert eine Teilfolge a_{n_i} und ein $\bar{a} \in S_k$, so daß $a_{n_i} \to \bar{a}$ für $n_i \to \infty$. Wegen der D_a-Optimalität von $\xi_{a_{n_i}}$ gilt $v(a_{n_i}, a_{n_i}) \leqq v(a_{n_i}, \bar{a})$. Gehen wir nun auf beiden Seiten dieser Ungleichung zum Grenzwert über, so erhalten wir wegen der Stetigkeit von $v(a_{n_i}, \bar{a})$ im ersten Argument $v \leqq v(\bar{a}, \bar{a})$, andererseits ist nach Definition von v: $v(\bar{a}, \bar{a}) \leqq v$, d. h. $v(\bar{a}, \bar{a}) = v$, d. h. $a'M^{-1}(\xi_a)\, a$ nimmt in $\bar{a}$ sein Maximum an. ■

Sei nun a_0 ein Vektor, für den $a_0'M^+(\xi_0)\, a_0 = v$ gilt. Dann ist nach (54)

$$v = \frac{1}{\sigma^2}\, D_{\theta(\xi_{a_0})}(a_0'\hat{\beta}(\xi_{a_0})) = \lambda_{\max}[M^{-1}(\xi^*)] \geqq \frac{1}{\sigma^2}\, D_{\theta(\xi^*)}(a'\hat{\beta}(\xi^*)) \qquad \text{für alle } a \in S_k\,.$$

Da aber ξ_{a_0} optimal zur Schätzung von $a_0'\beta$ ist, folgt

$$\sigma^2 v = D_{\theta(\tilde{\xi}_{a_0})}(a_0'\beta(\xi_{a_0})) = D_{\theta(\xi^*)}(a_0'\hat{\beta}(\xi^*))\,.$$

Diese Gleichung drückt eine interessante Optimalitätseigenschaft von ξ^* aus. ξ^* ist ein Plan, der unabhängig von a ist und so zur Schätzung aller Linearkombinationen $a'\beta$ gut geeignet ist. Dieser von a unabhängige Plan ξ^* ist dabei so beschaffen, daß sogar ein a_0 existiert, so daß die Varianz von $a_0'\hat{\beta}(\xi^*)$ den kleinstmöglichen Wert von $D_{\theta(\xi)}(a'\hat{\beta}(\xi))$ bei variierendem ξ annimmt. Damit gilt der folgende

Satz 8.3.13. *Sei f eine stetige Vektorfunktion: $\mathcal{X} \to R^k$. Dann gilt*

a) *$\xi^* \in \Xi_2$ ist genau dann E-optimal, wenn $\lambda_{\max}[M^{-1}(\xi^*)] = v$ gilt.*
b) *Jedes a_0 mit $v = a_0'M^+(\xi_{a_0})\, a_0$ ist Eigenvektor von $M^{-1}(\xi^*)$ zum Eigenwert v, wenn ξ^* E-optimal ist.*

Beweis. a) Wir haben oben bewiesen, daß $\lambda_{\max}[M^{-1}(\xi^*)] = v$ ist, wenn ξ^* E-optimal ist. Die Umkehrung dieser Aussage folgt daraus, daß $\lambda_{\max}[M^{-1}(\xi)] \geqq v$ für jedes $\xi \in \Xi$ ist. Denn nehmen wir an, es existiere ein $\bar{\xi}$ mit

$$\lambda_{\max}[M^{-1}(\bar{\xi})] < v\,, \qquad \text{dann gilt } \lambda_{\max}[M^{-1}(\bar{\xi})] < a_0'M^+(\xi_{a_0})\, a_0$$

für ein a_0 und auch

$$D_{\theta(\xi)}a(_0'\hat{\beta}(\bar{\xi})) \leqq D_{\theta(\bar{\xi})}(\bar{a}'\hat{\beta}(\bar{\xi})) < D_{\theta(\xi_{a_0})}(a_0'\hat{\beta}(\xi_{a_0}))\,,$$

wobei $\bar{a}$ ein Eigenvektor von $M^{-1}(\bar{\xi})$ zu $\lambda_{\max}[M^{-1}(\bar{\xi})]$ ist. Das ist aber ein Widerspruch zur Optimalität von ξ_{a_0}, d. h., es muß gelten $\lambda_{\max}[M^{-1}(\xi)] \geqq v$ für alle $\xi \in \Xi$.

b) Sei ξ^* E-optimal. Oben haben wir gezeigt, daß für jedes a_0 mit $D_{\theta(\xi_{a_0})}(a_0'\hat{\beta}(\xi_{a_0})) = \sigma^2 v$ die Gleichung $D_{\theta(\xi^*)}(a_0'\hat{\beta}(\xi^*)) = v\sigma^2$ gilt. Wegen a) ist $v = \lambda_{\max}[M^{-1}(\xi^*)]$, d. h. $D_{\theta(\xi^*)}(a_0'\hat{\beta}(\xi^*)) = a_0'M^{-1}(\xi^*)\, a_0 = \sigma^2\lambda_{\max}[M^{-1}(\xi^*)]$. Diese Gleichung bedeutet aber, daß a_0 Eigenvektor von $M^{-1}(\xi^*)$ zum Eigenwert v ist. ■

Eine weitere Eigenschaft E-optimaler Pläne wollen wir jetzt betrachten. Wir wollen untersuchen, ob für zwei E-optimale Pläne ξ_1 und ξ_2 eine Beziehung der Form $\xi_2^* = (1 - \alpha)\, \xi_1^* + \alpha\xi(x)$ für ein $x \in \mathcal{X}$ und $\alpha \in (0, 1)$ gelten kann. Solche Linearkombinationen von Plänen ξ_1^* und $\xi(x)$ haben wir oben schon öfter betrachtet, und sie erwiesen sich im Zusammenhang mit Berechnungsverfahren ε-optimaler Pläne als sehr wichtig. Es gilt

Korollar 8.3.2. *Sei ξ^* E-optimal. Dann gilt für*

$$\tilde{\xi} = (1-\alpha)\,\xi^* + \alpha\xi(x)\,, \qquad x \in \mathcal{X}\,, \quad \alpha \in (0,1):$$

Bei festem $\alpha > 0$ ist $M(\tilde{\xi}) = M(\xi^*)$ oder

$$\lambda_{\max}[M^{-1}(\xi^*)] < \lambda_{\max}[M^{-1}(\tilde{\xi})]\,.$$

Beweis. Wir nehmen an, es sei $\lambda_{\max}[M^{-1}(\xi^*)] = \lambda_{\max}[M^{-1}(\tilde{\xi})]$, d. h., $\tilde{\xi}$ sei E-optimal. Aus dem Satz 8.3.1 folgt: a_0 ist Eigenvektor von $M(\tilde{\xi})$ zum Eigenwert v^{-1}, d. h. $M(\tilde{\xi})\,a_0 = \frac{1}{v}a_0$. Daraus folgen

$$M(\tilde{\xi})\,a_0 = (1-\alpha)\,M(\xi^*)\,a_0 + \alpha f(x)\,f'(x)\,a_0$$

und

$$\frac{1}{v}\,a_0 = f(x)\,f'(x)\,a_0$$

und damit $f(x) = \frac{1}{\sqrt{v}}a_0$. Nun errechnen wir

$$M(\tilde{\xi}) = (1-\alpha)\frac{1}{v}\,a_0a_0' + (1-\alpha)\sum_{i=1}^{k-1} v_ia_ia_i' + \alpha\,\frac{1}{v}\,a_0a_0'$$

mit $v_i \geqq \frac{1}{v}$ und einem ON-Eigenvektorsystem $\{a_i\} = \{a_0, a_1, \ldots, a_{k-1}\}$. Nun erhalten wir

$$M(\tilde{\xi}) - M(\xi^*) = -\alpha\sum_{i=1}^{k-1} v_ia_ia_i' \leqq 0\,, \qquad \text{d. h. } M(\tilde{\xi}) \leqq M(\xi^*)\,. \qquad \blacksquare$$

Dieses Korollar zeigt, daß $\tilde{\xi} = (1-\alpha)\,\xi^* + \alpha\xi(x)$ und ξ^* nur dann beide E-optimal sind, wenn sie die gleiche Informationsmatrix besitzen.

8.3.8. Lineare Optimalitätskriterien

Bei verschiedenen Problemen werden Optimalitätskriterien gewählt, die linear von $M^+(\xi)$ bzw. $M^{-1}(\xi)$ abhängen. Daher wollen wir in diesem Abschnitt solche Kriterien untersuchen. Wir werden zunächst eine allgemeine Klasse von Optimalitätskriterien definieren, von der wir zeigen können, daß sie unter gewissen Voraussetzungen die allgemeinste Klasse linearer Optimalitätskriterien ist. Es wird sich außerdem zeigen, daß diese Kriterien als Spezialfälle von $T_2(\xi)$ aufgefaßt werden können.

Definition 8.3.2. *Ein Funktional $L(\xi)$ heißt lineares Optimalitätskriterium, wenn eine Matrix $A \in \mathfrak{M}_r^{\geqq}$ existiert, so daß*

$$L(\xi) = \operatorname{sp}\,[M^+(\xi)\,A] \tag{55}$$

für alle $\xi \in \Xi$ gilt.

Wenn $L(\xi)$ die Gestalt (55) hat, so bezeichnen wir mit Ξ_A die Menge $\{\xi \mid \xi \in \Xi,\ \mathcal{R}(A) \subseteq \mathcal{R}(M(\xi))\}$. Dann heißt ein Plan ξ^* L-optimal, wenn $\xi^* \in \Xi_A$ und $L(\xi^*) = \min_{\xi \in \Xi_A} L(\xi)$ gilt. Hieran sehen wir unmittelbar, daß A-optimale Pläne (Pläne, die $\operatorname{sp}\,[M^{-1}(\xi)]$ minimieren) L-optimal sind, wenn $A = I_r$ gesetzt wird.

Betrachten wir nun das Kriterium der $\mathcal{J}$-Optimalität. Wir erhalten für $\xi \in \Xi_2 = \{\xi \mid \xi \in \Xi, |M(\xi)| \neq 0\}$:

$$\int_{\mathfrak{X}} d(x, \xi)\, p(x)\, dx = \int_{\mathfrak{X}} f'(x)\, M^{-1}(\xi)\, f(x)\, p(x)\, dx = \text{sp}\,[M^{-1}(\xi)\, A]\,,$$

wenn wir $A = \int_{\mathfrak{X}} f(x)\, f'(x)\, p(x)\, dx$ setzen. Da A positiv semidefinit ist, ist also auch das Kriterium der $\mathcal{J}$-Optimalität ein lineares Optimalitätskriterium.

Als weiteres Beispiel betrachten wir den Fall, daß wir wie in 8.3.7 bei Planung des Versuches die Linearkombination $a'\beta$, die man speziell schätzen will, noch nicht kennen. Dann könnte man entsprechend einer Vermutung oder einer Information über die Lage des Vektors a über dem R^k mit der σ-Algebra der Borel-Mengen ein Maß μ definieren und als Optimalitätskriterium für die Wahl eines Versuchsplanes folgendes Funktional benutzen:

$$\varphi(\mu, \xi) = \int_{R^k} D_{\vartheta(\xi)}(a'\hat{\beta}(\xi))\, \mu(da) = \text{sp}\left[\int_{R^k} M^+(\xi)\, aa'\mu(da)\right]$$
$$= \text{sp}\left[M^+(\xi) \int_{R^k} aa'\mu(da)\right] = \text{sp}\,[M^+(\xi)\, A]\,,$$

wobei wir $A = \int_{R^k} aa'\mu(da)$ setzen.

Bemerkung. Wir wollen hier auf den Zusammenhang zwischen E-optimalen Plänen und Plänen, die das Funktional $\varphi(\mu, \xi)$ bei gegebenem Maß μ minimieren, eingehen.

Wie in der Entscheidungstheorie können wir $\varphi(\mu, \xi)$ als Bayessches Risiko auffassen und Pläne ξ_μ, die bei einer a-priori Verteilung μ über S_k das Funktional $\varphi(\mu, \xi)$ minimieren, würde man als Bayessche Lösung bezüglich μ bezeichnen. Andererseits sind E-optimale Pläne entsprechend ihrer Definition Minimaxpläne, und es wurde im Abschnitt 8.3.7 gezeigt, daß das zugehörige Zweipersonenspiel streng determiniert ist. Da $D_{\vartheta(\xi)}(a'\hat{\beta}(\xi))$ bei beliebigem $\xi \in \Xi_2$ über S_k in einem Punkt $a_\xi \in S_k$ das Maximum annimmt, folgt (vgl. A. Wald [19]), daß jede Minimaxlösung (d. h. jeder E-optimale Plan) eine Bayessche Lösung bezüglich μ_0 ist, wenn eine ungünstigste a-priori Verteilung μ_0 existiert. Als ungünstigste a-priori Verteilung bezeichnen wir wie üblich jede a-priori Verteilung μ_0 über S_k, für die $\varphi(\mu_0, \xi_{\mu_0}) = \sup_\mu \varphi(\mu, \xi_\mu)$ gilt.

Außer den oben angeführten Beispielen für lineare Optimalitätskriterien ordnen sich auch andere Optimalitätskriterien in die hier betrachtete Klasse der linearen Kriterien ein.

So können wir nun einen Zusammenhang zwischen L-optimalen und T_2-optimalen Plänen herstellen. Habe $L(\xi)$ die Gestalt (55) und seien λ_i, $i = 1, \dots, t_1$, die von Null verschiedenen Eigenwerte von A mit einem zugehörigen ON-System von Eigenvektoren $a_1, \dots, a_{t_1}$. Dann erhalten wir

$$L(\xi) = \text{sp}\,[M^+(\xi)\, A] = \sum_{j=1'}^{t_1} \lambda_j a_j' M^+(\xi)\, a_j\,.$$

Setzen wir $A_{1j} = \sqrt{\lambda_j}\, a_j$, so sehen wir, daß $L(\xi)$ mit dem entsprechenden $T_2(\xi) = \sum_{j=1}^{t_1} A_{1j}' M^+(\xi)\, A_{1j}$ übereinstimmt, und die Menge Ξ_A fällt mit der für T_2 definierten entsprechenden Menge Ξ_1 zusammen. Wie wir oben sahen, bedeutet dies aber gerade, daß alle Pläne betrachtet werden, für die $A\beta$ schätzbar ist. So sehen wir, daß L-optimale Pläne und damit A- und $\mathcal{J}$-optimale Pläne speziell als T_2-optimale Versuchspläne betrachtet werden können.

Für den Fall, daß nur Versuchspläne mit regulärer Informationsmatrix, d. h. $\xi \in \Xi_2$, betrachtet werden, hat V. V. Fedorov [5] lineare Optimalitätskriterien eingeführt. Wie in V. V. Fedorov, M. B. Maljutov [20] bemerkt wurde, stimmt die Menge der in [5] betrachteten linearen Optimalitätskriterien mit der Menge der Optimalitätskriterien der Gestalt (55) bei regulärem $M(\xi)$ überein.

8.3.9. Versuchsplanung zur Schätzung von Parametern in mehreren Modellen

Zur Beschreibung eines gegebenen Systems zur Bestimmung von Charakteristiken oder Gesetzmäßigkeiten in physikalischen, chemischen oder biologischen Prozessen ist es notwendig, Messungen der interessierenden Variablen durchzuführen. In vielen Fällen ist es zweckmäßig, dazu einen Versuchsplan aufzustellen, bevor die mathematische Formulierung des Zusammenhangs bekannt ist. Wir wollen aber annehmen, daß jedes in Frage kommende mathematische Modell zu einer gegebenen Menge $\mathcal{F}$ gehört. $\mathcal{M} = \{1, \ldots, s\}$ sei wieder unser Indexbereich, und $\mathfrak{v}_m$ bezeichne die Menge von Beobachtungsmodellen mit der erzeugenden Funktion $f^{(m)}: \mathcal{X} \to R^{k(m)}$, $m \in \mathcal{M}$. Dann ist $\mathcal{F} = \{\mathfrak{v}_m \mid m \in \mathcal{M}\}$. Wenn wir nun das Problem der Parameterschätzung betrachten, so sollen Versuchspläne konstruiert werden, die eine möglichst gute Schätzung der Parameter für alle $\mathfrak{v}_m \in \mathcal{F}$ gewährleisten. Dazu könnte man direkt das in 8.2 definierte Funktional S benutzen und S-optimale Versuchspläne bestimmen. Mit diesem Problem beschäftigen sich auch A. C. Atkinson und D. R. Cox in [32] sowie A. C. Atkinson in [33].

Beispiel 8.3.1. Nehmen wir an, vor Beginn der Versuche sei über ein System bekannt, daß es durch ein Polynom 1., 2., ... oder s-ten Grades beschreibbar ist. Es erscheint dann sinnvoll, Messungen entsprechend eines Versuchsplans durchzuführen, der uns die Schätzung der Parameter in jedem der s Modelle „gut" ermöglicht. Mit $\mathfrak{v}_k$ bezeichnen wir die Menge der Beobachtungsmodelle mit der erzeugenden Funktion $f^{(k)}: \mathcal{X} \to R^k$, $f^{(k)}(x) = (1, x, \ldots, x^k)'$, $x \in \mathcal{X} \subset R^1$.

Wenn wir mit $M_m(\xi)$ die Informationsmatrix in $\mathfrak{v}_{m,\xi}$ bezeichnen, so betrachten wir als Optimalitätskriterium etwa das Funktional

$$S_1(\xi) = \prod_{m=1}^{s} |M_m(\xi)|^{q(m)}$$

oder das zur Bestimmung eines optimalen Plans äquivalente Kriterium

$$S(\xi) = \ln S_1(\xi) = \sum_{m=1}^{s} q(m) \ln |M_m(\xi)|$$

für gewisse positive reelle Zahlen $q(m)$. Dieses $S(\xi)$ ist für $t(m) \equiv 1$ und $A_{m1} = I_{k(m)}$ von der Gestalt (8.1.15). Uns interessiert dann ein Plan ξ^*, der $S(\xi)$ maximiert. Dieser ist so beschaffen, daß $|M_m(\xi^*)| \neq 0$ für alle m gilt.

Wie wir bereits in Abschnitt 8.1.4 gesehen haben, spielen die Gewichte $q(m)$ eine wesentliche Rolle. Wenn wir wie dort das Beispiel

$$\mathcal{M} = \{1, \ldots, 5\}, \quad \mathcal{X} = [-1, 1], \quad f^{(m)}(x) \equiv (1, x, \ldots, x^m)'$$

betrachten und die dort empfohlene Größenordnungsausgleichsfunktion

$$p(m) = \frac{1}{\alpha + \ln |M_m(\xi^*)|}$$

benutzen, wobei wir als $|M_m(\xi^*)|$ die in 8.1.4 angegebenen Werte verwenden, erhalten wir als entsprechende S-optimale Versuchspläne die folgende Tabelle:

---

1. $q^*(1) = \frac{1}{2}$, $q^*(2) = \frac{1}{2}$; $\alpha = 2{,}5$,

$$\xi^* = \begin{Bmatrix} -1 & 0 & 1 \\ 0{,}346 & 0{,}308 & 0{,}346 \end{Bmatrix}$$

2. $q^*(2) = \frac{1}{2}$, $q^*(3) = \frac{1}{2}$; $\alpha = 6{,}0$,

$$\xi^* = \begin{Bmatrix} -1 & -0{,}447 & -0{,}42 & 0{,}42 & 0{,}447 & 1 \\ 0{,}26 & 0{,}23 & 0{,}01 & 0{,}01 & 0{,}23 & 0{,}26 \end{Bmatrix}$$

3. $q^*(1) = \frac{1}{3}$, $q^*(2) = \frac{1}{3}$, $q^*(3) = \frac{1}{3}$; $\alpha = 6{,}0$,

$$\xi^* = \begin{Bmatrix} -1 & -0{,}447 & -0{,}43 & 0{,}43 & 0{,}447 & 1 \\ 0{,}261 & 0{,}234 & 0{,}005 & 0{,}005 & 0{,}234 & 0{,}261 \end{Bmatrix}$$

4. $q^*(1) = \frac{1}{4}$, $q^*(2) = \frac{1}{4}$, $q^*(3) = \frac{1}{4}$, $q^*(4) = \frac{1}{4}$; $\alpha = 11$,

$$\xi^* = \begin{Bmatrix} -1 & -0{,}655 & -0{,}641 & 0 & 0{,}641 & 0{,}655 & 1 \\ 0{,}2 & 0{,}19 & 0{,}013 & 0{,}194 & 0{,}013 & 0{,}19 & 0{,}2 \end{Bmatrix}$$

5. $q^*(1) = \frac{1}{5}$, $q^*(2) = \frac{1}{5}$, $q^*(3) = \frac{1}{5}$, $q^*(4) = \frac{1}{5}$, $q^*(5) = \frac{1}{5}$; $\alpha = 17{,}5$

$$\xi^* = \begin{Bmatrix} -1 & -0{,}765 & -0{,}754 & -0{,}285 & -0{,}28 & 0{,}28 & 0{,}285 & 0{,}754 & 0{,}765 & 1 \\ 0{,}175 & 0{,}16 & 0{,}003 & 0{,}16 & 0{,}002 & 0{,}002 & 0{,}16 & 0{,}003 & 0{,}16 & 0{,}175 \end{Bmatrix}.$$

8.4. Versuchsplanung zur Diskrimination zwischen zwei Modellen

Es sei $\Phi = \{f\}$ für ein $f\colon \mathcal{X} \to R^k$, und es sei dann bei einem realisierbaren Versuchsplan $\xi_n = \{x_1, \dots, x_n\}$ das Modell

$$Y \, \widehat{\sim} \, \mathfrak{v}_{\xi_n} = N[\mathcal{R}(G^{\xi_n}) \times \mathcal{V}^{\xi_n}] \tag{56}$$

gegeben, wobei G^{ξ_n} und $\mathcal{V}^{\xi_n}$ wie in 8.3.1 definiert sind. Analog wie in 8.3 setzen wir $\mathfrak{v} = \{\mathfrak{v}_\xi \mid \xi \in \Xi_r\}$, und $\mathfrak{v}$ heißt durch f erzeugt. In 8.3 betrachteten wir das Problem der Schätzung des Parameters $\gamma = C\beta$ für ein $C \in \mathfrak{M}^r_{r \times k}$, und in diesem Abschnitt wollen wir Tests über β untersuchen. Als Spezialfall des in 5.2 behandelten Problems betrachten wir hier das Testproblem

$$H\colon C\beta = 0_r \quad \text{gegen } K\colon C\beta \neq 0_r\,, \tag{57}$$

wobei $C \in \mathfrak{M}^r_{r \times k}$ für $r < k$ bekannt ist.

Sei beispielsweise $C = (0_{r \times (k-r)} \vdots I_r)$, und setzen wir $\beta = \begin{pmatrix} \beta_1 \\ \cdots \\ \beta_2 \end{pmatrix}$ mit $\beta_2 \in R^r$, so existiert für f eine entsprechende Zerlegung $f = \begin{pmatrix} f_1 \\ \cdots \\ f_2 \end{pmatrix}$ mit $f_1\colon \mathcal{X} \to R^{k-r}$, $f_2\colon \mathcal{X} \to R^r$, und wegen unserer Voraussetzungen ist das Testproblem (57) äquivalent mit dem Testproblem H: ein adäquates Modell wird durch f_1 erzeugt; gegen K: ein adäquates Modell wird durch f erzeugt, aber nicht durch f_1.

Somit ist dieses Testproblem für $C = (0_{r\times(k-r)} \vdots I_r)$ äquivalent mit der Diskrimination zwischen zwei Modellen, in denen eines das andere enthält.

Unser Problem besteht dann in der Bestimmung eines Versuchsplans ξ_n und damit eines $\mathfrak{v}_{\xi_n}$ derart, daß (57) mit einer hohen Güte gelöst werden kann.

Aus 5.2 folgt, daß das Testproblem (57) in $\mathfrak{v}'_{\xi_n}$ genau dann testbar ist, wenn $\gamma = C\beta$ in $\mathfrak{v}_{\xi_n}$ schätzbar ist, d. h.

$$\mathcal{R}(C') \subseteq \mathcal{R}(G^{\xi_n'}) \tag{58}$$

gilt. Daher betrachten wir

$$\mathfrak{v}_C = \{\mathfrak{v}_\xi \mid \xi \in \Xi_{C,r}\} ,$$

wobei $\Xi_{C,r}$ die Menge aller realisierbaren Versuchspläne ξ_n mit (58) bezeichnet. Wie in 5.1.4 gezeigt wurde, ist bei festem $\xi_n \in \Xi_{C,r}$ der F-Test ein gleichmäßig bester invarianter α-Test, wobei als Test

$$\varphi(Y) = \begin{cases} 1 & \text{für } \dfrac{n-l}{r}\hat{\lambda} > F_{\alpha;r,n-l} \\[2ex] 0 & \text{für } \dfrac{n-l}{r}\hat{\lambda} \leqq F_{\alpha;r,n-l} \end{cases}$$

mit

$$\hat{\lambda} = \frac{Y'[P_{\mathcal{R}(G^{\xi_n})} - P_{\mathcal{R}(G_1^{\xi_n})}]\,Y}{Y'[I - P_{\mathcal{R}(G^{\xi_n})}]\,Y}$$

gewählt wird. Hierbei sind $G_1^{\xi_n} = G^{\xi_n}P_{\mathcal{N}(C)}$, $l = \dim \mathcal{R}(G^{\xi_n})$, $r = \dim \mathcal{R}(G^{\xi_n}) - \dim \mathcal{R}(G_1^{\xi_n}) = \dim \mathcal{R}(G^{\xi_n}P_{\mathcal{R}(C')})$ gesetzt. Wie in 5.1 gezeigt wurde, ist die Güte dieses Tests eine monoton wachsende Funktion des Nichtzentralitätsparameters ψ^2, für den gilt (vgl. 5.2)

$$\psi^2 = \frac{1}{\sigma^2}\,\mu'[P_{\mathcal{R}(G^{\xi_n})} - P_{\mathcal{R}(G_1^{\xi_n})}]\,\mu = \frac{1}{\sigma^2}\beta' G^{\xi_n'}\,[P_{\mathcal{R}(G^{\xi_n})} - P_{\mathcal{R}(G_1^{\xi_n})}]\,G^{\xi_n}\beta .$$

Insbesondere für $C = (0_{r\times(k-r)} \vdots I_r)$ errechnet man

$$\psi^2 = \frac{1}{\sigma^2}\beta_2'[C(G^{\xi_n'}G^{\xi_n})^+\,C']^{-1}\,\beta_2 , \tag{59}$$

wenn $\beta = \begin{pmatrix}\beta_1\\ \cdots \\ \beta_2\end{pmatrix}$ mit $\beta_2 \in R^r$ gesetzt wird. Es war $\xi_n \in \Xi_{C,r}$, und wenn wir nun statt ξ_n in (59) den entsprechenden normierten Plan ξ schreiben, so gilt

$$\psi^2 = \frac{1}{n\sigma^2}\beta_2'[CM^+(\xi)\,C']^{-1}\,\beta_2 .$$

Wie in 8.3 bezeichnet $M(\xi)$ die Informationsmatrix in $\mathfrak{v}_\xi = \{\mathfrak{v}_{\xi_n} \mid \xi_n \in \Xi_{C,\xi}\}$, wobei $\Xi_{C,\xi}$ die Menge aller Versuchspläne ξ_n bezeichnet, für die der entsprechende normierte Plan mit ξ übereinstimmt und (58) erfüllt ist. Die Matrix $\sigma^2CM^+(\xi)\,C'$ ist gerade die Kovarianzmatrix der BLUE für $C\beta$ in $\mathfrak{v}_\xi$. Da, wie oben betont wurde, die Güte des F-Tests monoton wachsend von ψ^2 abhängt, ist es natürlich, einen normierten Versuchsplan ξ derart zu wählen, für den $[CM^+(\xi)\,C']^{-1}$ in gewissem Sinne groß wird. So könnte man z. B. einen Versuchsplan ξ^* bestimmen, für den

$$|CM^+(\xi^*)\,C'| = \min_{\xi:\mathcal{R}(C')\subseteq\mathcal{R}(M(\xi))} |CM^+(\xi)\,C'|$$

gilt. Derartige Pläne wurden in 8.3 charakterisiert. Der hier geschilderte Zugang geht im wesentlichen auf A. C. ATKINSON [10] zurück, der sich auf Pläne mit regulären Informationsmatrizen beschränkte.

Wenn zunächst für die Beschreibung einer UWB zwei Modelle in Frage kommen, so scheint es sinnvoll, einen solchen Plan zu wählen, der sowohl für die Diskrimination zwischen diesen zwei Modellen als auch für die anschließende Schätzung der Parameter in dem gewählten Modell geeignet ist. Diese Forderung stellte S. M. STIGLER in [28] auf.

Da es möglich ist, daß ein Versuchsplan, der für die Schätzung der Parameter in einem der beiden in Frage kommenden Modelle optimal ist, schlecht zur Diskrimination zwischen den Modellen geeignet ist und auch ein für die Diskrimination optimaler Plan schlecht für die Schätzung in den einzelnen Modellen sein kann, wäre es z. B. sinnvoll, folgendes Kriterium für die Auswahl eines Planes zu benutzen:

$$S_1(\xi) = |M_1(\xi)|^{q_1}\,|M(\xi)|^{q_2}\,|(CM^{-1}(\xi)\,C')^{-1}|^{q_3}\,,$$

wobei q_1, q_2, q_3 positive Konstanten sind und

$$M_1(\xi) = \int_{\mathcal{X}} f_1(x)\,f_1'(x)\,\mathrm{d}\xi$$

bezeichnet. Wenn dann ein Versuchsplan ξ^* bestimmt wird, der $S_1(\xi)$ maximiert, d. h.

$$S_1(\xi^*) = \max_{\xi} S_1(\xi)\,,$$

so ist dieser entsprechend der durch die Konstanten q_1, q_2, q_3 ausgedrückten Bewichtung der Faktoren gut geeignet für die Schätzung der Parameter im kleinen Modell, d. h. in dem durch f_1 erzeugten Modell, und auch für die Schätzung der Parameter im Modell (56). Wegen des dritten Faktors ist ξ^* aber auch für die Diskrimination gut geeignet.

Das Funktional $S_1(\xi)$ ist gerade von der Gestalt, für die wir in 8.2 optimale Pläne charakterisiert haben. So existieren insbesondere Berechnungsverfahren für S_1-optimale Pläne.

Eine andere Möglichkeit zur Auswahl von Plänen, die für die Schätzung und Diskrimination verwendet werden können, wurde von STIGLER in [28] benutzt. Jedoch konnte er nur den Fall $r = 1$ erfassen und optimale Pläne für $f_1 = a$, $f_2 = x$ angeben. STIGLER definierte dazu sogenannte c-eingeschränkt D-optimale Pläne, wobei ξ_0 c-eingeschränkt D-optimal heißt, wenn

$$|M_1(\xi_0)| = \max_{\xi\in G} |M_1(\xi)|$$

gilt, wobei $G = \{\xi \mid |M_1(\xi)| \leq c|M(\xi)|\}$ gesetzt wurde.

8.5. Bemerkungen

In 8.3 und 8.4 haben wir einige Probleme der optimalen Versuchsplanung behandelt, jedoch sind vom entscheidungstheoretischen Standpunkt diese Untersuchungen nicht befriedigend. Betrachten wir beispielsweise das Problem der Schätzung. Es sei das Modell $\mathfrak{v}$ durch eine Funktion f erzeugt. Geschätzt werden soll ein linearer Parameter $\gamma = C\beta$. Zu einem gegebenen Versuchsplan $\xi_m = \{x_1, \dots, x_m\}$ und einer SF δ^ξ betrachten wir

$$R_{\xi_m}(\vartheta(\xi_m), \delta^{\xi_m})$$

als Risiko, wobei $\vartheta(\xi_m) \in \Theta(\xi_m)$ der die Verteilungen in $\mathfrak{v}_{\xi_m} = [\mathcal{R}(G^{\xi_m}) \times \mathcal{V}^{\xi_m}]$ charakterisierende Parameter ist. Wenn man bei einem konkreten Problem die Versuche planen will, so muß man im allgemeinen davon ausgehen, daß eine gewisse Kostenhöhe K nicht überschritten werden darf. Bezeichnet $c(x)$ die Kosten für einen Versuch im Punkt $x \in \mathcal{X}$, so sei $\Sigma_n = \{\xi_n \mid \xi_n = \{x_1, \dots, x_n\}, \sum_{j=1}^{n} c(x_j) \leqq K\}$. Hierbei seien in $\{x_1, \dots, x_n\}$ die Punkte $x_1, \dots, x_n$ nicht notwendig voneinander verschieden. Zu einem gegebenen Funktional $\varphi\colon \Theta(\xi_n) \times \{\xi_n\} \to R^1$ wollen wir dann eine SF $\delta_*^{\xi_n}$ und einen Plan $\xi_m^* = \{x_1^*, \dots, x_m^*\}$ mit $\sum c(x_i^*) \leqq K$ derart wählen, daß

$$\varphi\left(R_{\xi_m^*}(\vartheta(\xi_m^*), \delta_*^{\xi_m^*})\right) = \min_{n, \xi_n \in \Xi_n} \min_{\delta^{\xi_n}} \varphi\left(R_{\xi_n}(\vartheta(\xi_n), \delta^{\xi_n})\right) \tag{60}$$

gilt.

Die Bestimmung von δ_*^ξ und von ξ_m^* ist im allgemeinen äußerst schwierig und bisher ungelöst. In 8.3 haben wir zunächst bei festem Versuchsplan eine optimale SF gewählt und anschließend einen optimalen Plan bestimmt. Diese dort beschriebene Vorgehensweise führt aber nicht notwendig zu einer Lösung des hier beschriebenen Problems.

Betrachten wir den Fall, daß $C = I_k$ ist und daß wir als δ^ξ die BLUE für β in $\mathfrak{v}_\xi$ wählen. Dann ist

$$D_{\vartheta(\xi_m)}\hat{\gamma} = \frac{\sigma^2}{m} M^{-1}$$

mit

$$M = \frac{1}{m} \sum_{i=1}^{m} f(x_i) f'(x_i), \quad \xi_m = \{x_1, \dots, x_m\},$$

und (60) nimmt die Gestalt

$$\varphi(D_{\vartheta(\xi_m^*)}\hat{\gamma}) = \min_{n, \xi_n \in \Xi_n} \varphi(D_{\vartheta(\xi_n)}\hat{\gamma})$$

an. Ein solches ξ_m^* wird φ-kostenoptimaler Plan genannt.

Mit diesen kostenoptimalen Plänen hängen optimale realisierbare Versuchspläne zu einem gegebenen Umfang n zusammen. Wir nennen $\xi_n^* \in \Xi_n$ einen optimalen realisierbaren Plan zum Umfang n, wenn

$$\varphi\left(D_{\vartheta(\xi_n^*)}\hat{\gamma}\right) = \min_{\xi_n \in \Xi_n} \varphi(D_{\vartheta(\xi_n)}\hat{\gamma})$$

gilt. Es läßt sich leicht zeigen, daß bei $c(x) \equiv c$ für ein $c \in R^{>}$ und für $n = [K/c]$ die φ-kostenoptimalen Pläne mit den optimalen realisierbaren Plänen zum Umfang n übereinstimmen. Im allgemeinen ist die Bestimmung bzw. Charakterisierung kostenoptimaler Pläne sehr schwierig und bis heute nur in Spezialfällen gelöst.

Für konstante Kostenfunktion $c(x)$ wurden für Modelle, die durch eine Funktion $f(x) = (1, x^{(1)}, \ldots, x^{(r)})'$ erzeugt werden, d. h. in x linear sind, optimale realisierbare Pläne vom Umfang n für $n = 2$ oder $n = 0 \bmod 4$ z. B. von H. Bandemer u. a. [6] angegeben, wobei $n \leqq 200$ und $n \neq 188$ betrachtet wurde. Zur Konstruktion solcher optimaler Pläne werden Hadamard-Matrizen benutzt.

Literatur

[1] Kiefer, J., Optimum designs in regression problems II. Ann. Math. Statist. **32** (1961), 298–325.

[2] Kiefer, J., Optimum experimental designs. Journ. Roy. Statist. Soc., Ser. B **21** (1959), 272–319.

[3] Kiefer, J., and J. Wolfowitz, The equivalence of two extremum problems. Canad. Journ. Math. **12** (1960), 363–366.

[4] Karlin, S., and W. J. Studden, Optimal experimental designs. Ann. Math. Statist. **37** (1966), 783–815.

[5] Fedorov, V. V., (Федоров, В. В.), Теория оптимального эксперимента, Москва 1971.

[6] Bandemer, H., A. Bellmann, W. Jung und K. Richter, Optimale Versuchsplanung. Berlin 1973.

[7] Läuter, E., Experimental planning in a class of models. Mathemat. Operationsforsch. u. Statist. **5** (1974), 379–398.

[8] Läuter, E., (Лёйтер, Е.), Метод планирования эксперимента для случая нелинейной параметризации. Math. Operationsforsch. u. Statist. **5** (1974), 625–636.

[9] Dubova, I. S., T. V. Pzikaladze und V. V. Fedorov, Tafeln optimaler Pläne. Preprint Nr. 16, Moskau 1970.

[10] Atkinson, A. C., Planning experiments to detect inadequate regression models. Biometrika **59** (1972), 275–293.

[11] Kiefer, J., Optimum experimental designs V, with applications to systematic and rotatable designs. Proc. Fourth Berkeley Symp., vol. 1, 381–405, Berkeley-Los Angeles 1961.

[12] Läuter, H., Über verallgemeinerte Inverse von linearen beschränkten Operatoren. Monatsber. Deutsche Akad. d. Wiss. 7/8 (1970).

[13] Atwood, C. L., Optimal and efficient design of experiments. Ann. Math. Statist. **40** (1969), 1570–1602.

[14] Wynn, H. P., The sequential generation of D-optimum experimental designs. Ann. Math. Statist. **41** (1970), 1655–1664.

[15] Hoel, P. G., Minimax designs in two dimensional regression. Ann. Math. Statist. **36** (1965), 1097–1106.

[16] Boullion T. L., and P. L. Odell, Generalized Inverse Matrices. New York 1971.

[17] Box, G. E. P., and W. G. Hunter, Sequential design of experiments for nonlinear models. Proceedings of the IBM scientific computing symposium on statistics, oct. 1963, New York 1965.

[18] Wynn, H. P., Results in the theory and construction of D-optimum experimental designs. J. Roy. Statist. Soc. Ser. B **34** (1972), 2.

[19] WALD, A., Statistical Decision Functions. New York 1971.
[20] FEDOROV, V. V., and M. B. MALJUTOV, On the design for certain weighted polynomial regression minimizing the average variance. Preprint Nr. 8, Moskau 1969.
[21] KARLIN, S., and W. J. STUDDEN, Tschebycheff Systems. New York 1966.
[22] FARRELL, R. H., J. KIEFER and A. WALBRAN, Optimum multivariate designs. Proc. Fifth Berkeley Symp. Math. Statist. Prob. **1** (1965), 113–138. Univ. of California Press.
[23] URANISI, H., Optimum design for the special cubic regression on the q-simplex. Mathematical Reports 1 7–12 (1964). General Ed. Dept., Kynshu University.
[24] DUBOVA, J. S., und V. V. FEDOROV, (Дубова, И. С., и В. В. Федоров), Таблицы оптимальных планов II Препринт № 40, Изд. Моск. Унив. 1972.
[25] WHITTLE, P., Some general points in the theory of optimal experimental design. J. Roy. Statist. Soc. Ser. B **35**, 1973, 123–130.
[26] SMIRNOW, W. J., Lehrgang der höheren Mathematik. Berlin 1967.
[27] NALIMOV, V. V., (Налимов, В. В.), Новые идеи в планировании эксперимента. Москва 1972.
[28] STIGLER, S. M., Optimal experimental design for polynomial regression. JASA **66** (1971), 311–318.
[29] LEHMANN, E. L., Testing Statistical Hypotheses. New York, London 1959.
[30] JOHN, P. W. M., Statistical Design and Analysis of Experiments. New York 1971.
[31] BOX, G. E. P., and J. S. HUNTER, Multi-factor experimental designs for exploring response surfaces. Ann. Math. Statist. **28** (1957), 195–241.
[32] ATKINSON, A. C., and D. R. COX, Planning experiments for discriminating between models. J. Roy. Statist. Soc. Ser. B **36** (1974), 321–348.
[33] ATKINSON, A. C., Experimental planning in regression models. Math. Operationsforsch. u. Statist. **6** (1975) 253–267.
[34] NALIMOV, V. V., und N. A. ČERNOVA, (Налимов, В. В., и Н. А. Чернова), Статистические методы планирования оптимальных экспериментов. Москва 1965.
[35] FINNEY, D. J., An Introduction to the Theory of Experimental Design. Chicago 1960.
[36] DAVIES, O. L., The Design and Analysis of Industrial Experiments. London 1960.
[37] PLACKETT, R. L., and J. P. BURMAN, The design of optimum multifactorial experiments. Biometrika **33** (1946), 305–325.
[38] NALIMOV, V. V., (Налимов, В. В.) Теория эксперимента, Москва 1971.

ANHANG

A1. Algebraische Hilfsmittel

A 1.1. $\mathcal{L}$ heißt linearer Unterraum von R^n, falls $\mathcal{L} \subset R^n$ und für beliebige $a, b \in \mathcal{L}$ und $\alpha, \beta \in R^1$

$$\alpha a + \beta b \in \mathcal{L}$$

gelten. Dimension von $\mathcal{L}$ ist die Anzahl der linear unabhängigen Elemente von $\mathcal{L}$; sie wird mit $\dim \mathcal{L}$ bezeichnet.

A 1.2. $\mathcal{L}$ heißt affiner Unterraum von R^n, falls für ein $a \in R^n$ die Menge

$$\mathcal{L} + a := \{l + a \mid l \in \mathcal{L}\}$$

ein linearer Unterraum von R^n ist.

A 1.3. Für $M \in \mathfrak{M}_{r \times s}$ definieren wir $\vec{M} = \begin{pmatrix} m_1 \\ \vdots \\ m_s \end{pmatrix}$, falls $M = (m_1 \vdots \dots \vdots m_s)$ gilt. Für einen affinen Unterraum von R^n ist $\mathfrak{M}_{\mathcal{L}}^p = \{M = (m_1 \vdots \dots \vdots m_p) \mid m_i \in \mathcal{L}\}$.

A 1.4. Für $A, B \in \mathfrak{M}_n^{\geqq}$ schreiben wir $A \leqq B$, wenn $B - A \in \mathfrak{M}_n^{\geqq}$ gilt.

A 1.5. Für $A \in \mathfrak{M}_n^{\geqq}$, $B \in \mathfrak{M}_n^{\geqq}$ existiert ein $C \in \mathfrak{M}_{n \times n}^n$, so daß

$$CBC' = I_n, \quad CAC' = \text{Diagonalmatrix}$$

gelten.

A 1.6. Es sei $H \in \mathfrak{M}_k^{\geqq}$. Dann existiert eine untere Dreiecksmatrix $W \in \mathfrak{M}_{k \times k}^k$ mit

$$W'HW = \text{Diagonalmatrix}.$$

Die Zeilen von W lassen sich rekursiv berechnen (SCHMIDTsches Orthogonalisierungsverfahren).

A 1.7. (HEINE-BORELscher Überdeckungssatz) Es sei $A \subset R^n$ eine beschränkte und abgeschlossene Menge. Falls $A_i \subset R^n$, $n = 1, 2, \dots$, offene Mengen derart sind, daß $A \subset \bigcup_{i=1}^{\infty} A_i$ gilt, so existieren endlich viele Indizes $i_1, \dots, i_m$, so daß $A \subset \bigcup_{j=1}^{m} A_{i_j}$ gilt.

A 1.8. Für $A \in \mathfrak{M}_k^{\geqq}$, $S \in \mathfrak{M}_{k \times q}$ gilt

$$S'AS \in \mathfrak{M}_q^{\geqq}.$$

A 1.9. Es sei $A \in \mathfrak{M}_n^{>}$. Dann gilt für $x \in R^n$ genau dann $x'Ax \leqq 1$ wenn $xx' \leqq A^{-1}$.

A 1.10. Für $A \in \mathfrak{M}_{r \times s}$ ist

$$\mathcal{R}(A) = \{a \mid a = Ab, b \in R^s\} \text{ der Bildraum von } A,$$

$$\mathcal{N}(A) = \{b \in R^s \mid Ab = 0_r\} \text{ der Nullraum von } A.$$

A 1.11. Für $A, B \in \mathfrak{M}_l^{\geqq}$ mit $\mathcal{N}(A) = \mathcal{N}(B)$ und $A \leqq B$ gilt $A^+ \geqq B^+$.

A 1.12. Für $A \in \mathfrak{M}_l^{\geqq}$ und $a \in \mathcal{R}(A)$, $b \in \mathcal{N}(A)$ gilt $a'b = 0$.

A 1.13. Der Rang einer Matrix $A \in \mathfrak{M}_{r \times s}$ wird mit $r[A]$ bezeichnet und ist definiert durch

$$r[A] = \dim \mathcal{R}(A)\,.$$

A 1.14. Eine Matrix $P \in \mathfrak{M}_n^{\geqq}$ heißt Projektor des R^n auf einen linearen Unterraum $\mathcal{L}$ im Sinne der Norm $|\cdot|_Z$, falls $\mathcal{R}(P) = \mathcal{L}$ und

$$|Pf - f|_Z = \min_{g \in \mathcal{L}} |g - f|_Z$$

gilt. P wird dann durch $P_{\mathcal{L}}^Z$ bezeichnet. Für $Z = I_n$ schreiben wir $P_{\mathcal{L}}$.

A 1.15. Wenn U eine Umgebung des Ursprungs in $\mathcal{L}$ ist, so ist die lineare Hülle $\mathcal{L}(U) = \mathcal{L}$.

A 1.16. A^- heißt verallgemeinerte Inverse (g-Inverse) von $A \in \mathfrak{M}_{r \times s}$, falls $AA^-A = A$ gilt.

A 1.17. A^+ heißt MOOREsche g-Inverse von $A \in \mathfrak{M}_{r \times s}$, wenn sie den Gleichungen

$$AA^+A = A\,, \quad A^+AA^+ = A^+\,, \quad (AA^+)' = AA^+\,, \quad (A^+A)' = A^+A$$

genügt. Es existiert stets genau eine Lösung.

A 1.18. Für $A \in \mathfrak{M}_{r \times s}$ gilt

$$AA^+ = P_{\mathcal{R}(A)}\,, \quad A^+A = P_{\mathcal{R}(A')}\,, \quad I_r - AA^+ = P_{\mathcal{N}(A')}\,, \quad I_s - A^+A = P_{\mathcal{N}(A)}\,,$$

$$(A'A)^+ = A^+(A^+)'\,, \quad (A^+)' = (A')^+\,, \quad (A'A)^+ A' = A^+\,,$$

$$\mathcal{R}(A^+) = \mathcal{R}(A')\,, \quad \mathcal{N}(A^+) = \mathcal{N}(A')\,.$$

A 1.19. Es sei $X \in \mathfrak{M}_{n \times k}^r$, $X = (X_1, X_2)$, $X_1 \in \mathfrak{M}_{n \times r}^r$, $Z \in \mathfrak{M}_n^>$. Für $K = X'ZX$ ist

$$\left(\begin{array}{c:c} (X_1'ZX_1)^{-1} & 0_{r \times (k-r)} \\ \hdashline 0_{(k-r) \times r} & 0_{(k-r) \times (k-r)} \end{array}\right) \text{ eine } g\text{-Inverse von } K.$$

A 1.20. Es sei $A \in \mathfrak{M}_r^r$, $D \in \mathfrak{M}_q^q$, $B \in \mathfrak{M}_{r \times q}$. Dann gilt

$$\left(\begin{array}{c:c} A & B \\ \hdashline B' & D \end{array}\right)^{-1} = \left(\begin{array}{c:c} A^{-1} + FE^{-1}F' & -FE^{-1} \\ \hdashline -E^{-1}F' & E^{-1} \end{array}\right)$$

mit $E = D - B'A^{-1}B$, $F = A^{-1}B$.

A 1.21. Es seien $A \in \mathfrak{M}_r^r$, $B \in \mathfrak{M}_s^s$, $C \in \mathfrak{M}_{r \times s}$, $D \in \mathfrak{M}_{s \times r}$. Dann gilt

$$(A^{-1} \pm CB^{-1}D)^{-1} = AFAC\,(DAC \pm B)^{-1}\,DA\,.$$

A 1.22. Es seien $A_1 \in \mathfrak{M}_{r \times s}$, $A_2 \in \mathfrak{M}_{n \times s}$. Wir setzen

$$\begin{aligned} C &= A_2(I_s - A_1^+A_1)\,, \\ M &= [I_n + (I_n - CC^+)\,A_2A_1^+A_1'^+A_2'\,(I_n - CC^+)]^{-1}\,, \\ K &= I_r - A_1'^+A_2'\,(I_n - CC^+)\,MA_2A_1^+\,, \\ H &= C^+ + (I_s - C^+A_2)\,A_1^+A_1'^+A_2M\,(I_n - CC^+)\,. \end{aligned}$$

Dann gilt

$$(A_1'A_1 + A_2'A_2)^+ = (I_s - C^+A_2)\,A_1^+KA_1'^+\,(I_s - C^+A_2)' + (C'C)^+$$

und

$$\left(\begin{array}{c} A_1 \\ \hdashline A_2 \end{array}\right)^+ = (A_1^+ - HA_2A_1^+H)\,.$$

A 1.23. Für $Z \in \mathfrak{M}_n^>$ gilt für eine beliebige Wahl der g-Inversen von $X'ZX$:

$$P_{\mathcal{L}}^Z = X(X'ZX)^- ZX'\,,$$

falls $\mathcal{L} = \mathcal{R}(X)$ für $X \in \mathfrak{M}_{n \times k}$ ist. Für $X^{\oplus} = (X'ZX)^+ X'Z$ gilt $\mathcal{R}(X^{\oplus}) = \mathcal{R}(X')$. Für $c \in R^n$ ist $c'X(X'ZX)^- X'c \leqq c'Zc$.

A 1.24. Es seien $Z \in \mathfrak{M}_n^>$, $X \in \mathfrak{M}_{n\times k}^k$, $H \in \mathfrak{M}_{n\times k}$,

$$K = X'ZX\,, \quad L = I_k - H'(HK^{-1}H')^- HK^{-1}\,.$$

Dann gilt

$$P^Z_{K\mathcal{N}(H)} = XK^{-1}LX'Z\,.$$

A 1.25. Für $Z \in \mathfrak{M}_n^>$ gilt $r[P^Z_{\mathcal{L}}] = \dim \mathcal{L}$.

A 1.26. Für $Z \in \mathfrak{M}_n^>$ ist $Q = I_n - P^Z_{\mathcal{L}}$ ein Projektor des R^n auf $\mathcal{N}(P^Z_{\mathcal{L}})$ im Sinne der Norm $|\cdot|_Z$.

A 1.27. Für $Z \in \mathfrak{M}_n^>$ heißt $\mathcal{N}(P^Z_{\mathcal{L}})$ orthogonales Komplement zu $\mathcal{L}$ bez. $|\cdot|_Z$.

A 1.28. Es sei $\mathcal{L}$ ein linearer Unterraum des R^n mit $\dim \mathcal{L} = r$. Dann gilt $P_{\mathcal{L}} = \sum_{i=1}^r h_i h_i'$ für jedes System von Vektoren $h_1, \ldots, h_r \in R^n$, für die gilt

$$h_i \in \mathcal{L}\,, \quad h_i'h_i = 1\,, \quad 1 \leqq i \leqq r\,, \quad h_i'h_j = 0\,, \quad 1 \leqq i < j \leqq r\,.$$

Ein solches System von Vektoren heißt orthogonale Basis von $\mathcal{L}$. Setzen wir $H = (h_1 \vdots \ldots \vdots h_r)$, so gilt $P_{\mathcal{L}} = HH'$ und $H'H = I_r$.

A 1.29. Es sei $X \in \mathfrak{M}_{n\times k}$, $Z \in \mathfrak{M}_n^>$, $H \in \mathfrak{M}_{s\times k}$. Mit $K = X'ZX$ sei $r[K + H'H] = k$ und $X\Theta = (K + H'H)^{-1} X'Z$. Dann gilt

$$P^Z_{X\mathcal{N}(H)} = XX\Theta$$

und $H(K + H'H)^{-1} X' = 0_{s\times n}$, $K(K + H'H)^{-1} K = K$, $(K + H'H)^{-1} K(K + H'H)^{-1} = (K + H'H)^{-1}$.

A 1.30. Es sei $X \in \mathfrak{M}_{n\times k}$, $\mu \in R^n$. $X\beta = \mu$ hat genau eine Lösung, wenn $r[X] = k$ ist.

A 1.31. Es sei $X \in \mathfrak{M}_{s\times k}$, $H \in \mathfrak{M}_{j\times k}$, $\mu \in R^n$. $\begin{pmatrix} X \\ \cdots \\ H \end{pmatrix} \beta = \begin{pmatrix} \mu \\ \cdots \\ 0_j \end{pmatrix}$ hat genau dann für jedes $\mu \in \mathcal{R}(X)$ eine Lösung, falls $\mathcal{R}(X') \cap \mathcal{R}(H') = \{0_k\}$ gilt.

A 1.32. Es sei $X \in \mathfrak{M}_{n\times k}$, $Z \in \mathfrak{M}_n^>$, $H \in \mathfrak{M}_{s\times k}$. Mit $K = X'ZX$ sind die folgenden Bedingungen äquivalent:

$$r[(X' \vdots H')] = k\,,$$
$$r[K + H'H] = k\,,$$
$$(K + H'H)^- (K + H'H) = I_k\,.$$

A 1.33. Es seien $X \in \mathfrak{M}_{n\times k}$, $\Lambda \in \mathfrak{M}_n^>$. Für $\pi \geqq 0$ setzen wir $\Lambda_\pi = \Lambda + \pi XX'$. Dann ist

$$P^{\Lambda^{-1}}_{\mathcal{R}(X)} = X(X'\Lambda_\pi^{-1}X)^- X'\Lambda_\pi^{-1}\,.$$

A1.34. Es sei $X \in \mathfrak{M}_{n\times k}^l$, $A' \in \mathfrak{M}^r(X'X) \cap \mathfrak{M}_{k\times r}^z$ und

$$X = (X_1 \vdots X_2)\,, \quad X_1 \in \mathfrak{M}_{n\times l}^l\,, \quad A = (A_1 \vdots A_2)\,, \quad A_1 \in \mathfrak{M}_{r\times l}\,.$$

Wir setzen $D = I_k - A'(AA')^{-1} A$. Dann gilt

$$\begin{aligned} P_{\mathcal{R}(XD)} &= X_1(X_1'X_1)^{-1} X_1' - X_1(X_1'X_1)^{-1} A_1'[A_1(X_1'X_1)^{-1} A_1']^{-1} A_1(X_1'X_1)^{-1} X_1' \\ &= X(X'X)^- X' - X(X'X)^- A'[A(X'X)^- A']^{-1} A(X'X) X'\,. \end{aligned}$$

Dabei ist $\dim \mathcal{R}(XD) = l - r$.

A 1.35. Es sei $A \in \mathfrak{M}_{m\times n}^n$ und $M \in \mathfrak{M}_m^\geqq$ mit $\mathcal{R}(A) \subseteq \mathcal{R}(M)$. Zu $a \in R^m$ setzen wir $\tilde{M} = (1 - \alpha) M + \alpha aa'$ für $0 \leqq \alpha \leqq 1$. Dann ist

a) $A'\tilde{M}^+A = \dfrac{1}{1-\alpha} A'M^+A \quad$ für $a \notin \mathcal{R}(M)$,

b) $A'\tilde{M}^{+}A = \frac{1}{1-\alpha} A'M^{+}A - \frac{1}{1-\alpha} \frac{1}{1-\alpha+\alpha a'M^{+}a} A'M^{+}aa'M^{+}A$ für $a \in \mathfrak{R}(M)$.

c) $M\tilde{M}^{+}a = 0_m$ genau dann, wenn $a \notin \mathfrak{R}(M)$ ist.

A 1.36. Es sei $X \in \mathfrak{M}_{n\times k}$, $Z \in \mathfrak{M}_n^{>}$, $K = X'ZX$, $C \in \mathfrak{M}_{l\times k}$. Dann sind folgende Bedingungen äquivalent:

$$\mathfrak{R}(C') \subseteq \mathfrak{R}(X'),$$
$$\mathfrak{R}(C') \subseteq \mathfrak{R}(K),$$
$$CX^{-}X = C,$$
$$CK^{-}K = C$$

für beliebige g-Inverse von X bzw. K.

A 1.37. Es sei $X \in \mathfrak{M}_{n\times k}^{l}$, $A' \in \mathfrak{M}_{k\times r}^{r} \cap \mathfrak{M}^{r}(X'X)$. Dann gilt $A(X'X)^{-} A' \in \mathfrak{M}_r^{>}$.

A 1.38. Es sei $X = (X_1 \vdots X_2) \in \mathfrak{M}_{n\times k}^{l}$, $X_1 \in \mathfrak{M}_{n\times l}^{l}$. Dann gilt $\mathfrak{R}(X) = \mathfrak{R}(X_1)$.

A 1.39. Für $X \in \mathfrak{M}_{r\times s}$ gilt $\mathfrak{R}(X) = \mathfrak{R}(XX')$. Für $X \in \mathfrak{M}_{n\times k}$, $Z \in \mathfrak{M}_n^{>}$ gilt: $r[X] = k$ genau dann, wenn $r[X'ZX] = k$, $\mathfrak{R}(X'GX) = \mathfrak{R}(X')$ genau dann, wenn $\mathcal{N}(P_{\mathfrak{R}(X)}GP_{\mathfrak{R}(X)}) = \mathcal{N}(X')$.

A 1.40. Es seien $A, B \in \mathfrak{M}_k^{\geqq}$. Dann gilt

a) Wenn $\mathfrak{R}(A) \cap \mathfrak{R}(B) = 0$, so ist $A(A+B)^{+} A = A$.

b) Wenn $\mathfrak{R}(A) \subseteq \mathfrak{R}(B)$, so ist

$$\operatorname*{dim}_{\varrho\to 0} A\,[(1-\varrho)\,A + \varrho B]^{+} = AB^{1/2+}(B^{1/2+}AB^{1/2+})^{+}\,B^{1/2+}.$$

c) Wenn $\mathfrak{R}(A) \subseteq \mathfrak{R}(B)$ ist, so gilt

$$\frac{\partial}{\partial\alpha}[(1-\alpha)\,A + \alpha B]^{+} = -\,[(1-\alpha)\,A + \alpha B]^{+}\,[B-A]\,[(1-\alpha)\,A + \alpha B].$$

A 1.41. Für $\Lambda \in \mathfrak{M}_n^{>}$, $S \in \mathfrak{M}_k^{>}$, $X \in \mathfrak{M}_{n\times k}$, $T_0 = X(X'\Lambda^{-1}X)^{-}\,X'\Lambda^{-1}$ gilt

$$T_0 - T_0\Lambda\,(\Lambda + XS^{-1}X')^{-1} = X(S^{-1} + X'\Lambda^{-1}X)^{-1}\,X'\Lambda^{-1}.$$

A 1.42. Eine Matrix $C \in \mathfrak{M}_{r\times r}$ heißt orthogonal, wenn $CC' = I_r$ gilt. Falls für $A, B \in \mathfrak{M}_{r\times k}$ $A'A = B'B$ gilt, so existiert eine orthogonale Matrix $C \in \mathfrak{M}_{r\times r}$, so daß $A = CB$ erfüllt ist.

A 1.43. Es seien $A \in \mathfrak{M}_{n\times n}$, $B \in \mathfrak{M}_{n\times p}$. Wenn $r[A] > p$ gilt, so ist $r[AB] = p$ für fast alle $B \in \mathfrak{M}_{n\times p}$ (bez. des LEBESGUEschen Maßes über $\mathfrak{B}^{n\times p}$).

A 1.44. Für $a \in R^{l}$, $Z \in \mathfrak{M}_l^{\geqq}$, $G \in \mathfrak{M}_l^{\geqq}$ gilt: Wenn $|a|_G > 1$, so existiert genau ein $\varrho_0 \in R^{>}$ mit $|(Z + \varrho_0 G)^{+}\,Za|_G = 1$.

A 1.45. Es sei $\mathcal{A}$ eine beliebige Teilmenge des R^n. Die konvexe Hülle von $\mathcal{A}$ ist die kleinste Menge in R^n, die mit je zwei Punkten aus $\mathcal{A}$ auch die Verbindungslinie zwischen diesen Punkten enthält.

A 1.46. Jeder Punkt a^* der konvexen Hülle $\mathcal{A}^*$ einer beliebigen Teilmenge $\mathcal{A}$ eines n-dimensionalen Vektorraumes kann in der Form

$$a^* = \sum_{i=1}^{n+1} \alpha_i a_i$$

dargestellt werden, wobei $\alpha_i \geqq 0$, $\sum_{i=1}^{n+1} \alpha_i = 1$, $a_i \in \mathcal{A}$ gilt. Wenn a^* ein Randpunkt von $\mathcal{A}^*$ ist, kann $\alpha_{n+1} = 0$ gewählt werden.

A 1.47. Für $A \in \mathfrak{M}_{r\times s}$, $B \in \mathfrak{M}_{n\times k}$ definieren wir das KRONECKER-Produkt

$$A \otimes B = \begin{pmatrix} a_{11}B & a_{12}B & \cdots & a_{1s}B \\ & \vdots & & \\ a_{r1}B & \cdots & \cdots & a_{rs}B \end{pmatrix} \text{ bei } A = ((a_{ij}))\,.$$

Dann gilt für $C \in \mathfrak{M}_{s\times l}$, $D \in \mathfrak{M}_{k\times j}$

$$(A \otimes B)\,(C \otimes D) = AC \otimes BD\,,$$

$$(A \otimes B)' = A' \otimes B'\,.$$

Wenn $A \in \mathfrak{M}^r_{r\times r}$, $B \in \mathfrak{M}^k_k$ gilt, so ist

$$(A \otimes B)^{-1} = A^{-1} \otimes B^{-1}\,.$$

A 1.48. Es sei $\mathscr{L}$ ein linearer Teilraum von R^n. Es sei $Z \in \mathfrak{M}_n^{>}$. Dann ist $\mathscr{L}^p := \mathscr{L} \times \cdots \times \mathscr{L} = \mathop{\times}\limits_{i=1}^{p} \mathscr{L}$ ein linearer Teilraum von R^{np}, und es gilt

$$I_p \otimes P^Z_{\mathscr{L}} = P^{I_p\otimes Z}_{\mathscr{L}^p}\,.$$

A 1.49. Es seien A, $B \in \mathfrak{M}_n^{\geqq}$, $G \in \mathfrak{M}_r^{\geqq}$. Dann gilt $A \otimes G \leqq B \otimes G$, falls $A \leqq B$ gilt.

A 1.50. Für $A \in \mathfrak{M}_{k\times s}$, $B \in \mathfrak{M}_{r\times n}$, $X \in \mathfrak{M}_{n\times k}$ gilt $\overrightarrow{BXA} = (A' \otimes B)\,\vec{X}$.

A 1.51. Für $A \in \mathfrak{M}_{r\times r}$ bezeichne $|A|$ die Determinante von A. $|A|$ ist eine lineare Funktion jeder Spalte bzw. jeder Zeile. Es gilt $|A| = |A'|$. Für $A \in \mathfrak{M}_{r\times r}$ sei A_{ij} diejenige Matrix, die aus A durch Weglassen der i-ten Zeile und j-ten Spalte entsteht. Dann heißt $\alpha_{ij} = (-1)^{i+j}\,|A_{ij}|$ die (i, j)-te Adjunkte von A. Es gilt

$$|A| = \sum_{j=1}^{r} a_{ij}\alpha_{ij}\,, \qquad i = 1, \ldots, r\,,$$

$$= \sum_{i=1}^{r} a_{ij}\alpha_{ij}\,, \qquad j = 1, \ldots, r\,.$$

A 1.52. Es seien A, $B \in \mathfrak{M}_{r\times r}$, $A = \begin{pmatrix} a_1' \\ \vdots \\ a_r' \end{pmatrix}$, $B = \begin{pmatrix} b_1' \\ \vdots \\ b_r' \end{pmatrix} = ((b_{ij}))$, $A(t_1, \ldots, t_s)$, $1 \leqq s \leqq r$, sei diejenige Matrix, in der an Stelle der Zeilen $a_{t_1}', \ldots, a_{t_s}'$ die Zeilen $b_{t_1}', \ldots, b_{t_s}'$ stehen. Es sei $\gamma_s = \{(t_1, \ldots, t_s) \mid 1 \leqq t_1 < \cdots < t_s \leqq r\}$ und $A_\sigma = A(t_1, \ldots, t_s)$ für $\sigma = (t_1, \ldots, t_s) \in \gamma_s$. Dann gilt mit α_{ij} wie in [A 1.51]

$$|A + B| = |A| + \sum_{i=1}^{r}\sum_{j=1}^{r} b_{ij}\,\alpha_{ij} + \sum_{s=2}^{r}\sum_{\sigma\in\gamma_s} |A_\sigma|\,.$$

A 1.53. Es sei $A = \begin{pmatrix} A_{11} & A_{12} \\ A_{21} & A_{22} \end{pmatrix} \in \mathfrak{M}_{k\times k}$ mit $A_{22} \in \mathfrak{M}_{r\times r}$. Dann gilt

$$|A| = |A_{22}| \cdot |A_{11} - A_{12}A_{22}^{-1}A_{21}|\,.$$

A 1.54. Es sei $A \in \mathfrak{M}_{n\times n}$, $B \in \mathfrak{M}_{m\times m}$. Dann gilt $|A \otimes B| = |A|^m\,|B|^n$.

A 1.55. Für $A \in \mathfrak{M}_{n\times n}$ ist $\operatorname{sp}[A] = \sum_{i=1}^{n} a_{ii}$ die Spur von $A = ((a_{ij}))$. Dann gilt für $B \in \mathfrak{M}_{n\times n}$

$$\operatorname{sp}[A + B] = \operatorname{sp}[A] + \operatorname{sp}[B]\,, \qquad \operatorname{sp}[AB] = \operatorname{sp}[BA]$$

$$|y|^2_Z = \operatorname{sp}[Zyy'] \quad \text{für } y \in R^n, Z \in \mathfrak{M}_n^{\geqq}\,.$$

A 1.56. Es sei $X \in \mathfrak{M}^r_{n\times k}$, $\Lambda, \Omega \in \mathfrak{M}^>_n$. Dann sind folgende Bedingungen äquivalent:

1. $X(\Lambda^{-1/2}X)^+\Lambda^{-1/2} = X(\Omega^{-1/2}X)^+\Omega^{-1/2}$.
2. $\Lambda^{-1}\mathfrak{R}(X) = \Omega^{-1}\mathfrak{R}(X)$.
3. Es existieren $U \in \mathfrak{M}_k$, $W \in \mathfrak{M}_{h\times h}$, $T \in \mathfrak{M}^{n-r}_{n\times h}$ mit $T'X = 0_{h\times k}$, so daß gilt
$$\Omega = \Lambda + XUX' + \Lambda TWT'\Lambda\,.$$

A 1.57. Für $A \in \mathfrak{M}_{l\times l}$, $B \in \mathfrak{M}_{k\times k}$ gilt $\operatorname{sp}[A \otimes B] = \operatorname{sp}[A]\operatorname{sp}[B]$.

A 1.58. Es sei $H \in \mathfrak{M}^{\geqq}_k$. Wenn H die Eigenwerte $\lambda_1, \dots, \lambda_k$ besitzt und $h_1, \dots, h_k$ ein System von Eigenvektoren von H mit $h'_ih_j = 0$, $1 \leqq i < j \leqq k$ ist, so gilt
$$H = \sum_{i=1}^k \lambda_i h_i h'_i\,.$$

A 1.59. $H \in \mathfrak{M}^{\geqq}_k$ gilt genau dann, wenn $H_k \in \mathfrak{M}_k$ und $\lambda_{\min}[H] \geqq 0$ ist. $H \in \mathfrak{M}^>_k$ gilt genau dann, wenn $H \in \mathfrak{M}_k$ und $\lambda_{\min}[H] > 0$ ist.

A 1.60. Es sei $A \in \mathfrak{M}^{\geqq}_k$. Dann gilt mit $S_k = \{x \in R^k \mid x'x = 1\}$
$$\lambda_{\min}[A] = \min_{S_k} x'Ax\,, \qquad \lambda_{\max}[A] = \max_{S_k} x'Ax\,.$$

A 1.61. Es sei $A \in \mathfrak{M}^{\geqq}_k$ mit $\lambda_{\max}[A] \leqq \bar{a}$, $\lambda_{\min}[A] \geqq a$. Dann gilt $\bar{a}I_k - A \in \mathfrak{M}^{\geqq}_k$, $A - aI_k \in \mathfrak{M}^{\geqq}_k$.

A 1.62. Es sei $A \in \mathfrak{M}_l$. Dann existieren eine orthogonale Matrix $B \in \mathfrak{M}_{l\times l}$ und eine Diagonalmatrix $\Lambda = \operatorname{Diag}[\lambda_1, \dots, \lambda_l]$ derart, daß $A = B\Lambda B'$ gilt. Die Zahlen $\lambda_1, \dots, \lambda_l$ sind dann die Eigenwerte von A und die Spalten von B die zugehörigen Eigenvektoren.

A 1.63. Wenn $A \in \mathfrak{M}^{\geqq}_l$ und Λ und B wie in [A 1.62.] sind, so ist mit $\Lambda^{1/2} := \operatorname{Diag}[\lambda_1^{1/2}, \dots, \lambda_l^{1/2}]$ die Matrix $A^{1/2} := B\Lambda^{1/2}B'$ die eindeutig bestimmte positiv semidefinite Matrix mit $A^{1/2}A^{1/2} = A$. $A^{1/2}$ wird Quadratwurzel von A genannt.

A 1.64. Es sei $A \in \mathfrak{M}^{\geqq}_l$. Dann gilt $\lambda_{\max}[A] \leqq \operatorname{sp}[A] \leqq l\lambda_{\max}[A]$.

A 1.65. Es sei $A \in \mathfrak{M}_{r\times s}$, $B \in \mathfrak{M}^{\geqq}_s$. Dann gilt $\lambda_{\max}[ABA'] \leqq \lambda_{\max}[AA']\,\lambda_{\max}[B]$.

A 1.66. Für $A \in \mathfrak{M}_{l\times k}$, $B \in \mathfrak{M}_{k\times s}$ und $\|A\|_{\max} := \max_{\substack{1\leqq i\leqq l\\ 1\leqq j\leqq k}} |a_{ij}|$ gilt
$$\|AB\|_{\max} \leqq k\,\|A\|_{\max}\,\|B\|_{\max}\,.$$

A 1.67. Es seien $S_1, S_2, S_1^*, S_2^* \in \mathfrak{M}^{\geqq}_p$ und $S_1 + S_2 \in \mathfrak{M}^>_p$, $S_1^* + S_2^* \in \mathfrak{M}^>_p$. Stimmen die Lösungen von $|S_1 - \lambda S_2| = 0$ und $|S_1^* - \lambda S_2^*| = 0$ überein, so existiert eine reguläre Matrix $R \in \mathfrak{M}_{p\times p}$ derart, daß $S_1^* = R'S_1R$ und $S_2^* = R'S_2R$ gilt.

A 1.68. Für $A \in \mathfrak{M}^{\geqq}_l$ gilt $\lambda_{\max}[A \otimes I_n] = \lambda_{\max}[A]$.

A 1.69. Für $W \in \mathfrak{M}_{l\times k}$, $Z \in \mathfrak{M}_{k\times l}$ $(l \leqq k)$ gilt $\lambda_{\max}[WZ] = \lambda_{\max}[ZW]$, falls $WZ \in \mathfrak{M}^{\geqq}_l$. Weiter gilt $\operatorname{sp}[WZ] = \operatorname{sp}[ZW]$.

A 1.70. Für $A \in \mathfrak{M}^{\geqq}_l$ gilt $\operatorname{sp}[A^2] \leqq (\operatorname{sp}[A])^2$.

Für $A, B, Z \in \mathfrak{M}^{\geqq}_l$ mit $A \leqq B$ gilt $\operatorname{sp}[ZA] \leqq \operatorname{sp}[ZB]$.

A 1.71. Für $Z \in \mathfrak{M}_{k\times l}$, $W \in \mathfrak{M}_{l\times k}$ gilt $(\operatorname{sp}[ZW])^2 \leqq (\operatorname{sp}[ZZ'])\,(\operatorname{sp}[WW'])$.

A 1.72. Für $A \in \mathfrak{M}^{\geqq}_l$, $A = ((a_{ij}))$, gilt für $\mathcal{T} \subset \mathfrak{R}^l \setminus \{0_l\}$
$$\max_{c\in\mathcal{T}} \frac{c'Ac}{\left(\sum_{i=1}^l |c_i|\right)^2} \leqq \max_{1\leqq i\leqq l} |a_{ii}|\,.$$

wenn $c = (c_1, \dots, c_l)'$ gesetzt ist. Hierbei gilt die Gleichheit, wenn jeder der Vektoren $e_i^{(l)} = (0, \dots, \underset{(i)}{1}, \dots, 0)'$ ein Häufungspunkt der Menge

$$\left\{ d \frac{c}{\sum_{i=1}^{l} |c_i|} \,\middle|\, c \in \mathcal{T}, \quad d \in \{-1, 1\} \right\}$$

ist.

A 1.73. Für $A \in \mathfrak{M}_l^{\geqq}$, $A = ((a_{ij}))$ und $\mathcal{T} \subset R^l \setminus \{0_l\}$ ist

$$\sup_{c \in \mathcal{T}} \frac{c'Ac}{\left(\max_{1 \leqq i \leqq l} |c_i|\right)^2} \leqq \sum_{i=1}^{l} \sum_{j=1}^{l} |a_{ij}| .$$

Hierbei gilt die Gleichheit für $l = 1$, sowie für $l = 2$ in dem Fall, wenn es zu jedem Vektor $c \in \{c = (c_1, \dots, c_l)' \mid c_i \in \{-1, 1\}\}$ ein λ_c mit $\lambda_c c \in \mathcal{T}$ gibt.

A 1.74. Für $A \in \mathfrak{M}_l^{\geqq}$, $B \in \mathfrak{M}_l^{>}$, $\mathcal{T} \subset R^l \setminus \{0_l\}$ gilt

$$\lambda_{\max}[B^{-1/2} A B^{-1/2}] \geqq \sup_{c \in \mathcal{T}} \frac{c'Ac}{c'Bc},$$

wobei das Gleichheitszeichen steht, falls $\left\{ d \frac{c}{\sqrt{c'c}} \mid c \in B^{1/2}\mathcal{T},\ d \in \{-1, 1\} \right\}$ dicht in $\{c \in R^l \mid c'c = 1\}$ liegt.

A 1.75. Für $c = (c_1, \dots, c_l)' \in R^l$ und $m_j \in [1, \infty]$, $j = 1, 2$, sei

$$\|c\|_{m_j} := \begin{cases} \left(\sum_{i=1}^{l} |c_i|^{m_j} \right)^{1/m_j} & \text{für } m_j < \infty , \\ \max_{1 \leqq i \leqq l} |c_i| & \text{für } m_j = \infty , \end{cases}$$

$j = 1, 2$.

Weiter sei $m_2 \geqq 1$ so gewählt, daß $1/m_1 + 1/m_2 = 1$ ist. Dann gilt für $\mathcal{T} \subset R^l \setminus \{0_l\}$

$$\sup_{c \in \mathcal{T}} \frac{|c'a|}{\|c\|_1} \leqq \|a\|_2 \quad \text{(Hölderche Ungleichung)}.$$

Hierbei gilt die Gleichheit, falls eine der nächsten drei Bedingungen gilt:

a) $m_2 \in (1, \infty)$ und $\left\{ d \frac{c}{\|c\|_1} \mid c \in \mathcal{T}, d \in \{-1, 1\} \right\}$ liegt dicht in $\{c \in R^l \mid \|c\|_1 = 1\}$.

b) $m_2 = 1$ und zu jedem $c \in \{c \in R^l \mid c_1 \in \{-1, 1\}\}$ existiert ein λ_c mit $\lambda_c c \subset \mathcal{T}$.

c) $m_2 = \infty$ und jeder der Vektoren $e_i^{(l)} = (0, \dots, 1, \dots, 0)'$ ist ein Häufungspunkt von $\left\{ d \frac{c}{\|c\|_2} \mid c \in \mathcal{T},\ d \in \{-1, 1\} \right\}$.

A 1.76. Für $\alpha \in R^1$ definieren wir $L^+(\alpha) = \max(0, \alpha)$, $\quad L^-(\alpha) = \max(0, -\alpha)$.

Dann gilt für $\mathcal{T} \subset R^l \setminus \{0_l\}$, $a \in R^l$, $a = (a_1, \dots, a_l)'$

$$\sup_{c \in \mathcal{T}} \frac{|c'a|}{\max\left\{ \sum_{i=1}^{l} L^+(c_i),\ \sum_{i=1}^{l} L^-(c_i) \right\}} \leqq \max\left\{ \max_{1 \leqq i \leqq l} |a_i|,\ \max_{1 \leqq i, j \leqq l} |a_i - a_j| \right\}.$$

Für $\mathcal{T} = R^l \setminus \{0_l\}$ gilt die Gleichheit.

A 1.77. Für $\mathcal{T} \subset R^l \setminus \{0_l\}$, $a \in R^l$, $a = (a_1, \dots, a_l)'$ gilt

$$2 \sup_{\substack{c\in\mathcal{T}\\ \Sigma c_i=0}} \frac{|c'a|}{\sum_{i=1}^{l} |c_i|} \leqq \max_{1\leqq i\leqq l} a_i - \min_{1\leqq i\leqq l} a_i = \max_{1\leqq i,j\leqq l} |a_i - a_j| .$$

Für $\{e_i^{(l)} - e_j^{(l)} \mid 1 \leqq i \leqq l,\ 1 \leqq j \leqq l,\ i \neq j\} \subset \{dc \mid c \in \mathcal{T},\ d \in R^l \setminus \{0_l\}\}$ gilt die Gleichheit.

A 1.78. Es sei $\mathcal{T}_0 \subset \{c \in R^l \mid c_i \geqq 0,\ c \neq 0_l\}$, $a \in R^l$, $I^+ = \{i \mid a_i > 0\}$, $I^- = \{i \mid a_i < 0\}$. Dann gilt

$$\left(\sup_{c\in\mathcal{T}_0} \frac{|c'a|}{\sqrt{c'c}}\right)^2 \leqq \max\left(\sum_{i\in I^+} a_i^2, \sum_{i\in I^-} a_i^2\right),$$

und das Gleichheitszeichen steht in dem Fall, wenn $\left\{\frac{c}{\sqrt{c'c}} \mid c \in \mathcal{T}_0\right\}$ dicht in $\{c \in R^l \mid c'c = 1,\ c_i \geqq 0\}$ liegt.

A 1.79. Es seien $\mathcal{T}_0$, a, I^+, I^- wie in [A 1.78]. Dann gilt $\sup_{c\in\mathcal{T}_0} \frac{c'a}{\sqrt{c'c}} \leqq \left(\sum_{i\in I^+} a_i\right)^{1/2}$, und die Gleichheit gilt, falls $\left\{\frac{c}{\sqrt{c'c}} \mid c \in \mathcal{T}_0\right\}$ dicht in $\{c \in R^l \mid c'c = 1,\ c_i \geqq 0\}$ liegt.

A 1.80. Die Funktion $\frac{1 + xb}{1 + xa}$, $x \in R^>$, ist streng monoton wachsend in x für $b > a > 0$ und streng monoton fallend in x für $a > b > 0$.

A 1.81. Es seien $a, b \in R^1$, $a < b$ und $b_1, b_2 \in R^1$, $b_3, b_4 \in R^>$. Dann gilt

$$\sup_{x\in[a,b]} \frac{|b_1 + xb_2|}{b_3 + (x - a)\frac{b_3 - b_4}{b - a}} = \max\{b_3^{-1} |b_1 + ab_2|, b_4^{-1} |b_1 + bb_2|\} .$$

A 1.82. Es sei $0 \leqq a < b$ oder $a < b \leqq 0$. Außerdem sei $c_1, d_1 \in R^>$, $c_2, d_2 \in R^1$, $c_2 \neq 0$, $d_2 \neq 0$. Dann gilt

$$\sup_{x\in[a,b]} \frac{|c_2 + xd_2|}{c_1 + |x|\, d_1} = \max\left\{\frac{|c_2 + ad_2|}{c_1 + |a|\, d_1}, \frac{|c_2 + bd_2|}{c_1 + |b|\, d_1}\right\}.$$

A 1.83. Es sei $\lambda_1 > 0$, $\lambda_2 > 0$, $\delta > \lambda_1/\lambda_2$, $c_1 \in R^1$, $c_2 \in R^1$. Dann gilt

$$\sup_{x\in[\lambda_1/\lambda_2,\delta]} \frac{|c_1 + xc_2|}{\max\{\lambda_1, |x|\, \lambda_2\}} = \max\left\{(\delta\lambda_2)^{-1} |c_1 + \delta c_2|, \lambda_1^{-1}\left|c_1 + \frac{\lambda_1}{\lambda_2} c_2\right|\right\}.$$

A 1.84. Für $A, B \in \mathfrak{M}_l^>$ gilt

$$\max_{\substack{c\in R^l\\ c'c=1}} \frac{c'Ac}{c'Bc} = \max\{\lambda \mid |A - \lambda B| = 0\} .$$

A 1.85. Es sei $\{X_n\}$ eine Folge von Matrizen, $X_n \in \mathfrak{M}_{n\times k}$ mit $n^{-2\lambda}X_n'X_n \to Q \in \mathfrak{M}_k^>$ für ein $\lambda > 0$. Dann gilt $||X_n||_{\max} = o(n^\lambda)$, wobei $||X_n||_{\max}$ in [A 1.66] definiert wurde.

A 1.86. Es seien $\{A_n\}$, $\{B_n\}$ und $\{C_n\}$ Folgen von $(l \times l)$-Matrizen mit $C_n \in \mathfrak{M}_l^>$ und $\varliminf_{n\to\infty} \lambda_{\min}[C_n] > 0$. Außerdem gelte $B_n \to B \in \mathfrak{M}_{l\times l}$. Falls $A_n \geqq B_n + C_n$ (bzw. $A_n \leqq B_n - C_n$) für alle n gilt, so existiert eine natürliche Zahl n_0 derart, daß $A_n \geqq B$ (bzw. $A_n \leqq B$) für $n \geqq n_0$ erfüllt ist.

A 1.87. Es seien $\{A_n\}$, $\{B_n\}$ Folgen von Matrizen, $A_i \in \mathfrak{M}_{r\times s}$, $B_i \in \mathfrak{M}_{s\times l}$, und es gelte $A_iB_i \to C$. Falls $A_i \to A$ konvergiert, so konvergiert auch AB_i.

A 1.88. Für $A, B \in \mathfrak{M}_n^{\geqq}$, $0 \leqq \alpha \leqq 1$, gilt $|(1-\alpha)Ar + B| \geqq |A|^{1-\alpha}|B|^{\alpha}$.

A 1.89. Es sei $a \in R^n$, $X \in \mathfrak{M}_{n\times k}$. Dann gilt für ein $h \in R^n$

$$||\bar{a}||_{I_n}^2 = \min_{a: a'X = h'X} ||a||_{I_n}^2$$

für $\bar{a} = X(X'X)^- X'h$, und $\bar{a}$ ist eindeutig bestimmt.

A 1.90. Es seien $\Lambda \in \mathfrak{M}_n^{>}$, $X \in \mathfrak{M}_{n\times k}$, $C \in \mathfrak{M}_{l\times n}$. Dann hat $\min\limits_{\substack{L\in\mathfrak{M}_{l\times n}\\ LX=CX}} L\Lambda L'$ die eindeutige Lösung $L^* = CX(X'\Lambda^{-1}X)^- X'\Lambda^{-1}$.

A 1.91. Es sei $\Lambda \in \mathfrak{M}_n^{>}$, $C \in \mathfrak{M}_{l\times n}$, $H \in \mathfrak{M}_k^{\geqq}$, $X \in \mathfrak{M}_{n\times k}$, $Z_1 \in \mathfrak{M}_l^{\geqq}$. Für $T \in \mathfrak{M}_{l\times n}$ definieren wir das Funktional

$$\varphi(T) = \mathrm{sp}\,[Z_1T\Lambda T'] + \mathrm{sp}\,[Z_1(T-C)\,XH^+X'\,(T-C)'] .$$

Wenn $H + X'\Lambda^{-1}X \in \mathfrak{M}_k^{>}$ ist, so gilt

$$\min_{T:(T-C)XP_{\mathcal{N}(H)}=0_{l\times k}} \varphi(T) = \varphi(T^*)$$

für $T^* = CX\,(H + X'\Lambda^{-1}X)^{-1}\,X'\Lambda^{-1}$, und T^* ist eindeutig bestimmt.

A 1.92. Es seien $\Lambda \in \mathfrak{M}_n^{>}$, $C \in \mathfrak{M}_{l\times n}$, $H \in \mathfrak{M}_k^{>}$, $X \in \mathfrak{M}_{n\times k}^k$, $Z_1 \in \mathfrak{M}_l^{\geqq}$. Für $T \in \mathfrak{M}_{l\times n}$ definieren wir das Funktional

$$\varphi(T) = \mathrm{sp}\,[Z_1T\Lambda T'] + \lambda_{\max}[Z_1^{1/2}(T-C)\,XH^{-1}X'\,(T-C)'\,Z_1^{1/2}] .$$

Wir setzen

$$V = H^{-1/2}X'\Lambda^{-1}XH^{-1/2} ,$$
$$G = V^{-1}H^{-1/2}X'C'Z_1CXH^{-1/2}V^{-1} ,$$
$$V_\varkappa(A) = \frac{1}{\sqrt{\varkappa}}(G+A)^{1/2} \quad \text{für } A \in \mathfrak{M}_k^{\geqq}, \quad \varkappa > 0 .$$

Wenn

$$V_\varkappa(A) \geqq V^{-1}, \quad V_\varkappa^{-1}(A)\,A = VA , \quad \mathrm{sp}\,[V_\varkappa(A)] = 1 + \mathrm{sp}\,[V^{-1}],$$

so gilt mit $D_\varkappa = V_\varkappa(A) - V^{-1}$ für

$$T^* = CXH^{-1/2}D_\varkappa H^{-1/2}X'\,(\Lambda + XH^{-1/2}D_\varkappa H^{-1/2}X')^{-1}$$
$$\varphi(T^*) = \min_T \varphi(T) ,$$
$$\lambda_{\max}[Z_1^{1/2}(T^*-C)\,XH^{-1}X'\,(T^*-C)\,Z_1^{1/2}] = \varkappa .$$

A 1.93. Es sei h: $R^l \times R^l \to R^1$ ein Skalarprodukt, und es sei ν: $R^l \to R^{\geqq}$ die durch

$$\nu(g) = (h(g,g)) , \quad g \in R^l ,$$

definierte Norm. $\mathcal{A}$ sei eine konvexe und abgeschlossene Teilmenge des R^l. Die Norm ν sei so beschaffen, daß zu jedem $g \in R^l$ genau ein $\hat{g} \in \mathcal{A}$ mit

$$\nu(g - g) \leqq \nu(g - g_1) , \quad g_1 \in \mathcal{A} ,$$

existiert. Dann gilt für jedes $g \in R^l$

$$\nu(\gamma - g) = \nu(\gamma - \hat{g}) , \quad \gamma \in \mathcal{A} .$$

A 1.94. h, ν und $\mathcal{A}$ seien wie in [A 1.93] erklärt. Dann existiert zu jedem $g \in R^l$ genau ein Punkt $g \in \mathcal{A}$ mit

$$\nu(g - \hat{g}) \leqq \nu(g - g_1) , \quad g_1 \in \mathcal{A} ,$$

falls eine der folgenden Bedingungen erfüllt ist:

1. Für kein $a \in R^{>}$ existieren Punkte $g_1^a, g_2^a \in R^l$ mit $g^a \neq g_2^a$ und
$$\nu(\delta g_1^a + (1-\delta)\, g_2^a) = a\,, \quad \delta \in [0, 1]\,.$$
2. Für je zwei Punkte $g_1 \in A$ und $g_2 \in A$ sind alle Punkte $\delta g_1 + (1-\delta)\, g_2$ ($\delta \in (0, 1)$) innere Punkte von A.

A2. Verteilungen

A 2.1. Das Paar $(\Omega, \mathfrak{A})$ aus einer Menge Ω und einer σ-Algebra $\mathfrak{A}$ nennen wir einen meßbaren Raum.

A 2.2. Die Verteilung P einer k-dimensionalen Zufallsgröße heißt absolut stetig bezüglich des LEBESGUEschen Maßes μ_k, falls eine μ_k-Dichte $f\colon (R^k, \mathfrak{B}^k) \to (R^1, \mathfrak{B}^1)$ existiert mit
$$P(A) = \int_A f(x)\, \mu_k(\mathrm{d}x) \quad \text{für } A \in \mathfrak{B}^k\,.$$

A 2.3. $\boldsymbol{X}, \boldsymbol{Y}$ seien Zufallsgrößen mit der gemeinsamen Verteilung $P^{\boldsymbol{X},\boldsymbol{Y}}$. $\boldsymbol{X} \mid Y \sim P$ soll bedeuten, daß die Verteilung von $\boldsymbol{X}$ unter der Bedingung $\boldsymbol{Y} = Y$ dann $P^{\boldsymbol{X}|\boldsymbol{Y}=Y} = P$ ist. Falls $(\boldsymbol{X}, \boldsymbol{Y})$ eine $\mu \times \nu$-Dichte $f(X, Y)$ besitzt, existiert eine μ-Dichte $f(X \mid Y) = f(X, Y) \left[\int_{\mathfrak{X}} f(X, Y)\, \mu(\mathrm{d}X)\right]^{-1}$ der Verteilung $P^{\boldsymbol{X}|\boldsymbol{Y}=Y}$.

A 2.4. Es seien $\boldsymbol{X}$ und $\boldsymbol{Y}$ unabhängige Zufallsgrößen. Für alle meßbaren Funktionen f und g sind dann $f(\boldsymbol{X})$ und $g(\boldsymbol{Y})$ auch unabhängige Zufallsgrößen.

A 2.5. Für die Zufallsgrößen $\boldsymbol{x}$ und $\boldsymbol{y}$ mit Werten in R^1 heißt $\boldsymbol{x}$ stochastisch größer als $\boldsymbol{y}$, falls $P(\boldsymbol{x} \leqq z) \leqq P(\boldsymbol{y} \leqq z)$ $(z \in R^1)$ ist.

A 2.6. Es sei P eine Verteilung über $(R^1, \mathfrak{B}^1)$. Eine reelle Zahl $Q_\alpha(P)$ heißt α-Quantil von P, wenn $P(-\infty, Q_\alpha(P)) \leqq \alpha$ und $P(-\infty, Q_\alpha(P)] \geqq \alpha$ ist.

A 2.7. Die zufällige $(n \times p)$-Matrix $\boldsymbol{Y}$ sei $N_{n\times p}(M, \Omega)$ verteilt, falls für alle $c \in R^{np}$ gilt $c'\vec{\boldsymbol{Y}} \sim N_{pn}(c'\vec{M}, c'\Omega c)$. Für $p = 1$ schreiben wir $N_n(\mu, \Omega)$ ([1]).

A 2.8. Mit $\boldsymbol{Y} \sim N_{n\times p}(M, \Omega)$ und $Q_i \in \mathfrak{M}_{n\times n}$ $(i = 1, 2)$ für $Q_1 Q_2 = 0_{n\times n}$ sind $\boldsymbol{Y}'Q_1\boldsymbol{Y}$ und $\boldsymbol{Y}'Q_2\boldsymbol{Y}$ unabhängige Zufallsgrößen ([1]).

A 2.9. Für $\boldsymbol{Y} \sim N_{n\times p}(M, \Sigma \otimes \Lambda)$ mit $\Sigma \in \mathfrak{M}_p^{\geqq}$, $\Lambda \in \mathfrak{M}_n^{\geqq}$ und $C \in \mathfrak{M}_{m\times n}$, $D \in \mathfrak{M}_{p\times s}$ ist $C\boldsymbol{Y}D \sim N_{m\times s}(CMD, D'\Sigma D \otimes C\Lambda C')$ ([1], [2]).

A 2.10. Die zufällige Matrix $(\boldsymbol{X} \,\vdots\, \boldsymbol{Y})$ sei normalverteilt und $\operatorname{Cov}(\boldsymbol{X}, \boldsymbol{Y}) = 0$. Dann sind die Zufallsgrößen $\boldsymbol{X}$ und $\boldsymbol{Y}$ unabhängig.

A 2.11. $\boldsymbol{x}$ sei eine k-dimensionale und $\boldsymbol{y}$ eine n-dimensionale Zufallsgröße, für die $\begin{pmatrix} \boldsymbol{x} \\ \cdots \\ \boldsymbol{y} \end{pmatrix} \sim N_{n+k}\left(\begin{pmatrix} \nu \\ \cdots \\ \mu \end{pmatrix}, \Omega\right)$ gilt. Mit $\Omega = \begin{pmatrix} \Omega_{11} & \Omega_{12} \\ \Omega_{21} & \Omega_{22} \end{pmatrix}$, $\Omega^{-1} = \begin{pmatrix} \Omega^{11} & \Omega^{12} \\ \Omega^{21} & \Omega^{22} \end{pmatrix}$ $(\Omega_{11} \in \mathfrak{M}_k^{\geqq})$ ist
$$\boldsymbol{y} \mid x \sim N_k(\mu - \Omega_{21}\Omega_{11}^{-1}(x - \nu), (\Omega^{22})^{-1}) = N_k(\mu + (\Omega^{11})^{-1}\Omega^{12}(x - \nu), (\Omega^{22})^{-1})$$
([1], [2]).

A 2.12. Es sei $p_{M,\Sigma}$ die Dichte der Normalverteilung $N_{n\times p}(M, \Sigma \otimes \Lambda)$ $(\Sigma \in \mathfrak{M}_p^{>}, \Lambda \in \mathfrak{M}_n^{>})$. Für jede stetige beschränkte Funktion $f\colon \mathfrak{M}_{n\times p} \to R^1$ gilt dann
$$\lim_{\Sigma \to 0} \int_{\mathfrak{M}_{n\times p}} f(Y)\, p_{M,\Sigma}(Y)\, \mathrm{d}Y = f(M)\,.$$

A 2.13. Für $\boldsymbol{Y} \sim N_{n\times p}(M, \Sigma \otimes I_n)$ und eine idempotente Matrix $Q \in \mathfrak{M}_n^r$ sei die WISHART-Verteilung $W_p(r, \Sigma, QM)$ als Verteilung der zufälligen Matrix $\boldsymbol{S} = \boldsymbol{Y}'Q\boldsymbol{Y}$ definiert. Ist $QM = 0_{n\times p}$, schreiben wir $W_p(r, \Sigma)$ ([1], [2]).

A 2.14. Unter $\boldsymbol{y} \sim N_n(0, \sigma^2 I_n)$ sind $\|\boldsymbol{y}\|$ und $\|\boldsymbol{y}\|^{-1}\boldsymbol{y}$ unabhängige Zufallsgrößen ([3]).

A 2.15. Für $S \sim W_p(r, \Sigma)$ mit $r > p + 1 - \frac{1}{p}$ ist $P(r[S] = p) = 1$ ([1]).

A 2.16. Es sei $S \sim W_p(r, \Sigma)$ und $G \in \mathfrak{M}^s_{s \times p}$. Dann gilt $GSG' \sim W_s(r, G\Sigma G')$ ([2], [4]).

A 2.17. Wenn $S_r \sim W_p(r, \Sigma)$ $(r = 1, 2, \dots)$ ist, gilt $\frac{1}{r} S_r \xrightarrow{P} \Sigma$. (Den Beweis findet man in [2].)

A 2.18. Es sei $S = ((s_{ij})) \sim W_p(r, \Sigma)$ und $\varphi(S) = (s_{11}, s_{12}, \dots, s_{pp})$ eine Funktion mit Werten in $R^{\frac{p(p+1)}{2}}$. Durch $\mu^*(A) = \mu_{\frac{1}{2}p(p+1)}(\varphi(A))$ für $A \in \mathfrak{B}^{p \times p}_{\mathfrak{M}^{\geqq}_p}$ ist ein Maß über $\left(\mathfrak{M}^{\geqq}_p, \mathfrak{B}^{p \times p}_{\mathfrak{M}^{\geqq}_p}\right)$ definiert. Falls $r > p$ ist, existiert eine μ^*-Dichte der Verteilung $W_p(r, \Sigma)$. Die μ^*-Dichte ist

$$w_p(S \mid r, \Sigma) = c_w(r, \Sigma)\, |S|^{\frac{r-p-1}{2}} \exp\left\{-\frac{1}{2}\operatorname{sp}\,[S\Sigma^{-1}]\right\}$$

mit

$$c_w^{-1}(r, \Sigma) = 2^{\frac{rp}{2}} \pi^{\frac{p(p+1)}{4}} \prod_{i=1}^{p} \Gamma\left(\frac{r-i+1}{2}\right) |\Sigma|^{\frac{r}{2}}$$

([2]).

A 2.19. Für $S \sim W_p(r, \Sigma)$ gilt $ES = r\Sigma$ und $ES^{-1} = (r - p - 1)^{-1}\, \Sigma^{-1}$ ([2]).

A 2.20. Es seien $x \sim N_n(\mu, I_n)$, $y \sim N_r(0, I_r)$ und $z \sim N(0, 1)$ unabhängige Zufallsgrößen. Die nichtzentrale χ^2-Verteilung $(\chi^2_{n;\psi^2})$ mit n Freiheitsgraden und Nichtzentralitätsparameter $\psi^2 = ||\mu||^2$ ist als Verteilung von $||x||^2$ und die nichtzentrale F-Verteilung $(F_{n,r;\psi^2})$ mit Nichtzentralitätsparameter ψ^2 als Verteilung von $\frac{r}{n}\, ||x||^2\, ||y||^{-2}$ definiert. Die STUDENTsche t-Verteilung (t_r) mit r Freiheitsgraden ist durch $z\, ||y||^{-1} \sqrt{r}$ definiert. Wenn $\psi^2 = 0$ ist, bezeichnen wir die angegebenen Verteilungen entsprechend als zentrale Verteilungen und lassen in der Bezeichnung den Index ψ^2 weg. Die α-Quantile $\chi^2_{1-\alpha;n}$, $F_{1-\alpha;n,r}$, $t_{1-\alpha;r}$ der angegebenen zentralen Verteilungen entnimmt man [6], [7] und [12]. Es gilt $nF_{1-\alpha;n,r} = \left(t_{1-\frac{\alpha}{2};r}\right)^2$. Die μ_1-Dichte von $w = \frac{n}{r} F$ mit $F \sim F_{n,r;\psi^2}$ ist

$$p_{\psi^2}(w) = e^{-\frac{1}{2}\psi^2} \sum_{k=0}^{\infty} c_k \frac{\left(\frac{1}{2}\psi^2\right)^k}{k!} \frac{w^{\frac{1}{2}n+k-1}}{(1+w)^{\frac{1}{2}(r+n)+k}}$$

mit

$$c_k = \Gamma\left(\tfrac{1}{2}(r+n)+k\right)\left[\Gamma\left(\tfrac{1}{2}n+k\right)\Gamma\left(\tfrac{1}{2}r\right)\right]^{-1}.$$

Ferner ist $p_{\psi_1^2}(w)\left(p_{\psi_0^2}(w)\right)^{-1}$ monoton wachsend in w für $\psi_0 < \psi_1$ (vgl. [9]). Für $x \sim \chi^2_{k;\psi^2}$ ist Ex^{-1} eine monoton fallende Funktion in ψ^2 ([9]).

A 2.21. Bezeichnen wir mit χ^2_n eine χ^2_n-verteilte Zufallsgröße, dann gilt für beliebiges $f:(R^1, \mathfrak{B}^1) \to (R^1, \mathfrak{B}^1)$ $E\chi^2_n f(\chi^2_n) = nEf(\chi^2_{n+2})$, die Existenz der Integrale vorausgesetzt.

A 2.22. Die Gammaverteilung $\Gamma(\alpha, s)$ sei durch die Dichtefunktion $f(y) := \frac{(2s)^{-\alpha}}{\Gamma(\alpha)} \times e^{-\frac{y}{2s}} y^{\alpha-1} I_{R^>}(y)$ für $\alpha, s \in R^>$ und $y \in R^1$ definiert. Dann gilt für $n \in \mathcal{N}$ $\Gamma\left(\frac{n}{2}, s\right) = W_1(n, s)$, $\Gamma\left(\frac{n}{2}, 1\right) = \chi^2_n$, und für $y \sim \Gamma(\alpha, s)$ ist mit $\alpha + \beta \neq 0, -1, -2, \dots$ $Ey^\beta = \Gamma(\alpha + \beta)\, (\Gamma(\alpha))^{-1}\, (2s)^\beta$ ([1]).

A 2.23. Durch die Dichtefunktion $f(y) := \Gamma(\alpha+\beta)\,[\Gamma(\alpha)\,\Gamma(\beta)]^{-1}\, y^{\alpha-1}(1-y)^{\beta-1}\, I_{(0,1)}((y))$ für $y \in R^1$ ist die Betaverteilung $B(\alpha, \beta)$ definiert.

A 2.24. Es seien die unabhängigen zufälligen Matrizen S_1, S_2 mit $S_1 \sim W_p(r, \Sigma)$, $S_2 \sim W_p(n, \Sigma)$ und $n \geqq p$ gegeben. Dann ist $|S_2|\,|S_1+S_2|^{-1}$ verteilt wie $\prod_{i=1}^{p} z_i$, wobei die Zufallsgrößen z_i unabhängig sind und $z_i \sim B\left(\frac{n-p+i}{2}, \frac{r}{2}\right)$ $(i = 1, 2, \ldots, p)$ ist (vgl. [1]). Die Verteilung von $|S_2|\,|S_1+S_2|^{-1}$ bezeichnen wir mit $U(p, n, r)$ und mit $U_{1-\alpha}(p, n, r)$ ein α-Quantil dieser Verteilung. Wir schreiben $B_{n,r} := U(1, n, r) = B\left(\frac{n}{2}, \frac{r}{2}\right)$. Die α-Quantile $B_{1-\alpha;\,n,r}$ dieser Verteilung entnimmt man [8].

A 2.25. Wenn für $X \in \mathfrak{M}^k_{n\times k}$, $\Lambda \in \mathfrak{M}^>_n$ und $\Sigma \in \mathfrak{M}^>_p$ gilt $Y \sim N_{n\times k}(XB, \Sigma \otimes \Lambda)$, dann ist mit $\Gamma_\Lambda = X'\Lambda^{-1}X$, $\hat{B}_\Lambda = \Gamma_\Lambda^{-1}X'\Lambda^{-1}Y$ und $\hat{S}_\Lambda = (Y - X\hat{B}_\Lambda)'\,\Lambda^{-1}\,(Y - X\hat{B}_\Lambda)$
$U_1 = |\hat{S}_\Lambda|\,|\hat{S}_\Lambda + (\hat{B}_\Lambda - B)'\,\Gamma_\Lambda(\hat{B}_\Lambda - B)|^{-1} \sim U(p, n-k, k)$
falls $p \leqq k$ ist. Mit $U_2 \sim U(p, n+p, k)$ gilt dann $EU_1^h = EU_2^{h-\frac{1}{2}(k+p)}$.

A 2.26. Für die unabhängigen Zufallsgrößen $y \sim N_p(\mu, \Sigma)$ und $S \sim W_p(r, \Sigma)$ mit $r \geqq p$ gilt $\frac{r-p+1}{p}\, y'\,S^{-1}y \sim F_{p,\,r-p+1;\,\psi^2}$ mit $\psi^2 = ||\mu||^2_{\Sigma^{-1}}$ ([1], [2]).

A 2.27. Für $p = 1$ ist mit $s \sim W_1(r, \sigma^2, \mu)$ $\sigma^{-2}s \sim \chi^2_{r;\,\sigma^{-2}||\mu||^2}$ ([1], [2]).

A 2.28. $a_1, a_2 \in R^p$ seien zwei orthogonale Vektoren. Für $S \sim W_p(r, \Sigma, M)$ sind dann $\sigma_i^{-2}a_i'Sa_i \sim \chi^2_{r;\,\psi_i^2}$ $(i = 1, 2)$ unabhängige Zufallsgrößen, wobei $\sigma_i^2 = ||a_i||^2_\Sigma$ und $\psi_i^2 = ||Ma_i||^2\,(||a_i||^2_\Sigma)^{-1}$ ([2], [5]).

A 2.29. Wenn $S \sim W_p(r, \Sigma)$ ist, gilt $\operatorname{sp}[\Sigma^{-1/2}S\Sigma^{-1/2}] \sim \chi^2_{pr}$ ([2]).

A 2.30. In der folgenden Tabelle geben wir eine Reihe von Verteilungen und deren Quantile an. Dazu seien die unabhängigen Zufallsgrößen S_1, S_2, s_1, s_2, s, und Y mit $S_1 \sim W_p(r, \Sigma)$, $S_2 \sim W_p(n, \Sigma)$, $s_1 \sim \chi^2_l$, $s_2 \sim \chi^2_m$, $s \sim \chi^2_n$, $Y \sim N_{k\times p}(0, I_{kp})$ und $z = (z_1, \ldots, z_h)' \sim N_h(0, W)$ $(W \in \mathfrak{M}^>_h)$ gegeben.

Bezeichnung der Verteilung	definiert durch	Bezeichnung der Quantile
$G_{l,m,n}$	$s^{-1}\max(s_1, s_2)$	$G_{l,m,n;\,1-\alpha}$
$d(n, p, r)$	$s\lambda_{\max}[S_1^{-1}]$	$d_{1-\alpha}(n, p, r)$
$T_0^2(p, r, n)$	$r\operatorname{sp}[S_2S_1^{-1}]$	$T^2_{0;\,1-\alpha}(p, r, n)$
$\lambda_{\max}(p, r, n)$	$\lambda_{\max}[S_2S_1^{-1}]$	$\lambda_{\max;\,1-\alpha}(p, r, n)$
$Q(p, r, k)$	$\max\limits_{1\leqq i\leqq k} e_i'Y'S_1^{-1}Ye_i$	$Q_{1-\alpha}(p, r, n)$
$V(p, r, k)$	$\sum\limits_{i=1}^{k}\sum\limits_{j=1}^{k} \lvert e_iY'S_1^{-1}Ye_j\rvert$	$V_{1-\alpha}(p, r, k)$
$m(h, n, W)$	$\max\limits_{1\leqq i\leqq h} \lvert z_i\rvert\, s^{-1/2}\, n^{1/2}$	$m_{1-\alpha}(h, n, W)$
$q'(h, n)$	$n^{1/2}s^{-1/2}\max\left\{\max\limits_{1\leqq i\leqq h}\lvert z_i\rvert,\ \max\limits_{1\leqq i,j\leqq h}\lvert z_i - z_j\rvert\right\}$	$q'_{1-\alpha}(h, n)$
$q(h, n)$	$n^{1/2}s^{-1/2}\left\{\max\limits_{1\leqq i\leqq h} z_i - \min\limits_{1\leqq i\leqq h} z_i\right\}$ für $W = I_h$	$q_{1-\alpha}(h, n)$

A 2.31. Die α-Quantile der Verteilung $q(h, n)$ sind in [6] und [7] tabelliert. Die α-Quantile von $m(h, n, W)$ sind für $W = I_h$ in [10], [11] und für $W = aI_h + b1_{h\times h}$ $(a, b \in R^1)$ in [13] berechnet worden. In [10] wird gezeigt, daß $m_{1-\alpha}(h, n, I_h)$ durch $t_{\frac{h-1}{2}(h-\alpha);\,n}$

approximiert werden kann. Es gilt $T^2_{0;\,1-\alpha}(1, r, n) = nF_{1-\alpha;\,n,\,r} = r\lambda_{\max;\,1-\alpha}(1, r, n)$ $(V_{1-\alpha}(1, n-k, l))^{1/2} = m_{1-\alpha}(1, l, n, I_l)$ (vgl. [A 2.34]) und $(Q_{1-\alpha}(1, n-k, l))^{1/2}$ $= m_{1-\alpha}(l, n-k, I_l)\,(n-k)^{-1/2}$.

A 2.32. Ist $z \sim T^2_0(p, r, 1)$, so gilt $\dfrac{r-p+1}{r-p}\,z \sim F_{p,\,r-p+1}$, falls $r - p + 1 > 0$ ist ([2]).

A 2.33. Die Verteilungen $U(p, n, r)$, $T^2_0(p, r, n)$ und $\lambda_{\max}(p, r, n)$ besitzen stetige Verteilungsfunktionen ([2], [3]).

A 2.34. Mit $c = (c_1, \ldots, c_h)' \in R^h$ sei

$$|c|_{(p)} = \begin{cases} \left(\sum\limits_{i=1}^{h} |c_i|^p\right)^{1/p} & \text{für } p \in [1, \infty)\,, \\ \max\limits_{1 \leq i \leq h} |c_i| & \text{für } p = \infty\,. \end{cases}$$

z und s seien wie in [A 2.30] definiert. Dann bezeichnen wir mit $m(p, h, n, W)$ die Verteilung von $s^{-1/2}\,|z|_{(p)}$ und mit $m_{1-\alpha}(p, h, n, W)$ ein α-Quantil dieser Verteilung. Es gilt insbesondere $m_{1-\alpha}(p, h, n, W) = \left(\dfrac{h}{n} F_{1-\alpha;\,h,n}\right)^{1/2}$ für $p = 2$ und $W = I_h$ sowie $m_{1-\alpha}(p, h, n, W) = m_{1-\alpha}(h, n, W)\,n^{-1/2}$ für $p = \infty$ und $W = I_h$.

A 2.35. Eine k-dimensionale Zufallsgröße y besitzt die Rechteckverteilung $R(A)$ für $A \in \mathfrak{B}^k$, falls die μ_k-Dichte $f(y) := (\mu_k(A))^{-1}\, I_A(y)$ $(y \in R^k)$ ist. Die Verteilung der eindimensionalen Zufallsgröße z sei PARETO-Verteilung $P(\alpha, z_0)$ genannt, falls die μ_1-Dichte $f(z) := \alpha z_0^\alpha z^{-(\alpha+1)} I_{(z_0,\,\infty)}(z)$ $(z \in R^1)$ ist.

A 2.36. Die Zufallsgröße $(y', z)'$ habe eine Rechteck-PARETO-Verteilung $\mathrm{RP}(w, T)$ mit $T = (\alpha, a, b, s) \in R^> \times (R^k)^2 \times R^>$ und $w \in R^k$, falls $y \mid z \sim R([a - zw, b + zw])$ und $z \sim P(\alpha, s)$ ist.

A 2.37. Für $(y', z)' \sim \mathrm{RP}(w, T)$ gilt

$$Ey = \frac{a+b}{2}\,,\quad Ez = \begin{cases} \dfrac{\alpha}{\alpha - 1}\, s & \text{für } 1 < \alpha\,, \\ \infty & \text{für } 0 < \alpha < 1 \end{cases}$$

und $Q\gamma(P(\alpha, s)) = s(1 - \gamma)^{-1/\alpha}$ (vgl. [1]).

A 2.38. Das zufällige Paar (B, Σ) einer zufälligen $(k \times p)$-Matrix B und einer zufälligen $(p \times p)$-Matrix Σ habe eine Normal-WISHART-Verteilung $\mathrm{NW}(k, p, T)$ mit $T = (r, \Gamma, \widetilde{B}, S) \in \mathcal{T} = \mathcal{N}_{k+p} \times \mathfrak{M}_k^> \times \mathfrak{M}_{k+p} \times \mathfrak{M}_p^>$, falls $B \mid \Sigma \sim N_{k\times p}(\widetilde{B}, \Sigma^{-1} \otimes \Gamma^{-1})$ und $\Sigma \sim W_p(r - k, S^{-1})$ ist ([4], [14]). Für $p = 1$ ist $\Sigma \sim \Gamma\left(\dfrac{r-k}{2}, s\right)$, und wir bezeichnen deshalb die Verteilung $\mathrm{NW}(k, p, T)$ als Normalgammaverteilung $\mathrm{N\Gamma}(k, T)$ mit $T = (r, \widetilde{\gamma}, \beta, s) \in \mathcal{N}_{k+1} \times \mathfrak{M}_k \times R^k \times R^> = \mathcal{T}$.

A 2.39. Die zufällige $(k \times p)$-Matrix B besitzt eine verallgemeinerte multivariate t-Verteilung $\mathrm{GMt}(r, k, p, \Gamma^{-1}, S, \widetilde{B})$, wenn ihre Dichte durch

$$f(B) := c(r, k, p, \Gamma, S)\,|S + (B - \widetilde{B})'\,\Gamma(B - \widetilde{B})|^{-r/2}$$

mit

$$c^{-1}(r, k, p, \Gamma, S) = \pi^{\frac{kp}{2}} \prod_{i=1}^{p} \Gamma\left(\frac{r-k-i+1}{2}\right) \left[\prod_{i=1}^{p} \Gamma\left(\frac{r-i+1}{2}\right)\right]^{-1} |S|^{\frac{r-k}{2}}\, |\Gamma|^{\frac{p}{2}}$$

für $r \geq p + k$ gegeben ist ([4]).

A 2.40. Für $(\boldsymbol{B}, \boldsymbol{\Sigma}) \sim \mathrm{NW}(k, p, T)$ gilt $\boldsymbol{\Sigma} \mid B \sim W_p(r, [S + (B - \widetilde{B})' \Gamma (B - \widetilde{B})]^{-1})$ und $\boldsymbol{B} \sim \mathrm{GMt}(r, k, p, \Gamma^{-1}, S, \widetilde{B})$ (vgl. [4]).

A 2.41. Es sei $\boldsymbol{B} \sim \mathrm{GMt}(r, k, p, \Gamma^{-1}, S, \widetilde{B})$. Dann ist

$$D\boldsymbol{B} = (r - k - p - 1)^{-1} S \otimes \Gamma^{-1} \quad \text{und} \quad E\boldsymbol{B} = \widetilde{B}\,.$$

A 2.42. Falls $P \in \mathfrak{M}^q_{q \times k}$ und $Q \in \mathfrak{M}^m_{p \times m}$ ist, gilt für $\boldsymbol{B} \sim \mathrm{GMt}(r, k, p, \Gamma^{-1}, S, \widetilde{B})$

$$P\boldsymbol{B}Q \sim \mathrm{GMt}\,(r - k - p + q + m, q, m, P\Gamma^{-1}P', Q', SQ, P\widetilde{B}Q)$$

([4], [5]).

A 2.43. Die $\mathrm{GMt}(r, k, p, \Gamma^{-1}, S, \widetilde{B})$-verteilte zufällige Matrix $\boldsymbol{B}$ bestehe aus zwei Teilmatrizen $\boldsymbol{B} = \begin{pmatrix} \boldsymbol{B}_1 \\ \boldsymbol{B}_2 \end{pmatrix}$. Dann gilt mit den entsprechenden Aufspaltungen

$$\Gamma = \begin{pmatrix} \Gamma_{11} & \Gamma_{12} \\ \Gamma_{21} & \Gamma_{22} \end{pmatrix}, \qquad \Gamma^{-1} = \begin{pmatrix} \Gamma^{11} & \Gamma^{12} \\ \Gamma^{21} & \Gamma^{22} \end{pmatrix} \quad \text{und} \quad \widetilde{B} = \begin{pmatrix} \widetilde{B}_1 \\ \widetilde{B}_2 \end{pmatrix}$$

$(\Gamma_{11} \in \mathfrak{M}^{>}_{k-q}, \widetilde{B}_1 \in \mathfrak{M}_{(k-q) \times p})$,

$\boldsymbol{B}_2 \mid B_1 \sim \mathrm{GMt}(r, q, p, \Gamma_{22}^{-1}, S + (B_1 - \widetilde{B}_1)' (\Gamma^{11})^{-1} (B_1 - \widetilde{B}_1); \widetilde{B}_2 - \Gamma^{21}(\Gamma^{11})^{-1} \times (B_1 - \widetilde{B}_1))$

$\boldsymbol{B}_2 \sim \mathrm{GMt}(r - k + q, q, p, \Gamma^{22}, S, \widetilde{B}_2)$ ([4], [5]).

A 2.44. Für $\boldsymbol{B} \sim \mathrm{GMt}(r, k, p, \Gamma^{-1}, S, \widetilde{B})$ gilt $\boldsymbol{B}' \sim \mathrm{GMt}(r, p, k, S, \Gamma^{-1}, \widetilde{B}')$ ([4]).

A 2.45. Mit $\boldsymbol{\beta} \sim \mathrm{GMt}(r, 1, 1, \gamma, s, \tilde{\beta})$ gilt $(r - 1)^{1/2} (\boldsymbol{\beta} - \tilde{\beta}) \gamma^{1/2} s^{-1/2} \sim t_{r-1}$ (vgl. [4]).

A 2.46. Es seien die unabhängigen Zufallsgrößen $\boldsymbol{y}, \boldsymbol{z}, \boldsymbol{s}$ mit $\boldsymbol{y} \sim N_n(0, W)$, $\boldsymbol{z} \sim N_h(0, V)$ für $V - W \geqq 0$ und $\boldsymbol{s} \sim \chi^2_n$ gegeben. Mit $f(x) = \max\limits_{1 \leqq i \leqq h} x_i - \min\limits_{1 \leqq i \leqq h} x_i$ $(x = (x_1, \ldots, x_h)' \in R^h)$ gilt dann $P(f(\boldsymbol{y})\, \boldsymbol{s}^{-1/2} \geqq t) \leqq P(f(\boldsymbol{z})\, \boldsymbol{s}^{-1/2} \geqq t)$ für alle $t \in R^{>}$ ([15]).

A 2.47. Es sei $\boldsymbol{x} \sim N_n(\mu, I_n)$, $\gamma \in R^1$ eine Konstante und $A \in \mathfrak{M}^{>}_n$. Dann gilt für jedes $c \in R^1$

$$E[I_{(0,c)}(\gamma \boldsymbol{x}'\boldsymbol{x})\, \boldsymbol{x}] = \mu P\,(\gamma \boldsymbol{\chi}^2_{n+2;\,||\mu||^2} < c)$$

und

$$E[I_{(0,c)}(\gamma \boldsymbol{x}'\boldsymbol{x})\, \boldsymbol{x}'A\boldsymbol{x}] = P(\gamma \boldsymbol{\chi}^2_{n+2;\,||\mu||^2} < c)\, \mathrm{sp}\,[A] - \mu' A \mu P\,(\gamma \boldsymbol{\chi}^2_{n+4;\,||\mu||^2} < c)\,.$$

A 2.48. Es sei P ein Maß über $(\Omega, \mathfrak{A})$. Für beliebige Mengen $A_i \in \mathfrak{A}$ $(i = 1, \ldots, k)$ gilt die Bonferroni-Ungleichung $P(A_1, \ldots, A_k) \leqq 1 - \sum\limits_{i=1}^{k} P(\overline{A_i})$.

A.2.49. $\boldsymbol{x}_1, \ldots, \boldsymbol{x}_k, \boldsymbol{s}$ seien unabhängige Zufallsgrößen mit Werten in R^1. Dann gilt die Kimballsche-Ungleichung $P(\boldsymbol{x}_1 \leqq \boldsymbol{s}, \ldots, \boldsymbol{x}_k \leqq \boldsymbol{s}) \geqq \prod\limits_{i=1}^{k} P(\boldsymbol{x}_i \leqq \boldsymbol{s})$ ([16]).

A 2.50. $\varphi_{\boldsymbol{x}}(t) = E e^{it\boldsymbol{x}}$ sei die charakteristische Funktion der eindimensionalen Zufallsgröße $\boldsymbol{x}$. Dann gilt

$$E\boldsymbol{x} = \frac{2}{\pi} \int\limits_{R^1} \frac{1 - \mathrm{Re}\, \varphi_{\boldsymbol{x}}(t)}{t^2}\, dt\,.$$

Literatur

[1] RAO, C. R., Linear Statistical Inference and its Application (Second Ed.). New York 1973.
[2] KSHIRSAGAR, A. M., Multivariate Analysis. New York 1972.
[3] HENSCHKE, K., Bereichsschätzfunktionen für lineare Parameter und Graphen von Regressionsfunktionen. Dissertation. Berlin 1975.
[4] BOX, G. E. P., and G. C. TIAO, Bayesian Inference in Statistical Analysis. Reading, Mass. 1973.
[5] ZELLNER, A., An Introduction to Bayesian Inference in Econometrics. New York 1971.
[6] SCHEFFÉ, H., The Analysis of Variance. New York 1959.
[7] MÜLLER, P. H., P. NEUMANN und R. STORM, Tafeln der mathematischen Statistik. Leipzig 1973.
[8] PEARSON, K., Tables of the Incomplete Beta-Function. London 1956.
[9] LEHMANN, E. L., Testing Statistical Hypotheses. New York 1959.
[10] PILLAI, K. C. S., and K. V. RAMACHANDRAN, Distribution of a studentized order Statistic. Ann. Math. Stat. 25 (1954), 565–572.
[11] HAHN, G. J., and R. W. HENDRICKSON, A table of percentage points of the distribution of the largest absolute value of k Student-t variates and its applications. Biometrika 58 (1971), 323–332.
[12] OWEN, D. B., Handbook of Statistical Tables. Reading, Mass. 1962.
[13] DUNN, O. J., and F. J. MASSEY, JR., Estimation of multiple contrasts using t-distributions. Journal Am. Stat. Ass. 65 (1970), 413–421.
[14] DE GROOT, M. H., Optical Statistical Decisions. New York 1970.
[15] HOCHBERG, Y., Some generalisations rof the T-method in simultaneous inference. Journal of Mult. Anal. 4 (1974), 224–234.
[16] KIMBALL, A. W., On dependent test of significance in the analysis of variance. Ann. Math. Stat. 22 (1951), 600–602.

A3. Entscheidungstheorie

A 3.1. Es sei $\boldsymbol{y} \circledS \mathcal{P} = \{P_\vartheta \mid \vartheta \in \Theta\}$, wobei P_ϑ für jedes $\vartheta \in \Theta$ ein Wahrscheinlichkeitsmaß über $(\mathcal{Y}, \mathfrak{A}_\mathcal{Y})$ darstellt. Eine meßbare Abbildung $T: (\mathcal{Y}, \mathfrak{A}_\mathcal{Y}) \to (\mathcal{T}, \mathfrak{A}_\mathcal{T})$ wird Statistik genannt. Die durch T induzierte Zufallsgröße bezeichnen wir mit $\boldsymbol{T} = T(\boldsymbol{y})$, mit P_ϑ^T die Verteilung von $\boldsymbol{T}$ unter $\boldsymbol{y} \sim P_\vartheta$. Ein $A \in \mathfrak{A}_\mathcal{Y}$ mit $P_\vartheta(A) = 0$ für alle $\vartheta \in \Theta$ heißt $\mathcal{P}$-Nullmenge. Gilt $T(y) = 0$ für alle $y \in \mathcal{Y} \setminus A$, wobei A eine $\mathcal{P}$-Nullmenge ist, so schreiben wir $T(y) = o[\mathcal{P}]$.

A 3.2. $\mathcal{P}$ heißt durch ein Maß ν auf $\mathfrak{A}_\mathcal{Y}$ dominiert, $\mathcal{P} \ll \nu$, wenn jedes P_ϑ $(\vartheta \in \Theta)$ ν-stetig ist, d. h. jede ν-Nullmenge eine $\mathcal{P}$-Nullmenge ist. $\mathcal{P}$ und ν heißen äquivalent, falls jede $\mathcal{P}$-Nullmenge eine ν-Nullmenge ist und $\mathcal{P}$ durch ν dominiert wird.

A 3.3. Eine Statistik T heißt erschöpfend, falls es für alle $A \in \mathfrak{A}_\mathcal{Y}$ eine von $\vartheta \in \Theta$ unabhängige Festlegung $P(A \mid t)$ der bedingten Wahrscheinlichkeit $E_\vartheta(I_A(\boldsymbol{y}) \mid \boldsymbol{T} = t)$ gibt.

A 3.4. **NEYMAN-Kriterium.** Ist $\mathcal{P}$ dominiert durch ein σ-endliches Maß ν, dann ist T genau dann eine erschöpfende Statistik, wenn es für jedes $\vartheta \in \Theta$ eine $\mathfrak{A}_\mathcal{T}$-meßbare Funktion g_ϑ und eine $\mathfrak{A}_\mathcal{Y}$-meßbare Funktion h gibt, so daß durch $p_\vartheta(y) := g_\vartheta[T(y)] \times h(y)$ eine Dichte von P_ϑ bezüglich ν gegeben ist.

A 3.5. Eine Statistik T heißt vollständig, falls für jede $\mathfrak{A}_\mathcal{T}$-meßbare Funktion f aus $E_\vartheta f(\boldsymbol{T}) = 0$ $(\vartheta \in \Theta)$ folgt: $f(t) = o[\mathcal{P}^T]$, wobei $\mathcal{P}^T = \{P_\vartheta^T \mid \vartheta \in \Theta\}$ ist.

A 3.6. $\mathcal{P}$ heißt k-parametrige Exponentialfamilie, falls es ein zu $\mathcal{P}$ äquivalentes σ-endliches Maß ν mit der folgenden Eigenschaft gibt: Für jedes $\vartheta \in \Theta$ ist durch

$$p_\vartheta(y) = C(\vartheta) \exp\left\{\sum_{i=1}^{k} \xi_i(\vartheta)\, T_i(y)\right\}$$

eine ν-Dichte von P_ϑ gegeben, wobei $1, \xi_1, \dots, \xi_k$ linear unabhängige reelle Funktionen auf Θ sind und $1, T_1, \dots, T_k$ $\mathfrak{A}_\mathcal{Y}$-meßbare reelle Funktionen auf $\mathcal{Y}$ sind, die auf dem Komplement jeder ν-Nullmenge linear unabhängig sind. Die Statistik T ist erschöpfend. Enthält mit $\xi = (\xi_1, \dots, \xi_k)$ die Menge $\xi(\Theta)$ ein k-dimensionales Intervall, so ist T vollständig.

A 3.7. Ein Tripel $[\mathcal{P}, D, V]$, bei dem $\mathcal{P} = \{P_\vartheta \mid \vartheta \in \Theta\}$ ein Verteilungsmodell für eine Zufallsgröße $\boldsymbol{y}$ mit Werten in $\mathcal{Y}$, $\boldsymbol{y} \stackrel{\frown}{=} \mathcal{P}$, D eine Menge und V eine Abbildung V: $\Theta \times D \to \mathfrak{M}_r^{\geqq}$ ist, nennen wir ein statistisches Entscheidungsproblem. Eine Entscheidungsfunktion δ ist eine Abbildung $\delta: \mathcal{Y} \to D$. Die Funktion $R(\vartheta, \delta) := E_\vartheta V(\vartheta, \boldsymbol{\delta})$ mit $\boldsymbol{\delta} = \delta(\boldsymbol{y})$ nennen wir Risiko.

A 3.8. Eine Abbildung γ: $\Theta \to \Gamma$ heißt Parameterfunktion. Ein statistisches Entscheidungsproblem $[\mathcal{P}, D, V]$ mit $D = \Gamma$ nennen wir auch Schätzproblem, und eine Entscheidungsfunktion heißt dann auch Schätzfunktion (SF). Eine SF δ heißt erwartungstreu für γ, falls

$$E_\vartheta \boldsymbol{\delta} = \gamma(\vartheta) \qquad (\vartheta \in \Theta)$$

gilt.

A 3.9. **Satz von Rao-Blackwell.** In dem Schätzproblem $[\mathcal{P}, D, V]$ mit $D = \Gamma \subset R^k$ sei T eine erschöpfende Statistik. Es sei g eine erwartungstreue SF für γ und $h(T(y)) = E(g(\boldsymbol{y}) \mid \boldsymbol{T} = T(y))$. Ist $V(\vartheta, d)$ reell und für jedes $\vartheta \in \Theta$ konvex auf R^k oder ist $V(\vartheta, d) = (\gamma - d)(\gamma - d)'$, so gilt

$$R(\vartheta, h) \leqq R(\vartheta, g) \qquad (\vartheta \in \Theta)\,.$$

A 3.10. In $[\mathcal{P}, D, V]$ mit $D = \Gamma$ heißt δ^* gleichmäßig beste erwartungstreue SF für γ, falls für alle erwartungstreuen SF δ gilt

$$R(\vartheta, \delta^*) \leqq R(\vartheta, \delta) \qquad (\vartheta \in \theta)\,.$$

A 3.11. **Satz von Lehmann-Scheffé.** Es seien die Voraussetzungen aus [A 3.9] erfüllt, und zusätzlich sei T eine vollständige Statistik. Dann ist $h(T(y))$ eine gleichmäßig beste erwartungstreue SF.

A 3.12. Eine SF δ_* heißt zulässig in einer Klasse $\mathcal{D}$ von Schätzfunktionen, falls kein $\delta \in \mathcal{D}$ mit $R(\vartheta, \delta) \leqq R(\vartheta, \delta_*)$ $(\vartheta \in \Theta)$ und mit $R(\vartheta_*, \delta) - R(\vartheta_*, \delta_*) \neq 0$ für mindestens ein $\vartheta_* \in \Theta$ existiert.

A 3.13. **Satz von James-Stein ([7]).** Es sei $\boldsymbol{z} = \begin{pmatrix} \boldsymbol{x} \\ \cdots \\ \boldsymbol{u} \end{pmatrix} \begin{matrix} \}l \\ \\ \}m \end{matrix}$ eine Zufallsgröße mit Werten im R^{l+m}. W sei ein Wahrscheinlichkeitsmaß auf $\mathfrak{B}^m$. Für jedes $\vartheta \in \Theta = R^l$ sei P_ϑ eine Wahrscheinlichkeitsverteilung auf $\mathfrak{B}^{l+m}$ mit der Eigenschaft, daß unter $\boldsymbol{z} \sim P_\vartheta$ die bedingte Verteilung von $\boldsymbol{y} = \boldsymbol{x} - \vartheta$ unter der Bedingung $\boldsymbol{u} = u$ eine μ_l-Dichte $p(y \mid u)$ besitzt, $E_\vartheta(\boldsymbol{y} \mid u) = 0$ und $\boldsymbol{u} \sim W$ gilt. Es sei das Schätzproblem $[\mathcal{P}, D, V]$ mit $D = \Theta$ und $V = ||d - \vartheta||^2$ zugrundegelegt, und δ^0 bezeichne die SF $\delta^0(z) = x$.

a) Ist $l = 1$ und $\int [\int y^2 p(y \mid u)\, dy]^{3/2}\, du < \infty$, dann ist δ^0 zulässig.
b) Ist $l = 2$ und

$$\int \left(\int ||y||^2 \log^{1+\varkappa}(||y||^2)\, p(y \mid u)\, dy\right)^2 du < \infty \qquad \text{für ein } \varkappa > 0\,,$$

dann ist δ_0 zulässig.

A 3.14. Im Verteilungsmodell $\boldsymbol{y} \stackrel{\frown}{=} \mathcal{P} = \{P_\vartheta \mid \vartheta \in \Theta\}$ sei das Testproblem H: „$\vartheta \in \Theta_H$" und K: „$\vartheta \in \Theta_K$" betrachtet mit $\Theta_H \subset \Theta$ und $\Theta_K \subset \Theta \setminus \Theta_H$. Eine Statistik

$\varphi: (\mathcal{Y}, \mathfrak{A}_\mathcal{Y}) \to ([0, 1], \mathfrak{B}_{[0,1]})$ heißt α-Test für H gegen K, wenn für die Gütefunktion $\beta_\varphi(\vartheta) = E_\vartheta\varphi$ gilt

$$\beta_\varphi(\vartheta) \leqq \alpha\,, \qquad \vartheta \in \Theta_H\,.$$

A 3.15. Ist φ ein α-Test für H gegen K und T eine erschöpfende Statistik, dann ist $\psi[T(y)] = E(\varphi(\mathbf{y}) \mid \mathbf{T} = T(y))$ ein α-Test für H gegen K mit der gleichen Gütefunktion.

A 3.16. Ist $\mathcal{P}$ durch ein σ-endliches Maß ν dominiert und Θ ein endliches oder unendliches Intervall im R^1, dann heißt $\mathcal{P}$ eine Klasse von Verteilungen mit monotonem Dichtequotienten in T: $(\mathcal{Y}, \mathfrak{A}_\mathcal{Y}) \to (R^1, \mathfrak{B}^1)$, falls es für alle $(\vartheta_0, \vartheta_1) \in \Theta$ mit $\vartheta_0 < \vartheta_1$ eine monoton wachsende reelle Funktion $g_{\vartheta_0,\vartheta_1}$ gibt, so daß für ν-Dichten p_ϑ von P_ϑ $(\vartheta \in \Theta)$ gilt

$$\frac{p_{\vartheta_1}(y)}{p_{\vartheta_0}(y)} = g_{\vartheta_0,\vartheta_1}[T(y)]\,[\nu]\,.$$

A 3.17. Die Klassen $\{\chi^2_{n;\vartheta^2} \mid \vartheta^2 \geqq 0\}$ und $\{F_{n,m;\vartheta^2} \mid \vartheta^2 \geqq 0\}$ haben einen monotonen Dichtequotienten in $T(y) = y$.

A 3.18. φ^* heißt gleichmäßig bester α-Test für H gegen K, falls für jeden anderen α-Test φ gilt:

$$\beta_{\varphi^*}(\vartheta) \geqq \beta_\varphi(\vartheta) \qquad (\vartheta \in \Theta_K)\,.$$

A 3.19. Ein α-Test heißt unverfälscht, falls

$$\beta_\varphi(\vartheta) \geqq \alpha \qquad (\vartheta \in \Theta_K)\,.$$

A 3.20. Es sei $\Theta = R^1$ und $\mathcal{P}$ eine Klasse mit monotonem Dichtequotienten in T. Weiterhin gelte $\Theta_H = \{\vartheta \in \Theta \mid \vartheta \leqq \vartheta_0\}$ und $\Theta_K = \{\vartheta \in \Theta \mid \vartheta \geqq \vartheta_1\}$ oder $\Theta_K = \{\vartheta \in \Theta \mid \vartheta > \vartheta_0\}$ $(\vartheta_1 > \vartheta_0)$. Dann ist

$$\varphi(y) = \begin{cases} 1, \text{ falls } & T(y) > k\,, \\ \gamma, \text{ falls } & T(y) = k\,, \\ 0, \text{ falls } & T(y) < k\,, \end{cases}$$

mit $P^T(\mathbf{T} > k) + \gamma P^T(\mathbf{T} = k) = \alpha$ ein gleichmäßig bester α-Test. φ ist unverfälscht und hat eine monotone Gütefunktion $\beta_\varphi(\vartheta)$.

A 3.21. Ein Test φ heißt invarianter Test bezüglich einer Gruppe $\mathcal{G}$ eineindeutiger meßbarer Transformationen g von $\mathcal{Y}$ auf sich, falls $\varphi(gy) = \varphi(y)$ $(g \in \mathcal{G},\ y \in \mathcal{Y})$ gilt. Das Testproblem H gegen K heißt invariant gegenüber $\mathcal{G}$, falls mit $\mathbf{g} = g\mathbf{y}$ für alle $g \in \mathcal{G}$.

$$\{P_\vartheta \mid \vartheta \in \Theta_H\} = \{P_\vartheta^{\mathbf{g}} \mid \vartheta \in \Theta_H\}$$

und

$$\{P_\vartheta \mid \vartheta \in \Theta_K\} = \{P_\vartheta^{\mathbf{g}} \mid \vartheta \in \Theta_K\}$$

gilt.

A 3.22. Ein α-Test φ^* heißt Maximin-α-Test, falls für jeden α-Test φ gilt

$$\inf_{\vartheta \in \Theta_K} \beta_{\varphi^*}(\vartheta) \geqq \inf_{\vartheta \in \Theta_K} \beta_\varphi(\vartheta)\,.$$

A 3.23. Wir benutzen die Bezeichnungen Φ_α für die Klasse der α-Tests, $\beta(\vartheta) := \max_{\varphi \in \Phi_\alpha} \beta_\varphi(\vartheta)$ und $S(\varphi) := \sup_{\vartheta \in \Theta_K} \beta(\vartheta) - \beta_\varphi(\vartheta)$. Ein α-Test φ^* heißt strengster α-Test, falls $S(\varphi^*) = \min_{\varphi \in \Phi_\alpha} S(\varphi)$ gilt.

A 3.24. **Satz von Hunt und Stein.** Es sei $\mathcal{G}$ eine Gruppe meßbarer eineindeutiger Transformationen von $\mathcal{Y}$ auf sich, die das Testproblem invariant läßt. Weiterhin sei $\mathfrak{A}_\mathcal{G}$

φ: eine σ-Algebra über $\mathcal{G}$, bei der für jedes $A \in \mathfrak{A}_{\mathcal{G}}$ und $g \in \mathcal{G}$ gilt $Ag \in \mathfrak{A}_{\mathcal{G}}$ und $\{(y, g) \in \mathcal{Y} \times \mathcal{G} \mid gy \in A\} \in \mathfrak{A}_Y \times \mathfrak{A}_{\mathcal{G}}$. Gibt es auf $\mathfrak{A}_{\mathcal{G}}$ ein rechtsinvariantes σ-endliches Maß ν mit $\nu(Ag) = \nu(A)$ und eine Mengenfolge $B_1 \subseteq B_2 \subseteq \ldots \subseteq \mathcal{G}$ derart, daß

$$\frac{\nu(A \cap B_n) - \nu(Ag \cap B_n)|}{\nu(B_n)} \xrightarrow{(n)} 0 \text{ für alle } A \in \mathfrak{A}_{\mathcal{G}}$$

und $g \in \mathcal{G}$ gilt, dann gibt es zu jedem Test φ einen invarianten Test φ^* mit

$$\inf_{g \in \mathcal{G}} E_\vartheta \varphi(g\boldsymbol{y}) \leqq E_\vartheta \varphi^*(\boldsymbol{y}) \leqq \sup_{g \in \mathcal{G}} E_\vartheta \varphi(g\boldsymbol{y}) \quad (g \in \mathcal{G}, \vartheta \in \Theta).$$

Ist φ^0 gleichmäßig bester invarianter α-Test, dann ist φ^0 ein Maximin-α-Test und ein strengster α-Test.

A 3.25. $\mathcal{G}$ sei eine Gruppe eineindeutiger meßbarer Transformationen von $\mathcal{Y}$ auf sich. Eine invariante Statistik T $(T(gy) = T(y),\ g \in \mathcal{G},\ y \in \mathcal{Y})$ heißt maximalinvariant, falls aus $T(y) = T(y')$ für ein $y \in \mathcal{Y}$ und ein $y' \in \mathcal{Y}$ die Existenz eines $g \in \mathcal{G}$ mit $y = gy'$ folgt.

A 3.26. Es sei $\mathcal{Y} \in \mathfrak{B}^n$, $\mathcal{E} \in \mathfrak{B}^k$, $\mathcal{U} \in \mathfrak{B}^r$ und $T: (\mathcal{Y}, \mathfrak{B}_{\mathcal{Y}}) \to (\mathcal{E}, \mathfrak{B}_{\mathcal{E}})$ eine maximal invariante Funktion. Es existiere ein $\mathcal{V} \in \mathfrak{B}^s$ und ein $V: (\mathcal{Y}, \mathfrak{A}_{\mathcal{Y}}) \to (\mathcal{V}, \mathfrak{B}_{\mathcal{V}})$, so daß $Z = (T, V)$ eine eineindeutige bimeßbare Abbildung von $\mathcal{Y}$ auf $T(\mathcal{Y}) \times V(\mathcal{Y})$ ist. Eine Statistik $U: (\mathcal{Y}, \mathfrak{B}_{\mathcal{Y}}) \to (\mathcal{U}, \mathfrak{B}_{\mathcal{U}})$ ist genau dann invariant, wenn es eine Abbildung $W: (\mathcal{E}, \mathfrak{B}_{\mathcal{E}}) \to (\mathcal{U}, \mathfrak{B}_{\mathcal{U}})$ mit $U(y) = W[T(y)]$ $(y \in \mathcal{Y})$ gibt.

A 3.27. Unter $\boldsymbol{y} \overset{\frown}{=} \{P_\vartheta \mid \vartheta \in \Theta\}$ betrachten wir mit $\psi_1 < \psi_2$ und $\psi: \Theta \to R^1$ die Hypothesen H: „$\psi(\vartheta) \leqq \psi_1$" und K: „$\psi(\vartheta) \geqq \psi_2$". Ein Test φ_* sei π-optimal, falls für alle Tests φ gilt $\alpha(\varphi_*) \leqq \alpha(\varphi)$. Dabei ist $\pi \in [0, 1]$ vorgegeben und $\alpha(\varphi) = \pi\alpha_1(\varphi) + (1 - \pi)\,\alpha_2(\varphi)$, $\alpha_1(\varphi) = \sup_{\vartheta \in \Theta_H} E_\vartheta\varphi$, $\alpha_2(\varphi) = 1 - \inf_{\vartheta \in \Theta_K} E_\vartheta\varphi$.

Satz von Bunke und Grimm [8]. Es seien folgende Annahmen betrachtet:

1. Es seien die Voraussetzungen des Satzes von Hunt und Stein [A 3.24] erfüllt. Weiterhin seien T: $(\mathcal{Y}, \mathfrak{A}_{\mathcal{Y}}) \to (R^k, \mathfrak{B}^k)$ eine erschöpfende Statistik und $u(y) = u[T(y)]$ eine bezüglich $\mathcal{G}$ maximal invariante Statistik.

2. $u(\boldsymbol{y})$ ist eine reelle Zufallsgröße mit μ_1-Dichte $p_{\psi(\vartheta)}$ und in u monotonem Dichtequotienten. Unter 1. gibt es einen nur von u abhängigen π-optimalen Test φ^π. Ist weiterhin 2. erfüllt, so ist ein solcher Test gegeben durch

$$\varphi^\pi(y) = \begin{cases} 1, & \text{falls } \pi p_{\psi_1}[u(y)] \leqq (1 - \pi)\, p_{\psi_2}[u(y)] \\ 0 & \text{sonst}. \end{cases}$$

A 3.28. Ein Tripel $[\Pi, D, V]$, bei dem Π eine Wahrscheinlichkeitsverteilung über $[\Theta, \mathfrak{A}_\Theta]$, D eine Menge und V eine Abbildung $V: \Theta \times D \to \mathfrak{M}_r^{\geqq}$ ist, nennen wir ein Entscheidungsproblem. Eine Entscheidung d^* nennen wir optimal, falls gilt

$$\min_{d \in D} E_\Pi V(\boldsymbol{\vartheta}, d) = E_\Pi V(\boldsymbol{\vartheta}, d^*) \quad (\boldsymbol{\vartheta} \sim \Pi).$$

A 3.29. In dem Entscheidungsproblem $[\Pi, D, V]$ mit

$$V(\vartheta, d) = \sum_{i=1}^{k} [\alpha_i(\vartheta_i - d_i)\, I_{A_i}(\vartheta_i) + \beta_i(d_i - \vartheta_i)\, I_{\overline{A}_i}(\vartheta_i)]$$

und $\Theta = D = R^k$ ist $d^* = (Q_i(\gamma_i))_{i=1,\ldots,k}$ eine optimale Entscheidung. Hierbei ist $0 < \alpha_i, \beta_i < 1$, $A_i = [d_i, \infty)$ $(i = 1, \ldots, k)$ und $Q_i(\gamma_i)$ ein γ_i-Quantil der Randverteilung der i-ten Komponente von $\boldsymbol{\vartheta} \sim \Pi$ mit

$$\gamma_i = \frac{\alpha_i}{\alpha_i + \beta_i}$$

(vgl. [9]).

Es sei das Entscheidungsproblem $[\Pi, D, V]$ mit $\Theta = D \in R^k$ und $V(\vartheta, d) = f(\vartheta) \|\vartheta - d\|_H^2$, $H \in \mathfrak{M}_k^{\geqq}$, und

$$f: (\Theta, \mathfrak{A}_\Theta) \to (R^>, \mathfrak{B}^>)$$

gegeben. Gilt

(i) $0 < E_\Pi f(\vartheta) < \infty$ und $E_\Pi f(\vartheta) \|\vartheta - d\|_H^2 < \infty \quad (d \in D)$

und

(ii) $[E_\Pi f(\vartheta)]^{-1} E_\Pi f(\vartheta)\, \vartheta \in D$,

so ist $d^* = \dfrac{E_\Pi f(\vartheta)\, \vartheta}{E_\Pi f(\vartheta)}$ optimale Entscheidung. Für $V(\vartheta, d) = (\vartheta - d)(\vartheta - d)'$ ist dann $d^* = E_\Pi \vartheta$ optimale Entscheidung (vgl. [9]).

A 3.30. In dem Entscheidungsproblem $[\Pi, D, V]$ sei $\Theta = D = R^k$, $V(\vartheta, d) = F(\|\vartheta - d\|_{H_1})$, wobei F eine monoton nichtfallende Funktion ist und $H_1 \in \mathfrak{M}_k^{\geqq}$ gilt. Π habe bezüglich des Lebesgueschen Maßes eine Dichte π, die symmetrisch um d_0 ist und eine Darstellung $\pi(\vartheta) = G(\|\vartheta - d_0\|_{H_2})$ mit einer monoton nichtwachsenden Funktion G und $H_2 \in \mathfrak{M}_k^{>}$ besitzt. Dann ist d_0 eine optimale Entscheidung in $[\Pi, D, V]$ (vgl. [10]).

A 3.31. In den Entscheidungsproblemen $[\Pi, D, V_n]$, $n = 1, 2, \ldots$, sei $\Theta = D \subseteq R^k$, Π habe eine stetige Dichte bezüglich des Lebesgueschen Maßes mit eindeutigem Modalwert d_0. d_n sei optimale Entscheidung für $V_n(\vartheta, d) = n^k (1 - \exp\{-n^2 \|\vartheta - d\|^2\}$. Zu jedem $\varepsilon > 0$ existiert ein n_0, so daß $|E_\Pi V_n(\vartheta, d_n) - E_\Pi V_n(\vartheta, d_0)| \leqq \varepsilon$ für $n \geqq n_0$ gilt (vgl. [2]).

A 3.32. Sei Π eine Wahrscheinlichkeitsverteilung über $[\Theta, \mathfrak{A}_\Theta]$ und $\gamma: \Theta \to \Gamma \subset R^l$ eine Parameterfunktion. Eine Menge $B \in \mathfrak{B}^l$ heißt α-Schätzbereich (α-SB) für γ, falls $\Pi^\gamma(B) = \Pi(\gamma^{-1}B) \geqq \alpha$ ist. Gilt das Gleichheitszeichen, so heißt B exakter α-SB.

A 3.32. Ist $\Theta \in \mathfrak{B}^k$ und hat Π^γ eine μ_k-Dichte π, so heißt ein exakter α-SB der Form $B_c = \{\gamma \mid \pi(\gamma) \geqq c\}$ ein α-HPD-SB.

A 3.33. Unter allen α-SB hat ein α-HPD-SB den kleinstmöglichen Lebesgueschen Inhalt.

A 3.34. Ein statistisches Entscheidungsproblem $[\mathcal{P}, D, V]$ mit einer a priori Verteilung Π über $(\Theta, \mathfrak{A}_\Theta)$ heißt Bayessches Entscheidungsproblem. P_ϑ wird dabei als bedingte Verteilung $P^{y|\vartheta=\vartheta}$ und Π als Randverteilung von ϑ interpretiert. Die bedingte Verteilung $\Pi_y = P^{\vartheta|y=y}$ heißt a posteriori Verteilung.

A 3.35. In einem Bayesschen Schätzproblem $[\mathcal{P}, D, V]$ mit a priori Verteilung Π und $D = \Gamma$ heißt $\delta^*: \mathcal{Y} \to \Gamma$ Bayessche Schätzfunktion (Bayessche SF) für die Parameterfunktion γ, falls

$$\min_\delta E_\vartheta V(\vartheta, \delta(y)) = E_\vartheta V(\vartheta, \delta^*(y)) .$$

A 3.36. δ^Π ist genau dann eine Bayessche SF, wenn $\delta^\Pi(y)$ optimale Entscheidung im Entscheidungsproblem $[\Pi_y, D, V]$ für alle $y \in \mathcal{Y}$, höchstens mit Ausnahme einer Q_Π-Nullmenge ist (Q_Π ist die Randverteilung von y in (y, ϑ)) (vgl. [4]).

A 3.37. Eine Familie von a priori Verteilungen Π über $(\Theta, \mathfrak{A}_\Theta)$ heißt konjugiert, falls zu allen $\Pi \in \Pi$ und $y \in \mathcal{Y}$ die a posteriori Verteilung durch ein $\Pi_y \in \Pi$ gegeben ist.

A 3.38. Es sei $\Theta \in \mathfrak{B}^k$ und $T: (\mathcal{Y}, \mathfrak{A}_\mathcal{Y}) \to (\mathcal{T}, \mathfrak{A}_\mathcal{T})$, $\pi_y(\vartheta)$ sei μ_k-Dichte der Verteilung Π_y über $(\Theta, \mathfrak{A}_\Theta)$. Eine Funktion $k: \mathcal{T} \times \Theta \to R^>$ mit $\pi_y(\vartheta) \propto k(T(y), \vartheta)$ heißt Kern von π_y zur Statistik T.

A 3.39. Es sei k ein Kern der Dichte $\pi_y(\vartheta)$ zur Statistik T und $\mathcal{T}_0 = \{T(y) \mid y \in \mathcal{Y}\}$.

(i) Sei $\mathcal{T}' \subset \mathcal{T}$ derart, daß zu jedem $T_1 \in \mathcal{T}'$, $T_2 \in \mathcal{T}' \cap \mathcal{T}_0$ ein $T_3 \in \mathcal{T}'$ existiert mit $k(T_1, \vartheta)\, k(T_2, \vartheta) = k(T_3, \vartheta)$ $(\vartheta \in \Theta)$.

(ii) Es sei $\varphi\colon \Theta \to R^{>}$ mit $\psi_T = \int\limits_{\Theta} \varphi(\vartheta)\, k(T, \vartheta)\, d\vartheta < +\infty$ $(T \in \mathcal{T}')$ und $\pi_T(\vartheta) = \psi_T^{-1}\varphi(\vartheta)\, k(T, \vartheta)$ eine μ_k-Dichte der Verteilung Π_T.
Dann ist $\Pi = \{\Pi_T \mid T \in \mathcal{T}'\}$ eine konjugierte Familie von a priori Verteilungen (vgl. [11]).

A 3.40. In der in [A 3.39] eingeführten konjugierten Familie definieren wir folgende Halbordnungsrelation: $\Pi_{T_2} \underset{(\pi)}{>} \Pi_{T_1}$, falls ein $T \in \mathcal{T}' \cup \mathcal{T}_0$ existiert mit

$$k(T_2, \vartheta) = k(T_1, \vartheta)\, k(T, \vartheta) \qquad (\vartheta \in \Theta)\,.$$

A.3.41. Es sei $\mathcal{D}$ eine Klasse von Entscheidungsfunktionen δ, für die das Risiko $R(\vartheta, \delta^*) = E_\vartheta V(\vartheta, \delta^*)$ definiert ist und darüber hinaus $S(\delta) = \sup\limits_{\vartheta \in \Theta} R(\vartheta, \delta)$ als Matrix aus $\mathfrak{M}_r^{\geq}$ mit $\sup\limits_{\vartheta \in \Theta} h' R(\vartheta, \delta)\, h = h' S(\delta)\, h$ $(h \in R^r)$ existiert. Eine Entscheidungsfunktion $\delta^* \in \mathcal{D}$ heißt Minimax-Entscheidungsfunktion (in $\mathcal{D}$) in dem statistischen Entscheidungsproblem $[\mathcal{P}, D, V]$, wenn gilt

$$\min_{\delta \in \mathcal{D}} S(\delta) = S(\delta^*)\,.$$

A 3.42. $\mathcal{D}$ sei eine Klasse von Entscheidungsfunktionen δ, für die das Risiko $R(\vartheta, \delta)$ eine $\mathfrak{A}_\Theta$-meßbare nichtnegative Funktion $(r = 1)$ ist. Es ist dann das gemischte Risiko $R[\Pi, \delta] = \int\limits_{\Theta} R(\vartheta, \delta)\, \Pi\, (\alpha\, \vartheta)$ für jede a priori Verteilung Π auf $\mathfrak{A}_\Theta$ und jedes $\delta \in \mathcal{D}$ definiert. δ_ε heißt ε-BAYESsch bezüglich Π (in $\mathcal{D}$), falls $R(\Pi, \delta^*) \leq R(\Pi, \delta) + \varepsilon$ für alle $\delta \in \mathcal{D}$ gilt.

A 3.43. $\delta^* \in \mathcal{D}$ habe ein Risiko $R(\vartheta, \delta^*) = \text{const.}$, das nicht von ϑ abhängt. Existiert zu jedem $\varepsilon > 0$ eine Verteilung π_ε auf $\mathfrak{A}_\Theta$, bezüglich der δ^* ε-BAYESsch (in $\mathcal{D}$) ist, dann ist δ^* Minimax-Entscheidungsfunktion (in $\mathcal{D}$).

A 3.44. $\mathcal{K}_{n \times p}$ sei die Klasse aller Verteilungen $\varkappa$ auf $\mathfrak{B}^{n \times p}$ mit $\int Y \varkappa(dY) = 0$ und $\int \vec{Y}\vec{Y}' \varkappa(dY) = I_{np}$. Unter $z \sim \varkappa$ sei die Verteilung von $Y = M + \overleftarrow{\Omega^{1/2}\vec{Z}}$ mit P_ϑ $(\vartheta = (M, \Omega, \varkappa))$ bezeichnet, wobei $M \in \mathfrak{M}_{n \times p}$, $\Omega \in \mathfrak{M}_{np}^{>}$ ist. Es gilt $E_\vartheta Y = M$ $D_\vartheta \vec{Y} = \Omega$.

A 3.45. Es sei $P_\vartheta < P_{\tilde{\vartheta}}$, falls $E_\vartheta h(Y - E_\vartheta Y) \leq E_{\tilde{\vartheta}} h(Y - E_{\tilde{\vartheta}} Y)$ für alle $h \in \mathcal{H}_{\vartheta, \tilde{\vartheta}}$ gilt. Dabei bezeichnet $\mathcal{H}_{\vartheta_1, \vartheta_2}$ die Menge aller konvexen $h\colon (\mathfrak{M}_{n \times p}, \mathfrak{B}^{n \times p}) \to (R^1, \mathfrak{B}^1)$ mit $E_{\vartheta_i} h(Y - E_{\vartheta_i} Y) < \infty$ $(i = 1, 2)$. Für

$$\mathcal{P}_{(\Omega_i, \varkappa_i)} = \{P_\vartheta \mid \vartheta = (M, \Omega_i, \varkappa_i),\ M \in \mathfrak{M}_{\mathcal{L}}^p\} \qquad (i = 1, 2)$$

mit einem festen linearen Unterraum $\mathcal{L}$ des R^n schreiben wir $\mathcal{P}_{(\Omega_1, \varkappa_1)} \underset{(1)}{<} \mathcal{P}_{(\Omega_2, \varkappa_2)}$, falls $P_{(M, \Omega_1, \varkappa_1)} < P_{(M, \Omega_2, \varkappa_2)}$ für alle $M \in \mathfrak{M}_{\mathcal{L}}^p$ gilt. Für

$$\mathcal{P}_{\varkappa_i}^{\Lambda_i} = \{P_\vartheta \mid \vartheta = (M, \Sigma \otimes \Lambda_i, \varkappa_i)\,, \qquad M \in \mathfrak{M}_{\mathcal{L}}^p,\ \Sigma \in \mathcal{U}\} \qquad (i = 1, 2)$$

mit einem besten $\mathcal{U} \subset \mathfrak{M}_p^{>}$ und $\Lambda_i \in \mathfrak{M}_n^{>}$ schreiben wir

$$\mathcal{P}_{\varkappa_1}^{\Lambda_1} \underset{(2)}{<} \mathcal{P}_{\varkappa_2}^{\Lambda_2}\,, \qquad \text{falls } P_{(M, \Sigma \otimes \Lambda_1, \varkappa_1)} < P_{(M, \Sigma \otimes \Lambda_2, \varkappa_2)}$$

für alle $M \in \mathfrak{M}_{\mathcal{L}}^p$, $\Sigma \in \mathcal{U}$ gilt. Es gilt $N(M, \Omega_1) < N(M, \Omega_2)$ genau dann, wenn $\Omega_1 \leq \Omega_2$. Für

$$\mathcal{P}_{\varkappa i}^{\Lambda i} = \{N_{n \times p}(M, \Sigma \otimes \Lambda_i) \mid M \in \mathfrak{M}_{\mathcal{L}}^p,\ \Sigma \in \mathcal{U}\} \qquad (i = 1, 2)$$

gilt $\mathcal{P}_{\varkappa_1}^{\Lambda_1} \underset{(2)}{<} \mathcal{P}_{\varkappa_2}^{\Lambda_2}$ genau dann, wenn $\Lambda_1 \leq \Lambda_2$ gilt (vgl. [9]).

A 3.46. Für die Klassen $\mathcal{P}_{\varkappa_i}^{\sigma_i} = \mathrm{EP}_{\varkappa_i}[\mathcal{R}(X) \times \{\sigma_i^2 I_n\}]$ aus (7.1.13) gilt $\mathcal{P}_{\varkappa_1}^{\sigma_1} \underset{(2)}{<} \mathcal{P}_{\varkappa_2}^{\sigma_2}$ genau dann, wenn $\varkappa_1 \leqq \varkappa_2$ und $\sigma_1 \leqq \sigma_2$ ist (vgl. W. NÄTHER [10]).

A 3.47. Es sei δ^* eine Minimax-SF in $[\mathcal{P}_{\varkappa_0}^{\Lambda_0}, D, V]$ (bzw. $[\mathcal{P}_{(\Omega_0, \varkappa_0)}, D, V]$) und $\mathcal{P}_{\varkappa_0}^{\Lambda_0}$ (bzw. $\mathcal{P}_{(\Omega_0, \varkappa_0)}$) bezüglich $\underset{(2)}{<}$ (bzw. $\underset{(1)}{<}$) Maximalelement in der Menge

$$\{\mathcal{P}_{\varkappa}^{\Lambda} \mid \varkappa \in \mathcal{K}, \Lambda \in \mathcal{W}\} \ (\mathcal{K} \subset \mathcal{K}_{n \times p}, \mathcal{W} \subset \mathfrak{M}_n^{>})$$

bzw. in der Menge $\{P_{(\Omega, \varkappa)} \mid \Omega \in \mathcal{V}, \varkappa \in \mathcal{K}\}$ $(\mathcal{V} \subset \mathfrak{M}_{np}^{>}, \mathcal{K} \subset \mathcal{K}_{n \times p})$. Mit

$$\mathcal{P} = \{P_{(M, \Sigma \otimes \Lambda, \varkappa)} \mid M \in \mathfrak{M}_{Y}^{p}, \Sigma \in \mathcal{U}, \Lambda \in , \varkappa \in \mathcal{K}\}$$

bzw.

$$\mathcal{P} = \{P_{(M, \Omega, \varkappa)} \mid M \in \mathfrak{M}_{Y}^{p}, \Omega \in \mathcal{V}, \varkappa \in \mathcal{K}\}$$

ist dann δ^* auch Minimax-Entscheidungsfunktion in $[\mathcal{P}, D, V]$ (vgl. W. NÄTHER [10]).

A 3.48. (Theorem von C. STEIN über die Zulässigkeit von Tests in Exponentialfamilien) Die Verteilung der k-dimensionalen Variablen t gehöre einer durch die Dichten $p_\xi(t) = c_\xi e^{\xi' t}$, $\xi \in \Xi \subset R^k$ gegebenen Exponentialfamilie an (vgl. [A 3.6]). Die Mengen Ξ_H und Ξ_K bezeichnen zwei disjunkte Teilmengen des Parameterbereichs Ξ. Sei $\mathcal{A}$ eine abgeschlossene konvexe Untermenge des R^k derart, daß für jedes $\xi \in R^k$ und $c \in R^1$ mit

$$\{t \mid \xi' t > c\} \cap \mathcal{A} = \emptyset ,$$

ein $\xi_0 \in \Xi$ und beliebig große $\lambda \in R^1$ so existieren, daß $\xi_0 + \lambda\xi \in \Xi_K$. Dann ist der durch

$$\varphi(t) = \begin{cases} 0, & t \in \mathcal{A} , \\ 1, & t \notin \mathcal{A} \end{cases}$$

definierte Test zum Prüfen der Hypothese

$$H: \text{„}\xi \in \Xi_H\text{“}$$

gegen die Alternative

$$K: \text{„}\xi \in \Xi_K\text{“}$$

zulässig.

A 3.49. Es sei

$$y = f(\vartheta, \varepsilon) , \quad \vartheta \in \Theta , \quad \varepsilon \sim P^\varepsilon \tag{1}$$

ein funktionelles Modell, wobei $f: (\Theta \times \mathcal{E}, \mathfrak{B}_{\Theta \times \mathcal{E}}) \to (\mathcal{Y}, \mathfrak{B}_{\mathcal{Y}})$ mit $\Theta \in \mathfrak{B}^k$, $\mathcal{E} \in \mathfrak{B}^s$, $\mathcal{Y} \in \mathfrak{B}^n$ gilt und P^ε eine Verteilung auf $\mathfrak{B}_{\mathcal{E}}$ ist. Weiterhin sei $\gamma: (\Theta, \mathfrak{B}_\Theta) \to (\Gamma, \mathfrak{B}_\Gamma)$ mit $\Gamma \in \mathfrak{B}^l$. Der Parameter γ heißt strukturell identifizierbar in (1), falls eine Funktion $g: (\mathcal{Y} \times \mathcal{E}, \mathfrak{B}_{\mathcal{Y} \times \mathcal{E}}) \to (\Gamma, \mathfrak{B}_\Gamma)$ und ein $\mathcal{E}_1 \in \mathfrak{B}_{\mathcal{E}}$ mit $P^\varepsilon(\mathcal{E}_1) = 1$ und mit

$$\gamma(\vartheta) = g[f(\vartheta, \varepsilon), \varepsilon] , \quad \vartheta \in \theta , \quad \varepsilon \in \mathcal{E}_1$$

existieren. Es sei $\mathcal{Y}_1 = f(\Theta, \mathcal{E}_1) \in \mathfrak{B}_{\mathcal{Y}}$. Für verschiedene $y \in \mathcal{Y}_1$ seien die Mengen („Bahnen“)

$$A_y = \{\varepsilon \in \mathcal{E}_1 \mid \exists\, \vartheta \in \Theta: f(\vartheta, \varepsilon) = y\}$$

entweder disjunkt oder verschieden, und es sei $\mathcal{Y}_*$ eine Teilmenge von $\mathcal{Y}$ mit $\mathcal{E}_1 = \sum_{y \in \mathcal{Y}_*} A_y$. Zu jedem $y \in \mathcal{Y}_1$ gibt es dann ein $t(y) \in \mathcal{Y}_*$ mit $A_y = A_{t(y)}$ und zu jedem $\varepsilon \in \mathcal{E}_1$ ein $h(\varepsilon) \in \mathcal{Y}_*$ mit $\varepsilon = A_{h(\varepsilon)}$. Die σ-Algebra $\overset{h}{\mathfrak{A}}_{\mathcal{Y}_*} = \{A \in \mathfrak{B}_{\mathcal{Y}} \mid A \subset Y_*, h^{-1}A \in \mathfrak{B}_{\mathcal{E}_1}\}$ enthalte die einelementigen Mengen $\{y\}$ $(y \in \mathcal{Y}_*)$. Es ist $\overset{h}{h}: (\mathcal{E}_1, \mathfrak{A}_{\mathcal{E}_1}) \to (\mathcal{Y}_*, \mathfrak{A}_{\mathcal{Y}_*})$. $P^{\varepsilon|h(\varepsilon)=k}$ sei eine Festlegung der bedingten Verteilung von ε unter der Bedingung $h(\varepsilon) = k$. Dann heißt $P_y^\varepsilon = P^{\varepsilon|h(\varepsilon)=t(y)}$ strukturelle Fehlerverteilung. Die durch

$$P_y^\gamma(C) = P_y^\varepsilon(g_y^{-1}C)\,, \qquad C \in \mathfrak{B}_\Gamma$$

mit $g_y(\varepsilon) = g(y, \varepsilon)$ definierte Verteilung P_y^γ heißt strukturelle Verteilung. Sie ist in dem Sinne eindeutig, daß für zwei solche Verteilungen P_y^γ und $\widetilde{P}_y^\gamma$ gilt

$$P_y^\gamma = P_y^\gamma\,[\mathfrak{B}_{\mathcal{Y}}, \mathcal{P}]\,,$$

wobei $\mathcal{P} = \{P_\vartheta^y \mid \vartheta \in \Theta\}$, $P_\vartheta^y(B) = P^\varepsilon(\{\varepsilon \in \mathcal{E} \mid f(\vartheta, \varepsilon) \in B\})$ $(B \in \mathfrak{B}_y)$ gesetzt ist. Die strukturelle Verteilung ist unabhängig von der Wahl der Menge $\mathcal{Y}_*$.

A 3.50. Es sei $T = (U, V)\colon (\mathcal{Y}_1, \mathfrak{B}_{\mathcal{Y}_1}) \leftrightarrow (\mathcal{U} \times \mathcal{V}, \mathfrak{B}_{\mathcal{U}\times\mathcal{V}})$ eine bimeßbare eineindeutige Funktion mit $\mathcal{U} \in \mathfrak{B}^\alpha$, $\mathcal{V} \in \mathfrak{B}^\beta$. Mit $\varphi\colon (\mathcal{E}_1, \mathfrak{B}_{\mathcal{E}_1}) \to (\mathcal{U}, \mathfrak{B}_\mathcal{U})$ gelte

$$Uf(\vartheta, \varepsilon) = \varphi(\varepsilon) \qquad (\vartheta \in \Theta, \varepsilon \in \mathcal{E}_1)\,.$$

Ist γ strukturell identifizierbar in (1), dann ist γ strukturell identifizierbar im „reduzierten“ Modell

$$\boldsymbol{v} = Vf(\vartheta, \boldsymbol{\varepsilon})\,, \qquad \vartheta \in \Theta\,, \qquad \boldsymbol{\varepsilon} \sim P^\varepsilon \tag{2}$$

mit einer Darstellung

$$\gamma(\vartheta) = \tilde{g}[Vf(\vartheta, \varepsilon), \varepsilon]\,, \qquad \vartheta \in \Theta, \varepsilon \in \mathcal{E}_1\,,$$

und die strukturellen Verteilungen P_y^γ unter (1) sind von der Form

$$P_y^\gamma(C) = P_y^\varepsilon(\tilde{g}_{Vy}^{-1}C)\,, \qquad C \in \mathfrak{B}_\Gamma\,,$$

d. h., an Stelle von g_y kann die zu (2) gehörige Funktion $\tilde{g}_{Vy}(\varepsilon) = \tilde{g}[Vy, \varepsilon]$ verwendet werden.

Literatur

(Grundlegende Literatur zum Anhang 3: [1] bis [6])

[1] Lehmann, E. L., Testing Statistical Hypotheses. New York 1959.
[2] Witting, H., Mathematische Statistik. Stuttgart 1966.
[3] Witting, H., und G. Nölle, Angewandte Mathematische Statistik. Stuttgart 1970.
[4] Zacks, S., The Theory of Statistical Inference. New York 1971.
[5] Ferguson, T. S., Mathematical Statistics: A Decision Theoretic Approach. New York 1967.
[6] De Groot, M. H., Optimal Statistical Decisions. New York 1971.
[7] James, W., and C. Stein, Estimation with quadratic loss. Proc. Fourth Berkeley Symp. Math. Statist. Prob. 2 (1960), 361–379.
[8] Bunke, H., und J. Grimm, Die Prüfung statistischer Hypothesen mit vorgegebenen a priori Wahrscheinlichkeiten. Biometrische Z. 9 (1967), 218–228.
[9] Rudolph, P., Über einige Probleme der Bayesschen Inferenz für das lineare Modell. Dissertation Humboldt Universität Berlin, 1976.
[10] Näther, W., Optimale Versuchsplanung im linearen Regressionsmodell im Hinblick auf die Optimal tät der Parameterschätzfunktion. Dissertation Bergakademie Freiberg, 1974.
[11] Raiffa, W., and R. Schlaifer, Applied Statistical Decision Theory. Boston 1961.

A4. Konvergenz von Zufallsgrößen

Konvergenz mit Wahrscheinlichkeit 1 (*starke Konsistenz*)

A 4.1. Gegeben seien für $n = 1, 2, \ldots$ zufällige Vektoren $\boldsymbol{Z}_n\colon (\Omega, \mathfrak{A}, P) \to (R^g, \mathfrak{B}^g, P^{\boldsymbol{Z}_n})$, sowie eine meßbare Abbildung $\boldsymbol{Z}_0\colon (\Omega, \mathfrak{A}) \to (R^g, \mathfrak{B}^g)$. Dann heißt die Folge $\{\boldsymbol{Z}_n\}$

konvergent mit Wahrscheinlichkeit 1 (auch stark konsistent oder konvergent fast sicher), falls $P\{\omega \mid \lim_{n\to\infty} \mathbf{Z}_n(\omega) = \mathbf{Z}_0(\omega)\} = 1$. Schreibweise: $\mathbf{Z}_n \xrightarrow{\text{fs}} \mathbf{Z}_0$.

A 4.2. Ist $f: (R^g, \mathfrak{B}^g) \to (R^s, \mathfrak{B}^s)$ stetig im Punkte $a \in R^g$, so gilt mit $\mathbf{Z}_n \xrightarrow{\text{fs}} a$ auch $f(\mathbf{Z}_n) \xrightarrow{\text{fs}} f(a)$.

A 4.3. Es sei $\{A_n\}$ eine Folge nichtzufälliger Matrizen $A_n \in \mathfrak{M}_{s\times g}$ mit $A_n = O(1)$. Aus $\mathbf{Z}_n \xrightarrow{\text{fs}} 0_g$ folgt $A_n\mathbf{Z}_n \xrightarrow{\text{fs}} 0_{s\times g}$.

A 4.4. Die Vektoren $\mathbf{Z}_n$ seien stochastisch unabhängig mit $E\mathbf{Z}_n = 0_g$ und $D\mathbf{Z}_n = \Sigma_n \in \mathfrak{M}_g^{>}$ verteilt. Es existieren Zahlen $\alpha > 0$ und $\beta < \infty$ mit $\underline{\lim}\, \lambda_{\min}[\Sigma_n] \geqq \alpha$ und $\overline{\lim}\, \lambda_{\max}[\Sigma_n] \leqq \beta$. Weiter sei $\{a_n\}$ eine Folge nichtzufälliger Vektoren $a_n \in R^g$. Dann gilt für die eindimensionalen zufälligen Variablen

$$\mathbf{Y}_n = \frac{\sum_{i=1}^{n} a_i'\mathbf{Z}_i}{\sum_{i=1}^{n} a_i'a_i}$$

$$\mathbf{Y}_n \xrightarrow{\text{fs}} 0 \Leftrightarrow \sum_{i=1}^{n} a_i'a_i \xrightarrow[n\to\infty]{} \infty, \quad \text{(vgl. [2])}.$$

A 4.5. Für unabhängige und identisch verteilte Matrizen $\mathbf{Z}_i$ ist die Existenz des Erwartungswertes $E\mathbf{Z}_i = \mu$ hinreichend und notwendig für $\frac{1}{n} \sum_{i=1}^{n} \mathbf{Z}_i \xrightarrow{\text{fs}} \mu$.

A 4.6. Für $g = 1$ seien $\mathbf{Z}_n$ unabhängig und identisch verteilte Variablen mit $E\mathbf{Z}_n = 0$ und $D\mathbf{Z}_n = \sigma^2$, $0 < \sigma^2 < \infty$. Weiter sei $\{b_{ni}\}_{\substack{i=1,\ldots,n\\ n=1,2,\ldots}}$ eine Doppelfolge reeller Zahlen mit $\sum_{i=1}^{n} b_{ni}^2 = O(1)$. Dann gilt

$$\frac{1}{\sqrt{n}} \sum_{i=1}^{n} b_{ni}\, \mathbf{Z}_i \xrightarrow{\text{fs}} 0 \quad \text{(vgl. [1])}.$$

Konvergenz in Wahrscheinlichkeit (Konsistenz)

A 4.7. Eine Folge zufälliger Vektoren $\mathbf{Z}_n: (\Omega, \mathfrak{A}, P_n) \to (R^g, \mathfrak{B}^g, P_n^{\mathbf{Z}_n})$ heißt konvergent in Wahrscheinlichkeit gegen $\mathbf{Z}_0: (\Omega, \mathfrak{A}) \to (R^g, \mathfrak{B}^g)$, falls für jedes $\delta > 0$ $P_n\{\|\mathbf{Z}_n - \mathbf{Z}_0\| \geqq \delta\} \xrightarrow[n\to\infty]{} 0$. Schreibweise: $\mathbf{Z}_n \xrightarrow{P_n} \mathbf{Z}_0$. Gilt $\tau(n)\, \mathbf{Z}_n \xrightarrow{P_n} 0$ für eine Funktion $\tau(n)$ mit $\tau(n) \xrightarrow[n\to\infty]{} \infty$, so wird dafür auch $\mathbf{Z}_n = o_{P_n}(\tau(n)^{-1})$ geschrieben. Entsprechend bedeutet $\mathbf{Z}_n = O_{P_n}(\tau(n)^{-1})$, daß es für jede Zahl $\eta > 0$ eine Zahl $M < \infty$ und einen Index n_0 gibt, so daß $P_n\{\|\tau(n)\, \mathbf{Z}_n\| \leqq M\} \geqq 1 - \eta$ für alle $n \geqq n_0$ gilt. Aus $\mathbf{Z}_n = O_{P_n}(\tau(n)^{-1})$ folgt also insbesondere $Z_n = o_{P_n}(1)$.

A 4.8. Aus $\mathbf{Z}_n \xrightarrow{\text{fs}} \mathbf{Z}_0$ folgt $\mathbf{Z}_n \xrightarrow{P_n} \mathbf{Z}_0$.

A 4.9. Aus $\mathbf{Z}_n \xrightarrow{P_n} \mathbf{Z}_0$ und $\mathbf{Y}_n \xrightarrow{P_n} a \in R^g$ folgt $\mathbf{Y}_n \pm \mathbf{Z}_n \xrightarrow{P_n} a \pm \mathbf{Z}_0$. Ist $\{\mathbf{Y}_n\}$ eine Folge eindimensionaler Zufallsgrößen, so gilt $\mathbf{Y}_n\mathbf{Z}_n \xrightarrow{P_n} a\mathbf{Z}_0$ und $\mathbf{Z}_n/\mathbf{Y}_n \xrightarrow{P_n} \mathbf{Z}_0/a$, falls $a \neq 0$.

A 4.10. $\mathbf{Z}_n \xrightarrow{P_n} a \Leftrightarrow \mathbf{Z}_{ni} \xrightarrow{P_n} a_i$ für $i = 1, \ldots, g$ mit $\mathbf{Z}_n' = (\mathbf{Z}_{n1}, \ldots, \mathbf{Z}_{ng})'$ und $a' = (a_1, \ldots, a_g)$.

A 4.11. Ist $\{\mathbf{Y}_n\}$ eine eindimensionale Folge von Zufallsgrößen mit asymptotisch beschränkten Momenten erster und zweiter Ordnung, dann gilt mit $\mathbf{Z}_n \xrightarrow{P_n} 0$ auch $\mathbf{Y}_n\mathbf{Z}_n \xrightarrow{P_n} 0$, (vgl. [5]).

Konvergenz im quadratischen Mittel (q.M.-Konsistenz)

A 4.12. Eine Folge zufälliger Vektoren Z_n: $(\Omega, \mathfrak{A}, P_n) \to (R^g, \mathfrak{B}^g, P_n^{Z_n})$ mit $E_n\|Z_n\|^2 < \infty$ heißt im quadratischen Mittel konvergent gegen eine Konstante $a \in R^g$, falls $E_n\|Z_n - a\|^2 \xrightarrow[n\to\infty]{} 0$. Schreibweise: $Z_n \xrightarrow{\text{q.M.}} a$.

A 4.13. $Z_n \xrightarrow{\text{q.M.}} a \Leftrightarrow Z_{ni} \xrightarrow{\text{q.M.}} a_i$, $i = 1, \ldots, g$.

A 4.14. Aus $Z_n \xrightarrow{\text{q.M.}} a$ folgt $Z_n \xrightarrow{P_n} a$.

Konvergenz in Verteilung

A 4.15. Gegeben seien für $n = 1, 2, \ldots$ zufällige Vektoren Z_n: $(\Omega, \mathfrak{A}, P_n) \to (R^g, \mathfrak{B}^g, P_n^{Z_n})$ mit den Verteilungsfunktionen F_{Z_n}. Die Folge der Wahrscheinlichkeitsverteilungen $P_n^{Z_n}$ heißt in Verteilung konvergent gegen die Grenzverteilung P^{Z_0} einer zufälligen Größe Z_0 über dem Raum $(R^g, \mathfrak{B}^g)$ mit der Verteilungsfunktion F_0, falls

$$F_n(t) = P_n^{Z_n}\{Z_n < t\} \xrightarrow[n\to\infty]{} P^{Z_0}\{Z_0 < t\} = F_0(t)$$

für alle Stetigkeitspunkte $t \in R^g$ der Verteilungsfunktion F_0. Schreibweise: $P_n^{Z_n} \xrightarrow{L} P^{Z_0}$.

A 4.16. Aus $Z_n \xrightarrow{P_n} Z_0$ folgt $P_n^{Z_n} \xrightarrow{L} P^{Z_0}$.

A 4.17. Die Abbildung f: $(R^g, \mathfrak{B}^g) \to (R^s, \mathfrak{B}^s)$ sei P^{Z_0} fast überall stetig (d. h.: stetig bis auf eine Menge vom P^{Z_0} Maße Null). Dann gilt mit $P_n^{Z_n} \xrightarrow{L} P^{Z_0}$ auch $P_n^{f(Z_n)} \xrightarrow{L} P^{f(Z_0)}$, (vgl. [6]).

A 4.18. $P_n^{Z_n} \xrightarrow{L} P^a \Leftrightarrow Z_n \xrightarrow{P_n} a$.

A 4.19. Unter $Y_n \xrightarrow{P_n} A \in \mathfrak{M}^{s\times g}$ und $P_n^{Z_n} \xrightarrow{L} P^{Z_0}$ gilt $P_n^{Y_nZ_n} \xrightarrow{L} P^{AZ_0}$. Wenn $Y_n \xrightarrow{P_n} a \in R^g$, so folgt

$$P_n^{Y_n\pm Z_n} \xrightarrow{L} P^{a\pm Z_0} \quad \text{und} \quad P_n^{(Y_n, Z_n)} \xrightarrow{L} P^a \times P^{Z_0}.$$

A.4.20. $P_n^{Z_n} \xrightarrow{L} N_g(0, I_g) \Leftrightarrow P_n^{a_n'Z_n} \xrightarrow{L} N(0, 1)$ für alle Folgen $\{a_n\}$ mit $a_n \in R^g$ und $a_n'a_n = 1$, (vgl. [3]).

A 4.21. $\{Z_{in}\}_{\substack{i=1,\ldots,k_n\\ n=1,2,\ldots}}$ sei eine Doppelfolge eindimensionaler Zufallsgrößen. Für jedes n seien die Variablen $Z_{1n}, \ldots, Z_{k_nn}$ stochastisch unabhängig, und es gelte $EZ_{in} = 0$ und $\sum_{i=1}^{k_n} DZ_{in} = 1$. Dann ist $P^{Z_n} \xrightarrow{L} N(0, 1)$ und $\max_{1\le i\le k_n} P\{|Z_{in}| > z_0\} \xrightarrow[n\to\infty]{} 0$ mit $Z_n = \sum_{i=1}^{k_n} Z_{in}$ für jedes $z_0 > 0$ genau dann erfüllt, wenn die LINDEBERG-Bedingung $\forall z_0 > 0$: $\sum_{i=1}^{k_n} \int_{|z|>z_0} z^2 \, dF_{Z_{in}}(z) \xrightarrow[n\to\infty]{} 0$ ($F_{Z_{in}}$ Verteilungsfunktion von Z_{in}) zutrifft (vgl. [4]).

A 4.22. $P_n^{Z_n}$ seien eindimensionale Verteilungen. Aus $P_n^{Z_n} \xrightarrow{L} P^{Z_0}$ folgt $t_{\alpha,n} \xrightarrow[n\to\infty]{} t_\alpha$ für jedes $\alpha \in [0, 1]$, wenn $t_{\alpha,n}$ bzw. t_α die α-Fraktile von $P_n^{Z_n}$ bzw. P^{Z_0} bezeichnen (vgl. [6]).

A 4.23. Für eindimensionale Verteilungen $P_n^{Z_n}$ gilt: $P_n^{Z_n} \xrightarrow{L} P^{Z_0} \Rightarrow P_n^{Z_n}(B) \xrightarrow[n\to\infty]{} P^{Z_0}(B)$ für alle $B \in \mathfrak{B}^1$ mit $P^{Z_0}(\partial B) = 0$. Hierbei bezeichnet ∂B den Rand von B (vgl. [6]).

Literatur

[1] Chow, Y. S., Some convergence theorems for independent random variables. Mimeograph Series No. 63, Department of Statistics, Purdue University.
[2] Drygas, H., Weak and strong consistency of the Least-Squares-Estimators in regression models. Preprint 1973.
[3] Eicker, F., A multivariate central limit theorem for random linear vector forms. Ann. math. statist. 37 (1966), 1825–1828.
[4] Gnedenko, B. V., and A. N. Kolmogorov, Limit Distributions for Sums of Independent Random Variables. Cambridge 1954.
[5] Schönfeld, P., Methoden der Ökonometrie, Band 1: Lineare Regressionsmodelle. Berlin und Frankfurt/M. 1969.
[6] Witting, H., und G. Nölle, Angewandte Mathematische Statistik. Stuttgart 1970.

BEZEICHNUNGEN

Abkürzungen

SF	Schätzfunktion (vgl. S. 15)
BSF	Bereichsschätzfunktion (vgl. S. 17)
α-BSF	α-Bereichsschätzfunktion (vgl. S. 17)
SB	Schätzbereich (vgl. S. 17)
UWB	Ursache-Wirkungs-Beziehung (vgl. S. 2)
LUE	lineare erwartungstreue SF (vgl. S. 34)
ILUE	inhomogene lineare erwartungstreue SF (vgl. S. 34)
BLUE	beste lineare erwartungstreue SF (vgl. S. 16)
BILUE	beste inhomogene lineare erwartungstreue SF (vgl. S. 16)
BUE	beste erwartungstreue SF (vgl. S. 16)
OLSE	gewöhnliche Kleinste-Quadrat-Schätzung (vgl. S. 30)
GLSE	verallgemeinerte Kleinste-Quadrat-Schätzung (vgl. S. 30)
MILE	minimax inhomogene lineare SF (vgl. S. 137)
MMILE	Matrix minimax inhomogene lineare SF (vgl. S. 141)
LIMBE	lineare SF mit minimaler Verzerrungsmatrix (vgl. S. 54)
BLIMBE	beste lineare SF mit minimaler Verzerrungsmatrix (vgl. S. 54)
ILSE	inadäquate Kleinste-Quadrat-Schätzung (vgl. S. 113)
BLUA	beste lineare erwartungstreue Approximation (vgl. S. 118)
α-HPD-SB	α-SB mit größter a posteriori Wahrscheinlichkeit (vgl. S. 24)

Vektoren, Matrizen, Räume

$((m_{ij}))$, $((m_{ij}))_{j=1,\dots,k}^{i=1,\dots,n}$	Matrix mit den Elementen m_{ij}
$(m_1, \dots, m_k)$	Matrix mit den Spaltenvektoren $m_1, \dots, m_k$
$((m_i))_{i \in I}$	$= \overrightarrow{(m_{i_1}, \dots, m_{i_l})}$ mit $I = \{i_1, \dots, i_l\} \subset \{1, \dots, k\}$
$((M_{ij}))$	$\left(\begin{array}{c:c:c} M_{11} & M_{12} & \cdots \\ \hdashline M_{21} & M_{22} & \cdots \\ \hdashline \vdots & \vdots & \end{array}\right)$ Matrix mit den Teilmatrizen M_{ij}
$A \otimes B$	$= ((a_{ij}B))$
$((M_i))_{i \in I}$	$\left(\begin{array}{c} M_{i_1} \\ \hdashline \vdots \\ \hdashline M_{i_s} \end{array}\right)$ für $I = \{i_1, \dots, i_s\} \subset \{1, \dots, n\}$
$\mathfrak{M}_{n \times k}$	Menge der $(n \times k)$-Matrizen mit reellen Elementen
$r[M]$	Rang der Matrix M
$\mathfrak{M}^r_{n \times k}$	$= \{M \in \mathfrak{M}_{n \times k} \mid r[M] = r\}$
$\mathfrak{M}_n$	Menge der symmetrischen Matrizen aus $\mathfrak{M}_{n \times n}$
$\mathfrak{M}_n^{\geqq}$	Menge der positiv-semidefiniten $M \in \mathfrak{M}_n$
$\mathfrak{M}_n^{>}$	Menge der positiv definiten $M \in \mathfrak{M}_n$
R^n	n-dimensionaler Euklidischer Raum
$R^{>}$	$= \{x \in R^1 \mid x > 0\}$

$R^{\geqq}$	$= \{x \in R^1, x \geqq 0\}$
$\mathcal{N}$	Menge der natürlichen Zahlen
$\mathcal{N}_k$	$= \{k, k+1, k+2, \ldots\}$ mit $k \in \mathcal{N}$
$\mathfrak{M}^p_{\mathcal{L}}$	Menge aller $(n \times p)$-Matrizen, deren Spalten in einer Teilmenge $\mathcal{L}$ des R^n liegen
$\mathfrak{R}(X)$	$= \{X\beta \mid \beta \in R^k\}$ für $X \in \mathfrak{M}_{n \times k}$
$\mathfrak{M}^p(X)$	$= \mathfrak{M}^p_{\mathfrak{R}(X)}$
$\mathcal{N}^p(X)$	$\{B \in \mathfrak{M}_{k \times p} \mid XB = 0_{n \times p}\}$ für $X \in \mathfrak{M}_{n \times k}$
$\mathcal{N}(X)$	$\mathcal{N}^1(X)$
$\mathcal{L}\{X_1, \ldots, X_k\}$	der von den Spaltenvektoren $x_i \in R^n$ $(i = 1, \ldots, k)$ erzeugte lineare Unterraum des R^n
$A < B$	$B - A \in \mathfrak{M}^>_n$ für $A, B \in \mathfrak{M}_{n \times n}$
$A \leqq B$	$B - A \in \mathfrak{M}^{\geqq}_n$ für $A, B \in \mathfrak{M}_{n \times n}$
I_n	Einheitsmatrix der Ordnung $n \times n$
M'	Transponierte der Matrix M
$\overrightarrow{M}$	$= (m_1' \vdots \ldots \vdots m_k')'$, falls $M = (m_1 \vdots \ldots \vdots m_k)$
M^-	verallgemeinerte Inverse von M
M^+	MOORE-PENROSE-Inverse von M
$\lvert M \rvert$	Determinante von $M \in \mathfrak{M}_{n \times n}$
$\mathrm{sp}[M]$	Spur von $M \in \mathfrak{M}_{n \times n}$
$\lVert M \rVert^2_\Lambda$	$= \overrightarrow{M}'\Lambda\overrightarrow{M}$ für $M \in \mathfrak{M}_{n \times k}$, $\Lambda \in \mathfrak{M}^>_{nk}$
$\lVert M \rVert^2$	$= \lVert M \rVert^2_{I_{nk}}$
$\lvert m \rvert$	$= \lVert m \rVert$ für $m \in R^1$
$\lVert M \rVert_{\max}$	$= \max\limits_{\substack{1 \leqq i \leqq n \\ 1 \leqq j \leqq k}} \lvert m_{ij} \rvert$, falls $M = ((m_{ij})) \in \mathfrak{M}_{n \times k}$
$\lvert M \rvert^2_K$	$= \lVert M \rVert^2_{I_n \otimes K}$ für $M \in \mathfrak{M}_{n \times k}$, $K \in \mathfrak{M}^>_k$
$P^\Lambda_{\mathcal{L}}$	Projektionsmatrix (Projektor) zum linearen Unterraum $\mathcal{L} \subset R^n$ und der Norm $\lVert\cdot\rVert_\Lambda$, d. h. $\lVert x - P^\Lambda_{\mathcal{L}} x \rVert_\Lambda = \min\limits_{y \in \mathcal{L}} \lVert x - y \rVert_\Lambda$ $(x \in R^n)$
$\lambda_i[M]$	i-ter Eigenwert von $M \in \mathfrak{M}_n$, $(\lambda_1 \geqq \lambda_2 \geqq \cdots \geqq \lambda_n)$
$\lambda_{\min}[M]$	kleinster Eigenwert von $M \in \mathfrak{M}_n$
$\lambda_{\max}[M]$	größter Eigenwert von $M \in \mathfrak{M}_n$
$\mathrm{Diag}\,[M_1, \ldots, M_n]$	Blockdiagonalmatrix mit den Diagonalmatrizen $M_1, \ldots, M_n$
$\mathrm{diag}\,[M]$	Matrix, welche die gleiche Hauptdiagonale wie M und sonst nur Nullen enthält
$e_i^{(n)}$	i-te Spalte von I_n (i-ter Einheitsvektor im R^n)
1_n	Vektor mit Eins-Komponenten aus dem R^n
$1_{n \times k}$	Matrix der Ordnung $n \times k$, für die sämtliche Elemente gleich Eins sind
0_n	Nullvektor aus dem R^n
$0_{n \times k}$	Nullmatrix in $\mathfrak{M}_{n \times k}$

Mengen und Funktionen

δ_{ij}	$= \begin{cases} 1, & \text{falls } i = j, \\ 0 & \text{sonst} \end{cases}$ (KRONECKER-Symbol)
$I_{\mathcal{A}}(x)$	$= \begin{cases} 1, & \text{falls } x \in \mathcal{A}, \\ 0 & \text{sonst} \end{cases}$ (Indikatorfunktion zur Menge $\mathcal{A}$)
$\lvert \mathcal{A} \rvert$	$= \sum\limits_{x \in \mathcal{A}} I_{\mathcal{A}}(x)$ (Anzahl der Elemente der Menge $\mathcal{A}$)
$\mathfrak{P}(\mathcal{A})$	Potenzmenge der Menge $\mathcal{A}$
$\mathfrak{B}^{n \times p}$	Klasse der Borel-Mengen in $\mathfrak{M}_{n \times p}$
$\mathfrak{B}^n$	Klasse der Borel-Mengen im R^n

$\mathfrak{B}_{\mathcal{A}}$	$= \{B \in \mathfrak{B}^{n\times p} \mid B \subset \mathcal{A}\}$ $\mathcal{A} \in \mathfrak{B}^{n\times p}$
$\mathcal{A} - x$	$= \{y - x \mid y \in \mathcal{A}\}$, $\mathcal{A} \subset R^n$, $x \in R^n$
$f: \mathcal{X} \to \mathcal{Y}$	Abbildung von $\mathcal{X}$ in $\mathcal{Y}$
$\{\mathcal{X} \to \mathcal{Y}\}$	$= \{f: \mathcal{X} \to \mathcal{Y}\}$
$f(\mathcal{A})$	$= \{f(x): x \in \mathcal{A}\}$
$(\mathcal{X}, \mathfrak{A})$	meßbarer Raum
$f: (\mathcal{X}, \mathfrak{A}_{\mathcal{X}}) \to (\mathcal{Y}, \mathfrak{A}_{\mathcal{Y}})$	meßbare Abbildung von $(\mathcal{X}, \mathfrak{A}_{\mathcal{X}})$ in $(\mathcal{Y}, \mathfrak{A}_{\mathcal{Y}})$, $\mathfrak{A}_{\mathcal{X}}$-$\mathfrak{A}_{\mathcal{Y}}$-meßbare Funktion
$\{(\mathcal{X}, \mathfrak{A}_{\mathcal{X}}) \to (\mathcal{Y}, \mathfrak{A}_{\mathcal{Y}})\}$	Menge der $\mathfrak{A}_{\mathcal{X}}$-$\mathfrak{A}_{\mathcal{Y}}$-meßbaren Funktionen

Verteilungen und Maße

$N_p(\mu, \Omega)$	p-dimensionale Normalverteilung mit Erwartungswertvektor μ und der Kovarianzmatrix Ω
$N_{n\times p}(M, \Sigma \otimes \Lambda)$	$= N_{np}(\vec{M}, \Sigma \otimes \Lambda)$ (vgl. S. 488)
$N(\mu, \sigma^2)$	$= N_1(\mu, \sigma^2)$
Φ	Verteilungsfunktion von $N(0, 1)$
$W_l(p, \Omega, M)$	l-dimensionale WISHART-Verteilung mit p Freiheitsgraden und dem Nichtzentralitätsparameter M (vgl. S. 489)
$W_l(p, \Omega)$	l-dimensionale zentrale WISHART-Verteilung (vgl. S. 489)
$\chi_{p;\lambda^2}$	nichtzentrale χ^2-Verteilung mit Nichtzentralitätsparameter λ^2 und p Freiheitsgraden (vgl. S. 489)
χ_p^2	zentrale χ^2-Verteilung mit p Freiheitsgraden (vgl. S. 489)
$\boldsymbol{\chi}_p^2$	χ_p^2-verteilte Zufallsgröße
$F_{p_1,p_2;\lambda^2}$	nichtzentrale F-Verteilung mit Nichtzentralitätsparameter λ^2 und den Freiheitsgraden p_1 und p_2 (vgl. S. 489)
F_{p_1,p_2}	zentrale F-Verteilung mit p_1 und p_2 Freiheitsgraden (vgl. S. 489)
$\boldsymbol{F}_{p_1,p_2}$	F_{p_1,p_2}-verteilte Zufallsgröße (vgl. S. 489)
t_p	t-Verteilung mit p Freiheitsgraden
$\boldsymbol{t}_p$	t_p-verteilte Zufallsgröße
$U(p, n, r)$	vgl. S. 490
$\boldsymbol{U}(p, n, r)$	$U(p, n, r)$-verteilte Zufallsgröße
$G_{l,m,n}$	vgl. S. 490
$\boldsymbol{G}_{l,m,n}$	$G_{l,m,n}$-verteilte Zufallsgröße
$T_0^2(p, r, n)$	vgl. S. 490
$\boldsymbol{T}_0^2(p, r, n)$	T_0^2-verteilte Zufallsgröße
$\lambda_{\max}(p, r, n)$	vgl. S. 490
$\boldsymbol{\lambda}_{\max}(p, r, n)$	$\lambda_{\max}(p, r, n)$-verteilte Zufallsgröße
$Q(p, r, k)$	vgl. S. 490
$\boldsymbol{Q}(p, r, k)$	$Q(n, r, k)$-verteilte Zufallsgröße
$V(p, r, k)$	vgl. S. 490
$\boldsymbol{V}(p, r, k)$	$V(p, r, k)$-verteilte Zufallsgröße
$m(h, n, W)$	vgl. S. 490
$\boldsymbol{m}(h, n, W)$	$m(h, n, W)$-verteilte Zufallsgröße
$q'(h, n)$	vgl. S. 490
$\boldsymbol{q}'(h, n)$	$q'(h, n)$-verteilte Zufallsgröße
$q(h, n)$	vgl. S. 490
$\boldsymbol{q}(h, n)$	$q(h, n)$-verteilte Zufallsgröße
$R(A)$	Rechteckverteilung (vgl. S. 491)
$P(\alpha, z_0)$	PARETO-Verteilung (vgl. S. 491)
$\mathrm{RP}(\omega, T)$	Rechteck-PARETO-Verteilung (vgl. S. 491)
$\mathcal{P}_n$	Klasse der Verteilungen über $(R^n, \mathfrak{B}^n)$ mit Erwartungswert 0_n und endlichem zweiten Moment

$\mathcal{K}_{n\times p}$	Menge der Verteilungen über $(\mathfrak{M}_{n\times p}, \mathfrak{B}^{n\times p})$ mit Erwartungswert $0_{n\times p}$ und der Kovarianzmatrix I_{np} (vgl. S. 33)
$\mathcal{K}_n$	$= \mathcal{K}_{n\times 1}$
$\nu_1 \times \nu_2, \mathop{\times}\limits_{i=1}^{n} \nu_i$	Produktmaß zu den Maßen ν_1, ν_2 bzw. ν_i $(i = 1, \ldots, n)$
ν^n	$= \mathop{\times}\limits_{i=1}^{n} \nu_i$ mit $\nu_i = \nu,\ i = 1, \ldots, n$
μ_l	LEBESGUE-Maß über $(R^l, \mathfrak{B}^l)$

Zufallsgrößen und Modelle

$P^{\boldsymbol{X},\boldsymbol{Y}}$	gemeinsame Verteilung der Zufallsgrößen $\boldsymbol{X}$ und $\boldsymbol{Y}$
$P^{\boldsymbol{X}\mid\boldsymbol{Y}}$, $P^{\boldsymbol{X}\mid\boldsymbol{Y}=Y}$	bedingte Verteilung von $\boldsymbol{X}$ unter der Bedingung „$\boldsymbol{Y} = Y$"
$p^{\boldsymbol{X}\mid\boldsymbol{Y}}$, $p^{\boldsymbol{X}\mid\boldsymbol{Y}=Y}$	bedingte Dichte zur Verteilung $P^{\boldsymbol{X}\mid\boldsymbol{Y}}$ bzw. $P^{\boldsymbol{X}\mid\boldsymbol{Y}=Y}$
$E_\vartheta \boldsymbol{Y}$	$= \int Y P_\vartheta(\mathrm{d}Y)$ (Erwartungswert von $\boldsymbol{Y}$)
$E(\boldsymbol{X}\mid\boldsymbol{Y})$, $E(\boldsymbol{X}\mid\boldsymbol{Y}=Y)$	bedingter Erwartungswert bez. der Verteilung $P^{\boldsymbol{X}\mid\boldsymbol{Y}}$ bzw. $P^{\boldsymbol{X}\mid\boldsymbol{Y}=Y}$
$M^A_\vartheta \boldsymbol{Y}$	$= E_\vartheta(\overrightarrow{\boldsymbol{Y}-A})(\overrightarrow{\boldsymbol{Y}-A})'$ (Momentenmatrix von $\boldsymbol{Y}$ um A)
$D_\vartheta \boldsymbol{Y}$	$= M^{E_\vartheta \boldsymbol{Y}}_\vartheta \boldsymbol{Y}$ (Kovarianzmatrix von $\boldsymbol{Y}$)
$\boldsymbol{X} \overset{F}{\sim} \boldsymbol{Y}$	$\boldsymbol{X}$ und $\boldsymbol{Y}$ besitzen die gleiche Verteilung
$\boldsymbol{Y} \sim P$	$\boldsymbol{Y}$ hat die Verteilung P
$\boldsymbol{Y} (\sim) \mathcal{P}$	$\boldsymbol{Y} \sim P$ für ein $P \in \mathcal{P}$
$[\mathcal{F}]$	Menge der Verteilungen P_ϑ auf $\mathfrak{B}^{n\times p}$ mit $(E_\vartheta \boldsymbol{Y}, D_\vartheta \boldsymbol{Y}) \in \mathcal{F}$, wobei $\mathcal{F} \subset \mathfrak{M}_{n\times p} \times \mathfrak{M}^{\geqq}_{np}$ (vgl. S. 29)
$[\mathfrak{M}^p_{\mathcal{L}} \times \mathcal{V}]$	$= [\mathcal{F}]$ mit $\mathcal{F} = \mathfrak{M}^p_{\mathcal{L}} \times \mathcal{V}$, $\mathcal{L}$ linearer Unterraum in R^n, $\mathcal{V} \subset \mathfrak{M}^{\geqq}_{np}$ (lineares Modell)
$[\mathfrak{M}^p_{\mathcal{L}} \times \mathcal{V}]_{\mathcal{K}}$	$= \{P_\vartheta \mid \vartheta = (M, \Omega, \varkappa) \in \mathfrak{M}^p_{\mathcal{L}} \times \mathcal{V} \times \mathcal{K}\}$, $\mathcal{K} \subset \mathcal{K}_{n\times p}$
$N[\mathfrak{M}^p_{\mathcal{L}} \times \mathcal{V}]$	Menge der Normalverteilungen in $[\mathfrak{M}^p_{\mathcal{L}} \times \mathcal{V}]$ (normales lineares Modell für $\boldsymbol{Y}$)
$\mathcal{V}^p_\Lambda$	$= \{\Sigma \otimes \Lambda \mid \Sigma \in \mathfrak{M}^{>}_p\}$, $\Lambda \in \mathfrak{M}^{>}_n$
${}_0\mathcal{V}^p_\Lambda$	$= \{\Sigma \otimes \Lambda \mid \Sigma \in \mathfrak{M}^{\geqq}_p\}$, $\Lambda \in \mathfrak{M}^{>}_n$
$\mathfrak{M}(\mathcal{F})$	$= \left\{\Sigma = \int_{R^p} xx'\,\mathrm{d}F(x) \mid F \in \mathcal{F}\right\} \subseteqq \mathfrak{M}^{>}_p$

Konvergenz

$\xrightarrow{P}$	Konvergenz in Wahrscheinlichkeit
$\xrightarrow{\text{fs}}$	Konvergenz fast sicher
$\xrightarrow{L}$	Konvergenz in Verteilung
$\xrightarrow{\text{qM.}}$	Konvergenz in quadratischem Mittel
$o(\cdot)$	$a_n = o(b_n)$, falls $\frac{a_n}{b_n} \xrightarrow[n\to\infty]{} 0$
$O(\cdot)$	$a_n = O(b_n)$, falls $\frac{a_n}{b_n}$ für alle n beschränkt ist
$o_{P_n}(\cdot)$	$\boldsymbol{X}_n = o_{P_n}(\boldsymbol{Y}_n)$, falls $\frac{\boldsymbol{X}_n}{\boldsymbol{Y}_n} \xrightarrow{P_n} 0$
$O_{P_n}(\cdot)$	$\boldsymbol{X}_n = O_{P_n}(\boldsymbol{Y}_n)$, falls es für jedes $\eta > 0$ ein $q < \infty$ und ein $n_0 \in \mathcal{N}$ gibt, mit $P_n\left\{\left\lvert\frac{\boldsymbol{X}_n}{\boldsymbol{Y}_n}\right\rvert \leqq q\right\} \geqq 1 - \eta$ für alle $n \geqq n_0$

$\delta \overset{z}{\leqq} \delta'$	$R(\vartheta, \delta) \leqq R(\vartheta, \delta')$, $\vartheta \in \Theta$ (vgl. 130)
$\delta \overset{z}{<} \delta'$	$\delta \leqq \delta'$, $R(\vartheta_0, \delta) < R(\vartheta_0, \delta')$ für mindestens ein $\vartheta_0 \in \Theta$ (vgl. S. 130)
$\delta \overset{z}{<} \cdot \delta'$	$R(\vartheta, \delta) < R(\vartheta, \delta')$, $\vartheta \in \Theta$ (vgl. S. 130)
$\delta \leqq \delta'$	$M_\vartheta \boldsymbol{\delta} \leqq M_\vartheta \boldsymbol{\delta}$, $\vartheta \in \Theta$ (vgl. S. 130)
$\delta < \delta'$	$\delta \leqq \delta'$, $M_{\vartheta_0}\delta < M_{\vartheta_0}\boldsymbol{\delta}'$ für mindestens ein $\delta_0 \in \Theta$ (vgl. S. 130)
$\delta < \cdot \delta'$	$M_\vartheta \boldsymbol{\delta} < M_\vartheta \delta$, $\vartheta \in \Theta$ (vgl. S. 130)
$\Pi_{T_1} \underset{(\pi)}{<} \Pi_{T_2}$	(vgl. [A 3.40], S. 497)
$P_{(\Omega_1, \varkappa_1)} \underset{(1)}{<} P_{(\Theta_2, \varkappa_2)}$	$P_{(M, \Omega_1, \varkappa_1)} < P_{(M, \Omega_2, \varkappa_2)}$ für alle $M \in \mathfrak{M}_p^{\mathcal{L}}$ (vgl. S. 498)
$P_{\varkappa_1}^{\Lambda_2} \underset{(2)}{<} P_{\varkappa_2}^{\Lambda_1}$	falls $P_{(M, \Sigma \otimes \Lambda_1, \varkappa_1)} < P_{(M, \Sigma \otimes \Lambda_2, \varkappa_2)}$ (vgl. S. 498)

Verschiedenes

$p_\vartheta(y) \propto f_\nu(y)$	Es gibt eine Konstante c_ϑ mit $p_\vartheta(y) = c_\vartheta f_\vartheta(y)$
$\Gamma_p(\alpha)$	$= \int_p^\infty t^{\alpha-1} e^{-t}\, dt$ für $\alpha > 0$
$\Gamma(\alpha)$	$= \Gamma_0(\alpha)$
$B_p(\alpha, \beta)$	$= \int_p^1 t^{\alpha-1}(1-t)^{\beta-1}\, dt$ für $\alpha, \beta > 0$
$B(\alpha, \beta)$	$= B_0(\alpha, \beta)$

SACHWORTVERZEICHNIS

FSC
www.fsc.org
MIX
Papier | Fördert
gute Waldnutzung
FSC® C083411

Kolibri 360 GmbH
Ferdinand-Jühlke-Straße 7
99095 Erfurt, Deutschland
produktsicherheit@kolibri360.de